Einleitung
in die lateinische Philologie

Einleitung in die Altertumswissenschaft

Einleitung in die griechische Philologie

Herausgegeben von
Heinz-Günther Nesselrath

Einleitung in die lateinische Philologie

Herausgegeben von
Fritz Graf

B. G. Teubner Stuttgart und Leipzig

Einleitung in die lateinische Philologie

Unter Mitwirkung von

Mary Beard Sandro Boldrini Gian Biagio Conte
Josef Delz Werner Eck Michael Erler Rudolf Fellmann
Anthony Grafton Ilsetraut Hadot Henner von Hesberg
Hans-Markus von Kaenel Robert A. Kaster Johannes Kramer
Eckard Lefèvre Walther Ludwig Ulrich Manthe
Christoph Markschies Jochen Martin Glenn W. Most
John Scheid Martin Steinmann Jürgen von Ungern-Sternberg
Jan Ziolkowski

herausgegeben von

Fritz Graf

B. G. Teubner Stuttgart und Leipzig 1997

Beilagen
Synopse der römischen Literatur
von H. Lühken, Göttingen
Karten Italien und Weströmisches Reich
Abdruck mit freundlicher Genehmigung des
Verlages Philipp Reclam jun. GmbH

Die Deutsche Bibliothek – CIP-Einheitsaufnahme

Einleitung in die lateinische Philologie /
Unter Mitw. von Mary Beard ... Hrsg. von Fritz Graf. –
Stuttgart ; Leipzig : Teubner, 1997
(Einleitung in die Altertumswissenschaft)
ISBN 3-519-07434-6
NE: Beard, Mary; Graf, Fritz [Hrsg.]

Printed in Germany
Gesamtherstellung: Druckhaus „Thomas Müntzer“ GmbH, Bad Langensalza

Vorwort des Herausgebers

Fast neunzig Jahre sind es, seit Alfred Gercke und Eduard Norden im Jahre 1910 ihre ‚Einleitung in die Altertumswissenschaft' herauszugeben begonnen hatten, als Summe eines Jahrhunderts deutscher und europäischer Beschäftigung mit der Antike, in welchem die Wissenschaft vom Altertum wenigstens in den Geisteswissenschaften beinahe unangefochten geherrscht und die Paradigmata von Lehre und Forschung vorgegeben, in welchem sich diese Wissenschaft aber auch allmählich in ihre vielfältigen Einzelgebiete zu entfalten begonnen hatte, von Kodikologie bis zu Numismatik und Archäologie. Seitdem haben sich die beiden Philologien, die griechische und die lateinische, im universitären Unterricht längst eingefügt in das Konzert der anderen Sprach- und Literaturfächer, die jene an Studentenzahl und an gesellschaftlicher Präsenz längst erreicht und oft überflügelt haben, sind die Einzelgebiete anderseits allmählich erstarkt und gelegentlich zu eigentlichen unabhängigen Disziplinen mit eigenen Methoden und eigenen Fragestellungen herangewachsen und haben oftmals (wie die Alte Geschichte oder die Klassische Archäologie) in der Organisation der universitären Lehre neue Verortung und Verbindung gefunden. Und auch die beiden Kernfächer – die Griechische und die Lateinische Philologie – haben in ihrem gegenseitigen Verhältnis Veränderungen erfahren: Waren am Anfang des Jahrhunderts Latein und Griechisch als die beiden Schulsprachen im Universitätsunterricht eng verbunden, so sind heute Studierende nicht selten, die sich auf die eine der beiden beschränken und sie mit anderen Disziplinen zu verbinden wissen, im Lateinstudium wohl noch häufiger als in demjenigen des Griechischen. Das widerspiegelt nicht allein eine Entwicklung an den Gymnasien, welche das Griechische immer seltener werden ließ und so Latein öfters zum einzigen Vertreter der Antike im gymnasialen Unterricht machte; es geht vielmehr auch einher mit einer größeren Verselbständigung der Lateinischen Philologie im universitären Unterricht und oft auch in der wissenschaftlichen Forschung – am Anfang des Jahrhunderts, mit Friedrich Leo und Richard Heinze, hatte sie eben erst begonnen, sich als Wissenschaft und Lehre von Literatur und Kultur der Römer eigenständig neben ihre griechische Schwester zu stellen; am Ende dieses Jahrhunderts ist diese Eigenständigkeit gewachsen, versteht sie sich oft als nicht bloß dem Griechischen, sondern auch den modernen Sprach- und Literaturwissenschaften nahe, aus denen sie Methoden und Fragestellungen übernimmt und zu denen sie in Kontinuität und Rezeption den Brückenschlag zwischen Antike, Mittelalter und Neuzeit versucht. All dies mußte sich nicht nur im Inhalt, sondern auch in der Form dieser Erneuerung eines großen und uneinholbar vorbildlichen Werkes niederschlagen; so wird denn nun kein mehrbändiges, in einzelne Hefte teilbares Gesamtwerk für die gesamte Altertumswissenschaft vorgelegt, vielmehr führt in jede der beiden Philologien ein jeweils in sich geschlossener Band ein – den freilich mit seinem Parallelband Struktur und mannigfache Beziehungen verbinden.

Unverändert geblieben ist demgegenüber das Ziel des Werkes: Wie schon sein Vorläufer soll es Studierenden sämtlicher Disziplinen der Altertumswissenschaft – insbesondere der beiden Philologien –, doch auch dem gymnasialen Lehrer des Faches und dem Studierenden und akademischen Lehrer der interessierten Nachbardisziplinen einen verläßlichen Führer zu den Methoden und Kenntnissen einer Wissenschaft von der Literatur und Kultur Roms geben. Und unverändert geblieben gegenüber dem alten Gercke-Norden ist auch das Verständnis unserer Wissenschaft: Wie dort die von August Boeckh als Programm formulierte und von Ulrich von Wilamowitz-Moellendorff exemplarisch vorgelebte Forderung einer umfassenden Altertumswissenschaft in der Breite des Zugangs sich äußerte, so will hier derselbe integrale Zugriff eine als Kulturwissenschaft verstandene Altertumswissenschaft vorstellen. In ihrem Zentrum steht unbestritten die Literatur, welche umfassend von den ersten Anfängen lateinischer Dichtung in Rom bis in die neulateinische Dichtung der Neuzeit vorgeführt wird, doch ist dieses Zentrum umgeben von der Vielfalt der anderen Disziplinen, deren Zusammenwirken erst den umfassenden Blick erlaubt, mit dem sich die Literatur als historisch gewordener Bestandteil von Roms Kultur erschließen und in das Ganze der Kultur und Geschichte Roms einordnen läßt. Das weist auch auf die vorherrschende Perspektive, unter der dieser Band konzipiert wurde: Es ist die Perspektive des Latinisten, des Wissenschaftlers von Roms Literatur, auf den die vielfältigen anderen Bereiche, von Handschriftenkunde und Epigraphik bis zur Archäologie Italiens und der Provinzen, letztlich zulaufen sollen. Wenn die einschlägigen Kapitel dann doch auch dem Studierenden dieser anderen Gebiete Hilfe leisten, so deswegen, weil sich die Ganzheit der Altertumswissenschaft eben doch nicht so einfach in Haupt- und Nebensache zerlegen läßt. In dieser Perspektive soll der Band auch Ansporn und Ermahnung dazu sein, in allen Fragen die Gesamtheit der römischen Kultur wie ihr Nachwirken in Mittelalter und Neuzeit nicht aus den Augen zu verlieren; angesichts der fortschreitenden Spezialisierung und der rasch wachsenden Kenntnisse in allen Disziplinen ist dies ein vielleicht bereits schwer zu befolgender, aber um nichts weniger dringender Aufruf an alle, welche sich mit der römischen Antike befassen.

Wenn dieses Werk erscheinen kann, so nur dank des Zusammenwirkens vielfältiger Anstrengungen. Gedankt sei den einzelnen Autorinnen und Autoren, die sich (zumeist) bewundernswert genau an die Vorgaben hielten; gedankt sei dem Verleger, Herrn Heinrich Krämer, der das Projekt anregte und mit nicht lockerlassendem kritischen Geist verfolgte; gedankt sei vor allem auch Frau Dr. Elisabeth Schuhmann in Leipzig, deren unermüdliche Arbeitskraft und unerschütterliche Unterstützung im Kampf mit Formalien und Terminen steter Ansporn und unentbehrliche Hilfe gewesen ist.

Basel, im Januar 1997 Fritz Graf

Inhaltsverzeichnis

Abkürzungen

(Siehe auch die besonderen Abkürzungen am Ende einzelner Beiträge)

A & A	*Antike und Abendland*
AAHung	*Acta Antiqua Hungarica*
AE	*Année Épigraphique*
AJPh	*American Journal of Philology*
ALL	*Archiv für lateinische Lexikographie und Grammatik*
AnalRom	*Analecta Romana*
ANRW	*Aufstieg und Niedergang der Römischen Welt* (Berlin/New York)
AnzfAW	*Anzeiger für die Altertumswissenschaft*
AP	*Année Philologique*
ArchAnz	*Archäologischer Anzeiger*
Arch.Sc.Soc. Rel.	*Archives de Sciences Sociales des des Religions*
BEFAR	Bibliothèque des Écoles Françaises d'Athènes et de Rome
ARW	*Archiv für Religionswissenschaft*
BICS	*University of London, Institute of Classical Studies. Bulletin*
BZNW	Beihefte zur Zeitschrift für Neutestamentliche Wissenschaft
CAH, CAH^2	*The Cambridge Ancient History* (Cambridge 1923–1939, 2. Aufl. seit 1961)
CCSL	Corpus Christianorum. Series Latina (Turnhout, seit 1953)
CErc	*Cronache Ercolanesi*
CIL	*Corpus Inscriptionum Latinarum* (Leipzig/Berlin, seit 1862)
CLE	F. Bücheler, A. Riese, E. Lommatzsch (Hrsgg.), *Carmina Latina Epigraphica.* I/II, Supplementum (Leipzig 1895–1926)
CIW	*The Classical World* (vor 1956/57 *The Classical Weekly)*
CQ	*The Classical Quaterly*
CR	*The Classical Review*
EPRO	Études Préliminaires aux Religions Orientales dans l'Empire Romain (Leiden)
EtClass	*Les Études Classiques*
FIRA	I. Baviera et all., *Fontes Iuris Romani Anteiustiniani.* I–III (Florenz ^{2}1939–1972)
FPL3	*Fragmenta Poetarum Latinorum,* post W. Morel et C. Büchner ed. J. Blänsdorf (Stuttgart/Leipzig 1995)
GL	H. Keil (Hrsg.), *Grammatici Latini* (Leipzig 1878–1910)
G & R	*Greece & Rome*
GRBS	*Greek, Roman, and Byzantine Studies*
HdA	Handbuch der Altertumswissenschaft
HSCPh	*Harvard Studies in Classical Philology*
HZ	*Historische Zeitschrift*
ICS	*Illinois Classical Studies*
ILLRP	A. Degrassi (Hrsg.), *Inscriptiones Latinae Liberae Rei Publicae* (Rom 1^2 1965. 2 1963)
ILS	H. Dessau (Hrsg.), *Inscriptiones Latinae Selectae.* 3 Bde. in 5 Teilen (Berlin 1892–1916)
IMU	*Italia Medioevale e Umanistica*
JbAC	*Jahrbuch für Antike und Christentum*
JdI	*Jahrbuch des Deutschen Archäologischen Instituts*
JRS	*Journal of Roman Studies*
LP	E. Lobel und D. Page (Hrsgg.), *Poetarum Lesbiorum Fragmenta* (Oxford 1955)

MDAIRom *Mitteilungen des Deutschen Archäologischen Instituts, Römische Abteilung*
MEFRA *Mélanges de l'École Française de Rome et d'Athènes*
MGH *Monumenta Germaniae Historica*
MusHelv *Museum Helveticum*
N.F. Neue Folge
N.S. Neue Serie – Nouvelle série – Nuova serie
OGIS W. Dittenberger (Hrsg.), *Orientis Graecae Inscriptiones Selectae.* I/II (Leipzig 1903–1905)
ParPass *La Parola del Passato*
PBSR *Papers of the British School at Rome*
PCA *Proceedings of the Classical Association*
PG J. P. Migne (Hrsg.), Patrologiae cursus completus. Series Graeca (Paris 1857–1866)
PL J. P. Migne (Hrsg.), Patrologiae cursus completus. Series Latina (Paris 1844–1845)
POxy *The Oxyrhynchus Papyri,* hrsgg. v. B. P. Grenfell, A. S. Hunt et all. (London seit 1908)
P & P *Past and Present*
OCTC *Quadrni di Cultura e di Tradizione Classica*
RAC Th. Klauser (Hrsg.), *Reallexikon für Antike und Christentum* (Stuttgart seit 1941)
RE *Paulys Realencyclopädie der classischen Altertumswissenschaft.* Neue Bearbeitung, begonnen von G. Wissowa, fortgeführt von W. Kroll und K. Mittelhaus, hrsg. von K. Ziegler und W. John (Stuttgart seit 1893)
REL *Revue des Études Latines*
Rend.Pont. Acc.Arch. *Atti della Pontificia Accademia di Archeologia. Rendiconti* (Rom, ser. III seit 1923)
RGVV Religionsgeschichtliche Versuche und Vorarbeiten (Giessen, Berlin)
RhM *Rheinisches Museum*
RIB R. G. Collingwood, R. P. Wright et all. (Hrsgg.), *The Roman Inscriptions of Britian* (London seit 1965)
Rs. Rückseite (Numismatik)
SEG *Supplementum Epigraphicum Graecum*
SMSR *Studi e Materiali di Storia delle Religioni*
SymbOsl *Symbolae Osloenses*
ThRev *Theologische Revue*
TRE G. Krause und G. Müller (Hrsgg.), *Theologische Realenzyklopädie* (Tübingen seit 1976)
TRF O. Ribbeck (Hrsg.), *Tragicorum Romanorum Fragmenta* (Leipzig ²1871)
VigChrist *Vigiliae Christianae*
Vs. Vorderseite (Numismatik)
WdF Wege der Forschung
WSt *Wiener Studien*
WüJbb *Würzburger Jahrbücher*
YCS *Yale Classical Studies*
ZPE *Zeitschrift für Papyrologie und Epigraphik*
ZRG *Zeitschrift der Savigny-Stiftung für Rechtsgeschichte, Romanistische Abteilung*
ZgeschRW *Zeitschrift für die geschichtliche Rechtswissenschaft*

I

Geschichte der lateinischen Philologie und der Bildung

1 Geschichte der Philologie in Rom

Robert A. Kaster

Die Geschichte der Philologie in Rom begann mit Dichtern und endete mit Priestern. Sie dauerte länger als acht Jahrhunderte, von den Anfängen der lateinischen Literatur im späten 3. und frühen 2. Jh. v. Chr. bis zum Tod des greisen Cassiodor gegen Ende des 6. Jh. n. Chr. In diesem Zeitraum half die Beschäftigung mit Sprache und Texten und ihren kulturellen Zusammenhängen – Philologie in ihrer umfassendsten Bedeutung –, den Rahmen für verschiedene grundlegende Veränderungen zu definieren: für den Aufstieg der lateinischen Literatur und ihre Aneignung des Griechischen, die Hellenisierung Roms in einem umfassenderen Sinn, die Entwicklung einer römischen Identität in einem welthistorischen Kaiserreich, schließlich für die Verschiebung des menschlichen Strebens hin zum Himmelreich, die im Aufstieg des Christentums gipfelte. Die Philologie trug dazu bei, all diese Veränderungen möglich zu machen, und war oft explizit oder implizit an den Kontroversen beteiligt, die durch die Veränderungen jeweils ausgelöst wurden. Die folgenden Seiten werden einen Überblick über die Errungenschaften der römischen Gelehrten und die Verbindungen dieser Errungenschaften mit dem kulturellen Leben Roms geben.

1.1 Durch Griechenland nach Rom

Bisher ist nur ein römischer Autor bekannt, der den Prozeß zu beschreiben versuchte, durch den die Philologie in das kulturelle Repertoire seiner Stadt aufgenommen wurde. Seine Geschichte lautet wie folgt (Suet. *Gramm.* 1–2):

> Beschäftigung mit Sprache und Literatur *(grammatica)* war in Rom einst unbekannt, wurde dann recht gering geschätzt, denn die Gemeinschaft, damals noch unkultiviert und mit Kriegsführung beschäftigt, hatte wenig Zeit für die freien Künste. Die ersten Schritte in dieser Beschäftigung blieben unbedeutend, insofern als die ersten Lehrer, Dichter und halbe Griechen zugleich (ich meine Livius Andronicus und Ennius, von denen überliefert ist, daß sie beide Sprachen privat und öffentlich unterrichteten), lediglich die Texte der griechischen Autoren erklärten und auch aus ihren eigenen lateinischen Werken vorlasen ... Der erste, denke ich, der dieses Studium in die Stadt einführte, war Krates von Mallus, ein Zeitgenosse des Aristarchus. Als er von König Attalus zwischen dem 2. und 3. Punischen Krieg, ungefähr um die Zeit von Ennius' Tod, als Gesandter zum römischen Senat geschickt wurde, stürzte Krates in einem Abflußloch am Palatin und brach sich das Bein; er verbrachte die ganze Zeit seiner Gesandtschaft und Genesung damit, Vorlesungen zu geben und zahlreiche Diskussionen abzuhalten – so wurde er unseren Landsleuten zum Vorbild. Diese ahmten ihn jedoch nur soweit nach, als sie die noch nicht sehr verbreiteten Dichtungen umsichtig diskutierten – Werke toter Freunde oder von anderen, die ihre Wertschätzung genossen –; durch ihre Lesung und Kommentierung wurden sie dem Rest der Bevölkerung bekannt gemacht.

Manches an dieser farbigen Darstellung ist zumindest teilweise unrichtig – vor allem die Rolle des pergamenischen Kritikers Krates ist übertrieben –, aber die Skizze enthält doch einige wichtige Einsichten in die Entstehung der Philologie in Rom.

Eine ihrer Grundvoraussetzungen war freie Zeit, und dies bedingte eine Verschiebung weg von der strengen Lebensweise der rohen Bauernkrieger, welche die Römer als ihre Vorfahren betrachteten. Reichtum war nötig, dazu die Bereitschaft, das alte Selbstbild zu modifizieren. Verfeinerung von Geschmack und Lebensweise mußte als Tugend gelten, und das Streben danach mußte zur *dignitas,* jenem respektablen sozialen Status beitragen, ohne den vornehmes Leben nicht sein konnte. Die Eroberungen Roms im Mittelmeerraum während des 2. Jh. v. Chr. trugen als Quelle neuen Wohlstands und eines neuen und akzeptablen Modells für das römische Leben entscheidend zu dieser Wertverschiebung bei. Viele Mitglieder der regierenden Elite Roms wurden in einem bisher unbekannten Maße durch die Ankunft riesiger Mengen von Beutegut im Westen reich; ein großer Teil dieser Beute kam in Form von Büchern und von Sklaven, von gebildeten Männern, welche im Krieg gefangen genommen worden waren und welche die Bücher interpretieren konnten. Zudem: die Kultur Griechenlands, fraglos überragend und Quelle von hohem Ansehen, war nun buchstäblich in Reichweite Roms. Man brauchte nur zu nehmen, was man sich im Krieg unterworfen hatte. Moralisten wie der ältere Cato mochten den Zerfall der römischen Gesellschaft beklagen, und man mochte versuchen, die Stadt von störenden Elementen zu reinigen, indem man mehrfach Philosophen und Redelehrer vertrieb, doch die Anziehungskraft Griechenlands als kulturelles Modell war unwiderstehlich. Die Eroberungen, die sich die Römer als Nachfahren von Mars verdient hatten, machten sie auch zu Vertrauten Apollos und der Musen; dies beschleunigte den Prozeß, durch den diese anderen Gottheiten die lateinische Sprache erlernten.

Dieser Prozeß war bereits in Gang, als Korinth im Jahre 146 v. Chr. endlich an Rom fiel. Sueton nennt zwei gelehrte Dichter, die wir als früheste Philologen bezeichnen können: Livius Andronicus, einen zweisprachigen Freigelassenen aus der alten Griechenstadt Tarent in Süditalien, und Ennius, einen Freigeborenen aus Rudiae in Massapien, der fließend lateinisch, griechisch und oskisch sprach. Die Fragmente von Livius' lateinischer *Odyssee*, einer Version des homerischen Epos im altertümlichen Saturnier, legen die Vermutung nahe, daß er als alexandrinischer Dichtergelehrter hellenistisches Wissen in seine Verse einfließen ließ. Auf sicherem Boden befinden wir uns mit Ennius: als *dicti studiosus* – „Verehrer der Sprache" – bezeichnete er sich selber mit einem Ausdruck, der seither als gleichbedeutend mit dem griechischen φιλόλογος gilt (*Ann.* 209 Skutsch). Die Überreste seines Werkes zeigen, daß die Bezeichnung angebracht ist und daß Ennius selbst ein sehr breites Verständnis von ‚Sprache' und vom Ziel der Philologie hatte. Sein Hauptwerk, die *Annales*, zeichnet die Geschichte Roms von der Ankunft des Aeneas bis zu Ennius'

Gegenwart nach und zeugt eindrücklich von der großen Breite seines Wissens. Im technischen Bereich der Metrik schuf er jenes Medium, in dem er selber schrieb, den lateinischen Hexameter, und begründete so die Versform, die zur produktivsten der lateinischen Sprache überhaupt werden sollte. Seine tiefe Vertrautheit mit der hellenistischen Literatur wird selbst im fragmentarischen Überlieferungszustand seines Werks noch sehr deutlich; ebenso deutlich wird, wieviel Forschung über Geschichte und Institutionen des frühen Rom dem Gedicht zugrundeliegt. Mit den *Annales*, Roms erstem ‚Nationalgedicht', wurde die Philologie auch zum ersten Mal zur Schaffung einer nationalen Identität eingesetzt.

Und doch betrachtete Sueton, wie der zitierte Passus zeigt, Livius und Ennius nicht als eigenständige Gelehrte. Der Grund dafür (dies macht der größere Kontext von Suetons Argumentation deutlich) liegt darin, daß sie keine eigentlichen gelehrten Abhandlungen schrieben. Erst in der zweiten Hälfte des 2. Jh. v. Chr. trat mit Lucius Aelius (ca. 150?–ca. 80? v. Chr.) der erste ‚reine' Gelehrte Roms in Erscheinung – ein Gelehrter, der die wissenschaftliche Arbeit unabhängig von künstlerischem Ausdruck pflegte; er war ein Ritter aus Lanuvium, einer Stadt südöstlich von Rom (Suet. *Gramm.* 3,1). Seine Schriften sind zwar nicht überliefert, sie beeinflußten aber seine jüngeren Zeitgenossen Varro und Cicero, die seine Salons regelmäßig besuchten (Cic. *Brut.* 205–7. *Acad.* 1, 8; Gell. 1, 18, 2), und spätere Gelehrte wie Verrius Flaccus. Besonders wichtig für unsere Geschichte ist die Breite der Themen und Untersuchungen des Aelius, die sich von der zentralen Beschäftigung mit der Sprache aus verzweigten und zu den drei Hauptschwerpunkte der gesamten römischen Philologie entwickelten: ‚Antiquitäten', die sich mit den Institutionen und den Glaubensvorstellungen Roms und seiner Nachbarn abgaben, Literatur einschließlich Fragen der Authentizität und der Literaturgeschichte (aber wenig, das wir als Literaturkritik anerkennen würden), und die mehr oder weniger systematische Erforschung der Sprache, vor allem (in dieser frühen Phase) von Etymologie und Semantik. Die meisten der überlieferten Fragmente belegen Aelius' Interesse an den beiden letztgenannten Themen, und sein Traktat über Propositionen (*proloquia* = ἀξιώματα), ein mit der syntaktischen Analyse verwandtes Thema der stoischen Dialektik, war noch im 2. Jh. n. Chr. bekannt (Gell. 16, 8, 2–3). Sprachliche Sachkenntnis (‚Philologie' im engeren, modernen Sinn) und ein hoch entwickelter Sinn für Stil waren wohl entscheidend für seinen Versuch, den Kanon der authentischen Komödien des Plautus zu erstellen (Gell. 3, 3, 1.12; sein Schwiegersohn Servius Clodius, ein anderer bekannter Plautusforscher, soll fähig gewesen sein, einen Text anzuschauen und zu sagen: „Dieser Vers wurde von Plautus geschrieben, jener nicht": Cic. *Fam.* 9, 16, 4): diese Echtheitskritik erinnert an die gelehrten Bibliothekare des alexandrinischen Museions, desgleichen seine Verwendung kritischer Zeichen *(notae)* in literarischen Texten, wo sein Name mit demjenigen des großen alexandrinischen Gelehrten Aristarch verbunden wird (*GL* 7, 533–36 Keil). Die Fragmente verweisen aber auch weg vom griechischen Osten hin zu einem spezifisch römischen Interesse am zivilen und religiösen Recht und an Sakralaltertümern (etwa seine Interpretation des Salierliedes, Varro *Ling.* 7, 2; die Bemerkungen zur Sakralsprache und zur Sprache der XII Tafeln als *Aeliana studia* par excellence, Cic. *De or.* 1, 193).

In den Werken von Aelius' bedeutendstem Protégé, Marcus Terentius Varro (116–27 v. Chr.) kommen das breite Spektrum der Interessen und die Verpflichtung gegenüber Rom noch deutlicher zum Ausdruck. Nach dem Studium bei Aelius in Rom und beim akademischen Philosophen Antiochos von Askalon in Athen gelangte Varro bis zur Praetur, kämpfte dann auf der Seite des Pompeius im Bürgerkrieg, wurde aber von Caesar begnadigt. Nach der Ermordung Caesars wurde er von Marcus Antonius geächtet; seine Bibliothek in Casinum wurde geplündert, er selbst floh und verbrachte den Rest seines Lebens in gelehrter Zurückgezogenheit – bei Beginn seines 78. Lebensjahres hatte er 490 Bücher geschrieben (Gell. 3, 10, 17). Davon sind insgesamt 55 Titel bekannt, doch wird sein Oeuvre auf 75 Werke in ungefähr 620 Büchern geschätzt.

Varros Kombination von methodischer Analyse, breitem Interesse und origineller Gelehrsamkeit machte ihn zu Roms bedeutendstem Gelehrten. Seine Schriften umfaßten praktisch jeden Forschungszweig: Geschichte (*De vita populi Romani,* über römische ‚Sozialgeschichte'; *De gente populi Romani,* wo Roms Frühgeschichte in einen griechischen Kontext gestellt wird), Geographie, Rhetorik, Recht *(De iure civili libri XV),* Philosophie, Musik, Medizin, Architektur, Literaturgeschichte *(De poetis, De comoediis Plautinis),* Religion, Ackerbau und Sprache (zu diesem letzten Thema verfaßte er mindestens zehn Werke). Die Errungenschaften der Augusteer und ihrer Nachfolger in Prosa und Dichtung wären ohne die Grundlagen, die Varro legte, kaum denkbar.

Von jenen Werken Varros, die zum größeren Teil auf uns gekommen sind, sind die 25 Bücher *De lingua Latina* für uns am wichtigsten; erhalten sind die Bücher 5–10, davon 5 und 6 ganz. Buch 1 gab eine Einführung, die Bücher 2–7 behandelten die Etymologie und die Beziehung zwischen den Wörtern und dem, was sie bezeichnen, Bücher 8–13 Flexionsmorphologie und den von Varro wohl überzeichneten Konflikt zwischen ‚Anomalisten' und ‚Analogisten', Bücher 14–25 die Syntax und die korrekte Form der ‚Propositionen' (*proloquia:* siehe oben über Aelius). Indem Varro grundsätzlich zwischen Wörtern mit invariabler und variabler Form und (für letztere) zwischen Derivationsmorphologie (Etymologie und Semantik) und Flexionsmorphologie (Grammatik im strengen Sinne) unterschied, kam er auf lediglich vier Bestandteile von Sprache: Wörter mit Fällen, Wörter mit Zeiten, Wörter mit beidem und Wörter mit keinem von beiden. Obgleich sich seine Terminologie von derjenigen der späteren Handbücher unterscheidet, identifiziert er fünf in ihrer Flexion verwandte Gruppen von Substantiven (nach ihrer Form im Ablativ Singular gruppiert) und drei Gruppen von Verben: seine Analyse nimmt also im Prinzip, wenn auch nicht in den Einzelheiten, alle späteren Analysen der lateinischen Flexionsmorphologie vorweg.

Zwei der verlorenen Werke Varros verdienen besondere Erwähnung. Die *Disciplinae,* ein Spätwerk in 9 Büchern, waren ein Überblick über die wichtigsten Begriffe und Prinzipien der *artes liberales,* der gelehrten ‚Disziplinen', die ein freier Mann beherrschen sollte: Grammatik, Rhetorik, Dialektik, Arithmetik, Geometrie, Astronomie, Musik, Medizin und Architektur. Noch reicher waren die *Antiquitates rerum humanarum et divinarum* in

41 Bänden (47 v. Chr.). Wenig ist von den ersten 25 Bänden zu den menschlichen (d. h. römischen) Altertümern bekannt: auf Buch 1 folgten vier Teile von (vermutlich) je sechs Büchern über Menschen (*de hominibus*: die Bewohner Italiens), Orte *(de locis)*, Zeiten *(de temporibus)* und Dinge *(de rebus)*. Die restlichen 16 Bücher, gewidmet dem Pontifex Maximus Iulius Caesar, befaßten sich mit der menschlichen Konstruktion des Göttlichen: ein weiteres allgemeines Einleitungsbuch, dann fünf Triaden über Priestertum (27–29), heilige Orte (30–32), heilige Zeiten (33–35), Rituale (36–38) und verschiedene Gottheiten (39–41). Von den verlorenen Werken der republikanischen Prosa sind die *Antiquitates* wohl das Werk, das wir am schmerzlichsten vermissen.

Ein Blick auf einen von Varros jüngeren Zeitgenossen, Marcus Verrius Flaccus (ca. 55? v. Chr.–ca. 20? n. Chr.) soll diesen Abschnitt beschließen. Verrius Flaccus, Freigelassener und innovativer Lehrer, der die Enkel des Augustus unterrichtete, gilt als bedeutendster römischer Gelehrter nach Varro, mit annähernd so breiten Interessen: seine (verlorenen) kleineren Schriften reichten von Orthographie und der Sprache Catos *(De obscuris Catonis)* über *Res Etruscae* und die Saturnalia *(Saturnus)* bis zu Fragen des Kalenders. Dieselbe Breite des Wissens machte sein Hauptwerk, *De verborum significatu,* zum reichsten und einflußreichsten Beitrag zur lateinischen Lexikographie überhaupt. Das Werk, das alphabetisch geordnet war (mit mehreren Bänden für jeden Buchstaben), behandelte seltene und obsolete Wörter, wobei es Texte früherer Autoren und antiquarisches Wissen miteinbezog. Wir kennen es nur durch einen bloß teilweise erhaltenen Auszug des Pompeius Festus und durch den Auszug aus Festus' Fassung, den Paulus Diaconus im 8. Jahrhundert besorgte.

Zusammen mit der Historiographie und mit einzelnen dichterischen Gattungen definierte die Wissenschaft von Aelius, Varro, Verrius und anderen für die gebildeten Römer den Charakter des *mos maiorum*: am Ende von Augustus' Herrschaft hatten die Bürger Roms und des römischen Reiches ein unvergleichlich viel klareres und breiteres Verständnis ihrer Kultur – von Sprache, Vergangenheit und Institutionen –, als dies 175 Jahre früher, beim Tode des Ennius, möglich gewesen war. Die Philologie übernahm mithin die wichtige Aufgabe, die römische Identität zu definieren. Sie führte diese Arbeit während der nächsten 500 Jahre weiter und machte diese Identität auch jenen zugänglich, die nicht schon von Geburt Römer waren.

1.2 Philologie und die Stabilität Roms

Als Gelehrter und Lehrer im augusteischen Rom nimmt Verrius Flaccus eine Schlüsselstellung in der Philologiegeschichte Roms ein. Verrius, der auf einer umfangreichen direkten Kenntnis der altlateinischen Texte aufbauen kann, führt jene originelle Forschung weiter, die seit Aelius durch die späte Republik verfolgt werden kann; er nimmt deutlich auf die Arbeiten seiner Vorgänger Bezug, aus denen er als Kompilator auswählt und das Ausgewählte zu einer neuen Synthese zusammenstellt. In diesem Sinne weist er auch in die Zukunft, denn seit dem 1. Jh. n. Chr. besteht die Haupterrungenschaft der römischen

Philologie darin, das kulturelle Erbe vergangener Generationen zu konsolidieren und für jeweils neue Zwecke zu nutzen.

So kann man seit Aelius und Varro, die beide keine professionellen Lehrer waren, eine Tradition der ‚Amateurwissenschaft' fassen, welche durch die gesamte späte Antike andauerte und zu der einige bemerkenswerte und noch heute erhaltenen Werke gehören. Der ältere Plinius weitete unter Nero und Vespasian in seiner *Historia Naturalis* die Methoden der antiquarischen Forschung auf die Untersuchung und Katalogisierung der Natur aus. In der Mitte des 2. Jh. sammelte Aulus Gellius in seinen ‚Attischen Nächten' *(Noctes Atticae)* erbauliche oder unterhaltende Auszüge aus seiner breiten Lektüre; im 3. Jh. schrieb Censorinus über menschliche Zeit- und Lebensberechnung *(De die natali).* Das Bild in der Spätantike beherrschen enzyklopädische Werke der unterschiedlichsten Richtungen: Nonius Marcellus (4. Jh.?) verfaßte ein enzyklopädisches Wörterbuch *(De compendiosa doctrina),* das sprachliche Absonderlichkeiten und Realia umfaßt; im 5. Jh. geben zwei Autoren, Macrobius *(Saturnalia)* und Martianus Capella *(De nuptiis Philologiae et Mercurii),* ihren gelehrten Abhandlungen die Form eines Dialogs bzw. einer allegorischen Erzählung. Obwohl diese Werke in unterschiedlicher Epoche und Umgebung auftauchen, zeigen sie alle, welche Elemente der Kultur ihre Autoren jeweils für wertvoll erachteten, deuteten und für die Nachwelt erhielten.

Die Überlieferung von Kultur war auch zentral für den zweiten großen Bereich lateinischer Philologie, der sich aus jenen Grammatik- und Rhetorikschulen entwickelte, welche in Rom seit dem 1. Jh. v. Chr. in großer Zahl entstanden: die Kommentierung literarischer Texte und die Abfassung von Handbüchern *(artes)* zu Grammatik und Rhetorik. Regelwerke zur lateinischen Rhetorik entstanden bereits in den 80er Jahren des 1. Jh. v. Chr. mit der anonymen *Rhetorica ad Herennium;* der bedeutendste Vertreter der Gattung ist Quintilians großer Überblick über die für einen Redner schickliche Ausbildung (ca. 95 n. Chr.). Quintilians älterer Zeitgenosse Remmius Palaemon schrieb die erste *ars grammatica,* von der wir etwas wissen, obgleich verwandte Werke wahrscheinlich bereits in der Mitte des 1. Jh. v. Chr. existierten. Aus dem 2. Jh. überleben Traktate zur Orthographie von Velius Longus und Terentius Scaurus, dazu vermutlich eine gekürzte Version der *Ars* des Scaurus – wenn sie tatsächlich aus dem 2. Jh. stammt, ist es das älteste überlieferte Handbuch zur Grammatik überhaupt; andernfalls geht diese Auszeichnung an die *Ars* des Sacerdos, die wohl im späten 3. Jh. verfaßt wurde. Kommentare zu literarischen Texten, vor allem zu Schultexten, sind ebenfalls bereits aus dem 1. Jh. bezeugt; freilich ist der Horazkommentar des Pomponius Porphyrio (3. Jh.) der erste Text, der annähernd in seiner Originalversion erhalten ist. In der Spätantike sind die Lehrer Aelius Donatus (Mitte des 4. Jh.), Servius (spätes 4./frühes 5. Jh.) und Priscian (spätes 5./frühes 6. Jh.) die zentralen Gestalten, Donat als Autor von Kommentaren zu Terenz und Vergil, dazu von zwei einflußreichen Grammatiken (*Ars minor* und *Ars maior*), Servius als

Verfasser der erhaltenen Kommentare zu Vergil und zu den *Artes* des Donat, Priscian schließlich als Autor der größten Sammlung lateinischen linguistischen Wissens, das aus der Antike überliefert ist.

Von beidem, von Grammatiken und von Kommentaren, gab es freilich viel mehr Werke – erhaltene wie verlorene –, als jetzt genannt wurden. Eine solche Popularität mag heute erstaunen, besonders angesichts der mangelnden Originalität dieser Werke: Macrobius schöpft aus Gellius, dieser fußt auf Verrius Flaccus, der sich auf Aelius stützt. Handbücher wie Kommentare zur *ars grammatica* werden kopiert, und was neu ist, stellt sich oft als neue Kombination altbewährter Themen oder als kleine Zugabe heraus. Diesen Mangel an Originalität als ein Versagen zu deuten, wäre jedoch anachronistisch gedacht: er war das Zeichen von Erfolg und Stabilität einer Tradition, welche, wie es ein späterer *grammaticus* ausdrückte, „herausragendes menschliches Talent in einen Zustand hoher Geschliffenheit brachte" (Diomedes, *GL* 1, 299, 3 Keil). Als hohe Errungenschaft menschlicher Begabung verdiente diese Wissenstradition die Pflege, so wie sie ihrerseits auch denen, die sie pflegten, eine besondere Würde verlieh.

Tatsächlich waren in den lateinisch sprechenden Gebieten des Reiches die Pflege dieser Tradition und die Erziehung in ihr die einzige Erfahrung, die alle Mitglieder der ökonomischen und sozialen Elite teilten. Die bedeutendsten Träger dieser Tradition – vor allem die Schulen für Grammatik und Rhetorik – waren (neben der Familie) die wichtigsten Institutionen, durch welche die Mitgliedschaft in den herrschenden Klassen des Reiches anerkannt, erneuert und ausgeweitet wurde. So wurde die Tradition, die bei den sozialen Außenseitern Livius Andronicus und Ennius angefangen hatte, zu einem zentralen Instrument der Identitätsstiftung in der römischen Elite.

Der erste, kritische Schritt zu dieser Identität war das Erlernen der als ‚korrekt' definierten Sprache. Durch „beharrliches Gedächtnis" und „harte Arbeit", schrieb der Grammatiker Diomedes, erreicht man „die Verläßlichkeit korrekter Sprache und die geschliffene Eleganz, die sich aus diesem Können ergibt"; man wird so den Ungebildeten ebenso überlegen, wie die Ungebildeten dem Vieh überlegen sind (*GL* 1, 299, 18ff. Keil). Diese „Gymnastik der Seele" (Galen, *Consuet.* 4) stand natürlich nicht allen offen; die Schulen, an denen sie erlernt wurde, waren in ihrer sozialen Organisation ausgesprochen exklusiv. Den meisten Bewohnern des Imperiums, die zu einem überwiegenden Teil weder lesen noch schreiben konnten, waren lediglich (wenn überhaupt) die *ludi litterarii,* die ‚Buchstabenschulen', zugänglich, Schulen mit geringem Prestige, die den Schülern gerade das elementarste Lesen und Schreiben beibrachten; wer Zugang zu den ‚liberalen Schulen' der Grammatik und Rhetorik hatte, wurde wirkungsvoll von den unteren Schichten abgeschottet. Der Zugang war in erster Linie eine Frage des Vermögens: wie bereits Lactanz bemerkte, hätte Plato nicht dafür dankbar sein sollen, daß er als Mensch, Mann, Grieche, Athener und Zeitgenosse des Sokrates geboren wurde, sondern daß er talentiert und belehrbar geboren wurde „und mit den Mitteln, eine liberale Bildung zu erhalten" (*Inst. div.* 3, 19). Nur wenige Bevölkerungsgruppen besaßen den nötigen Reichtum: die Senats- und Ritteraristokratie natürlich, dazu die meisten Mitglieder der provinzialen Stadträte, einige Regierungsfunktionäre, Lehrer der freien Künste, Mitglieder anderer gelehrter Berufe (hauptsächlich Advokaten), später einige christliche Bischöfe und Priester; daneben kamen nur sehr wenige in den Genuß dieser Bildung. Der Zugang zu den entsprechenden Schulen wurde zusätzlich durch ihre spärliche geographische Verteilung erschwert: in der Spätantike lagen etwa alle bekannten Schulen für Grammatik und Rhetorik im Bereich von Städten, die zu Bischofssitzen wurden – an Orten also, die als Anziehungspunkte des weltlichen wie des geistlichen Lebens der Region wirkten. In diesen Zentren wurde den Leuten eine urbane Vision der Welt eingeschärft und damit auch das Gefühl, von der großen Mehrheit der Bevölkerung außerhalb der Städte abgeschnitten zu leben. Dieses Gefühl wurde durch den sprachlichen Graben zwischen Stadt und Land noch verstärkt: ein Bauer sprach wohl oft genug nur die lokale Mundart; und wenn er die Gebildetensprache benutzte, dann vermutlich in einer so rohen Version, daß er sich dafür entschuldigen mußte, daß er „städtische Ohren" beleidigte (cf. Sulp. Sev. *Dial.* 1, 27, 2–4).

Die soziale und geographische Exklusivität der traditionellen Bildung hatte zwei miteinander verbundene Konsequenzen. Einerseits galten *litterae* (‚Geisteswissenschaften') als eines der drei oder vier wichtigsten statusbestimmenden Merkmale – worauf Paulinus von Nola mit „Amt, Bildung und Familie" *(honos, litterae, domus)* als den „Zeichen von Prestige in der Welt" verwies (*Carm.* 24, 481f.) oder woran Hieronymus dachte, als er vom „vornehmen Mann, redegewandt, wohlhabend" sprach, einer lebendig gezeichneten Gestalt im „Gefolge der Mächtigen", die sich vom Hintergrund des „Pöbels" absetzte (*Epist.* 66, 6). Auf der einen Seite führten diese kulturellen Fähigkeiten zumindest am Grab zu Ruhm, wie Dutzende von Grabinschriften bezeugen, die als pathetische Erinnerungsmale für erreichte Würde oder für ein vor der Reife gebrochenes Talent die Fähigkeiten von Kindern und Jugendlichen in Erinnerung rufen; zum anderen begleitete diese Bildung durch das Leben und wurde regelmäßig erwähnt, zum Beispiel in Ehreninschriften für Männer, welche höchste Ämter im Staate erreicht hatten. Bei solchen Gelegenheiten werden *litterae* (oder *eloquentia*) regelmäßig mit anderen Tugenden verbunden, welche solche Männer für sich in Anspruch nehmen konnten, wie *iustitia* und *integritas* (etwa *CIL* VI 1751. 1772, cf. 1698. 1735).

Der Ausdruck ‚andere Tugenden' wird hier mit Bedacht verwendet: die traditionelle literarische Bildung wurde als Garant hoher moralischer Werte angesehen, nicht anders als Gerechtigkeit und Unbestechlichkeit. Philologisches Wissen und Können war ein Zeichen für Ausdauer, Sorgfalt und Wille zur Anstrengung – ethische Eigenschaften, die in jener ‚Gymnastik der Seele' impliziert sind und die einen Mann befähigten, die Lasten des Reiches mitzutragen. *Doctrina* setzte *mores* voraus; ein Gelehrter zu sein, setzte voraus, daß man eine ‚rechte' Person, ein Gentleman, war. *Litterae* rechtfertigten den Anspruch auf moralischen und auf sozialen Status, was sich in den Augen der traditionell Kultivierten kaum unterschied: die Gebildeten waren schlicht die ‚Guten', *boni,* die Ungebildeten waren *inertes,* ‚roh und faul' (Aur. Vict. *Caes.* 9, 12).

Diese begriffliche Verbindung von moralischem und sozialem Status hilft, eine zweite Konsequenz aus der Exklusivität traditioneller Bildung zu verstehen, nämlich ihre zentrale Rolle bei der Erhaltung der sozialen Stabilität im Reich. Wenn in der Theorie ein Gelehrter automatisch von der ‚rechten Sorte' war, gab diese Annahme in der Praxis den Zugang zu jenen Netzwerken von persönlichen Beziehungen und Patronage, durch welche die Orts- und Reichsregierung organisiert wurden und innerhalb deren Auszeichnungen verliehen wurden. Ein Mann, der auf diesem Weg zu Ehren kam, wurde so zu einem Symbol für die Kontinuität des Reiches von seinem Anfang bis zum Ende, unabhängig von den Veränderungen, die es im Verlauf seiner Existenz durchmachte. Die Bedrohung durch das, was der Historiker Ramsay MacMullen die ‚Lockerung der Gesellschaft' (‚loosening of society') genannt hat, zeigte sich im Verlauf der Reichsgeschichte in zahlreichen Symptomen – im Graben, der sich im 2. Jh. zwischen höheren und niederen Ratsherren auftat und der im frühen 4. Jh. zur Krise führte, in der Umverteilung von Land nach den gallischen Unruhen des 3. Jh., in der Expansion der Reichsbürokratie unter Diocletian und den damit verbundenen besseren Chancen zur Bereicherung für manche ihrer Mitglieder und in vielem mehr. Nach solchen Veränderungen war es jeweils die Funktion der traditionellen Bildung, zu bestimmen, wer weiterhin der Elite angehörte, und die Versicherung anzubieten, daß sich nichts Grundlegendes verändert hatte, daß die rechten, anständigen Männer noch immer präsent waren und alles unter Kontrolle hatten. Zäh an der bekannten Ordnung festhaltend, erfüllte diese Kultur der Sprache und Texte ihre Aufgabe bis weit ins 5. Jh. hinein, so lange die Strukturen der Reichsregierung im lateinischen Westen bestehen blieben, und sogar etwas länger.

1.3 Von Rom zur Gottesstadt

Als der Christ Salvian im 5. Jh., nach der Zersplitterung der Reichsherrschaft in weiten Teilen des Westens, über die ‚Herrschaft Gottes' *(De gubernatione Dei)* schrieb, benützte er Karthago als Beispiel für das ‚unreine' Afrika unter römischer Herrschaft, denn diese Stadt „enthielt so ziemlich alle Dinge, durch welche die Ordnung des Staates *(disciplina rei publicae)* in der Welt als ganzem aufrechterhalten und gelenkt wird". Er zählte die dafür verantwortlichen Institutionen auf: die Streitkräfte, das Gouverneursamt, die anderen Verwaltungsinstrumente und die „Schulen der freien Künste" – Grammatik und Rhetorik –, die zusammen mit den „Werkstätten der Philosophen . . . alle die Gymnasien von Sprache oder *mores*" bildeten (*Gub. Dei* 7, 67–68). Salvians Vision deutet auf die Rolle der traditionellen Bildung bei der Erhaltung sozialer Kohäsion im Reich; die Feindseligkeit dieser Vision gehört zur langen Geschichte der christlichen Konfrontation mit dieser Bildung und mit den Problemen, die ihre soziale Funktion stellte.

Das Dilemma hatte das Christentum seit seiner frühesten Geschichte gekannt. Als ‚Religion des Buches' war es auf die philologischen Techniken von Sprache und Interpretation angewiesen, welche die traditionelle Bildung anbot (es war sogar mehr darauf angewiesen als die traditionelle Religion Roms). Aber wo literarische Bildung nicht einfach eine Ansammlung von Techniken, Wissen und ästhetischen Prinzipien darstellte, sondern spezifischen und exklusiven Besitz einer kleinen und außerordentlich einflußreichen Bevölkerungsgruppe, war die Beziehung zwischen den Gebildeten und der allen offenstehenden Gnade Gottes keineswegs transparent: was hatte gelehrte Beredsamkeit mit geistlicher Erkenntnis zu tun? Wie reagierte die gebildete Masse der gelehrten Herren auf die biblische Erinnerung, daß Petrus und Johannes „ungelehrte und unbeholfene Leute" (*Acta* 4, 13) gewesen waren, oder auf den Ausspruch des Paulus, er sei „ein Unkundiger in der Rede, doch nicht in der Erkenntnis" (2 *Cor.* 11, 6)?

In der Spätantike gab es natürlich viele Christen, welche die Reibungen zwischen den beiden Kulturen verringern konnten, indem sie die alte der neuen zwar unterordneten, aber doch die Vorzüge beider anerkannten. Der Dichter Ausonius (ca. 310–ca. 394), ein ehemaliger Grammatik- und Rhetoriklehrer, der zum Range eines Konsuls aufstieg, konnte Paulinus von Nola nicht zustimmen, daß „Herzen, die Christus zugewandt, nicht offen für Apollo sind" (Paul. Nol. *Carm.* 10, 21–22); der Grammatiker Phocas aus dem 5. Jh. – ein Christ oder jemand, der hauptsächlich für ein christliches Publikum schrieb – sprach von den Schulen der freien Künste als „dem Gymnasium der Weisheit, wo der Weg zum seligen Leben *(beata vita)* gewiesen wird" (*GL* 5, 411, 6–7 Keil); die Liste der Beispiele ließe sich leicht verlängern. Aber einflußreiche Stimmen gaben weiterhin ihren Zweifeln daran Ausdruck, daß fundamentale Konflikte so einfach gelöst werden konnten: einem Hieronymus oder einem Augustinus schien es wahrscheinlicher, daß weltliche Bildung Eigenschaften fördern würde – Stolz über die eigene Intelligenz und die persönlichen Leistungen, Freude an der Konfrontation im Wettbewerb, Ausrichtung auf einen Status, der an einem ephemeren Maßstab gemessen wurde –, welche die Seele krank machen und die Gemeinsamkeit spalten würden. Die Ergebnisse ihrer eigenen Erziehung und Bildung zu beherrschen, war für solche Männer ein Kampf zwischen kaum zu vereinbarenden Polen.

„Du bist ein Ciceronianer, kein Christ; ‚wo dein Reichtum ist, da ist auch dein Herz'" – so sprach der himmlische Richter zu Hieronymus in einem schrecklichen Traum auf dem Weg nach Bethlehem (*Epist.* 22, 30). Die „alte Schlange" hatte sich über ihn lustig gemacht. Fasziniert vom Stil des Plautus, konnte sich Hieronymus nicht wieder der heiligen Schrift zuwenden, ohne Ekel über ihre rohe Sprache zu empfinden; und doch „dachte ich, es sei nicht der Fehler meiner Augen, sondern der Sonne, daß ich in meiner Blindheit das Licht nicht sehen konnte". Mit seinem unerschütterlichen Vertrauen in die eigene Urteilskraft war der ‚Ciceronianer' ein Gefangener seiner Vergangenheit, ihrer Ruhmredigkeit und ihrer falschen Werte. Er konnte davon nur durch die heilsame Erniedrigung der Prügel befreit werden, die er im Traum auf Anordnung des Richters erhielt.

Die Gegenströmungen von gelehrter Beredsamkeit und einfachem Glauben, von Stolz und Erniedrigung, die Hieronymus damals im Schlaf störten, nagten weiterhin an ihm, als er versuchte, mit seiner eigenen, ansehnlichen und hochgeschätzten Bildung umzugehen. „Ich weiß", sagt er, „daß wir Christen üblicherweise uns nicht gegenseitig für unsere Sprachfehler kritisieren, aber . . ." (*Adv. Ruf.* 2, 20). Feinde werden wegen ihres Mangels an Bildung kritisiert, und gebildete Männer, die von ihrer liberalen Ausbildung zur Heiligen Schrift kommen, werden wegen ihrer Anmaßungen verspottet: das Gleichgewicht war nur schwer zu finden. Hin- und hergerissen durch Erfahrung und Gewissen verarbeitete Hieronymus diese Konflikte in seinen Schriften, beispielsweise in den Kommentaren zu den Briefen an die Epheser und die Galater, wo er versucht, mit dem Problem von Paulus' Bildung zu Rande zu kommen. Einige konnten sich Paulus durchaus als Ungebildeten vorstellen oder nahmen seinen aufgeregten Ausruf: „Sehet, mit wie großen Buchstaben ich euch mit meiner eigenen Hand schreibe!" (*Gal.* 6, 11) als Beweis dafür, daß er ein sogenannter ‚langsamer Schreiber' mit geringer Schulbildung war. Lächerlich, meint Hieronymus. Gewiß, Paulus war ein „Hebräer hebräischer Abstammung", in seiner Mundart gebildet und unfähig, seine tiefen Gedanken in einer fremden Sprache zu artikulieren (*Comm. Gal.* 3, 6, cf. *Comm. Ephes.* 3, 5) – dennoch kannte er selbstverständlich die literarische Figur der Allegorie so, wie wir sie in der Schule lernen, denn auch Paulus hatte Kontakt mit weltlicher Bildung (ibid. 2, 4). Dann aber begeht er doch wieder Sprachfehler (*Comm. Ephes.* prol.) – das ist natürlich, denn seine literarische Bildung war nicht perfekt (*Comm. Gal.* 2, 4) – und überhaupt „kümmerte er sich nicht um die Wörter, solange er den Sinn beibehielt" (*Comm. Gal.* 3, 6). Im Hin und Her dieser Argumente ist Hieronymus' Versuch erkennbar, sich zwischen zwei unannehmbaren Vorstellungen hindurchzuschlängeln, derjenigen eines Paulus mit zu wenig und eines mit zuviel weltlicher Bildung. So gesehen sind die Argumente symptomatisch für Hieronymus' ständigen inneren Kampf um die Bedeutung seiner eigenen weltlichen Bildung und seinen Versuch, einen sicheren Platz zwischen den „zwei Schwächen" der „heiligen Einfachheit" und der „sündhaften Beredsamkeit" zu finden (*Epist.* 52, 9).

Das Problem, mit dem Hieronymus in seinem Gewissen rang, löste Augustin als Bischof im größeren Zusammenhang der christlichen Gemeinschaft auf eine direktere Art. Augustins formelle Antwort auf die Forderungen der traditionellen literarischen Kultur, die Schrift *De doctrina Christiana,* wird motiviert vom Bedürfnis nach einer zwingenden und maßgeblichen, aber doch allgemein zugänglichen Sprache und Exegese, die fähig sein sollte, die oft in ihrer Tiefe dunkeln oder zweideutig formulierten Texte mit den zentralen Wahrheiten zu erschließen. Begonnen im Jahre 396 und beendet 427 – mithin beinahe während seiner ganzen Bischofszeit in Arbeit – zeigt das Werk Klerikern und gebildeten Laien die Möglichkeit einer alternativen literarischen Kultur, die auf der Heiligen Schrift beruht. Als notwendigen Teil seiner Argumentation versucht das Werk, die Kommunikation aus der Autorität der Philologie loszulösen.

Augustin versucht zu zeigen, daß der traditionelle Standard korrekter Sprache sich auf eine vollständig vom Menschen geschaffene Ordnung bezieht, welcher bloße Gewohnheit den Anstrich von Notwendigkeit und Dauerhaftigkeit gegeben hatte. Wie die christliche Erfahrung das Decorum der klassischen Rhetorik – ihre Urteile und Richtlinien über die verschiedenen ‚Ebenen' ihres Gegenstandes und damit über den richtigen Stil (niedrig, mittel, hoch) – aufhebt, so haben (dies Augustins Argumentation) die Definitionen und Regeln der klassischen Grammatik zu Phonologie, Morphologie, Sprachwidrigkeiten und -fehlern keine absolute Gültigkeit, sondern werden lediglich gewohnheitsmäßig beachtet: es heißt bloß deswegen *inter homines,* nicht *inter hominibus,* weil das diejenigen so bestimmt hatten, „die vor uns mit Autorität sprachen" (2, 13, 19–20; 2, 38, 56; 4, 10, 24). Augustin wirft leichthin die Last einer fremden Tradition ab, die weit in der Vergangenheit liegt und sich an Kriterien von unsicherem Wert mißt, und stellt die Situation der traditionellen Bildung als moralisch unhaltbar dar: die Stärke ihrer Unterweisung liege in menschlicher Schwäche, im ehrgeizigen Streben des Menschen nach dem hohen Ansehen in der Welt; Sprachwidrigkeiten und ähnliches „stören die Menschen umso mehr, je schwächer sie selber sind, und sie sind umso schwächer, je mehr sie noch gelehrter erscheinen wollen" (2, 13, 20; vgl. 2, 14, 21; 2, 41, 62; 4, 7, 14; *Conf.* 1, 18, 28–29). Diese Schwäche kann nur überwinden, wer sich dem Joch Gottes unterwirft und merkt, daß die einzig ‚korrekte' Sprache diejenige ist, die in einem bestimmten Zusammenhang wirkt und die Wahrheit klar verkündet, ob sie nun nach von außen gesetzten formalen Richtlinien korrekt ist oder nicht (2, 13, 20; 4, 10, 24).

Dies scheint eine offene und tolerante Haltung gegenüber der Sprache, ist aber Toleranz im Dienste einer intoleranten und streng ausschließenden Gegenkultur. Zwar geht Augustin davon aus, daß jedermann lesen und schreiben sollte, und er räumt ein, daß man Beredsamkeit auf durchaus traditionelle Weise erlernen dürfe – wer Zeit hat, kann sie sogar sehr schnell lernen; er gibt sogar zu, daß die traditionelle Bildung in sich durchaus ethisch wertvoll sein kann (2, 18, 28; 2, 25, 40, 60; 4, 3, 4). Doch was er mit der einen Hand gibt, nimmt er gleichzeitig mit der anderen wieder weg. Die *ars grammatica* und alles, was dazu gehört, ist überflüssig, falls nur die Kinder unter Menschen aufwachsen, die korrekt sprechen; man kann ruhig die traditionellen Regeln der Rhetorik erlernen – nur ist es eigentlich sinnlos, da ein Schüler, der so begabt ist, daß er diese Regeln erlernen kann, in ihnen nichts lernt, was er nicht auch erfährt, wenn er gelehrten Männern zuhört oder die kirchlichen Schriften liest; die Techniken der Deutung – zum Beispiel die richtige Interpunktion an einer unklaren Stelle – können ebensogut, wenn nicht besser, an Beispielen in den Bibelkommentaren Augustins oder anderer Kommentatoren erlernt werden (2, 2, 2ff.; 2, 42, 63; 4, 3, 4–5). Kurz, obwohl Augustinus sich an ein Publikum wendet, das ebenso gebildet ist wie er selbst, wertet er diese Bildung ab oder zeigt Wege, wie die Institutionen und Inhalte der traditionellen Kultur umgangen werden können. Vor allem aber soll die Substanz dieser Bildung nur insofern beibehalten werden, als sie direkt dem Verständnis und der Verbreitung des Glaubens behilflich ist. Wenn Augustin im Bild der „Plünderung der Ägypter" von der alten Kultur als einer ‚fremden' spricht, so liegt die Betonung ganz auf dem Auszug aus Ägypten: die Bruchstücke der literarischen Kultur, die man sich heimlich aneignen kann *(clanculo vindicare),* sind nur dann wertvoll, wenn sie nicht weltlich bleiben (2, 40, 60–61). Für die spirituellen Emigranten, die *De doctrina Christiana* ansprechen will, muß die literarische Bildung rigoros den eigenen Zielen untergeordnet oder aber vollständig abgelehnt werden; sonst bleibt nur die schmähliche Unterwerfung unter sie.

Augustins Ansichten übten erst einmal keinen entscheidenden Einfluß aus, bis in der tiefen Verwirrung des 6. Jh. der alte Cassiodor aus Konstantinopel nach Italien zurückkam und sich ins Kloster Vivarium auf seinen Gütern in Squillace zurückzog. Dort begann er, die *Institutiones* zu entwerfen, seine Prinzipien für eine christliche – und speziell klösterliche – Erziehung; dabei fand er in *De doctrina Christiana* einen Teil seiner Formel, um die *litterae* von ihrer Eitelkeit zu befreien: er bestimmte sie als eine Teildisziplin – mehr nicht – der Theologie. So wurden die Konflikte zwischen weltlichen und geistlichen Quellen der Autorität innerhalb des Klosters zugunsten der geistlichen Autorität gelöst. Auf solch engen Pfaden trat die Tradition lateinischer Bildung in Westeuropa ins Mittelalter ein.

Bibliographie

E. Arns, *La technique du livre d'après Saint Jerome* (Paris 1953); S. F. Bonner, *Education in Ancient Rome* (Berkeley 1977); B. Cardauns, *Stand und Aufgabe der Varroforschung,* Abh. Akad. Wiss. Mainz 4 (1982); H. Dahlmann, „M. Terentius Varro", *RE Suppl.* 6 (1935) 1172–1277; S. M. Goldberg, *Epic in Republican Rome* (Oxford 1995) 43–58. 110–34 (über Livius und Ennius); H. Hagendahl, *Latin Fathers and the Classics* (Göteborg 1958); ders., *Von Tertullian zu Cassiodor. Die profane literarische Tradition in dem lateinischen christlichen Schrifttum* (Göteborg 1983); L. Holford-Strevens, *Aulus Gellius* (London 1988); E. Hovdhaugen, *Foundations of Western Linguistics. From the Beginning to the End of the First Millenium A. D.* (Oslo 1982); A. Kamesar, *Jerome, Greek Scholarship, and the Hebrew Bible. A Study of the ‚Quaestiones hebraicae in Genesim'* (Oxford 1993); R. A. Kaster, „Macrobius and Servius. Verecundia and the Grammarian's Function", *HSCPh* 84 (1980) 219–62; ders.,

Guardians of Language. The Grammarian and Society in Late Antiquity (Berkeley 1988); ders. (Hrsg.), *Suetonius. ‚De grammaticis et rhetoribus'* (Oxford 1995); H.-I. Marrou, *Saint Augustin et la fin de la culture antique* (Paris [2]1958); E. Rawson, *Intellectual Life in the Late Roman Republic* (London 1985); L. D. Reynolds and N. G. Wilson, *Scribes and Scholars. A Guide to the Transmission of Greek and Latin Literature* (Oxford [3]1991), Kapitel 4–10.

2 Geschichte der Bildung; artes liberales

Ilsetraut Hadot

2.1 Geschichte der Bildung

2.1.1 Frühzeit und Republik

Vom Bildungswesen der Frühzeit Roms wissen wir mit Gewißheit nur, daß die Römer ihr Alphabet von den Etruskern übernahmen und daß es bis zu den ersten Berührungen mit griechischer Kultur keine eigentliche lateinische Literatur gegeben hat, folglich auch keinen Unterricht in dem Fach, das man im Altertum 'Grammatik' nannte und das das Studium der Sprache und der Dichter beinhaltete. Sueton (*De grammat.* 1) läßt bezeichnenderweise die ersten bescheidenen Anfänge lateinischen Grammatikunterrichts mit den aus Süditalien stammenden 'Halbgriechen' Livius Andronicus (erste dramatische Aufführung 240 v. Chr.) und Ennius (geb. 239 v. Chr.) beginnen. Beide Dichter haben ihm zufolge in Rom Griechisch und Latein unterrichtet, und die *Odyssee* sei von ersterem eigens zum Zwecke des Lateinunterrichts übersetzt worden. Der erste aber, der in Rom den wahren Grammatikunterricht einführte, sei der Grieche Krates von Mallos gewesen, der, als Gesandter des Attalos II. nach Rom geschickt (Mitte 2. Jh.), dort durch einen Beinbruch zu längerem Aufenthalt gezwungen wurde.

Man ist sich einig darüber, daß das altrömische Bildungswesen, wenn man überhaupt schon von einem solchen sprechen darf, nur die führende soziale Schicht betraf. Dies gilt allerdings auch für die späteren Zeiten. Die Erziehung hatte rein privaten Charakter und war zweckgebunden auf das Ziel ausgerichtet, dank des familiären Landbesitzes seine wirtschaftliche Unabhängigkeit zu wahren und als Politiker im religiösen, zivilen und militärischen Bereich eine einflußreiche Stellung einzunehmen. Es ergeben sich somit als Schwerpunkte die praktisch zu erwerbenden Kenntnisse in der Landwirtschaft, die in der praktischen Ausübung als Soldat und Offizier erworbene Erfahrung in der Kriegsführung und die im Jünglingsalter sozusagen als 'Beisitzer' eines erfahrenen Politikers aus täglicher Beobachtung der forensischen und senatorischen Praktiken erworbene Kenntnis des religiösen und zivilen Rechts (anfangs fiel beides zusammen). Wir wissen nicht, zu welchem Zeitpunkt die römische Elite anfing, griechische Sprachkenntnisse zu erwerben. Das für uns erste in etwa faßbare Beispiel dafür ist Appius Claudius Caecus (cens. 312, cos. 307 u. 296), jedenfalls wenn man mit E. Norden (*Die römische Literatur*, [5]1954, 8) annimmt, daß seine Sentenzensammlung auf ein griechisches Vorbild zurückgeht.

Die frührömische Erziehung der führenden Schichten ist bei Joh. Christes, *Bildung und Gesellschaft* (1975) unter Angabe der wichtigsten Literatur gur dargestellt (aber s. unten).

Von der zweiten Hälfte des 3. Jahrhunderts, d. h. vom ersten Punischen Krieg an, findet eine immer intensivere Berührung mit griechischer Kultur statt, deren Einfluß vom 2. Jahrhundert an bestimmend wurde. Das hat nicht nur die Zweisprachigkeit (Griechisch und Latein) der römischen Oberschicht zur Folge, sondern auch die Übernahme der Fächer Grammatik (Grammatik im eigentlichen Sinne + Poesie) und Rhetorik, in weit geringerem Maße der Philosophie, aus dem griechischen Bildungswesen der hellenistischen Epoche.

Zur Zweisprachigkeit C. W. Müller, K. Sier, J. Werner (Hgg.), *Zum Umgang mit fremden Sprachen in der griechisch-römischen Antike* (Stuttgart 1992), bes. R. Weis "Zur Kenntnis des Griechischen im Rom der republikanischen Zeit" (137–142); B. Rochette, "Remarques sur le bilinguisme gréco-latin", *EtClass* 64 (1996) 3–20. Zum hellenistischen Hintergrund bin ich in *Arts libéraux et philosophie dans la pensée antique* (Paris 1984), das die Basis der folgenden Ausführungen abgibt, aufgrund einer umfassenden Untersuchung der (seltenen) literarischen und vor allem inschriftlichen Zeugnisse zu durchaus von der seit dem 19. Jh. vorherrschenden Meinung abweichenden Ergebnissen gekommen. Dieser Meinung zufolge hätte der erst in kaiserzeitlichen philosophischen Texten belegte Zyklus der sieben freien Künste bereits in der hellenistischen Epoche die Grundlage der griechischen und römischen Allgemeinbildung ausgemacht. Demgegenüber ist festzuhalten: In der hellenistischen Epoche besaß, von der besonderen Situation Athens abgesehen, jede griechische Stadt, sei sie in Kleinasien, auf den Mittelmeerinseln oder auf dem europäischen Festland gelegen, zumindest **ein** städtisches Gymnasium, das dem Unterricht der Jungen der gehobenen Klassen im Alter vom 16. bis 18. Lebensjahr (Epheben) gewidmet war. Vor dem Eintritt in diese Schule scheinen Lesen, Schreiben und Rechnen in privatem Unterricht erlernt worden zu sein. Die reichen Städte besaßen häufig drei Gymnasien, d. h. ein zweites Gymnasium, das den unter 15 Jahre alten männlichen Nachwuchs aufnahm, und ein drittes, das für die über 18 Jahre alten jungen Männer (νέοι) bestimmt war. Das nach Schulabschluß erreichte Bildungsniveau konnte somit sehr verschieden sein, je nachdem ob sich die Stadt nur einen minimalen dreijährigen oder einen maximalen zehnjährigen Schulunterricht leisten konnte. Der Unterricht wurde hauptsächlich in Sport, vormilitärischen und militärischen Übungen, Musik und Literatur erteilt, wobei auch für die Erklärung der Literatur notwendige Stoffe wie Mythengeschichte, Geschichte, Geographie, Völkerkunde berührt wurden (vgl. M. P. Nilsson, *Die hellenistische Schule*, 1955). Neben diesen städtischen Institutionen existierten in vielen griechischen Städten vom 2. Jh. v. Chr. an noch private Schulen, die einen vertieften Unterricht entweder in Grammatik oder Rhetorik vermittelten, gelegentlich auch in beiden Fächern zusammen, wobei der Grammatikunterricht als notwendige Vorstufe für den Unterricht in Rhetorik galt. Eine Ergänzung dieser hauptsächlich literarisch ausgerichteten Allgemeinbildung stellte der ebenfalls private Philosophieunterricht dar, der jedoch nur von einer sehr kleinen Minderheit besucht wurde. Der Unterricht in den zum späten neuplatonischen Zyklus der sieben freien Künste gehörenden Fächer Arithmetik, Geometrie, theoretische Musik und Astronomie war, wie auch in der Kaiserzeit, Teil des Philosophieunterrichts, sofern er nicht teilweise zur Berufsausbildung des Landvermessers, des Ingenieurs und des Architekten gehörte.

Im Gegensatz zum griechischen Bildungswesen blieb in Rom und in den unter seinem Einfluß stehenden Teilen Italiens in der hellenistischen Epoche der Unterricht rein privat, und wir wissen fast nichts über seine Organisation, außer daß es ab der zweiten Hälfte des 2. vorchristlichen Jahrhunderts Lehrer gab, die Grammatik (in beiden Sprachen mit der entsprechenden Literatur und den annexen Lehrstoffen) und Rhetorik (hauptsächlich in Griechisch) unterrichteten. Die lateinische, auf griechischer Methodik aufbauende Grammatik konnte natürlich erst ab diesem Zeitpunkt richtig zum Zuge kommen, nachdem nämlich durch die Werke des Ennius, Naevius, Plautus und Terenz ein ausreichendes Unterrichtsmaterial zur Kommentierung zur Verfügung stand. Angaben über das Alter der Schüler beim Beginn bzw. Ende des Grammatik- und Rhetorikunterrichts und seine gewöhnliche Dauer finden sich zwar oft in der modernen Literatur, sind aber in nicht ganz zulässiger Weise von den etwas besser bekannten Zuständen der Kaiserzeit auf die hellenistische Epoche übertragen. Wir hören nichts davon, daß sich die römische Oberschicht für die in den griechischen Gymnasien so wichtigen Fächer Musik und Sport interessiert hätte, zumal letzterer von den Griechen nackt ausgeübt wurde und somit den von den Römern verpönten homosexuellen Tendenzen Vorschub leistete. Dagegen behielt die Rechtskunde stets ein besonderes Prestige (Christes, *Bildung* 140–150), und wenn die römische Führungsschicht sich schließlich für Rhetorik und Grammatik interessierte, so für erstere, weil sie sich für die Ausarbeitung der forensischen Gerichtsreden und der Reden im Senat als sehr nützlich erwies, und für letztere, weil sie die notwendige Vorstufe für die Rhetorik bildete. Auch die griechische Philosophie konnte einen gewissen, wenn auch kleinen Platz im Bildungswesen der republikanischen Zeit erringen, vor allem mit Cicero, der sie, hierin durch die Philosophie der Akademie (Philon von Larissa) beeinflußt, im Hinblick auf die Formung des idealen Redners als unerläßlich ansah (vgl. Cic. *De orat.*).

Die Römer waren sich der entscheidenden Bedeutung des griechischen Einflusses auf ihre Kultur bewußt. So gesteht Cicero in einem Brief an seinen Bruder Quintus (*Ad Q. fr.* 1, 1, 28), daß er sich nicht schäme zu sagen, daß sie das, was sie beide geworden sind, dem Studium und den Künsten *(studiis et artibus)* verdankten, die ihnen Griechenland durch seine Denkmäler und seine Lehren *(monumentis disciplinisque)* vermacht habe.

Wie in den griechischen Städten der hellenistischen Epoche, so findet sich auch in Rom und Italien keine Spur vom Vorhandensein eines Zyklus der späteren sieben freien Künste als Grundlage der Allgemeinbildung.

Vgl. H. I. Marrou, "Les arts libéraux dans l'Antiquité classique", in: *Arts libéraux et philosophie au Moyen Âge.* Actes du 4ème Congrès international de philosophie médiévale, 27 août–2 sept. 1967, Montréal–Paris 1969, 5–27), widerlegt in I. Hadot, *Arts libéraux et philosophie* (1984) 52–57.

Sueton hat uns in seinem Traktat *De grammaticis* einige kurze Nachrichten über berühmte lateinische Grammatiker hinterlassen, die dem sozialen Status nach zumeist Freigelassene waren. In der ersten Zeit kamen sie häufig als Kriegsgefangene, die ihre noch in der Freiheit erworbenen grammatischen Kenntnisse aus dem Osten mitbrachten, nach Rom. Später rekrutierten sie sich in immer steigendem Maße aus hausgeborenen und später freigelassenen Sklaven, die ihre grammatische Ausbildung ihren Herren verdankten (Christes, *Sklaven*, 1979). Einige dieser Grammatiker unterrichteten sowohl in Griechisch als auch in Latein, einzelne, besonders in der Frühzeit des römischen Grammatikunterrichts (Suet. *Gramm.* 4; 6), lehrten auch die Rhetorik, gleichzeitig mit der Grammatik (z. B. Antonius Gnipho, den Cicero noch als Prätor hörte, vgl. Suet. *Gramm.* 7), oder nacheinander zu verschiedenen Zeitpunkten ihrer Lehrtätigkeit. Vom 1. Jahrhundert vor Chr. an breitete sich der Grammatikunterricht auch auf die Provinzen Italiens aus (Suet. *Gramm.* 3). Die Unterweisungen in Rhetorik, teilweise auch von Freigelassenen ausgeübt (Suet. *Rhet.* 3), fanden meist in griechischer Sprache mit Hilfe griechischer Lehrbücher und des Studiums griechischer Redner statt.

Suet. *Rhet.* 2, berichtet aus einem für uns verlorenen Brief Ciceros, daß erstmals Lucius Plotius Gallus, als Cicero noch ein Kind war, lateinischen Rhetorikunterricht gegeben habe, aber daß Cicero seine Schule nicht besuchte, weil damals maßgebliche Persönlichkeiten der Meinung waren, daß die Übung in griechischer Sprache besseren Erfolg verspreche. Plotius hatte es sich zum Ziel gesetzt, auch dem des Griechischen Unkundigen die Elemente dieses Fachs zu vermitteln. Seine Schule wurde aber nach kurzem Bestehen im Jahre 92 durch Zensoren-Edikt aus politischen Gründen geschlossen.

Der Rhetorikunterricht in lateinischer Sprache entwickelte sich vor allem mit und nach Cicero, dessen Reden Unterrichtsstoff wurden und der auch mit seinen Lehrbüchern *De inventione, Partitiones oratoriae* und *Topica* griechischen Lehrstoff in lateinischer Terminologie wiedergab. Zum Ausgang der Republik kamen griechische Rhetoren in großer Zahl nach Rom, aber die Angehörigen der römischen Oberschicht pflegten ihre Söhne auch nach Griechenland und Kleinasien zu schicken, damit sie dort den letzten Schliff erhielten.

Auch griechische Philosophen kamen ab der zweiten Hälfte des 2. Jahrhunderts nach Rom und Italien, sei es um sich dort zeitweilig aufzuhalten, wie der Stoiker Panaitios, der enge Beziehungen zu Scipio Aemilianus unterhielt, und der Akademiker Philon von Larissa, der Lehrer Ciceros, sei es, um sich dort endgültig niederzulassen, wie der Stoiker Diodotus, dessen Unterricht Cicero schon als Kind genoß, der später in seinem Hause wohnte, als Blinder noch Unterricht, sogar in Geometrie, erteilte und dort starb (Cic. *Tusc.* 5, 113; *Ac.* 1, 115; *Nat. deor.* 1, 6; *Att.* 2, 20, 6), und der Epikureer Philodem, der in Herculaneum in der Villa des L. Calpurnius Piso Caesonius wohnte.

2.1.2 Kaiserzeit

Vom Beginn des 1. Jahrhunderts n. Chr. an zeichnet sich im Bildungswesen eine Entwicklung ab, die vom bis dahin rein privaten Unterricht in Grammatik (mit den oben genannten annexen Lehrstoffen), Rhetorik und Philosophie zu einer Art von fester Anstellung des diesbezüglichen Lehrpersonals in den Städten führt.

Das erste uns hierfür überlieferte Beispiel ist Massilia (Marseille). Strabon (*Geogr.* 4, 1, 5) berichtet in der Tat, daß zur Zeit des Augustus oder Tiberius die Bewohner dieser einst von Griechen gegründeten Stadt, soweit sie aus guter Familie stammten, sich stark für Rhetorik und Philosophie interessierten, so daß Massilia noch vor kurzem ein (griechisches) Kulturzentrum für das die Stadt umgebende Gallien war, und daß der kulturelle Einfluß dieser Stadt so groß war, daß die Söhne der römischen Oberschicht nunmehr nicht mehr nach Athen, sondern nach Massilia reisten, um dort zu studieren. (Diese Nachricht wird in etwa durch Tac. *Agr.* 4, 2–3 bestätigt: sein Schwiegervater Agricola [40–93 n. Chr.], Sohn eines römischen Senators, aber in der Provinz geboren, absolvierte seine Studien in Massilia, sogar in Philosophie.) Und das Beispiel Massilias, berichtet Strabon, habe auch einige gallische Städte der Provinz dazu geführt, griechische Rhetoren und Ärzte anzustellen, auf Kosten der Städte und einiger Mäzene. Es handelte sich sehr wahrscheinlich nicht mehr darum, die Lehrer jährlich zu wählen, wie dies früher in den griechischen Gymnasien üblich war, sondern ihnen eine dauerhafte Anstellung zu gewährleisten.

Es kann auch kein Zweifel daran bestehen, daß Ende des 1. Jhs. n. Chr. zahlreiche italische Städte ihre Lehrkräfte dauerhaft angestellt hatten, indem sie ihnen Gehälter zahlten. So stellt Plinius der Jüngere in einem seiner Briefe (4, 13, 6) fest, daß es zu seiner Zeit viele italische Städte gab, die ihren Lehrkräften Gehälter zahlten. Und der Satiriker Juvenal (*Sat.* 15, 110ff.) konstatiert, daß jetzt alle Länder des Erdkreises Bildungsstätten besitzen, die griechische und lateinische Kultur verbreiten, daß das redekundige Gallien die britannischen Rechtsanwälte forme (d. h. sie durch rhetorische Ausbildung zu diesem Beruf ausbilde) und daß nun sogar Thule davon spreche, einen Rhetor zu engagieren. Wenn, wie Juvenal scherzhaft sagt, sogar die ferne Insel Thule einen Rhetor anstellen will, dann bedeutet dies, daß zu seiner Zeit die Rhetorik bis in die entferntesten Winkel des römischen Reiches vorgedrungen war, und mit ihr natürlich die Grammatik, denn ohne Grammatik keine Rhetorik. In Rom hatte Vespasian als erster griechischen und lateinischen Rhetoren sowie Ärzten ein Jahresgehalt von 100000 Sesterzen bewilligt, das aus der Staatskasse gezahlt wurde (Suet. *Vesp.* 18). Quintilian war der erste Rhetor, der davon profitierte und eine öffentliche Rhetorikschule leitete (Hieronymus, *Chron.* [= R. Helm, *Eusebius' Werke* 7, CGS 47] unter dem Jahre 88 [das Datum ist falsch]). Ein nur fragmentarisch erhaltenes Edikt Vespasians vom Jahre 74 gewährt den Ärzten und Lehrern *(praeceptores)* Freiheit von gewissen städtischen Auflagen, und in einem Kommentar des Juristen Arcadius Charisius (*Dig.* 50, 4, 18, 29–30) wird ausgeführt, daß die Kaiser Vespasian und Hadrian den Lehrern der Elementarschulen *(magistri)*, Grammatikern, Rhetoren, Ärzten und Philosophen Dispens von Einquartierungen und anderen städtischen Auflagen gewährten. Es ist hier zwar nicht von Gehältern die Rede, aber aus allem, was wir durch Tacitus, Plinius dem Jüngeren und Juvenal vom 1. Jh. und durch den Rhetor Libanios und andere vom 3. und 4. Jh. wissen, dürfen wir schließen, daß beides, Gehalt und Auflagenfreiheit, bei städtischen Lehrern und Ärzten zusammengeht.

In allen diesen, allerdings spärlichen Zeugnissen über Stadtärzte und städtische Lehrer wird nur von Grammatikern, Rhetoren und Philosophen gesprochen. Grammatik und Rhetorik wurden in den latinisierten Provinzen in beiden Sprachen gelehrt. Was die von den Römern seit jeher so hoch geschätzte Jurisprudenz angeht, so war der Unterricht noch zu Anfang des Prinzipats rein privat, wenn sich auch ein quasi schulischer Unterricht, der sich auf Lehrbücher stützte, zu entwickeln begann.

Vgl. E. Seidl, *Römische Rechtsgeschichte und römisches Zivilprozeßrecht* (1962).

In der Kaiserzeit schließlich konnte die Ausbildung zum Juristen nur noch in öffentlichen Schulen des römischen Rechts erworben werden. Der Unterricht wurde ausschließlich in Latein abgehalten, auch in den vom Anfang des 3. Jahrhunderts an in den östlichen Provinzen gegründeten Rechtsschulen, deren Lehrer ebenfalls besoldet waren.

In der ersten Hälfte des 2. Jahrhunderts wurde die Zahl der öffentlichen Lehrer gesetzlich festgesetzt, wie wir durch einen Brief des Antoninus Pius erfahren. Dieser von Modestinus (*Dig.* 27,1,6,1 ff.) kommentierte Brief war an die Autoritäten der Provinz Asia gerichtet. Es besteht aber kein Zweifel daran, daß die in ihm enthaltenen Regelungen sich auf das gesamte römische Reich erstreckten.

In diesem Brief heißt es, daß die kleinen Städte jeweils 5 Ärzte, 3 Sophisten (Rhetoren) und 3 Grammatiker haben können, die Mittelstädte 7 Ärzte, 4 Sophisten und 4 in beiden Sprachen unterrichtende Grammatiker, und die großen Städte 10 Ärzte, 5 Rhetoren und 5 Grammatiker. Über diese Anzahl hinaus dürfe selbst die größte Stadt keine Abgaben- und Dienstleistungsfreiheit gewähren. Wie schon gesagt, war die Abgaben- und Dienstleistungsfreiheit mit dem Bezug eines von der Stadt gezahlten Gehaltes gekoppelt. Die Anzahl der Philosophen wurde in diesem Brief ausdrücklich nicht festgelegt, wahrscheinlich weil es selten geschah, daß eine Stadt einen Philosophen anstellte und dieser Unterricht vielleicht weiterhin meist privat erfolgte. Immerhin wissen wir, daß Mark Aurel in Athen öffentliche Lehrstühle für Philosophie einrichtete. Aber es wäre ein Irrtum zu glauben, daß die Philosophie nur in großen Städten wie Rom und Athen hätte Verbreitung finden können. Literarische und inschriftliche Zeugnisse geben Kunde von der großen Anzahl mittlerer und kleiner Städte, in denen Philosophen tätig waren.

Mit diesem Brief bekräftigt Antoninus Pius nur eine Maßnahme, die schon von Hadrian getroffen worden war und die wohl schon während des gesamten 2. Jahrhunderts Gültigkeit hatte. Selbstverständlich gab es, zumindest in den großen Städten des römischen Reiches, auch noch eine mehr oder minder große Anzahl von Privatlehrern sowie berühmte Wanderlehrer, die von Stadt zu Stadt zogen. Dieser Stand der schulischen Verhältnisse blieb im 3. und 4. Jahrhundert nahezu unverändert und dürfte wohl *grosso modo* bis zum Ende der Kaiserzeit angehalten haben.

Philostratos behandelt in seinen vor 238 verfaßten *Vit. sophist.* nicht nur Rhetoren von den Anfängen bis zu seiner Zeit, sondern auch Philosophen, welch letztere ja in der Kaiserzeit gewöhnlich alle die Rhetorenschule absolviert hatten und es als wesentlich für ihren Beruf ansahen, über alle Kunstmittel der Überzeugungskraft zu verfügen. Dieses Buch ist aufschlußreich im Hinblick auf die glänzenden Karrieren, die hauptsächlich den Rhetoren in der Kaiserzeit offenstanden: sie wurden von den Städten als Gesandte nach Rom geschickt, konnten Reichtum erwerben, hohe Beamte in der kaiserlichen Verwaltung werden und hohe Priesterämter einnehmen. (Zu der im Vergleich damit bescheidenen sozialen Rolle der Grammatiker im 3. und 4. Jh. n. Chr. vgl. R. A. Kaster, *Guardians of Language*, 1988). Eunapios (346–ca. 414) verlegt in seinen *Vit. philosoph. et sophist.* den Schwerpunkt seiner Beschreibungen ganz in den griechischen Osten und wir hören fast nichts mehr von Rom und den westlichen Provinzen. Vgl. auch Ausonius, *Commemoratio professorum Burdigalensium*, und das Briefcorpus des Rhetors Libanios.

Wenn man nach dem Stand der Allgemeinbildung der oberen sozialen Schichten in der römischen Kaiserzeit fragt, darf man wohl sagen, daß sie überwiegend dem Bildungsniveau entsprach, das von den öffentlich engagierten

Lehrern der mittleren Städte vermittelt wurde: Diese Bildung war ausschließlich literarisch und rhetorisch, wenn nicht noch in verhältnismäßig seltenen Fällen ein Philosophiestudium hinzukam, das, wenn es gründlich war und lange genug dauerte, auch Unterricht in Arithmetik, Geometrie, Astronomie und Musiktheorie mit einschloß.

Trotz der äußerlichen Vereinheitlichung des über das gesamte römische Kaiserreich verbreiteten städtischen Schulwesens unterschied sich dennoch das Bildungsniveau der westlichen, latinisierten Provinzen (Italien, Spanien, Gallien, Nordafrika, Teile des Balkans) nicht unwesentlich von dem der östlichen griechischen oder hellenisierten Provinzen. In den latinisierten Teilen des Kaiserreichts war der Unterricht zunächst, wie zum Ausgang der Republik, durchaus zweisprachig geblieben, aber die Qualität und der Umfang des Griechischunterrichts nahm vom 3. Jahrhundert n. Chr. an ab. Vom 2. vorchristlichen bis zum 2. nachchristlichen Jahrhundert beinhaltete der Unterricht im Griechischen eine gründliche Unterweisung in den Fächern Grammatik und Rhetorik, mit dem Resultat, daß Römer wie Cicero, Tacitus, Quintilian, der ältere und jüngere Plinius, Seneca Vater und Sohn, Hadrian, Marc Aurel, nicht nur die griechische Sprache und Literatur vollständig beherrschten und sich zu eigen gemacht hatten, sondern daß sie auch imstande waren, eine Rede nach allen Regeln der Rhetorik auf griechisch zu halten oder griechische Verse abzufassen. Demgegenüber waren gegen Ende des 4. Jahrhunderts die Griechischkenntnisse des Augustin, der eine Ausbildung als lateinischer Rhetor hinter sich hatte und in seiner Jugend in Nordafrika auch Unterricht in griechischer Grammatik genossen hatte, so gering, daß er die größte Mühe hatte, einen griechischen Text zu verstehen, und natürlich auch nicht in der Lage war, griechisch zu sprechen oder zu schreiben. Es steht auch fest, daß die latinisierten Provinzen zur Zeit des Boethius (ca. 480–524) die griechischen rhetorischen Theorien nur noch durch die Vermittlung der Schriften Ciceros und Quintilians kannten. Immerhin aber blieb in Städten wie Rom, Mailand und Ravenna die echte Zweisprachigkeit in den führenden Schichten noch bis zum Ausgang des 6. Jahrhunderts erhalten.

Anders verhielt es sich in den griechischen oder hellenisierten Provinzen des römischen Kaiserreichs. Ihre Bewohner hatten sich, zumindest in den ersten zwei Jahrhunderten n. Chr. und von wenigen Ausnahmen abgesehen, nie um eine andere Kultur als die griechische bemüht, zum einen, weil sie sie als der lateinischen weit überlegen erachteten, zum anderen, weil sie durch keine Notwendigkeit dazu getrieben wurden, die lateinische Sprache zu erlernen. Wenn sie auch als Besiegte und Unterworfene in gewissem Maße der römischen Rechtsprechung unterlagen, so konnten sie doch vor Gericht ihre eigene Sprache sprechen: die hohen römischen Beamten, die in den Provinzen tätig waren, waren ja zweisprachig und brauchten keine Dolmetscher. Die kaiserliche Verwaltung besaß darüberhinaus eine Abteilung *ab epistulis graecis*, die den kaiserlichen Briefen und Edikten ihre griechische offizielle Form gab.

Die bloße Existenz dieser Abteilung beweist die bevorzugte Stellung, die dem Griechischen von seiten des römischen Staates eingeräumt wurde. Diese Situation sollte sich jedoch geringfügig von dem Moment an ändern, wo Caracalla die römische Bürgerschaft an alle freien Bürger der Provinzen vergab (212), die somit nun auch Zugang zu Posten in der römischen Verwaltung erhielten, unter der Bedingung allerdings, daß sie Latein sprachen. Diese Tatsache erweckte einiges Interesse für die lateinische Sprache und das römische Recht auch in der griechisch sprechenden Bevölkerung. Dennoch bieb das Bemühen um die lateinische Sprache in den hellenisierten Provinzen bis zum Regierungsantritt des Diokletian ziemlich schwach. Bei letzterem und allen nachfolgenden Herrschern bis hin zu Theodosius I. läßt sich jedoch eine zunehmende Tendenz erkennen, der griechischen Sprache ihre bevorzugte Stellung zu nehmen: Latein wird die Sprache der Armee und der Provinzverwaltungen. Parallel dazu können wir die schon oben erwähnte Entwicklung verfolgen, daß die in die östlichen Provinzen entsandten Beamten entweder immer weniger oder überhaupt nicht mehr Griechisch sprachen. Diese Umstände bewirkten, daß die Bewohner der hellenisierten Provinzen nun ernstlich anfingen, sich für die lateinische Sprache zu interessieren.

So berichtet z. B. der griechische Rhetor Libanios in seinen Briefen und Reden, daß, als er noch in Konstantinopel unterrichtete, einige seiner Schüler ihn verließen, um die römische Rechtsschule in Berytos aufzusuchen (z. B. *Orat.* 1,76; *Epist.* 539 und 1375 Foerster), und daß, als er städtischer Rhetoriklehrer in seiner Vaterstadt Antiocheia war, einige seiner Schüler entweder gleichzeitig Latein lernten oder ihre griechischen Rhetorikstudien aufgaben, um römisches Recht zu studieren, oder aber daß sie nach abgeschlossenem Rhetorikstudium das Studium des römischen Rechts begannen (z. B. *Epist.* 1131 Foerster). Das Interesse an der lateinischen Sprache wurde so stark, daß die Stadt Antiocheia 356 einen Posten für einen Lateinlehrer schuf (*Orat.* 38,6; 58,21f. Foerster) und später sogar einen Posten für römisches Recht (*Epist.* 209 Foerster). Aber Theodosius II. erkannte 439 die griechische Sprache als zweite offizielle Sprache neben dem Latein wieder an, und im byzantinischen Reich endlich konnte das Latein nur noch als Sprache des kodifizierten Rechts überleben.

Vgl. auch G. Dagron, "Aux origines de la culture byzantine: langue de culture et langue d'État", *Revue Historique* 241 (1969) 23–56.

Wir sehen also, daß in der Kaiserzeit, trotz zentraler Verwaltung und einheitlicher Schulgesetze im ganzen Reich, das durch den städtischen Unterricht gewonnene Bildungsniveau in den latinisierten und in den hellenisierten Provinzen durchaus nicht das gleiche war und daß es auch in beiden Sprachräumen einer den Zeitläufen entsprechenden Entwicklung unterlag. Diese Bildungsunterschiede wären noch stärker hervorgetreten, wenn wir den Beitrag der Lokalsprachen und -kulturen hätten berücksichtigen können. Um nur ein Beispiel zu nennen: In Syrien und Mesopotamien sprachen die führenden Schichten Aramäisch (Syrisch) und Griechisch, und diese Zweisprachigkeit machte später das Eindringen von Teilen der griechischen Literatur durch Vermittlung des Aramäischen in den islamischen Kulturkreis möglich.

Bibliographie: Grundlegend zum Thema der Verarbeitung griech. Kultur durch die Römer J.-L. Ferrary, *Philhellénisme et impérialisme. Aspects idéologiques de la conquête romaine du monde hellénistique* (Rom 1988). Instruktiv ebenfalls J. Christes, *Bildung und Gesellschaft. Die Einschätzung der Bildung und ihrer Vermittler in der griechisch-römischen Antike* (Darmstadt 1975) (abgesehen von der nicht zutreffenden Interpretation der Begriffe *artes liberales* und *enkyklios paideia*). Zum Unterrichtswesen M. P. Nilsson, *Die hellenistische Schule* (München 1955) und I. Hadot, *Arts libéraux et philosophie dans la pensée antique* (Paris 1984). Zur sozialen Stellung der Grammatiker J. Christes, *Sklaven und Freigelassene als Grammatiker und Philologen im antiken Rom* (Wiesbaden 1979) und R. A. Kaster, *Guardians of Language* (Berkeley/Los Angeles 1988). Zum Schulbetrieb eines Rhetors der Kaiserzeit P. Petit, *Les étudiants de Libanius* (Paris 1957). Zu Augustin I. Hadot, "Erziehung und Bildung bei Augustin", in: C. Mayer u. K. H. Chelius Hgg.), *Internationales Symposium über den Stand der Augustinus-Forschung*, 16.–18. April 1987 (Würzburg 1989) 99–139.

2.2 Artes liberales

Der Termius *artes liberales*, auf deutsch traditionsgemäß mit 'freie Künste' wiedergegeben, ist die Übersetzung des griechischen Begriffs ἐλεύθεραι τέχναι und bezeichnet alle Arten von Beschäftigungen, die eines Freien würdig sind, seien sie geistiger, musischer, körperlicher (Jagd, Sport) oder militärischer Natur. Sie können in der Regel weder in der hellenistischen noch in der kaiserzeitlichen Epoche gleichgesetzt werden mit der *enkyklios paideia* (ἐγκύκλιος παιδεία, τὰ ἐγκύκλια, ἐγκύκλια μαθήματα, ἐγκύκλια παιδεύματα, *encyclios disciplina*), noch kann man sagen, daß die Geschichte der *enkyklios paideia* im 5. Jahrhundert v. Chr. beginnt, und daß sie identisch mit dem Zyklus der sieben freien Künste sei, der einer weit verbreiteten Meinung zufolge seit der hellenistischen Epoche die Grundlage der Erziehung der Oberschicht gebildet habe.

Die abgelehnte Position vertritt u. a. J. Christes, *Bildung und Gesellschaft* (1975) 7. 71 u. ö.; vgl. demgegenüber I. Hadot, *Arts libéraux et philosophie* (1984) 263–293.

2.2.1 enkyklios paideia

Das Adjektiv ἐγκύκλιος ist im Zusammenhang mit παιδεία und den soeben erwähnten verwandten Ausdrücken nicht durch 'allgemein', 'gewöhnlich' zu übersetzen, sondern mit 'umfassend', 'enzyklopädisch' wiederzugeben. Der Terminus ἐγκύκλιος παιδεία ist erst in der ausgehenden Republik und in der Kaiserzeit zweifelsfrei belegt. Er bezeichnete nicht die allgemeine, üblicherweise der der Oberschicht angehörenden Jugend vermittelte Erziehung; er ist vielmehr die Frucht komplexer philosophischer Überlegungen, die auf Platon (*Rep.* 537c; *Phaedr.* 266b und *Epin.* 991e–992a) zurückgehen. Diese Überlegungen führten zu der Überzeugung, daß die rationalen Wissenschaften ein einheitliches Corpus bildeten, da ihre Gegenstände alle mittels derselben rationalen (dialektischen) Methode erfaßbar seien, so daß, wenn man eine dieser Wissenschaften beherrsche, man auch die anderen leicht erwerben könne. Umgekehrt wird aus dieser Auffassung von der Einheit der Wissenschaften gefolgert, daß man, um nur eine gut zu beherrschen, auch alle anderen Wissenschaften ihrem theoretischen Inhalt nach studiert habe müsse. Die Idee der Einheit der Wissenschaften impliziert die Idee der anzustrebenden Vollständigkeit des Wissens.

Der in frühaugusteischer Zeit lebende Fachschriftsteller Vitruv (1,1,12) hält denjenigen, die ein so ausgedehntes Programm nicht für durchführbar halten – er selbst spricht vorher (1,1,3–11) von der Notwendigkeit für den künftigen Architekten, Literatur, Zeichnen, Geometrie, Geschichte, Philosophie, (theoretische) Musik, Medizin, Jurisprudenz und Astronomie zu studieren – entgegen, daß es durchaus zu verwirklichen sei, da "alle diese Wissenschaften (*disciplinae*) in ihren Gegenständen unter sich zusammenhängen und miteinander in Verbindung stehen, denn die *encyclios disciplina* ist wie ein einziger Körper aus seinen Gliedern zusammengesetzt".

Ein Scholion zur *Ars Grammatica* des Dionysios Thrax (*Scholia in Dionysii Thracis Art. Gramm.*, ed. Hilgard, Leipzig 1901. S. 112, 16–20; vgl. S. 162, 8–21) identifiziert die ἐγκύκλιοι τέχναι ausdrücklich mit den λογικαὶ τέχναι: "'Εγκύκλιοι sind die Künste, die von einigen λογικαί ('auf rationaler Überlegung beruhend') genannt werden, wie Astronomie, Geometrie, (theoretische) Musik, Philosophie, Medizin, Grammatik, Rhetorik. Man nennt sie ἐγκύκλιοι, weil derjenige, der eine Kunst erlernt (ὁ τεχνίτης), in seine eigene Kunst, indem er alle Künste durchläuft, das einführen muß, was er in jeder einzelnen an Nützlichem findet."

Vitruv (1,1,15–16) erklärt die Einheit der rationalen Wissenschaften folgendermaßen: Man müsse in jeder Kunst (*ars*) zwischen der praktischen Verrichtung (*opus*) und der theoretischen Überlegung (*ratiocinatio*) unterscheiden. Die praktische Verrichtung sei jeder Kunst eigentümlich, aber die theoretische Überlegung sei dieselbe für alle.

Diese Anschauungen begründen die Identifizierung der *enkyklios paideia* mit der Gesamtheit der sich auf theoretische, rationale Überlegungen stützenden Künste und Wissenschaften (λογικαὶ τέχναι, ἐπιστῆμαι, disciplinae).

Ein instruktives Beispiel dafür bietet der Traktat *De congressu* des Philon von Alexandria, in dem Agar die Personifizierung der *enkyklios paideia* darstellt. Sie symbolisierte die Gesamtheit der Fächer Grammatik, Geometrie, Astronomie, Rhetorik, Musik „und jedes andere Studium", sagt Philon, „das auf rationalen Überlegungen beruht" (*De congressu* 11). Anders nur Stob. *Ecl.* 2,7, Bd. 2, S. 67,5 Wachsmuth (*Stoicorum Veterum Fragmenta* Bd. 3, F 294 von Arnim), wo die enzyklopädischen Künste (ἐγκύκλιοι τέχναι) offensichtlich mit den *artes liberales* gleichgesetzt werden.

Diese Idee der Vollständigkeit, Einheit und gegenseitigen Durchdringung der zur *enkyklios paideia* gehörenden Wissenschaften konnte metaphorisch durch das Bild des Kreises, der in der platonischen Philosophie als vollkommene Figur, als Symbol eines in sich geschlossenen Ganzen galt, und des Rundtanzes der Musen wiedergegeben werden.

So teilt z. B. Galen in seiner *Adhortatio ad artes addiscendas* (14, 38f., S. 129, 10ff. Marquardt) die Künste in 2 Klassen ein. Die eine umfaßt die Künste, die sich auf rationale Überlegungen gründen, die andere die handwerklichen Künste (χειρωνακτικαί oder βάναυσοι τέχναι). Zu der ersten Gruppe zählt er Medizin, Rhetorik, (theoretische) Musik, Geometrie, Arithmetik, Rechnen, Astronomie, Grammatik, Jurisprudenz. Für die zweite Gruppe nennt er nur die plastische Kunst und Zeichnen, weil er sie als die ranghöchsten Künste dieser Gruppe betrachtet. In derselben Schrift (5,7f., S. 107,4 Marquardt) veranschaulicht Galen seine Einteilung der Künste durch drei Chöre, von denen jeder für sich einen Kreis bildet, und diese drei Chöre entfernen sich in dem Maße von ihrem Mittelpunkt Hermes-Logos, als ihre Teilnahme am Logos, an der rationalen Überlegung, abnimmt. Diejenigen, die dem dem Gott am nächsten stehenden Kreis angehören, sind die Geometriker, Arithmetiker, Philosophen, Mediziner, Astronomen und Grammatiker, also die Vetreter der sich auf rationale Überlegungen gründenden Künste. Auf diese folgt der zweite Kreis: die Maler, die plastischen Künstler, die Elementarlehrer, die Zimmerleute (oder Tischler? τέκτονες), die Architekten und die Bildhauer. Auf diese folgt der dritte Kreis, von dem er nur sagt, daß er den Rest der Künste umfasse. – Vgl. weiterhin etwa Philo, *De congressu* 79f.; Plut. *Quaest. conv.* 9, 3, 744d–f.; Synes. *Dio* 4,6ff.; *Schol. ad Greg. Naz., or.* 8 (PG 36,914)

Die Zahl dieser zur *enkyklios paideia* gehörenden Wissenschaften und Künste war nicht festgelegt. Wir finden bei den Autoren, die diesen Terminus gebrauchen, entsprechend ihren Interessengebieten immer wieder andere Aufzählungen. Vitruv zählt als Architekt Literatur (= Grammatik), Geometrie, Geschichte, Philosophie, (theoretische) Musik, Medizin, Jurisprudenz und Astronomie auf, die um der Architektur willen betrieben werden müssen. Die Architektur selbst gehört für ihn selbstverständlich ebenfalls zur *enkyklios paideia.* Galen als Mediziner führt Medizin, Rhetorik, (theoretische) Musik, Geometrie, Rechnen, Astronomie, Grammatik, Jurisprudenz an. Wenn Plinius der Ältere (*Nat. hist.*, praef. 14) sagt, daß er in seiner Naturgeschichte alle Gegenstände berühren muß, die die Griechen zur *enkyklios paideia* rechnen, sei es, daß es sich dabei um Allbekanntes, sei es, daß es sich um wenig Bekanntes und Erforschtes handelt, so denkt er offensichtlich, auch ohne es ausdrücklich zu sagen, an Fächer, die seine Naturgeschichte umgreift, also Astronomie, Meteorologie, Geographie, Ethnologie, Zoologie, Botanik, Geologie, Pharmakologie.

Aus den verschiedenen zitierten Beispielen geht hervor, daß die *enkyklios paideia* auf keinen Fall die Basis des allgemeinen Jugendunterrichts der höheren Klassen bildete, der sowohl in der hellenistischen Epoche als auch in der Kaiserzeit aus Grammatik und Rhetorik und, für eine kleine Minderheit innerhalb einer Minderheit, aus Philosophie bestand. Innerhalb des Philosophieunterrichts konnte, wenn er weit getrieben und in ihm nicht nur eine allgemeine, oberflächliche Übersicht über die Lehrmeinungen der verschiedenen Philosophenschulen gesucht wurde, auch gelegentlich Unterricht in mathematischen Fächern erteilt werden, aber dies dürfte im allgemeinen wohl nur den wahren Adepten der Philosophie vorbehalten gewesen sein. Der in den Philosophenschulen geformte Begriff der *enkyklios paideia* wurde im Gegenteil dazu gebraucht, einen vollständigen, enzyklopädischen Kursus derjenigen Wissenschaften oder Künste zu bezeichnen, die auf rationalen Überlegungen beruhen. Für die Philosophen jedoch war es selbstverständlich, daß die Philosophie nicht Teil der *enkyklios paideia* sein konnte, sondern daß letztere ihr untergeordnet war und nur eine allerdings notwendige Vorbereitung zum Philosophiestudium darstellte.

Zusammenfassend ist zu sagen, daß die *enkyklios paideia* sich auf eine Auswahl unter den freien Künsten *(Artes liberales)* beschränkt, nämlich auf die auf rationaler Überlegung basierenden Künste. Mit der allgemein üblichen, in der Kaiserzeit städtischen Erziehung der sozial hochgestellten Jugend hat sie nichts zu tun.

I. Hadot, *Arts libéraux et philosophie dans la pensée antique* (Paris 1984) 263–293.

2.2.2 Der Zyklus der sieben freien Künste

Der Zyklus der sieben freien Künste oder besser Wissenschaften – unsere beiden Hauptzeugen Augustin und Martianus Capella sprechen nicht von *artes* (τέχναι), sondern von *disciplinae* (ἐπιστῆμαι) – ist ein rein philosophisches Produkt und hat ebenfalls nichts mit der allgemeinen Jugenderziehung zu tun. Er ist zu Beginn des Neuplatonismus nach allmählicher Vorbereitung durch den Mittelplatonismus konzipiert worden. Durch Vermittlung Cassiodors (6. Jh.) und Isidors (ca. 570–636) und den Orten ihres Schaffens, das Kloster Vivarium in Süditalien und den Bischofssitz von Sevilla im westgotischen Spanien, ist dieser Zyklus an das lateinische Mittelalter weitergegeben worden. Wie bei der *enkyklios paideia* handelt es sich auch hier um einen in sich geschlossenen Kreis von Wissenschaften, den Zyklus der sieben Wissenschaften Grammatik, Dialektik, Rhetorik, Geometrie, Musik, Astronomie, Arithmetik, die Martianus Capella auch *disciplinae cyclicae* nennt (9, 998). Daneben wird auch das Bild einer siebenstufigen Leiter verwendet, die, in Weiterentwicklung des von Nikomachos von Gerasa angewandten Bildes der vierstufigen Leiter auf die mathematischen Wissenschaften, zur Philosophie hinaufführt, indem sie in platonischem Sinne allmählich vom Sinnlichen zum Intelligiblen aufsteigt (z. B. Alkuin, *De grammatica, prolog.* 268 A = PL 101, 853; der Gedanke des stufenweisen Aufstiegs liegt auch der Darstellung des Augustin zugrunde.). Dieser Zyklus tritt für uns erstmalig Ende des 4. Jahrhunderts in einem Frühwerk Augustins, dem Dialog *De ordine*, in Erscheinung, in dem, wie in allen seinen in Cassiciacum geschriebenen Dialogen, neuplatonischer Einfluß unverkennbar ist. Mit großer Wahrscheinlichkeit sind die entsprechenden Ausführungen des Augustin auf die verlorene Schrift des Porphyrios *De regressu animae* zurückzuführen, die er in Übersetzung gelesen hatte (*Civ. Dei* 10, 29; vgl. *Conf.* 8, 2, 3). Diese Schrift hat die Rückkehr der menschlichen vernünftigen Seele in ihre Heimat, den Intellekt, zum Gegenstand, Rückkehr, die sich in ihrer ersten Phase in der Hinwendung der Seele zu sich selbst verwirklicht.

Der zweite uns erhaltene Text, in dem der Zyklus der sieben freien Künste oder besser Wissenschaften behandelt wird, ist die in ihren sehr wichtigen allegorischen Teilen (Bücher 1 u. 2 und die Einführungen der verschiedenen Wissenschaften zu Beginn der enzyklopädischen Bücher 3–9) ebenfalls neuplatonisch beeinflußte Schrift des Martianus Capella *De nuptiis Philologiae et Mercurii*.

Sie ist, wie man bislang meinte, um 400 oder etwas später in Nordafrika verfaßt worden. D. Shanzer, *A Philosophical and Literary Commentary on Martianus Capella's De Nuptiis Philologiae et Mercurii Book I*, Berkeley/Los Angeles 1988, 28 schlägt für die Abfassungszeit neuerdings den Zeitraum zwischen 470 und 480 vor.

Der Heide Martianus Capella vermittelt uns noch vollständiger als Augustin die Konzeption der zugrundeliegenden neuplatonischen Lehre, da er den genannten sieben Wissenschaften sieben mantische Künste (*artes*) und die Theurgie an die Seite stellt. Diese werden allerdings nicht beschrieben, da sie geheim bleiben müssen. Die Wahl des Terminus *disciplina*, den Augustin und Martianus Capella bei der Beschreibung der später so genannten sieben freien Künste anwenden, weist darauf hin, daß es sich für sie um reine Wissenschaften handelt, die keine praktische Erfahrung und materielle Grundlage benötigen und daher geeignet sind, zur Schau des Intelligiblen zu führen.

Augustin beschreibt in *De ordine*, Buch 2 (ab 2,35), die von der Vernunft *(ratio)* erfundenen sieben Wissenschaften *(disciplinae)*, die er seinen Hörern als absolut unerläßlich hinstellt, um zur Erkenntnis der eigenen Seele und Gottes zu gelangen. Die Vernunft *(ratio)* erfindet zunächst zum Zwecke der Verständigung die Sprache, d. h. ein System von Lauten mit bestimmter Bedeutung, und danach die Schrift. Zu solchen Erfindungen war die Vernunft Augustin zufolge imstande, weil sie sich in diesem allem der Rolle der Zahlen bewußt geworden war, und sie konnte sich dessen bewußt werden, weil sie – und dies erfahren wir aus späteren Zusammenhängen – eine ontologische Affinität mit den intelligiblen Zahlen besitzt. Dieser Gedanke, daß nämlich die Zahl und die Fähigkeit zu zählen die Grundlage für die Erfindung der Sprache und der Schrift bilden, geht in letzter Instanz auf Platon (*Phileb.* 18b6–d12) zurück: die Erfindung der Sprache durch Theuth, den Gott des Wissens, setzt ein Maß des Unendlichen voraus, welches die Zahl ist. Die Rolle des ägyptischen Gottes Theuth, der nachhinein mit dem griechischen Gott Hermes und dem lateinischen Gott Merkur gleichgesetzt wird, welche ihrerseits mit dem Logos identifiziert werden in der doppelten Bedeutung von 'Sprache' und 'Vernunft', übernimmt bei Augustin die entpersonifizierte Vernunft. Ich erwähne dies, weil in *De nuptiis Mercurii et Philologiae* des Martianus Capella derselbe Gott Merkur, die Personifizierung der Vernunft, ausdrücklich mit dem ägyptischen Gott Theuth identifiziert wird (2, 101–103). – Nach der Erschaffung der Sprache und der Schrift entwickelt die Vernunft die Einteilungen der Buchstaben und Laute, die Silben mit ihren Längen und Kürzen, die Akzente, die Deklinationen, die Konjugationen, Stilistik und Metrik. Die Grammatik hätte mit der von ihr entwickelten linguistischen Theorie vollendet sein können, stellt Augustin mit Bedauern fest (*Ord.* 2,37), wenn zu ihrem Aufgabenbereich nicht auch die Werke der Geschichtsschreibung, der literarischen Fiktion (Dichtung) und der Mythologie gehörten. Wie kann die Grammatik den Wahrheitscharakter einer *disciplina* haben, wenn sie es mit literarischen Fiktionen und somit mit Falschem zu tun hat? Auf diese Frage antwortet eine Stelle der *Soliloquia* Augustins (2,19–21), wo dasselbe Problem nicht nur angeschnitten, sondern auch gelöst wird: die Grammatik behandelt wissenschaftlich Gegenstände, die nicht wissenschaftlich sind, denn sie benutzt, wie auch die anderen Wissenschaften des Zyklus, die dialektische Methode, die Wahres von Falschem zu scheiden weiß.

Nach der Erfindung der Grammatik wendet sich die Vernunft der Methode selbst zu, die sie bei der Erschaffung der Grammatik angewandt hatte, und konstituiert somit die Dialektik, die aus den drei Teilen Definition, Einteilung und Beweis besteht, Teile, die auch in Porphyrios' *Isagoge* die Totalität der Logik ausmachen. Die Dialektik ist die *disciplina disciplinarum*, die 'Wissenschaft der Wissenschaften', die gleichzeitig zu lehren und zu lernen lehrt. Indem sie die dialektischen Regeln aufstellt, lernt die Vernunft sich selber kennen: was sie ist, was sie will und was sie vermag. Die Dialektik entspricht also der reinen Vernunftstätigkeit, die auf alles Sinnliche verzichtet. Aber um auch gleichzeitig durch Einwirkung auf die Gefühle überzeugen zu können, erfindet die Vernunft auch die Rhetorik (*Ord.* 2,38). Schon die Mitglieder der Neuen Akademie und die Mittelplatoniker waren der Ansicht, daß die Weisheit sich nicht wirksam genug mitteilen könne, wenn sie auf die Beredsamkeit verzichtet.

Augustin beschließt seine Behandlung der Grammatik, Dialektik und Rhetorik mit der Feststellung, daß diese drei zusammen den Teil bilden, welcher "rationell im Gebiet des Bezeichnens" genannt wird (*pars ista quae in significando rationabilis dicitur:* 2,38). Damit sind die Fächer des später so genannten Triviums vereinigt, die aber in gewisser Weise schon von den Stoikern zusammengefaßt worden waren. Neu und neuplatonischer Herkunft ist, daß für Augustin das Fundament dieser drei Wissenschaften nicht nur die Vernunft, der Logos, ist, sondern auch der Logos verstanden als Zahlen- und Maßverhältnis.

Nach der Erfindung der Wissenschaften Grammatik, Dialektik und Rhetorik will, wie Augustin sagt (*Ord.* 2,39), die Vernunft sich schrittweise zur Betrachtung der göttlichen Dinge erheben. Dieser Weg führt im Sinne platonischer Methode (vgl. Plat. *Symp.* 210a–212a; Plotin. *Enn.* 1, 3, 2–6) über die von den Sinnen wahrgenommene Schönheit zur intelligiblen Schönheit. Sie wendet sich zunächst als vierter Stufe der Musik (Poesie + eigentliche Musik), der durch die Ohren vermittelten Schönheit, zu, erkennt aber, daß deren sinnliche Manifestationen für sie nur insofern Wert haben, als ihre Schönheit durch den Rhythmus und die auf Zahlenproportionen sich aufbauenden Harmonien bestimmt wird, hinter denen sich das ewige und göttliche Wesen der Zahlen an sich, losgelöst von jeder sinnlichen Manifestation, erkennen läßt.

Als nächstes wendet sich die Vernunft nun der von den Augen aufgenommenen Schönheit zu. Aber auch hier wird sich die Vernunft darüber klar, daß diese im wesentlichen auf geometrischen Figuren und deren Proportionen beruht, die an Schönheit jedoch weit hinter denen zurückstehen, die das geistige Auge ohne sinnliche Zutat wahrnimmt. Aus diesen Beobachtugen, analysiert und in eine bestimmte Ordnung gebracht, erschafft sie die Geometrie.

Bei der Beobachtung der Schönheit des Himmels analysiert die Vernunft die zahlenmäßig genau festgesetzten Bahnen der Gestirne und die Proportionen ihrer Abstände voneinander und schafft somit die Astronomie. Aber auch hierbei kommt sie zu dem Schluß, daß Maß und Zahl bestimmend sind.

Musik, Geometrie und Astronomie führen also zur Erkenntnis des Systems der reinen, vom Sinnlichen gelösten Zahlen, das allgemein als Arithmetik bezeichnet wird. Aber Augustin meidet diesen Terminus, an dessen Stelle er lieber Periphrasen wie "die zwingenden Gesetze der Zahlen" (2,14 *in numerorum necessitatibus*) oder "die Macht der Zahlen" (2,47 *potentia numerorum*) verwendet, Umschreibungen, die der von ihm erwähnten Göttlichkeit und Ewigkeit der Zahlen bei weitem näher kommen. Diese Zahlen sind im neuplatonisch-pythagoreischen Sinne die Ideen-Zahlen, mit ihren ontologischen, kreativen Funktionen, und die sie betreffende Lehre ist im eigentlichen Sinne die Zahlenmystik und Arithmologie. Es handelt sich also bei diesem vierten und, wie Augustin sagt, wichtigsten Fach (2,47) des aus vier Stufen bestehenden mathematischen Teils mehr um eine Theologie der Zahlen, ganz gleich, ob Augustin selbst diese in genau demselben Sinne verstanden hat wie seine neuplatonische Quelle oder nicht (vgl. Chr. Horn, "Augustins Philosophie der Zahlen", *Revue des Études Augustiniennes* 40, 1994, 389–415). Diese vier Wissenschaften führen, wie Augustin vorher ausgeführt hatte (2,14), zur Philosophie, der letzten Erfindung der Vernunft, hin. Schon Nikomachos von Gerasa hatte die vier mathematischen Wissenschaften, die vier Methoden (τέσσαρες μέθοδοι), wie er sie nannte, mit einer Leiter verglichen, die vom Sinnlichen zum Intelligiblen führt (*Introd. arithm.* 1,4,1 und 1,3,6). Zu Beginn des 6. Jhs. hat Boethius in seinem lateinischen Abriß der *Introductio arithmetica* des Nikomachos die Formel τέσσαρες μέθοδοι mit *quadruvium* wiedergegeben (*Inst. arithm.* 1, 1, S. 9, 28f. Friedlein; vgl. 1, 1, S. 7, 21–26 Friedlein), ein Begriff, der später fälschlich in *quadrivium* abgewandelt wurde.

In den Ausführungen des Augustin treffen wir zahlreiche Elemente der neuplatonischen Lehre an, u. a. die drei plotinischen Hypostasen, d. h. das Eine, den Intellekt und die Seele; die Lehren, daß der menschliche Intellekt stets mit dem göttlichen Intellekt verbunden bleibt und daß das göttliche, alles ordnende Gesetz in die Seelen der Weisen eingeschrieben sei; die Definition des Menschen als vernünftige Seele unter Ausschaltung der irrationalen Seelenteile und des Körpers; die sekundäre Rolle des Gedächtnisses; einen Abriß der Seinslehre mit typisch neuplatonischer Terminologie, die nicht vor Porphyrios belegt ist und zu der wir Parallelen bei Porphyrios, Marius Victorinus und Claudianus Mamertus finden. Diese doktrinalen Einzelheiten sind nicht etwa nebensächliche Randbemerkungen, sondern sind in der Argumentation von zentraler Bedeutung.

Anders als Augustin liefert uns Martianus Capella in seinem Werk *De nuptiis Philologiae et Mercurii* außer der theoretischen oder vielmehr allegorischen Begründung des neuplatonischen Zyklus der sieben freien Künste, die auch für ihn *disciplinae*, 'Wissenschaften' sind, noch die Beschreibung der sieben Wissenschaften selbst: die Bücher 3 bis 9 sollen eine echte Enzyklopädie der sieben Wissenschaften darstellen, und diese ist in der Tat die einzige, die dem lateinischen, christlichen Mittelalter bekannt wurde. Die ersten beiden Bücher behandeln die Verlobung und Hochzeit des Merkur und der Philologie und die Apotheose der letzteren. Merkur ist ohne Zweifel die Personifizierung des Logos in seiner Doppelrolle: Vernunft und Sprache. Sein wahrer Name ist Theuth. Und wie bei Augustin unterhält diese göttliche Vernunft enge Beziehungen zu den sieben Wissenschaften. Bei Augustin ist die Vernunft deren Erfinderin, bei Martianus Capella ist sie deren Herrin: die sieben Wissenschaften sind ihre Dienerinnen, die sie der Philologie zur Verlobung zum Geschenk macht. Philologie verkörpert das Wissen, das die vernünftige menschliche Seele erworben haben muß, um die Rückkehr in ihre Heimat sicherzustellen, d. h. ihre Apotheose und ihre Vereinigung mit Merkur, der göttlichen Vernunft. Diese wird dadurch, wie Martianus Capella sagt, ermöglicht, daß die vertieften Kenntnisse, die Philologie von den sieben Wissenschaften erworben hat, es ihr erlauben, "durch Anspannung des Intellekts den Scheitelpunkt des Himmels zu erreichen" (2,120). Martianus Capella drückt auf allegorische Weise dieselbe Idee aus wie Augustin: die sieben Wissenschaften befreien die Seele von den Banden des Körpers und ermöglichen es ihr, ihren ursprünglichen Zustand wiederzufinden und in die göttliche Sphäre aufzusteigen. Aber bei dem Heiden Martianus Capella besitzt Merkur außer seiner Vernunftnatur noch seine gewöhnlichen, göttlichen Attribute: er ist u. a. der Gott, der Beschwörungen beiwohnt, er ist der Götterbote, er ist als Interpret der Göttersprache der Autor von Offenbarungen, kurz, er besitzt zusätzlich alle Attribute des Hermes Trismegistos des *Corpus Hermeticum*, das auch in den Neuplatonismus Eingang gefunden hatte. Desgleichen befreit Philologie die Seele nicht nur durch das Studium der sieben Wissenschaften *(disciplinae)*, sondern sie praktiziert auch Theurgie und Mantik (Mart. Cap. 1,22). Die sieben mantischen Künste *(artes)* sind die Dienerinnen der Philologie (9,892–896). Die Zugehörigkeit der sieben Wissenschaften zu Merkur und der sieben mantischen Künste zu Philologie hat ebenfalls symbolischen Charakter: Wie bei Augustin, so beziehen auch bei Martianus Capella die sieben Wissenschaften ihre Begründung und ihr wahres Sein aus dem intelligiblen Kosmos, denn die Gesetze der Zahlen und ihrer gegenseitigen Beziehungen existieren unabhängig von der menschlichen Wirklichkeit. Dagegen sind die mantischen Künste eng an die Bedingungen der menschlichen Existenz gebunden und haben keine Daseinsberechtigung außerhalb der menschlichen Gemeinschaft. Dieses Verhältnis wird auch durch die Gegenübertellung *disciplinae – artes* ausgedrückt.

Die schon früh vom Neuplatonismus assimilierten *Chaldäischen Orakel* spielen anerkannterweise eine große Rolle bei Martianus Capella, nicht aber die Gnosis.

In den Vorbereitungen zur Hochzeit spielen Onomantie und Arithmologie eine große Rolle. Buch 7, das die Arithmetik einführt und darstellt, beginnt mit einer zahlenmystischen Darstellung: Von der Stirn der Arithmetik gehen Lichtstrahlen aus, die die ersten zehn Zahlen mit ihren gegenseitigen Verhältnissen und den Vorrang der Monade symbolisieren, und die Arithmetik sagt von sich selbst, daß sie es sei, die die Welt geschaffen habe. Wir haben es, wie bei der Quelle Augustins, mit einer pythagoreisch-platonischen Interpretation der Zahlen zu tun – bezeichnenderweise ist Pythagoras in der Nähe der Arithmetik zu sehen –, die den Inhalt der Arithmetik auf sehr spezielle Weise festlegt. So besteht die nachfolgende Beschreibung dieser Wissenschaft in der Hauptsache aus einer kurzen zahlenmystischen Abhandlung über die ersten zehn Zahlen (Monade bis Dekade) und ihre ontologischen Funktionen.

Die Beschreibung der einzelnen Wissenschaften beginnt von Buch 3 an; jeweils ein Buch behandelt eine der sieben Wissenschaften. Ihre Reihenfolge, von der des Augustin abweichend, ist die folgende: Grammatik, Dialektik, Rhetorik, Geometrie, Arithmetik, Astronomie, Harmonie (= Musik). Der Grund für diese ungewöhnliche Reihenfolge der mathematischen Wissenschaften ist höchstwahrscheinlich in rein künstlerischen Gesichtspunkten zu suchen: An die Beschreibung der Wissenschaften schließt sich die Hochzeit an, und die Darstellung der Musik bildet somit einen geschickten Übergang zu den nachfolgenden Hochzeitsgesängen; nach der wissenschaftlichen Darstellung ihres Faches kann die Harmonie den Hymenäus anstimmen. Ebenso erlaubt der Umstand, daß Martianus Capella die Beschreibung der vier mathematischen Wissenschaften mit der Geometrie beginnen läßt, die Einführung einer humoristischen Unterbrechung, die das Hereintragen des Instruments der Geometrie, des Abacus, zum Anlaß nimmt. Es gibt keinen Grund anzunehmen, daß die Reihenfolge der Wissenschaften bei Martianus Capella auf die *Disciplinarum libri* des Varro zurückzuführen sei, worauf ich im folgenden noch zurückkomme. Der neuplatonische Charakter des Zyklus der sieben Wissenschaften schließt Varro als Quelle für diesen von vornherein aus.

I. Hadot, *Arts libéraux et philosophie dans la pensée antique* (Paris 1984) 101–155; L. Lenaz, *Martiani Capellae De Nuptiis Philologiae et Mercurii liber secundus. Introduzione, traduzione e commento* (Padua 1975); J. Préaux, "Le culte des Muses chez Martianus Capella", in: *Mélanges de philosophie, de littérature et d'histoire ancienne offerts à P. Boyancé* (Rom 1974) 579–614. D. Shanzer, *A Philosophical and Literary Commentary on Martianus Capella's De Nuptiis Philologiae et Mercurii Book I* (Berkeley/Los Angeles 1986); R. Turcan, "Martianus Capella et Iamblique", *RÉL* 36 (1958) 235–254.

2.2.3 Varro, *Disciplinae*

Die verlorenen *Disciplinarum libri* Varros können nicht die Quelle des Augustin und des Martianus Capella für ihre Darlegung des Zyklus der sieben Wissenschaften gewesen sein.

F. Ritschl und seine Präsumptionen: Die *communis opinio*, daß es Varro gewesen sei, der in seinen verlorenen *Disciplinarum libri* dem angeblich in der Jugenderziehung üblichen Zyklus der sieben freien Künste hellenistischen Ursprungs seine lateinische Fassung gegeben habe, hat (soviel ich weiß) F. Ritschl in der Mitte des 19. Jahrhunderts begründet. Ritschl war, in Unkenntnis der neuen philosophischen Strömungen der Kaiserzeit, wie viele andere seiner Zeit der Meinung, daß in der Kaiserzeit unmöglich noch neue, originale Schöpfungen hätten zu Tage treten können.

F. Ritschl, "De M. Terentii Varronis disciplinarum libris commentarius", in: *F. Ritschelii Opuscula Philologica* 3 (1877) 352–402; ders., "Die Schriftstellerei des M. Terentius Varro", ebd. 419–505.

Außer von dieser inzwischen als falsch erwiesenen Hypothese von der Präexistenz des Zyklus der sieben freien Künste im Hellenismus ging Ritschl von der Beobachtung aus, daß sowohl Augustin, dessen zweites Buch des Dialogs *De ordine* diesen Zyklus enthielt, als auch Martianus Capella, in dessen menippeischer Satire *De nuptiis Philologiae et Mercurii* eben dieser Zyklus zum zweiten Mal für uns sichtbar wird, in diesen ihren Werken mehrmals Varro (aber nicht, müssen wir hinzusetzen, seine *Disciplinarum libri*) zitieren. Aus dieser Beobachtung zog er die leider ebenfalls falsche, diesmal auf Unkenntnis der Zitierweise spätantiker Autoren beruhende Schlußfolgerung, daß beide Werke auf Varros verlorene *Disciplinarum libri* zurückgehen müßten.

Den neuplatonischen Charakter der beiden Werke hatte er nicht erkannt. Er scheute sich daher nicht, Inhalt, Reihenfolge und Ziel der *Disciplinarum libri*, von denen wir so ziemlich nichts wissen, anhand von Augustins *De ordine* und vor allem aus Martianus Capellas *De nuptiis* . . . zu rekonstruieren. Alles, was von unzähligen modernen Autoren über die *Disciplinarum libri* ausgesagt wurde, beruht ausschließlich auf einer Weiterentwicklung der Rekonstruktion Ritschls unter Beibehaltung der zugrundeliegenden falschen Hypothesen. Wenn es auch bei dem allgemeinen Wissensstand bezüglich der spätantiken Literatur um die Mitte des 19. Jhs. nicht sonderlich erstaunlich war, daß Ritschl diese Rekonstruktion wagen konnte, so ist es doch überraschend zu sehen, daß eine solche, nur auf Präsumptionen beruhende Hypothese bis zum Ende des 20. Jhs. unangefochten bleiben konnte.

Was die Zitate bei spätantiken Autoren betrifft, so sind neuere Arbeiten in zunehmendem Maße zu der Erkenntnis gekommen, daß späte Autoren im allgemeinen die Quellen, die sie ausschreiben, nicht nennen, dafür aber die Zitate früherer Autoren aus diesen ungenannten Quellen übernehmen. So stellt z. B. J. Fontaine (*Isidore de Seville et la culture classique dans l'Espagne wisigothique* 2, Paris 1959, 748–749) in Bezug auf die *Origines* des Isidor von Sevilla fest, daß dieser seine wirklichen Quellen, nämlich Cassiodor und Martianus Capella, nie nennt, und daß die *loci citati*, die Isidor ausdrücklich einem bestimmten Autor zuschreibt, gerade die Stellen sind, wo direkte Zitate am unwahrscheinlichsten sind. Es handelt sich an diesen Stellen um Zitate, die aus der ungenannten, direkten Quelle übernommen wurden. J. Fontaine ist somit zu der Überzeugung gekommen, daß Isidor die enzyklopädischen Werke des Varro und des Sueton, die man noch zu Anfang dieses Jahrhunderts zu den Grundbeständen seiner Bibliothek rechnete, gar nicht gekannt hat. Zu dem gleichen Ergebnis kommt z. B. auch R. A. Kaster (*Guardians of Language*, 1988, 140–141) in Bezug auf das *Commentum Artis Donati* des Grammatikers Pompeius (spätes 5. oder frühes 6. Jh.). Pompeius kommentiert nicht direkt die Mitte des 4. Jhs. geschriebene *Ars minor* und die *Ars major* des Donat, sondern schreibt den im frühen 5. Jh. verfaßten Donat-Kommentar des Servius aus, den er nie nennt, und übernimmt von ihm die Verweise auf vor Donat lebende Gelehrte wie Varro und Plinius. Die gelegentlichen Verweise des Augustin und des Martianus Capella auf Varro bei ihrer Darstellung des Zyklus der sieben Wissenschaften sind weder ein Beweis für die direkte Benutzung Varros im allgemeinen noch seiner *Disciplinarum libri* im besonderen, auf die sie noch dazu nie anspielen.

Die antiken Zeugnisse über die *Disciplinarum libri* sind völlig unzureichend, um etwas über deren Reihenfolge und Inhalt auszusagen.

Aus den Zeugnissen antiker Autoren über die verlorenen *Disciplinarum libri* Varros erfahren wir außer ihrem Titel nur, daß diese 9 Bücher umfaßten und daß eines dieser Bücher, aber wir wissen nicht das wievielte, die Architektur zum Gegenstand hatte. Man kann aus dieser Angabe mit einiger Wahrscheinlichkeit schließen, daß jedes der Bücher eine gesonderte Disziplin behandelte, aber schon dies ist keineswegs sicher. Das erste Buch hätte z. B., wie bei den 41 Büchern der *Antiquitates*, eine Einleitung sein können. Wenn wir uns noch weiter auf das Gebiet der Wahrscheinlichkeit vorwagen wollen, so können wir noch die Angabe riskieren, daß das achte Buch die Medizin zum Inhalt hatte, denn ein Zitat aus dem achten Buch hat, wenn auch nicht eindeutig, medizinischen Charakter. Damit erschöpft sich das objektiv Aussagbare. Auch die von antiken Autoren bestimmten Büchern der *Disciplinarum libri* zugeteilten Zitate liefern ihrer Mehrdeutigkeit wegen keine sicheren Anhaltspunkte.

Hierzu nur ein Beispiel. Die *Scholia* des Pseudo-Acron zur *Ars poetica* des Horaz (2, S. 342,23–343,5 Keller) enthalten folgende Auskunft: "Varro sagt im 3. Buch seiner *Disciplinarum libri* und in seiner Abhandlung *Über die lateinische Sprache, an Marcellus*, daß es bei den Alten Flöten mit vier Löchern gab." Es ist möglich, daß dieselbe Nachricht sich einmal in einer grammatischen, ein andermal in einer musikalischen Abhandlung hat finden können. Für Ritschl bestand kein Zweifel daran, daß es sich bei dem genannten Buch der *Disciplinarum libri* um das Buch über Musik handle, aber da die Musik bzw. Harmonie bei Martianus Capella im siebenten Buch seiner Darstellung der sieben Disziplinen, d. h. im 9. Buch von *De nuptiis* behandelt wird, korrigierte er ohne weiteres den Text des Scholions in diesem Sinne. Seiner Ansicht nach muß es entweder heißen "im siebenten Buch seiner *Disciplinarum libri*" oder "im 3. Buch seiner Abhandlung *Über die lateinische Sprache*". Mit Zahlangabe oder ohne, für ihn ist es erwiesen, daß es sich bei dem genannten Buch der *Disciplinarum libri* erstens um ein Buch über die Musik handeln muß – es könnte sich aber genauso gut wieder um ein Buch über grammatische und sprachliche Fragen handeln – und zweitens, daß dies das siebente sein muß. Dieses eine Beispiel, das illustriert, wie leichtfertig Ritschl mit den Texten umgeht, muß hier stellvertretend für viele andere stehen.

Abschließend kann gesagt werden, daß eine unvoreingenommene Interpretation der Gesamtheit der antiken Varro-Zitate aus den *Disciplinarum libri* oder ohne Titelangabe in keiner Weise die Rekonstruktion Ritschls nahelegt. Man kann nicht einmal aus dem Titel schließen, daß für Varro der Terminus *disciplina* dieselbe eingeschränkte Bedeutung hatte, wie sie sich vom Mittelplatonismus an herausbilden sollte und die wir auch im zweiten Buch *De ordine* des Augustin und bei Martianus Capella wiederfinden. Das Vorhandensein der mit praktischen Erfahrungen und materiellen Gegebenheiten arbeitenden Architektur in den *Disciplinarum libri* beweist im Gegenteil, daß dies nicht der Fall war. Auch alle anderen Argumente, die man zugunsten der Thesen Ritschls anhand von Texten wie dem an Augustin gerichteten Gedicht des Licentius (*CSEL* 34, 1895, 89ff.) und einer Stelle aus Claudianus Mamertus (*De statu anim.* 2, 8, S. 130, 2–9 Engelbrecht) erbringen zu können glaubte, halten einer kritischen Prüfung nicht stand. Unter diesen Umständen ist es nur möglich, unsere völlige Unwissenheit über Aufbau und Inhalt der *Disciplinarum libri* einzugestehen.

I. Hadot, *Arts libéraux et philosophie dans la pensée antique* (Paris 1984) 156–190.

3 Philologie und Bildung seit der Renaissance

ANTHONY GRAFTON und GLENN W. MOST

3.1 Von der Renaissance bis ins 18. Jahrhundert

3.1.1 Die Anfänge in Italien

Vor einem Jahrhundert galt Petrarcas Entschluß, den Mont Ventoux zu besteigen, als Beginn eines neuen Zeitalters. Der ausführliche lateinische Brief, in dem Petrarca sein Erlebnis einem Freund beschrieb und eindrücklich das Panorama zeichnete, das sich ihm vom Berggipfel aus bot, markierte den Anfang der „Entdeckung der Welt und des Menschen". Er zeigte – wie Jacob Burckhardt und seine Nachfolger dachten –, daß die Intellektuellen der Renaissance sich von jenen religiösen Ängsten befreit hatten, welche ihr mittelalterliches Denken am Genuß der Naturschönheiten gehindert hatten. Es konnte nicht erstaunen, daß sie auch andere Aspekte der Welt erkundeten, von den Landschaften und Volksgruppen Italiens, die Pius II. so lebendig beschrieb, bis zu den inneren Landschaften, welche Biographen wie Girolamo Cardano oder Moralisten wie Justus Lipsius erforschten.

Die Forschung unseres Jahrhunderts hat gezeigt, wie problematisch eine solche Lesung von Petrarcas Text ist. Seinen Bericht über die Erlebnisse jener Schicksalstage schrieb er Jahre später weitgehend um: die ausführlichen Einzelheiten seines Aufenthalts auf dem Berg stammen meistens aus Büchern. Ein scheinbarer Widerspruch zwischen Livius und Pomponius Mela hatte Petrarca zur Besteigung angeregt; eine Stelle aus Augustins *Confessiones*, die er in seiner Taschenausgabe des Textes las, bewies ihm, daß er sich dabei die Schuld aufgeladen hatte, die notwendige Erforschung und Besserung seines Inneren zu vernachlässigen. Der Brief selber – ein sorgfältiges und elaboriertes Werk voller Anspielungen, das mehrere verwandte Themen entwickelt – folgt deutlich klassischen Vorbildern, vor allem Senecas *Epistulae morales*. Ein Text, den man einst als Zeugnis für die Entdeckung neuer Schönheit in der Natur ansah, entpuppt sich als Zeugnis für die Entdeckung neuen Sinns in alten Texten.

Petrarca, der Begründer des neuzeitlichen Tourismus, wurde zum Schöpfer einer neuen Art von Wissenschaft. Als Leser sammelte und verbesserte er die besten Handschriften klassischer und patristischer lateinischer Texte, die er finden konnte. Er war seit Jahrhunderten der erste Mann, der in einem einzigen Manuskript die vier vollständig erhaltenen Dekaden des Livius las und besaß. Sein ganzes Leben lang erforschte er die Werke Vergils und umgab den Kommentar des Servius in seiner Textabschrift mit einem zusätzlichen eigenen Kommentar. Immer wieder machte er den kompromißlosen Klassizismus seiner literarischen Vorlieben klar – etwa mit der Liste von *libri mei peculiares*, die allein heidnische Texte sowie die Werke Augustins enthielt. Schon vor ihm hatten in den ersten Jahrzehnten des 14. Jahrhunderts Gelehrte besonders in Norditalien Bibliotheken und Archive erforscht. So benutzte Giovanni Mansionario von Verona für seine Geschichte des römischen Reichs eine große Zahl antiker Quellen und bewies in einer kurzen Abhandlung, daß die beiden Plinii zu trennen seien. Doch niemand erreichte Umfang und Wirkung von Petrarcas wissenschaftlicher Tätigkeit; noch nahm niemand die Anwendung dieser Wissenschaft vorweg. Als Schriftsteller machte Petrarca deutlich, daß die antiken Texte für ihn nicht unpersönliche *auctoritates* waren, sondern Werke von individuellen Schriftstellern, die wie er in einem bestimmten historischen und biographischen Umfeld gearbeitet hatten. Er schrieb Briefe sowohl an Cicero, Vergil und Livius wie an seine eigene Nachwelt – kritische, kraftvolle Texte, welche zeigen, mit welcher Unmittelbarkeit er die antiken Werke las und mit welchem Ehrgeiz er ihnen in ihrem Gebiet gleichkommen wollte. Er schrieb umfangreiche lateinische Werke in Prosa und Vers (einschließlich historischer Handbücher und eines gewaltigen Epos über die Kriege Roms mit Karthago), aber auch Briefe und kurze Abhandlungen. In dem Maße, wie sein Wissen wuchs, veränderte er sein Werk; jede Entdeckung über lateinische Prosodie und Stil oder über römische Institutionen floß sogleich in eines seiner lateinischen Werke ein. Petrarca schuf eine neue Art von Wissenschaft – eine rigorose historische Wissenschaft, die aber gleichzeitig eine neuzeitliche lateinische Literatur schaffen sollte, die der antiken gleichkommen konnte. Zeitgenossen warfen Petrarcas Schriftstellerei fehlende philosophische Strenge vor: vom Beginn der Renaissance an mußte sich die Beschäftigung mit klassischer Rhetorik und Dichtung nicht anders als in der Antike gegen die Angriffe der Philosophen verteidigen. Doch seine Werke erreichten – nördlich der Alpen nicht anders als in Italien – ein sehr großes Publikum, und sein schöpferischer Klassizismus wurde von vielen mit Begeisterung begrüßt. Verbündete und Schüler schlossen sich ihm an, die ihn bei seiner Suche nach neuen Texten unterstützten und sein Unternehmen nach seinem Tod in neue Richtungen entwickelten. Was als Werk eines einzelnen Menschen begonnen hatte, wurde allmählich zu einer umfassenden geistigen Bewegung, aus der auch neue Formen von Erziehung erwuchsen.

Besonders in Florenz bewahrte und entwickelte der Notar Coluccio Salutati (1331–1406) Petrarcas Errungenschaften zusammen mit einer Gruppe jüngerer Freunde – vor allem Poggio Bracciolini (1380–1459), Leonardo Bruni (ca. 1370–1444) und Niccolò Niccoli (1363–1437) setzten die Suche nach lateinischen Texten fort. Teilweise auch dank der Forschungsreisen, die Poggio während seiner Zeit in päpstlichen Diensten unternahm (so besonders während der Konzilien von Basel und Konstanz), konnten sie Ciceros Briefe *Ad familiares* und *Ad Atticum*, Lukrezens *De rerum natura* und das Geschichtswerk des Ammianus Marcellinus wieder zugänglich machen. Poggios Abschrift der *Cena Trimalchionis* wurde zur Quelle sämtlicher existierender Handschriften. Vielleicht noch wichtiger wurde, daß sie eine neue Schrift entwickelten, die weitgehend von karolingischen Formen ausging und in die sie die von ihnen gelesenen Texte umschrieben und dabei systematisch die klassischen Ansprüche an Orthographie und Syntax wiederbelebten. Klassische Texte in einer neuen Buchform – in der leicht lesbaren neuen Minuskel geschrieben, gewöhnlich ohne lange Kommentare, in oft sehr handlichem Format – füllten die Bücherregale junger Studenten in ganz Italien. Niccoli baute seine Büchersammlung als Grundlage zur eigenen Forschung und zur Nutzung durch andere auf. Trotz seiner notorischen Empfindlichkeit lieh er Hunderte von Büchern aus und hinterließ seine Bücher als Kern der florentinischen Biblioteca di San Marco, der ersten säkularen öffentlichen Bibliothek der Neuzeit. Der grundlegende Kanon der lateinischen Texte war jetzt dem ernsthaften Studium in ganz Italien zugänglich geworden. Dies zeitigte rasch Folgen: plötzlich rückten Leben und Werk der römischen Autoren in ihrer Gesamtheit wieder in den Mittelpunkt des Interesses. Der erste Historiker der lateinischen Literatur, Sicco Polenton (1375/6–1447), war kein originaler Denker, doch er benutzte das reiche Material, das ihm zur Verfügung stand, um im Anschluß an wissenschaftliche Vorgänger wie auf Grund eigener Forschung viele langlebige Fehleinschätzungen und Irrtümer zu widerlegen.

Wohl am wichtigsten wurde Salutatis und Brunis Überzeugung, daß klassische Studien nicht bloß die Literatur angingen, sondern auch die Moral und den Staat. Beide wirkten viele Jahre als Kanzler des republikanischen Stadtstaats Florenz. Beide legten Wert darauf, daß im Mittelpunkt der neuzeitlichen Beschäftigung mit lateinischen Texten die Schriften Ciceros als Klassiker einer republikanischen politischen Literatur stehen sollten. Die Auseinandersetzung mit seinen Reden und rhetorischen Traktaten war die ideale Vorbereitung für eine Karriere im öffentlichen Dienst. Seine Briefe beschreiben ein Leben, das nach öffentlicher Moral strebte. Andere lateinische Texte – wie Tacitus' *Dialogus de oratoribus* – beschrieben im einzelnen die gesellschaftlichen und kulturellen Folgen, welche Verfall und Untergang der Republik hatten. Die systematische Beschäftigung mit den lateinischen Klassikern befähigte Bruni dazu, neue schriftstellerische Formen im Dienste der Stadt Florenz zu finden: so behauptete er, daß die Stadt nicht von Karl dem Großen gegründet worden sei, sondern von Sullas Veteranen, um zeigen zu können, daß sie die republikanischen Traditionen Roms besser bewahrt hatte als alle Nachbarn. Bruni verfaßte schließlich im Rückgriff auf Livius eine umfangreiche lateinische Geschichte von Florenz. Die Klassiker waren mit anderen Worten offensichtlich relevant für die Gegenwart. Diese Einsicht schuf die Grundlagen dafür, daß aus Petrarcas neuer Philologie eine breite kulturelle Bewegung wurde.

Fürsten erkannten, nicht anders als die Stadtbehörden von Florenz, die Wirkungen zu sehen, die eine Beschäftigung mit den Klassikern verhieß. Die Päpste des 15. Jahrhunderts warben Humanisten als Sekretäre an, während Fürsten wie der große Gegner von Florenz, Giangaleazzo Visconti von Mailand, wichtige Gelehrte suchten, die fähig waren, ihre expansionistische Politik beredt zu verteidigen und ihren Kindern eine klassische Bildung zu geben. Zahlreiche große Lehrer – vor allem Guarino von Verona (gestorben 1460) – ließen sich an den Höfen von Nord- und Mittelitalien nieder, wo sie einen geschlossenen humanistischen Ausbildungsplan entwickelten. Guarino etwa vermittelte seinen Studenten in Ferrara – unter ihnen dem Thronerben Leonello d'Este – die Gedichte Iuvenals und die *Rhetorik an Herennius*. Neue Lehrbücher faßten grundlegendes Wissen zusammen: Guarino besaß die Gabe, Listen lateinischer Homonyme und ähnlicher Dinge in Merkversen zu präsentieren. Sorgfältige Stilübungen befähigten seine Schüler zu den Aufgaben eines neuzeitlichen Latinisten – etwa ein Landhaus oder eine Villa so zu beschreiben, wie dies der jüngere Plinius vorbildlich getan hatte. In einer langen Diskussion mit seinem florentinischen Zeitgenossen zeigte Guarino auch, daß die Beschäftigung mit Philologie und Geschichte sowohl Fürsten wie Republiken Nutzen bringen konnte. Er sammelte aus den historischen Darstellungen der späten Republik Hinweise auf den Verfall des Staatswesens und pries Caesars Tugenden nicht anders als Salutati und Bruni diejenigen des Brutas gepriesen hatten. Guarinos Schule zog Studenten aus so fernen Gegenden wie Ungarn oder Bristol an: sie gingen, wie Ludovico Carbone in der Totenrede auf seinen Lehrer sich ausdrückte, zurück in ihre Heimat als nun nicht länger Barbaren, um Schulen nach seinem Vorbild in ganz Europa zu gründen.

3.1.2 Das 15. und 16. Jahrhundert

Bereits Petrarca hatte die Notwendigkeit gesehen, Semantik, Syntax und Orthographie des klassischen Latein wiederzugeben. Die Gelehrten des 15. Jahrhunderts, denen weit mehr Texte zur Verfügung standen, verstanden die Entwicklung der lateinischen Sprache in neuer, weit raffinierterer Weise. Früh im 15. Jahrhundert begann eine Diskussion darüber, ob die Römer das klassische Latein im Alltag überhaupt gesprochen hätten. Leonardo Bruni argumentierte dagegen, der Römer Gelehrte Flavio Biondo dafür. Bis zur Jahrhundertwende war klar geworden, daß sich Latein im Laufe der Zeit radikal entwickelt hatte, daß sich das gesprochene Latein des Mannes von der Straße vom geschriebenen Latein der klassischen Autoren unterschied und daß allein die direkte und systematische Untersuchung der Texte genaue Information über diese Entwicklungen verschaffen konnte. Lorenzo Valla (1407–1457) widmete sein Leben der Erforschung der lateinischen Sprache, die er als *sacramentum* ansah. Seine *Elegantiae Latinae Linguae*, die auf der direkten Analyse der lateinischen Quellen beruhten, waren weit verbreitet und wurden zum ersten modernen Handbuch für den klassischen Sprachgebrauch. Valla bewies den aktuellen Nutzen seiner Forschungen, als er in einer *Declamatio* – einem bravurösen Stück lateinischer Rhetorik – nachwies, daß die Konstantinische

Schenkung, ein Dokument, das die Vergabung der Länder des Weltreiches an den Papst dokumentierte, eine mittelalterliche Fälschung sein mußte. Damit hatten die Humanisten der Zeit Vallas jenen Wissensstand über die Geschichte der lateinischen Sprache wieder erreicht oder gar überholt, den Servius und andere spätantike Grammatiker besessen hatten.

Außer der Beschäftigung mit den Texten fand zur selben Zeit eine bedeutsame Neuerung statt. Schon Petrarca und seine Freunde wie der Römer Gelehrte Giovanni Colonna hatten angefangen, sich mit den Ruinen des antiken Rom zu beschäftigen. Niccoli erwarb sich besondere Kenntnis für antike Gemmen und Kameen, indem er die Einnahmen aus seiner Handelstätigkeit in die Bücher steckte, die seine Leidenschaft waren. Zahlreiche Künstler, welche die Architektur und die Malerei des 15. Jahrhunderts schufen – allen voran Filippo Brunelleschi – widmeten sich intensiv den antiken Bauten und Statuen. Zusammen mit dem antiken *grammaticus* erhielt der *antiquarius* ein neues Leben. Cyriacus von Ancona (1391–1455) und eine Gruppe von Imitatoren erforschten die antiken Stätten der ganzen Mittelmeerwelt, sammelten römische Inschriften und zeichneten griechische und römische Skulpturen in ihre Notizbücher. Unter Nikolaus V. in der Mitte des 15. Jahrhunderts arbeiteten am päpstlichen Hof Flavio Biondo (1392–1463) und Leon Battista Alberti (1404–1472) mit Feuereifer nicht bloß an der Erforschung einzelner römischer Ruinen, sondern auch an ihrer Kartographierung und Beschreibung. Römische Texte wurden von ihnen nicht bloß gelesen und erklärt; auch die darin erwähnten Institutionen und Gebäude wurden rekonstruiert. Neue Handbücher – vor allem Biondos Studien zum antiken Rom und Albertis Handbuch der Architektur – faßten die wichtigsten Entdeckungen leicht zugänglich zusammen. Um die Mitte des 15. Jahrhunderts konnte ein Gelehrter, der sich à jour hielt, nicht bloß seine Texte in der Entwicklung der lateinischen Sprache und Literatur positionieren, er konnte auch im einzelnen die Entwicklung von Religion und Regierungsform Roms, seiner Abfallbeseitigung und Kriegführung verfolgen.

Gegen Ende der 1460er Jahre kam der Buchdruck nach Italien. Er gab den Ergebnissen der frühhumanistischen Wissenschaft eine dauerhafte Form. Die technischen Probleme von Finanzierung und Distribution waren nicht einfach. Sweynheym und Panartz, welche den Druck lateinischer Klassiker in Subiaco und Rom einführten, gingen bald in Konkurs. Noch schlimmer waren die philologischen Probleme. Wie die Schreiber vor ihnen wählten die Drucker gewöhnlich den einen Text, von dem sie ausgingen, deswegen, weil er greifbar war, nicht weil sie seine Verlässlichkeit durch einen Textvergleich geprüft hatten. Kollation mit anderen Texten war gewöhnlich sporadisch, und Fahnenkorrektur – bald einmal Aufgabe von schlecht bezahlten Spezialisten in einer Druckerwerkstatt – war selten genügend intensiv, um die Texte wirklich zu verbessern. Sogleich setzten die Klagen erfahrener Humanisten darüber ein, daß die Ausgaben der lateinischen Klassiker voll von groben Fehlern seien; einer von ihnen, Niccolo Perotti, schlug sogar vor, der Papst müsste die formale Zensur der Drucke einführen und einen erfahrenen Gelehrten damit beauftragen. Dennoch bewahrten die lateinischen Klassikerausgaben des späten 15. Jahrhunderts den Kanon der lateinischen Texte in höherem Maße als je zuvor. Die eleganten Kleinformate, welche Aldus Manutius in Venedig druckte, brachten sie zu einem neuen aristokratischen Leserkreis in ganz Europa. Der Buchdruck machte auch die Werke der Antiquare und Grammatiker einem breiteren Publikum zugänglich.

In den letzten beiden Jahrzehnten des 15. Jahrhunderts wurden außerdem die Probleme und Methoden der Textkritik präziser definiert. Ermolao Barbaro aus Venedig (1453–1493) verfaßte einen umfangreichen und sehr originellen humanistischen Kommentar zu einem besonders schwierigen, aber lohnenden Text, der *Naturalis historia* des älteren Plinius (Rom 1492–1493). Sein Zeitgenosse Angelo Poliziano (1454–1494) – Lehrer der Kinder von Lorenzo dei Medici und Professor am Florentiner Studio – versuchte weit systematischer vorzugehen. Er beklagte die *semidocta sedulitas* von Druckern und Korrektoren; und als er sich daran machte, so viele Handschriften wie möglich zu kollatonieren, wollte er auch Kriterien entwickeln, um ihren Wert einzuschätzen. Klar war, daß ältere Handschriften gewöhnlich einen reineren Text enthielten als jüngere. Doch Poliziano ging weiter. Die Handschriften einiger Texte in Florentiner Bibliotheken – etwa von Ciceros *Epistulae ad familiares* oder der *Digesten* – waren deutlich als voneinander abhängig erkennbar. Poliziano konnte so Genealogien dieser Abhängigkeiten rekonstruieren, und er forderte, daß man zur Korrektur eines korrupten Textes bloß die unabhängigen Textzeugen, nicht auch die abhängigen heranziehen dürfe. Obwohl sein Werk unvollendet blieb, teilten seine *Miscellanea* von 1489 seine Grundsätze einem gesamteuropäischen Leserkreis mit, während die Florentiner auch aus den Randbemerkungen in seinen Büchern und Papieren lernen konnten. Damit war so etwas wie eine textkritische Methode entstanden, die präziser und anspruchsvoller als die der antiken Grammatiker war, welche Gellius beschrieben hatte.

3.1.3 Die Entwicklung nördlich der Alpen

In dieser Zeit, die zu großen Hoffnungen berechtigte, zerstörten die Invasionen der Franzosen und Spanier die Frucht Italiens. Doch sie brachten auch die Gelehrten von nördlich der Alpen in direkte Berührung mit der Arbeit der italienischen Humanisten. Einzelne Kleriker und gebildete Aristokraten hatten sich hier bereits im 14. Jahrhundert mit den Klassikern beschäftigt. Doch erst um 1500 traten nördlich der Alpen Gelehrte auf, welche sich mit der Gelehrsamkeit und Beredsamkeit der Italiener messen konnten. Sie formten das lateinische Erbe, das die Italiener etabliert und studiert hatten, noch einmal um. Desiderius Erasmus (1469–1536) etwa verfaßte eine Reihe anspruchsvoller Lehr- und Lesebücher. Eines von ihnen, die *Adagia*, enthüllte mit dramatischer Deutlichkeit, wie sehr die römischen Autoren den Griechen verpflichtet waren; ein anderes, *De duplici rerum et verborum copia*, war ein modernes Handbuch zum lateinischen Stil, das in Ton und Haltung christlich, zudem deutlich auf die Praxis bezogen war. Erasmus' knappe und luzide Schriften faßten die Grundlagen der Latinität weit ansprechender zusammen, als dies ihre italienischen Vorgänger getan hatten; raffinierte allegorische Erläuterungen beseitigten zudem alle Anstöße in den antiken Geschichten von Göttern und Heroen. Seine subtilen und leicht zugänglichen Lesebücher hatten auch einen großen Einfluß auf die europäischen Volkssprachen. Und sie vermittelten einen Kanon von klassischen Formen und Inhalten, von deren Kenntnis die Mitgliedschaft in der *Respublica litterarum* auf Jahrhunderte hinaus abhängig blieb. Spätere Erzieher wie die Protestanten Jacob Sturm (1507–1589) in Straßburg und Roger Ascham (1515–1568) in Cambridge oder die katholischen Jesuiten entwickelten und systematisierten die Methoden des Erasmus, als sie ein Netz von Schulen für die klassische Erziehung in ganz Europa nördlich der Alpen spannten. Dabei erfuhr die christianisierte Form der Antike, der er den Vorzug gab, in den Schulen von Krakau bis Canterbury, die seine Bücher benutzten, keine grundlegenden Änderungen oder Korrekturen.

Philologie und klassische Erziehung entwickelten sich im ganzen 16. Jahrhundert weiter. Die Methoden der Textedition waren alles andere als einheitlich. Die meisten Herausgeber stützten sich nach wie vor auf willkürlich ausgewählte Ausgangstexte, und die meisten Kommentatoren wiederholten ihre Vorgänger. Manche Herausgeber druckten einfach so viele frühere Kommentare wie möglich und schufen so *editiones variorum*, welche die Klassiker in eine neue Kommentarhülle einschlossen. Immerhin folgten doch einige italienische oder in Italien ausgebildete Gelehrte, wie der Florentiner Piero Vettori (1499–1585) oder der Spanier Antonio Agustín (1517–1586), dem Vorbild des Poliziano; Vettoris Cicero-Ausgabe und die Florentiner Ausgabe der *Digesten*, an der Agustín maßgeblich beteiligt war, zeugen vom ernsthaften Bemühen, ganze Editionen auf solche Handschriften zu stützen, die als die Quellen der übrigen erhaltenen identifiziert worden waren. Wie Antonio Riccobono, Carlo Sigonio und andere begann auch Agustín, die Fragmente verlorener lateinischer Werke zu sammeln. Um die Mitte des 16. Jahrhunderts erschienen Ausgaben der Reste von Ciceros *De re publica*, der Dichtung des Ennius, des Geschichtswerks von Claudius Quadrigarius und der verlorenen Bücher von Varros *De lingua Latina*. Ein anderer Leser von Poliziano, Beatus Rhenanus (1485–1547), versuchte die besten Quellentexte ausfindig zu machen und sowohl für seine Ausgaben neuer lateinischer Texte wie für seine Rekonstruktion der Geschichte und Institutionen der römischen Provinzen heranzuziehen. Guillaume Budé (1468–1540) baute auf den Arbeiten von Valla, Poliziano und anderen auf, als er den ersten Kommentar zum römischen Recht schrieb, aus dem eine spezielle historische Kommentarliteratur erwachsen sollte. Der methodische Fortschritt ging weiter. Joseph Scaliger (1540–1609) entwickelte seinen Kommentar zu Manilius – ein typisches enzyklopädisches

Unternehmen der späteren Renaissance – zu einer detaillierten Untersuchung der Geschichte von antiker Astrologie und Astronomie. Richard Bentley (1662–1742) demonstrierte mit seinem *Manilius* – einem ebenso bezeichnenden Unternehmen der frühen Aufklärung –, daß sich Herausgeber vom Festhalten an dem geläufigen Vulgat-Text befreien müßten.

Auch im Bereich der Antiquitäten ergaben sich neue Fragen und neue Methoden. So wurde die Chronologie der römischen Geschichte durch die Entdeckung der Inschriftenfragmente der Fasti in dem Jahrzehnt nach 1540 revolutioniert. Italienische Antiquare wie Carlo Sigonio (1524–1584) und nordeuropäische Universalgelehrte wie Joseph Scaliger wetteiferten in der Erklärung des neuen Materials. Man kam auch zu revolutionären Einsichten: mehr als ein Gelehrter des 16. Jahrhunderts nahm Niebuhr vorweg und verwarf die überlieferte Geschichte der ersten Jahrhunderte Roms als ein Legendengewebe. Durch das ganze 17. Jahrhundert hindurch veröffentlichten Gelehrte und Antiquare originelle Arbeiten zu allen Aspekten von Leben und Geschichte Roms.

Selbst die geographischen und naturwissenschaftlichen Entdeckungen des späten 15. und 16. Jahrhunderts, welche die Grenzen des antiken Wissens aufgezeigt hatten, konnten die neutrale Stellung der lateinischen Klassiker für Wissenschaft und Erziehung nicht in Frage stellen. Justus Lipsius (1547–1606) räumte spät im 16. Jahrhundert ein, daß die Zeit der Republiken vorüber zu sein schien: Cicero hatte den Untertanen von Monarchen wie Philipp II. nicht mehr viel zu sagen. Doch gleichzeitig meinte er, daß die Geschichte der römischen Kaiserzeit, wenn sie im einzelnen studiert würde, denen helfen könne, die unter den neuzeitlichen Nachfahren von Caligula und Claudius lebten. Während des nächsten halben Jahrhunderts und darüber hinaus beschäftigte die Auseinandersetzung mit den *arcana imperii* die Professoren der innovativen Universität Leiden, der größten Universität des damaligen Europa. Hunderte von Studenten kamen, um die pragmatischen Lehren, die man bei richtiger Auswahl aus den klassischen Texten ziehen konnte, zu lernen. Lipsius' Forschung und Lehre zur römischen Armee etwa hatte eminent praktische Folgen: sein Schüler Moritz von Oranien leitete daraus eine Reform der Armeen der holländischen Republik ab – wodurch er die Spanier zu Land angreifen und besiegen konnte. Ein derart moderner Gelehrte wie der Astronom Johannes Kepler (1571–1630) hielt es für sinnvoll, Tacitus zu übersetzen und zu kommentieren, um so seinem Kaiser Rudolf II. praktischen Rat zu geben.

Die lateinische Philologie und klassische Erziehung des 17. und frühen 18. Jahrhunderts nahm Formen an und erreichte ein Publikum, wie es sich Petrarca nicht hatte vorstellen können. Doch die Fundamente, die er gelegt hatte, blieben weiterhin gültig, und bei aller Komplexität und Verfeinerung waren ihre Vertreter nach wie vor der Meinung, daß Wissenschaft und Erziehung organisch verbunden sein sollten.

Bibliographie

L. D. Reynolds, in: N. G. Wilson, *Scribes and Scholars: A Guide to the Transmission of Greek and Latin Literature* (Oxford ³1991); P. O. Kristeller, *Renaissance Thought and its Sources*, hrsg. von M. Mooney (New York 1979); P. de Nolhac, *Pétrarque et l'humanisme* (Paris 1907); B. L. Ullman, *Studies in the Italian Renaissance* (Rome 1955); B. L. Ullman, *The Origin and Development of Humanistic Script* (Rome 1960); B. L. Ullman, *The Humanism of Colucccio Salutati* (Padua 1963); R. Witt, *Hercules at the Crossroads. The Life, Works and Thought of Coluccio Salutati* (Durham 1983); H. Barion, *In Search of Florentine Civic Humanism* (Princeton 1990); R. Weiss, *The Renaissance Discovery of Classical Antiquity* (Oxford 1969. ²1988); M. Lowry, *The World of Aldus Manutius* (Oxford 1979); A. Grafton und L. Jardine, *From Humanism to the Humanities* (London 1986); E. J. Kenney, *The Classical Text: Aspects of Editing in the Age of the Printed Book* (Cambridge 1974); A. D. Momigliano, *Contributi alla storia degli studi classici* (Roma 1955–1992); J. F. D'Amico, *Theory and Practice in Renaissance Textual Criticism. Beatus Rhenanus Between Conjecture and History* (Berkeley/Los Angeles/London 1988); A. Grafton, *Joseph Scaliger. A Study in the History of Classical Scholarship* (Oxford 1983–93); W. Kühlmann, *Gelehrtenrepublik und Fürstenstaat* (Tübingen 1982); G. Oestreich, *Geist und Gestalt des frühmodernen Staats* (Berlin 1969).

3.2 Das 18. und 19. Jahrhundert

Bis in das 18. Jahrhundert hinein blieb Latein eine lebendige europäische Kultursprache und die Grundlage des Unterrichts in den Schulen. Eine kleine Auswahl aus den klassischen lateinischen Autoren wurde Kindern eingepaukt und blieb Erwachsenen im Gedächtnis: Anspielung und freie Verwandlung dienten als Erkennungszeichen und Klassenzugehörigkeitsbeweis. Dagegen waren die meisten griechischen Autoren eher marginal und wirkten hauptsächlich, wenn überhaupt, entweder in lateinischer Übersetzung (z. B. Platon und Plotin durch Ficino) oder durch Vermittlung lateinischer Autoren (z. B. Pindar über Horaz *Carm.* 4.2). Die griechische Philologie machte große Fortschritte in der Zeit von Valla bis Bentley, aber nur wenige Gelehrte widmeten sich vorwiegend griechischen Autoren; Livius und Tacitus, nicht aber Herodot oder Thukydides, trugen Wesentliches zum politischen Selbstverständnis der frühen Neuzeit bei; Kontroversen über den richtigen lateinischen Prosastil erregten Gemüter weit über Fachkreise hinaus. Der Öffentlichkeitscharakter der lateinischen Philologie drückte sich auch darin aus, daß viele Latinisten Lehrstühle für Eloquenz bekleideten.

Unsere Griechen erfand nicht erst das sich als historisierendes und historisches Novum so ernst nehmende 19. Jahrhundert, sondern schon das 18. Jahrhundert, das das Griechische vom Römischen begrifflich trennte und ersteres als eigenständig, ursprünglich und natürlich schließlich doch zu lieben lernte. Winckelmann ahnte griechische Schönheit unter römischen Kopien; Wood und Chandler bereisten den östlichen Mittelmeerraum auf der Suche nach Homer; 1767 konnte Herder programmatisch schreiben: „Die neuere Litteratur hat durchaus eine Lateinische Gestalt. Da wir alles durch die Hände der

Römer bekommen: so haben sie uns alles geraubt, was wir hatten" (*Fragmente über die neuere Deutsche Litteratur* 3.1, Suphan 1.359). Darunter mußte Latein leiden. Denn gerade die Modernität des römischen Altertums – „Die Römer sind uns näher und begreiflicher als die Griechen ..." (Friedrich Schlegel, *Kritische Fragmente* 46, KFSA 2.153) – wurde als sekundär empfunden und wirkte abstoßend auf eine Zeit, die aus Unbehagen an der eigenen Modernität im Fremden eher das ganz Andere suchte. Der soeben zitierte Satz Friedrich Schlegels geht so weiter: „... und doch ist echter Sinn für die Römer noch ungleich seltner als der für die Griechen ...".

Die ersten Spuren der neuen Auffassung bemerkt man schon deutlich bei Christian Gottlob Heyne (1729–1812), dessen undankbarer Schüler Wolf dafür sorgte, daß seine herausragende Rolle als wichtigster deutscher Altertumswissenschaftler vor dem 19. Jahrhundert immer noch weitgehend verkannt bleibt. Heyne, *professor eloquentiae et poesis*, widmete sich nicht mehr vorwiegend der textimmanenten Erörterung der Schönheiten der großen lateinischen Dichter, sondern versuchte anhand materieller Reste, kleinasiatischer Reiseberichte und ethnographischer Vergleiche aus der neuen Welt ein historisches Bild der Gesamtkultur der Antike, in erster Linie des antiken und jetzt erst wirklich als primitiv empfundenen Griechenlands zu gewinnen, vor welchem Hintergrund die alten Texte plötzlich in ein verfremdendes neues Licht treten konnten – der zweite Satz seiner *Ilias*-Vorlesung (1789) in der Mitschrift W. v. Humboldts enthält schon einen Verweis auf Robert Woods Reise in Ionien. Heyne begründete die erste deutsche universitäre Gipssammlung zu Lehrzwecken und hielt schon 1767 Vorlesungen über Archäologie, bloß drei Jahre nach Erscheinen von Winckelmanns *Geschichte der Kunst des Altertums*; in seinem Aufsatz 'De genio saeculi Ptolemaeorum' (1763) unternahm er einen frühen und immer noch lesenswerten Versuch, den Charakter einer geistesgeschichtlichen Epoche in allen ihren Manifestationen zu erfassen; durch seine zahllosen Rezensionen machte er auch fachfremde und ausländische Ansätze für die deutsche Philologie fruchtbar, während er in seinen Vorlesungen und in seinem Seminar – einer Unterrichtsinstitution, die von Gesner ins Leben gerufen, aber von Heyne perfektioniert wurde – Generationen von Philologen, Archäologen, Schullehrern, Dichtern (W. v. Humboldt, die beiden Schlegel, Voss, Wolf, Zoëga und noch Lachmann) und sogar einen König (Ludwig I. von Bayern) mit den neuen Ideen vertraut machte.

Die Verwissenschaftlichung, die die Philologie seit dem Anfang des 19. Jahrhunderts von ihrer Vorgängerin am augenfälligsten unterscheidet, ging mit einer gewissen Hellenisierung, ja sogar Entlatinisierung einher. Lange blieb Latein noch Wissenschaftssprache. Aber während der drei Generationen der philologischen „Sattelzeit" verschwand die lateinische Literatur vorübergehend als wissenschaftlicher Hauptgegenstand aus dem Blick deutscher Philologen. Heyne edierte noch sowohl Vergil und Tibull als auch – übrigens erst später – Homer und Pindar; aber sein Schüler Wolf erlangte durch seine griechischen

Editionen – Homer, Hesiod, griechische Tragiker und Komiker, Platon, Demosthenes und Lukian – einen Ruf, den nicht einmal seine wenigen und kuriosen latinistischen Arbeiten (zu Sueton, Horaz, vor allem Cicero) ruinieren konnten; und seine eigenen bedeutendsten Schüler hinwiederum – Boeckh, Bekker, Bernhardy, wohl auch K. O. Müller – waren alle Gräzisten. Wenn das wichtig ist, worüber man streitet, dann kann auch an den oft unschönen Kontroversen, die die deutsche Wissenschaftslandschaft in den ersten Jahrzehnten des 19. Jahrhunderts kennzeichneten, die vorübergehende Bedeutungslosigkeit der latinistischen Forschung in Deutschland bemessen werden; denn alle – Hermann gegen Boeckh über griechische Epigraphik, Hermann gegen Welcker und gegen K. O. Müller über Aischylos, Creuzer gegen Hermann und fast den Rest der Welt über griechische Religion – entzündeten sich an Fragen des Selbstverständnisses der Gräzistik.

Die Bildungsreformen, die noch immer mit dem Namen Wilhelm von Humboldts verbunden sind, entsprangen derselben mystifizierten Vorliebe für die Griechen: „Durch alle diese Züge wurde der Charakter der Griechen insofern das Ideal alles Menschendaseyns, daß man behaupten kann, daß sie die reine Form der menschlichen Bestimmung unverbesserlich vorzeichneten, wenn auch die Ausfüllung dieser Form hätte hernach auf andre Weise geschehen können" (Wilhelm von Humboldt, „Über den Charakter der Griechen", *Werke in fünf Bänden*, 2.69). Dennoch verbannten Humboldts Reformen Latein keinesfalls aus den Schulen – im Gegenteil: nach 1812 verlangte das Erziehungsprogramm der preußischen Gymnasien 76 Stunden Latein und 50 Stunden Griechisch (verglichen mit 44 Stunden Deutsch, 60 Stunden Mathematik und 20 Stunden Naturwissenschaft), und nach einer Reform im Jahre 1837 mußten Schüler sogar 86 Stunden Latein lernen und 42 Stunden Griechisch (und nur 22 Stunden Deutsch, 33 Stunden Mathematik und 16 Stunden Naturwissenschaft). Das Abitur dann prüfte vor allem die Fähigkeit des Absolventen, nicht nur vorbereitete und unvorbereitete Arbeiten in Latein zu schreiben, sondern auch Latein in einer mündlichen Prüfung adäquat zu sprechen.

Die Langlebigkeit von Latein an deutschen Schulen weit über das 19. Jahrhundert hinaus sollte eigentlich viel mehr erstaunen als dessen allmähliches Verschwinden in den letzten Jahrzehnten. Die damalige kontroverse Diskussion um Humboldts Reformen betraf auch die Frage, ob überhaupt und, wenn schon, wieviel Latein in der Schule gelehrt werden sollte; neben den oft gehörten Vorteilen des Lateinischen gegenüber dem Griechischen oder anderen Sprachen – Latein sei einfacher oder logischer oder helfe beim Erlernen anderer Fremdsprachen –, so darf man wohl vermuten, spielten auch andere Faktoren eine wichtige Rolle bei der dauerhaften Vorrangsstellung des Lateinischen in deutschen Schulen, vor allem das Festhalten an ehrwürdigen Traditionen und das Vorhandensein einer schon ausgebildeten Kaste von zunächst aus den kirchlichen Schulen, dann aus den Gymnasien stammenden Lateinlehrern.

So entwickelte sich im Verlauf des 19. Jahrhunderts in Deutschland eine immer stärkere Spannung zwischen dem hohen humanistischen Anspruch und einer manchmal staubigen Schulwirklichkeit, die durch eine zweite deutschlandspezifische Spannung zwischen Universitätsforschung und Schulunterricht überlagert wurde. Außerhalb Deutschlands, in den romanischen Ländern und England, setzten sich beim Lateinstudium sowohl an der Universität als auch an der Schule ältere, immer noch vitale Kulturtraditionen – Latein als die Sprache der Eloquenz, der Moral-Exempla, des Witzes – unbeirrt fort, während das Griechische eine eher untergeordnete Rolle spielte und nur als deutscher Import Prestige genoß. So etablierten A. F. Didots „Bibliothèque des auteurs grecs“ und die Neuausgabe des *Thesaurus Linguae Graecae* H. Estiennes die Ergebnisse und gewissermaßen auch die Methode der deutschen Gräzistik in Frankreich; die erste Auflage von K. O. Müllers griechischer Literaturgeschichte erschien 1840 in englischer Sprache in London, die deutsche Erstausgabe postum erst ein Jahr später.

Diese Gesamtsituation muß man präsent halten, will man die Struktur der deutschen Latinistik im 19. Jahrhundert verstehen. Zuverlässige Ausgaben der Schulautoren wurden einem unersättlichen Markt in regelmäßigen Abständen von intelligenten und bemühten Herausgebern, von denen freilich keiner an die Vorgänger des 18. Jahrhunderts heranreichte – Wilamowitz nennt Halm, Roth, Haase, Keil, Hertz, Nipperdey (*Geschichte der Philologie*, 65) –, geliefert, und manche der damaligen Schulkommentare mauserten sich zu bleibenden Hilfsinstrumenten der wissenschaftlichen Philologie.

Daneben blieb Heynes Virgil in der 4., von Wagner revidierten Ausgabe (1830–41) noch lange gültig, während Bentleys Horaz 1826 in Leipzig und 1869 in Berlin, sein Terenz 1846 in Kiel nachgedruckt wurde. Ein später, nunmehr verwissenschaftlichter Nachhall des einstigen Vorrangs der lateinischen Kultur im deutschen Sprachraum läßt sich in den Arbeiten von drei der größten lateinischen Philologen des 19. Jahrhunderts vernehmen: denn bei Lachmann, dem wichtigsten Erneuerer der Textkritik, wie bei seinem Schüler Haupt, verband sich die philologische Akribie gegenüber der lateinischen Dichtung mit der Hingabe an die literarischen Denkmäler der Muttersprache; Madvig war nicht nur unbestrittener Meister im lateinischen Prosastil, sondern auch ein sehr erfolgreicher Politiker; Mommsen wurde 1902 der Nobelpreis für Literatur zuerkannt. Aber sonst wurden die wichtigsten Forschungsfortschritte der deutschen Latinistik im 19. Jahrhundert nicht so sehr in den zentralen Bereichen des literarischen Schulkanons, sondern in den ehemaligen Randgebieten erzielt. Hier wurden Quellen in teilweise bis heute gültiger Form aufbereitet – für das römische Recht und die Epigraphik (Mommsen), für das archaische Latein und die Autoren des frühen römischen Theaters (Ritschl, Ribbeck) sowie die meist anonym überlieferte spätantike Kleindichtung (Bücheler-Riese), für die römischen Grammatiker (Keil, Thilo-Hagen's Servius), Rhetoriker (Halm), Geographen (Riese) und Landvermesser (Blume-

Lachmann-Mommsen-Rudorff); ein wachsendes Interesse an der historischen Entwicklung und Vielfalt der Sprache jenseits ihrer normativen Berücksichtigung in der Schule schlug sich in einer intensiven lateinischen Lexikographie nieder (Wölfflin, Thesaurus linguae Latinae); nach Muster der großen griechischen Fragmentsammlungen wurden die Reste der nur fragmentarisch überlieferten römischen Dichter (Baehrens), Redner (Meyer, Cortese) und Historiker (Peter) nun auch ediert. Zusammenfassend läßt sich feststellen: Die größten interpretatorischen Leistungen galten nicht der Literatur, und schon gar nicht den Schulautoren, sondern der Geschichte, besonders derjenigen der Früh- und Spätzeit (Niebuhr, Mommsen).

Erst mit Mommsen und Leo um die Jahrhundertwende konnte sich die Latinistik emanzipieren und einen Rang wenn nicht über, so doch mindestens neben der Gräzistik für sich behaupten. 1903 erschienen sowohl Nordens Kommentar zu *Aeneis* 6 als auch Heinzes *Virgils epische Technik*; zum ersten Mal seit Heyne widmeten sich wieder deutsche Latinisten ersten Ranges dem größten Dichter Roms. Mit Ausnahme der lateinischen Textkritik, die in A. E. Housman einen seit dem 18. Jahrhundert nicht mehr erlebten Höhepunkt feierte, waren die Fragestellungen Mommsens und Leos weitgehend wegweisend für das Studium des antiken Roms in diesem Jahrhundert. Mommsens auf genauester Kenntnis aller möglichen Quellen beruhende globale Vision des römischen Staates als einer Einheit setzt sich in mehreren Tendenzen der römischen Historiographie dieses Jahrhunderts fort: in der Betonung der Wirtschafts-, Sozial- und Religionsgeschichte; in dem besonderen Interesse für die kaiserzeitliche und spätantike Geschichte; in der systematischen Ausbeutung aller prosopographischen, epigraphischen und numismatischen Quellen. Für die griechische Historiographie konnten nur die hellenistischen Papyri einigermaßen vergleichbare Chancen liefern. Dagegen lenkte Leo die Aufmerksamkeit der Latinisten auf die verwandelnde Aneignung der griechischen Kultur durch die Römer und warf dadurch die Frage nicht mehr ausschließlich nach dem „Griechischen", sondern nunmehr vor allem nach dem „Römischen" in der römischen Literatur auf. In der Textinterpretation trug diese Fragestellung nachhaltig einflußreiche Frucht (Eduard Fraenkel). Dagegen blieb ohne dauerhaften Erfolg der Versuch einiger Latinisten nach 1918, teilweise im Anschluß an den Jaegerschen Dritten Humanismus Roms Wertbegriffe als Orientierungshilfe nach dem ersten europäischen Zusammenbruch dieses Jahrhunderts zu etablieren; und seine Neuauflage in der Wertekrise der Fünfziger Jahre nach einer zweiten Katastrophe erwies sich als bloß momentaner Aufschub gegenüber einem gesamtgesellschaftlichen Abrücken von einer normativen Antike, das erst dem Lateinunterricht, dann dem Lateinstudium Einbrüche brachte. Die Fähigkeit der wissenschaftlichen Latinistik, sich gegen diese allgemeine Entwicklung zu behaupten, wurde durch die Vertreibung gerade der prominentesten Latinisten in den Dreißiger Jahren (Fraenkel, Norden) auf nachhaltige Weise geschwächt.

Am Anfang des hier betrachteten Zeitraumes litt das Latein unter dem Vorwurf, zu modern zu sein, am Ende dagegen darunter, nicht modern genug zu sein. In den romanischen Ländern, allen voran Italien, wird Latein wohl lange noch als wichtiger Bestandteil des nationalen Selbstbewußtseins vital bleiben. Doch in Deutschland und anderen Ländern, wo diese unmittelbare Verwurzelung in einem gesellschaftlichen Konsens fehlt, wird das Latein zwar wegen der hohen Qualität vieler antiker und nachantiker lateinischer Texte und wegen der grundlegenden Bedeutung dieser Sprache in der Geschichte Europas einen Platz in der Fächervielfalt der Universitäten wohl weiterhin beanspruchen können. An den Schulen aber ist es längst aus seiner dominanten Position verdrängt; das wird auch die Zukunft nicht ändern. Ein Lateinstudium an der Universität, das sich hauptsächlich als Ausbildung von Lehrern verstünde, wird auf die Dauer immer fraglicher; voraussichtlich wird dieses Studium dagegen immer mehr zu einem unter vielen anderen literatur- und kulturwissenschaftlichen Fächern, das wie jene alle nicht allein Lehrer ausbildet, sondern losgelöst von einem einzigen Berufsziel zu einem Verständnis von Literatur und Kultur überhaupt führt und das dazu den Brückenschlag über Zeit- und Fachgrenzen hinweg nicht scheut.

Bibliographie

H. J. Apel, S. Bittner, *Humanistische Schulbildung 1890–1945. Anspruch und Wirklichkeit der altertumskundlichen Unterrichtsfächer* (Köln–Weimar–Wien 1994); G. Arrighetti (Hrsg.), *La filologia greca e latina nel secolo XX. Atti del Congresso Internazionale, Roma, Consiglio Nazionale delle Ricerche, 17–21 settembre 1984* (Pisa 1989); M. Bollack, H. Wismann, T. Lindken (Hgg.), *Philologie und Hermeneutik im 19. Jahrhundert*. II. *Philologie et herméneutique au 19ème siècle* II (Göttingen 1983); R. R. Bolgar, „Latin Literature: A Century of Interpretation," in *Les Etudes Classiques aux XIX*e *et XX*e *Siècles: Leur Place dans l'Histoire des Idées.* Entretiens sur l'Antiquité Classique (Genf 1980), 91–126; K. Christ, *Von Gibbon zu Rostovtzeff. Leben und Werk führender Althistoriker der Neuzeit* (Darmstadt 1972); Ders., *Neue Profile der Alten Geschichte* (Darmstadt 1990); H. Flashar, K. Gründer, A. Horstmann (Hgg.), *Philologie und Hermeneutik im 19. Jahrhundert. Zur Geschichte und Methodologie der Geisteswissenschaften* (Göttingen 1979); A. T. Grafton, *Defenders of the Text. The Traditions of Scholarship in an Age of Science, 1450–1800* (Cambridge, MA/London 1991); M. Landfester, *Humanismus und Gesellschaft im 19. Jahrhundert. Untersuchungen zur politischen und gesellschaftlichen Bedeutung der humanistischen Bildung in Deutschland* (Darmstadt 1988); G. W. Most, *Philologen und Gräcomanen. Studien zu Nietzsche und der deutschen Altertumswissenschaft* (erscheint demnächst); R. M. Ogilvie, *Latin and Greek. A History of the Influence of the Classics on English Life from 1600 to 1918* (Hamden, CT 1969); B. Olschewski, *Humanistische Bildung und Gesellschaft in England. Zur Geschichte der altsprachlichen Bildung von 1902 bis 1965* (Frankfurt a. M. 1990); J. E. Sandys, *A History of Classical Scholarship*. III. *The Eighteenth Century in Germany, and the Nineteenth Century in Europe and the United States of America* (Cambridge 1908); S. Timpanaro, *La genesi del metodo del Lachmann* (Padova ³1985); P. Treves (Hrsg.), *Lo studio dell'antichità classica nell'ottocento* (Mailand-Neapel 1962); U. von Wilamowitz-Moellendorff, *Geschichte der Philologie* (Stuttgart und Leipzig ³1997).

Abschnitt 3.1 wurde von Anthony Grafton, Abschnitt 3.2 von Glenn W. Most verfaßt.

II

Geschichte der Texte und ihrer Zeugen

1 Textkritik und Editionstechnik

Josef Delz

1.1 Einleitung

Das Buch von Martin L. West, *Textual Criticism and Editorial Technique applicable to Greek and Latin Texts* (Stuttgart 1973) wurde seinerzeit auf Einladung des Verlags verfaßt als Ersatz der beiden ebenfalls bei Teubner erschienenen Werke *Textkritik* von P. Maas (1927. 3. Aufl. 1957) und *Editionstechnik* von O. Stählin (2. Aufl. 1914). Stählins Anleitung war durch die Praxis überholt, gegen die generelle Anwendbarkeit der abstrakt-mathematischen Stemmatologie von Maas, der kontaminierte Überlieferungen entgegen dem tatsächlichen Befund als Ausnahmefall behandelte, wurde sogleich Widerspruch erhoben, vor allem durch G. Pasquali in seiner Rezension (*Gnomon* 5, 1929, 417–435. 498–521), ausgeweitet zu seinem berühmten Buch *Storia della Tradizione e Critica del Testo* (Florenz 1934, 2. Aufl. 1952). West empfiehlt, neben L. Havet, *Manuel de critique verbale appliquée aux textes latins* (Paris 1911) und H. Fränkel, *Einleitung zur kritischen Ausgabe der Argonautika des Apollonius* (Göttingen 1964) Pasqualis „wise opus" zur Lektüre. Dessen Herausarbeitung der Textgeschichte als Voraussetzung für eine erfolgreiche Textkritik ist eine großartige Leistung. Aber in den letzten Jahrzehnten sind verschiedene Thesen dieses Werkes stark modifiziert worden (z. B. seine Theorie der Autorenvariante und seine zu enge Lokalisierung der Schreibzentren), und nur der in die komplizierte Problemlage eingeweihte Leser kann heute das Buch gefahrlos benutzen. Havets Werk ist eine Pionierleistung, in den theoretischen Ausführungen immer noch anregend; aber die riesige Masse des Materials enthält viel Unsicheres und durch den Fortschritt der Wissenschaft Überholtes. Neben Wests glänzend formulierter Darstellung sollte in erster Linie noch das lebendig geschriebene Buch von A. Dain, *Les Manuscrits* (Paris ³1975) beigezogen werden. Ferner enthielt die erste Auflage des Gercke/Norden in Band 1 (1910) den Beitrag *Methodik* von A. Gercke, wo unter Teil IV „Formale Philologie" (37–80) noch heute lesenswerte Ausführungen zur Textkritik mit instruktiven Beispielen zu finden sind. Nicht völlig überholt sind auch die Kapitel „Textgrundlegung" und „Die Emendatio des als grundlegend erkannten Textes" in Th. Birt, *Kritik und Hermeneutik nebst Abriß des antiken Buchwesens,* Handbuch der klass. Altertumswiss. I 3 (München 1913).

Der hier zur Verfügung stehende Raum erlaubt nur eine knappe Zusammenfassung der Forschungsresultate, beschränkt auf die pagane Poesie und Kunstprosa, wobei die konkreten Beispiele für Textverbesserungen zum großen Teil neueren Editionen und Zeitschriftenartikeln entnommen sind. Eine Anleitung zur Editionstechnik könnte in diesem hauptsächlich für Studierende gedachten Werk überflüssig scheinen. Um jedoch eine kritische Ausgabe richtig zu benützen (der angehende Philologe sollte sich bei seiner Arbeit auf keine Texte ohne kritischen Apparat stützen), muß man wissen, wie sie zustande gekommen ist. Editionstechnik und Textkritik sind gegenseitig bedingt.

1.2 Das Problem

Kein Text eines antiken Autors ist als Autograph auf uns gekommen. Die frühesten der erhaltenen Handschriften wurden am Ende des 4. und im 5. Jahrhundert hergestellt, also z. T. mehrere Jahrhunderte nach der Entstehung des betreffenden Werks (Papyrusfunde spielen für die Überlieferung literarischer lateinischer Texte keine dem griechischen Bereich entsprechende Rolle: immerhin sei auf das spektakuläre Auftauchen einiger Verse des Dichters Cornelius Gallus hingewiesen: Erstpublikation *JRS* 69, 1979, 125–155; die früheren Funde sind zusammengestellt bei R. Cavenaile, *Corpus Papyrorum Latinarum,* Wiesbaden 1958). Im Laufe dieser Zeit wurde der ursprüngliche Wortlaut immer stärker durch Abschreibefehler und auch bewußt vorgenommene Änderungen verunstaltet. So sind z. B. die spätantiken Vergilhandschriften voller Fehler, und womöglich noch schlechter ist der Text in der einzigen Handschrift, welche die Bücher 41–45 des Livius gerettet hat, ein heute in Wien aufbewahrter Kodex wohl des frühen 5. Jahrhunderts. Grundsätzlich nicht anders steht es bei den Autoren, deren früheste Handschriften in das 8. und 9. Jahrhundert (die Zeit von etwa 550 bis 750 war für das Überleben der antiken Literatur die gefährlichste Strecke, und vieles ist wohl erst damals endgültig verloren gegangen) und später, bis ins 15. und 16. Jahrhundert, zu datieren sind. Wie kann unter diesen Verhältnissen das Ursprüngliche zurückgewonnen werden?

Der Überlieferungsbefund ist im Normalfall für jeden Text im Vorwort der kritischen Ausgabe des jeweiligen Autors respektive in ergänzenden Sonderpublikationen beschrieben. Seit kurzem steht zusätzlich ein unschätzbares Hilfsmittel zur Verfügung: *Texts and Transmission. A Survey of the Latin Classics,* ed. by L. D. Reynolds (Oxford 1983). Ein Team von 14 Spezialisten zeichnet für jeden der behandelten Autoren die Überlieferungslage aufgrund der neuesten Forschungen nach, wobei auch die für die Textkritik relevanten Erkenntnisse über das Verwandtschaftsverhältnis der Handschriften und die Rekonstruktion verlorener Vorlagen so weit als möglich mitgeteilt werden. Die „Introduction" des Herausgebers (XIII–XLIII) ist die beste moderne Übersicht über die Epochen und Etappen, die für die Erhaltung der lateinischen Literatur entscheidend waren, sofern diese bis in die Neuzeit gelangt ist, und erhellt damit in großen Linien die historische Situation, in welche die von der Textgeschichte her erarbeiteten Fakten einzuordnen sind. Für einige Werke aus der großen Masse des Verlorenen wird der Zeitpunkt angegeben, bis zu welchem sie noch greifbar waren. Die Erforschung der Textgeschichte und der physischen Überlieferungsträger – Buchform, Schriftcharakter – ist in den letzten Jahren intensiv vorangetrieben worden. Davon zeugen u. a. die *Atti del convegno internazionale ‚Il Libro e il Testo'* a cura di C. Questa e R. Raffaelli, Urbino 1984, und der reichhaltige Band mit den Resultaten einer internationalen Konferenz des Jahres 1993: *Formative Stages of Classical Traditions: Latin Texts from Antiquity to the Renaissance,* ed. by O. Pecere and M. D. Reeve, Spoleto 1995, sowie O. Pecere, „I meccanismi della tradizione testuale“ in: *Lo Spazio letterario di Roma antica* vol. III, Rom 1990, 297–386.

1.3 Was ist Textkritik?

In seiner berühmten Abhandlung „The Application of Thought to Textual Criticism“ definierte sie A. E. Housman als die Wissenschaft, Fehler in den Quellen zu entdecken, und die Kunst, sie zu beseitigen (*PCA* 18, 1922, 68 = *Classical Papers* 1058). Das bedeutet: die Aufarbeitung der Überlieferung ist Gegenstand einer wissenschaftlichen Methode, die erlernt werden kann; die Entscheidung, ob das erreichte Resultat dem originalen Wortlaut entspricht oder eine Verderbnis anzeigt, verlangt sprachliche Kompetenz und eine enge Vertrautheit mit dem Stil des Autors und seiner Materie, auch dies Fähigkeiten, die erworben werden können; die Behebung der Korruptel jedoch beruht zunächst auf Intuition und kann, muß aber nicht unbedingt, nachträglich durch wissenschaftlich begründete Überlegungen gestützt werden.

1.3.1 Textkritik wurde schon in der Antike getrieben. Klagen über fehlerhafte Abschriften finden sich zuerst bei Cicero. In den *Noctes Atticae* des Gellius liest man von der Suche nach besseren Exemplaren, und von einander abweichende Lesarten wurden in seinem Kreis angeblich diskutiert. Die antiken Grammatikerzeugnisse und Kommentare (z. B. Servius zu Vergil) sind voll von entsprechenden Hinweisen, und in einer Reihe von sogenannten Subscriptionen, die zusammen mit den Texten weiter kopiert wurden, erklären verschiedene Personen im 4.–6. Jahrhundert mit Nennung ihres Namens, daß und wie und für wen sie den betreffenden Autor ‚emendiert‘ haben. Interessant sind auch die zahlreichen Zeugnisse des Hieronymus, der an den ihm vorliegenden lateinischen Bibelübersetzungen regelrechte Textkritik übte und dabei auf die verschiedenen Ursachen hinwies, die zu den Fehlleistungen der Kopisten führen. Er war in Rom Schüler des Aelius Donatus gewesen und mag diese Einsicht durch dessen Vermittlung gewonnen haben.

1.3.2 Ob die in den genannten Quellen (Gellius, Servius) angeführten Varianten Vertrauen verdienen, ob sie im konkreten Fall vielleicht die richtige Leseart bieten, kann nicht mit überlieferungstechnischen Argumenten entschieden werden, sondern nur durch innere Kriterien, die aus der intimen Kenntnis der Eigenheiten des Autors gewonnen worden sind. Dazu ein vieldiskutiertes Beispiel: Verg. *Ecl.* 4,62f. ist in den Handschriften und bei Servius in der Form *cui non risere parentes / nec deus hunc mensa dea nec dignata cubili est* überliefert. Quintilian zitiert die Stelle für die *‚figura in numero‘,* Aufnahme eines generellen Plurals durch einen individuellen Singular (*Inst.* 9,3,8). Er las also in seinem Vergiltext *qui non risere parenti.* Daß diese richtige, weil dem dichterischen Gedanken gemäße, Lesart erst in neuester Zeit allgemein anerkannt wird, liegt daran, daß in die Quintilianüberlieferung der korrupte Vergiltext interpoliert worden ist, wo er dem Zusammenhang widerspricht. Damit vergleichbar ist die Situation in einer Stelle der Äneis, an der nur ein Papyrus gegen die gesamte Überlieferung das offensichtlich Richtige, weil psychologisch Subtilere, bietet: 4,423 *sola viri mollis aditus et tempora noris; noris* für *noras* hatte schon ein oft geschmähter Konjekturalkritiker des 19. Jahrhunderts vorgeschlagen (E. Bährens, *Jahrb. f. class. Philologie* 135, 1887, 817). Eine Warnung gegen blindes Vertrauen in die einhellige Überlieferung vermittelt auch der Vers Ov. *Trist.* 1,11,12 *omnis ab hac cura cura leuata mea est,* der so nur auf einer Inschrift (CIL VI 9632 = CLE 89) erhalten ist. Die Handschriften haben *mens releuata* statt *cura leuata.* Das zweite *cura* war durch Haplographie im Archetypus ausgefallen und der Fehler geschickt, aber nicht richtig, behoben worden. Und hier seien zwei analoge Fälle vorweggenommen, die freilich einen konjekturalen Eingriff implizieren. Manil. 1,423f. *tum di quoque magnos / quaesiuere deos; dubitauit Iuppiter ipse* . . . Diesen Text der maßgebenden Handschriften des 11. Jahrhunderts würde niemand anzweifeln, wenn nicht eine von interpolierten Lesarten freie Handschrift des 15. Jahrhunderts (ein Musterbeispiel für Pasqualis Devise ‚recentiores, non deteriores') statt *dubitauit* die unverständliche Buchstabenfolge *esurcione* böte. Mit der genialen Emendation *eguit Ioue* gewann Housman eine ovidisch anmutende Pointe des Dichters zurück. Verg. *Aen.* 10,702ff. ist einhellig, auch durch Servius, so überliefert: *Paridisque Mimanta / aequalem comitemque, una quem nocte Theano / in lucem genitori Amyco dedit et face praegnas / Cisseis regina Parin creat urbe paterna / occubat.* R. Bentley sah, daß hinter *Parin* durch Haplographie *Paris* ausgefallen und die Lücke mit *creat* ausgefüllt worden war. Zusätzlich mußte er nur noch *genitori* in *genitore* ändern.

1.3.3 Die Gelehrten, die während der mit Recht so genannten karolingischen Renaissance vom Ende des 8. Jahrhunderts an Handschriften antiker Autoren zusammensuchten, sie selbst kopierten oder abschreiben ließen und für ihre Verbreitung sorgten, mögen zwar im einzelnen Fall Zweifel an der Richtigkeit eines Wortes gehabt haben, beschränkten sich aber normalerweise darauf, Varianten aus anderen Handschriften am Rand oder zwischen den Zeilen zu notieren, und auch in den folgenden Jahrhunderten änderte sich diese Praxis kaum. Immerhin kann nie ausgeschlossen werden, daß eine von der modernen Kritik als richtig erachtete handschriftliche Variante die glückliche Konjektur eines gebildeten Lesers ist. Die italienischen Humanisten im 14. und vor allem im 15. Jahrhundert jedoch übersäten ihre Abschriften mit Konjekturen, unter denen sich manchmal auch die richtige Verbesserung eines offensichtlichen Fehlers befinden kann. Von einem Verständnis der Überlieferungsgeschichte waren sie noch weit entfernt – mit Ausnahme des genialen Angelo Poliziano. Den frühen Drucken lag in der Regel eine zufällig gewählte späte Handschrift zugrunde, die meistens weggeworfen wurde, weil das vervielfältigte Buch sie wertlos machte. Bis zum Anfang des 19. Jahrhunderts suchten gelehrte Editoren wohl nach ‚besseren' Handschriften; aber eine systematische Sammlung und Klassifizierung des an den verschiedensten Orten aufbewahrten Materials war schon aus technischen Gründen nicht möglich. Trotzdem haben hervorragende Gelehrte wie J. J. Scaliger, N. Heinsius, R. Bentley – die beiden letzteren auch stets auf der Suche nach ‚besseren' Handschriften – während dieser Zeit hunderte von Fehlern durch Divination behoben, und ihre Emendationen sind nicht selten durch die später aufgearbeitete Überlieferung bestätigt worden. Aber im Normalfall beherrschte die *Vulgata,* der *textus receptus*, unangefochten das Feld.

1.3.4 Die Zeugnisse für die antike Textkritik sind am bequemsten zu finden bei J. E. G. Zetzel, *Latin Textual Criticism in Antiquity* (Salem 1981) und E. Pöhlmann, *Einführung in die Textkritik der antiken Literatur,* Bd. I Altertum (Darmstadt 1994). Die Praxis des 9. Jahrhunderts läßt sich exemplarisch an den Lucanhandschriften beobachten: H. C. Gotoff, *The Transmission of the Text of Lucan in the Ninth Century* (Cambridge Mass. 1971). Kritisch zur oft überschätzten philologischen Tätigkeit der Humanisten äußert sich E. J. Kenney, „The Character of Humanist Philology" in R. R. Bolgar (ed.), *Classical Influences on European Culture A.D. 500–1500* (Cambridge 1971) 119–128. Das Standardwerk von S. Rizzo, *Il lessico filologico degli umanisti* (Rom 1973) ist für die Arbeit auf diesem Gebiet unentbehrlich. Grundlegend für die folgende Zeit ist E. J. Kenney, *The Classical Text. Aspects of Editing in the Age of the Printed Book* (Berkeley/Los Angeles 1974) = *Testo e Metodo. Aspetti dell' edizione dei classici nell' età del libro a stampa.* Edizione italiana riveduta a cura di A. Lunelli (Rom 1995). Gute Information über das gesamte Gebiet findet sich auch in L. D. Reynolds and N. G. Wilson, *Scribes and Scholars. A Guide to the Transmission of Greek and Latin Literature.* (3rd ed. repr. with corrections, Oxford 1991).

1.3.5 Die wissenschaftlich begründete Textkritik beginnt am sichtbarsten mit K. Lachmanns Untersuchungen zum griechischen und lateinischen Neuen Testament, vor allem aber mit seiner Ausgabe des Lukrez (Berlin 1850). Aus den beiden erhaltenen Handschriften des 9. Jahrhunderts, aufbewahrt in Leiden als Vossianus Lat. F. 30 und Vossianus Lat. Q. 94, rekonstruierte er die gemeinsame Vorlage. Lücken im Text und eine verkehrte Abfolge von Versen ermöglichten ihm, die Zeilenzahl pro Seite und die Anzahl der Blätter dieser Vorlage genau zu berechnen. Daß diese nicht direkt eine Handschrift des ausgehenden Altertums war, wie er glaubte, sondern eine oder zwei Zwischenstufen angenommen werden müssen, weil ein Teil der vielen Fehler nicht durch Buchstabenverwechslung einer antiken Majuskelschrift, sondern einer mittelalterlichen Minuskelschrift entstanden sein müssen, tut der grundsätzlichen Richtigkeit und Wichtigkeit seiner Entdeckung keinen Abbruch. Seither besteht die Aufgabe des Textkritikers und Editors darin, für jeden Text die erhaltenen Handschriften ausfindig zu machen, nach ihrem Alter zu ordnen, ihr Verwandtschaftsverhältnis mit Hilfe gemeinsamer Fehler festzustellen, ihre nicht erhaltenen Quellen wo möglich zu rekonstruieren und so den Versuch zu machen, die Textform möglichst bis auf einen Archetypus zurückzuführen. Erst wenn damit die älteste Stufe der Überlieferung erreicht ist, kann über die Echtheit oder Unechtheit des Wortlauts einer fraglichen Stelle entschieden und gegebenenfalls eine Emendation versucht werden. Nun ist freilich die Überlieferungslage bei Lukrez besonders klar; die sehr zahlreichen späteren Handschriften gehen alle indirekt auf einen der beiden Vossiani zurück (auch diese Ansicht ist nicht unbestritten; s. zum Problem G. A. Alberti, *Problemi di critica testuale,* Florenz 1979, 59f.; M. D. Reeve, „The Italian Tradition of Lucretius", *IMU* 23, 1980, 27–48). Für andere Autoren gestaltet sich die Aufgabe der Rekonstruktion sehr viel schwieriger oder ist unmöglich. Wo viele Handschriften erhalten sind (Vergil über tausend, Terenz zwischen 700 und 800, Cicero *De officiis* etwa 700, hunderte auch z. B. für Sallust, Horaz, Ovids Metamorphosen, Lucan, Persius, Juvenal, Claudian), ist die Masse der späteren häufig noch nicht genau erforscht. Trotzdem muß versucht werden, das Abhängigkeitsverhältnis, wenn auch nur partiell, zu klären und in einem Stemma darzustellen. Der Arbeitsvorgang ist theoretisch ein doppelter Weg: zuerst dringt man von der sichtbaren Oberfläche her möglichst weit dem Ursprung entgegen, dann verfolgt man das Erschlossene historisch durch die verschiedenen Stufen bis zum Endpunkt, dem kritisch erarbeiteten Text, der dem Leser bieten soll, was der Autor geschrieben hat.

1.3.6 Lachmann hatte Vorgänger und Zeitgenossen, die zu ähnlichen Resultaten, wenn auch auf weniger spektakuläre Weise, gelangt waren. Es ist das große Verdienst des Pasqualischülers S. Timpanaro, die Geschichte in seiner glänzenden Untersuchung *La genesi del metodo del Lachmann* (Florenz 1963; nuova edizione riveduta e ampliata Padua 1981; rist. corr. 1985; *Die Entstehung der Lachmannschen Methode,* autorisierte Übersetzung von D. Irmer, Hamburg 1971) entwirrt zu haben. Seine Resultate wurden ergänzt durch P. L. Schmidt, „Lachmann's Method. On the History of a Misunderstanding" in: *The Uses of Greek and Latin. Historical Essays* ed. by A. C. Dionisotti, A. Grafton and J. Kraye (London 1988) 227–236.

1.4 Die Methodik der Recensio und Examinatio

Wenn für einen Text nur ein Zeuge (eine Handschrift oder ein früher Druck) erhalten ist, muß nur entschieden werden, ob die einzelne Stelle das Original wiedergibt oder korrupt ist. Beispiele dieser Überlieferungslage sind Cicero *De re publica* (abgesehen von Buch 6), Livius 41–45, die Fabeln Hygins, die ‚Cena Trimalchionis' in Petrons *Satyrica,* Tacitus *Annales* 1–6. Nur leicht komplizierter in die Situation bei Velleius Paterculus, wo ein später verlorener Kodex einer flüchtigen Abschrift, einem Druck und einer partiellen Nachkollation zugrunde liegt, alles innert kurzer Zeit in Basel vorgenommen.

Sind nur eine Handschrift und von dieser abhängige Handschriften erhalten, müssen alle späteren als Zeugen der Überlieferung ausgeschaltet werden *(eliminatio codicum descriptorum)* und haben nur einen Wert, wo sie einen nachträglich eingetretenen Textverlust der Vorlage ausfüllen oder konjekturale Verbesserungen enthalten. Solche Lesarten erwecken freilich immer wieder den Verdacht, auf eine unabhängige verlorene Quelle zurückzugehen. Deshalb, und auch aus anderen Gründen, darf das sarkastische Urteil ‚comburendi, non conferendi', das der Holländer C. G. Cobet über die *codices descripti* verhängt hat und das auch Maas noch wenigstens theoretisch billigt, nicht vollstreckt werden. Vertreter dieses Überlieferungszustands sind z. B. Varro *De lingua Latina,* Livius 21–25, Seneca *De beneficiis* und *De clementia,* Tacitus *Historiae* und *Annales* 11–16, Apuleius, *Apologia, Metamorphoses, Florida.* In diesen Fällen ist die Vorlage also ein erhaltener Archetypus (Bedeutung und Anwendung des Begriffs sind heftig umstritten; s. Dain 108ff.; M. D. Reeve, „Archetypes“, *Sileno* 11, 1985, 193–201; „Stemmatic method. ‚Qualcosa che non funziona‘?“ *Bibliologia 3,* 1986, 57–69).

Wenn mehrere Zeugen erhalten sind, die nicht als *codices descripti* ausgeschaltet werden können, liegt eine gespaltene Überlieferung vor. P. Maas hat als typischen Fall folgendes Schema konstruiert (lateinische Majuskeln = erhaltene, griechische Minuskeln = erschlossene Handschriften):

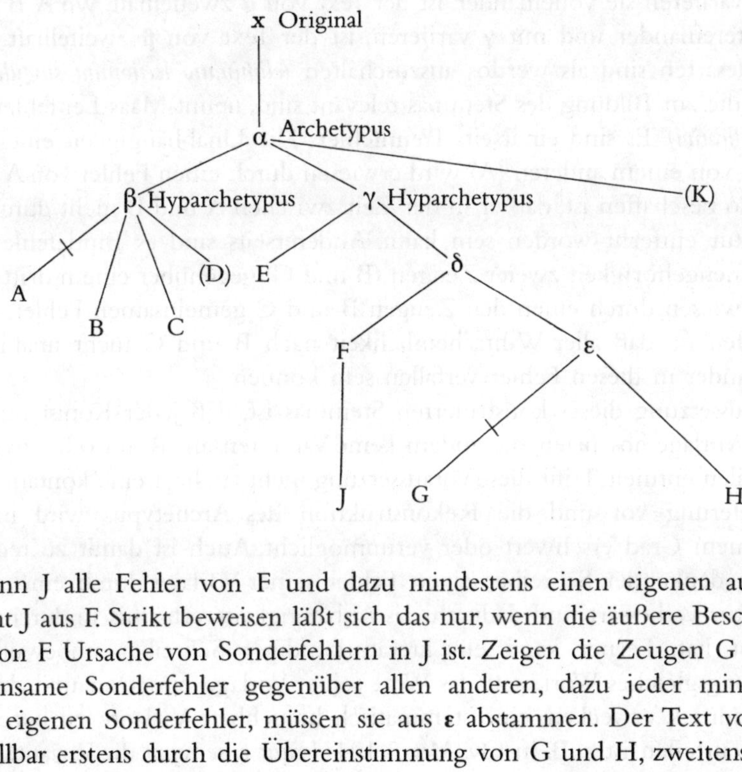

Wenn J alle Fehler von F und dazu mindestens einen eigenen aufweist, stammt J aus F. Strikt beweisen läßt sich das nur, wenn die äußere Beschaffenheit von F Ursache von Sonderfehlern in J ist. Zeigen die Zeugen G und H gemeinsame Sonderfehler gegenüber allen anderen, dazu jeder mindestens einen eigenen Sonderfehler, müssen sie aus **ε** abstammen. Der Text von **ε** ist herstellbar erstens durch die Übereinstimmung von G und H, zweitens durch die Übereinstimmung von G oder H mit einem der übrigen Zeugen. In der gleichen Weise kann der Text von **δ** aufgrund von F und **ε**, der Text von **γ** aufgrund von E und **δ** hergestellt werden.

Zeigen drei (oder mehr) Zeugen A B C (D) gemeinsame Sonderfehler gegenüber allen übrigen, außerdem jeder der drei (oder mehr) noch eigene Sonderfehler, niemals aber zwei von den drei (oder mehr) gemeinsame Sonderfehler gegenüber dem dritten (oder den übrigen), so müssen A B C (D) unabhängig voneinander von einer gemeinsamen Quelle **β** abhängen. Der Text von **β** ist herstellbar erstens durch die Übereinstimmung zweier beliebiger Zeugen A B C (D), zweitens durch die Übereinstimmung eines beliebigen dieser Zeugen mit **γ**.

Wenn sich die Überlieferung nur in **β** und **γ** gespalten hat und **β** und **γ** übereinstimmen, ist dies der Text von **α**. Stimmen sie aber nicht überein, kann jede der beiden Lesungen der Text von **α** sein. Es ergeben sich zwei Varianten, zwischen denen mit diesem Verfahren nicht zu entscheiden ist. Die Träger dieser Varianten werden als Hyparchetypi bezeichnet. **α** könnte auch rekonstruiert werden, wenn z. B. von **β** nur A, von **γ** nur J erhalten wäre, vorausgesetzt, daß nach **β** und/oder **γ** nicht zusätzliche Schäden aufgetreten sind.

Ist **α** außer in **β** und **γ** noch in K (oder weitere Arme) gespalten, so wird der Text von **α** durch die Übereinstimmung von zweien dieser Arme gewährleistet; variieren sie voneinander, ist der Text von **α** zweifelhaft. Wo A B C (D) alle untereinander und mit **γ** variieren, ist der Text von **β** zweifelhaft. Diese Sonderlesarten sind als wertlos auszuschalten *(eliminatio lectionum singularium).* Fehler, die zur Bildung des Stemmas relevant sind, nennt Maas Leitfehler *(errores significativi).* Es sind einerseits Trennfehler: Die Unabhängigkeit eines Zeugen (B) von einem anderen (A) wird erwiesen durch einen Fehler von A gegen B, der so beschaffen ist, daß er in der Zeit zwischen A und B nicht durch eine Konjektur entfernt worden sein kann. Andererseits sind es Bindefehler: Die Zusammengehörigkeit zweier Zeugen (B und C) gegenüber einem dritten (A) wird erwiesen durch einen den Zeugen B und C gemeinsamen Fehler, der so beschaffen ist, daß aller Wahrscheinlichkeit nach B und C nicht unabhängig voneinander in diesen Fehler verfallen sein können.

Voraussetzung dieses konstruierten Stemmas ist, daß jeder Kopist nur eine einzige Vorlage abschrieb, die zudem keine Varianten am Rand oder zwischen den Zeilen enthielt. Trifft diese Voraussetzung nicht zu, liegt eine kontaminierte Überlieferung vor und die Rekonstruktion des Archetypus wird in verschiedenem Grad erschwert oder verunmöglicht. Auch ist damit zu rechnen, daß ein denkender Schreiber einen Fehler seiner Vorlage durch eine eigene Konjektur verbessert und dadurch das Abhängigkeitsverhältnis undurchsichtig gemacht hat. Ferner kann ein literaturkundiger Schreiber unbewußt ein bedeutungsgleiches Wort statt das Wort seiner Vorlage einsetzen und dadurch den Eindruck erwecken, eine stemmatisch brauchbare Variante zu bezeugen; so zu beurteilen ist z. B. in Ov. *Met.* 5,104 *decutit ense caput* die Variante *demetit* (wie Sen. *Ag.* 988). Derartige handschriftliche Varianten (z. B. *silet/tacet, pudorem/ruborem*) sind in der Poesie sehr häufig.

In den letzten Jahrzehnten sind die Überlieferungsverhältnisse vieler Texte durch arbeitsintensive Untersuchungen geklärt worden, wodurch immer deutlicher wird, daß Kontamination verschiedener Stränge fast überall die Regel ist. Trotz diesen Schwierigkeiten kann bei vielen Texten ein glaubwürdiges Stemma konstruiert werden. Außer für Lukrez trifft dies z. B. zu für Cicero *De officiis* und *Epistulae familiares,* Catull, Cornelius Nepos, Properz, Manilius,

Seneca *Tragoediae,* Quintilian, Valerius Flaccus, Statius *Silvae,* Silius, die Panegyrici. Bei anderen Texten, wie z. B. bei den meisten Werken Ciceros, bei Cäsar, Sallust, Horaz, Lucan, Persius und Juvenal, Plinius *Naturalis historia*, ist die Überlieferungslage nicht genügend geklärt.

1.5 Examinatio und Emendatio

1.5.1 Das Resultat der Recensio ist entweder eindeutig oder es ergibt zwei oder mehrere Varianten, deren Wert gegeneinander abgewogen werden muß. Die Annahme, es könnte sich in einzelnen Fällen auch um verschiedene Fassungen des Autors handeln (Autorenvarianten), früher häufig ins Feld geführt, z. B. für die Varianten in der Martialüberlieferung, wird in letzter Zeit mit Recht als höchst unwahrscheinlich betrachtet (umstritten noch immer die angeblichen Doppelfassungen in den Metamorphosen Ovids). Bei der Entscheidung, welche von zwei Varianten eher das Richtige gibt, hilft oft die größere paläographische Wahrscheinlichkeit *(utrum in alterum abiturum erat),* so z. B. Iuv. 15,93f. *Vascones, ut fama est, alimentis talibus usi / produxere animas.* Die Variante für *usi* ist *olim,* und Housman fragt: „utrum facilius praecedente *-us* periturum putamus?"; *talibus olim* ist eine Konjektur für das durch Haplographie entstellte Original. In diesem Stadium der Untersuchung wird oft der Grundsatz *lectio difficilior potior* als Entscheidungshilfe angeführt. Er ist wenig hilfreich; denn der Unterschied zwischen ‚schwierig' und ‚unmöglich' ist im Einzelfall fließend. Die Examinatio ist bereits der erste Schritt zur Emendatio; denn es stellt sich sofort die Frage, ob das Ergebnis dem originalen Wortlaut entspricht oder ob eine Verderbnis vorliegt. Im letzteren Fall ist entweder schon eine überzeugende Heilung gefunden oder nicht. Kann sie vorläufig nicht gefunden werden, muß die Korruptel signalisiert werden *(crux).* Hilfreich ist der Begriff ‚diagnostische Konjektur' von Maas (man definiert, was ungefähr man statt des korrupten Textes erwartet): die Konjektur trifft wahrscheinlich nicht das Richtige, kann aber durch ihre Veröffentlichung einem anderen Kritiker vielleicht die endgültige Lösung ermöglichen.

1.5.2 Die Überlieferungsfehler und ihre Korrektur. Es gibt keinen antiken Text, der den langen Weg durch die Jahrhunderte fehlerfrei überstanden hat. Ein großer Teil der Korruptelen ist wahrscheinlich schon im Altertum entstanden. Für die Heilung festgestellter Schäden gibt es keine allgemein gültige Theorie. Jeder Fehler ist ein Sonderfall und kann die verschiedensten Ursachen haben; oft wirken mehrere Gründe zusammen. Eine Einteilung in spezielle Fehlertypen ist bis zu einem gewissen Grad möglich. Die folgende Auswahl betrifft hauptsächlich Stellen, an denen der Fehler auf die früheste faßbare Quelle zurückgeführt werden kann und die Emendation erst in neuerer Zeit geglückt ist. Wo kein Urheber genannt wird, ist eine Edition des betreffenden Autors zu konsultieren, vorrangig eine, die unter den am Schluß zusammengestellten mustergültigen textkritischen Ausgaben aufgeführt ist.

Ein Spezialfall der Emendation muß vorweggenommen werden, weil er nicht einen Überlieferungsschaden behebt, sondern das Überlieferte durch richtige Interpunktion neu interpretiert. Aus einer Fülle von Stellen seien drei ausgewählt: Catull. 64,323ff. *o decus eximium magnis uirtutibus augens, / Emathiae tutamen opis, carissime nato, / accipe quod laeta tibi pandunt luce sorores / ueridicum oraclum.* Housman (*CQ* 9, 1915, 229f. = *Classical papers* 913f.): *Emathiae tutamen, Opis carissime nato* = διόφιλε. Verg. *Aen.* 6,882f. *heu miserande puer, si qua fata aspera rumpas, / tu Marcellus eris.* Shackleton Bailey (*HSCP* 90, 1986, 199–205): *heu miserande puer! Si qua fata aspera rumpas – tu Marcellus eris.* Nach *rumpas* ist eine lange Pause anzusetzen; die Arme des Sprechers sinken. Sall. *Catil.* 4,1 *non fuit consilium socordia atque desidia bonum otium conterere, neque uero agrum colundo aut uenando, seruilibus officiis, intentum aetatem agere.* Wegen seiner angeblichen Charakterisierung der Landwirtschaft und der Jagd als Sklavenbeschäftigungen ist der Historiker heftig getadelt worden. Der Vorwurf fällt dahin, wenn man das Komma nach *officiis* wegläßt: *seruilibus officiis intentum* bedeutet ‚voll beschäftigt mit der (Beaufsichtigung der) Sklavenarbeit' (*MusHelv* 42, 1985, 168–173).

1.5.3 Textschäden infolge kodikologischer Faktoren (z. B. Verlust eines Blattes oder ganzer Hefte) können nur festgestellt, nicht geheilt werden. In Livius Buch 43 klafft zwischen 3,7 und 4,1 eine Lücke, weil der Codex unicus vier Hefte (Quaternionen) verloren hat. In anderen Fällen ist die Handschrift, in welcher der Verlust eingetreten ist, nicht erhalten; Lücken liegen z. B. vor in Tacitus *Dialogus de oratoribus* zwischen Kap. 35 und 36, in Silius zwischen 8,143 und 225 (hier hat ein humanistischer Fälscher das Fehlende ergänzt). In Senecas *Naturales quaestiones* sind das Ende von Buch 4a und der Anfang von Buch 4b verloren, und durch den Irrtum eines Buchbinders ist zudem die ursprüngliche Reihenfolge der Bücher in Unordnung geraten. Eine griechische Paraphrase des Johannes Lydus beweist, daß noch im 6. Jahrhundert ein vollständigerer Text greifbar war. Es kommt aber auch vor, daß einzelne Blätter aus verschiedenen Gründen an eine falsche Stelle geraten. Die Verse Val. Fl. 8,136–185 stehen nach 8,385 und wurden von Polizian an die richtige Stelle versetzt. Der Bericht über die clades Variana bei Velleius 2, 119f. ist durch das Versehen eines Kopisten gestört: 119,5–120,2 muß nach 120,6 stehen. In der Dichtung sind häufig Verse verschoben worden: Sil. 1,656f. gehören hinter 645, 12,243f. hinter 246. Sen. *Herc. f.* 146–151 müssen nach 136 stehen (Grund der Verwirrung ist hier wie an weiteren Stellen der Chorlieder die Anordnung in zwei Kolumnen auf einer Seite). Auch in Prosatexten verlangt der Sinn oft die Versetzung kurzer Partien. Sen. *Nat.* 3,2,1 gehört der Satz *aut . . . uenas* an den Anfang von 3,2,3. Vell. 2, 119,2 *exercitus omnium fortissimus . . . inclusus siluis, paludibus, insidiis ab eo hoste ad internecionem trucidatus est, quem ita semper more pecudum trucidauerat, ut uitam aut mortem eius nunc ira nunc uenia temperaret.* Hier ist *trucidauerat,* ein typischer Perseverationsfehler, schon früher durch *tractauerat* ersetzt worden; aber *more pecudum* muß zusätzlich vor *trucidatus est* versetzt werden.

1.5.4 Die häufigste Ursache von Fehlern liegt darin, daß ein Kopist mit dem Schriftcharakter seiner Vorlage nicht vertraut war. Die Möglichkeiten für Buchstabenverwechslung sind unendlich. Schon die Umschrift von der Papyrusrolle auf das Pergament stellte die Schreiber vor Probleme. Im Codex unicus der Bücher 41–45 des Livius sind B und D massenhaft vertauscht, weil sie in der Majuskelkursive der Vorlage eine sehr ähnliche Form hatten, häufig auch R/S und S/F (M. Zelzer, „Die Umschrift lateinischer Texte von Rollen auf Codices und ihre Bedeutung für die Textkritik", *Bibliologia* 9, 1989, 157–167). Die Vertauschung ist nicht immer von späteren Kopisten rückgängig gemacht worden, auch wenn sie offensichtlich war: Lucr. 2,891 *fedus* statt *rebus.* Unter Catull. 66,59 †*hi dii uen ibi*† verbirgt sich *hic liquidi.* Sil. 16,208 *quare, age, laetus (h)abe nostros intrare penates,* zu korrigieren in *adi, nostros dignare penates* (*intrare* ist aus der über *dignare* geschriebenen Glosse *intra* entstanden). Wenn aber im genannten Liviuskodex häufig B und V verwechselt werden (z. B. *uini* statt *bini*) handelt es sich um einen spätantiken Lautzusammenfall, so auch Cic. *Phil.* 2,87 *in diem uiuere* statt *bibere.* Besonders hilflos waren die spätantiken und mittelalterlichen Schreiber, wenn sie auf griechische Einsprengsel trafen: Mart. *Epigr.* 24,8 *haec tantum res est facta ita pictoria* für *facta* παρ' ἱστορίαν. Deshalb waren auch Wörter mit y besonders gefährdet (meistens zu r verlesen): Verg. *Catal.* 10,10 *quid orion* statt *Cytorio* (nach Catull. 4,11 korrigiert) und 10,22 *paterna lora proximumque pectinem* statt *pyxinumque* (W. Schmid, *Philologus* 72, 1913, 151; vgl. auch *Edict. imp. Diocl.* 13,7G *pectinem muliebrem buxeum* und AP 6,211,5 πύξινον κτένα). Sil. 5,395 *cechre* statt *Tethye.* Schwierigkeiten machten auch die irische und angelsächsische Minuskel und später die sogenannte beneventanische Schrift mit ihren zahlreichen Ligaturen. In den verschiedenen Formen der Capitalis unserer frühesten Handschriften können viele Buchstaben verwechselt werden und für die Minuskelschriften mit den vielen senkrechten Strichen (i, m, n, u) gilt dasselbe. Sehr häufig ist die Vertauschung von u und offenem a. Es kann aber nicht für jeden Fehler ein Rückschluß auf die Schriftart einer verlorenen Vorlage gezogen werden. Wenn in Tac. *Agr.* 6,5 *electus . . . ad dona templorum recognoscenda* mit großer Wahrscheinlichkeit *bona* für *dona* einzusetzen ist, muß der Fehler nicht auf der genannten b/d-Verwechslung beruhen; die semantische Nähe von *dona* und *bona* kann ebensogut schuld sein. Sichere Majuskelverwechslung liegt vor z. B. Lucr. 6,550 *uim* statt *uiai,* in der R/F-Vertauschung Sen. *Phaedr.* 218 *Amoris in me maximum regnum fero* statt *reor,* der R/T-Vertauschung Sen. *Nat.* 4b,13,5 (Menschen mit ungesunder Ernährungsweise) *non aestate tantum, sed media hieme niuem hac causa bibunt.* Anstelle von *hac causa* der übrigen hat die zuverlässigste Handschrift *causa pati,* woraus die Emendation *causa pari* gewonnen worden ist. Sil. 6,159ff. *semesa iacebant/ossa solo informidateque repletus et asper/uastatis gregibus nigro ructarat in antro* führt auf *informi dape quae* also P/T-Verwechslung. 10,551ff. *primitias pugnae et laeti libamina belli/Hannibal Ausonio cremat haec de nomine uictor/et tibi, Mars genitor, uotorum haud surde meorum/arma electa dicat spirantum turba uirorum.* Daß die Schar der Hannibal begleitenden Soldaten noch atmet, ist selbstverständlich; aber Silius schrieb *stipantum.* T / P und P / R-Vertauschung ist häufig. P / T z. B. auch Sen. *Phoen.* 499 *reclinis hastae et arma defixa incubant* statt *hastae parma defixae incubat.* T / F ist verwechselt Iuv. 9,106: *e medio taceant omnes* (so die beste Handschrift, die übrigen haben *clament)* für *fac eant.* E / F ist verwechselt (kombiniert mit falscher Worttrennung und Haplographie) Cic. *Fam.* 12,7,1 *dixi de te quae potui, tanta contentione quantum forum est* statt *quanta meorum <laterum> est.* Sicher eine Minuskelverwechslung liegt vor in Prop. 4,7,69 *sic mortis lacrimis uitae sanamus amores* statt *sancimus,* ebenso Sen. *Phaedr.* 965 *agitare uias* statt *uices, Med.* 307 *inter uitae mortisque uias* statt *uices, Nat.* 4a praef. 19 *excludi* statt *exaudi,* und in der häufigen Vertauschung von d und cl, z. B. Iuv. 3,215 ff. (ein Reicher hat seine Schätze in einer Feuersbrunst verloren) *ardet adhuc, et iam accurrit qui marmora donet, / conferat impensas; hic nuda et candida signa, / hic aliquid praeclarum Euphranoris et Polycliti, / haec Asianorum uetera ornamenta deorum, / hic libros dabit* etc. Zunächst stört die Frau in der Reihe der eifrigen Schmeichler, dann fragt es sich, ob die Genetive zu *aliquid praeclarum* verteidigt werden können. Housman emendierte schlagend *hic aliquid praedarum, Euphranoris et Polycliti aera,* ‚etwas aus der (von den Römern abgeschleppten) Beute, Erzfiguren des E. und P., alte Prunkstücke asiatischer Götter'.

Ohne daß sie sicher auf eine bestimmte Schriftart zurückgeführt werden können, seien noch einige einfache Buchstabenverwechslungen angeführt. Sen. *Nat.* 4a,2,9 *quidquid (Nilus) non adiuuit, sterile ac squalidum iacet* statt *adluit.* 4b,11,3 *non multum illi* (sc. *lusoriae pilae*) *commissurae et rimae earum nocent, quominus par sibi ab omni parte dicatur. earum* ist sinnlos; das richtige *corii* (‚Ritzen im Leder') wurde zu *eoru,* dies zu *earum,* angeglichen an *commissurae. Epist.* 124,24 *tunc beatum esse te iudica . . ., cum uisis quae homines eripiunt, optant, custodiunt, nil inueneris, non dico quod malis, sed quod uelis. eripiunt* ist seltsam; die Lösung heißt *cupiunt* (Watt, *CQ* 44, 1994, 187). *Phoen.* 111 f. (Ödipus, zum Tod entschlossen) *in altos ipse me immittam rogos / erectam ad ignes, funebrem escendam struem,* so die eine Handschriftenklasse; der Repräsentant der anderen bietet die Interpolation *h(a)erebo.* Aus *erectam* ist leicht das passende *erepam* zu gewinnen (*MusHelv* 46, 1989, 53). Val. Fl. 1,127 ff. (die Argo ist fertig gebaut) *constitit ut, longo moles non peruia ponto, / puppis, et ut tenues subiere latentia cerae / lumina, picturae uarios super addit honores.* Man hat daran herumgerätselt, wer die Malereien anbringt. Das Subjekt ist weder Iuno noch Minerva, sondern es steckt im abundanten Wort *super,* nämlich *faber,* der Erbauer des Schiffs. Es liegt f / s und a / u-Verwechslung vor (*MusHelv* 47, 1990, 55). Tac. *Dial.* 19,5 *cum uix in cortina quisquam adsistat, quin elementis studiorum . . . imbutus sit* statt *corona* (*cortina* wird noch immer mit höchst seltsamen lexikologischen Argumenten verteidigt).

Schon in den Minuskelschriften des 8. Jahrhunderts wurden die Präpositionen (und Buchstabenfolgen) *per, prae* und *pro* abgekürzt wiedergegeben und infolgedessen massenhaft von den Kopisten verwechselt, so z. B. in Lygd.

3,4,69ff. (Apollo spricht) *tunc ego nec cithara poteram gaudere sonora / nec similes chordis reddere uoce sonos, / sed perlucenti cantum meditabar auena.* Die durchsichtige Fistel ist schwer vorstellbar. Die Halmflöte verhindert vielmehr, daß er gleichzeitig singen kann: *praecludenti* (sc. *cantum* oder *uocem*) *auena* (*MusHelv* 48, 1991, 62). Durch ein Symbol ersetzt wurde häufig auch die Vorsilbe *con-* (Ↄ̄), was zu Fehlern führte: Cic. *Leg.* 1,26 (dem Menschen) *natura . . . rerum plurimarum . . . intellegentias enodauit (enud-)* statt *commodauit.* Petron. 60,5 *noua ludorum remissio* statt des technischen Ausdrucks *commissio.* In Tac. *Dial.* 31,7 *neque enim sapientem informamus neque Stoicorum comitem* hat die Haupthandschrift c̄item, die übrigen *ciuitatem.* Erst Vahlen löste die Abkürzung richtig auf. Sen. *Herc. O.* 565 *nunc congeratur uirus et uestis bibat / Herculea pestem* statt *ingeratur;* weniger wahrscheinlich erklärt B. Axelson, dem die Emendation verdankt wird, den Fehler mit Doppelschreibung des c: *Korruptelenkult* (Lund 1967), 110.

1.5.5 Viele Fehler sind durch fehlende oder falsche Wortabtrennung entstanden, weil der Archetypus in ‚scriptio continua' geschrieben war. Cic. *Att.* 1,18,8 *si ex iis quae scripsimus tanta etiam a me non scripta perspicis.* Der ‚Pluralis modestiae' *scripsimus* gegenüber *a me* erweckt Mißtrauen. *si ex iis quae scripsi, multa etiam a me non scripta perspicis* ist eine emendatio palmaris (-*ta* wurde zu *tanta* ergänzt). Prop. 3,20,5 *at tu, stulta, deos, tu fingis inania uerba* statt *at tu stulta adeo's?* Vell. 2,84,2 *de illius exemplis uitae naxuta Dolabella* für *Dellius exempli sui tenax ut a D. . . .* Sen. *Contr.* 2,1,38 *consentiatis licet: duos senes iungit,* in früheren Ausgaben zu *iungitis* korrigiert; richtig *conscientia scilicet duos senes iungit.* 2,6,11 *hoc castigandi genus commouent usum,* korrigiert in den singulären Ausdruck *commouentius uisum;* richtig ist *commentus sum.* Sen. *Nat.* 2,42,1 *quid enim tam imperitum est quam credere fulmina e nubibus Iouem mittere, columnas, arbores, nonnumquam statuas suas petere, ut impunitis sacrilegis percussis ouibus incensis aris pecudes innoxias feriat.* Hier hat offensichtlich jemand versucht, aus der Reihe von Buchstaben etwas einigermaßen in den Zusammenhang Passendes zu gewinnen. Aber Seneca schrieb *percussoribus, incendiariis.* 3,26,8 *mare uero cadauera stramentaque* (zu korrigieren in *instrumentaque*) *et naufragiorum reliqua similia ex intimo trahit.* Für *reliqua similia* ist treffend *reliquias alias* konjiziert worden. 3,18,1 einem lebend gesottenen Fisch *rubor primum, deinde pallor suffunditur. quam aeque uaria(n)tur, et <in> incertas facies inter uitam ac mortem coloris est uagatio. quam aeque* führt auf *squamaeque.* 3,24,3 *idem sub terra Empedocles existimat fieri. credebant in quibus balnearia sine igne calefiunt.* Hergestellt ist *crede Baianis, quibus . . .* 3,28,5 *par undique sibi ipsa tellus est; caua eius et plana eius exiguo inferiora sunt, sed istis adeo in rotundum orbis aequatus est,* eine schwer vorstellbare Aussage. *exiguo inferiora sunt editis; adeo* etc. 4b,5,4 *itaque cum pluuia futura erat, grando fit iniuria frigoris.* In der zuverlässigsten Handschrift fehlt *cum,* was die einfache Lösung *ita, quae* nahelegt. Sil. 6,485ff. *exposcunt Libyes nobisque dedere / haec referenda, pari libeat si pendere bellum / foedere et ex aequo geminas conscribere leges.* Statt des schwierigen *si pendere* ist *suspendere* zu schreiben. 10,331f. *stimulat dona inter tanta deorum / hortatur nondum portas intrasse Quirini.* Nach vielen vergeblichen Versuchen, den Satz zu heilen, fand Håkanson die Lösung: *hoc tantum* (umgekehrt ist Curt. 4,13,38 *hoc tandem* überliefert, von Bentley zu *hortantem* emendiert).

1.5.6 Verschiedene Fehlertypen sind eher durch die Nachlässigkeit des Kopisten entstanden als durch die Schwierigkeit, die Vorlage zu entziffern. Die Reihenfolge der Buchstaben oder Silben wird umgedreht; das Wort *susceptum* z. B. läuft immer Gefahr, zu *suspectum* verlesen zu werden. Cic. *Quinct.* 22 *hoc se quo C. Aquili uosque qui adestis consilio, ut diligenter attendatis.* Das unverständliche *hoc se quo* wurde früh in *obsecro,* dann in *obsecro te* verbessert; Cicero schrieb *hoc quaeso.* Catull. 67,23f. *sed pater illius gnati uiolasse cubile / dicitur et miseram conscelerasse domum.* Für das sachlich anstößige *illius* ist *illusi* einzusetzen. In Liv. 42,45,7 *quadraginta nauium classem instructam ortanam* ist das sinnlose letzte Wort vom ersten Herausgeber zu *ornatam* korrigiert worden. Dieselbe Verdrehung in Sil. 3,395 *ortano Maenas nocturna Lyaeo* hat zu den unwahrscheinlichsten Vermutungen Anlaß gegeben. Zu schreiben ist *ornatu.* Caes. *Gall.* 3,6,2 ist *undique circumuentos interficiunt* überliefert, wo der Zusammenhang *intercipiunt* verlangt. Vell. 1,16,2 *quem ad modum clausa capso alioue saepto diuersi generis animalia nihilo minus separata alienis in unum quodque corpus congregantur.* Das Wort *capsus* soll hier nach den Wörterbüchern und Übersetzungen die Bedeutung ‚Käfig für wilde Tiere' haben. Da wird von den Tieren zu viel verlangt. Das richtige Wort ist *pascuo* (*MusHelv* 27, 1970, 45–48; nach Liv. 24,3,4f.). Ov. *Fast.* 6,229 *detonso (-a) crinem depectere buxo* statt *dentosa* (*MusHelv* 51, 1994, 96; vgl. Mart. 14,25 *multifido buxus . . . dente*). Sen. *Med.* 680ff. (Die Amme berichtet, wie Medea in ihrer Kammer alle ihre Künste spielen läßt) *et triste laeua comprecans sacrum manu / pestes uocat quascumque feruentis creat / harena Libyae.* Was *comprecans sacrum* bedeuten soll, kann niemand erklären: *concrepans sistrum* (*MusHelv* 46, 1989, 53). Ps. Quint. *Decl.* 6,7 *curua litora et emensum sideribus fretum et turritos urbium scopulos retro lego.* Die Städte sind fehl am Platz: *turritos rupium scopulos* nach Lucan. 8,46 *rupis in abruptae scopulos.* Curt. 8,10,25 *murus urbem complectitur, cuius inferiora saxo, superiora crudo latere sunt structa.* Die beste Handschrift hat *iam* statt *inferiora.* Also ist *ima* das Richtige. Lucan. 2,479f. *tua classica seruat / oppositus quondam polluto tiro Miloni.* Das bezieht sich zurück auf 1,323 *Pompeiana reum clauserunt signa Milonem. polluto* ist unpassend. Als Angeklagter erschien Milo in Trauerkleidern: *pullato.*

1.5.7 Ähnlich lautende oder sinnverwandte Wörter werden häufig verwechselt, besonders in der Dichtung, wenn sie metrisch gleichwertig sind: *corpore (-a)* und *pectore (-a), dirus* und *durus, numen* und *nomen, urbis* und *orbis, impius* und *improbus, pudor* und *rubor.* Die Kopisten übernahmen nicht Buchstaben für Buchstaben, sondern erfaßten oft flüchtig das ganze Wort oder einen ganzen Vers. Prop. 1,18,9 *quid tantum merui? quae te mihi carmina mutant?* Cynthia ist sicher nicht verhext worden, sondern Properz fragt, was sie ihm vorzuwerfen habe, also *crimina* mit sekundären Handschriften. Ov. *Fast.* 3,303f. *ad solitos ueniunt siluestria numina fontes / et releuant multo pectora sicca mero.* Der

König Numa hatte Wein aufgetellt, um die *siluestria numina* betrunken zu machen; statt *pectora* lies *guttura* (Watt, *MusHelv* 52, 1995, 105). Sil. 2,562f. *ipsa meum uidi lacerato uulnere nostras / terrentem Murrum noctes.* Nach Verg. *Aen.* 9,491 *funus lacerum* ist *uulnere* in *funere* zu ändern. Sen. *Nat.* 5,15,3 (über den Wahnsinn, nach Gold zu graben) *a tergo lucem relinquere quae tanta spes fuit?* Gewiß ist *fuit* durch *fecit* zu ersetzen. Sil. 10,524ff. *Haec ait et socium mandari corpora terrae, / postera cum thalamis Aurora ruebat apertis, / imperat.* Seit der Erstausgabe wird *rubebit* anstelle des sinnlosen *ruebat* geschrieben. Aber im abhängigen Satz muß der Konjunktiv stehen: *rubescat.* 14,663ff. unter den Schätzen der eroberten Stadt befinden sich *munera rubri / praeterea ponti depexaque uellera ramis, / femineus pudor.* Seit der Erstausgabe wird *pudor* durch *labor* ersetzt. *stupor* ‚das Staunen der Frauen erregend', durch Haplographie des s und P / T-Verwechslung zu *pudor* verderbt, kann durch eine Parallele bei Tertullian gestützt werden, der Ohrringe und Halsketten als *hunc mulierum stuporem* beschimpft (*Cult. fem.* 1,6).

1.5.8 Eigennamen, die dem Schreiber nicht geläufig sind, werden durch andere ersetzt, wie Prop. 4,10,41 *Rheno* statt *Brenno,* oder in ein anderes Wort verlesen, wie Petron. 83,3 *deum* statt *Idaeum,* Sil. 1,46 *similis* statt *Simois.* Ein Spezialfall liegt Cic. *Fam.* 9,16,8 vor. Es handelt sich um die Einladung zu einer frugalen Mahlzeit: *quod si perseueras me ad matris tuae cenam reuocare* statt *Matris tui:* der Hymnendichter Matris aus Theben war ein Mäßigkeitsapostel.

1.5.9 Selten vorkommende Wörter werden oft durch andere ersetzt. Catull. 22,6 (die Ausstattung der Produkte eines schlechten Dichters) ist überliefert *cartae regiae noue libri,* seit dem 15. Jahrhundert in *noui libri* geändert. Catull schrieb *cartae regiae nouae bibli* ‚Blätter aus neuem Papyrus in Luxusformat'. Lucan. 9,157ff. (der Sohn des Pompeius droht, den Tod des Vaters zu rächen) *omnia dent poenas nudo tibi, Magne, sepulcra: / euoluam busto iam numen gentibus Isim / et tectum lino spargam per uulgus Osirim.* In *euoluam busto* ‚ich werde Isis aus dem Grab wälzen' stimmt etwas nicht ganz. Die toten Ägypter sind in Leinen eingewickelt, so Osiris, so auch Isis: für *busto* ist das griechische Wort dafür, *bysso,* einzusetzen (Nisbet, *AAntHung* 30, 1982–84, 314 = *Collected Papers* 188). Entsprechend ist in Sen. *Thy.* 449ff. *O quantum bonum est / obstare nulli, capere securas dapes / humi iacentem! scelera non intrant casas, / tutusque mensa capitur angusta cibus* das letzte Wort durch *scyphus* zu ersetzen. Sen. *Nat.* 6,28,2 lange eingeschlossener giftiger Erddampf *cum exitum nactus est, aeternum illud umbrosi frigoris malum et infernam noctem uoluit ac regionis nostrae aerem infuscat.* Anstelle von *noctem* hat die beste Handschrift *lucem,* was die Emendation *luem* ermöglicht hat; *noctem* ist eine alte Konjektur. *Med.* 457 (Jason spricht) *paruamne Iolcon, Thessala an Tempe petam?* statt *patruamne. paruam* ist sachlich falsch. Petron. 99,2 *rogo . . ., ut mecum quoque redeat in gratiam . . . omnem scabitudinem . . . deleret sine cicatrice.* Das Verbum *delere* ist für diese kosmetische Maßnahme zu drastisch und der Konjunktiv des Imperfekts falsch. Petron schrieb *delevet,* ‚er möge die Rauheit glätten' (Ed. Fraenkel, *Glotta* 37, 1958, 312). Sil. 14,389ff. ein karthagisches Kriegsschiff *cum rapidum hauriret Borean et cornibus omnes / col-*

ligeret flatus, lento se robore agebat, / intraret fluctus solis ceu pulsa lacertis. Das Schiff ist aber in voller Fahrt, also *innaret.* Iuv. 9,106ff. (der Reiche mit großer Dienerschaft kann nichts geheim halten) *e medio fac eant omnes, prope nemo recumbat: / quod tamen ad cantum galli facit ille secundi, / proximus ante diem caupo sciet, audiet et quae / finxerunt pariter libarius, archimagiri, / carptores.* Statt des Kuchenbäckers bietet die Überlieferung den Schreiber, *librarius.* Hier ist der Verdacht nicht unbegründet, daß ein Kopist an seine eigene Tätigkeit gedacht hat. Solche psychologischen Fehler werden besonders dem schreibenden Mönch zur Last gelegt, z. B. Petron. 43,1 *abbas secreuit* statt *ab asse creuit* (R. M. Ogilvie, „Monastic Corruption", *G & R* 18, 1971, 32–34).

1.5.10 Der Gesamttenor einer Stelle verursacht oft ein falsches Wort. Prop. 3,11,5ff. *uenturam melius praesagit nauita mortem / uulneribus didicit miles habere metum. / ista ego praeterita iactaui uerba iuuenta: / tu nunc exemplo disce timere meo.* Was der Seemann besser vorausspüren kann, ist nicht der Tod, sondern das stürmische Wetter, *uentorum morem.* Nachdem *morem* wegen *uulneribus* in *mortem* geändert war, mußte *uentorum* angepaßt werden. Sen. *Herc. O.* 1003f. *quaenam ista torquens angue uipereo comam / temporibus atras squalidis pinnas quatit?* Statt *angue uibrato* wie *Herc. f.* 789.1813ff. *hic dira serpens cecidit, hic ales fera, / hic rex cruentus, hic tua fractus manu / qui te sepulto possidet caelum leo.* Ein *rex cruentus* hat hier nichts zu suchen, wohl aber in 1820 *hic pax cruento rege prostrato data est. rex* emendiert Zwierlein zu *sus,* den erymanthischen Eber. Der König hat den Eber verdrängt. Ein Verdrängungsfehler liegt auch *Thy.* 690ff. vor (Atreus schlachtet die Söhne des Thyest) CHORVS *Quis manum ferro admouet?* NVNTIVS *Ipse est sacerdos, ipse funesta prece / letale carmen ore uiolento canit. / stat ipse ad aras, ipse deuotos neci / contrectat et componit et ferro admouet.* Als Objekt zu *ferro admouet* ist *manum* in Ordnung, nicht aber *deuotos neci.* Axelson wird mit *adparat* das Richtige getroffen haben.

1.5.11 Aus Unachtsamkeit oder Übermüdung nimmt der Kopist, wenn er einen Satz gelesen hat, etwas Späteres vorweg oder läßt etwas Früheres nachwirken: Antizipations- und Perseverationsfehler. Eine überzeugende Heilung ist jeweils Glückssache. Cic. *Fam.* 6,9,2 *cum cognorim pluribus rebus quid tu et de bonorum fortuna et de rei publicae calamitatibus sentias.* Der Tenor des Briefes verlangt *plurimis* statt *pluribus.* Octavia 52f. *mittit immitis dolor / consilia nostra* statt *uincit.* 131ff. *inimica uictrix imminet thalamis meis / odioque nostri flagrat et pretium stupri / iustae maritum coniugis captat caput,* statt *poscit.* Sil. 1,423ff. *postrema capessit / proelia canentem mandens aper ore cruorem / iamque gemet geminum contra uenabula torquens.* Die blitzenden Hauer sind gemeint: *ignem geminum.* Stat. *Silv.* 2,5,1 *(leo mansuetus) Quid tibi monstrata mansuescere profuit ira* statt *mutata* (*MusHelv* 49, 1992, 246). Liv. 42,37,7 *fremitum in contionibus fremebant* statt z. B. *mouebant.* Ov. *Am.* 1,10,29f. *sola uiro mulier spoliis exultat ademptis / sola locat noctes, sola locanda uenit.* Der Text des Pentameters wurde nicht angezweifelt, bis F. Munari 1965 in einer nicht beachteten, weil falsch datierten, Handschrift die unzweifelhaft richtige Lesart *licenda* ‚zum Höchstpreis zu haben' fand. *licenda* sieht nicht nach einer mittelalterlichen Emendation aus. Vor solchen extrastemmatischen Überraschungen ist man nie sicher. Sen. *Ag.* 480f. *Libycusque harenas Auster ac Syrtes rapit, / nec manet in Austro; fit grauis nimbis Notus / imbre auget undas.* Die Nachahmung Lucan. 2,454–460 zeigt, daß zu schreiben ist *nec manet in antro . . ., sed* (*MusHelv* 46, 1989, 56f.). Petron. 43,1 *ab asse creuit et paratus fuit quadrantem de stercore mordicus tollere. itaque creuit quicquid creuit tamquam fauus.* 76,8 *quicquid tangebam, crescebat tamquam fauus* zeigt, daß *tetigit* statt des letzten *creuit* zu schreiben ist.

1.5.12 Eine Unmenge von Fehlern ist durch Haplographie entstanden, indem der Schreiber eine Silbe, ein Wort, ein ganzes Satzstück, einen Vers ausließ, weil seine Augen zu einer ähnlichen Buchstabenverbindung abirrten (‚saut du même au même'). Direkt beobachten läßt sich das natürlich nur, wenn der Fehler erst nach dem Archetypus gemacht wurde und ein Überlieferungsstrang davon frei ist. Je größer die vermutete Lücke ist, desto schwieriger wird ihre Auffüllung. Oft wird man sich mit einem Vorschlag exempli gratia begnügen müssen. Cic. *Ac.* 2,53 *utimur exemplis somniantium furiosorum ebriosorum: <num> illud adtendimus, in hoc omni genere quam inconstanter loquamur?* (Schäublin, *MusHelv* 49, 1992, 43f.). *Div.* 1,34 *diuina<m ra>tionem uidentur accedere* (hier hat wohl auch der Titel des Werks bei der Haplographie mitgeholfen). *Phil.* 2,103 *ab hac perturbatione religionum aduolas in M. Varronis . . . fundum Casinatem. quo iure, quore?* Die Herausgeber korrigieren in *quo ore,* aber evident richtig ist *quo <mo>re* (Nisbet, *CR* 10, 1960, 103f. = *Collected Papers* 341). Sen. *Epist.* 36,1 *(felicitas) alios in aliud inritat, hos in <im>potentiam* (‚Zügellosigkeit'), *illos in luxuriam. Ag.* 545 *superasse nunc pelagus atque ignes iuuat* wird am einfachsten korrigiert in *superasse <sae>uum* (*MusHelv* 46, 1989, 57). *Dial.* 6,10,1 *liberi honores opes, ampla atria et exclusorum clientium turba referta uestibula, clarum <nomen>, nobilis aut formosa uxor.* Schon in der Haupthandschrift wurde *clarum* in *clara* geändert und so lesen alle anderen. *Nat.* 3,7,2 *quomodo ergo imber suggerere potest amnibus uires, qui summam humum tinguit? pars maior eius per fluminum alueos in mare aufertur. exiguum est quod sorbeat terra, nec id seruat.* Da mit *pars* ein fingierter Einwand beginnt, hat man nach diesem Wort ein *inquit* eingeschoben. Die einfachere Lösung ist *<at> pars.* 5,5,1 *quid ergo? hanc solam esse causam uenti existimo, aquarum terrarumque euaporationes? ex his grauitatem aeris fieri, deinde <solis> solui impetu . . .? Epist.* 42,1 (der *vir bonus* ist so selten wie der Vogel Phönix) *nec est mirum ex intervallo <magno> magna generari* (Watt, *CQ* 44, 1994, 186). *Tro.* 279ff. *sed regi frenis nequit / et ira et ardens hostis et uictoria / commissa nocti.* Im Zusammenhang der Stelle hat *hostis* keinen Sinn. *ardens ensis* wurde zu *ardensis* verkürzt und falsch ergänzt. Sil. 4,452f. *Garamas iaculis propioribus instat / et librat saeua coniectum cuspide ferrum.* Die beste Handschrift hat *contum,* was auf *con<tor>tum* führt. 12,577f. *per plurima nostra, / o socii, decora et sacras in sanguine dextras* ist in *sacr<at>as [in]* zu korrigieren. 16,233 *qua uia nota uocat, remeabo Anienis ad undas.* Überliefert ist *uia notat,* in den späten Hss. schlecht und recht ausgefüllt mit *uia nota mihi est.* Stat. *Silv.* 4,6,8ff. *a miseri, quos nosse iuuat quid Phasidis ales / distet ab hiberna Rhodopes grue, quis magis anser / exta ferat,* *cur Tuscus aper generosior Vmbro* . . .; ‚welche Gans die fettere Leber hat' muß der Sinn sein, aber *magis exta ferat* ist kein Latein. *exta grauet* wurde zu *extauet* verkürzt und falsch ergänzt (*MusHelv* 49, 1992, 250). Iuv. 6,157ff. *hunc* (sc. *adamantem*) *dedit olim / barbarus incestae, dedit hunc Agrippa sorori, / obseruant ubi festa mero pede sabbata reges / et uetus indulget senibus clementia porcis.* Die Wiederholung *dedit hunc* ist witzlos. Nach *incestae* war *gestare* ausgefallen. Wie schon der Ausfall eines einzigen Buchstabens einen Text zerstören kann, zeigt schön eine berühmte Stelle bei Lucan. 4,577ff. *regna timentur / ob ferrum et saeuis libertas uritur armis, / ignorantque datos, ne quisquam seruiat, enses.* Für das falsche *uritur* sind viele Heilungsversuche gemacht worden, sicher der richtige ist Axelsons *subditur.* Andererseits führt auch falsche Verdoppelung zu Störungen. In einer Diskussion über die verschiedenen Arten von Zukunftsvorhersagen heißt es Sen. *Nat.* 2,32,3 *nimis illum* (sc. *deum*) *otiosum et pusillae rei ministrum facis, si aliis somnia aliis exta disponit.* Von Träumen ist in der Umgebung nicht die Rede, statt *somnia* ist *omina* zu lesen. Eine solche Dittographie und eine Buchstabenvertauschung haben den Vers Lygd. 6,3 zerstört (an den Weingott) *aufer et ipse meum pariter medicando dolorem* statt *patera medicare dolorem.*

1.5.13 Interlineare Erklärungen und Randbemerkungen können in den Text eindringen und, besonders in der Dichtung, das Echte verdrängen. Zum Ende des Gebets an Venus, Lucr. 1,43, schrieb ein sarkastischer Leser die Verse 2,646–651 an den Rand, von wo sie in den Text geraten sind und dabei die Anrede an Memmius verdrängt haben. Hor. *Epist.* 1,1,56 *laeuo suspensi loculos tabulamque lacerto* ist aus *sat.* 1,6,74 am Rand notiert worden. Cic. *Cluent.* 72 ist *queritur se ab Oppianico destitutum* eine in die Überlieferung geratene Inhaltsangabe, ebenso Petron. 41,9 *conuiuarum sermones.* Liv. 44,15,1 *Claudius nihil responsum auctor est, tantum senatus consultum recitatum quo Caras et Lycios liberos esse iuberet populus Romanus, litterasque extemplo ad utramque gentem † sciret indicatum † mitti.* Der unverständliche Passus ist eine Randbemerkung: *scilicet indicatum* ‚um es ihnen mitzuteilen' (Watt, *Athenaeum* NS 66, 1988, 13). Hor. *Ars* 65 hat das unmetrische *palus* das seltene, aber von Horaz auch *Epist.* 1,13,10 verwendete Wort *lama* verdrängt. Ov. *Met.* 15,477f. (Pythagoras schreibt vor, keine Tiere zu töten und zu essen) *perdite, si qua nocent, uerum haec quoque perdite tantum; / ora uacent epulis alimentaque mitia carpant.* Aber der Mensch soll sich nicht der *epulae* überhaupt enthalten (81f. *prodiga diuitias alimentaque mitia tellus / suggerit atque epulas sine caede et sanguine praebet). epulis* hat als Glosse *illis* (gemeint sind die schädlichen Tiere) verdrängt (Watt, *MusHelv* 52, 1995, 103f.). Sil. 16,208 s. o. 5.4.

1.5.14 Bewußte Textänderung kann vorliegen, wenn z. B. eine Konstruktion oder überhaupt der Sinn einer Stelle nicht verstanden wurde. Cic. *Quinct.* 91 . . . *ut uestrae naturae bonitatique obsequamini, ut cum ueritas haec faciat plus huius inopia possit ad misericordiam quam illius opes ad crudelitatem.* Die seltene Ausdrucksweise *hac facit* ‚steht auf unserer Seite' (frühester Beleg Plaut. *Stich.* 463; analog *illac* Cic. *Att.* 7,3,5) ist mißverstanden. Derselbe Fehler ist auch Ov. *Am.* 1,3,12 und *Epist.* 1,103 korrigiert worden. Caes. *Gall.* 1,17,2f.

(in einer indirekten Rede) . . . *hos . . . multitudinem deterrere ne frumentum conferant quod praestare debeant; si iam principatum Galliae obtinere non possint, Gallorum quam Romanorum imperia perferre.* Der *si*-Satz hängt in der Luft. Unabhängig voneinander sahen Madvig (*Adversaria critica* 2, 1873, 248) und H. J. Heller (*Philologus* 31, 1872, 319), daß *praestare* und *debeant* umgestellt werden müssen. *praestare* ist das Subjekt zu *perferre.* Ein Korrektor faßte das Wort im Sinne von ‚liefern' statt von ‚besser sein' auf und stellte die Wörter um. Daß diese allgemein anerkannte Emendation in der neuesten kritischen Ausgabe (W. Hering, Leipzig 1987) nicht einmal im Apparat registriert wird, ist unverständlich. Sen. *Phoen.* 455f. *sancta si pietas placet / donate matri bella.* Überliefert ist *pacem* (unmetrisch), weil *donate matri* ‚verzichtet um eurer Mutter willen' mißverstanden wurde. *Ag.* 33f. (Thyestes spricht) *coacta fatis gnata fert uterum grauem / me patre dignum.* Gemeint ist Aegisthus; *uterus* kann zwar im Sinne von *natus* stehen, nicht aber *uterus grauis:* die Lösung ist *utero graui.* Val. Fl. 5,515f. *da iungere dona / da Scythicas sociare domos.* Der Sinn muß sein ‚erlaube, daß ich mich als *socius* dem skythischen Haus anschließe'. *iungere dona* ist seltsam, eine falsche Korrektur von *donis,* weil nicht erkannt wurde, daß *domos* Objekt zu *iungere* und *sociare* ist (*Ratis omnia uincet, Untersuchungen zu den Argonautica des Valerius Flaccus,* hg. v. M. Korn und H. J. Tschiedel, Hildesheim / Zürich / New York 1991, 12f.).

1.5.15 Eine Zwischenstufe zu den eigentlichen Interpolationen bilden die Fälle von trivialisierenden Lesarten, besonders häufig bei Martial in einer der drei Handschriftenklassen, so z. B. in 4,66,1ff. *egisti uitam semper, Line, municipalem / qua nihil omnino uilius esse potest. / Idibus et raris togula est excussa Kalendis,* wo das drastische *excussa* ‚ausgeschüttelt' durch *tibi sumpta* ersetzt ist (zum Problem s. W. Schmid, „Spätantike Textdepravationen in den Epigrammen Martials" in: *Ausgewählte philologische Schriften,* hg. v. H. Erbse und J. Küppers, Berlin / New York 1984, 440–444). Umgekehrt können gebildete Leser Wörter und Formen durch andere ersetzen, die gegen den Sprachgebrauch des Autors verstoßen. In Ov. *Met.* 2,779 hätten die Editoren nicht *uigilacibus . . . curis* der Variante *uigilantibus* vorziehen sollen, in 14,21 nicht *expugnacior* der Variante *expugnantior* (R. Tarrant, „Silver Threads Among the Gold. A Problem in the Text of Ovid's Metamorphoses", *ICS* 14, 1989, 103–117). Wenn eine solche Verfälschung die ganze Überlieferung erfaßt hat, kann sie kaum mehr rückgängig gemacht werden.

1.5.16 Unechte Zusätze, Interpolationen, bilden das wohl am heftigsten umstrittene Problem der Textkritik. Ein wichtiger Grundsatz sollte nie außer acht gelassen werden: Wer eine Interpolationsbehauptung aufstellt, muß den Grund wahrscheinlich machen können, der zu dem Zusatz geführt hat. Ein sprachlicher oder metrischer oder sachlicher Anstoß allein genügt nicht; der Fehler kann auch im verdächtigen Text selbst liegen. Es gibt verschiedene Motive, die zu einer Interpolation führen können. Wenn im Text des Petron ein Bearbeiter die stark lückenhafte Erzählung durch erklärende Zusätze verdeutlicht hat (14,5; 16,3; 22,3.5; 25,2; 80,7; 102,5; 125,1), ist das etwas anderes, als wenn ein begeisterter antiker Leser an den Satiren Juvenals weiter dichtet, und wieder etwas anderes, wenn ein gebildeter Epikureer aus inhaltlichen, didaktischen Gründen mithilfe von lukrezischem Wortmaterial die Verse 4,45–53 einschiebt. Oft kommt es vor, daß ein Leser das Bedürfnis hat, eine Aussage des Autors zu verdeutlichen. Sen. *Clem.* 1,9,1 *cum hoc aetatis esset* (sc. *diuus Augustus*), *quo tu* (sc. *Nero*) *nunc es, duodeuicesimum egressus annum, iam pugiones in sinum amicorum absconderat* etc. Die genaue Zahlenangabe verursacht historische Probleme und paßt nicht zu dem absichtlich unscharfen Ausdruck *hoc aetatis* (O. Zwierlein, *RhM* 139, 1996, 14–32, mit weiteren Beispielen von solchen ‚numerischen Interpolationen').

Den früheren Stand der Interpolationsforschung skizziert H. Fuchs, *MusHelv* 4 (1947) 188ff., noch ganz im Banne von G. Jachmanns Arbeiten stehend. Aus neuerer Zeit sind besonders lehrreich E. Courtney, „The Interpolations in Juvenal", *BICS* 22 (1975), 147–162; „Quotation, Interpolation, Transposition", *Hermathena* 143 (1987) 7–18; R. J. Tarrant, „Toward a Typology of Interpolation in Latin Poetry", *TAPhA* 117 (1987) 281–298; „The Reader as Author: Collaborative Interpolation in Latin Poetry" in: *Editing Greek and Latin Texts,* ed. by J. N. Grant (New York 1989) 121–162; M. Deufert, *Pseudo-Lukrezisches im Lukrez* (Berlin / New York 1996). Ein Beispiel stehe hier für viele. Iuv. 10,346ff. Was sollen die Menschen sich wünschen? Die Götter wissen am besten, was für sie gut ist. Die Menschen aber beten für das Falsche. Dann 354ff. *ut tamen et poscas aliquid uoueasque sacellis / exta et candiduli diuina thymatula* (so J. Bodel, *HSCPh* 92, 1989, 349–366) *porci / orandum est ut sit mens sana in corpore sano. / fortem posce animum mortis terrore carentem* etc. Syntax und Zusammenhang zeigen, daß die berühmte Maxime ‚*Orandum est* . . .' einem Pseudo-Juvenal gehört (M. D. Reeve, *CR* 20, 1970, 135f.). Ob dieser sie selbst fabriziert oder irgendwo gefunden hat, mag offen bleiben.

1.6 Editionstechnik

Aus dem Inhalt der Abschnitte 1.1–1.5 ist die Folgerung zu ziehen, daß der Editor Textkritiker sein muß. Interesse z. B. an einem philosophischen oder naturwissenschaftlichen oder religionsgeschichtlich interessanten Text genügt nicht, um eine wissenschaftlich fundierte kritische Ausgabe erarbeiten zu können. Gute, auch heutige Ansprüche erfüllende, Editionen gab es schon im 19. Jahrhundert, etwa Livius 26–30 rec. A. Luchs, Berlin 1879, und Solinus iterum rec. Th. Mommsen, Berlin 1895. In den letzten Jahrzehnten hat sich vor allem in der Serie der Oxford Classical Texts und der Bibliotheca Teubneriana ein Standard entwickelt, von dem nicht mehr abgewichen werden sollte. Aber auch in anderen Reihen wie der Sammlung Tusculum, der Cambridge Greek and Latin Classics, der Loeb Classical Library, den Supplementbänden der Mnemosyne, gibt es einzelne hervorragende Leistungen, selten auch – die Bemerkung bezieht sich nur auf die Série Latine – in der Collection des

Universités de France, deren Regeln für die Editoren offenbar zu restriktiv sind, besonders was die Anlage des kritischen Apparats betrifft (die sachlichen Erläuterungen sind z. T. wertvoll, speziell in neuen Editionen von Prosaautoren).

Erstes Gebot ist absolute Klarheit. Der Benutzer muß überall erkennen können, was der Herausgeber weiß und für richtig hält. Die Praefatio gibt Auskunft darüber, wie die Textgrundlage beschaffen ist (s. o. 4), ob der Editor die Handschriften selbst gesammelt, kollationiert und bewertet hat oder ob er sich auf Vorgänger stützt (zu den Vorbereitungsarbeiten s. o. 3.5). Gewisse Editoren lesen grundsätzlich keine Handschriften, d. h. sie verlassen sich auf Kollationen anderer, ein zwar zeitsparendes, aber riskantes Verfahren; mit einiger Geduld kann man sich in jede Schriftart einlesen. Beruht die Kollation auf Autopsie, kann eine Liste der hauptsächlichen Fehlertypen (besonders Buchstabenverwechslungen) in den wichtigen Handschriften für einen späteren Kritiker nützlich sein. Ein Stemma sollte gezeichnet werden, wo es möglich ist; es erleichtert die rasche Verifizierung der Angaben des kritischen Apparates. Am Schluß steht ein Siglenverzeichnis und eine vollständige Liste der im kritischen Apparat vorkommenden Namen von modernen Autoren mit genauer Lokalisierung ihrer Beiträge. Es darf nicht mehr vorkommen, daß der Benutzer Zeit verliert mit der Suche nach einem nirgends definierten Meier oder Schmidt. Im Text sollten nicht zu viele technische Zeichen verwendet werden. Eckige Klammern für Aussonderungen, spitze für Ergänzungen, Kreuze für noch nicht erledigte Korruptelen (je vor und hinter der als nicht heil bezeichneten Stelle) genügen normalerweise.

Die Anlage des Apparates erfordert Flexibilität. Für jeden Text muß die geeignete Form je nach den Überlieferungsverhältnissen neu gefunden werden. Wenn eine Nebenüberlieferung z. B. durch Grammatikerzeugnisse oder Zitate bei späteren Autoren vorliegt, wird man einen Testimonienapparat vor den Apparatus criticus einfügen. Wenn der Text nicht durchgehend von allen ausgewählten Quellen geboten wird, sollte das entweder in einem gesonderten, ebenfalls vor dem Apparatus criticus stehenden Verzeichnis oder am Rand (wie in der Ausgabe des Petronius von K. Müller) kenntlich gemacht werden. In einfacheren Fällen genügt auch eine Bemerkung im Apparatus criticus. Dieser selbst muß graphisch durchsichtig gestaltet sein. Sind zu einer Zeile oder einem Vers verschiedene Abweichungen zu notieren, müssen diese durch einen genügend großen Abstand getrennt werden. Varianten oder Konjekturen, die sich auf dieselbe Stelle beziehen, werden am besten durch einen Doppelpunkt getrennt. An erster Stelle steht die Lesart des Textes mit Angabe des Urhebers, falls es sich um eine Konjektur handelt, oder der Handschriften(gruppe), dann die Varianten und eventuell weitere Konjekturen. Der Apparat darf negativ sein, d. h. nur die Abweichungen von dem im Text Gedruckten verzeichnen, wenn dadurch kein Mißverständnis entstehen kann. Wenn ein früherer Herausgeber eine andere Variante gewählt hat oder eine solche von einem Kritiker mit einigem Grund verteidigt worden ist, kann das notiert werden. Es ist aber überflüssig, alle Gelehrten und früheren Editoren aufzuzählen, die zum selben Resultat gelangt sind wie der Herausgeber. Wo es nötig scheint, soll der Editor seine Wahl kurz begründen; auch interpretatorische Hinweise bei schwierigen Stellen sind erwünscht. Der Apparat soll lebendig sein und den Leser nicht im Dunkeln tappen lassen. Im übrigen sei auf die eingehende Behandlung der Editionstechnik (mit instruktiven Beispielen) bei West 61–151 nachdrücklich hingewiesen.

1.7 Empfehlenswerte neuere Editionen

Die Auswahl ist subjektiv, die Zitierweise abgekürzt.

Apuleius, *Metamorphoseon* 4,28–6,24 (E. J. Kenney, Cambridge 1990)
Catullus (R. A. B. Mynors, Oxford 1958. G. P. Goold, London 1983)
Cicero, *Pro Quinctio* (M. D. Reeve, Stuttgart und Leipzig 1992)
Pro Cluentio (S. Rizzo, Mailand 1991)
In Vatinium, Pro Caelio (T. Maslowski, Stuttgart und Leipzig 1995)
In Pisonem (R. G. M. Nisbet, Oxford 1961)
Philippica (D. R. Shackleton Bailey, Chapel Hill und London 1985)
Cato Maior de senectute (J. G. F. Powell, Cambridge 1988)
De diuinatione (Chr. Schäublin, München und Zürich 1991)
De officiis (M. Winterbottom, Oxford 1994)
De legibus (K. Ziegler, 3. Aufl. W. Görler, Heidelberg 1979)
De re publica (P. Krarup, Mailand 1967)
Epistulae ad familiares (W. S. Watt, Oxford 1982. D. R. Shackleton Bailey, Stuttgart 1988)
Epistulae ad Atticum (W. S. Watt und D. R. Shackleton Bailey, Oxford 1965 und 1961. D. R. Shackleton Bailey, Stuttgart 1987)
Curtius (K. Müller, München 1954)
Horatius (D. R. Shackleton Bailey, 3. Aufl. Stuttgart 1995; die erste Auflage enthält zahlreiche Versehen)
Hyginus, *Fabulae* (P. K. Marshall, Stuttgart und Leipzig 1993)
Iuuenalis (W. V. Clausen, Oxford 1959, Nachdruck mit wenigen Änderungen 1992. E. Courtney, Rom 1984; zu benutzen nur in Verbindung mit: *A Commentary on the Satires of Juvenal* by E. Courtney, London 1980. – J. Adamietz, München 1993)
Liuius 1–5 (R. M. Ogilvie, Oxford 1974). 31–40 (J. Briscoe, Stuttgart 1991). 41–45 (J. Briscoe, Stuttgart 1986)
Lucanus (D. R. Shackleton Bailey, Stuttgart 1988)
Lucretius (K. Müller, Zürich 1975)
Manilius (G. P. Goold, Leipzig 1985)
Martialis (D. R. Shackleton Bailey, Stuttgart 1990)
Nepos (P. K. Marshall, Leipzig 1977)
Ouidius, *Amores, Medicamina faciei femineae, Ars amatoria, Remedia amoris* (E. J. Kenney, 2. stark verbesserte Auflage, Oxford 1994)
Ex Ponto (J. A. Richmond, Leipzig 1990)
Panegyrici Latini (R. A. B. Mynors, Oxford 1964)
Petronius (K. Müller, Stuttgart und Leipzig 1995)
Plinius, *Epistulae* (R. A. B. Mynors, Oxford 1963)

Propertius (G. P. Goold, Cambridge Mass./London 1990)
Quintilianus, *Institutio oratoria* (M. Winterbottom, Oxford 1970)
Declamationes minores (M. Winterbottom, Berlin/New York 1984. D. R. Shackleton Bailey, Stuttgart 1989)
Ps. Quintilianus, *Declamationes maiores* (L. Håkanson, Stuttgart 1982)
Sallustius (L. D. Reynolds, Oxford 1991)
[Scriptores Historiae Augustae] Histoire Auguste, Vies d'Aurélian et de Tacite (F. Paschoud, Paris 1996)
Seneca Maior (L. Håkanson, Leipzig 1989)
Seneca, *Dialogi* (L. D. Reynolds, Oxford 1977)
Epistulae morales (L. D. Reynolds, Oxford 1965)
Tragoediae (O. Zwierlein, Oxford 1986, 4. Nachdruck mit Ergänzungen 1991)
Naturales quaestiones (H. Hine, Stuttgart und Leipzig 1996)
Silius Italicus (J. Delz, Stuttgart 1987)
Statius, *Thebais* (D. E. Hill, Leiden 1983)
Siluae (E. Courtney, Oxford 1990)
Suetonius, *De grammaticis et rhetoribus* (R. A. Kaster, Oxford 1995)
Tacitus, *Annales* (H. Heubner, Stuttgart 1983)
Historiae (H. Heubner, Stuttgart 1978)
Opera minora (M. Winterbottom und R. M. Ogilvie, Oxford 1975). *Agricola* (J. Delz, Stuttgart 1983). *Dialogus de oratoribus* (H. Heubner, Stuttgart 1983)
Appendix Tibulliana (H. Tränkle, Berlin/New York 1990)
Valerius Flaccus (E. Courtney, Leipzig 1970. W.-W. Ehlers, Stuttgart 1980)
Velleius Paterculus (W. S. Watt, Leipzig 1988)
Vergilius (R. A. B. Mynors, Oxford 1969. M. Geymonat, Turin 1973). *Aeneis* (J. Perret, Paris 1977–1980. J. Götte, München 1955, 5. Aufl. 1980)
Appendix Vergiliana (W. V. Clausen, F. R. D. Goodyear, E. J. Kenney, J. A. Richmond, Oxford 1966)

2 Römisches Schriftwesen

MARTIN STEINMANN

2.1 Überlieferung

Unser Bild vom römischen Buch- und Schriftwesen wird nicht wenig von der dünnen und ungleichmäßigen Überlieferung bestimmt. An Inschriften aus allen Teilen des Reiches herrscht kein Mangel. Briefe und Verwaltungsakten in beträchtlicher Zahl stammen vor allem aus Ägypten, aus Pompeji (bis 79 n. Chr.), Vindolanda an der Nordgrenze Britanniens (Ende 1. Jh. n. Chr.), Dura-Europos am Euphrat (bis 272 n. Chr.) und Algerien (Ende 5. Jh. n. Chr.). Buchhandschriften dagegen gibt es nur von zwei Orten: Aus einer Bibliothek in Herculaneum (etwa 30 lateinische Rollen, sehr schlecht erhalten, neben rund 1800 griechischen) und zahlreiche, oft kleine Fragmente aus Ägypten. Ägypten gehörte allerdings zum griechischen Sprachgebiet, und so ist der ganz überwiegende Teil der dort gefundenen Papyri griechisch, von den lateinischen sind zudem nicht wenige Schreib- und Sprachübungen. Größere, sonst verlorene Werke der lateinischen Literatur sind, im Gegensatz zur griechischen, in Ägypten nicht gefunden worden. Streng genommen bezieht sich auch fast alles, was wir vom Äußeren der antiken Buchrollen wissen, auf griechische Exemplare, doch waren die Unterschiede zu den römischen wohl gering.

Mit dem 4. Jahrhundert setzt die direkte Überlieferung ein, d. h. Bücher, welche stets als solche aufbewahrt worden sind. Es handelt sich durchwegs um Codices (dazu unten S. 86) aus Pergament, viele sind Luxusexemplare. Neben vollständigen Texten und umfangreichen Teilen stehen Bruchstücke, welche als Material in Bucheinbänden Verwendung gefunden haben, und Blätter, deren Text später gelöscht und durch einen anderen ersetzt worden ist (Palimpsest, vgl. unten S. 86). Solche Fragmente belegen eine ansehnliche Zahl von Codices und manche sonst verlorene Texte (am berühmtesten Ciceros *De re publica*). In die Spätantike gehen auch die beiden ältesten in erhaltenen Büchern noch faßbaren Bibliotheken zurück, nämlich die Biblioteca Capitolare von Verona und die Kathedralbibliothek von Lyon, ebenso das Archiv der Kirche von Ravenna. Alle anderen Sammlungen, auch die römischen, sind verloren oder jedenfalls so zerstreut, daß sie sich nicht mehr erkennen lassen.

2.2 Alphabet und Zeichen

Buchstabenformen und Reihenfolge des lateinischen Alphabets sind von den Etruskern und über diese von den Griechen übernommen. Dazu kommen direkte Angleichungen an das griechische Vorbild. Die Abweichungen vom *jonischen* Bestand konnten in der Antike nur mangelhaft erklärt werden, weil die etruskische Zwischenstufe kaum berücksichtigt wurde.

Die Bezeichnungen für die einzelnen Laute sind das Werk von Grammatikern, es sind anders als bei den Griechen nicht eigentliche Namen, sondern bloße Aussprachehilfen: Vokale stehen allein, Konsonanten wird ein e vor- oder nachgesetzt: Ef, El, Em, En, Er, Es / Be, Ce, De, Ge, Pe, Te. Als irregulär betrachtete Buchstaben sind mit anderen Vokalen kombiniert: Ka und Qu (neben Ce ‚entbehrlich'), Ha (nach griechischem Verständnis Kennzeichnung der Aspiration, nicht eigenständiger Laut), Ix (Doppelkonsonant). Zwei Buchstaben, welche nur zur Wiedergabe griechischer Wörter gebraucht wurden, stehen am Schluß und behalten auch ihre griechischen Namen: Ypsilon und Zet.

Eine römische Neuerung ist der Buchstabe G: nach der Tradition wurde er von dem Freigelassenen Spurius Carvilius, dem Gründer der ersten Schule in Rom, in der 2. Hälfte des 3. Jahrhunderts erfunden. Ob der Buchstabe G durch einen zusätzlichen Strich vom C abgehoben wurde oder ob er die Form des griechischen Episemon weiterführt, ist ebenso offen wie die Frage, ob G im Alphabet an der Stelle eines archaischen Z eingefügt worden ist.

An Vorschlägen und Versuchen, das Alphabet zu verbessern oder zu erweitern, hat es in der Antike nicht gefehlt. Besonders bekannt sind die Reformen, welche Claudius in einem verlorenen Traktat vorgelegt und als Kaiser durchzuführen versucht hat; sie haben in der Epigraphik seiner Zeit Spuren hinterlassen, sind aber offenbar zum Teil falsch verstanden worden und haben sich wie alle anderen Reformen dieser Art (außer der erwähnten Einführung des G) auf die Länge nicht durchgesetzt.

Mehr Erfolg hatten Bemühungen, die Schreibung auf der Basis der vorhandenen Zeichen und mit Zusätzen zu verbessern: Die Verdoppelung von Konsonanten soll Ennius nach griechischem Vorbild eingeführt haben, und in Inschriften der Zeit von 135–75 v. Chr. gibt es doppelte Vokale, welche auf Accius zurückgeführt werden. Apices, akzentförmige Striche über langen Vokalen, kommen bis ins 3. Jh. n. Chr. vor, wurden aber nicht immer richtig gesetzt; langes i wurde analog durch i longa gekennzeichnet.

Geschrieben wurde in der republikanischen und frühen Kaiserzeit mehr oder weniger phonetisch, d. h. nach Gehör, Gewohnheit und unter Berücksichtigung etymologischer Elemente. Verbindliche orthographische Regeln schufen erst spätere Grammatiker. (So wird etwa die Nachricht verständlich, daß der Kaiser Augustus nicht korrekt geschrieben habe, Suet. *Aug.* 87 f.).

Bis zum 2. Jh. n. Chr. wurden die Wörter oft (aber nicht immer) nach etruskischem Vorbild durch Zwischenräume, Punkte oder Blätter *(hederae)* von einander getrennt *(interpunctum)*. Vielfältige Interpunktionszeichen konnten Wortgruppen und Sätze zusammenfassen. Abschnitte begannen auf neuer, nach links in den Rand hinausgerückter Zeile. Alle diese Verständnis- und Lesehilfen (auch Apex und i longa) folgten aber nicht starren Regeln: Wo der Text keine Schwierigkeiten bot, konnten sie weggelassen werden (vgl. Quint. *Inst.* 1, 7, 2 zur Verwendung des Apex). Ihr Einsetzen konnte als eigene Stufe im Herstellen einer Textausgabe betrachtet werden *(distinctio)*.

Im 2. Jahrhundert begann sich *scriptio continua* durchzusetzen. Sie läßt sich nur als Übernahme des griechischen Vorbildes erklären. Für uns erschwert sie die Lesbarkeit von Texten, doch ist immerhin zu bedenken, daß in der Rede die Wörter auch nicht abgesetzt werden, Worttrennung also phonetisch keine Begründung hat. Dazu kommt, daß der Text beim Lesen normalerweise ausgesprochen und somit der Inhalt auch auf dem Umweg über das Ohr wahrgenommen wurde. Mit der Worttrennung verschwand auch die ältere Interpunktion und wurde teilweise durch ein griechisches System von verschieden hoch gesetzten Punkten abgelöst.

Als Lese- und Verständnishilfe diente auch die Schreibung *per cola et commata:* Die Textteile wurden nicht durch Satzzeichen, sondern durch Sprung auf eine neue Zeile geschieden. Das Verfahren ist ursprünglich zur Darstellung von Reden gebraucht worden, und Hieronymus hat es in die lateinische Bibel eingeführt *propter simplicitatem fratrum,* welche mit der Interpunktion nicht umzugehen wußten und doch den Text richtig rezitieren sollten (Cassiod. *Inst.* 1, 12, 3–4). Für Prosa ist diese Methode im Mittelalter bald verschwunden, doch für metrische Texte bewährt sie sich bis heute (ein Colon konnte ungefähr der Länge eines Hexameters entsprechen).

Die römischen Zahlzeichen gehen wohl auf altertümliche Methoden des Zählens und Rechnens mit dem Kerbholz zurück. Sie kommen ähnlich schon bei den Etruskern vor, und es fehlt auch nicht an Parallelen in anderen Kulturen. 1–4 werden additiv durch senkrechte Striche dargestellt, 5 durch zwei im Winkel sich berührende (V), 10 durch zwei gekreuzte Striche (X). 50 ist ursprünglich V mit einem senkrechten Strich, 100 vielleicht ein ebenso ausgezeichnetes X. Die Grundform für 1000 ist ein Kreis mit senkrechtem Strich, 500 die Hälfte davon. Ähnlichkeiten dieser Zeichen mit griechischen Buchstaben sind demnach nur äußerlich (die entsprechenden Buchstaben haben in der hellenischen Welt ganz andere Zahlenwerte), dagegen wurden sie sekundär mit lateinischen Buchstaben gleichgesetzt, wobei das akrostische Prinzip bei M für *mille* und C für *centum* gewiß eine Rolle spielte. Zeichen für größere Zahlen wurden durch Zusätze zu den genannten sieben Zeichen gewonnen. Wie in der Sprache, kommt auch in der Schreibung neben der additiven Reihung das subtraktive Prinzip vor: Kleinere Zahlen können vor größere gesetzt werden und sind dann von diesen abzuziehen.

2.3 Schriftgeschichte

Die Bezeichnung der Schriftarten hängt zum Teil mit einer überholten Sicht ihrer Geschichte zusammen: Von Capitalis elegans (quadrata) über Capitalis rustica, Unziale und Halbunziale zur Kursive wollte man eine Entwicklung erkennen, welche chronologisch fortschritt und zugleich von einer klassischen Blütezeit in die Dekadenz führte.

Eine richtigere Theorie haben vor allem französische Paläographen unmittelbar vor und dann nach dem Zweiten Weltkrieg entwickelt. Ihre wichtigsten Punkte sind: 1. Gleichzeitige ‚Schriftarten' sind nichts anderes als verschiedene Ausprägungen der selben Schrift, welche je nach Aufgabe, Stilhöhe, Werkzeug und verwendeten Materialien verschiedene Gestalt annehmen kann. 2. Das Gemeinsame und Konstante in der Schrift ist nicht die fertige Form, sondern der Duktus oder die Struktur, d. h. Reihenfolge und Richtung der Züge, in welchen ein Buchstabe ausgeführt wird. 3. Die Entwicklung neuer Formen geht nicht von den hochstehenden und erstarrten ‚kanonisierten' Schriftarten aus, sondern von den beweglichen, vielfältigen und lebendigen ‚Gebrauchsschriften'.

Diese Thesen sind heute allgemein akzeptiert, wenn sie auch nicht absolut gelten. Die reine Herrschaft des Ductus müßte zu einem völligen Verschleifen der Züge führen, immer mehr Buchstaben würden ähnliche und schließlich gleiche Formen annehmen. Dagegen wirken vor allem zwei Korrektive: Einmal die Orientierung an der idealen Gestalt, welche die Buchstaben nach der Vorstellung von Schreibern und Lesern eigentlich haben sollten (und hier entfalten kanonisierte Schriften ihre Wirkung), zum anderen werden zuweilen Probleme auf rationale Weise, durch freie Wahl entschieden (so läßt sich z. B. die Form des unzialen a zwar begründen, aber aus keiner Entwicklung zwingend ableiten).

1. Capitalis

Besitzverzeichnis, Oxyrhynchos 45–54 n. Chr.
Florenz Biblioteca Medicea Laurenziana, PSI. XI, 1183. ChLA 785

FILIO[S] CIVITATE DONATOS ESSE
AVGVSTO GERMANICO IMP
NO TAVRO STATILIO CORVINO
CHITE METROPOL [SESTERTIVM] CCCC
EL VII Nr. 9

Die Schriften der republikanischen und der frühen Kaiserzeit sind Majuskeln, d. h. ihre Buchstaben stehen ohne Ober- und Unterlängen zwischen zwei Linien (wenn einzelne Züge diese Begrenzung durchbrechen, so handelt es sich doch nicht um entscheidende Formelemente).

Der Capitalis (rustica) liegen die selben Formen zugrunde wie der Inschriften-Capitalis (Capitalis monumentalis). Ihre Buchstaben sind schmal, und der spitze Schriftwinkel (d. h. der Winkel zwischen dem breiten Grundstrich und der Zeilenlinie) bewirkt, daß horizontale Züge stark, vertikale dünn werden. Im 1. Jahrhundert v. Chr. sind die Formen einfach, später werden feine Abstriche oft durch kurze, starke Querstriche abgeschlossen.

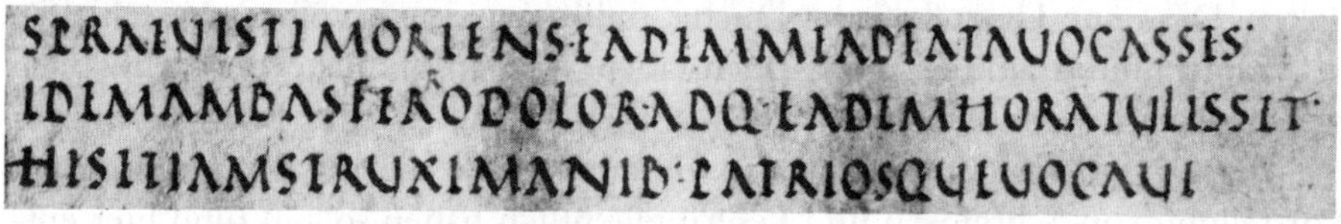

2. Capitalis

Vergilius Vaticanus, 4. Jh.

Biblioteca Apostolica Vaticana, Vat. Lat. 3225, 41ᵛ. CLA 11

SPRAEVISTI MORIENS EADEM ME AD FATA VOCASSES
IDEM AMBAS FERRO DOLOR ADQ[VE] EADEM HORA TVLISSET
HIS ETIAM STRVXI MANIB[VS] PATRIOSQVE VOCAVI

Palaeographical Society, Facsimiles II, London 1873–1883, 116

Die Capitalis ist seit den frühesten Papyri eine gehobene Schrift, sie wird in älterer Zeit für Bücher ebenso verwendet wie für amtliche Akten. Mit der Zeit wird ihre Ausführung immer anspruchsvoller. In der Spätantike erscheint sie in Luxusbüchern, vor allem Vergil-Codices, und bis ins Hochmittelalter dient sie zur Auszeichnung von Titeln und Schlußschriften.

Als Gebrauchsschrift steht neben der Capitalis die ältere römische Kursive (Majuskel-Kursive). In ihr herrscht große Vielfalt der Formen: Züge der ihr zugrunde liegenden Capitalis-Buchstaben können verschliffen werden oder ganz wegfallen, oder das Verhältnis zwischen ihnen verschiebt sich. Kennzeichnend für die meisten Ausprägungen sind gerade oder schwach gebogen von oben nach unten laufende Züge. Dem Ductus liegt offenbar das Prinzip zugrunde, daß kein Zug von rechts nach links oder gar von unten nach oben laufen soll. So bleiben O und oft auch P unten offen, E kann aus einem langen gekrümmten Rücken und dem Mittelbalken bestehen, wenn es nicht in der ‚Wachstafelschrift' aus zwei parallelen Abstrichen besteht – bei F läuft in der Wachstafelschrift der rechte Strich analog nur von oben bis zur Mitte. (Diese Formen lassen sich damit erklären, daß die zwei resp. drei Querbalken zusammengehängt und völlig verschliffen sind.)

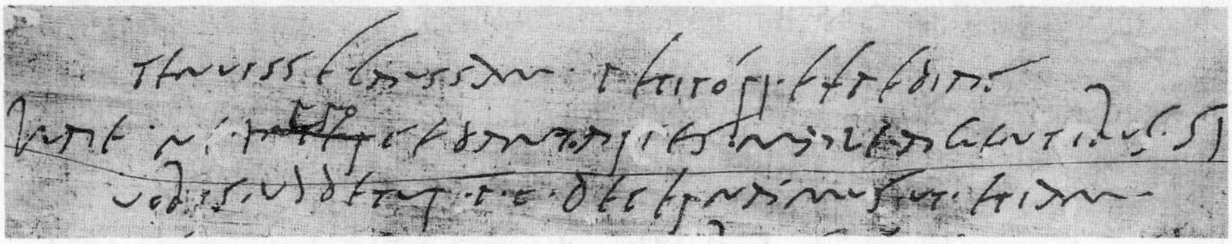

3. Ältere Kursive
Oratio Claudii, Mitte 1. Jh. n. Chr.
Berlin Papyrussammlung, P. 8507. CLA 1038
Tenuisse caussam petitori expediat
hae ne procedant artes male agentibus si
vobis uidetur p.c. decernamus ut etiam
EL IX Nr. 13

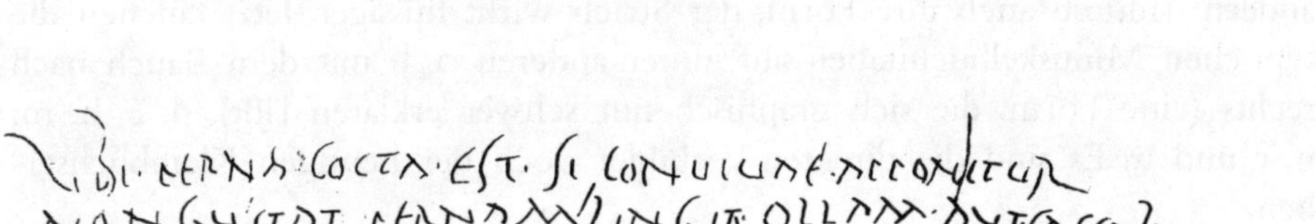

4. Ältere Kursive
Sgrafitto aus Pompeij, vor 79 n. Chr.
Ubi perna cocta est si conuiuae apponitur
non gustat pernam lingit ollam aut cacabum
CIL IV Nr. 1896, Pl. XXVI, 2; *EL* V Nr. 6, 12

Der für uns auffälligste Buchstabe der älteren römischen Kursive ist das ‚B mit Bauch nach links', einem heutigen d ähnlich. Hier sind offenbar Schaft und anschließender Grundstrich (damit der Bogen nicht von rechts her geschlossen werden muß) verkleinert und werden von dem geschwungenen Zug, in welchem die beiden Bögen des B aufgegangen sind, überragt. Das D, welches nach den selben Gestaltungsprinzipien mit B beinahe zusammenfallen müßte, bleibt näher bei der Capitalis-Form.

Die ältere römische Kursive wurde mit dem Griffel auf Wachstafeln oder mit dem Schreibrohr *(calamus)* auf Holztafeln und Papyrus geschrieben, sie kommt aber auch als Sgrafitto auf Wänden und eingeritzt auf Scherben u. a. vor. Sie konnte schon für die Zeitgenossen schwierig sein, und man begreift den Emporkömmling bei Petron. 58, 7, welcher erklärt *lapidarias litteras scio* und damit wohl die Capitalis meint, jedenfalls aber sagen will, daß Kursive nicht seine Sache sei. Flüchtig geschriebene und schlecht erhaltene Beispiele lassen sich oft kaum entziffern, und Fehllesungen unterlaufen auch den besten Spezialisten.

Über die Entwicklung der Buchschrift im 2. und 3. Jahrhundert wissen wir wenig, die Überlieferung ist dürftig. Im 4. Jahrhundert stehen zwei neue Schriftarten, die Unziale und die jüngere römische Urkundenkursive, fertig ausgebildet da. Ihre Entstehung muß aus isolierten Zeugnissen erschlossen werden.

Kann man die Capitalis als Grundform der lateinischen Schriften in der späten Republik und der frühen Kaiserzeit betrachten, so steht hinter den spätrömischen Ausprägungen die jüngere römische Kursive (Minuskelkursive). Sie zeichnet sich durch drei allgemeine Eigenheiten aus: In den spätantiken Schriften nähert sich der Schriftwinkel 90°, die senkrechten Grundstriche werden damit schwerer als die horizontalen Züge. Zweitens und im Zusammenhang damit haben sich Ober- und Unterlängen ausgebildet, starke optische Merkmale, welche die Minuskeln weit besser lesbar machen als entsprechende Majuskelschriften. Drittens wird die Schrift runder, schwungvoller, einzelne Züge werden vermehrt verbunden und ändern dadurch auch ihre Form, der Strich wirkt flüssiger. Jetzt tauchen die typischen Minuskelbuchstaben auf, unter anderen ɑ, b mit dem Bauch nach rechts (eine Form, die sich graphisch nur schwer erklären läßt), d, e, h, m, n, r und u. Es sind die direkten Vorbilder noch der heutigen Kleinbuchstaben.

Der Übergang von der älteren zur jüngeren Kursive vollzog sich in der ungeregelten und deshalb schwer faßbaren Gebrauchsschrift. Vereinzelte typische Minuskelformen finden sich schon um 100 n. Chr. in Zeugnissen der älteren Kursive, und gemischte Schriften gab es noch sehr lange. Die neuen Buchschriften sind als stilisierte und festgelegte, kanonisierte Ausprägungen zu verstehen, die ihre Gestalt vielleicht individuellen Schulen und einzelnen Schreibern verdanken. Doch da sich keine von ihnen mit Sicherheit einem bestimmten Ort, geschweige denn einer Persönlichkeit zuweisen läßt, tauchen sie für uns unvermittelt auf, wir können nur versuchen, aus ihrem Formenbestand die Entstehungszeit zu erschließen und aus vagen Anhaltspunkten eine Lokalisierung herzuleiten.

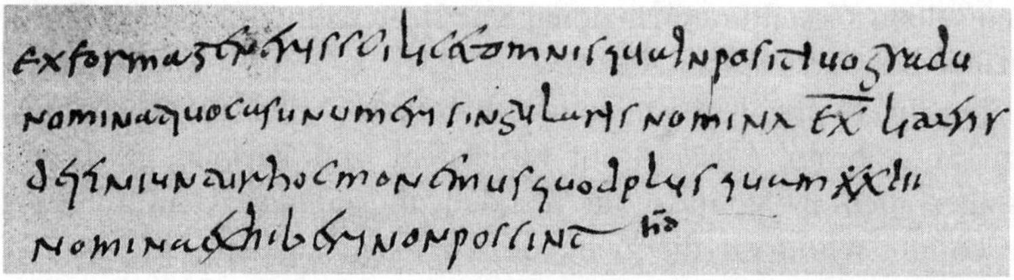

5. Jüngere Kursive
Probus, Instituta artium, Ende 5. Jh.
Vat. Urbin. lat. 1154, 36^r, Ergänzung am oberen Rand. CLA 117
ex forma generis scilicet omnis qua in positiuo gradu
nominatiuo casu numeri singularis nomina ex literis
definiantur hoc monemus quod plus quam xxiii
nomina exhiberi non possint. h[oc] d[eficit]
EL XXXVI Nr. 55

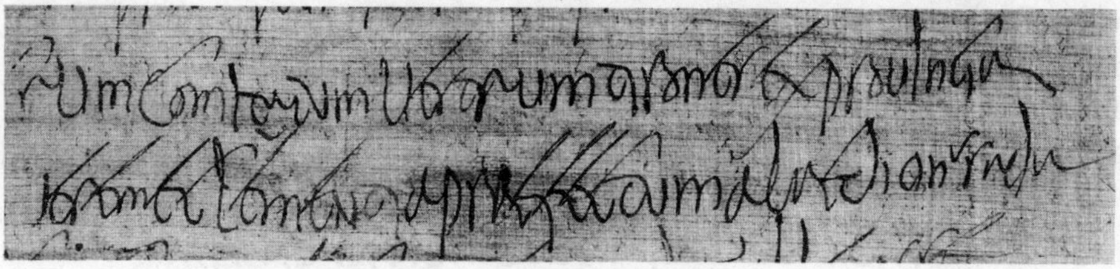

6. Jüngere Urkundenkursive
Petition von Flavius Abinneus, c. 346 n. Chr.
London British Library, P. 447. ChLA 202
[ad sa]crum comitatum uestrum tirones ex prouincia
[promou]ere me clementia praefectum alae dionusada
EL XXIV Nr. 35

In spätantiken Büchern ist die ungeregelte jüngere Kursive, die eigentliche Gebrauchsschrift, am ehesten in Glossen und Zusätzen zu finden: klein, verschliffen und eilig, anspruchslos, aber (darüber darf man sich nicht täuschen) oft von geübten Schreibern stammend. Unter den formalen Schriften ist am stärksten kursiv die jüngere Urkundenkursive (oft verallgemeinernd als jüngere Kursive bezeichnet). In ihren besten Ausprägungen ist sie großzügig, schwungvoll und formschön. Einen ansehnlichen Bestand an Dokumenten hat das älteste erhaltene, jetzt allerdings weit zerstreute Archiv des Abendlandes überliefert, dasjenige der Kirche von Ravenna. (Die kaiserliche Kanzlei blieb derweil bei ihrer von der älteren Kursive abgeleiteten Tradition, im Jahre 367 wurde die Verwendung ihrer *litterae caelestes* in anderen Dokumenten verboten.)

Für die Entstehung der spätantiken Buchschriften nimmt das kleine *Fragmentum de bellis Macedonicis* (*CLA* 207) eine Schlüsselstellung ein. Es zeigt eine gegenüber der Capitalis vereinfachte, von kursiven Formen durchsetzte Schrift, ist aber in schweren, abgesetzten Zügen geschrieben. Jean Mallon, der die Besonderheit des unscheinbaren Stückes entdeckt und es vor allem auf Grund des Schriftwinkels in die Zeit vor oder um 100 n. Chr. datiert hat, sah darin das einzige erhaltene Beispiel der eigentlichen Buchschrift jener Zeit, einer Schrift, welche weniger aufwendig als die Capitalis, aber klarer und besser lesbar als die ältere römische Kursive sei. Die Charakterisierung ist zweifellos richtig, offen bleibt aber, wie weit der Typus verbreitet war. Nicht nur die Schrift des Fragmentums steht nämlich isoliert in der Überlieferung, sondern auch die Art des Buches, aus welchem es stammt: Es ist das älteste erhaltene Beispiel eines Pergament-Codex, das wir kennen.

In der Spätantike ist dann die am meisten verbreitete Buchschrift die Unziale. Der Name ist von Hieronymus im Prolog zu Hiob entlehnt (*uncialibus ut vulgo aiunt litteris,* Hier. *Vulg. Iob praef.* p. 73, 10), meint dort aber nicht die Schriftart, welche wir heute als Unziale bezeichnen. Im Gegensatz zur Capitalis ist die Unziale breit und rund, darin vielleicht von der gleichzeitigen griechischen Schrift beeinflußt. Manche ihrer Buchstaben zeigen Minuskelform, so d, e, h, m, q, u. Da sie aber nur in Ansätzen Ober- und Unterlängen hat, wird sie trotzdem zu den Majuskelschriften gerechnet. Typisch ist das unziale m, welches bald völlig rund wird; schwer läßt sich die Form des a mit schrägem rechtem und verdoppeltem linkem Schenkel erklären.

7. Unziale
Livius, 1. Hälfte 5. Jh.
Wien Nationalbibliothek, Lat. 15, 64v. CLA 1472
[PHRY]GOS ET NUMIDAS ESSE SIBI TRACAS GAL
LOSQUE FEROCISSIMAS GENTIUM AR
MATPLIOS HABERE EA QUE SIBI QUISQ[UE]
PARAUERIT PAUPER MILES MACEDONA
Facsimile: Leiden: Sijthoff 1907

Die Entstehung der Unziale wird ins 2. Jahrhundert gesetzt, doch reich bezeugt ist sie erst vom 4. Jahrhundert an. Sie wird für Handschriften gehobener Qualität verwendet, und zwar für heidnische ebenso wie für christliche Literatur. Verschiedene Stile bilden sich aus, bis hin zu frühmittelalterlichen, stark veränderten und vergröberten Formen. In Prachthandschriften kann sie elegant und sehr groß sein, mit nur wenigen Wörtern pro Zeile (z. B. Cic. *Rep., CLA* 35, als Palimpsest im Vatikan erhalten). In Unziale sind aber auch die Digesten in Florenz (*CLA* 295) geschrieben, ein offizielles Exemplar, welches bald nach der Promulgation des *Corpus iuris civilis* durch Justinian 533 in Byzanz entstanden ist.

Die Halbunziale ist keine Weiterentwicklung der Unziale, sondern die erste Minuskel-Buchschrift, aus der Kursive heraus entstanden. Bernhard Bischoff unterscheidet einen älteren (östlichen) und einen späteren (westlichen) Typus, welche sich in vielem ähnlich sind, wiederum ohne daß der eine aus dem anderen hervorgegangen wäre. Es sind oft schwere, gedrungene Schriften, deren Buchstaben meist unverbunden nebeneinander stehen, mit den typischen Minuskelformen b, d, h, m, p, q, r, u, dazu im jüngeren Typus ɑ, e, f und ein ‚flachgedecktes' g, während N durchwegs die Majuskelform behält.

Die östliche Halbunziale ist für das 3.–5. Jahrhundert bezeugt, und zu ihren Besonderheiten gehört der steile Schriftwinkel, d. h. die stärksten Züge stehen ungefähr senkrecht, wie in der gleichzeitigen griechischen Bibelunziale. Man vermutet, daß ein Zentrum ihrer Verwendung die berühmte Rechtsschule von Berytos (Beirut) gewesen ist. Das früheste große Fragment enthält eine Livius-Epitome (*CLA* 208; nicht der sonst überlieferte Text), die sonstige Überlieferung ist spärlich.

8. Halbunziale
Hilarius de trinitate, vor 509–510
Biblioteca Apostolica Vaticana, Basilicanus D 182. CLA 1a
uita aeterna ut cognoscant te solum uerum
d[eu]m et quem misisti ih[esu]m xp[istu]m. quaero quid sit
quod sensum moueat ne uerus d[eu]s xp[istu]s sit. non
EL XLI Nr. 62

Die westliche Halbunziale, am Anfang noch mit flachem Schriftwinkel, ist zuerst in Beispielen aus der Zeit um 400 bezeugt (am bekanntesten ist die älteste Vulgata-Handschrift der Evangelien, *CLA* 984). Sie hat die Unziale nicht zurückgedrängt, und in der Völkerwanderungszeit ist sie auf dem Kontinent fast verschwunden, während Iren und Angelsachsen aus ihr die insulare Halbunziale entwickelt und damit großartige Evangelienhandschriften geschrieben haben. Wie weit die antike Halbunziale an der Entstehung der karolingischen Minuskel und mittelbar an der heutigen Antiqua beteiligt war, wird dagegen nicht recht klar.

Eine vielbeachtete Sonderform schließlich ist die Capitalis quadrata als Imitation der Inschriften-Capitalis in Texthandschriften. Bezeugt ist sie nur in drei Prachtcodices des Vergil. Während man sie lange für einen Ausgangspunkt römischer Buchschrift gehalten hat, gilt sie heute als eine unnatürliche Spätform, die Demonstration altrömisch gesinnter Kreise etwa aus der Zeit des Ostgotenkönigs Theoderich.

Vielfältige Mittel können eingesetzt werden, um die Schrift räumlich zu verkürzen oder das Schreiben zu beschleunigen (Kürzungen). Der Platzersparnis vor allem am Zeilenende in Inschriften wie in Handschriften dienen Compendien: Das letzte Element eines Buchstabens dient zugleich als erstes des folgenden, es wird also nur einmal geschrieben: N͡T (NT), O͡R (OR). Von Ligaturen spricht man, wenn zwei Buchstaben verbunden werden und dadurch auch ihre Form sich verändert: & (et). Verwirrend kann dabei nicht nur die graphische Deformation wirken, sondern auch die häufige Erscheinung, daß die Feder im Innern des Buchstabens deutlich absetzt, der letzte Zug aber in den ersten des folgenden Buchstabens übergeht, so daß der Schriftzug nicht zwischen, sondern innerhalb der Buchstaben unterbrochen ist.

Das älteste Verfahren der eigentlichen Kürzung, mindestens seit dem 5. Jh. v. Chr. im Kalender und für Praenomina angewendet, ist die Suspension: Von bestimmten häufigen Wörtern werden nur der oder die ersten Buchstaben (auch die je ersten Buchstaben mehrerer Silben) geschrieben. Der Bestand dieser konventionellen Kürzungen wird mit der Zeit erweitert, vor allem kommen Verwandtschafts- und Amtsbezeichnungen sowie juristische Ausdrücke dazu: *C. (Gaius), KL. (Kalendae), F. (Filius), SPQR. (Senatus Populusque Romanus)* u.s.w. Da die Endung wegfällt, können die Casus dieser „Notae vulgares" nicht gekennzeichnet werden, dagegen wird der Plural durch Verdoppelung des letzten Buchstabens angegeben: *COSS. (Consulibus)*.

Eine andere Methode der Abkürzung begründeten die christlichen *Nomina Sacra*: Anfang und Ende der Wörter werden als Kontraktion zusammengezogen, zuerst für $\overline{DS}$ *(deus),* $\overline{DMS}$ oder $\overline{DNS}$ *(dominus),* $\overline{IHS}$ und $\overline{XPS}$ *(Iesus, Christus,* mit z. T. griechischen Buchstaben geschrieben), $\overline{SPS}$ *(spiritus),* später $\overline{SCS}$ *(sanctus),* $\overline{NR}$ *(noster)* und einige andere. Das Vorbild gaben griechische Texte. Hinter ihnen steht letztlich die jüdische Vorstellung von der Heiligkeit und Unaussprechlichkeit des Gottesnamens, doch sind die Nomina Sacra bei den Christen aufgekommen. Der praktische Vorzug der Kontraktionen liegt darin, daß sie flektiert werden können: $\overline{DNS}$, $\overline{DNI}$, $\overline{DNO}$, $\overline{DNM}$, $\overline{DNO}$. Ihre Zahl blieb lange beschränkt, doch seit dem Hochmittelalter haben sie die Suspensionen weit überflügelt.

Zur Kennzeichnung von Kürzungen (Kürzungszeichen) gibt es zwei Methoden: Hinter den letzten Buchstaben von Suspensionen werden ein Punkt, auch zwei oder drei Punkte oder kleine Striche gesetzt. Vor allem über Kontraktionen läuft eine Linie, oder diese durchkreuzt lange Schäfte – ein Zeichen, daß die Buchstaben nicht ‚wörtlich' gelesen werden sollen, welches auch bei Zahlen angewendet wird.

Eine eigentliche Schnellschrift (Tachygraphie) hat zuerst Ciceros Freigelassener Tiro geschaffen (sie ist also eine römische, keine griechische Erfindung), andere haben sie weiterentwickelt. Das erste erhaltene Beispiel stammt aus Vindolanda, also aus dem militärischen Bereich (Ende 1. Jahrhundert n. Chr.). Die meisten seiner Zeichen gewann Tiro aus Buchstaben und Buchstabenteilen, er vermehrte diese durch Drehung und Kombinationen, Zusatz von Punkten und Strichen; erst später kamen Zeichen auch für die Endungen dazu. Obwohl man einen beträchtlichen Teil dieser Tironischen Noten als extreme Kürzung aus der alphabetischen Schrift herleiten kann, sind sie für den Unkundigen nicht lesbar, und sie mußten an Hand von Lehrschriften und Verzeichnissen erlernt werden.

Die Tironischen Noten machten es möglich, in normalem Tempo gesprochene Rede nachzuschreiben. Die Juristen allerdings standen ihnen zurückhaltend gegenüber, da sie offenbar unklar oder mehrdeutig sein konnten. Tachygraphie war durch die ganze Antike verbreitet, auch in der Verwaltung und der Armee, und ihre Kenntnis ist ins Mittelalter tradiert worden. Einige Zeichen, z. B. ein spiegelverkehrtes c für *con* oder ein Winkel (ähnlich 7) für *et,* sind als Kürzungen auch in die Buchschrift eingegangen.

2.4 Das Buch

Bis ins 3. Jh. n. Chr. wurden längere Texte üblicherweise nach griechischem Vorbild auf Papyrus-Rollen geschrieben (vgl. Einleitung in die griechische Philologie, Beitrag H. Hunger). Die Masse dieser Rollen konnten um einen

Durchschnittswert von etwa 6–11 m Länge und 20–30 cm Höhe variieren. Es war üblich, umfangreiche Werke in ‚Bücher' einzuteilen, welche je eine einzelne Rolle bildeten (so hat z. B. C. Octavius Lampadio um 134 v. Chr. das in einer übergroßen Rolle überlieferte epische *Bellum Poenicum* des Naevius in sieben Bücher unterteilt).

Diskutiert wird die Dauerhaftigkeit der Papyrusrolle. Daß sie gegen gewaltsame Einwirkungen empfindlicher war als ein kompakter Pergamentcodex, leichter Feuer fing und das Wasser rascher eindringen ließ, wird niemand bestreiten. Eine ganz andere Frage ist, wie lange ein sachgemäß aufbewahrter Papyrus gebrauchstüchtig blieb. Die sicheren Daten dazu sind spärlich: In der Bibliothek der Villa dei Papiri in Herculaneum, einer bedeutenden, aber nicht überragenden Philosophenschule, lagen beim Untergang der Stadt (79 n. Chr.) Rollen aus dem 3. Jh. v. Chr., also drei- bis vierhundert Jahre alt. In der Karolingerzeit (9. Jh. n. Chr.) andererseits scheinen im Abendland kaum mehr antike Buchrollen vorhanden gewesen zu sein. Diesen Umstand der physischen Lebensdauer des Materials zuzuschreiben, ist aber fragwürdig. Auch die Altersgrenze der heute noch vorhandenen Pergamentcodices ist nämlich nicht durch das Material bestimmt: Es gab in Europa offenbar schon vor 500 Jahren keine wesentlich früheren Handschriften als die jetzt noch erhaltenen.

Im Alltag verbreiteter als die Rolle und lange über die Antike hinaus im Gebrauch waren Schreibtafeln: Wachstafeln bestanden aus zwei *(diptychon)* oder mehreren *(polyptychon)* Holztafeln. Sie wurden an einer Längsseite zusammengebunden, die andere konnte mit Siegeln verschlossen werden. Die flache Vertiefung der Tafeln war mit (meist schwarz gefärbtem) Wachs gefüllt; Text wurde mit einem Griffel eingeritzt und konnte mit dessen spatelförmigem Ende wieder gelöscht werden. Billiger als Wachstafeln, welche oft in Manufakturen hergestellt und im Handel vertrieben wurden, waren einfache kleine Holztäfelchen (vielleicht die *pugillares* der Texte), welche mit Tinte beschriftet wurden. Sie waren oft so dünn, daß sie gefaltet und wie Diptychen versiegelt werden konnten.

Schreibtafeln dienten den verschiedensten Zwecken: In der Schule, für Notizen, Listen und Inventare aller Art, Briefe, Quittungen und Verträge, zur Aufnahme von Diktaten oder der Nachschrift von Reden und zum Entwurf von Texten jeder Art (Quintilian rät, von den beiden gegenüberliegenden Seiten jeweils eine für spätere Erweiterungen frei zu lassen, *Inst.* 10, 3, 31). Enthielten sie rechtsgültige Dokumente, so wurden sie versiegelt und der Inhalt auf der Außenseite nochmals notiert, wie das bei den Tonurkunden im Zweistromland seit alters praktiziert worden war.

Leuten, die schlecht sehen, empfiehlt Quintilian (*Inst.* 10, 3, 31), statt Wachstafeln Notizhefte aus Pergament, *membranae*, zu verwenden; nach Gebrauch konnte die Tinte abgewaschen werden. Solche Pergament-Notizbücher waren offenbar eine römische Erfindung, denn in der frühesten griechischen Erwähnung erscheinen sie als lateinisches Fremdwort: τὰς μεμβράνας wollte sich der Apostel Paulus nachsenden lassen (2 *Tim.* 4, 13). Auf Entwürfe im Pergamentheft bezieht sich aber schon der bekannte Rat bei Horaz *Ars* 388f. *nonumque prematur in annum, membranis intus positis.*

Das Pergamentheft war der Ausgangspunkt für den Codex, das Buch in der heute geläufigen Form. Die ersten Codices, welche literarische Texte enthielten, erwähnt Martial (Ende 1. Jh. n. Chr.), und er empfiehlt sie wegen ihrer Handlichkeit. Offenbar waren sie eine römische Erfindung; welche Rolle dabei Martials Buchhändler Secundus gespielt hat, muß offen bleiben.

Das typische Material für den Codex ist Pergament: Tierhaut, welche nicht gegerbt, d. h. chemisch verändert, sondern mechanisch bearbeitet und unter Spannung getrocknet wird. Es ist dünner, steifer und glatter als ein entsprechendes Leder, und anders als dieses fault es bald, wenn es feucht wird. Bei antiken Häuten ist zuweilen schwer zu entscheiden, ob Pergament oder weißes Leder vorliegt, es scheint auch Zwischenformen gegeben zu haben.

Für das neue Schreibmaterial wurde eine andere Tinte verwendet. Die aus Pflanzen und Metallverbindungen hergestellten Tinkturen, welche an die Stelle der Rußtinten traten, sind nicht tiefschwarz, sondern braun, gelblich oder olivgrünlich. Neben Farbstoffen und Harzen enthalten sie Salze und Säuren, und diese wirken in einer Art Gerbung auf das Pergament ein. Diese chemische Veränderung kann nicht oder nur schwer gelöscht werden (außer wenn durch Schaben oder Schleifen die Fasern selbst entfernt werden), und ihr ist es zu verdanken, daß in Palimpsesten die erste Schrift in aller Regel nicht völlig verschwunden ist. Wo die Säuren allzu stark wirken, kann andererseits das Pergament völlig zerstört werden, und das Material unter der Tinte bricht weg (Tintenfraß).

Das Aufkommen des Codex ist die einschneidendste Neuerung im antiken Buchwesen, entsprechend intensiv wurde der Vorgang untersucht und diskutiert. Dennoch ist vieles offen geblieben.

Unklar ist, ob der Codex von Anfang an normalerweise aus Pergament hergestellt wurde und die frühesten Exemplare, welche mehrheitlich aus Papyrus bestehen und in Ägypten gefunden worden sind, als lokale Adaptation zu betrachten sind. Auch über die ökonomischen Hintergründe des Wechsels vom einen zum anderen Material ist kaum etwas bekannt. Jedenfalls waren Tierhäute, Fell und Leder vielfach begehrt, es gab sie überall, aber nur in beschränkten Mengen, während Papyrus in beliebigen Massen zur Verfügung stand, allerdings nur in Ägypten.

Die Vorteile des Codex gegenüber der Rolle sind vielfältig: Da die Blätter beidseitig beschrieben werden, reduziert sich das Material auf beinahe die Hälfte. Der Codex läßt sich aufschlagen und umblättern, d. h. um von einer Stelle zur anderen zu gelangen, muß nicht der ganze dazwischenliegende Text abgerollt werden. Der Codex läßt sich mit einer Hand manipulieren, die andere bleibt derweil frei und kann z. B. Notizen machen. Das Gewicht des gesamten Buches belastet nicht die Blätter, sondern wird von den Bünden im Rücken aufgenommen. Dadurch und weil der Codex liegend benützt werden kann, sind viel größere und schwerere Einheiten möglich als in Rollenform. Schließlich bildet der geschlossene Codex einen kompakten, soliden Block, seine Seiten sind vor Licht und Schmutz geschützt. Codices sind, abgesehen von Münzen, diejenigen Gegenstände, welche die Jahrhunderte bei weitem in der größten Zahl unversehrt überdauert haben.

Demgegenüber fällt es uns schwer, zu erkennen, weshalb sich die Rolle so lange hat behaupten können. „Die antike Literatur war . . . in auffallend hohem Maße darauf berechnet, von den Bühnen, von den Kathedern oder von den Rostra vorgetragen zu werden. Auch hat man in der Antike eine Form des Buches gebraucht, die zum Vortragen in stehender Haltung viel mehr geeignet erscheint als zum Lesen an einem Tisch – die Papyrusrolle, leicht in der Hand zu halten, aber unbequem zum Nachschlagen, überhaupt mehr Gebrauchsartikel als für die Dauer berechnet" (C. Nordenfalk, *Die spätantiken Zierbuchstaben,* Stockholm 1970, 22). Ob das traditionelle Material der Rollen, Papyrus, sich für Codices schlecht eignete, ist umstritten. Zu bedenken ist auch, daß die Schreiber Rollen fertig zu beziehen pflegten; nach der Beschriftung war das Buch gebrauchsfähig. Für den Codex dagegen wurden die losen Blätter beschrieben; erst dann konnte ein weiterer Fachmann, der Buchbinder, mit zusätzlichen Materialien und in einer eigenen Technik den Band vollenden. Eine Pergament-Herstellung im großen Maß mußte erst aufgebaut werden, und auch an den vermutlich höheren Preis des Materials mußte man sich erst gewöhnen. Der Codex war jedenfalls nicht einfach eine andere Form des Buches, sondern ein neuartiges Medium mit tiefgreifenden Folgen.

Die Christen zeigen von Anfang an eine Vorliebe für den Codex: Ihre heiligen Schriften sind seit dem 2. Jahrhundert fast durchwegs in dieser Form überliefert, und auch in der übrigen christlichen Literatur ist der Anteil hoch. Schließlich hat die Rolle ihre Vormacht im selben 4. Jahrhundert verloren, in welchem das Christentum zur Staatsreligion erhoben wurde.

Sollten sich die Bücher des NT schon in der äußeren Gestalt von den Gesetzesrollen der Juden abheben? Wollte man bei Streitgesprächen leichter die entscheidenden Stellen nachschlagen können? Führten die ersten Glaubensboten Codices in ihrem Reisegepäck, weil sie weniger voluminös und empfindlich waren als Rollen, oder weil sie sozusagen die Bücher des kleinen Mannes waren? Gab es vielleicht einen bestimmten, durch Alter und Herkunft besonders ehrwürdigen Codex, etwa die originale Niederschrift eines Evangeliums, dessen äußere Form man übernahm? Eine überzeugende Gewichtung all dieser Argumente ist bisher nicht gelungen.

Antike Codices gab es in allen denkbaren Größen, vom über 40 cm hohen Folianten bis zum Miniaturbuch, welches als Amulett getragen werden konnte (ein Johannesevangelium in Paris aus dem 5./6. Jh., *CLA* 600, mißt 7 × 5 cm). Häufig kommen fast quadratische Proportionen vor. Oft wurde der Schriftraum in mehrere (bis vier) schmale Spalten unterteilt, so daß die aufgeschlagene Doppelseite wie der Ausschnitt aus einer Rolle erscheint. Zur Orientierung des Lesers können am oberen Rand Seitentitel angebracht werden.

In den Rollen waren Angaben zu Autor und Werk jeweils am Ende des Textes, d. h. im gut geschützten Inneren notiert worden (der raschen Übersicht dienten zudem Etiketten, welche außen angehängt wurden). Dieser Brauch hielt sich in den Codices: Wenn am Anfang ein Titel überhaupt vorhanden ist, so gibt doch das *Explicit* in der Regel genauere Informationen. Es kann, ebenso wie der Titel, in anderer, weiterer Schrift ausgeführt und von linearen Ornamenten umgeben sein, auch rote Tinte kommt vor.

In der Überlieferung zeichnen sich da und dort Konventionen ab: Hatten griechische und römische Historiker in ihrem Werk zuweilen thematische Gruppen von fünf Büchern gebildet, so entstanden nun Pentaden und Dekaden als einzelne Codices (z. B. Livius, Tacitus, Curtius Rufus); bei den Dramatikern gab es Einheiten von sieben Titeln (Plautus).

In manchen antiken Codices wurde der erste Buchstabe jeder Seite, ganz unabhängig vom Inhalt, größer geschrieben. Der Vergilius Augusteus (*CLA* 13) aus der Zeit um 500 ist der früheste Beleg dafür, daß solche Anfangsbuchstaben durch Ornamentik und Farben verziert werden konnten (derartige Zierbuchstaben hat es in der Epigraphik schon früher gegeben). Indem solche hervorgehobene Lettern an inhaltliche Einschnitte gestellt wurden, entstanden bald die Initialen, welche in der mittelalterlichen Buchkunst so wichtig geworden sind.

Illustrationen waren für manche Werke der Fachliteratur unentbehrlich. Sie konnten als schmucklose Figuren in den Text oder an den Rand gesetzt oder auch aufwendig ausgeführt werden wie im Corpus Agrimensorum in Wolfenbüttel (*CLA* 1374, 5./6. Jh.). Die eigentliche Buchmalerei scheint mit dem Aufkommen des Codex einen entscheidenden Aufschwung genommen zu haben. Szenische Darstellungen hoher Qualität enthalten z. B. der Vergilius Vaticanus (*CLA* 11, 4. Jh.) und die Quedlinburger Itala (*CLA* 1069, 4./5. Jh.). Die meisten, und darunter viele hoch bedeutende Werke der antiken Buchmalerei, sind aber nur in mittelalterlichen, oft sehr kunstvollen Kopien erhalten.

2.5 Bücherbesitz, Bibliotheken, Textherstellung

Lesen und Schreiben sind aus der späten Republik und der Kaiserzeit nicht wegzudenken. Politik, Verwaltung, Recht und Wirtschaft stützten sich auf schriftliche Kommunikation, und das Militär entwickelte eine so intensive Bürokratie (Veg. *Mil.* 2, 19), daß analphabetische Offiziere auch in Hilfstruppen undenkbar waren. Geläufig lesen und schreiben konnten zwar nach verbreiteter Schätzung weniger, vielleicht sehr viel weniger als 20% der Bevölkerung, darunter bedeutend mehr Männer als Frauen. Wie viele aber rudimentäre Kenntnisse im Lesen hatten, ist kaum zu ermessen. Auch Analphabeten sahen allerörts Inschriften, nahmen Bekanntmachungen und Ankündigungen jeder Art zur Kenntnis, erhielten Quittungen für bezahlte Steuern, sie konnten schriftliche Verträge schließen, Briefe senden und empfangen, in Tempeln Gelübde niederlegen und nach dem Tod eine Grabschrift erhalten, um nur einige Beispiele zu nennen.

Schrift gehörte in Rom, wie in Griechenland, zum profanen Bereich, die lateinischen Buchstaben tragen auch nicht einen Zahlwert oder, wie etwa die hebräischen in der Kabbala oder die griechischen in der Lehre der Pythagoräer, eine zweite, geheime Bedeutung. Schrift ist nicht soziales Statussymbol: Wenn möglich schreibt der vornehme Römer nicht selber, sondern diktiert, so wie er auch andere Arbeiten durch Sklaven verrichten läßt. Die eigenhändige Unterschrift gilt aber als Echtheits- und Willensbezeugung, der Gruß im Brief als persönliches Zeichen.

Besitz von Büchern war im klassischen Griechenland keine öffentliche Angelegenheit, und in Rom war das nicht anders: Als zum Beispiel Sulla die Bücher des Aristoteles als Kriegsbeute von Athen wegführte, gelangten sie in sein privates Vermögen. In der späten Republik gehörte die von einem griechischen Gelehrten betreute Bibliothek zur repräsentativen Ausstattung eines vornehmen Hauses (*Si hortum in bibliotheca habes, deerit nihil,* Cic. *Fam.* 9, 4), und auch Außenstehende durften erwarten, darin zugelassen zu werden. Neu war gegenüber dem griechischen Vorbild, daß die Bücher nicht in Magazinräumen, sondern in Schränken oder Regalen an den Wänden des Hauptsaales aufbewahrt wurden, neu auch, daß die Bibliotheken zweisprachig waren und oft in zwei Räumen untergebracht wurden, in einer griechischen und einer lateinischen Abteilung. Bücher in anderen Sprachen wurden nicht berücksichtigt, weder etruskische aus der Nachbarschaft Roms noch solche aus dem Orient, welcher doch in der Kaiserzeit Religion und Kultur so stark beeinflußt hat.

In den hellenistischen Reichen waren auch fürstlich-sakrale Bibliotheken entstanden, als Sammlungen und Forschungsstätten, welche der Repräsentation des Herrscherhauses und der Sicherung seiner Herrschaft zu dienen hatten. In dieser Tradition stehen offenbar die ersten öffentlichen Bibliotheken Roms: Caesar hatte eine geplant, sein Gefolgsmann C. Asinius Pollio realisierte die erste, welche bald durch Gründungen von Augustus und seinen Nachfolgern in den Schatten gestellt wurde. Über Funktion und Bestände der zahlreichen römischen Bibliotheken sind wir nur mangelhaft unterrichtet, manche haben nur kurze Zeit existiert. In Rom zählte zu den langlebigsten und wichtigsten die Bibliotheca Ulpia, in deren Hof die Traianssäule stand und in der noch 456 dem Sidonius Apollinaris eine Statue errichtet worden ist. In der Palastbibliothek der neuen Residenz Konstantinopel setzte Kaiser Valens 372 vier griechische und drei lateinische Antiquarii ein, welche neue Codices zusammenstellen und alte restaurieren sollten. Die Bedeutung des alten Mouseions in Alexandria hat aber keine dieser Institutionen auch nur annähernd erreicht.

Neue Werke wurden normalerweise auf Wachstafeln entworfen, allenfalls auch diktiert und dann überarbeitet, schließlich ins Reine geschrieben. Darauf konnte die ‚Publikation' folgen: Häufig fanden zuerst öffentliche Lesungen statt, in welchen sich das Interesse eines breiteren Publikums erweisen mußte, danach stellte ein Buchhändler von dem durch den Autor approbierten Text Abschriften her und hielt sie feil. Über die Auswahl, welche in den Buchläden angeboten wurde, sind wir schlecht unterrichtet: Sicher umfaßte sie

Schriften, welche gerade aktuell waren, dann ‚Klassiker', vor allem Autoren, welche in der Schule gelesen wurden (allen voran Vergil), und dazu kam wohl eine mehr oder weniger zufällige Auswahl von Rollen aus zweiter Hand.

Im allgemeinen geschah die gewerbsmäßige Vervielfältigung durch Abschreiben von einer Vorlage. Wo in kurzer Zeit zahlreiche Exemplare hergestellt werden sollten, wurde aber auch diktiert – phonetische Fehler konnten auf die eine und andere Weise entstehen. Der Umfang eines Textes wurde in ‚stichometrischen' Einheiten gemessen, welche der Länge eines epischen Hexameters (15–16 Silben oder 34–38 Buchstaben, gilt auch für Prosa) entsprachen. Die Zählung konnte am Rand angebracht oder die Summe am Schluß eingetragen werden, sie diente zur Kontrolle des Umfangs und der Vollständigkeit eines Textes wie auch zur Berechnung des Schreiberlohns.

Viele Werke sind nie in diesem Sinne publiziert worden, sondern wurden weitergereicht und vorgelesen, kursierten bei Freunden, Kollegen und in einer weiteren Öffentlichkeit. Die private Abschrift spielte eine wichtige Rolle beim Aufbau jeder Büchersammlung, auch Bibliotheken beschäftigten eigene Schreiber. Wer sich bestimmte Texte verschaffen wollte, der mußte nur allzu oft bei Gelehrten und Sammlern, in öffentlichen Bibliotheken oder auch bei einem Buchhändler ein Exemplar ausfindig machen und es dann abschreiben lassen oder selber kopieren. Von ihm hing es dann ab, wie genau er es mit der Überprüfung und Korrektur des Textes nehmen wollte – die Produkte des Buchgewerbes hatten in dieser Beziehung offenbar einen schlechten Ruf. Die Subskriptionen mancher antiken Texte zeigen, daß sie auf ‚Ausgaben' zurückgehen, welche in literarisch interessierten Kreisen der Oberschicht entstanden sind. Herkunft der Vorlage aus einer öffentlichen Bibliothek dagegen läßt sich kaum irgendwo nachweisen. Darüber, welche Texte der Nachwelt erhalten geblieben sind, entschied gewiß das Interesse der Leser in der Spätantike und im Frühmittelalter, daneben aber in geradezu erschreckendem Maß auch der Zufall.

Literatur

Allgemein und zu 1. Die beste deutsche Darstellung ist B. Bischoff, *Paläographie des römischen Altertums und des abendländischen Mittelalters* (Berlin ^{2}1986); eine knappere, kundige und in den Gesichtspunkten moderne Einführung gibt A. Petrucci, *Breve storia della scrittura latina* (Rom 1989). Die erhaltenen Dokumente sind in zwei Corpora gesammelt: E. A. Lowe, *Codices latini antiquiores,* vol. 1–11 u. Supplement (Oxford 1934–1971), abgekürzt *CLA,* und *Chartae latinae antiquiores,* hrsg. v. Albert Bruckner u. a. (Olten u. Dietikon 1954ff.; bisher 47 Bde.), abgekürzt *ChLA.* Abbildungen bieten z. B.: *L'écriture latine de la Capitale Romaine à la minuscule,* hrsgg. v. J. Mallon, R. Marichal, Ch. Perrat (Paris 1939); R. Seider, *Paläographie der lateinischen Papyri,* 3 Teile (Stuttgart 1972–1981; Textband nie erschienen); E. Chatelain, *Paléographie des classiques latins,* 2 Bde. (Paris 1894–1900). – A. K. Bowman, *Life and Letters on the Roman Frontier. Vindolanda and its People* (London 1994); M. Capasso, *Manuale di papirologia ercolanese* (Galatina 1991).

Zu 2: F. Desbordes, *Idées romaines sur l'écriture* (Lille 1990); M. Lejeune, „Notes de linguistique italique XIII: Sur les adaptations de l'alphabet étrusque aux langues indoeuropéennes d'Italie", *REL* 35 (1957) 88–105; J. Kramer, „Die Verwendung des Apex und p. Vindob. L 1c.", *ZPE* 88 (1991) 141–150; E. O. Wingo, *Latin Punctuation in the*

Classical Age (The Hague 1972); M. B. Parkes, *Pause and Effect. An Introduction to the History of Punctuation in the West* (Aldershot 1992); B. M. W. Knox, „Silent reading in antiquity", *GRBS* 9 (1968) 421–435; L. Gerschel, „Comment comptaient les anciens Romains?", in: *Hommages à Léon Herrmann* (Bruxelles 1960); G. Ifrah, *Universalgeschichte der Zahlen* (Frankfurt 1986) 163–183.

Zu 3: Mallons These eines Bruches zwischen der älteren und der jüngeren Kursive wird modifiziert von E. Casamassima u. E. Staraz, „Varianti e cambio grafico nella scrittura dei papiri latini", *Scrittura e civiltà* 1 (1977) 9–110. J.-O. Tjäder, „Der Ursprung der Unzialschrift", *Basler Zeitschrift für Geschichte und Altertumskunde* 74 (1974) 9–40; T. De Robertis, I. Pescini, E. Caligiani, G. Parigino, „Quattro contribuiti per la storia del sistema abbreviativo", *Medioevo e Rinascimento* 7 / n. s. 4 (1993), 159–347; H. Boge, *Griechische Tachygraphie und Tironische Noten* (Berlin 1973).

Zu 4: Allgemein: H. Blanck, *Das Buch in der Antike* (München 1992); R. Büll, *Das große Buch vom Wachs* (München 1977), Bd. 2, 785–894; R. Reed, *Ancient Skins, Parchments and Leathers* (London 1972); Peter Rück (Hrsg.), *Pergament. Geschichte, Struktur, Restaurierung, Herstellung* (Sigmaringen 1991); C. H. Roberts und T. C. Skeat, *The Birth of the Codex* (London 1983); C. Nordenfalk, *Die spätantiken Zierbuchstaben* (Stockholm 1970); K. Weitzmann, *Spätantike und frühchristliche Buchmalerei* (München 1977); R. Sörries, *Christlich-antike Buchmalerei im Überblick* (Wiesbaden 1993).

Zu 5: W. V. Harris, *Ancient Literacy* (Cambridge, Mass. 1989); R. Fehrle, *Das Bibliothekswesen im alten Rom – Voraussetzungen, Bedingungen, Anfänge* (Freiburg 1986); T. C. Skeat, „The use of dictation in ancient book-production", *Proceedings of the British Academy* 42 (1956) 179–208; J. Stengers, „Réflexions sur le manuscrit unique, ou un aspect du hasard en histoire", *Scriptorium* 40 (1986) 54–80.

Abkürzungen

CLA: E. A. Lowe, *Codices latini antiquiores,* vol. 1–11 u. Supplement (Oxford 1934–1971)

ChLA: *Chartae latinae antiquiores,* hrsg. v. Albert Bruckner u. a. (Olten u. Dietikon 1954ff.; bisher 36 Bde.)

EL: *L'écriture latine de la Capitale Romaine à la minuscule,* éd. J. Mallon, R. Marichal, Ch. Perrat (Paris 1939)

3 Lateinische Epigraphik

Werner Eck

3.1 Definition

Die lat. Epigraphik (= Inschriftenkunde) beschäftigt sich mit allen schriftlichen Äußerungen in lat. Sprache, soweit sie nicht als Literatur oder auf Papyri und Münzen überliefert sind. Die uns heute noch erhaltenen Inschriften sind zwar weitgehend auf Stein geschrieben; doch spielt der Beschreibstoff bei der Frage der Definition, was eine Inschrift ist, keine Rolle. Inschriften können sich grundsätzlich auf jedem denkbaren materiellen Träger befinden. Damit ist schon gegeben, daß die Epigraphik auch inhaltlich nicht näher eingegrenzt werden kann. Vielmehr erfaßt sie grundsätzlich schriftliche Äußerungen aus allen Lebensbereichen.

Die frühesten lat. Inschriften sind vom Ende des 6. Jahrhunderts v. Chr. bekannt; die zeitliche Obergrenze ist nicht präzis festgelegt. Das *Corpus inscriptionum Latinarum* (= *CIL*) erfaßt das epigraphische Material im allgemeinen bis zum Ende des 6. oder bis ins 7. Jahrhundert n. Chr.; die zweite Auflage von *CIL* II für die iberische Halbinsel schließt alle lat. Inschriften bis zum Jahr 711, dem Beginn der Eroberung der Halbinsel durch die Araber, ein. Geographisch fällt das Verbreitungsgebiet lat. Inschriften im wesentlichen mit dem römischen Reich und seinem Einflußgebiet zusammen; d. h. in einzelnen Fällen finden sich solche Texte auch jenseits des unmittelbar und dauerhaft beherrschten römischen Gebiets, etwa nördlich der mittleren Donau oder auch jenseits der römischen Ostprovinzen, wie z. B. die Inschrift eines Zenturionen der Legio XII südwestlich von Baku in Armenien (unter Domitian, *ZPE* 52, 1983, 213). Kerngebiete sind natürlicherweise Italien, sodann vor allem die romanisierten Provinzen des Westens und des Balkans sowie Africa bis zu den Grenzen Ägyptens. In den griechischsprachigen Provinzen gehen lat. Inschriften vornehmlich auf die Träger der politischen Herrschaft sowie auf das Militär zurück; außerdem verwenden römische Kolonien wie Antiochia in Pisidien oder Cnossus auf Creta noch für lange Zeit die lat. Sprache auch für ihre Inschriften. Häufig aber werden dieselben Inhalte von vornherein in griechischer Sprache wiedergegeben, oder man verfaßt bilingue Texte. Will man also mit Hilfe der Inschriften bestimmte sachliche Phänomene der römischen Herrschaft wie Administration, Heerwesen oder den Herrscherkult erfassen oder die Geschichte einer bestimmten Region erschließen, dann müssen die rein sprachlich bedingten Grenzen der lat. Epigraphik überschritten und vor allem das griechische (manchmal aber z. B. auch das hebräische, nabatäische oder punische) Inschriftenmaterial miteingeschlossen werden. Somit bietet sich unter diesem Gesichtspunkt eher der Begriff „Römische Epigraphik“ an, da die Beschränkung auf die lat. Texte eine sachfremde Eingrenzung mit sich bringen würde. Die jährlich erscheinende *Année épigraphique* (= *AE*) schließt deshalb auch die entsprechenden griechischen Texte mit ein.

Deutlich zeigt sich die untrennbare Verbindung zwischen lat. und griech. Inschriften etwa bei vielen Dossiers von politisch-administrativen Urkunden, bei denen Aktenstücke zwar in unterschiedlicher Sprache abgefaßt sind, aber nur in ihrer Gesamtheit einen Sachverhalt erschließen. Neueste Beispiele sind dafür z. B. eine Inschrift aus Takina in der Provinz Lycia-Pamphylia aus den Jahren 212–217 (*Supplementum epigraphicum Graecum* = *SEG* 37, 1186) oder die Genehmigung eines Marktrechts durch den Prokonsul T. Aurelius Fulvus in der Provinz Asia im Jahre 135/136 (H. Malay, *Greek and Latin Inscriptions in the Manissa Museum,* Ergänzb. zu den Tituli Asiae Minoris 19, Wien 1994, Nr. 523). Vgl. auch F. Millar, „Local Cultures in the Roman Empire: Libyan, Punic and Latin in Roman Africa", *JRS* 58 (1968) 126–134; ders., „Latin in the Epigraphy of the Roman Near East", in: Solin – Salomies – Liertz (s. App.) 403–419.

3.2 Überlieferung

Lat. Inschriften wurden in der einen oder anderen Weise von der jeweiligen Öffentlichkeit wahrgenommen. In der lat.-griechischen Literatur werden gar nicht selten Inschriften erwähnt, allerdings kaum in ihrem Wortlaut wiedergegeben. In der nachantiken Öffentlichkeit erregten solche Texte nur selten so großes Interesse, daß sie auch abgeschrieben wurden. Eines der wichtigsten Beispiele vor der Zeit der Renaissance ist ein Pilger, der im 9. Jahrhundert während einer Romreise insgesamt 80 epigraphische Texte abgeschrieben hat, die in einem Codex Einsidlensis erhalten sind. Doch erst die intensivere Beschäftigung mit Literatur und Geschichte Roms seit dem Beginn der Renaissance gab den Anstoß, auch Inschriften stärker zu beachten, abzuschreiben und zu sammeln. Seitdem entstanden zahlreiche handschriftliche Sammlungen in allen europäischen Ländern, wodurch viele epigraphische Texte erhalten blieben, deren Originale längst verlorengegangen sind. Mit dem Beginn des Buchdrucks wurden auch Inschriften auf diese Weise publiziert und zugänglich gemacht. Die gedruckten Sammlungen schöpften aus den schon vorhandenen Codices; doch wurden auch neue Texte, die beispielsweise in Rom bei Baumaßnahmen oder durch ‚Ausgrabungen' gefunden wurden, aufgenommen, allerdings waren die Abschriften oft unzuverlässig. Hinzu kamen zahlreiche Fälschungen, die aus unterschiedlichen Motiven entstanden und auch in die publizierten Sammlungen eindrangen.

Seit dem Ende des 18. Jahrhunderte machte sich immer stärker die Notwendigkeit bemerkbar, die Epigraphik allgemein auf eine neue Grundlage zu stellen. Sowohl bei der Pariser als auch bei der Preußischen Akademie wurden Anträge auf Förderung von Inschriftensammlungen gestellt. Erfolg hatte dabei der junge Theodor Mommsen mit seiner Idee, die er in einer Abhandlung an die Akademie in Berlin 1847 richtete. Die entscheidenden Grundsätze lauteten: Das epigraphische Material muß vollständig erfaßt werden; es ist grundsätzlich Autopsie notwendig, entweder der Handschriften und Drucke oder, soweit diese noch erhalten sind, der Originale; die Publikation muß nach antiken geographischen Einheiten gegliedert werden, also nach römischen Provinzen und innerhalb dieser nach antiken Städten mit ihren Territorien, so daß jeweils alle lat. epigraphischen Texte einer antiken geographisch-politischen Einheit zusammen benutzt werden können. Diese Prinzipien wurden von Mommsen im *CIL*, dessen Leitung ihm 1853 übertragen worden war, verwirklicht.

Das *CIL* (erster Band 1863 erschienen) umfaßt inzwischen 17 Volumina mit insgesamt mehr als 60 Bänden (einschließlich der Indices). Es ist aber bis heute nicht abgeschlossen, da der Zufluß an neuen Inschriften in manchen Teilen des Reiches groß ist. In *CIL* II (Iberische Halbinsel) wurden von Hübner bis zum Jahr 1892 rund 6350 Texte publiziert. Die Neubearbeiter von *CIL* II^2, wovon bisher bereits zwei Faszikel erschienen sind (*CIL* II^2 7 und 14, hg. A. U. Stylow, G. Alföldy), haben heute bereits rund 21000 lat. Texte für diesen Bereich gesammelt.

Das *CIL* gliedert sich in folgender Weise:

I: Alle lat. Inschriften bis zum Tod Caesars.
II: Iberische Halbinsel.
III: Die östlichen Provinzen von Ägypten, über Syrien, Kleinasien, den Balkan bis nach Rätien.
IV: Wandinschriften aus Pompeii (Graffiti und Dipinti).
V: Oberitalien, die italischen Regionen IX–XI umfassend.
VI: Die Stadt Rom.
VII: Britannien.
VIII: Das lat. Nordafrica von Libyen bis Marokko.
IX: Das östliche Mittel- und Unteritalien (Regionen III–V).
X: Das westliche Mittel- und Süditalien (Regionen I–II), sowie Sizilien und Sardinien.
XI: Mittelitalien nördlich von Rom, die Regionen VI und VII umfassend, sowie die südliche Poebene (Regio VIII).
XII: Südfrankreich (Narbonensis).
XIII: Die gallischen und germanischen Provinzen.
XIV: Latium südlich und östlich von Rom.
XV: Instrumentum domesticum aus Rom, also Inschriften auf Ziegeln, Wasserrohren, Dipinti auf Keramik usw.
XVI: Militärdiplome.
XVII: Meilensteine (bisher ein Faszikel erschienen).

Eine Gliederung des *CIL* mit genauen Angaben bei E. Meyer und I. Calabi Limentani (s. App.). Neben dem *CIL* entwickelten sich bald auch regionale Corpora, vor allem innerhalb der einzelnen Nationalstaaten, z. B. *Inscriptions d'Algérie, Inscriptiones Latinae Iugoslaviae, Inscriptiones Bavariae, Roman Inscriptions of Britain, Die römischen Inschriften Ungarns.* Da häufig die heutigen nationalen Grenzen nicht mit antiken Regionen zusammenfallen, wird so ein grundlegendes Strukturprinzip für die Auswertung von Inschriften nicht beachtet.

3.3 Beschreibmaterial

Die Masse der Inschriften, die heute zu sehen sind, wurden auf Stein geschrieben. Andere Materialien spielen daneben nur eine untergeordnete Rolle. Rein mengenmäßig sind neben den Steininschriften noch die auf Keramik stehenden Texte von Bedeutung; doch ist ihr Inhalt äußerst stereotyp, vor allem bei den Stempelinschriften auf Ziegeln und Keramik, die mechanisch fast beliebig oft reproduziert werden konnten. Daneben stehen Texte auf Bronze wie etwa Gesetze, Senatsbeschlüsse, Kaiserbriefe oder -edikte, Militärdiplome und Patronatstafeln. Andere Metalle wie Silber oder Gold finden sich nur selten als Träger; am häufigsten sind dabei noch Besitzer- oder Herstellernamen auf Silbergeschirr. Auch Leder und Gegenstände aus Knochen sind nur in ganz geringem Umfang als Beschreibmaterial bezeugt. Holz findet sich heute außerhalb Ägyptens nur sporadisch; relativ häufiger sind nur die mit Wachs überzogenen Schreibtafeln etwa aus Pompeii und Herculaneum, einem antiken Bergwerk in Dakien oder auch Ägypten. Sehr selten blieben Graffiti oder mit Farbe aufgetragene Dipinti, wie sie aus Pompeii oder den stadtrömischen Katakomben bekannt sind, bis heute erhalten. Ebenso sind Ostraka, also Scherben aus Keramik oder flache Steine, auf die mit Farbe Briefe, Quittungen, Abrechnungen und ähnliches geschrieben wurden, mit lat. Texten bisher kaum gefunden worden; der größte Komplex stammt aus Bu Njem im südlichen Libyen. In Ägypten sind sie außerordentlich häufig, doch zumeist in griechischer Sprache geschrieben.

Den besten Überblick über die Beschreibmaterialien bei L. Wenger, *Die Quellen des röm. Rechts* (Wien 1953) 54–78. *CIL* IV bringt Graffiti und Dipinti aus Pompeii, das Suppl. 1 Wachstafeln (1898); ferner jetzt G. Camodeca, *L'archivio Puteolano dei Sulpicii* (Neapel 1992) *CIL* III 2, p. 923–960: dakische Wachstafeln. R. Marichal, *Les ostraca de Bu Njem* (Tripolis 1992).

3.4 Repräsentativität des erhaltenen Inschriftenmaterials

Schon die eben genannten Beschreibmaterialien lassen vermuten, daß die heute noch erhaltenen Inschriften im Ganzen nicht den ursprünglich vorhandenen Bestand widerspiegeln können, vor allem nicht das Mengenverhältnis zwischen den einzelnen Materialtypen. So sind etwa Texte, die auf Holz geschrieben waren, fast ausnahmslos vernichtet; nur soweit besondere Umstände vorlagen, konnten etwa Wachstafeln die Jahrhunderte überdauern.

Welche Masse an schriftlichem Material auf Holz einstmals vorhanden war, zeigen die zahlreichen Holztäfelchen aus dem britannischen Kastell Vindolanda. Dabei handelt es sich nicht um Wachstafeln, sondern um dünne Holztäfelchen, auf die unmittelbar mit Tinte geschrieben wurde. In allen römischen Städten gab es Munizipalarchive, in Rom erfüllte seit der späten Republik das Tabularium die Aufgaben des Staatsarchivs. Die Masse aller dort deponierten Texte war auf Holztafeln geschrieben, ebenso wie z. B. die jährlich zu publizierenden Richterlisten in den römisch-latinisch organisierten Städten oder die zahlreichen amtlichen Bekanntmachungen. Von all diesen einst auf Holz vorhandenen Texten ist keiner erhalten geblieben, wenn nicht einer aus besonderem Grund auch auf dauerhaftes Material übertragen wurde; Inschriften auf Holz waren jedoch ein großer, prägender Teil der röm. epigraphischen Kultur.

Auch alle anderen Inschriften, die auf leicht vergängliches oder wertvolles Material geschrieben waren, sind weitgehend verschwunden. Stoff und Leder sind größtenteils vernichtet, und damit auch Inschriften, soweit sie sich darauf befanden. Graffiti und Dipinti waren zumeist auf Verputz geschrieben; jede Restaurierung eines Gebäudes beseitigte auch diese schriftlichen Äußerungen und die nachfolgenden Jahrhunderte überdauerten solche Kritzeleien nur unter Sonderbedingungen. Wertvolles Metall wurde besonders leicht eingeschmolzen, doch gilt dies auch für Inschriften auf Bronze, die es in sehr großer Zahl in allen römischen Städten, vor allem in Rom selbst, gegeben hatte. Von den Tausenden von kaiserlichen Konstitutionen, mit denen das römische Bürgerrecht an Soldaten verliehen wurde und die in Rom öffentlich ausgestellt waren, ist keine einzige erhalten geblieben; nur von den Abschriften, den sogenannten Militärdiplomen, die zu Zehntausenden in alle Provinzen gingen, sind bis heute mehr als 400 Exemplare in fast allen Reichsteilen gefunden worden, wodurch uns die in Rom publizierten Konstitutionen inhaltlich bekannt sind. Ein *senatus consultum,* das zu Ehren des Germanicus in allen römischen Kolonien und Munizipien Italiens und der Provinzen bekanntgemacht werden sollte, ist nur in zwei fragmentarischen Exemplaren aus Heba in Italien und Siarum in der Baetica bekannt; das *senatus consultum,* das am Ende des Prozesses gegen Cn. Calpurnius Piso, den angeblichen Mörder des Germanicus, in der bedeutendsten Stadt jeder Provinz und bei allen Legionen der Öffentlichkeit präsentiert werden mußte, ist erst neuerdings durch Bronzetafeln, aber nur aus der Baetica, bekannt geworden.

Natürlich waren auch Inschriften auf Stein der Vernichtung ausgesetzt, vor allem Texte auf Marmor, aus dem am leichtesten Kalk gebrannt werden konnte. Aber Stein wurde durch natürliche Umstände im allgemeinen wenig beschädigt und auch eine Wiederverwendung durch den Menschen im Verlauf der letzten zwei Jahrtausende mußte die Inschrift nicht notwendigerweise zerstören. So sind uns, wenn man von den mechanisch reproduzierten Stempeln auf Gegenständen aus Ton absieht, überwiegend Inschriften auf Stein erhalten geblieben, während Texte auf anderem Material weitgehend oder fast vollständig verloren gegangen sind. Diese sehr unterschiedlichen Verlustraten sind nicht nur ein Problem der Menge, sondern vor allem des Inhalts. Denn leicht vergängliches Material wie Holz (oft in Verbindung mit Wachsauftrag) wurde vornehmlich oder ausschließlich für Vorgänge des täglichen Lebens wie Geschäftsabschlüsse, Quittungen, gerichtliche Vorladungen verwendet, aber auch für die politisch-administrative Dokumentation und Bekanntmachung, die nicht auf lange Dauer, sondern nur auf kürzere Zeiträume abzielten. Auf diese Weise wurden z. B. Edikte von Magistraten oder Richterlisten veröffentlicht; auch die Protokolle von Ratssitzungen und ihre Ergebnisse wurden so für das Archiv festgehalten, ebenso wie die *tituli,* auf denen der Grund für die Hinrichtung von Verurteilten der Öffentlichkeit bekannt gemacht wurde (vgl. den *titulus* am Kreuz Christi). Stein (oder auch Bronze) wurde dagegen dann gewählt, wenn es galt, in der Öffentlichkeit bestimmte Handlungen dauerhaft zu dokumentieren, Personen zu ehren oder die Erinnerung an sie wach zu halten; dies sind etwa Bauinschriften oder Götterweihungen, Inschriften unter Ehrenstatuen und vor allem die zahllosen Grabinschriften.

Die Texte auf Stein, die etwa 95% aller uns erhaltenen, individuell abgefaßten Inschriften darstellen, repräsentieren damit einen zwar wichtigen, aber auch sehr einseitigen Teil der epigraphischen Kultur der Römer. Sie dienen der öffentlichen Dokumentation, der Repräsentation und der Bewahrung der *memoria*. Das simple tägliche Geschehen, die Routine des öffentlichen Lebens spiegelt sich darin kaum, ebenso wie auch die Entwicklung der Sprache darin wenig zu greifen ist, da das dort verwendete Latein zumeist die literarisch genormte Sprache sowie viele Formeln verwendete. Für das tägliche Leben aber bediente sich die epigraphische Praxis der römischen Zeit zumeist ganz anderer Schriftträger, vor allem Holztafeln sehr unterschiedlicher Größe, teils mit Wachs überzogen, teils mit weißer Farbe getüncht *(tabulae dealbatae)* – oder auch schlicht der Wände öffentlicher und privater Gebäude, auf die Wahlaufrufe, Reklame, Ankündigungen von Spielen, aber auch Witze und Zoten oder ähnliches geschrieben werden konnten. Dieser einst außerordentlich vielfältige und mengenmäßig sehr große Bereich epigraphischer Praxis ist uns heute nur noch in kümmerlichen Resten erhalten, in der Forschung findet er somit zumeist keine seiner ursprünglichen Bedeutung angemessene Beachtung. Bei der Interpretation unserer epigraphischen Überlieferung ist diese unbezweifelbare Einseitigkeit jedoch zu berücksichtigen.

Die uns heute noch erhaltenen Inschriften auf Stein sowie auf Keramik dürften im allgemeinen den früheren Bestand dieser Dokumente in etwa widerspiegeln. Zumindest kann man sicher sein, daß kein Inschriftentypus, der mit solchen Materialien verbunden war, völlig verlorengegangen ist. Doch ist im konkreten Einzelfall auch bei Steininschriften mit einem überproportionalen Verlust für bestimmte Zeiten oder für eine bestimmte Art von epigraphischen Denkmälern zu rechnen. So sind ohne Zweifel von den republikanischen Inschriften der Stadt Rom wegen der zahlreichen Brände, im besonderen aber wegen der tiefgreifenden kaiserzeitlichen Umgestaltung der Metropole überproportional viele vernichtet worden. Gleiches gilt z. B. bei den Basen für Ehrenstatuen der frühen und hohen Kaiserzeit, die auf Antrag der Herrscher vom Senat auf öffentlichem Grund in großer Zahl errichtet wurden; doch im 3., vor allem im 4. und 5. Jahrhundert hat man sie nach Eradierung des ursprünglichen Textes weitgehend für andere Zwecke wiederverwendet; von den Basen des 1. und 2. Jahrhunderts ist kaum etwas erhalten. Bei der Interpretation komplexerer Zusammenhänge muß deshalb stets auch nach solchen ‚Verfälschungen' in der Überlieferung gefragt werden.

A. K. Bowman – J. D. Thomas, *Vindolanda: The Latin Writing-Tablets* (London 1987); dies., *The Vindolanda Writing-Tablets (Tabulae Vindolandenses II),* (London 1994); zum Verlust von Graffiti und Dipinti W. Eck, *Tra epigrafia* (s. App.) 107–123; W. Eck – A. Caballos – Fdo. Fernández, *Das s. c. de Cn. Pisone patre* (München 1996). Zu Texten auf Holz aus Ägypten vgl. W. Brashear – F. A. J. Hoogendijk, „Corpus Tabularum Lignearum Ceratarumque Aegyptiarum", *Enchoria* 17 (1990) 21–54. Verlust von Statuenbasen in Rom: Vgl. etwa die 9 Statuen mit ihren Inschriften, die im Jahr 56 vom Senat auf Antrag Neros durch den Senat errichtet wurden, W. Eck, „Die Familie der Volusii Saturnii in neuen Inschriften aus Lucus Feroniae", *Hermes* 100 (1972) 461–484 = Eck, *Tra epigrafia* (s. App.) 125–145. Ein einziges kleines Fragment dieser neun Texte wurde bisher gefunden: S. Panciera, „Volusiana. Appunti epigrafici sui Volusii", in: *I Volusii Saturnini. Una famiglia romana della prima metà imperiale* (Bari 1982) 83–95 (*AE* 1982, 63).

3.5 Zeitliche und räumliche Verteilung der Inschriften

Die Zahl der bis heute bekannten lat. Inschriften ist nicht genau zu fassen. Im *CIL* sind ca. 170000 Texte jeglicher Art, einschließlich des sogenannten *instrumentum domesticum,* gesammelt. Für die iberische Halbinsel hat sich die Zahl gegenüber der ersten Auflage von *CIL* II (abgeschlossen 1892) mindestens verdreifacht; doch trifft das für andere Gegenden in dieser Höhe nicht zu. In Rom beläuft sich der Zuwachs gegenüber dem letzten Supplement von *CIL* VI (1933 erschienen) auf rund 16000 Nummern (ohne die christlichen Texte). Nach einer groben Schätzung darf man – einschließlich der christlichen Zeugnisse – bis zum Ende des 6. bzw. bis ins 7. Jahrhundert hinein mit mehr als 300000 bekannten lat. Inschriften aus dem röm. Herrschaftsbereich rechnen. Wenn man die Texte in anderen Sprachen, die sich auf römische Zusammenhänge beziehen, vor allem die griechischen, berücksichtigt, sind sicher noch einmal mindestens ca. 50000 Inschriften einzubeziehen.

Diese epigraphischen Zeugnisse sind allerdings zeitlich und räumlich sehr ungleichmäßig verteilt. Von den mindestens 300000 bekannten lat. Inschriften sind nur etwa 3700, also gerade etwas mehr als 1%, der Zeit von den Anfängen Roms bis zum Tod Caesars zuzuweisen. Die frühesten Texte, die aus Rom bzw. seiner allernächsten Umgebung stammen, z. B. die *fibula Praenestina,* der Text auf dem *cippus* unter dem *lapis niger* vom Forum Romanum oder die Dedikation von Satricum stammen aus dem späten 6. oder dem 5. Jahrhundert. Auch im 4. und 3. Jahrhundert sind epigraphische Zeugnisse noch äußerst selten, erst im 2. Jahrhundert v. Chr. werden sie etwas zahlreicher, mit ersten Texten von außerhalb Italiens, z. B. von der iberischen Halbinsel oder von der Insel Delos. Im Verlauf des 1. Jahrhunderts v. Chr. und insbesondere seit der Zeit des Augustus vermehrt sich die Zahl der Inschriften sprunghaft. Dazu trug zunächst der Auflösungsprozeß der römischen Republik mit dem Bestreben nach stärkerer Selbstdarstellung bei der stadtrömischen Aristokratie, den munizipalen Führungsschichten, aber auch bei den Freigelassenen bei. Sodann aber setzte Augustus bei seiner Neugestaltung des politischen und gesellschaftlichen

Lebens Inschriften in außerordentlich verstärktem Maße ein, verbunden mit einer höchst qualitätsvollen Neuformung des gesamten Inschriftenduktus. Die epigraphischen Denkmäler auf Stein wurden zu einem Mittel der Propagierung der veränderten Herrschaftsform, der öffentlichen Präsentation des Princeps, seiner Familie und seiner Politik. Was dabei in Rom entwickelt wurde, strahlte auf Italien und die Provinzen aus, vor allem, soweit sie damals schon stärker urbanisiert und von römischer Kultur durchdrungen waren. Das 1. und noch mehr das 2. Jahrhundert wurde in Italien und in den meisten anderen Reichsteilen das eigentliche Zeitalter der epigraphischen Kultur; sie verbreitete sich in etwa parallel zur Entwicklung des Städtewesens. Wo dieses früh und intensiv ausgeprägt war, wie vor allem in Italien, Südfrankreich, Südspanien, kleinen Teilen Afrikas und an der Westküste Kleinasiens, wurden auch zunehmend seit augusteischer Zeit Inschriften im öffentlichen und privaten Bereich verwendet. Andere Regionen, in denen sich das Städtewesen erst im Verlauf des späteren 1. und des 2. Jahrhunderts stärker entwickelte, wie im Inneren und im Norden Spaniens, in weiten Teilen Galliens, in Nordafrika oder in den Balkanprovinzen, wurde auch die lat. epigraphische Kultur später übernommen. Die afrikanischen Provinzen sahen sogar erst in der zweiten Hälfte des 2. und in der ersten Hälfte des 3. Jahrhunderts die Blütezeit dieser Entwicklung. Seit der späten Severerzeit geht jedoch wegen der militärischen und ökonomischen Krise des Reiches die Zahl der Inschriften stark zurück. Erst mit der Stabilisierung des Imperiums durch Diokletian und Konstantin nahm sie, jedenfalls im öffentlichen Bereich, wieder zu, besonders in Rom, in manchen Regionen Italiens und Nordafrikas. In vielen Provinzen ist aber davon nur wenig zu spüren, wie z. B. in Britannien, Germanien, großen Teilen des Balkans und auch in Spanien. Lediglich die christlichen Grabinschriften werden an manchen Orten für einige Zeit wesentlich zahlreicher, etwa in Split, Karthago oder Arles. Seit dem Beginn des 5. Jahrhunderts und der allgemeinen Schwächung des Reiches ist überall ein starker Rückgang zu spüren; im 6. Jahrhundert ist die epigraphische Kultur weithin erloschen oder sie hat sich auf die Kirchen und christlichen Friedhöfe mit Stifterinschriften oder Grabtexten für Bischöfe und Gläubige zurückgezogen. In dieser Form überlebte sie an wenigen Stellen bis zum frühen Mittelalter.

Auch mengenmäßig verteilen sich die lat. Inschriften sehr ungleich im römischen Reich. Rund die Hälfte aller Texte, 160000 bis 170000, stammen aus Italien, davon, einschließlich der christlichen, zwischen 90000 und 100000 allein aus Rom. Auch die Umgebung der Hauptstadt, Latium und Kampanien, ferner die Transpadana sowie Venetien sind inschriftenreich, vor allem Städte wie Ostia, Puteoli oder Aquileia, mit jeweils mehreren tausend Inschriften. Dagegen ist der Süden der Halbinsel relativ arm an Texten. Viele Teile Nordafrikas, obwohl erst relativ spät beteiligt, zeigen dagegen eine außerordentlich reiche epigraphische Produktion, ebenso der Süden und die Ostküste der iberischen Halbinsel. In Britannien beschränken sich Steininschriften weithin auf die Standorte der römischen Truppen, was teilweise auch für die Donauprovinzen gilt. In Gallien und Germanien ist, abgesehen von der Narbonensis, die Zahl der Inschriften beschränkt, wobei sie aus einzelnen Städten auch sehr groß sein kann, wie im Fall der *Colonia Agrippinensium* (= Köln), wo bisher rund 1500 Texte gefunden wurden. Besonders zahlreich sind auch die Inschriften der Provinz Dakien, die nur rund 160 Jahre bestand; mehr als 4000 sind dort bisher zum Vorschein gekommen.

Diese sehr ungleiche Verteilung ist, soweit nicht besondere Fundumstände unsere Kenntnisse einseitig beeinflussen, durch die Entwicklung der Städte, die Intensität der Angleichung an das römische Modell, den Stand der Latinisierung sowie durch das Vorhandensein geeigneten Steinmaterials bedingt. Wo solcher Stein fehlte, wurde möglicherweise für ‚normale' Inschriften Holz verwendet; solche Texte aber sind unwiederbringlich verloren.

Die ungleiche Verteilung der epigraphischen Zeugnisse hat zur Konsequenz, daß auch ihr Aussagewert für Geschichte, Kultur, Religion und Sprache einzelner Regionen oder Städte sowie für bestimmte Perioden sehr unterschiedlich ist. Gerade vergleichende Studien haben solche Differenzen zu berücksichtigen.

Der hohe Zuwachs für *CIL* II² ist vor allem dadurch bedingt, daß *CIL* II mit dem Supplementband bereits im Jahre 1892 abgeschlossen war, früher als jeder andere Band. Zur Zahl der Inschriften bis zum Tod Caesars siehe *CIL* I²; das letzte Supplement erschien 1986. – Die frühesten Texte sind *CIL* I² 1 (*fibula Praenestina,* zu Unrecht als Fälschung verdächtigt; vgl. H. Lehmann, *MDAIRom* 96, 1989, 7–86). 3 (vom Forum Romanum). 2832a (Satricum); zur Entwicklung der Verwendung von Inschriften in der Stadt Rom vor der Kaiserzeit siehe exemplarisch S. Panciera, „La produzione epigrafica di Roma in età repubblicana. Le officine lapidarie", in: Solin-Salomies-Liertz (s. App.) 314–342; R. Mac Mullen, „The Epigraphic Habit in the Roman Empire", *AJPh* 103 (1982) 233–246. Zum Einfluß des Augustus G. Alföldy, „Augustus und die Inschriften: Tradition und Innovation. Die Geburt der imperialen Epigraphik", *Gymnasium* 98 (1991) 289–324. Eine ‚normale' Inschrift auf Holz *RIB* 1935.

3.6 Datierung

Fundamentale Voraussetzung vor jeder Auswertung eines inschriftlichen Textes ist wie bei jeder anderen Quelle seine chronologische Fixierung. Entweder enthält der Text selbst eine unmittelbar datierende Aussage oder man muß andere Kriterien finden, die eine zeitliche Festlegung ermöglichen.

Am einfachsten läßt sich die Frage beantworten, wenn der Text selbst die genaue Datierung enthält. In lat. Inschriften geschieht das fast ausschließlich durch die Angabe der Konsuln oder, soweit ein Kaiser genannt wird, durch dessen *tribunicia potestas.* Eine Datierung nach einer Lokal- oder Provinzära, wie sie im Osten in griech. Inschriften weit verbreitet ist, findet sich im lat. geprägten Teil des Reiches lediglich in den nordafrikanischen Provinzen Mauretania Caesariensis und Tingitana sowie in Spanien.

Inschriften, in denen nach Konsuln datiert wird, sind während der Republik und bis in die mittlere Kaiserzeit nicht allzu häufig. Bei Dedikationen an Gottheiten werden sie gelegentlich angeführt, öfter in amtlichen Dokumenten, fast stets in rechtlich relevanten Privaturkunden, wie sie z. B. auf Wachstafeln aus Pompeii bekannt sind. Seit der Mitte des 2. Jahrhunderts nimmt die Zahl der Konsulatsdatierungen in Götterweihungen, insbesondere in den Provinzen, sprunghaft zu, ebenso erscheinen in christlichen Grabinschriften seit der Mitte des dritten Jahrhunderts zunehmend solche Zeitangaben. Während der Konsulat in der gesamten republikanischen Zeit ein Jahresamt war, wurden seit 5 v. Chr. regelmäßig auch Suffektkonsuln ernannt, wodurch sich die Amtszeit aller Konsuln immer mehr verkürzte, bis sie seit dem späteren 1. Jahrhundert n. Chr. oft nur noch zwei bis drei Monate im Amt waren. Dennoch galten sie alle als eponym. In Rechtsdokumenten wie den Bürgerrechtsverleihungen an Soldaten, in Testamenten oder Kaufverträgen werden deshalb zumindest in Italien auch die Suffektkonsuln zur Datierung herangezogen; das späteste Militärdiplom mit *suffecti* stammt aus dem Jahr 206. In den meisten anderen Inschriften mit dieser Datierungsart werden allerdings schon seit augusteischer Zeit nur die *consules ordinarii* genannt, unabhängig davon, ob sie zum Zeitpunkt, da die Inschrift hergestellt wurde, noch im Amt waren; in den Provinzen sind Datierungen nach Suffektkonsuln immer eine Ausnahme geblieben.

Inschriftliche Fasti mit Angabe der *consules ordinarii* und *suffecti* sind aus der frühen Kaiserzeit zahlreich bekannt: A. Degrassi, *Inscriptiones Italiae* XIII 1 (Rom 1947); L. Vidmann, *Fasti Ostienses* (Prag ²1982). Die im Augenblick vollständigste Sammlung aller Konsuln der Kaiserzeit bei A. Degrassi, *I Fasti Consolari dell' Impero Romano dal 30 avanti Cristo al 613 dopo Cristo* (Rom 1952) (völlige Neubearbeitung in Vorbereitung); für die Spätantike R. S. Bagnall – A. Cameron – S. R. Schwartz – K. A. Worp, *Consuls of the Later Roman Empire* (Atlanta 1987). Zur Verwendung der *consules ordinarii* und *suffecti* W. Eck, „*Consules ordinarii* und *consules suffecti* als eponyme Amtsträger", in: *Epigrafia* (s. App.) 15–44. Das späteste Diplom mit *suffecti* bei M. M. Roxan, *Roman Military Diplomas 1985–1993* (London 1994), Nr. 189. Für die einzelnen Teile der Kaisertitulatur als datierende Elemente: D. Kienast, *Römische Kaisertabelle. Grundzüge einer römischen Kaiserchronologie* (Darmstadt ²1996). In den Provinzen lassen sich viele Inschriften durch römische Amtsträger, die in ihnen erscheinen, zeitlich festlegen; neueste Sammlungen aller Amtsträger für die Republik bei T. R. S. Broughton, *The Magistrates of the Roman Republic* (New York 1951–1986); für die Zeit des Prinzipats bei B. E. Thomasson, *Laterculi praesidum* 1 (Göteborg 1984); 3 (Göteborg 1990); für die Spätantike *Prosopography of the Later Roman Empire,* 3 Bde. (Cambridge 1971–1992).

Hilfen bei der Datierung können die römischen Namensformen in ihren verschiedenen Entwicklungsstufen sein, ebenso die Namen römischer Bürger, die das Bürgerrecht von einem Kaiser erhielten und damit gleichzeitig dessen Prae- und Gentilnomen übernahmen. Doch ist dieses Datierungsmittel mit Vorsicht zu gebrauchen, da ein Name höchstens einen *terminus ad quem* darstellt. Auch die Formeln der Inschriften, z. B. *hic situs est, Dis manibus = D. M.,* können Hinweise geben, wenn auch nur sehr allgemeine und regional begrenzte, ferner die Sprachentwicklung mit Besonderheiten der Grammatik und Flexion; das gilt insbesondere für die Zeit der Republik, wie etwa die Sammlung von A. Degrassi, *Inscriptiones Latinae liberae rei publicae* (Florenz ^{2}1965) zeigt.

Von den äußerlichen Elementen kann die Art des Steins, z. B. Tuff, Pepperin oder Marmor in Rom einen groben Datierungshinweis als *terminus ante quem non* bieten; doch sind hierbei regionale Besonderheiten besonders zu beachten. Das gilt in hohem Maße auch für die Buchstabenformen, die zweifellos grundsätzlich eine zeitliche Tendenz angeben können. So kann man bei Inschriften auf Stein in Rom und Italien im allgemeinen an der Schriftgestaltung erkennen, ob sie noch in republikanischer Zeit verfertigt wurden oder erst in der augusteischen, als mit der Entwicklung der spezifischen offiziellen Buchstabenformen im Zug der Selbstdarstellung des Prinzipats auch die Inschriften ein neues Aussehen erhielten. Diese neuen Formen strahlten auch in die Provinzen aus und brachten eine gewisse Vereinheitlichung im Schriftduktus mit sich. Ebenso machte sich der ökonomische Niedergang des 3. Jahrhunderts, die Neugestaltung unter Diokletian und Konstantin sowie das Nachlassen der prägenden Kraft Roms im Verlauf des 4. Jahrhunderts auch in der Schriftentwicklung bemerkbar. Diese erlaubt mit ziemlicher Sicherheit, Inschriften insoweit zeitlich zu bestimmen, als sie vor einem (durchaus auf einige Jahrzehnte einzugrenzenden) Zeitabschnitt nicht entstanden sein können; doch da Schriftformen Beharrungskraft haben, können entsprechende Inschriften über lange Zeiträume hinweg gleiches Aussehen haben. Das gilt für Texte im öffentlichen Bereich, noch mehr für private Zeugnisse wie vor allem Grabinschriften. Häufig ist allein aufgrund der Schrift eine Präzisierung auf weniger als ein Jahrhundert nicht möglich. Man muß sich aber bewußt sein, daß für historische Entwicklungen, soweit man sie aus Inschriften erkennen will, mit einer Datierung auf ein Jahrhundert oder länger oft nur noch wenig Erkenntnisgewinn gegeben ist, es sei denn, es handle sich um sehr langsame Entwicklungsphasen.

Die Paläographie kann nur dann mit einiger Sicherheit für eine genauere Chronologie einzelner Texte herangezogen werden, wenn innerhalb einer eng begrenzten Region, vor allem einer Stadt einschließlich ihres Territoriums, genügend anderes, zeitlich sicher datiertes Inschriftenmaterial vorhanden ist. Und selbst dann ist immer noch mit verschiedenen Werkstätten, ihrer stärkeren Modernität oder der Verwendung eher traditioneller Schriftformen zu rechnen.

Wie sehr sich Schriftformen selbst in relativ benachbarten Städten zum selben Zeitpunkt voneinander unterscheiden können, zeigen zwei Texte, die in Athen und Korinth in frühaugusteischer Zeit für den Prokonsul von Achaia L. Aquillius Florus Turcianus Gallus errichtet wurden. Während die athenische Inschrift der hauptstädtischen Kapitalschrift nahe steht (*CIL* III 551 = *ILS* 928), zeigt das korinthische Monument Buchstabenformen, wie man sie in Italien erst im dritten Jahrhundert finden kann (*Corinth* VIII 2,54). Zusätzlich zu den Schriftformen können Fundumstände oder Schmuckelemente, die mit den

Inschriften verbunden sind, eine Hilfe bei der Datierung sein; ein Beispiel dafür sind die stadtrömischen Grabaltäre: D. Boschung, *Antike Grabaltäre aus den Nekropolen Roms* (Bern 1987), vgl. auch F. Sinn, *Stadtrömische Marmorurnen* (Mainz 1987).

3.7 Inschriftenklassen und Inhalte der Texte

Jede Inschrift wurde aus einem spezifischen Grund verfaßt und auf den Textträger übertragen. Entsprechend diesen Funktionen kann man die Masse aller Texte, vor allem auf Stein, in relativ wenige Inschriftenklassen gliedern, wie es auch in den meisten Handbüchern der Epigraphik geschieht.

3.7.1 Weihinschriften an Gottheiten

Die frühesten lat. Inschriften sind Weihungen an Gottheiten. In ihrer äußeren Gestalt können sie außerordentlich unterschiedlich sein. Kleine und große Steinsockel, vor allem in der Frühzeit in sehr schlichter Form, später oft kunstvoll dekoriert, dienten als Träger von Weihgeschenken sehr unterschiedlicher Art, von Statuetten und Statuen, Gefäßen aus Bronze, Silber oder Gold; in Acci in der Hispania citerior wurde so eine Statue der Isis, aus 112 (römischen) Pfund Silber gefertigt und mit zahlreichen Edelsteinen geschmückt, in einem Heiligtum aufgestellt und alle einzelnen Angaben in der Inschrift verewigt (*CIL* II 3386 = *ILS* 4422). Geweiht wird die Statue, die Inschrift bildet nur das dokumentarische Beiwerk. Solche Texte konnten auch auf kleinere Täfelchen aus Metall, die an einem Sockel befestigt waren, geschrieben werden. Gelegentlich sind sie auch direkt auf den Gegenstand, etwa eine Statuette oder ein Gefäß, eingraviert worden. In Niedergermanien wurden in dem Matronenheiligtum bei Pesch in der Eifel viele Hunderte von Weihesteinen aus Sandstein mit dem Bild der drei Matronae gefunden; hier war der gestaltete Stein die Weihegabe. Außerordentlich zahlreich sind auch die Altäre; sie dienten nicht selten wiederum als Basis für ein zusätzliches Weihegeschenk, z. B. eine Opferschale aus Bronze oder Waffen besiegter Feinde. Der Text enthält im allgemeinen den Namen der Gottheit sowie den des Dedikanten, nur selten den spezifischen Grund, vielmehr beschränkte man sich zumeist auf die Aussage, daß eine Weihung aufgrund eines Gelübdes erfolgt sei *(votum solvit libens merito);* auch der Gegenstand der Weihung wird oft nicht erwähnt, da der Leser der Inschrift im allgemeinen das Geschenk an die Gottheit sah. Nicht ganz selten erwähnen jedoch die Dedikanten manches über sich selbst; vor allem charakterisieren sie ihre soziale oder amtliche Stellung, wodurch diese Texte eine reiche Informationsquelle für die Sozialgeschichte insbesondere der ersten drei Jahrhunderte n. Chr. werden.

Photos von frühen Dedikationen bei A. Degrassi, *Inscriptiones Latinae liberae rei publicae. Imagines* (Berlin 1965); für Pesch siehe G. Alföldy, „Die Inschriften aus dem Tempelbezirk bei Pesch", *Epigr. Stud.* 5 (1968), 33–88; allgemein Beispiele *ILS* 2957–5003.

3.7.2 Bauinschriften

Weihinschriften sind nicht selten gleichzeitig Bauinschriften; denn in vielen Fällen stellt ein Gebäude das Objekt dar, das einer Gottheit geweiht wurde. Im Zusammenhang von Weihungen an Gottheiten ist der spezielle Typus Bauinschriften entstanden und erst später auf den profanen Bereich übertragen worden. Bauinschriften finden sich im religiös-kultischen Bereich, und zwar sowohl im paganen als auch im christlichen, sodann vor allem im Zusammenhang mit öffentlichen Bauten, die von SPQR, von Kaisern oder Amtsträgern, von Munizipalmagistraten, Euergeten oder Militärbefehlshabern und Heereseinheiten errichtet wurden; in der Spätantike treten auch Bischöfe als Auftraggeber hervor. Für private Gebäude finden sich fast nie epigraphische Texte, in denen die Erbauung kommemoriert wurde; lediglich bei Gewerbebetrieben, die auch eine halböffentliche Funktion hatten wie etwa Getreidespeicher oder Bäder, finden sich manchmal entsprechende Texte.

Wichtigstes Motiv für die recht zahlreichen und oft auch monumentalen Bauinschriften war das Interesse derer, die ein Bauwerk für den öffentlichen Bereich veranlaßten, vor allem aber bezahlten, daß ihr Name dauerhaft damit verbunden wurde. So wurden während der Republik nicht wenige Tempel in Rom von siegreichen Feldherrn aus der Beute errichtet; ihr Name fand auf dem Architrav des Tempels seinen Platz, ergänzt durch die Bemerkung *ex manubiis,* ‚aus der Siegesbeute'. Relativ frühzeitig wurde in italischen Städten auch die Errichtung von Stadtmauern und Toren durch Munizipalmagistrate inschriftlich festgehalten. Genannt werden zunächst nur die Namen der Auftraggeber oder der Verantwortlichen, ihr Amt sowie die Kennzeichnung ihrer Tätigkeit mit einem Verbum wie *fecit* oder *faciendum curavit.* Manchmal wird auch das Objekt selbst genannt oder der Grund, weshalb eine Baumaßnahme erfolgte. Bei Bauten, die von Kaisern veranlaßt wurden, erscheint auch deren Titulatur in mehr oder minder langer Form, wodurch manche dieser Texte immer länger werden. Nicht selten werden aber auch viele Details über die Bauausführung und Ausstattung sowie über die Finanzierung erwähnt, speziell in den nordafrikanischen Provinzen. In Texten für das Militär erscheinen neben dem Kaiser oft der provinziale Heereskommandeur, der lokale Truppenbefehlshaber und der für die Bauausführung Verantwortliche.

Bauinschriften zielen in besonderer Weise auf die Präsentation von Leistungen für die Öffentlichkeit. Vor allem in der frühen Kaiserzeit wird diese Aussage durch Bronzebuchstaben, die oft vergoldet waren, noch verstärkt. Doch ist die Interpretation solcher Texte nicht selten schwierig, weil durch das standardisierte, kurze Formular Entscheidungsprozesse oft nicht deutlich werden. Besonders deutlich wird dies in den Inschriften von Euergeten, die ein natürliches Interesse daran hatten, ihre Person und Leistung in den Vordergrund treten zu lassen. Daß aber auch diese Euergeten in das Leben ihrer Städte integriert, von den munizipalen Instanzen abhängig und ihre ‚Gaben' manchmal keineswegs (sofort) willkommen waren, daß sie oft mehr Prestigedenken ausdrückten, als daß sie für eine Stadt notwendig waren, ist den Texten zumeist nicht direkt zu entnehmen, aber bei der Auswertung zu berücksichtigen. Siehe W. Eck, „Der Euergetismus im Funktionszusammenhang kaiserzeitlicher Städte", in: *Akten des Epigraphikkongresses Nîmes 1992* (im Druck); vgl. M. Wörrle, *Stadt und Fest im kaiserzeitlichen Kleinasien* (München 1988). Zum Problem der Formelhaftigkeit der Aussagen in Bauinschriften E. Thomas – Chr. Witschel, „Constructing Reconstruction: Claim and Realitiy of Roman Rebuilding Inscriptions from the Latin West", *PBSR* 60 (1992) 135–177.

Eine besonders zahlreiche Gruppe von Bauinschriften sind die Meilensteine, die sich in allen römischen Provinzen finden. Sie sind von der Republik bis ins späte 2. Jahrhundert n. Chr. zumeist Zeugnis von Straßenbaumaßnahmen, die seit Augustus vom Kaiser über den Statthalter angeordnet wurden, weshalb der Name des Kaisers auch im Nominativ steht. Doch schon im Verlauf des 2., vor allem aber seit dem 3. Jahrhundert erscheint der Kaiser im Dativ. Oft stehen auch am selben Ort mehrere Meilensteine, manchmal Herrschern gewidmet, die unmittelbar aufeinander folgten. So sind die Inschriften häufig nur noch Ausdruck von Loyalität; sie müssen nicht mehr auf Baumaßnahmen hinweisen.

Die Meilensteine sind jeweils in den zugehörigen Bänden des *CIL* publiziert. Daneben gibt es zahlreiche Sonderveröffentlichungen; *CIL* XVII wird alle Meilensteine zusammenfassen (bisher ein Faszikel erschienen, hg. v. G. Walser). Zu Meilensteinen aus dem Osten siehe etwa D. French, *Roman Roads and Milestones of Asia Minor,* 2 Bde. (Oxf. 1981. 1988).

3.7.3 Grabinschriften

Die weitaus zahlreichste Gruppe lat. Inschriften sind, vor allem in Rom und Italien, die Grabinschriften. Viele von ihnen sind von der Funktion her tatsächlich Bauinschriften, da sie die Errichtung von Mausoleen bezeugen, weshalb sie sich nicht selten im Formular mit diesen treffen.

Grabinschriften sind von sehr großer Vielfalt, was einerseits durch die regionalen Unterschiede, andererseits durch die sehr differierenden Bestattungssitten bedingt ist. Auch der jeweilige soziale Kontext, die finanziellen Mittel und die nicht einheitlichen Vorstellungen über Gräber und ihre Inschriften als Mittel der Selbstdarstellung haben dabei mitgewirkt. Universell ist allerdings allen Grabinschriften gemeinsam, daß sie den Ort als Begräbnisplatz bezeichnen, ihn damit aus der Sphäre der Lebenden als *locus religiosus* ausgrenzen und daß sie gleichzeitig das Andenken, die *memoria,* an den Verstorbenen bewahren. Manche haben dafür schon zu Lebzeiten gesorgt, indem sie ihren Namen bereits auf eine Inschrift setzten und diesem entweder den Buchstaben *v* = *v(iva / us)* hinzufügten oder unmittelbar *v(iva / us) fecit.* Die Errichtung eines Grabes mag manchmal tatsächlich allein deshalb erfolgt sein, um das eigene Begräbnis zu sichern. Doch zumeist war der Anlaß für ein Grab und die dazugehörende Inschrift nicht dieser individuelle Wunsch, sondern ein konkreter Todesfall in der Familie; dabei wurde dann auch der Grabplatz des noch lebenden Grabstifters angelegt.

Im römischen Kontext, vor allem den Familiengräbern, sind zwei Typen von Inschriften zu trennen. Es gibt einerseits die Grabstiftungsinschrift, die man als *titulus sepulcralis* bezeichnen sollte; sie ist zumeist über dem Eingang von Grabbauten angebracht und bestimmt das Recht derer, die im jeweiligen Mausoleum oder Grabbezirk bestattet werden dürfen. In diesen Texten erscheint sehr häufig am Ende die Formel *libertis libertabusque posterisque eorum,* womit den ehemaligen Sklaven der Familie ein Grabrecht zugesichert wurde und gleichzeitig auch die Pflege des Grabes über Generationen hinweg gewährleistet werden sollte.

Zu unterscheiden sind von diesen *tituli sepulcrales* die individuellen Grabinschriften am Begräbnisplatz einer einzelnen Person. Diese stammten entweder von Einzelgräbern, die freilich in Rom und Italien nicht so häufig gewesen zu sein scheinen. Doch manchmal wurde für einzelne Personen, die in einem Familiengrabbau oder -bezirk beigesetzt wurden, neben dem für alle geltenden *titulus sepulcralis* auch noch eine eigene Inschrift verfertigt, entweder auf einer Platte, die z. B. einen *loculus* verschloß, oder auf einer Urne, einem Sarkophag oder der Basis einer Grabstatue. So können für dieselbe Person zwei Grabinschriften erhalten sein, die jedoch in ihrer Funktion unterschiedlich waren. Bei der statistischen Auswertung ist die Trennung von *tituli sepulcrales* und individuellen Grabtexten wegen dieser verschiedenen Funktion und wegen des notwendigerweise unterschiedlichen Inhalts von fundamentaler Bedeutung.

Inhaltlich sind die ältesten Grabinschriften, wenn man von den Scipionensarkophagen absieht, äußerst wortkarg. Es wird zumeist nur der Name des Verstorbenen im Nominativ genannt. Seit augusteischer Zeit werden die Texte länger, der Name des Verstorbenen erscheint hier zumeist im Dativ; die Einleitungsformel ist weithin *D(is) m(anibus),* die in manchen Gegenden erweitert wird, z. B. mit *et memoriae aeternae* in Gallien. Epitheta, die den Toten oder auch den Bestattenden gegeben werden, wirken oft stereotyp, wie *dulcissimus, incomparabilis, bene merens,* ohne daß deshalb die persönliche Emotion, die sich darin ausdrückt, grundsätzlich bezweifelt werden darf. Manchmal kommt es zu sehr individuellen Aussagen, die nicht selten in Epigrammen ihren Ausdruck fanden. Vor allem aber erscheinen seit der späten Republik bis ins späte 3. Jahrhundert hinein die Funktionen, die ein Verstorbener im öffentlichen Leben übernommen hatte, als Senator, Ritter, Munizipalmagistrat, als kaiserlicher Sklave oder Freigelassener, als Angehöriger des Militärs oder als Freigelassener in einer großen Familie. Dem vorübergehenden Betrachter erschloß sich ein Teil der Gesellschaft durch die Texte der Grabinschriften. Mit der Christianisierung werden die Texte wieder wesentlich kürzer, soziale Distinktionen werden viel seltener. Erst die gallischen Bischöfe des 5. und 6. Jahrhunderts nehmen alte Formen wieder auf, gestalten ihre Grabinschriften in metrischer Form und präsentieren sich, wie Senatoren des 1. und 2. Jahrhunderts, der Nachwelt als führende Persönlichkeiten.

Grabepigramme werden in *CIL* XVIII zusammengefaßt; die *carmina epigraphica* sind zur Zeit noch in den drei Bänden von F. Buecheler und E. Lommatzsch, Leipzig 1895–1926 zu benutzen. Zu Problemen der Grabinschriften Literatur bei Meyer, (s. App.) 72f.;

W. Eck, „Römische Grabinschriften. Aussageabsicht und Aussagefähigkeit im funerären Kontext", in: *Römische Gräberstraßen*. Abh. Bayer. Ak. Wiss., Phil.-Hist. Kl. 96 (München 1987) 61–83 = ders., *Tra epigrafia* (App.) 227–249 (vgl. dort auch 251–269).

3.7.4 Inschriften unter Ehrenstatuen

Inhaltlich und der sprachlichen Form nach sind viele Grabinschriften nicht von Texten zu unterscheiden, die auf die Basen von Ehrenstatuen geschrieben wurden. Dies erklärt sich aus der bei beiden Inschriftentypen gleichartigen Intention, die Erinnerung an eine Person an die Mit-, vor allem aber die Nachwelt weiterzugeben. Im Gegensatz zu Gräbern und ihren Inschriften werden Ehrenstatuen freilich fast ausschließlich für die soziopolitisch höheren Gruppen der Gesellschaft errichtet, teils zu ihren Lebzeiten, teils auch postum, auf öffentlichen Plätzen oder in öffentlichen Gebäuden, innerhalb von Privathäusern und am Grab. Auftraggeber kann fast jeder sein: Der römische Senat oder der Dekurionenrat einer Stadt, Kollegien und Militäreinheiten, Einzelpersonen jeglichen Standes; selbst Sklaven können ihren Herren solche Statuen errichten, jedenfalls innerhalb des Hauses. Die Anlässe sind vielfach. Bei Kaisern war es nicht selten Ausdruck nur von Loyalität, denn natürlich mußte in jeder Stadt der regierende Herrscher und seine Familie mit Statuen für die Öffentlichkeit präsent sein.

Doch im allgemeinen sind konkrete ‚Verdienste' der Anlaß für die Ehrung, ohne daß diese stets im Detail aufgeführt würden. Fast durchweg erscheinen aber die offiziellen Funktionen, die von den Geehrten bekleidet worden waren. Die typische Form dieses ‚Lebenslaufes' ist der sogenannte *cursus honorum*, der mehr oder weniger vollständig das öffentliche Wirken einer Person beschreibt. Für weite Bereiche der Politik, der staatlichen und städtischen Administration sowie des Heerwesens sind solche ‚Cursusinschriften' unsere wesentliche Informationsquelle. Freilich finden sich Laufbahnen von Senatoren, Rittern, Offizieren usw. nicht nur unter Ehrenstatuen, sondern ebenso in Grab- oder in Dedikationsinschriften; der Inhalt ist unter diesem Gesichtspunkt identisch, obwohl die Funktion der Texte im Augenblick der Einmeißelung verschieden war. Bei Frauen wird in Inschriften auf Statuenbasen gelegentlich auf öffentliche Aufgaben, vor allem Priesterämter, verwiesen; öfter wird ihre sozio-politische Stellung durch Verweis auf männliche Angehörige, etwa Vater oder Ehemann, bestimmt.

Vereinzelte Ehrenstatuen mit Inschriften wurden in Rom schon in der mittleren Republik errichtet; ein Massenphänomen aber wurden sie seit der späten Republik und der augusteischen Zeit; der Höhepunkt lag im späten 1. und im 2. Jahrhundert. In der Spätantike wurden derartige Texte seltener; sie beschränkten sich meist auf das aktuelle Amt; doch schilderten sie weit wortreicher die Tätigkeiten und die Verdienste der Geehrten.

In der wiss. Literatur wird allgemein von Ehreninschriften gesprochen. Das ist insofern irreführend, als damit oft in der Errichtung der Inschrift auch der Inhalt der Ehrung gesehen wird. Tatsächlich aber hat es im römischen Kontext eine Inschrift allein nie als Ehrung gegeben; diese bestand vielmehr stets in einer konkreten Maßnahme, vor allem der Errichtung von Statuen, Quadrigen, Ehrenschilden, Büsten usw.; die Inschrift war dabei der erklärende Zusatz. Neuere Literatur zu dieser Inschriftenklasse: G. Lahusen, *Untersuchungen zur Ehrenstatue in Rom. Literarische und epigraphische Zeugnisse* (Rom 1983); G. Alföldy, „Bildprogramme in den römischen Städten des Conventus Terraconensis – Das Zeugnis der Statuenpostamente", *Rev. Univ. Compl.* XVIII Nr. 118 (1979), 177–312; ders., *Römische Statuen in Venetia und Histria.* Abh. Heidelb. Ak. Wiss., Phil.-Hist. Kl. 1984: 3; W. Eck, „Senatorial Self-Representation", in: F. Millar und E. Segal (Hgg.), *Caesar Augustus* (Oxford 1984) 129–167; ders., „Tituli honorarii und Selbstdarstellung in der Hohen Kaiserzeit", in: Solin – Salomies – Liertz (s. App.), 211–237; ders., „Ehrungen für Personen hohen soziopolitischen Ranges im öffentlichen und privaten Bereich", in: H.-J. Schalles et all. (Hgg.), *Die römische Stadt im 2. Jh. n. Chr.* (Köln 1992) 359–376; ders., „Statuendedikationen und Selbstdarstellung in röm. Städten", in: *Mélanges M. LeGlay* (Brüssel 1994) 550–662; vgl. ders., *Tra epigrafia* (App.) 271–358.

3.7.5 Kleininschriften

Neben den zahlreichen Inschriften auf Stein und den relativ wenigen auf Bronze und Holz finden sich zahllose, zumeist sehr kurze Texte auf anderen Materialien, vor allem Gebrauchsgegenständen. Produzenten wollten damit ihre Waren kennzeichnen, wie wir es z. B. von der Terra sigillata aus Arretium kennen, wo aber auch die produzierenden Sklaven genannt sind. Ziegel aus der Umgebung Roms zeigen oft die Produktionsstätte, den Besitzer und den Produzenten an; auf Bleirohren für Wasserleitungen wird neben dem Hersteller oft der Eigentümer der Leitung genannt. Auf Blei-, Eisen- und Silberbarren erscheinen die Pächter von Bergwerken oder auch der Kaiser als Besitzer.

Neben diesen mechanisch reproduzierten Texten finden sich zahlreiche Graffiti auf Keramik oder Metallgeschirr, wodurch zumeist der Besitzer bezeichnet ist; andere Texte sind mit Farbe auf Amphoren aufgetragen und nennen Inhalt, Empfänger und häufig das Datum der Ernte bzw. des Versands bei Öl und Wein. Auch die Kritzeleien auf Wänden etwa in Pompeii sind hier zu nennen, mit zahlreichen Zitaten aus der Literatur oder auch Obszönitäten. Mit Farbe wurden Wahlaufrufe auf die Wände geschrieben, auch Reklame für Produkte und die Abhaltung von Spielen. Gerade diese Texte führen oft in das ganz normale tägliche Leben hinein, zeigen auch manches an sprachlicher Entwicklung. Wegen ihrer Kürze bzw. Formelhaftigkeit bereiten diese Kleininschriften aber auch der Interpretation besondere Schwierigkeiten.

Exemplarisch ist die Sammlung des Instrumentum domesticum durch H. Dressel in *CIL* XV; dort z. B. Nr. 3636–4528 *dipinti* auf Amphoren aus Spanien; *dipinti* im Osten z. B. Amphoren bei H. M. Cotton – J. Geiger, *Masada II: The Latin and Greek Documents* (Jerusalem 1989). Stempel aus Arretium bei A. Oxé – H. Comfort, *Corpus vasorum Arretinorum* (Bonn 1968). Für Pompeii *CIL* IV; vgl. weiterhin *Epigrafia della produzione e della distribuzione,* Actes de la VIIe rencontre franco-italienne sur l'épigraphie du monde romain (Rom 1994).

3.7.6 „Urkunden“ aus dem öffentlichen und privaten Leben

Staatliche Dokumente wurden in Rom seit frühester Zeit in inschriftlicher Form festgehalten. Nach Polyb. 3,26,1 waren die röm.-karth. Verträge auf Bronzetafeln im Archiv vorhanden. Es ist jedoch sicher, daß die Masse aller dort deponierten Texte auf Holz geschrieben waren, ebenso wie dies auch die normale Form der Publikation gewesen ist. All dieses ist verloren gegangen. Erhalten blieben nur die Texte, die aus besonderem Grund von Staats wegen oder auch, und zwar weit häufiger, durch Entscheidung von Privatpersonen auf dauerhaftes Material übertragen wurden, was für solche Texte zum Zeitpunkt der Formulierung kaum je vorgesehen war. Auf diese Weise konnten einzelne Gesetze, Senatsbeschlüsse, Kaiserbriefe, Erlasse von Magistraten in Rom und in den Provinzen, Beschlüsse von Stadträten bis in unsere Zeit überdauern. Es ist jedoch nur ein winziger und nicht unbedingt repräsentativer Teil von dem, was einst vorhanden war, erhalten geblieben, da, abgesehen von den *leges,* die generell galten, nur solche Beschlüsse und Entscheidungen für eine öffentliche Präsentation ausgewählt wurden, die vom Inhalt her positiv waren. Ablehnende Entscheidungen sind kaum in die epigraphische Überlieferung eingegangen. Auch diese Dokumente sind nochmals besonders stark dezimiert worden, weil jedenfalls Bronze weithin wiederverwendet wurde. Da im Westen des Reiches für solche Texte Bronze bevorzugt wurde, sind dort wesentlich weniger öffentliche Dokumente erhalten als aus den östlichen Provinzen, wo zumeist Marmor der Schriftträger war.

Das früheste inschriftlich erhaltene Dokument dieser Art ist das *s. c. de Bacchanalibus* aus dem J. 186 v. Chr.; viele sind in griechischer Sprache aus den östlichen Provinzen auf uns gekommen, ebenso die Mehrzahl der Kaiserbriefe: Siehe *Fontes iuris Romani Anteiustiniani* I² (= *FIRA*), hg. S. Riccobono (Florenz 1940–1943, ²1968); R. K. Sherk, *Roman Documents from the Greek East* (Baltimore 1969); J. H. Oliver, *Greek Constitutions of Early Roman Emperors from Inscriptions and Papyri* (Philadelphia 1989). Neue Sammlungen von *leges:* M. H. Crawford (Hrsg.), *Roman Statutes,* 2 Bde. (London 1996). Militärdiplome in *CIL* XVI und bei M. M. Roxan, *Roman Military Diplomas,* 3 Bde. (London 1978–94). Beschlüsse der Dekurionenräte R. K. Sherk, *The Municipal Decrees of the Roman West* (Buffalo 1970). Privatrechtliche Urkunden, z. B. Testamente, auf Inschriften etwa in *FIRA* III, hg. V. Arangio Ruiz (Florenz ²1969).

3.8 Zur Methodik der Inschriftenauswertung

Die Masse aller überlieferten Inschriften ist auf Stein geschrieben. Sie sind somit in der Absicht gesetzt, das, was der Text sagt, auf Dauer oder zumindest für lange Zeit zu bewahren. Die *memoria* ist ihr Ziel. Gleiches gilt für die Inschriften auf Bronze. Das bedeutet aber, daß nur das in eine Inschrift eingeht, was mit diesem Ziel zusammenpaßt. Negatives wird kaum dauerhaft publiziert; auch in Grabinschriften sind die Verstorbenen fast ausschließlich ehrenvolle, liebenswerte Menschen. Daß dennoch manchmal in *tituli sepulcrales* gegen einzelne Personen ein Begräbnisverbot ausgesprochen wird, ist durch den Charakter dieser Inschriften als Rechtsdokumente bedingt. Was uns in diesen Steininschriften entgegentritt, ist nur eine Seite der römischen Wirklichkeit. Die Schwierigkeiten des munizipalen Lebens treten kaum hervor. Auf dem Forum waren die erfolgreichen Magistrate, die bereitwilligen Euergeten durch Statuen und Inschriften präsent. Wenn andere Mitglieder der Oberschicht sich verweigert haben, wenn es nicht genügend freigiebige Euergeten gab, dann schlug sich dies nicht in Statuen und Inschriften nieder. Eine Nicht-Ehrung war auf einer Inschrift nicht dokumentierbar. Doch war solche Verweigerung Teil des Lebens. Das aber bedeutet, daß inschriftliche Aussagen sehr einseitig sind. Bei der Interpretation des Zusammenhangs sind solche ‚Lücken' in unserer Dokumentation zu berücksichtigen.

Inschriften scheinen, gerade weil sie oft ein Massenphänomen sind, für statistische Aussagen geeignet zu sein. Dies trifft auch insoweit zu, als bei Steininschriften das, was ursprünglich einmal an solchen Texten vorhanden war, im allgemeinen in einer repräsentativen Streuung auch bis heute erhalten ist. Doch muß vor jeder statistischen Auswertung gefragt werden, ob denn auch das Gesamtphänomen, nach dem gefragt wird, einmal vollständig in den Inschriften dokumentiert war. Daß die Bevölkerung auf den verschiedenen sozialen Ebenen gerade umgekehrt zu ihrer ehemaligen Anzahl in den Inschriften vertreten war, also je höher im sozialen Status desto häufiger und umgekehrt, ist unmittelbar einleuchtend, obwohl der Grundsatz nicht immer beachtet wird. Angesichts der zahlreichen Lebensaltersangaben in Grabinschriften wurde immer wieder versucht, daraus die statistische Lebenserwartung zu erschließen. Alle derartigen Versuche sind gescheitert, weil die Gründe, weshalb in verschiedenen Gegenden des Reiches zu Zeiten diese Angaben gemacht oder nicht gemacht wurden, völlig verschieden sind. Auch bei statistischen Arbeiten auf epigraphischer Basis ist somit zuerst die Frage nach der Repräsentativität der Quellen zu stellen.

Ihrer Natur nach sind Inschriftenträger zwar nicht leicht verletzlich; dennoch sind viele Texte nur fragmentarisch überliefert. Jeder Herausgeber sucht Lücken zu ergänzen. Oft sind Ergänzungen sehr verläßlich, insbesondere, wenn es sich um formelhafte Passagen handelt. Ist dies nicht der Fall, ist größte Vorsicht bei der Ergänzung nötig. Kenntnis der epigraphischen Sprache und des sachlichen Phänomens sind nötig, um vertrauenswürdige Ergänzungen zu erreichen. Grundsätzlich aber darf in einer Lücke nichts ergänzt werden, was gegen die epigraphische Formelsprache verstößt und sachlich von der Normalität abweicht. Bei der Interpretation aber sollten Ergänzungen, die durch eckige Klammern [–] als solche gekennzeichnet sind und bei größeren Passagen durch ? zusätzlich als unsicher hervorgehoben werden, nie als alleinige Basis dienen. Die Praxis entspricht nicht immer dieser methodischen Notwendigkeit.

Die diakritischen Zeichen sind in der heute verbindlichen Form in *CIL* II^2 fasc. 7 und 14 zu finden. In Augustus' *Res gestae* 34 hatte Mommsen auf Grund der griechischen Übersetzung [*dignitate*] ergänzt; erst der Fund des Exemplars von Antiochia in Pisidien machte klar, daß hier der zentrale Begriff *auctoritate* stand. In *CIL* VI 10229, einem Testament, hatte ebenfalls Mommsen unter den Empfängern eines Legats auch [*Plinio?*] *Secundo, Cornelio* [*Tacito?*] ergänzt. Ein neues Fragment, das 1976 publiziert wurde (*AE* 1976, 77), zeigt, daß dort *Cornelio Pusioni* stand (W. Eck, „Zum neuen Fragment des sogenannten Testamentum Dasumii", *ZPE* 30, 1978, 277–295); alle Spekulationen über die beiden Autoren, die in diesem Testament gemeinsam genannt sein sollen, entfallen damit. Zur Bedeutung des Monuments, mit dem die einzelne Inschrift verbunden war, W. Eck, „Mommsen e il metodo epigrafico", in: *Concordia e la X Regio. Atti del Convegno Portogruaro 22–23 ottobre 1994* (Padova 1995) 107–112. Zur Frage der Statistik siehe z. B. M. Clauss, „Probleme der Lebensalterstatistik aufgrund röm. Grabinschriften", *Chiron* 3 (1973) 395–418; W. Eck, „Aussagefähigkeit epigraphischer Statistik und die Bestattung von Sklaven im kaiserzeitlichen Rom", in: *Festschrift K. Christ* (Darmstadt 1988) 130–139. Zum Problem der Formelhaftigkeit der Aussagen E. Thomas – Chr. Witschel, „Constructing Reconstruction: Claim and Realitiy of Roman Rebuilding Inscriptions from the Latin West", *PBSR* 60 (1992) 135–177.

Bibliographischer Appendix

Ausführlichere Darstellungen der lat. Epigraphik finden sich bei: R. Cagnat, *Cours d'épigraphie Latine* (Paris [4]1914; ND Rom 1966); H. Dessau, „Lat. Epigraphik", in: A. Gercke – E. Norden, *Einleitung in die Altertumswissenschaft* I 10 (Leipzig [3]1927) 1–37; I. Calabi Limentani, *Epigrafia Latina* (Mailand [4]1991) (407–451 ausführliche Bibliographie); E. Meyer, *Einführung in die lat. Epigraphik* (Darmstadt 1973); A. E. Gordon, *Illustrated Introduction to Latin Epigraphy* (Berkeley 1983). Zu allen technischen Problemen der Epigraphik I. di Stefano Manzella, *Mestiere di epigrafista* (Rom 1987). Dort auch jeweils weiterführende bibliographische Hinweise. Hier sei nur auf das Wichtigste verwiesen:

Hauptsammlung der lat. Inschriften *CIL* (siehe o. S. 93f.); wichtigste Auswahlsammlung: H. Dessau (Hrsg.) *Inscriptiones Latinae selectae* I–III (Berlin 1892–1916; ND 1962; abgekürzt *ILS* oder *D.*); sie enthält mehr als 9500 Texte, gegliedert nach Sachkriterien wie Kaiser, Senatoren, Ritter, Militär, Weihungen an Gottheiten usw. Jährliche Neuerscheinungen werden in der *Année épigraphique* (seit 1888) zusammengefaßt (nicht vollständig); die dort publizierten Texte werden in der Heidelberger Datenbank erschlossen. Für Italien als Ergänzung zum *CIL: Supplementa Italica,* hg. S. Panciera (Rom, seit 1981). Die wichtigsten griech. Inschriften, die sich auf die römische Zeit beziehen, sind von R. Cagnat (Hrsg.), *Inscriptiones Graecae ad res Romanas pertinentes,* Bd. I, III und IV (Paris 1906–1927) gesammelt. Wichtig jetzt die mehr als 47 Bände der *Inschriften griechischer Städte aus Kleinasien.* Wichtige neuere Sammlungen von Aufsätzen H. Solin, O. Salomies, U.-M. Liertz (Hg.), *Acta colloquii epigraphici Latini Helsingiae 3.–6. sept. 1991 habiti* (Helsinki 1995); F. Beltrán Lloris (Hrsg.), *Roma y el nacimiento de la cultura epigráfica en occidente. Colloquium Zaragoza 1992* (Zaragoza 1995); *Epigrafia. Actes du Colloque en mémoire de Attilio Degrassi* (Rom 1991). Zum Problem des epigraphischen Monuments G. Susini, *Il lapicida romano* (Rom 1966) = *The Roman Stonecutter* (Oxford 1973); W. Eck, *Tra epigrafia, prosopografia e archeologia* (Rom 1996). Zu Inschriften als historischer Quelle F. Millar, „Epigraphy", in: M. Crawford (Hrsg.), *Sources for Ancient History* (Cambridge 1983) 80–136. Eine umfangreiche Bibliographie zur Epigraphik von M. Clauss, in: *ANRW* II 1 (Berlin 1974) 796–855, ferner: *Guide de l'épigraphiste,* hg. F. Bérard – D. Feissel – P. Petitmengin – M. Sève, Paris 1989. Umfassendste Sammlung von Abkürzungen mit Auflösungen *ILS* III 2, 752–801. Auf CD-Rom ist *CIL* VI zugänglich: E. J. Jory, *Epigraph. A Database of Roman Inscriptions* (University of Western Australia 1994). In Kürze werden die *Inscriptiones Latinae Eystettenses* (*ILatEyst*) auch auf CD-Rom bzw. über Internet zur Verfügung stehen (bearbeitet von J. Malitz); sie enthalten bisher *ILS, CIL* IX, X, XII und XIII als Konkordanzprogramm und Volltextdatenbank (Internet-Adresse: http://www. ub.ku-eichstaett.de/ILatEyst/). – Frankfurter Datenbank zur lateinischen Epigraphik: Internet-Adresse: http.//www.rz.uni-frankfurt.de/~clauss.

III

Geschichte der lateinischen Sprache

III Geschichte der lateinischen Sprache

JOHANNES KRAMER

1 Das Lateinische im Kreise der indogermanischen Sprachen

1.1 Indogermanische Ursprünge des Lateinischen

Mit Ausnahme des Baskischen, das ein Relikt aus der Frühgeschichte unseres Kontinents darstellt, und abgesehen von Sprachen, die von Völkern verwendet werden, deren Zuwanderung wir noch historisch fassen können (genannt seien finnisch-ugrische Sprachen wie z. B. Finnisch, Estnisch, Ungarisch und Turksprachen wie z. B. Türkisch), gehören alle heute in Europa heimischen Sprachen zur indogermanischen Sprachfamilie, und das gilt selbstverständlich auch für die antiken Idiome, auf die moderne Tochterformen zurückgehen, also vor allem für das Keltische (> Irisch, Gälisch, Walisisch, Bretonisch), das Germanische (> Deutsch, Niederländisch, Friesisch, Englisch, Dänisch, Norwegisch, Schwedisch, Isländisch), das Slavische (> Russisch, Ukrainisch, Polnisch, Sorbisch, Tschechisch, Slovakisch, Slovenisch, Kroatisch, Serbisch, Bulgarisch), das Griechische (> Neugriechisch) und eben das Lateinische (> Rumänisch, Italienisch, Französisch, Rätoromanisch, Katalanisch, Spanisch, Portugiesisch).

Daß die europäischen Sprachen miteinander verwandt seien, war seit der Renaissance immer wieder behauptet worden, aber es handelte sich dabei vor allem um einen vagen Eindruck auf Grund von Wortähnlichkeiten und nicht um ein durch methodisch klares Vorgehen abgesichertes und nachvollziehbares Resultat wissenschaftlicher Arbeit. Erst als am Ende des 18. Jh. das Sanskrit in den Blick kam und zugleich das Interesse für frühe Formen der germanischen Sprachen erwachte, war die Zeit für ernsthafte sprachvergleichende Ansätze gekommen, bei denen nicht isolierte Wörter, sondern die grammatikalischen Systeme miteinander verglichen wurden (Franz Bopp, *Über das Conjugationssystem der Sanskritsprache in Vergleichung mit jenem der griechischen, lateinischen, persischen und germanischen Sprache,* Frankfurt 1816). Die Wortvergleichung wurde durch das besonders im Bereich der germanischen Sprachen erarbeitete Konzept der ‚Lautgesetze', also des Postulats, daß gleiche Laute in gleicher Umgebung sich gleich entwickeln müssen, auf eine sichere Basis gestellt; nur die Anwendung der Lautgesetze ermöglicht die Rekonstruktion vergangener, unbezeugter Sprachstufen. Die hierauf basierende sogenannte ‚historisch-vergleichende Methode' bietet bis heute das wesentliche Instrumentarium, um Erkenntnisse über Sprachzustände vor dem Einsetzen der Schriftlichkeit zu gewinnen. – Die Bezeichnung ‚indogermanische Sprachen', die auf der Annahme basiert, das Indische sei der östlichste und das Germanische westlichste Vorposten der Sprachfamilie, wurde zum ersten Male verwendet von Julius Klaproth, *Asia polyglotta* (Berlin 1823). Franz Bopp, der Begründer der Indogermanistik, lehnte den Terminus ab und bevorzugte ‚indo-europäisch' (*Vergleichende Grammatik,* ^{2}1857, XXIV). Im Deutschen ist man bei ‚indogermanisch' geblieben, während der andere Terminus in den übrigen Sprachen Erfolg hatte: engl. ‚Indo-European', frz. ‚indo-européen', it. ‚indoeuropeo'.

Im 19. Jh. herrschte in der noch jungen Indogermanistik ein beachtlicher Optimismus bezüglich der Möglichkeit, die ‚indogermanische Ursprache' anhand der in den bezeugten Tochtersprachen belegten Elemente recht zutreffend rekonstruieren zu können.

Besonders in der in der zweiten Hälfte des 19. Jh. auftretenden neuen Richtung der ‚Junggrammatiker', deren Hauptaxiom die Lehre von der naturwissenschaftlich definierten ‚Ausnahmslosigkeit der Lautgesetze' war, herrschte ein unerschütterliches Zutrauen in die Möglichkeit, die ohne Binnendifferenzierung gedachte Ursprache in den Griff zu bekommen. A. Schleicher verfaßte sogar eine Fabel („Der Schaf und die Rosse") in ‚Indogermanisch' (*Beiträge zur vergleichenden Sprachforschung* 5, 1868, 207).

Die Verfeinerung der linguistischen Methoden, verbunden mit der wachsenden Einsicht, daß Sprachentwicklung nicht in blind-mechanischer Weise abrollt, führte dazu, daß das Konzept der ‚Ausnahmslosigkeit der Lautgesetze' zu Fall kam (heute spricht man eher von ‚phonetischen Entwicklungstendenzen'); damit ist aber ein wichtiger Pfeiler für die Rekonstruktion der Ursprache weggebrochen oder zumindest angeknackst. Heute geht man nicht mehr davon aus, daß unsere Rekonstruktionsformen eine jemals wirklich vorhanden gewesene sprachliche Realität wiedergeben; wir bescheiden uns damit, rein hypothetische indogermanische Formen zu rekonstruieren, die einen Konvergenzpunkt der Entwicklungslinien darstellen, deren Konstruktion sich aus den belegten Formen der Tochtersprachen wahrscheinlich machen läßt.

Die Völker, die zur indogermanischen Sprachfamilie zu rechnen sind, waren mit Sicherheit nicht von jeher an ihren heutigen Wohnsitzen ansässig, sind also nicht ‚autochthon'; das wissen wir auf Grund geschichtlicher und auch mythologischer Überlieferungen, durch archäologische Funde und nicht zuletzt sprachhistorische Forschungen. Wo die ‚Urheimat' der Indogermanen zu suchen sei, ist von jeher eine der meistdiskutierten Fragen der Indogermanistik gewesen, und man ist noch weit von einer allseits akzeptierten Lösung entfernt. Immerhin ist die Übereinstimmung noch ziemlich groß, solange man sich mit einer recht ungefähren Eingrenzung begnügt: Jedenfalls östlich des Rheins, wahrscheinlich nördlich der Alpen, der Donau, des Schwarzen Meeres und des Kaukasus, mit Sicherheit südlich der Ostsee und vermutlich westlich des Urals.

Die wichtigste Vorgehensweise bei allen Versuchen, die Urheimat einzugrenzen, besteht darin, gemeinindogermanische Wörter, also Elemente, die in (fast) allen indogermanischen Sprachen nachzuweisen sind, mit sachlichen Gegebenheiten in Beziehung zu setzen. So spielen etwa Baumbezeichnungen (z. B. ‚Buche', ‚Birke', ‚Eiche') und Tiernamen (z. B. ‚Lachs', ‚Pferd', ‚Schaf') eine große Rolle, aber bislang sind die Schlußfolgerungen aus der biologisch-linguistischen Zusammenschau alles andere als eindeutig. Ähnliches gilt für die Analyse der gegenseitigen Lehnbeziehungen mit benachbarten Sprachfamilien wie dem Uralischen, d. h. der anzusetzenden gemeinsamen Vorstufe der finnisch-ugrischen Sprachen einerseits und des Samojedischen andererseits: Die Frühgeschichte dieser Idiome liegt noch viel mehr im Dunkeln als im Falle des Indogermanischen, und jede Erforschung gegenseitiger Kontakte kommt sehr nahe an eine Gleichung mit zwei Unbekannten heran. Noch schlechter sieht es mit den Versuchen aus, frühgeschichtliche archäologische Funde mit möglichen Sprechern des Indogermanischen in Verbindung zu bringen: Vorgeschlagen wurden beispielsweise die Träger der Bandkeramikkultur, der nordischen Megalithkultur oder der pontisch-kaspischen Kurgankultur, aber die Argumente sind jedesmal alles andere als schlagend. Man darf auch nicht übersehen, daß die Ausbreitung des Indogermanischen nicht unbedingt mit massiven Bevölkerungswanderungen verbunden gewesen sein muß: Denkbar ist ja auch ein Sprachwechsel bei generell kaum veränderter Bevölkerungsstruktur infolge eines Umbruchs in der führenden Schicht.

Für die Geschichte des Lateinischen ist die genaue Bestimmung der Urheimat des Indogermanischen nicht von erstrangiger Bedeutung, weil auf jeden Fall feststeht, daß die Infiltration der Vorstufen der indogermanischen Sprachen des antiken Italiens von Nordosten her erfolgt sein muß.

Etwas mehr Sicherheit als bei der Urheimatfrage besteht bei der Eingrenzung des Zeitraumes, für den die Existenz einer noch wenig ausdifferenzierten indogermanischen Ursprache anzusetzen ist. Die Analyse des gemeinsamen Wortschatzes der späteren Einzelsprachen ergibt eindeutig, daß wir es mit einer jungsteinzeitlichen Gesellschaft zu tun haben.

Die Jäger-und-Sammler-Gesellschaft der mittleren Steinzeit kommt nicht in Frage, denn der gemeinindogermanische Wortschatz weist eindeutig auf eine seßhafte Ackerbauern- und Viehzüchter-Kultur: Pferd, Rind, Schaf, Ziege, Hund, Acker, Sichel, pflügen, Haus, befestigte Siedlung, Boot sind Konzepte, die sich für die Ursprache wahrscheinlich machen lassen. Hingegen fehlen gemeinsame Ausdrücke für Gebrauchsmetalle wie Bronze oder Eisen, so daß die auf die Jungsteinzeit folgende Periode der Metallverarbeitung (seit etwa 2500 v. Chr.) auszuschließen ist.

Da die Jungsteinzeit in den zur Debatte stehenden Regionen etwa im 6. Jahrtausend beginnt, ergibt sich ein – freilich vager – *terminus post quem* für die gemeinindogermanische Epoche. Der *terminus ante quem* ist schwieriger zu bestimmen: Man wird nicht fehlgehen, wenn man eine archäologisch faßbare Wanderbewegung wie das Eindringen von aus dem Gebiet nördlich des Schwarzen Meeres stammenden Völkerschaften in den Balkanraum (um 4000 v. Chr.) mit der Expansion der Indogermanen in Beziehung bringt. Man muß auch berücksichtigen, daß die frühesten Sprachzeugnisse indogermanischer Idiome (Vedisch, Hethitisch, Linear-B-Griechisch) in die Mitte des 2. Jahrtausends v. Chr. gehören und damals sowohl strukturell wie räumlich so weit voneinander entfernt waren, daß jedenfalls mehr als ein Jahrtausend Sonderentwicklung diesem Zustand vorangegangen sein muß. In groben Zügen ergäbe sich also als Zeitansatz für die gemeinindogermanische Epoche das 6. und 5. Jahrtausend vor Christus; der Beginn der Trennung durch die ersten Abwanderungen wäre etwas vor 4000 v. Chr. zu datieren.

Man darf sich nun auch die indogermanische Ursprache keineswegs als einheitliche und undifferenzierte Sprache vorstellen. Das ist schon deswegen klar, weil ein Idiom ohne soziale (diastratische), regionale (diatopische) oder situative (diaphasische) Unterschiede kaum denkbar ist; daß für uns der Nachweis derartiger Feinheiten des Indogermanischen problematisch ist, liegt auf der Hand, denn schließlich liegen zwischen den frühesten greifbaren einzelsprachlichen Zeugnissen und der Ursprache bestenfalls mehr als zweitausend Jahre, während derer man zudem umfangreiche Wanderbewegungen annehmen muß.

Der Optimismus der Indogermanisten der dreißiger und vierziger Jahre, die sogar ‚Dialektzonen' der Ursprache rekonstruieren wollten, ist längst verflogen.

Mit der nötigen Vorsicht kann man hingegen wahrscheinlich machen, daß das Auseinanderdriften in verschiedenen Schüben erfolgte und daß die Sprecher der Vorformen späterer Einzelsprachen noch eine Zeit lang gewisse Kontakte miteinander hatten, bevor dann die endgültige Trennung erfolgte. Die gröbste Gruppierung pflegte man danach vorzunehmen, ob palatale Verschlußlaute bewahrt blieben oder zu Reibelauten weiterentwickelt wurden. Als Schibboleth dient das lateinische und avestische Wort für ‚hundert', wonach man unterscheidet zwischen *centum*-Sprachen (z. B. kelt. **kant*, germ. **hund*, lat. *centum*, griech. ἑ-κατόν, tocharisch *kante*) und *satəm*-Sprachen (z. B. lettisch *sìmts*, slavisch *sъto*, altiranisch **sutəm*, altindisch *śatám*, avestisch *satəm*). Geographisch gesehen bilden die *satəm*-Sprachen in etwa die Mitte der indogermanischen Sprachenzonen (Baltisch, Slavisch, Illyrisch-Albanisch, Thrakisch, Phrygisch, Armenisch, Indo-Iranisch), während der Westrand (Keltisch, Germanisch, Italisch), der Südrand (Griechisch, altanatolische Idiome) und der Ostrand (Tocharisch, eine durch Texte aus dem 6.–10. Jh. n. Chr. überlieferte Sprache Turkestans) von den *centum*-Sprachen eingenommen wird. Diese Verteilung legt den Schluß nahe, daß die Sprecher der späteren Randzonen-Sprachen bereits abgewandert waren, als sich bei denen, die noch in der Urheimat oder in deren Nähe verblieben waren, eine sprachliche Neuerung, nämlich die Weiterentwicklung des palatalen Verschlußlautes zu einem Reibelaut, durchzusetzen begann.

Andere Neuerungen verlaufen jedoch keineswegs entsprechend der *centum-satəm*-Verteilung: So kennen nur das Griechische, das Armenische und das Indo-Iranische das Augment bei der Vergangenheitsbildung; nur das Griechische, das Albanische, das Armenische, das Indische und das Tocharische kennen eine Prohibitivpartikel **mē*; im Baltischen, im Slavischen und im Germanischen weist die Endung des Dativs Plural auf ein ursprüngliches *-m-*, während im Indo-Iranischen, im Armenischen, im Griechischen, im Keltischen und im Italischen *-bh-* anzusetzen ist. Besonders im Bereiche des Wortschatzes läßt sich die *centum-satəm*-Verteilung nicht wiederfinden: Es gibt zahlreiche Übereinstimmungen zwischen dem Keltischen und Italischen, zuweilen auch Germanischen, einerseits und dem Indo-Iranischen andererseits gegen das Baltische, Slavische und Griechische (vgl. z. B. kelt. *rix*, lat. *rex*, Sanskr. *rājan*, aber gr. βασιλεύς).

Man muß also wohl annehmen, daß die Abwanderung der indogermanischen Sprachen des Westens früher einsetzte als beispielsweise die Südostorientierung der indoiranischen Sprachen, daß die Vorfahren der Griechen, Armenier und Indo-Iranier noch eine geraume Zeit zusammenhingen und daß im weiteren Verlauf der Wanderungsbewegungen ein näherer Kontakt zwischen späteren Griechen, Balten, Slaven sowie zwischen den Sprechern urkeltischer und uritalischer Idiome bestand, wobei die Urgermanen eine Zwischenposition eingenommen haben müssen. Eine – keineswegs die einzige! – Möglichkeit, sich die Verhältnisse des 2. Jahrtausends v. Chr. geographisch vorzustellen, bietet die folgende Skizze von Giacomo Devoto:

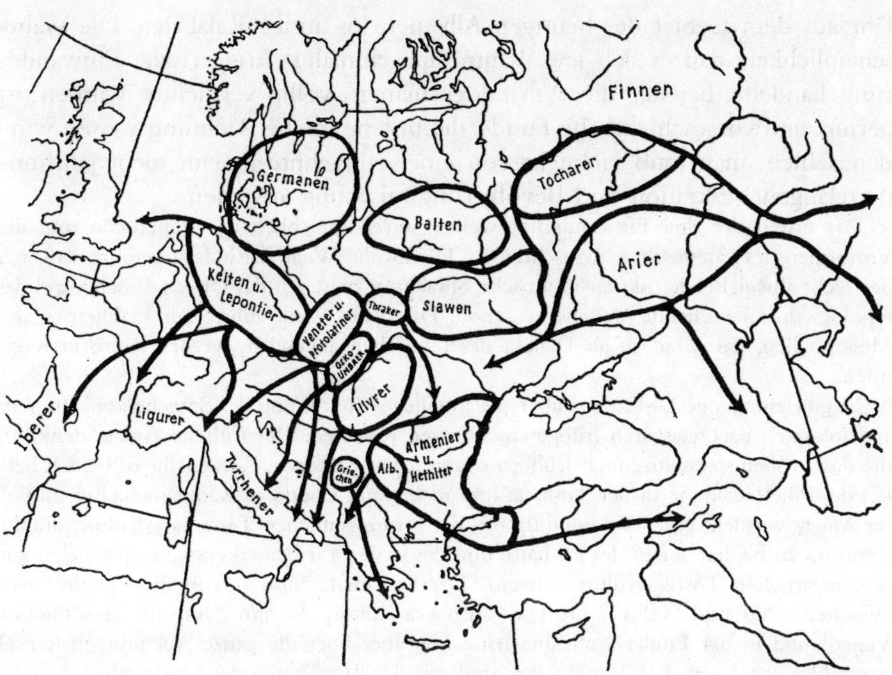

Es muß besonders betont werden, daß ursprünglich das Griechische und das Lateinische keine besonders ausgeprägten verwandtschaftlichen Nahbeziehungen aufwiesen. Es lassen sich im Grunde genommen nur vier gemeinsame Neuerungen in der Morphologie nachweisen (Ersatz der maskulinen Nominativ-Plural-Endung *-ōs* durch die Demonstrativa-Endung *-oi*, analoge Ersetzung der femininen Nominativ-Plural-Endung *-ās* durch *-ai*, Ausgleich zwischen den Akkusativ-Plural-Endungen der *a-* und der *o*-Deklination [die Analogie zu *-āns* > *-ās* führt bei *-ons* zum Nasalausfall], Anhängen der Endung *-tō* < *-tōd* an die 3. Ps. Pl., also *feruntō* = φερόντω); diese Neuerungen sind leicht erklärliche Parallelentwicklungen und beweisen nichts für eine alte griechisch-lateinische Affinität. Einige Gemeinsamkeiten besonders im Wortschatz erklären sich aus gemeinsamer Beeinflussung durch vorindogermanische Sprachen des Mittelmeerraumes (‚mediterranes Substrat'): Diese Schicht ist beispielsweise lateinisch *uīnum*, griechisch Ϝοινος, hebräisch jajin zuzurechnen. Ein wirkliches Nahverhältnis zwischen Griechisch und Lateinisch entstand aber erst in historischer Zeit durch den überwältigenden Kultureinfluß, den die Griechen auf die Römer ausübten.

Die Sprecher der indogermanischen Sprachen des alten Italien, zu denen ja auch die Vorform des Lateinischen gehört, sind sicherlich nicht über ein schwierig zu überwindendes natürliches Hindernis wie den Alpenhauptkamm auf die Apenninenhalbinsel gekommen. Eine Zuwanderung direkt von Norden her muß also ausgeschlossen werden, und man wird annehmen, daß der Vorstoß der Indogermanen von der pannonischen Tiefebene her erfolgte, also nach heutigen Begriffen aus dem Raum Kroatien-Serbien-Ungarn. Heute geht man im allgemeinen von drei Einwanderungswegen aus: über Land entlang des Nordrandes der Adria, über See einmal von der dalmatinischen Küste an die Gegenküste zwischen Po-Mündung und Gargano, zum anderen ungefähr aus dem Gebiet des heutigen Albanien ins antike Kalabrien. Die Wahrscheinlichkeit, daß es sich jeweils um eine einmalige kriegerische Einwanderung handelte, bei der die ‚Vorindogermanen' völlig vernichtet wurden, ist gering, und vorgeschichtliche Funde, die in eine solche Richtung weisen würden, fehlen; man muß vielmehr von einer jahrzehnte-, wenn nicht jahrhundertelangen Infiltration und Bevölkerungsmischung ausgehen.

Der ersten der drei Einwanderungswellen wären sprachlich das Venetische und die Vorformen des Lateinischen zuzuschreiben. Die zweite Welle hätte dazu geführt, daß sich der recht abweichende oskisch-umbrische Sprachtyp zwischen das Ur-Lateinische und das typologisch nahestehende Venetische schob. Die dritte Welle führte zur Etablierung des Messapischen, das geradezu als Dialekt des Illyrischen angesehen werden kann, in Kalabrien.

Es gibt eine lange Diskussion über die mögliche Zuordnung der Sprachenschichten zu archäologisch nachweisbaren frühgeschichtlichen Kulturen. Der früheste Ansatz denkt an die drei großen spätsteinzeitlich-frühbronzezeitlichen Kulturen, Remedello zu beiden Seiten des Po, Rinaldone in der Toskana und in Latium, Gaudo in Kampanien. Ein mittlerer Ansatz versucht eine Verknüpfung mit der bronzezeitlichen Terramara-Kultur, die ihr Zentrum zu beiden Seiten des Po hatte und die in der Tat bemerkenswerte Parallelen zur westungarischen Tószeg-Kultur aufweist. Der Spätansatz führt uns in die Epoche etwa zwischen 1200 und 900 v. Chr. Die Villanova-Kultur, die ihr Zentrum im südlichen Veneto und in der Emilia-Romagna hatte, die aber über die ganze Apenninenhalbinsel ausstrahlte, wäre mit dem Venetischen und mit den Vorformen des Lateinischen zu verbinden, die Novilara-Kultur der mittleren Adriaküste und des angrenzenden abruzzesischen Hinterlandes würde zur oskisch-umbrischen Einwandererwelle gehören, und die eisenzeitlichen Reste Kalabriens und Apuliens würden den illyrischen Einwanderern zuzuschreiben sein. Die Schwäche all dieser Theorien ist darin zu sehen, daß jede Verknüpfung archäologischer Reste mit Sprachtypen, die ja im besten aller denkbaren Fälle ein halbes Jahrtausend später bezeugt sind, im höchsten Maße hypothetisch blieb, wissen wir doch nicht einmal, ob sprachlich relativ homogene Völkerschaften die Erzeuger der uns greifbaren materiellen Reste sind oder ob sich eine gemeinsame Kulturform auf Grund gegenseitigen Austausches zwischen den verschiedensten Gemeinschaften herausbilden konnte. Angesichts solcher Überlegungen ist man heute bei der Gleichsetzung sprachhistorischer und frühgeschichtlicher Gegebenheiten weit zurückhaltender als noch vor wenigen Jahren.

Mit einiger Sicherheit darf man behaupten, daß Vorformen des Latein und anderer indogermanischen Idiome des alten Italien im Laufe des 2. Jahrtausends v. Chr., und zwar eher in dessen zweiter als in dessen erster Hälfte, in verschiedenen Schüben von Nordosten her auf die Apenninenhalbinsel vorgedrungen sind; weitergehende Präzisionen müssen angesichts der Quellenlage hochgradig hypothetisch bleiben.

1.2 Sprachen im antiken Italien

Die Geschichte des Lateinischen unterscheidet sich dadurch von der Geschichte der meisten anderen Sprachen, daß wir es ursprünglich nicht mit einem Idiom zu tun haben, das in gegenseitig verständlichen Varianten auf einem größeren geographischen Territorium gesprochen wurde: Das Latein war zunächst die Sprache Roms, also eines einzigen Ortes, und es hat dieses Charakteristikum im Bewußtsein seiner Sprecher im Grunde immer beibehalten. Dialektale Differenzierung, ein wesentlicher Zug beispielsweise des Griechischen, blieb dem Lateinischen immer wesensfremd, und man kann mit etwas Übertreibung sagen, daß die Herausbildung regionaler Spracheigentümlichkeiten insofern der Anfang vom Ende des Lateinischen war, als sie zur Transformation in eine andere Sprachform, ins Romanische nämlich, führte.

Das Lateinische lebte natürlich von Anfang an in Kontakt mit anderen Sprachen, wurde von diesen beeinflußt und übte seinerseits Einflüsse aus. Im folgenden sollen die wichtigsten Sprachen, die im antiken Italien existierten, kurz vorgestellt werden, wobei von Rom aus an die Peripherie fortgeschritten wird.

1.2.1 Etruskisch

Im wahrsten Sinne bis an die Tore Roms reichte das Etruskische, das uns in etwa zehntausend kurzen und formelhaften Grabinschriften und einem halben Dutzend längeren Texten (am spektakulärsten ist die Mumienbinde von Zagreb mit mehr als 1200 Wörtern) überliefert ist. Das Alphabet stellt eine Abart der griechischen Schrift dar und ist also problemlos lesbar. Dennoch kann man nicht sagen, daß das Etruskische uns gut bekannt wäre; trotz beachtlicher Fortschritte in den letzten Jahrzehnten sind uns nur ein Bruchteil des Wortschatzes sowie bestenfalls die gröbsten Grundstrukturen der Grammatik greifbar. Was wir immerhin mit absoluter Sicherheit festhalten können, ist die Tatsache, daß das Etruskische eine nicht-indogermanische Sprache ist. Klare Verwandte sind (mit Ausnahme der vorgriechischen Sprache von Lemnos) nicht bekannt. Bezüglich der Frage, ob die Etrusker, wie von den meisten antiken Autoren (z. B. Herod. 1, 94) behauptet, aus Kleinasien zugewandert sind oder ob sie eine in Italien heimische Bevölkerung darstellen (so z. B. Dion. Hal. *Ant.* 1, 28), also mit anderen Worten der vor-indogermanischen Schicht zugerechnet werden müssen, divergieren die Meinungen bis heute.

Obwohl Rom in unmittelbarer Nachbarschaft des etruskischen Sprachgebietes lag und während der ersten Jahrhunderte seiner Existenz verschiedene Formen der Unterordnung unter die politische Übermacht der Etrusker kannte, ist zumindest der nachweisbare Einfluß des Etruskischen auf die lateinische Sprache ziemlich gering. Die ursprüngliche Vorherrschaft der Etrusker zeigt sich in der Übernahme von Termini aus dem Staats-, Militär- und Bauwesen (z. B. *populus* ‚Volk' < etrusk. *pupli; cacula* ‚Soldatensklave' < etrusk. *cacu; fauisa* ‚Zisterne'); natürlich gab es ein starkes Kulturgefälle, das sich besonders darin manifestiert, daß zahlreiche griechische Elemente über das Etruskische ins Lateinische kamen. Der enge Alltagskontakt mit dem Nachbarvolk zeigt sich in der Entlehnung von Wörtern, die in die Sphäre des Kleinhandels und des Handwerks gehören.

In einigen Fällen erlauben formale Kriterien die Einordnung bestimmter lateinischer Wörter als Entlehnungen: So stammen die Formen mit den Suffixen *-enna* = *ēna(s)*, *-inna* = *-īna*, *-erna* (z. B. *trāsenna* ‚Vogelfalle', *catēna* ‚Kette', *harēna* ‚Sand', *sagīna* ‚Fett', *lanterna* < λαμπτήρ mit etruskischer Vermittlung, ebenso *cisterna* < κιστή) meistens (nicht immer, vgl. z. B. das klar indogermanische, zum Verb *habēre* zu stellende *habēna* ‚Halteriemen') aus dem Etruskischen. Auch viele Wörter auf *-ēs* dürften etruskischer Herkunft sein, z. B. *satellēs* ‚Leibwächter' < etrusk. *σatles*. Die Phonetik liefert ebenfalls Anhaltspunkte: Das Etruskische kannte keine stimmhaften Verschlußlaute, sein Vokalismus wies kein *o* auf, so daß Gräzismen, die Desonorisierung zeigen oder Ersatz von *o* durch *u* aufweisen (z. B. *amurca* ‚Ölschaum' < ἀμόργα oder *cotōneum* ‚Quitte' < κυδώνιον), über das Etruskische vermittelt worden sein dürften. Normalerweise muß aber für jedes einzelne lateinische Element der Nachweis etruskischer Herkunft erbracht werden, was angesichts unserer unvollkommenen Kenntnis des Etruskischen problematisch ist: So ist beispielsweise *genist(r)a* ‚Ginster' wahrscheinlich etruskisch, aber es fehlt ein passender Anhaltspunkt, und auch die Verbindung von *fenestra* (altlat. *festra*) ‚Loch, Fenster' mit dem etrusk. *fnesci*, vielleicht als Personenname *Fenestius* zu interpretieren, wirft eher Fragen auf als Lösungen zu bieten. Den Aussagen antiker Autoren über etruskische Herkunft ist keineswegs immer zu trauen: So schreibt etwa Fest. 165 den Etruskern das gut indogermanische *nepōs* zu. Hingegen werden auch sicher etruskische Wörter von Schriftstellern des Altertums nicht als solche erkannt (so wird z. B. von Paul. Fest. 21, 27 *autumnus* ‚Herbst', das zu etrusk. *autu* zu stellen ist, als *auctumnus* gedeutet, *quod tunc maxime augeantur hominum opes coactis agrorum fructibus*). Wieviel echte Kenntnis der etruskischen Sprache in den berühmten Τυρρηνικά des Kaisers Claudius (immerhin zwanzig Bücher, Suet. *Claud.* 42) noch vorlag, können wir angesichts des völligen Verlustes des Werkes nicht mehr beurteilen.

Den entscheidensten Einfluß übte das Etruskische auf das lateinische Namenssystem aus. Das gilt nicht nur für die materielle Übernahme zahlreicher Orts- und Personennamen (auch der Name *Rōma* ist etruskischer Herkunft und gehört zum Familiennamen *Ruma*), sondern für die ganze Art, Personennamen zu bilden. In den meisten indogermanischen Sprachen sind die männlichen Namen zweigliedrige Zusammensetzungen *(Phil-ippos, Eber-hard, Slavo-mir)*; davon gibt es im Lateinischen keine Spur mehr, sondern es wurde das etruskische Dreinamensystem *(praenomen, nomen gentile, cognomen)* übernommen.

1.2.2 Faliskisch

Nördlich von Rom, zwischen Tiber und Soracte, saß das kleine Volk der Falisker, deren Hauptstadt Falerii die Römer 241 v. Chr. zerstörten, wodurch die baldige ethnische und sprachliche Einverleibung eingeleitet wurde. Das Faliskische, das uns in etwa hundert Vasen- und Grabinschriften vom 5. bis zum 3. Jh. v. Chr. überliefert ist, ist das Idiom des alten Italiens, das am nächsten am Lateinischen steht, so nahe, daß man nicht fehlgehen würde, wenn man das Lateinische und das Faliskische als zwei Dialekte einer latino-faliskischen Sprache bezeichnete.

Einige Züge, die insgesamt das nichtstädtische Latein kennzeichnen wie beispielsweise der *f-/h-*Wechsel im Anlaut, werden von den antiken Grammatikern dem Faliskischen zugeschrieben (z. B. Vel. Long. 7, 13, 9: *quam Falisci habam, nos fabam appellamus*). Diese Zeugnisse sind schon deswegen unzuverlässig, weil sie durch mehr als ein halbes Jahrtausend vom Untergang der faliskischen Sprache getrennt sind.

1.2.3 Oskisch-Umbrisch

Die wichtigste Sprachgruppe des alten Italiens vor dem Siegeszug des Lateinischen stellte das Oskisch-Umbrische dar; man faßt unter dieser traditionellen Bezeichnung die Idiome zusammen, die entlang dem Apennin etwa vom Metaurus bis Lukanien gesprochen wurden. Im einzelnen handelt es sich dabei im Norden des Sprachgebietes um das Umbrische, das uns in einer älteren und in einer jüngeren Form vor allem durch die *tabulae Iguvinae* bekannt ist, sowie um das schlecht bezeugte Picenische, in der Mitte um die sabellischen Dialekte (z. B. paelignisch, marsisch, sabinisch) sowie um das Volskische (nur das letztere ist in der *tabula Veliterna,* die gemeinsame Neuerungen mit dem Umbrischen erkennen läßt, einigermaßen greifbar), im Süden um das Oskische, das in Samnium, im südlichen Latium sowie in den nichtgriechischen Gebieten von Kampanien, Lukanien und Bruttium verwendet wurde und zu dem auch die Sprache der Mamertiner in Messana gehörte; es gibt mehr als 250 oskische Inschriften, von denen die *tabula Bantina* und der *cippus Abellanus* die wichtigsten sind.

Es kann hier nicht der Ort sein, auch nur die wichtigsten Charakteristika des Oskisch-Umbrischen aufzuzählen, denn es handelte sich nach allem, was wir wissen, um eine indogermanische Sprache, die nicht besonders eng mit dem Lateinischen verwandt war. Es seien daher nur einige unauffällige Unterschiede zum Lateinischen genannt (im folgenden wird nicht zwischen oskisch und umbrisch differenziert): Die indogermanischen stimmhaften Aspirata *dh* und *bh* werden im lat. Inlaut durch *-d-* und *-b-*, im o.-u. durch *-f-* repräsentiert (lat. *medius, albus, ruber,* o.-u. *mefio, alfu, rufru*); anders als im Lat. werden im O.-U. die Labiovelare zu den einfachen Labialen *p* und *g* (lat. *quattuor, quis;* o.-u. *petur, pis;* vgl. Paul. Fest. 235, 15: *pitpit Osce quidquid*); im O.-U. erfolgt in den Konsonantengruppen *-nd-* und *-mb-* Assimilation (lat. *operandam,* o.-u. *úpsannam;* lat. *unguen,* o.-u. *umen* < **umben*); im Lat. wurde intervokalisches *-s-* zu *-r-*, im O.-U. ist es sonorisiert worden (lat. *foret,* o.-u. *fusíd*).

Die oskisch-umbrischen Idiome waren jedenfalls im 1. Jh. n. Chr. noch lebendig (es gibt Inschriften aus Pompeii und Herculaneum), und während des Bundesgenossenkrieges (91–89 v. Chr.) gab es bei den Rebellen sogar Versuche, sie als Bundessprache an die Stelle des Lateinischen zu setzen. Es ist daher nicht erstaunlich, daß angesichts einer jahrhundertelangen Koexistenz allerlei oskisch-umbrische Elemente ins Lateinische eindrangen, wobei die lateinischen Schriftsteller im allgemeinen von ‚sabinischen' Wörtern sprechen, worunter freilich auch das gesamte Umland Roms subsumiert wurde.

Eine sichere Klassifizierung lateinischer Wörter als Entlehnungen aus dem Oskisch-Umbrischen ist nur auf Grund lautlicher Kriterien möglich: So können Wörter mit *-f-* im Inlaut (z. B. *būfō* ‚Kröte', *forfex* ‚Zange', *rūfus* ‚rötlich', *scrōfa* ‚Muttersau') keine in Rom einheimischen Elemente sein, und ebenso müssen Wörter, die für den stimmlosen indogermanischen Labiovelar *p* zeigen (z. B. *popīna* ‚Garküche', vgl. hingegen einheimisches *coquīna* < **quoquīna; lupus* vgl. griech. λύκος), oskisch-umbrischer Herkunft sein. Der *f-/h-*Wechsel im Anlaut (vgl. z. B. Varro, *Ling. Lat.* 5, 97: *hircus, quod Sabini fircus;* Vel. Long. 7, 69, 7–8: *harena . . ., ut testis est Varro, a Sabinis fasena dicitur*) ist allerdings eher als Phänomen der ländlichen Latinität denn als typischer Zug des Oskisch-Umbrischen anzusehen.

1.2.4 Andere Sprachen

Andere Sprachen des antiken Italien seien hier nur kurz genannt, denn ihr Einfluß auf das Lateinische ist insgesamt unerheblich.

Im Südosten Italiens ist uns durch kurze Inschriften und durch die Analyse von Namen eine Sprache, das Messapische, greifbar, die so zahlreiche Übereinstimmung mit den sprachlichen Relikten der Illyrer auf dem gegenüberliegenden Ostufer der Adria aufweist, daß man lange an einen Dialekt des Illyrischen gedacht hat; heute ist man in dieser Hinsicht etwas skeptischer, aber die nahe Verwandtschaft steht außer Frage.

Die Küste und das Hinterland der nördlichen Adria wurde vom Venetischen eingenommen, das weit mehr strukturelle Ähnlichkeiten mit dem Lateinischen aufweist als das Oskisch-Umbrische. Man erklärt das im allgemeinen daraus, daß die Vorfahren der Lateinsprecher und die Veneter bis zur Einwanderung auf die Apenninenhalbinsel eine Einheit gebildet haben oder zumindest lange beieinander waren; die oskisch-umbrischen Stämme wären dann etwas später über die Adria eingewandert und hätten sich zwischen die Veneter und die späteren Römer und ihre Verwandten geschoben.

Andere Völker des nördlichen Italiens, wie beispielsweise die vor-indogermanischen Ligurer und die vielleicht mit den Etruskern verwandten Räter, haben so wenig Zeugnisse hinterlassen, daß uns ihre Sprache nur schemenhaft sichtbar ist.

Was Sizilien anbelangt, so findet man im Westen der Insel eine sehr alte, meist als Sikanisch bezeichnete und mit Sicherheit als vor-indogermanisch einzuordnende Sprache, sodann in der Mitte und im Osten eine jüngere, als Sikulisch bekannte indogermanische Sprache, für die vor allem italienische Sprachwissenschaftler Gemeinsamkeiten mit dem Lateinischen herauszuarbeiten versuchten, was dann in Verbindung mit Berichten antiker Autoren über eine ursprüngliche Verbreitung der Sikuler über ganz Italien (z. B. Plin. *Nat.* 3, 56) oder gar über eine Herkunft aus Rom (z. B. Varro, *Ling.* 5, 101) zu der Theorie führte, daß der letzte Ausläufer des Indogermanenzuges, der die Veneter an die nördliche Adriaküste und die Vorfahren der Römer nach Latium brachte, die Sikuler bis Sizilien geführt habe. Inzwischen sind die lateinisch-sikulischen Gleichungen in Mißkredit gekommen und man begnügt sich mit der Feststellung, daß eine wohl eigenständige indogermanische Sprache ohne besonders enge Verwandte vorliege.

1.2.5 Griechisch, Keltisch

Viel wichtiger als die genannten Idiome wurden für die Geschichte des Lateinischen die Sprachen, deren Träger erst in historisch greifbarer Zeit nach Italien einwanderten und deren Verbreitungsgeschichte wir also mehr oder weniger genau verfolgen können. Es handelt sich hierbei um das Griechische und um das Keltische, wobei an dieser Stelle nur die frühen Einflüsse dargestellt werden.

Die griechische Kolonisierung in Unteritalien begann im 8 Jh. v. Chr. Strabon berichtet (5, 4, 4), Kyme in Kampanien sei die älteste Städtegründung gewesen; noch etwas früher, wohl zwischen 775 und 760 v. Chr., war die Besetzung von Pithekusa (Ischia; Strab. 5, 4, 9). Noch im 8. Jh. begann auch die Errichtung von Stützpunkten in Sizilien: Sybaris, Kroton, Tarent. Die meisten Pflanzstädte wurden im 7. und 6. Jh. v. Chr. begründet, und im 5. Jh. v. Chr. kamen die letzten Neugründungen zustande (um 470 Neapolis, Thurioi 444/3; Herakleia am Siris 433/2). Normalerweise wurden die Neusiedler planmäßig von einzelnen Städten des Mutterlandes ausgesandt, und selbstverständlich wurde deren Dialekt in der neuen Heimat beibehalten: Das Ionische von Chalkis, Eretria, Phokaia und Milet findet sich in Kampanien und im nördlichen Sizilien wieder, das Dorische von Korinth, Megara, Rhodos und Sparta gelangte nach Kalabrien und ins südliche Sizilien, das Achaische kam nach Lukanien und ins südliche Kampanien (Poseidonia = Paestum).

In der Frühzeit gelangten Gräzismen auf drei Wegen ins Lateinische: Es gibt zunächst einmal die über das Etruskische vermittelten Elemente (siehe 1.2.1), sodann Entlehnungen aus dem Ionischen von Kyme (*scēptrum* < σκῆπτρον, *scēna* < σκήνη, *cēra* < κηρός), schließlich Wörter mit lautlichen Charakteristika des Dorischen (genannt seien: langes α statt des ionischen η: *mālum* < μᾶλον, *māchina* < μαχανά; Bewahrung des F (Digamma): *olīua* < ἐλαίϝα, *Achīuī* < ᾿Αχαιϝοί), die bei Kontakten in Kalabrien übernommen worden sein müssen.

Die frühesten Gräzismen des Lateinischen weisen den altlateinischen Ablaut (vgl. 2.2) auf: *talentum* < τάλαντον, *camera* < καμάρα, *phalerae* < φαλάρα. Auch das Auftreten von Sproßvokalen zur Vermeidung ungewohnter Konsonantengruppen gehört in die frühe Epoche: *mina* < μνᾶ, *dracuma* < δραχμή, *techina* < τέχνη. Die Ersetzung der fremden Laute θ, φ, χ, υ durch *p, t, c, u* blieb in der Umgangssprache bis zum Ende der Antike üblich, und auch in der Literatursprache konnten *th, ph, ch, y* nur sehr allmählich an Boden gewinnen; unser Urteil darüber wird durch die Tatsache erschwert, daß in der handschriftlichen Überlieferung die ‚griechischeren' Formen durchweg die Oberhand gewonnen haben (so haben beispielsweise die Handschriften meist *machina* und nicht *macina;* die Nachfolgeformen der romanischen Sprachen legen *sumponia* nahe, aber belegt ist vor allem *symphonia*).

In der ersten Hälfte des 1. Jahrtausends v. Chr. waren Kelten im Gebiet des Oberrheins und der jungen Donau (Westkreis der Hallstadt-Kultur) ansässig; sicher schon einige Zeit vor 500 v. Chr. begann mit der Rheinüberschreitung eine Wanderbewegung nach Westen und Südwesten, die die Kelten bis zur iberischen Halbinsel (Keltiberer) und bis nach Britannien führte. Eine Südostexpansion hatte die Ansiedlung von Kelten in isolierten Zonen der Balkan-

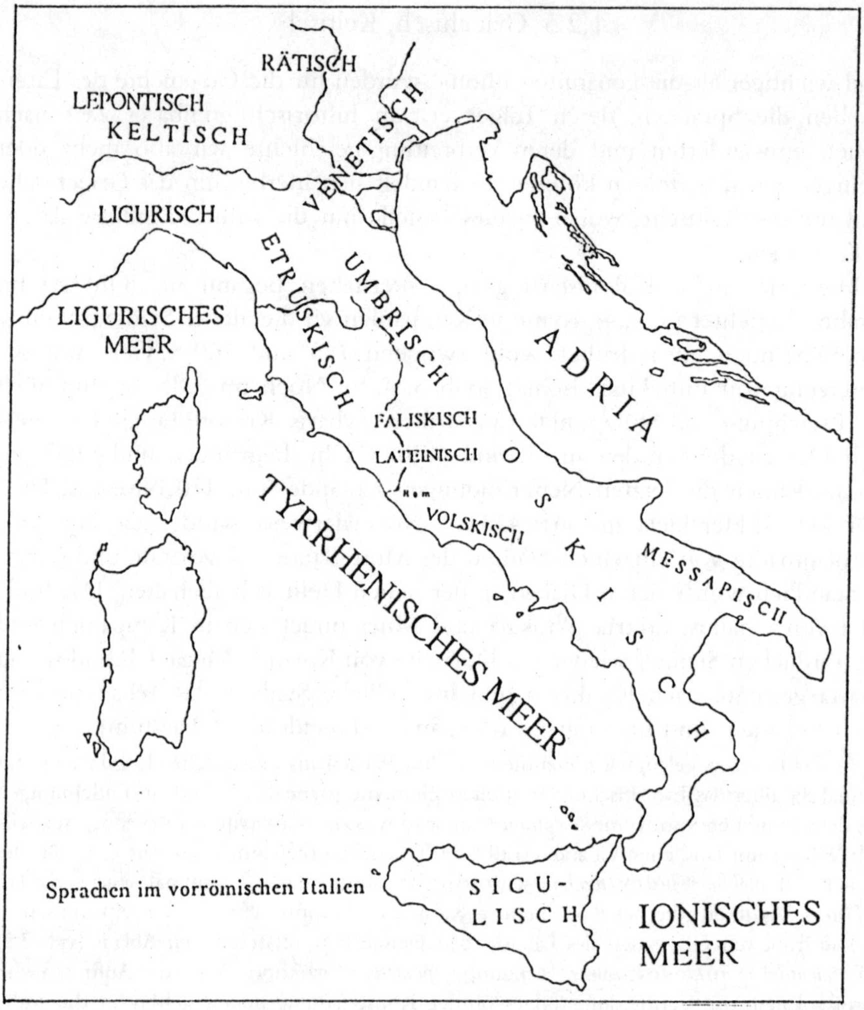

Sprachen im vorrömischen Italien

halbinsel zur Folge und kulminierte in der Besetzung Zentralanatoliens durch die Galater nach 277 v. Chr. Das Ausgreifen der Kelten nach Süden scheiterte letztlich am römischen Widerstand: 390/386 griffen Kelten Rom an, und mit diesem Datum wird traditionellerweise auch die Eroberung der Poebene verbunden; freilich ist es wohl vernünftiger, anzunehmen, daß eine Infiltration der Kelten in Nordwestitalien eher ein allmählicher Prozeß war, der – trotz des Schweigens Herodots über Kelten in Italien (2, 33, 3) – sicher schon im 5. Jh. v. Chr. eingesetzt hat. Während das Keltische in der Gallia Transalpina zumindest in abgelegenen Rückzugsgebieten bis zum Ende der Antike lebendig blieb, ist es in Norditalien nach der Machtübernahme durch die Römer im Gefolge des hannibalischen Krieges bald vom Lateinischen verdrängt worden, wenn auch die Bemerkung des Polybios, daß es zu seiner Zeit, also um die Mitte des 2. Jh. v. Chr., in der eigentlichen Po-Ebene keine Kelten mehr gegeben habe (2, 35, 4), übertrieben sein dürfte.

Die meisten keltischen Elemente des Lateinischen sind relativ jungen Datums und stammen aus der Sprache der Gallia Transalpina. Alt und daher wohl aus den keltischen Idiomen der Gallia Cisalpina entlehnt sind beispielsweise: *ambactus* ‚Sklave' (Enn. *Ann.* 605), *carpentum* ‚zweirädriger Wagen' (Liv. Andr. *Poet.* 18, 2), *carrus* ‚vierrädriger Wagen' (Sisenna, *Hist.* 61), *lancea* ‚Lanze' (Sisenna, *Hist.* 21; 71), *brācae* ‚Hose' (Lucil. 409), *sagus* ‚Umhang' (Enn. *Ann.* 508), *bitūmen* ‚Asphalt' (Cato, *Agr.* 95, 1), *bulga* ‚Tasche' (Lucil. 244).

2 Das Lateinische vom Beginn der Überlieferung bis zur Klassik

2.1 Die ältesten Zeugnisse des Lateinischen

Es wurde bereits unterstrichen, daß das Lateinische anfänglich ausschließlich die Sprache der Stadt Rom war; man muß sich also zunächst auf stadtrömische Zeugnisse beschränken. Grundsätzlich gilt es zwei Typen von Sprachdenkmälern zu unterscheiden: Solche, die uns in der antiken Originalform vorliegen, also im konkreten Fall Inschriften aller Art, und solche, die uns nur durch eine Überlieferungskette vorliegen, also literarische Zeugnisse im weitesten Sinne. Selbstverständlich ist besonders für formale Fragen die erstgenannte Gruppe weit zuverlässiger, denn bei handschriftlicher Tradition besteht immer die Gefahr bewußter oder auch unbewußter sprachlicher Modernisierung. Wenn allerdings antike Grammatiker ausdrücklich über merkwürdige alte Formen berichten, dann ist auch die Zuverlässigkeit dieser Angaben als recht hoch zu bewerten.

Die beiden ältesten Zeugnisse für das Lateinische stammen am ehesten aus dem 5. Jh., höchstens aus dem 6. Jh. v. Chr. Es handelt sich um einen fragmentarischen Cippus vom Forum Romanum (*CIL* I^2 2, 1), der zwar eindeutig lateinisch ist, sich aber bislang einer sicheren Deutung entzieht, und um die Inschrift einer Vase, die 1880 zwischen Quirinal und Viminal gefunden wurde.

Der dreizeilige Text lautet (*CIL* I^2 2, 4):

iouesat deiuos qoi med mitat nei ted endo cosmis uirco sied
ast ednois iopetoi tesiai pakari uois
duenos med feced en manom einom duenoi ne med malo statod.

Eine denkbare Deutung ist: *iurat diuos, qui me mitat* (*mĭtāre* ‚verkaufen'?, ‚weihen'?), *ni te indu* (= *nisi in te*) *comis uirgo sit, ast edulibus* (angesetzt wird ein zu *edere* ‚essen' gehöriges Substantiv **ednum*) *iobeto* (= *fututui;* gedacht wird an die indogerm. Wurzel **yobh-*, die in faliskisch *iofet* = *futuit* vorliegt) *illi* (Ausgangspunkt ist ein Pronomen **to-* ‚dieser', das z. B. in *is-te* greifbar wird) *pacari uis*. *Bonus* (*du-* = *b-* ist geläufig, vgl. *duellum*

lum = bellum) me fecit in bonum (mānus ‚gut', vgl. Varro, *Ling.* 6, 4: *bonum antiqui dicebant manum) exitum* (**einum* zu **ei-* ‚gehen') *bono, ne e me malum stato.* Es gibt jedoch neben dieser Erklärung, die auf V. Pisani, *Testi latini arcaici e volgari* (Turin 1975) 6–9 zurückgeht, zahlreiche andere Ansätze, zumal keineswegs alle Lesungen sicher sind und die Worttrennung von der Interpretation abhängig ist. Die Entwicklungsgeschwindigkeit des Lateinischen muß in der archaischen Phase angesichts der sprachlichen Distanz zwischen Texten aus dem 5./6. Jh. v. Chr. und den Texten des 3. Jh. v. Chr. sehr hoch gewesen sein.

Auch die alten religiösen Texte *(carmen Saliare, carmen Arvale)*, die in den Priesterkollegien sorgfältig tradiert wurden, weisen einen so archaischen Sprachstand auf, daß sie den Römern der klassischen Zeit unverständlich waren: *Saliorum carmina uix sacerdotibus suis satis intellecta* (Quint. 1, 6, 40).

Der Text des Arvalliedes, das in einer kaiserzeitlichen Inschrift aus dem Jahre 218 n. Chr. erhalten ist (CIL VI 2104 = I^2 2, 2), ist im Anschluß an E. Norden, *Aus altrömischen Priesterbüchern* (Lund 1939; Neudruck Stuttgart und Leipzig 1995) 114–115 folgendermaßen zu lesen: *Enos Lases iuuate! Neue lue rue, Marmar, sins incurrere in pleoris. Satur fu, fere Mars, limen sali, sta berber! Semunis alternei aduocapit conctos. Enos, Marmor, iuuato! Triumpe, triumpe, triumpe, triumpe, triumpe.* Das ist zu verstehen als: „Laren, helft uns! Und Seuche und Verderben, Mars, laß nicht in die Menge eindringen! Sei satt, wilder Mars, spring auf die Schwelle, steh dort! Die Saatgötter werdet ihr abwechselnd herbeirufen, alle. Mars, hilf uns! Triumpe!" *enos* ist als die Verbindung eines deiktischen *e-* mit dem Personalpronomen zu deuten; bei *Lases* ist der Rhotazismus des intervokalischen *-s-* noch nicht durchgeführt, bei *pleores* hingegen wohl. Das Akkusativ *-m* fehlt *(rue, lue)*, *sins* ist als *sinas* zu deuten. *Marmar* und *Marmor* sind reduplizierte Formen von *Mar-s.* Die Form *aduocapit* (mit *-p-* für *-b-* unter dem Einfluß von etruskischen Schreibgewohnheiten) ist als *aduocabite* zu verstehen. Die *Semones* sind die Götter des *semen.*

Erst mit dem Text der Zwölftafelgesetze, der Tradition gemäß 450 v. Chr. in 12 Erztafeln auf dem Forum Romanum aufgestellt (Liv. 3, 24), nähern wir uns allmählich der uns geläufigen Form des Lateinischen an: Die meisten Wörter sehen durchaus vertraut aus, nur die Syntax ist noch unbeholfen (fehlende Nennung des Subjekts, Subjektswechsel, Beiordnung). Freilich ist besonders bei diesem Text, der Gegenstand des Elementarunterrichtes war, mit zumindest orthographischen Modernisierungen im Laufe der Überlieferung zu rechnen.

Die Anfangsbestimmungen der ersten Tafel lauten beispielsweise: *Si in ius uocat, ito. Ni it, antestamino; igitur em capito. Si caluitur pedemue struit, manum endo iacito. Si morbus aeuitasue uitium escit, iumentum dato; si nolet, arceram ne sternito.* Das ist zu verstehen als: „Wenn (der Kläger den Beklagten) vor Gericht ruft, muß (der Beklagte) gehen. Wenn er nicht geht, muß ein Zeuge angerufen werden, sodann soll (der Kläger) ihn (= den Beklagten) ergreifen. Wenn er ausweicht oder fliehen will, soll (der Kläger) seine Hand darauflegen. Wenn Krankheit oder Alter als Hinderungsgrund vorliegt, soll (der Kläger) ein Reittier geben. Wenn (der Beklagte das) nicht will, muß (der Kläger) keine Kutsche ausrüsten".

Die öffentlichen Inschriften des 3. und 2. Jh. v. Chr. weisen durchweg archaische Charakteristika im formalen Bereich (z. B. Einfachschreibung von Doppelkonsonanten, Diphthonge, Ablative auf *-od*) auf, aber sie zeigen zugleich bereits einen vertrauteren Wortschatz und eine im Vergleich zum Zwölftafelgesetz hochentwickelte Syntax. Das läßt sich beispielsweise gut exemplifizieren anhand einer der ältesten uns erhaltenen öffentlichen Inschriften, einer Bronzetafel mit dem *senatus consultum de Bacchanalibus* aus dem Jahre 186 v. Chr. (*CIL* I^2 2, 581, 15–18):

Sacra in <o>quoltod ne quisquam fecise uelet, neue in poplicod neue in | preiuatod neue exstrad urbem sacra quisquam fecise uelet, nisei | pr. urbanum adieset, isque de senatuos sententiad, dum ne minus | senatoribus C adesent, quom ea res cosoleretur, iousisent. Censuere.

Archaischen Formenbestand, aber einen unauffälligen Wortschatz und Satzbau, weisen auch die Grabinschriften des 3. und noch mehr des 2. Jh. v. Chr. auf. Zu den ältesten erhaltenen Zeugnissen dieser Art gehören die Elogien auf Mitglieder der Scipionenfamilie, die an den Denkmälern der Via Appia gefunden wurden.

Auf die Zeit um 230 v. Chr. sind die Saturnier auf L. Cornelius Scipio (Sohn des Barbatus) zu datieren (*CIL* I^2 2, 9); hier wird der altlateinische Text einer Transposition in klassische Sprachform zur Seite gestellt:

Honc oino ploirume consentiont R[omane]	*Hunc unum plurimi consentiunt R[omani]*
duonoro optumo fuise uiro	*bonorum optimum fuisse uirum*
Luciom Scipione. Filios Barbati	*Lucium Scipionem. Filius Barbati*
consol, censor, aidilis hic fuet ap[ud uos].	*consul, censor, aedilis hic fuit ap[ud uos].*
Hec cepit Corsica Aleriaque urbe,	*Hic cepit Corsicam Aleriamque urbem,*
dedet Tempestatebus aide mereto[d].	*dedit Tempestatibus aedem merito.*

2.2 Sprachliche Besonderheiten des Altlateinischen

Es seien hier einige der wichtigsten lautlichen Unterschiede aufgezählt, die das Lateinische des 4. und 3. Jh. v. Chr. von der klassischen Literatursprache unterscheiden.

Statt *ĭ* findet man in unbetonten Silben vor Labialen *ŭ (maxumus, decumus)*. Die Verteilung von *o* und *u* war anders als später: Vor Nasal (besonders vor Nasal + Konsonant) tritt oft *u* statt des geläufigen *o* auf (*Semunis = Semones, funtes = fontes, frundes = frondes*); nach konsonantischem *u* konnte nicht *u*, nur *o* stehen *(uolnus, uolt, auonculus, seruom)*; bis ins 3. Jh. v. Chr. stand in den unbetonten Schlußsilben noch *-ŏ-* statt des späteren *-ŭ- (praifectos, Nouios; uirom, optumom; consentiont)*. Vor *m* vor *r, s, t* konnte bis zum 2. Jh. v. Chr. nicht *uĕ-*, sondern nur *uŏ-* eintreten (also: *uorsus, uortex, uoster, uotāre = uetāre*). Die indogermanischen Diphthonge, von denen sich nur *ae* und *au* bis in die klassische Zeit retten konnten, waren noch in weitem Umfang erhalten: *ei (deiuos, deicere)* wurde über *ē* (daher Plurale wie *Romane*) zu *ī*; *oi (oinus, moirus, loidus)* wurde über *oe (coerare)* zu *ū*; ebenfalls zu *ū* wurde *ou (Loucios, doucere)*.

Die Annahme, daß das Lateinische in vorliterarischer Zeit einen regelmäßig auf die erste Silbe des Wortes fallenden starken exspiratorischen Akzent gehabt haben muß, wird unumgänglich angesichts der Tatsache, daß Vokale in der zweiten und folgenden Silbe eine Schwächung (am auffälligsten: *-a-* > *-i-* in freier bzw. *-e-* in gedeckter Stellung), aufweisen, und zwar unabhängig von den Betonungsverhältnissen in späterer Zeit: *agō,* aber *exigō; facit,* aber *conficit; tangit,* aber *contingit; aestimō,* aber *existimŏ;* τάλαντον > **tálantum* > *talentum;* μαχανά > **mác(h)ana* > *mac(h)ina;* Μασσαλία > **Mássalia* > *Massilia*). Der expiratorische Anfangsakzent wurde wahrscheinlich im Laufe des 4. Jh. v. Chr. durch eine Betonung nach dem ‚Dreisilbengesetz' ersetzt, demzufolge die vorletzte Silbe betont wird, wenn sie einen Langvokal aufweist *(syllaba paenultima nātūrā longa)* oder (bei folgender Doppel- oder Dreifachkonsonanz) als lang anzusetzen ist *(syllaba paenultima positiōne longa)*, während sonst die drittletzte Silbe *(syllaba antepaenultima)* den Ton trägt; die Gründe für die Umwälzung des Betonungssystems liegen im Dunkeln, aber griechischer Einfluß ist trotz der griechisch-lateinischen Akzentunterschiede nicht auszuschließen.

Ein lautliches Phänomen mit weitreichenden morphologischen Konsequenzen ist in der Schwäche der Auslautkonsonanten *-s* und *-m* zu sehen. Offenbar sprach man das Auslaut-*s* nicht mit voller Intensität aus, sondern vielleicht (wie heute das *-s* der andalusischen Abart des Spanischen) als Aspirata; nur mit einer solchen Annahme läßt es sich erklären, daß in den Inschriften des 4. und 3. Jh. v. Chr. Formen mit *-s* und ohne *-s* regellos miteinander wechseln (vgl. z. B. *CIL* I^2 49: *M. Fourio C. f. tribunos militare* = *M. Furius C. f. tribunus militaris*) und daß *-s* in der Metrik der älteren Dichtung keine Position bildet. Auch das Schluß-*m* wird in den 4. und 3. Jh. v. Chr. inkonsequent gesetzt; in der Metrik bildet *-m* vor konsonantisch anlautendem Folgewort Position, aber vor Vokal verhindert es die Elision der Schlußsilbe nicht; zusammen mit ausdrücklichen Aussagen von antiken Grammatikern sind diese Phänomene dahingehend zu interpretieren, daß das *-m* selbst nur vorkonsonantisch als voller Nasalkonsonant ausgesprochen wurde und vorvokalisch sowie im absoluten Auslaut nur ganz schwach oder gar nicht realisiert wurde, hingegen auf jeden Fall seine Nasalität dem vorangehenden Vokal mitteilte. Die Schwächung des Schluß-*s* und des Schluß-*m* bewirkte, daß bei der Deklination die Gefahr der mangelnden formalen Differenzierung der Kasusendungen ziemlich groß wurde; dies und wahrscheinlich auch der Anschluß an das Griechische (*-us* = -ος, *-um* = -ον) führte im Laufe des 2. Jh. v. Chr. dazu, daß *-m* und *-s* immer konsequenter angewendet wurden, wobei die treibenden Kräfte dieser Restitutionsbewegung die gebildeten Kreise gewesen sein dürften. Die Restitution des *-s* war angesichts der Verhältnisse in den romanischen Sprachen, wo beispielsweise bis ins Altfranzösische bei den Maskulina ein formaler Unterschied zwischen dem Nominativ (mit *-s*, z. B. *murs* < *mūrus*) und anderen Kasus (ohne *-s*, z. B. *mur* < *mūrum*) erhalten blieb, erfolgreicher als die konsequente Setzung des *-m*, das in normsprachenfernen Inschriften auch nach dem 2. Jh. n. Chr. immer wieder einmal fehlt und in den romanischen Sprachen kaum Spuren hinterlassen hat (Ausnahme: lateinische Einsilbler im Französischen *rem* > *rien*).

Schwach war auch das auslautende *-d* des Altlateinischen: Es blieb nur nach kurzem Vokal erhalten *(apud, aliud, sed)*, während es nach langem Vokal im 2. Jh. v. Chr. geschwunden ist; davon waren besonders die Ablativformen betroffen, die vorher noch durchweg auf *-d* ausgingen *(Troiād, sententiād, in preiuatōd, mēd, tēd, sēd)*; dasselbe gilt für den sogenannten Imperativus futuri *(datōd, agitōd, suntōd)*.

Im 4. Jh. v. Chr. ist beim intervokalischem *-s-* Rhotazismus eingetreten, d. h. es wurde zu *-r-*. Der ursprüngliche Zustand war den lateinischen Autoren der späteren Zeit im großen und ganzen noch bekannt: Die Grammatiker überliefern Formen mit *-s-* als Kuriositäten, Cic. *Fam.* 9, 21, 2 berichtet, daß L. Papirius Crassus (Diktator 339 v. Chr.) sich als erster seiner *gens* nicht mehr *Papisius* genannt habe, und Pomponius (*Digest.* 1, 2, 2, 36) schreibt über Appius Claudius Caecus (Censor 312 v. Chr.): *r litteram inuenit, ut pro Valesiis Valerii essent et pro Fusiis Furii.*

2.3 Die Literatursprache des 3. und 2. Jh. v. Chr.

So wie die lateinische Literatur in Nachahmung der griechischen Literatur entstand, so bewegt sich auch die lateinische Literatursprache in einem engen Abhängigkeitsverhältnis von der griechischen Literatursprache. Damit soll keineswegs gesagt werden, daß das Lateinische als sklavische Imitation des Griechischen zu deuten sei und nur einen Abklatsch darstelle; es darf aber nicht vergessen werden, daß vom Beginn an das griechische Modell präsent ist, wobei die Bandbreite der Reaktion auf dieses Vorbild von der bedingungslosen Übernahme fremder Wörter, Formen (z. B. Deklination mit griechischen Endungen: *mūsicē, mūsicēs, mūsicē, mūsicēn,* sogar *mūsicē* im Ablativ) und Konstruktionen (z. B. *accusativus Graecus*) bis zur bewußten Vermeidung von Gräzismen durch lateinische Neuprägungen geht.

2.3.1 Die Sprache der frühen Epik

Am Anfang stand der Versuch, griechische Konzepte mit einer einheimischen lateinischen Ausdrucksweise wiederzugeben, wobei man gleichzeitig dem Anspruch, Poetizität der Diktion durch Abweichung von der Alltagssprache zu erreichen, gerecht werden wollte durch Anleihen an religiös-formelhafte oder aber nicht-stadtrömische Ausdruchsweisen, teilweise auch durch gewagte Neubildungen.

Als die ersten Versuche unternommen wurden, lateinische Kunstepen zu verfassen, war in der griechischen Welt die Dichtkunst bereits eine durchtheoretisierte Disziplin, und es fehlte nicht an Traktaten, in denen das Verhältnis von Poetizität und Wortwahl erörtert wurde. Eine wichtige Rolle spielten dabei die γλῶσσαι, also in irgendeiner Weise von der Normalsprache abweichende Ausdrücke (vgl. schon Aristot. *Poet.* 1457b 3–4). Für das Griechische sprudelten die Quellen der γλῶσσαι reichlich: homerische Wörter, Dialektalismen, Archaismen. Im Lateinischen hatte man keine alte Epik, auf deren Sprachgebrauch man zurückgreifen konnte, und Dialekte im griechischen Sinne gab es auch nicht. Es scheint einige einheimische Lobgedichte auf große Männer in Saturniern gegeben zu haben (Cic. *Brut.* 75), und hier lag die Quelle für Wörter wie *tellūs* ‚Erde' (statt *terra*), *amnis* ‚Fluß' (statt *flūmen*), *artus* ‚Glied' (statt *membrum*); es gab die Rechtssprache und das Formular der religiösen Wendungen (Varro, *Ling.* 7, 42), woraus *mactāre* ‚ein Opfer darbringen', *obscēnus* ‚unrein', *castus* ‚züchtig', *augustus* ‚erhaben', *nemus* ‚Hain' usw. stammen; als Dialekt-Ersatz kamen Rückgriffe auf die Sprachvarietäten des Umlandes von Rom und auch Entlehnungen aus anderen Sprachen Italiens in Frage (Varro, *Ling.* 7, 28), was auch erklärt, warum einige Wörter, die uns in der spätantiken Umgangssprache wieder entgegentreten und die in den romanischen Sprachen weiterleben, in der älteren epischen Sprache ebenfalls auftauchen (z. B. *Romane loqui* bei Enn. *Ann.* 503 und dann erst wieder kurz nach 786 n. Chr. in den *Homilien* des Paulus Disconus, *PL* 95, 1534 A).

Livius Andronicus (zweite Hälfte des 3. Jh. v. Chr.) bemühte sich in seiner *Odyssee*-Adaptation darum, die Monumentalität der homerischen Hexameter durch Saturnier zu treffen, italische Entsprechungen für griechische Gottheiten zu finden und vor allem durch aus der religiösen Sprache entlehnte Archaismen den Charakter der griechischen epischen Sprache im Lateinischen nachzuahmen. So übersetzte er den ersten Vers der *Odyssee* (ἄνδρα μοι ἔννεπε, Μοῦσα, πολύτροπον) als

uirum mihi, Camena, insece uersutum,

wobei *Ca(s)mena* eine alte Quellgöttin bezeichnet und *insece* = *inseque* eine zu *inquam* < **insquam* gehörige archaische Entsprechung von ἔννεπε darstellt.

Das Archaisieren tritt bei Livius' Andronicus etwas jüngerem Zeitgenossen Naevius (± 265 – nach 201) zugunsten von eigenen Wortschöpfungen in den Hintergrund. In seinem Versuch, den punischen Krieg in saturnischen Versen darzustellen, ruft er die Musen wie folgt an:

nouem Iouis concordes filiae sorores.

Der Göttername ist einheimisch, aber nicht wie *Camēna* abgelegen, die übrigen Wörter des Verses sind normalsprachlich, abgesehen von der Bildung *concordis* (*sic,* vgl. Prisc. 1, 341/354) ‚einträchtig', die sicher noch einen ungewöhnlichen Eindruck machte.

Q. Ennius (239–169) hat den Versuch, griechische Göttervorstellungen ins römische Gewand zu kleiden, ebenso aufgegeben wie das Festhalten an einheimischen Versformen. Der Anfangsvers seiner hexametrischen *Annales* nennt dementsprechend die Musen beim Namen:

Musae, quae pedibus magnum pulsatis Olympum.

Ennius ging sogar soweit, in seinen Dichtungen griechische Termini erklärend ins Lateinische einzuführen, vgl. *Ann.* 147–148:

et densis aquila pennis obnixa uolabat
uento, quem perhibent Graium genus aëra lingua.

Es scheint, daß Ennius nicht nur, wie es der griechischen Tradition entsprach, Archaismen, Regionalismen und Neubildungen (bei denen er als besonders kühn galt) zu den γλῶσσαι, also zu den für die Dichtungssprache charakteristischen, von der Normalsprache abweichenden Ausdrücken, rechnete, sondern daß für ihn auch fremdsprachige Elemente diese Rolle erfüllten. Anders wäre es kaum erklärlich, daß er griechische Wörter wie *bradys* oder *lychnus,* oskische Formen wie *meddix* und *famul,* gallische Termini wie *ambactus* oder sogar illyrische Einsprengsel wie *sibyna* in seine Dichtung aufnahm. Es bleibt aber festzuhalten, daß die ernste lateinische Dichtung insgesamt zurückhaltender als Ennius in der Aufnahme fremder Elemente blieb.

2.3.2 Die Sprache der Komödien

Hatten Lehnwörter aus dem Griechischen in der epischen Dichtung vor allem die Funktion, die sprachliche Unterscheidung von der Alltagssprache zu gewährleisten, so bieten die Komiker ein anderes Bild. Die Sprache des antiken Theaters im allgemeinen und der Komödie im besonderen befindet sich ja generell in der merkwürdigen Lage, einerseits die Spontaneität des lebendigen, auch emotional befrachteten Zwiegesprächs auf die Bühne bringen zu wollen, andererseits aber durch das Versmaß und durch die unumstrittene Forderung nach kunstvoller Stilisierung einer Artifizialität verpflichtet zu sein, die in auffälligem Kontrast zur Alltagssprachform stehen muß. Nichts könnte falscher sein, als die Dialogpartien bei Plautus oder gar Terenz als sozusagen Verschriftlichung der lateinischen Umgangssprache des 3. bzw. 2. Jh. v. Chr. anzusehen; aber natürlich bleibt bestehen, daß wir hier näher an den Alltag herankommen als in irgendeinem anderen Genus der republikanischen Literatur. Solange man sich dessen bewußt bleibt, daß wir in den Komödien nicht die Umgangssprache, sondern nur umgangssprachliche Elemente in literarischer Umformung greifen können, bleibt es legitim, die Komödien zur Charakterisierung des Alltagslateins heranzuziehen. Auffällig ist nun, daß der Anteil der Gräzismen an der Komödiensprache bemerkenswert hoch ist; dabei handelt es sich keineswegs nur um griechische Wörter für griechische Sachen (beispielsweise ist der nautische Wortschatz weitgehend griechischer Herkunft, was nicht verwunderlich ist angesichts der seemännischen Unerfahrenheit der Römer), sondern durchaus um ‚Luxuslehnwörter', die Anwendung finden, um der Sprache einen modischen Anstrich zu verleihen. Am auffälligsten läßt sich das am exzessiven Gebrauch griechischer Interjektionen ablesen; *eia* < εἶα, *ohe* < ὠή, *euge* < εὖγε, *babae* < βαβαί, *papae* < παπαί usw. verdankten ihre Beliebtheit sicherlich dem Streben der neuen Führungsgruppen der angehenden Weltmacht, ihre urbane Weltoffenheit zur Schau zu stellen, darin vergleichbar dem Gebrauch von *pardon* bzw. *sorry* bei ‚weltläufigen' Deutschen.

Die Gräzismen bei Plautus gehören verschiedenen Kategorien an: 1. eingebürgerte, nicht mehr als fremde Elemente empfundene Wörter wie *talentum, dracuma, balineum, machina, cista, calamus;* 2. in der Alltagssprache geläufige, aber noch als fremd emfundene Wörter wie *lagōna, concha, trapessīta, architectus, scomber, moechus, parasītus, symbola, hilarus;* 3. preziöse Gräzismen zur Bezeichnung von Extravaganzen oder als aufschneiderische Synonyma üblicher lateinischer Wörter, z. B. *tunica patagiāta* ‚Kleid mit Bordure', *schoenus* ‚aufdringliches Parfum', *syngraphum* ‚schriftliches Dokument'; 4. Slang-Ausdrücke: *bolus* ‚Erfolg', *basilicē* ‚prima', *graphicus* ‚typisch', *graphicē* ‚ganz toll'.

Insgesamt darf man bei aller Vorsicht sicher die Behauptung wagen, daß der hohe Anteil an Gräzismen, den die Sprache der römischen Komiker aufweist, nicht primär als gattungsspezifisches Stilistikum (‚Lokalkolorit' der ja in Griechenland spielenden Handlung oder Reminiszenzen an die griechischen Vorbilder) erklärt werden darf, sondern daß die Vorliebe für griechische Elemente einfach charakteristisch für die Umgangssprache der unternehmenden und wohlhabenden Kreise Roms im 3. und 2. Jh. v. Chr. war. Aber natürlich war die Umgangssprache dieser Personengruppe (und zugleich ihre künstlerische Ausformung in der Komödie) noch durch andere Ausdruckseigentümlichkeiten gekennzeichnet, die man mit Kurzformeln wie Affektivität, Konkretisierung und Partnereinbeziehung umschreiben kann.

Diese Kurzformeln greifen auf J. B. Hoffmann, *Lateinische Umgangssprache* (Heidelberg ^{2}1936) zurück, der die „subjektiv-affektivische Seite der Umgangssprache", die „Rolle des Partners in der Äußerung des persönlichen Gedankens (Rücksichtnahme und Einwirkung auf den Hörer)" und den „sinnlich-anschaulichen Zug der Umgangssprache" herausstrich.

Die Affektivität manifestiert sich in der Vorliebe für Interjektionen (z. B. *eheu, heu, ehem, hem, uae, uah, au, ah, eh, st*) und Beteuerungsformeln (von religiösen Beschwörungen wie *mehercle* und *mediusfidius* bis zu farblosem *certe, uerum* oder *ita / sic*), aber auch in der Neigung zu Übertreibungen (Superlative, Intensitätsausdrücke wie *bene, male, solide, ualde, fortiter, mirifice, egregie,* Unmittelbarkeitsadverbien wie *continuo, confestim, extemplo, ilico, statim*) und zur Abundanz (Wortwiederholungen, Synonymenhäufung, Pleonasmus, *figura etymologica,* Setzung der Subjektspersonalpronomina); auch Diminutive als Koseformen *(muliercula, uxorcula, melilla, corculum, ocellus)* sind hierher zu stellen.

Die Tendenz zur Konkretisierung zeigt sich vor allem in der Vorliebe für auf die Sinne und nicht auf den Intellekt abzielende Ausdrücke: *subolere* statt *suspicari, euomere* statt *emittere, conradere pecuniam* statt *colligere pecuniam.* Hierher gehört die Verwendung von eigentlich auf Tiere zugeschnittenen Ausdrücken auf den menschlichen Bereich, z. B. *rostrum* statt *os, sagina* statt *cibus.*

Die Partnereinbeziehung ist typisch für eine von Kontaktfreude geprägte Gesprächssituation. Hier sind zu nennen verschiedene Arten von Anrede (Name, nicht selten mit Possessivpronomen, *tu,* Imperative wie *memento, scito, ausculta, crede mihi,* Beteuerungen wie *inquam, tibi dico*), die *captatio benevolentiae* (Abschwächung der eigenen Aussage durch Diminutive, Abtönungsadverbien wie *fortasse* oder *utique*) und der Hang zu Euphemismen. Das Bemühen, den Gesprächspartner zu beeindrucken, kommt zum Ausdruck in der Vorliebe für expressive Komposita (Präfixbildungen wie *comedere* statt *edere, commiscere* statt *miscere, adcredere* statt *credere;* Frequentativsuffixe wie *essitare* statt *edere, negitare* statt *negare, ductare* statt *ducere*).

2.3.3 Die literarische Prosa des 3. und 2. Jh. v. Chr.

Während uns in den lateinischen Komödien genügend Text vorliegt, um zumindest die künstlerische Verarbeitung der lateinischen Umgangssprache des 3. und 2. Jahrhunderts v. Chr. greifen zu können, ist die Beurteilung der Sprache der literarischen Prosa derselben Zeit infolge des weitgehenden Verlustes authentischer Texte schwierig: Vollständig erhalten ist uns nur die Schrift *De agri cultura* von M. Porcius Cato (234–149), dessen eigenwillig-persönliche Schreibart sicher nicht als typisch für seine Zeit angesehen werden darf; daneben besitzen wir nur kurze Fragmente von Historikern und Rednern, die bestenfalls einen Zufallseinblick erlauben.

Offenbar war für Catos Prosastil die lapidare Gebotssprache der römischen Gesetze und Senatsbeschlüsse das Vorbild: Kurze Hauptsätze, oft mit Imperativen oder Ersatzkonstruktionen für den Imperativ (z. B. Konjunktiv Präsens), wenig Unterordnungen, stattdessen asyndetische Beiordnungen, einfache Parallelkonstruktionen, Wiederholungen der Schlüsselwörter, Vermeidung von Gräzismen kennzeichnen seine insgesamt wortkarge Schreibart. Als Beispiel diene *Agr.* 3, 1: *prima adulescentia patrem familiae agrum conserere studere oportet; aedificare diu cogitet, conserere cogitare non oportet, sed facere oportet; ubi aetas accessit ad annos XXXVI, tum aedificare oportet; si agrum consitum habeas, ita aedifices, ne uilla fundum quaerat neue fundus uillam.*

Die Rezepte der griechischen Kunstprosa fanden hingegen schon in der nachfolgenden Generation ihre lateinische Nachahmung. P. Scipio Africanus Minor beherrscht Kunstgriffe wie die Klimax, Kolabildung, Wortspiele und Periodisierung, und C. Gracchus bietet in einer 123 v. Chr. gehaltenen Rede eine bemerkenswerte Fertigkeit im Formulieren von Antithesen, Kola-Parallelismus und überlegter Wortwahl: *quae uos cupide per hosce annos adpetistis atque uoluistis, ea si temere repudiaritis, abesse non potest, quin aut olim cupide adpetisse aut nunc cupide repudiasse dicamini* (fr. 32 ap. Gell. 11, 13, 3).

Insgesamt läßt sich über die lateinische Literatursprache im 3. und 2. Jh. v. Chr. sagen, daß eine durchaus eigenständige Entwicklung, die von einheimischen Traditionen (religiöse Dichtung in Saturniern, Lobpreisungen verdienter Verstorbener, Gesetzesformeln, Senatsbeschlüsse) ausging, mehr und mehr unter den Einfluß griechischer Vorbilder geriet und dadurch besonders im Bereich der Syntax und Stilistik eine zuvor ungeahnte Geschmeidigkeit gewann, die freilich mit einem gewissen Verlust an lapidarer Prägnanz gepaart einher ging.

2.4 Die lateinische Sprache in der 1. Hälfte des 1. Jh. v. Chr.

Aus der Sicht der Sprachgeschichte kann man die erste Hälfte des 1. Jh. v. Chr. unbedenklich als ‚Vorklassik' bezeichnen: Es werden jene Ausgangspositionen bezogen, die in direkter Linie zur *aurea Latinitas* führen. Auch für diese ‚Vorklassik' ist die Überlieferungslage nicht besonders gut, aber man kann sich doch ein Bild machen mit Lukrez († 55 v. Chr.), mit Catull († nach 55 v. Chr.), mit der *Rhetorica ad Herennium* (um 85 v. Chr.?) und auch mit Sallust (86–35 v. Chr.), der seine Geschichtswerke zwar erst nach Caesars Tod abfaßte, aber durch sein Archaisieren zumindest eine Vorstellung vom Stil der uns verlorenen Geschichtsschreibung der vorangehenden Generation vermittelt.

Lukrez stellt sich in die direkte Nachfolge von Ennius (1, 117–126), was sprachlich bedeutet, daß er Archaismen liebt (4, 967 *induperator = imperator;* 4, 968 *duellum = bellum;* feminine Genitive auf *-ai,* Infinitive auf *-ier*), Komposita in ihre Bestandteile zerlegt (z. B. 1, 452: *seque gregari = et segregari;* 1, 651 *disque supatis = et dissupatis*) oder durch Simplicia ersetzt, auf die (zuweilen nur vermeintliche) Grundbedeutung von Wörtern zurückgreift und Adverbien in der Art von Präpositionen verwendet. Seine Thematik, die Darstellung der Philosophie Epikurs, zwingt ihn jedoch, dichterisch und sprachlich völlig neue Wege einzuschlagen, was ihm völlig klar war (1, 136–139: *nec me animi fallit Graiorum obscura reperta | difficile inlustrare Latinis uersibus esse, | multa nouis uerbis praesertim cum sit agendum | propter egestatem linguae et rerum nouitatem*). Weil er weiß, daß er ohne Neologismen seinen komplizierten Stoff nicht darstellen könnte, zeigt er auch keine Scheu, unvermeidliche griechische Fachtermini in seinen Hexametern unterzubringen (z. B. 1, 830: *homoeomeria*), aber meist bemüht er sich doch, eine Latinisierung zu bieten: So spricht er nicht etwa von *atomi,* sondern von *corpora, rerum primordia* oder einfach *prima.* Interessant sind die Rückgriffe auf die Volkssprache, die unvermittelt neben Archaismen und Ennius-Reminiszenzen stehen; genannt seien Quasi-Adverbien mit *mente,* die die spätere romanische Entwicklung ahnen lassen (1, 1022 *sagaci mente;* 5, 1325 *minitanti mente*), Vorliebe für begründendes *quare* (vgl. frz. *car*), Diminutive und umgangssprachliche Ausdrücke (z. B. 1, 643 *belle;* 6, 725 *oppilare;* 4, 1160 *foetidus*).

Auf den ersten Blick stellt Catulls leichtfüßig aussehende Kunst einen starken Kontrast zum ernsten Bemühen des Lukrez dar, gewichtige Inhalte trotz der *patrii sermonis egestas* (1, 832) passend in Worte zu kleiden. Man darf aber bei allen Unterschieden, die nicht zuletzt durch das andere Genus verursacht sind, nicht über die sprachlichen Gemeinsamkeiten hinwegsehen: Auch Catull steht vor dem Problem, griechische Subtilitäten, in diesem Falle nicht inhaltlicher, sondern formaler Art, mit den noch ungefügen Mitteln des Lateinischen zum Ausdruck zu bringen, und auch er hilft sich einerseits mit dem Rückgriff auf Stilmittel der älteren lateinischen Dichter, andererseits mit energischen Neuschöpfungen, nicht zuletzt durch die Einbeziehung volkssprachlicher Elemente. In der Selbsteinschätzung wandten sich die Neoteriker von den Traditionen der römischen Poesie ab und bemühten sich, direkt an ihre alexandrinischen Vorbilder anzuknüpfen; in Wahrheit ist der Einfluß der von den frühen Dichtern geprägten Formeln unüberhörbar (z. B. Catull. 64, 125/202 und Enn. *Ann.* 540), und Catulls Sprache hätte ohne die Vorarbeiten des von ihm sicher bewußt nie genannten Ennius ein anderes Gesicht gehabt. An Archaismen seien genannt: *-uo-* statt *-uu-* (z. B. 1, 1: *nouom,* 3, 3: *mortuŏs,* 84, 6: *aluŏs*), Infinitive auf *-ier,* synkopierte Perfekta (mit Verlust des nachtonigen *-is-*) wie *mīstī* (14, 14), *trīstī* (66, 30), *dūxtī* (91, 9), altmodische Wörter (44, 2: *autumāre;* 54, 1: *oppidō;* 64, 145: *apīscī,* 67, 2: *auctāre;* 72, 5: *inpēnsius*). Andererseits ist der Modernisierungsschub bei Catull unübersehbar: Der Einfluß der Volkssprache ist größer als bei irgendeinem Dichter zuvor (ganz häufige Diminutive; Quasi-Adverbien auf *mente* wie 8, 10; 62, 37; 64, 209; Redewendungen wie 61, 137 *hodie atque heri* oder 17, 17 *nec pili facit uni;* derb-obszöne Ausdrücke wie das häufige *irrumāre*), und Gräzismen (auch syntaktischer Art) sind charakteristisch für Catulls Sprache.

Der Autor der *Rhetorica ad Herrennium* war „ein Freund, wenn auch nicht vulgärer, so doch plebejischer Redeweise" (E. Wölfflin, *ALL* 9, 1896, 321). In diese Richtung weisen die zahlreichen, auch ungewöhnlichen, Komposita, die vielen Superlative, pleonastische Ausdrucksweisen, Synonymenhäufung. Bemerkenswert ist der Versuch, Gräzismen durch Prägung von Lehnbildungen zurückzudrängen.

Sallust zeigt in seiner durch und durch reflektierten, bewußt archaisierenden Sprache das Bemühen, an die altrömische *grauitas* des Cato anzuknüpfen: *breuitas* der Ausdrucksweise wird erreicht durch Asyndeta, Elleipseis, Zeugmen, vor allem aber durch Vermeidung jedes überflüssigen Wortes. Neben dem Rückgriff auf die Sprache der frühen Prosa, der uns wegen des weitgehenden Verlustes der einschlägigen Werke nur noch schemenhaft und vor allem in Formalien (*-u-* statt *-i-* in unbetonten Silben vor Labial, Genitive wie *senati*) greifbar wird, ist aber die Beeinflussung durch volkssprachliche Elemente nicht zu übersehen, die man nicht einfach mit dem Hinweis auf die Übereinstimmungen zwischen archaischem und vulgärem Latein wegdiskutieren darf. In seiner Epoche, in der ja Stilisten wie Caesar und Cicero die Entwicklung des Lateinischen bereits in eine ganz andere Richtung gelenkt hatten, wirkte Sallusts prägnante, der schroffen Kürze und nicht dem gefälligen Periodenbau verpflichtete Sprache, die sich sogar der inzwischen eingetretenen Normierung in der Morphologie verschloß, sicherlich wie ein Relikt vergangener Zeiten, und sie vermag uns vielleicht ein (durch die Hand des stilistischen Meisters Sallust wie auch immer verfremdetes) Bild von der historiographischen Prosa der ersten Hälfte des 1. Jh. v. Chr. zu vermitteln.

3 Die Struktur des klassischen Latein

3.1 Zur Definition der ‚Klassik' in der lateinischen Sprachgeschichte

Wenn es um die Frage geht, welcher Sorte lateinischer Prosa Vorbildcharakter zuzuschreiben sei, liegen im wesentlichen zwei Antworten auf dem Tisch: Die ‚Ciceronianer' ließen von jeher nur die Sprachform Ciceros (ohne die der

Umgangssprache näheren Briefe) gelten, die ‚Anticiceronianer' bezogen noch Caesar und Livius ein, wobei beide Richtungen beim Wortschatz notgedrungen flexibler waren als in der Morphologie, der Syntax oder der Stilistik. Gemeinsam ist aber allen Antworten auf die Frage, was unter vorbildhafter, also klassischer, Prosa zu verstehen sei, daß die Epoche ziemlich eng umschrieben ist: Das Ende der Herrschaft des Augustus (14 n. Chr.) bildet den spätesten Endpunkt, und man würde den Anfang der Klassik nicht vor den Tod Sullas (78 v. Chr.) datieren wollen. Höchstens drei Generationen umfaßt also die lateinische Klassik, und bei enger Auslegung liegt eine Konzentration auf die weniger als drei Jahrzehnte von 70 v. Chr. (Ciceros Verres-Reden) bis 43 v. Chr. (Tod Ciceros) vor.

Die Eingrenzung der lateinischen Klassik auf diese kurze Zeitspanne ist bereits antik. Der Vorbildcharakter der Reden Ciceros wird am klarsten von Quintilian zum Ausdruck gebracht (*Inst.* 10, 1, 112): *non inmerito ab hominibus aetatis suae regnare in iudiciis dictus est, apud posteros uero id consecutus, ut Cicero iam non hominis nomen, sed eloquentiae habeatur, hunc igitur spectemus, hoc propositum nobis sit exemplum, ille se profecisse sciat, cui Cicero ualde placebit.* Quintilian hebt auch die *mira sermonis elegantia* Caesars hervor (*Inst.* 10, 1, 114), während beim livianischen Erzählstil *mira iocunditas clarissimusque candor,* zudem *lactea ubertas* gelobt wird (*Inst.* 10, 1, 101 und 32), aber auch der Vorwurf des Asinius Pollio, man spüre bei Livius *quaedam Patauinitas* (und das heißt ja, Mangel an *urbanitas,* also ein ziemlich schwerer Verstoß gegen das zeitgenössische Stilideal), nicht verschwiegen ist (*Inst.* 8, 1, 3).

Mittelalterliche Schriftsteller wiederholten eifrig die lobenden Urteile der Antike über Ciceros Stil, was aber kaum Auswirkungen auf die tatsächliche Stilistik hatte. Im Streben, die Werte der Antike wiederzubeleben, versuchten die Humanisten, *Latinitas* und *elegantia* durch Abkehr von der mittelalterlichen Schreibart und Hinwendung zum Stil römischer Autoren zu erreichen. Im 15. und 16. Jh. herrschte im großen und ganzen Übereinstimmung über den Vorbildcharakter des ciceronianischen Stils; was sich uns als Diskussion zwischen ‚Ciceronianern' und ‚Anticiceronianern' darstellt, war eigentlich nur eine Diskussion darum, ob man Cicero in puristischer Weise nachahmen solle oder ob man bei Wahrung seiner generellen Stilcharakteristika vor allem im Wortschatz, aber auch im Periodenbau Flexibilität zeigen dürfe. Erst einige Außenseiter des späten 16. Jh. erwählten sich ernsthaft Schriftsteller der Kaiserzeit als Vorbild (Justus Lipsius beispielsweise bevorzugte Seneca und Tacitus).

Angesichts der generellen Übereinstimmung darüber, daß als das Lateinische κατ' ἐξοχήν die Sprache der kultivierten Oberschicht Roms um die Mitte des ersten Jahrhunderts v. Chr. anzusehen ist, dürfte es angebracht sein, eine kurze Beschreibung der Struktur dieser Sprachform zu versuchen, wobei anders als in den übrigen Abschnitten nicht der diachronische, sondern der synchronische Aspekt betont werden soll. Selbstverständlich dürfen dabei genus- oder situationsabhängige Unterschiede (z. B. Rede, Abhandlung, Brief, vertrauter oder förmlicher Umgang) ebensowenig wie personentypische Eigenarten übersehen werden, aber die im folgenden zu beschreibende Grundstruktur des stadtrömischen Lateins dieser Zeit wird dadurch nicht beeinträchtigt.

3.1.1 Die Aussprache des Lateinischen in der klassischen Zeit

Wenn man sich mit der Aussprache einer Sprache beschäftigt, kann man den Schwerpunkt auf eine möglichst genaue, sozusagen naturwissenschaftliche Beschreibung jedes einzelnen Lautes für sich legen; in diesem Falle redet man von Phonetik. Man kann aber auch die Funktion des Lautes in den Vordergrund stellen, die ja primär darin liegt, als kleinste sprachliche Einheit unverwechselbar neben weitere Laute zu treten und so eine im Bewußtsein sowohl des Sprechers als auch des Hörers vorhandene, gemeinsame und stets wiedererkennbare Vorstellung zu evozieren; in diesem Falle spricht man von Phonologie. Die Phonologie beschäftigt sich nicht mit dem Laut als akustischem Phänomen, sondern mit dem sogenannten Phonem, das man als durch den Laut hervorgerufenen Lautvorstellung in bedeutungsunterscheidender Funktion definieren könnte. Es liegt auf der Hand, daß bei einer toten Sprache wie dem Latein phonetische Ansätze bestenfalls rudimentär möglich sind, indem Analogieschlüsse auf Grund der Beobachtungen vergleichbarer Phänomene in lebenden Sprachen gezogen werden; hingegen ist uns das phonologische System alphabetisch geschriebener Sprachen weitgehend zugänglich, weil die Phoneme weitgehend – nicht vollständig – in Schriftzeichen mit bedeutungsunterscheidender Funktion (Grapheme) ihre Entsprechung fanden. Eine begrifflich saubere vollständige Scheidung zwischen Phonetik und Phonologie ist schon bei lebenden Sprachen nicht möglich (die Phonologie bleibt beispielsweise bei der Definition der verschiedenen Phoneme immer auf die Phonetik angewiesen) und auch nicht wünschenswert, erst recht nicht bei toten Sprachen. Die folgenden Bemerkungen betreffen also in erster Linie das phonologische System des Lateinischen, aber zuweilen fließen phonetische Zusatzinformationen ein.

Prinzipiell können sich Vokale unterscheiden nach ihrer Quantität (lange vs. kurze Vokale) und nach ihrer Qualität; letztere hängt ab von den artikulatorischen Faktoren Öffnungsgrad (kleine, mittlere oder große Öffnung des Mundes), Zungenstellung (Annäherung an das Palatum, also den harten Vordergaumen [Palatalvokale] oder an das Velum, also das weiche Gaumensegel im hinteren Teil des Mundes [Velarvokale]), Lippenstellung (gespreizte zurückgezogene, gerundete, vorgestülpte und neutrale Lippenstellung) und Gaumensegelstellung (Schließung: orale Vokale; Öffnung: nasale Vokale).

Das Lateinische hatte im 1. Jh. v. Chr. einen ausgewogenen Vokalismus: Es gab ein dreistufiges System oraler Vokale, wobei gespreizte Lippenstellung mit palataler Zungenstellung und gerundete Lippenstellung mit velarer Zungenstellung einherging; jedes Vokalphonem konnte (sowohl in betonter als auch in unbetonter Stellung) als Länge oder als Kürze auftreten:

Öffnungsgrad des Mundes ↓	← gespreizt ← Palatum	Lippenstellung Zungenstellung	gerundet → Velum →
groß		*ă/ā*	
mittel	*ĕ/ē*		*ŏ/ō*
klein	*ĭ/ī*		*ŭ/ū*

Zu diesen 10 einheimischen Vokalphonemen traten in der Aussprache der Gebildeten noch die beiden griechischen Phoneme *y̆* und *ȳ* hinzu, die sich schon durch die Tatsache, daß sie gerundet, aber dennoch palatal gesprochen wurden, als Fremdkörper im System darstellten. Ungebildete ersetzten *y̆* und *ȳ* durch *ŭ* und *ū*.

In bestimmten Umgebungen traten besondere phonetische Realisierungen der Phoneme auf: Die Nasalität eines nachfolgenden *m* und wahrscheinlich auch *n* übertrug sich auf den vorangehenden Vokal, der zu einem Nasalvokal wurde; wahrscheinlich wurde der Konsonant schwächer als sonst gesprochen, fiel aber jedenfalls nicht ganz weg. Das kurze *ĭ* trat im Superlativsuffix *-ĭmus* und in einigen wenigen anderen Wörtern vor Labialkonsonanten (z. B. *lĭbet, manĭfestus, intĭbum*) als *medius quidam „u" et „i" litterae sonus* (Quint. 1, 4, 8) auf, also wahrscheinlich als gespreizter Mittelzungenvokal kleinen Öffnungsgrades (wie rumänisch *î*, türkisch *ı* oder russisch *ы*).

Hatte das Altlateinische noch fünf (fallende) Diphthonge aufgewiesen *(ai, au, ei, oi, ou)*, so waren im 1. Jh. v. Chr. nur noch *ae* (< *ai*) und *au* sowie rudimentär *oe* (< *oi*) übriggeblieben; in griechischen Wörtern trat auch *eu* auf. Diese Diphthonge wurden in gebildeten Kreisen noch nicht als Monophthonge ausgesprochen, d. h. *ae* und *au* waren noch ein *a* mit zu derselben Silbe gehörigem nachfolgenden schwächeren *e* bzw. *u;* in der Volkssprache begannen sich aber die ursprünglich im ländlichen Umfeld Roms beheimateten Monophthonge *e* (vgl. *reda / raeda*) und *o* (vgl. *Clodius / Claudius*) durchzusetzen.

Der Konsonantismus des Lateinischen ist von einem etwas weniger hohen Grad an Ausgewogenheit als der Vokalismus gekennzeichnet: Bei den 15 Konsonantenphonemen herrscht nur im Bereich der Verschlußlaute ein vollständiger Parallelismus zwischen stimmhaften und stimmlosen Phonemen; die Reibelaute sind relativ schwach vertreten, denn *s, j* und *h* haben keine parallelen Entsprechungen und Phoneme wie *š* (deutsch *sch*) oder *ž* (frz. *j* in *jour*) fehlen.

	Verschlußlaute			Reibelaute				Nasale		Liquide	
stimmhaft	*b*	*d*	*g*	*v*	*s*		*h*	*m*	*n*	*l*	*r*
stimmlos	*p*	*t*	*k*	*f*		*j*					

In der Aussprache der Gebildeten traten diesen 15 einheimischen Phonemen noch fünf griechische Phoneme zur Seite, nämlich die Affrikata *ts* (geschrieben *z*) und die drei stimmlosen Aspiraten *ph, th, ch.* Da diese Konsonantenphoneme dem lateinischen System, das ja von Hause aus überhaupt keine Affrikaten und Aspiraten kennt, fremd waren, darf es nicht erstaunen, daß es stattdessen auch Ersatz durch einheimische Quasi-Entsprechungen gab: Statt der Affrikata *ts* konnte der (im Inlaut geminierte) Reibelaut *s* eintreten (z. B. ζάπλουτος ‚sehr reich' > *saplūtus,* ὄβρυζα ‚Feuerprobe des Goldes' > *obryza / obrussa*), bei den Aspiraten konnte Ersatz durch die entsprechenden Verschlußlaute erfolgen (συμφωνία > **sumponia* [aus den romanischen Nachfolgeformen zu erschließen] / *symphonia,* θησαυρός > *thesaurus / tesaurus,* κόγχη > *concha / conca*).

3.1.2 Der Formenbestand des Lateinischen in der klassischen Zeit

Das klassische Latein stellt eine stark flektierende Sprache indogermanischen Typs mit einem relativ komplexen, aber wenig funktionellen Nebeneinander verschiedener Deklinations- und Konjugationsklassen dar.

Bei den Nomina (Substantive, Adjektive) und Pronomina unterscheidet man drei Genera (Maskulinum, Femininum, Neutrum), zwei Numeri (Singular, Plural), fünf Kasus (ein sechster Kasus, der Vokativ, hat nur in der 2. Deklination im Singular eine eigene Form, nämlich *-e*). Ein Artikel fehlt. Das Genus ist jedem Substantiv inhärent, wobei formal nur das Neutrum im Nominativ und Akkusativ spezielle Formen aufweist; innerhalb ihrer Flexionsklassen sind maskuline und feminine Substantive ihrer Form nach nicht zu unterscheiden und werden hinsichtlich ihres Genus erst durch Hinzufügung eines Adjektives kenntlich. Obwohl es also prinzipiell keine Korrelation zwischen Genus und Deklinationsklasse gibt, lassen sich außer für die 3. Deklination leichte Faustregeln formulieren: So sind die Wörter der 1. Deklination Feminina, sofern sie nicht männliche Wesen bezeichnen *(agricola, nauta);* die Wörter der 2. Deklination auf *-us* sind fast ausschließlich Maskulina, die auf *-um* sind Neutra; die Wörter der 4. Deklination auf *-us* sind Maskulina, die auf *-ū* Neutra; die 5. Deklination umfaßt nahezu ausschließlich Feminina. Dieselbe Funktion (z. B. Ausdruck des Akkusativs Plural) wird abhängig von der Flexionsklasse mit unterschiedlichen Endungen (*-ās, -ōs, -ēs*) ausgedrückt, andererseits kann dieselbe Endung ganz unterschiedliche Funktionen haben (*-ī* kann auf einen Genitiv Singular oder auf einen Nominativ Plural der 2. Deklination wie auch auf einen Dativ Singular der 3. Deklination hindeuten).

Die Deklinationsklassen seien hier in aller Kürze an jeweils einem typischen Beispiel exemplifiziert (Formenreihenfolge jeweils Nom., Gen., Dat., Akk., Abl.; Sing. und Pl. sind durch / voneinander getrennt); die Trennung zwischen Wortstock (z. B. *domin-*) und Endung (z. B. *-us*) ist vom synchronen lateinischen Standpunkt aus dargestellt, ohne Berücksichtigung der diachronen Verhältnisse (z. B. Wortstamm *domino-* + Kasusendung *-s* > **dominos* > *dominus,* mit normalem Lautwechsel *-ŏ-* > *-ŭ-* in unbetonter geschlossener Auslautsilbe). Genauere Angaben und die Darstellung von Abweichungen vom Grundtyp müssen Grammatiken vorbehalten bleiben.

1. Deklination (*a*-Deklination): Endungen *-a, -ae, -ae, -am, -ā/ -ae, -ārum, -īs, -ās, -īs*. In Verbindung mit dem Wortstock *flamm-* ergibt das: *flamma, flammae, flammae, flammam, flammā / flammae, flammārum, flammīs, flammās, flammīs.*

2. Deklination (*o*-Deklination): Endungen *-us* (Neutrum *-um*), *-ī, -ō, -um, -ō / -ī* (Neutrum *-a*), *-ōrum, -īs, -ōs* (Neutrum *-a*), *-īs*. In Verbindung mit dem Wortstock *domin-* ergibt das: *dominus, dominī, dominō, dominum, dominō / dominī, dominōrum, dominīs, dominōs, dominīs.*

3. Deklination (konsonantische Deklination und *i*-Deklination): Endungen *-s* (das Neutrum zeigt den reinen Stamm), *-is, -ī, -em* (beim Neutrum wie Nom.), *-e* (bei Adj. *-ī*, in der *i*-Dekl. *-ī*) / *-ēs* (Neutrum *-(i)a*), *-um* (bei Adj. und in der *i*-Dekl. *-ium*), *-ibus, -ēs* (beim Neutrum wie Nom.), *-ibus*. In Verbindung mit dem Stamm *urb-* ergibt das: *urbs, urbis, urbī, urbem, urbe / urbēs, urbum, urbibus, urbēs, urbibus.*

4. Deklination (*u*-Deklination): Endungen *-us* (Neutrum *-ū*), *-ūs, -ū(ī), -um* (Neutrum*-ū*), *-ū / -ūs* (Neutrum *-ua*), *-uum, -ibus, -ūs* (Neutrum *-ua*), *-ibus*. In Verbindung mit dem Stamm *fructu-* ergibt das: *fructus, fructūs, fructuī, fructum, fructū / fructūs, fructuum, fructibus, fructūs, fructibus.*

5. Deklination (*e*-Deklination): Endungen *-ēs, -eī* (*-ēī* nach *-i-*), *-eī* (*-ēī* nach *-i-*), *-em, -ē / -ēs, -ērum, -ēbus, -ēs, -ēbus*. In Verbindung mit dem Stamm *rē-* ergibt das: *rēs, reī, reī, rem, rē / rēs, rērum, rēbus, rēs, rēbus.*

Die Adjektive richten sich in Genus, Numerus und Kasus nach dem Substantiv, von dem sie abhängen. Weitaus die meisten Adjektive zeigen im Nominativ drei verschiedene Formen für die drei Genera, wobei das Maskulinum nach der 2. Deklination, das Femininum nach der 1. Deklination und das Neutrum wieder nach der 2. Deklination gehen *(tūtus, tūta, tūtum)*; bei den vergleichsweise nicht besonders zahlreichen Adjektiven der 3. Deklination weisen diejenigen, die auf *-is* ausgehen, sowie die Komparative auf *-ior* zwar eine gemeinsame Form für das Maskulinum und Femininum, aber eine besondere Form für das Neutrum auf (*fortis* m./f., *forte* n.; *mitior* m./f., *mitius* n.), während sonst für alle drei Genera eine gemeinsame Form vorliegt (*tenāx, concors, clēmēns, dīues, uetus* usw.); lediglich das Neutrum Plural zeigt immer eine eigene Form auf *-(i)a*. Die Steigerung der Adjektive im Lateinischen erfolgt synthetisch: Der Komparativ zeichnet sich durch die Endung *-ior* aus (*tūtior* m./f., *tūtius* n.), der Superlativ durch die Endung *-issimus* (*tūtissimus* m., *tūtissima* f., *tūtissimum* n.). Die meisten von Adjektiven der 1./2. Deklination aus gebildeten Adverbien zeigen die Endung *-ē* (z. B. *tūtē*), daneben kommt auch *-ō* vor (es gibt beispielsweise die Nebenform *tūtō*); die von Adjektiven der 3. Deklination aus gebildeten Adjektive zeigen *-ter* (z. B. *fortiter*), das auch analogisch auf einige zur 1./2. Deklination gehörige Formen übertragen wurde.

Das System der lateinischen Personalpronomina ist defektiv: Die Genitivformen fehlen und werden durch die entsprechenden Possessivpronomina ersetzt, in der 3. Person gibt es nur das für Singular und Plural identische Reflexivpronomen im Dativ, Akkusativ und Ablativ *(sibi, sē, sē)*. Die Personalpronomina der 1. und 2. Person kennen keine Genusdifferenzierung und weisen eine Deklination auf, die auf verschiedene Stämme zurückgreift und mit den sonstigen Nominalflexion keine Gemeinsamkeiten zeigt; *ego, (meī), mihi, mē, mē / nōs, (nostrī), nōbīs, nōs, nōbīs; tū, (tuī), tibi, tē, tē / uōs, (uestrī), uōbīs, uōs, uōbīs.*

Die Possessivpronomina *(meus / noster, tuus / uester, suus)* werden wie die Adjektive der 1./2. Deklination behandelt.

Demonstrativpronomina liegen in größerer Zahl vor als in den meisten modernen Sprachen, weil das Lateinische ein dreistufiges System (‚bei mir' = beim Sprechenden, ‚bei dir' = beim Angesprochenen, ‚bei ihm' = beim Besprochenen) hatte, beispielsweise: *hic* ‚dieser bei mir' (Deixis der 1. Person), *iste* ‚jener bei dir' (Deixis der 2. Person), *ille* ‚jener da hinten' (Deixis der 3. Person).

Die Interrogativ-, Relativ- und Indefinitpronomina zeigen enge Berührungen:

Nom.	*quis? quae? quid?*	*quī, quae, quod*	*quīcumque, quaecumque, quodcumque*
Gen.	*cūius?*	*cūius*	*cūiuscumque*
Dat.	*cuī?*	*cuī*	*cuīcumque*
Akk.	*quem? quam? quid?*	*quem, quam, quod*	*quemcumque, quamcumque, quodcumque*
Abl.	*quō? quā? quō?*	*quō, quā, quō*	*quōcumque, quācumque, quōcumque*

Das lateinische Verbalsystem ist durch einen im Vergleich zu den meisten modernen europäischen Sprachen auffälligen Formenreichtum gekennzeichnet, der aber gegenüber der indogermanischen Ursprache und auch gegenüber Sprachen wie Sanskrit oder Griechisch bereits bemerkenswert ausgedünnt ist. Während man von einem griechischen Verb 507 analytische Formen bilden kann, beschränkt sich diese Zahl im Falle des Lateinischen auf 113 Formen (zum Vergleich: ein deutsches Verb bringt es auf 10 Formen, ein englisches auf nur 4).

Das Lateinische hat zwei Diathesen *(genera verbi)*, nämlich Aktiv und Passiv; ein echtes Medium ist nicht vorhanden, obwohl das Vorhandensein der sogenannten Deponentien (passive Form, aber aktive Bedeutung) auf frühere Existenz deutet. Es gibt drei Modi: Indikativ, Konjunktiv und Imperativ, aber keinen formalen Optativ und keinen Konditionalis. Das Verbalsystem zeigt eine konsequente Aufteilung auf zwei parallele Subsysteme, nämlich das Präsenssystem und das Perfektsystem, wobei in letzterem die Passivformen analytisch gebildet sind und sich so als sekundäre Neuerungen erweisen. Ein selbständiger Aorist fehlt dem Lateinischen; seine Funktion und in geringerem Maße seine Formen sind im Perfektsystem aufgegangen. Die Verben teilen sich im Präsenssystem grundsätzlich auf vier Konjugationen (erste oder *a*-Konjugation, zweite oder *e*-Konjugation, dritte oder konsonantische Konjugation, vierte oder *i*-Konjugation) auf, daneben gibt es einige Sonderfälle (*esse, uelle, ferre, dăre, fĭĕrī* usw.); im Perfektsystem ist zu unterscheiden zwischen sogenannten ‚starken Perfekta', die sich gegenüber dem Präsens durch eine präfigierte Reduplikationssilbe oder durch einen Wechsel in der Stammgestalt oder beides auszeichnen *(tangō / tetigī)*, und ‚schwachen Perfekta', die den Perfektstamm durch ein angehängtes Lautelement (*s*, konsonantisches oder vokalisches *u*) kennzeichnen *(carpō / carpsī, amō / amāuī, doceō / docuī)*.

Einige Tempora und Modi werden durch Infixe, also durch Elemente, die zwischen Verbstamm und Personalendung treten, gekennzeichnet: So findet man im Indikativ Imperfekt das Infix *-ba- (amā-ba-m)*, im Futur der 1. und 2. Konjugation *-b-* + Bindevokal *(amā-bi-s)*, im Konjunktiv Imperfekt *-re- (amā-re-m)*.

Die Personalendungen im Präsenssystem sind (aktiv / passiv): 1. Pers. Sg. *-ō* oder *-m / -r*, 2. Pers. Sg. *-s / -ris*, 3. Pers. Sg. *-t / -tur*, 1. Pers. Pl. *-mus / -mur*, 2. Pers. Pl. *-tis / -mini*, 3. Pers. Pl. *-nt / -ntur*. Im Perfektsystem hat nur das Aktiv eigene Personalendungen: 1. Pers. Sg. *-ī*, 2. Pers. Sg. *-isti*, 3. Pers. Sg. *-it*, 1. Pers. Pl. *-imus*, 2. Pers. Pl. *-istis*, 3. Pers. Pl. *-ērunt*. Die Endungen werden direkt an den Stamm oder an das Infix angeschlossen (wobei in der 1. Pers. Sg. der 1. Konjugation das *a* wegfällt: *amō* zu *amāre*).

Eine Kurzübersicht möge den Formenbestand darstellen. Die Kurzformel, die die Bildungsart der Formen darstellen soll, ist synchronisch, nicht diachronisch zu verstehen, d. h. sie zielt nicht auf eine die sprachhistorischen Vorgänge erfassende Analyse der Wortbildungselemente ab, sondern sie geht vom Erscheinungsbild aus, das sich im 1. Jh. v. Chr. bot; so ist beispielsweise der Konjunktiv Imperfekt entsprechend dem synchronischen Erscheinungsbild als „Infinitivform + Personalendung" analysiert und nicht als „Stamm (+ Bindevokal) + *-r-* (< *-s-*) + Bindevokal + Personalendung", wie es die historische Betrachtungsweise fordert. Aktive und passive Formen sind jeweils durch einen Querstrich voneinander getrennt, die Reihenfolge ist, wenn nicht anders vermerkt, 1. 2. 3. Person Singular, 1. 2. 3. Person Plural. Im Perfektstamm spielt der Unterschied zwischen den vier Konjugationen keine Rolle, und es gibt keine synthetischen Passivformen.

Infinitiv Präsens Aktiv: Stamm (+ Bindevokal) + *-re*
Infinitiv Präsens Passiv: Stamm + *-rī* (1. 2. 4. Konjugation) bzw. *-ī* (3. Konjugation)

Imperativ Präsens: Singular: Stamm (3. Konj.: + *-ĕ*) / Infinitivform; Plural: Stamm (+ Bindevokal) + *-te* / *-minī*
1. Konjugation: Singular: *amā / amāre*, Plural: *amāte / amāminī*
2. Konjugation: Singular: *dēlē / dēlēre*, Plural: *dēlēte / dēlēminī*
3. Konjugation: Singular: *age / agere*, Plural: *agite / agiminī*
4. Konjugation: Singular: *audī / audīre*, Plural: *audīte / audīminī*

Indikativ Präsens: Stamm (+ Bindevokal) + Personalendung
Indikativ Präsens der 1. Konjugation: *amō / amor, amās / amāris, amat / amātur, amāmus / amāmur, amātis / amāminī, amant / amantur*
Indikativ Präsens der 2. Konjugation: *dēleō / dēleor, dēlēs / dēlēris, dēlet / dēlētur, dēlēmus / dēlēmur, dēlētis / dēlēminī, dēlent / dēlentur*
Indikativ Präsens der 3. Konjugation: *agō / agor, agis / ageris, agit / agitur, agimus / agimur, agitis / agiminī, agunt / aguntur*
Indikativ Präsens der 4. Konjugation: *audiō / audior, audīs / audīris, audit / audītur, audīmus / audīmur, audītis / audīminī, audiunt / audiuntur*

Konjunktiv Präsens: 1. Konjugation: Stamm mit Vokalwechsel *a* > *e* + Personalendung; 2. 3. 4. Konjugation: Stamm + *a* + Personalendung

Konjunktiv Präsens der 1. Konjugation: *amem/ amer, amēs/ amēris, amet/ amētur, amēmus/ amēmur, amētis/ amēminī, ament/ amentur*

Konjunktiv Präsens der 2. Konjugation: *dēleam/ dēlear, dēleās/ dēleāris, dēleat/ dēleātur, dēleāmus/ dēleāmur, dēleātis/ dēleāminī, dēleant/ dēleantur*

Konjunktiv Präsens der 3. Konjugation: *agam/ agar, agās/ agāris, agat/ agātur, agāmus/ agāmur, agātis/ agāminī, agant/ agantur*

Konjunktiv Präsens der 4. Konjugation: *audiam/ audiar, audiās/ audiāris, audiat/ audiātur, audiāmus/ audiāmur, audiātis/ audiāminī, audiant / audiantur*

Indikativ Imperfekt: Stamm (+ Bindevokal) + *-ba-* + Personalendung

Indikativ Imperfekt der 1. Konjugation: *amābam/ amābar, amābās/ amābāris, amābat/ amābātur, amābāmus/ amābāmur, amābātis/ amābāminī, amābant/ amābantur*

Indikativ Imperfekt der 2. Konjugation: *dēlēbam/ dēlēbar, dēlēbās/ dēlēbāris, dēlēbat/ dēlēbātur, dēlēbāmus/ dēlēbāmur, dēlēbātis/ dēlēbāminī, dēlēbant/ dēlēbantur*

Indikativ Imperfekt der 3. Konjugation: *agēbam/ agēbar, agēbās/ agēbāris, agēbat/ agēbātur, agēbāmus/ agēbāmur, agēbātis/ agēbāminī, agēbant/ agēbantur*

Indikativ Imperfekt der 4. Konjugatin: *audiēbam/ audiēbar, audiēbās/ audiēbāris, audiēbat/ audiēbātur, audiēbāmus/ audiēbāmur, audiēbātis/ audiēbāminī, audiēbant/ audiēbantur*

Konjunktiv Imperfekt: Infinitivform + Personalendung

Konjunktiv Imperfekt der 1. Konjugation: *amārem/ amārer, amārēs/ amārēris, amāret/ amārētur, amārēmus/ amārēmur, amārētis/ amārēminī, amārent/ amārentur*

Konjunktiv Imperfekt der 2. Konjugation: *dēlērem/ dēlērer, dēlērēs/ dēlērēris, dēlēret/ dēlērētur, dēlērēmus/ dēlērēmur, dēlērētis/ dēlērēminī, dēlērent/ dēlērentur*

Konjunktiv Imperfekt der 3. Konjugation: *agerem/ agerer, agerēs/ agarēris, agaret/ agerētur, agerēmus/ agerēmur, agarent/ agerentur*

Konjunktiv Imperfekt der 4. Konjugation: *audīrem/ audīrer, audīrēs/ audīrēris, audīret/ audīrētur, audīrēmus/ audīrēmur, audīrētis/ audīrēminī, audīrent/ audīrentur*

Imperativ Futur: 2. 3. Person Singular: Stamm (+ Bindevokal) + *-tō / -tor;* 2. Person Plural: Stamm (+ Bindevokal) + *-tōte* (Passiv fehlt); 3. Person Plural: Stamm (+ Bindevokal) + *-ntō / -ntor*

Imperativ Futur der 1. Konjugation: *amātō/ amātor, amātōte, amantō/ amantor*

Imperativ Futur der 2. Konjugation: *dēlētō/ dēlētor, dēlētōte, dēlentō/ dēlentor*

Futur: Stamm + *-b-* (+ Bindevokal) + Personalendung (1. und 2. Konjugation) bzw. Stamm + *e* + Personalendung (3. und 4. Konjugation; die 1. Person Singular entspricht der 1. Person Singular des Konjunktiv Präsens Aktiv)

Futur der 1. Konjugation: *amābō/ amābor, amābis/ amāberis, amābit/ amābitur, amābimus/ amābimur, amābitis/ amābiminī, amābunt/ amābuntur*

Futur der 2. Konjugation: *dēlēbō/ dēlēbor, dēlēbis/ dēlēberis, dēlēbit/ dēlēbitur, dēlēbimus/ dēlēbimur, dēlēbitis/ dēlēbiminī, dēlēbunt/ dēlēbuntur*

Futur der 3. Konjugation: *agam/ agar, agēs/ agēris, aget/ agētur, agēmus/ agēmur, agētis/ agēminī, agent/ agentur*

Futur der 4. Konjugation: *audiam/ audiar, audiēs/ audiēris, audiet/ audiētur, audiēmus/ audiēmur, audiētis/ audiēminī, audient/ audientur*

Infinitiv Perfekt: Perfektstamm + *-isse*

amāuisse, dēlēuisse, ēgisse, audīuisse

Indikativ Perfekt: Perfektstamm + Personalendungen des Perfektsystems
amāuī, amāuistī, amāuit, amāuimus, amāuistis, amāuērunt

Konjunktiv Perfekt: = Perfektfutur außer 1. Ps. Sg., dort Analogieneubildung auf *-erim*
amāuerim, amāueris, amāuerit, amāuerimus, amāueritis, amāuerint

Indikativ Plusquamperfekt: Perfektstamm + Indikativ Imperfekt von *esse*
amāueram, amāueras, amāuerat, amāueramus, amāuerātis, amāuerant

Konjunktiv Plusquamperfekt: Perfektstamm + *-is-* + Endung des Konj. Impf. von *esse*
amāuissem, amāuisses, amāuisset, amāuissēmus, amāuissētis, amāuissent

Perfektfutur: Perfektstamm + Futur von *esse*
amāuerō, amāueris, amāuerit, amāuerimus, amāueritis, amāuerint

3.1.3 Syntax und Stilistik des Lateinischen in der klassischen Zeit

Die Syntax einer Sprache stellt die funktionale Erweiterung der Morphologie dar, denn sie beschäftigt sich mit der Art, in der morphologisch abgewandelte Einzelwörter in Beziehung zueinander gebracht werden, um Sinnzusammenhänge in Form von (vollständigen oder defektiven) Sätzen auszudrücken. Es gibt Sprachen (wie etwa das Englische oder die meisten romanischen Sprachen), in denen die Reihenfolge der Elemente ganz entscheidend für ihre Funktion im Satze ist, während andere Sprachen, zu denen beispielsweise das Deutsche, das Russische, das Griechische und eben das Lateinische gehören, die Funktion der Elemente in höherem Maße von ihrer morphologischen Gestalt abhängig machen. Als das Lateinische im 1. Jh. v. Chr. in seine klassischen Form gebracht wurde, zeigten sich die ersten Anzeichen dafür, daß es im Begriff war, den zweiten Typus aufzugeben und in den ersten Typus überzutreten (Abbau flexionaler Merkmale durch lautlichen Zusammenfall verschiedener Formen); wenn man dennoch den Eindruck hat, daß das Funktionieren der klassischen lateinischen Syntax primär vom Formenreichtum abhängig ist, so liegt das erstens daran, daß die maßgeblichen Sprachgestalter konservativ waren, d. h. bereits im Untergang begriffene Phänomene zu bewahren trachteten, und zweitens darf man nicht übersehen, daß die Nachahmung der griechischen Syntax in ihrer verfeinerten hellenistischen Ausprägung eine ganz wichtige Rolle spielte.

Es kann hier nicht der Ort sein, auch nur die wichtigsten Züge der lateinischen Syntax darzustellen, zumal in diesem Bereich viele Beschreibungsmodelle in Konkurrenz zueinander stehen, die ganz unterschiedliche Phänomene ins Zentrum des Interesses stellen. Hervorzuheben bleibt, daß eines der Hauptkennzeichen der Syntax der klassischen Literatursprache die weitgehende Durchführung der – auf dem Hintergrund einer Grundlegung durch griechische Theorien zu sehenden – Periodisierung ist, d. h. die strenge Abfolge und der Parallelismus von koordinierten oder subordinierten Vorder- und Nachsätzen wurde zu einem Kennzeichen der lateinischen Prosa (und in gewissen Grenzen auch der lateinischen Poesie). Abweichungen von diesem Muster (Inkonzinnität, lapidare Kurzsätze) konnten als auffälliges Stilmerkmal eingesetzt werden und zeigen gerade dadurch, in wie hohem Maße eine komplexe, aber klar konstruierte Satzstruktur als ‚Normalschriftsprache' galt.

4 Das kaiserzeitliche Latein

Die *aetās Augusta* stellt sich janusköpfig dar: An die Stelle der Wirren der Bürgerkriege tritt staatliche Stabilität, die aber zugleich das Ende der *libera res publica* und den Beginn des Systems der Alleinherrschaft bedeutet; gerade die Dichter der augusteischen Zeit vermitteln uns den Eindruck, daß man einerseits das Gefühl eines verheißungsvollen Neuanfangs hatte, aber andererseits den Verlust der republikanischen Freiheiten in einer Haltung fatalistischer oder zorniger Ohnmacht bedauerte. Nach Augustus verlor sich die optimistische Haltung schnell, während es chic wurde, die Gegenwart in schwarzen Farben zu malen. Die Weltsicht der Intellektuellen wurde zunehmend geprägt von einem resignativen Kulturpessimismus und von einem Dekadenzgefühl, das sich darin gefiel, die Leistungen der *maiores* als nachahmenswert, aber unerreichbar darzustellen. Diese Lebensauffassung findet ihren Niederschlag in der Sprachverwendung der Schriftsteller. Von jeher war ja die Entwicklung der lateinischen Literatursprache geprägt gewesen vom Spannungsverhältnis zwischen der Neigung zu archaisierender Sprache in Nachahmung von Autoren der Vergangenheit und dem Willen zur sprachlichen Neuerung durch Berücksichtigung von Gegebenheiten der zeitgenössischen Umgangssprache; in der Kaiserzeit rücken nun die Nachahmung oder die nachahmende Weiterentwicklung der Sprache bewährter literarischer Vorbilder einerseits und die kühn-künstliche Wortneubildung andererseits ganz entschieden in den Vordergrund, während zugleich in der anspruchsvollen Literatur eine massive Abwertung und geradezu Tabuisierung der Alltagssprache erfolgte.

Als Besonderheit der Kaiserzeit bis etwa zum Jahre 250 n. Chr. ist die ausgeprägte Zweisprachigkeit der gebildeten Kreise hervorzuheben: Für die römische Elite war es schon zur Zeit der ausgehenden Republik selbstverständlich geworden, die Söhne zur Vervollkommnung der Ausbildung für einige Zeit nach Griechenland zu schicken, und was die Sklaven- und Freigelassenenschicht im Westen anbetrifft, so müssen wir von einem beachtlichen Anteil an Personen aus dem Osten, deren *lingua franca* das Griechische war, ausgehen. Kein Wunder, daß Tendenzen der griechischen Sprach- und Stilentwicklung schnell auf das Lateinische übergriffen. Es ist typisch für das Verhalten von wirklich zweisprachigen Personen, daß materielle Wortentlehnungen weit weniger häufig vorkamen als vielmehr die Übernahme fremder Strukturen, von lautlichen Phänomenen über Lehnsemantik bis hin zu fremder Morophologie und vor allem Syntax. Als etwa von der Mitte des 3. Jh. n. Chr. an der traditionelle Bildungskanon zu verfallen begann, waren die Griechischkenntnisse eines der ersten Opfer der Entwicklung, und schon im 4. Jh. n. Chr. war die Fähigkeit, problemlos griechisch zu verstehen, eher die Ausnahme als die Regel. Mit der Reichsteilung war das Schicksal der *litterae Graecae* im Westen besiegelt: Bis zur Renaissance blieben sogar rudimentärste Griechischkenntnisse bestaunenswerte Einzelfälle. Die griechischen Strukturen aber, die in der frühen Kaiserzeit das Lateinische geprägt hatten, blieben natürlich erhalten.

4.1 Literarisch-sprachliche Kanonbildung

Bis zu den Autoren der augusteischen Zeit war die Möglichkeit zur *imitatio* der Sprache und der Schreibart älterer Schriftsteller sozusagen ein freibleibendes Angebot: Lukrez konnte Ausdrücke und Wendungen von Ennius übernehmen, er konnte es aber auch lassen. In der Kaiserzeit kam es hier zu einer entscheidenden Änderung: Wie im griechischen Bereich der Attizismus die Sprachform einer Reihe attischer Schriftsteller des 5. und 4. Jh. v. Chr. (längst nicht aller!) als einzig akzeptable Norm ansah, deren Befolgung folglich für jeden, der ‚gutes' Griechisch schreiben wollte, unvermeidlich war, so wurde für die am höchsten geschätzten Genera der lateinischen Prosa – Rhetorik, Philosophie, Historiographie – vor allem die Schreibart Ciceros zur Norm. Eine entscheidende Rolle spielte in diesem Zusammenhang Quintilian, der die Befolgung der grundsätzlichen sprachlichen Weichenstellungen des ciceronianischen Lateins, nicht aber die sklavische Nachahmung zur Richtschnur guten Stils machte.

Jürgen Untermann hat zu Recht hervorgehoben (*Gymnasium* 84, 1977, 281), daß „es nicht Cicero und seine Vorgänger gewesen sind, die die lateinische Sprache normiert haben, sondern Quintilian und seine Kollegen; die Normierung des Lateins hat stattgefunden nicht, weil Cicero seine sprachlichen Fähigkeiten kanonisierte (was er bekanntlich nie im Sinn hatte), sondern weil nach ihm kein überragender Mann mehr gelebt hat, der mit gleicher Überzeugungskraft neue Aufgaben besser gelöst hätte". Dadurch, daß das Abfassen von Reden und Traktaten im Stile Ciceros zu einem Gegenstand der schulischen Ausbildung wurde, war im Grunde genommen die so konstituierte Sprachnorm zumindest für weite Bereiche der Prosa verbindlich geworden; wer von nun an anders schrieb, traf nicht mehr eine freie Wahl aus einem weiten Angebot von Stiltypen, sondern er konnte entweder infolge mangelnder Ausbildung nicht normgerecht schreiben, oder er wollte bewußt in Opposition zur allgemein anerkannten Sprachnorm treten.

Mit der Kanonisierung des ciceronianischen Stils als Muster für lateinische Prosa im 1. Jh. n. Chr. wurde die Einübung der Reproduktion einer der Vergangenheit angehörigen Sprachform zum schulischen Programm erhoben. Die Einbringung von Veränderungen der Alltagssprache in die Schriftsprache wurde als ‚Fehler' stigmatisiert, ein möglichst großer Abstand zwischen gesprochener und geschriebener Sprache galt zunehmend als Merkmal für stilistische Virtuosität. Der Weg, der schließlich zu einer toten Sprache führte, nimmt im Grunde in den Rhetorenschulen der Kaiserzeit seinen Anfang.

Wie Cicero zum schulischen Prosamodell wurde, so wurde Vergil zum unbestrittenen Schulautor für die Dichtungssprache. Ein wichtiger Unterschied ist freilich darin zu sehen, daß man lernte, rhetorische Übungstexte im Stile Ciceros zu verfassen, während das Abfassen von Epen nicht auf dem Stundenplan stand; stattdessen mußten die Schüler jedoch große Abschnitte auswendig hersagen können. Wahrscheinlich ist hier eine der Ursachen dafür zu suchen, daß in der Kaiserzeit die Trennwand, die prosaische und poetische Ausdrucksweise voneinander schied, zunehmend durchlässiger wurde, bis es geradezu als Kennzeichen ausgefeilter Prosa angesehen wurde, ihr durch geschicktes Einstreuen poetischer Wörter und Wendungen alltagsfernen Glanz zu verleihen.

Natürlich bedeutet die in der schulischen Ausbildung praktizierte rückwärtsgewandte Ausrichtung auf eine an einem einzelnen Autor und bestenfalls einigen wenigen seiner Zeitgenossen orientierte Schreibweise noch lange nicht, daß es in der Kaiserzeit keinen Individualstil mehr gegeben hätte. Das Gegenteil ist der Fall: Die an Cicero orientierte Schreibart war ja nur die Schulnorm, die von jedem gebildeten Menschen üblicherweise angestrebt wurde und die folglich als unmarkierter Normalstil galt. Wer sich als Schriftsteller sprachlich profilieren wollte, mußte jetzt entweder diesen Normalstil in besonders vollendeter Qualität schreiben, also sich als *alter Cicero* gerieren, oder er mußte sich ganz bewußt vom Normalstil absetzen. Wer jetzt anders schrieb, verfolgte jedenfalls die Absicht, sprachlich gegen den Strom zu schwimmen, wobei die Motive unterschiedlichster Art sein konnten: Petronius will die Sprachverwendung im Freigelassenenmilieu künstlerisch nachvollziehen, Tacitus will seine Unabhängigkeit vom Geschmack und von Urteilen seiner Zeitgenossen auch sprachlich artikulieren, Apuleius will durch die Häufung von Ausdrucksweisen, die im Gegensatz zum Normalstil stehen, Aufmerksamkeit erreichen und seine sprachliche Virtuosität unter Beweis stellen. Überhaupt wird die Suche nach unerwarteten, unverbrauchten und unerhörten Ausdrucksweisen in der späteren Kaiserzeit zunehmend zum gemeinsamen Charakteristikum der manieristischen Literatursprache, die ihr Publikum mit gesuchten Archaismen, mit der Verwischung der Grenzen zwischen poetischem und prosaischem Sprachgebrauch, mit der Häufung von Synonymen, mit der Neubildung von Wörtern und nicht zuletzt mit der Rhythmisierung der Prosa zu beeindrucken suchte. Ihre Wirkung konnte diese Schreibart der Sprachvirtuosen aber nur vor dem Hintergrund einer schulisch vermittelten und generell akzeptierten Normsprache ciceronianischer Observanz entfalten.

4.2 Das Latein der Christen

Von der kunstvollen und nicht selten gekünstelten Sprache der Hochliteratur hebt sich das Latein der frühen christlichen Schriften ganz auffällig ab. Hier sind natürlich zunächst die frühen Bibelübersetzungen *(Vetus Latina)* zu nennen, dann aber auch die Werke der Apologeten und schließlich der Kirchenväter. Man darf nicht vergessen, daß die ersten Christen auch im Westen hellenisierte Juden waren und daß längere Zeit vor allem griechischsprachige Sklaven und Freigelassene das Zielpublikum der Bekehrungsaktivitäten waren. So erklärt es sich, daß das christliche Latein von Anfang an eine starke griechische Färbung hatte; als die christliche Botschaft schließlich auch unter den Gebildeten Erfolg zu haben begann und diese sich bemühten, lateinische Neuprägungen an die Stelle der Gräzismen zu setzen, waren einige von diesen schon so sehr als Fachtermini verankert, daß kein Purismus sie mehr vertreiben konnte.

Das christliche Latein weist nicht nur erheblich mehr griechische Wörter auf, als sie sonst in der Literatursprache der Kaiserzeit üblich waren, sondern es gibt auch viele Lehnübersetzungen und syntaktische Gräzismen; hier darf man von einer Konvergenz zwischen dem Einfluß eines weitgehend griechischsprachigen Ambiente und der Nachahmung der Sprache der griechischen Bibel ausgehen. Hingegen sind die Anklänge ans Hebräische (bzw. Aramäische) durchweg indirekt, d. h. über das Bibelgriechische vermittelt.

Das bemerkenswerteste Charakteristikum des frühen Christenlateins ist seine von der zeitgenössischen literarischen Schreibweise abweichende Ungekünsteltheit: *Sacrae Scripturae sermo humilis.* Drei Faktoren dürften hierbei zusammengetroffen sein: Die ersten Missionare, die sich des Lateinischen bedienten, gehörten nicht zur Bildungselite, auf die sprachlichen Gewohnheiten des Zielpublikums mußte Rücksicht genommen werden, und auch das Griechische der Bibel war eine den Normen der literarischen Prosa fernstehende Sprachform.

Die frühesten lateinischen Bibelübersetzungen, die unter dem Etikett *Vetus Latina* zusammengefaßt werden, entstanden je nach den Gemeindebedürfnissen an verschiedenen Stellen unabhängig voneinander; ihr Sprachduktus ist bei aller Gemeinsamkeit in der Schlichtheit der Ausdrucksweise völlig unterschiedlich, es gibt sowohl relativ freie als auch übertrieben buchstabengetreue Versionen, und Übersetzungsfehler auch der gröberen Art sind an der Tagesordnung. Die Sprache der verschiedenen Versionen der *Vetus Latina* zeigt bei allen Unterschieden in den Einzelheiten ein auffälliges Fehlen der Kunstgriffe der zeitgenössischen Literatursprache: Die Autoren dieser Versionen lassen weder die ciceronianische Rhetorenschule noch gar ein bewußtes Stilisieren in eine andere Richtung erkennen, sondern sie schreiben weitgehend ihre Umgangssprache.

Lange wurde die These vertreten, das Latein der Christen sei eine ‚Sondersprache' gewesen, also ein kohärentes Sprachsystem einer in sich geschlossenen soziologischen Gruppe, das sich vom Latein der Heiden unterschied. Für den Wortschatz war der Beweis einer besonderen Ausprägung leicht zu führen, und es ist unstrittig, daß in einer Gemeinschaft, die sich einer alle Lebensbereiche erfassenden, im Gegensatz zur Umwelt stehenden Ideologie unterwirft, neue Wörter und neue Bedeutungen für bereits existierende Wörter entstehen müssen.

Für das Latein der Christen sind also nicht nur religionstypische Fachtermini wie *angelus, apostolus, episcopus, martyr, prophēta* usw. charakteristisch, sondern auch die semantische Neubestimmung von Wörtern, die im heidnischen Kontext etwas anderes bedeuten: *ōrāre* ‚beten' (statt ‚fragen, bitten'), *pāgānus* ‚Heide' (statt ‚Landbewohner, Zivilist'), *saeculum* ‚Welt' (statt ‚Jahrhundert, Zeitalter').

Was aber allen Bemühungen zum Trotze nicht gelang, war der Nachweis morphologischer und syntaktischer Besonderheiten, die nur bei den antiken Christen zu belegen wären, und so denkt man heute nur an die Besonderheiten des Wortschatzes und der Stilistik, wenn man von christlichem Latein spricht.

In dem Maße, in dem das Christentum immer weitere und vor allem sozial höherstehende Kreise der römischen Gesellschaft erfaßte, um schließlich als Staatsreligion den Sieg über das Heidentum davonzutragen, schwand auch die sprachliche Divergenz zwischen Christenlatein und Heidenlatein. Zunächst bemühten sich auch die christlichen Schriftsteller, die als gebildete Literaten Propagandaschriften verfaßten, die Schlichtheit der Ausdrucksweise, die geradezu als Kennzeichen der Christen galt, mit den Ansprüchen einer durchstilisierten Sprache zu verbinden, um Ihresgleichen für die neue Religion zu gewinnen: Vermied Minucius Felix noch die meisten für Nichtchristen ungewohnten Wörter, so schrieb Laktanz schon sein ciceronianisches Latein unter Verzicht auf auffälligen rhetorischen Aufputz, jedoch unter selbstverständlicher Einbeziehung des christlichen Sonderwortschatzes; Augustinus schrieb in seinen an ein gebildetes Publikum gerichteten Werken (wie *De ciuitate dei*) eine ganz andere, am ciceronianischen Ideal ausgerichtete Sprache als in seinen für das wenig gebildete Volk bestimmten Predigten, in denen die durchaus auf Effekte bedachten Kunstgriffe sich hinter einer oberflächlichen und nicht selten auch kokettierend betonten Schlichtheit verbergen.

Aug. *Doctr. Christ.* 4, 61: *qui utrumque non potest, dicat sapienter, quod non dicit eloquenter, potius quam dicat eloquenter, quod dicit insipienter.* Aug. *In psalm.* 138, 20: *melius est reprehendant nos grammatici quam non intellegant populi.* Aug. *In psalm.* 133, 20: *Afrae aures de correptione uocalium uel productione non iudicant.* Kunstvolle Wortspiele beweisen, daß die Volksnähe der Sprache des Augustinus ein wohlüberlegter stilistischer Kunstgriff ist: *melius in barbarismo nostro uos intelligitis quam in nostra disertitudine uos deserti eritis* (Aug. *In psalm.* 36, 26).

In der Schreibweise des Hieronymus ist ein gewisser Ausgleich erreicht zwischen dem Anspruch, eine neue, in ihrer Bescheidenheit der Demutsforderung des Christentums angemessene Ausdrucksweise zu verwenden, und der Notwendigkeit, ein Publikum mit stark gestiegenen literarischen Ansprüchen, das ja nun nicht mehr aus ungebildeten Randfiguren der Gesellschaft bestand, anzusprechen. In den Predigten, den exegetischen Werken und vor allem in den Briefen bedient sich Hieronymus einer an Cicero ausgerichteten Sprachform, die allerdings archaischen und poetischen Wörtern gegenüber tolerant ist und die ihre spezielle christliche Prägung durch Anklänge an den *sermo humilis* biblischer Observanz gewinnt. In der lateinischen Bibelversion, der sogenannten *Vulgata,* die Hieronymus im Auftrage des Papstes, der das durch das Nebeneinander verschiedenster unautorisierter *Vetus-Latina*-Fassungen entstandene Durcheinander beseitigen wollte, anfertigte, war Hieronymus nicht wirklich frei in seiner Sprachwahl: Er mußte Rücksicht auf die vorhandenen Fassungen nehmen, die ja vielfach in der Liturgie verwendet wurden und sich daher in den Ohren der Gläubigen verfestigt hatten. Für das Neue Testament überarbeitete Hieronymus existierende Versionen mit dem Ziel, echte Fehler auszumerzen, ohne den inzwischen zur Tradition gewordenen Sprachduktus wirklich entscheidend zu verändern; das Alte Testament übersetzte er neu aus dem Hebräischen, aber in eine Sprachform, die sich an den seinen Hörern geläufigen Bibelstil anlehnte, und bei liturgisch wichtigen Texten wie den Psalmen beließ er es notgedrungen bei einer oberflächlichen Revision der alten, auf der griechischen *Septuaginta*-Version beruhenden Übersetzung; hier war der *textus iuxta Hebraeos* nur für den Gebrauch in theologischen Diskussionen, nie aber für die liturgische Verwendung gedacht.

Augustinus und Hieronymus waren die beiden christlichen Autoren, die im Mittelalter am stärksten rezipiert wurden, und ihre Schreibweise, die ja von liberalem Ciceronianismus bis zur schlichten Bibelsprache reichte, bot für etwa ein Jahrtausend einen stilistischen Orientierungspunkt, den zu erreichen freilich Schriftstellern, deren klassische Bildung und deren Lateinkenntnisse oft sehr rudimentär waren, nahezu unmöglich war.

5 Vom spätantiken Latein zum Mittellatein und zu den romanischen Sprachen

Es ist nicht leicht, eine Definition des Mittellateins zu geben: Wenn man sich nicht mit einer rein zeitlichen Abgrenzung, also Latein des Mittelalters zwischen dem Ende der Antike einerseits und der den Beginn der Neuzeit markierenden Renaissance andererseits, begnügen will, wird man am ehesten sagen, daß es sich um das Latein handelt, das in organischer Weiterentwicklung von Zügen des Spät-, Volks- und Kirchenlateins und unter liberaler Adaptation von Elementen aus den romanischen, germanischen, keltischen oder slavischen Idiomen des Alltags, aber zugleich in ständiger, je nach Autor und Epoche mehr oder weniger lockerer Rückbindung an die klassische Latinität als schulisch, nicht mehr muttersprachlich erlernte Gebildetensprache fungierte; wer sich zu den *litterati* rechnen wollte, mußte zweisprachig sein, d. h. neben seiner Muttersprache auch das Lateinische beherrschen. Man könnte das Mittellatein – im Gegensatz zu dem in seiner künstlichen Imitation der antiken Sprache wirklich ‚toten' Latinität der Neuzeit – als ‚halblebende' Sprache bezeichnen, denn eine ausgeprägte Wandlungsfähigkeit, Situations- und Sprecher-/Schreiberbezogenheit ist durchaus noch gegeben.

Eine scharfe Grenze zwischen spätantikem und frühmittelalterlichem Latein läßt sich natürlich nicht ziehen. Die Frage, wann die spätlateinische zur frühromanischen Umgangssprache wurde, mit anderen Worten, wann man aufhörte, lateinisch, und wann man anfing, romanisch zu sprechen, ist in dieser Form falsch gestellt. Beide Sprachformen folgen bruchlos aufeinander, und man kann nur sagen, daß die romanischen Charakteristika in dem Maße zunehmen, wie die lateinischen Wesensmerkmale abnehmen; zudem sprechen *cum grano salis* die Verkäuferin in Paris, der Angestellte in Lissabon, die Lehrerin in Bukarest und der Kaplan in Rom die lokale Ausformung der lateinischen Umgangssprache zwei Jahrtausende nach Cicero.

Man kann hingegen sehr wohl Anhaltspunkte dafür gewinnen, wann sich die Schere zwischen der den etablierten Norm gehorchenden Latinität und der spontanen Alltagssprache soweit geöffnet hatte, daß Ungebildete der gebildeten Sprechweise nicht mehr folgen konnten. Augustinus (354–430) stellte eindeutig die Verständlichkeit seiner Predigten für alle Gläubigen vor die Befolgung der grammatischen Regeln (*In psalm* 138, 20: *melius est reprehendant nos grammatici quam non intellegant populi*), aber es ist klar, daß er den Eindruck hatte, daß sein literarisches Latein von allen Zuhörern verstanden werde; Gregor der Große (540–604) vermied ängstlich Regelverstöße, bemühte sich jedoch zugleich darum, eine allzu „rhetorische" Redeweise, die Verständnisprobleme geschaffen hätte, zu vermeiden; Isidor von Sevilla (570–636) mußte sich anscheinend bereits anstrengen, um sich so auszudrücken, daß er noch von den *simplices* verstanden wurde (*PL* 83, 861A: *cum autem doces, noli uerborum obscuritate uti; ita dic, ut intelligaris, nec simplicibus loquendo displiceas*); noch die merowingischen Bischöfe hatten aber den Eindruck, ihr Latein sei, wenn sie nur auf eine einfache Ausdrucksweise achteten, für das Volk verständlich (Chrodegang von Metz, *PL* 89, 1076C, um 745: *iuxta quod intellegere uulgus possit, ita praedicandum est*).

Wenn man also bis zur Mitte des 8. Jh. noch davon ausgehen darf, daß auch die *illiterati* unpretentiöses, aber korrektes Latein noch weitgehend verstehen konnten, so darf man doch nicht vergessen, daß die Zahl derer, die ein solches Latein noch selber produzieren konnten, ganz gering geworden war. Die Hauptursache dafür ist ein tiefgreifender Verfall des antiken Schulwesens zwischen 600 und 800: Die Schreib- und Lesefähigkeit, die in der Kaiserzeit für einen recht hohen Prozentsatz der männlichen Bürger des Reiches anzusetzen ist, wurde zu einer nur noch von einer kleinen (meist dem Klerus angehörigen) Minderheit bewahrten Kunst. Mit dieser Entwicklung ging es einher, daß auch bei den wenigen, die überhaupt noch in der Lage waren, eine schriftliche Kultur aufrecht zu erhalten, die Rückbindung der Sprache an die klassischen Normen immer brüchiger wurde: Orthographie, Formenlehre, Syntax und Wortschatz wichen mehr und mehr von den tradierten Regeln ab, und in den Bereichen, in denen romanische Sprachen *in statu nascendi* gesprochen wurden, war eine weitgehende Beeinflussung des geschriebenen Latein durch die gesprochene Alltagssprache unverkennbar; wo das Lateinische eine völlig fremde Sprache war, also z. B. in germanischem Umfeld, treten neben echten Fehlern, die auf unvollkommene Spracherlernung zurückzuführen sind, syntaktische Interferenzen auf, und massiv drangen in den Wortschatz oberflächlich latinisierte Germanismen ein. Auf der anderen

Seite war das antike Erbe in der Form von Reminiszenzen an den spätlateinischen, vor allem kirchenlateinischen Sprachgebrauch omnipräsent, und neben den gröbsten Grammatikschnitzern kann man ziselierte Wendungen finden, die in der typischen Art der Spätantike auf rhetorischen Effekt hin angelegt sind.

Bei allem Verfall des Schulsystems und bei allem Rückgang der Sprachbeherrschung blieb doch zumindest bei einer kleinen Elite das Bewußtsein dafür erhalten, daß die Qualität des Latein, das man selbst schrieb, von der gründlichen Kenntnis der Schreibart maßgeblicher antiker Autoren abhing und daß nur die Bewahrung der aus alter Zeit überkommenen Regeln das Sprachchaos verhindern könne.

Ein Distichon, das einer einem Albinus Magister zugeschriebenen bescheidenen *orthographia* vorangestellt ist, beleuchtet dieses Gefühl sehr gut (*GL* VII 295, 2–3 Keil):

me legat antiquas cupiat qui scire loquelas,
me spernens loquitur mox sine lege patrum.

Angesichts dieses Bewußtseinsstandes mußte jede Verbesserung des Bildungssystems einen weitgehenden Versuch, auf die Sprache einer als vorbildlich anerkannten Vergangenheit zurückzugreifen, mit sich bringen, mit anderen Worten eine sprachliche und auch kulturelle Renaissance anstreben. Die erste größere Bewegung dieser Art ist als ‚karolingische Renaissance' bekannt: Der von Karl dem Großen geförderte Ausbau des Schulwesens brachte es mit sich, daß man sich wieder generell an der Sprache der klassischen Vorbilder orientieren konnte; gravierende Regelverstöße werden zusehends seltener, und man sieht, wie eine an den Prosaikern der ausgehenden Republik orientierte Stilistik die wenig normbewußte Schreibart des Merowinger-Latein verdrängt. Dieser besonders von Alkuin geförderte Versuch einer Restitution des klassischen Latein in Lautung, Wortschatz und Formenlehre bewirkte den unwiderruflichen Zusammenbruch des Kommunikationskontinuums: Das Reformlatein konnten *illiterati* in Nordfrankreich beim besten Willen nicht mehr verstehen; anderswo, beispielsweise in Italien, dauerte es länger, bis das Verständlichkeitskontinuum zwischen Latein und Volkssprache völlig zerbrach, aber spätestens zu Anfang des 10. Jh. war es überall soweit. Eine Art ‚Scheidungsurkunde' zwischen Latein und Romanisch stellt jedenfalls für Frankreich der Beschluß des Konzils von Tours aus dem Jahre 813 dar, auf dem die Anweisung erging, bei bischöflichen Predigten dafür zu sorgen, *ut easdem <h>omilias quisque aperte transferre studeat in rusticam Romanam linguam aut Thiotiscam, quo facilius cuncti possint intelligere, quae dicuntur* (*MGH Conc.* II 1, 17). Es ist also offenkundig, daß man streng genommen bis zum Anfang des 9. Jh. sagen muß, daß die Bevölkerung der Gebiete, in denen romanische Sprachen im Entstehen waren, das Lateinische als Muttersprache empfand, wobei die *litterati* durch ihre Schulbildung Zugang zu einer traditionellen und verfeinerten Hochform hatten, während den *illitterati* nur ihre Alltagssprache blieb; ein

Gefühl für einen Gegensatz Latein-Romanisch bildete sich erst im 9. und 10. Jh. langsam heraus.

praktischen Gründen hat man sich jedoch dafür entschieden, die wissenschaftsorganisatorische Grenze zwischen antikem Latein und Mittellatein um 600 zu ziehen: Der Verfall des Schulsystems, die Klerikalisierung der Bildung, der Rückgang der Literaturkenntnis und die Beschleunigung der Umwälzungen im Sprachsystem brachten es mit sich, daß die Literatur vom 7. Jh. an einen doch wesentlich anderen Charakter zeigt als die antike Literatur. Freilich wird diese Abgrenzung im allgemeinen elastisch gehandhabt, so daß es je nach den persönlichen Spracheigentümlichkeiten eines Autors durchaus eine Variationsbreite von bis zu einem halben Jahrhundert nach oben oder unten gibt: So wird Isidor von Sevilla (570–636) durchweg als spätantiker Autor geführt, hingegen rechnet man den irischen Mönch Columban (543–615) meist zum frühen Mittelalter. Die Abgrenzung zwischen Latinistik (einschließlich Mittellatein) und Romanistik ist unproblematisch: Texte, die Latein sind (oder sein wollen), gehören zum Arbeitsgebiet der Latinistik, Texte, die das Bestreben zeigen, die Phänomene der neuen Volkssprachen schriftlich zu erfassen, sind von der Romanistik zu bearbeiten.

Die mittellateinische Periode blieb im wesentlichen frei von einem sterilen Purismus, wie er bei manchen byzantinischen Autoren oder später bei einigen Humanisten zu finden ist, denn niemand dachte ernsthaft daran, den Wortschatz auf das einzuschränken, was klassisch belegt ist, und auch in der Syntax erlaubte man sich die Freiheiten, die die Sprachverwendung erleichtern (z. B. *quod*-Sätze statt AcI oder Liberalität in der Zeitenfolge). Man konnte mehr oder weniger antikisierend schreiben, je nach Talent und Vertrautheit mit den Mustertexten, und wenn neue Gegebenheiten oder neue Gedankengänge neue Formulierungen nötig machten, wandte niemand etwas dagegen ein. So konnte sich die Scholastik das Sprachmaterial schaffen, das sie brauchte, und man hatte nicht zu befürchten, mit einem Titel wie *De ente et essentia* sprachlich anzustoßen.

Es kann hier nicht der Ort sein, die Entwicklungslinien des Mittellatein aufzuzeigen, das bei aller Internationalität der mittellateinischen Literatur durchaus auch zahlreiche regionale und nationale Besonderheiten aufweist und gekennzeichnet ist durch ein Auf und Ab in der Enge des Anschlusses an die antike Sprachverwendung: Es gibt neben der Herausbildung von neuen Formen poetischer Sprache, wie z. B. Reim, Allitteration, akzentuierende Rhythmen, Strophen, auch die Tendenz, die quantitierende Dichtung trotz des Verlustes eines echten Gefühls für Längen und Kürzen beizubehalten, wobei natürlich je nach den Kenntnissen des Dichters schwere oder leichte Verstöße gegen die antiken Regeln nicht ausbleiben; man begnügte sich auch meist mit dem Bau einfacher Verse wie Hexameter oder Pentameter. Der Reim findet als stilistische Ausschmückung auch Eingang in die Prosaliteratur (‚Reimprosa'), und der ‚Cursus', d. h. der akzentuierende Satzschluß (zwei, drei oder vier schwachtonige Silben zwischen den Tonsilben der beiden satzabschließenden Wörter), wird zum wichtigen Kennzeichen kunstvoller Sprachverwendung.

6 Humanistenlatein und Neulatein

Obwohl das Mittellatein die Rückbindung an die klassische Form des Lateinischen nie völlig aufgegeben hatte und obwohl es im Laufe des Mittelalters immer wieder neue Anläufe gab, zu einer näher an der antiken Sprachform stehenden Latinität zurückzukehren, gab es doch niemals einen antikisierenden Purismus und auch kaum die Vorstellung, daß eine Wiederherstellung des alten Sprachglanzes in gewisser Weise ein Baustein für die Wiederherstellung der alten Größe Roms wäre. Am Ende des 13. Jahrhunderts kam unter den Intellektuellen der bürgerstolzen Städte Nordwestitaliens der Gedanke an eine umfassende Wiedergeburt der Kultur der Antike auf, und diese Grundstimmung erfaßte im 14. Jahrhundert ganz Italien, dann Spanien und Frankreich, um im 15. Jahrhundert die Niederlande, Deutschland und England sowie schließlich im 16. Jahrhundert Skandinavien zu erreichen. Paradoxerweise fügten die Bemühungen der Humanisten um eine reine *Latinitas* durch Rückgriff auf die Klassik, besonders auf Cicero, dem Lateinischen als ‚halblebender' Sprache letztlich den Todesstoß zu, denn die mittelalterliche Gewohnheit, die Sprachform den situativen Umständen anzupassen, paßte nicht zur ängstlichen Sorge darüber, ob ein Wort oder eine Konstruktion bei guten Autoren zu belegen sei oder nicht. So konnte das im antiken Geiste erneuerte Latein in der Hand einiger weniger Künstler wie beispielsweise Erasmus zu einer ausdrucksstarken und eleganten Sprache werden, aber weniger virtuosen Sprachbenutzern geriet das Lateinschreiben zu einer ariden Stilübung, bei der oft der Inhalt unter dem Bemühen um eine quasi-antike Form leiden mußte. So stellt das Humanistenlatein letztlich eine Scheinblüte dar: Zwar gelang die Verdrängung der mittellateinischen Charakteristika und die Reantikisierung unwiderruflich, aber das war insofern ein Pyrrhussieg, als die rückwärtsgewandte Virtuosität, die zur Produktion eines akzeptablen Neulatein nötig ist, immer mehr in Konflikt mit den kommunikativen Notwendigkeiten der Neuzeit geriet. Vom 16. Jahrhundert an verdrängen die erstarkenden Nationalsprachen das Lateinische nach und nach aus allen wichtigen Positionen, zuerst aus der Literatur (16. Jh.), dann aus der Politik (17. Jh.), schließlich aus den Naturwissenschaften (18. Jh.) und zuletzt aus den Geisteswissenschaften (19. Jh.); das Zweite Vatikanische Konzil (1962–1965) markiert im wesentlichen den Endpunkt der Verwendung im Katholizismus, nachdem die protestantischen Kirchen von Anfang an die Volkssprachen favorisiert hatten. Die Tatsache, daß immer noch einige wenige lateinische Zeitschriften und Bücher erscheinen, daß es Gesellschaften, Kurse und Kongresse zur Pflege des lebenden Lateins gibt und daß sogar Rundfunknachrichten auf Latein gesendet werden, ändert nichts daran, daß das 20. Jahrhundert den Endpunkt einer wirklich funktionalen, in bestimmten Sektoren akzeptierten und nicht als unzeitgemäße Skurrilität belächelten Verwendung des Lateinischen in der Öffentlichkeit darstellt.

7 Die lateinische Umgangssprache

Es ist immer unglücklich, wenn in der Wissenschaft mit unscharfen Termini gearbeitet wird; ein solcher mehrdeutiger Ausdruck ist ‚Vulgärlatein', denn es muß jedesmal präzisiert werden, wie er gemeint ist – schichtenspezifisch, situationsspezifisch, ortsspezifisch, zeitspezifisch oder alles zusammen.

Im Lateinischen war *uulgāris sermō* ein Ausdruck, der primär eine unprätentiöse, nicht durch stilistisches Ausfeilen verfeinerte Alltagssprache bezeichnete (vgl. Cic. *Acad.* 1, 2: *didicisti enim non posse nos Amafinii aut Rabirii similes esse, qui nulla arte adhibita de rebus ante oculos positis uulgari sermone disputant*). Quasi-Synonyme waren *familiāris sermō* (Cic. *Att.* 1, 9) und *sermō cottidiānus* (vgl. Quint. *Inst.* 11, 1, 6). In erster Linie war *uulgāris sermō* also, wie wir sagen würden, situationsspezifisch gemeint: Die Sprache der ungezwungenen Konversation des Alltags. Es schwang allerdings daneben von jeher eine schichtenspezifische Nuance mit: *uulgāris sermō* war eben a u c h als Sprachform des gewöhnlichen Volkes zu verstehen, synonym mit *plēbēius sermō* (Cic. *Fam.* 9, 21, 1) oder gar *prōlētārius sermō* (Plaut. *Mil.* 752). Da die Römer den Unterschied zwischen ‚fein' und ‚ungepflegt' auch in einer ursprünglich ortsspezifischen Optik als Gegensatz von *urbānitās* und *rūsticitās* zu sehen geneigt waren, kommt als Synonym für *uulgāris sermō* auch *rūsticus sermō* vor. Im Mittelalter wurden vor allem *lingua uulgāris* und *lingua rūstica* gebräuchlich, um die neuen romanischen Sprachen vom schulmäßig zu erlernenden Latein (oft einfach *grammatica* genannt) zu unterscheiden. In der Wissenschaft setzte sich der Terminus ‚Vulgärlatein' vor allem dank der Autorität von Hugo Schuchardt seit 1866 *(Der Vokalismus des Vulgärlateins)* durch, und zwar genau in dem Sinne, in dem der Begründer der Romanistik, Friedrich Dietz, ‚Volkssprache' verwendete; er schrieb 1836 (*Romanische Grammatik* 1, 4) zum Ursprung der romanischen Sprachen: „Nicht aus dem classischen Latein, dessen sich die Schriftsteller bedienten, flossen sie, sondern ... aus der römischen Volkssprache oder Volksmundart, welche neben dem classischen Latein im Gebrauche war, und zwar, wie es sich versteht, aus der spätlateinischen Volksmundart. ... Das Volkslatein ward vorzugsweise in den Provinzen ... der Quelle, aus der es hergeleitet ward, in hohem Grade unähnlich". Hier ist schon vorgegeben, was lange als Schema tradiert wurde: Nebeneinander von „klassischem Latein", womit in der Romanistik meist undifferenziert die Schriftsprache bezeichnet wird, und „Vulgärlatein", Gegensatz zwischen „Gebildetensprache" und „Volkssprache", Einbeziehung einer zeitlichen („Spätlatein") und lokalen („Provinzlatein") Komponente. Es kann hier nicht der Ort sein, den Lauf der Diskussion über die Definition des Vulgärlateinischen nachzuvollziehen, es bleibt nur festzuhalten, daß man es der Klarheit zuliebe heute vorzieht, von ‚lateinischer Umgangssprache' zu reden, wenn der Aspekt des gesprochenen Lateins im Vordergrund des Interesses steht; ‚Spätlatein' schiebt die zeitliche, ‚Volkslatein' die soziale und ‚Provinzlatein' die regionale Komponente in den Vordergrund.

Die lateinische Umgangssprache des Alltags können wir nur indirekt fassen, denn die Schrift kann – und will normalerweise – das gesprochene Wort nicht in einem 1:1-Verhältnis wiedergeben; so liegt uns das gesprochene Latein vor allem in literarischen Brechungen vor. Die Komödien von P l a u t u s, in etwas geringem Maße von T e r e n z, bieten uns zahlreiche Elemente, aber man darf nicht vergessen, daß wir es auch in den ganz umgangssprachlich aussehenden Partien immer mit einer konstruierten, d. h. künstlerisch durchdachten und in ein Versmaß gebrachten Sprachform zu tun haben. Ähnliche Bedenken gelten

ten bei anderen literarischen Werken, die umgangssprachliche Anteile aufweisen, so beispielsweise bei der *Cena Trimalchionis* von Petronius: Die Dialogpartien wimmeln von Vulgarismen, aber es bleiben Vulgarismen, die von einem Sprachvirtuosen zur Erreichung literarischer Zwecke eingesetzt wurden, der Alltagssprache von Sklaven und Freigelassenen abgeschaut, aber nicht echte Alltagssprache von Sklaven und Freigelassenen. Aber nicht nur Autoren, die sich bewußt umgangssprachlicher Elemente bedienen, liefern kein zuverlässiges Bild; auch Schriftsteller, denen es auf Grund mangelnder Bildung gar nicht möglich ist, sich der Konventionen der Literatursprache zu befleißigen, vermitteln deswegen noch lange kein zuverlässiges Bild vom gesprochenen Latein der einfachen Leute, denn gerade solche Autoren neigen dazu, ihren Stil durch aufgeschnappte literarische Formeln und Versatzstücke zu ‚veredeln': So läßt beispielsweise die fromme Nonne Egeria in ihre insgesamt dem Latein der Christen mit wenig ‚heidnischer' Vorbildung nahestehende Sprache mit Fleiß literarische Floskeln einfließen. Auch Briefe stehen der Umgangssprache nahe, aber natürlich waren die meisten Stücke der handschriftlich überlieferten großen Briefsammlungen (Cicero, Plinius, Fronto) von vorneherein mit dem Blick auf eine spätere Publikation abgefaßt und daher literarisch durchgefeilt, und selbst da, wo das nicht der Fall ist, haben wir es mit dem *sermo familiaris* der hochgebildeten Oberschicht zu tun; den *sermo vulgaris* einfacherer Leute lassen noch am ehesten die wenigen auf Papyrus erhaltenen lateinischen Privatbriefe durchscheinen, und den *sermo plebeius* kann man höchstens in einigen Ostraka-Mitteilungen erahnen. Es darf aber auch hier nicht vergessen werden, daß die Korrespondenz-Sprache besonders viele feste Formeln kennt, und der freien Entfaltung des sprachlichen Individualismus waren engste Grenzen gesetzt.

Eine ganz andere Quelle zur Erschließung der lateinischen Umgangssprache stellt die Rückprojektion von Fakten aus den Tochteridiomen des Lateinischen, also aus den romanischen Sprachen und Dialekten, in die Antike dar. Freilich muß man hier bei jeder einzelnen Gegebenheit darauf achten, ob man eine Aussage macht, die das gesprochene Latein generell im Gegensatz zum geschriebenen Latein betrifft (z. B. Vorliebe für ausdrucksstarke sinnlich-anschauliche Ausdrücke oder Parataxe statt Hypotaxe), oder ob es um einen Zug geht, der für die Umgangssprache der Ungebildeten in der Spätantike, nicht aber für die Umgangssprache insgesamt typisch ist (z. B. Verfall der Flexion oder Abbau des Neutrums).

Die Rekonstruktion von Gegebenheiten der lateinischen Umgangssprache aus den Verhältnissen in den romanischen Sprachen ist besonders im Bereich des Wortschatzes erfolgversprechend: Es muß selbstverständlich eine Anzahl Wörter geben, die in den auf uns gekommenen schriftlichen Quellen des Lateinischen nicht belegt sind, wobei der Grund dafür entweder der pure Zufall sein kann (das gilt besonders für *termini technici,* bei denen es ja immer sein kann, daß die betreffende spezielle Gegebenheit in der uns zugänglichen

Literatur nicht zur Sprache gekommen ist – es ist beispielsweise kein Wunder, daß **gimberum* ‚Arve' oder **slodia* ‚Schlitten' nicht belegt sind), aber auch nicht selten im konservativen Charakter der lateinischen Schriftsprache zu suchen ist (man schrieb *trahere* und sagte *tīrāre,* man schrieb *puella* und sagte *pūtta,* man schrieb *agricola* und sagte *uīllānus*). Die Kenntnis der Gesetzmäßigkeiten bei der lautlichen Entwicklung vom Lateinischen zu den romanischen Sprachen ermöglicht es, heutige romanische Wörter auf eine anzunehmende lateinische Grundform zurückzuführen, auch wenn diese nicht belegt ist.

Natürlich gibt es verschiedene Grade der Zuverlässigkeit. Am sichersten ist eine Rekonstruktion, wenn sie von einem Wort ausgeht, das in allen romanischen Sprachen vorliegt und das zudem im bezeugten lateinischen Wortschatz einen Anknüpfungspunkt hat: rum. *fripturǎ,* it. *frittura,* frz. *friture,* prov. kat. sp. port. *fritura* ‚Braten' müssen auf ein lateinisches Wort **frīctūra* zurückgehen, das zufällig nicht belegt ist, aber korrekt von *frīctum,* dem Partizip Perfekt von *frīgere* ‚braten', abgeleitet ist. Je weniger groß die Anzahl der übereinstimmenden romanischen Sprachen ist und je unklarer die Anknüpfungspunkte im Lateinischen sind, umso unsicherer wird natürlich die Rekonstruktion: So ist beispielsweise **tīrāre* ‚ziehen' noch relativ sicher, obwohl das Rumänische im Gegensatz zu den übrigen romanischen Sprachen keine entsprechende Form kennt und obwohl das Verhältnis zu lat. *tīrō* ‚Rekrut' höchst unklar ist; hingegen ist die Existenz eines Substantivs **peltrum* ‚Zinn', dessen Rekonstruktion auf it. *peltro,* altfrz. *peautre,* prov. kat. *peltre* basiert, alles andere als sicher, weil das Wort nur in einem Teil der Romania lebendig ist und weil es im Lateinischen keinerlei Anknüpfungspunkte gibt.

Man kann ausgehend von den Wörtern in den modernen romanischen Sprachen aber nicht nur den lateinischen Wortschatz um unbelegte Elemente erweitern, sondern man kann auch bei bezeugten Wörtern Bedeutungen erschließen, die in der Literatur nicht vorkommen (*leuāmen* ist nur im Sinne von ‚Linderungsmittel' belegt, es muß aber nach Ausweis der romanischen Sprachen auch ‚Sauerteig' bedeutet haben), und man kann das schichtenspezifische Nebeneinander verschiedener Lautungen zurückverfolgen (so ist überliefert nur die dem dorischen μᾶλον entsprechende Form *mālum,* aber die romanischen Sprachen lassen erkennen, daß in der Umgangssprache das auf attisch μῆλον zurückgehende *mēlum* üblich war).

Auch im Bereich der Morphologie lassen sich aus der Übereinstimmung der romanischen Sprachen einige Erkenntnisse für die lateinische Umgangssprache gewinnen; hier kommt man allerdings über die Rekonstruktion von Verhältnissen der spätantiken Umgangssprache der Ungebildeten nur hinaus, wenn man zusätzlich auf schriftliche Zeugnisse zurückgreifen kann. Die unter Romanisten verbreitete Tendenz, die meisten Phänomene des Romanischen schon im Vulgärlateinischen finden zu wollen, trifft die Realität sicher ebensowenig wie die Neigung der Latinisten, für das Umgangslatein im Grunde dieselbe Morphologie wie für die Schriftsprache anzunehmen; die Wahrheit liegt wohl in der Mitte, d. h. vom Altlateinischen an läßt sich beobachten, daß die natürliche Sprachentwicklung von der flexionsorientierten Sprachstruktur wegführt, aber das Beharrungsvermögen der ererbten Struktur ist so stark, daß bis heute die romanischen Sprachen zumindest im Verbalbereich noch einen ausgeprägt flektierenden Charakter haben.

Ohne jeden Zweifel ist der Abbau der Deklination zugunsten von Präpositionalkonstruktionen ein Charakteristikum der spätantiken Umgangssprache, wobei erste Ansätze immerhin schon bei Plautus zu finden sind (*Capt.* 1019: *hunc ad carneficem dabo,* nicht *carnefici dabo*), aber andererseits hat sich die formale Unterscheidung des Nominativs von den anderen Kasus im Galloromanischen bis ins Hochmittelalter erhalten, und im Rumänischen gibt es noch heute eine lebendige Kasusflexion. Ebenso tritt in der Spätantike die analytische Tempusbildung (*habeō cantātum, cantāre habeō)* gegenüber der synthetischen (*cantāuī, cantābō)* in den Vordergrund (Ausgangspunkt sind Formulierungen wie *cognitum habeō* und *facere habeō*), aber man darf nicht vergessen, daß von diesem Trend einige synthetische Formen (z. B. das Imperfekt, aber sogar der Konjunktiv Plusquamperfekt) niemals erfaßt wurden und daß sich im Romanischen neue synthetische Formen (Futur, Konditional) bildeten. Einem Zug zum analogischen Abbau von Unregelmäßigkeiten (beispielsweise durch den Ersatz der starken Perfektformen durch schwache oder das Aufgeben der Deponentien) steht das Entstehen neuer Unregelmäßigkeiten (etwa im Präsensstamm) gegenüber. Es wäre jedenfalls völlig verfehlt, wollte man die Entwicklung vom gesprochenen Latein der Antike zu den romanischen Idiomen des Mittelalters ausschließlich als einen Prozeß der Vereinfachung, des Überganges von einem synthetischen zu einem analytischen System und des analogischen Abbaus von Unregelmäßigkeiten verstehen; all das ist vorhanden, aber es wird oft konterkarriert durch gegenläufige Tendenzen.

Was die Syntax der spätlateinischen Umgangssprache anbelangt, so tut man gut daran, von Rückprojektionen romanischer Verhältnisse abzusehen, denn hier ist die Gefahr, daß man Gegebenheiten des 11. Jh. fälschlicherweise auf das 5. Jh. zurückführt, besonders groß; verläßlichere Ergebnisse liefert die Analyse von Texten, die der Alltagssprache nahestehen, wobei also beispielsweise an die erzählenden Teile der Vulgata, an bestimmte Predigten oder an die *Peregrinatio Egeriae* zu denken ist. Als generelle Regel läßt sich feststellen, daß die Wortstellung weniger frei ist als in der klassischen Schriftsprache: Subjekt – Prädikat – direktes Objekt – indirektes Objekt wird zur Normalreihenfolge. Die Komplexität der Satzverknüpfungen ist weit weniger ausgeprägt: Der Normalfall ist die Nebeneinanderstellung einfach strukturierter kurzer Sätze; das logische Verhältnis der Sätze zueinander wird vielfach überhaupt nur durch die Situation, den Zusammenhang oder die Betonung deutlich (schon bei Plautus häufig, vgl. etwa *Pseud.* 1015: *argentum des, abducas mulierem* „sobald du das Geld bezahlt hast, kannst du die Frau mitnehmen"). Weit häufiger als die komplizierte Hypotaxe ist die Parataxe (vgl. z. B. eine Passage wie Eger. 36, 1: *In eo enim loco ecclesia est elegans. Ingreditur ibi episcopus et omnis populus, dicitur ibi oratio apta loco et diei, dicitur etiam unus hymnus aptus et legitur ipse locus de euuangelio, ubi dixit discipulis suis: „Vigilate, ne intretis in temptationem"; et omnis ipse locus perlegitur ibi et fit denuo oratio*). An die Stelle von Relativsätzen können Parenthesen treten. Allerdings war zu jeder Zeit allen Schreibenden bewußt, daß komplexe, durchkonstruierte Sätze mit klaren Abhängigkeitsstrukturen eleganter wirken als einfache, aus asyndetischen Parataxen bestehende lineare Konstruktionen; das führte dazu, daß gerade bei Autoren, die der Literatursprache eher fern standen, gelegentlich schwülstige und in ihrer Kompliziertheit kaum überschaubare Nebensatzkonstruktionen versucht wurden; derartige

Fälle sollten uns daran erinnern, daß wir auch bei den Autoren, deren Ausdrucksweise normalerweise völlig umgangssprachlich geprägt ist, immer berücksichtigen müssen, daß es ja nie ihre Absicht war, ein treues Abbild der gesprochenen Sprache zu überliefern – sie wollten oder mußten sprechsprachliche Züge in ihre Schreibart einfließen lassen, aber was sie produzierten, blieb in jedem Falle geschriebene Sprache, wenn auch ein besonderer Fall geschriebener Sprache.

Bibliographie

Eine Einführung in die sozusagen klassische Indogermanistik ohne Einbeziehung der Laryngaltheorie bietet H. Krahe, *Indogermanische Sprachwissenschaft* (Berlin/New York ^{6}1985); den recht komplexen derzeitigen Diskussionsstand berücksichtigt die von J. Kurylowicz begründete und derzeit von M. Mayrhofer herausgegebene *Indogermanische Grammatik* (Heidelberg I 1968, II 1968, III/1 1969). Beide Werke liefern einen Überblick über die wichtigsten indogermanischen Sprachen. Zur Urheimat der Indogermanen vgl. ausführlich J. P. Mallory, *In Search of the Indo-Europeans* (London 1989). Zum Vorstoß des Indogermanischen nach Italien vgl. besonders die sehr vorsichtige Darstellung von E. Pulgram, *The Tongues of Italy* (New York 1958), 69–236.

Für die nichtlateinischen Sprachen des antiken Italien stellt der von A. L. Prosdocimi herausgegebene Sammelband *Lingue e dialetti dell'Italia antica* (Padua 1978; Aktualisierung durch A. Marinetti, *Aggiornamento,* Padua 1982) die bequemste neuere Übersicht dar. Skeptisch gegenüber sprachlich-archäologischen Gleichungen ist E. Pulgram, *Italic, Latin, Italian* (Heidelberg 1978); aufgeschlossen gegenüber frühgeschichtlichen Zeugnissen zeigen sich hingegen D. und F. Ridgeway (Hgg.), *Italy Before the Romans* (London 1979). Als Textsammlung nützlich bleibt E. Vetter, *Handbuch der italischen Dialekte* (Heidelberg 1953), zu ergänzen durch P. Poccetti, *Nuovi documenti italici a complemento del manuale di E. Vetter* (Pisa 1979); für den Anfänger zugänglicher ist V. Pisani, *Le lingue dell' Italia antica oltre il latino* (Turin ^{2}1964). Zum Etruskischen vgl. A. J. Pfiffig, *Einführung in die Etruskologie* (Darmstadt 1991).

Eine Sammlung der wichtigsten altlateinischen Texte mit gutem sprachwissenschaftlichen Kommentar bietet V. Pisani, *Testi latini arcaici e volgari* (Turin ^{3}1975); die wichtigsten Texte mit deutscher Übersetzung auch in *Die römische Literatur in Text und Darstellung* I: H. und A. Petersmann, *Republikanische Zeit* I (Stuttgart 1991). Nicht unumstritten sind die Deutungen von G. Radke, *Archaisches Latein* (Darmstadt 1981); sehr nützlich ist aber angesichts des Fehlens einer Einführung in das Altlateinische die dort S. 20–54 gegebene Übersicht über die wichtigsten sprachlichen Charakteristika, die natürlich – wenn auch nicht zusammenhängend – in jeder historischen Grammatik des Latein zu finden sind. Genannt sei hier zunächst als maßgebliches Standardwerk die *Lateinische Grammatik* im *Handbuch der Altertumswissenschaften,* bestehend aus: M. Leumann, *Lateinische Laut- und Formenlehre* (München 1977); J. B. Hofmann – A. Szantyr, *Lateinische Syntax und Stilistik* (München 1965). Bescheidener im Umfang und auch in der Neubearbeitung im Grunde einen Ansatz vom Ende des 19. Jh. widerspiegelnd: F. Sommer, *Handbuch der lateinischen Laut- und Formenlehre* (Heidelberg $^{2/3}$1914); die *Lautlehre* liegt vor in einer Neubearbeitung von R. Pfister (Heidelberg 1977). Einführende Übersichtsdarstellung: L. R. Palmer, *Die lateinische Sprache* (Hamburg 1990), 231– 372.

Zur lateinischen Epik vgl. die Beiträge im Sammelband von E. Burck (Hrsg.), *Das römische Epos* (Darmstadt 1979); zur Sprache des Plautus vgl. W. M. Lindsay, *Syntax of Plautus* (Oxford 1907); die Entwicklung der lateinischen Prosasprache erfuhr ihre klassische

Darstellung durch E. Norden, *Die antike Kunstprosa* (Leipzig ^{3}1915; Neudruck Stuttgart und Leipzig ^{10}1995); neuere Gesichtspunkte bei A. D. Leeman, *Form und Sinn* (Frankfurt a. M. 1985).

Sprachliche Fragen im Zusammenhang mit Lukrez behandeln E. J. Kenney, *Lucretius* (Oxford 1977) und R. Minadeo, *The Lyre of Science: Form and Meaning in Lucretius* (Detroit 1969). Zur Stilistik Catulls vgl. D. O. Ross, *Style and Tradition in Catullus* (Cambridge, Mass. 1969); A. L. Wheeler, *Catullus and the Traditions of Ancient Poetry* (Berkeley ^{2}1964). Zu Sallust vgl. den Sammelband von V. Pöschl (Hrsg.), *Sallust* (Darmstadt ^{2}1981).

Die ausführlichste grammatikalische Darstellung der klassischen lateinischen Sprache bleibt, freilich mit dem Instrumentarium des 19. Jh. verfertigt: R. Kühner, F. Holzweissig, C. Stegmann, *Lateinische Grammatik* (Hannover 1912–1914). Auch die historisch angelegte *Lateinische Grammatik* von M. Leumann, J. B. Hofmann, A. Szantyr (s. oben) bietet natürlich umfangreiche Informationen über das Latein des 1. Jh. v. Chr. Zur Lautung des Lateinischen vgl. E. H. Sturtevant, *The Pronounciation of Greek and Latin* (Chicago ^{2}1975) und M. Bassols de Climent, *Fonética latina* (Madrid 1971). Eine moderne, konsequent synchronische Beschreibung des klassischen Latein fehlt; in seiner Verquickung neuerer und traditioneller Ansätze unbefriedigend bleibt M. Hammond, *Latin* (Cambridge, Mass./London 1976). Einem modernen Ansatz, der im Gefolge der *Grammaire structurale* des französischen Linguisten L. Tesnière (Paris 1959) das Prädikat ins Zentrum der Analyse stellt, ist H. Pinkster, *Lateinische Syntax und Semantik* (Tübingen 1988) verpflichtet.

Zur *aetas Augusta* vgl. vor allem die drei Sammelbände von G. Binder (Hrsg.), *Aetas Augusta* (Darmstadt 1988–1991). Die strukturelle Annäherung zwischen dem Griechischen und Lateinischen infolge der Zweisprachigkeit weiter Kreise wird dargestellt von J. Kramer, „Der kaiserzeitliche griechisch-lateinische Sprachbund", in: N. Reiter (Hrsg.), *Ziele und Wege der Balkanlinguistik* (Berlin 1983), 115–131. Zum Erziehungssystem der Antike im allgemeinen und zu seinem spätantiken Verfall im besonderen bleibt das klassische Werk: H. I. Marrou, *Geschichte der Erziehung im klassischen Altertum* (München ^{7}1976). Entgegengesetzte Aspekte in Petrons Schreibweise werden herausgestrichen von A. Steffenelli, *Die Volkssprache im Werke des Petron* (Wien 1962) einerseits und von H. Petersmann, *Petrons urbane Prosa* (Wien 1977) andererseits. Apuleius' Stil ist der Gegenstand einer interessanten Studie von L. Callebat, *Sermo cotidianus dans les Métamorphoses d'Apulée* (Caen 1968). Zum Bibellatein ist immer noch fundamental H. Rönsch, *Itala und Vulgata* (Marburg ^{2}1875). Der Gedanke, daß es eine ‚christliche Sondersprache' gegeben habe, wurde energisch verfochten von J. Schrijnen und von seiner Schülerin Christine Mohrmann, *Études sur le latin des Chrétiens* 1–4 (Rom 1961–1977); zurückhaltend blieb L. R. Palmer, *Die lateinische Sprache* (Hamburg 1990), 205–230.

Die beste Kurzpräsentation der Probleme des Mittellateins bietet weiterhin K. Strecker, *Einführung in das Mittellatein* (Berlin ^{3}1939) = *Introduction to Medieval Latin* (Berlin ^{6}1971); vor allem literarisch ausgerichtet ist K. Langosch, *Lateinisches Mittelalter* (Darmstadt ^{4}1983). In den Kolloquiumsakten *Latin vulgaire – latin tardif* (bislang 4 Bände, Tübingen 1989–1992; Hildesheim 1995) spiegelt sich der aktuelle Diskussionsstand wider. Die Probleme des Überganges vom antiken zum mittelalterlichen Latein werden ausführlich mit reicher Dokumentation beleuchtet von M. Banniard, *Viva voce. Communication écrite et communication orale du IVe au IXe siècle en Occident latin* (Paris 1992); vgl. auch R. Wright, *Late Latin and Early Romance in Spain and Carolingian France* (Liverpool 1982) und R. Wright (Hrsg.), *Latin and the Romance Languages in the Early Middle Ages* (London/New York 1991). Zum Humanisten- und Neulatein vgl. Jozef IJsewijn, *Companion to Neo-Latin Studies* (Leuven ^{2}1990); J. IJsewijn, „Mittelalterliches Latein und Humanistenlatein", in: A. Buck (Hrsg.), *Die Rezeption der Antike* (Hamburg/Wolfenbüttel 1978), 71–83;

C. Eichenseer, „Leben und Sterben des Lateins: Ansätze einer Neubelebung", in: I. Fodor und C. Hagège (Hrsg.), *Language Reform* 4 (Hamburg 1989), 189–219.

Zur lateinischen Umgangssprache, soweit sie uns in literarischen Texten schemenhaft greifbar wird, bleibt unersetzt die vor allem syntaktische Aspekte ansprechende Arbeit von J. B. Hofmann, *Lateinische Umgangssprache* (Heidelberg [2]1936). Die meisten Einführungen ins Vulgärlatein gehen von Inschriften, Glossaren, Grammatikerzeugnissen und Rekonstruktionen aus romanischem Sprachmaterial aus und legen demzufolge einen stärkeren Akzent auf phonetische und morphologische Gegebenheiten; zu nennen ist vor allem Veikko Väänänen, *Introduction au latin vulgaire* (Paris [3]1981). Die wichtigsten Quellentexte findet man bei Maria Iliescu und Dan Slusanski, *Du latin aux langues romanes. Choix de textes traduits et commentés* (Wilhelmsfeld 1991); vgl. auch J. Kramer, *Literarische Quellen zur Aussprache des Vulgärlateins* (Meisenheim 1976). Die beste orientierende Einführung unter Berücksichtigung der Gegebenheiten der romanischen Sprachen bleibt Joseph Herman, *Le latin vulgaire* (Paris 1975).

IV

Geschichte der lateinischen Literatur

1 Die Literatur der republikanischen Zeit

Eckard Lefèvre

1.1 Vorbemerkung

Es ist das große Paradox der römischen Frühzeit, daß die Republik seit Jahrhunderten bestand, daß sich aber eine schriftlich fixierte Literatur erst nach dem Ende des 1. Punischen Kriegs ausbildete. Der enge Kontakt, in den Rom mit der griechisch geprägten Bevölkerung in Unteritalien und Sizilien durch den bis dahin größten Krieg seiner Geschichte kam, förderte die Auseinandersetzung mit der griechischen Kultur. Es war insbesondere das Bühnenspiel, das den römischen Soldaten und ihren Führern Eindruck machte und in ihnen auch in der Heimat das Verlangen nach ähnlicher Unterhaltung weckte. Auf der anderen Seite war gerade das Bühnenspiel geeignet, an heimische Traditionen anzuschließen und einen Amalgamierungsprozeß einzuleiten, der bis in die Spätantike hinein andauern sollte. Dieses war ein ganz natürlicher Vorgang, der noch nicht von dem Streben der späteren Schriftsteller bestimmt war, sich bewußt und für die Rezipienten erkennbar von den Vorbildern abzusetzen.

1.2 Die Literatur in der Blüte der Republik

Das Jahrhundert von 240 bis etwa 130 bildet den Zeitraum der archaischen Literatur, die Roms Aufstieg zur Vorherrschaft im Mittelmeerraum begleitet. Mit Ausnahme der Komödie sind ihre Gattungen national geprägt. Der Konflikt des Individuums mit der Gesellschaft ist unbekannt. Nur der politische Führer, der die Allgemeinheit fördert, erfreut sich literarischer Anerkennung.

1.2.1 Italische Traditionen

Rom ist jahrhundertelang ohne Literatur ausgekommen. Vorliterarische Formen sind kaum zu fassen. *carmen* bezeichnete ursprünglich auch metrisch nicht gebundene, mündlich vorgetragene Texte, so etwa das Zwölftafelgesetz von 451, das Cicero in der Schule als *carmen necessarium* auswendig lernen mußte (*Leg.* 2,59). Umstritten sind sowohl die alten Kultlieder (*Salierlied*, *Arvallied*) als auch die von Cicero erwähnten heroischen Gesänge, die Cato in den *Origines* bezeugt haben soll. Beliebt waren die Stegreifspiel-Formen der Feszenninen, der Atellane und des Mimus, doch bewegt man sich auch hier in unsicherem Gelände. Auf vorliterarische (Spruch-)Dichtung weisen sowohl der Saturnier als auch der Versus quadratus hin.

Bei den Heldenliedern handelte es sich nach Cic. *Brut.* 75, *Tusc.* 1,3; 4,3 um *clarorum virorum laudes*, die die Vorfahren auf Gastmählern gesungen hätten. Während B. Niebuhr die Nachrichten ernst nahm, bezweifelte sie H. Dahlmann: *Zur Überlieferung über die*

‚altrömischen Tafellieder', Abh. Mainz 1950. Standardtexte für das vorliterarische Drama: Liv. 7,2; Hor. *Epist.* 2,1,139–163 (vgl. P. L. Schmidt, „Postquam ludus in artem paulatim verterat. Varro und die Frühgeschichte des römischen Theaters", in: G. Vogt-Spira [Hg.], *Studien zur vorliterarischen Periode im frühen Rom*, ScriptOralia 12, Tübingen 1989, 77–134). Die Feszenninen (aus Fescennia in Etrurien) waren (ursprünglich bei Erntefeiern und Hochzeiten) im Wechselgesang vorgetragene Stegreifverse. Die Atellane (aus Atella in Kampanien) hatte vier stehende Masken: Maccus, Bucco, Pappus und Dossennus, die in mancherlei Brechungen in der Palliata weiterwirkten. Der Mimus (aus dem hellenisierten Osten und griechischen Unteritalien) ist seit 212/1 in Rom nachweisbar, doch sicher schon vorher etabliert. Zusammenfassend: L. Benz, „Die römisch-italische Stegreifspieltradition zur Zeit der Palliata", in: L. Benz, E. Stärk, G. Vogt-Spira (Hgg.), *Plautus und die Tradition des Stegreifspiels,* ScriptOralia 75 (Tübingen 1995) 139–154. Zum versus quadratus: Th. Gerick, *Der v. qu. bei Plautus und seine volkstümliche Tradition,* ScriptOralia 85 (Tübingen 1996).

1.2.2 Drama

Die älteste Form der römischen Literatur repräsentiert die Bühnendichtung. Sie verdankte ihre Entstehung dem Umstand, daß 240 die – für die Ausrichtung von Spielen zuständigen – Ädilen den aus dem griechischen Sprachraum stammenden Andronicus beauftragten, für die Ludi Romani eine Tragödie und eine Komödie nach griechischen Vorbildern zu bearbeiten. Damit begann die vom literarhistorischen Gesichtspunkt aus hochinteressante Phase der Verschmelzung des griechischen Bühnenspiels mit italischen Traditionen.

Soweit das griechische Milieu beibehalten wurde, bildeten sich als Gattungsnamen für die Tragödie (Fabula) Crepidata (*crepida* = griechischer Halbschuh) heraus, für die Komödie Palliata (*pallium* = griechisches Obergewand), soweit römisches Milieu eingeführt wurde, für die Tragödie Prätexta (*praetexta* = römisches mit Purpur besetztes Obergewand), für die Komödie Togata (*toga* = römisches Obergewand) oder Tabernaria (*taberna* = Bude). Da sich der Name Crepidata nicht durchgesetzt hat, wird hier von Tragödie gesprochen. Gespielt wurde an den staatlichen Festen, bei Triumph- und Leichenspielen oder festlichen Anlässen wie Tempelweihungen.

1.2.2.1 Tragödie

Horaz bezeichnete den Römer als *natura sublimis et acer* und schrieb ihm einen Sinn für die Tragödie zu (*spirat tragicum, Epist.* 2, 1, 165–166). In der Tat blühte die Gattung nahezu anderthalb Jahrhunderte.

Unentbehrlich sind noch immer die Fragmentsammlung und die Gesamtdarstellung von O. Ribbeck: *TRF* (Leipzig ^{3}1897); *Die römische Tragödie im Zeitalter der Republik* (Leipzig 1875).

Livius Andronicus, aus dem griechischen Sprachraum stammend, stand vor der schwierigen Aufgabe, den Römern die auf hochkomplizierten Voraussetzungen fußende griechische Literatur nahezubringen.

Er kam wahrscheinlich aus Tarent und wurde als Sklave im Haus eines Livius freigelassen. Für die Erklärung der Literatur im Unterricht schuf er eine lateinische Fassung der *Odyssee.* Livius gelangte zu Ansehen und wurde 207 mit der Abfassung eines Prozessionslieds betraut. Er muß zu dieser Zeit hochbetagt gewesen sein, wenn er noch in dem 272 eroberten Tarent seine griechische Bildung erworben hatte. Wenig später wird er gestorben sein. Von seinen Tragödien sind etwa 40 Verse und 9 Titel überliefert: *Achilles*, *Aegisthus*, *Aiax mastigophorus*, *Andromeda*, *Danae*, *Equos Troianus*, *Hermiona*, *Tereus*, umstritten: *Ino* (Ter. Maur., *GL* VI, 383).

Bereits mit Livius beginnt die Romanisierung der griechischen Tragödie in Rom. Offenbar wählte er solche Stoffe aus, die der Vorliebe der Römer sowohl für ihre ‚griechische' als auch für ihre ‚trojanische' Vergangenheit entgegenkamen. Der Anspruch auf beide Bereiche resultierte aus dem Bestreben, die eigene Herkunft zu nobilitieren. Daß die Abstammung von griechischen und trojanischen Helden als gleichwertig erachtet wurde, mochte auf den prägenden Einfluß der *Ilias* zurückgehen. Dennoch hatten die Römer eine Präferenz für den trojanischen Ursprung, den sie in der Entstehungszeit sogar als politisches Argument verwendeten. Ihr aitiologisches Denken ließ zudem etwa die *Hermiona* wegen Orestes, der Dianas Kultbild nach Aricia gebracht haben sollte, oder die *Danae*, deren Titelheldin eine Vorfahrin des aus Ardea stammenden Turnus war, interessant erscheinen. Livius' entscheidender Schritt wurde von den nachfolgenden Tragikern weitergeführt. Noch Accius hob in seinem *Atreus* die Verwandtschaft des Titelhelden mit Euander hervor (Serv. *Aen.* 8, 130).

E. Lefèvre, „Die politisch-aitiologische Ideologie der Tragödien des Livius Andronicus", *QCTC* 8 (1990) 9–20; E. Weber, „Die trojanische Abstammung der Römer als politisches Argument", *WSt* N.F. 6 (1972) 213–225.

Gnaeus Naevius aus Capua (oder Umgebung) in Kampanien, Teilnehmer am 1. Punischen Krieg (264–241), der erste italische Dichter, war von erstaunlicher Originalität und Vielseitigkeit. Er verfaßte Tragödien wie Komödien und schuf das römische Epos und die Prätexta.

Ab 235 führte Naevius *fabulae* auf (Gell. 17,21,45). Er starb im Exil zwischen 204 und 201 in Utica. Später kam die Kunde auf, er habe mit den Metellern in Streit gelebt und diesen auch literarisch ausgetragen. Die bekannten Tragödien-Titel (erhalten sind etwa 70 Verse) ergeben ein ähnliches Bild wie bei dem Vorgänger: *Danae*, *Equos Troianus*, *Hector proficiscens*, *Hesiona*, *Iphigenia*, *Lucurgus*, umstritten: *Andromacha* (Serv. *Georg*, 1, 266). Die ersten beiden Titel begegnen schon bei Livius; entweder trat Naevius mit diesem in Konkurrenz, oder er bearbeitete dessen Stücke.

Wieder wird die Darstellung des Troja-Mythos die Herzen der Römer gewonnen haben. *Hector proficiscens* und *Equos Troianus* vergegenwärtigten das Leid der Vorfahren.

Von Interesse ist der *Lucurgus*, der den vergeblichen Widerstand des mythischen Thrakerkönigs gegen die Einführung des Bacchuskults behandelte und vielleicht auf zeitgenössische Vorkommnisse Bezug nahm. Der zugleich anziehende und verdächtigte Kult, auf den bereits Plautus zu Naevius' Lebzeiten anspielte (*Mil.* 1016) und der durch das *SC de Bacchanalibus* 186 schließlich verboten wurde, dürfte Naevius' Stück zu nicht gewöhnlicher Aufmerksamkeit verholfen haben.

Quintus Ennius (239–169) aus Rudiae in Kalabrien war von großem Ansehen und persönlichem Einfluß. Er ist der erste Dichter, der in Rom von den Großen der Zeit umworben wurde.

Er soll von sich gesagt haben, er habe *tria corda* (Gell. 17, 17, 1), da er das Griechische, Lateinische und Oskische beherrschte. In Sardinien lernte ihn der Quaestor Cato kennen und veranlaßte ihn, nach Rom zu gehen. Dort muß er bereits als Bühnendichter hervorgetreten sein, als ihn der Gönner M. Fulvius Nobilior als Herold seiner Taten mit auf den Ätolischen Feldzug nahm (189–187). Die Prätexta Ambracia feierte die Einnahme dieser Stadt. Hierauf erhielt Ennius das römische Bürgerrecht. Zu seiner reichen Produktion gehörten ferner das Epos *Annales*, Tragödien, Komödien, kleinere Lehrgedichte, Satiren, Epigramme. Er starb 169.

Von eindrücklicher Kraft waren Darstellung und Sprache der Tragödien. Ennius führte das Erbe von Livius und Naevius ingeniös weiter. Bevorzugtes Vorbild war Euripides.

20 Titel und etwa 420 Verse geben der tragischen Produktion noch gute Konturen. Nach Aischylos: *Eumenides*, nach Aristarchos: *Achilles*, nach Euripides: *Alcmeo*, *Alexander*, *Andromacha aechmalotis*, *Andromeda*, *Cresphontes*, *Erechtheus*, *Hecuba*, *Iphigenia* (in Aulis), *Medea exul*, *Melanippa*, ferner: *Aiax*, *Athamas*, *Hectoris lytra*, *Nemea*, *Phoenix*, *Telamo*, *Telephus*, *Thyestes*. Wohl 188/7 wurde der *Achilles*, 169 der *Thyestes* aufgeführt. Wieder überwiegt der trojanische Sagenkreis. Hinzu treten aitiologisch interessante Stoffe wie der von Medea, die bis zu den östlich von Rom wohnenden Marruviern gekommen sei, oder Iphigenia, deren Kultbild in Aricia stand.

Ausgabe mit Kommentar: H. D. Jocelyn (Cambridge 1967).

M a r c u s P a c u v i u s, Ennius' Neffe, trat auch als Maler hervor. Als Dichter beschränkte er sich auf die Tragödie. Mit ihm beginnt die ‚Literarisierung' dieser Gattung in Rom, offenbar gefördert durch seine aus Cic. *Lael.* 24 zu erschließende Zugehörigkeit zum ‚Scipionenkreis'. Auf diesen weist auch der *Paullus*.

Pacuvius wurde 220 in Brundisium geboren und starb etwa 131 in Tarent (Gell. 13, 2, 2). Gemessen an dem langen Leben ist die Produktion schmal. 15 Titel und etwa 435 Verse sind erhalten. Nach Aischylos: *Armorum iudicium*, nach Sophokles: *Chryses, Niptra*, nach Euripides: *Antiopa*, ferner *Atalanta*, *Dulorestes*, *Hermiona*, *Iliona*, *Medus*, *Pentheus*, *Periboea*, *Teucer*, umstritten: *Orestes* (R. Reggiani, QCTC 8, 1990, 21–32), *Protesilaos* (Ribbeck 1875, 326), *Thyestes* (Fulg. *Serm.ant.* 57). Pacuvius' Pathos fand nach Cicero Anklang (*Lael.* 24 über den *Chryses*); das *Armorum iudicium* mit der Darstellung des in den Tod getriebenen unschuldigen Aiax weckte noch bei Caesars Leichenfeier Emotionen (Suet. *Iul.* 84, 2). Über die *Satiren* ist nichts Näheres bekannt.

Pacuvius' Werk spiegelt die Auseinandersetzung der Zeit mit griechischem Geistesgut wider. Nach Cicero hat er die große Sterbeszene in den *Niptra* ‚besser' als Sophokles gestaltet, weil Odysseus bei ihm nicht so jammere wie in dem Vorbild, sondern seine Seele dem Verstand gehorche wie ein Soldat dem Feldherrn (*Tusc.* 2,48–50). In der *Antiopa* wurde der schon bei Euripides berühmte Streit der Brüder Amphion und Zethos nachgebildet, die den βίος θεωρητικός und den βίος πρακτικός verkörperten. Während Euripides Amphion siegen ließ, scheint sich Pacuvius mit Zethus für die *vita activa* ausgesprochen zu haben (Ribbeck).

Ausgabe mit Kommentar: G. D'Anna (Rom 1967). Würdigung: I. Mariotti, *Introduzione a Pacuvio* (Urbino 1960).

1.2.2.2 Prätexta

Nicht nur aus Unkenntnis der hellenistischen Vorläufer darf die Prätexta als eine typisch römische Form der Tragödie angesprochen werden. Den Römern mußte mehr als den Griechen die Tragödie auch für die Darstellung von Stoffen aus der Geschichte – einschließlich des ‚Mythos' der Frühzeit – geeignet erscheinen. Bereits Livius' Betonung des trojanischen Stoffs in der mythologischen Tragödie hatte ebenso wie seine Einführung der aitiologischen Komponente eindeutig historischen Charakter. Zwischen Crepidata und Prätexta bestand ein Unterschied vor allem im Stoff, nicht unbedingt im Gehalt. Den entscheidenden Schritt wagte – wie im Epos – Naevius.

Naevius entnahm den Stoff des *Romulus* (*Lupus* wohl Nebentitel, nicht eigenes Stück) der Frühzeit, den des *Clastidium* der Zeitgeschichte: Dieses verherrlichte den Sieg, den Marcus Marcellus 222 bei Clastidium über den Gallier Viridumarus errang. Ennius pries in der *Ambracia* die Einnahme der gleichnamigen Stadt in Ätolien durch seinen Gönner Fulvius Nobilior 189. Pacuvius widmete den *Paullus* dem Sieger von Pydna Aemilius Paullus (168). Accius (s. 1.3.2) behandelte im *Brutus* die Befreiung Roms von den etruskischen Königen (510), in den *Aeneadae sive Decius* das Selbstopfer des jüngeren Decius Mus in der Schlacht von Sentinum (295).

Bedeutete die historische und aitiologische Ausrichtung der mythologischen Tragödie eine Panegyrik nur im Blick auf die trojanischen und griechischen Vorfahren der Römer, konnte die Prätexta sowohl die italische Vergangenheit als auch die Zeitgeschichte direkt verherrlichen. Dem Denken der Zeit entsprechend gingen der Preis des einzelnen und der Preis der *res publica* Hand in Hand.

In Ennius' *Ambracia* war Fulvius Nobiliors Einnahme Ambracias zugleich ein Schritt zur Eroberung Griechenlands, in Pacuvius' *Paullus* der Sieg über Perseus zugleich der Sieg über Griechenland. Bezeichnend ist die Bitte des jüngeren Decius in Accius' *Aeneadae* an den Priester, ihm die Formel der Devotion vorzusprechen, mit der sein Vater einst den Staat in der Schlacht gegen die Latiner 340 gerettet habe, *quibus rem summam et patriam nostram quondam adauctavit pater* (Fr. 10 R.).

Der Prätexta kommt hinsichtlich der Originalität der frührömischen Literatur höchste Bedeutung zu. In diesem Genos hatten die Dichter so gut wie keine griechischen Vorbilder, sondern sahen sich auf das eigene Ingenium angewiesen. Sie waren in der Lage, ganze Szenen und Hunderte von Versen de suo zu erfinden. Dieser Umstand ist für eine gerechte Würdigung der Palliata, in der ‚griechische' Szenen mit ‚römischen' wechseln, im Auge zu behalten.

Ausgaben: L. Pedroli (Genua 1954); G. De Durante (Rom 1966). Würdigungen: N. Zorzetti, *La pretesta e il teatro latino arcaico* (Neapel 1980); R. Häußler, „Grundzüge der *Fabula Praetexta*", *Ann. Fac. Lett. e Filos.*, *Univ. Napoli* 18 (1987/88) 297–319.

1.2.2.3 Palliata

Die schöpferischste Gattung der frührömischen Dichtung stellt zweifellos die Palliata dar, obwohl sie unter literarhistorischen Gesichtspunkten die unnatürlichste ist. Da Livius und die nachfolgenden Dichter vor allem an die zu ihrer Zeit in Griechenland und Unteritalien blühende Neue Komödie, die etwa 320 aufgekommen war, anknüpften, transponierten sie eine ausgesprochene Spätform in das Anfangsstadium der römischen Literatur. Es versteht sich, daß sie gezwungen waren, das fremde Gut den einheimischen Verhältnissen anzupassen. Selbst wenn sie das Bestreben gehabt hätten, die Römer mit der hochentwickelten Komödie der Griechen bekanntzumachen, wäre dafür schwerlich ein Publikum vorhanden gewesen. Sie verschmolzen daher die ‚schriftliche' Form der griechischen Komödie mit den ‚mündlichen' Formen des römischen Volkstheaters. Auf diese Weise entstand ein hybrides literarisches Gebilde, das gleichwohl den größten Erfolg hatte und den Komödiendichtern des Abendlands bis in das 18. Jahrhunderts zum Vorbild diente.

G. E. Duckworth, *The Nature of Roman Comedy* (Princeton 1952).

Von Livius sind 3 Titel (*Gladiolus*, *Ludius*, umstritten: *Virgo*: Fest. p. 182,17 L.) und 6 Verse, von Naevius über 30 Titel und etwa 130 Verse überliefert. Nach Ter. *Andr.* 18 hat er kontaminiert (vgl. zu Plautus). Naevius war ein wichtiger Wegbereiter für Plautus, mit dem er einige Titel gemeinsam hatte. Auch scheint er schon die Sklavenrolle betont zu haben. Am besten ist die *Tarentilla* kenntlich (vgl. M. Barchiesi, *La Tarentilla*, Pisa 1978).

Titus Maccius Plautus ist der erste Dichter, der sich auf das Genos der Komödie beschränkt und es zugleich zu höchstem Ansehen geführt hat. Seine Stücke sind die ersten vollständig erhaltenen Werke der römischen Literatur.

Plautus wurde um 250 im umbrischen Sarsina geboren. In der Jugend soll er sich in Rom beim Theater sein Geld verdient haben und Atellanen-Schauspieler gewesen sein. Es ist möglich, daß die zweite Nachricht aus Elementen der Atellane in seinen Komödien erschlossen ist. Später soll er Kaufmann gewesen sein und nach dem Verlust des Vermögens bei einem Müller gearbeitet haben; während der letzten Tätigkeit hat er nach Gellius *Saturio*, *Addictus* und ein drittes Stück geschrieben (3, 3, 14). Einzelnes mag erfunden sein. Glaubwürdig ist, daß es noch nicht möglich war, von der Dichtkunst zu leben. Zu literarischem Erfolg ist Plautus offenbar erst spät gekommen, da die ältesten Stücke nicht weiter als bis zum Ende des 2. Punischen Kriegs zurückreichen: Ab 206 könnte der *Miles gloriosus*, wenig später die *Cistellaria* entstanden sein; der *Stichus* wurde 200 aufgeführt. Alle anderen Stücke gehören in die letzten anderthalb Jahrzehnte des 184 gestorbenen Dichters. Auf 191 ist der *Pseudolus* zu datieren. Vgl. K. H. E. Schutter, *Quibus annis comoediae Plautinae primum actae sint quaeritur* (Groningen 1952).

Plautus war so beliebt, daß seine Komödien nicht nur bald nach seinem Tod wiederaufgeführt wurden – Teile des Prologs der *Casina* sind für eine solche Gelegenheit gedichtet –, sondern sein Name auch als Deckmantel für Nachahmungen durch Epigonen diente.

Schließlich wurden ihm etwa 130 Stücke zugeschrieben, von denen Aelius Stilo (2./1. Jh.) 25 (Gell. 3, 3, 11–12), Varro (1. Jh.) aufgrund übereinstimmender Grammatiker-Urteile 21 (Gell. 3, 3, 3) für echt erklärten. Da auch die beiden Hauptzweige der Überlieferung 21 Stücke haben, werden sie mit den Fabulae Varronianae identisch sein (*Vidularia* verstümmelt). Kenntliche Vorbilder sind Philemon (*Thesauros*: *Trinummus*; *Emporos*: *Mercator*, vermutet auch für *Mostellaria*), Diphilos (*Klerumenoi*: *Casina; Epitrope* [?]: *Rudens*) und Menander (*Synaristosai*: *Cistellaria*; *Dis exapaton*: *Bacchides*; *Adelphoi*; *Stichus*; vermutet auch für *Aulularia*). Vielleicht gehen *Persa* und *Poenulus* auf die Mittlere Komödie, *Amphitruo* auf die lateinische Übersetzung von Euripides' *Alkmene* zurück. Nicht auszuschließen ist, daß Plautus auch ohne Vorlage bzw. aus der Erinnerung an zurückliegende Aufführungen in der Magna Graecia dichtete. Man hat das für *Epidicus* (S. Goldberg, *TAPA* 108, 1978, 81–91), *Menaechmi* (E. Stärk, *Die Menaechmi des Plautus und kein griechisches Original*, ScriptOralia 11, Tübingen 1989), *Asinaria* (G. Vogt-Spira, in: E. Lefèvre, E. Stärk, G. Vogt-Spira, *Plautus barbarus*, ScriptOralia 25, Tübingen 1991, 11–69) oder *Truculentus* (Lefèvre ib. 175–200) vermutet.

Die Beurteilung der plautinischen Komödie hängt unmittelbar mit der Frage zusammen, in welchem Umfang und in welcher Weise die Vorbilder bearbeitet sind. Schon vor den Menander-Funden zu Anfang des 20. Jahrhunderts schloß man, daß Plautus zum Teil stark von ihnen abweicht.

Da man aus den terenzischen Prologen wußte, daß die römischen Komiker zuweilen zwei verschiedene Originale ‚kontaminiert' haben, sah man bei Unstimmigkeiten der Handlungsführung oder Charakterzeichnung in dem Postulat einer Kontamination ein Allheilmittel. Heute wird eine solche in größerem Umfang nicht mehr angenommen. Es bedurfte geduldiger Arbeit der Philologen, die Eigenart palutinischen Dichtens zu erkennen.

Es zeigt sich immer deutlicher, daß Plautus die Originale sowohl in inhaltlicher als auch in struktureller Hinsicht mit heimischen Stegreifformen verschmolzen hat. Durch die Abwertung der Autorität in Gestalt des in Rom hochangesehenen Pater familias, über den der Sohn mit Hilfe des gerissenen Sklaven den Sieg davonzutragen pflegt, nahm das in Griechenland Lebenswirklichkeit spiegelnde bürgerliche Lustspiel realitätsfremde Züge einer im ‚Niemandsland' angesiedelten Posse an, die den Zuschauern eine Traumwelt vorgaukelte. Gesteigert wurde die Irrealität durch künstlich-übertriebene Streitgespräche, arienhafte Einlagen (Cantica) oder gar Tanzszenen volkstümlicher Traditionen.

Begründer der wissenschaftlichen Arbeit am Text war F. Ritschl, der Quellenanalyse Th. Ladewig (*Ueber den Kanon des Volcatius Sedigitus*, Neustrelitz 1842), der Herausarbeitung des ‚Plautinischen im Plautus' F. Leo (*Plautinische Forschungen*, Berlin ^{2}1912) sowie seine Schüler G. Jachmann (*Plautinisches und Attisches*, Berlin 1931) und – bahnbrechend – E. Fraenkel (*Plautinisches im Plautus*, Berlin 1922).

Das regelmäßige Unterliegen der die Macht repräsentierenden Alten wurde mit den Gepflogenheiten der Saturnalien in Verbindung gebracht. Offenbar erlaubten die Magistrate an den fest fixierten Anlässen solche Freiheiten, um angestauten Emotionen ein ‚Ventil' zu geben. Vgl. E. Segal, *Roman Laughter. The Comedy of Plautus* (Oxford ^{2}1987) 32–34 u. ö. Literatur zu den volkstümlichen Traditionen: 1.2.1.

Ausgaben: F. Leo, Berlin 1895/96; W. M. Lindsay, Oxford 1904/05. Kürzlich hat O. Zwierlein bis zu 40% des Plautustexts als spätere Interpolationen zu erweisen versucht (*Zur Kritik und Exegese des Plautus*, I–IV, Abh. Mainz 1990/92), indem er besonders die Stellen verdächtigte, die die Forschung bisher als typisch plautinisch beurteilt hat. Würdigungen: J. Blänsdorf, *Archaische Gedankengänge in den Komödien des Plautus* (Wiesbaden 1967), K. Gaiser, *ANRW* I 2 (1972) 1027–1113. Weitere Lit. s. o.

Caecilius Statius ist der bedeutendste Palliaten-Dichter zwischen Plautus und Terenz. Wie diese schrieb er nur Komödien. Die schlechte Überlieferung seines Werks bedeutet eine besonders empfindliche Lücke.

Caecilius dürfte zwischen 230 und 220 geboren sein. Nach Hieronymus, der seine Akme auf 179 datiert, stammt er aus dem insubrischen Gallien (nach Meinung einiger aus Mediolanum). Er kam als Sklave nach Rom, wo er als Freigelassener der Caecilii 168 starb. 40 Titel (viele nach Menander) und etwa 290 Verse sind bekannt. Durch Gellius' feinsinnigen Vergleich des *Plocium* (Halsband) mit dem menandrischen *Plokion* (2,23) ist Caecilius' Eigenart gut kenntlich. Drei größere Passagen zeigen plautinische Urwüchsigkeit und Komik, die sich weit von Menander entfernen. Interessant ist Gellius' Feststellung, Caecilius habe Elemente aus dem Mimus ‚hineingetreten' *(nescio qua mimica inculcavit)*. Dazu würde Volcacius Sedigitus' Urteil (Fr. 1 *FPL*[3]) passen, wenn *Caecilio palmam Statio do mimico* richtig konjiziert ist (J. Gronovius, Leo, Gentili, *comico* S. Mariotti, Blänsdorf). Er war offenbar wie Plautus dem Volkstheater verbunden. Varro gab seiner Handlungsführung *(argumenta)* den ersten Preis (*Men.* 399 B.), Horaz hob die *gravitas* hervor (*Epist.* 2, 1, 59). Cicero tadelte den *malus auctor Latinitatis* (*Att.* 7, 3, 10).

Ausgabe mit Kommentar: T. Guardì (Palermo 1974). Würdigung: A. Traina, *Vortit barbare* (Rom 1970) 41–53.

Publius Terentius Afer wurde zwei Generationen nach Plautus geboren, doch fällt die Zeit seines Wirkens nur eine Generation später (166–160), da er schon in jungen Jahren den Weg zur Bühne fand. Er stand dem ‚Scipionenkreis' nahe. Sein Ansehen zeigt sich darin, daß zwei Komödien bei den Leichenspielen für Aemilius Paullus aufgeführt wurden.

Die wertvolle Vita Suetons ist erhalten. Danach starb Terenz 159 auf einer Reise nach Griechenland, bevor er das 35. bzw. 25. Lebensjahr (die Handschriften schwanken) vollendet hatte, was auf 194 bzw. 184 als Geburtsjahr führt. Er wurde als Libyer in Karthago geboren und kam als Sklave nach Rom, wo ihn der Senator Terentius Lucanus freiließ. Die Nachricht der Vita, daß Terenz mit Scipio Aemilianus minor und Laelius befreundet war, wird durch die Erörterung der Förderung von seiten hoher Gönner in den Prologen zu *Haut.* und *Ad.* bekräftigt. Offenbar lag ein gemeinsames Interesse an literarischen Problemen vor.

Alle Stücke sind erhalten und dank den Didaskalien datiert: 166 *Andria*, 163 *Heautontimorumenos*, 161 *Eunuchus* (alle nach Menander), *Phormio* (nach Apollodor von Karystos), 160 *Adelphoe* (nach Menander), *Hecyra* (nach Apollodor). Die ersten beiden Aufführungen der *Hecyra* 165 und 160 wurden abgebrochen. Der Prolog der *Andria* weist auf eine zweite Aufführung; ob die erste, wie Leo vermutet hat, ‚verunglückt' war (1913, 235 A.1) oder es sich um eine Wiederaufführung handelt, ist umstritten. Nach den Prologen ist die *Andria* mit der *Perinthia* (ebenfalls von Menander) kontaminiert, in den *Eunuchus* das renommierende Paar Thraso/Gnatho, in die *Adelphoe* eine Szene aus Diphilos' *Synapothneskontes* eingelegt (II 1). Zu den Prologen s. 1.2.5.

Terenz gilt im Vergleich zu Plautus allgemein als feinsinniger und getreuer in der Nachbildung der Originale. In der Tat treten bei ihm Urwüchsigkeit, Komik und das musikalische Element zugunsten eines gehobenen Dialogs zurück, ebenso Brüche in der Charakterzeichnung und Handlungsführung.

Caesar lobte den *purus sermo* (Suet. *Vita Ter.* 7), Varro die ἤθη (*Men.* 399 B.), Horaz die *ars* (*Epist.* 2, 1, 59). Caesars Urteil macht aber deutlich, daß man bei den *lenia scripta* einen Mangel an *vis comica* kritisierte. Es ist nicht ausgeschlossen, daß die Zeitgenossen auch so empfanden. Die ‚sentimentale' *Hecyra* und die über weite Strecken ernsthafte *Andria*, die beiden frühesten Stücke, hatten anspruchsvolle Handlungen.

Seit dem *Heautontimorumenos* schwenkte Terenz auf die plautinische Linie ein und gab volkstümlicher Komik Raum. Er wertete, wie es scheint, die humanen menandrischen Personen Chremes in diesem Stück (den Sprecher des berühmtesten Verses der republikanischen Literatur *homo sum, humani nil a me alienum puto*), Thais im *Eunuchus* und Micio in den *Adelphoe* um eindrucksvoller komischer Effekte willen ab. Terenz verfolgte damit dasselbe ‚saturnalische' Ziel wie Plautus, nur auf einer höhereren Ebene, die einen mitdenkenden Zuschauer voraussetzt. Die Nähe zum ‚Scipionenkreis' wird damit in Zusammenhang stehen.

Zur künstlerischen Entwicklung: E. Lefèvre, *Terenz' und Menanders Ht.* (München 1994) 185–189, zu Chremes: ib. 173–177, zu Thais: W. Ludwig, „Von Terenz zu Menander", *Philologus* 103 (1959) 1–38, zu Micio: O. Rieth, *Die Kunst Menanders in den ‚Adelphen' des Terenz* (Hildesheim 1964).

Ausgabe: R. Kauer, W. M. Lindsay, O. Skutsch, Oxford 1958. Hervorragender Forschungsüberblick: H. Marti, *Lustrum* 6 (1961); 8 (1963). Würdigung: H. Haffter, *Terenz und seine künstlerische Eigenart* (Darmstadt 1967, urspr. *MusHelv* 10, 1953).

Neben Caecilius und Terenz gibt es eine Reihe weiterer Palliaten-Dichter, die für uns jedoch nicht viel mehr als Namen sind.

Zu ihnen zählen: Trabea, Atilius, Aquilius, Licinius Imbrex und Luscius Lanuvinus, der dadurch von Interesse ist, daß er als Terenz' Widersacher (*malevolus vetus poeta, Andr.* 6–7) in Erscheinung trat. Mit der bislang raffiniertesten Bearbeitung der Originale durch Terenz waren die Möglichkeiten der Palliata weitgehend erschöpft. Lediglich Sextus Turpilius (gestorben 104/3) ist noch faßbar, unter 13 Titeln besonders die *Leucadia.*

1.2.2.4 Togata

So nannte sich die Komödie in italischem Milieu. Ihre Hauptvertreter waren Plautus' Zeitgenosse Titinius, der etwas jüngere Lucius Afranius und T. Quinctius Atta, der 77 starb. Von Afranius sind 42 Titel und etwa 430 Verse kenntlich.

In diesem Genos trat der römische Alltag mit seinen Webern, Schustern, Barbieren, Walkern und Schneidern in Erscheinung. Damit wurden wohl vor allem Themen des Stegreifspiels literarisiert. Noch weiter ging Maecenas' Freigelassener Melissus mit der Trabeata (*trabea* = Mantel der Ritter), der die Komödie in das Rittermilieu verlegte. Diesen Versuchen war kein nachhaltiger Erfolg beschieden, wenn auch manche Togata noch in Ciceros Zeit lebendig blieb.

Ausgaben mit Kommentar: A. Daviault (Paris 1981); T. Guardì, (Mailand 1984) (Titinius und Atta).

1.2.3 Epische Dichtung

Einen besonderen Platz nahm in Rom von Anfang an das Epos ein. Es eignete sich neben der Tragödie in besonderem Maß für die Darstellung nationaler Stoffe und Gehalte. Auch wenn aus dem Gebrauch des Saturniers zu schließen sein sollte, daß Livius und Naevius an mündliche Formen heroischer Lieder anschlossen, handelt es sich bei dem Epos der Römer von Anfang an um eine ‚sekundäre' Erscheinungsform, die nicht wie die homerischen Gesänge ‚naive' Heldendichtung, sondern bewußt auf die geschichtlichen Ziele der Römer gerichtete Literatur war.

Livius Andronicus (s. 1.2.2) hat bereits mit der Bearbeitung Homers, der ersten epischen Äußerung Roms, einen entscheidenden Weg gewiesen.

Er wählte für seinen Unterricht eine Umsetzung der *Odyssee* (Titel wohl *Odusia*), nicht der *Ilias*. Das überrascht, da die Kämpfe um Troja die kampfgewohnten jungen Römer sicher angesprochen hätten. Die *Odyssee* wurde offenbar deshalb vorgezogen, weil sie teils in Sizilien, teils in Latium spielte, hatte doch Odysseus hier Kirke besucht und ihr gemeinsamer Sohn Telegonus Tusculum gegründet (ein anderer Sohn war Latinus). Damit sprach Livius in derselben Weise wie mit den Tragödien den aitiologischen Sinn der Römer an (s. 1.2.1). Auch sonst war er bestrebt, das Werk in den römischen Raum zu holen, so wenn er die Μοῦσα zu der lokalen *Camena* oder Μοῖρα zu der römischen *Morta* werden ließ. Archaische Begriffe wie das ‚Gehege der Zähne' oder das ‚Lösen der Knie' wurden ersetzt. Auf Wörtlichkeit der Übersetzung kam es nicht an. Etwa 40 Verse in Saturniern sind erhalten. Cicero (*Brut.* 71) und Horaz (*Epist.* 2, 1, 59–75) äußerten sich kritisch über die *Odusia*. Vom modernen Standpunkt aus erscheint die Leistung größer.

Ausgabe (mit Einführung): S. Mariotti, *Livio Andronico e la traduzione artistica* (Urbino ²1986). Würdigungen: A. Traina, *Vortit barbare* (Rom 1970) 11–28; K. Büchner, „Livius Andronicus und die erste künstlerische Übersetzung der europäischen Literatur", *SymbOsl* 54 (1979) 37–70.

Gnaeus Naevius (s. 1.2.2) führte mit dem *Bellum Poenicum* das nationalrömische Epos ein, wie er mit der Prätexta die nationalrömische Tragödie schuf. Ob auch die Togata auf ihn zurückgeht, ist umstritten. Wenngleich er den Saturnier beibehielt, war sein Schritt hochbedeutend. Wohl während des 2. stellte er den 1. Punischen Krieg dar und nahm damit indirekt zur Zeitgeschichte Stellung.

Das Epos war fortlaufend komponiert und wurde erst im 2. Jh. von dem Grammatiker Octavius Lampadio in 7 B. geteilt. Etwa 60 Fragmente, von denen nur wenige zwei oder drei Verse umfassen, sind erhalten, etwa ein Drittel aus B. 1, das die zitierenden Grammatiker am häufigsten benutzten. Nach Cic. *Cato* 50 handelt es sich um ein Alterswerk. Naevius dichtete aus der Erinnerung an das Geschehen, an dem er als junger Mann teilgenommen hatte. B. 1–3 behandeln die Vorgeschichte, von Aeneas' Auszug aus dem zerstörten Troja über seine Fahrt nach Italien bis zur Gründung Roms durch Romulus, den Sohn der Aeneas-Tochter Ilia. B. 4–7 sind dem historischen Teil gewidmet. In B. 1 ist aber eindeutig von der Heerführung des Konsuls von 263 Manius Valerius die Rede (Fr. 3 *FPL*³). Man hat daher geschlossen, Naevius habe nach dem Vorbild der Apologe der *Odyssee* die Vorgeschichte als Rückblick erzählt (S. Strzelecki, *De Naeviano Belli Punici carmine quaestiones selectae*, Krakau 1935; V. Buchheit, *Vergil über die Sendung Roms*, Heidelberg 1963, 23–26). Fr. 20 *FPL*³ könnte auf Dido deuten. Wenn Niebuhrs Vermutung zutrifft, daß Naevius den Krieg zwischen Karthago und Rom aus Didos Fluch über Aeneas ableitete (*Vorträge über römische Geschichte*, Berlin 1846, 17), erklärte sich, warum von der römischen Vorgeschichte offenbar nur die Frühzeit behandelt war. Die kräftige archaische Sprache erschien Cicero als vorklassisch, wenn er *Brut.* 75 das Epos mit einem Werk Myrons verglich. Vergils Wertschätzung des *Bellum Poenicum* geht daraus hervor, daß er ihm nach Macr. 6, 2, 31 den Seesturm und die Szene Iupiter/Venus in *Aen.* 1 ‚entnahm'.

Naevius hatte mit den ersten drei B. Livius' mythologischer, nur indirekt historischer *Odusia* ein römisches Pendant an die Seite gestellt und mit den letzten vier den historisch denkenden und argumentierenden Sinn der Römer direkt angesprochen. Durch die Einbeziehung der Vorgeschichte und die damit verbundene historische Verankerung der Auseinandersetzung wurde das *Bellum Poenicum* zu dem ersten poetischen Zeugnis für das Sendungsbewußtsein der Römer.

Ausgaben (mit Würdigungen): S. Mariotti, *Il Bellum Poenicum e l'arte di Nevio* (Rom 1955); M. Barchiesi, *Nevio epico* (Padua 1962) (umfassend).

Quintus Ennius (s. 1.2.2) wurde mit den *Annales* Naevius' bewußter Nachfolger, der den Vorgänger zu übertreffen suchte. Schon der Titel zeigte programmatisch an, daß nunmehr die gesamte römische Geschichte dargestellt werden sollte. Die Einführung des Hexameters in Rom und die Proklamation im Proömium, Homers Reinkarnation zu sein, bedeuteten einen unerhörten Anspruch.

Die *Annales* entstanden in mehreren Etappen. Sie waren zunächst auf 12 oder 15 B. (in Triaden) berechnet und wurden später mit weiteren bis in die Gegenwart fortgeführt. B. 1–3 stellten die mythische Zeit vom Fall Trojas bis zur Vertreibung der Könige 510 dar, 4–6 die Anfänge der Republik bis zum Ende des Kriegs gegen Pyrrhus 271, 7–9 den 1. und 2. Punischen Krieg bis 201, 10–12 die Kriege gegen Philipp von Makedonien und Nabis von Sparta bis 193, 13–15 den Syrischen Krieg und den Ätolischen Feldzug von Ennius' Gönner Fulvius Nobilior bis 189. Schließlich brachten B. 16–18 die Ereignisse des Istrischen Kriegs bis 171, ehe Ennius 169 starb. Sollte Gellius nach Varro richtig überliefern, Ennius habe im 12. B. gesagt, es sei im 67. Lebensjahr geschrieben (17, 21, 43) was auf 173 führt, hätte er in den letzten 4 Jahren 6 B. gedichtet. Das kann falsch sein, ist aber bei Ennius' schneller Arbeitsweise nicht unglaubhaft. Für die Zeitgeschichte bedurfte er keiner Quellenstudien. B. 1–12 wird er langsamer verfaßt, vielleicht sogar, wenn die Aussage in der Sphragis stand, als abgeschlossen betrachtet haben. Nach Skutsch begann er um 184. Die jüngeren Geschehnisse wurden – ohne Rücksicht auf das Ganze – immer ausführlicher dargestellt. Doch spiegelt das nicht nur den Erfahrungshorizont wider, sondern auch das Bestreben, den Wünschen hochgestellter Persönlichkeiten entgegenzukommen. Etwa 500 Fragmente sind erhalten.

Ennius' Selbstbewußtsein kommt im Proömium zu B. 7, das vielleicht nach dem ursprünglichen Plan die zweite Werkhälfte einleitete, deutlich zum Ausdruck.

Die Materie sei vor ihm von anderen in Versen dargestellt worden, wie sie einst Faune und Propheten gesungen hätten – was auf Naevius' *Bellum Poenicum* zielt. Zuvor habe es keinen *dicti studiosus* gegeben; von der *sophia (sapientia quae perhibetur)* träume man nicht, ehe man sie gelernt habe (Fr. 206–212 Sk.).

Ennius beansprucht φιλολογία, die den ‚gelernten' griechischen Dichter ausweist, und φιλοσοφία, die ebenfalls ‚gelernt' ist, womit er sich auch auf den pythagoreisch beeinflußten Traum von der Erscheinung Homers in dem Proömium zu B. 1 zurückbezieht. Trotz der griechischen Gelehrsamkeit, durch die er sich auszeichnet, ist die packende Kraft der von Übertreibungen und Manierismen nicht freien Darstellung durch und durch archaisch-römisch. Auf die gesamte nachfolgende Epik, auch Vergils *Aeneis*, waren die *Annales* von eminenter Wirkung.

Horaz' Wort, daß Ennius sich nur im Rausch zum Heldenlied aufgeschwungen habe (*Ennius ipse pater numquam nisi potus ad arma / prosiluit dicenda, Epist.* 1,19,7–8), charakterisiert gut die urwüchsige Inspiration, der aber, wie Ovid sagt, die – alexandrinische – *ars* fehlte (*Am.* 1,15,19).

Ausgabe mit Kommentar: O. Skutsch (Oxford 1985) (herausragend). Würdigungen: E. Norden, *Ennius und Vergilius* (Leipzig 1915); S. Mariotti, *Lezioni su Ennio* (Urbino ^{2}1991).

1.2.4 Geschichtsschreibung

Das höchste Ansehen genoß in der älteren Zeit unter allen Gattungen die Geschichtsschreibung, die lange – als einzige – die Domäne der führenden Schicht war. Diese erkannte die Möglichkeit, mit Hilfe einer scheinbar objektiven Gattung politisch – nach außen wie nach innen – zu argumentieren. Die wichtigste stoffliche Voraussetzung waren die Pontifikalannalen, die zunächst auch die Form der literarischen Annalen bestimmten.

Jährlich stellte der Pontifex Maximus mit Gips geweißte Holztafeln im Atrium der Regia aus, auf denen die Konsuln und wichtigsten Magistrate sowie Sonnen- und Mondfinsternisse, Prodigien, Erdbeben, Seuchen und Tempelweihungen verzeichnet waren. Historisch-politische Ereignisse wurden nur insofern erwähnt, als sie Anlässe für priesterliche Amtshandlungen bildeten. Erst nach und nach nahmen Senats- und Volksbeschlüsse einen breiteren Raum ein. Weitere Quellen waren die Privatarchive der Adelsfamilien oder Triumphalinschriften. Unter den älteren Annalisten sind Q. Fabius Pictor und L. Cincius Alimentus Ende des 3., C. Acilius und A. Postumius Albinus in der 1. Hälfte des 2. Jh.s bekannt. Sie verfaßten – in griechischer Sprache – römische Geschichte von der Stadtgründung bis in die Gegenwart.

Fabius Pictor kommt als dem ersten greifbaren römischen Geschichtsschreiber hohe Bedeutung zu. Nach der Niederlage bei Cannae (216) führte der Angehörige der alten Gens Fabia eine römische Gesandtschaft zum Delphischen Orakel.

Das Werk hatte drei Teile: die ausführliche Gründungsgeschichte Roms bis 450, die knapp verfaßte Zwischenzeit bis 264 und die wieder breit angelegte Zeitgeschichte. Wieweit Fabius dabei mündlichen Traditionen (J. v. Ungern-Sternberg, „Überlegungen zur frühen römischen Überlieferung im Lichte der Oral-Tradition-Forschung", in: J. v. Ungern-Sternberg und H. Reinau, Hgg., *Vergangenheit in mündlicher Überlieferung*, Colloquium Rauricum 1, Stuttgart 1988, 237–265) oder schriftlichen – griechischen – Quellen (D. Timpe, „Mündlichkeit und Schriftlichkeit als Basis der frührömischen Überlieferung", ib. 266–286) folgt, ist umstritten. Es gab griechische Ursprungsgeschichten westlicher Städte und Stämme; es ist unwahrscheinlich, daß der griechisch schreibende Fabius sie nicht kannte. Vielleicht arbeitete er mit einem ‚literarisch gebildeten Griechen' zusammen (Timpe, ib. 279). Er wird in dem sich an die griechische Welt wendenden Werk darauf Bezug genommen, daß kurz zuvor Philinos von Akragas die Schuld am 1. Punischen Krieg den Römern gegeben hatte, und somit ein politisches Ziel verfolgt haben. Timpe hat in anderem Sinn von einer ‚Tendenz' gesprochen, die das einigende Band der drei Teile gewesen sei: der Tenor, die römische Größe und Sieghaftigkeit zu betonen und die Zugehörigkeit der Römer zur griechischen Kulturgemeinschaft mit Hilfe sowohl des Mythos als auch der Senatspolitik zu demonstrieren (958, s. u.).

Seit dem Archegeten ist die Geschichtsschreibung in Rom ‚tendenziös' gewesen.

D. Timpe, „Fabius Pictor und die Anfänge der römischen Historiographie", *ANRW* I 2 (1972) 928–969 (grundlegend).

Marcus Porcius Cato Eine entscheidende Wende brachten die *Origines* Catos, der mit dem lateinisch abgefaßten Werk gegen die griechisch schreibenden Annalisten demonstrativ Stellung nahm.

Cato, plebejischer Abstammung, wurde 234 in Tusculum geboren. Er erwarb auf mehreren Feldzügen Ruhm und stieg als *homo novus* zum Konsul (195) und zum besonders strengen Zensor (184) auf. Noch in hohem Alter trat er für die Zerstörung Karthagos ein, der Erzrivalin Roms. Bald nach dem Beginn des 3. Punischen Kriegs starb er 149. Literarisch trat er durch die Veröffentlichung seiner Reden (s. 1.2.7), die Schrift *De agri cultura*, Unterweisungen für seinen Sohn (s. 1.2.8), fachwissenschaftliche Abhandlungen und die *Origines* hervor. In diesen nahm er wie Fabius die hellenistische Ktisis-Form zum Vorbild und behandelte in B. 1 die Vor- und Frühzeit Roms (wieder stand Aeneas am Anfang) bis zur Vertreibung der Könige, in 2 und 3 die Ursprünge anderer italischer Städte, in 4–7 Roms weitere Entwicklung; 4 war dem 1., 5 dem 2. Punischen Krieg gewidmet.

Catos Werk war ganz nach innen gerichtet, auf die sittliche Erziehung der Römer (in Fr. 3 ist von dem *bonum historiae* die Rede). Sein eigenes Licht stellte er nicht unter den Scheffel. Trotz der packenden Schilderung und der kraftvollen Sprache war das Werk aufgrund seiner Heterogenität nicht gattungsbildend.

Klingner 1965, 34–65; F. Della Corte, *Catone censore. La vita e la fortuna* (Florenz ²1969); H. H. Scullard, *Roman Politics 220–150 B.C.* (Oxford ²1973); D. Timpe, „Le origini di Catone e la storiografia latina“, *Accad. Patavina, Cl. di Sc. mor., Lett. ed Arti* 83 (1970) 1–33.

Annales entstanden nunmehr unter Catos Einfluß in lateinischer Sprache.

L. Cassius Hemina: 5 B. (wohl bis 146 reichend), die sich durch Vorliebe für Sakrales und Antiquarisches auszeichneten; L. Calpurnius Piso Frugi (Konsul 133): 7 B., die, von starker moralischer Tendenz, mehr erbaulich als realitätsnah waren (vgl. K. Latte, *Der Historiker L. Calpurnius Frugi*, Sitzber. Berlin 1960); Cn. Gellius: über 30 B., weitschweifig.

1.2.5 Persönliche Dichtung

Es lag in der Zeit begründet, daß die Dichter außerhalb der Proömien oder Schlüsse ihrer Werke nicht eigentliche persönliche Dichtung schufen. Anspielungen, wie sie Naevius und Plautus auf politische Begebenheiten machten, gehören nicht hierher.

Ennius scheint sich in seiner selbstbewußten Art auch in diesem Punkt hervorgetan zu haben, insofern er 4 Bücher *Satiren* sowie Epigramme schrieb, von denen zwei Elogien auf das eigene Dichtertum sind.

Der Inhalt der *Satura* war ebenso vielfältig wie die metrische Form. Neben philosophischer Betrachtung, Nachdenken über Dichtertum oder menschliche Schwächen gab es Schilderungen aus dem täglichen Leben. Der totale Verlust ist zu bedauern; doch läßt sich noch verstehen, daß die bunte Sammlung den Namen *satura* = ‚Allerlei, Gemengsel‘ (zum Ursprung des Begriffs ‚Satire‘ vgl. H. Petersmann, in: Adamietz 1986, 7–24) erhielt. Ist somit der Name ‚Satire‘ zum erstenmal auf Ennius’ Gedichte angewendet, wurde die ‚satirische‘ Betrachtung des Lebens erst ein Merkmal der lucilischen Satire.

U. W. Scholz, in: Adamietz 1986, 25–53.

Terenz nahm ebenfalls in eigener Sache Stellung, indem er in den Prologen auf Angriffe, die öffentlich gegen seine Stücke erhoben wurden, reagierte.

Leo nannte die Prologe „die ersten sicher dem Römer ganz allein gehörenden lateinischen Gedichte“ (1913, 251). Da die Neue Komödie keine Literatur-Prologe kannte, könnte Terenz die Anregung von seinen Gegnern, vor allem Luscius Lanuvinus, empfangen haben. Wenn er andererseits deren Vorwürfe wie *Andr.* 8–16 oder *Phorm.* 4–5 resumiert, setzt er sie vielleicht nicht als bekannt voraus. Sie mögen auch vor den Ädilen – wie *Eun.* 19–26 – erhoben worden sein. Terenz antwortete, gestärkt durch die Autorität seiner Gönner sowie des Theaterdirektors Ambivius Turpio (der ihn im *Haut.*- und im zweiten *Hec.*-Prolog selbst verteidigte), von sich aus coram publico. Jedenfalls waren es besondere Umstände, die ihn zu ‚persönlicher Dichtung' – in literaturtheoretischen Fragen wie Originalität, Kontamination oder Stil – veranlaßten. Aus der Situation folgt in natürlicher Weise, daß die Prologe mit Anrede an das Publikum, Darlegung des Sachverhalts, Klarlegung des eigenen Standpunkts und Bitte um Wohlwollen der Zuschauer Ähnlichkeit mit Gerichtsreden hatten. Doch ist es unstatthaft, sie streng nach deren Aufbau zu analysieren (so radikal nach Ph. Fabia und Leo: H. Gelhaus, *Die Prologe des Terenz*, Heidelberg 1972; vgl. *Gnomon* 48, 1976, 346–353).

1.2.6 Philosophie

In Rom kann von einem ernsthaften Interesse für Philosophie nicht vor der Mitte des 2. Jahrhunderts gesprochen werden.

Ein Vorläufer war Ennius' Schrift *Euhemerus*, eine freie Bearbeitung der *Hiera anagraphe* des in das 3. Jh. gehörenden Euhemeros, der die Religion mit Vernunftgründen zu erklären versuchte. Noch als man 181 die angeblichen religiösen Bücher Numas fand, wurden sie von dem Prätor verbrannt, weil sie ‚Philosophie' enthielten (Plin. *Nat.* 13, 86). Dagegen stieß 156/5 die athenische ‚Philosophengesandtschaft' des Akademikers Karneades, des Stoikers Diogenes und des Peripatetikers Kritolaos auf Interesse bei der Jugend. Cato sorgte für ihre baldige Heimkehr.

Erst im Umkreis des ‚Scipionenkreises', zumal mit dem Aufenthalt des angesehenen Stoikers Panaitios 144–129, wurde die Philosophie in Rom gesellschaftsfähig. Nach dem Fall Karthagos, als die römische Moral erschüttert wurde, begann die Diskussion über sie auf theoretischem Niveau. Schon der 167 als Geisel in Aemilius Paullus' Haus gekommene Historiker Polybios hatte das Verständnis für griechisches Geistesgut gefördert.

Die führende Schicht Roms wurde nunmehr mit griechischer Philosophie vertraut. So widmete der Akademiker Kleitomachos dem Dichter Lucilius, der dem ‚Scipionenkreis' nahe stand, ein Buch über Karneades. Auch andere Häuser öffneten sich dem neuen Denken. Es war die Zeit, die Cicero später als Höhepunkt idealisieren sollte.

Würdigungen: R. Harder, „Die Einbürgerung der Philosophie in Rom", *Die Antike* 5 (1929) 291–316 = *Kleine Schriften* (München 1960) 330–353; H. Strasburger, „Der ‚Scipionenkreis'", *Hermes* 94 (1966) 60–72 = *Studien zur Alten Geschichte*, Bd. 2 (Hildesheim/New York 1982) 946–958 (desillusionierend); K. Abel, „Die kulturelle Mission des Panaitios", *A & A* 17 (1971) 119–143.

1.2.7 Redekunst

Cicero hat im *Brutus* die Geschichte der römischen Redekunst bis in die Anfänge der Republik zurückgeführt. Dabei ging er von der ebenso einfachen wie überraschenden Annahme aus, daß große Staatsmänner auch große Redner waren. Obwohl das in einer ‚oralen' Staatsform wie der römischen Republik bis zu einem gewissen Grad zutreffen mag, ist festzustellen, daß Rom bis in das 2. Jahrhundert ohne Theorie der Rede und ohne systematische Ausbildung der Redner ausgekommen ist. Cato war der erste Römer, der seine Reden veröffentlichte. Es war die Epoche, in der die Persönlichkeit als Individuum hervorzutreten begann. Selbstbewußt repräsentierte Ennius die Dichter, Cato die Politiker.

Cicero konnte noch die Rede lesen, die Appius Claudius (Konsul 307 und 296) 279 gegen den Frieden mit Pyrrhus im Senat gehalten hatte (*Cato* 16). Man wird sie als politisches Manifest und einen Vorläufer der catonischen Reden verstehen dürfen. Daneben gab es *Laudationes funebres* wie die von Fabius Maximus Cunctator auf seinen Sohn (Cic. *Cato* 12) oder Reden aus anderen bedeutenden Anlässen wie die von Aemilius Paullus nach seinem Triumph 167 (Liv. 45,41); doch können sie später von Angehörigen der Gentes herausgegeben worden sein. Cato veröffentlichte seine Reden selbst; einige legte er in die *Origines* ein. Cicero spricht von mehr als 150, die er gefunden habe (*Brut.* 65). Seinen Sohn soll er schriftlich in Rhetorik unterwiesen haben. Zahlreiche Fragmente, wie die von Gellius 6, 3 in Teilen zitierte Rede für die Rhodier, geben ein Bild von der ursprünglichen Kraft dieser Reden. Im ganzen hat sich Cato als Praktiker wohl an seinen Leitsatz gehalten: *rem tene, verba sequentur.* Im ‚Scipionenkreis' achtete man zunehmend auf rhetorische Theorie.

1.2.8 Fachwissenschaft

In der älteren Zeit gab es nur vereinzelt fachwissenschaftliche Literatur.

Bedeutend war Sextus Aelius Paetus (Konsul 198), der in den *Tripertita* die aus dem Zwölftafelgesetz abgeleiteten Rechtsauslegungen sammelte. Kenntnis und Methode der Grammatik wurde durch den zur Zeit von Ennius' Tod nach Rom gekommenen pergamenischen Gesandten Krates von Mallos vermittelt. Man begann sich ‚wissenschaftlich' mit den römischen Autoren und ihren Werken zu befassen.

Einzigartig ist Catos Werk *De agri cultura*, das er neben einer Reihe verlorener fachwissenschaftlicher Spezialschriften verfaßte. Es handelt sich um die älteste erhaltene römische Prosaschrift, in der in äußerst lockerer Anordnung das Leben des Landmanns dargestellt und landwirtschaftliche Lehren, vereinzelt nach Quellen, vor allem aber aus eigener Erfahrung, vermittelt wurden. Sie spiegeln den herben Charakter des Verfassers eindrucksvoll wider.

Ausgaben: A. Mazzarino (Leipzig 1962); O. Schönberger (München 1980) (mit Erläuterungen).

1.3 Die Literatur in der Krise der Republik

Einen tiefen Einschnitt in der Entwicklung des römischen Geisteslebens stellten die innenpolitischen Umwälzungen in der Folge der Gracchischen Reformbestrebungen dar. Der Prozeß, durch den die römische Gesellschaft bis in die Grundfesten hinein erschüttert wurde, konnte nicht ohne erhebliche Auswirkungen auf das Schaffen der Schriftsteller bleiben. Die dominierenden Gattungen der alten Zeit (Bühnenspiel und Epik) starben ab oder gerieten in eine Krise (Geschichtsschreibung). Auf der anderen Seite bildeten sich in dem Maß, in dem das Individuum aus den Bindungen der Res publica heraustrat, neue Gattungen, in denen Verhaltensweisen und Tätigkeiten theoretisch durchdacht (Philosophie, Rhetorische Schriften) oder persönliche Aussagen an die Stelle der bis dahin geltenden Normen gesetzt wurden (Neoteriker).

1.3.1 Italische Traditionen

Unbeschadet der Neuorientierung der hohen Literatur behauptete sich das italische Element in den beliebten Gattungen der Atellane und des Mimus. Diesen wurde im Gefolge der allgemeinen ‚Literarisierung' der römischen Literatur nunmehr die Ehre der Verschriftlichung zuteil. Nicht zufällig gewannen die ‚niederen' Gattungen in der Zeit des Verblassens der ‚hohen' an Boden – zunächst die Atellane, sodann der Mimus.

L. Pomponius aus Bononia, dessen Blütezeit Hieronymus mit 89 angibt, der aber schon über ein Jahrzehnt früher hervortrat, und sein Zeitgenosse Novius gaben der lange als Stegreifspiel gepflegten Atellane schriftlich gehobene Form. Sie verarbeitete Einflüsse der Palliata. Nach Varro war die Intrige für sie bezeichnend (*Men.* 198 B.). Wie das griechische Satyrspiel wurde sie nach Tragödienaufführungen als *exodium* gespielt (Cic. *Fam.* 9,16,7). Etwa 300 Verse müssen über den Verlust dieser durch und durch italischen Posse hinweghelfen. Einerseits nahmen die vier festen Typen, besonders der Tölpel Maccus, andererseits verschiedene Berufsstände, besonders die Fullones, einen bevorzugten Platz ein.

Ausgabe: P. Frassinetti (Rom 1967). Würdigung: Ders., *Fabula Atellana* (Genua 1953).

Der Mimus wurde in cäsarischer Zeit durch den Ritter Decimus Laberius und den Freigelassenen Publilius Syrus hoffähig. Er verdrängte nach Ciceros Zeugnis die Atellane als Tragödiennachspiel (*Fam.* 9,16,7). An den Ludi Caesaris 46 siegte der ehemalige Sklave über den Ritter. Laberius zeichnete sich durch gezielte politische Anspielungen, Publilius durch eine geschliffene sentenzenreiche Sprache aus.

Ausgabe: M. Bonaria (Rom 1965). Würdigung: H. Reich, *Der Mimus*, 2 Bde. (Berlin 1903).

1.3.2 Drama

Die Bühnendichtung ist eine bevorzugte Gattung der auf Repräsentation zielenden Frühzeit. War die Tragödie vielfach national geprägt und hatte die Komödie vorwiegend eine Ventilfunktion in der festgefügten Gesellschaftsordnung, ist es konsequent, daß beiden Gattungen in der ausgehenden Republik der Boden entzogen wurde. Da andererseits die Freude am Bühnenspiel verbreitet war, nahm man zu Wiederaufführungen der geschätzten alten Werke Zuflucht. Cicero bezeugt immer wieder, daß diese lebendig blieben.

Lucius Accius Das Werk des letzten bedeutenden Tragikers der republikanischen Zeit steht am Übergang von der archaischen Epoche zur Krisenzeit der Republik. Vielleicht ist es bezeichnend, daß er zugleich Gelehrter war.

Accius wurde 170 in Pisaurum geboren. Nach Cicero studierte er 140 zusammen mit Pacuvius eine Tragödie ein (*Brut.* 229). Er schrieb die Prätexta *Brutus* für den Konsul von 138 D. Iunius Brutus Callaicus, auf dessen Veranlassung er auch die Triumph-Inschrift in Saturniern für den Marstempel wenige Jahre später verfaßte. Etwa 135 besuchte er auf einer Reise nach Pergamon den alten Pacuvius in Tarent und las ihm seinen *Atreus* vor (Gell. 13, 2). Den Wirren der Zeit entsprechend wurde auch sein Leben unruhig. Als Vorsitzenden des Collegium poetarum griff ihn Lucilius an, weil er eine (zu) große Statue von sich aufstellen ließ (Lucil. Fr. 794 M. = 747 K.; Plin. *Nat.* 34, 19). Später weigerte er sich, vor dem in dieses Collegium kommenden Senator (und Dichter) Iulius Caesar Strabo aufzustehen (Val. Max. 3, 7, 11). Ende der 80er Jahre wird er gestorben sein.

Accius' reiche tragische Produktion erstreckt sich auf die Jahre 140–104. Das letzte bekannte Stück ist der *Tereus*. Es war der Umschwung der Zeitläufe, der das Genos der aitiologisch-panegyrischen Tragödie in Rom absterben ließ.

Etwa 45 Titel und über 700 Verse sind erhalten. Wie bei den Vorgängern nimmt der trojanische Sagenkreis einen bedeutenden Platz ein (z. B. *Achilles*, *Andromeda*, *Armorum iudicium*, *Astyanax*, *Clytemestra*, *Deiphobus*, *Eurysaces*, *Hecuba*, *Neoptolemus*, *Nyctegresia*, *Philocteta*, *Telephus*, *Troades*). Aitiologisch interessant waren etwa *Atreus* (s. 1.2.2 zu Livius), *Diomedes* (gründete Arpi), *Medea* (s. 1.2.2 zu Ennius). Insofern stand er in der Tradition. Andererseits traten „das politische Element und die Intrigue ziemlich stark hervor: bürgerliche Unruhen, Erhebung, Sturz, Wiedereinsetzung, Ermordung von Königen und Tyrannen, Bestrafung von Usurpatoren, Parteikämpfe erinnern an die Zeiten der Gracchen, des Marius und Sulla" (Ribbeck 1875, 602). Aber auch die antiquarischen Interessen des hochgebildeten Gelehrten kamen nicht zu kurz, für den die „umfassende Verwerthung ziemlich aller grosser Sagenkreise bei fast erschöpfender Ausbeutung einzelner unter ihnen" charakteristisch war (Ribbeck 1875, 600). Dennoch zeichnete ihn nach Horaz Erhabenheit (*Epist.* 2,1,55), nach Quintilian Kraft aus (*Inst.* 11,97).

I. Mariotti, „Tragédie romaine et tragédie grecque: Accius et Euripide", *MusHelv* 22 (1965) 206–216; A. Traina, *Vortit barbare* (Rom 1970) 181–203.

1.3.3 Epische Dichtung

In der archaischen Epoche war keine literarische Gattung so an die politische Entwicklung Roms gebunden wie das Epos. Die Krise der Republik bedeutete daher notwendig eine Krise des Epos. In der Tat spielte es nach Ennius' Tod für etwa 140 Jahre keine besondere Rolle. Erst mit der Neuordnung des Staats durch Oktavian war wieder der Nährboden für das Epos im Sinn eines Nationalgedichts bereitet: 29 begann Vergil die *Aeneis*, die vielen als die herausragende dichterische Leistung der Römer gilt. Nur wenige Namen schmücken für uns das epische Vakuum zwischen 169 und 29.

Daß epische Dichtung und politische Einstellung zusammengehören, zeigt Ciceros Festhalten an der Ästhetik des bedeutendsten Epikers, den Rom bis dahin hatte: Ennius war ihm ein *poeta egregius* (*Tusc.* 3, 45), ihn nahm er in dem Epos *De consulatu suo* (3 B.), in dem er sein Handeln während des Konsulats verteidigt, zum Vorbild. Catull stellt in *c.* 95 das Epyllion *Zmyrna* des Freunds Cinna sowohl den *Annales* des berühmten Redners Hortensius als auch denen eines gewissen Volusius, die er 36, 1 als *cacata charta* verspottet, gegenüber. *Annales* stehen der Geschichtsschreibung nahe, die wie die Epik in eine Krise geraten war. Hier liegt die Pointe darin, daß wohl beide Werke ebenso wie die *Annales belli Gallici* von Furius Bibaculus Epen waren. In diesen Zusammenhang gehören zwei weitere Namen: Hostius scheint im *Bellum Histricum* den von Sempronius Tuditanus gegen die Japoden in Illyrien unternommenen Feldzug von 129, Varro Atacinus im *Bellum Sequanicum* die Eroberung Galliens durch Caesar dargestellt zu haben. Offenbar vermochte keiner dieser Dichter die Panegyrik mit einem allgemeingültigen Gehalt zu verbinden.

Auf der anderen Seite fungierten die kleinen Epen der Neoteriker, mit modernem Namen Epyllien, als Surrogate der traditionsreichen Gattung. Der Wahlspruch der weitgehend unpolitischen alexandrinischen Dichter μέγα βιβλίον μέγα κακόν (Kallimachos, Fr. 465 Pf.) galt auch für diese Dichtergeneration. Catulls Absage an Hortensius' und Volusius' *Annales* war zugleich eine solche an Ennius und das von ihm zum Ausdruck gebrachte Denken einer ganzen Epoche. Dieses entsprach nicht mehr dem Weltbild Catulls und seiner Dichterfreunde.

Zu den Neoterikern s. 1.3.5.2. – Der Titel der von Catull gefeierten *Zmyrna* Cinnas weist auf den abseitigen alexandrinischen Stoff einer unerlaubten Liebe zwischen Tochter und Vater, der von der nationalen Thematik der Geschichtsschreibung und des Epos weit entfernt war. Die Verwandlung der Titelheldin in einen Myrrhenstrauch am Schluß ordnet das Gedicht durch den Rückverweis auf die alexandrinischen und den Vorverweis auf die ovidischen *Metamorphosen* als unpolitisch ein. Zumindest in Rom mußte das als ‚Protest' gelten. Ein Blick auf Catulls 64. Gedicht, das *Peleus-Epos*, legt die Vermutung nahe, daß wie in diesem auch in jenem das persönliche Denken des Dichters zum Ausdruck kam, die Epyllien also nicht gänzlich als l'art pour l'art angesprochen werden dürfen. Klingner hat gezeigt, daß sich die Klage der verlassenen Ariadne im Mittelteil von *c.* 64 spiegelbildlich zu der erfüllten Liebe zwischen Thetis und Peleus in der Rahmen-Erzählung verhält. Catull hat in dem Epyllion das Thema ‚Freude und Leid' mehrfach variierend dargestellt. Es ist die Problematik, die seine Gedichte überhaupt beherrscht. Man darf „das gegensätzlich Ganze mit dem innersten Leben des Dichters als heroisiertes Abbild zusammenbringen" (207).

Es ist somit die persönliche Aussage, die auch in der traditionell höchsten Gattung an die Stelle der allgemein gültigen Ideologie trat.

F. Klingner, *Catulls Peleus-Epos*, Sitz.Ber. München 1956 = *Studien zur griechischen und römischen Literatur* (Zürich/Stuttgart 1964) 156–224 (exzeptionell).

1.3.4 Geschichtsschreibung

Auch nach den Wirren im Gefolge der Gracchischen Reformen blieb die Geschichtsschreibung bis zum Ende der Republik in Rom eine führende literarische – und politische – Gattung. Es ist bezeichnend, daß sie sich nach dem ‚Verlust' der Vergangenheit der Zeitgeschichte zuwandte. Bis zu Caesar und Sallust wird sie das Merkmal der Parteinahme nicht mehr los.

Die Historiker des letzten Drittels des 2. Jahrhunderts sind dadurch charakterisiert, daß sie sich unter dem Einfluß des in Rom lebenden Polybios einer pragmatischen Geschichtsdeutung öffnen. Ihre Werke spiegeln die Auseinandersetzungen der Zeit.

C. Fannius, Hörer bei Panaitios und Laelius' Schwiegersohn, Konsul 122, war eng in das politische Geschehen verstrickt. Seine *Annales* begannen noch mit Aeneas, aber der Schwerpunkt lag auf der jüngeren Zeit. Sempronius Asellio beschränkte sich in den mindestens 14 B. *Res gestae* (Titel unsicher) auf den Zeitraum vom Ende des 3. Punischen Kriegs bis 91. Unter Polybios' Einfluß polemisierte er gegen die Annalistik (Gell. 5,18,8–9), der es um die Schilderung der Fakten gehe (*fabulae*); er wolle *consilium* und *ratio* des Geschehens ergründen (Gell.: *historiae*). Coelius Antipater, Jurist und Redelehrer, war mit der Schilderung des 2. Punischen Kriegs der Schöpfer der historischen Monographie in Rom. Er zielte auf dramatische Darstellung; sein rhetorischer Stil erinnerte später Fronto an Ennius (*Ep.* 3,3,2).

1.3.4.1 Die jüngere Annalistik

In der ersten Hälfte des 1. Jahrhunderts griff eine Reihe von Autoren über die von Polybios gelehrte pragmatische Form der Historiographie hinweg wieder auf den alten Typus der Annalistik zurück. Obwohl die Gegenwart nicht geordneter als in den vorangegangenen Jahrzehnten war, lag in ihren Darstellungen das Gewicht auf der römischen Größe und Weltgeltung. Diese Werke wollten vor allem unterhalten.

Q. Claudius Quadrigarius schrieb mindestens 23, Valerius Antias mindestens 75 B. Mit ihnen ging die Geschichtsschreibung auf den nichtsenatorischen Stand über. Beide strebten nach formaler Durchdringung des Stoffs. Trotz ihrer Kritiklosigkeit waren sie eine wichtige Quelle für Livius. Das galt auch für C. Licinius Macer, der mindestens 16, und Q. Aelius Tubero, der mindestens 14 B. verfaßte. Von anderer Statur war L. Cornelius Sisenna (Prätor 78, gestorben 67 als Pompeius' Legat im Seeräuberkrieg), dessen *Historiae* in mindestens 12 B. wohl Sempronius Asellio fortsetzten und bis 78 reichten. Als Angehöriger der Gens Cornelia stellte er die Sulla-Zeit nicht objektiv dar (Sall. *Iug.* 95, 2). Nach Cicero war der romanhafte Alexanderhistoriker Kleitarch sein Vorbild (*Leg.* 1, 2, 7). Hierzu paßt, daß er die lockeren *Milesiaka* übersetzte, die Aristeides von Milet um 100 verfaßt hatte.

Die jüngeren Annalisten und Sisenna waren Kinder ihrer Zeit. Sie beschworen Roms Größe eher, als daß sie an sie glaubten. Insofern stehen sie ihren dichtenden Zeitgenossen Catull und Lukrez nahe. Wie diese legten sie großen Wert auf die formale und künstlerische Ausgestaltung ihrer Werke.

D. Timpe, „Erwägungen zur jüngeren Annalistik", *A & A* 25 (1979) 97–119.

1.3.4.2 C. Iulius Caesar

Der Weg, den die Geschichtsschreibung in den letzten 100 Jahren genommen hatte, macht es verständlich, daß die *Commentarii* des großen Staatsmanns Instrument seiner politischen Selbstdarstellung werden konnten.

Wohl 100 geboren, 63 Pontifex Maximus, 59 Konsul, 58–51 Statthalter in Gallien, brach Caesar nach der Rückkehr mit Pompeius, den er in mehreren Schlachten schlug, und wurde für kurze Zeit Alleinherrscher, ehe er 44 ermordet wurde. Als Redner zeichnete er sich durch Brillanz (Cic. *Brut.* 252), als Schriftsteller durch Klarheit aus. Die grammatische Schrift *De analogia* ist ebenso verloren wie das Reisegedicht *Iter* über den Zug nach Spanien 46 und die politische Schrift gegen den jüngeren Cato (*Anticato*). Politisch waren auch die *Commentarii de bello Gallico* in 7 (für die Jahre 58–52) sowie *de bello civili* in 3 B. (für die Jahre 49–48). Von den verschiedenen Fortsetzungen ist wohl nur das 8. B. des *Bellum Gallicum* von Caesars Offizier A. Hirtius, während *Bellum Alexandrinum*, *Africum* und *Hispaniense* aus dessen Umkreis stammen. Für das *Bellum Gallicum*, das Caesar 52/1 niederschrieb, benutzte er u. a. seine jährlich an den Senat geschickten Berichte (*litterae*).

Nach Herder ist Caesars Leichtigkeit zu siegen auch an seiner Schreibart kenntlich. Stilistisches Vorbild war wohl Xenophon. Der Titel der Hauptwerke *Commentarii* (‚Memoiren'), der bewußt an die Aufzeichnungen der alten römischen Magistrate anknüpfte, sowie die ebenso ungezwungene wie packende Art der Darstellung dürfen nicht darüber hinwegtäuschen, daß hinter der scheinbar objektiven Gattung das überlegene Kalkül der politischen Rechtfertigung und Einflußnahme stand. Sosehr die Klarheit des Stils Caesar als Schulautor empfiehlt, sowenig ist seiner Strategie ein Schüler gewachsen.

Ausgaben: *B. G.*: F. Kraner, W. Dittenberger, H. Meusel, 2 Bde. (Berlin ^{17}1913/17) (mit Kommentar); O. Seel (Leipzig 1961); *B. C.*: F. Kraner, F. Hofmann, H. Meusel (Berlin ^{11}1906) (mit Kommentar); A. Klotz (Leipzig ^{2}1950). Würdigungen: F. E. Adcock, *Caesar as Man of Letters* (Cambridge 1956); M. Rambaud, *L'art de la déformation historique dans les Commentaires de César* (Paris ^{2}1966); F.-H. Mutschler, *Erzählstil und Propaganda in Caesars Kommentarien* (Heidelberg 1975); E. Mensching, *Caesars Bellum Gallicum* (Frankfurt a. M. 1988).

1.3.4.3 Cornelius Nepos

Wie sein Freund T. Pomponius Atticus war Nepos Ritter und widmete sich der Geschichtsschreibung aus Liebhaberei. Verfaßte Atticus eine vielbenutzte Zeittafel *(Liber annalis)*, handelte Nepos in 3 B. *Chronica* die damals bekannte Weltgeschichte ab. Stellte Atticus Ciceros Konsulat dar, schrieb Nepos eine Vita desselben. Im ganzen bilden die beiden Autoren einen ruhigen Zweig der so wildbewegten römischen Historiographie.

Transpadaner wie Catull, lebte Nepos wie dieser zurückgezogen. Die *Chronica* entstanden vor 54, da sie Catull in seinem Widmungs-Gedicht erwähnt. Er überlebte Atticus, der 32 starb. Neben den *Exempla*, einer nach 44 erschienenen Kuriositätensammlung, verfaßte Nepos als Hauptwerk *De viris illustribus* (mindestens 16 B.), in denen nichtrömische und römische Persönlichkeiten buchweise einander gegenübergestellt wurden. Erhalten sind 1 B. mit 23 Biographien nichtrömischer Feldherren sowie aus einem B. über römische Historiker die Biographien des Cato und des Atticus. Nepos ging die Erbaulichkeit der Darstellung über ihre Wahrhaftigkeit.

Ausgabe: P. K. Marshall (Leipzig 1977). Würdigung: E. Jenkinson, *ANRW* I 3 (1973) 703–719 (mit Bibliographie).

1.3.4.4 C. Sallustius Crispus

Abgesehen von der Sonderform der *Commentarii* Caesars sind Sallusts Schriften die ersten erhaltenen Werke der römischen Geschichtsschreibung. Konnte Livius schon von der Anlage seiner Darstellung her alle vorhergehenden Annalisten verdrängen, waren Sallusts Monographien dagegen gefeit. Zudem schützte sie ihre herausragende Qualität.

86 in Amiternum geboren, wurde der *homo novus* als Anhänger Caesars Quästor und Volkstribun (52), jedoch 50 aus dem Senat gestoßen. 46 Prätor, verwaltete er anschließend als Proconsul die Provinz Africa Nova. Er brachte es zu großem Reichtum und starb 35. Unter seinem Namen sind eine *Invektive* gegen Cicero von 54 und zwei politische *Briefe* an Caesar von 50 und 46 überliefert, deren Echtheit umstritten ist. Offenbar begann Sallust erst nach Caesars Tod zu schreiben. Hauptwerke sind die Monographien *Bellum Catilinae*, in dem die Verschwörung Catilinas gegen den Staat von 63, *Bellum Iugurthinum*, in dem der Krieg gegen den numidischen König Iugurtha von 111–105, und *Historiae*, in denen die Geschichte von 78 (an Sisenna anschließend) bis 67 dargestellt war (wohl unvollendet). Von dem letzten Werk sind durch Augustinus Auszüge aus dem Proömium und in separater Überlieferung Reden und Briefe erhalten.

In einem unvergleichlich prägnanten, mit der klassischen Syntax brechenden, teilweise auf archaisches Sprachgut zurückgreifenden Stil hat Sallust scharfsichtig die Epoche des römischen Verfalls seit 146 analysiert. Das Datum hatte er wohl von Poseidonios übernommen. Indem er nach Thukydides' Muster mit Exkursen sowie mit Ausblicken arbeitete, fing er die Zeit von der Zerstörung Karthagos bis Sulla im *Iugurtha*, von Sulla (der ein negatives Vorbild Catilinas war) bis Caesar im *Catilina* ein. In den *Historiae* begann er, die Ereignisse zwischen Sulla und Catilina genauer zu erforschen. Der unnachsichtige Kritiker des römischen Niedergangs schrieb keineswegs *sine ira et studio*, sondern verleugnete nicht die Anhängerschaft an Caesar und den plebejischen Standpunkt. Im *Catilina* gab er bei der berühmten Synkrisis zwischen Caesar und Cato Uticensis (51–54) in meisterhaft verschlüsselter Darstellung dem ersten knapp die Palme. Den *Iugurtha* richtete er gegen die *superbia* der Nobilität. Moralisch geprägt war die Darstellung wie die der Vorgänger. Diesem Charakter opferte auch er die Exaktheit des historischen Details. Sallust steht an einer Wende der Geschichtsschreibung Roms: Zum erstenmal spornt ein Historiker nicht an, sondern schreckt ab, baut nicht auf, sondern reißt ein. Erst Tacitus sollte ihm 150 Jahre später darin folgen.

Ausgabe: L. D. Reynolds (Oxford 1991). Kommentare: *Cat.*: K. Vretska (Heidelberg 1976); P. M. McGushin (Bristol 1987); *Iug.*: E. Koestermann (Heidelberg 1971); G. M. Paul (Liverpool 1984); *Hist.*: B. Maurenbrecher, 2 Bde. (Leipzig 1891/93). Bibliographie: A. D. Leeman (Leiden 1965). Würdigungen: R. Syme, *Sallust* (Berkeley 1964); A. La Penna, *Sallustio e la 'rivoluzione' romana* (Mailand 1968); K. Büchner, *Sallust* (Heidelberg ^{2}1982).

1.3.5 Persönliche Dichtung

Vereinzelt hatten schon die Dichter der alten Zeit wie Ennius in den Satiren oder Terenz in den Prologen in eigener Person gesprochen, doch blieben ihre Aussagen auf eine begrenzte Thematik – literarische Fragen oder Beobachtungen aus dem täglichen Leben – beschränkt. Erst mit der Gefährdung der alten Ordnungen, die zu einer größeren Freiheit des Individuums führte, fühlten sich die Dichter berechtigt, den eigenen Lebenskreis in den Mittelpunkt ihres Schaffens zu stellen. So erscheint es folgerichtig, daß der erste bedeutende Vertreter der neuen Dichtungsart, Lucilius, mitten in den Gracchischen Unruhen – um 128 – zu publizieren begann. Die Angehörigen der ihm nachfolgenden Dichtergeneration wurden direkt als ‚Neuerer' bezeichnet.

1.3.5.1 Gaius Lucilius

Der eigentliche Begründer der römischen Satire, der der Gattung den Charakter verlieh, der ihr bis in die Kaiserzeit eignete, ist der aus Suessa Aurunca gebürtige Lucilius. Die Zugehörigkeit zum Ritterstand und erheblicher Reichtum ermöglichten ihm die Unabhängigkeit, mit den Großen seiner Zeit zu verkehren und ihnen freimütig gegenüberzutreten. An ein politisches Amt band er sich nie. Von ihm stammt das stolze Wort, Staatspächter von Asien werden und Weidegelder einkassieren statt Lucilius sein wolle er nicht, und das tausche er nicht um alles ein: *publicanus vero ut Asiae fiam, ut scripturarius / pro Lucilio, id ego nolo, et uno hoc non muto omnia* (Fr. 671/2 M. = 656/7 K.). Mit Lucilius beginnt ein neues Kapitel der römischen Literatur.

Hieronymus gibt als Lebenszeit 148/7–103/2 an. Das zweite Datum ist allgemein akzeptiert, das erste umstritten. Da Lucilius den jüngeren Scipio 134/3 nach Numantia begleitete, wird er etwa ein Jahrzehnt vor dem überlieferten Datum geboren sein (sorgfältige Diskussion: Christes in: Adamietz 1986, 58–67). Er folgte Scipio nach Rom und gehörte zu dessen ‚Kreis'. Um 128 B. 26–30; 21 oder 22–25 aus dem Nachlaß. Ob Lucilius B. 1–20 (oder 21) noch vor dem Tod herausgab, ist umstritten (skeptisch Christes 72). Er starb in Neapel. Erhalten sind zwischen 1300 und 1400 Verse bzw. Versteile.

Die Thematik des Werks ist von erstaunlicher Vielfalt und wurde wegweisend für die Nachfolger: Politik, Gesellschaft, Freundschaft, Liebe, Menschlich-Allzumenschliches, Tafelluxus, Geiz, Maßdenken und immer wieder Literatur. Sogar ein ungebräuchliches Wort *(verbum inusitatum)* oder ein grammatisches Problem *(zetematium)* interessierten ihn (Fr. 650 M. = 607 K.). An Offenheit und satirischer Schärfe wurde er nicht übertroffen. Jüngeren gegenüber war er Ratgeber. Vor allem war er ein großer Erzähler von Kriegsgeschichten, Reiseerlebnissen, Fabeln – wie später Horaz nannte er seine Gedichte wohl *Sermones*. Der Zeit entsprechend war die Form locker. Sie entsprach seiner überlegen-lässigen Art. Horaz' scharfe Kritik hätte er nicht verstanden – oder belächelt.

Ausgaben: F. Marx, 2 Bde. (Leipzig 1904/05); W. Krenkel, 2 Bde. (Berlin/Leiden 1970). Forsch.-Ber.: J. Christes, *ANRW* I 2 (1972) 1182–1239. Würdigungen: C. Cichorius, *Untersuchungen zu Lucilius* (Berlin 1908); N. Terzaghi, *Lucilio* (Turin 1934); J. Christes, in: Adamietz 1986, 57–122 (grundlegend).

Lucilius hatte Schule gemacht. Um die Zeit seines Tods schrieben vornehme Dilettanten wie Porcius Licinus, Valerius Aedituus und Q. Lutatius Catulus erotische Epigramme in alexandrinischer Manier. Es war die Epoche, in der sich das Individuum zu entdecken und in Autobiographien öffentliche Rechtfertigungen vorzulegen begann. Bezeichnenderweise steht C. Gracchus am Anfang. Ihm folgten M. Aemilius Scaurus, der schon genannte Lutatius Catulus, der in einer Denkschrift sein Konsulat von 101 feierte, in dem er mit Marius die Kimbern bei Vercellae besiegt hatte, und schließlich P. Rutilius Rufus. Sie legten die Grundsteine für den Bau, den Caesar mit seinen *Commentarii* zur Vollendung geführt hat.

G. Misch, *Geschichte der Autobiographie*. Bd. 1: *Das Altertum* (Leipzig/Berlin 1907).

1.3.5.2 Neoteriker

Eine Generation nach Lucilius bildeten sich lyrische Formen in einem Kreis junger Dichter heraus, die sich in bewußter Abkehr von der Tradition programmatisch den Kunstprinzipien der Alexandriner zuwandten und in provozierender Weise ihre private Welt in den Mittelpunkt der Dichtung stellten.

Zu ihnen (s. auch 1.3.3) gehörten vor allem der als Schulhaupt geltende Valerius Cato (Epyllion *Dictynna*, Liebesdichtung *Lydia*, kleinere Gedichte), M. Furius Bibaculus (Spottgedichte), C. Licinius Calvus (Epyllion *Io*, Epicedion auf die Gattin Quintilia, Epithalamium) und C. Helvius Cinna (Epyllion *Zmyrna*, Propempticon für Asinius

Pollio, kleinere Gedichte). Es werden nicht nur Qualitätsgründe gewesen sein, die diese Dichtungen der Vergessenheit anheimfallen ließen, sondern auch ihre gegen die Zeit gerichtete Tendenz.

Gaius Valerius Catullus. Der bedeutendste und wohl deshalb vollständig überlieferte ‚Neuerer' ist der aus einem alten patrizischen Geschlecht in Verona stammende Catull. Er führte wie gleichzeitig Lukrez die römische Dichtung auf eine Höhe, die nur noch von Vergil und Horaz erreicht werden sollte.

Nach Hieronymus wurde Catull 30 Jahre alt und lebte 87–57. Da Anspielungen in seinem Werk bis Ende 55 reichen, ist vielleicht 84–54 richtig. Im Gefolge des Proprätors C. Memmius war er 57/6 in der Provinz Asia Minor. Auf der Rückreise besuchte er das Grab seines Bruders in der Troas. Das große Erlebnis seines jungen Lebens war die Liebe zu Lesbia, die nach Apul. *Apol.* 10 Clodia hieß und zumeist mit der Schwester des politischen Hasardeurs Clodius Pulcher, und Gattin des Konsuls von 60, Q. Caecilius Metellus, identifiziert wird. Caesar war Gastfreund des Vaters. Bei Sirmio, das er in *c.* 30 besang, hatte seine Familie ein Landhaus. Das Werk gliedert sich in kleine polymetrische (1–60), große Gedichte (61–68) und Epigramme (69–116). Ob es sich um ein von dem Dichter selbst herausgegebenes Buch handelt, ist umstritten. Trotz der von der Forschung aufgewandten Energie, einen positiven Nachweis zu erbringen (Diskussion: J. Scherf, *Untersuchungen zur antiken Veröffentlichung der Catullgedichte*, Hildesheim/Zürich/New York 1996), sind Zweifel angebracht. Die Vielfalt der Metren und Umfänge mußten antiken Ohren hybride erscheinen. Es ist wahrscheinlich, daß Catull zu Lebzeiten einzelne Zyklen herausgab bzw. zirkulieren ließ. Dabei müssen die ‚großen' Gedichte eine Einheit gebildet haben, da ihnen insgesamt das Hochzeitsthema zugrundeliegt. Die Annahme, die in Distichen abgefaßten Gedichte 65–68 seien zusammen mit den Epigrammen publiziert, wird nur der Form, nicht dem Inhalt gerecht.

Bei Catull läßt sich das Verfahren der neuen Dichterschule exakt verfolgen. Der Bezug auf griechische Vorbilder bedeutet nicht Abhängigkeit, sondern Demonstration der geistreichen Abwandlung berühmter Muster und ihrer Anpassung an die eigene Situation. Die Kenntnis der Vorlagen wird vorausgesetzt, damit die Pointierung der Umformung erkennbar ist. Rezitation – und Diskussion – im Freundeskreis waren die erste Form der Veröffentlichung.

Es ist bezeichnend, daß Catull in *c.* 68 dem im Liebesleid um ein Trostgedicht bittenden Freund Allius bedauernd mitteilt, er sei gerade in Verona und habe seine Bibliothek in Rom, so daß ihm nur wenig Vorbildmaterial zur Verfügung stehe. Er sei gezwungen, etwas weithin Eigenes zu dichten. Was für moderne Ästhetik als ein Vorteil erscheint, bedeutete für Catull und seine Gesinnungsgenossen einen Nachteil: den Verzicht auf artistische Brillanz.

Catull ist der erste nachweisbare *poeta doctus* in Rom. Doch hat er die Vorbilder – besonders die sich im artifiziellen Spiel erschöpfenden hellenistischen Epigrammtypen – mit Gefühl und Leben durchdrungen.

In programmatischer Weise steht hinter dem Widmungs-Gedicht an Cornelius Nepos formal das Epigramm, mit dem Meleagros von Gadara den bekannten *Stephanos* eingeleitet hatte (*A. P.* 4,1), hinter den *passer*-Gedichten *c.* 2 und 3 die Form alexandrinischer Epigramme auf den Gesang und den Tod von Tieren, hinter dem *phasellus*-Gedicht *c.* 4 der Typ des alexandrinischen Weihepigramms, usw. Catull holte traditionelle Formen in seine persönliche Welt und ließ die ‚objektiven' griechischen Gattungen zu ‚subjektiven' römischen werden. Eine besondere Beziehung hatte er zu Sappho. Nach ihr gab er seiner Geliebten das Pseudonym ‚Lesbia'. In den ersten Liebesgedichten der Sammlung könnte der *passer* auf die στρουθοι anspielen, die in Sapphos berühmtestem Gedicht, das schon die antike Buchausgabe einleitete (1 LP), statt der Tauben den Wagen Aphrodites ziehen (Wiseman 138). Der junge Dichter wollte wohl andeuten, daß seine Liebe wie die der verehrten Dichterin eine wesenhaft unglückliche sei. In diesen Zusammenhang gehört die Adaptation von Sapphos φαίνεταί μοι κῆνος (31 LP) in *c.* 51, in dem Catull eine Strophe ganz eigenen Inhalts anhängt, die der Lebenssituation des Gelähmtseins als Folge der Liebe Ausdruck gibt.

Catulls Werk ist von der Zeit geprägt. Er ließ in deutlichen Invektiven keinen Zweifel daran, daß die Welt der Politik, wie sie war, insbesondere die Caesars und seiner Günstlinge, nicht die seine war. In der Abkehr von ihr entstand ein schmales durchseeltes, ganz auf die eigene Gefühlswelt konzentriertes Werk – das Zeugnis einer sich verloren fühlenden Generation.

Ausgabe: R. A. B. Mynors (Oxford 1958). Würdigungen: O. Weinreich, *Die Distichen des Catull* (Tübingen 1926); D. Braga, *Catullo e i poeti greci* (Florenz/Messina 1950); Klingner 1965, 218–238; K. Quinn, *The Catullan Revolution* (Oxford 1969); E. A. Schmidt, *Catull* (Heidelberg 1985); T. P. Wiseman, *Catullus and His World* (Cambridge 1985).

1.3.6 Philosophie

Römische Philosophie ist fast immer ethische Reflexion. Insofern lag ihr Ursprung überwiegend in dem persönlichen Wunsch nach der rechten Lebensgestaltung begründet. Ontologie, Physik, Logik und Dialektik spielten durchweg eine weniger dominante Rolle. Durch den 88 während der sullanischen Wirren aus Athen geflohenen Philon von Larissa, einem bedeutenden Vertreter der Neuen Akademie, wurde in Rom die akademische Skepsis, durch den wenig später in Neapel wirkenden Philodemos von Gadara der Epikureismus verbreitet. Besonders der letzte kam dem Sehnen der Menschen nach innerem Frieden im Zeitalter der Bürgerkriege entgegen.

1.3.6.1 Titus Lucretius Carus

Obwohl der Epikureismus die Freundschaft kultivierte, war sein bedeutendster Vertreter in Rom offenbar ein Einzelgänger. Er machte es sich inmitten einer sinkenden Zeit zur Aufgabe, eine gewaltige Diatribe gegen die Furcht vor den Göttern und die Furcht vor dem Tod zu schaffen.

So unsicher die Lebensdaten 97/4–55 sind, so wenig ist über Lukrez bekannt. Daß er nach Hieronymus in geistiger Umnachtung Selbstmord verübte, ging vielleicht auf christliche Kreise zurück, für die der Kämpfer gegen Religion und Götter und der Unsterblichkeit wahnsinnig war. Wie die Dichterphilosophen Parmenides und Empedokles wählte er für *De rerum natura* (6 B.) die Form des Lehrgedichts. Das C. Memmius (Prätor 58) gewidmete Werk gliedert sich in dreimal zwei B.: 1 schildert die kleinsten Teile *(primordia rerum)* und den Raum *(inane)*, 2 die Entstehung der Dinge aus den Atomen, 3 Geist *(animus)* und Seele *(anima)*, die aus Atomen bestehen und mit denen der Körper entsteht und vergeht, 4 die Sinneswahrnehmungen, 5 die Entstehung und Entwicklung des Kosmos und der menschlichen Kultur, 6 Meteorologie, Naturerscheinungen und Krankheiten. Glanzpartien sind die Epikur als Gott preisenden Proömien, die die horazische Satire vorwegnehmende Predigt gegen Todesfurcht, deren Nichtigkeit aus der Vergänglichkeit von Körper und Seele folgt (B. 3), und die Kulturentstehungslehre (B. 5). Eine mitreißende teilweise archaisch-manierierte Sprache sicherte der mit großem Ernst vorgetragenen Lehre lange Aufmerksamkeit in der abendländischen Kultur.

Gegenüber den von artifiziellem Streben ihrer Autoren bestimmten alexandrinischen Lehrgedichten verlieh Lukrez der alten Gattung wieder die Welthaltigkeit, die sie bei den frühen Griechen gehabt hatte. Die Krise der Republik und die Not der Zeit ließen in dem einsamen Dichter ein Denken reifen, das die Welt nach dem epikureischen System natürlich zu erklären versuchte und weder für überkommene Religion noch für traditionelles Staatsdenken mehr Sinn hatte. Ihm, der die Götter auf die Seite brachte, war Epikur ein Gott. F. Marx nannte Lukrez' Gedicht das ‚Grablied des altgewordenen römischen Freistaates'.

Ausgaben: C. Bailey, 3 Bde. (Oxford 1947) (mit Kommentar); K. Müller (Zürich 1975). Würdigungen: F. Marx, „Der Dichter Lucretius", *Ilbergs Jb.* 2 (1899) 532–548; O. Regenbogen, „Lukrez. Seine Gestalt in seinem Gedicht" (1932), in: *Kleine Schriften* (München 1961) 296–386; K. Sallmann, „Lukrez' Herausforderung an seine Zeitgenossen", *Gymnasium* 92 (1985) 435–464.

1.3.6.2 Marcus Tullius Cicero

Der bedeutendste Redner Roms war aufgrund sowohl der Überzeugung, daß der *orator perfectus* eine umfassende philosophische Bildung haben müsse, als auch einer überragenden theoretischen Begabung der wichtigste Mittler griechischer Philosophie in Rom. Seine bis dahin unerreichte Meisterschaft des Worts ermöglichte es, vielfach überhaupt erst das notwendige sprachliche Instrumentarium zu schaffen.

Cicero wurde 106 in Arpinum geboren. Als *homo novus* durchlief er den Cursus honorum *suo anno*, der in dem Konsulat 63 gipfelte (Zerschlagung der Catilinarischen Verschwörung); 58–57 Verbannung nach Griechenland wegen rechtlich umstrittener Hinrichtung der Catilinarier; 51–50 Statthalterschaft in Kilikien; als Pompeius' Anhänger 47 von Caesar begnadigt; 43 im Kampf gegen Antonius ermordet. Ausbildung zum Juristen und Redner in Rom; seit 88 Vorlesungen bei Philon von Larissa; 79–77 Studienreise nach Griechenland und Kleinasien (Begegnung mit den Stoikern Antiochos von Askalon, Philons Nachfolger als Schulhaupt, und Poseidonios sowie dem Redelehrer Apollonios Molon, den er schon in Rom gehört hatte). Kontinuierliche Anwaltstätigkeit und Veröffentlichung der Reden seit 81; philosophische und rhetorische Schriftstellerei in den Zeiten unfreiwilliger politischer Muße 55–51 (*De oratore, De re publica, De legibus*) und 45–44 (Hauptwerke: *Academici libri, De finibus bonorum et malorum, Tusculanae disputationes, De natura deorum, De officiis*). Über 770 *Briefe* vermitteln Kenntnis von Cicero wie von keinem anderen Römer: *Ad familiares, Ad Atticum* (je 16 B.), *Ad Quintum fratrem* (3. B.), *Ad M. Brutum* (1 B.).

Cicero neigte unter den philosophischen Schulen, die er exzellent beherrschte, am ehesten der skeptischen Akademie zu, die er durch Philon kennenlernte und an der er zeitlebens festhielt. Deren Ansicht, daß nicht die Wahrheit, sondern nur Wahrscheinliches erkennbar sei, entsprach seinem immer auf Ausgleich bedachten Wesen und seiner geistigen Offenheit, aber auch dem Bestreben des Juristen, Gründe und Gegengründe sorgsam abzuwägen. Ciceros philosophische Abhandlungen vermeiden theoretische Spekulationen um ihrer selbst willen; sie sind stets, wenn auch in breiter Auseinandersetzung mit abweichenden Standpunkten, auf ein Ziel gerichtet, das persönliches Denken spiegelt, ob er über die Ausbildung des Redners *(De oratore)*, die beste Staatsform und den *rector civitatis (De re publica)*, Schmerz und Tod *(Tusculanen)*, Alter *(Cato)* oder Freundschaft *(Laelius)* handelt. Wenn es die Sache zu erfordern scheint, führt er Gedanken anderer Schulen weiter wie in der auf Panaitios fußenden Schrift *De officiis*, die er 44 dem in Athen studierenden Sohn Marcus widmete.

Einzelwürdigungen und Literatur: s. Teil 5.

1.3.7 Redekunst

Tacitus hat in seiner scharfsichtigen Analyse des Verfalls der Redekunst im *Dialogus de oratoribus* erkannt, daß die einzigartige Blüte derselben im 1. Jahrhundert ursächlich mit der Krise der Republik zusammenhing. Er nannte die *magna et notabilis eloquentia* dieser Zeit eine *alumna licentiae*, die nur Toren *libertas* hießen. Sie sei zur Blüte gelangt, während der Staat sich in Parteiungen und Zwietracht verzehrt habe (40). Leben und Werk des größten Redners der Römer, Ciceros, spiegeln diese Verhältnisse beispielhaft wider.

Während man vor Cicero (Cato, M. Antonius, Hortensius) den Verzicht auf griechische Bildung und Techne zu betonen liebte (ohne ihn in der Praxis durchzuführen), ist für Cicero die durch seine Ausbildung bedingte Verschmelzung von Griechischem und Römischem bezeichnend. Die Anfang der achtziger Jahre entstandene Schrift *De inventione* (2 B.), die von griechischer Materie und Terminologie ausgeht, zeigt das ebenso wie die gleichzeitige (unter seinem Namen überlieferte) Rhetorica ad Herennium eines unbekannten vornehmen Römers (4 B.), die systematisch *inventio, dispositio, pronuntiatio, memoria* und *elocutio*, ferner Gattungen und Aufbau der Rede behandelt. Weitere Schriften Ciceros gelten der Ausbildung des *orator perfectus* (*De oratore*, 55, 3 B.), der Geschichte der römischen Beredsamkeit (*Brutus*, 46), der Lehre vom rednerischen Ausdruck (*Orator*, 46) und den *loci communes* (*Topica*, 44). In den Schriften von 46 bezieht Cicero Position in dem zeitgenössischen Streit über die richtige Stilhöhe. Als Asianismus galten übermäßige Fülle und schwülstige Auswüchse (die angeblich aus dem griechischen Kleinasien stammten), als Attizismus Schlichtheit und Beschränkung (die die attischen Redner des 4. Jh.s. ausgezeichnet hätten). Weder Cicero noch die Jungattiker, unter ihnen Brutus, folgten einem der Extreme, doch stritt man, wo die richtige Grenze zwischen beiden verlaufe. Cicero, der eher zu großer Wortfülle neigte, vermittelte: Der zu behandelnde Gegenstand bestimme jeweils die anzuwendende Stilhöhe.

Während Ciceros Rhetorische und Philosophische Schriften nur zwei Perioden angehören, hat man für die kontinuierlich entstandenen Reden 10 Epochen definiert. Aus der großen Zahl heben sich heraus die Reden gegen Verres (70), die zur Zeit der Prätur (66: *De imperio Cn. Pompei*) und des Konsulats (63: *In Catilinam, Pro Murena*) sowie die Reden nach der Rückkehr aus dem Exil (57/6: *De domo sua ad pontifices, Pro Sestio, Pro Caelio*) und schließlich gegen Antonius (44/3: *Philippicae*).

Cicero bearbeitete die Reden für die Veröffentlichung, da er frei sprach. So allgemeingültig ihr Inhalt vielfach ist und die Lektüre noch nach über 2000 Jahren rechtfertigt, so sehr diente die Publikation der Rechtfertigung der eigenen Politik und der Auseinandersetzung mit den Gegnern. Auch in dieser Gattung ist das persönliche Denken des großen Staatsmanns und Redners zu spüren.

A. Michel, *Rhétorique et philosophie chez Cicéron* (Paris 1960); W. Stroh, *Taxis und Taktik. Die advokatische Dispositionskunst in Ciceros Gerichtsreden* (Stuttgart 1975); C. J. Classen, *Recht–Rhetorik–Politik. Untersuchungen zu Ciceros rhetorischer Strategie* (Darmstadt 1985).

1.3.8 Fachwissenschaft

Den bedeutendsten Platz in der Fachwissenschaft nehmen in der ausgehenden Republik die Grammatiker ein.

Unter den älteren Grammatikern Porcius Licinus, Volcacius Sedigitus, Octavius Lampadio oder Santra ragt der Ritter L. Aelius Stilo Praeconinus aus Lanuvium, der Lehrer Ciceros und vor allem Varros, hervor, Er erklärte die Sprache der ältesten Urkunden wie des Zwölftafelgesetzes oder des Salierlieds und spielte auch in der Plautusphilologie eine Rolle (s. 1.2.2.3).

Marcus Terentius Varro Alle Sachwissenschaftler übertraf der auch in der Politik hervorgetretene Gelehrte und Dichter Varro aus Reate im Sabinerland durch Breite der Bildung und Weite des Blicks.

116 geboren; Cursus honorum bis zur Prätur (68); Pompeius' Anhänger, dessen Legat er mehrfach war (77–71 und 49 in Spanien, 67 im Seeräuberkrieg); nach Pharsalus von Caesar begnadigt und 47 beauftragt, die gesamte griechische und lateinische Literatur zu sammeln; 27 gestorben. Das immense Werk umfaßte etwa 74 Schriften mit 600 B. Erhalten blieben neben zahllosen Fragmenten *Res rusticae* (3 B.), *De lingua Latina* (B. 5–10 von 25 B., mit Lücken). Weitere Hauptwerke: *Antiquitates rerum humanarum et divinarum* (41 B. über Privat-, Staats- und Kultusaltertümer), *De poetis* (Dichter von Livius Andronicus bis Accius), *De poematis* (3 B. über die Gattungen der altrömischen Poesie), *Disciplinae* (9 B. über Artes liberales, Medizin und Architektur). Die schriftstellerische Neigung äußerte sich in den *Saturae Menippeae* (150 Einzelwerke in dem von Menippos von Gadara eingeführten Prosimetrum) und den *Logistorici* (76 B. Dialoge, in denen bedeutende Römer der Zeit nach ihrem Tod als Hauptredner fungieren).

Varros Denken war sowohl in der Wissenschaft als auch in der Dichtung ganz auf die alte Zeit gerichtet, ohne daß er Neues prinzipiell ablehnte. Aber daß er in den Satiren das gute Alte dem degenerierten Modernen gegenüberstellte, entsprach doch seinem innersten Wesen. Er bewegte sich auf den Gebieten der altrömischen Religion, Kultur und Literatur wie in vertrauten Räumen, die für ihn nicht abgeschlossen waren. Es entsprach seiner systematischen Art, die vielfältigen römischen Erscheinungen mit griechischen in Parallele zu setzen und damit zu nobilitieren. Wäre sein Werk vollständig erhalten, sähe unsere Kenntnis eines halben Jahrtausends römischer Kultur anders aus.

H. Dahlmann, *RE Suppl.* 6 (1935) 1172–1277; F. Della Corte, *Varrone il terzo gran lume Romano* (Florenz ^{2}1970); *Atti del Congresso Internazionale di Studi Varroniani*, 2 Bde. (Rieti 1976); Th. Baier, *Werk und Wirkung Varros im Spiegel seiner Zeitgenossen von Cicero bis Ovid* (Stuttgart 1997).

1.4 Bibliographie s. 3.6.

2 Die Literatur der Augusteischen Zeit

Gian Biagio Conte

2.1 Einleitung

2.1.1 Von der ‚großen Angst' zur Pax Augusta

Eine Epocheneinteilung macht historische Phänomene denkbar, wenn nicht überhaupt erkennbar. Doch ist jede Einteilung relativ: sie verdeckt die Kontinuitäten diesseits und jenseits der Übergänge und läßt historische Bewegung sozusagen erstarren: jede Einteilung muß Dinge ausschließen, muß anderes einbeziehen, was eigentlich nicht einbegriffen sein dürfte. Als ‚augusteische Literatur' bezeichnet man gewöhnlich die literarische Produktion zwischen dem Tod Caesars und dem Tod des Augustus oder, mit zwei spezifischeren Jahreszahlen, zwischen 43 v. Chr., dem Todesjahr Ciceros, und 17 n. Chr., demjenigen Ovids.

Mit der Schlacht von Actium und dem Tod des Marcus Antonius (31 v. Chr.) endet der Schrecken der Bürgerkriege. Das dominante Thema der Literatur dieser Epoche ist ‚die große Angst' – doch die Narben der furchtbaren Ereignisse bleiben auch in der Literatur der Folgezeit sichtbar; auch Dichter wie Vergil und Horaz waren in gewissem Sinn Bürgerkriegsopfer. Octavian, anfänglich politischer Agitator und Chef einer Fraktion, wird nach dem großen Sieg von Actium mit einer Macht ausgestattet, die eine politische Zeit ankündigt und den Grund zu einer neuen Ordnung legt – die unangefochtene Kontrolle eines Einzelnen über die *res publica*. Die Rolle, die Dichter wie Vergil oder Horaz in diesem Prozeß und im neuen Herrschaftssystem spielten, ist bekannt: ihre Hoffnungen in Octavian teilten sie mit den Hoffnungen aller, die auf Frieden warteten. Die neue Epoche von Einigung und Wiederaufbau wird im Jahre 27 v. Chr. vom Senat besiegelt, als er Octavian mit dem Ehrentitel Augustus (‚Erhabener') beschenkt.

Was wir augusteische Ideologie nennen, wird nicht von oben dekretiert: es ist eher Resultat eines Zusammenwirkens von Politik und Kultur, in dem die Dichter eine aktive und individuelle Rolle spielen. Die neue Ideologie ist auch nicht einheitlich und widerspruchslos, und die Werke der Dichter zeichnen beileibe kein friedliches Bild der Veränderungen, an denen sie teilhaben. Die neue Macht legitimiert sich durch die Notwendigkeit, die Bürgerkriege zu beenden, doch Octavian war Zerstörer, kämpfte an vorderster Stelle in jenen apokalyptischen Kriegen, bevor er Friedensfürst und Begründer eines neuen Gleichgewichts wurde. Der neue epische Held, den Vergil schuf, Aeneas, birgt in seiner gequälten Seele tiefe Widersprüche: zwar soll er die Stadt der Zukunft gründen, doch dazu muß er einen Krieg bringen und Schuld auf sich laden. Vergil betont, daß Aeneas den Krieg nicht will, doch kann er nicht vermeiden, zum Rächer zu werden: er muß sogar – seine schwerste Prüfung – rasend einen besiegten Gegner töten, der um Gnade fleht.

Die offizielle Propaganda kennt weniger Zwischentöne und Widersprüche, sie will ausschließlich die Erinnerung an die Bürgerkriege auslöschen: in den *Res gestae Divi Augusti*, dem politischen Testament, in dem Augustus die offizielle Version der Ereignisse formuliert, stellt er sich als den gerechten Rächer seines Adoptivvaters dar (die Schlacht bei Philippi 42 v. Chr. wird zur Niederlage der Caesarmörder) und als den Sieger über den neuen Feind Roms, die orientalische Königin Kleopatra, Antonius' Verbündete (Sieg von Actium). Der Abstand zwischen den *Res gestae* und den augusteischen Dichtern verweist auf die Kluft zwischen Ideologie und Propaganda.

Auf rein literarischer Ebene ist die Epoche durch eine außerordentliche und unwiederholbare Dichte von Meisterwerken gekennzeichnet. Innerhalb von zwanzig Jahren sind Vergil, Horaz, Tibull, Properz und Ovid aktiv. In einem gewissen Sinn sind die Meisterwerke gewollt und erwartet, ‚vorprogrammiert': Maecenas, Augustus' ‚Kultusminister', wählt vielversprechende junge Talente aus und animiert sie zur Produktion von Meisterwerken: sein Kreis, der sich auf enge private und persönliche Beziehungen gründet, erarbeitet eine weithin akzeptierte ‚Nationalliteratur', die nicht mehr private Themen in schwieriger, avantgardistischer Formgebung darstellt, wie dies im Kreis der *poetae novi* der Fall gewesen war.

Allerdings kann die Konzentration auf die großen Werke jener Epoche leicht die Details im Beziehungsgewebe der weniger bedeutenden Literaten der Epoche ausblenden (von denen einige nur wegen des Verlusts ihrer Werke für uns weniger bedeutend sind); wichtig ist Varius Rufus, Verfasser einer hochgelobten Tragödie, des *Thyestes*, und eines Gedichts *De morte*, möglicherweise eines Lehrgedichts epikureischer Prägung: er hatte Horaz bei Maecenas eingeführt (Hor. *Sat.* 1,6,55). Neben dem Maecenaskreis steht zudem – der augusteischen Propaganda gegenüber unabhängiger – der Kreis um Asinius Pollio, selber bedeutender Historiker und hochbegabter Kritiker, der eine Art Fronde gegenüber dem Regime betrieb; er gründete die erste öffentliche Bibliothek Roms und förderte die *recitationes*, die Praktik öffentlicher Lesungen zur ‚Vorveröffentlichung' neuer Texte. Völlig unabhängig von Augustus schließlich operiert der Kreis um M. Valerius Messalla, einen hervorragenden Redner und bemerkenswerten Gelehrten, zu dessen Schützlingen Tibull gehörte.

2.1.2 Literatur zwischen Öffentlichkeit und Privatleben

Jetzt fühlt sich die römische Literatur reif genug, um mit den Griechen in Wettstreit zu treten. Jeder dichterische Text sucht sich illustre Vorbilder: Vergil richtet sich an Homer aus, Horaz an Alkaios, Properz an Kallimachos und an Mimnermos. Bereits die altlateinischen Dichter hatten sich griechische Originale vorgenommen und oft auch erklärt, wen sie übersetzten, kontaminierten, adaptierten. Doch die augusteischen Dichter verkünden, sie wollten Homer, Alkaios, Kallimachos erneuern, sich für eine nacheifernde Nachwelt an ihre

Stelle setzen. Vergil etwa macht sich mit einem ungeheuren Formwillen daran, einen neuen, an Homer ausgerichteten epischen Stil zu erarbeiten – doch sein Ziel ist nicht bloß die Übernahme der Form: er will ein Epos schaffen, das in Roms Kultur dieselbe zentrale Gültigkeit besitzt, wie sie Homers Epen für die Griechen haben.

Die Auseinandersetzung mit den Griechen führt auch zum Willen, die Themen und die Mythenschöpfung auszuweiten: es geht nicht mehr nur, wie bei den *poetae novi*, um Form und Ausdruck; das raffinierte formale Können der *poetae novi* ist freilich jetzt unbestrittener Besitz. Vergil gibt den großen Mythen des italischen Landes Form; Horaz spricht in den Römeroden zur Gemeinschaft aller Bürger über große Themen von Politik und Moral. Doch neben der großen und engagierten Stimme einiger Dichter, die öffentliche, ‚große' Themen gewählt haben, steht ein anderes Dichterbild, das eine Lebensform vorführt, die sich ganz auf das Private außerhalb politischer Aufgaben und Teilhabe konzentriert: daraus erwächst der große Aufschwung der elegischen Dichtung. Doch ist auch dieser Rückzug ins Private letztlich bloß die andere Seite des neuen politischen Systems: der Dichter kann sich dankbar an Augustus wenden als den Garanten für Frieden und Sicherheit: dank der neuen Ordnung kann die Liebe jetzt zur einzigen ernsthaften Beschäftigung des Dichters werden. Die Elegiker lehnen jegliche epische Überhöhung der nationalen Größe und zivilisatorischen Mission Roms ab: „Amor ist der Gott des Friedens", *pacis Amor deus est* (Prop. 3,5,1).

Die Bezeichnung ‚augusteische Literatur' verdunkelt nicht bloß die Kontinuität von Themen bereits der spätrepublikanischen Literatur, sie verstellt vor allem auch den Blick auf die Veränderung im Innern der Epoche, zwischen den Autoren der ersten Generation, die die Schrecken der Bürgerkriege erlebt und daraus tiefes Fühlen und Denken gewonnen hatten (ihnen hatte die *pax Augusta* eine Erleichterung gebracht, die sich sorgenvoll an die vergangenen Übel erinnerte) und denen der zweiten Generation, die den Frieden von Anfang an als festes Gut ansahen: diese Jüngeren kannten nicht bloß die Stürme der sterbenden Republik nicht mehr, sondern auch die aus diesem Erlebnis abgeleiteten geistigen Ansprüche; umso leichter erlagen sie (wie etwa Ovid) der Faszination der Rhetorenschule.

Unbestreitbar ist die letzte Zeit des augusteischen Prinzipats stürmischer und autoritärer (wenn auch immer bloß unterschwellig); auch das literarische Klima hat sich geändert. Nach Vergil teilt sich die Dichtung: ein Teil feiert das Regime (es fehlt ihr die Spannung, die etwa die *Aeneis* belebt hatte, die Rom und Augustus feiern konnte und sich doch bewußt blieb, daß der Ruhm des Siegers Opfer gefordert hatte, die auch ihre Rechte hatten und gehört werden wollten), ein anderer Teil wird apolitisch und unengagiert. Selbst Horaz entgeht in seiner letzten Schaffensphase dem Risiko einer Hofdichtung nicht völlig.

2.2 Vergil

Bibliographie: M. T. Morano Rando, *Bibliografia virgiliana (1937–1960), con Addenda agli ‚Studi Virgiliani del secolo XX (1900–1936)' di Giuliano Mambelli* (Genua 1987); W. Suerbaum, „Hundert Jahre Vergil-Forschung. Eine systematische Arbeitsbibliographie mit besonderer Berücksichtigung der Aeneis", *ANRW* II 31: 1 (1980) 3–358. 31: 2 (1981) 1353–1399. – Gesamtkommentar: Th. Ladewig – K. Schaper, (Berlin [1]1850–1853); Bd. 1 (*Ecl., Georg.*) [9]bes. v. P. Jahn (Berlin 1915), Bd. 2 (*Aen.* I–VI) [13]bes. v. P. Jahn (Berlin 1912), Bd. 3 (*Aen.* VII–XII) [9]bes. v. P. Deuticke (Berlin 1904); J. Conington (London [1]1858–1871), [4]bes. v. H. Nettleship (London 1881–1884). Außerdem: *Enciclopedia Virgiliana* (Rom 1984–1987); N. M. Horsfall (Hrsg.), *Virgil. An Introduction* (Leiden 1995).

2.2.1 Die *Bucolica*

Publius Vergilius Maro wurde am 15. Oktober 70 v. Chr. in Mantua geboren, in einer Familie kleiner Landbesitzer. Erzogen wurde er wohl in Rom und Neapel (die Chronologie seiner Jugendjahre ist umstritten). Das erste sichere Werk sind die *Bucolica*, eine Sammlung von zehn Hirtengedichten. Die Datierung hängt an einem nicht völlig klaren Ereignis der Biographie des Dichters. Die Geschichte einiger Hirten in den Gedichten, die ihr Land verlassen müssen, spiegelt das Geschick der mantuanischen Bauern, die 41 v. Chr. vertrieben wurden, als Octavian und Antonius Konfiskationen anordneten, um die Soldaten von Philippi zu entschädigen. Nach einer schon früh belegten Überlieferung – deren Wahrheitsgehalt heute schwer auszumachen ist – hatte Vergil selber dabei das Landgut seiner Familie verloren; die Intervention einer hochgestellten Persönlichkeit hätte dies wieder rückgängig gemacht. An diese Nachricht lagerten sich romanhafte Ausschmückungen an, welche zahlreiche Stellen der *Bucolica* allegorisch deuteten.

Bucolica bedeutet ‚Hirtenlieder': die Bezeichnung verweist auf die Grundkonstellation dieser Gattung, welche vor ländlichem Hintergrund die Hirten selber als Darsteller und Schöpfer von Dichtung auftreten läßt. Vergils Vorbild sind die *Eidyllia* des Griechen Theokrit: es war dies ein äußerst glückliches Zusammentreffen. Vergil beschäftigte sich intensiv mit Theokrit, seinen hellenistischen Nachahmern und seinen Kommentatoren: er begab sich sozusagen ins Innere der Gattung und erlernte ihre Konventionen, wie man eine fremde Sprache erlernt. Entsprechend läßt sich das Ergebnis nicht auf simple Nachahmung reduzieren. Es gibt keine einzige Ekloge Vergils, die eins zu eins ein *Eidyllion* Theokrits übernimmt; vielmehr ist Theokrits Dichtung in einem so komplexen Geflecht von Beziehungen gegenwärtig, daß das neue Werk eigenständig und gleichwertig neben dem Modell steht. In diesem Sinn sind die *Bucolica*, die doch in ihrer Gelehrsamkeit, ihrer Formgebung und ihrem Kult des Dichtens den *poetae novi* nahestehen, der erste Text der augusteischen Literatur: sie geben ihrer Forderung nach, die griechischen Modelle als klassische Texte nachzuschaffen.

Ausgerichtet am alexandrinischen Prinzip der ‚Buntheit' (ποικιλία), umfaßte die Sammlung Theokrits eine Vielzahl von Themen, Milieus und Situationen. Vergil zieht die Grenzen der Gattung spürbar enger, reduziert die Themen dieser ‚feinen Dichtung' *(tenuis)*; so verzichtet er etwa auf das städtische Milieu. Der große Humanist Iulius Caesar Scaliger stellte fest, daß „die Gattung Bukolik jede Einzelheit der Realität an sich zieht und sich anverwandelt": was in die bukolische Welt eintritt, wird in die Sprache und die Vorstellungswelt der Hirten gekleidet; es erscheint in ihrer Sichtweise, derjenigen von ‚naiven' Landbewohnern. Die Stadt etwa oder die geschichtlichen Ereignisse erscheinen bloß am Horizont, als enorm, angsterregend und unverständlich. Zudem durchzieht tiefe Melancholie und Trauer das Lied dieser Hirten: einige von ihnen müssen gehen, weil sie von übermächtigen Neuankömmlingen, den Soldaten, vertrieben werden. In dieser freien Umformung autobiographischen Erlebens liegt ein anderer wesentlicher Beitrag Vergils zur bukolischen Tradition.

Die Traurigkeit – sozusagen das Bewußtsein darum, eine so zerbrechliche Welt erfunden zu haben – rührt wohl wenigstens teilweise von Vergils persönlicher Erfahrung her. Jenseits solcher autobiographischer Färbungen aber ist die Originalität weit bedeutsamer, mit der Vergil durch die Sprache der Bukolik die Bürgerkriegszeit liest, insbesondere in der 1., der 9. und der berühmten 4. Ekloge. Wie deren Anfang ankündigt *(paula maiora canamus)*, hebt sich der Dichter aus der pastoralen Welt (die noch im Stil und in der Bildlichkeit präsent ist) hinaus, um ein bedeutendes Ereignis zu besingen. Das in sich völlig klare Gedicht ist durch eine vertrackte historische Konstellation zu einem Rätsel geworden: wer ist der *puer*, dessen Ankunft eine Krisenzeit zum goldenen Zeitalter führen wird? Seine spätantike Deutung auf Christus ist bloß der kühnste in einer ganzen Reihe von Identifikationsversuchen. Die Ekloge fügt sich zur Hoffnung auf einen Neuanfang, wie sie die Krisenjahre zwischen Philippi und Actium kennzeichnen; Horazens 16. Epode ist eine deutliche Parallele. Die Traditionen, aus denen sich diese Visionsdichtung speist, sind faßbar: Gedichte auf Hochzeiten und Geburten hatten ihre rhetorische Tradition; zudem schöpft Vergil auch aus unpoetischen Quellen, in denen sich philosophische Lehren und messianische Erwartungen kreuzen. Doch in den Augen der meisten Interpreten muß die Gestalt dieses jugendlichen Heilands einen näherliegenden, konkreten Bezug haben; die Ekloge ist explizit ins Konsulatsjahr des Asinius Pollio (40 v. Chr.) datiert. In der einleuchtendsten Hypothese (deswegen, weil sie den Verweis erklärt, der für die unmittelbar zeitgenössischen Leser unmißverständlich, doch schon wenige Jahre danach unklar war) wurde damals die Geburt des Knaben erwartet, trat aber nie ein. Viel Hoffnung wurde auf den in diesem Jahr geschlossenen – freilich ephemeren – Bund zwischen Octavian und Marcus Antonius gesetzt; Antonius, der damals mächtigste Mann, nahm Octavians Schwester zur Frau. Die Ehe war kurz und ohne männliche Nachkommen. Doch gerade wegen ihrer unscharfen, orakelhaften Sprache blieb die Ekloge bedeutsam; man beließ sie in der Sammlung, sie wurde zum Zeugnis einer Erwartung und eines moralischen Klimas. Ohne sein Wissen und Zutun gab Vergil so der christlichen Deutung seiner Dichtung, die im Mittelalter so wichtig werden sollte, einen Ansatz.

Bibliographie W. W. Briggs Jr., *ANRW* II 31: 2 (1981) 1270–1357 (von 1927 bis 1977); Kommentar W. Clausen (Oxford 1994).

2.2.2 Die *Georgica*

Das neue Werk, die *Georgica*, kosteten Vergil rund zehn Jahre Arbeit; im Jahr 29 v. Chr. war es vollendet. Der Titel *Georgica* versprach dem gebildeten römischen Leser weit weniger, als das Gedicht wollte: er verwies auf ein Lehrgedicht hellenistischer Provenienz, eines jener Werke eines brillanten Dichters über ein wenig anziehendes – banales und technisches – Thema, das er auch für den anspruchsvollen, gebildeten hellenistischen Leser anziehend machen wollte. Derartige Werke (wie die *Phainomena* eines Arat oder die *Alexipharma-*

ka und *Georgika* eines Nikander von Kolophon) waren bewußt einseitig – formal höchst anspruchsvoll, aber im didaktischen Gehalt kaum interessant. Das Ziel, zu lehren und zu überzeugen – Hauptziel der griechisch-archaischen Lehrgedichte wie die des Hesiod oder die philosophischen Gedichte eines Parmenides oder Empedokles – wird durch die Absicht ersetzt, minutiös und packend zu beschreiben; wer belehrende Inhalte suchte, wandte sich jetzt einer der vielen prosaischen Schriften zu. Lukrez hatte diese Tradition dadurch überwunden, daß er zum Lehrgedicht der frühen Dichterphilosophen zurückkehrte: sein missionarischer Eifer ließ die Ansprüche des hellenistischen literarischen Spiels weit hinter sich, und die Schönheit der Form ist bloß der Honig, in den die bittere philosophische Medizin eingepackt wird. Exkurse und Gleichnisse waren nicht virtuose Formübungen, sondern dienten der Gesamtabsicht des Werks.

Auch wenn Vergil stark alexandrinisch beeinflußt ist, fühlt er sich doch näher bei Lukrez und seinem großen Experiment. Gewiß liegt ihm das typisch alexandrinische Interesse für kleine Dinge nicht fern, der Wille, eine Welt kleiner und anspruchsloser Einzelheiten in Dichtung zu verwandeln; der direkte Einfluß durch Arat, Eratosthenes, Nikander und Varro von Atax ist immer wieder faßbar. Doch wie Lukrez ist Vergil stark am Gehalt interessiert. An Lukrez vor allem also möchte er sich messen: er anerkennt, was er ihm schuldet, und verweist gleichzeitig darauf, daß er seinen eigenen Weg gefunden hat. *Felix qui potuit rerum cognoscere causas, atque metus omnis et inexorabile fatum subiecit pedibus strepitumque Acherontis avari; fortunatus et ille deos qui novit agrestis, Panaque Silvanumque senem Nymphasque sorores* (2, 490–494): „derjenige, der die Ursachen für die Dinge untersucht hat“, ist Lukrez, doch Vergil deutet an, daß er dem gewaltigen geistigen Abenteuer des Lukrez die in sich ruhende Weisheit des Bauern vorzieht. Die geistige Suche, das atemberaubende Erleben des Erhabenen, tritt hinter ein weniger titanisches Wissen zurück, das stärker in den Werten der Gemeinschaft und der Tradition verwurzelt ist.

Die in sich ruhende Bauernwelt des Gedichts findet in Augustus ihren Schutzherrn. Der neue Princeps gibt die Sicherheit und Prosperität, welche die bäuerliche Welt zum Überleben nötig hat. Durch diesen ideologischen Rahmen werden die *Georgica* zum ersten Zeugnis der lateinischen Literatur des Prinzipats. Das erste Prooemium zeigt dies: in deutlichem Bruch mit der römischen politischen Tradition erscheint der Princeps hier als vergöttlichter Herrscher, in jener hellenistischen Tradition, die sich nur mühsam in Rom etablierte. Das Werk ist Augustus und seinem Berater Maecenas nicht bloß gewidmet – so, wie Lukrez sein Gedicht Memmius gewidmet hatte –, es ist von ihnen *inspiriert*; die didaktische Botschaft ist der Gemeinschaft der Bauern gewidmet. Doch hinter diesem Empfänger, an dem der Text seine Belehrung ausrichtet, steht der wirkliche Empfänger: ein Publikum, das das städtische Leben und seine Krisen kennt. Vordergründig am Landleben ausgerichtet, gilt das Gedicht letztlich auch den Problemen des Lebens in der Stadt und denen des Lebens schlechthin.

Daß die *Georgica* sich an einem augusteischen Programm zur Sanierung der Landwirtschaft orientieren, ist sicher nicht richtig. Das Bild der bäuerlichen Wirtschaft, welches das Gedicht zeichnet, ist eine rückwärtsgewandte Idealisierung, die der zeitgenössischen Wirklichkeit nicht gerecht wird. Der ‚Held' des Gedichts ist der Kleinbauer; die großen Umbrüche – die Ausdehnung der Latifundien, die Landflucht, die Konfiskationen zugunsten der Veteranen, die Verlagerung ganzer Produktionszweige aus Italien in die Provinzen – sind kaum sichtbar; noch bezeichnender ist, daß jeder Hinweis auf die Sklavenarbeit, das Herzstück römischer zeitgenössischer Landbewirtschaftung, fehlt. Die Idealisierung des *colonus* hat rein moralische Bedeutung. Auf dieser Ebene lassen sich Parallelen zwischen Vergil und der augusteischen Propaganda aufzeigen. Doch darf man Vergils Unabhängigkeit nicht unterschätzen: sein persönlicher Beitrag zum ‚nationalen Mythos' der italischen Einheit ist beträchtlich, und die sog. ‚augusteische Ideologie' war kein vorgeformter ideologischer Apparat, den der Dichter einfach widerspiegelte; sie ergab sich vielmehr auch aus einzelnen geistigen Beiträgen.

Ein Blick auf den Aufbau verdeutlicht diese komplexe geistige Welt. Die ersten vier Bücher behandeln je Ackerbau, Baumpflege, Viehzucht, Bienenzucht. Im Ablauf dieser Themen wird der Beitrag der menschlichen Bemühungen immer weniger wichtig, tritt die (freilich immer auf den Menschen bezogene) Natur immer stärker hervor. Der unablässigen Anstrengung des Ackerbauern im 1. Buch entspricht im 4. Buch der gewaltige Fleiß der Bienen, die durch ihre Eigenschaften sozusagen die menschliche Hingabe ersetzen. Der Ablauf des Gedichts scheint vom Großen zum Kleinen zu gehen, von der von kosmischen Gesetzen bestimmten Arbeit des Ackerbauern bis zum Mikrokosmos der Waben; doch gerade in der kleinen Welt der Bienen ist die Natur der menschlichen Kultur am verwandtesten.

Jedes der vier Bücher ist mithin thematisch geschlossen und in einen Gesamtplan einbezogen, und jedes besitzt sein Prooemium und seine Exkurse; das Vorbild des Lukrez ist mit Händen zu greifen. Doch gibt es zwei wichtige Unterschiede: zum einen schwächt Vergil das logische Fortschreiten in enger argumentativer Verknüpfung von Thema zu Thema ab; zum andern ist der Gesamtaufbau klarer und symmetrischer. Das wird besonders in der Symmetrie der einzelnen Bücher deutlich. Jedes Buch besitzt einen abschließenden Exkurs von etwa derselben Länge – die Bürgerkriege (1,463–514), das Lob des Bauernlebens (2,458–540), die norische Rinderpest (3,474–566), den Aristaeus-Mythos (4,315–558). Die Prooemia sind deutliche Gelenkstellen – zweimal lang und weit über das Thema des jeweiligen Buchs hinausgehend (Buch 1, 3), zweimal kurz und deutlich ins Thema einführend (Buch 2, 4). Dadurch und durch das jeweilige dunkle Finale werden Buch 1 und Buch 3 aufeinander bezogen; diesen Endpartien stehen die beiden andern, heiteren Exkurse gegenüber. Der Aristaeus-‚Exkurs', mit dem das Gedicht endet, ist mit dem Gesamtwerk und besonders seiner didaktischen Strukturierung fest verbunden: Aristaeus ist ein Heros, der lernt, in seinem geduldigen Kampf mit der Natur hilft ihm der strikte Gehorsam den göttlichen Vorschriften gegenüber. Er ist mythischer Prototyp für das Leben, das Vergil seinen Zeitgenossen lehren wollte. Die umfassende Polarität zwischen Tod und Leben gibt dem formalen Aufbau seinen tieferen Sinn, verwandelt ihn in ein Hell-dunkel von Gedanken, das den Leser zur Reflexion anhält.

Bibliographie W. Suerbaum, *ANRW* II 31: 1 (1980) 395–499. 31: 2 (1981) 1353 bis 1399; Kommentare R. F. Thomas (Cambridge 1988); R. A. B. Mynors (Oxford 1990).

2.2.3 Die *Aeneis*

Die augusteische Kultur wartete auf ein neues großes Epos. Der Dichter, der sich in den *Bucolica* noch geweigert hatte, *reges et proelia* zu besingen (*Ecl.* 6,3), wendet sich jetzt dieser Aufgabe zu, doch mit einer neuen Einstellung. Im

Prooemium zum 3. Buch der *Georgica* hatte Vergil seine Absicht aufgezeigt, auch die Taten des Augustus zu besingen (*Georg.* 3,46–48). Im übrigen war die ennianische Tradition des historischen Epos, der sich die *poetae novi* entgegengestellt hatten, nie ganz verloren gegangen: Das Epos diente auch dem Preis zeitgenössischer Ereignisse. Das weist darauf, daß die Zeitgenossen von Vergil eine Art *Caesaris* erwarteten. Was er vorlegte, überraschte.

Die antiken Grammatiker sprechen von einer doppelten Absicht der *Aeneis*: Homer nachzueifern und Augustus „von seinen Vorfahren her" zu loben. *Ilias* und *Odyssee* sind in der *Aeneis* als Modelle stark gegenwärtig: die *Aeneis* ist Wiederholung und Fortsetzung von Homers Epen. Wiederholung insofern, als der aus Troia fliehende Aeneas zuerst, auf seiner mühevollen Seefahrt, um eine neue Heimat zu finden, die Erlebnisse des Odysseus wiederholt, dann die heroischen und blutigen Taten der *Ilias.* Zugleich setzt die *Aeneis* fort und beendet, was die homerischen Epen offen gelassen hatten. Aeneas hat eine Sendung; die Stadt, die in der *Ilias* zerstört worden war, wird eines Tages wieder aufgebaut werden. So ist die Fortsetzung auch eine Überwindung Homers insofern, als die Ereignisse der *Aeneis*, besonders der Bruderkrieg gegen die Latiner, zu einer friedlichen Neuordnung und zum Bau einer neuen Stadt führen werden. Am Ende ist Aeneas sowohl der siegreiche Achill wie der Odysseus, der seine ferne Heimat gefunden hat.

Was wir über Vergils historische und antiquarische Quellen wissen, macht deutlich, wie sehr er die Überlieferung über Aeneas' Ankunft in Latium verändert hat. Die verschiedenen Berichte über einen Krieg und ein anschließendes Bündnis mit den Latinern (oder mit Teilen von ihnen) sind in den einen Krieg und die anschließende Versöhnung zusammengeflossen. Der Krieg konfrontiert die Troianer mit den Latinern und ihren zahlreichen italischen Verbündeten, die sich bezeichnenderweise in vielen Fällen griechischer Herkunft rühmen; den Troianern stehen die Etrusker bei und eine kleine Schar von Griechen, die am Ort des künftigen Roms siedelten. Um ein wirkliches römisches Nationalepos zu schaffen, versetzt Vergil sämtliche großen Kräfte, aus denen das Italien seiner Zeit entstanden ist, in die Zeit der Anfänge. Jedes Volk leistet seinen positiven Beitrag zur Entstehung Roms; selbst die Latiner versöhnen sich nach vielen Opfern und werden zum Kern des neuen Volks; die Etrusker, deren Macht von Vergils Mantua bis zum Tiber reichte, spielen eine wichtige und konstruktive Rolle; und sogar die Gegner der Troianer, die Griechen, stellen im Arkader Pallas einen entscheidenden Verbündeten und leisten zu Roms Vorgeschichte den edelsten Beitrag.

So ist die *Aeneis* voll von geschichtlicher und politischer Bedeutsamkeit – doch sie ist kein historisches Epos. Auswahl und Zuschnitt der Inhalte folgt einer Dramaturgie, die mehr an Homer als an Ennius erinnert. Trotz der Erwartungen, die der Titel weckt, enthält das Gedicht nicht einmal eine umfassende Biographie des Helden: es hört auf, bevor Aeneas seinen Triumph genießen kann, es ist nicht einmal klar, wie lange er noch leben wird, und seine zukünftige Heroisierung gerät nur nebenbei in den Blick.

Vergils Arbeit am epischen Versmaß brachte den Hexameter zu höchster Regelmäßigkeit und höchster Flexibilität zugleich. Er machte ihn zum Instrument einer langen, durchgehenden, artikulierten und variierten Erzählung und vermied die übermäßigen

Beschränkungen, die ihm die Neoteriker auferlegt hatten, deren Hexameter durch ein strenges System von Pausen gekennzeichnet war. Zudem befreit sich Vergils Satzbau von jeder Unterordnung unter metrischen Zwang: seine Sätze können lang periodisiert oder kurz sein, können mit den metrischen Einheiten von Vers oder Metrum zusammenfallen oder sie völlig überspielen.

Die epische Tradition verlangt eine gehobene Sprache jenseits des alltäglichen Sprachgebrauchs. Entsprechend ist die *Aeneis* dasjenige unter Vergils Werken, das am reichsten an archaischen und gehobenen Ausdrücken ist, wie sie für das *genus sublime* kennzeichnend sind. Doch ist dies nicht eigentlich das Kennzeichen von Vergils Sprache; charakteristisch ist vielmehr, daß sie ‚normale', nicht spezifisch poetische Wörter benutzt. Die Neuheit liegt in den ungewohnten Verbindungen, in die Vergil sie stellt und die gelegentlich Semantik oder Syntax fast Gewalt antun.

Doch will sich der neue epische Stil auch nach Forderungen der epischen Tradition richten. Bei Homer werden wiederholte Handlungen in identischen sprachlichen Formen wiedergegeben; Gegenstände und Personen haben feste Attribute. Vergil übernimmt dies: die *Aeneis* läßt der Formelhaftigkeit weiten Raum. Doch gibt Vergil diesen traditionellen Formen eine neue Funktion. Während Homers stehende Attribute gelegentlich kaum zum Kontext passen, haben sie bei Vergil die Tendenz, den Leser in die Situation und oft die Psychologie der handelnden Personen hineinzuziehen. Die Erzählung deutet mehr an, als sie ausdrücklich sagt. Charakteristisch für Vergil ist eine Zunahme der Subjektivität: nicht bloß vom Leser, auch von den Akteuren (deren Gesichtspunkt oft die Erzählung färbt) und vom Erzähler (der auf mehreren Ebenen präsent ist) wird mehr Initiative verlangt. Eine derart gesteigerte Subjektivität könnte Gefahr laufen, die epische Erzählung aufzulösen, wenn sie nicht strikt kontrolliert würde: diese Objektivierung wird durch die Intervention eines Erzählers erreicht, der zwar im Text die einzelnen subjektiven Gesichtspunkte darstellt, sie aber immer wieder in den umfassenden Rahmen stellt.

Diese stärkere Subjektivität, die mit der homerischen Objektivität kontrastiert, betrifft nicht bloß den epischen Stil und die Erzähltechnik, sondern auch die geistige Welt des Gedichts. Die *Aeneis* erzählt die Geschichte einer vom Fatum gewollten Sendung, die zur Gründung Roms und letztlich zur Rettung Roms durch Augustus führt. Der Autor ist Garant und Sprachrohr dieses Unternehmens; er fokussiert seine Erzählung auf Aeneas, den das Fatum zu seiner Sendung bestimmt hat. In diesem Sinn ist Vergil der Erbe des römischen historischen Epos: die *Aeneis* ist ein nationales Epos, in dem die Gemeinschaft und ihr Gemeinschaftsgefühl sich spiegeln. Doch erschöpft sich die *Aeneis* nicht in dieser Funktion. Die Personen, die in der vom Fatum gewollten ‚objektiven' Entwicklung handeln, stehen zueinander im Konflikt; die Erzählung leuchtet die Gründe für diese Konflikte aus. Die Gefühle der Akteure – nicht bloß der positiven wie Aeneas – stehen immer im Vordergrund. Das trifft etwa für Dido zu, die (wie Karthago) dem Schicksal unterliegt, deren Beweggründe der Text aber aufnimmt und wiedergibt. Es gilt ebenso für Turnus: der Krieg, den Aeneas in Latium führt, wird nicht als notwendiges Opfer dargestellt, die Völker, die der Krieg einander gegenüberstellt, sind von Anfang an einander ähnlich und verwandt. Der Krieg wird so zum tragischen Irrtum übermenschlicher Mächte: er ist – Grundthema bereits der *Aeneis*, nicht erst der neronianischen und flavischen Epik – letztlich ein Bruderkrieg. Die Tötung des Turnus, auf die der Tod des Pallas vorbereitet, erscheint notwendig – doch tut Vergil nichts, um diese Entscheidung zu erleichtern. Turnus ist entwaffnet, verwundet, sucht Gnade, und Aeneas hat von seinem Vater gelernt, die Überheblichen zu schlagen und die Unterworfenen zu schonen: Turnus, einst ein überheblicher Held, ist jetzt unterworfen. In dieser schweren Entscheidung tötet Aeneas allein deswegen, weil im entscheidenden Moment der Anblick von Pallas' Schwertgurt ihn in tödliche Wut versetzt. So erscheint Aeneas in der letzten Szene des Werks als ein anderer schrecklicher Achill, der sich an Hektor rächt: die *Ilias* hatte bekanntlich mit einem erbarmenden Achill geendet, der mit Priamos auf derselben Stufe steht.

Vergil verlangt viel von seinen Lesern. Sie müssen gleichzeitig die schicksalshafte Notwendigkeit des Siegs anerkennen und sich an die Gründe für die Konflikte erinnern; die Welt aus einer überlegenen Perspektive (Iupiters, des Fatum, des allwissenden Erzählers) sehen und an den Leiden der Einzelnen teilnehmen; die Objektivität des Epos, das von oben auf den großen, schicksalsgewollten Lauf der Geschichte sieht, und die Subjektivität der Tragödie akzeptieren, die von persönlichen Beweggründen und relativen Wahrheiten getrieben wird. – So wird verständlich, weswegen die *Aeneis* auch lange, nachdem ihre augusteische Botschaft bedeutungslos geworden ist, überlebt hat und noch immer ihre Fragen aufgibt.

Knapp kommentierte Gesamtausgabe E. Paratore – L. Canali, Fondazione Lorenzo Valla (Mailand 1978-1983). – Kommentare zu einzelnen Büchern u. a. (I) R. G. Austin (Oxford 1971). (IV) A. S. Pease (Cambridge, Mass. 1935) und R. G. Austin (Oxford 1955). (VI) E. Norden (Leipzig ^{2}1916) und R. G. Austin (Oxford 1977). (IX) Ph. Hardie (Cambridge 1994). (X) S. J. Harrison (Oxford 1991).

2.3 Quintus Horatius Flaccus

Bibliographie und Forschungsbericht: E. Doblhofer, *Horaz in der Forschung nach 1957* (Darmstadt 1992); Gesamtkommentar A. Kiessling und R. Heinze (Berlin ^{3}1898; Dublin–Zürich ^{10}1960). – E. Fraenkel, *Horace* (Oxford 1957).

2.3.1 Die *Epoden*

Die *Epodi* sind wohl Horazens erste dichterische Schöpfung. Sein iambisches Werk ist, wie er selber sagt, an seine Jugend und an die Lebensbedingungen gebunden, wie sie nach Philippi herrschten: *me . . . decisis humilem pinnis inopemque paterni et laris et fundi paupertas impulit audax, ut versus facerem* (*Epist.* 2,2, 50–52). Mit einer solchen Notlage verbindet man polemische Schärfe, chargierte Töne und heftige Sprache. Doch zögern manche Horazforscher zurecht, die *Epoden* allzu eng mit dieser autobiographischen Lage zu verknüpfen. Man muß immer in Rechnung stellen, wieviel von dem, was das Werk auszeichnet, aus der generischen Tradition stammt, auf die *aemulatio* der Vorbilder zurückgeht: ein solches bewußtes Dichten ist für Horazens Poetik grundlegend.

In *Epist.* 1, 19 beansprucht Horaz dichterische Originalität: zwar habe er sich von Archilochos die metrische Form *(numeri)* und den aggressiven Ton *(animi)* geborgt, doch nicht die Inhalte *(res)*. Das heißt nicht bloß, daß die *Epoden* keine Übersetzungen sind und daß Horaz sich auf eine römische und persönliche Wirklichkeit bezieht; er will wohl auch auf Eigenheiten seiner Archilochosrezeption weisen.

Wenn persönliche Bitterkeit ihm eine Verwandtschaft mit Archilochos nahelegte, mußte doch auch er die Unterschiede sehen. Archilochos verlieh den Abneigungen und Leidenschaften eines griechischen Aristokraten des 7. Jahrhunderts v. Chr. Ausdruck; Horaz schrieb in Rom unter Octavian, als Sohn eines Freigelassenen, der eben eine riskante politische Erfahrung hinter sich gelassen hatte. Horazens Aggression konnte sich bloß auf kleine Ziele richten: farb- und namenlose oder überhaupt fiktive Figuren – ein Wucherer, ein Neureicher, eine Zauberin, eine gealterte Frau. Ein berühmtes Beispiel ist die 10. Epode. In einem verkehrten *Propemptikon* (einem Glückwunschgedicht vor einer Reise) wünscht Horaz, daß Maevius Schiffbruch erleide. Vorbild ist ein Gedicht des Archilochos, von dem wir einen beträchtlichen Rest besitzen, die sog. ‚Strassburger Epode' (die einige auch Hipponax geben wollen, frg. 115 West); doch anders als Archilochos läßt Horaz den persönlichen Charakter der Invektive unscharf; wir erfahren nicht, wer Maevius ist oder weswegen Horaz sich mit ihm angelegt hat. Doch wird deutlich, daß für Horaz Archilochos die Haltungen einer ganzen Generation auszudrücken vermag: man denke an Epode 4, gegen einen Neureichen, die auf die wiederholten sozialen Umbrüche der ‚römischen Revolution' reagiert, oder an die Bürgerkriegsängste der Epoden 7, 9 und 16.

Doch entzieht sich die Epodensammlung jeder Art von Eindeutigkeit. Auch unter dem Einfluß der *Iamboi* des Kallimachos, eines anderen wichtigen Modells der *Epoden*, mußte Horaz die Buntheit als charakteristisch für eine Sammlung von Iamben ansehen.

Eine deutlich zusammengehörige Gruppe bilden etwa die erotischen Epoden, welche Motive der hellenistischen Liebesdichtung entwickeln und auch deren Pathos in Ton und Sprache aufnehmen; demgegenüber steht hinter dem doppeldeutigen Lob des Landlebens (neben spezifisch römischen Motiven) in Epode 2 die Tradition der ländlichen Idylle. Und obwohl eine chargierte Sprache, die sich mit den kruderen Aspekten der Wirklichkeit abgibt, zu den Charakteristiken der Epoden gehört, kann die Iambendichtung des Horaz auch eine kontrolliertere Ausdrucksweise annehmen: neben dem Dichter des Übermaßes ahnen wir bereits den Dichter des Maßes.

2.3.2 Die Satiren

Die zwei Bücher Satiren – auf die Horaz gewöhnlich als *sermones*, ‚Gespräche' verweist – versammeln in Thema und Darstellung ganz unterschiedliche Dichtungen; man kann kaum eine umfassende Thematik benennen. Freilich war solche Buntheit schon immer bezeichnend für die Gattung. Im Zentrum steht (besonders bei Horaz) der Dichter, die satirische Stimme.Die Satiren werden so zum Raum der Autobiographie, in dem Horaz gerne von sich spricht, von seinem Leben (besonders 1,6) und seinem Mißgeschick (bezeichnend die Begegnung mit dem Schwätzer in 1,9).

Vorbild ist Lucilius, in dem Horaz den Erfinder der Gattung anerkennt. Doch während er ihm nacheifert, will er ihn auch verbessern. Lucilius – so Horazens Klage –

„ist ein Fluß voller Schlamm" (*cum flueret lutulentus: Sat.* 1,4,11): er habe seine Verse gedichtet *stans pede in uno* (ibid. 19), ohne große formale Ansprüche. Möglicherweise störte sich Horaz am lebendigen Realismus von Lucilius' Sprache, welche vor den Exzessen des *sermo vulgaris* nicht zurückschreckte: Horazens *sermones* geben sich demgegenüber Mühe, die Ebene einer gepflegten Konversation zu halten, in disziplinierter Sprache, die ihre Effekte mit sparsamen Mitteln und ohne aufzutrumpfen erreicht. Was den Argumentationsgang betrifft, hat Horaz von der volkstümlichen Beredsamkeit der Diatribe gelernt: der Vortrag weicht immer wieder dem Dialog, bezieht die Zuhörer mit ein, nimmt Einwände vorweg, führt dramatische Szenen, Exempel aus Mythos und Geschichte, Parodien, Anekdoten und Wortspiele ein. – Die Töne aggressiver Parteilichkeit, mit der Lucilius selbst hochstehende Mitbürger angriff, sind bei Horaz verschwunden. Die Freude am Angriff ist der Notwendigkeit gewichen, Fehler durch scharfe Beobachtung der Personen zu analysieren: Horaz lernt von denen, die um ihn sind, die ihm auf der Straße begegnen, wie es ihm sein Vater gelehrt habe (*Sat.* 1,4,105ff.). Solche empirische Morallehre sucht keine Jünger, sondern will bloß einigen den Weg weisen. In diesem Sinn ist die horazische Satire noch enger als seine Lyrik an den kleinen Kreis der Dichter, Literaten und Politiker gebunden, die sich um Maecenas versammelten.

Horazens Moralität hat also ihre Wurzeln in der Erziehung durch den Vater, im gesunden Menschenverstand der italischen Kultur; doch haben auch die hellenistischen Philosophenschulen ihren Beitrag zu dieser Konstruktion geleistet. Die letzten Ziele seiner Moral sind innere Selbstgenügsamkeit (αὐτάρκεια) und Mäßigung (μετριότης). Keines dieser Konzepte ist Eigentum einer einzigen Schule. Wenn die extremen Formulierungen der αὐτάρκεια der Stoa und dem Kynismus angehörten, war sie doch auch dem Epikureismus nicht fremd, der die Ansprüche der *voluptas* auf die Befriedigung weniger elementarer Bedürfnisse einschränkte. Das Ideal der μετριότης hatte im Peripatos seine umfassendste Formulierung erhalten, doch findet sich das Konzept schon in der ältesten Weisheitslehre Griechenlands, und auch die epikureische Suche nach *voluptas* vertrug keine Exzesse. Wenn jetzt mehrfach der Epikureismus genannt ist, so deswegen, weil für Horazens Satirendichtung diese Schule wohl am wichtigsten war; am stoischen Rigorismus mußte sich der entspannte Empirismus von Horazens Moral stoßen (gegen ihn polemisiert denn auch etwa *Sat.* 1,3).

Das zweite Satirenbuch unterscheidet sich in einiger Hinsicht vom ersten. Vor allem gehen die autobiographischen Aussagen stark zurück; nur in 2,6 sind sie dominant. In den argumentierenden Satiren überwiegt der Dialog (sechs von acht), wobei die Hauptrolle nicht dem Dichter, sondern dem Zuhörer zufällt. Dadurch, daß Horaz dem Gegenüber die Bühne überläßt, wird es unmöglich, hinter den Widersprüchen der Wirklichkeit einen einheitlichen Sinn zu finden: alle Sprecher vertreten ihre spezifische Wahrheit, auch wenn nicht alle Wahrheiten gleichberechtigt sind und manche Reden sich allein schon durch eine vom Sprecher nicht gewollte Ironie widerlegen. Das Gleichgewicht von αὐτάρκεια und μετριότης, das einen guten Ausgangspunkt für die Beurteilung der Wirklichkeit abgab, scheint verloren; der Dichter stellt nicht mehr die eigene Fähigkeit dar, unter den Menschen zu leben, ohne seine Identität aufgeben zu müssen, er erlaubt vielmehr seinem jeweiligen Gegenüber, die Widersprüche seiner Position aufzuzeigen. Einziges Refugium bleibt die sabinische *villa* (2,6), wo die αὐτάρκεια von der Isolierung profitiert und davon, daß man nicht andauernd mit den Widersprüchen des Lebens in Rom zurechtkommen muß.

Kommentar A. La Penna, *Quinto Orazio Flacco. Satire ed Epistole* (Florenz 1957); Interpretationen N. Rudd, *The Satires of Horace* (Cambridge 1966). – U. Knoche, *Die römische Satire* (Göttingen ³1971).

2.3.3 Die Odendichtung

2.3.3.1 Die Poetik der Oden

Die Lyrik des Horaz gleicht der modernen in ihrem meditativen und monologischen Charakter. Die neue Rolle des ‚Hofdichters' schafft ihm einen Raum relativer Autonomie, in dem er Dichtung als etwas Intimes, als Ausdehnung seines Ich suchen kann. Doch bei aller Vergleichbarkeit der horazischen Oden mit unserem Lyrikverständnis bleibt ein entscheidender Unterschied: die antike Konvention verlangt, daß auch in der Lyrik sich der Dichter an ein Gegenüber zu wenden hat. Das gibt manchen Gedichten der Odensammlung dialogischen Charakter, auch wenn dieses Du meistens ein Vorwand, eine stilisierte Gestalt, gar ein Objekt oder das Gedichtbuch selber ist.

Horazens lyrische Dichtung läßt sich nicht ohne die Lyrik der Griechen verstehen, von Sappho, Anakreon, Pindar, vor allem aber Alkaios. Indem er sich am Dichter von Lesbos ausrichtet (Horaz beansprucht gar den Titel eines römischen Alkaios), rechtfertigt er, weswegen seine lyrische Welt die gemeinschaftlichen politischen Ereignisse und sein privates Leben verbinden kann. Zudem war Alkaios, wie die Papyri gelehrt haben, auch gnomischer Dichter: von daher stammt der stark moralisierende Ton der horazischen Lyrik, auch wenn sie sonst jüngeren Traditionen mehr verdankt.

Bezeichnend für die Art, wie Horaz seine Bindung an die griechische Lyrik und an Alkaios im besonderen versteht, ist, daß er oft den Beginn eines griechischen Gedichts aufnimmt (Pasquali sprach von ‚Motto'). Verschiedene Horazoden setzen mit einer manifesten Übernahme, oft fast einem Zitat ein; danach freilich geht das Modell fast vergessen. So beginnt die Berühmte Soracte-Ode (*Carm.* 1,9) mit einer Winterlandschaft, die ein Fragment des Alkaios (frg. 338 L.-P. / Voigt) aufnimmt; wie bei Alkaios ist damit die Aufforderung zum Trinken verbunden. Doch dann geht das Gedicht in gnomische Reflexion über und endet mit einem Bildchen städtischen Lebens in alexandrinischer Manier.

Ebenso wichtig wie die Übereinstimmungen mit Alkaios sind die Unterschiede. Alkaios' Dichtung war Ausdruck der Leidenschaften eines Aristokraten des archaischen Lesbos und seiner politischen Kämpfe. Sie war an gesellschaftliche Anlässe (Symposien, Götterfeste) gebunden: dieses Vortrags wegen waren Themen und Sprache wenig komplex. Bei Horaz ist demgegenüber das lebendige politische Interesse an der *res publica* das eines Intellektuellen, der nach einer einmaligen Verstrickung in die Realitäten des Bürgerkriegs im Schatten der großen Herren Roms lebt. Dichtung als Entspannung vom Engagement, als Ruhepause zwischen den Kämpfen konnte für ihn kaum mehr als dichterisches Bild sein. Dies umsomehr, als die private Seite seines Dichtens untrennbar ist von jener Suche nach innerm Glück aus αὐτάρκεια und *tranquillitas animi*, welche das Zentrum des hellenistischen Philosophierens ausmacht. Zudem ist diese Lyrik für die Lektüre geschrieben, beschreibt oft fiktive oder wenigstens stilisierte Situationen und sucht ein hohes Niveau literarischer Raffinesse.

Als Horaz sich auf die archaische griechische Lyrik berief, war dies ein Programm, das ihn vom Alexandrinismus der Neoteriker abheben wollte. Das bedeutet nicht, daß Horaz kein ‚moderner' Dichter war, an dem die hellenistischen Erfahrungen vorbeigegangen waren; sie sind für seine Lyrik zentral.

2.3.3.2 Themen und Eigenschaften der horazischen Lyrik

Das Bild von Horaz als des Dichters des Gleichmaßes, des Abstands von Leidenschaften, ist geläufig; es kommt der Wirklichkeit wohl nahe. Es ist naheliegend, daß man, um den Dichter der *Oden* zu verstehen, an den der *Satiren* denkt, der (auch durch die Tradition der Diatribe) Vorstellungen und Probleme der helleinistischen Philosophenschulen aufgenommen hat; das weist auf den gewaltigen Abstand der horazischen Gnomik von derjenigen der archaischen griechischen Lyrik. Doch betreiben die Oden keine eigentliche moralische Untersuchung durch die kritische Beobachtung der anderen: in einem gewissen Sinn setzen sie dort ein, wo die Satiren aufgehört hatten, beim konzentrierten Nachdenken über wenige grundlegende Einsichten (vor allem des Epikureismus).

Zentral ist das Wissen um die Kürze des Lebens, das zum unmittelbaren Daseinsgenuß zwingt, ohne sich im nutzlosen Spiel von Hoffnungen, Absichten oder Ängsten zu verlieren. Bekannt ist die Mahnung an Leuconoe: *sapias, vina liques et spatio brevi spem longam reseces. dum loquimur, fugerit invida aetas: carpe diem quam minimum credula postero* (*Carm.* 1, 11, 6–8). Die Ermahnung, den Moment zu genießen (*carpe diem*) darf also nicht als banale Aufforderung zum Vergnügen mißverstanden werden: für Horaz wie für Epikur ist die Einladung zum Genuß untrennbar vom Wissen um die Hinfälligkeit dieses Genusses und des Lebens überhaupt.

Solche Überlegungen führen gelegentlich zum Preis der eigenen Heiterkeit, des Glücks der eigenen αὐτάρκεια, des Daseins als Dichter und Weiser, der frei ist von menschlichem Aberwitz und den Schutz der Götter genießt. Und doch sind Weisheit und Heiterkeit, ist die *aurea mediocritas* dessen, der alles Übermaß flieht und sich jedem Schicksal fügen kann, kein Besitz, den man ein für allemale erworben hat. Die Weisheit stößt sich an den unveränderbaren Gegebenheiten menschlicher Existenz – an der Flüchtigkeit der Zeit, am Alter, am Tod (Themen der bekanntesten Oden, 1,4. 2,3. 2,14. 4,7).

Doch lebt die horazische Lyrik auch von Anregungen in einer Themenvielfalt, die den Untergruppen der griechischen Lyrik entspricht (die sich aus den einzelnen Anlässen herleiten und in der späteren rhetorischen Tradition normativ zu eigentlichen Gattungen wurden). So haben wir Trinklieder (die auf die συμποτικά des Alkaios zurückweisen, doch viel dem hellenistischen Epigramm verdanken) – Einladungen, Beschreibungen der Vorbereitungen, mit dem üblichen Apparat des hellenistisch-römischen Symposions, Wein, Blumen, Musik. Fast ein Viertel der Oden sind ‚erotisch'. Die horazianische Liebeslyrik – anders als die Catulls und der Elegiker – nährt sich von der ironischen Distanz zur Leidenschaft; mit wenigen Ausnahmen wird die Liebe als ein nicht allzu ernsthaftes Ritual verstanden, doch unterschlägt Horaz auch in der Ironie die Leidenschaft nicht: er kennt ihre Grausamkeit, erinnert sich voll Melancholie an sie. Gut vertreten ist auch der Hymnus. Hier ist der Unterschied zur griechischen archaischen Dichtung besonders markant: sieht man vom *carmen saeculare* ab, dem Lied für die Säkularfeier von 17 v. Chr., ist Horazens religiöse Dichtung ohne Bindung an rituelle Aufführung, der Hymnus wird oft zur bloßen literarischen Form.

Nicht immer läßt sich eine Horazode einem festen Typus zuordnen, auch weil es der Dichter (getreu der alexandrinischen ‚Kreuzung der Gattungen') liebt, im selben Gedicht Elemente verschiedener Herkunft zu verbinden, etwa ein Propemptikon und ein mythologisches Gedicht (*Carm.* 3,27), einen Hymnus und ein mythologisches Gedicht (*Carm.* 3,11), ein Epigramm über den Frühling und ein Trinklied (*Carm.* 1,4). Zudem gibt es Themen, die sich in Gedichten ganz verschiedener Art wiederholen. Landschaft wird gewöhnlich als *locus amoenus* stilisiert, als liebliche italische Landschaft, die ein Gelage oder das einfache Landleben aufnimmt; doch kennt Horaz auch die Faszination der dionysischen Landschaft, einer Bergwelt, die der Mensch nicht gezähmt hat.

Doch die eigentlichsten Orte von Horaz sind die, welche sein eigenes kleines Gut umfaßt – ein geliebter Raum, der sicher, bekannt und, weil abgelegen und klein, unangreifbar ist. Dieser Zufluchtsort wird literarisiert im Thema des *angulus* (*Carm.* 2,6,13f. *terrarum mihi praeter omnes angulus ridet*): er ist der Ort für Lied, Wein, Weisheit. Er wird zum Ausgangspunkt für zahlreiche Gedichte, indem er sich mit zwei anderen großen Themen verbindet – dem Tod (auch der Gedanke an den Tod ist an diesem bevorzugten Ort weniger bitter) und vor allem der Freundschaft (im *angulus* hat Freundschaft ihren bevorzugten Ort).

Neben dem ‚privaten' Horaz – den man gewöhnlich für allein echt und gültig ansieht – steht der ‚politische' Horaz, derjenige ‚des Regimes'. Der Abstand zu den privaten Themen ist beträchtlich, auch wenn für Horaz, anders als für die Neoteriker, die Privatwelt Allgemeingültigkeit anstrebt, weil sie eine umfassende *condition humaine* ausdrücken möchte. Seine politische Lyrik, deren Ergebnisse oft diskutiert wurden, ist nicht ohne Originalität. Die hellenistische Herrscherpanegyrik trägt kaum mehr als den einen oder anderen äußerlichen Zug bei; in diese Tradition – wie auf diejenige der archaischen griechischen Lyrik – führte Horaz Themen ein, die vom Epos und von der Geschichtsschreibung angeregt wurden. Das Unternehmen war ehrgeizig und entsprach auch einem persönlichen Anliegen in einer Generation, die nach den Wirren der Bürgerkriege hoffnungsvoll auf den Princeps als Garanten des Friedens schaute. Deswegen darf man Horazens politische Lyrik nicht einfach als versifizierte Propaganda abtun – vor allem auch deswegen nicht, weil sie auch dort, wo sie die ideologischen Ansprüche des Prinzipats getreu spiegelt, von der Flexibilität dieser Ideologie profitiert, um dogmatische Starre zu vermeiden und die Erhabenheit in der Großzügigkeit zu preisen. Zudem versteht es Horaz als Dichter der politischen Gemeinschaft, nicht nur der befreienden Freude Worte zu geben, sondern auch den Unsicherheiten und Ängsten, kurz allen Gefühlen und Hoffnungen der zeitgenössischen Gesellschaft.

Die Sprache der Oden ist einfach und läßt auch Wörtern Raum, die in andern dichterischen Traditionen als prosaisch hätten gelten können. Das Streben nach Einfachheit und Wesentlichkeit leitet auch die Wahl der Adjektive, den maßvollen Gebrauch von Klangfiguren, den vorsichtigen Umgang mit Metaphern und Gleichnissen. Komplexer, aber noch immer relativ einfach ist die Syntax, welche Ellipsen, griechische Konstruktionen, Hyperbata, Enjambements liebt. Die Höhe des Stils wird durch eine kontrollierte Reduktion der Ausdrucksmittel erreicht, mit einer Diktion ohne jegliche Redundanz, knapp und geschliffen; zum Ausdruck trägt der virtuose Einsatz der Metrik und die Kunst der Wortverbindung bei – ebendiese Kunst wird er in der *Ars poetica* als *callida iunctura* charakterisieren (*Ars* 48). Die Worte im Satz klug zu setzen heißt, sie in der Satzstruktur so miteinander zu verbinden, daß die einen zusammenstehen, andere getrennt werden und in Distanz aufeinander wirken; dadurch treten geläufige Wörter hervor und werden wahrgenommen, als ob sie zum erstenmal ausgesprochen würden. Im übrigen verbindet Horazens Odensprache ein Maximum an Ausdruck mit einen Minimum an sprachlicher Innovation; Neologismen kommen praktisch nicht vor.

Kommentar R. G. M. Nisbet – M. Hubbard (I: Oxford 1970. II: 1978); Gesamtinterpretation H. P. Syndikus, *Die Lyrik des Horaz* (Darmstadt 1972–1973).

2.3.4 Die Episteln

2.3.4.1 Das 1. Buch

Nach der großen Epoche seiner Lyrik kehrt Horaz in den *Epistulae* zum Hexameter der ‚Konversation' zurück: auch diese versifizierten Briefe nennt er *sermones*, wie die Satiren. Doch bereits die antiken Kommentatoren wollten die neue Sammlung von den Satiren abheben: „[Satiren und Episteln] unterscheiden sich nur dadurch, daß Horaz jetzt zu Abwesenden spricht, während er in den Satiren sozusagen zu Leuten sprach, die vor ihm standen". Die Eigenheit der *Episteln* besteht mithin eben in der Briefform: alle Stücke besitzen einen Adressaten, und öfters weisen sie charakteristische Formelemente (Gruß- und Abschiedsformeln) auf. Man diskutiert darüber, ob diese Briefe wirklich versandt worden seien: auch wenn Horaz sie alle als literarische Werke versteht, die an ein größeres Publikum gerichtet sind, mag er einzelne als literarische Ehrung dem entsprechenden Adressaten zugestellt haben.

Auch andere Unterschiede sind augenfällig. Den Episteln fehlt etwa jene Aggressivität, wie sie die Satiren auszeichneten. Horazens Moral scheint sich immer deutlicher die eigenen Schwächen bewußt zu machen: das Gleichgewicht zwischen αὐτάρκεια und μετριότης, das Grundlage für die Satiren war, scheint jetzt unerreichbar, ein anderes ist nicht in Sicht. Ob Horaz sich nun an sich selber wendet oder im Dialog mit dem Adressaten spricht: immer wird die moralische Suche in den Episteln von der Notwendigkeit der Weisheit angetrieben. Horazens Wissen um das unerbittliche Verrinnen der Zeit, verschärft durch ein frühes Alter, läßt die Eroberung der Weisheit als unverschiebbar erscheinen. Doch scheint er nicht mehr in der Lage, ein tragendes Modell für die Lebensführung zu konstruieren: ohne je eine Mitte zu finden, schwankt er zwischen moralischem Rigorismus, der ihn anzieht und erschreckt zugleich, und Hedonismus, der konkret, aber zerbrechlich ist. Den Verzicht auf ein Gemeinschaftsleben und auf einen ethischen Optimismus symbolisiert die Flucht aus Rom in die Abgeschiedenheit des Sabinerlandes, in den *angulus* der Oden. Zu den Aporien seiner moralischen Suche fügt sich die Thematisierung des Ungenügens an sich selber, der angstvollen und ungeduldigen Langeweile, ein Motiv, das jetzt dem Diatribenthema zugeordnet wird, das schon Lucilius behandelt, das 2. Satirenbuch angetippt hatte.

Mit der deutlich gewordenen Schwäche der eigenen ethischen Position geht – paradoxerweise – ein stärkerer didaktischer Anspruch einher. Die Briefform entspricht gewissermaßen der Position eines überragenden und respektierten Intellektuellen, der Gesprächspartner und Bezugspunkt der sozialen Elite des augusteischen Roms ist. Die Zweierbeziehung, die für den Brief konstitutiv ist, gibt Raum zur Beichte, doch auch zur Ermahnung und Unterweisung, besonders wenn die *persona* eines unerfahrenen Empfängers (viele Briefe richten sich an junge Freunde) dies geradezu verlangt.

Unter den Vorgängern des Briefstellers Horaz ist auch Epikur, der mit seinen Schülern einen umfangreichen Briefwechsel hatte: der Briefverkehr war für sie, die in den Weiten der makedonischen Eroberungen verstreut waren, die einzig mögliche Unterrichtsform. In den *Episteln* erfindet sich Horaz als Nachahmer Epikurs und entdeckt ihn nach dem großen Erlebnis des Lukrez. Lukrezens großartiger Enthusiasmus hatte aus Epikurs Botschaft eine Prophezeiung gemacht, die er der gesamten Menschheit zurief, und er hatte die aufklärerische Philosophie seines Lehrers als heroische Befreiungstat dargestellt; Horaz zieht es vor, zu wenigen und abseits zu sprechen. Er lädt seine Freunde an einen geschützten und privaten Ort ein: sein *angulus* erscheint als verkleinernde Umbildung der *sapientum templa serena*, in welche Lukrezens agonistischer Geist seine Leser eingeladen hatte: wäre dies möglicherweise der wirkliche Geist epikureischer Unterweisung?

Kommentar O. A. W. Dilke, *Horace. Epistles Book I* (London ^{3}1966).

2.3.4.2 Das 2. Buch

Das zweite Epistelbuch ist eine spätere Ergänzung auf Druck der Freunde und der Mächtigen: zu Beginn des ersten, an Augustus gerichteten Briefs beklagt sich Horaz darüber. Die drei Briefe des Buchs, Horazens letzte, sind eng untereinander verwandt: sie sind eine Art poetisches Vermächtnis.

Die augusteische Gesellschaft ist auch eine Gesellschaft von Literaten und Literaturliebhabern; Probleme der Literaturkritik, der Poetik und der Kulturpolitik haben höchste Aktualität. Horaz greift in diese Debatte mit der Autorität eines Mannes ein, der ein sicheres Prestige und eine persönliche Beziehung zum Princeps besitzt. Entsprechend ist auch Augustus (explizit oder implizit) der hauptsächliche Gesprächspartner in diesen Ausführungen zu Kunst und Literatur.

Um dem schwierigen sozialen Kompromiß des Prinzipats eine breitere ideologische und kulturelle Basis zu verschaffen, begrüßte Augustus die Produktion einer breit gelesenen Nationalliteratur. Auf die Forderung nach einem historischen Epos, das die strenge Ideologie der *maiores* deuten und Roms imperiale Zukunft besingen würde, hatte die *Aeneis* wenigstens zum Teil eine Antwort gegeben. Offen blieb die Frage des lateinischen Dramas: die großzügige Entschädigung, die Varius für seinen Thyestes erhalten hatte, zeigt, wie wichtig für Augustus eine Kunstform war, welche die Möglichkeit einer umfassenden ideologischen Durchdringung bot.

Das Drama ist in Horazens Briefen zentral: im *Augustus-Brief* (*Epist.* 2, 1) polemisiert er gegen die wahllose Begeisterung den altlateinischen Dramatikern gegenüber. In einer Art ‚querelle des anciens et des modernes' stellt sich Horaz unzweideutig auf die Seite der letzteren, im Namen einer kallimacheisch gepflegten und raffinierten Kunst. In diesem wichtigen Punkt widerspricht er Augustus' eigenen Vorlieben und empfiehlt dem Herrn Roms wohlwollende Aufmerksamkeit für eine Lesedichtung, die allein formale Exzellenz erreichen könne, weil sie sich an einen ausgewählten Leserkreis richtet.

Der *Brief an die Pisonen* – die sogenannte *Ars poetica* – scheint aber doch das Interesse der Kunst- und Dichtungskritik auf Fragen der dramatischen Literatur zu lenken – nicht nur auf Komödie und Tragödie, sondern auch auf das Satyrspiel, von dem in Rom sich keine Spur mehr findet. Das muß man mit der Bedeutung zusammensehen, welche das Drama in der peripatetischen Dichtungstheorie besaß (seit Aristoteles' *Poetik*), an die sich Horaz anschließt. Doch muß man deswegen keine passive Aneignung einer griechischen Quelle annehmen: nach den Schwierigkeiten und dem Widerstand im Augustus-Brief akzeptiert es Horaz, mit seiner *Ars poetica* (es ist wahrscheinlich, wenn auch Zweifel bleiben, daß sie später ist) wenigstens einen theoretischen Beitrag zum römischen Theater zu leisten. Doch bleibt er in der *Ars* seinen Prinzipien treu: noch immer predigt er eine hochraffinierte Kunst. Auch der späteste Horaz also verrät jene Stilideale nicht, an denen er sich – in seinem Dichten und womöglich auch in seinem Leben – immer ausgerichtet hat.

Kommentar C. O. Brink, *Horace on Poetry* (I: *Prolegomena to the Literary Epistles*, Cambridge 1972. II: *The Ars Poetica*, 1971. III: *Epistles Book* II, 1982).

2.4 Die Elegie

2.4.1 Allgemeine Charakteristik

Charakteristisch für die griechische Elegie, die sich im 7. Jahrhundert v. Chr. entwickelte, war allein das gemeinsame Metrum, das elegische Distichon; thematisch war sie sehr bunt. Einen Einschnitt bezeichnet wohl Antimachos von Kolophon (5. oder 4. Jh. v. Chr.): in der *Lyde* betitelten Sammlung diente das persönliche Erlebnis, der Tod der geliebten Frau Lyde, dazu, verschiedene Mythen von tragischer Liebe zu evozieren und zu erzählen; so nutzte Antimachos die Beziehung der Elegie zum Klagelied aus und schuf zugleich die Verbindung von Autobiographie und Mythos. Nach seinem Vorbild (und vielleicht demjenigen der *Nanno* des Mimnermos) stellten einige hellenistische Dichter elegische Gedichte unter den Titel eines Frauennamens, so Philetas (in der *Bittis*) oder Hermesianax (in der *Leontion*). Die mythologische Elegie von Antimachos, Philetas und Hermesianax mußte so wohl *in nuce* ein autobiographisches Element enthalten, eine (vielleicht kaum ausdrückliche) Verbindung zwischen den Abenteuern der mythischen Heroen und dem persönlichen Erleben des Dichters. Die lateinische Elegie arbeitete diesen autobiographischen Aspekt stark heraus, behielt freilich gewisse objektive, gnomische Züge bei, welche die persönliche Geschichte verallgemeinern, und sie bezog Elemente aus anderen Gattungen (Komödie, Epigramm, Tragödie, Lyrik und bukolische Dichtung) ein, um sich in ihren spezifischen Eigenheiten herauszubilden.

Die Elegie gibt sich zwar radikal und oft polemisch autobiographisch; in Wirklichkeit aber ordnet sie die individuelle Erfahrung in typische Formen und Situationen nach geläufigen Mustern ein (was vor einer autobiographischen Lesart warnen sollte). Man kann so von einer elegischen Welt mit konventionellen Regeln und Verhaltensweisen sprechen, von einem festen Ehrenkodex und einer Ideologie, die sich um wenige elegische Grundwerte herausbildeten. Zentrum des elegischen Universums ist die Liebe. Sie ist für den elegischen Dichter die einzige und die absolute Erfahrung, die seine Existenz erfüllt und ihr Sinn gibt; sie ist sein ἄριστος βίος, der sich stolz anderen Lebensformen gegenüberstellt, Überlegenheit beansprucht und die αὐτάρκεια erreicht hat. Das Leben des Dichters, der sich ganz der Liebe hingibt, stellt sich als *servitium* dar, als Sklavendienst an einer kapriziösen und treulosen *domina*, die sich ihm bloß widerwillig hingibt. So besteht die Beziehung aus seltenen Freuden und vielem Leiden; doch der Dichter, der unheilbar an seiner Leidenschaft leidet, leidet mit Lust; nur gelegentlich überkommt ihn ein Anflug von Rebellion, von *renuntiatio amoris*. Die bitteren Erfahrungen und unablässigen Enttäuschungen bringen ihn dazu, sein eigenes Erleben in die Welt des Mythos oder die glückliche Unschuld eines goldenen Zeitalters zu projizieren, es dadurch zu sublimieren, daß er es an die heroische Liebe in der Literatur angleicht: so überträgt er es in eine ideale, vollkommen befriedigende Welt. Gefangener einer Anstoß erregenden Liebe, einer Leidenschaft, die ihn (auch sozial) entfremdet und in Verruf bringt, gibt er sich einem Leben der *nequitia* (‚Nichtsnutzigkeit') hin: er weist seine Pflichten als Bürger von sich, stellt den Härten des Kriegs (und den anderen damit verbundenen niedrigen Leidenschaften, der Habgier und dem Ehrgeiz) die Zartheit der Liebe gegenüber: auf diese Welt richtet er sein ganzes moralisches Engagement bis zur absoluten Hingabe – als Held nicht des Kriegs, sondern (paradoxerweise) der Liebe.

Es ist bemerkenswert, wie die Elegie, die erklärterweise dem *mos maiorum* gegenüber rebelliert, in Wirklichkeit sich die traditionellen Werte aneignet und in die eigene Welt hineinträgt. Man wird sehen, wie hier (wie in gewisser Weise bereits bei Catull) die in der Sicht der Institutionen widerrechtliche Liebesbeziehung sich als eheliche Bindung ausformuliert, die durch *fides* garantiert, durch *pudicitia* gesichert und der *luxuria* und den städtischen Raffinessen gegenüber mißtrauisch ist.

Im Leben des elegischen Dichters fallen natürlich die Gründe für die Liebe und für die Dichtung zusammen: die Dichtung, die aus dem direkten Erleben des Dichters-Liebhabers entsteht, muß gleichzeitig als Mittel der Werbung dienen. Es versteht sich, daß sich daraus eine präzise Poetik ergibt, welche die hohe Dichtung ablehnt (in der traditionellen Form der *recusatio*), zugunsten einer leichten Muse, von Tönen und Inhalten, die sich an der Unmittelbarkeit des Liebeserlebens orientieren.

Wie sehr die elegische Dichtung hier Catull und der neoterischen Dichtung verpflichtet ist, ist evident. Mit ihr teilt sie in erster Linie die Revolution des literarischen Geschmacks: die kallimacheische Poetik ist jetzt fester Besitz der römischen Literatur. Vor allem von Catull erbt die Elegie auch eine neue Moral, die Hingabe an das *otium*. In Catull konnte sie auch die neue Form vorgebildet finden: insbesondere *Carm.* 68, in dem auch die mythologische Erzählung eine wichtige Funktion hat, erweist sich oft als Ausgangspunkt für die neue Gattung. Diese Kontinuität gegenüber der neoterischen und catullianischen Tradition anerkennt die elegische Dichtung oft ausdrücklich und verbeugt sich vor ihren Vorläufern (Prop. 2, 34, 85; Ovid. *Amor.* 3, 9, 16ff.).

2.4.2 Gallus

C. Cornelius Gallus (69–29 v. Chr.), Dichter-Soldat aus einfachen Verhältnissen, hatte eine brillante militärische Karriere durchlaufen, die ihn bis zum Amt des *praefectus Aegypti* (ab 29 v. Chr.) brachte; doch seine allzugroße Unabhängigkeit Augustus gegenüber ließ ihn in Ungnade fallen: zum Exil und der Konfiskation seines Vermögens verurteilt, nahm er sich das Leben.

Gallus war ein Freund Vergils, der ihm die 10. *Ekloge* widmete; einer etwas unsicheren Nachricht zufolge hatte er auch das 4. Buch der *Georgica* mit *laudes Galli* geschlossen, die er nach seinem Fall durch die Aristaeus-Erzählung ersetzte, die wir heute lesen (Serv. *Ad ecl.* 10, 1 und *Ad georg.* 4, 1). Ein anderer Dichterfreund war Parthenios von Nikaia, der ihm eine Sammlung von mythischen Liebesgeschichten in Prosa, die Ἐρωτικὰ παθήματα, als Inspiration für seine Dichtung widmete. Wir wissen, daß Gallus unter dem Titel *Amores* vier Bücher Elegien veröffentlichte, in denen er von seiner Leidenschaft zu Lycoris sang. Die Liebe war mithin in Gallus' elegischer Dichtung zentral; daneben mußte die gelehrte Mythologie wichtig gewesen sein. Vergils 10. Ekloge (49f.) bezeugt tatsächlich, daß Gallus den mythologischen Dichter Euphorion von Chalkis verehrte, und seine Liebe zu gesuchten mythologischen Details wird durch eine Pentameter über den Fluß Hypanis bestätigt (frg. 2), bis vor kurzem fast das einzige, was uns von seiner Dichtung geblieben war.

Im Jahre 1979 hat dann ein Papyrusfund aus dem Sand Ägyptens etwa zehn Verse gegeben (deren Authentizität von ganz wenigen Gelehrten bestritten wird), die eine Reihe von Hypothesen bestätigen können, die man sich über Gallus' Dichten gebildet hatte. Man hatte schon bei ihm *in nuce* einige der zentralen Themen der lateinischen Liebeselegie vermutet – die Geliebte als Quelle von Inspiration und Empfängerin der Dichtung, die Identifikation von Dichtung und Leben, das *servitium amoris*, das drängende Bewußtsein seiner *nequitia*, die Funktion der Elegie als werbende Dichtung. Diese Themen erscheinen tatsächlich in den wenigen neuen Versen. Sie bestätigen so die Rolle des Gallus als Vermittler zwischen der neoterischen Dichtung und der augusteischen Elegie: er war es wohl, der dieser Gattung ihre eigentümliche Form gab, sie gegenüber dem erotischen Epigramm mit weiterem Atem und ausgreifenderer Bewegung versah und die gelehrte Mythologie der alexandrinischen Elegie mit der autobiographisch formulierten eigenen Erfahrung verschmolz. Mit ihm, den die Nachfolger als Begründer der Gattung ansahen, erhielt die neue römische Elegie ihre Eigengestalt und ihren spezifischen Inhalt.

Der Neufund R. D. Anderson – P. J. Parsons – R. G. M. Nisbet, „Elegiacs by Gallus from Qasr Ibrîm“, *JRSt* 69 (1979) 125–155.

2.4.3 Albius Tibullus

Unter Tibulls Namen ist uns eine bunte Sammlung von Elegien überliefert, das sog. *Corpus Tibullianum*, das sicher authentische Gedichte mit unechten und mit solchen namentlich benannter anderer Autoren verbindet; sie wurden wohl deswegen verbunden und zusammen überliefert, weil sie aus demselben Milieu, dem Kreis des Messalla, stammen. Von Tibull sind allein die ersten zwei Bücher. Das erste Buch wird von der Gestalt der Delia dominiert, der Geliebten des Dichters, die in elegischer Tradition als treulos, kapriziös, mondän und den Luxus liebend dargestellt ist; ihre Beziehung zum Dichter ist quälend und immer von der Gefahr der Untreue überschattet. Im zweiten Buch dominiert eine andere Frauengestalt, Nemesis, ‚Rache‘, die Delia aus dem Herzen des Dichters vertrieben hat – sie ist härter als geldgierige und rücksichtslose Kurtisane gezeichnet.

Man kennt und liebt Tibull als den Dichter des heiteren Landlebens. Doch fehlt auch bei ihm die konventionelle Welt der elegischen Dichtung nicht, das städtische Leben als Hintergrund für Liebesaffären und Intrigen. Die zentrale Rolle des Landlebens in seinem dichterischen Universum erhält von daher eine andere, präzisere Bedeutung. Die elegische Dichtung hat die Tendenz, sich eine ideale Welt zu schaffen, einen Zufluchtsort vor der Bitterkeit einer gequälten Existenz. Diese Rolle spielt gewöhnlich die Welt des Mythos, in die der Dichter seine Erfahrung idealisierend projiziert und sie mit derjenigen der mythischen Gestalten vergleicht. In markantem Unterschied zu den andern Elegikern fehlt bei Tibull der Mythos: seine Funktion übernimmt das Landleben. Tibulls bäuerliche Welt ist voller Glückseligkeit, Ort eines einfachen und heiteren Lebens, das mit dem Lauf der Natur harmonisiert und von traditioneller bäuerlicher Religiosität durchdrungen ist. Diese Idealwelt macht Tibull zu einem Ort von Klage und Sehnsucht; er sehnt sich nach ihr wie nach einer verlorenen Welt, einer weit zurückliegenden seligen goldenen Zeit, in der er eine leidende und gefährdete Existenz verankern möchte.

Dieser Sehnsucht nach einem geschützten Refugium entspricht das andere zentrale Thema, dasjenige des Friedens. Die Verfluchung des Kriegs (die einer verbreiteten Friedenssehnsucht der Epoche nach den Verheerungen der Bürgerkriege entspricht) geht zusammen mit dem Sehnen nach der idealen Gegenwelt, voller einfacher Menschen, in der die Liebe zu einer treuen Frau möglich ist. Hinter den Zügen der bukolischen Idylle, in denen Vergils Einfluß spürbar ist, öffnet sich eine italische Landschaft, in der die ererbten bäuerlichen Werte noch gelten, die die archaisierende augusteische Ideologie hochhält; darin ist Tibulls Dichtung vielleicht das deutlichste Beispiel für die innere Widersprüchlichkeit der elegischen Dichtung, die sich so unkonformistisch und rebellisch gibt.

Während Properz sich explizit an Kallimachos und Philetas als Lehrer des elegischen Dichtens ausrichtet und sich zum römischen Kallimachos erklärt, liegen derartige poetologischen Erklärungen Tibull fern; das heißt natürlich nicht, daß er mit Werken der großen Alexandrinern weniger vertraut war als Properz. Tatsächlich lassen sich zahlreiche typische Elemente der hellenistischen Dichtung auch bei ihm nachweisen; und obwohl bei ihm Spuren der raffinierten alexandrinischen Gelehrsamkeit fehlen und der schmückende Verweis auf abgelegene Mythen praktisch völlig fehlt, ist auch er *poeta doctus*. Sein Stil zeigt durchgehend und ausnahmslos jene äußerst bewußte Faktur, in der gerade die Einfachheit mühsam erarbeitetes Ergebnis künstlerischer Entscheidungen ist, so daß die Anstrengung des Dichtens unter der glatten Oberfläche eines scheinbar spontanen Schreibens verborgen bleibt. Als *tersus et elegans*, „knapp und geschliffen" charakterisiert ihn Quintilian (*Inst.* 10, 1, 93), für den er der Klassiker unter den elegischen Dichtern ist. Dem klaren Ausdruck entspricht eine maßvolle Stimme, oft ein diskretes ‚sottovoce'. Das Liedmäßige seiner Verse mit ihrer regelmäßigen Kadenz enthält oft fast reimartige Echos, wenn der Ton des Pentameterendes demjenigen vor seiner Mittelzäsur antwortet – eine Ausdrucksform, deren Einfluß auf Ovids Verstechnik evident ist.

Text und Kommentar P. Morgatroyd (I: Pietermaritzburg 1980. II: Oxford 1994). A. G. Lee (Leeds 1990).

2.4.4 Das *Corpus Tibullianum*

Das sog. *Corpus Tibullianum* (die Gesamtheit aller in einigen Handschriften unter Tibulls Namen überlieferten Dichtungen, s. 2.4.3) war in den Handschriften in drei Bücher eingeteilt; doch da die Humanisten Buch 3 in zwei Bücher aufteilten, reden wir heute von vier Büchern.

Die ersten sechs Gedichte von Buch 3, die sich an eine Frau namens Neaera richten, geben sich als Werke des Dichters Lygdamus – deutlich ein Pseudonym, was das Problem seiner Identifikation aufwirft. Trotz zahlreicher Hypothesen fehlt jede Grundlage für eine sichere Antwort; die Frage muß offenbleiben; vermuten kann man, daß er zum Kreis des Messalla gehörte. Seine Gedichte umkreisen die schmerzliche Trennung von der Geliebten in Motiven, die in der elegischen Tradition geläufig sind; trotz dieses Rückgriffs auf elegische Topoi und einer gewissen stilistischen Unreife spürt man die Frische eines unmittelbaren Fühlens, das von einer obsessiven Todesfurcht bedrängt wird.

An die sechs Elegien des Lygdamus schließen sich im *Corpus* ein langes hexametrisches Gedicht an, der mittelmäßige Panegyricus Messallae, ein Werk eines unbekannten Mitglieds des Kreises, und dreizehn weitere Gedichte, die heute als Buch 4 zusammengefaßt werden. Von ihnen schreibt man gewöhnlich die ersten fünf – über die Liebe von Sulpicia zu Cerinthus – und die letzten zwei (4, 13f.) Tibull zu: auch wenn sie gegenüber den sicher tibullianischen Elegien weit kürzer sind, weisen die große Bewußtheit des Stils und die typischen Sfumaturen auf ihn. Die Elegien 4, 7–4, 12 hingegen sind ein geschlossener Kreis von kurzen Liebesbriefen der Sulpicia an Cerinthus, die eben Sulpicia zugeschrieben werden. Doch abgesehen von der Unsicherheit einiger Zuschreibungen, wodurch manche Gedichte ohne benennbaren Verfasser bleiben müssen, ist das gesamte Corpus ein wertvolles Zeugnis für die kulturelle und literarische Bedeutung, welche der Kreis des Messalla hatte.

Gesamtbibliographie H. Harrauer, *A Bibliography to the Corpus Tibullianum* (Hildesheim 1971); G. Dettmer, „The Corpus Tibullianum (1974–1980)", *ANRW* II 30:3 (1983) 1924–1961; Gesamtkommentar K. F. Smith (New York 1913). – H. Tränkle, *Appendix Tibulliana* (Berlin 1990).

2.4.5 Sextus Propertius

Schon die Alexandriner, dann ihre neoterischen Nachahmer in Rom pflegten einer Sammlung von Liebesgedichten den Namen der darin gefeierten Frau zu geben. So auch der junge Properz, als er im Jahre 28 v. Chr. seine erste Elegiensammlung unter dem Namen Cynthia veröffentlichte (später auch unter dem Titel *Monobiblos* bekannt).

Die Gestalt dieser außerordentlichen Frau dominiert vom ersten Wort des Prooemiums an, das die Lage des Dichters beschreibt, der seit einem Jahr Gefangener seiner Leidenschaft für sie ist: *Cynthia prima suis miserum me cepit ocellis / contactum nullis ante cupidinibus* (1, 1, 1 f.). Cynthia ist elegant und hochkultiviert – bezeichnend ist der vom Dichter geschaffene Name, der sich vom Cynthus, dem Hausberg des delischen Apollon, herleitet –; sie lebt als Kurtisane in einer mondänen Welt von Politikern und Intellektuellen. Sich an eine solche Frau zu binden, heißt für den Dichter, sich sozial zu kompromittieren. Doch aus dieser Position, zu der sich der Dichter verdammt, macht er einen Ruhmestitel. Die Beziehung zur tyrannischen und treulosen Geliebten ist ein *servitium*; doch der Dichter-Geliebte pocht stolz auf seine Besonderheit und gefällt sich in seinem Leiden. Er macht aus der Liebe das Zentrum seines Lebens, einen absoluten Wert, und radikalisiert so – sozusagen in kohärenter Reflexion – jene Revolte, die schon in Catulls Ablehnung des *mos maiorum* zugunsten eines völlig der Liebe hingegebenen Lebens ausgedrückt war (1, 6, 27–30). Diese Lebensform von *otium* und *servitium* geht einher mit dem Schreiben des Dichter-Liebenden, der sein Leben in Dichtung umformt und sich ihrer zur Werbung um die Geliebte bedient, als einziges Mittel zur Verführung, welches der arme Dichter im Wettstreit mit den andern, begüterten Freiern besitzt.

Doch ist Properzens Liebe nicht die freizügige Liebe, welche die Kunst des ovidianischen Don Juan ausmacht: für sich und Cynthia erträumt er eine der großen Liebesbindungen des Mythos, eine ausschließliche, bis über den Tod andauernde Leidenschaft. Für Cynthia sehnt er sich nach den Modellen und Werten der Tradition, und wie Catull möchte er die Liebe durch ein *foedus* sichern, das die Götter garantieren und in dem die matronale Ethik herrscht. Die Wirklichkeit ist eine andere, und der elegische Dichter leidet am Widerspruch, in dem er gefangen ist. Aus dieser ungelösten Spannung erwächst das Bedürfnis nach einer Flucht in die reine Welt des Mythos: zu mythischen Gestalten geworden, würden der Dichter-Liebhaber und seine geliebte Frau eine exemplarische, unzerstörbare Liebe leben.

Der große und unmittelbare Erfolg des ersten *libellus* machte Properz in der literarischen Welt bekannt, und – wie vorauszusehen – suchte Maecenas ihn zur Mitarbeit an der von Augustus geförderten Kulturpolitik zu gewinnen. Deutliche Spuren dieses Drucks und des Widerstands des Dichters finden sich in der neuen, weit umfangreicheren Sammlung (Bücher 2 und 3), die wohl im Jahr 22 v. Chr. erschien. Das 2. Buch beginnt mit einer kallimacheischen *recusatio* von Seiten des Dichters, der sich der erhabenen Muse des historischen Epos nicht gewachsen fühlt und die Einheit von Poetik und Lebensführung unterstreicht. Doch ist gegenüber Buch 1 Properzens Haltung komplexer: einerseits verschärft sich das Unbehagen gegenüber dem Leben in *nequitia*, anderseits leidet er stärker an der Beziehung zu Cynthia und muß ihre Gestalt entsprechend stärker idealisieren.

Diese Entwicklung kulminiert in Buch 3, wo zudem neue Themen auftreten. Liebeselegien sind seltener; Properzens Haltung ist weniger leidenschaftlich, die selbstironischen Züge, die seit der *Monobiblos* vorhanden waren, sind manifester. Diese neue Distanz drückt sich auch in einer akzentuierteren gnomisch-didaktischen Haltung aus (die sich bisweilen an Themen der kynischen Diatribe orientiert). Das Buch endet bezeichnenderweise mit dem *discidium*, dem Abschied von Cynthia.

Die äußeren Ereignisse (der Druck des Maecenas und vielleicht auch des Augustus) zusammen mit der Krise, welche die schon immer gefährdete Einheit der Liebeselegie von innen aufgelöst hat, führen Properz nach einigen Jahren des Schweigens zu einer neuen Art von Dichtung. Er schwört der Tradition des Kallimachos nicht ab, wendet sich nicht dem historischen Epos zu, aber löst die Elegie vollständig von der Liebe. Properz will der *Romanus Callimachus* sein (4, 1, 64): nach dem Modell der *Aitia* will er die Ursprünge von Namen, Mythen und Kulten Roms erforschen und besingen (4, 1, 69). So erscheint um das Jahr 16 v. Chr. Buch 4 der Elegien.

Doch hat seine politische Dichtung nie die *gravitas* offizieller Literatur. Das archaische Rom und seine Mythenwelt werden zumeist kallimacheisch gelesen – mit Raum für Anmut, Ironie, gelegentlich leichthin gezeichnete liebenswürdige Komik (wie in 4, 9, der Hercules-Elegie), gelegentlich auch das Pathos der Liebesdichtung (wie in 1, 4, der Tarpeia-Elegie). Überhaupt fehlt die Liebe nicht in Buch 4, und selbst Cynthia erscheint, doch im Zwielicht von Unmoral und Ausschweifung (4, 8) – oder sie kehrt als Schatten aus der Unterwelt zurück, um die frühere Liebe zu beschwören und ihre so oft vom Dichter proklamierte ewige Dauer zu betonen (4, 7). Doch ein wichtiges Element in diesem 4. Buch ist die Neubewertung der ehelichen Liebe, das Lob der häuslichen Tugend und der familiären Liebe (besonders in 4, 3, dem Brief der Arethusa an ihren fernen Gatten Lycotas, und 4, 11, dem berühmten Grabgedicht auf Cornelia).

Properz gilt als schwieriger, gelegentlich dunkler Dichter. Gegenüber Tibulls kristallener Klarheit ist sein Stil durch Konzentration, Dichte der Metaphorik und konstante Suche nach neuen Ausdrucksmitteln gekennzeichnet. Das kallimacheische Erbe, das in der mythologischen Gelehrsamkeit und der bewußten literarischen Raffinesse sich zeigt, manifestiert sich auch in der aufmerksamen Suche nach der ungewohnten und oft kühnen Junktur, der komplexen, spannungsreichen und oft bis zur Dunkelheit forcierten Syntax. Diese Eigenheiten von Stil und Komposition haben zu den Verderbnissen beigetragen, durch welche die handschriftliche Überlieferung des Dichters – gelegentlich unheilbar – gestört worden ist (bes. Buch 2): es geht nicht bloß um Korruptelen, Lücken und Umstellungen, oft ist es auch schwierig, die Grenze zwischen zwei Elegien zu bestimmen. Denn Stilmerkmale des Properz sind gerade der abrupte Anfang (1, 8, 1 *Tune igitur demens . . .?*; 1, 17, 1 *Et merito . . .*), die unvorhersehbare, sprunghafte Bewegung, in Bildern und Konzepten, deren Zusammenhang nicht erklärt wird, sondern einer innern, geheimen Logik folgt.

Bibliographie P. Fedeli – P. Binotti, *Bibliografia Properziana (1946–1983)* (Assisi 1985); Forschungsbericht W. R. Nethercut, „Recent Scholarship on Propertius", *ANRW* II 30:3 (1983) 1813–1857. – Kommentar M. Rothstein (Berlin [1]1898. [3]1966); H. E. Butler – E. A. Barber (Oxford 1933); W. A. Camps (Cambridge 1961–1967). Einzelbücher u. a. P. J. Enk (I: Leiden 1946. II: 1962). P. Fedeli (I: Florenz 1980. III: Bari 1985. IV: Bari 1965).

2.5 Publius Ovidius Naso

2.5.1 Einleitung

Ovid, dem letzten der großen augusteischen Dichter, bleibt die Epoche der blutigen Bürgerkriegswirren grundsätzlich fremd: wie er die literarische Bühne betritt, liegt jene Schreckenszeit schon lange zurück, der Friede ist gesichert und der Wunsch nach einem entspannteren Lebensstil ist gewachsen, nach weniger strengen Sitten, nach der Muße und der Raffinesse, mit welchen die orientalischen Eroberungen Rom bekannt machten und welche die weltläufige Oberklasse der Hauptstadt formten. Ovid macht sich zum Sprecher solcher Wünsche, ohne sich deswegen dem Herrschaftssystem und seiner Ideologie entgegenzustellen, und er entwickelt eine Dichtung, welche dem Geschmack und dem Lebensstil seiner Zeit spürbar entspricht. Er experimentiert mit fast allen wichtigen literarischen Gattungen, der Elegie, dem Epos, dem Brief, der Tragödie. Das darf nicht zum Urteil verführen, daß seine dichterische Karriere, die ihn durch alle Gattungen führte, deswegen durch Oberflächlichkeit, Suche nach bloß schöner Form, leerem oder raschem Formalismus gekennzeichnet wäre. Hinter dem Experimentieren mit verschiedenen Formen, das eine stete Ausweitung des Horizonts bedeutet, steht vielmehr eine neue Poetik, eine andere Auffassung der Beziehung zwischen Dichtung und Leben. Ovid, voller Ironie und Skepsis, glaubt nicht wirklich, daß die Dichtung dem Leben folge, daß sie reale biographische Erfahrungen, reale Begebenheiten wiedergebe; er glaubt nicht an die aristotelischen, von Horaz übernommene Theorie, daß die Dichtung das Leben nachahme. Aus dieser – in gewissem Sinn avantgardistischen – Position versteht man manche provokativen Stellungnahmen, vor allem auch das, was wohl die zentrale Eigenheit seiner Poetik ist: daß er das, was er erzählt, immer als Literatur entlarvt – das Liebeserlebnis, zu dessen Protagonisten er sich macht, nicht anders als die mythische Erzählung interessiert ihn allein als Literatur. Ihre ‚Wahrheit' ist immer etwas zweifelhaft, was der Dichter nicht bestreitet, aber auch nicht allzu überzeugt bestätigt. So tendiert die enge Bindung der Literatur an die Wirklichkeit, die für die antike Theorie zentral gewesen war, bei Ovid dazu, sich umzukehren. Die Literatur wird zu einer autonomen Macht, die ihre Modelle in sich selber hat und fähig ist, die Welt durch den Spiegel ihrer selbst und ihrer eigenen Konventionen zu betrachten, und die in sich selber die Fähigkeit findet, in die Wirklichkeit einzugreifen, ihre Darstellung anzureichern und neue Möglichkeiten zu zeigen, wie sie betrachtet und genossen werden kann.

Bibliographie M. L. Coletti, *ANRW* II 31:4 (1981) 2385–2435 (von 1958 bis 1978). – Forschungsberichte W. Kraus, *AnzfAW* 18 (1965) 193–208; M. von Albrecht, *AnzfAW* 26 (1973) 126–150. – Gesamtwürdigung W. Kraus, „Ovidius Naso", *RE* 18 (1942) 1910–1986; H. Fränkel, *Ovid. A Poet Between Two Worlds* (Berkeley 1945).

2.5.2 Die *Amores*

Ovid beginnt mit einer Sammlung von Liebeselegien, den *Amores*, die deutlich den großen Meistern der Gattung, Tibull und vor allem Properz, verpflichtet ist; auch er gibt, in der ersten Person, den traditionellen Themen der erotischen Elegie Ausdruck. Doch neben der traditionellen Manier, ihren Themen und Tönen, sind neue Züge sichtbar, die Ovids Elegie kennzeichnen.

Die wohl auffälligste Neuerung ist das Fehlen einer zentralen Frauengestalt als Brennpunkt der verschiedenen erotischen Erfahrungen, welche wie bei den Vorgängern dem Werk seine Einheit geben und Leben und Werk verknüpfen könnten. Die Frau, die gelegentlich genannt wird, Corinna, ist eine blasse Gestalt, die nur gelegentlich aufscheint und wohl keinen realen Hintergrund hat; zudem erklärt der Dichter mehrfach, daß er sich nicht an eine einzige Liebe halten kann, daß er zwei Frauen liebt (2, 10), gar jeder schönen Frau erliegt (2, 4). Auch das Pathos, das die große lateinische Liebesdichtung ausgezeichnet hatte, wird gemäßigt und fast banalisiert. Das existentielle Drama der elegischen Liebe ist bei Ovid wenig mehr als ein Spiel; die erotische Erfahrung wird durch den Filter von Ironie und intellektueller Distanz betrachtet. Das *servitium amoris*, eines der Zentralthemen der römischen Elegie, wird stark zurückgedrängt; es ist bezeichnend, daß eine ganze Elegie, zudem an einer Schlüsselstelle des Werks (1, 2), der Darstellung des *servitium* dem Gott Amor gegenüber gilt: nicht mehr eine bestimmte und einmalige Frau, das Liebeserlebnis als solches wird zentral.

Kommentar J. C. McKeown (Liverpool und Leeds seit 1987)

2.5.3 Die Liebeslehre

Auf die *Amores* folgt ein Kreis von Dichtungen *(Ars amatoria, Medicamina faciei femineae, Remedia amoris)*, die sich entschieden aus der Welt der römischen Elegie mit ihren Gefühlen und Leidenschaften entfernen: sie gehören eher in die Lehrdichtung, die nützliche Ratschläge und Vorschriften für die Liebespraxis geben. Als Liebeslehrer praktiziert Ovid eine ironische und maliziöse Kunst. Gelegentlich hatten schon Tibull und Properz einen lehrhaften Ton angeschlagen; doch war er immer von der Leidenschaft dessen getragen, der weiß, was Liebe ist, weil er selber liebt und daran leidet. Ovid blickt demgegenüber mit Sympathie auf die Schlauheit der Kupplerin, der *lena*, die deswegen weiß, was Liebe ist, weil sie viele Liebende beobachtet hat. Die Liebesbeziehung wird zum intellektuellen Spiel, das seine eigenen Regeln hat; freilich sind für Ovid diese Regeln, Situationen und Verhaltensweisen diejenigen der Elegie. In seinem Handbuch beobachtet und empfiehlt er sie eben als solche – Regeln, Situationen und Verhaltensweisen, die ein Liebender nachahmen und übernehmen kann, um mit dieser aus der Literatur erlernten Technik zu seiner Liebe zu kommen.

Das formale Gewand der *Ars amatoria* ist dasjenige des Lehrgedichts, von dem sich Ovid mutwillig Formen und Strukturen entlehnt; der Fluß der Unterweisung wird gelegentlich durch mythologische oder historische Einlagen unterbrochen, die in der Art von *exempla* die Gültigkeit der Lehren bestätigen. Den vollendeten Liebhaber, wie Ovid ihn darstellt, kennzeichnet lockere Unbefangenheit, aber auch Unduldsamkeit und Aggressivität gegenüber der traditionellen Moral – insbesondere in einem so heiklen Gebiet wie der Sexual- und Ehemoral, der Augustus' restaurative Tendenzen besonderes Gewicht zumaß; der Anstoß, den die *Ars* erregte, wird denn auch von der offiziellen Anklage bei Ovids Relegation übernommen. Doch ist die freizügige und unbefangene Moral der *Ars*, die dem Werk den Tadel nicht bloß antiker Moralisten eingebracht hat, letztlich bloß eine funkelnde, provokant verführerische Oberfläche: gerade weil er zum unterhaltenden intellektuellen Spiel wird, gibt der ovidianische Eros jede moralische Bindung, aber auch jeden Anspruch auf Rebellion gegenüber der herrschenden Moral auf. Ovids Eros verlangt lediglich nach Toleranz, nach einem Freiraum innerhalb der Gesellschaft, in der die Regeln einer Moral aufgehoben werden können, die einer nunmehr hellenisierten hauptstädtischen Gesellschaftsschicht nicht mehr angemessen ist; er gibt sich mehrfach Mühe, diesen engen sozialen Raum der freien Liebe, welche die etablierten Schichten ausschließt, genau abzugrenzen.

Zum überzeugten Lob auf den *cultus* gehört auch das Gedichtchen über weibliche Kosmetik *(Medicamina faciei femineae)*, das sich gegen die traditionelle Ablehnung der Kosmetik wendet und Anweisungen für die Herstellung einiger Schönheitsmittel gibt. Der Kreis wird geschlossen durch die *Remedia amoris*, die einige Lehren der *Ars* umkehren und lehren wollen, wie man sich von der Liebe befreien kann. Es war ein Topos der Liebeselegie, daß es keine Heilmittel gegen die Liebe gebe, und der elegische Dichter schien sich mit dieser Verurteilung zu Liebesleid zufriedenzugeben; Ovid stellt dies auf den Kopf und behauptet nicht bloß, daß Liebe heilbar sei, sondern auch, daß man sich von ihr befreien müsse, sobald sie Leiden bringe. Ein solches Werk markiert das Ende jeder elegischen Liebe und steht passend ganz am Ende der kurzen, aber intensiven Epoche der römischen Liebeselegie.

2.5.4 Die *Heroides*

Die *Heroides* (besser wohl *Epistulae Heroidum*) sind eine Sammlung von Briefgedichten; die erste Serie (1–15) geschrieben von berühmten Heroinen des griechischen Mythos (aber auch von der vergilianischen Dido und von einer historischen Frau, der Dichterin Sappho) an ihre fernen Liebhaber oder Ehemänner; die zweite Serie (16–21) umfaßt drei Briefpaare, Briefe der liebenden Männer und Antwortbriefe der geliebten Frauen (Paris und Helena, Hero und Leander, Acontius und Cydippe). Auf dieses originelle Werk, das eine neue Gattungstradition begründet, war Ovid stolz (*Ars* 3, 345); es gibt vor Ovid keine Hinweise auf vergleichbare Sammlungen.

Wichtiger Vorgänger ist immerhin Properzens Elegie 4, 3, der Brief der Arethusa an Lycotas. Generell wiederholen die Heroinen, welche der Sammlung den Namen gaben, eine typische Situation der hellenistischen Literatur, die ‚Klage der verlassenen Frau', die schon Catulls Ariadne-Epyllion (*Carm.* 64) inspiriert hatte. Doch die Absicht der *Heroides* ist weniger die Darstellung von weiblicher Psychologie oder der Ausdruck von Pathos; wichtiger ist das literarische Spiel der ‚Transkodifikation' von Texten. Epische (*Ilias* und *Odyssee*, die *Aeneis*, die *Argonautika* des Apollonios von Rhodos) und tragische Texte (v. a. die attische Tragödie) werden nach den Regeln der römischen Liebeselegie umgeschrieben. Das führt nicht bloß zu einer formalen Anpassung, sondern auch zu einer systematischen Umformung und Neuinterpretation der Vorlagen, denn die Elegie gibt nicht bloß den Rahmen ab für den Ausdruck, sondern bestimmt auch die Art, wie jedes Thema ausgewählt und in die eigene Sprache umgegossen wird.

Kommentar A. Barchiesi (Florenz 1992); S. Casali (Florenz 1995); G. Rosati (Florenz 1996).

2.5.5 Metamorphosen

Nach der erotischen Dichtung versucht sich Ovid mit den Metamorphosen an einer anspruchsvolleren Gattung. In formaler Hinsicht ein Epos (gekennzeichnet durch den stichischen Hexameter), nimmt das Werk inhaltliche andere, nichthomerische Überlieferungen auf. Sein Vorbild ist eher das ‚Kollektivgedicht', das Buch, das verschiedene Einzelerzählungen umfaßt, die bloß durch ein gemeinsames Thema verbunden sind. Diese Art Dichtung, die bereits hesiodeisch ist *(Theogonie, Kataloge)*, war in der hellenistischen Literatur wichtig geworden, etwa in den (verlorenen) *Metamorphoseis* des Nikander von Kolophon, vor allem aber den *Aitia* des Kallimachos, deren Einfluß auf Ovid nicht zu unterschätzen ist: mit seinen verschiedenen ‚Verwandlungen' (von Dingen in andere Dinge, von Menschen in Pflanzen oder Tiere) deckt Ovid eben ‚Ursprünge' auf, da ja der Ursprung das Wesen des neu entstandenen Objektes hinreichend erklärt. So faßt Ovid – von der ersten Verbindung der Elemente des Kosmos bis zur Weltherrschaft Roms – die gesamte Weltgeschichte in ein einziges, umfassendes aitiologisches Gedicht, das vage durch pythagoreisches Philosophieren gefärbt ist. Scheinbar nähert er sein Dichten den nationalen, augusteischen Forderungen an: die letzte Verwandlung ist diejenige Caesars in ein göttliches Wesen, und das Werk schließt mit dem Preis des Augustus. Doch kommt der Panegyrik im Gesamtgedicht bloß ein winziger Raum zu, ist sie überdies nie frei vom Verdacht der Ironie; der mythisch-epischen Welt gegenüber, die für Vergils *Aeneis* die geschichtliche Mission Roms rechtfertigte, kann sich Ovid ein ironisches Lächeln kaum versagen. Fern jeglicher religiösen Ehrwürdigkeit ist der Mythos für Ovid reine Literatur; die Geschichten, die jene mythischen Ereignisse berichten, sind Werk von Dichtern, und indem Ovid sie alle durchgeht, will er die *Metamorphosen* zur *summa* aller Literatur machen, von Homer über die Tragödie Athens und Roms bis zu seinen Zeitgenossen. Darüber, daß er die gesamte bisher geschriebene Literatur neu schafft, ist Ovid stolz, und er zeigt gerne die eigene Herkunft, die Quellen und Neufassungen auf, die sein eigenes poetologisches Bewußtsein ausmachen.

Und doch ist der Stoff des Gedichtes alles andere als aseptisch und leidenschaftslos wissenschaftlich: fast alle Geschichten menschlicher Verwandlungen sind pathetische Liebesgeschichten, und diese umfassende Typologie des Gefühls reichert das reiche erzählerische Erbe des Mythos um romanhafte Züge an. So achten die *Metamorphosen* vor allem auf die spektakulären Züge der Erzählung: das Gleichgewicht der verschiedenen narrativen Tempi (von schwindelerregend raschen Übergängen zu langsamen Beschreibungen) ist stark zugunsten des Verwandlungsvorgangs verschoben, den Ovid in minuziöser Aufmerksamkeit auf alle bloß denkbaren Zwischenstufen und Übergänge darstellt. Es sind vor allem die Schattenzonen, die ihn interessieren, die unsicheren Grenzbereiche zwischen der alten und der neuen Form, die paradoxale Verdoppelung, wenn ein menschlicher Körper sich allmählich in Pflanze, Tier oder Stein verwandelt, während der Geist rein menschliches Fühlen beibehält.

Die Welt von Ovids Gedicht besteht so aus täuschendem Schein, aus Verkleidungen, Schatten, Spiegelungen und Echos – Fallen, welche menschliches Hoffen narren und die allein der Dichter, der hoch darüber steht, erkennt, ohne daß er rettend eingreifen kann. In dieser Sicht kann das Werk auch pathetisch und traurig sein; jede Verwandlung ist auch ein Tod, auch wenn sozusagen ein Tod in Klammern – eine kaum berührte dunkle Zone, welche die virtuose Beschreibung, die Freude am Wunderbaren und Verblüffenden, welche das Spektakel der Verwandlung bietet, gleich wieder vergessen läßt.

Innerhalb der chronologischen Eckpunkte des Gedichts ist die zeitliche Strukturierung notwendigerweise flexibel; die ungefähr 250 erzählten Geschichten folgen einem chronologischen Faden, der gleich nach dem Anfang dünn und bald kaum mehr sichtbar wird; erst beim Übergang aus der mythischen in die historische Zeit in den letzten Büchern wird er naturgemäß wieder deutlicher. Dazwischen treten andere Ordnungsprinzipien an die Stelle der Chronologie: geographische oder thematische Nähe, Kontrast, genealogische Verbindungen unter den Personen, Verwandtschaft der Metamorphosen usw. Zentral ist überdies die bereits alexandrinische Rahmentechnik.

Der Unschärfe der Struktur entspricht die Vielfalt des Inhalts. Schon der Umfang der einzelnen Geschichten variiert beträchtlich, von der bloßen, stark elliptischen Anspielung bis zur umfangreichen, mehrere Hundert Verse umfassenden Erzählung, die aus manchen Episoden eigentlich Epyllia macht. Der Buntheit von Themen und Tönen entspricht diejenige des Stils, der bald epische Feierlichkeit, bald elegische Lyrizität annimmt, bald an dramatische oder bukolische Vorbilder antönt; auch stilistisch sind die *Metamorphosen* eine Art Gallerie der literarischen Gattungen.

Kommentar M. Haupt – R. Ehwald (Berlin Bd. 1 ^{9}1915. Bd. 2 ^{4}1916; bibliogr. ergänzt von M. von Albrecht 1965/1970); F. Bömer (Heidelberg 1969–1986).

2.5.6 *Fasti*

Weit näher als die *Metamorphosen* stehen die *Fasti* den maßgebenden kulturellen, moralischen und religiösen Tendenzen der augusteischen Politik. Im Anschluß an den späten Properz und seine römischen Elegien wendet sich auch Ovid der politischen Dichtung zu; sein Vorhaben ist es, die Mythen und Bräuche Latiums entlang dem römischen Kalender darzustellen. Er hatte also 12 Bücher in elegischen Distichen vorgesehen, für jeden Monat eines; die unerwartete Relegation unterbrach das Werk in der Mitte; wir besitzen sechs Bücher, die in den Jahren des Exils teilweise überarbeitet worden sind.

Jenseits des unmittelbaren Vorbilds von Properz verdankt das Werk vor allem dem Vorbild der kallimacheischen *Aitia* sehr viel, sowohl in der Kompositionstechnik wie in seinem aitiologischen Charakter, der Suche nach *causae*, mythischen Ursprüngen für die gegenwärtigen Erscheinungen. In diesem neuen Gewand als Dichter der Romidee wendet sich Ovid in präzisen gelehrten Untersuchungen verschiedenen antiquarischen Quellen zu, aus denen er eine Vielzahl antiquarischer, religiöser, rechtlicher und astronomischer Details zur Darstellung und Erklärung von Riten, Bräuchen und Ortsnamen übernimmt, zu einer Wiederentdeckung der alten Wurzeln, die eine grundlegende Eigenheit der augusteischen Ideologie darstellt.

Doch ist natürlich Ovids Übernahme offizieller Kulturpolitik oberflächlich, auch wenn er auf der Bedeutung seiner eigenen politischen Dichtung insistiert (*Fast.* 2, 9f.); in seine antiquarischen Materialien baut er griechische Mythen und Anekdoten ein und bezieht sich immer wieder auf die zeitgenössische Wirklichkeit. Das gibt ihm die Möglichkeit, sich der trockenen Welt eines ‚Verskalenders' zu entziehen.

Zudem ist die Art, wie Ovid die aitiologische Tradition verwendet, weit maliziöser als man denken könnte: der Dichter spielt mit seiner Aufgabe als Antiquar. Das hört nicht zwangsläufig vor der augusteischen Ideologie auf, die außerhalb des Spiels zu bleiben hätte; schließlich spielt die Rekonstruktion der Vergangenheit im Projekt des Augustus eine bedeutende Rolle. Wenn Ovid also die Beziehung zwischen Gegenwart und Vergangenheit in Frage stellt, droht das Spiel ernst zu werden: das Römertum, das sich im Festkalender ausdrückt, wird unterlaufen. Der entscheidende Mangel in den *Fasti* – wenigstens in den Augen des Princeps – ist nicht, daß Ovid Augustus nicht ernst nehmen kann, sondern daß er Romulus nicht ernst nimmt.

Kommentar J. G. Frazer (London 1929); F. Bömer (Heidelberg 1957–1958). – Forschungsbericht L. Braun, *ANRW* II 31:4 (1981) 2376–2382.

2.5.7 Die Exildichtungen

Die *upper class* und die schillernde *demi-monde* der Reichshauptstadt waren der natürliche Lebensort für Ovids Dichtung, die gleichzeitig prunkliebend und respektlos provokant war. Plötzlich (und aus für uns unklaren Gründen) aus Rom entfernt, fand sich Ovid am Rand des Reichs wieder, allein auf sein Dichten gestellt. Er gab das phantastische und lebhafte narrative Dichten auf und kehrte zur Elegie zurück. Doch die beiden Elegiensammlungen seiner Exilzeit (die fünf Bücher der *Tristia* und die vier der *Epistulae ex Ponto*, dazu der kleine *Ibis*, in dem sich Ovid gegen die Angriffe seiner Gegner verteidigt) enthalten keine Liebesgedichte mehr. Ovid entdeckt vielmehr die klagende, trauernde Seite der Elegie. Indem er über seine eigene, schreckliche Erfahrung als Vertriebener, seine Verlassenheit in der Fremde spricht, sucht er Trost in der Dichtung; und insbesondere in den *Epistulae* versucht er, Solidarität und Nähe zu schaffen, menschliche Kontakte, von denen das Edikt des Princeps ihn definitiv ausgeschlossen hat.

Kommentar F. della Corte, *P. Ovidius Naso. Tristia. Commento* (Genua 1973); L. Galasso, *Epistulae ex Ponto. Liber II* (Florenz 1995).

2.6 Titus Livius

In seinen Büchern *Ab urbe condita* kehrt Livius (59 v. Chr.–17 n. Chr.) zur annalistischen Struktur zurück, welche die römische Geschichtsschreibung seit ihren Anfängen gekennzeichnet hatte; implizit lehnt er damit die monographische Darstellungsweise der ersten Werke von Sallust ab. Seine Darstellung begann mit den mythischen Anfängen Roms und reichte mit dem 142. Buch bis zum Tod von Augustus' Stiefsohn Drusus im Jahre 9 v. Chr.: der Tod hat also wohl sein Unternehmen vorzeitig abgebrochen. Wir besitzen noch die erste Dekade, welche Roms Geschichte bis ins Jahr 293 v. Chr. darstellt, sowie die Bücher 21–45, die von den Ereignissen des zweiten punischen Kriegs (ab 218 v. Chr.) bis zum Krieg gegen Mazedonien (167 v. Chr.) reichen; von den übrigen Büchern sind bloß wenige Fragmente erhalten. Der Verlust weiter Partien dieses Werks hängt womöglich mit seiner Einteilung in Dekaden zusammen, die jeweils ganz verschiedene Überlieferungsschicksale hatten.

Livius benutzte eine große Zahl von Quellen. Für die erste Dekade mit Roms Frühgeschichte standen ihm fast ausschließlich die Werke der Annalisten zur Verfügung, unter denen er die jüngeren vorzieht, etwa Valerius Antias, Licinius Macer oder Claudius Quadrigarius. In den folgenden Dekaden wurde die annalistische Überlieferung ergänzt durch Polybios, von dem Livius vor allem das Bild einer einheitlichen Mittelmeerwelt und von Roms Verbindungen mit den hellenistischen Königreichen übernimmt; eher selten scheint er demgegenüber Catos *Origines* benutzt zu haben. Man hat oft hervorgehoben, daß Livius seine Quellen kaum einer eingehenden Kritik unterwirft; ebenso auffällig ist, daß er sich kaum Mühe gibt, Überlieferungslücken durch andere Dokumente – etwa Handschriften oder Inschriften – zu ergänzen, obwohl die Antiquare der vorangehenden Generation, Varro oder Atticus, dies getan hatten. Entsprechend hat man ihn oft als einen *exornator rerum* charakterisiert, ihn aus der großen Linie der senatorischen Geschichtsschreibung – von Sallust bis Tacitus – ausgeschlossen: er sei kein geschichtsschreibender Senator und Politiker, der fähig wäre, sich ein vertieftes Urteil über die Ereignisse der Vergangenheit zu bilden, und welcher begrenzt zugängliche Archivmaterialien wie die *acta senatus* benutzen konnte, sondern ein historischer Schriftsteller, der weitgehend aus zweiter Hand mit den Berichten seiner Vorgänger arbeite. Diese Ansicht enthält durchaus einen wahren Kern, doch kann sie nicht so radikalisiert werden, daß man eine senatorische Geschichtsschreibung durch Autoren, die wissen, wie Geschichte gemacht wird und deren Werk zukünftigen Politikern Handlungsanweisungen geben will, einer Geschichtsschreibung gegenüberstellt, die literarische Übung von Leuten ist, die unfähig sind, Geschichte zu machen, und sich in billigen Moralismus flüchten. Zwar ist Livius weniger beschlagen im Umgang mit Quellen und Dokumenten als Tacitus, es fehlen ihm Rationalismus und Skepsis eines Sallust oder Tacitus, ihr Mißtrauen gegenüber den Slogans der politischen Machthaber; das bedeutet aber nicht, daß er kein wirklich ‚ehrlicher' Historiker wäre oder auch nur, daß er zum freudigen Preis der Herrschaft des Augustus und ohne den leisesten Anflug von Zweifeln schriebe.

Seine Nostalgie für die republikanischen Werte hatte ihm schon von Augustus die scherzhafte Apostrophe als Pompeianer eingetragen. Eine solche Parteinahme war unter Augustus einigermaßen unproblematisch: besonders seit der Verfassungsreform von 27 v. Chr. legte der Princeps mehr Wert darauf, Restaurator der Republik als Erbe Caesars zu sein. In einigen Bereichen läßt sich auch eine grundsätzliche Übereinstimmung zwischen den neuen Machthabern und dem Historiker feststellen, ohne daß man ihn dazu gedrängt haben mußte: dies gilt zum einen für die Verurteilung des politischen und sozialen Chaos der späten Republik, zum andern für die Restauration der alten moralischen und religiösen Werte. Doch solche Übereinstimmungen machten Livius nicht zum vorbehaltlosen Panegyriker des Augustus. In der Praefatio zum 1. Buch gibt er an, er suche in der Erinnerung an die Größe und die strenge republikanische Moral einen Trost und eine Flucht gegenüber den Übeln der Jetztzeit. Der augusteische Prinzipat war für ihn, anders als für Vergil, nicht die schicksalbestimmte Erlösung von allen Problemen der römischen Gesellschaft. Wenn er erklärt, daß Rom weder imstande sei, „die eigenen Übel" (Anarchie, Unordnung, innere Kämpfe) „noch deren Heilmittel" (die Herrschaft eines einzelnen) zu ertragen, bleibt ihm jener Teil der augusteischen Ideologie, welche den charismatischen Charakter des Prinzipats und seine Realisierung einer neuen Goldenen Zeit hervorhebt, innerlich fremd.

Als Erbe einer langen Tradition der römischen Historiographie, die erst Sallust in den Hintergrund gedrängt hatte, gibt Livius der Dramatisierung der Erzählung breiten Raum: wir fassen sie in der Erzählung der tragischen Ereignisse um einzelne Gestalten, von Schlachten, Volksaufständen und Senatsdebatten. Die leidenschaftliche Moralität, die Livius' Geschichtsauffassung kennzeichnet, findet sich bereits im tragischen Stil der hellenistischen Geschichtsschreibung: so konnte *historia* zu rhetorischer Aktivität eher als zur Suche nach Wahrheit werden. Nach eigener Aussage stellt Livius die dramatische Auffassung und Darstellung der Geschichte vor eine Wahrheitssuche um ihrer selbst willen. Sein Ziel ist, aufzuzeigen, welche geistigen und moralischen Eigenschaften entscheidend auf das historische Geschehen einwirken. Er taucht in die Geschichte ein und will durch eine detaillierte Erzählung, deren historische Richtigkeit im einzelnen schwer beweisbar ist, den Eindruck erwecken, im Innern des Dramas gelebt zu haben, von dem er erzählt. Geschichte zu schreiben, heißt für ihn vor allem, ihre Akteure ins Leben zurückzurufen; wenn der Autor Urteile über seine Gestalten abgibt, tun sie dies auch gegenseitig. Und darin erreicht seine literarische Begabung große Meisterschaft.

Quintilian lobte die *lactea ubertas* des Livius (*Inst.* 10, 1, 32) – einen ausschwingenden, flüssigen und klaren Stil, ohne Künsteleien und ohne Einschränkungen, der jede *asperitas* vermeidet und dessen Perioden leicht einherströmen. Quintilian verweist auch auf seinen *candor*, die durchsichtige Klarheit seines Stils. Doch vermag Livius seinem Stil bewundernswerte Anpassungsfähigkeit und Buntheit zu geben; in der ersten Dekade dominieren die archaisierenden Elemente, die der Erhabenheit der erzählten Ereignisse entsprechen; später wird der neue Klassizismus dominant. Poetische Färbung ist deutlich und häufig.

Das Stilvorbild, an dem Livius sich ausrichtet, ist das von Cicero im zweiten Buch von *De oratore* dargestellte – ein Stil, der – ohne jede Eintönigkeit – einen eloquenten Diskurs schafft, mit vollen und flüssigen *(concinni)* Perioden (nach einem Zeugnis des Älteren Seneca hat Livius aus seiner Abneigung gegen den brüsken und elliptischen Stils Sallusts keinen Hehl gemacht). Wenn aber Cicero die Historiographie als eine Form der Beredsamkeit auffaßte (*genus oratorium maxime*, wie er anderswo sagt, *Leg.* 1, 6), scheinen die Perioden des Livius – syntaktisch regelhaft, doch oft beladen und verwickelt, berechnet und methodisch, doch gelegentlich allzu gedrängt – eher für einen Leser geschrieben zu sein: es ist ein Periodenstil, der sich nicht für die Aufschwünge und Bewegungen des rhetorischen Vortrags eignet, sondern für die geruhsame Nachdenklichkeit dessen, der eine Erzählung liest. So wird der Stil zu einem entscheidenden Merkmal auch dem Inhalt gegenüber, denn er gibt Auskunft darüber, wie sich Livius seine Beziehung zum Rezipienten vorstellt: eine individuelle und private Beziehung, die sich zum moralischen und nostalgischen Engagement des Werks fügt.

Bibliographie W. Kissel, *ANRW* II 30:2 (1982) 901–997 (1933–1978); Kommentar W. Weissenborn – H. J. Müller, 10 Bde. (Nachdrucke versch. Auflagen der Einzelbände Berlin 1962). – R. M. Ogilvie, *A Commentary on Livy I–V* (Oxford 1965).

2.7 Die Geschichtsschreibung außer Livius

2.7.1 Die oppositionelle Geschichtsschreibung: Asinius Pollio und Pompeius Trogus

Unter den Autoren der ‚unbekannten lateinischen Literatur' finden sich zahlreiche Namen von dissidenten Historikern des frühen Prinzipats, die nie in den Kanon der wichtigen Autoren aufgenommen oder die (im Extremfall) überhaupt aus dem freien literarischen Verkehr genommen wurden.

H. Bardon, *La littérature latine inconnue*, 2 Bde. (Paris 1956)

Asinius Pollio war ein wichtiger Exponent caesarianischer Politik gewesen und wurde nach Caesars Tod zum zweiten Mann in der Partei des Marcus Antonius; doch schon vor Actium zog er sich aus der Politik zurück und lebte in bemerkenswerter Unabhängigkeit von Augustus' Herrschaft bis ins Jahr 4 n. Chr. Antike Quellen nennen ihn vor allem wegen seines strengen Stils, der sich an einem strengen Attizismus ausrichtete. Seine *Historiae* deckten bloß einen kurzen Zeitraum der jüngsten Geschichte ab, etwa vom 1. Triumvirat bis zur Schlacht von Philippi (60–42 v. Chr.).

Bibliographie G. Zecchini, *ANRW* II 30:2 (1982) 1293–1295.

Von den *Historiae Philippicae* des Pompeius Trogus besitzen wir hingegen einen Auszug durch einen gewissen Iustin aus dem 2. oder 3. Jahrhundert. Schon der Titel weist auf die polemische Absicht. Das Werk wollte eine eigentliche Universalgeschichte sein; in seiner Darstellung der einzelnen Reiche räumte Trogus dem makedonischen Imperium von Philipp (deswegen der Titel) und Alexander breiten Raum ein: er betrachtete es als das größte aller Zeiten. Rom war für ihn demgegenüber bloß eine von vielen Hegemonien, die sich im Lauf der Geschichte ablösten.

In den letzten Jahren des Augustus und unter Tiberius war die vitalste Geschichtsschreibung diejenige, die den Prinzipat anfocht. Verschiedene Werke wurden entsprechend zur Verbrennung verurteilt, wie diejenigen von Titus Labienus und Cremutius Cordus; die *Annales* des letzteren wurden glücklicherweise gerettet und dann veröffentlicht, während sich ihr Autor, von Seian vor Gericht gezogen, den Freitod gab.

2.7.2 Herrschaftstreue Geschichtsschreibung: Velleius Paterculus, Valerius Maximus und Curtius Rufus

Eine ganz andere Tradition wird durch Velleius Paterculus repräsentiert. Die zwei Bücher seiner *Historiae ad Marcum Vinicium* (Konsul 30 n. Chr.), die in der entfernten Frühzeit einsetzten und bis in die Gegenwart reichten, sind in ihren zeitgenössischen Teilen ein bewegter Panegyricus auf Tiberius: er erscheint in ganz anderem Licht als in der entsprechenden Darstellung des Tacitus. Velleius hatte unter Tiberius in der Kampagne gegen die Germanen als Kommandant der Reiterei gedient: er ist Sprachrohr der Armee und ihrer Loyalität dem Kaiser gegenüber.

Vorbehaltlose Unterstützung der tiberianischen Herrschaft spricht auch aus den neun Büchern der *Facta et dicta memorabilia*, die Valerius Maximus um 31 oder 32 veröffentlichte. Das Werk ist nicht so sehr ein Geschichtswerk als vielmehr eine Sammlung von moralischen Exempla zuhanden der Rhetorenschule.

Q. Curtius Rufus verfaßte *Historiae Alexandri Magni*, deren Datierung ein vielerörtertes philologisches Problem darstellt; die seit langem dominante Ansicht setzt es in die Zeit des Claudius. Die Gestalt Alexanders war seit langem politisch überhöht worden, diente auch zu Übungen in der Rhetorenschule; zudem hatte er sich längst einen Platz in der Unterhaltungsliteratur erobert: bereits die hellenistische Kultur hatte den Makedonenkönig zu einer Art Romanhelden gemacht. Aus der Verbindung dieser Traditionen lebt das Werk des Curtius, der ein weit besserer Erzähler als Historiker ist, wie sein unbeschwerter Umgang mit einander widersprechenden alexanderfreundlichen und -feindlichen hellenistischen Quellen zeigt. Angesichts des Verlusts der reichen hellenistischen Traditionen ist Curtius' Werk gelegentlich eine wertvolle Quelle für sie. Alexanders Gestalt erscheint als eine Mischung von Größe und Grausamkeit, von Tugend und Verderbtheit, und seine Taten sind fast bloß Vorwand für eine Erzählfreude, die sich im Umgang mit romanhaften Episoden, exotischen Landschaften und pathosgeladenen Szenen durchaus wohl fühlt.

2.8 Bildung und Wissenschaft

2.8.1 Bildung und grammatische Studien in augusteischer Zeit

Die augusteische Zeit sieht in Rom eine große Verbreitung des Buchs und der Bildung. Die neuen Klassiker – Vergil, Horaz, die Elegiker – werden weithin gelesen und werden bald zu Schultexten. Zudem besteht ein großer Bedarf an Kommentaren und Interpretationen. Man gründet drei öffentliche Bibliotheken, unter denen die palatinische am wichtigsten ist; Augustus beruft zum Leiter den Freigelassenen Iulius Hyginus, mit dem die antike Vergilexegese anfängt.

Der bedeutendste Grammatiker der Zeit ist Verrius Flaccus; Augustus beruft ihn als Erzieher seiner Enkel Lucius und Gaius. Seine Werke sind verloren; sie galten vor allem den Traditionen und Bräuchen von Roms früher Vergangenheit. Seine *Fasti* wurden von Ovid benutzt; sein Hauptwerk, *De verborum significatu*, ist ein alphabetisches Glossar schwieriger oder ungebräuchlicher Wörter – wir besitzen es in den Auszügen des Festus (2. Jh.) und des Paulus Diaconus (aus langobardisch-karolingischer Zeit) (s. oben S. 7).

2.8.2 Die technischen Disziplinen

Allgemein findet sich in der lateinischen Literatur nur wenig wissenschaftliche Prosa. Gründe dafür sind einerseits das hohe Prestige der Rhetorik, andererseits die wichtige Tradition des Lehrgedichts. Gleichwohl verzeichnet die frühe Kaiserzeit ein leichtes Aufleben der wissenschaftlichen Prosa.

Wir besitzen ein Prosawerk *De architectura* von Vitruvius Pollio, der unter Caesar Offizier der Genietruppen gewesen war. Das Werk ist Augustus gewidmet, der für Pollio eine Pension ausgesetzt hatte, damit er seine breite technische Erfahrung in sein Werk einbringen könne. Nicht zufällig erschien es in einem Augenblick, in dem Augustus ein umfassendes Programm zur baulichen Erneuerung der Stadt Rom begann. Vitruv zeichnet auch das Porträt des perfekten Architekten: er darf nicht einfach ein Spezialist sein, sondern muß eine umfassende Bildung besitzen, die auf der Philosophie aufruht. Es wird deutlich, daß er damit für den Architekten eine soziale Position beansprucht, welche die antiken Gesellschaften sonst den Technikern verweigerten.

Bibliographie P. Gros, *ANRW* II 30:1 (1982) 686–695 (1960–1979); Ausgabe und Kommentar in der Smlg. Budé (Paris, seit 1969; unvollst.).

Aulus Cornelius Celsus, der unter Tiberius lebte, ist Verfasser eines umfassenden enzyklopädischen Handbuchs, eines Vorläufers von Plinius' Werk, in dem er Ackerbau, Medizin, Militärwesen, Redekunst, Philosophie und Jurisprudenz systematisch darstellte – eine kühne Auswahl, die praktische und theoretische Disziplinen verband. Erhalten sind bloß die acht Bücher zur Medizin, in der der Verfasser derart kenntnisreich ist, daß man in ihm einen Arzt vermuten kann.

Bibliographie G. Sabbah, P.-P. Corsetti, K.-D. Fischer, *Bibliographie des textes médicaux latins* (Saint-Étienne 1987), 53–56.

Unter den technischen Disziplinen nahm der Ackerbau einen Ehrenplatz ein. Roms Aristokratie band ihre Privilegien an den Landbesitz, und auch Mitglieder der Führungsschicht wie Cato und Varro verschmähten es nicht, Prosawerke zu diesem Thema zu schreiben. Ein *De re rustica* aus neronianischer Zeit verdanken wir L. Iunius Columella aus Gades (Spanien). Er behandelt Ackerbau, Baumzucht, Rebbau und Viehzucht; das zehnte Buch ist, Vergil zu Ehren, in Hexametern verfaßt.

Forschungsbericht *ANRW* II 32:3 (1985) 1959–1979.

Aus praktischen wie aus ideologischen Gründen (um die fernen Eroberungen der römischen Heere zu illustrieren) gewinnen geographische Schriften an Bedeutung. M. Vipstanus Agrippa, Augustus' Schwiegersohn und Oberkommandant der Armee, hatte eine riesige Karte der damals bekannten Welt zeichnen lassen. Unter Caligula fassen wir dann den ersten reinen Geographen der lateinischen Welt, Pomponius Mela: seine *Chorographia* beschreibt die Anrainerländer des Mittelmeers im Gegenuhrzeigersinn, ausgehend von der Straße von Gibraltar. Sein Hauptinteresse ist die Ethnographie, und er wird am beredtsten, wenn er auf fremde, wenig bekannte Gegenden zu sprechen kommt.

Kommentierte Ausg. P. Parroni (Rom 1984); A. Silbermann (Paris 1988).

Dem M. Gavius Apicius, einem Zeitgenossen des Tiberius, schreiben die Handschriften unter dem Titel *De re coquinaria* ein zehn Bücher umfassendes Corpus von Kochrezepten zu; in Wirklichkeit entstand die Sammlung allmählich bis ins 4. Jh. Ihr zugrunde liegen medizinische Schriften und griechische Kochbücher.

Kommentierte Ausg. J. André, Smlg. Budé (Paris 1974).

3 Die Literatur der Kaiserzeit

Gian Biagio Conte

3.1 Die frühere Kaiserzeit: Tiberius bis Domitian

3.1.1 Kultur und Schauspiel

Die augusteische Literatur hatte ein organisches System der Gattungen begründen und sich gleichzeitig einen politischen Horizont geben wollen; die neronische Literatur spiegelt den Verlust dieses Horizonts auch in der Auflösung des augusteischen Systems der Literatur. Der Dichter verliert die positive Rolle eines Sehers, der die Werte seiner Gemeinschaft verbreitet, und indem er dem Pessimismus der alten, entmachteten Aristokratie nachgibt, leidet er zugleich an Nostalgie und an Aggressivität. Seine Stimme wird deklamatorisch und immer lauter, je mehr er sich vom Mißtrauen seiner Zuhörerschaft bedrängt fühlt; er genießt es beinahe, sich als isoliertes und ungehörtes Opfer darzustellen, und der Titanismus seiner Unternehmungen erscheint als Kompensation der Frustrationen eines Dichters, dessen Rolle unklar geworden ist.

Vorläufer einer Krise des literarischen Patronats lassen sich bereits in der zweiten Generation der Augusteer ausmachen, bei Dichtern wie Ovid, die den blutigen Ereignissen der Bürgerkriegszeit ferner standen und ihr (gelegentlich aggressives) Unverständnis für die ‚engagierte' Dichtung ihrer Vorgänger nicht verhehlten. Der Tod des Maecenas ließ eine Lücke, die nicht mehr geschlossen werden konnte; das hinterließ die Dichter ohne gesellschaftliche Anerkennung und ohne ein einheitliches Programm, an dem sie sich orientieren konnten; man bewunderte die großen Vorbilder, spürte aber zugleich deren Distanz und Unerreichbarkeit. In dieser Optik fallen einander widersprechende Positionen – wie die des Parodisten Petron und des Lucan, der die augusteischen Mythen zerstört, auf der einen und die eines Persius, der Horaz bewundert, ohne die Toleranz und Ataraxie seines Meisters auch nur entfernt zu erreichen – durchaus zusammen. Die Widersprüche Senecas, der zwischen Konservatismus und Innovation schwankt, zeigen deutlich, wie schwer es selbst einem sehr originellen Intellektuellen fiel, sich ein organisches kulturelles Programm zu geben.

Die Krise des Patronats wird bereits unter Tiberius manifest; der Princeps stellt sich nicht einmal die Aufgabe eines umfassenden kulturellen Programms. Selbst Claudius, der als hervorragender Gelehrter galt, gelang es nicht, die kulturellen Bestrebungen zu bündeln. Erst Nero versuchte in den ersten Jahren seiner Herrschaft, ein Patronat über die Künste und die Literatur auszuüben; von diesem kurzlebigen Klassizismus, der sich die augusteische Zeit zum Vorbild nimmt, sind bescheidende Ergebnisse in der *Ilias Latina* und den Eklogen des Calpurnius Siculus erhalten. Nero dichtete auch selber und förderte auf verschiedene Weise die Künste, unter anderem durch die Einrichtung des Dichteragons der *Neronia.* Er machte diese Institution zu einem Spektakel, das er hemmungslos benutzte, um sich durch eigene Auftritte die Gunst der Menge zu verschaffen.

Die öffentlichen Dichteragone leben unter den Flaviern weiter, auch wenn die neue Dynastie gegenüber Neros hellenisierender Kulturpolitik eine deutliche Wende bringt: man fördert besonders die Rückkehr zum römischen Epos, wo Vergil den Primat innehat, während in der Prosa Cicero Stilmodell und Vorbild einer Erziehung wird, die ihren Schwerpunkt in der Rhetorik findet. Zum erstenmal greift der Staat direkt in das Schulwesen ein: Vespasian gründet den ersten staatlichen Lehrstuhl für Rhetorik und beruft Quintilian. Trotz dieser Anstrengungen bleibt das Leben der Dichter kümmerlich; Martial muß sich bei allen unmittelbaren und großen Erfolgen mühsam als Cliens durchschlagen. Nicht weniger aufschlußreich ist die Nachricht, daß Statius, dessen Epos *Thebais* unter lautem Beifall rezitiert wurde, sich seinen Lebensunterhalt als Autor von Libretti für Pantomimen verdienen mußte.

Auch ein anderer Dichter, Lucan, betätigte sich als Librettist. In diesen Jahren (unter Nero wie unter den Flaviern) war dem Theater ungeheurer Erfolg beschieden. Die Pantomime war eine Form, bei der ein Darsteller zu Musikbegleitung den Text eines Librettos sang, während ein zweiter Schauspieler in Maske das Geschehen pantomimisch darstellte; die Gattung erregte frenetische Begeisterung. Auch unter dem Einfluß einer so bedeutsamen zeitgenössischen Form nahm die Literatur oft theatralische und spektakuläre Elemente auf.

Mit dem Ende der *libertas* ging die Rolle der großen politischen Redekunst zurück, doch pflegten die Rhetorenschulen die Beredsamkeit enthusiastisch weiter; ihre neue Form sind die *declamationes*. Für diese Reden, die in Innenräumen zur Unterhaltung und losgelöst von jeder konkreten Gerichtssituation vorgetragen wurden, besitzen wir durch den Älteren Seneca, den Vater des Philosophen, ein einmaliges Zeugnis: in seinen *Oratorum et rhetorum sententiae divisiones colores* legt er seinen Söhnen die Erinnerungen an die Rhetorenschule vor. Dabei illustriert er die zwei Übungstypen, die bei den Deklamationen am weitesten verbreitet waren: die *controversia*, die in der kontradiktorischen Diskussion eines fiktiven Gerichtsfalls bestand, der oft reichlich kompliziert und gelegentlich romanhaft war (von Piraten geraubte Söhne, deren Vater das Lösegeld nicht zahlen wollen; entführte Jungfrauen usw.), und die *suasoria*, welche im Moment einer schwierigen Entscheidung das Handeln einer berühmten Person aus der Geschichte oder dem Mythos beeinflussen wollte. Da die Situationen und viele der Praemissen fiktiv waren, ging es nicht sosehr darum, zu überzeugen, als vielmehr zu verblüffen. Das Streben nach Effekt und Applaus bedient sich eines brillanten und gesuchten Stils asianischer Herkunft.

Neben den Deklamationen stehen als andere Form der gebildeten Unterhaltung die von Asinius Pollio eingeführten *recitationes*, die Lesung eines literarischen Texts vor ausgewähltem Publikum. Ihre Verbreitung führte rasch zu einschneidenden Veränderungen in der gesamten literarischen Produktion: indem die Literatur zum Konsumgut für Säle und Theater wird, bekommt sie theatralische Züge. Wenn der Wertmaßstab für einen Text der Applaus der Zuhörer wird, wundert es nicht, wenn der Dichter zu einem Artisten wird, der immer auf Effekte aus ist, um Staunen und Bewunderung zu provozieren: Literatur wird zum Spektakel. Die für die Rezitation geschriebenen Texte, wie die Tragödien Senecas oder die zahlreichen Gelegenheitsgedichte des Statius, sind als eine Abfolge von Bravourstücken gebaut, die Applaus provozieren sollen, als autonome Einzelteile ohne einen zwingenden Gesamtplan. Der ungehemmte Gebrauch rhetorischer Kunstgriffe ist im übrigen charakteristisch für die Literatur dieser Zeit (die man gewöhnliche die ‚silberne' Latinität nennt, im Gegensatz zur ‚goldenen' unter Augustus). Neben der Durchdringung mit rhetorischen Elementen ist sie durch eine stark antiklassische Reaktion gekennzeichnet, die sich sowohl in der Wahl der Inhalte zeigt (Vorliebe für ungewöhnliche, exotische und damit ‚spektakuläre' Themen) wie in der formalen Behandlung, für die dunkle und pathetische Töne und expressionistische Farben wichtig sind.

3.1.2 Lucius Annaeus Seneca

A. L. Motto und J. R. Clark, *Seneca. A Critical Bibliography 1900–1980* (Amsterdam 1989).

3.1.2.1 Philosophie und Macht

Seneca ist einer der wenigen Philosophen, der die platonische Utopie des politisch mächtigen Philosophen umsetzen kann. Einflußreicher Minister in Neros glücklichen fünf Jahren (54–58), widmet er einen großen Teil seiner Reflexion politischen Themen: darf der Weise politisch tätig sein? *(De otio, De tranquillitate animi)*; was sind die Eigenschaften des guten Herrschers? *(De clementia)*; wieweit lassen sich Reichtum und das asketische Ideal des Philosophen vereinen? *(De vita beata)*. Die Stoa läßt politisches Engagement des Philosophen durchaus zu, solange es nicht die innere Ruhe stört, doch muß der Philosoph den Mitmenschen immer ein Vorbild sein – wenn er nicht am öffentlichen Leben teilnimmt, wenigstens in Wort und Schrift (so ausdrücklich in *De tranquillitate*).

Das Ideal des engagierten Weisen, der sich um die Gesellschaft sorgt und für das Gemeinwohl Verantwortung trägt, prägt eine Reihe von Schriften. *De beneficiis* handelt von ‚guten Werken'. Es verpflichtet die private Moral zu starkem sozialem Engagement: das Netz der Klientelbeziehungen, das durch Wohltätigkeit geschaffen wurde, war in Roms Gesellschaft und Politik schon immer grundlegend gewesen. Seneca betrachtet das Phänomen nicht als Historiker; ihm geht es darum, eine Praxis, die sozial Schwache stützte, zu kodifizieren, um wenigstens eine relative soziale Gerechtigkeit zu schaffen: die Reichen stehen in der Pflicht, den sozial Schwachen zu helfen.

Auch wenn *De beneficiis* erst im Jahre 64 vollendet wird, als Seneca mit Nero gebrochen hat, ist sein Plan älter, geht zusammen mit der Vision einer aufgeklärten Monarchie, die Seneca in *De clementia* für Nero gezeichnet hat. Die Schrift setzt die Legitimität des Principats voraus und akzeptiert seine monarchischen Formen: die Alleinherrschaft fügt sich zum stoischen Konzept eines Kosmos, den der Logos lenkt, sie entspricht dem Ideal einer kosmopolitischen Welt, in der sie die vielen Völker des Imperiums zusammenfassen kann. Das Hauptproblem ist, einen guten Herrscher zu haben: in einem absolutistischen System, wo äußere Kontrollen fehlen, ist die einzige Instanz das Gewissen des Herrschers, das ihn von tyrannischer Herrschaft abhalten muß.

Senecas Position schwankt immer wieder zwischen dem Willen, an der Macht teilzuhaben, und der Sehnsucht nach Rückzug in reine Kontemplation. So sind es wohl die äußeren Ereignisse – der Rückzug nach Neros Fall in einen tyrannischen Absolutismus – welche die Eigenheiten eines Werks wie *De otio* bewirkt haben, wo das kontemplative Leben vorbehaltlos gepriesen wird. Senecas letztes Werk, die *Briefe an Lucilius*, die uns unvollständig erhalten sind, gelten ausschließlich der Sorge um das Ich, der Meditation über die eigene Innerlichkeit.

3.1.2.2 Die Briefe an Lucilius

Gaius Lucilius, der es aus einfachen Ursprüngen zum Prokurator Siziliens gebracht hatte, dabei an Dichtung und Philosophie interessiert war, ist in den Briefen fern von Seneca, in Sizilien. Die Rolle, die ihm die Briefe zuweisen, ist die eines jungen Freundes des Philosophen, der lernen möchte, aber oft zweifelt und nicht weiß, wie er die vollkommene Seelenruhe erreichen kann. Seneca gibt den Briefen eine komplexe Dramaturgie, wie sie für antike Epistolographie typisch ist: es ist ein Gespräch unter Freunden, eine Philosophenschule zu zweit, wo Eindrücke und Meinungen ausgetauscht werden, um sich zu bessern; zwar getrennt, müssen sie sich im Herzen nahe fühlen. Seneca stellt sich als noch nicht vollkommenen Lehrer dar, noch voller Fehler, die es zu heilen gilt, doch auf dem Weg zur Weisheit seinem Freund etwas voraus. Die Briefe sind auch Mittel, den Fortschritt des Schülers zu kontrollieren; Lucilius teilt Seneca seine Probleme mit und bittet um Rat. Die Sammlung besteht bloß aus den Antwortbriefen Senecas, doch gelingt es dem Verfasser immer, den Eindruck eines lebendigen Zwiegesprächs zu schaffen. Manchmal (vor allem in den letzten Büchern) werden die Briefe zu langen Abhandlungen; häufiger vermittelt Seneca den Eindruck einer vorwärtsdrängenden Diskussion, in welcher der Lehrer seinen Schüler nie vergißt, der in Fragen, Zweifeln, möglichen Einwänden präsent ist, denen Seneca im voraus begegnet und sich vorstellt, daß (in einer Art inneren Dialog) Lucilius sie persönlich vorbringt. „Wenn ich dir schreibe (so heißt es einmal), ist es, wie wenn ich dich sehen würde und wir zusammen diskutierten".

So führen auch die Briefe auf zentrale Themen von Senecas Philosophieren. Wieder kommt er auf das Problem der Freiheit zu sprechen (die für den Stoiker innere Freiheit ist, die vor den Stürmen der äußeren Ereignisse schützt), auf das Wesen des Göttlichen (der immanente Logos, den Seneca in *De beneficiis* als *parens* bezeichnet), seine Gerechtigkeit (die es nach *De providentia* zuläßt, daß die Guten leiden, weil sie auf die Probe gestellt werden müssen). Bemerkenswert ist, wie noch einmal das Problem der Zeit diskutiert wird, das bereits in *De brevitate vitae* (zwischen 49 und 52) wichtig gewesen war. Das ideale Leben, das Seneca Lucilius empfiehlt, kennt eine andere als die chronologische Zeit: eine Folge von exemplarischen Ereignissen, die der Ältere dem Jüngeren vorlegt; die Zeit, die sie wirklich leben, ist die, in der sie in den Briefen ihre Gedanken austauschen. Die eigentliche Wirklichkeit besteht aus der Zeit, die man bewußt lebt, anhält und der Prüfung durch die Vernunft unterwirft.

F.-R. Chaumartin, „Quarante ans de recherche sur les oeuvres philosophiques", *ANRW* II 36: 3 (1989) 1545–1605 (die Jahre 1945–1985).

3.1.2.3 Der Prosastil

Quintilian, für den Cicero stilistisches Vorbild ist, beklagt sich darüber, daß die große Bewunderung der jungen Leute für Senecas philosophischen Stil die lateinische Prosa korrumpiert habe; ihn stören insbesondere die *minutissimae sententiae*, die Zerstückelung der Perioden in knappe, epigrammartige Sätzchen. Tatsächlich verweigert sich Seneca der kompakten klassischen Architektur der ciceronianischen Periode, die im Bau der nach einem präzisen Gesetz verschachtelten Sätze einer logischen Hierarchie folgt, um die Begründungen für seine Wahrheiten und Überzeugungen auszuführen; er zieht die Parataxe vor. Seine Sätze hängen nicht in der klaren syntaktischen Beziehung von Haupt- und Nebensatz voneinander ab; es sind die Inhalte, welche die Verbindungen schaffen in einem Text, der in Wiederholungen und Antithesen vorwärtsschreitet und oft jenen Eindruck von „Sand ohne Zement" macht, den Caligula maliziös kritisierte (Suet. *Calig.* 53,2). Seneca will zumeist den Stil eines Gesprächs wiedergeben, eines konversationshaften *sermo*. Doch ist auch dieser Stil nicht ohne Vorbilder: er findet seine Entsprechungen in der ‚asianischen' Rhetorik, die gerade zu seiner Zeit in den Redeschulen Triumphe feiert. Seine typische Argumentation beleuchtet eine Idee von allen Seiten und gibt ihr immer prägnanteren und knapperen Ausdruck, bis hin zur epigrammatischen Sentenz. Diesen nervösen und zugespitzten Stil (der in seiner kontinuierlichen Anspannung gelegentlich das Theatralische streift) benutzt Seneca sozusagen als Sonde, um das Innere der Seele und ihre Widersprüche auszuloten, doch auch, um zum Herzen zu sprechen und zum Guten aufzufordern. Seine kurzen, nervösen und oft lapidaren Staccato-Sätze sollen auch leicht behalten werden, denn die in ihnen enthaltenen Belehrungen müssen dem Leser im Gedächtnis haften. Kurz, es ist ein wesenhaft widersprüchlicher, ‚dramatischer' Stil, der zwischen den verhaltenen Tönen der Meditation und den lauten der Predigt hin- und herspringt, er reflektiert die verschiedenen Impulse, die Senecas Philosophieren antreiben – einesteils die angestrengte Suche nach der Freiheit des Ich, andernteils den missionarischen und militanten Eifer dessen, der die gesamte Menschheit befreien will.

3.1.2.4 Die Tragödien

Gewöhnlich für echt hält man neun Stücke mit Themen der griechischen Mythologie; einige sind umstritten, sicher unecht ist die *Octavia praetexta.* Informationen über eine Aufführung fehlen; innere Indizien können darauf hinweisen, daß die Stücke für die Rezitation geschrieben wurden (freilich ist die gelehrte Debatte noch zu keinem definitiven Urteil gelangt). Vorbilder sind die attischen Tragödien klassischer Zeit, vor allem Sophokles und Euripides; Zwischenglieder insbesondere in der republikanischen lateinischen Tragödie, die ihrerseits griechische Stücke nachbildete, werden diskutiert. Jedenfalls macht Seneca freien Gebrauch von der *contaminatio*; die *Phoenissae* etwa richten sich ebenso an Sophokles' *Oedipus auf Kolonos* wie an Euripides' *Phoenissen* aus. Die dramatische Technik ist weit von den Konventionen des klassischen griechischen Theaters entfernt, erinnert weit eher an die weniger strikten Regeln des hellenistischen Dramas.

Der Sprachstil von Senecas Tragödien ist spürbar von den kanonischen lateinischen Vorbildern Vergil, Horaz, Ovid beeinflußt. Wegen dieser Neigung, den Stil verschiedener Autoren zu kontaminieren, hat man Seneca oft als Manieristen bezeichnet, der keine ausgeprägt eigene Sprache besitze, vielmehr die großen Vorbilder gelegentlich emphatisch nachahme. Den augusteischen Klassikern entlehnt er auch die raffinierte Metrik: seine Chorlieder setzen die Metrik des Horaz voraus. Sein Sprechvers, der iambische Senar, ist hingegen der Strenge des klassischen griechischen Trimeters näher als dem sehr freien Senar des altlateinischen Theaters. Spuren der republikanischen Tragödie lassen sich vor allem im hohen Pathos fassen, in der Neigung zur geballten Expressivität und zur zugespitzten und herausgestellten Sentenz – letzteres eine Eigenheit, die er mit der zeitgenössischen Rhetorik teilt.

In julisch-claudischer Zeit scheint die Tragödie sehr beliebt zu sein; sie wird benutzt, um den Widerspruch gegen die neue Herrschaft zu artikulieren, auch weil in den mythischen Stoffen immer wieder die Tyrannis angeprangert wird. Die Themen von Macht und Tyrannis sind auch in Senecas Tragödien zentral (so im *Oedipus*, in den *Troades* und den *Phoenissae*). Inwieweit die Tragödien auch Senecas Philosophie spiegeln, ist umstritten; sicher ist, daß in seinen Stücken sich der Logos unfähig erweist, die Leidenschaften zu bremsen und die Ausbreitung des Bösen zu verhindern.

Bibliographie B. Seidensticker und D. Armstrong, *ANRW* II 32: 2 (1985) 916–968 (Jahre 1878–1978).

3.1.2.5 Die Apocolocyntosis

Isoliert in Senecas Schaffen ist die *Apocolocyntosis*, die ‚Verkürbissung' (so die wahrscheinlichste Übersetzung) des Divus Claudius. Das Werk, das Prosa und Vers verbindet (‚Prosimetron'), schließt sich an die sog. menippeische Satire an; es parodiert die Apotheose des Claudius, die gleich nach seinem Tod im Jahre 54 beschlossen wurde. Es gibt sowohl Senecas persönlichen Ressentiments Ausdruck wie der Feindschaft der römischen Oberschicht gegenüber Einzelheiten von Claudius' Regierung, wie der Ausweitung der Bürgerrechtsverleihungen und dem wachsenden Einfluß der Freigelassenen am Hof. Der Rückgriff auf die menippeische Satire liefert dem Autor eine besondere Sprache und

Stilisierung: die Alltäglichkeit der Prosa kontrastiert mit der parodistischen Feierlichkeit der Verspartien, einer Art farcenhaften, dissonanten Spottgesangs; umgangssprachliche, gar vulgäre Färbungen fehlen nicht.

Bibliographe K. Bringmann, *ANRW* II 32: 2 (1985) 886–914, kommentierte Ausg. A. A. Lund (Heidelberg 1994).

3.1.3 Die Dichtung der julisch-claudischen Zeit

3.1.3.1 Kleinere Dichtungen der Generation Ovids

Die lateinische Dichtung zwischen dem Regierungsantritt des Tiberius und demjenigen Neros läßt sich schwer zusammenfassen. Der Einfluß der großen Augusteer ist erdrückend; originale Gestalten, die eine Richtung angeben könnten, fehlen. Bezeichnend für die Epoche scheint eine Vorliebe für die kleinen Gattungen, Epyllion, Bukolik, Epigramm; die hochfliegenden Projekte der augusteischen Zeit sind sichtlich verschwunden. Hatten Vergil und Horaz sich an den großen frühgriechischen Dichtern, Homer und der archaischen Lyrik, orientiert, so wendet man sich jetzt wie zur Zeit der Neoteriker den Vorbildern der alexandrinischen Dichtung zu.

3.1.3.1.1 Germanicus und Manilius. Diesem ‚Neualexandrinismus' kann man auch die zeitgenössische astronomische Lehrdichtung zurechnen, die sich an Arats *Phainomena* orientiert; schon der junge Cicero hatte Arat übersetzt, Varro von Atax und wenigstens teilweise der Vergil der *Georgica* ihn nachgebildet. Jetzt schreibt Germanicus, der Adoptivsohn und designierte Nachfolger des Tiberius, seine *Aratea*. Bedeutender sind die fünf hexametrischen Bücher der *Astronomica* eines anderweitig unbekannten Manilius.

Dem Werk liegt die Bemühung um eine Ordnung des Universums zugrunde, um eine kosmische *ratio*, welche die Maschine des Kosmos im Gang hält: Manilius ist offensichtlich Stoiker. Seine didaktische Absicht, die weit ausgeprägter ist als in den stärker ‚neualexandrinischen' *Aratea* des Germanicus, führt Manilius zum Rückgriff auf Lukrez, ungeachtet der großen weltanschaulichen Distanz, die ihn vom Materialismus des Lukrez trennt. Das Vorbild ist vor allem in den Prinzipien von Darstellung und Anordnung zu fassen. In anderer Hinsicht ist Manilius der erste Vertreter der silbernen Latinität: sein flüssiger regelmäßiger Hexameter lehnt sich an Ovid an, der mehr als jeder andere die Ausdrucksmittel der Epoche geprägt hat; sein Einfluß ist auch in den rokokohaften Farben mancher mythologischer Exkurse faßbar (etwa dem Andromeda-Mythos, 5, 549ff.). Die raffinierte Verskunst, eine Neigung zu *brevitas* und Ellipse, nicht zuletzt die Schwierigkeit der Themen machen Manilius zu einem der schwierigsten lateinischen Dichter.

Bibliographie R. Helm, *Lustrum* 1 (1956) 129–158.

3.1.3.1.2 Die Appendix Vergiliana. Hierher gehört auch eine Sammlung kleiner Gedichte, die man, weil sie (wenigstens teilweise) in der Antike Vergil zugeschrieben wurden, *Appendix Vergiliana* nennt: Name und Sammlung sind Werk der Humanisten. Vergils Autorschaft kann für die allermeisten Gedichte (mit der Ausnahme einiger kleiner Stücke des *Catalepton*) ausgeschlossen werden: sie setzen zumeist nicht bloß Vergil, sondern auch Ovid voraus (was für die frühe silberne Latinität bezeichnend ist). Doch sind sie keineswegs alle demselben Verfasser oder auch nur derselben Zeit zuzuordnen, und sie sind auch nicht als Fälschungen entstanden: manche Stücke waren wohl das Werk eines wenig bekannten Autors und wurden im Lauf der Überlieferung Vergil zugeschrieben, auch um die Neugier nach der fehlenden Jugend- und Gelegenheitsdichtung Vergils zu befriedigen.

Unter den Gedichten der *Appendix* seien herausgehoben: die *Dirae*, eine poetische Invektive zum Thema der Landenteignung in der Art von Ovids *Ibis* und der *'Αραί* des Kallimachos; das *Catalepton*, eine Sammlung kurzer Gedichte in verschiedenen Metren; der *Culex* (‚Stechmücke'), ein anmutig parodistisches Epyllion, in welchem dem Hirten, der sie erschlagen hat, im Traum eine Mücke erscheint; die *Ciris* (‚Reiher'), deren umstrittene Datierung jedenfalls Ovid voraussetzt und welche die unglückliche Liebe der Scylla zu Minos erzählt; das kleine Lehrgedicht *Aetna* über den gleichnamigen Vulkan, das zwischen Manilius und dem Vesuvausbruch des Jahres 79 zu datieren ist.

Forschungsbericht J. Richmond, *ANRW* II 31: 2 (1981) 1112–1154. – Kommentierte Ausgaben: *Catalepton* R. E. H. Westendorp Boerma (Groningen 1949–1963); *Ciris* R. O. A. M. Lyne (Cambridge 1978); *Dirae* C. van der Graaf (Leiden 1945); *Aetna* F. R. D. Goodyear (Cambridge 1965).

3.1.3.1.3 Phaedrus. Unter den Stimmen der gebildeten und meist dem Hof nahestehenden Oberschicht, welche in der Dichtung der Epoche laut werden, ist diejenige des Phaedrus ein Fremdkörper.

Phaedrus war wohl ein thrakischer Sklave, den Augustus freigelassen hatte: damit ist er unter den Autoren der früheren Kaiserzeit einer der ganz wenigen unfrei Geborenen. Die Handschriften überliefern etwas mehr als neunzig Fabeln in fünf Büchern, alle in iambischen Senaren. Das ursprüngliche Corpus muß weit umfassender gewesen sein: sicher echt sind auch die rund dreißig Fabeln der sog. *Appendix Perottina* (nach dem Humanisten Niccolò Perotti, der sie gesammelt hat); weitere Fabeln lassen sich aus den in der Spätantike beliebten Prosaparaphrasen fassen.

In mancher Hinsicht ist Phaedrus marginal: seiner sozialen Stellung nach; darin, daß er sicher kein virtuoser Formkünstler ist; in der von ihm gepflegten Gattung, die außerhalb der großen Strömungen seiner Zeit liegt. Und doch ist er in anderer Hinsicht bedeutend für die Geschichte der römischen Literatur: er ist in der gesamten antiken Literatur der erste Autor, der eine Fabelsammlung als autonomes Werk eines namentlich genannten Verfasser zur Lektüre vorlegt. Die Fabel ist eine der verbreitetsten und volkstümlichsten Gattungen überhaupt; Phaedrus erfindet wenig. Sein Verdienst besteht darin, seinen Fabeln Maß, Regeln und eine klare und unverwechselbare Stimme gegeben zu haben.

Die Tradition der äsopischen Fabel hatte sich in Griechenland im 4. Jahrhundert in (soweit wir wissen) Prosaerzählungen verfestigt; zur Form gehörte Prolog (προμύθιον) oder Epilog (ἐπιμύθιον) (oder auch beides), in denen das Thema gestellt oder die Lehre gezogen wurde. Phaedrus schloß sich an diese griechischen Prosastücke an, systematisierte sie und schuf eine feste dichterische Form. Typisch für die Gattung ist die Verwendung von Tieren als ‚Masken', vermenschlichte und mit stereotypem Charakter ausgestattete

Akteure (der schlaue Fuchs, der böse Wolf); feststehend ist die ‚Moral', eine allgemeingültige Wahrheit, die sich (gelegentlich etwas forciert) aus der Erzählung ziehen läßt. Als Ausdruck einer sozialen Mentalität ist die Moral bei Phaedrus einzigartig: der oft bittere Ton, in dem er das ‚Gesetz des Stärkeren' kommentiert, das unter den Tieren gilt, scheint der Sehweise der Unterschichten in Roms Gesellschaft Ausdruck zu geben; in dieser Hinsicht ist seine Dichtung realistisch.

Es fehlen auch Verweise auf zeitgenössische Wirklichkeit nicht, gelegentlich mit satirischer Akzentuierung. Phaedrus beschränkt sich nicht auf die reine Tierfabel; manchmal scheint er selber erfunden zu haben, wie in der hübschen Geschichte über Tiberius (2, 5). In den Prologen der einzelnen Bücher zeigt sich bemerkenswertes literarisches Selbstbewußtsein: er verteidigt seine Dichtung, lobt ihre Vorteile (Kürze, Buntheit, lehrhafte Inhalte) und unterstreicht in zunehmendem Maß seine Unabhängigkeit von Aesop. Es scheint, daß er sich durch einige Stellungnahmen zu zeitgenössischen Realitäten in Schwierigkeiten gebracht hat; aus dem Prolog zu Buch 3 geht hervor, daß er von Seian, Tiberius' mächtigem Stellvertreter, verfolgt worden ist.

3.1.4 Die Literatur der neronischen Zeit

3.1.4.1 Einleitung

Die Blüte der kleinen Formen, besonders des Epigramms und der Bukolik, setzt sich in neronischer Zeit fort. Sieben Eklogen, die Vergil nachahmen, werden einem sonst unbekannten Calpurnius Siculus zugeschrieben. Die etwas gezierten und manieristischen Stücke sind für die Literaturgeschichte interessant, da sie der erste deutliche Hinweis auf eine allegorische Verwendung der Hirtendichtung sind: hinter einigen Gestalten des Calpurnius stehen deutlich historische Personen.

Kommentierte Ausg. D. Korzeniewski, *Hirtengedichte aus neronischer Zeit* (Darmstadt 1971). – Forschungsbericht R. Verdière, *ANRW* II 32: 3 (1985) 1845–1914.

Gelegentlich schreibt man Calpurnius auch die *Laus Pisonis* zu, einen langen Panegyricus auf einen Piso, vielleicht den Führer der mißglückten Revolte gegen Nero im Jahre 65.

Vielleicht am schwersten wiegt in diesem ganzen literarischen Unterholz der Verlust von Neros Dichtungen. Wir kennen zahlreiche Titel; deutlich ist seine neualexandrinische Intention, zur mythologischen Dichtung zurückzukehren; wichtig war ihm besonders mythologische und geographische Gelehrsamkeit. Nero förderte junge Talente, nicht zuletzt auch mit der Einrichtung seiner Dichteragone. Die Praxis der Rezitationen breitet sich aus; dem entspricht ein üppiger, ‚barocker' Zeitstil, der mit außerordentlichen Bildern, kühnen Metaphern und gesuchten Klängen überrascht. Vielleicht in die Epoche gehört eine poetische Kurzfassung der *Ilias*, die *Ilias Latina:* etwas über tausend Hexameter erzählen Homer nach, in einem manierten, rhetorisierenden Stil. Bedeutend ist das Werk durch seine Rezeption: zusammen mit Nacherzählungen in Prosa hielt das Werk im Mittelalter das Wissen um Homer wach, bevor die europäische Kultur sich wieder den griechischen Originalen zuwenden konnte.

3.1.4.2. M. Annaeus Lucanus

Der Werdegang von M. Annaeus Lucanus (39–65 n. Chr.) entgeht uns fast völlig, nicht nur wegen des Verlusts seiner Dichtung vor den *Pharsalia*. Erhaltene Titel weisen darauf, daß diese sich in Neros Programm nahtlos einfügte: *Iliacon* entsprach Neros Leidenschaft für die troianische Vergangenheit, *Silvae* und Libretti für Pantomimen passen zur Unterhaltungsdichtung, die der Princeps liebte. Ganz anders dann die *Pharsalia*: Lucans Behandlung des Themas (des Bürgerkriegs zwischen Caesar und Pompeius) führt zu einem Preis der alten republikanischen Freiheit und einer expliziten Ablehnung des Prinzipats.

Die antike Literaturkritik, die uns in Scholien und Grammatikerzeugnissen (Servius) faßbar ist, warf den *Pharsalia* mehrere Fehler vor. Hauptvorwurf war, daß es eher ein Geschichtswerk als eine autonome Dichtung sei. Tatsächlich verwirft Lucan viele Konventionen des traditionellen epischen Erzählens, wie den Götterapparat oder die mythische Erzählung. Doch geht diese Kritik vom direkten Vergleich mit der *Aeneis* aus: es ist nicht auszuschließen, daß die getadelte historische Form eine Eigenheit der gesamten römischen Ependichtung vor Vergil war. Freilich zwingt Lucans Epos zum Vergleich mit Vergil: zurecht hat man es eine Anti-*Aeneis* und den Dichter einen Anti-Vergil genannt.

Ob Chronik oder Dichtung, das traditionelle römische Epos war jedenfalls *monumentum*, feierlicher Preis des ruhmreichen Staats und seiner Armee. Auch Vergils ‚homerisches' Epos war *monumentum* gewesen: es besang die Mühen und Kämpfe, welche zur Begründung des Reichs und seiner *pax Romana* nötig waren. Unter Lucans Händen wird das Epos zur Anklage des Bruderkriegs, der Perversion aller Werte, des Heraufkommens einer Herrschaft des Unrechts. Vergil ist das Modell, das Lucan verkehren und widerlegen will: für ihn hat Vergil die Verwandlung der *res publica* in eine Tyrannis verschleiert und Augustus' Machtübernahme zur schicksalhaften Sendung gemacht. Lucan scheint sich vorgenommen zu haben, sein Vorbild Vergil Punkt für Punkt zu widerlegen und auf den Kopf zu stellen, Personen, Szenen, einzelne Ausdrücke.

Anfänglich allerdings hatte Lucan gemeint, er könne den aufgeklärten Princeps Nero besingen, wie Vergil den Augustus besungen hatte: an Nero richtet sich der Prolog des Werks, der mit Vergil wetteifert. Das Elogium Neros übernimmt eine Reihe von Motiven zur Verherrlichung des Princeps; das Echo der Worte, in denen Iupiter im 1. Buch der *Aeneis* Venus den Beginn einer neuen Goldenen Zeit verkündet hatte, nachdem Augustus die Bürgerkriege beendet hatte, ist evident. Doch ist für Lucan der neue Augustus viel besser: Nero, nicht Augustus erfüllt Iupiters Prophezeiung. Eine solche Deutung setzt freilich voraus, daß der Prolog ernst gemeint war; bereits die Scholien und nach ihnen viele moderne Forscher hatten aus der Emphase des Elogiums eine verhüllte Ironie auf Kosten des Kaisers herausgelesen. Das ist vielleicht zu spitzfindig: wie viele Zeitgenossen, sein Onkel Seneca allen voran, mußte auch Lucan geglaubt haben, daß unter Nero eine Versöhnung von Prinzipat und Freiheit möglich sei, schien es doch, als ob der neue Princeps die Autorität des Senats anerkennen oder gar wiederherstellen würde. Das Scheitern dieser Hoffnung mußte Lucans Pessimismus vergrößern; im Rest des Werks wird Nero nie mehr genannt.

Anders als die *Aeneis* haben die *Pharsalia* nicht einen Hauptthelden; die Protagonisten der Handlung sind Caesar, Pompeius und (besonders im letzten Teil) Cato. Caesar und seine finstere Großartigkeit dominiert weithin: oft geleitet von momentanen, gelegentlich tollkühnen Einfällen, ist er die Verkörperung jenes *furor*, den Fortuna gegen Roms etablierte Macht gehetzt hat. Gelegentlich scheint Lucan der dunklen Faszination seiner Gestalt zu erliegen, mit der letzlich jene irrationalen Mächte triumphieren, die in der *Aeneis* gezähmt und besiegt worden waren – *furor, ira, impatientia* und der schuldvolle Wille, den Staat sich unterzuordnen, sind Caesars hauptsächliche Antriebskräfte. Es sind dies die typischen Charakteristika des Tyrannen schon in der altlateinischen Tragödie, dann in Senecas Stücken. Dazu kommen Wildheit und Grausamkeit: dem Caesar der *Pharsalia* fehlt die sonst belegte Haupteigenschaft, seine *clementia* gegen Unterlegene – das Bild geht auf Kosten historischer Richtigkeit (wie im Fall seiner Entscheidung, die Toten von Pharsalos unbegraben zu lassen).

Caesars frenetischer Energie steht von Anfang an die Passivität des Pompeius gegenüber – ein Mann im Abstieg, Opfer von politischer und militärischer Altersschwäche. Gerade dies aber nimmt ihm paradoxerweise einen Teil der Verantwortung ab: Caesars wahnwitzige Machtgier trägt die Hauptschuld an der Katastrophe, die Rom an den Rand des Untergangs bringt. Pompeius wird zu einer Art Aeneas, nur daß sich die Fortuna, die ihm einst so gewogen gewesen war, nun gegen ihn gestellt hat; er ist eine tragische Gestalt, die einzige, die im Verlauf des Gedichts eine psychologische Entwicklung erfährt. Mit dem langsamen politischen Autoritätsverlust geht eine Wendung zum Privaten einher, zum familiären Du (ganz im Gegensatz zu Caesars Egozentrik): Lucan zeigt Pompeius' Gefühlsbindungen an seine Kinder und vor allem an seine Frau. Wie ihn am Ende Fortuna ganz verlassen hat, erfährt er eine Art ‚Läuterung': er durchschaut die Tücke des Schicksals, sieht ein, daß der Tod für eine gerechte Sache der einzige Weg zur moralischen Befreiung ist.

Diese Einsicht, für Pompeius Ergebnis langen Leidens, ist für Cato von seinem ersten Auftritt an sicheres Wissen. Ein lapidarer, zurecht berühmter Vers drückt Catos Haltung aus, die weitgehend auch die Lucans ist: *victrix causa deis placuit, sed victa Catoni* (1,128). Der philosophische Hintergrund der *Pharsalia* ist zweifellos stoisch: doch in Cato bündelt sich die Krise der traditionellen Stoa, welche die Herrschaft der Vernunft im Kosmos und damit das Wirken der göttlichen Vorhersehung in der Geschichte behauptet hatte. Gegenüber der Einsicht in die Heimtücke eines Schicksals, das nur Roms Untergang sucht, wird für Cato eine solche stoische Haltung unmöglich. In ihm reift die Einsicht, daß das Kriterium für Gerechtigkeit nicht mehr im Götterwillen liegen kann, sondern allein im Gewissen des Weisen. In dieser ‚titanischen' Rebellion wird Cato den Göttern ebenbürtig; er braucht ihren Rat nicht mehr, um zwischen Gut und Böse unterscheiden zu können. Und wie er sich nicht mehr dem Willen des Geschicks unterwirft, kann der Weise auch nicht mehr seine traditionelle Seelenruhe bewahren: Cato engagiert sich im Bürgerkrieg, im vollen Wissen um die kommende Niederlage und die Notwendigkeit zum Freitod, der einzigen Möglichkeit, Recht und Freiheit weiterhin gelten zu lassen.

Um die drei Protagonisten bewegen sich zahlreiche kleinere Gestalten, deren Charakterisierung aus ihrer Rolle in der laufenden Auseinandersetzung folgt. So sind viele Anhänger von Pompeius und Cato als tapfere, aber glücklose Kämpfer dargestellt; Caesars Heer setzt sich demgegenüber vor allem aus blutgierigen Ungeheuern zusammen, die ihrem Feldherrn aus Hörigkeit und Beutegier folgen. Selbst wenn er einzelne Heldentaten vorführt (wie im Falle des Scaeva, 6,138ff.), unterläßt es Lucan nicht, auf den ungerechten Kampf zu verweisen, den sie führen. Unter den Frauengestalten sticht Cornelia, Pompeius' Frau, hervor, ein Bild absoluter Treue und Hingabe an den Mann, mit dem sie bis zum Ende an der Feindschaft des Geschicks leiden muß.

Quintilian charakterisierte Lucan als *ardens et concitatus* (10,1,90): damit meinte er wohl auch das drängende Erzähltempo der Perioden und die konstante Verwendung des Enjambements. Den dauernden Druck von Pathos und Erhabenheit teilt Lucan in manchen Punkten mit Senecas tragischem Stil; man sprach von ‚barock', von ‚manieriert' (letzteres vor allem im Zusammenhang mit Lucans Vorliebe für Paradoxa und Verrätselungen). Das auktoriale Ich ist omnipräsent, urteilt und verurteilt in oft entrüstetem Ton; von daher die außerordentlich häufigen Apostrophen und kommentierenden auktorialen Interventionen. Es ist ein Stil, der selten Disziplin und Maß zeigt; von daher kann er den Leser leicht ermüden. Doch ist es nicht einfach ein modischer Zeitstil; Lucans angespannte Expressivität ist Folge der leidenschaftlichen Betroffenheit, mit welcher der junge Dichter die Krise seiner Kultur erlebt hat. Wie konnte sich da die Darstellung einer Katastrophe wie des Bürgerkriegs, in dem Römer gegen Römer stand, noch an den traditionellen Formen der epischen Gattung ausrichten? Die epische Tradition hatte sich eine komplexe Sprache geschaffen, um den großen kulturellen Leitbildern und Werten der römischen Gesellschaft anziehenden erzählerischen Ausdruck zu geben; der hohe und feierliche Stil des Epos, der sich einer archaisierend eingefärbten Sprache bediente, hatte das Epos in der Hierarchie der Gattungen zur höchsten dichterischen Form gemacht. Die feierliche Evokation der großen heroischen Vorbilder konnte das Epos in einer Zeit nicht mehr leisten, in der die Ereignisse jene Ideale verraten und ihren Erzählformen die Glaubwürdigkeit genommen hatten; zugleich weckt die neue Zeit neue Erwartungen. Lucan hatte nicht die Kraft, sich einer literarischen Form zu entledigen, deren Ungenügen er erkannte; stattdessen suchte er dieses Ungenügen mit dem ideologischen Eifer zu kompensieren, mit dem er die Krise der epischen Tradition aufzeigt. Damit wird der politische und moralisierende Eifer bei ihm zur Obsession, durchdringt und formt seine Sprache, die zum ostentativen Schreien wird; in Sprache gefaßt (in des Effekts wegen formulierte *sententiae* oder in intellektualistische Antithesen), wird der Eifer zur Rhetorik. Doch diese Rhetorik ist nicht Zeichen leerer und ornamentaler Künstelei, sondern Gebärde eines Stils, der, um seine Authentizität und die Gewißheit zu finden, daß die Worte nicht die verzweifelte Botschaft verraten, sich nicht mehr einfacher und direkter Aussage anvertrauen kann, sondern zu den emphatischen Formeln der Rhetorik Zuflucht nehmen muß. So erhält die Rhetorik die Aufgabe, mit ihren sorgfältig und präzis erarbeiteten Konstrukten jene Glaubwürdigkeit zu schaffen, welche die einfachen Formen der epischen Sprache nicht mehr haben.

Grundlegende Ausg. A. E. Housman (Oxford 1926). – Bibliographie W. Rutz, *ANRW* II 32: 3 (1985) 1457–1537; Einzelkommentare u. a. Buch I D. Gagliardi (Neapel

1989); II E. Fantham (Cambridge 1992); III V. Hunnink (Amsterdam 1992); VII J. J. L. Smolenaars (Leiden 1994).

3.1.4.3 Petronius Arbiter

Die Gestalt des Petronius, die Tacitus im 16. Buch der *Annales* darstellt, scheint vorzüglich zu jenem Petronius Arbiter zu passen, dem die Handschriften und die seltenen antiken Zeugnisse den Roman der *Satyrica* zuschreiben. Dieser taciteische Petron, Ästhet aus Pose und aus Überzeugung, übte heikle offizielle Funktionen mit überraschender Kaltblütigkeit und Intelligenz aus. Schließlich in einer der vielen Palastintrigen zu Fall gekommen, gestaltete er seinen Tod als passendes Ende einer nonkomformistischen Persönlichkeit: während er langsam ausblutete, empfing er seine Freunde, dinierte und diskutierte mit ihnen über geistreiche Themen und leichte Dichtung; indem er sich dann schlafen legte, weigerte er sich, aus seinen letzten Augenblicken einen erinnerungswürdigen Akt von Tugend und Tapferkeit zu machen – er inszenierte seinen Tod wie eine Parodie auf den heroischen Tod so vieler seiner Zeitgenossen (*Ann.* 16,19f.). Die Identifikation mit dem Autor eines parodistischen Romans fasziniert, auch wenn sie nicht völlig beweisbar ist; zahlreiche Indizien im Romantext, nicht zuletzt auch der Sprachstil, unterstützen wenigstens eine Datierung in neronischer Zeit.

Der Text des Romans, den wir heute besitzen, ist problematisch. Wir haben ein Fragment vor uns, dessen narrative Linien ohne große Brüche durchlaufen, das aber Textverluste, wohl auch Interpolationen und Umstellungen erfahren hat. Am besten erhalten ist die berühmte Episode der *Cena Trimalchionis*: sie muß für den Bearbeiter des Textes besonders anziehend gewesen sein. Sicher ist, daß dem jetzt erhaltenen Teil vierzehn verlorene Bücher vorangehen (die Handschriften überliefern Buchzahlen); wieviel nachher folgte, können wir nicht wissen.

Die Geschichte wird von einem Icherzähler, Encolpius, berichtet, neben Giton der einzigen Gestalt, die im uns erhaltenen Teil durchgängig erscheint. Encolpius erlebt eine Reihe bemerkenswerter Abenteuer, deren Erzähltempo markant variiert – gelegentlich knapp und zusammenfassend, gelegentlich (wie im Haus des Trimalchio) sehr langsam und reich an realistischem Detail.

Erzählerisches Hauptprinzip der *Satyrica* ist die literarische Parodie, die komische, aber auch nachdenkliche Kunst, ‚hinter dem Rücken' eines andern Textes und durch ihn zu reden und so die eigene Wahrheit sozusagen durch die Verformung einer anderen auszudrücken. Im komplexen Gefüge parodistischer Züge, die der antike Leser wahrnehmen mußte, ist die Romanparodie der wichtigste; die *Satyrica* stellen die wichtigsten Konventionen des griechischen Romans auf den Kopf.

Der griechische Roman zeichnet sich durch eine bemerkenswerte Einheitlichkeit und Unveränderlichkeit seiner Hauptzüge aus. Die Handlung ist fast immer dieselbe: sie stellt die Leiden eines Liebespaars dar, das getrennt wird und vor der endgültigen krönenden Wiedervereinigung eine Reihe von Abenteuern und Gefahren zu bestehen hat; die ganze Handlung dient dazu, das Happy End hinauszuzögern. Der Ton ist (fast immer) ernsthaft, die Protagonisten werden ernst genommen und erscheinen als pathetische Gestalten, welche die Sympathie des Lesers verdienen. Variabel ist die Szenerie, jedenfalls spielt der Roman immer in den hellenisierten Ländern um das Mittelmeer; Interesse für zeitgenössische Realitäten ist kaum vorhanden, die Einordnung in historische Zusammenhänge vage. Die Liebe wird mit großer Zurückhaltung dargestellt und als ernsthafte und ausschließliche Leidenschaft verstanden; viel Spannung wird erzeugt, weil die Heldin ihre

Keuschheit auf oft abenteuerliche Art für ihren Geliebten bewahrt, trotz aller möglichen Anschläge.

In ihrer Grundstruktur erzählen auch die *Satyrica* die bunten Erlebnisse eines Liebespaars – doch in Petrons Roman wird Liebe ganz anders verstanden: da ist kein Platz für Keuschheit, und keine Figur kann überzeugend für moralische Werte eintreten. Der Protagonist taumelt von einem erotischen Abenteuer ins nächste, wobei er männliche Partner vorzieht; Sexualität ist explizit, ihre Darstellung immer wieder Anlaß zu Situationskomik. Die homoerotische Bindung zwischen Encolpius und Giton ist so die Parodie der keuschen und idealisierten Liebe, die das Liebespaar des griechischen Romans verbindet.

Schon der Titel weist auf die zugrundeliegende literarische Absicht: *Satyrica* (*Satyricon* [Σατυρικῶν] *libri*) ist Parodie der gängigen griechischen Romantitel auf -ικά, etwa Αἰθιοπικά, Κυπριακά, Φοινικικά, Ἐφεσιακά, Μιλησιακά, Λεσβιακά, während *satura* auf den parodistischen Gehalt verweist (ob es nun mit der Gattung der Satire oder den Satyrn zusammenhängt, die im Satyrspiel die Konventionen der hohen Literatur in Frage stellen).

Petrons Roman gibt so vor, der volkstümlichen Unterhaltungsliteratur anzugehören; die ungewöhnliche Länge von mindestens 16 Büchern läßt an eine unendliche Geschichte denken, auch dies ein Charakteristikum dieser Literatur. So sind der Roman und die Novelle (die pikanten ‚milesischen Geschichten', von denen wir so wenig wissen) die unmittelbarsten Beziehungspunkte. Doch hat die Trivialliteratur schon immer ein Vorbild in der hohen Literatur (Epos, Tragödie) gesucht und sich deren auffallendsten Züge angeeignet: ihre Erzähltechnik, ihre Überraschungseffekte, ihr Pathos und ihre Dramatik (die moderne Literaturkritik würde von Kitsch sprechen). Besonders auf diese Charakteristiken richten die *Satyrica* ihre Parodie: indem er sie karikiert, anerkennt Petrons Roman diese volkstümliche Literatur mit ihrer Sehnsucht nach der hohen Dichtung und nimmt sie in sich auf.

Ein Beispiel genügt. Wir wissen, daß im griechischen Roman (spät bezeugt, doch wohl nach älteren Mustern) Reiseabenteuer und Heimkehrergeschichten dem Modell der *Odyssee* folgen; so kann man den Ton heben, die Erzählung veredeln. In den *Satyrica* werden die Erlebnisse von Encolpius und der anderen Gestalten zu einer Odyssee von Bettlern, die oft an das Mißgeschick des homerischen Odysseus antönt. Encolpius und seine Gefährten sind passive Protagonisten der Ereignisse, denen sie zum Opfer fallen; sie treiben die Handlung nicht vorwärts, lieber reden sie über sie, wenn oder bevor sie eintritt. Als wandernde Studenten sind sie geradezu besessen davon, die großen Mythen und Leitbilder der Literatur in ihren eigenen unglücklichen Erlebnissen wiederzufinden, und die Erzählung scheint oft nur deswegen vorangetrieben zu werden, um neue und bedeutendere literarische Anknüpfungspunkte zu finden, die *Odyssee*, Tragödien des Euripides, die romanhafte Geschichtsschreibung, die großen Mythen. Oft sind es die Personen selber, die diese Beziehungen aufdecken: „Uns geschieht wie Odysseus, als er in die Kyklopenhöhle kam", oder „Führt euch nicht wie die Brüder der thebanischen Tragödie auf!" (Eteokles und Polyneikes in Euripides' *Phoinissen*). Der Effekt ist oft umwerfend komisch, doch richtet er sich nicht gegen die großen Werke der ernsten Literatur: man lächelt über die Unterhaltungsliteratur, die man dabei ertappt, wie sie sehnsüchtig auf die hohe und ferne Literatur schielt, und man deckt den Zerfall auf, an dem die Kultur wegen der Rhetorenschule und ihrer hohltönenden Deklamationen leidet.

Doch sind die *Satyrica* auch Erben der menippeischen Satire. Immer wieder wird die erzählende Prosa von metrischen Einlagen unterbrochen: einige dieser Verspartien werden von Personen gesprochen, besonders von Eumolpus, der bei meist unpassenden Gelegenheiten seiner unaufhaltbaren dichterischen Berufung Raum gibt, etwa über den Fall Troias (*Troiae halosis*, 89) dichtet oder über den Bürgerkrieg (*Bellum civile*, 119–124), um bloß die längsten Einlagen zu nennen. Diese Einlagen sind motiviert und an die Personen des Romans gerichtet. Andere metrische Partien stammen vom Erzähler selber, der mitten in der Handlung den Bericht durch einen metrischen Kommentar unterbricht. Oft ist dies ironisch gemeint, da die Verse – durch Stilhöhe oder Inhalt – den kommentierten Ereignissen nicht entsprechen. Daraus entstehen Kontraste und Sprünge zwischen Erwartung und Wirklichkeit, zwischen von Phantasien gespeisten Illusionen (wobei die Phantasien ihrerseits aus der literarischen Bildung stammen) und unerwartetem Rückfall in eine (oft vulgäre) Realität.

An Komplexität, Reichtum und künstlerischer Wirkung lassen die *Satyrica* ihre Anreger Roman, Novelle und menippeische Satire weit hinter sich. Petrons wichtigste Eigenheit aber ist wohl sein starker Realismus, der ihn radikal vom griechischen Roman abhebt. Der Verfasser der *Satyrica* interessiert sich lebhaft für Mentalität und Sprache der einzelnen Gesellschaftsschichten (bezeichnend die *Cena*), und er führt seinen Leser an typische Schauplätze des römischen Lebens – Rhetorenschule, Tempel, Marktplatz und so fort.

‚Realismus' als literarische Kategorie ist freilich immer etwa problematisch und doppeldeutig. Die Handlung der *Satyrica* mit ihren bunten Windungen, Knalleffekten und Einfällen ist ebenso wenig wahrscheinlich wie die des griechischen Romans; ihre Helden sind Karikaturen, erinnern an die Groteskmasken der Komödie. Doch auch dort, wo der Realismus von Sprache und Denken glaubwürdiger wird, erkennt man leicht die Parodie der Literatur, die Karikatur von Büchern, die der antike Leser kennen mußte. Im übrigen kann man sich auf keine einzige Stimme in den *Satyrica* verlassen, keine trägt eine Wahrheit vor, die der Leser glauben könnte; auch die Gespräche der Freigelassenen an Trimalchios Tisch, wo die Gestalten ihre eigenen Gedanken in scheinbar höchst natürlicher Direktheit vortragen, haben eher den Charakter eines ziellosen Geplauders, eines gelegentlich absurden und surrealen Schauspiels.

G. Schmeling und J. H. Stuckes, *A Bibliography of Petronius* (Leiden 1977); M. S. A. Smith, *ANRW* II 32: 3 (1985) 1624–1655 (Jahre 1945–1982). – Kommentierte Ausg. der *Cena* M. S. Smith (Oxford 1975). – G. B. Conte, *The Hidden Author. An Interpretation of Petronius' Satyricon* (Berkeley 1996).

3.1.5 Die Satire: Persius und Iuvenal

3.1.5.1 Die Verwandlungen der Satire nach Horaz

Auch wenn die literarische Produktion von Persius und Iuvenal ein halbes Jahrhundert auseinanderliegt (Persius schrieb unter Nero, Iuvenal, geboren zwischen 50 und 60 und gestorben sicher nach 127, zwischen Nerva und Hadrian), trägt sie viele gemeinsame Züge. Beide setzen programmatisch die Tradition von Lucilius und Horaz fort, haben aber in Wirklichkeit die Gattung deutlich verändert. Manifest sind diese Veränderungen sowohl in der Form der Satire wie im Publikum, an das sie sich richtet. Hatten Lucilius und Horaz sich wohl an den engeren Freundeskreis gerichtet, so wenden sich Persius und Iuvenal in der literarischen Fiktion zwar noch immer an einen Einzelnen, haben aber in Wirklichkeit ein breites Publikum von Lesern und Hörern im Auge, vor dem der Dichter Fehler und Sitten geisselt. Die Satire spricht nicht mehr als aufbauende Konversation, die zwar auf die menschlichen Fehler zeigt, aber lächelt und lächeln machen will und die, besonders bei Horaz, zwischen Autor und Rezipient eine Komplizität schuf. Jetzt werden dem Hörer Nähe und Identifikation verunmöglicht, und die Stimme des satirischen Dichter ertönt auf einer anderen Kommunikationsebene, distanziert und erhöht. Die Invektive tritt an die Stelle von Vertraulichkeit und Liebenswürdigkeit, des selbstironischen Lächelns und nachsichtigen Verzeihens der gemeinsamen menschlichen Schwächen, welche die horazische Satire kennzeichneten. Indem sich der Dichter daran macht, die Menschen zu verbessern, macht er sich die Töne jenes schroffen Moralismus (des stoisch-kynischen Rigorismus) zu eigen, den Horaz als gefährlichen Exzess bewußt vermieden, ja verlacht hatte. Neben dieser geänderten Stellung und Rolle des satirischen Dichters sind die Signale für einen neuen literarischen Geschmack faßbar, die antiklassische Tendenz jenes Manierismus, der als Reaktion auf die augusteische Klassik im ganzen 1. Jahrhundert und darüber hinaus blühte. Zudem resultieren die Veränderungen der Satire nach Horaz auch aus den geänderten Bedingungen von Produktion und Rezeption: die Satiren von Persius und Iuvenal sind nicht so sehr für die Einzellektüre geschrieben wie für den mündlichen Vortrag vor einem Publikum, auf das sie einwirken wollen – von daher der manifeste Rückgriff auf rhetorische Stilmittel.

3.1.5.2 Aulus Persius Flaccus

Persius wurde 34 n. Chr. in einer wohlhabenden und vornehmen Familie in Volterra geboren; er starb, nicht achtundzwanzig jährig, im Jahre 62. Früh ohne Vater, wurde er nach Rom zu den besten Grammatikern und Redelehrern geschickt; der Lehrer freilich, der entscheidenden Einfluß auf das Leben des Persius hatte, war der stoische Philosoph Annaeus Cornutus; diese ‚philosophische Konversion' wurde auch für seine Dichtung zentral. Der Einfluß der Stoa, die Literatur als wesentlich moralisch-erzieherisch ansah, und der eigene stark moralische Impetus lenkten den jungen Dichter fast unvermeidlich zur Satire. In ihr fanden seine polemische Begabung und sein engagiertes Wahrheitsstreben das geeignete Instrument zum Ausdruck von Sarkasmus, Invektive und sittlicher Belehrung. Persius unterstreicht mehrmals, daß sein Dichten ethischen Forderungen folgt, dem Willen, Fehler und Korruption zu demaskieren und zu bekämpfen; daraus folgen auch seine Positionsbezüge gegen die zeitgenössische Literatur: für ihn geht der Zerfall von Geschmack und Literatur engstens mit demjenigen von Sitten und Moral zusammen. Wohl deswegen definiert er sich in den programmatischen Choliamben, die sein Satirenbuch einleiten, als *semipaganus*: indem er sich selber *rusticitas* zuschreibt, setzt er sich von der überzüchteten Modedichtung ab und gibt sich die Aufgabe, in befreiender Heftigkeit auf die Gewissen einzureden. Sein Tun zeichnet er so als drastische moralische Chirurgie: *radere, defigere, devellere* sind die Stichwörter für diese radikale Therapie, die immer wieder auftauchen, um das ‚Wegkratzen' der täuschenden Oberfläche zu bezeichnen, das einer tiefgreifenden Heilung der Moral vorangehen muß.

In der Beschreibung der mannigfachen Formen, welche Fehler und Korruption annehmen können, greift Persius regelmäßig auf die Wortfelder von Körperlichkeit und Geschlechtlichkeit zurück, um ihr reiches Erbe an Metaphern auszunützen. Um das obsessive Bild des Bauchs dreht sich die ganze menschliche Existenz: er wird zum zentralen Ziel menschlichen Ehrgeizes (das Verständnis des moralischen Fehlers als einer Krankheit ist in der stoischen Therapie der Leidenschaften geläufig). Aus diesem Bereich stammen einige der bekanntesten Bilder des Persius, in denen sein Sinn für die makabre Verformung der Wirklichkeit im Dienste der Moral faßbar wird: dasjenige des kahlköpfigen und wasserbäuchigen Dichters in der ersten (1,56ff.) oder des reichen jungen Mannes, verroht in Schlaf und Prasserei, in der dritten Satire (3,3ff.); des sich sonnenden Lüstlings (4,3341) oder das expressionistische Bild des Schwelgers, der im Bad im Gestank seines Körpers stirbt (3,98–102).

Persius' Satire wird lebendig durch das Miteinander eines starken Realismus und eines ebenso starken Willens zur surrealen, barocken Verformung. Der Realismus ist etwa der Grund für die Wahl einer oft alltäglichen Sprache (die *verba togae* von *Sat.* 5,14) und für die Polemik gegen eine idealisierende und stereotype Rhetorik. Doch ist Persius' Stil alles andere als einfach; er schmiegt sich nicht glatt seinen Themen an. Das Gefühl, einer moralischen Krankheit gegenüberzustehen, das sich schon in seiner Bildwelt äußerte, führt zu gewundenen und fast unentwirrbaren Verknüpfungen, schwierigen Metaphern, oft bewußt unangenehmen Ideenverbindungen. Zwar ist die Sprache die des Alltags, doch der Stil deformiert sie, zwingt sie, eine alles andere als banale Wahrheit auszusprechen, neue Aspekte der Realität zu beleuchten, unerwartete Beziehungen zwischen den Dingen aufzuzeigen, mit gelegentlich fast kryptischem Ergebnis. Zum selben Resultat führt die Verwendung sehr kühner Metaphern, welche neue Beziehungen unter den Dingen erkunden sollen und außerordentliche Dichte und Expressivität erreichen können.

Es ist evident, daß sich zwischen der Forderung nach einer natürlichen Sprache und dem Willen zu kühner Neuerung des Ausdrucks eine Kluft auftut: der Wille zur Klarheit wird durch die dunkle Künstlichkeit des Stils unterlaufen. Doch ist die sprichwörtliche Schwierigkeit des Stils von Persius nicht (wie man lange gemeint hat) Marotte eines hochgezüchteten Dichters oder der schroffe und gereizte Ausdruck des stoischen Rigorismus, dem die Satiren verpflichtet sind; sie hat vielmehr ihre klare Funktion im ästhetischen und vor allem ethischen Anliegen des Dichters: das Risiko der Dunkelheit ist der Preis für eine Kunst, die auch blendendes Licht werfen kann. Der komplexe Ausdruck erlaubt keine gelöste Lektüre, sondern zwingt den Leser immer wieder zur Auseinandersetzung mit einer Botschaft, welche die Widersprüche unserer Existenz spiegelt.

Kommentierte Ausg. R. A. Harvey (Leiden 1981); W. Kissel (Heidelberg 1990).

3.1.5.3 Decimus Iunius Iuvenalis

In Iuvenals Augen ist die seichte zeitgenössische Literatur lächerlich weit entfernt vom tiefen moralischen Verfall, an dem die römische Gesellschaft am Ende des 1. und in den ersten Jahrzehnten des 2. Jahrhunderts leidet. Angesichts der sich ausbreitenden Unmoral wird der Zorn zur Muse des Dichters (*si natura negat, facit indignatio versum* 1,79); dem Ekel des Dichters ist einzig die Satire angemessen. So legt Iuvenal in der 1. Satire die Beweggründe für sein Dichten dar und weist auf die zentrale Bedeutung der *indignatio*; damit markiert er seine Distanz zur bisherigen Gattungstradition. Im Gegensatz zu Horaz und auch anders als Persius glaubt Iuvenal nicht, daß seine Dichtung menschliches Verhalten beeinflussen kann: sie begnügt sich mit der Enthüllung, dem lauten und zornigen Protest, ohne falsche Hoffnung auf Rettung. Doch der noch weitergehende Rückzug Iuvenals betrifft auch Argumentations- und Urteilsformen des römischen ethischen Denkens, die ein Erbe der Topoi der stoisch-kynischen Diatribe sind: Iuvenal lehnt die Ethik der Diatribe ab, welche Indifferenz den konkreten Dingen der Welt gegenüber lehrt, um die hohen Ziele eines bloß geistigen Adels zu verfolgen. Er weist diese tröstende Moral zurück und demaskiert sie mit dem Zorn dessen, der betroffen Vergehen und Schuld belohnt sieht, und mit dem Groll eines an den Rand Gedrängten, der sich von den Belohnungen ausgeschlossen sieht, welche die Gesellschaft den Verderbten anbietet, und eine erniedrigende Existenz als Klient führen muß.

Der dumpfe Groll über eine verfehlte Integration ist ein wichtiger Bestandteil von Iuvenals ‚erzürnter' Satire: sie gehört einem Repräsentanten des italischen Mittelstands, der im Leben der kosmopolitischen Hauptstadt täglich die traditionellen moralischen und politischen Werte mißachtet sieht. Diesem verformten moralistischen Blick erscheint die römische Gesellschaft rettungslos pervertiert und die Rolle der einzelnen Gruppen und Klassen verkehrt, angefangen beim Adel, der zu seiner Schande auf die ihm zukommenden Aufgaben verzichtet hat (etwa die der Kunstförderung nach dem Vorbild der augusteischen Zeit) und in Ausschweifungen verroht. Seine aggressive Wut läßt keinen aus, entzündet sich freilich gerade an den Gestalten, welche für Sitten und Gesellschaft der brodelnden Weltstadt am bezeichnendsten sind – Neureiche, Freigelassene, Orientalen, dem Hungertod nahe Literaten. Beliebtes Ziel sind die freien und emanzipierten Frauen, deren selbstverständliche Unabhängigkeit in der Gesellschaft nichts anderes als den Tod des Anstands bedeutet; die lange 6. Satire, die diesem Thema gilt, ist eines der aggressivsten Zeugnisse für Misogynismus überhaupt.

Diese radikale Wendung gegen seine Zeit und der wütende Protest gegen Ungerechtigkeit, Unterdrückung und Elend der sozial Schwachen und Verdrängten haben schon dazu geführt, von Iuvenals ‚demokratischem' Engagement zu sprechen. Das ist ein Irrtum: abgesehen von gelegentlichen Solidaritätsbekundungen gegenüber Bedürftigen und Marginalisierten steht Iuvenal der Menge voll tiefer Verachtung gegenüber. Intellektueller Stolz und nationalistischer Groll gegen Griechen und Orientalen erlauben es ihm, für sich selber Wohlstand und soziale Anerkennung zu fordern, ohne sich mit allen solidarisch fühlen zu müssen. Er neigt im Gegenteil zu einer nostalgischen Verklärung der Vergangenheit, einer guten alten Zeit mit gesunder bäuerlicher Moral, die er der Verderbtheit des zeitgenössischen Bürgers polemisch gegenüberstellt. Gegenwartsflucht und archaisierende Utopie (topisches Motiv der ethischen Reflexion Roms) scheinen die einzige Alternative zur *indignatio* und sind ein implizites Eingeständnis ihrer frustrierenden Machtlosigkeit.

Die letzten beiden Bücher des Satirenwerks (*Sat.* 10–16) ändern den Ton spürbar: der Dichter verzichtet auf die heftige Reaktion seiner *indignatio* und nimmt eine Distanz ein, die auf die stoische ἀπάθεια (‚Gleichgültigkeit') zielt; so nähert er sich der traditionellen Satire (und ihrer Vergangenheit in der Diatribe) wieder an, von der er sich brüsk entfernt hatte.

Während in der früheren Satirentradition der Umstand, daß man es mit der Alltagsrealität zu tun hatte, zu einem einfachen Sprachstil, einem vertrauten und schnörkellosen Ton (eben dem *sermo*) geführt hatte, wird jetzt, wo diese Realität außergewöhnliche Züge angenommen hat, wo die Unmoral sie mit Ungeheuern angefüllt hat, auch die Sprache der Satire großartiger; es ist nicht mehr ein schlichter Stil, er gleicht sich den Gattungen an, von denen die Satire traditionellerweise sich abgegrenzt hatte, dem Epos und vor allem der Tragödie. Mit ihnen teilt die Satire zwar nicht den Charakter der reinen Erfindung, wohl aber den hohen und grandiosen Ton, welcher der Heftigkeit der *indignatio* angemessen ist. Damit verändert Iuvenal die Formkonventionen der Satire radikal, löst die traditionelle Verbindung zur Komödie (und ächtet so das *ridiculum*) und nähert sie an die Tragödie an, im Inhalt (den *monstra*) nicht anders als im hohen Stil. Eine seiner Eigenheiten ist der Rückgriff auf feierliche, episch-tragische Gebärden gerade für niedrige und vulgäre Inhalte, um im Kontrast zur Höhe des Ausdrucks die Gemeinheit des Inhalts zu unterstreichen. Sein Realismus (der ihn zu einer wichtigen Quelle für Sitten und Gebräuche der Zeit macht) hat eine starke Tendenz zur Verzerrung, die sich vor allem dann zeigt, wenn er mit dem Grimm des erzürnten Moralisten Gestalten und Situation von abstoßender Direktheit zeichnet. Seine Ausdrucksweise, die immer zur Hyperbole bereit ist und in der bewußt höfische und plebejische, sublime und obszöne Töne aufeinanderprallen, ist effektvoll und prägnant, dicht und reich an Sentenzen (viele Iuvenalverse sind zum Sprichwort geworden).

Kommentierte Ausgabe L. Friedlaender (Leipzig 1895); Kommentar E. Courtney (London 1980).

3.1.6 Die Literatur der flavischen Epoche

3.1.6.1 Das Epos der Flavierzeit

Die epische Dichtung unter den Flaviern richtet sich an Vergil aus; die *Aeneis*, die für Lucan Ansporn zur Innovation gewesen war, wird jetzt zu einer Art Refugium ohne weitere Horizonte. Wichtig ist auch der Einfluß Ovids, der vor allem die Konstanten des Erzählstils festlegt.

3.1.6.1.1 Publius Papinius Statius. Statius schrieb viel, sogar das Libretto eines erfolgreichen Pantomimus, der *Agaue*; neben seinen Epen – der *Thebais*, der *Achilleis* und des verlorenen *De bello Germanico* – verfaßte er fünf Bücher *Sil-*

vae. Metren und Themen dieser Gedichtsammlung sind bunt, zumeist sind es Dank- oder Preisgedichte für Patrone und Wohltäter des Dichters. Als ‚Skizzen' (dies wohl die Bedeutung des Titels, Quint. *Inst.* 10,3,17) sind es Gelegenheitsgedichte, sozusagen Improvisationen über Einzelheiten des privaten (Begeisterung für die Kunst, Liebe zur Familie, Ästhetizismus und Luxuskonsum) und des ‚bürgerlichen' Lebens (Huldigungen an Funktionäre der kaiserlichen Verwaltung): es zeigt sich eine soziale Hierarchie, in welcher der Dichter Ort und Funktion hat, eine Welt, deren festes Zentrum die vergöttlichte Gestalt des Princeps ist. Als professioneller Literat produziert Statius, sieht man vom stark höfischen und konformistischen Gepräge ab, eine gepflegte und raffinierte Dichtung von gelegentlich sehr hoher literarischer Qualität.

Bibliographie zu den *Silvae* H. Cancik und H.-J. van Dam, *ANRW* II 32: 5 (1986) 2681–2753 (von 1898 bis 1984). Kommentar zu Buch II H.-J. van Dam (Leiden 1984). IV K. M. Coleman (Oxford 1988).

Die *Thebais* (in 12 Büchern) erzählt die Geschichte der Sieben gegen Theben. In bewußtem Gegensatz zu Lucan orientiert sich Statius an Vergil: er will den Götterapparat bewahren, ihn aber modernisieren, indem die Funktion von Fatum und Schicksal vertieft wird; im 12. Buch bekennt er sich zu Vergil als einem Vorbild, dem er gefolgt sei, wenn auch in großem Abstand und mit sozusagen religiöser Verehrung (12,816f.). Die Themenwahl allerdings – der zerstörerische thebanische Bruderkrieg – rückt Statius in die Nähe von Lucan und sein Thema der *plus quam civilia bella* (*Phars.* 1,1). Das führt zu einem Kompromiß mit großen Folgen für die europäische Literatur: die traditionellen Götter sind entleert und abgeflacht, die mächtigsten göttlichen Kräfte sind Personifikationen abstrakter Konzepte, in gelegentlich allegorisierender Darstellung. Die Geschichte wird von einer ehernen und umfassenden Notwendigkeit beherrscht; erdrückt von den Gesetzen des Kosmos und der Vorhersehung, erscheinen auch die Menschen gewissermaßen abgeflacht. Psychologische Nuancierung ist für Statius unwichtig: durch das gesamte Gedicht hindurch ist Eteocles der feste Typ des Tyrannen, Tydeus die Verkörperung des Zorns, Capaneus ein Gotteslästerer, Hippomedo eine Kriegsmaschine; die wenigen positiven Gestalten sind ebenso eindimensional. Passend zu dieser manichäischen Vision kompensiert das zwölfte Buch den Kriegsbericht, indem es in Theseus, der allen Gefallenen ein Begräbnis gibt, den Triumph von Milde und Menschlichkeit darstellt.

Obschon direkte Verweise auf die zeitgenössische Realität fehlen, braucht Statius die Albträume der Epoche nicht zu unterdrücken (im Gegensatz zum Eskapismus der *Achilleis* oder des Silius Italicus). Ein Bürgerkrieg, den Statius als den Zusammenstoß von zwei bemerkenswert ähnlichen Tyrannen sieht, die Degeneration einer Herrscherfamilie durch fanatischen Despotismus, das Problem, wie man unter einer Tyrannis leben und ein ethisches Regelsystem bewahren kann: die Bedeutung dieser Themen – vor einem Szenario düsterer traditioneller Mythologie – macht die Thebais auch für den Historiker der römischen Kultur zur lohnenden Lektüre.

Einzelkommentare Buch I H. Heuvel (Zuitphen s. a.); II H. M. Mulder (Groningen 1954); I/II F. Caviglia (Rom 1973); III H. Snijder (Amsterdam 1968); IX M. Dewar (Oxford 1991); X R. D. Williams (Leiden 1972); XI P. Venini (Florenz 1970).

Das andere erhaltene Epos des Statius, die *Achilleis*, ist unvollendet, umfaßt ein ganzes und den Beginn eines zweiten Buchs. Geplant war wohl die Darstellung von Achills gesamtem Leben; erhalten ist uns allein die Jugendgeschichte auf Scyrus. Der Ton ist entspannter und idyllischer als in der *Thebais*, das Projekt freilich, die ganze mythische Biographie des Achill zu erzählen, weist auf grandiosen literarischen Ehrgeiz. Hätte er weiter dichten können, hätte er sich mit Homer messen müssen; und schon der Titel deutet auf eine risikoreiche Bezugnahme auf die *Aeneis*.

3.1.6.1.2 Valerius Flaccus. Valerius' Werk sind die *Argonautica*; vollendet sind sieben Bücher, angefangen ein achtes. Trotz des Vorbilds von Apollonios von Rhodos versucht Valerius eine eigene Gestaltung, verkürzt, erweitert und verändert die Psychologie der Gestalten und das Erzähltempo. Wo er sich eng an den griechischen Vorgänger anlehnt, läßt sich seine Darstellung von der Neigung zu Pathos und Dramatik leiten. Doch gelingt es ihm nicht, gegliederte Szenen zu erzählen; er dichtet in isolierten Blöcken, achtet mehr auf Klarheit und Effekt der Einzelszene als auf Durchsichtigkeit und Kohärenz des Werkganzen. Der ganz grundlegende Einfluß Vergils veranlaßt Valerius zu einer ‚reaktionären' Poetik: das Thema ist mythisch, der Götterapparat ist omnipräsent, das Ganze erhebt den Anspruch moralischer Erbauung. Während Apollonios aus Iason einen problematischen und vielschichtigen Helden gemacht hatte, erhebt ihn Valerius zu eindeutiger epischer Größe.

Sein Erzählstil verstärkt die Neigung zur Subjektivität, die Vergil hatte: daraus folgt eine dauernde Psychologisierung der Erzählung, die so weit geht, daß einzelne Beschreibungen oder Handlungen ausgelassen werden, obschon sie für das Verständnis des Textes wichtig gewesen wären. Daraus resultiert ein schwieriger, oft dunkler Text.

Bibliographie M. Scaffai, *ANRW* II 32: 4 (1986) 2359–2447. – Einzelkommentare Buch II H. M. Poortvliet (Amsterdam 1991); V H. J. W. Wijsman (Leiden 1996); VII H. Stadler (Hildesheim 1993).

3.1.6.1.3 Silius Italicus. Silius' Liebe zu Vergil war zur Manie geworden; er hortete (wie Plinius in seinen Nachruf, *Epist.* 3,7, erzählt) Reliquien des Dichters, hatte sogar seinen Begräbnisplatz erworben. Diese Sammelwut wirft ein bezeichnendes Licht auf die Einstellung, mit welcher der Konsular Silius selber dichtete: sein Werk, die *Punica*, sind eine kalte Galerie historischer Porträts und antiquarischer Kuriositäten, gesammelt mit aufrichtiger, aber wahlloser Begeisterung. Dieses längste uns erhaltene römische historische Epos erzählt den Zweiten Punischen Krieg; das Thema war schon von Naevius und Ennius behandelt worden, von denen sich keine sicheren Spuren aufzeigen lassen, umso deutlicher ist die Benutzung des Livius. Doch Hauptanreger war Vergil mit der *Aeneis*. Der hannibalische Krieg leitet sich direkt aus Didos Fluch gegen Aeneas und seine Nachkommen her. Iuno ist noch immer Feindin der Troianer, die zu Römern geworden sind, und beschützt Karthago. Silius untermauert die historische Handlung bis zur Unerträglichkeit durch Interventionen des Götterapparats: wie wenn seine Leser nicht bloß die Konventionen der *Aeneis*, sondern auch diejenigen der homerischen Epen fraglos akzeptieren könnten. Alles in allem ist das Epos kein großer Beitrag zur römischen Literatur und interessant vor allem in einigen Nebenaspekten wie den mythologischen Exkursen und dem Streben nach antiquarischer Präzision.

Kommentar F. Spaltenstein (Genf 1986–1990).

3.1.6.2 Marcus Valerius Martialis

Von Martial besitzen wir eine Sammlung von *Epigrammata* in zwölf Büchern, gedichtet und allmählich herausgegeben zwischen 86 und 102, dazu ein weiteres Buch mit etwas über 30 Epigrammen, den *Liber de spectaculis* (anläßlich von Domitians Einweihung des Colosseum im Jahre 80), und die Bücher der *Xenia* und *Apophoreta*, Sammlungen von Distichen, die Geschenke begleiteten, die man sich während der Saturnalien schickte oder seinen Gästen mitgab.

Martial stellt die Beweglichkeit und Buntheit des Epigramms der Schwergewichtigkeit der großen Gattungen wie Epos oder Tragödie gegenüber: ihnen wirft er vor, sie würden auf Distanz zu den Realitäten des täglichen Lebens gehen, für sich beansprucht er Realismus. Doch betrachtet Martial das Schauspiel der Wirklichkeit und der real handelnden Menschen mit dem verzerrenden Auge des Satirikers. Es ist die Haltung des aufmerksamen, aber distanzierten Beobachters, der selten moralische Urteile abgibt – eine Gesellschaftssatire ohne harte Töne (*parcere personis, dicere de vitiis* 10,33,10). Die Themen sind weit gestreut und betreffen das gesamte menschliche Leben: neben den Epigrammen mit traditionellen Themen (etwa die Grabepigramme) gelten andere dem persönlichen Erleben des Dichters (zahlreich die Epigramme mit literarischer Polemik) oder den gesellschaftlichen Konventionen der Epoche (so die Preisepigramme auf hohe Persönlichkeiten, die Domitian gegenüber zur reinen Schmeichelei werden). Im allgemeinen aber stellt Martial gegenüber dem griechischen Epigramm den komisch-satirischen Aspekt in den Vordergrund: hier setzt er eine Tendenz des griechischen Epigrammatikers Lukillios (neronische Zeit) fort, von dem er auch charakteristische Formelemente wie die Schlußpointe (*fulmen in clausula*) übernimmt. Die Kompositionsformen variieren, zeichnen sich aber durch eine gewisse Regelmäßigkeit aus, welche die Kritiker (seit Lessing) veranlaßte, einen epigrammatischen Idealtypus zu definieren: auf eine Einleitung, die eine Situation, ein Objekt, eine Person beschreibt und im Leser gespannte Erwartung weckt, folgt ein Schlußteil, der in einer überraschenden Wendung (ἀπροσδόκητον) diese Spannung in einem Paradox, einer erhellenden Pointe auflöst.

Eine realistische Gattung wie die von Martial gewählte braucht eine Sprache und einen Stil, die dem lebendigen Gespräch und dem lexikalischen Reichtum der Alltagssprache gegenüber offen sind. Martial gefällt sich darin, neben Ausdrücken aus einer gewöhnlichen und anspruchslosen Wirklichkeit überraschend drastisch obszöne Ausdrücke einzuführen, was er mit dem – schon von Catull (16, 5f.) und Ovid (*Trist.* 2, 354) geäußerten – Gegensatz zwischen Werk und Leben legitimiert: *lasciva est nobis pagina, vita proba* (1, 4, 8). Doch ein so beweglicher Stilist wie Martial kann zahlreiche verschiedene Ausdrucksformen einsetzen, von nüchternen und klaren Tönen zu weit eleganteren und gesuchteren; festzuhalten ist auch die Verwendung des feierlich-hohen Stils in der Parodie.

Bibliographie G. W. M. Harrison, *Lustrum* 18 (1975) 300–337 (1901–1970). – Kommentar Buch I M. Citroni (Florenz 1975). XI N. M. Kay (London 1985).

3.1.6.3 Marcus Fabius Quintilianus

Quintilian war der erste Redelehrer Roms, der nach dem Willen Vespasians seit dem Jahr 78 einen staatlichen Lehrstuhl innehatte. Sein Hauptwerk sind die zwölf Bücher der *Institutio oratoria.* Das Werk will ein umfassendes kulturelles Ausbildungsprogramm geben, das der zukünftige Redner von seiner frühesten Kindheit an (Quintilians pädagogische Ratschläge, die gesunder Menschenverstand und Menschlichkeit auszeichnen, sind noch heute beherzigenswert) bis zur Aufnahme seiner öffentlichen Tätigkeit gewissenhaft befolgen muß. Der Niedergang der zeitgenössischen Redekunst (dem er auch einen verlorenen Traktat gewidmet hatte, *De causis corruptae eloquentiae*) hängt in Quintilians Augen mit dem moralischen Niedergang der Zeit zusammen – nach dem von der Antike weitgehend geteilten Prinzip „le style, c'est l'homme". Doch glaubt er fest an die Möglichkeiten der Erziehung. Gegenüber dem ‚verderbten' und ‚degenerierten' Stil gibt Quintilian einer klassizistischen Reaktion Ausdruck, die ihr Leitbild in Cicero hat.

Das 8. Buch der *Institutio* enthält eine erbarmungslose Analyse des extravaganten modernen Redestils, der sich an Seneca orientiert: bezeichnend für ihn ist die Vorliebe für *sententiae*, blitzende Redeteile, um des Effekts willen geschrieben, Künsteleien, wie sie Senecas abrupten und zerstückelten Satzbau kennzeichnen, der so viele Epigonen und Imitatoren anzog. Von seinem Redner verlangt Quintilian eine umfassene Bildung, und sein Ideal entspricht demjenigen, das seinerzeit Cicero in *De oratore* gezeichnet hatte. Allerdings hat die Philosophie unterdessen an Boden verloren und spielt für Quintilian keine herausragende Rolle mehr; den Primat haben jetzt Rhetorik und Literatur, und die gute Lektüre ist für die Bildung des jungen Redners zentral. Deswegen legt Quintilian im 10. Buch die Umrisse einer Literaturgeschichte vor, in der er meist konventionelle Vorstellungen wiedergibt, aber auch zu eigenem, unabhängigem Urteil fähig ist. Im Streit zwischen Traditionalisten und Modernisten etwa zeigt er Ausgewogenheit und Sinn für historische Relativierung, wenn er Unzulänglichkeiten der früheren Redner auch im Vergleich zu ihrer eigenen Zeit bemerkt. Zum Zeitpunkt der Veröffentlichung des Werks, etwa im Jahre 96, war dieser Streit bereits entschieden; es hatte sich Quintilians Ciceronianismus durchgesetzt, der größtmögliche Klarheit sucht, Exzesse im Ausdruck meidet, volle und ausgearbeitete, aber nicht affektierte Perioden schätzt.

Dem Redner sucht Quintilian eine Möglichkeit zu politischer Tätigkeit zu gewinnen, die von unfruchtbarem Rebellieren ebensoweit entfernt war wie von erniedrigender Servilität. Dieser Redner (ein ‚Bürokrat des Worts') stellt das politische System nicht in Frage, doch muß er eine moralische Begabung besitzen, die mehr noch als dem Princeps der ganzen Gesellschaft nützen kann. Allerdings ist das von Quintilian verfochtene Ideal eines Redners, der wie der ideale Redner Catos *vir bonus dicendi peritus* und eine Leitfigur für Senat und Volk ist, in der historischen Wirklichkeit des Imperiums völlig illusorisch. Ein weit besser fundiertes – und bewußt hartes – Urteil über die Rolle, die der Redner jetzt einnimmt, gibt der etwa zeitgleiche *Dialogus de oratoribus* des Tacitus, der ohne jede Illusion die völlige politische Ohnmacht des Redners diagnostiziert.

3.1.7 Die Fachprosa

3.1.7.1 Einleitung

In der Epoche des Älteren Plinius († 79 n. Chr.) schlug sich das naturwissenschaftliche Interesse auch in Unterhaltung und Konsum nieder. Erfolgreich waren freilich nicht Schriften von der Strenge der aristotelischen Wissenschaft, vielmehr die *Mirabilia* der sog. Paradoxographen. Diese stilisieren sich als Reisende, welche ihr Thema aus erster Hand kennen. Ihre Werke enthalten Anekdoten, Fabeln, anthropologische Notizen wechselnder Glaubwürdigkeit und Auszüge aus ernsthafteren wissenschaftlichen Schriften. Sie wollen nicht systematisch darstellen, sondern Material anhäufen: neue Einsichten stehen neben aus Büchern übernommenem Wissen. Ein steigender Bedarf an Fachliteratur entsteht auch, weil in der kaiserzeitlichen römischen Gesellschaft die Schicht der höheren, technischen Berufe – der Ärzte, Architekten, Wasserbauingenieure (Spezialisten für Aquaedukte und Abwasserleitungen), Agronomen und Verwaltungsfachleute – beträchtlich zunimmt. Und auch die Politiker benötigen größeres technisches Sachwissen; Provinzverwalter sind immer weniger Militärs und immer mehr Fachleute, die mit Fragen von Wirtschaft und Finanzen, natürlichen Ressourcen, Transportmitteln und Bodennutzung umgehen müssen. Hier herrscht eine steigende Nachfrage nach der Vermittlung von technischem Wissen.

3.1.7.2 C. Plinius Secundus (der Ältere)

Die *Naturalis Historia*, das gelehrte Riesenwerk des C. Plinius Secundus, reagiert auf umfassendste Weise auf diesen neuen Tendenzen. Sein Ehrgeiz geht noch weiter: es will eine Enzyklopädie sein, ein Repertorium alles schon Erreichten, Inventar der Welt, Katalog alles Wißbaren. Keiner seiner römischen Vorgänger (Varro, Celsus, Vitruv, Pomponius Mela) hatte ein derart allumfassendes Projekt konzipiert, und auch im Griechischen gibt es nichts Vergleichbares; an Fleiß und Schaffenfreude kann man allein Varro vergleichen. Plinius soll gesagt haben, er habe noch nie ein so schlechtes Buch gelesen, daß er überhaupt keinen Nutzen aus ihm gezogen hätte (Plin. *Epist.* 3, 5, 10); dabei las und exzerpierte er ununterbrochen. Das Ergebnis war ein Werk von 37 Büchern, welche das gesamte Wissen der Menschheit inventarisieren sollten. Plinius arbeitete unermüdlich, und er führte Buch darüber (*Nat.* 1, 17): 34'000 Nachrichten aus 2000 gelesenen Büchern von 100 verschiedenen Autoren; Notizen und Entwürfe in 170 Konvoluten.

Er habe, sagt Plinius, sein monumentales Werk verfaßt, um der Menschheit zu nützen. Dieser Wille hat stoische Wurzeln, auch wenn dieser Stoizismus überhaupt einer verbreiteten Haltung entspricht. Das Streben nach umfassendem Wissen fördert zudem einen toleranten Eklektizismus: Abhängigkeit von der Stoa ist am deutlichsten in der Kosmologie (Buch 2), dem engagiertesten Teil seines Werks.

In bezug auf den Stil halten manche Kritiker Plinius für den schlechtesten lateinischen Autor überhaupt (der Periodenbau löst sich in eine Reihe von angehäuften Aussagen auf, Karteikarte folgt auf Karteikarte, Faktum auf Faktum, nichts darf verloren gehen). Das Urteil braucht Präzisierung. Ausführliche stilistische Ausfeilung verträgt sich nicht mit der gewaltigen Fülle der Sammelarbeit; zudem hat guter Stil in Roms enzyklopädischer Tradition keinen Platz. Der größte römische Enzyklopädist, Varro, übertrifft Plinius an Klarheit und Können bei weitem, doch auch sein Stil ist, soweit wir sehen können, nachlässig und unelegant.

Auch für den Kommentar wichtig die lat.-dtsch. Ausg. von R. König (München/Zürich 1973–1997).

3.1.7.3 Frontinus

Von Sextus Iulius Frontinus (gestorben wenig nach 100) sind zwei Werke erhalten, *De aquis* (oder *De aquae ductu*) *urbis Romae* und *Strategemata*, dies letztere eine Sammlung von Anekdoten über das Heerleben von beschränkter Bedeutung für die Strategie und von keiner für die Literaturgeschichte. Die Schrift über die Wasserleitungen hingegen stellt gut und konkret die Probleme von Roms Wasserversorgung dar. Frontin war *curator aquarum* gewesen, und die Abhandlung belegt Ernst und Gewissenhaftigkeit seiner Amtsauffassung. Verloren ist eine weitere Abhandlung über die Feldmeßkunst.

3.2 Die Zeit der Adoptivkaiser

3.2.1 Einleitung

Das 2. Jahrhundert – das Jahrhundert der Adoptivkaiser, Traian, Hadrian, Antoninus Pius und Marcus Aurelius – ist eine Zeit von Frieden und Ruhe. Das Herrschaftssystem ist stabil, Princeps und Senat arbeiten einigermaßen entspannt zusammen. Obwohl das Reich seine größte Ausdehnung erreicht, ist es keine Zeit von Krieg und Eroberung: der einzige kriegerische Herrscher ist Traian, der Eroberer von Dacien. Die Wirtschaft blüht; es entstehen monumentale Großbauten, doch auch die städtischen Wohnverhältnisse werden saniert; die Lebensbedingungen der gesamten Bevölkerung werden besser. Die Alphabetisierung nimmt wie nie zuvor zu, man schafft Schulen für die mittlere und die höhere Ausbildung, in der Basilica Ulpia gründet Traian die größte öffentliche Bibliothek, die Rom je hatte.

Die Kultur sucht Raffinement. Die Gebildeten ästhetisieren ihre Lebensart im Genuß verfeinerter Kunstwerke und im preziösen Manierismus der Literatur. Die große Verfügbarkeit von Büchern und Bibliotheken und die Zuwendung zur Tradition fördern einen archaisierenden Geschmack, eine Neigung zu Philologie und Gelehrsamkeit. Die griechische Literatur erneuert sich, auch in Rom. Deutlichstes Zeichen dieser neuen Blüte der griechischen Bildung ist die sog. ‚Zweite Sophistik', die intellektuelle Bewegung brillanter Literaten, die etwas an die Sophisten des klassischen Griechentums erinnern, da sie häufig unterwegs sind – oft als Botschafter ihrer Heimatstadt am Kaiserhof – und oft ihr rhetorisches Talent für Geld zur Verfügung stellen. Sie schreiben und deklamieren Reden über Themen von unterschiedlicher Aktualität und Interesse, religiöse, ethische, politische, tröstende.

Einige von ihnen sind Mitglieder des Ritterstands oder gar des Senats; berühmt sind Herodes Atticus, Aelius Aristides oder auch der Römer Fronto, der Lehrer von Marcus Aurelius. Der Kaiser selber schreibt ebenfalls griechisch, aber über Philosophie – seine berühmten *Selbstbetrachtungen*. Ein anderer hochgebildeter Kaiser ist Hadrian, den man wegen seiner großen Liebe zur griechischen Kultur geradezu als *Graeculus* bezeichnete; er ist Autor kleiner Gedichte in der Manier Catulls. Als Literat vertritt er den archaisierenden Geschmack der Epoche. Er gründet in Rom eine Akademie, das *Athenaeum*, wo berühmte Literaten und Gelehrte lesen. Vor allem aber fördert er die bildenden Künste: er läßt zahllose Kopien nach griechischen Originalen herstellen, und sein Landhaus bei Tivoli (die *Villa Hadriana*) wird bald zu einem Museum.

Doch hat die Epoche auch ihre unterirdischen Turbulenzen. Die Barbaren bedrängen immer stärker die Reichsgrenzen, fallen unter Marcus Aurelius in Rätien und Italien ein. Vor allem verbreiten sich im ganzen, nun gewaltig ausgedehnten Reich neue Kulte, die oft traditionelle römische Denkweisen auf den Kopf stellen. Das religiöse Leben öffnet sich dem Orient, unter dem Einfluß der neuen Mysterienkulte aus Ägypten, Persien, Palästina, von Isis, Mithras, Christus. Die traditionelle Philosophie, die für Jahrhunderte den Mitgliedern der Oberschicht geistige Führung und Heil geboten hatte, verliert ihre Kraft und öffnet sich gegenüber den neuen Religionen: Religion und Philosophie durchdringen einander in allen möglichen ‚Synkretismen'. Besonders die Stoa wird fast völlig vom Christentum aufgesogen. Autoren wie der griechische Philosoph und Schriftsteller Plutarch oder der Römer Sueton sind bezeichnend für die neue Mentalität, die zur Offenheit gegenüber Vorzeichen, Prophezeiungen, Orakeln, esoterischer Traumdeutung, übermenschlichen Mächten und wundertätigen Kräften neigt. Die Kaiser selbst sind jetzt Götter, die Wunder wirken können.

3.2.2 C. Plinius Secundus (der Jüngere)

Vom Jüngeren Plinius (C. Plinius Caecilius Secundus, *61/62, † nach 110), mütterlicherseits Neffe des Älteren Plinius und von ihm nach dem frühen Tod seines Vater adoptiert, besitzen wir eine Dankrede an den Kaiser (*gratiarum actio*, in den Handschriften *Panegyricus*), die er nach seiner Ernennung zum Konsul (September 100) im Senat hielt, und 10 Bücher von *Epistulae*. Der *Panegyricus* ist in einer Sammlung von viel späteren *Panegyrici* auf verschiedene Kaiser überliefert, als erstes Beispiel einer neuen Gattung.

Aus der *gratiarum actio* erwächst eine eigentliche Lobrede auf den Kaiser: Plinius nennt und preist die Eigenschaften des *optimus princeps*, beschwört nach der düsteren Tyrannis des Domitian, die er heftig angreift (immerhin hatte Plinius auch unter Domitian in Ruhe gelebt und den gesamten *cursus honorum* vor dem Konsulat durchlaufen) eine Epoche der erneuerten Zusammenarbeit zwischen Kaiser und Senat und zeichnet Leitlinien für das Verhalten der künftigen Herrscher. Nicht ohne Naivität sieht er für sich eine Art pädagogische Rolle gegenüber dem Kaiser.

Die Wirklichkeit der Beziehungen zwischen Traian und Plinius zeigt sich dann in den amtlichen Briefen während seiner Zeit als Prokurator Bithyniens, die Buch 10 der Briefsammlung zusammenstellt: in ihnen zeigt sich Plinius als ein gewissenhafter und loyaler, aber auch etwas unentschlossener Verwaltungsbeamter, der Traian über alle anstehenden Fragen informiert und von ihm Rat und Anleitung erwartet. Aus Traians Antworten spürt man gelegentlich eine leise Ungeduld über die ununterbrochenen Fragen auch zu zweitrangigen Problemen; berühmt geblieben ist Traians Haltung einer nüchternen Toleranz gegenüber den Christen (*Epist.* 10,97).

Im Einleitungsbrief der *Epistulae* behauptet Plinius, bei der Anordnung der Briefe in der Sammlung völlig wahllos vorgegangen zu sein; man muß dies aber als eine der nicht seltenen Koketterien des Werks verstehen. Anordnungsprinzip ist das der Abwechslung, um Monotonie zu vermeiden. Gewöhnlich gilt jeder Brief einem bestimmten Thema, dessen Behandlung immer die Sorge um literarische Eleganz verrät – einer der wichtigsten Unterschiede zu Ciceros Briefen, wo der Mitteilungsdrang oft verschiedenartigste Themen in einem Text zusammendrängt, der gelegentlich allein für den Adressaten voll verständlich war. Doch ist Cicero das bevorzugte Stilideal des Plinius – aber seine Briefe sind eben Essays, eine Chronik des urbanen intellektuellen und politischen Lebens. Der Autor wendet sich jeweils in umständlicher Höflichkeit an seine Adressaten, berichtet von Tätigkeit und Erholung, von den Sorgen eines Großgrundbesitzer; preist verschiedene Persönlichkeiten, vor allem lebende oder eben verstorbene Literaten; zeichnet Landschaftsbilder in manieristischen Farben. Er erweist sich als emsiger Besucher von *recitationes* und *declamationes*, bei deren Organisation er immer wieder mithilft. Hinweise auf die eigene dichterische Produktion fehlen nicht, die zu seinem Leidwesen selten genügend geschätzt wird.

Anders als sein Lehrer Quintilian oder sein Freund Tacitus stört er sich nicht an der Krise der Kultur; er notiert höchstens einen gewissen Geschmacksverfall, der sich im abnehmenden Besuch der literarischen Veranstaltungen ausdrücke. Die Literatur, die er schätzt, ist gewöhnlich leicht, dient zur Unterhaltung und zum Konsum während der Diners der Oberschicht oder bei öffentlichen Lesungen: es sind deklamierte Reden und vor allem *versiculi*, dichterische *nugae*. Literatur als Gesellschaftspiel, Ergebnis und Quelle von Unterhaltung ohne Angst und ohne Ekstase, Literatur auch als zelebrierter Formalismus – ein Symptom für die fortschreitende Banalisierung dessen, was einmal die große kulturelle Tradition der römischen Oberschicht gewesen war. Gedämpfte und gefällige Töne, ein vornehmer Sinn für Maß, Decorum und Freude an oberflächlicher ‚bavardage' als Ausdruck eines höfischen, fast salonhaften Lebenstils begründen den Erfolg dieses Briefcorpus, machten es zum Vorbild für spätantike Autoren (Symmachus, Sidonius Apollinaris) und für allem für solche der Renaissance.

Forschungsbericht F. Römer, *AnzfAW* 40 (1987) 153–198 (4. Bericht, *Epist.*); P. Fedeli, *ANRW* II 33: 1 (1989) 387–514 *(Paneg.)*. – Kommentar zu *Epist.* A. N. Sherwin-White (Oxford 1966); *Paneg.* W. Kuehn (Darmstadt 1985).

3.2.2 Publius (oder Gaius) Cornelius Tacitus

R. Syme, *Tacitus*, 2 Bde. (Oxford 1958).

3.2.2.1 Der *Dialogus de oratoribus*

Der *Dialogus* ist wohl nicht Tacitus' erstes Werk, sondern erst nach *Agricola* und *Germania* entstanden; doch hat es sich eingebürgert, die Besprechung des Werks von Tacitus mit dieser Schrift zu beginnen, auch wegen der zahlreichen Eigenheiten, die dieses Werk etwas isolieren, so daß seine Echtheit oft angezweifelt wurde (und noch wird), nicht zuletzt wegen des Stils. Tatsächlich erinnert der Satzbau des *Dialogus* weit mehr an den Ciceroniasmus der Schule des Quintilian als an die strenge und asymmetrische *inconcinnitas* der großen Geschichtswerke des Tacitus. Man hat argumentiert, das der *Dialogus* ein noch der klassizistischen Schule Quintilians verpflichtetes Jugendwerk (zwischen 75 und 80) sei – doch müßte er auch dann trotz der Abfassungszeit unter Titus erst nach dem Tod Domitians publiziert worden sein. Wahrscheinlicher hängt der ungewohnte Klassizismus des Werks mit seiner Gattungszugehörigkeit zusammen: für rhetorische Schriften waren Aufbau, Sprache und Stil Ciceros unterdessen zum kanonischen Vorbild geworden.

Der *Dialogus*, der im Jahre 75 oder 77 spielt, knüpft an die Tradition des ciceronischen Dialogs an. Er berichtet ein fiktives Gespräch im Haus des Curiatius Maternus, an dem Tacitus als junger Mann teilgenommen habe. Im ersten Teil stehen sich die Reden von Aper und Maternus gegenüber, welche die Redekunst beziehungsweise die Dichtung verteidigen. Mit der Ankunft des Messalla verlegt sich die Diskussion auf die Frage nach dem Niedergang der Redekunst. Messalla verortet die Gründe im Verfall der Erziehung des künftigen Redners. Das Werk schließt mit der Rede des Maternus (der deutlich Tacitus' eigene Position vertritt), für den die große Redekunst bloß in der politischen Freiheit – oder besser der Anarchie – der republikanischen Verhältnisse möglich war; in den ruhigen und geordneten Verhältnissen des Prinzipats ist sie anachronistisch. Der innere Friede, den das neue System garantiert, muß akzeptiert werden, ohne zuviel einer Vergangenheit nachzutrauern, die allerdings ein weit besserer Nährboden für eine blühende Literatur und für große Persönlichkeiten gewesen war. – Diese Meinung des Maternus fügt sich zu Tacitus' sonstigem Geschichtsbild, das die Notwendigkeit des Prinzipats als der einzigen Macht, die den Staat vor Chaos und Bürgerkrieg zu retten vermag, unbestritten akzeptiert.

Forschungsbericht H. Merklin, *ANRW* II 33: 3 (1991) 2255–2283; D. Bo, *Le principali problematiche del „Dialogus de oratoribus"* (Hildesheim 1993); Kommentar R Güngerich (Göttingen 1980).

3.2.2.2 *Agricola*

Zu Beginn von Traians Herrschaft benützte Tacitus die neue Freiheit nach der Tyrannis des Domitian, um sein erstes historisches Opusculum zu veröffentlichen, das die Erinnerung an seinen Schwiegervater Iulius Agricola bewahren soll, eines loyalen Staatsdieners, der insbesondere für die endgültige Eroberung großer Teile Britanniens unter Domitian verantwortlich war. In seinem gelegentlich enkomiastischen Ton nähert sich der Agricola teilweise dem Stil der *laudatio funebris*.

Nach einer knappen Zusammenfassung von Agricolas Karriere vor Britannien stellt Tacitus mit gelegentlichen geographischen und ethnographischen Exkursen die Eroberung der Insel dar. In der enkomiastischen Darstellung von Agricolas Charakter betont Tacitus, daß dieser dem Gemeinwesen auch unter einem so schlechten Kaiser wie Domitian treu, anständig und kompetent gedient hatte; am Ende fiel auch er, der für Opposition um ihrer selbst willen nichts übrig hatte, deswegen sich aber nie zu Servilität erniedrigte, bei Domitian in Ungnade. Unberührt von der ihn umgebenden Korruption stirbt Agricola schweigend – ob dieser Tod natürlich oder von Domitian gewollt war, läßt Tacitus offen –, ohne den Ruhm des Märtyrertodes zu suchen, die *ambitiosa mors* (etwa der kaiserzeitlichen Stoiker), die Tacitus deswegen ablehnt, weil sie der *res publica* nichts bringt. Die Darstellung eines exemplarischen Mannes wie des Agricola wird zur Apologie jenes Teils von Roms herrschender Schicht, der ohne Neigung zum Martyrium mit den flavischen Kaisern zusammengearbeitet hatte und nach der Rückkehr der ‚Freiheit' eine wahllose Verurteilung seiner Arbeit und seines Dienstes am Staat nicht hätten hinnehmen können.

Der *Agricola* steht am Kreuzungspunkt mehrerer Gattungen: es ist eine panegyrische Rede, die zur Biographie wird, eine mit historischen und ethnographischen Materialien angereicherte *laudatio funebris*; entsprechend bunt die Stilmittel. Zu Beginn, in den direkten Reden und besonders in der beredten Peroratio am Ende ist der Einfluß Ciceros faßbar; in den erzählenden und ethnographischen Partien hingegen stehen zwei ganz verschiedene Stilmodelle, ein an Sallust und ein an Livius ausgerichtetes, nebeneinander.

Forschungsbericht R. M. Ogilvie, D. B. Saddington, L. J. F. Keppie, *ANRW* II 33: 3 (1991) 1714–1740; kommentierte Ausg. R. M. Ogilvie und I. Richmond (Oxford 1967).

3.2.2.3 *Germania*

Das schon im *Agricola* faßbare ethnographische Interesse steht im Zentrum der *Germania*. Die ethnographische Information ist dabei nicht Ergebnis eigener Beobachtung, sondern stammt ausnahmslos aus zweiter Hand. Hauptquelle sind wohl die *Bella Germaniae* des Älteren Plinius, dem Tacitus vermutlich treu gefolgt ist, indem er bloß den Stil verbesserte und ihn im Rückgriff auf sallustianische Farben und epigrammatische Zuspitzungen preziöser machte; festzuhalten ist, daß die *Germania* sehr oft Verhältnisse beschreibt, wie sie vor dem flavischen Vordringen über Rhein und Donau geherrscht haben müssen.

Vieldiskutiert ist Tacitus' Absicht: alt und m. E. wohlbegründet (auch wenn Modifikationen nötig sind) ist die Meinung, das Werklein habe eine ursprüngliche, noch nicht von den Übeln einer dekadenten Zivilisation verderbte Gesellschaft darstellen wollen; die implizite Gegenüberstellung von Römern und Barbaren durchzieht das Werk wie ein roter Faden. Indem er aber zugleich die ungezähmte Wildheit und kriegerische Potenz der Germanen heraustellte, wollte Tacitus zugleich wohl auch auf ihre Gefährlichkeit für das Reich hinweisen. Die Schwäche und Frivolität der römischen Gesellschaft mußte den angehenden senatorischen Historiker beschäftigen und beunruhigen. Es darf auch nicht erstaunen, daß Tacitus auch auf die Schwächen eines Volkes einging, das ihm wesenhaft barbarisch erschien: Faulheit und Spielwut, eine Neigung zu Trunkenheit und Streitsucht, die angeborene Grausamkeit.

Forschungsbericht A. A. Lund, *ANRW* II 33: 2 (1991) 1989–2222 (von 1880 bis 1989); Kommentare u. a. K. Müllenhoff (Berlin 1920); R. Much (Heidelberg ^{3}1967); A. A. Lund (Heidelberg 1988).

3.2.2.4 Die große Werke: *Historiae* und *Annales*

Die beiden historischen Hauptwerke, die *Historiae* und das Werk *Ab excessu divi Augusti* (auch als *Annales* bekannt), sind annalistisch strukturiert, ohne deswegen ihren monographischen Charakter zu verlieren. Ihr Thema ist die Macht, die Frage, wie nach den Bürgerkriegen der Prinzipat notwendig wurde, um den Frieden zu garantieren (Tacitus' berühmte These, die er zu Anfang der *Historien* formuliert). Insbesondere studiert er die verborgenen Mechanismen von Machterhaltung und Machtzerstörung, die Mittel von Denuntiation und Verrat: in diesen Büchern wird Rom zur großen und deprimierenden Metapher für die Schlechtigkeit der menschlichen Natur.

Die erhaltenen Teile der (früher verfaßten) *Historien* (vier ganze Bücher und der Anfang von Buch 5) umfassen den Zeitraum von 1. Januar 69 bis zum jüdischen Aufstand von 70; ursprünglich endete das Werk mit dem Jahre 96, dem Todesjahr Domitians. Von den (später geschriebenen) *Annalen* sind die Bücher 1–4, ein Fragment des 5. und Teile des 6. Buchs – vom Tod des Augustus im Jahre 14 bis zu dem des Tiberius im Jahr 37 – erhalten, mit einer Lücke zwischen 29 und 31; außerdem die Bücher 11–16, welche den späteren Teil von Claudius' Herrschaft (ab 47) und diejenige Neros bis ins Jahr 66 erzählen.

Die Überzeugung, daß allein der Prinzipat den Frieden garantieren könne, stand für Tacitus fest. Doch beim Fortgang von *Historien* zu *Annalen* scheint sich sein Blick zu verdüstern – durch die Einsicht, daß das Gleichgewicht zwischen *principatus* und *libertas*, das ihm der Machtantritt von Nerva und von Traian zu sichern schien, mehr Schein als Wirklichkeit war. So zeichnet er in den *Annalen* das Leben unter den Caesaren in einheitlich dunklen Farben. So unterscheiden sich die beiden Werke durch ihre Haltung und auch ihren Stil; die Grundlinien freilich bleiben einigermaßen dieselben. Unzweifelhaft ist Tacitus ein Historiker, in dem Sinn, daß er den fundamentalen Konventionen der antiken Historiographie folgt – im zentralen Interesse an politischen und militärischen Ereignissen, in der kompetenten Quellenbenützung, im (wenigstens grundsätzlichen) Respekt für die Wahrheit. Tacitus ist aber auch ein großer Dramatiker; oft fassen wir Spuren von und Anklänge an Vergil, und auch Lucan ist oft gegenwärtig. Die Art, wie er seine Berichte von Kriegen, Revolten, Verschwörungen organisiert, verdankt viel jener Spielart antiker Geschichtsschreibung (die schon der kalte, technische Polybios kritisiert hatte), die als ‚tragische Geschichtsschreibung' bekannt ist.

Doch dieser wichtige tragische Zug seiner Darstellungsweise hat nicht die Aufgabe, zu beeindrucken und Emotionen zu wecken; Tacitus benutzt ihn vielmehr, um die Tiefen der Seele seiner Gestalten auszuloten, um neben ihren Leidenschaften ihre Widersprüche und Mehrdeutigkeiten zu beleuchten. Für ihn liegen die Gründe für die Korruption in der Natur des Menschen. In dieser Hinsicht fehlt ihm der historische Blick Sallusts, der auch als Moralist fähig war, die großen Umbrüche in Gesellschaft und Sitten zu beobachten. Für Tacitus liegen die Gründe für die wiederkehrenden Katastrophen Roms darin, daß die Menschen den Ereignissen nicht gewachsen sind oder daß der Mensch grundsätzlich schlecht ist. Die Erzählung von Roms Vergangenheit führt den Leser durch trostlose menschliche Räume, ohne Licht und Hoffnung. Gelegentlich sind seine Gestalten geradezu pathologisch: sein (wohl kaum historisch wahrer) Nero ist ein manischer Wahnsinniger; doch ist er bloß der auffallendste unter den zahlreichen Fällen von Wahnsinn. Besonders in den *Annalen* führen Angst und Anspannung immer wieder zu schrecklichen Verbrechen, Selbstmord, zielloser Flucht. Die Mehrzahl von Tacitus' Gestalten sind aber alles andere als verrückt oder unfähig zur Weitsicht: berechnende und intrigante Figuren sind im Gegenteil häufig, und die Machtgier läßt geniale Eroberungspläne entstehen. Tacitus folgt seinen Gestalten von innen, wechselt knappe und konzise Bemerkungen mit ausführlichen Porträts. Manche dieser Porträts sind paradox, weil seine Gestalten oft beschämende Laster mit verblüffenden Tugenden verbinden – so Petron in den *Annalen*, Mucianus und Otho in den *Historien*. Das ausführlichste Porträt der *Annalen* ist zweifellos dasjenige des Tiberius, das langsam, Zug für Zug gezeichnet wird, mit immer düstereren Farben. Tacitus' Erzählungen, die Brutalität der Machthaber oder die Grausamkeit der Ereignisse werden von den Reaktionen der Menge kommentiert; in solchen Beschreibungen spiegelt sich meist die mit Verachtung gemischte Furcht des Senators Tacitus vor den städtischen Massen. Doch ist er gegenüber seinen Standesgenossen ebenso harsch, wird sein Sarkasmus hart und beißend: der Senat ist jetzt der Mittelpunkt von Denuntiantentum, Servilität und Verstellung.

Nicht nur in der Kunst und der Vorliebe für Porträts ist Sallust ein wichtiges Vorbild für Tacitus. Er betont und akzentuiert viele Züge, die bereits Sallusts Stil auszeichneten, wie den Hang zu Archaismen, die zerstückelte Syntax mit ihren aufblitzenden *sententiae*. Doch will er weit bewußter als Sallust ein schwieriger Autor sein: er liebt die bloße Andeutung von Verben, die Auslassung von Konjunktionen, regelwidrige Konstruktionen und häufige Subjektswechsel, um der Erzählung Buntheit und dramatische Bewegung zu geben. Ein scheinbares Satzende kann er oft mit einer unerwarteten Coda weiterführen, die epigrammhaft und oft sarkastisch kommentiert. Dies gilt für den Stil des gesamten Geschichtswerks; der Stil der *Annalen* unterscheidet sich auch von dem der *Historien*. Bis zu Buch 13 entfernt er sich immer weiter von den Sprachnormen, mit ungebräuchlichen Formen und einem immer archaischeren und feierlicheren Lexikon, das reich an Expressivität ist; *inconcinnitas* vor allem als Ergebnis von Variation wird noch häufiger; der Satzbau neigt zu völliger Asymmetrie, wodurch die Perioden brüsk und ruckartig ablaufen: die Disharmonie der Sprache spiegelt die Disharmonie der Ereignisse und die Vieldeutigkeit menschlichen Verhaltens. Doch verändert sich der Stil auch im Innern der *Annalen*; manche Forscher sprachen von einem Rückschritt. Von Buch 13 an scheint Tacitus auf traditionellere Vorbilder zurückzugreifen, die vom ciceronianischen Klassizisimus weniger weit abliegen: der Stil wird reicher und gehobener, weniger hart. Den Unterschied hat man mit den neuen Thema verbunden: Neros Prinzipat, der Tacitus' eigener Zeit viel näher war, mußte mit weniger sprachlicher Distanz dargestellt werden als die ferne Epoche des Tiberius, welche der Zeit der alten *res publica* noch weit näherstand.

Bibliographien W. Suerbaum, *ANRW* II 33: 2 (1990) 1032–1476 (*Ann.*, 1939–1980); H. W. Benario, ibid. 1477–1498 (*Ann.*, 1981–1986). *ClW* 89 (1995) 91–162 (1984–1993); K. Wellesley, *ANRW* II 32: 3 (1991) 1651–1685. – Kommentare: *Hist.* H. Heubner (Heidelberg 1963–1982); *Ann.* K. Nipperdey und G. Andresen (Berlin, Bd. 1 [10]1904. Bd. 2 [6]1908); E. Koestermann (Heidelberg 1963–1968); F. R. D. Goodyear (Cambridge seit 1971).

3.2.3 Sueton und die kleinere Geschichtsschreibung

3.2.3.1 C. Suetonius Tranquillus

Sueton war ein fleißiger Schriftsteller. Fast ganz erhalten ist *De vita Caesarum*, von Iulius Caesar bis Domitian; von der Sammlung der Biographien von Literaten mit dem Titel *De viris illustribus* kennen wir den letzten Teil *De grammaticis et rhetoribus*. Suetons Werk gehört der Gattung der Biographien an, die in Rom seit Varro und Cornelius Nepos gepflegt wurde. Der Aufbau der Biographien in *De grammaticis* folgt einem festen Schema: jeweils kurze Nachrichten über Herkunft und Geburtsort, über die Ausbildung, die Hauptinteressen und das Werk, über den Charakter. Die Kaiserbiographien sind im Aufbau ähnlich: Nachrichten zu Familie, Geburtsort, dann zu Jugend und Machtantritt. Dann wird (anders als in Plutarchs Biographien) der chronologische Ablauf unterbrochen; Sueton listet die Stärken und Schwächen des jeweiligen Kaisers auf, mit besonderem Gewicht auf dem Privatleben, dessen Exzesse und Maßlosigkeit herausgestellt werden, in oft unbedeutenden oder skandalösen Einzelheiten (was zum Erfolg des Werks beitrug, das man als Sammlung königlicher Perversionen las).

In der Wahl der Gattung Biographie und im Verzicht auf eine annalistische Anordnung, die auf der Abfolge der jetzt machtlosen republikanischen Ämter beruhte, wollte man die realistische Einsicht in die personalisierte Machtstruktur des kaiserzeitlichen Systems erkennen: die Biographie der einzelnen Kaiser erscheint als die historiographische Form, welche am besten zur chronologischen Gliederung der Kaiserzeit geeignet ist. Die *Vitae* stellen eine Form der ‚kleinen' Geschichtsschreibung dar, die aus verschiedenen Quellen schöpft: von Archivmaterial über satirische Pamphlete bis zur anticaesarianischen Historiographie. Ohne das Niveau der großen Geschichtsschreibung zu erreichen, stellen die *Vitae Caesarum* doch eine außerordentlich reiche Quelle für die historische Rekonstruktion des ersten Jahrhunderts der Kaiserzeit dar. Eine Leserschaft von Beamten und Funktionären wird Suetons Sinn für das Konkrete geschätzt haben, seine (fast kanzleimäßige) Registrierung bemerkenswerter Einzelheiten und die langsame und geordnete Darstellung, aber auch die nüchterne und trockene, doch auch bewegliche und lebhafte Sprache, fern von gesuchtem Archaismus und moderner Preziosität, offen für die Umgangssprache und doch nicht ohne stilistischen Reiz.

Bibliographie P. Galland-Hallyn, *ANRW* II 33: 5 (1991) 3576–3622 (von 1950 bis 1988). – Kommentierte Ausg. von *Gramm.* R. A. Kaster (Oxford 1995).

3.2.3.2 Annius (?) Florus

Die Notwendigkeit, sich wieder auf die Vorbilder der historiographischen Tradition zu besinnen, wird uns auch durch das Werk belegt, das die Handschriften unter dem Titel *Epitoma de Tito Livio bellorum omnium annorum DCC* überliefern und einem L. Iulius (oder Annaeus) Florus zuschreiben (vielleicht identisch mit Annius Florus, dem Freund des Kaisers Hadrian, der mit ihm scherzhafte Gedichte neoterischer Art austauschte). Der Titel, den Spätere gegeben haben, ist unpassend, denn es liegt keine Zusammenfassung des Livius vor; Livius ist bloß die Hauptquelle, und der Text behandelt Ereignisse auch aus der Zeit nach dem Schluß von Livius' Werk.

Interessant am Werk ist, daß das Wachsen der Macht Roms in einem biologischen Modell gesehen wird, das alte stoische Wurzeln hat und schon Varro und dem Älteren Seneca bekannt ist. Florus personifiziert das römische Volk und macht aus ihm sozusagen den kollektiven Protagonisten der Erzählung, beschreibt seine verschiedenen Lebensalter von der Kindheit (Königszeit) und der Jugend (frühere Republik) zur Reife, welche mit der *pax Augusta* erreicht wird; es müßte das Alter der Kaiserzeit folgen, die Florus nicht mehr darstellt. Der Einfluß des biologischen Schemas verrät den Einfluß des Sueton: Florus schreibt eine Art Biographie Roms. Erzählt wird beweglich und knapp, der Stil ist rhetorisch eingefärbt.

3.2.4 Apuleius

Apuleius' geistige Physiognomie gleicht derjenigen der zeitgenössischen griechischen Sophisten, Philosophen und Wanderredner, die ihre Dienste der Stadt verkaufen, in der sie sich für kürzere Zeit niederlassen.

Von seinen philosophischen Schriften überleben *De Platone et eius dogmate*, eine wenig originelle Zusammenfassung von Platons Physik und Ethik, und *De deo Socratis*, eine Behandlung des δαιμόνιον des Sokrates, jener Stimme, von der Sokrates behauptete, er höre sie in sich, und die Apuleius als ein Wesen verstand, das er hierarchisch zwischen den Menschen und den Göttern ansiedelt. Die Schrift *De mundo*, deren Echtheit angezweifelt wird, ist eine Bearbeitung des pseudo-aristotelischen Traktats Περὶ Κόσμου (‚Über das Universum'). Seine rednerische Tätigkeiten belegen die *Florida*, eine Anthologie von 23 Stücken aus seinen Reden, und die *Apologia*, eine brillante Selbstverteidigung im Magieprozeß, den die Verwandten seiner Frau gegen ihn angestrengt hatten: Apuleius hatte eine reiche Witwe, die Mutter eines Studienfreundes, geheiratet, und ihre Verwandten klagten ihn an, er habe sie mit magischen Mitteln verführt. Der Prozeß endete mit einem Freispruch, und die – nach dem Prozeß schriftlich ausgearbeitete – Rede ist die einzige kaiserzeitliche Gerichtsrede, die wir besitzen.

Kommentar zu *Apol.* H. E. Butler – A. S. Owen (Oxford 1914); zu *De Plat.* P. Siniscalco (St. Augustin 1981); *De deo Socr.* M. Bingenheimer (Frankfurt a. M. 1993).

Doch das Werk, das Apuleius berühmt gemacht hat, ist der Roman *Metamorphoseon libri XI.* Dieser von der einzigen Handschrift belegte Titel geriet bald in Konkurrenz mit dem von Augustin verwendeten, *Asinus aureus* (*Civ.* 13,18), wo unklar ist, ob sich das Adjektiv auf die Wertschätzung des Textes oder auf die Farbe des Tiers geht. Letzthin hat man (unter Berufung auf religionsgeschichtliche Argumente) den von Augustin bezeugten Titel verteidigt, der wohl mit dem andern koexistierte.

Vor einer Interpretation der *Metamorphosen* müssen einige Fragen beantwortet werden, nicht zuletzt die nach der Gattung des Textes, den man gewöhnlich als ‚Roman' bezeichnet. Im Falle der *Metamorphosen* nämlich spielt noch eine zweite, nicht weniger problematische Gattung eine Rolle, die ‚Milesische Novelle' (*fabula Milesiaca*), auf welche der Autor gleich zu Beginn sein Werk verweist (*sermone isto Milesio varias fabulas conseram* 1,1). Doch der fast vollständige Verlust der Übersetzungen, die Cornelius Sisenna von den

Fabulae Milesiacae des Aristides von Milet (2. Jh. v. Chr.) anfertigte, beläßt die Gattung in unaufhellbarem Dunkel; einzig sicher ist ihr erotischer Charakter.

Auch die Erzählung vom in einen Esel verwandelten Menschen scheint in ihrer elementaren erotisch-freizügigen Form eine milesische Novelle gewesen zu sein. Apuleius führte möglicherweise die Rolle der Magie ein; wahrscheinlich war dieser Zug schon im griechischen Text, der Apuleius als Vorlage diente, angelegt, aber sicher ohne dieselbe große Bedeutung. Kompliziert ist die Quellenfrage. Bekanntlich hat ein griechischer Text, der uns unter dem Titel *Lukios oder der Esel* (Λούκιος ἢ ὄνος) im Corpus der Schriften des Lukian von Samosata erhalten ist, aber nicht von ihm stammt, dasselbe Handlungsgerüst wie der lateinische Roman, ist aber weit kürzer. Außerdem bezeugt der byzantinische Patriarch Photios (*Bibl. cod.* 129; 9. Jh.), er habe Verwandlungsgeschichten im Werk eines sonst unbekannten Lukios von Patrai gelesen, „in vielen Büchern": von diesen seien die ersten zwei aus dem Werk Lukians abgeschrieben oder (dies die Hypothese, die Photios wahrscheinlicher vorkommt) Lukian habe sie aus Lukios übernommen. Diese Nachricht führte zu einer nicht abgeschlossenen Diskussion über die Beziehung der beiden uns erhaltenen Texte (selbst die Identität des Lukios von Patrai wurde in Zweifel gezogen, weil ein solcher Autor aus dem Ich-Erzähler des lukianischen *Lukios* leicht konstruiert werden kann). Welche Lösung man immer vorzieht (die einer gemeinsamen Quelle für Apuleius und den pseudo-lukianischen *Lukios* oder, unwahrscheinlicher, die, daß Pseudo-Lukian das Original sei), offen bleibt die Herkunft der zahlreichen Partien, die bloß in Apuleius' Text sich finden – was kann man sicher als Werk des Apuleius ansehen, was davon fand sich schon in der Vorlage? Auch hier ist die Forschung geteilter Ansicht, indem die einen Apuleius nicht viel mehr als bloß die zentrale Geschichte von Amor und Psyche zuschreiben (an deren Authentizität aus verschiedenen Gründen kein Zweifel besteht), während andere (heute die Mehrzahl) eben aufgrund der vom Erzähler am Beginn des Werks geäußerten Absicht (das schon zitierte *varias fabulas conseram*) Apuleius praktisch sämtliche nicht im *Lukios* vorkommenden Teile geben (insbesondere den Großteil der Einlagen und die Episoden zu Beginn des Romans). – Unzweifelhaft ist auch, daß das letzte Buch mit der Erscheinung der Isis und der anschließenden Initiation in ihre Mysterien und die des Sarapis Apuleius gehört (der *Lukios* endet mit einer Burleske in der Art der milesischen Novellen, indem der wieder zu Menschengestalt gelangte Lukios von der Matrone verjagt wird, die ihn als Esel geliebt hatte). Diese Zuschreibung ist umso sicherer, als der Protagonist, ein junger Mann, der im ganzen Roman sich als Grieche dargestellt hatte, in diesem Buch plötzlich zum *Madaurensis* wird (*Met.* 11,27; Madaura ist Heimat des Apuleius), womit Ich-erzähler und empirischer Autor offenbar zur Deckung gebracht werden.

Interessanter als die verwickelten Fragen nach der Urheberschaft der einzelnen Teile des Romans ist der Unterschied in der umfassenden Bedeutung und im Erzählton, der sich zwischen dem Text des Apuleius und des Pseudo-Lukian ausmachen läßt; von daher die Frage, inwieweit Apuleius die Gesamterscheinung seiner Vorlage respektiert. Der *Lukios* wirkt wie ein reiner Unterhaltungsroman, ohne jede moralistischen Absichten; er enthält spielerische, erotische, humoristische und schlüpfrige Einzelheiten in vergnüglichem Wechsel. Anders die *Metamorphosen*. Unter der Oberfläche einer simpel unterhaltenen Lektüre (*lector, intende, laetaberis*: *Met.* 1,1) trägt das ganze Geschehen den Charakter einer exemplarischen Erzählung. Deswegen geht Apuleius, der auch ganz anders gekonnt hätte, auf die Schlüpfrigkeiten seines Romans nur ganz obenhin ein und benutzt die obszönen Elemente, die der *Lukios* mit grellen Farben ausmalt, nur sparsam und distanziert.

Beweis für den moralischen Ernst des Werks ist die Rolle, welche das Motiv der *curiositas* in der Struktur des Romans spielt: von Anfang an wichtig, ist sie Schuld an der katastrophalen Verwandlung des Helden, aus der er erst nach einer langen Läuterung und einer drastischen Änderung seines bisherigen Lebenswandels erlöst werden wird. Bestätigung dafür, daß dies ein vom Verfasser vorgegebener Schlüssel zum Verständnis des Romans ist, gibt die Übereinstimmung kleinerer Einlagen mit der Haupthandlung, deren Einzelzüge sie spiegeln (etwa die Byrrha-Episode, in der Lucius eine Statuengruppe des Actaeon sieht, der für seine Neugier bestraft wird, *Met.* 2,4).

Beispielhaft ist der Fall der Erzählung von Amor und Psyche, welche dank ihrer Länge und ihrer Stellung in der Werkmitte (*Met.* 4,28–6,24) fundamentale Spiegelung des Schicksals von Lucius wird. Psyche wird nicht anders als Lucius für ihre *curiositas* bestraft, und wie er kann sie ihr Vergehen nur in einer langen Reihe von schmerzhaften Prüfungen sühnen. Die allegorische Bedeutung der Novelle ist evident, und man hat verschiedene Deutungen versucht, etwa diejenigen, die aus dem Märchen einen philosophischen Mythos platonischer Herkunft oder eine Initiationserzählung aus dem Isiskult machen. Betonen muß man, daß keine klaren und eindeutigen Antworten möglich sind, nicht bloß, weil in der Erzählung Motive aus Platonismus und Isiskult unlösbar verschmolzen, sondern auch, weil diese Motive selber unscharf und gegenseitig voneinander beeinflußt sind. Eine allegorische Deutung nimmt aber der Geschichte nichts von ihrem Reiz. Ein erzählerisches Gerüst, das wohl aus volkstümlichem Erzählen stammt, verbindet sich in ihr einesteils mit alexandrinischen und milesischen Elementen, anderseits mit spezifisch römischen (wichtig sind die Anregungen Vergils bei der Unterweltsfahrt Psyches und diejenigen der Elegie bei der Beschreibung der Liebe zwischen Amor und Psyche).

Die übrigen Einlagen haben verschiedenartigen Charakter; Magisches (in den ersten drei Büchern) wechselt ab mit Epischem (die Räubergeschichten), Tragischem, Komischem, in einem experimentierenden Umgang mit den Gattungstraditionen, der seine Entsprechungen in den Experimenten des Sprachstils hat. Doch die zahlreichen literarischen Motive verschiedenster Herkunft fügen sich zu einem bedeutungsvollen Ganzen zusammen. Das gilt etwa für die Ehebruchgeschichten in den letzten Büchern, die düstersten des ganzen Werks, in denen das Walten eines blinden und erbarmungslosen Geschicks deutlich spürbar wird, in scharfem Kontrast zum letzten Buch, das vom sorgenden Willen der Isityche, der *Fortuna videns*, beherrscht wird. Der ganze Roman erscheint als ein Weg durch eine Welt aus Zeichen und literarischen Symbolen hin zu einer Befreiung, die im Licht und in der Moral liegt.

Als Zeuge eines intensiven Archaismus, dessen Hauptexponent Fronto ist, kennt Apuleius natürlich die Vorlieben seiner Zeitgenossen für altertümliche Wörter und für die altlateinischen Dichter (allen voran Plautus), doch er bindet solche Vorlieben in ein umfassenderes Streben nach literarischen Formen ein. Preziöses Vokabular und hohe rhetorische Kompetenz sind Teil eines meisterhaften Umgangs mit verschiedenen Registern, die im Text verschiedenartig kombiniert werden. So geht er völlig frei mit Archaismen und Neuschöpfungen, vulgären und poetischen Formen um und mischt sie mit einem technischen Wortschatz aus Wissenschaft und Handwerk. Apuleius' Sprache lenkt die Aufmerksamkeit des Lesers immer wieder erst einmal auf die Form des Ausdrucks, nicht auf die Aussage. Die Einzelwörter erscheinen wie von einem Halo verschiedener Bedeutungen umgeben, rufen suggestive implizierte Bedeutungen wach. Man hat oft den Eindruck, daß bei Apuleius die in der ganzen Latinität (freilich in verschieden starker Ausprägung) faßbare Tendenz besonders ausgeprägt ist, mit der lautlichen Gestalt auf die Ausdrucksform einzuwirken, zuzulassen, daß Gedanke und Sprache durch die Anforderungen des Gehörs mitbestimmt werden.

Der hohen rhetorischen Qualität des Vokabulars entspricht der Charakter der syntaktischen Struktur, welche geprägt ist von Isokola, Homoeoteleuta, Assonanzen, Synonymenhäufungen und gesuchten rhythmischen Übereinstimmungen, in der Absicht, eine Aussage bis an die Grenze des Machbaren in ihre Facetten zu zergliedern. Die asianische Manier feiert Triumphe: zerstückelte Syntax, Wortspiele, schwere Farben, Verrätselungen und geistreiche Formulierungen, kurz der gesamte gekünstelte und virtuose Formwille, welcher die Vorliebe zu starkem Ausdruck mit der Freude am literarischen Spiel verbindet. Bei aller Ausrichtung an den Konventionen der klassischen Rhetorik beendet die Prosa des Apuleius die rhetorische Tradition Roms, indem es sie an den Rand der Ausdrucksmöglichkeiten zwingt; indem sie sich zugleich auf neue Rhythmen und neue Konstruktionen hin öffnet, läßt sie bereits die nicht allzuferne Blüte der mittellateinischen Prosa ahnen.

Kommentare zu Einzelbüchern erscheinen in Groningen seit 1938; daneben v. a. *Amor und Psyche* E. J. Kenney (Cambridge 1990); Buch XI J. Gwyn Griffiths (Leiden 1975). – J. J. Winkler, *Auctor et Actor. A Narratological Reading of Apuleius' ,Golden Ass'* (Berkeley 1985).

3.2.4 Die Dichtung zwischen Flaviern und Antoninen

3.2.4.1 Die *Poetae novelli*

Das 2. Jahrhundert ist im Ganzen eine Zeit äußerster Lebendigkeit in Gesellschaft, Kunst und Kultur. Die große Krise Roms wird im nächsten Jahrhundert kommen; jener Bruch wird zur Grenze gegenüber der in mancher Hinsicht ganz neuen Spätantike. Die Dichtung freilich ist ,antizyklisch': dichterisches Talent blüht in der prosperierenden und vitalen Zeit von Traian, Hadrian, Antoninus Pius und Marcus Aurelius kaum. In einer Epoche, in der Redekunst und Gelehrsamkeit triumphieren, verschwindet die Dichtung aus dem Zentrum der Kultur; die dunkeln Jahre des 3. Jahrhunderts haben eine größere Menge bedeutender Dichtung hinterlassen.

Soviel wir sehen können, setzt das 2. Jahrhundert aber die Praxis einer ,kleinen' Dichtung vermischter Form fort. In einem Bereich von Literatur, der sich fast nur aus dem Gegensatz zur ,hohen' Dichtung definiert, fassen wir einige Gestalten, die wenig Fragmente hinterlassen haben. Die Literaturhistoriker, die naturgemäß Angst vor Leerräumen haben, neigen dazu, den Raum der Dichtung des 2. (und 3.) Jahrhunderts zu füllen, indem sie eine eigentliche Schule rekonstruieren, diejenige der *poetae novelli*.

Die Bezeichnung ist schon antik und belastet von dichten literaturgeschichtlichen Erwartungen. Bezugspunkt ist die neoterische „Schule" des 1. Jahrhunderts v. Chr., die *poetae novi* um Catull, Cinna, Calvus und Valerius Cato und einige ihrer Vorgänger wie der eigenwillige Formkünstler Laevius. Die *novelli* wären also *poetae novi* in feinerer Tonart, und ihre Neuheit ist nicht die einer modernistischen Avantgarde, sie schaut zurück auf das, was archaisch, ungebräuchlich und nicht mehr Mode ist. Dies ist ein Grundzug, der mit der Suche nach Neuem zusammengeht, die in der Kunstprosa den stilistischen und morphologischen Archaismus etwa eines Fronto kennzeichnete. Die Erneuerung des Stils und die Suche nach neuen Ausdrucksformen, um der Herrschaft der großen Klassiker zu entkommen, wendet sich früheren, nicht mehr gebräuchlichen Formen zu.

Den Namen *poetae novelli* verwendet der große Metriker Terentianus Maurus (2./3. Jh.) für einige Dichter, von denen wir karge Reste haben. Annianus, den auch Gellius mehrfach erwähnt, schrieb *Carmina Falisca*, in einem abgelegenen Metrum (eben dem ‚faliskischen' aus drei Daktylen und einem Iambus), dazu rätselhafte *Fescennini*. Alfius Avitus dichtet über große Männer aus Roms Geschichte. Ein Marianus schrieb *Lupercalia*. Septimius Serenus sang über ländliche und pastorale Themen. Diese schattenhaften Gestalten lassen wohl gemeinsame Tendenzen erkennen. Die auffallendste ist das metrische Experiment: sie denken sich neue Metren aus (eben die Falisker des Annianus) oder brechen mit den großen Klassikern, indem sie über traditionelle Themen in unerwarteten und scheinbar unpassenden Metren dichten. So behandelt Serenus seine bukolischen Themen nicht in den üblichen Hexametern, sondern in iambischen Dimetern, einem traditionell allenfalls mit Bühne oder Epode verbundenen Vers. Auch blühen metrische Spielereien: ‚rückläufige' Distichen, in denen der Pentameter die Worte des Hexameters in umgekehrter Reihenfolge anordnet, oder eigentliche Figuralgedichte, deren verschieden lange Verse das Bild des besungenen Gegenstands auf die Buchseite zeichnen.

Bezeichnend ist auch die antiquarische und archaisierende Gelehrsamkeit, welche sowohl Themen (Titel wie *Falisca* oder *Lupercalia*, die sich an der italischen Folklore orientieren) wie Sprache betrifft. So werden Szenen, die in einer altertümlichen italischen Landschaft angesiedelt sind, in einem nicht mehr geläufigen, archaischen, umgangssprachlichen oder dialektalen Vokabular dargestellt. Einige Aspekte der Prosa von Fronto oder Apuleius finden hier ihre genauen formalen Entsprechungen. Es dominiert die formale Künstelei, die Begeisterung für das Zierliche. Die Rückwendung zur Vergangenheit, zu vorklassischen Vorbildern begegnet dem gekünstelten Geschmack, der zwei Jahrhunderte vorher die *Idyllia* von Sueius und die Mimiamben von Matius hervorgebracht hatten.

Die interessanteste Gestalt bei dieser kleinen Blüte ist diejenige eines römischen Kaisers. Wir wissen von den Biographen, daß Hadrian hochkultiviert und vielseitig interessiert war. Seine Politik der umfassenden Integration versuchte Rom, die Provinzen, Griechenland und den Orient in einem Prozeß der – kulturellen wie administrativen – Verschmelzung zu vereinen. Er besaß eine gründliche griechische Bildung in Literatur und Kunst und förderte alle Seiten der Künste und der Bildung. Soweit wir wissen, hatte er auch ein beträchtliches poetisches Talent; nicht zufällig dichtete er in beiden Reichssprachen. Geblieben sind bloß wenige Verse; am bemerkenswertesten (wenn es von ihm stammt) ist ein kleines Gelegenheitsgedicht, eine Apostrophe an seine Seele, die er unmittelbar vor seinem Tod verfaßt haben soll. Der Text ist zurecht berühmt wegen seiner neoterischen musikalischen Anmut, scheinbar leichthin geschrieben, doch voll literarischen Gefühls; vielen schien es den kommenden Abstieg anzukünden (frg. 3 *FPL*[3]).

Animula vagula blandula
hospes comesque corporis
quae nunc abibis in loca
pallidula rigida nudula?
nec, ut soles, dabis iocos?

3.2.4.2 Die *Anthologia Palatina* und Weiteres

Einige Gelehrte fassen die Schule der *poetae novelli* so weit, daß auch viele Texte des 3. Jahrhunderts darin Platz finden, wie das *Pervigilium Veneris*, oder Autoren wie Nemesianus oder Reposianus. Die traditionalistische Dichtung erweckt auch im 3. Jahrhundert den Eindruck großer Müdigkeit, nimmt sie doch weitgehend Themen der klassischen Dichtung wieder auf. Eine dünne Atmosphäre und technisches Akrobatentum setzen Eigenheiten fort, die schon diejenigen der *poetae novelli* antoninischer Zeit gewesen waren. Manche Gedichte, die man in dieses Jahrhundert datiert, werden in der *Anthologia Palatina* aufbewahrt.

Diese Bezeichnung trägt eine sehr umfangreiche Gedichtsammlung, die im 6. Jahrhundert in Nordafrika angelegt wurde und vor allem Gedichte afrikanischer Autoren der Spätantike umfaßt, aber auch einige ältere, besonders wenn sie berühmten Autoren zugeschrieben werden konnten (so einige Epigramme, die unter den Namen von Seneca und von Petron laufen). Die *Anthologia* verweist auf gebildete Zirkel, in denen diese Verse die Barbareneinfälle haben überleben können, und sie hat uns Autoren und Werke erhalten, die sonst rettungslos verloren gegangen wären.

Eine Konstante vieler Gedichte der *Anthologie* ist das Thema der Natur, von den zahlreichen Versen über Rosen bis zum wohl berühmtesten Stück der Sammlung, dem *Pervigilium Veneris*. Die Datierung ist auch hier umstritten, einige geben es der antoninischen Zeit, wegen einiger Übereinstimmung in Stil und Geschmack mit den *poetae novelli*. In dieser ‚Nachtfeier für Venus' verbinden sich volkstümliche Themen und literarische Bildung in Strophen verschiedener Länge, die getrennt werden durch den Refrain *Cras amet qui numquam amavit, quique amavit cras amet*. Beschrieben ist das Venusfest zur Feier des Frühlings nach einem Brauch von Hybla in Sizilien. Einziges Exemplar seiner Gattung, nimmt das Gedicht mit seinem Metrum (dem trochäischen Trimeter) die Form der Akklamationen auf, mit denen Soldaten und Volk die triumphierenden Feldherren begrüßten. Auch wenn der Wortschatz weitestgehend klassisch ist, zeigen sich in der Syntax einige Züge der Volkssprache; doch die gesuchte Einfachheit des Ausdrucks und der Glanz der Beschreibung geben dem Gedicht eine außerordentliche Frische.

Kommentar L. Catlow (Brüssel 1980).

Ein anderes bemerkenswertes Werk in der *Anthologie* ist das kleine Hexametergedicht des Reposianus (der wohl im 3. Jh. lebte) mit dem Titel *De concubitu Martis et Veneris*, das eine Episode aus dem 8. Buch der *Odyssee* wieder aufgreift. In der Beschreibung, wie die beiden göttlichen Liebenden einander treffen, kehren Themen und Töne wieder, die man auch im *Pervigilium* findet – das Gefühl der Liebe, die Verbindung zwischen Liebe und Aufblühen der Natur, die formale Eleganz, die Gelehrsamkeit.

Demselben Geschmack, der viele Gedichte der *Anthologie* und das *Pervigilium* kennzeichnet, gehören die *Cynegetica* und die *Eclogae* des Nemesianus an, eines afrikanischen Dichters des 3. Jahrhunderts. Die *Cynegetica* ordnen sich in eine Tradition von Lehrdichtung über die Jagd ein, die noch in der Spätzeit im Griechischen lebendig war. Dabei sieht Nemesian die Jagd als die Möglichkeit des Menschen, in Kontakt mit der Natur zu treten und sich von der städtischen Umgebung zu befreien, die er als unnatürlich und schädlich ansieht. Die Landschaft ist in der Art der *Georgica* Vergils dargestellt. Am Vergil der *Bucolica* hingegen orientieren sich die vier *Eclogae*; aus der manierierten Wiederaufnahme erwächst eine Originalität zwar nicht von Thema und Darstellung, aber der literarischen Haltung.

Kommentierte Ausg. von *Ecl.* und *Cyneg.* H. J. Williams (Leiden 1986); *Ecl.* L. Ferri und L. Moreschini (L'Aquila/Rom 1994).

3.3 Die mittlere Kaiserzeit: Von den Severern bis Diokletian

3.3.1 Die erste christliche Literatur

Die Bürgerkriege, die auf die Ermordung des Commodus (192 n. Chr.) folgen, setzen dem langen Frieden des 2. Jahrhunderts ein Ende. Besonders nach der Militärdynastie der Severer (235 n. Chr.) beginnt eine Periode von Gewalt und Anarchie, die bis zur Thronbesteigung Diokletians im Jahre 284 dauert und durch zentrifugale, gar separatistische Tendenzen gekennzeichnet ist: an den Rändern des Reichs machen sich einzelne Provinzen und Länder zu kurzlebigen autonomen Staaten, etwa das Königreich Palmyra im Osten oder das *Imperium Galliarum*. Die beiden wichtigsten Grenzen, die gegen die Germanen und die gegen die Parther, stehen unter ständigem Druck; die Barbaren können nur noch mit gewaltigen wirtschaftlichen Opfern zurückgehalten werden. Über die Wahl des Kaisers bestimmen die Heere, deren Kommandanten nicht mehr Angehörige von Roms Oberschicht, sondern Aufsteiger aus den unteren Rängen sind. Auch Barbaren werden rekrutiert; die soziale Mobilität bringt sogar einen Thraker, Maximus, und einen Araber, Philippus, für kurze Zeit auf den Kaiserthron.

Das jetzt so unsichere Land entvölkert sich; selbst Rom muß sich unter Aurelian (270–275) mit einem neuen, mächtigen Mauerring schützen. Die Notwendigkeit, ein großes stehendes Heer zu halten, verschärft den Steuerdruck; das Wirtschaftsleben gerät in eine Krise, die starke Inflation treibt die Preise in die Höhe.

Dieses Klima der Unsicherheit, das sich im gesamten Reich ausbreitet, fördert die Angst vor dem Ende der Welt und die Erwartung einer jenseitigen Rettung. Neue Mysterienkulte breiten sich aus, und das Christentum faßt rasch Fuß: innerhalb weniger Jahrhunderte wird es die anderen Kulte verdrängen und offizielle Reichsreligion werden. Vorläufig freilich sind die Christen noch eine Minderheit; die ersten Zeichen ihrer Gemeinden erscheinen in Süditalien bereits in der Mitte des 1. Jahrhunderts, in Pompei, in Pozzuoli. Es waren erst Griechengemeinden; die ersten jüdischen Anhänger Christi wie Paulus oder Lukas schrieben griechisch, und die erste Evangelisation wird in die Griechenstädte Kleinasiens getragen. Deswegen sind auch die ersten christlichen Schriften des Westens noch griechisch, wie der Brief von Clemens Romanus (von wohl 96), des vierten Bischofs von Rom, der *Pastor* des Hermas, der fünf symbolische Visionen in einem Griechisch erzählt, das an Hebraismen und Latinismen reich ist. Am Ende des 2. Jahrhunderts dann ist das Christentum fest in der Hauptstadt eingewurzelt und beginnt, Anhänger auch in der Oberschicht zu werben: einige der ersten christlichen Heroinen sind Frauen aus reichen und vornehmen Familien, welche der Kirche beträchtliche Vermächtnisse zuhalten und ihr Prestige auch in der Oberschicht verbreiten. Jetzt beginnt die lateinische christliche Literatur.

Ihre ersten Texte sind Bibelübersetzungen, die in Afrika und Italien seit dem 2. Jahrhundert hergestellt wurden. Diese ersten Übersetzungen faßt man gewöhnlich unter dem Titel *Vetus Latina* zusammen; *vetus*, ‚alt', weil sie der Übersetzung des Hieronymus gegenüberstanden, welche zum offiziellen Text, der *Vulgata*, werden wird. Einzige Reste dieser früheren Versionen fassen wir durch die Zitate bei den Kirchenvätern.

Während des 2. und 3. Jahrhunderts sind die Beziehungen zwischen den Christengemeinden und dem Staat komplex und ambivalent: Perioden von Toleranz, in denen Verfolgungen und Christenprozesse unbekannt oder ganz selten sind, werden abgelöst durch solche, in denen Martyrien an der Tagesordnung sind. Nicht alle Gegenden und nicht alle Schichten sind im übrigen von den Verfolgungen gleich stark betroffen. In Italien sind, soweit wir sehen, Verfolgungen selten und treffen die Oberschicht meist nicht; in anderen Gegenden, wie in Africa, betreffen sie regelmäßig die Häupter der Kirche. Aus diesen Vorgängen geht als Erinnerung die erste, sehr wirkungsvolle christliche narrative Literatur hervor, die *Acta Martyrum* und die *Passiones*.

Die Gattung stammt aus Nordafrika und entstand in der zweiten Hälfte des 2. Jahrhunderts. Die Christen, die den Verfolgungen entkommen waren, verfaßten Gedenkschriften, welche das Heldentum der zum Märtyrertod gezwungenen Glaubensgenossen aufbewahren sollten. Die *Acta martyrum Scillitorum* aus dem Jahr 180 enthalten die Protokolle der Prozesse gegen die Christen während einer solchen Verfolgung. Oft wurden die Berichte von den Märtyrern selber redigiert, soweit sie konnten, und von andern um die Darstellung der letzten Stunden und die Beschreibung der Hinrichtung ergänzt. Es sind immer sehr effektvolle, knappe Berichte, deren Fähigkeit, den Leser emotional zu treffen, auf die Knappheit der Darstellung und die scheinbare Distanz des Berichts zurückgeht. Solche *Acta* wurden während des ganzen 3. Jahrhunderts verfaßt. Sie stellen immer wieder den Zusammenstoß der Christen, die das Neue bringen, gewaltlos sind und um ihr Leben nach dem Tod wissen, mit den Beamten Roms dar, welche die alte Ordnung verteidigen, Gewalt anwenden müssen und keine Zukunftshoffnungen haben.

Verwandt mit den *Acta* sind die *Passiones*, persönlichere Werke, welche weniger an die Form des offiziellen Protokolls gebunden sind. Hauptwerk der Gattung ist die *Passio Perpetuae et Felicitatis*, welche das Martyrium einer vornehmen jungen Afrikanerin, Perpetua, ihrer Sklavin Felicitas und ihres Katecheten Saturus in Karthago (202 n. Chr.) darstellt. In seinem ersten Teil gibt sich der Text als derjenige der Perpetua selber; es folgt eine Partie von Saturus, in der er seine Visionen beschreibt; den Schluß bildet der Bericht über das Martyrium während der Spiele im Amphitheater, den ein anonymer Autor erzählt (man hat auch vermutet, daß die ganze Erzählung Werk dieses Autors sei, den einige mit Tertullian identifizieren). Die Wirkung der *Passio Perpetuae* wird durch ihren Erfolg bei den Christen bestätigt; nach ihrem Vorbild wurden von häretischen Gruppen andere afrikanische *Passiones* verfaßt, und man übersetzte sie sogar ins Griechische – ein damals äußerst seltenes Ereignis, da ja das lateinische Christentum in theologischem Denken und literarischem Werken vom griechischen abhing.

Später durchlief die Gattung der *Passiones* eine Entwicklung, die sie langsam anderen narrativen Gattungen annäherte, besonders dem Roman; es entstand die vor allem griechische epische *Passio*. In ihr wird der Märtyrer zum siegreichen Helden, der sterbend seinen eigenen Henker besiegt, durch eine Reihe phantastischer Ereignisse voller Überraschungseffekte und richtigen Wundern. Diese Gattung blühte erst nach Konstantin, als das Martyrium keine Realität oder unmittelbare Bedrohung mehr war; so konnten die Gläubigen sich an übertriebenen und unwahrscheinlichen Darstellungen eines irrealen Geschehens vergnügen. Diese von Triumphstimmung durchdrungene Literatur entsprach einem Publikum, das bisher seine Unterhaltungsliteratur im griechischen Roman gefunden hatte, mit dem diese *Passiones* die Freude an einer verwickelten Handlung und das Interesse am Phantastischen teilen.

A. A. R. Bastiaensen et all., *Atti e Passioni dei Martiri*. Fondazione Lorenzo Valla (Mailand 1987).

3.3.2 Die apologetische Literatur: Tertullian und Minucius Felix

3.3.2.1 Tertullian

Um das Ende des 2. Jahrhunderts erscheinen die ersten apologetischen (‚verteidigenden') Schriften in Latein, mit denen die Christen ihren Glauben verbreiten und gegen die Angriffe und Anklagen der Heiden verteidigen wollten; entsprechende griechische Schriften waren schon seit der Zeit Hadrians erschienen. Die ersten lateinischen Apologeten sind Minucius Felix und Tertullian.

Tertullian war in Karthago um die Mitte des 2. Jahrhunderts als Sohn heidnischer Eltern zur Welt gekommen. Nach Rhetorikstudien war er Advokat in Afrika und eine Weile auch in Rom. Er bekehrte sich erst in fortgeschrittenem Alter.

Tertullians apologetische Haltung ist durch besondere Härte und Unbeugsamkeit gekennzeichnet; scharf sind seine Anklagereden gegen die Heiden, aber auch gegen Christen, welche in den Disputen um die richtige Lehre in seiner letzten Lebenszeit seine Gegner waren. Die Verteidigung des Glaubens wird oft zur harten Attacke, deren Wirksamkeit auf dem rhetorischen Können und der Neigung zu Polemik und zu einem barocken und überladenen Stil beruht. Die wichtigsten seiner apologetischen Schriften sind die Traktate *Ad nationes* und *Apologeticum*, das mit juristischem Wissen die Leidenschaft dessen verbindet, der im Märtyrerblut den Samen für neue Konversionen sieht. Es ist unbestritten sein Hauptwerk: wenige Jahre nach seinem Erscheinen wurde es ins Griechische übersetzt und signalisierte den Anfang der Gegenoffensive gegen die Heiden – etwas grundlegend Neues, denn bis dahin hatten die griechischen Apologeten das Christentum auf dem Boden der philosophischen Debatte verteidigt.

Andere Schriften betreffen ethische Fragen innerhalb der christlichen Gemeinde und erlauben dem Leser interessante soziologische Einblicke in die afrikanische Gesellschaft an der Wende vom 2. zum 3. Jahrhundert. In *De spectaculis* predigt Tertullian gegen die Teilnahme an den Schauspielen von Theater und Zirkus; in *De virginibus velandis* fordert er die Frauen auf, das Haus nicht ohne Schleier zu verlassen; in *De idololatria* behandelt er Fragen von Wirtschaft und Beruf und schließt, daß praktisch alle Alltagsbeschäftigungen vom Heidentum durchdrungen und deswegen für einen guten Christen unannehmbar seien. Übermäßige Strenge und auf die Spitze getriebener Moralismus, doch auch Scharfsinn und Wortmächtigkeit sichern Tertullian einen wichtigen Platz in der Geschichte der lateinischen Literatur.

Zusammenfassend ist der wichtigste Beitrag der afrikanischen Kultur an der Wende vom 2. zum 3. Jahrhundert zur Bildung einer christlichen Literatursprache eine eindrückliche und zugespitzte Bildwelt, ein knapper und abrupter Stil, der den Kontakt mit dem Leser sucht, ein unregelmäßiger Satzbau, der kurze Pointen mit emphatischem sprachlichen

Ausholen abwechselt. In literarischer Hinsicht hält Tertullian den Vergleich mit den großen Repräsentanten der lateinischen Literatur der Kaiserzeit aus. Als ungestümer und kämpferischer Prosaist benutzt er die eigene Leidenschaftlichkeit, um seinem lebhaften und kraftvollen Stil Elan zu geben, kann sich aber notfalls auch subtiler theologischer Argumentation anpassen. Als ausgebildeter Jurist meistert er auch knifflige und subtile doktrinäre Fragen. Zwar kommt er von der Tradition des hellenistischen und des biblischen Vokabulars her, doch kann er auch die Lebhaftigkeit der Umgangssprache einbeziehen, indem er alten Wörtern neuen Sinn gibt oder indem er in Analogiebildung große Mengen neuer Wörter prägt, von denen viele fester Bestandteil des christlichen Wortschatzes werden sollten.

T. D. Barnes, *Tertullian* (Oxford 1971).

3.3.2.2 Minucius Felix

Auch Minucius Felix ist Advokat und Afrikaner, doch weit toleranter und offener als Tertullian; er hatte lange in Rom gelebt, wo er sein Metier ausübte und ruhigen Wohlstand genoß. Außer dem uns erhaltenen Dialog *Octavius* verfaßte er einen Traktat *De fato*.

Der Dialog (der nach dem Muster der Dialoge Ciceros und des Taciteischen *Dialogus de oratoribus* inszeniert ist) spielt am Lido von Ostia unter drei Personen: dem Heiden Caecilius, dem Christen Octavius und Minucius selber. Octavius tadelt Caecilius wegen einer Verehrungsgeste einer Sarapisstatue gegenüber; Caecilius schlägt vor, die gegenseitigen Begründungen vorzulegen und Minucius zum Schiedsrichter zu machen; doch nach zwei Reden, derjenigen des Caecilius gegen und derjenigen des Octavius für das Christentum, ist der Richter unnötig: Caecilius gesteht seine Niederlage ein. Der Dialog endet in heiterer Zufriedenheit.

Die vorgebrachten Argumente finden sich überall in der apologetischen Literatur, auch bei Tertullian: der Monotheismus ist auch in rationaler Analyse dem Polytheismus vorzuziehen; würden die Heiden das Eintreten der Christen für Frieden und Liebe verstehen, würden sie sie nicht bekämpfen, sondern sich gleich bekehren. Doch anders als Tertullian ist Minucius ein präziser und feinsinniger Schriftsteller; seine Argumentation ruht auf der Logik und einer liebenswürdigen Konversation. Er wendet sich an gebildete Heiden, um sie zu bekehren, und zitiert ausführlich die klassischen Autoren, verweist hingegen nicht auf die Bibel.

Die Diskussion verläuft gefaßt und würdig. Viel Aufmerksamkeit widmet Minucius der literarischen Form; das Vorbild Ciceros ist beim Satzbau immer präsent. Einige Rahmenszenen des Dialogs sind zurecht bewunderte Kabinettstücke, etwa das Bild der Kinder, die am Strand spielen und flache Kiesel auf dem Wasser springen lassen; der Spaziergang am äußersten Rand des Strands, wo der Sand schon von den Wellen überspült wird; der Halt bei den Klippen, wo sich die Protagonisten zum Gespräch in der Morgenfrische des Herbstes hinsetzen; das Schlußbild mit den drei Freunden, die Abschied nehmen, zufrieden sind über das schöne Gespräch und glücklich darüber, daß ihre Divergenzen beigelegt sind.

Das Christentum des Minucius ist dasjenige einer Führungsschicht, die nicht will, daß der Wechsel der Religion mit sozialen Umbrüchen einhergeht, und die überzeugt ist, daß feine Form und Maß, die Jahrhunderte griechisch-römischer Kultur geschaffen haben, überleben müssen: das Christentum muß unter Wahrung der Kontinuität, nicht durch einen Bruch (wie dies Tertullian wünschte) eingeführt werden. In der Welt des Minucius ist kein Platz für Absonderlichkeiten des Judentums und Exzesse radikaler Christen. Auch sein Christentum ist authentisch und ehrlich, doch es fehlt ihm der revolutionäre

Biß, welcher die Verbreitung in der Unterschicht ermöglicht hatte und der für manchen Intellektuellen – darunter Tertullian – seine hauptsächlichste Faszination darstellte. Es fehlt die Leidenschaft der christlichen Offenbarung; an ihrer Stelle findet der Leser – neben Reminiszenzen an Seneca und an die übrige heidnische Philosophie – eine ruhige Darstellung der Morallehre, die beinahe von einem alltäglichen, maßvollem Stoizismus gefärbt ist.

3.3.2.3 Die kleineren Apologeten: Cyprian und Commodian

Unter den kleineren Apologeten muß der afrikanische Bischof Tascius Caecilius Cyprianus genannt werden, der als Märtyrer starb; er verfaßte ein Werk *De lapsis* (über die Haltung gegenüber jenen Christen, die aus Angst vor Verfolgung vom Glauben abfielen) und *De habitu virginum* (über das Verhalten der Frauen, die ihr Leben dem Dienst an Gott geweiht haben). Obwohl er sich am Werk des Tertullian ausrichtet, besitzt er wenig oder nichts von dessen Ausdruckskraft; er schreibt eine klassizistische Prosa, in die sich Bibelzitate einschieben, ohne an der Feierlichkeit des Satzbaus etwas zu ändern. Er wird zum Modell für die christliche Prosa des nächsten Jahrhunderts werden.

Commodian übt seine apologetische Tätigkeit in Versen aus, so einem *Carmen apologeticum* in 1060 Hexamtern. Thema des Gedichts ist die Weltgeschichte sowohl aus Sicht des Alten Testaments wie Roms, die er als Zusammenstoß zwischen Gott und dem Teufel versteht, bis zur Apokalypse, dem Untergang des Imperiums und dem jüngsten Gericht. In mancher Hinsicht ist er in der lateinischen christlichen Dichtung eine Ausnahmeerscheinung. Er scheint sich an die tieferen Schichten zu wenden und stellt den Glauben und die Hoffnungen der Entrechteten dar; dazu benutzt er eine Sprache, die von der Umgangssprache beeinflußt ist, und eine Metrik, die mit der klassischen gebrochen hat.

Tatsächlich gleicht zwar der Vers des Commodian noch dem Hexameter, besteht aber nicht mehr aus einer geregelten Abfolge von Längen und Kürzen. Er ist vielmehr eine Zeile von mindestens zwölf und höchstens siebzehn Silben; nur die Abfolge der betonten Silben garantiert die rhythmische Struktur des Verses, den Assonanzen und Reime schmücken. Es ist eine volkstümliche Ausdrucksweise, welche von einem elementaren Wortschatz und einer bis an die Grenze des Möglichen vereinfachten Syntax begleitet wird. Die christliche Lehre kennt Commodian eher ungefähr und vergröbernd; er versteht die Rolle des Heiligen Geists nicht richtig und hält die paganen Götter für Kinder der Engel und der menschlichen Frauen. Als letzter der Propheten glaubt er, daß dem Ende der Welt eine letzte glückliche Zeit vorangehe und daß vor dem Leben im Jenseits die irdrische Herrschaft Gottes kommen werde, in der die Armen, Verlassenen, Geschändeten ihre Hoffnungen erfüllt sehen würden. Derartige ‚millenaristische' Hoffnungen müssen im Christentum der Unterschichten verbreitet gewesen sein: sie entsprechen konkreten sozialen Bedürfnissen. Commodians Christentum ist keine Doktrin und hat keinen spekulativen Unterbau; es ist der düstere Glaube eines Visionärs und eines reuigen Sünders, der die Gegner des Glaubens nicht überzeugen, sondern erschrecken und tadeln, die Zögernden und Unentschlossenen bedrohen will.

3.3.3 Die gelehrte Literatur

Eine neue Entwicklung, die im 3. Jahrhundert beginnt, um sich im 4. Jahrhundert voll zu entfalten, ist die steigende Bedeutung der Schule. Die allmähliche Verwandlung der Staatsverwaltung, die aus dem Privileg der führenden Familien zu einer für alle Schichten offenen Karriere von dafür ausgebildeten Männern wurde, brachte die Schaffung von entsprechenden Ausbildungsinstitutionen mit sich. Der Staat und die Gemeinden gründen öffentliche Schulen, die neben die Privatschulen treten und in den verschiedensten Wissensbereichen aktiv werden, von den traditionellen und noch immer wichtigen Fächern Grammatik, Rhetorik und Jurisprudenz bis zu den ‚wissenschaftlichen' wie Medizin, Architektur oder Musik. Diese Verbreitung des Wissens und damit des geschriebenen Textes trägt zur allmählichen Verdrängung des alten, teuren *volumen*, der Buchrolle, durch den *codex* aus Pergamentblättern bei, der billiger ist und leichter Vorlesungsnotizen oder Sammlungen von Schulausgaben aufnimmt.

Besonders die Christen sind aktiv als Lehrer an öffentlichen und privaten Schulen. Doch war die christliche Schule nicht an den Glauben gebunden; ihr Curriculum war mit demjenigen der nichtchristlichen Schulen identisch, und sein Ziel war die Heranbildung einer in Mentalität und Bildung einigermaßen homogenen Schicht von qualifizierten Verwaltungsbeamten. Grundlage jeder Bildung waren die Klassiker, Cicero und Vergil allen voran, an denen die Kinder erst lesen, dann allmählich die Regeln der Grammatik und die Rezepte der Rhetorik lernten; aus den Klassikern holte man auch das antiquarische Wissen, das zum kulturellen Gepäck der gesamten oberen Mittelklasse gehörte. Neben die Klassiker traten die Handbücher ganz verschiedenen Umfangs, welche den einzelnen unterrichteten Disziplinen galten. Neben die traditionellen grammatischen Lehrbücher, die Kommentare zu den Klassikern und die rhetorischen Abhandlungen traten Schriften zum Recht, zur Medizin und zu anderen technischen Bereichen; gleichzeitig blühten enzyklopädische Werke verschiedenartiger Richtung wie *De die natali* von Censorinus – ein Werk über Astrologie und Kalenderwesen – oder die *Collectanea rerum memorabilium* des Iulius Solinus, Resultat der fleißigen Kompilation verschiedener literarischer Quellen, vor allem des Älteren Plinius, doch auch aus Mela oder Sueton. Solin notiert alle Merkwürdigkeiten, die ihm bei der Lektüre der antiken Autore auffallen: fremde Sitten, Pflanzen, Tiere; es ist der Triumph der Paradoxographie. Die *Collectanea* beginnen mit Rom und Italien und weiten ihren Blick allmählich aus, auf den Orient, das Schwarze Meer, Germanien, Gallien, Nordafrika und das Reich der Parther.

Censorinus: kommentierte Ausgabe von C. A. Rapisarda (Bologna 1991).

3.4 Die Literatur der späteren Antike

3.4.1 Die große Wiedergeburt der Kultur

Die Dynastie Konstantins bringt dem Reich Stabilität zurück. Gelungene Wirtschaftsreformen, der erneuerte Zentralismus, eine Reihe militärischer Erfolge sichern dem Reich eine letzte Blüte. Mit ihr geht ein kultureller Aufbruch einher, der zu einer literarischen Produktion führt, welche zu den eindrücklichsten Roms gehört. Die Kirche, jetzt als Machtzentrum gefestigt und etabliert, arbeitet mit der Verwaltung zusammen und tritt gelegentlich an ihre Stelle, wenn diese träge oder abwesend ist. Das Bischofsamt wächst an Ansehen und Einfluß, und allmählich – besonders im Westen – werden die wichtigsten Bischofssitze von Angehörigen der großen Adelsfamilien besetzt.

Das 4. Jahrhundert ist die Zeit der großen Konzile und der großen Häresien. Weil das Christentum zur offiziellen Institution geworden ist, wird die Durchsetzung der Orthodoxie zur Sache des Staates. Bereits Konstantin greift mehrfach in das Konzil von Nikaia ein, an dem die Bischöfe die Lehren des Arius diskutieren. Häretiker werden oft blutig verfolgt: außer dem arianischen Glauben, der sich rasch gewaltig ausbreitete (die ersten Missionare Germaniens waren Arianer), wurde die Kirche durch Manichäismus, Donatismus und vor allem Pelagianismus gespalten.

Pelagius war ein britannischer Mönch um die Wende des 4. zum 5. Jahrhundert; wir besitzen seine *Epistula ad Demetriadem seu liber de institutione virginis*, einen *Libellus fidei ad Innocentium papam* und einen Kommentar zu den Paulusbriefen; verloren ist sein Hauptwerk *De libero arbitrio* in vier Büchern. Zentrales Dogma der Pelagianer war, daß schon allein gute Werke, ein reines Leben und einwandfreies Betragen dem Menschen das Paradies bringen; die Gnade war zum Heil unwichtig, womit die Vermittlung der Kirche hinfällig wurde. Augustin polemisiert heftig dagegen.

Underdessen rennen die Barbaren immer heftiger gegen die Reichsgrenzen an. Nach dem Tod des Theodosius († 396) wird es immer schwieriger, die Germanen abzuhalten. Anfänglich waren sie freilich mehr oder weniger im Frieden gekommen: sie hatten sich Rom freiwillig unterworfen und nahmen oft offizielle Aufgaben wahr; in Heer und Verwaltung waren die Barbaren oft loyale Funktionäre, auch wenn manche Römer sie mit Mißtrauen betrachteten, weil sie fürchteten, daß die Institutionen sozusagen von innen heraus besetzt würden. Doch 406 bricht die Rheingrenze vor einer heftigen Invasion der Alanen, Sueben und Vandalen; etwa gleichzeitig setzen sich aus Norditalien die Visigothen von Alarich gegen Rom in Bewegung: im Jahre 410 verwüsten und plündern sie die Reichshauptstadt. Das Ereignis macht tiefen Eindruck auf Heiden wie Christen, von denen viele das Ende der Welt, das die *Apokalypse* prophezeit hatte, gekommen glaubten; andere fragten sich, weswegen Gott sich entschieden habe, das Reich zu zerstören, von dem sie geglaubt hatten, die Vorsehung hätte es zur leichteren Verbreitung des wahren Glaubens geschaffen.

3.4.1.2 Die Bewahrung der heidnischen Tradition: Nonius Marcellus, Kommentare, Editionen, Macrobius

3.4.1.2.1 Nonius Marcellus. Vielleicht aus diesen Ängsten, aus dem Gefühl vom Ende einer Zivilisation heraus, vertiefte sich das Bedürfnis, das Alte zu bewahren, zu erinnern und zu lehren. Jetzt entstehen die großen enzyklopädischen Sammlungen, *summae* von Sprache und Literatur, fähig, die klassische Literatur zu bewahren und weiterzugeben. Zu den wichtigsten Werken dieser Bemühungen gehört die *Ars grammatica* (in fünf Büchern) des Flavius Sosipater Carisius, in der zahlreiche sonst verlorene Stücke lateinischer Werke erhalten sind. Doch weitaus am wichtigsten im Bereich der Grammatik ist das enzyklopädische Werk des Nonius Marcellus, eines Afrikaners wohl konstantinischer Zeit, das er unter dem Titel *De compendiosa doctrina* in zwanzig sehr ungleich langen Büchern schrieb (sie reichen von einer Seite für Buch 20 bis zu über dreihundert für Buch 4).

Das Werk, das er seinem Sohn gewidmet hatte, zerfällt in zwei Teile: der erste, für uns interessanteste Teil (die Bücher 1–12) ist linguistisch und grammatikalisch, der zweite weit kürzere (Bücher 13–20, etwa ein Zwanzigstel des Werks) gilt zumeist antiquarischen Problemen (Schiffe, Werkzeuge, Kleider, Ernährung usw.) und interessiert vor allem wegen der Darstellung römischer Sitten und Gebräuche. – Nonius hat in der lateinischen Literatur eine besondere Stellung, sozusagen die eines Spiegels. Der erste Teil von *De compendiosa doctrina* besteht aus Einzelwörtern, deren Bedeutung, Verwendung, Sonderbedeutung usw. Nonius erklärt und jeweilen mit einem Zitat aus früheren Autoren illustriert, deren Werk wir aus der direkten Überlieferung nicht kennen: einen bedeutenden Teil der altlateinischen und spätrepublikanischen Literatur, von den Tragödien des Livius Andronicus über die Satiren von Lucilius bis zu den *Historiae* des Sallust, würden wir ohne die Zitate des Nonius nicht mehr kennen.

Studi Noniani (Genua, seit 1967).

3.4.1.2.2 Kommentare und Editionen. Oft begnügten sich die Grammatiker nicht damit, Handbücher zu schreiben, sie verfaßten auch Kommentare zu den Klassikern. So schrieb Aelius Donatus, der wohl größte Grammatiker des 4. Jahrhunderts, der auch Hieronymus zu seinem Schüler hatte, zwei grammatische Traktate (eine *Ars Minor* und eine *Ars Maior*), welche zum Schulbuch schlechthin werden sollten, an dem die jungen Leute bis ins spätere Mittelalter und darüber hinaus Latein erlernten. Daneben schrieb er einen Vergilkommentar, der fast völlig verloren ist, und einen Terenzkommentar.

L. Holtz, *Donat et la tradition de l'enseignement grammatical* (Paris 1981).

Reich und umfassend ist der Vergilkommentar des Servius, wohl eines Schülers von Aelius Donatus, der später in Rom eine Schule auftat; der Kommentar geht wohl auf die ersten Jahrzehnte des 5. Jahrhunderts zurück. Seinen Ruhm bestätigt Macrob, der ihm unter den Personen der *Saturnalia* die Rolle zuweist, schwierige Probleme der Vergildeutung zu behandeln.

Nicht unerwähnt bleiben darf die Textedition, die in dieser Epoche blühte. Immer korrektere und zuverlässigere Texte kommen in Umlauf; gerade der Wechsel von der Rolle zum Codex sensibilisiert für die Notwendigkeit, Texte bereitzustellen, welche möglichst fehlerfrei sind. Dieser Aufgabe, die Texte zu revidieren und zu ‚reinigen', unterziehen sich Spezialisten, oft unter dem Patronat der großen aristokratischen Familien Roms. Die Symmachi und die Nicomachi stellen sich die Aufgabe, das Geschichtswerk des Livius zu edieren; andere Gelehrte beschäftigen sich mit Martial, Iuvenal, Apuleius. Ein anderes Werk derselben Epoche hatte großen Erfolg im Mittelalter, die Übersetzung und teilweise Kommentierung des platonischen *Timaios*, welche ein Christ, Chalcidius, im Auftrag von Ossius von Corduba schrieb. Bis die Humanisten wieder den Weg zum griechischen Platon fanden, sollte Chalcidius für den Westen der einzige Zugang zum Text Platons sein.

3.4.1.2.3 Macrobius. Die *Saturnalia* des Ambrosius Theodosius Macrobius bestehen aus sieben Büchern eines über drei Tage verteilten Dialogs, eingeführt durch einen Prolog, in dem zwei Personen, Decius und Postumianus, auftreten. Postumianus erzählt die gelehrten Diskussionen, welche im Dezember 384 in den Häusern einiger führender Aristokraten abgehalten worden waren, wo eine Gruppe von Gelehrten und Politikern sich zur Feier der Saturnalia (vom 17.–19. Dezember) versammelt hatte. Unter den Personen sind neben führenden Politikern der Zeit auch Servius, der Vergilkommentator, und der Schriftsteller Avienus.

Der erste Gesprächstag, und damit die ersten beiden Bücher des Werkes, gelten verschiedenen gelehrten Themen, Fragen der Religion und dem Erzählen geistreicher Sprüche der Früheren; der zweite und der dritte Tag (alle übrigen Bücher) behandeln Vergil, in dessen Werk sich neben kostbaren Stilvorbildern antiquarische Einzelheiten jeder Art fanden. Die Inszenierung des Dialogs schließt sich an die Tradition der Gelagedialoge an, die mit dem platonischen *Symposion* begann und zu einem topischen Rahmen wurde, der der gelehrten Behandlung eine Umgebung leiht, welche die Anstrengung des Lesers leichter und die Darstellung angenehmer macht. – In der heiteren Welt der Gelehrten (nostalgische Verteidiger eine idealisierten paganen Kultur) stellt man keineswegs bloß bedeutungslose Fragen: Grundthema ist das Erbe der klassischen Tradition, sind Literatur, Sitten und Gebräuche, Religion – es geht um Kernfragen des späten Heidentums, um eine Theologie und eine Ethik, die als religiöses und philosophisches System dem siegreichen Christentum entgegenstellt werden könnten. Macrobs philosophische, neuplatonische Interessen werden durch sein anderes Werk bestätigt, den Kommentar zum *Somnium Scipionis* (dem Schlußteil von Ciceros *De re publica*), der neben astronomischen Beobachtungen voll von mystischen und allegorischen Interpretationen ist. Macrobs Text war in den spätantiken und mittelalterlichen Handschriften von Ciceros Text begleitet, der so der Zerstörung entging, welche den Rest von *De re publica* betroffen hat.

Kommentierte Ausg. der *Commentarii in Somnium Scipionis* M. Regali, 2 Bde. (Pisa 1983. 1990).

3.4.1.3 Die pagane Rhetorik: Die Panegyriker und Symmachus

3.4.1.3.1 Die Panegyrici. In diese Epoche gehört eine Sammlung von Reden, welche die führenden Redelehrer für verschiedene Kaiser gehalten hatten, um ihnen für ihren Einsatz zugunsten des Reichs oder einer Reichsregion zu danken. Es handelt sich um zwölf Reden aus dem 3. und 4. Jahrhundert (ausgenommen die erste und berühmteste, den *Panegyricus* des Jüngeren Plinius für Traian). Die Reden decken genau ein Jahrhundert panegyrischer Redekunst ab und erlauben es, eine für die spätere Antike wichtige Gattung mit genügend Material zu analysieren.

Der moderne Leser ist oft erstaunt und gelegentlich abgestoßen durch das Übermaß an Lob, das in diesen Reden dem Kaiser gezollt wird; doch muß man bedenken, daß der professionelle Redner mit seinem Panegyricus die Aufgabe eines Werbefachmanns versah, der eine Überzeugungskampagne durchsetzt. Zudem lief die Kommunikation nicht einseitig vom Machthaber zu den Untertanen: wenn der Redner das Portät des Fürsten zeichnet und seine Themen wählt, skizziert er auch eine Hierarchie der Werte. So konnte eine solche Rede auch die Wünsche und Nöte der Bevölkerung bündeln (oder wenigstens der gebildeten Schicht) und sie dem Herrscher in Lob verpackt präsentieren. – So werfen die panegyrischen Reden helles Licht auf die politischen Leitlinien, denen die einzelnen Kaiser folgten (oder glauben machen wollten, das sie ihnen folgten); sie informieren über die Lebensbedingungen und über einzelne Ereignisse der Zeit. Nicht alle Reden sind gleichermaßen reichhaltig und gelungen; gelegentlich führt die Angst, sich durch allzu deutliche Stellungnahmen zu kompromitieren, zur Flucht ins Allgemeine, zu bequemen Gemeinplätzen.

Kommentierte engl. Übersetzung C. E. V. Nixon und B. S. Rodger, *In Praise of Later Roman Emperors* (Berkeley 1994).

3.4.1.3.2 Q. Aurelius Symmachus. Der berühmteste Redner des 4. Jahrhunderts aber ist kein Redelehrer, sondern einer der führenden römischen Senatoren, Q. Aurelius Symmachus, *Praefectus urbi*, Konsul und Vertreter des Senats am Kaiserhof. Wir besitzen von ihm acht (ziemlich lückenhafte) Reden; drei von ihnen an die Kaiser Valentinian und Gratian sind eigentliche Panegyrici, wie sie eben besprochen wurden. Viel zahlreicher sind die *Epistulae* in zehn Büchern und die *Relationes*, Berichte an den Kaiser aus der Zeit als Stadtpräfekt.

Als hervorragender Vertreter des heidnischen senatorischen Adels bittet Symmachus in der 3. *Relation* den Kaiser Valentinian II., den Altar der Victoria in der Kurie, den Augustus aufgestellt, Constantius entfernt, Julian wieder aufgestellt und Gratian wieder entfernt hatte, wieder aufstellen zu dürfen: doch Ambrosius setzte die Ablehnung dieses Gesuchs durch – eine letzte symbolische Konfrontation zweier Kulturen, aus der das Christentum als Sieger hervorging.

Die Zeitgenossen lobten Symmachus als hochbegabten Redner. Da wir wenig umfangreiche Reste der Reden haben, müssen wir uns unser Urteil aufgrund der *Briefe* bilden. Die Briefsammlung gehört einer literarischen Tradition an, die mit dem Jüngeren Plinius berühmt geworden war, und sie führt uns die wichtigeren Gestalten der Zeit vor; neben den großen Männern der Kultur stehen die Generäle barbarischer Herkunft. Unter den Themen ragt dasjenige der Freundschaft hervor, die auch als Garantie gegenseitiger Unterstützung unter den Freunden verstanden wird – deswegen die vielen Empfehlungsschreiben (auch Augustin bediente sich eines Empfehlungsschreibens des Symmachus bei seiner Bewerbung um den mailändischen Lehrstuhl). Der Stil ist angenehm und strebt nach der Kürze, die Symmachus als Haupteigenschaft des Briefs bezeichnete; geistreiche Scherze fehlen nicht.

Kommentar zu den *Relationes* D. Vera (Pisa 1981); *Rel.* 3: R. Klein, *Certamen de ara Victoriae* (Darmstadt 1972); zu den *Epistolae* A. Marcone (IV: Pisa 1987; VI: Pisa 1983); P. Rivolta Tiberga (V: Pisa 1992); S. Roda (IX: Pisa 1981).

3.4.2 Die zweite Apologetik und die erste christliche Dichtung

3.4.2.1 Die zweite Apologetik

Nach dem Edikt des Konstantin beginnen die Kaiser nicht bloß, die Christen zu fördern, sondern sogar, sich für theologische Fragen zu interessieren. Die christlichen Autoren gehen rasch von ihrer früheren, meist defensiven Haltung in die Offensive: die heidnische Religion macht keine Angst mehr, ihre Wahrheiten sind oft lächerlich und unglaubwürdig.

Diese Züge sind prominent in der apologetischen Schriftstellerei des Afrikaners Arnobius (geboren um 250), der in einem Städtchen bei Karthago Lehrer war. Seine sieben Bücher *Adversus nationes*, voller aggressiver antiheidnischer Polemik, wurden gleich nach den Verfolgungen Diokletians geschrieben, kurz bevor Konstantin sein Edikt erließ, welches das Christentum legalisierte (Edikt von Mailand, 313). Arnobius ist Konvertit; sein gequälter und gewundener Weg zum Christentum steht für den vieler Gebildeter des 3. und 4. Jahrhunderts zwischen Zweifel, Verfolgungen, emotionaler Bindung und Angst vor Vergeltung.

Sein theologisches Wissen erscheint vage und etwas konfus; es heißt, er habe *Adversus nationes* verfaßt, um einen Bischof von seinem festen christlichen Glauben zu überzeugen. Tatsächlich hat er für einen Christen seltsame Vorstellungen: nicht alle Seelen seien unsterblich, bloß die der Guten; Christus sei Gottvater untergeordnet; das Alte Testament sei jüdische Mythologie. In der heidnischen Literatur und Philosophie ist er weit besser bewandert, und seine Polemik gegen den Polytheismus wird of mit dem Realismus der Satire geführt, mit einer lebhaften und amüsanten Ironie, die an die besten klassischen Autoren erinnert. Der emphatische und ausladende Stil erinnert an den Ausdrucksreichtum von Apuleius und Tertullian; die Sätze sind sorgfältig gebaut und rhythmisiert, gelegentlich in einem solchen Maß, daß die Bemühung um Rhythmisierung die Wortordnung verkompliziert; die sprachliche Spannweite reicht von der literarischen (oft an den Dichtern, vor allem an Lukrez orientierten) bis zu Alltagssprache, zur Neubildung oder dem Archaismus – eine ausdrucksreiche Sprache, welche die Aufmerksamkeit des Lesers fesseln möchte.

Weit vertrauter mit der kirchlichen Lehre ist sein Schüler Lucius Caelius Firmianus Lactantius; zu seinen wichtigsten Werken gehören *De opificio Dei, De mortibus persecutorum* und die *Divinae institutiones*. Lactanz ist Apologet, auch wenn er mit der von Tertullian herkommenden Tradition bricht: für ihn besteht kein schroffer Widerspruch zwischen Christentum und heidnischer Kultur. In Übereinstimmung mit Konstantins Politik stellt er ein Christentum vor, das überlegen ist, weil es sich das Beste aus der heidnischen Kultur aneignen kann. Er schreibt eine klare Prosa, die sich am ciceronianischen Klassizismus orientiert, und ist unerschütterlicher Rationalist (so sucht er die Wurzel des Polytheimus in der Vergöttlichung von großen Verstorbenen). Er ist ein aufmerksamer Philologe, der das Argument der Polemik vorzieht, und ein sorgfältiger Gelehrter, der das Christentum gern als natürliche Frucht der klassischen *sapientia* sieht: im Gegensatz zu Arnobius sucht er grundsätzlich nach Versöhnung der Widersprüche.

Die flammenden und aggressiven Töne des Arnobius hingegen kehren wieder in der Polemik des Iulius Firmicus Maternus, *De errore profanarum religionum*. Das Werk, das den Kaisern Constantius und Constans gewidmet ist, gibt sich als Widerlegung des Heidentums überhaupt, formuliert in schweren Sarkasmen und einer von der Gerichtsrede herkommenden Rhetorik, begleitet von der wiederholten Aufforderung an die Kaiser, die heidnischen Tempelgüter zu beschlagnahmen, noch aktive Heiden mit Gewalt dazuzubringen, dem alten Glauben abzuschwören, und den, der nicht konvertieren will, gegebenenfalls zu töten. Die Intoleranz kann sich mit der ganzen Kraft ihrer doktrinären Forderungen nach Heidenverfolgung Gehör verschaffen.

Kommentierte Ausg. R. Turcan, Collection Budé (Paris 1982).

3.4.2.2 Die Dichtung: Iuvencus, Optatianus, Tiberianus

Bis zur Epoche Konstantins hatten die christlichen Autoren in Prosa geschrieben, sei es, weil ihre Themen nicht zu den gewöhnlich dichterisch behandelten gehörten, oder weil sie einer Form von Literatur gegenüber mißtrauisch waren, welche die elegante Form und den Verweis auf die Mythologie pflegte. Nach dem Religionsfrieden erlaubte das Zurücktreten der antiheidnischen Polemik eine weniger feindliche Haltung gegenüber der Dichtung, welche die gebildeten Christen zudem durch ihre Schulbildung schätzen gelernt hatten. Die verschiedenen lateinischen Bibeltexte, die im Westen umliefen, zeichneten sich nicht gerade durch hohe literarische Qualität aus; so wuchs bei den Christen der Wunsch nach Werken, welche die Heilsgeschichte würdiger darstellen könnten. Daraus entstand eine neue Gattung, die dichterische Bearbeitung von Bibeltexten. Iuvencus, ein spanischer Priester aus Giliberri (heute Elvira, bei Granada), der vielleicht mit seinem Landmann Ossius von Corduba, dem kirchlichen Ratgeber Konstantins, an den Hof gekommen war, setzte das Matthaeus-Evangelium in Hexameter und ergänzte es aus den anderen Evangelien zu *Evangeliorum libri quattuor*. Unter den traditionellen Gattungen ist es das Epos, dem er am nächsten steht: für ein für die Menschheit so grundlegendes Geschehen wie die Erlösung eignet sich nur der höchste Stil.

Das Werk hat ein ehrgeiziges Ziel: den Grundtext des Christentums, die Evangelien, als den Stoff mit dem wichtigsten lateinischen Autor, Vergil, zu verbinden, dessen Hexameter, Stil und manche Wendungen übernommen werden. Doch der biblischen Erzählung die Eleganz Vergils zu geben, überforderte Iuvencus: er wird vom Gewicht seiner beiden Vorbilder erdrückt. Im Ganzen hält er sich treu an den Bibeltext; seine gelehrte Nachdichtung fand viele antike Nachahmer.

Die Neigung zu gelehrter Dichtung und zu einer technischen Raffinesse, die einem Geduldsspiel nahe kommt, ist bezeichnend für das Werk von Publilius Optatianus Porphyrius. Er war ein heidnischer Senator; unter Konstantin in Ungnade gefallen, gewann er mit einer Sammlung von Figurengedichten, manche davon mit christlichen Themen, den Kaiser wieder für sich. Das komplizierte poetische Spiel solcher Gedichte gleicht gelegentlich unseren Kreuzworträtseln: ordnet man die Verse so an, daß Buchstabe unter Buchstabe steht, entstehen auch in der Vertikalen oder Diagonalen Verse, die zudem oft eine geometrische oder allegorische Figur zeichnen, die durch verschiedenfarbige Tinte herausgehoben wird.

Kommentierte Ausg. G. Polara (Turin 1973).

Die heidnische Dichtung der ersten Jahrhunderthälfte ist sonst wenig faßbar. Einige Gedichte finden sich in der *Anthologia Palatina* (oben 3.2.4.2).

Unter den wenigen Autoren, die durch Namen und Werke bekannt sind, ist Tiberianus zu nennen, Gouverneur von Gallien im Jahr 335 und Verfasser dreier moralisierender Gedichte und einer Landschaftsbeschreibung, die in ihren besseren Teilen an das *Pervigilium Veneris* erinnert.

3.4.3 Die letzte heidnische und die neue christliche Geschichtsschreibung

3.4.3.1 Die pagane Geschichtsschreibung: Aurelius Victor, die Historia Augusta, Eutrop

Besonders umfangreich ist im 4. Jahrhundert die Geschichtsschreibung, mit der sich auch führende Männer des politischen Lebens abgaben.

Einen interessanten Versuch einer historiographischen Formenkreuzung stellt der *Liber de Caesaribus* des Sextus Aurelius Victor dar, der die Form der Kaiserbiographie (der Kaiser von Augustus bis Constantius) mit der annalistischen Technik der traditionellen senatorischen Geschichtsschreibung verbindet. Er betrachtet die Ereignisse aus der Sicht des römischen Adels, der dem Christentum feindlich gesinnt und besorgt ist über die übergroße Macht des Militärs.

Biographisch orientiert ist auch die Sammlung der Kaiserviten der *Historia Augusta* – oder *Vitae diversorum principum et tyrannorum*, wie die Handschriften angeben: eine Sammlung der Schriften von sechs verschiedenen Autoren wohl diokletianischer Zeit. Das Werk ist Gegenstand vieljähriger philologischer Bemühungen, denn die Verfassernamen in den Handschriften sind uns sonst völlig unbekannt; daraus und aus anderen Indizien schloß man, daß das Werk eine spätere Fälschung sei, Werk eines einzigen Verfassers. Die heidenfreundliche und antichristliche Tendenz kann jedenfalls eine Datierung unter Julian oder in die ersten Jahre des Theodosius mit ihrem paganen Terraingewinn nahelegen. Hauptsächliches Vorbild sind die *Vitae* Suetons, denen die Autoren auch in ihren negativen Seiten folgen, der Tendenz zu Klatsch und Neugier (daraus hat man vermutet, der oder die Verfasser seien hohe Palastfunktionäre). Viele Einzelheiten sind sicher falsch, nichts weiter als üble Nachrede und Tratsch; der Stil ist flach und monoton, ‚journalistisch'.

Schulmäßigen Charakter hat demgegenüber die sehr gelungene kleine Schrift des Eutropius, das *Breviarium ab urbe condita*, eine handliche Sammlung der wichtigsten Ereignisse der römischen Geschichte, die im Auftrag des Kaisers Valens (364–378) verfaßt wurde; sie ist für die rasche und leichte Information bestimmt. Der klare und einfache Stil soll dem Leser keine Mühe machen. Die Vergangenheit ist völlig positiv rekonstruiert und preist Rom und seine Herrscher. Gerade wegen seiner hohen popularisierenden Qualität erhielt das Werk die seltene Auszeichnung einer Übersetzung ins Griechische. In derselben Zeit und aufgrund derselben Bedürfnisse entstanden die *Periochae* von

Livius, Zusammenfassungen, die man eigentlich den einzelnen Büchern vorangestellt hatte, die aber schließlich das für den gewöhnlichen Leser viel zu lange Werk verdrängten.

F. L. Müller, *Eutropii breviarium ab urbe condita* (Stuttgart 1995).

3.4.3.2 Ammianus Marcellinus

Der bei weitem wichtigste Historiker der Spätantike ist Ammianus Marcellinus, ein Grieche aus Antiochia in Syrien, der einer wohlhabenden, griechisch gebildeten Familie angehörte. Als Offizier nahm er an verschiedenen Partherzügen teil; später kam er nach Rom, wo er Geschichte zu schreiben anfing; doch konnte er in der römischen Senatsaristokratie nie vollständig heimisch werden. Sein Werk, die *Rerum gestarum libri XXXI*, reichte von der Herrschaft Nervas (96) bis zum Tod des Valens in der Schlacht von Adrianopolis im Jahr 378; erhalten ist die zweite Hälfte ab Buch 14, welche die Ereignisse zwischen 353 und 378 darstellen. Die Ereignisse unter Julian, des Protagonisten einer ephemeren heidnischen Restauration, bilden den Hauptteil der uns erhaltenen Teile des Werks.

Ammian stellt sich als Fortsetzer des Tacitus vor, dessen *Historiae* bis zum Machtantritt des Nerva gegangen waren, wo Ammian einsetzt. Tacitus als Vorbild zu wählen hieß, sich der nunmehr festen Tradition einer biographischen Geschichtsschreibung in der Art Suetons entgegenzustellen, die Priorität der Ereignisse über die Personen anzunehmen, die Tradition der senatorischen Geschichtsschreibung aufzunehmen. Auch die tief pessimistische Haltung erinnert an Tacitus, die Überzeugung, daß der Staat in Zersetzung begriffen sei. Auch gegenüber seinem Helden Julian stellt Ammian eine taciteische Unparteilichkeit, eine Darstellung *sine ira et studio* zur Schau; in Wirklichkeit widmet er ihm viel mehr Raum als sonst jemandem: seinem Versuch, die Traditionen der ruhmreichen Vergangenheit zurückzubringen, widmet Ammian elf Bücher (die zehn Jahre umfassen).

Ammians Stil ist gelegentlich ausladend, ein Fehler, den man mit seinen beschränkten Kenntnissen des Latein, das er als Erwachsener lernte, erklären wollte; sicher sind einige Graezismen in Wortschatz und Syntax erkennbar. Alles in allem aber sind die *Res gestae* ein Werk von hohem literarischem Rang. In einigen Beschreibungen zeigt sich eine Freude am Makabren oder Wunderbaren, am Schrecklichen und Sinnlichen, die effektvolle Szenen schaffen kann, etwa die Verhaftung des Petrus Valvomeres (15,7). Wie Symmachus lebte auch Ammian in einer geschichtlich äußerst bedeutsamen Zeit; doch hing er allzu sehr am Einzelereignis, als daß er hätte übersehen können, was zu Ende ging und was an Neuem und Wichtigen am Entstehen war.

Kommentare J. Szidat (XX–XXI, Wiesbaden/Stuttgart 1977–1986); J. den Boeft, J. W. Drijvers, D. den Hengst, H. C. Theiler (XXII, Groningen 1995).

3.4.3.3 Hagiographie

Neben die heidnische Geschichtsschreibung stellt sich die entstehende christliche Hagiographie, die Erzählung des Lebens von christlichen Heiligen, Mönchen und Bischöfen; die Blüte der Gattung beginnt in dieser Epoche. Viele Elemente stammen aus der spätantiken, an Sueton ausgerichteten Biographie; unübersehbar ist auch der Einfluß der Passionen und Märtyrerakten aus der Verfolgungszeit (oben 4.1), und auch einzelne Anklänge an den Roman und die phantastische Literatur fehlen nicht. Gegenüber den traditionellen Biographien von Kaisern oder anderen berühmten Männern, in denen man oft eine Neigung zum pikanten oder gelehrten Detail findet, überwiegt die erzieherische Absicht. Am wichtigsten ist wohl die *Vita Antonii*, des Einsiedlers in der Wüste. Das Werk hatte Erfolg, vielleicht auch wegen der exotischen Lokalisierung (Antonius war Kopte, also sudanesischer oder äthiopischer Christ) und der romanhaften Lebendigkeit.

Kommentierte Ausg. der *Vita Antonii*: G. J. M. Bartelink, Fondazione Lorenzo Valla (Mailand 1987).

3.4.3.4. Romanhafte Geschichten

Romanhafte Geschichten über orientalische Themen haben in dieser Epoche großen Erfolg; sie erzählen die Themen des Troia-Mythos und die Abenteuer Alexanders des Großen nach. Es ist eine eskapistische Lektüre (Geschichten von Helden an unbekannten und wunderbaren Orten) für ein nicht besonders gebildetes, aber wohlhabendes Publikum. Oft sind sie Überarbeitungen oder Übersetzungen griechischer, gelegentlich mehrere Jahrhunderte älterer Werke. Die Verbreitung dieser Schriften im Westen entspricht derjenigen des Romans im griechischen Osten, einer Abenteuer erzählenden Gattung, mit der diese Geschichten einiges gemeinsam haben.

Das bekannteste derartige Werk ist die *Ephemeris Belli Troiani* aus dem 4. Jahrhundert. Der Verfasser, ein lateinischer Autor, der sich Lucius Septimius nennt, übernimmt und verkürzt einen griechischen Text des 1. Jahrhunderts n. Chr. über den troianischen Krieg. Daß der Verfasser wirklich Septimius hieß, ist keineswegs sicher, denn diese Romanautoren fiktionalisieren auch Verfassernamen und Zuschreibungen; sicher aber ist die Existenz einer griechischen Vorlage, denn zwei Papyri bewahren von ihr einige Fetzen auf. Der Prolog erzählt, daß der Kreter Dictys, einer der griechischen Teilnehmer am troianischen Krieg, ein Tagebuch geschrieben habe, in dem er die Ereignisse, deren Zeuge er war, niederschrieb. Das Tagebuch sei in der Zeit Neros gefunden und dem Kaiser geschenkt worden. Das Werk gibt sich als Übersetzung dieses Textes. Die ersten fünf Bücher enthalten die Belagerung und Eroberung Troias, erzählt aus der Perspektive eines Belagerers; die restlichen Bücher erzählen die Rückfahrten. Septimius' Latein erinnert an Sallust, sein sprachliches und stilistisches Hauptvorbild, doch fehlen auch Entlehnungen aus anderen Schulautoren wie Cicero oder Vergil nicht.

An die Alexanderlegende schließt sich die *Historia Alexandri Magni* an, deren Vorbild, der griechische Alexanderroman, im Osten großen Erfolg hatte. Ein griechisches Original kann man auch für die *Historia Apollinii regis Tyrii* annehmen, die zwischen dem Ende des 3. und der Mitte des 4. Jahrhunderts datiert wird; nicht auszuschließen sind spätere Umarbeitungen und Umformungen der Erzählung. Die Handlung ist kompliziert: zwischen Erzählungen von Liebe und Inzest, Flucht und Entführung, Piratenschiffen und Bordellen läuft die Geschichte von Apollonius, erst aus Antiochia vertrieben, später König in dieser Stadt. In der uns überlieferten Redaktion ist der Roman der mittelalterlichste unter den spätantiken narrativen Texten, voll von verschiedenartigen Märchenelementen (etwa der Geschichte von der Hochzeit mit der Königstochter, die dem versprochen wird, der ein Rätsel lösen kann, während der mit dem Tod dafür bezahlt, dem es nicht gelingt).

G. A. A. Kortekaas, *Historia Apollonii regis Tyrii* (Groningen 1984; mit Bibl.).

3.4.4 Dichtung und Theater in der zweiten Hälfte des 4. Jahrhunderts

Die Kaiserhöfe der zweiten Hälfte des 4. Jahrhunderts sind wichtige Zentren dichterischer Produktion. Das erklärt sich mit der Existenz eines relativ zahlreichen gebildeten Publikums, den großen Karrieremöglichkeiten, die auch ein sehr gutes Gedicht geben konnte, dem Interesse der Mächtigen, sich mit Literaten und besonders Dichtern zu umgeben, welche bei Bedarf die Ideologie der politischen und wirtschaftlichen Führungsschicht verbreiten konnten.

Die Literaten, die am Hof verkehrten, waren unterschiedlicher Art: reiche Herren, die in der Literatur dilettierten und neben ihren politischen Verpflichtungen und der Verwaltung ihres Vermögens dichteten; angesehene Gelehrte, die wegen ihrer herausragenden Bildung an den Hof gerufen wurden; schließlich wandernde Dichter, Bänkelsänger beinahe, die von ihrem Dichterberuf leben mußten und es gewohnt waren, Verse zum Preis der Mächtigen zu dichten. Diese Unterschiede führten zu ganz verschiedenartigen Themen und Haltungen; gemeinsam ist die Wiederaufnahme der augusteischen Klassiker, entweder weil ihre Werke als die vollkommensten Vorbilder galten oder weil der augusteische Prinzipat noch immer das ideale Modell war, an dem sich auch die spätantiken Kaiser ausrichteten.

3.4.4.1 Ausonius

Der bekannteste Dichter der 2. Hälfte des 4. Jahrhunderts ist Decimus Magnus Ausonius aus Burdigala (Bordeaux) in Aquitanien (cos. 379). Grammatik- und Rhetorikprofessor, dann Erzieher und Berater des Kaiser Gratian (367–393), ist er der beste Repräsentant des manieristischen und gelegentlich frivolen Geschmacks dieser letzten klassizistischen Epoche der römischen Literatur. Als rein akademischer Literat bleibt er völlig blind für die realen (sozialen, politischen, wirtschaftlichen) Probleme, welche das Reich bedrohen. Die Grenzregionen sind jetzt Ort ständiger Konflikte und Kämpfe; und doch gelingt es ihm, die *Mosella* zu schreiben, ein Epyllion von 483 Hexametern mit reichen Landschaftsbeschreibungen, deren Gegenstand eine der durch Barbareneinfälle umkämpftesten Gegenden ist, die er als liebliches Ziel von Tourismus und Entspannung beschreibt.

In seiner Zeit hatte er durchaus Erfolg. Obwohl Christ, schämte er sich seiner heidnischen Bildung nicht; er will vielmehr eine Tradition lebendig erhalten, die man für der Dichtung würdig hielt. Die Trennlinie zwischen Christen und Heiden ist im 4. Jahrhundert noch nicht scharf gezogen: die beiden Religionen leben in allen Gesellschaftsschichten einigermaßen ungestört miteinander, oft innerhalb derselben Familien. Ausonius fügt sich in dieses Christentum, dem extremistische Verhärtungen fern liegen.

In seiner Dichtung gibt Ausonius, versöhnlich und etwas oberflächlich, dem Erlebten seinen Raum, den Dingen, einem kleinteiligen und etwas geschwätzigen Realismus. Seine Dichtung paßt zu seinem Leben: die einfachen Werte des Privatlebens (Familie, Kollegen,

Freunde) sind auch die Werte dieser stillen Dichtung (die immer ihre Bescheidenheit beteuert: die wiederholte Versicherung, die eigene Dichtung sei *vanum et inutile opus*, ist auch programmatisch gemeint). Leichte Dichtung, die von der Fiktion geleitet wird, auch das Leben könne leicht sein; der Eindruck eines epigrammhaften Realismus, der letztlich in seinem Wesen anti-realistisch ist: die blauen Augen und blonden Haare einer lieblichen germanischen Sklavin *(Bissula)* oder eine Venus, die mit einer Rosengirlande ihren Sohn Cupido schlägt *(Cupido cruciatur)*. Seine Poetik zielt durchgehend auf das Skizzenhafte – so auch in der *Commemoratio professorum Burdigalensium*, einer Reihe von Gedichten auf Professoren aus der Provinz in der Form von imaginären Epitaphien: Biographien, die letztlich alle gleich sind, die aber doch ein interessantes sozialgeschichtliches Bild abgeben, das mit Sympathie und Zurückhaltung gezeichnet wird. Ausonius vertritt einen zeittypischen geistigen Synkretismus, in dem heidnische Mythologie und Elemente der stoischen und neuplatonischen Philosophie mit Einzelzügen eines neuen christlichen Humanismus verschmelzen: die daraus resultierende Mischung verleiht der Literatur eine Art programmatischer Gleichgültigkeit. Den Literaturprofessor erkennt man an der virtuosen Technik, in der das metrische Formspiel sich selber feiert. Als *poeta doctissimus*, nicht einfach *doctus*, kann er doch auch mit burschikosem Humor erzählen, in einer Cento-Technik, die vergilianische Halbverse zu Beschreibung einer Hochzeitsnacht zusammenklebt *(Cento nuptialis)*. Kurz: leicht in den Themen, in vollkommenem Rokoko-Stil.

Kommentierte Ausg. R. P. H. Green (Oxford 1991).

3.4.4.2 Claudianus

Der Gruppe der wandernder Dichter, die von ihren Werken leben müssen, gehört hingegen der Grieche Claudius Claudianus an, geboren in Alexandria, am Hof des Westreichs kurz nach Ausonius tätig, gestorben um 404. Seine Frühwerke sind griechisch geschrieben; wie haben Fragmente einer *Gigantomachia* – der Aufstand der Giganten gegen die Götter ließ sich immer leicht für Panegyrik benutzen, angesichts seiner Eignung zur allegorischen Verwendung (etwa auf den Sieg eines Herrschers über Aufständische oder Feinde). In Italien wurde er Dichter im Gefolge des germanischen Feldherrn Stilicho, des *de facto* Herrschers über das Westreich, solange der Kaiser Honorius (393–423) noch nicht mündig war.

Der Hauptteil von Claudians Werken ist lateinisch. Anders als Ausonius, der zur Machtelite gehört, in seiner Dichtung aber ein idealisiertes und idyllisches Bild des doch von den Barbaren bedrängten Reichs gibt, wirkt Claudians Dichtung weit informierter und problembewußter. Seine Gattung ist die des historischen Epos, seine Vorbilder sind Lucan und Statius: *De bello Gothico*, *De bello Gildonico*, eine *Laus Stilichonis*. Themen sind die zahlreichen Kriege, die Stilicho gegen die Germanen führte, welche die Grenze berannten. Indirektes Lob auf Stilicho ist die *Laus Serenae*, auf die Frau des Feldherrn, die Claudian als seine Wohltäterin betrachtete.

Durch sein Thema aus der großen mythologischen Dichtung sticht das unvollendete Epos in drei Büchern *De raptu Proserpinae* heraus. Die griechische literarische Tradition und die Dichtung Ovids wirken zusammen und ergeben Verse von beachtlicher Frische, in denen die Bildung durch Eleganz diszipliniert wird.

Kommentierte Ausg. J. B. Hall (Cambridge 1969).

Es ist bezeichnend für seinen Klassizismus, daß Claudian das historische Epos über zeitgenössische Themen, das nach der augusteischen Zeit in Vergessenheit geriet, wieder neu belebt. Auf die Klassik verweist auch sein Versbau: sein flüssiger, wohltönender und metrisch fehlerloser Hexameter erinnert an die Dichter des 1. Jahrhunderts n. Chr., insbesondere Ovid. Seine Zeitgenossen anerkannten dies auch, indem sie in ihn als Homer und Vergil ebenbürtig einschätzten und ihm eine Statue auf dem Trajansforum errichten wollten.

3.4.4.3 Andere christliche Dichter: Prudentius und Paulinus von Nola

Die bedeutendsten Vertreter der eigentlich christlichen Dichtung sind Prudentius und Paulinus von Nola (Nolanus).

3.4.4.3.1 Prudentius. Prudentius (in Calagurris in Spanien geboren), ist bekannt vor allem durch seine beiden Sammlungen liturgischer Hymnen, den *Cathemerinon liber* und das *Peristephanon*. Die erste Sammlung vereinigt Hymnen, die an verschiedenen Punkten des liturgischen Tags gesungen wurden, bei Sonnenaufgang, bei der Mahlzeit, am Abend oder an bestimmten Festen. Das *Peristephanon* umfaßt vierundzwanzig Hymnen auf Heilige, die die Märtyrerkrone errungen haben (der griechische Titel bedeutet „Über die Kränze" oder „Kronen", περὶ στεφάνων). Dem modernen Leser ist der *Cathemerinon liber* leichter zugänglich; das *Peristephanon* ist belastet durch makabre Einzelheiten (die durch ihre Fülle unfreiwillig lächerlich zu werden drohen) und durch unwahrscheinliche Erzählungen. Doch in der zeitlichen Distanz des späteren 4. Jahrhunderts entwickelt sich ein Interesse daran, die Verfolgungen nachzuerzählen und ihre heroischen Seiten immer mehr idealisierend herauszustreichen. Die Mischung von Horror und Wunder fasziniert das Publikum, was auch die wachsende Bedeutung der in Prosa erzählenden Passionen im 5. Jahrhundert belegt.

Wie Ausonius kannte auch Prudentius die klassischen Autoren; in den Hymnen ist Horaz sein Vorbild, das er in der Metrik und in nicht wenigen Bildern und Phrasen aufnimmt. Mythologie hat keinen Platz mehr, an ihre Stelle treten die biblischen Berichte oder die gelegentlich phantastischen Märtyrergeschichten. Die großen Autoren der heidnischen Vergangenheit sind unüberbietbare Modelle, doch können die christlichen Autoren ihnen ohne übertriebene Ehrerbietung gegenübertreten; die Bedeutsamkeit der Themen kompensiert persönliche Schwächen. Bentley nannte Prudentius *Christianorum Maro et Flaccus* – tatsächlich sind Vergil und Horaz seine zentralen Vorbilder; zwar kühner Neuerer im Wortschatz, entstammt sein Stil der Phraseologie Vergils; in der sehr bunten Metrik versucht er vor allem, jene Biegsamkeit des Verses zu erreichen, für die Horaz Vorbild war.

Erwähnenswert ist noch die *Psychomachia*, ein allegorisches Lehrgedicht, welches den Kampf zwischen Lastern und Tugenden darstellt – *Fides* gegen *Idololatria*, *Patientia* gegen *Ira*, *Pudicitia* gegen *Luxuria* und so fort. Die Kampfbeschreibungen verwenden die Technik des Epos, die Personifikationen der Tugenden und Laster treten wie homerische oder vergilianische Helden auf, gar mit gesteigerter Grausamkeit: *Fides* erwürgt *Idololatria* und drückt ihre Augäpfel aus dem Kopf, *Pudicitia* schneidet der *Luxuria* die Kehle durch, *Humilitas* köpft *Superbia*; nur *Patientia* kann sich Grausamkeiten sparen, weil *Ira* sich aus Wut darüber selber tötet, daß sie ihre Gegnerin nicht besiegen kann. Die Neigung des *Peristephanon* zum makabren Detail kehrt in den Einzelheiten der Tötungen wieder, nur mit der Umkehrung, daß jetzt meist das Gute das Böse massakriert. Mit den Kämpfen wechseln Dialoge ab, die moralisch belehren: die Mischung der Gattungen von Heldenepos und Lehrgedicht ist evident und durchzieht das ganze Werk. Die lebhaften und detaillierten Beschreibungen benutzen durchgehend die Allegorisierung und werden gelegentlich zu bildhaft plastischen Darstellungen eines Lasters oder einer Tugend. Diese Bilder haben in Mittelalter und Renaissance großen Erfolg und beeinflussen auch die bildende Kunst; die von Prudentius geschaffenen allegorischen Typen werden nicht bloß in der lateinischen und romanischen, sondern auch in der deutschen Kultur wichtig werden.

Komentierte Ausg. der *Psychomachia* R. Burton (Bryn Mawr 1989).

3.4.4.3.2 Paulinus von Nola. Meropius Pontius Paulinus von Burdigala ist Landsmann und Schüler des Ausonius; eine brillante Karriere führte ihn 378 zum Konsulat, bevor er Priester wurde und sich ganz seiner Gemeinde Nola widmete, deren Bischof er war. Zu seiner Zeit geschätzter Gesprächspartner wichtiger Theologen wie Augustin, besaß er selber keinen theologischen Ehrgeiz; die Luzidität des Philosophen war ihm ebenso fremd wie die Aggressivität des Kämpfers für die Orthodoxie: sein Ideal ist eine friedliche Welt, in welcher der von der Vorsehung gelenkte Eingriffe eines Heiligen alle Probleme löst. Auch an den Streitigkeiten über die Häresien nimmt er keinen Anteil, aus tiefer Sehnsucht nach Frieden und Brüderlichkeit, die ihm gelegentlich den Vorwurf der Lauheit in Glaubensfragen einbringt.

Erhalten ist von ihm ein wichtiger Briefwechsel in über fünfzig *Epistulae* und vor allem eine Sammlung von *Carmina* in verschiedenen Metren, die Hälfte zu Ehren des Heiligen Felix, des Patrons von Nola, der jedes Jahr an seinem *natalicium* (dem Tag des Martyriums) ein Gedicht erhielt; es ist dies der geglückteste Teil seines Dichtens. Paulinus' Ästhetik ist die des bescheidenen Realismus der Christen, einer Aufmerksamkeit für die Lebenswirklichkeit der einfachen Leute, auch wenn Stil und Sprache etwas angestrengt und schwierig sind: er kann die Volksfeste seiner Gemeinde für Felix mit lebhafter Frische darstellen, mit bezaubernd naiven und aufrichtigen Tönen.

Carm.: kommentierte ital. Übersetzung A. Ruggiero (Rom 1990); *Epist.*: kommentierte Ausg. G. Santaniello (Rom 1992).

Prudentius und Paulinus repräsentieren zwei verschiedene Schichten in der christlichen Dichtung der Epoche: Prudentius gibt dem Mittelstand der staatlichen Funktionäre Ausdruck, die das Rückgrat des spätantiken Staates waren, Paulinus entstammt dem reichen senatorischen Adel. Der erste verdankt alles seiner Ausbildung und seinem Können, Paulinus kann sich die Geste leisten, auf alle Güter zu verzichten und in der Nähe der Armen zu leben. So geben sie der Dichtung auch eine ganz unterschiedliche Aufgabe. Prudentius, der am Hof gelebt hatte, will sein Christentum durch die Literatur realisieren und dem Glauben eine neue poetische Stimme geben. Paulinus hat die materiellen Seiten des christlichen Lebens im Auge, die ihn als Bischof auch direkt angehen: der Bau einer Kirche beschäftigt ihn mehr als der Bau eines Gedichts. Der vornehme Paulinus hat weniger literarischen Ehrgeiz als der Beamte Prudentius, seine Anstrengung scheint vor allem darauf gerichtet, Töne, allzu große

Leidenschaftlichkeit und zu starke Ausdrücke zu dämpfen. Bauernleben und Tiergeschichten sind seine Lieblingsthemen: auch damit erinnert er an das große Vorbild, dem er nachstrebt, den Vergil von *Bucolica* und *Georgica*.

3.4.4.4 *Querolus*

Neben der Rückkehr der Dichtung steht die Rückkehr der dramatischen Literatur. Werk eines namenlosen Galliers ist die Komödie *Querolus sive Aulularia*; sie wird ins späte 4. oder frühe 5. Jahrhundert datiert und ist als einzige erhaltene lateinische Komödie der Kaiserzeit bedeutsam: sie zeigt, wie sich die Gattungsregeln seit Plautus und Terenz geändert haben und wie anders jetzt das Publikum ist. Der Verfasser hat das Stück *fabellis atque mensis* geschrieben, also zur Lesung oder Aufführung bei Banketten, in einem privaten Rahmen, nicht mehr auf der Bühne. Der Text ist in Prosa, im Gegensatz zur traditionellen Versform des griechischen und römischen Theaters, auch wenn die eigentümliche Prosa an Verse anklingt: man kann sie als iambisch gefärbte Prosa bezeichnen. Spätantike dramatische Texte wenden sich an ein stärker ausgewähltes Publikum und können so eine neue Ausdrucksform wählen, die das neuzeitliche Prosatheater vorwegnimmt. – Neben diesen formalen Unterschieden unterscheidet sich der *Querolus* auch durch Handlung und Charakterisierung der Personen von den antiken Komödien. Wenn der Titel auf die plautinische *Aulularia* verweist, heißt das nicht, daß die Adaptation eines erfolgreichen Vorgängerstücks vorliegt: der *Querolus* ist höchstens die Fortsetzung der *Aulularia*, in der aber deren Hauptthema, die *avaritia*, weniger wichtig ist.

Die Hauptperson, Querolus (‚Griesgram'), ist klar gekennzeichnet: er ist vom Unglück verfolgt, doch er scheint sich das Unglück mit seinen ständigen Klagen selber zuzuziehen; er ist ein Misanthrop, der davon überzeugt ist, daß die Fehler immer bei den anderen liegen, doch wird er vom *Lar familiaris* zu einem längeren Gespräch oder eher Verhör gezwungen (Akt 1, Szene 2). Der Lar hatte schon bei Plautus den Prolog gesprochen, doch ist er im *Querolus* weit wichtiger: er ist sozusagen der Doppelgänger des Protagonisten, seine luzidere Hälfte, und das Gespräch ist eine Art Gewissensprüfung, wie sie die spätantike Stoa täglich dem *vir bonus* empfahl. Die *Confessiones* Augustins sind nicht fern; daß niemand das Recht habe, sich abstrakt als gerecht anzusehen, ist Teil einer Moral, die in der wohlhabenden Schicht der Spätantike verbreitet ist.

Die Komödie spiegelt aber nicht bloß die Ideale dieser gebildeten Herren, sondern auch ihre Lebensumstände, mit der (glaubwürdigen) Beschreibung einer gallischen Villa und ihrer Bewohner, vom Gutsherrn zu den Sklaven. Einem der Sklaven ist ein langer Monolog über das Sklavenleben zugewiesen (Akt 3, Szene 1). Natürlich ist es keine Beschreibung, „wie es wirklich war" oder wie es die Sklaven sahen; auch wenn ein Sklave spricht, tut er dies vom Gesichtspunkt der Herren aus: es ist tröstlich, daß die Sklaven die Herren um nichts zu beneiden brauchen, daß jene sich vielmehr Freiheiten und Vergnügen nicht erlauben können, welche den sozial Tieferstehenden möglich sind.

Die moralistische Absicht, die aber nirgends das Vergnügen am Geschehen erstickt, hat dem *Querolus* auch im Mittelalter zum Erfolg verholfen: das Stück wurde gelesen und zitiert und regte an, eine weitere *Aulularia* zu schreiben und so den Erfolg des plautinischen Titels fortzusetzen.

3.4.5 Der Höhepunkt der christlichen Kultur: Die Kirchenväter

Die christlichen Autoren der Epoche nennt schon die spätere Antike Kirchenväter: dank ihrer Vermittlung zwischen Christentum und griechisch-römischer Kultur erreichte die Diskussion der religiösen und ethischen Fragen eine bis dahin nicht dagewesene Tiefe. Im Zentrum steht die Trias, welche die gesamte Geschichte des westlichen Christentum geprägt hat – Ambrosius, Hieronymus und Augustin.

3.4.5.1 Ambrosius

Der Vater des Ambrosius war *Praefectus praetorio* für Gallien und residierte in Trier; hier kam Ambrosius zur Welt (um 339). In Rom, wo er an den besten Schulen seine höhere Ausbildung erhalten hatte, begann er seine öffentliche Karriere; mit etwas über Dreißig wurde er als *consularis Liguriae et Aemiliae* (de facto Gouverneur von Norditalien) nach Mailand geschickt. Um nach dem Tod des arianischen Bischofs von Mailand Aussentius im Jahr 374 einen Konflikt zwischen Arianern und Orthodoxen zu verhindern, scheint der einzige Ausweg gewesen zu sein, Ambrosius, der sich schon einen Ruf als Vermittler gemacht hatte, zum Bischof zu berufen. Bis zu seinem Tod (397) versah er dieses Amt; während dieser ganzen Zeit war er die wirkliche Autorität in der Westkirche, nicht die Päpste, die seine kraftvolle Persönlichkeit in den Hintergrund gedrängt hatte.

Wenigstens teilweise sein Werk ist die Säkularisierung der Kirche, die sie immer öfter in die Ereignisse der Welt eingreifen ließ, so daß sie allmählich an die Stelle der verfallenden politischen Institutionen trat. Unter Ambrosius wurde vor allem der Entscheidungsspielraum des Kaisers eingeschränkt, der – in seiner Eigenschaft als Christ – der Kirche in allen jenen politischen Maßnahmen untergeordnet war, welche für die Moral von Bedeutung waren.

Gegenüber Ambrosius' Stellung in Kirche und Politik tritt diejenige in der Geschichte der lateinischen Literatur zurück. Wichtig sind vor allem seine *Hymnen* (in iambischen katalektischen Dimetern); Augustin garantiert die Echtheit von *Aeterne rerum conditor, Iam surgit hora tertia, Deus creator omnium* und von *Veni redemptor spiritus*. Aus seinen Predigten für die Heilige Woche erwuchs das *Hexameron*, ein Kommentar in sechs Büchern zu den sechs Schöpfungstagen (von daher der Titel), wie sie die *Genesis* erzählt. Das Werk erinnert an verwandte Schriften griechischer Christen. Es ist literarisch gefälliger als die sehr zahlreichen anderen exegetischen Schriften; es gelingt Ambrosius, sich mit dem naiven Staunen des Menschen, der die Natur zum erstenmal sieht, vor die Werke der Schöpfung zu stellen, sie aber auch in einem Stil zu beschreiben, der die raffinierten Mittel der rhetorischen Tradition sicher einsetzt.

Ausg. der Hymnen: J. Fontaine et al., *Ambroise de Milan. Hymnes* (Paris 1992).

3.4.5.2 Hieronymus

Sophronius Eusebius Hieronymus, geboren in Strido in Dalmatien, kam im Jahr 354 zur Ausbildung nach Rom; zu seinen Lehrern gehörten Marius Victorinus und Donat. Er reiste viel, vor allem im Osten, wo er griechisch lernte und die Priesterweihe erhielt. Zurück in Rom, machte ihn Papst Damasus zu seinem Sekretär, und viele adlige Damen machten ihn zu ihrem geistlichen Berater. Doch mit dem Tod des Damasus (384) sank sein Stern rasch; bedrängt von der Kritik an seiner asketischen Strenge, verließ er 385 Rom; er lebte den Rest seines Lebens in Palästina, wo er in einem der von ihm gegründeten Klöster starb (419/429). Er hinterließ Heiligenleben, polemische Schriften und eine Briefsammlung, die seinen ebenso lebhaften wie schroffen Charakter reich dokumentiert.

Sein Hauptwerk ist die *Vulgata*, die lateinische Bibelübersetzung. Von der Bibel gab es auch vor ihm zahlreiche lateinische Übersetzungen, die gerade wegen ihrer Zahl und Unterschiede Schwierigkeiten machten; ein definitiver und kanonischer Text war notwendig. Während seiner Römer Zeit vollendete Hieronymus die Übersetzung der *Evangelien* und einer Version der *Psalmen*, die vom verbreiteten griechischen Text ausging, die sog. ‚Septuaginta-Version'. Nach dem Weggang aus Rom setzte er die Arbeit fort und benutzte dazu die Ausgabe, die der christliche Gnostiker Origenes besorgt hatte und die in sechs Kolumnen den hebräischen Text, seine Umschrift und vier verschiedene griechische Übersetzungen nebeneinander stellte (sog. ‚Hexapla'). Hieronymus überzeugte sich bald davon, daß er ohne Vermittlung des Griechischen direkt aus dem Hebräischen übersetzen mußte. In fünfzehn Jahren einer ununterbrochenen intensiven Arbeit (391–406) brachte er das Werk zu Ende.

Mit Hieronymus' Übersetzung besaß der Westen endlich einen einheitlichen und einigermaßen verläßlichen lateinischen Bibeltext, der bis heute die einzige autorisierte lateinische Version geblieben ist. Der Erfolg der *Vulgata* kam aber langsam und gegen Widerstände – diejenigen von Christen, die sich an ihren Text in einer anderen Version gewöhnt hatten, vor allem aber den innerkirchlichen, etwa von Augustin, der fürchtete, daß die völlige Ablösung von der Septuaginta die Christen im Westen von denen im Osten trennen würde, für welche die Septuaginta der autorisierte Text war; und tatsächlich verschlechterten sich die Beziehungen der beiden Kirchen langsam, aber stetig. Andererseits stiftete die *Vulgata* für einen von den germanischen Invasionen verwüsteten und zersplitterten Westen eine Einheit, wie dies auch im mittelalterlichen Europa wieder galt.

Als leidenschaftlicher Leser der heidnischen Klassiker (in einem Traum warf ihm Gott vor *Ciceronianus es, non christianus, Epist.* 22, 30), vermittelte Hieronymus uns auch wichtige Informationen über die alte Dichtung: er übersetzte die *Chronica* des Eusebius, eine trockene Aufreihung der Universalgeschichte, und reicherte sie mit Einzelheiten zur römischen Geschichte, insbesondere zur Geschichte der römischen Literatur an. Trotz der Fehler (Folge von Hieronymus' üblicher Eile) ist die Chronik (*Chronicon libri*) für uns eine einzigartige Quelle für Nachrichten, die vor allem auf Suetons *De poetis* zurückgehen, den Hieronymus noch gelesen hat.

Wenn der beste Teil von Hieronymus' Schaffen in den polemischen Schriften besteht (hier läßt er seiner Leidenschaftlichkeit und seiner rednerischen Begabung freien Lauf), verdankt er den Ruf eines Schriftstellers doch vor allem seinen *Briefen*: mit ihrer Frische und Lebhaftigkeit, satirischen Begabung und Subtilität der Argumentation läßt sich allein Cicero vergleichen. Hier hatte er ebensowenig Rivalen wie in der schroffen Impulsivität gegenüber den Gegnern, die er mit den meisterhaft beherrschten Waffen seiner Redekunst anging, mit Ironie angriff und mit Sarkasmus lächerlich machte.

In seinem Schwanken zwischen Ablehnung und Bewahrung der paganen Bildungstradition ist Hieronymus ein gutes Beispiel für die Schwierigkeiten, welche die Assimilation von christlicher und klassischer Kultur machte. Das Christentum hatte zwar die Religionen des Heidentums besiegt, mußte aber vor seinem Bildungssystem kapitulieren. Auch wenn sie es nicht wollten oder wußten, setzten sich die Christen dem Einfluß des paganen Grammatik- und Rhetorikunterrichts aus und übernahmen nicht bloß den literarischen Stil, sondern auch Gefühle und Geisteshaltungen.

3.4.5.3 Augustin

Geboren in Tagaste, einer Stadt im Numidien, studierte Aurelius Augustinus erst in Madaura, dann in Karthago. Im Jahre 384 wurde er als Rhetoriklehrer nach Rom berufen; später erhielt er auf Empfehlung des Symmachus, des Führers der heidnischen Senatoren, den Rhetoriklehrstuhl von Mailand. Hier brachten ihn der enge Verkehr mit den neuplatonischen Kreisen, die Predigten des Bischofs Ambrosius und die Gesellschaft seiner Mutter Monica, einer leidenschaftlichen Christin, zur endgültigen Konversion. Zurück in Africa wurde er Bischof von Hippo, wo der Tod ihn im Alter während der Belagerung der Stadt durch die Vandalen ereilte.

Augustin ist der reichste und originellste lateinische Denker und gleichzeitig ein hervorragender Schriftsteller, der seinen Gedanken bewundernswerte Klarheit und packende Wirkung geben kann. Sein Denken hat das Mittelalter über weite Strecken in einem Maße beherrscht, daß es geradezu seine Grundlage war, und beim Umschlag des Mittelalters in die Moderne war es dennoch wieder Augustin, bei dem die Reformatoren die theoretischen Grundlagen ihrer Lehren fanden.

Sein philosophisches Denken ist subtil und erstaunlich modern – wie etwa seine Entdeckung der Relativität der Zeit: Zeit sei keine absolute Kategorie, sondern existiere nur in Beziehung auf das einzelne Subjekt, das sich dieser Kategorie bedient. Nicht weniger subtil und fruchtbar sind seine Überlegungen zur Beziehung von Schicksal, göttlicher Gnade, Erbsünde und freiem Willen: aus ihrer Dialektik erwächst eine komplexe Lehre, welche sowohl die weit stärker deterministische Position der Manichäer ablehnt, welche dem Menschen jede Eingriffsmöglichkeit nimmt, wie die ansprechendere der Pelagianer, welche Raum zur Autonomie gibt und die Erlösung allein durch individuelle Verdienste verspricht.

Augustin ist der vielleicht produktivste Autor der Antike. Sein Schüler und Biograph Possidius rechnet vor, daß er bei seinem Tod mindestens 1030 Schriften hinterlassen habe, von denen die meisten erhalten sind. Am meisten gelesen und gelobt sind die *Confessiones* (13 Bücher); der Titel verweist nicht auf die Beichte, sondern bedeutet eher ‚Lobpreis Gottes'.

Geschrieben in den ersten Jahren seines Episkopats, erhalten die *Confessiones* einen autobiographischen Bericht, wenigstens in den ersten neuen Büchern. Augustin zeichnet seinen geistigen Werdegang nach, von den ersten, von der Sünde behinderten Schritten bis zur Bekehrung und dem Tod der Mutter kurz vor der Rückkehr nach Africa. Mit dem zehnten Buch wird die Autobiographie durch philosophische Reflexion abgelöst, die in den drei Schlußbüchern die Form eines Kommentars zum biblischen Schöpfungsbericht annimmt.

Die *Confessiones* sind exemplarisch für die Neuerungen des Christentums gegenüber den kanonischen Gattungen der Antike. Hauptdarsteller ist Augustinus, der sich weder durch seine Rolle noch seine Erlebnisse als außerordentliche Gestalt darstellt, sondern als gewöhnlichen Sünder. Was ihm in seinem Lebem begegnet, ist nicht an sich außergewöhnlich oder wunderbar; es wird dazu, weil Augustin ihm diese Bedeutung in seinem geistigen Werdegang zuerkennt. So beschreibt eine berühmte Episode einen Jungenstreich – man stahl einem Nachbarn Birnen, nur um sie dann den Schweinen vorzuwerfen (*Conf.* 2, 9). Die Erinnerung an dieses Abenteuer, das im antiken Roman höchstens Gelegenheit zur Erzählung einer komischen Wendung gegeben hätte, löst bei Augustin lange Reflexion über das Wesen der Sünde aus.

Ein moderner Leser hat keine Zeifel, welcher Gattung die *Confessiones* angehören: es ist eine Autobiographie. Für den antiken Leser war dies weniger klar, denn er fand fast nichts von dem, was für eine Biographie typisch war, Angaben über Eltern, Geburtsstadt, Studiengang: diese Dinge interessieren Augustin bloß, wenn sie für das seelische Geschehen relevant sind. Die *Confessiones* sind nicht bloß eine der wenigen antiken Autobiographien, sie sind die erste Autobiographie im modernen Wortsinn (also vor allem Mittel der Introspektion).

Sooft die *Confessiones* im Lauf ihrer Rezeption auf die Bereitschaft zum inneren Dialog, auf die Form der nach innen gewandten Untersuchung, auf die Freude an der literarisch gestalteten Erinnerung traf, fanden sie Bewunderer, die sich anregen ließen – bei einem zur Beichte so bereiten Humanisten wie Petrarca, in der religiösen Leidenschaft Luthers und Calvins, in der Kontemplation der spanischen Mystiker und vor allem Pascals.

Kommentierte Ausg. J. Fontaine et al., Fondazione Lorenzo Valla (Mailand seit 1992); Kommentar J. J. O'Donnell (Oxford 1992).

Das andere große Werk Augustins ist *De civitate Dei*, deren 22 Bücher zwischen 413 und 427 geschrieben und gruppenweise veröffentlicht wurden. Für die Eroberung Roms von 410 gaben die Heiden den Christen die Schuld: sie hätten die Schwächung und Zerstörung des Reiches verursacht. Ursprünglich hatte Augustin das Werk konzipiert, um die Christen zu verteidigen. Er nimmt zwei Staaten an, den irdischen, der dem Teufel gehört, und den himmlischen, Gottes Staat: beide existieren eng verflochten in der Welt und im Innern jedes Menschen. Die empirischen Staaten als Ausdruck des irdischen Staats müssen untergehen, der Gottesstaat aber ist unvergänglich.

Die neuartige Grundidee des Werks – daß Geschichte nicht mehr Geschichte der Staaten, sondern der Menschheit zu sein hat – war sehr modern, widersprach aber allen paganen Geschichtstheorien, die einander in der Weltherrschaft sich ablösende Reiche annahm. Mit dem Werk leistet Augustin einen grundlegenden Beitrag zu einer systematischen christlichen Ideologie und bricht mit der heidnischen Aristrokratie, deren Protégé er zu Beginn seiner Laufbahn gewesen war.

Noch wenige Jahre vor *De civitate Dei* hatte Macrob in den *Saturnalia* die Bindung der Heiden an eine Kultur gezeichnet, die zu verschwinden drohte: diese imaginären Gespräche hatten eine kulturelle Tradition zusammengefaßt, die fortbestehen und weiterhin ordnendes System sein wollte. Demgegenüber entmythisiert Augustin Roms große Vergangenheit als eine idealisierte Fluchtwelt, in welcher die heidnische Kultur Schutz vor der bitteren Gegenwart sucht. Mit leidenschaftlicher Ironie will er aufzeigen, daß Roms Geschichte nicht voller moralischer *exempla* sei, daß Unglücksfälle jeder Art in der Vergangenheit nicht weniger häufig waren als in der Gegenwart, und daß sie Zeichen für die menschliche Sündhaftigkeit seien; die Römer seien weder besser noch schlechter als andere Völker, und das Imperium Romanum sei keineswegs hauptsächliches Objekt der göttlichen Vorsehung gewesen, es sei vielmehr für die Erlösung der Menschheit völlig bedeutungslos.

Jeder einzelne Punkt seiner Argumentation macht Exempla und geschichtliche Diskussionen nötig: Augustins Zielpublikum ist gewohnt, in den Kategorien der Geschichte Roms als der einzigen existenten Geschichte zu denken; besonders in den ersten drei Büchern ist *De civitate Dei* eine detaillierte Kritik an Fakten, Personen und Vorstellungen dieser Geschichte. Augustin demonstriert seine außerordentliche Kenntnis der klassischen Texte und ihrer neuesten Epitomatoren. Seine Geschichtsphilosophie umfaßt eine außerordentliche Fülle von Zeiten und Räumen; die Menschheit habe nicht immer existiert und sei auch nicht zur unendlichen Existenz bestimmt – die Zukunft der Menschheit liege darin, daß die beiden Staaten sich entflechten und trennen würden.

Augustin verfaßte auch eigentliche theologische Werke, wie *De trinitate, De libero arbitrio* (gegen die Manichäer), *De praedestinatione sanctorum* (gilt dem Problem von Gnade und Erlösung der Sünder), außerdem exegetische Schriften wie *De consensu evangelistarum* (versucht die Widersprüche zwischen den vier Evangelien zu lösen) und die *Enarrationes in Psalmos*. In einem anderen, sehr persönlichen und der Form des Gesprächs näheren Stil verfaßte er zahlreiche *Sermones*.

Als ein außerordentlich begabter Autor bietet sich Augustin den verschiedensten Lesemöglichkeiten an. Man kann sich damit begnügen, die Kunst des Satzbaues mit ihrem System des vollkommenen Gleichgewichts zu analysieren; man kann den schwierigen Wegen seines Denkens folgen, das sich auf den steilen Pfaden, welche subtile und zwingende Logik vorgeben, zu Gott erheben will; man kann manchmal einen Blick in tiefe Abgründe werfen, die sich diesen Wegen entlang auftun, oder auf die Gipfel, die man gelegentlich erblickt. Man wird immer wieder gewahr werden, daß man diese Anspannung nicht lange aushalten kann.

Bibliographien: C. Andresen, *Bibliographia Augustiniana* (Darmstadt 1973); T. L. Miethe, *Augustinian Bibliography* (Westport/London 1982) (1970–1980). – Im Entstehen: *Augustinus-Lexicon*, hrsgg. v. C. Mayer (Basel seit 1986). – P. Brown, *Augustine of Hippo. A Biography* (London 1967). – S. unten S. 583–89.

3.4.6 Von Honorius zu Odoaker

3.4.6.1 Das Ende des Westreichs

Das Reich zerfällt, indem – lange bevor der letzte Kaiser abgesetzt wird – jede zentrale Kontrolle allmählich zerbröckelt. Die Wirtschaft leidet an starken Einbrüchen: die Leidtragenden sind vor allem die unteren Schichten, die von der Besteuerung oft bis zur Revolte getrieben werden; Großgrundbesitzer und reiche Senatoren stellen zu ihrer Verteidigung private Armeen auf.

Der Osten hat schon seine eigene Geschichte begonnen; weniger den Invasionen ausgesetzt, wird das Reich hier noch ein Jahrtausend überleben. Die

Westprovinzen werden aus dem Reich herausgelöst; Vandalen, Alanen, Sueben, dann Visigoten, Franken und Burgunder setzen sich vom römischen Afrika bis Gallien fest; Britannien wird von den Legionen aufgegeben, noch bevor die Angeln und Sachsen landen.

Doch die Germanen kamen nicht immer als traumatisierende Eroberer; und viele Barbaren lebten schon längst im Reich. Zudem bleiben Verwaltung und Bürokratie römisch, wie auch der landbesitzende und der kirchliche Adel lateinisch bleiben. Die einzige wirkliche Angst, für Germanen wie für Latiner, kam von den Hunneneinfällen, die auch Norditalien verwüsteten; erst der Tod ihres Fürsten Attila und ihr Rückzug in die Ebenen Pannoniens machten der Furcht ein Ende.

Die antike Kultur wird weiter überliefert und unterrichtet: auch die Barbaren begreifen die Notwendigkeit von Schulen. So blüht die Tradition grammatischer und enzyklopädischer Sammelwerke, die im 4. Jahrhundert begonnen hatte, weiter.

3.4.6.2 Martianus Capella

Der gebürtige Karthager und Advokat Martianus Capella, der erst in fortgeschrittenem Alter zum Schriftsteller wurde, ist in Erinnerung geblieben als Verfasser eines enzyklopädischen Werks, *De nuptiis Mercurii et Philologiae* (oder besser einfach *Philologia*, da der lange Titel bloß für die ersten beiden Bücher zutrifft, in denen die allegorische Hochzeit von Mercur und Philologie beschrieben wird); die neun Prosabücher, mit häufigen eingelegten Verspartien, sind eine *summa* der antiken Kultur und Wissenschaft.

Die *fabula* von der Hochzeit gibt den Rahmen, um die Behandlung weniger gewichtig erscheinen zu lassen. Wie Merkur die Philologia heiratet, macht er ihr die Sieben freien Künste zum Geschenk (Grammatik, Dialektik, Rhetorik, Geometrie, Arithmetik, Astronomie, Musik); in den Bücher 3–9 stellen diese Disziplinen in Ich-Form vor dem himmlischen Senat, der sich zur Hochzeit versammelt hat, ihre Fähigkeiten dar. Medizin und Architektur, die beiden übrigen Disziplinen des antiken Fächerkatalogs, bleiben ausgeschlossen und werden im mittelalterlichen Schulsystem (dem Trivium und dem Quadrivium) fehlen, das eben auf Martianus und seine Enzyklopädie zurückgeht. (→ Teil I 2).

Sein Stil ist schwierig und kompliziert; er ist stark rhetorisch gefärbt und voller Anklänge an klassische Autoren, die freilich so verändert werden, daß sie neue Bilder in einem neuen sprachlichen Gefüge bilden.

Teilkommentar: D. Shantzer (I: Berkeley 1986); L. Lenz (II: Padua 1975); G. Gasparotto (VI: Verona 1983); L. Cristante (IX: Padua 1987).

3.4.6.3 Christliche Chronik und Geschichtsschreibung: Romanhafte Geschichte

War die Geschichtsschreibung des 4. Jahrhunderts noch eine Domäne der paganen Schriftsteller wie Ammian und der Autoren der *Historia Augusta* gewesen, so geht im folgenden Jahrhundert auch hier die Führungsrolle an die Christen. Die wohl wichtigste Neuerung dieser Schriftstellerei, der sonst die methodische Strenge abgeht, welche die heidnischen Vorgänger charakterisierte, ist der konzentrierte Wille, die dargestellten Ereignisse einer einheitlichen

Geschichtsdeutung zu unterwerfen. Geschichte ist jetzt Geschichte der ganzen Menschheit und ihrer Begegnung mit dem Vorsehungsplan; das römische Reich ist bloß die letzte Etappe dieser Entwicklung.

Für den Spanier Orosius (geboren um 390), den Verfasser der *Historiae adversus paganos* in sieben Büchern, ist das römische Reich gottgewollt (im Gegensatz noch zu Augustin). Sein Werk umfaßt die gesamte Menschheitsgeschichte – die ersten sechs Bücher von den Anfängen bis zur Geburt des Erlösers, das letzte Buch die Kaiserzeit bis 417. Die Aufgabe des Reichs ist es, die Sendung des Christentums zu erleichtern; durch Gottes Willen sind die Verhältnisse der Menschheit auf dem Weg zur beständigen Besserung. Den Barbaren gegenüber ist Orosius Optimist: sie werden bald in der römisch-christlichen Kultur aufgegangen sein. Der Staat hat für Orosius eine sakrale, von der Vorsehung gesetzte Bestimmung: das wird im Mittelalter Erfolg haben und auch Dante tief beeinflussen.

Wenig später als Orosius ist der Gallier Salvianus, der um 450 *De gubernatione Dei* in acht Büchern verfaßte. Seine Haltung gegenüber Barbareneinfällen und der Bestimmung des Reichs ist eine andere: die dramatischen zeitgenössischen Ereignisse sind in seinen Augen deutlich eine Strafe Gottes; Gottes Werkzeug sind die Barbaren, die anständiger, moralischer, weniger degeneriert und grausam sind als die Römer; überhaupt sind sie weniger schuldig, da der wahre Glaube sie noch nicht erreicht hat.

Roman. Die Produktion romanhafter Geschichte und phantastischer Erzählungen, die im 4. Jahrhundert weit verbreitet gewesen war, setzt sich mit einem gewissen Erfolg fort. In den letzten Jahren des 5. Jahrhunderts (nach andern ins 6.) gehört *De excidio Troiae historia*; der Verfasser des Werks, der vorgibt, Cornelius Nepos zu sein und den Text Sallust zu widmen, stellt die Troiageschichte aus der Perspektive der Troianer dar: es handle sich (so die Fiktion) um die Übersetzung eines Textes des troianischen Priesters Dares, den die *Ilias* erwähnt (5,9ff.). Das Werk ist so das Spiegelbild des Dictys von Kreta und war im Mittelalter vielgelesen; Dares schrieb man dann auch eine *Historia de origine Francorum* zu, welche die troianische Herkunft der Franken und damit ihre Ebenbürtigkeit mit den Römern behauptete.

3.4.6.4 Der letzte Dichter: Rutilius Namatianus

Rutilius Claudius Namatianus, ein geborener Gallier, war relativ jung nach Rom gekommen; sein Vater bekeidete bedeutende Posten in der Verwaltung, auch die Karriere des Sohns war brillant und führte ihn bis zur Präfektur Roms. Im Jahre 417 kehrte Namatianus in seine gallische Heimat zurück; es war nötig geworden, selber nach den Besitzungen zu sehen. In *De reditu suo*, einem Gedicht in elegischen Distichen, beschreibt er die Rückreise nach Norden; der uns erhaltene Teil (das Werk hört am Anfang von Buch 2 auf) umfaßt die Seereise von Ostia bis in den Norden der Toscana.

Die Melancholie und der quälende Romantizismus, die das Gedicht durchziehen, machen es zu einem der intensivsten (und unserem Geschmack unmittelbar zugänglichsten) Werke der späten Latinität. Namatianus füllt sein Reisetagebuch mit Klagen um eine zu Ende gehende Welt. Jeder Ort ruft wie in einer Porträtgalerie der Antike die große

Vergangenheit wach. Vom Schiff aus, das dem Ufer entlang fährt, erblickt der Dichter einstürzende Felsbrocken, wo einst blühende Städte gewesen waren, und verlassene Landstriche. Dieses so negative Bild macht die Rückkehr, die in Wirklichkeit eine Flucht ist, noch viel schwerer.

Namatianus weiß, wer daran schuld ist: er findet harte Worte für die Christen und die in das Reich eingebundenen Germanen, besonders für Stilicho, der Rom verraten und sich mit seinen Landsleuten geeinigt habe (so hatten auch Honorius und die kaisertreue Literatur argumentiert, als der Hof sich entschloß, sich von diesem unbequemen Beschützer zu trennen, der doch ein äußerst tüchtiger Diener Roms gewesen war).

Obwohl man ihn oft mit Claudian (der im 1. Buch von *De reditu* begeistert gefeiert wird) als letzten Sänger des Reichs zusammenstellt, ist Namatianus weit von ihm entfernt. Claudian ist ein professioneller Dichter, der von seiner Kunst lebt und sich Mäzene sucht, deren Ideen er seine Kunst zur Verfügung stellt; Namatianus ist ein vermögender Grundbesitzer, der schreibt, um seine eigenen Vorstellungen und seine persönliche Stellung zu verteidigen.

Kommentierte Ausg. E. Doblhofer, 2 Bde. (Heidelberg 1972. 1977).

3.5 Epilog: Der Weg ins Mittelalter

Mit dem Ende des Reichs ist die lateinische Literatur nicht zu Ende. Doch sobald Latein nicht mehr die Sprache des ganzen Reichs ist und die germanischen Sprachen und das Latein der Provinzbevölkerung sich mischen, um den romanischen Dialekt zu erzeugen, wird die Literatursprache zu einem künstlichen Ausdrucksmittel, das der Menge unverständlich ist. Schon im 6. Jahrhundert lagen das geschriebene Latein und die vorromanischen Dialekte wohl beträchtlich auseinander. Doch Latein bleibt für Jahrhunderte die einzige Schriftsprache, und die Tradition der klassischen Autoren wird nicht unterbrochen. In Italien, im Frankenreich, in Spanien bleibt die lateinisch geschriebene Literatur das einzige wichtige Instrument, um das Wissen zu bewahren; selbst ein Barbarenkönig, der Wisigote Sisebutus, wird ‚Autor'. Die wichtigste Gattung ist jetzt die der Enzyklopädie, der Sammlung von Wissen, Techniken und Wissenschaften; solche Enzyklopädien wurden vom Spanier Isidor von Sevilla (*Etymologiae*, frühes 7. Jahrhundert) verfaßt, aber auch von den Italienern Boethius (*De institutione arithmetica, De institutione musica*, frühes 6. Jahrhundert; s. unten S. 589–95) und Cassiodor (*Institutiones*, nach 555; s. oben S. 15). Doch auch die Dichtung wird fortgesetzt, etwa von Sidonius Apollinaris († ca. 486 als Bischof von Clermont) und den Norditalienern Ennodius (514–512 Bischof von Pavia) oder Venantius Fortunatus († ca. 600 als Bischof von Poitiers): die klassischen Vorbilder sind noch gut bekannt, ihre Technik wird sicher gemeistert.

3.6 Bibliographie

[Die bibliographischen Angaben, die der Hrsg. in Kap. 2 und 3 zugesetzt hat, wollen eine erste Orientierung sein. Sie beschränken sich im Falle der einzelnen Autoren auf neueste Bibliographien, wichtige Kommentare und (ganz selten) klassisch gewordene Editionen und Monographien. Auf einzelne Bände in den gängigsten zweisprachigen Editionsreihen – *Sammlung Tusculum* (lat.-dtsch., München/Zürich), *Collection des Universités de France (‚Collection Budé')* (lat.-frz., Paris), *Loeb Classical Library* (lat.-eng., Cambridge, Mass.) und die Bände der bemerkenswerten *Fondazione Lorenzo Valla* (lat.-ital., Mailand) –, die neben einem kritischen Text und der Übersetzung meist Einführungen, kommentierende Anmerkungen und Bibliographien enthalten, wurde nur verwiesen, wenn sie besonders wichtig sind. Sonst soll, wie im Fall der großen kritischen Editionsreihen – bes. *Oxford Classical Library (OCT), Bibliotheca Teubneriana (BT)* und *Corpus Scriptorum Latinorum Paravianum* – der allgemeine Verweis an dieser Stelle genügen.

Ebenso gibt die folgende Literaturübersicht neben den hauptsächlichen Literaturgeschichten nur die wichtigsten einführenden Arbeiten; auf einige davon wird im Text mit Autorennamen und Erscheinungsjahr verwiesen.]

3.6.1 Literaturgeschichten: Handbuch: M. Schanz und C. Hosius (Hgg.), *Geschichte der Römischen Literatur* (München, Bd. 1 ^{4}1927; Bd. 2 ^{6}1935; Bd. 3 ^{3}1922, Bd. 4: 1 ^{2}1914, 4: 2 1920), neu bearbeitet von R. Herzog und P. L. Schmidt (erschienen 8: 5, 1989: *Die lateinische Literatur von 284 bis 373 n. Chr.*). – F. Leo, *Geschichte der römischen Literatur.* 1: *Die archaische Zeit* (Berlin 1913, repr. Darmstadt 1967; mehr nicht erschienen); E. Norden, *Die römische Literatur von den Anfängen bis zum Untergang des weströmischen Reiches.* Einleitung in die Altertumswissenschaft 4 (Berlin/Leipzig ^{3}1933; 7. Aufl. hrsg. v. B. Kytzler, Stuttgart und Leipzig 1997); A. Kappelmacher und M. Schuster, *Die Literatur der Römer zur Karolingerzeit* (Potsdam 1943); L. Bieler, *Geschichte der römischen Literatur,* 2 Bde. (Berlin 1961–1965, ^{4}1980); M. Fuhrmann (Hrsg.), *Römische Literatur.* Neues Handbuch der Literaturwissenschaft 3 (Frankfurt a. M. 1974); E. J. Kenney und W. V. Clausen (Hgg.), *The Cambridge History of Classical Literature.* 2: *Latin Literature* (Cambridge 1984); M. von Albrecht, *Geschichte der römischen Literatur,* 2 Bde. (München 1992, ^{2}1994); G. B. Conte, *Latin Literature. A History* (Baltimore/London 1994).

Außerdem: F. Klingner, *Römische Geisteswelt* (München ^{5}1965); A. E. Housman, *Critical Papers,* hrsgg. von J. Diggle und F. R. D. Goodyear, 3 Bde. (Cambridge 1972); M. von Albrecht (Hrsg.), *Die römische Literatur in Text und Darstellung,* 5 Bde. (Stuttgart 1985–1991); G. Cavallo, P. Fedeli, A. Giardina (Hgg.), *Lo spazio letterario di Roma antica,* 5 Bde. (Rom 1989–1991) (Bd. 5, 1991 enthält eine detaillierte Zeittabelle und eine sehr umfangreiche Bibliographie); R. M. Nisbet, *Collected Papers on Latin Literature,* hrsg. von S. J. Harrison (Oxford 1995).

3.6.2 Fragmentsammlungen: H. Peter (Hrsg.), *Fragmenta historicorum Romanorum,* 2 Bde. (Leipzig 1883–1906, 1^{2} 1914); H. Malcovati (Hrsg.), *Oratorum Romanorum fragmenta,* 3 Bde. (Turin 1930, 1^{2} 1955) (*OrRF*); O. Ribbeck (Hrsg.), *Tragicorum Romanorum fragmenta* (Leipzig ^{2}1871, repr. Hildesheim 1962) (*TRF*); ders., *Comicorum Romanorum praeter Plautum et Terentium fragmenta* (Leipzig ^{3}1885, repr. Hildesheim 1962) (*CRF*); H. Keil (Hrsg.), *Grammatici Latini* (Leipzig 1878–1919) (*GL*); E. H. Warmington (Hrsg.), *Remains of Old Latin,* 4 Bde. (London/Cambridge, Mass. 1935–1940); E. Courtney, *The Fragmentary Latin Poets* (Oxford 1993); *Fragmenta poetarum Latinorum epicorum et lyricorum praeter Ennium et Lucilium,* post W. Morel et K. Büchner tertium ed. J. Blänsdorf (Stuttgart/Leipzig 1995) = (*FPL*^{3}). – Vgl. H. Bardon, *La littérature latine inconnue,* 2 Bde. (Paris 1952–1956).

3.6.3 Dichtung. Allgemein: B. Axelson, *Unpoetische Wörter. Ein Beitrag zur Kenntnis der lateinischen Dichtersprache* (Lund 1945); G. Williams, *Tradition and Originality in Roman Poetry* (Oxford 1968); W. Suerbaum, *Untersuchungen zur Selbstdarstellung älterer römischer Dichter* (Hildesheim 1968); F. Cairns, *Generic Composition in Greek and Latin Poetry* (Edinburgh 1971); G. B. Conte, *The Rhetoric of Imitation. Genre and Poetic Memory in Virgil and*

Other Latin Poets (Ithaca, N.Y. 1986); Karl Galinsky (Hrsg.), *The Interpretation of Roman Poetry. Empiricism or Hermeneutics?* (Frankfurt a. M., Bern, New York 1992); M. von Albrecht, *Römische Poesie. Texte und Interpretationen* (Tübingen/Basel ^{2}1995).

Einzelne Formen und Gattungen: **Bukolik:** B. Effe und G. Binder, *Die antike Bukolik. Eine Einführung* (München/Zürich 1989). – **Drama:** E. Lefèvre (Hrsg.), *Das römische Drama* (Darmstadt 1978). – **Elegie:** A. A. Day, *The Origin of Latin Love-Elegy* (Oxford 1938); P. Veyne, *Élégie érotique romaine. L'amour, la poésie et l'occident* (Paris 1983); N. Holzberg, *Die römische Liebeselegie. Eine Einführung* (Darmstadt 1990). – **Epos:** R. Häussler, *Studien zum historischen Epos der Antike*, 2 Bde. (Heidelberg 1976–78); E. Burck (Hrsg.), *Das römische Epos* (Darmstadt 1979). – **Komödie:** G. E. Duckworth, *The Nature of Roman Comedy. A Study in Popular Entertainment* (Princeton ^{2}1952, repr. 1994). – **Lehrgedicht:** B. Effe, *Dichtung und Lehre. Untersuchungen zur Typologie des antiken Lehrgedichts* (München 1979). – **Mimus:** H. Reich, *Der Minus*, 2 Bde. (Berlin 1903). – **Satire:** M. Coffey, *Roman Satire* (London/New York 1976); U. Knoche, *Die römische Satire* (Göttingen ^{4}1982); J. Adamietz (Hrsg.), *Die römische Satire* (Darmstadt 1986). – **Theater:** E. Paratore, *Storia del teatro latino* (Mailand 1957); W. Beare, *The Roman Stage* (London ^{3}1965); R. C. Beacham, *The Roman Theatre and Its Audience* (London 1991). – **Tragödie:** O. Ribbeck, *Die römische Tragödie im Zeitalter der Republik* (Leipzig 1875; repr. Hildesheim 1968).

3.6.4 Prosa. Allgemein: E. Norden, *Antike Kunstprosa. Vom VI. Jahrhundert v. Chr. bis in die Zeit der Renaissance*, 2 Bde. (Leipzig/Berlin ^{3}1915, repr. 1983); A. D. Leeman, *Orationis Ratio. The Stylistic Theory and Practice of the Roman Orators, Historians and Philosophers* (Amsterdam 1963); M. von Albrecht, *Meister römischer Prosa von Cato bis Apuleius* (Heidelberg ^{2}1983)

Einzelne Formen und Gattungen: **Beredsamkeit:** R. Volkmann, *Die Rhetorik der Griechen und Römer* (Leipzig ^{2}1885); M. L. Clarke, *Rhetoric at Rome* (London ^{2}1962); M. Fuhrmann, *Die antike Rhetorik* (München/Zürich ^{3}1990); G. A. Kennedy, *A New History of Classical Rhetoric. With Additional Discussion of Late Latin Rhetoric* (Princeton 1994). – **Biographie:** F. Leo, *Die griechisch-römische Biographie nach ihrer literarischen Form* (Leipzig/Berlin 1901); G. Misch, *Geschichte der Autobiographie. 1: Das Altertum* (Leipzig/Berlin 1907). – **Brief:** H. Peter, *Der Brief in der römischen Literatur* (Leipzig 1901); P. Cugusi, *Evoluzione e forme dell'epistolografia latina nella tarda repubblica et nei primi due secoli dell'impero* (Rom 1983). – Dialog: R. Hirzel, *Der Dialog. Ein literarhistorischer Versuch*, 2 Bde. (Leipzig 1895). – **Fachschriftsteller:** M. Fuhrmann, *Das systematische Lehrbuch. Ein Beitrag zur Geschichte der Wissenschaften in der Antike* (Göttingen 1960). – **Geschichtsschreibung:** L. Ferrero, *Rerum scriptor. Saggi sulla storiografia romana* (Triest 1962); V. Pöschl (Hrsg.), *Römische Geschichtsschreibung* (Darmstadt 1969); D. Flach, *Einführung in die römische Geschichtsschreibung* (Darmstadt 1985); C. Holdsworth und T. P. Wiseman (Hgg.), *The Inheritance of Historiography: 350–900* (Exeter 1986). – **Roman:** G. P. Walsh, *The Roman Novel. The ‚Satyricon' of Petronius and the ‚Metamorphoses' of Apuleius* (Cambridge 1970); Th. Hägg, *The Novel in Antiquity* (Oxford 1983; dtsch. Mainz 1987); N. Holzberg, *Der antike Roman. Eine Einführung* (München/Zürich 1986; erweiterte engl. Fassung London 1995).

3.6.5 Epochen. Republik: F. Leo, *Geschichte der römischen Literatur. 1: Die archaische Literatur* (Berlin 1913); W. Kroll, *Die Kultur der ciceronischen Zeit* (Leipzig 1933); T. Frank, *Life and Literature in the Roman Republic* (Berkely ^{5}1965); E. Rawson, *Intellectual Life in the Late Roman Republic* (Oxford 1975); E. S. Gruen, *Culture and National Identity in Republican Rome* (Ithaca, N.Y. 1992). – **Augusteische Zeit:** R. Heinze, *Die augusteische Kultur* (Leipzig ^{2}1933); K. Galinski, *Augustan Culture. An Interpretive Introduction* (Princeton 1996). – **Kaiserzeit:** J. P. Sullivan, *Literature and Politics in the Age of Nero* (Ithaca, N.Y. 1985);

A. Dihle, *Die griechische und lateinische Literatur der Kaiserzeit* (München 1988); O. Bardenhewer, *Geschichte der altkirchlichen Literatur*, 5 Bde. (Freiburg i. Br. 1913–1932); P. Labriolle, *Histoire de la littérature latine chrétienne* (Paris ³1947); S. Döpp, „Die Blütezeit lateinischer Literatur in der Spätantike", *Philologus* 132 (1988) 19–53; M. Fuhrmann, *Rom in der Spätantike. Porträt einer Epoche* (München/Zürich 1994).

3.6.6 Einzelne Themen. Mäzenatentum: B. K. Gold, *Literary Patronage in Greece and Rome* (Chapel Hill, N. C. 1987). – **Mündlichkeit:** G. Vogt-Spira (Hrsg.), *Strukturen der Mündlichkeit in der römischen Literatur* (Tübingen 1990). – **Rezipienten:** T. Woodman und J. Powell (Hgg.), *Author and Audience in Latin Literature* (Cambridge 1992). – **Rhetorik:** H. Lausberg, *Handbuch der literarischen Rhetorik. Eine Grundlage der Literaturwissenschaft* (Stuttgart 1990).

4 Die mittellateinische Literatur

Jan Ziolkowski

4.1 Quantität und Qualität der mittellateinischen Literatur

Die Anzahl im Mittelalter verfaßter lateinischer Texte, die bis heute überlebt haben, ist erfreulich und beängstigend zugleich. Obwohl ein präzises Inventar aller Texte unmöglich ist, wird jedenfalls deutlich, daß die mittelalterliche lateinische Literatur nicht nur beträchtlich umfangreicher ist als die antike, sondern auch als alles, was in den mittelalterlichen Volkssprachen geschrieben wurde, von denen die Sprache Europas und vieler seiner ehemaligen Kolonien abstammen.

Doch nicht nur die Quantität, auch die Qualität der mittellateinischen Literatur ist außergewöhnlich. Neben den kirchlichen, scholastischen und historischen Dokumenten, deren lateinische Sprachform allgemein bekannt ist, existiert eine reiche mittellateinische Dichtung; sie reicht von den Großformen von Epos und Drama über Gedichte und Hymnen zu den Kurzformen von Epigramm und Sprichwort. Viele dieser Werke trugen zur Verschmelzung der griechisch-römischen Antike mit der jüdisch-christlichen Kultur bei, welche die Grundlage eines großen Teils der heutigen europäischen Kultur bildet; andere gaben den kreativen Impulsen der Volkskultur in einer Epoche Ausdruck, in der literarisches Schaffen in der Volkssprache noch nicht für die Nachwelt schriftlich festgehalten wurde. Manche dieser lateinischen Werke wurden zu mittelalterlichen ‚Bestsellern' bei Studenten und Intellektuellen, die während eines großen Teils ihres Lebens lateinisch sprachen. Andere Dichtungen fanden in ihrer Zeit kaum Gehör und mußten bis in unsere Zeit auf die verdiente Wertschätzung warten.

4.2 Die Vernachlässigung mittellateinischer Literatur: Zwei Hauptgründe

Trotz der Fülle und der Qualität mittellateinischer Texte hat sich die Forschung intensiver mit der lateinischen Literatur der Antike oder der volkssprachlichen Literatur des Mittelalters beschäftigt; dafür gibt es zwei Hauptgründe. Zum einen übt auf die meisten am Latein Interessierten die klassische Antike die größere Anziehungskraft aus: wir sind beinahe unbewußt durch die Trennlinie geprägt, durch welche das Mittelalter noch immer einerseits von der Antike, andererseits von der Renaissance, der bekanntesten Epoche der Wiederentdeckung von klassischer Literatur, Wissenschaft und Kunst, abgegrenzt wird. Alte Vorurteile sterben schwer – etwa die Behauptung, das Latein des Mittelalters sei lediglich ein korruptes ‚Küchenlatein'; das größte Verdienst des Mittellateins läge dann darin, die antiken Autoren den verständigeren Menschen der Renaissance überliefert zu haben, wenn auch in korrupter Form. Zum anderen liegt für den, der sich mit mittelalterlicher Literatur abgibt, ihre Faszination in der gleichzeitigen Nähe und Distanz zu den neusprachlichen Texten: hier wirkt noch immer die romantische Unterscheidung zwischen der ‚Volkssprache' als dem Ausdrucksmittel der Volkskultur und dem Latein als der Sprache einer dünnen gelehrten Elite, die kaum mit der Kultur ‚des Volkes' in Berührung kam.

4.3 Die mittellateinische Kultur im Europa des Mittelalters

Der eigenständige Charakter der mittellateinischen Literatur entspricht zu einem großen Teil der außergewöhnlichen Rolle des mittelalterlichen Lateins als Kultur und Sprache. In gewisser Hinsicht ist diese Literatur engstens mit allen westeuropäischen Literaturen des Mittelalters und der Renaissance verbunden: Latein und lateinische Literatur boten den christianisierten Völkern Westeuropas ein Mittel – eine Lingua Franca (falls Oxymoron und Anachronismus gestattet sind) –, um über die beschränkte Reichweite der vielen lokalen Sprachen und Dialekte hinauszugehen und eine wahre ‚Europäische Gemeinschaft' *avant la lettre* zu schaffen. Tatsächlich waren die lateinische Sprache und ihre Texte wesentlich daran beteiligt, in allen volkssprachlichen Literaturen einen gemeinsamen Grundstock von Vokabular, Rhetorik, Bildern und vielem anderen zu schaffen, der bis heute besteht. Mittellateinische Literatur verhalf den späteren europäischen Literaturen – vor allem, aber nicht ausschließlich den romanischen Literaturen – zu größerer Einheit, weil Lateinlehrer und -schüler Techniken und Materialien des Textbaus in ganz Westeuropa verbreiteten. Die Literaturen im mittelalterlichen Europa hätten ohne die Kleriker und die klerikale Kultur keine Literaturen im etymologischen Sinne des Wortes sein können: sie hätten nicht niedergeschrieben und überliefert werden können. Diese Klerikalisierung war *per definitionem* eine Latinisierung, denn lesen und schreiben zu können, bedeutete auch, Latein gelernt zu haben, und beides war eng mit dem Status der Kleriker verbunden. Wenn also die Autoren des Mittelalters in Westeuropa sich auf ihre gemeinsame Kultur beriefen, bezogen sie sich auf den sprachlichen und kulturellen Raum der *tota latinitas,* nicht den geographischen Raum Europas. In diesem Sinne trug Mittellatein in solchem Maße zu den Kulturen und Subkulturen Europas bei, daß es auch „die Muttersprache der westlichen Zivilisation" genannt wird.

E. Löfstedt, *Late Latin* (Oslo 1959), 62; L. Bieler, „Das Mittellatein als Sprachproblem," *Lexis* 2 (1949) 104; D. Sheerin, „In media latinitate," *Helios* 14.2 (1987) 51 und 64 Anm. 2; R. Hexter, „Latinitas in the Middle Ages. Horizons and Perspectives," *Helios* 14.2 (1987) 69–72.

4.4 Die Soziolinguistik des Mittellateins

4.4.1 Mittellatein – lebende oder tote Sprache?

Mittellatein als Muttersprache zu bezeichnen ist paradox. In anderer Perspektive zeichnet sich die mittellateinische Literatur durch Züge aus, die sie von allen anderen europäischen Sprachen des Mittelalters unterscheidet. Während die Volkssprachen lebende Sprachen waren, die Jahrhunderte bis zur Entwicklung einer vollen literarischen Sprache brauchten, lebte Latein nicht wirklich – obwohl es alles andere als tot war. Wie soll man aber diese außergewöhnliche Zweitsprache beschreiben? Dem Corpus der lateinischen Literatur wurde die zweifelhafte Auszeichnung zuteil, mit einer Leiche verglichen zu werden, deren Haare und Nägel nach dem Tod weiterwachsen; andere Bilder verglichen das Latein mit einer Blume, die aus ihrem natürlichen Lebensraum verpflanzt wurde und dennoch weiterblüht, oder mit einem eingesperrten und dressierten Tier, das die eingeübten Kunststücke zwar zahm vorführt, aber bisweilen seine ursprüngliche Wildheit aufblitzen läßt. Latein wurde auch als „einer dieser zeitlosen Naturgeister" beschrieben, „vielleicht ein Gnom unter der Erde oder gar eine Wasserfee, die in heimlichem Umgang mit einem erwählten Mann richtige, lebendige Kinder gebiert". Doch bei aller Bildhaftigkeit werfen diese Vergleiche nur ein schwaches Licht auf das einmalige Wesen der mittellateinischen Sprache und Literatur.

K. Vossler, *Geist und Kultur der Sprache* (Heidelberg 1925) 57; L. Traube, *Einleitung in die lateinische Philologie des Mittelalters* (München 1911; wieder in: *Vorlesungen und Abhandlungen,* hrsgg. v. P. Lehmann, Bd. 2, München 1965) 44; C. Lanham, „The Bastard at the Familiy Reunion: Classics and Medieval Latin" *Classical Journal* 70.3 (1975) 51 Anm. 5; P. Lehmann, „Aufgaben und Anregungen der lateinischen Philologie des Mittelalters" (1918); wieder in: *Erforschungen des Mittelalters,* Bd. 1 (Stuttgart 1959), 64; E. Zeydel, „The Medieval Latin Literature of Germany as German Literature," *Publications of the Modern Language Association* 80 (1965) 30 Anm. 25–26.

4.4.2 Mittellatein als Vatersprache – und als patriarchale Sprache

Am realistischsten wird das Latein des Mittelalters wohl als Vatersprache beschrieben. Damit wird ausgedrückt, daß niemand mit Latein als Muttersprache aufgewachsen ist; zudem deutet diese Beschreibung auch auf den Status des Lateins als Männersprache, denn die meisten Leute, die Latein lernen konnten, waren Knaben und Männer (wohl meist eher *patres* im kirchlichen Sinne als wirkliche *patres familias*), die Teil eines sehr patriarchalen Systems waren. Das bedeutet aber nicht, daß Mittellatein nur gelesen und geschrieben wurde, denn das Latein der Kirchen, Höfe, Schulen und Universitäten war mündliches Kommunikationsmittel ebenso wie Schriftsprache: deshalb galt Latein berechtigterweise als ‚Zunge', *lingua.* Das Quartier Latin in Paris erhielt seinen Namen, weil Latein dort das wichtigste mündliche und schriftliche Kommunikationsmittel war.

4.4.3 Kulturelle Diglossie

Um den besonderen Stand des Lateins im Mittelalter wirklich zu verstehen, ist es sinnvoll, Sprachen nicht einfach in ‚tote' (etwa Altgriechisch oder Lateinisch) und ‚lebende' (das heutige Deutsch und Russisch) einzuteilen. Viele Sprachsituationen zeichnen sich nämlich durch ein anderes Arrangement aus, das man als kulturelle Diglossie bezeichnet. Obwohl man zum Vergleich etwa verschiedene Phasen der Geschichte von Griechisch, Hebräisch oder Sanskrit heranziehen könnte, liegt die Sprachsituation der modernen islamischen Länder derjenigen des Latein im mittelalterlichen Europa wohl am nächsten. In vielen Gebieten Nordafrikas und Kleinasiens wird im Alltag eine arabische Varietät gesprochen, die neben einer alten Schriftsprache existiert, welche in Religion, Schule und anderen formellen Kommunikationssituationen verwendet wird.

J. Ziolkowski, „Cultural Diglossia and the Nature of Medieval Latin Literature," in: J. Harris (Hrsg.), *The Ballad and Oral Literature*. Harvard English Studies 16 (Cambridge, Mass. 1991), 193–213.

4.4.4 Mittellatein als ‚Prestigesprache'

Aus einer anderen Perspektive kann Latein als ‚Prestigesprache' beschrieben werden. Niemand lernte Latein von Kind auf in alltäglichen Sprechsituationen; es wurde geschätzt und bewundert, weil sein Erwerb den Besuch einer Grundschule voraussetzte. Entsprechend zog die Beschäftigung mit lateinischer Grammatik und allem, was zu ihr gehörte – nicht zuletzt auch die Autorität ihrer Texte und das technische Wissen der Buchherstellung – eine solche Bewunderung nach sich, daß *grammatica* auf Laien eine fast magische Anziehungskraft ausübte: Grammatik hatte Glamour (wie die Etymologie dieses Wortes bestätigt).

4.4.5 *Litterae Latinae* und das Ritual der Alphabetisierung

Während eines Großteils des Mittelalters hieß Alphabetisierung, Grundkenntnisse in Latein zu erwerben. Folglich teilten die Gelehrten *(litterati)* in ganz Europa Einsichten und Erfahrungen eines fünf bis zehn Jahre dauernden *rite de passage* – einer Grundausbildung, deren Schwergewicht auf der genauen Lektüre festgelegter Texte lag. Durch ihre Schulbildung hatten diese *litterati* zum großen Teil diesselben Lehrbücher gehabt, waren oft denselben brutalen Unterrichtsmethoden ausgesetzt gewesen und beherrschten die Grundprinzipien und die Terminologie der lateinischen Grammatik. Intellektuelle verwendeten ganz selbstverständlich Ausdrücke dieser Grammatik als Metaphern, sogar wenn sie über so fachfremde Dinge wie Sexualität sprachen; Theologen erklärten die tiefen Wahrheiten des christlichen Glaubens mittels der lateinischen Grammatik und ihrer Struktur. Wer nur seine eigene Mundart kannte, war ein *idiota,* ein ‚Idiot', ausgeschlossen von dem, was an Intellektuellem im Latein vor sich ging.

4.4.6 Vulgärsprache und Mundart

Verehrt wegen des Alters und der Autorität seiner literarischen Tradition wurde das Latein zur Sprache der Meister – nicht nur der Schulmeister – im Gegensatz zur Sprache der Massen, der Volkssprache. Latein bestand aus einer Reihe von Regeln, die in sorgfältigem und jahrelangem Studium erworben, auswendig gelernt und analysiert werden mußten, während die Mundart ohne ausformuliertes Regelsystem durch Nachahmung in der alltäglichen Sprechsituation erworben wurde. In der Sicht der Gebildeten waren die Volkssprachen (die *linguae vulgares*) dem Latein in der sozialen Hierarchie untergeordnet, wie die Etymologie dessen, was Dante *eloquentia vulgaris* nannte (von *vulgus,* ‚gewöhnliches Volk'), deutlich zeigt. Und obwohl er über die Vorzüge dessen schrieb, was er ‚erhabene Mundart' nannte, wählte er als Medium für diese Reflexionen die Gelehrtensprache. Es gibt keine ähnliche Apologie für die lateinische Sprache, kein *De latina eloquentia,* weil eine derartige Rechtfertigung nicht nötig war. Die Vorzüge des Lateins waren unbestritten. Aber wie Berühmtheiten heutzutage mußte das Latein sowohl mit den Vorzügen als auch mit den Nachteilen seiner besonderen Rolle leben; ob es wollte oder nicht, es fristete ein vom Alltag isoliertes Dasein.

4.5 Die Chronologie des Mittellateins

4.5.1 Alt-, Mittel- und Neulatein – eine unangemessene Einteilung

Die Einteilung in Altlatein, klassisches Latein, Mittellatein und Neulatein verleitet uns dazu, Mittellatein gleich zu beurteilen wie die spätmittelalterlichen Formen vieler heutiger europäischer Sprachen, mithin die Entwicklung vom klassischen Latein zum Mittellatein und vom Mittellatein zum Neulatein gleichzusetzen mit derjenigen von Althochdeutsch zu Mittelhochdeutsch und von Mittelhochdeutsch zu Neuhochdeutsch oder von Alt- zu Mittelenglisch, von Mittel- zu Neuenglisch. Zwar sind die Unterschiede zwischen klassischem und Mittellatein und zwischen Mittel- und Neulatein bedeutend, doch können sie nicht einfach auf das Entwicklungsschema reduziert werden, welches die historischen Linguisten des 19. Jahrunderts fast überall angewandt haben. Die Sache wird noch dadurch kompliziert, daß das Spätlatein dem Mittellatein vorausgeht; zudem gibt es in den meisten nachklassischen Phasen der lateinischen Sprache keine klaren sprachlichen Entwicklungen wie etwa den Wechsel von einfachen zu zusammengesetzten Zeiten des Verbs oder den Verlust der nominalen, pronominalen oder adjektivischen Fälle. Es fehlen mithin die Standardmerkmale, die uns helfen könnten, verschiedene Phasen einer Sprache zu bestimmen – es fehlt uns sozusagen ein Lackmustest, um zu bestimmen, ob ein Text in klassischem oder in mittelalterlichem Latein geschrieben ist.

4.5.2 Karl der Große und die Abgrenzung des Mittellateins vom Vulgärlatein

Für die Zwecke dieses Bandes wird Mittellatein als das Latein in der Periode zwischen dem Fall des Römischen Reiches im Jahr 476 und dem Beginn der Renaissance definiert; nach der eben diskutierten Periodisierung wäre dies die Periode zwischen Spät- und Neulatein. Wie immer wir Spät- und Mittellatein zeitlich differenzieren, immer sind lokale Unterschiede wichtig; Beginn und Ende von Mittelalter und von Mittellatein variieren von Region zu Region. Lange Zeit wurde Spätlatein als das Latein zwischen etwa 150 n. Chr. und dem Ende des 6. Jahrhunderts definiert. Rom fiel im 5. Jahrhundert – aber fiel die lateinische Sprache zur selben Zeit? In jüngster Zeit diskutierten die romanistischen Sprachgeschichtler heftig über die Meinung, daß die gesprochenen Sprachen – die Varietäten des Vulgärlateins – in den Gebieten der späteren romanischen Sprachen *(romana lingua)* erst um 800, als Karl der Große Sprachreformen verordnete, entscheidend vom Latein *(latina lingua)* abzuweichen begannen; in dieser Perspektive wären viele präkarolingische Texte, wenn sie laut gelesen wurden, auch für ein nicht lesekundiges Publikum verständlich gewesen, dessen gesprochene Sprache eine vulgärlateinische oder protoromanische Varietät war.

R. Wright, *Late Latin and Early Romance in Spain and Carolingian France.* ARCA Classical and Medieval Texts, Papers and Monographs 8 (Liverpool 1982); R. Wright, „Review Article: Michel Banniard, ‚Viva voce'. Communication écrite et communication orale du IVe au IXe siècle en Occident latin," *Journal of Medieval Latin* 9 (1993) 78–94.

Nachher dominierte dank Karl dem Großen eine normative geschriebene lateinische Sprache, die im Bereich der späteren Romania immer stärker von den lokalen gesprochenen Dialekten abwich. Diese Leistung Karls des Großen kann negativ beurteilt werden, weil sie dazu führte, daß das Latein und die gesprochenen Sprachen getrennte Wege gingen, oder positiv, weil sie durch die Internationalisierung die Standardisierung des Latein sicherte.

Ganz anders war natürlich die Situation in Regionen, deren Mundarten dem Latein so fern waren wie die keltischen oder germanischen Sprachen. Die Iren und die Angelsachsen hatten ihre besonderen Bedürfnisse, wenn sie Latein erlernten, und wenn sie auf dem Kontinent reisten, brachten sie ihre eigene Varietät des Lateins mit, mit einer charakteristischen Aussprache und eigenen Lernstrategien. Hier hat sich Karl der Große zweifellos große Verdienste erworben, denn seine Bemühungen, Europas beste Gelehrte zusammenzubringen, waren Gewähr dafür, daß das Latein seiner Reformbewegung von den besten Latinisten der Zeit geformt und verbreitet wurde – Alkuin von York aus England, Theodulf von Orléans aus Spanien, Männer wie Paulinus von Aquileia und Peter von Pisa aus Italien.

4.5.3 Mittellatein nach der Renaissance des 12. Jahrhunderts

Wie Mittellatein zu oft isoliert vom Spätlatein betrachtet wurde, so enden auch viele Sprachgeschichten um 1200, ohne die nachfolgende Periode zu berücksichtigen. Diese Einteilung hebt das 12. Jahrhundert als Höhepunkt einer ganzen Reihe von Renaissancen hervor, welcher seinerseits die ‚wahre' Renaissance vorbereitete. In dieser Periodisierung ist die lateinische Literatur zwischen dem 6. und dem späten 8. Jahrhundert lediglich eine Übergangsphase zwischen Spätantike und Mittelalter; das 9. Jahrhundert, als Karl der Große und seine Nachfolger Europa erneuerten und dadurch kulturell (und politisch) konsolidierten, kann so durchaus als eine Art Wiedergeburt, eben die ‚Karolingische Renaissance', bezeichnet werden. Die Aufhebung der Karolingischen Renaissance fällt dann ins 10. und frühe 11. Jahrhundert, in eine Epoche, die der Unruhezeit, die Karl dem Großen voranging, nicht unähnlich war. Obwohl Deutschland und Norditalien an jener kulturellen Erneuerung Teil hatten, die man als die Ottonische Renaissance bezeichnet, wurde diese Zeit bis vor kurzem als eine wahrhaft dunkle Zeit angesehen; suchen wir nach einer kulturellen Blüte, die über eine einzelne Dynastie hinausgeht, ist die wahre m i t t e l l a t e i n i s c h e R e n a i s s a n c e die sogenannte ‚Renaissance des 12. Jahrhunderts', die vom späten 11. bis zum frühen 13. Jahrhundert dauerte.

Hinter den Periodisierungen, welche das lateinische Mittelalter im 12. Jahrhundert in einem Crescendo ansteigen und dann plötzlich in einem Diminuendo abschwellen lassen, steckt die unausgesprochene Annahme, die Zeit zwischen 1200 und dem Jahr, das als Anfang von Renaissance und Neulatein gesehen wird (ob dies jetzt 1300, 1321 oder 1374 ist), sei auszublenden. In ihrer Ablehnung der Scholastik schoren die Humanisten gerne das gesamte Mittelalter über denselben Kamm: es sei nicht nur eine Zeit der Ante-, sondern (wenn auch unbeabsichtigt) sogar der Anti-Renaissance gewesen. Die Überbetonung von Renaissancen erweckt den falschen Eindruck, beim Mittelalter handle es sich lediglich um ein Wechselbad von Barbarei und klassizistischer Erneuerung, das langsam den Weg für die einzig wirkliche Erneuerung, die Renaissance, ebnete.

4.6 Die geographische Ausbreitung des Mittellateins

Bis jetzt lag die Betonung auf der chronologischen Ausbreitung des Mittellateins; ebenso bemerkenswert ist seine geographische Expansion. Unser Untersuchungsgegenstand ist nicht nur mittellateinische Sprache oder Literatur, sondern die mittellateinische Kultur schlechthin, und diese war überall dort verbreitet, wo die westliche Kirche ihren Einfluß ausübte. Es ist ein schönes Paradoxon, daß die Auflösung des Römischen Reiches nicht den gleichzeitigen Zusammenbruch seiner Sprache bedeutete. Denn die Barbareninvasionen des 5. und 6. Jahrhunderts führten zwar zu sprachlichen Entwicklungen oder beschleunigten diese, so daß die gesprochenen lateinischen Dialekte in der ehemaligen Westhälfte des Römischen Reiches schließlich ihre eigenen Wege gingen; doch die lateinische Schriftsprache, die in der Merowingerzeit zu zerfallen drohte, wurde unter Karl dem Großen und seinen Nachfolgern gestärkt und vereinheitlicht.

Im Mittelalter verbreitete sich das Latein durch das ganze westliche (also lateinische) Christentum, nicht nur in der Romania (dem heutigen Italien, Frankreich, Teilen von Belgien, Spanien, Portugal und Rumänien), nicht nur in den kontinentalen germanischen Regionen (besonders in Deutschland, Österreich, Dänemark, den Niederlanden und Teilen von Belgien), sondern auch auf der skandinavischen Halbinsel und den Inseln westlich des europäischen Festlands, die unter anderem von germanischen und keltischen Volksgruppen besiedelt waren (England, Wales, Schottland, Irland und Island). Auch diese Liste ist unvollständig, denn auch slavische und baltische katholische Gebiete in Ost- und Südosteuropa wurden in den Wirkungskreis des Latein gezogen (Polen, Böhmen und die Dalmatische Küste), ebenso jene Gebiete, in denen Sprecher von nicht-indoeuropäischen Sprachen siedelten, die sich aber dem lateinischen Christentum zuwandten (Ungarn, Finnland und Estland), und jene Bereiche Spaniens und Italiens, aus denen die islamischen oder griechisch-orthodoxen Eroberer wieder verdrängt worden waren. Und auch in den Kreuzfahrergründungen des östlichen Mittelmeerraums war Latein wohl nicht unbekannt.

4.6.1 Mittellatein und nationale Grenzen

Heutige nationale Grenzen ins Mittelalter zu übertragen, wäre unter den besten Umständen anachronistisch; im Fall des Mittellateins ist es völlig unangebracht. Viele europäische Nationalliteraturen entstanden im Umkreis von städtischen Zentren – so haben etwa London und Paris eine besondere Stellung in der englischen und französischen Literatur. Mittellatein muß man anders betrachten. Man kann sagen, daß es durch Dezentralisation entstand, nachdem der westliche Teil des Imperium Romanum aufgesplittert war. Man kann auch sagen, daß es weiterhin Rom als sein Zentrum hatte – doch Rom als Sitz einer Kirche, nicht als Hauptstadt eines Reichs. In jedem Fall darf Mittellatein nicht mit anderen, nationalen Sprachen oder -literaturen gleichgesetzt werden: ob es nun als postnational (nach dem Fall des Römischen Reiches entstanden), pränational (mächtig, bevor die frühen europäischen Nationen entstanden), international oder gar supranational gesehen wird, es war auf jeden Fall keine Nationalsprache und keine Sprache von Nationalliteratur.

4.7 Mittellatein und sein soziales Umfeld

Wie auch immer man Geographie und Ethnographie des Mittellateins betrachtet, immer muß mitgedacht werden, daß die Sprache einem vielfältigen Publikum diente, zumeist in kleinen Gemeinschaften wie Klöstern, Kathedralen, den Höfen von Bischöfen und Erzbischöfen, von Adligen und Königen, zuweilen auch in größeren Versammlungen wie der päpstlichen Kurie oder den Universitäten, gelegentlich aber auch an so bescheidenen und abgeschiedenen Orten wie Einsiedlerzellen und Schulzimmern in Kleinstädten.

4.7.1 Die Bedeutung der Schule

Die Schulen waren maßgeblich dafür verantwortlich, daß die Vitalität des Mittellateins aufrechterhalten wurde. Die mehrfachen Erneuerungen der mittellateinischen Kultur wurden durch Neuausgaben der wichtigsten lateinischen Texte ermöglicht, welche Studenten und Gelehrte intensiv benutzten und so ihr Wissen um korrektes Vokabular, um Morphologie und Orthographie ständig auffrischten und vertieften. Mit anderen Worten wurde die karolingische *renovatio* durch eine Normierung der Texte und des Unterrichts gefördert. Zur Norm wurde eine Varietät des Lateins, wie sie in klassischen und spätlateinischen Texten verbreitet worden war, in Vergils *Aeneis,* den *Disticha Catonis,* den Fabeln von Avian und Romulus und natürlich in der Vulgata, wie sie von Alkuin und seinen gelehrten Kollegen herausgegeben wurde. Dieses karolingisch normierte Latein war Grundlage für fast das gesamte spätere mittelalterliche Latein.

4.7.2 Die sieben freien Künste

Latein war nicht nur die Sprache, in der Grammatik studiert wurde (die Kunst, korrekt zu sprechen und zu schreiben), sondern auch Rhetorik (die Kunst der Überzeugung) und Logik (die Kunst, zwischen Wahrheit und Unwahrheit zu unterscheiden). Obwohl sich das Gleichgewicht zwischen diesen drei Sprachdisziplinen während des Mittelalters mehrmals verschob, blieben sie im *Trivium* miteinander verbunden. Das *Trivium* war Grundlage für die Ausbildung jedes Gebildeten – und obschon diese drei Disziplinen der Rede zu jeder Grundausbildung gehörten, wurden sie noch nicht als ‚trivial' abgewertet, und die Jahre ihres Studiums erschienen nie als belangloser Zeitvertreib; sie nahmen sogar weit mehr Ausbildungszeit in Anspruch als das *Quadrivium* (Arithmetik, Geometrie, Astronomie und Musik), auf welches das Trivium vorbereitete. Alle sieben freien Künste wurden mit lateinischen Lehrbüchern gelehrt, und die Unterrichtssprache war Latein – wie auch im Theologiestudium, auf das sie hinführen sollten.

4.8 Die Schaffung eines Kanons der Mittellateinstudien

Wie bereits betont wurde, ist die Fülle an Literatur in dieser zeitlich und räumlich weit ausgedehnten Sprache und Kultur überwältigend. Das Ausmaß der überlieferten Texte hat schon manche Möchtegern-Literaturhistoriker in große Verwirrung gestürzt; die schiere Masse an Werken und Seiten, die es durchzuarbeiten gilt, überstiege die Kapazitäten selbst einer großen und hingebungsvollen Forscheréquipe. Und wie sollen Texte interpretiert werden, so daß sie dem größtmöglichen Publikum nähergebracht, aber nicht vereinfacht und falsch dargestellt werden? Man muß offensichtlich Prioritäten setzen. Wenn das Ausmaß der mittellateinischen Literatur zu einer Auswahl zwingt, ist der erste Schritt die stillschweigende Übereinkunft über einen Kanon von Texten, die es verdienen, analysiert und diskutiert zu werden; notwendigerweise bringt dieser Prozeß die ebenso stillschweigende Annahme eines Anti-Kanons an Texten mit sich, denen nicht derselbe hohe Status (dieselbe Kanonisierung) zugestanden wird.

4.8.1 Mittellatein und das Studium der Nationalliteraturen

Wo also müßte Mittellatein im Lehrplan stehen, welche Texte müßten gelesen werden und wie müßte man sie lesen? Seit der Romantik profitiert die nationale Literaturgeschichte vieler europäischer Länder von der Energie zahlloser Wissenschaftler, die nicht nur von Universitäten und Akademien unterstützt werden; auch Regierungen, Banken und andere Institutionen haben sich der Förderung des Wissens um das kulturelle Erbe und die Beziehung zu früheren europäischen Kulturen verschrieben. Als die nationalen Literaturgeschichten zum Mittelalter kamen, beschäftigten sie sich hauptsächlich mit der mittelalterlichen Literatur der jeweiligen Nationalsprache; dem Latein wurde gelegentlich deswegen Aufmerksamkeit geschenkt, weil es ein besonderes Licht auf eine bestimmte volkssprachliche Literatur oder auf die Geschichte einer Region warf. Deshalb war die Auswahl der mittellateinischen Texte in den Schulen Deutschlands, Frankreichs, Italiens oder Englands sehr unterschiedlich. Nach welch verschiedenen Kriterien mittellateinische Texte ausgewählt wurden, zeigt sich deutlich bei Textserien (wie den wahrlich monumentalen *Monumenta Germaniae Historica*), die ausdrücklich als nationale Sammlungen konzipiert worden waren. Dieselben Motive stützten auch die nationalen oder volksgruppenbezogenen Lateinwörterbücher, die viel schnellere Fortschritte machten als die gleichzeitigen Versuche von paneuropäischen mittellateinischen Wörterbüchern; die Realisierung des paneuropäischen Wörterbuches wurde nicht nur von den hohen Ansprüchen des Projektes behindert, sondern auch von den Schwierigkeiten, eine Arbeitsgruppe zu organisieren und zu finanzieren, die über heutige Landesgrenzen hinaus auf ein gemeinsames Ziel hinarbeitet.

Solche Entscheidungen beeinflußten die Umrisse der mittellateinischen Sprache in Lexika und Handbüchern der Literaturgeschichte, denn Nachschlagewerke dieser Art beschäftigten sich in der Regel mit einer bestimmten Nationalsprache oder Region Europas. Oft wurde Mittellatein in ein Unterkapitel über volkssprachliche Literatur verdrängt, Althochdeutsch oder Altenglisch beispielsweise, oder über die Geschichte einer bestimmten geographisch-ethnischen Region. Manche Werke widmen dem Mittellatein zwar ein eigenes Kapitel, beziehen sich aber auf ein einzelnes geographisches Gebiet.

Nur in sehr wenigen übergreifenden geschichtlichen Darstellungen der mittelalterlichen Literatur Europas wurde Mittellatein als eigenständige Sprache und Literatur integriert.

W. Wattenbach und R. Holtzmann, *Deutschlands Geschichtsquellen im Mittelalter. Die Zeit der Sachsen und Salier,* hrsgg. v. F.-J. Schmale, 3 Bde. (Darmstadt [2]1967–1971); F. Ermini, *Storia della letteratura latina medievale dalle origini alla fine del secolo VII.* Centro Italiano di Studi sull' Alto Medioevo 2 (Spoleto 1960); G. Gröber, *Übersicht über die lateinische Literatur von der Mitte des VI. Jahrhunderts bis zur Mitte des XIV. Jahrhunderts* (1902; Reprint 1974); A. G. Rigg, *A History of Anglo-Latin Literature, 1066–1422* (Cambridge 1992); A. Ebert, *Allgemeine Geschichte der Literatur des Mittelalters im Abendlande,* 3 Bde. (Leipzig 1880–89).

4.8.1.1 Volkskunde

Weil die mittellateinische Literatur oft durch den Filter der volkssprachlichen Literaturen wahrgenommen wurde, waren die meistgelesenen Texte solche, die als lateinische Versionen von Geschichten galten, die in der Volkskultur ihren Ursprung hatten. Ebenso wurden jene lateinischen Texte bevorzugt, welche die volkssprachliche Literatur entscheidend beeinflußten. Eine Analyse mit den Methoden der Volkskunde führt bei manchen Texten zu interessanten Ergebnissen; andere würden verständlicher, wenn die Theorien der ‚Oral Composition' auf sie angewendet würden; doch leider gehen mediävistische Latinisten noch immer sehr zurückhaltend mit solchen Theorien und Methoden um, wie umgekehrt Volkskundler noch immer eher widerwillig Quellen im vollendeten Gewand der mittellateinischen Literatur heranziehen. Erst seit kurzem haben Historiker den Wert mittellateinischer Texte – wie Visionen, Exempla und Hagiographien – als Zeugnisse volkstümlicher Vorstellungen entdeckt.

Allg. W. J. Ong, *Orality and Literacy. The Technologizing of the Word* (London 1982); vgl. L. Treitler, „Oral, Written and Literate Process in the Transmission of Medieval Music," *Speculum* 56 (1981) 471–91.

4.8.1.2 Das Epos

So wird etwa das Heldenepos *Waltharius* aus dem 9. oder 10. Jahrhundert deswegen zu Recht als bedeutsam eingeschätzt, weil es, obwohl in Latein, der sehr kleinen Klasse von frühgermanischen epischen Liedern oder Epen (wie der *Beowulf*) angehört. Darüberhinaus ist das Werk die beste Quelle in allen Sprachen über Walter d'Aquitaine, dessen Legende sonst nur aus germanischen (mittelhochdeutschen und altenglischen) Bruchstücken faßbar ist. Oder um ein anderes Beispiel zu nennen: auf die *Gesta Danorum* des Saxo Grammaticus (ca. 1150–1220), deren literarische Qualität allmählich gerecht bewertet wird, wurde man erst einmal aufmerksam, weil sie halfen, dunkle Stellen der skandinavischen Geschichte und Literatur zu erhellen; das Werk enthält lateinische Versionen von Dichtungen und Sagas, die im Altnorwegischen bezeugt sind – und auch die früheste Version der Hamletgeschichte.

4.8.1.3 Der Roman

Romanstoffe wurden zunächst in Latein, erst später in den Volkssprachen niedergeschrieben. Weil viele Grundmaterialien der Arthusgeschichte durch Geoffrey von Monmouth's *Historia regum Britanniae* aus der Mitte des 12. Jahrhunderts bekannt sind, figuriert dieser Prosatext in den Leselisten von Kursen über die mittelalterliche Romandichtung. Der Geist dieser Dichtung ist aber auch im *Ruodlieb,* einem Roman des späten 11. Jahrhunderts, in mancher Weise zu erkennen – sein Held gehört jedoch weder zum Arthuszyklus noch zu einem anderen bekannten Romanzyklus, weswegen das Werk außerhalb des begrenzten Bereichs der mediävistischen Latinistik die Anerkennung, die es verdient, erst noch finden muß. Auf alle diese Texte wurde die Forschung deswegen aufmerksam, weil sie aufzuzeigen halfen, wie Geschichten und Legenden verbreitet wurden und schließlich in die volkssprachlichen Literaturen Eingang fanden.

4.8.1.4 Tierdichtung

Die *Ecbasis captivi* aus dem 11. Jahrhundert und der (oft einem gewissen Nivard von Ghent zugeschriebene) *Ysengrimus* aus der Mitte des 12. Jahrhunderts nehmen eine besondere Stellung ein, weil man annahm, daß sie Einblick in die Tiergeschichten über den schlauen Fuchs geben könnten, welche in den Volkssprachen erzählt, aber nicht schriftlich festgehalten wurden. Der *Ysengrimus* hat überdies die altfranzösischen Fuchsgeschichten nicht nur vorweggenommen, sondern auch entscheidend beeinflußt. Man darf aber nicht vergessen, daß Renard der Fuchs – der so beliebt war, daß er das übliche französische Wort für Fuchs *(goupil)* durch seinen eigenen Namen *(renart)* verdrängte – in der lateinischen Literatur bereits vor seinem Erscheinen in der französischen Literatur sicher belegt ist. Sowohl die *Ecbasis captivi* wie der *Ysengrimus* sind aber auch für sich genommen bemerkenswerte Dichtungen, erstere wegen ihrer komplexen Zitate aus früheren lateinischen Werken, letzterer aufgrund seiner Struktur und seiner geschliffenen Verse und Rhetorik.

4.8.1.5 Märchen

Tiergedichte waren nicht die einzigen Volkserzählungen, die in Latein niedergeschrieben wurden; im 11. und 12. Jahrhundert wuchs der Wille, Volksmärchen in eine schriftliche Form zu bringen. So liefert uns *Unibos* aus dem 11. Jahrhundert die früheste Version einer Geschichte, die viel später im Märchen ‚Der große Klaus und der kleine Klaus' von Hans Christian Andersen berühmt wurde, und die etwa zeitgleiche *Fecunda ratis* des Egbert von Lièges enthält eine Geschichte, deren Kern sich später zu ‚Rotkäppchen' entwickelte. Während Autoren des 11. Jahrhunderts noch zögernd Volksmärchen übertrugen, wandten sich die Autoren des 12. Jahrhunderts und später mit Gusto Geschichten zu, die aus dem Osten kamen; eine Latinisierung dieser Art ist vermutlich der *Asinarius* (ca. 1200), die anonyme Version eines Märchens, das die Gebrüder Grimm später in ihre ‚Kinder- und Hausmärchen' aufnahmen; ein anderes Beispiel ist der *Dolopathos* (1184) des Johann von Alta Silva, der sich sehr früh der Struktur der Rahmenerzählung bedient, die wir insbesondere mit Scheherazade und ‚Tausend und einer Nacht' und anderen Meisterwerken der nahöstlichen Literatur verbinden.

4.8.2 Mittellateinische Literatur und christliche Kultur

4.8.2.1 *Tres Linguae Sacrae*

Es hilft zwar dem Verständnis einer Subgruppe von Texten, wenn man die mittellateinische Literatur auf Herkunft aus Volkserzählungen und auf Parallelen zur volkssprachlichen Literatur hin untersucht, aber eine größere Gruppe von Texten wird erst klar, wenn ihre Beziehung zu den Worten und den Taten untersucht wird, in denen sich das mittelalterliche Christentum ausdrückte. Man darf nicht vergessen, daß Latein den unbestrittenen Status einer Bibelsprache erhielt, obwohl kein Teil der Bibel ursprünglich lateinisch abgefaßt ist; Latein wurde zusammen mit Hebräisch und Griechisch als eine der *tres linguae sacrae* verehrt. Die Bibel selbst war ein imposantes Werk, nicht nur in spiritueller Hinsicht, sondern ganz konkret: ohne das dünne ‚Bibelpapier', das heute zur Verfügung steht, umfaßten Abschriften der Bibel meist mehrere Bände – kein Wunder, daß das Wort *bibliotheca,* das gewöhnlich eine ‚Bibliothek' bezeichnete, im Mittelalter auch die Bibel bezeichnen konnte.

4.8.2.2 Christlicher Hebraismus

Die Verpflichtung gegenüber der Bibel und das Konzept der drei heiligen Sprachen führte manchen mittelalterlichen Exegeten zu dem, was heute ‚Christlicher Hebraismus' genannt wird: er konsultierte auch jüdische Thora-Experten oder lernte selber Hebräisch. Lange nachdem Hieronymus (ca. 350–420) die semitischen Sprachen systematisch studiert hatte, um eine verläßlichere lateinische Bibelübersetzung zu schaffen, versuchten christliche Exegeten, Schwierigkeiten bei der Bibelinterpretation mit Hilfe der hebräischen Sprache und jüdischer gelehrter Quellen zu lösen. So waren die Gelehrten der Schule von St. Victor in Paris im späten 12. Jahrhundert eine der seltenen Gruppen, für die das Ideal der drei heiligen Sprachen mehr war als nur ein Lippenbekenntnis, scheinen sie doch die hebräische Sprache und ihre Texte sehr genau studiert zu haben.

4.8.2.3 Gattungen der christlichen Literatur

Trotz ihrer Vorrangstellung war die Bibel nur eine der Säulen, auf denen die christliche Kultur des Mittelalters aufruhte. Viele Eigenheiten des Mittellateins lassen sich aus der Verbindung der lateinischen literarischen Kultur mit dem Christentum ableiten, welche ihren Ausdruck nicht nur in den verschiedenen Versionen der lateinischen Bibel und den exegetischen Schriften um sie herum fand, sondern auch im kanonischen Recht, in Heiligenleben, Liturgien, Hymnen, Tropen, Sequenzen, Predigten und Kalendern. Die Unterschiede zwischen Mittellatein einerseits, klassischem oder Neulatein andererseits sind hauptsächlich auf den Einfluß von biblischen und kirchlichen Elementen in Sprache und Kultur zurückzuführen.

4.8.2.4 Liturgische Gattungen

Manchmal war die Liturgie direkt verantwortlich für literarische Entwicklungen. Beispielsweise war das zentrale Verdienst der überlieferten lateinischen lyrischen Dichtung des 10. und frühen 11. Jahrhunderts die allmähliche Angleichung von Musik und Worten in Melodien und Texten, die die Liturgie ausschmückten. In der darauffolgenden Periode erreichte diese Angleichung von Text und Melodie nie zuvor erzielte Höhen. Die bedeutendste neue Form, die aus dieser Verbindung erwuchs, war wohl die Sequenz, in der jede Textsilbe präzis auf die Musik bezogen ist (oft, aber keineswegs immer so, daß über jeder Silbe eine Neume überliefert ist) und die sich aus Verspaaren zusammensetzt, welche in ihrer Silbenzahl zusammengehen und jeweils dieselbe Melodie haben. Über fünftausend Sequenzen sind erhalten, viele zu religiösen Themen, einige auch zu weltlichen Dingen. Besonders geschätzt werden die Sequenzen des Adam von St. Victor (1110–1192), denn sie zeugen von der gegenseitigen Durchdringung der christlichen Gattungen. Neben der formalen Perfektion ihrer Verbindung von Text und Musik beziehen sich seine Sequenzen in ihrem sehr komplexen Inhalt auf die mystische Theologie zweier seiner Ordensbrüder, Hugo von St. Victor (ca. 1096–1141) und Richard von St. Victor († 1173).

4.8.2.5 Das Hohelied und Liebesgedichte

Die Auswirkungen des Christentums gingen weit über die christlichen Kunstformen hinaus. Es wäre etwa kurzsichtig, mittellateinische Liebesgedichte zu betrachten, ohne gleichzeitig Sprache, Atmosphäre und dramatische Situation des Hohelieds zu vergleichen. Die wunderschöne Sammlung von religiösen und weltlichen Gedichten aus dem 11. Jahrhundert, die unter dem Namen *Carmina Cantabrigiensia* bekannt ist, nimmt in der Beschreibung der Liebe, welche Elemente aus Ovid und dem Hohelied verbindet, spätere Sammlungen wie die *Carmina Burana* vorweg. Am augenfälligsten ist diese Verbindung in der sogenannten *Invitatio amicae* (mit dem Incipit *Iam, dulcis amica*), das achthundert Jahre später in Baudelaires ‚Invitation au voyage' ein meisterhaftes Echo fand.

4.8.2.6 Die Bibel als Inspiration

Zahlreiche lateinische Texte stehen in besonderer Beziehung zu einer biblischen Gestalt; sie aufzulisten, könnte interessant und auch lehrreich sein. Der Prophet Jonas etwa war nicht nur Anlaß für Meisterwerke der Exegese wie Hieronymus' Jonaskommentar; seine Geschichte spielt auch eine wesentliche

Rolle in der kurzen Erzählung des Letaldus von Micy von einem Mann, der von einem Wal verschluckt wird, oder im bekenntnishaften Gedicht des Archipoeta mit dem Incipit *Fama tuba dante.* Von daher kann man sich einem Großteil der mittellateinischen Literatur am allerbesten mit dem Konzept annähern, es sei christliche lateinische Dichtung – zumindest solange man sich nicht in eine anachronistische Dichotomie von ‚christlich' und ‚weltlich' drängen läßt; eine solche Unterscheidung wäre den mittelalterlichen Menschen fremd gewesen. Selbst in ihrer weltfremdesten und unweltlichsten Institution, dem Einsiedlertum, hatte die Kirche Verbindungen zur Außenwelt; umgekehrt wurde die Außenwelt unweigerlich von den Ritualen und Liedern der Kirche beeinflußt, welche das Volk, das weder Ressourcen noch Traditionen für derartige Unterhaltung besaß, als kunstvoll und komplex beeindrucken mußten. In einer pragmatischen Sichtweise darf der Anteil der Kirche am Erhalt der lateinischen Kultur des Mittelalters nicht unterschätzt werden: während mehrerer Jahrhunderte bot einzig die Kirche die institutionelle Kontinuität, welche klassische und mittellateinische Texte bis heute überleben ließ.

4.8.3 Mittellatein und die klassische Tradition

4.8.3.1 Die anhaltende Romanisierung Europas nach dem Fall Roms

Neben der Bedeutung für die volkssprachliche und der Verbindung zur christlichen Literatur ist ein drittes (und noch älteres) Kriterium für die Auswahl mittellateinischer Texte ihre Nähe zur klassischen Literatur. Es ist zum großen Teil der Vielseitigkeit der lateinischen Sprache und ihrer literarischen Kultur zu verdanken, daß die Romanisierung in Europa andauerte, lange nachdem die Römer selber zu existieren aufgehört hatten. Wegen dieses Einflusses der römischen Literatur auf die literarische Kultur des lateinischen Mittelalters ist es möglich, diejenigen mittellateinischen Texte herauszustellen, welche für die Überlieferung und Rezeption klassischer Texte und des klassischen Stils wichtig waren.

4.8.3.2 Der mittelalterliche und der moderne Kanon klassischer Texte

Wer über den großen Einfluß der klassischen Tradition auf das lateinische Mittelalter schreibt, muß sich bewußt sein, daß die mittelalterlichen Leser in Schulen und Bibliotheken eine andere, begrenztere Auswahl an klassischen Texten zur Verfügung hatten, als dies heute der Fall ist. Nur wenige Werke der griechischen Literatur waren ins Lateinische übersetzt worden, bevor in der Spätantike die Griechischkenntnisse im Westen rapide abnahmen. Einige klassische lateinische Texte, die seit der Renaissance zum Kanon zählen, waren im Mittelalter noch kaum oder gar nicht bekannt – so die Gedichte des Catull, die *Satyrica* des Petronius oder der ‚Goldene Esel' des Apuleius, um nur drei prominente Beispiele zu nennen. Andere Werke haben heute einen weit geringeren Stellenwert – die Fabeln des Avian, die *Disticha Catonis,* die Rätsel des Symphosius oder die *Ilias latina* etwa wurden im Mittelalter von fast jedem

Schüler im Verlauf der lateinischen Grundausbildung gelesen. Um einen anderen Unterschied herauszuheben: Terenz war ein vielgelesener Autor, während Plautus kaum beachtet wurde; Lucan und Statius wurden weit höher geschätzt als noch bis vor kurzem.

Andere klassische Werke wurden in einer Phase des Mittelalters häufig, in einer anderen aber kaum gelesen. Viele Schriften Ciceros etwa wurden erst nach dem 10. Jahrhundert immer bekannter und gesuchter, während das Werk des Lukrez genau den umgekehrten Weg ging. Auch der mittelalterliche Blick auf einzelne klassische Autoren unterschied sich stark vom heutigen. Während eines Großteils des Mittelalters wurde Horaz primär als Moralist und Verfasser von Satiren geschätzt (‚Orazio satiro', wie Dante ihn beschrieb), nicht als lyrischer Dichter, von dem *Oden* und *Epoden* überliefert sind. Ovid wurde zwar gelegentlich abgelehnt, oft aber als versteckter Moralist geschätzt, in dessen Dichtung ethische Grundsätze hinter einem allegorischen Schleier verborgen seien, welche die moralisierenden Interpretationen des *Ovidius moralizatus* schließlich lüfteten; seltener wurde er auch zum Vorbild jener mittelalterlichen Dichter, die in Verbannung oder politischer Verfolgung lebten. Vergil wurde von vielen als Christ vor der Zeit gesehen, für andere war er eine Mischung zwischen einem Weisen und einem Schamanen.

R. J. Hexter, *Ovid and Medieval Schooling. Studies in Medieval School Commentaries on Ovid's ‚Ars Amatoria', ‚Epistulae ex Ponto', and ‚Epistulae Heroidum'* (Münchner Beiträge zur Mediävistik und Renaissance-Forschung 38) (München 1986); D. Comparetti, *Virgil im Mittelalter* (Leipzig 1875; ital. Florenz ^{1}1872); J. W. Spargo, *Virgil the Necromancer. Studies in Virgilian Legends* (Harvard Studies in Comparative Literature 10) (Cambridge, Mass. 1934).

4.8.3.3 Der Einfluß der Troia-Epik

Obwohl viele klassische lateinische Texte zu Nachahmung und Adaptation inspirierten, war kein Werk so einflußreich wie Vergils *Aeneis.* Die Geschichten um Troia übten eine scheinbar unwiderstehliche Anziehungskraft auf die Gebildeten und auf die Adligen Europas aus, welche wie die Römer ihre Abstammung von den Trojanern herzuleiten versuchten, in oft genug phantastischen oder dürftigen Versuchen. Die *Aeneis,* die in jedem Satz und jedem Vers studiert und gedeutet wurde, lebte davon, daß wichtige Szenen in verschiedenen Kunstformen reproduziert wurden; besonders packende Episoden wurden vertont und aufgeführt. Am größten war die Faszination der Geschichten um Troia, als im 12. Jahrhundert Joseph von Exeter seine *Frigii Daretis Ylias,* Bernardus (oder Pseudo-Bernardus) Silvestris seinen Kommentar zu den ersten sechs Büchern der *Aeneis* schrieb, als zahlreiche Episoden, etwa die Klagen der Dido, in kurzen Epen und lyrischen Gedichten umgesetzt wurden und als die altfranzösischen *romans d'antiquité* wie der *Eneas* immer beliebter wurden. Ein anderer Erzählzyklus drehte sich um Alexander den Großen. Der herausragendste Beitrag war hier ein Epos von Walther von Châtillon (ca. 1135–ca. 1179), die *Alexandreis;* wie der *Roman d'Alexandre* zeigt, war die volkssprachliche Literatur auch an diesem Themenkreis interessiert.

4.8.3.4 Mittellatein als Fortleben des klassischen Lateins

Derartige Gruppen mittellateinischer Texte verdienen Aufmerksamkeit, solange dies nicht zur reduktionistischen Behauptung führt, mittellateinische Literatur sei lediglich die Projektion der klassischen und spätlateinischen Literatur ins Mittelalter. Es geht mithin um die Eigenständigkeit der mittelalterlichen Latinität – kann man sie lediglich als mittelalterlichen Reflex der klassischen lateinischen Sprache und Literatur abtun, oder billigt man ihr den vollen Eigenwert als lateinische Kultur des Mittelalters zu?

Lange Perioden in der Geschichte der europäischen Literatur und Literaturgeschichte können als Versuch verstanden werden, die Verwurzelung in der griechisch-römischen Vergangenheit zu entdecken – oder zu konstruieren. In der Renaissance führte diese Suche nach klassischen Wurzeln zur Diffamierung des Mittelalters als dekadent und des mittelalterlichen Latein als degeneriert – das ‚unreine' Latein des Mittelalters wurde dem ‚reinen' Latein der augusteischen Epoche gegenübergestellt, das die Renaissance-Gelehrten wiederherstellen zu können meinten, wenn sie bloß mit dem mönchischen Zerfall des Mittelalters aufräumten. So wurde während der Renaissance die mittellateinische Literatur zunehmend aus den Lehrplänen von Schulen und Universitäten gestrichen, die lateinisch gebildete Elite verbannte die mittellateinischen Texte aus ihren Bücherregalen, und jene Grammatik und Rhetorik, die während Jahrhunderten die Norm gewesen war, wurde langsam, aber stetig durch eine neue ersetzt.

Noch heute leidet die mittellateinische Sprache und Literatur unter den Nachwirkungen der Vorurteile, die in der Renaissance schließlich zu ihrer Verbannung führten. Es ist enttäuschend, wie viele Universitätslehrer der volkssprachlichen Literaturen scheinbar einleuchtende Gründe dafür finden, warum sie kein Latein lernen – und warum auch ihre Studierenden es nicht mehr lernen sollen –, indem sie die Gräben zwischen Latein und Volkssprache, zwischen kirchlich und weltlich, gelehrt und volkstümlich weit größer machen, als sie es sind. Studierende und Gelehrte der mittellateinischen Sprache und Literatur ihrerseits fühlen sich grundlos in einem Zwiespalt: manchmal konzentrieren sie sich auf das Licht, das ihre Literatur auf die Volkssprache und deren Literatur wirft, manchmal auf die Materialien und Einsichten, die sie denen bietet, welche sich hauptsächlich mit der klassischen Tradition beschäftigen. Viel gute Arbeit wurde über die Rolle geleistet, welche das Mittellatein bei der Weitergabe des klassischen ‚Kapitals' an zukünftige Schuldner oder Kontoverwalter, wie uns Heutige, spielte; neben wichtigen Einzelstudien zur ‚klassischen Tradition', zum ‚klassischen Erbe' und zur Philologiegeschichte im Mittelalter gibt es umfassendere Unternehmen, welche die Überlieferung der klassischen Texte von der Antike bis in die Gegenwart nachzeichnen und Glossare, Kommentare, Zusammenfassungen, Übersetzungen und Anthologien erfassen, die um diese Texte entstanden sind; für Ernst Robert Curtius war ein ähnlicher Impuls Anregung nicht nur dafür, den Ausdruck ‚lateinisches Mittelalter' zu bilden, sondern auch (und das ist noch wichtiger) die in unserem Jahrhundert noch immer bedeutendste, wenn auch nicht kritiklos rezipierte Studie zur vormodernen Literatur und intellektuellen Kultur zu schreiben, *Europäische Literatur und lateinisches Mittelalter.* Alle diese Projekte verdienen Bewunderung, solange wir nicht vergessen, daß sie uns jeweils nur einen Aspekt der mannigfachen Dimensionen der mittellateinischen Literatur in ihren einzigartigen Qualitäten verstehen helfen.

R. R. Bolgar, *The Classical Heritage und Its Beneficiaries* (Cambridge 1954); P. O. Kristeller et al. (Hgg.), *Catalogus translationum et commentariorum. Mediaeval and Renaissance Latin Translations and Commentaries* (Washington, D. C., seit 1960); E. R. Curtius, *Europäische Literatur und lateinisches Mittelalter* (Bern 1948) – Curtius versucht zu zeigen, wie die volkssprachlichen Literaturen Europas dank der *loci communes* von Rhetorik und Poetik, die von der klassischen Antike durch die mittellateinische Kultur überliefert wurden, eine gewisse Einheit bilden. – H. Hunger et al., *Geschichte der Textüberlieferung der antiken und mittelalterlichen Literatur* 2 Bde. (Zürich 1961–1964; Reprint von Bd. 1 1975); R. Pfeiffer, *History of Classical Scholarship*. Bd. 1: *From the Beginnings to the End of the Hellenistic Age;* Bd. 2: *From 1300–1850* (Oxford 1968–1976; Bd. 1 dtsch. Hamburg 1970).

4.8.4 Mittelalterliche ‚Bestseller'

Um Anachronismen und Parteilichkeit zu vermeiden, wenn man aufgrund der Beziehungen zwischen Volkssprache und Latein oder zwischen klassischem und Mittellatein eine Liste verbindlicher Texte erstellt, könnte man einen Kanon zusammenzustellen versuchen, welcher den Geschmack des Mittelalters im Gegensatz zu demjenigen der Neuzeit reflektiert. So könnte man verschiedene kanonische Listen erstellen, indem man Leselisten zu Rate zieht und aufspürt, welche mittelalterlichen Texte am meisten kopiert wurden, sozusagen ‚Bestseller' waren. Das Problem eines solchen Ansatzes ist, daß er unweigerlich auf die meistgebrauchten Schultexte führen würde, die sogenannten *Libri Catoniani* etwa oder die *Auctores octo morales.* Die Texte in diesen frühmittelalterlichen Schulbüchern umfassen Arator, Iuvencus, Prosper, Prudentius, Sedulius, Boethius, Avian, Maximian und Theodulus. Suchen wir ähnliche ‚Bestseller' des Spätmittelalters, treffen wir auf so unterschiedliche Texte wie die romantische Komödie *Pamphilus* aus dem 12. Jahrhundert – ein kurzes und so oft in der Form eines broschürenartigen Manuskripts für sich allein kopiertes Werk, daß sein Titel im Wort ‚Pamphlet' sprachlich verewigt wurde – und Walther von Châtillons *Alexandreis.* Trotz der Qualität dieser beiden Texte können derartige Listen doch nie ausschließlich die besten und hervorragendsten Werke irgendeiner Epoche enthalten.

4.8.5 Moderne Entdeckungen und Einsichten

Derartige kanonische Listen – national-ethische (die eng mit der Volkssprache verbunden sind), klassizistische und solche, die sich am Mittelalter selber orientieren – sind nur solange sinnvoll, wie wir erkennen, daß jede Liste nur eine

Auswahl darstellen kann. Selbst wenn man alle Listen in einem einzigen ‚Megakanon' zusammenfaßte, könnten doch nicht alle Texte berücksichtigt werden, die heute von manchem Leser zurecht geschätzt und bewundert werden. Es lohnt sich deshalb, einen Platz freizuhalten – nicht für rein zufällig gewählte Werke, sondern für die Auswahl des besonderen Kenners – und damit die Möglichkeit anzuerkennen, daß ein wirkliches Kunstwerk erst lange Jahre nach seiner Schöpfung den verdienten Erfolg genießen kann, weil es zur falschen Zeit geschrieben oder schlecht verbreitet worden ist. Mit anderen Worten: wir dürfen uns durch die Tugenden eines vergleichenden Ansatzes – des Vergleichs eines mittellateinischen Textes mit einem Werk der jüdisch-christlichen, klassischen oder volkssprachlichen Literatur oder mit einer der zahllosen Mischungen – gegenüber den Qualitäten eines einzelnen und für sich genommenen mittellateinischen Textes nicht blind machen lassen. Beide Ansätze haben ihre Vorteile.

4.9 Mittellateinische Autoren und die literarische Tradition

4.9.1 Die Angst vor der Tradition

Sowohl maßgebende Autoren *(auctores)* wie auch ihre maßgebenden Schriften *(auctoritates)* waren im intellektuellen Leben des Mittelalters, das heißt in der mittellateinischen Kultur, zentral. Wenn wir, die wir in modernem Deutsch, Italienisch, Französisch, Englisch oder Spanisch lesen und schreiben, uns von den fünfhundert Jahren unserer literarischen Traditionen verunsichert fühlen, wie mußte sich da erst ein lateinischer Autor um 1300 mit dem Gewicht von anderthalb Jahrtausenden großer Texte auf den Schultern fühlen!

4.9.2 Das Vertrauen der Zwerge auf den Schultern der Riesen

Die Autoren des Mittelalters wanden sich aber nicht in dauernder Unsicherheit vor der literarischen Tradition, die hinter ihnen lag; sie benahmen sich auch nicht, als wären sie von der großen Vergangenheit in eine sklavische Unterwürfigkeit geprügelt worden. Im Gegenteil: trotz ihrer Verehrung der Antike fühlten sie sich dieser aufgrund ihrer christlichen Kultur in einem gewissen Grad überlegen. Das 12. Jahrhundert schuf das Bild von „Zwergen, die auf den Schultern von Riesen stehen" *(nani gigantum humeris insidentes)*; es drückt aus, wie das Mittelalter eine ihm eigene Verehrung der Antike mit dem Bewußtsein verband, daß die Gegenwart dieser Vergangenheit überlegen war: auch wenn die Gelehrten des Mittelalters im Vergleich zu ihren intellektuellen und kulturellen Ahnen ihre eigenen Fähigkeiten als beschränkt beurteilten, so waren sie doch überzeugt davon, daß ihre Zukunftshoffnungen jene übertrafen. Dante Alighieri (1265–1321) rief Vergil als Führer in seine Dienste, machte aber klar, daß dieser heidnische Vorgänger ihn nur ein Stück des Weges auf seiner Reise zum Himmel begleiten konnte. Und Hildebert von Lavardin (1056–1133) klagte in der einen Elegie über den Untergang des heidnischen Rom, in der nächsten freute er sich über die Blüte derselben Stadt als Hauptstadt des Christentums – ein Stolz über den besonderen christlichen Status Roms, der in vielen lyrischen Liedern des Mittelalters zum Ausdruck kommt.

Das Selbstvertrauen des Mittelalters gegenüber der heidnischen Vergangenheit zeigt sich auch in der Kritik, die ein Dichter des 12. Jahrhunderts an zwei Rivalen übte, die große Epen über den Trojanischen Krieg und Alexander den Großen geschrieben hatten. Der Kritiker ist Alain von Lille (1125–1203), seine Adressaten Joseph von Exeter und Walther von Châtillon; ihnen warf er vor, sie würden den Dichtern Ennius und Maevius gleichen. Zwar geht Alains Kritik explizit auf den literarischen Stil seiner Rivalen, meint aber vielleicht implizit auch die klassischen Themen ihrer Werke; gleichzeitig kritisiert er sie, indem er sie mit zwei antiken Dichtern in Verbindung bringt, die im 12. Jahrhundert als Dichterlinge galten.

4.9.3 Die Anwendung des klassischen Stils

Während der ersten fünfhundert Jahre des neuen Glaubens zeigten sich christliche Autoren oft sehr ambivalent gegenüber der lateinischen Sprache – sie zweifelten am literarischen Wert der lateinischen Heiligen Schrift, wenn man sie an einem klassischen Standard maß; sie waren unsicher über Stilebenen und rhetorische Figuren, die sie selbst beim Schreiben und Sprechen der lateinischen Sprache gebrauchen sollten. Die frühen Christen Westeuropas fanden sich vor einer schwierigen Situation: um die Heilige Schrift zu verstehen, mußten sie Latein lernen, doch um dieses Ziel zu erreichen, mußten sie in heidnischen Schulen die heidnischen Autoren genau studieren und nachahmen. Diese Christen vollbrachten den schwierigen Balanceakt, die heidnische Literatur zu christianisieren und gleichzeitig eine authentische christliche Literatur in lateinischer Sprache zu schaffen. Wie das römische Publikum sehr schnell bereit gewesen war, die Werke griechischer Autoren durch lateinische zu ersetzen, reagierte auch das christliche Publikum wohlwollend auf die lateinischen Werke christlicher Autoren, die jene der heidnischen ersetzen, mit ihnen in Wettbewerb treten oder sie ergänzen konnten.

Der Cento

Eine auffallende Technik der frühen christlich-lateinischen Autoren war das Verfertigen von Centones – indem Verse und Ausdrücke heidnischer Dichter wie Vergil genommen und neu arrangiert wurden, insbesondere mit dem Ziel, Teile der heiligen Schrift in epischer Sprache wiederzugeben. Wenn eine literarische Komposition gewöhnlich mit der Metapher des ‚Geflechts' oder ‚Gewebes' *(textus)* beschrieben werden kann, so sind diese ungewöhnlichen Gedichte genau das, was das lateinische Wort ursprünglich bedeutete, von dem ihr Name abgeleitet ist, ‚aus alten Lappen zusammengenähte Mäntel'. Ein sehr früher erfolgreicher Cento stammt wohl von einer Frau des 4. Jahrhunderts, Proba. Ihre eigentümliche Art, die Heilsgeschichte nachzuerzählen, wurde auch dann noch oft kopiert, als ihr Werk durch ein einflußreiches Dekret, das fälschlicherweise Papst Gelasius I. zugeschrieben wurde, schon auf der (schwarzen) Liste der Apokryphen stand. Auch wenn Bibelpoeten nicht immer der strengen Regel der Gattung folgten, die Heilige Schrift in Hexametern wiederzugeben, hielten sie sich doch eng an die rhetorische Tradition und die heidnischen epischen Dichter. Im Frühmittelalter wurden drei dieser Bibelpoeten – Sedulius, Iuvencus und Arator – begeistert in die Lehrpläne der Schulen aufgenommen.

4.9.4 Die Allegorisierung der Klassiker

Eine weitere Methode der frühen Christen, sich der klassischen Tradition anzunähern, war, der heidnischen Literatur moralische Belehrung zu entnehmen. In einer Tradition, die man lange mit dem Platonismus verbunden hatte, wurden Schüler und Studenten unterwiesen, die ethischen und religiösen Botschaften, die in Texten versteckt waren, zu entziffern. Diesen Allegorisierungsprozeß trifft man sowohl bei Hieronymus, welcher die heidnischen Lehren mit einer Sklavin verglich, deren Dienste dem Christentum nur dann nützen konnten, wenn sie „ihr Haupt geschoren und sich Nägel geschnitten hatte" (*Deuteronomium* 21, 11f.), wie bei Augustinus (354–430), der die heidnischen Lehren als das Gold der Ägypter ansah, das die Israeliten vor ihrer Flucht geraubt hatten (*Exodus* 3, 22. 12, 35f.). Interpreten nahmen beim Umgang mit dem Text eine aktive Rolle ein, und ihre Arbeit wurde mit dem Schälen einer Nuß verglichen, um zum Kern zu kommen, mit dem Trennen des Weizens von der Spreu oder mit dem Lüften des Schleiers, der die Schönheit der Wahrheit verdeckt. Eine systematische allegorische Lektüre der klassischen Autoren ist unter anderem in den Vergilkommentaren von Fulgentius (ca. 500) und Bernardus (oder Pseudo-Bernardus) Silvestris (Mitte des 12. Jh.) und in den Oviderklärungen des Arnulf von Orléans (spätes 12. Jh.) zu finden.

4.9.5 Das Vertrauen der lateinischen Autoren des Mittelalters in ihre Modernität

Während eines Großteils des Mittelalters war wirkliches Unbehagen antiker Literatur gegenüber eine Sache der Vergangenheit – alte Geschichte sozusagen. Tatsächlich nahmen sich die Autoren des Mittelalters nicht als nachklassisch im Gegensatz zu klassisch wahr; die Bezeichnung nachklassisch ebenso wie die darin ausgedrückte Unterscheidung ist neuzeitlich, nicht mittelalterlich. Deshalb darf mittellateinische Literatur nicht auf ein einziges Modell reduziert werden, sei es nun dasjenige eines nachklassischen Lateins im Mittelalter, von europäischer Literatur in einem lateinischen oder von lateinischer Literatur in einem europäischen Mittelalter: jedes dieser Modelle, jede dieser Formulierungen enthält ein Quentchen Wahrheit, bleibt aber (wie so viele Wahrheiten) doch nur Stückwerk.

Das Selbstvertrauen, mit dem sich die mittellateinischen Autoren an der Antike maßen, hinterließ seine Spuren in zwei mittelalterlichen Neologismen, den Wörtern *modernus* und *modernitas.* Daß wir jeweils auf einen Terminus des Mittelalters zurückgreifen, wenn wir uns als modern oder postmodern im Gegensatz zum Prämodernen oder Modernen definieren, sagt einiges aus über die kulturelle Ausstrahlung des Mittelalters – und über unsere Scheu, diese anzuerkennen: das Mittelalter wird oft genug als das pure Gegenteil dessen dargestellt, was wir Moderne oder Postmoderne gern wären. Modernität im mittelalterlichen Sinne bezeichnete die aktuelle Epoche im Gegensatz zur Antike; das Moderne war das Neue, das Gegenwärtige – das Moderne eben; ein *modernus* war ein Zeitgenosse, im Gegensatz zu einem Früheren.

4.10 Die Soziologie des mittellateinischen Lesens und Schreibens

4.10.1 Männer und Frauen

Es ist irrig, alle mittellateinischen Autoren als eine geschlossene Gruppe zu verstehen, wo doch ihre Persönlichkeiten und ihre Stellung in der Gesellschaft ebenso unterschiedlich waren wie die Publikumsschichten, die sie erreichten. Mittellateinische Autoren gehörten zu einer Elite, doch von überraschender Breite. Um beim Geschlecht anzufangen: zwar waren selbstredend die mittellateinischen Autoren mehrheitlich Männer, es wäre aber verfehlt anzunehmen, daß es nur männliche Autoren gab. Trotz der in der mittelalterlichen Literatur verbreiteten, wenn auch nicht endemischen Frauen- und Ehefeindlichkeit gab es in den Reihen der mittellateinischen Autoren so bemerkenswerte Frauen wie Egeria, die im 4. Jahrhundert ins Heilige Land reiste, Hrotsvith von Gandersheim (ca. 935–975), Verfasserin von Theaterstücken, Heiligenleben und epischen Gedichten, Heloïse, die im 12. Jahrhundert als Nonne, Briefschreiberin und lebenslange Geliebte des unglücklichen Abaelard lebte, und Hildegard von Bingen (1098–1179), Mysterikerin, Dramatikerin und kosmologische Autorin.

P. Dronke, *Women Writers of the Middle Ages. A Critical Study of Texts from Perpetua († 203) to Marguerite Porete († 1310)* (Cambridge 1984).

4.10.2 Soziale Schichten

Die Autoren mittellateinischer Texte konnten Mönche oder Bettelmönche sein, Kanoniker oder Kleriker anderer Ränge, die mit Bischofs- und Adelshöfen verbunden waren, Studenten oder professionelle Unterhalter; manchmal durchlief ein Autor in seinem Leben auch mehrere dieser Stationen. Der Sohn eines Ritters konnte Student werden, ein Student konnte zum Kleriker im Dienste eines Bischofs oder Königs werden, ein Kleriker konnte sich später für das Klosterleben entscheiden. So wurde Peter Abaelard in eine ritterliche Familie hineingeboren, lebte zwanzig Jahre als Student, Kleriker und Lehrer und wurde für den Rest seines Lebens Mönch.

4.10.3 Mäzenatentum

Wer waren die Gönner der lateinischen Literatur im Mittelalter? Wir können uns einen Begriff von ihnen machen, wenn wir die Widmungen in mittelalterlichen Manuskripten studieren, obwohl Gönner und Empfänger der Widmung nicht immer übereinstimmen: Widmungen stammen bisweilen nicht vom Autor, sondern von einem späteren Schreiber, der seinem Auftraggeber eine Kopie des Textes widmete. Aus originalen Widmungen können wir schließen, daß die meisten Autoren ihre Texte an enge Freunde richteten, an Äbte und Äbtissinnen, an Bischöfe, Kanzler, Erzkanzler und an Mitglieder von Adels- und Königsfamilien.

J. Bumke (Hrsg.), *Literarisches Mäzenatentum. Ausgewählte Forschungen zur Rolle des Gönners und Auftraggebers in der mittelalterlichen Literatur* (Wege der Forschung 598) (Darmstadt 1982); ders., *Mäzene im Mittelalter. Die Gönner und Auftraggeber der höfischen Literatur in Deutschland, 1150–1300* (München 1979); W. F. Schirmer und U. Broich, *Studien zum literarischen Patronat im England des 12. Jahrhunderts* (Köln 1962).

4.10.4 Die Einträglichkeit des Schreibens

Welcher Gewinn konnte Autoren mittellateinischer Texte zufallen? Es ist klar, daß niemand kommerzielle Werke im Sinne der Autoren des 19. und 20. Jahrhunderts schrieb; ohne den Buchdruck bestand keine Aussicht auf Tantiemen oder ähnliche Einkommen von Seiten der Verleger oder Leser. Manche Autoren suchten allein spirituelle Verdienste; dies hilft uns zu verstehen, warum so viele mittellateinische Texte anonym sind, vor allem in den Jahrhunderten, in denen Lesen und Schreiben das exklusive Privileg der Mönche war: es hätte als eitel gegolten, die eigene Autorschaft eines Textes anzupreisen. Aber nicht alle mittellateinischen Autoren waren bescheidene Mönche. Ohne Zweifel widmeten viele Autoren ihre Werke einem bestimmten Gönner in der Hoffnung, sich damit Vorteile (oder Pfründe) zu sichern. Autoren, die nicht als Mönche in einer wohlhabenden Gemeinschaft lebten oder Kleriker mit einer guten Präbende waren, mußten versuchen, sich die Grundbedürfnisse des Lebens wie Essen, Kleider und ein Dach über dem Kopf von einem reichen Gönner schenken zu lassen.

4.10.5 Die Intimität von Autor und Leser

Die intime Nähe von Autor, Leser und Publikum, welche die mittellateinische Literatur oft voraussetzt, unterscheidet sich stark von der typischen Erfahrung heutiger Teilnehmer an solchen kommunikativen Akten, und sie schuf Beziehungen, die Jahrhunderte später kaum mehr nachvollziehbar sind. Texte setzen jeweils ein gemeinsames Wissen voraus – über Texte, die das ganze Publikum gelesen hat, über Erfahrungen, die alle teilen, und über Leute und Ereignisse, die alle kennen – und machen oft Anspielungen und Witze, die uns entgehen. In diesem Sinne bezieht sich mittellateinische Literatur auf Textgemeinschaften, die von der Realität des durchschnittlichen neuzeitlichen Autors oder Lesers weit entfernt sind. Deshalb darf uns die moderne literarische Technologie aber nicht zum falschen Glauben verleiten, daß alle vergangenen Kulturen im Vergleich zur unsrigen schlicht und simpel gewesen wären; mit etwas mehr Demut könnten wir zugeben, daß Leser und Autoren im lateinischen Mittelalter – wahre Techniker des geschriebenen Wortes – in viel engerer Verbindung mit den Texten standen, die sie lasen und schrieben, als dies heute der Fall ist.

4.11 Die mittelalterlichen Handwerker des Worts

Obwohl wir heute, in der industralisierten und postindustrialisierten Welt der zweiten Jahrtausendwende des christlichen Zeitalters, wohl mehr Zeit mit Lesen zubringen, als viele Mönche und Kleriker des Mittelalters dies tun konnten, ist es doch kein Zufall, daß dem Phänomen der *Bricolage* heutzutage so viel Beachtung geschenkt wird: trotz des gewaltigen Zeitaufwands kann unsere Lektüre nur zufällig und punktuell sein. Im Gegensatz dazu lernte man in der zweisprachigen Situation des westeuropäischen Mittelalters die lateinische Sprache (in einem viel höheren Maß als jede lebende Sprache heute) in engem Kontakt mit einer beschränkten Anzahl von Texten. Die Leser und Autoren des Mittelalters – und die Hörer und Sprecher oder Sänger – waren hervorragende Handwerker des Worts, und in den meisten Fällen war das Wort, das sie bearbeiteten, lateinisch. Ihre Virtuosität verwandelt die mittelalterlichen Texte in ein unvergleichliches Labor, in dem wir unsere Ideen über Veränderungen der Kultur – und die in Geist und Denken der Menschen – auf die Probe stellen können, besonders im Fall von Veränderungen der Wissensorganisation und Verschiebungen der Fähigkeit, zu lesen und zu schreiben. Und selbstverständlich haben *(mutatis mutandis)* die Ergebnisse von Tests in diesem ausgeklügelten Labor auch für Menschen von heute Bedeutung.

Mittelalterliche Formen lateinischer Prosa und Lyrik

Mittellatein war vital und originell nicht nur in Inhalt, sondern auch in Form. Was die Versformen betrifft, so versuchten sich die mittellateinischen Dichter nicht nur im gesamten Repertoire der quantitativen Versmaße aus der klassischen lateinischen Literatur, sondern erfanden auch unzählige neue Reimschemata für sie, besonders für den daktylischen Hexameter und den Pentameter; den binnengereimten Hexameter spielten sie in zahlreichen Permutationen durch, unter denen der *versus leoninus* (der in Zäsur und Versende gereimte Hexameter) besonders beliebt war. Ihre Erneuerung beschränkte sich aber nicht auf quantitierende Maße, es wurde auch mit einem scheinbar unbegrenzten Repertoire von Akzentvariationen gespielt. Darüber hinaus erfanden diese Dichter die Beziehung von Text und Melodie in weltlichen und religiösen Liedern neu. Die überkommenen literarischen Gattungen der römischen Dichtung ergänzten sie mit neuen, beispielsweise dem religiösen Drama und der allegorischen Personifikation. Prosaautoren waren ebenso innovativ in der Weiterentwicklung von Reim- und Betonungsmustern, die in der Renaissance des 12. Jahrhunderts erstaunlich hoch geschätzt wurden.

K. Langosch, *Lateinisches Mittelalter. Einleitung in Sprache und Literatur* (Darmstadt 1983), 25–26.

4.12 Die Anziehungskraft der Mittellateinstudien

Viel mittellateinische Literatur liegt in schlechten Editionen brach oder ist überhaupt nicht ediert; anderes ist zwar veröffentlicht, aber noch nicht interpretiert, und nur ein verschwindend kleiner Teil der Literatur ist in moderne Sprachen übersetzt und jenen Menschen zugänglich gemacht, für die sogar das „bißchen Latein und noch weniger Griechisch", das Ben Jonson (1573?–1637) William Shakespeare zuschrieb, ein unerreichbares Ideal bleibt. Wenn es je eine reiche Literatur gab, die darauf wartet, entdeckt zu werden, so ist es die mittellateinische. Die wissenschaftliche Beschäftigung mit mittellateinischer Literatur ist an einem aufregenden und scheinbar widersprüchlichen Punkt angelangt: obwohl noch viel Grundlagenarbeit geleistet werden muß, braucht die Disziplin nun dringend Forscher, die das vorhandene Material und die geleistete Arbeit sichten und in Synthesen zusammenfassen können. Überdies braucht es die kluge Popularisierung der Literatur, um künftigen Studierenden einen Anreiz zu geben, in das Feld einzusteigen, und um die Texte einer größeren Öffentlichkeit bekannt zu machen. Nur durch eine Kombination von monographischer, synthetischer und popularisierender Arbeit wird Mittellatein den Platz erhalten, den es in den Regalen (und den Bytes) der Weltliteratur verdient – oder wenigstens in den Taschenbuchreihen der westlichen Literatur.

Bibliographie

Geschichte der mittellateinischen Literatur

A. Ebert, *Allgemeine Geschichte der Literatur des Mittelalters im Abendlande,* 3 Bde. (Leipzig 1880–89); G. Gröber, *Übersicht über die lateinische Literatur von der Mitte des VI. Jahrhunderts bis zur Mitte des XIV. Jahrhunderts* (Straßburg 1902; Reprint 1974) – trotz seines Alters deckt dieses Buch eine große Zeitspanne chronologisch ab und ist deshalb nie übertroffen worden; M. Manitius, *Geschichte der lateinischen Literatur des Mittelalters,* 3 Bde. (Handbuch der Altertumswissenschaft IX.2.1–3) (München, 1911–31; Reprint 1959–1964) – noch immer unersetzlich, obgleich seine Bedeutung sinken wird, wenn Brunhölzl sein Werk abschließt; F. Brunhölzl, *Geschichte der lateinischen Literatur des Mittelalters,* bisher 2 Bde.

(München, seit 1975); L. Langosch, *Lateinisches Mittelalter. Einleitung in Sprache und Literatur* (Darmstadt 1983); G. Cavallo, C. Leonardi und E. Menestò (Hgg.), *Lo spazio letterario del medioevo,* bisher 3 von 5 geplanten Bden. (Rom, seit 1992); F. Mantello und A. G. Rigg (Hgg.), *Medieval Latin. An Introduction and Bibliographical Guide* (Washington, D. C., 1996); E. Norden, *Die römische Literatur. Mit Anhang: Die lateinische Literatur im Übergang vom Altertum zum Mittelalter,* 7. Aufl., herausgegeben von B. Kytzler (Stuttgart und Leipzig 1997).

Geschichte der mittellateinischen Dichtung

M. Manitius, *Geschichte der christlich-lateinischen Poesie bis zur Mitte des 8. Jahrhunderts* (Stuttgart 1891); F. J. E. Raby, *A History of Christian-Latin Poetry from the Beginnings to the Close of the Middle Ages* (Oxford [2]1953); ders., *A History of Secular Latin Poetry in the Middle Ages,* 2 Bde. (Oxford, [2]1957) – obwohl diese Geschichte der mittellateinischen Literatur mit dem 12. Jh. endet, schließt der Autor die *Carmina Burana* in seine Diskussion ein; J. Szövérffy, *Weltliche Dichtungen des lateinischen Mittelalters. Ein Handbuch,* bisher 1 Bd. (Berlin 1970); überarbeitete englische Version *Secular Latin Lyrics and Minor Poetic Forms of the Middle Ages. A Historical Survey and Literary Repertory from the Tenth to the Late Fifteenth Century,* 3 Bde. (Concord, New Hampshire 1992–95); P. Goodman, *Poetry of the Carolingian Renaissance* (London 1985) – enthält eine konzise Einführung in eine gute Auswahl lateinischer Texte mit englischer Übersetzung auf der gegenüberliegenden Seite.

Literaturtheorie und -kritik im Mittelalter

H. Brinkmann, *Mittelalterliche Hermeneutik* (Tübingen 1980); W. Haug, *Literaturtheorie im deutschen Mittelalter. Von den Anfängen bis zum Ende des 13. Jahrhunderts* (Darmstadt 1985); U. Kindermann, „Gattungssysteme im Mittelalter," in: W. Erzgräber (Hrsg.), *Kontinuität und Transformation der Antike im Mittelalter. Veröffentlichung der Kongressakten zum Freiburger Symposion des Mediävistenverbandes* (Sigmaringen 1989), 303–313; A. J. Minnis und A. B. Scott, *Medieval Literary Theory and Criticism c. 1100–c. 1375. The Commentary Tradition* (Oxford [2]1991).

5 Die neuzeitliche lateinische Literatur seit der Renaissance

WALTHER LUDWIG

5.1 Die neulateinische Literatur als Aufgabe der lateinischen Philologie

Zu den konzeptionellen Neuerungen dieses Werks gegenüber seinem bewährten Vorbild gehört die Aufnahme eines in die neuzeitliche lateinische Literatur einführenden Beitrags. Dieser Teil der lateinischen Literatur gehört zwar nicht zum Aufgabengebiet der Altertumswissenschaft, auch nicht als ein Anhang, aber ohne Zweifel zu dem der Lateinischen Philologie. Die Klassischen Philologen im deutschsprachigen Raum sind sich dessen erst seit den sechziger Jahren in zunehmendem Maße bewußt geworden, auch wenn es heute Studierenden des Lateinischen noch nicht an allen Universitäten möglich ist, diesen Teil der lateinischen Literatur in Unterrichtsveranstaltungen kennenzulernen. Während des Studiums zumindest eine gewisse Vorstellung von ihm zu erhalten, erscheint jedoch aus mehreren Gründen notwendig.

Erstens hat ein Latinist ein legitimes Interesse, die Entwicklung der lateinischen Literatur in ihrem gesamten Verlauf zu überblicken, und diese endet nun einmal nicht in der Spätantike. Die neuzeitliche lateinische Literatur war das vielleicht wichtigste Instrument der Transmission der Antike in die europäische Neuzeit, und sie war zugleich ein integraler Bestandteil der Literatur und Kultur der europäischen Nationen, für die die lateinische Sprache auch Jahrhunderte lang ein unersetzliches Mittel der internen und externen Kommunikation zwischen Gebildeten war. In der neuzeitlichen lateinischen Literatur sind alle literarischen Textformen der Neuzeit von der Lyrik bis zur wissenschaftlichen Fachliteratur vertreten, und ihr Umfang übertrifft die überlieferte antike lateinische Literatur um ein Vielfaches. Sich der Existenz dieser Literatur bewußt zu werden und sie wenigstens in einigen Beispielen kennenzulernen ist für jemand, der das Fach Latein studiert und keine Scheuklappen tragen will, unerläßlich. Zweitens ist es auch für den lateinischen Gymnasialunterricht von Nutzen, wenn den Schülern deutlich gemacht werden kann, daß Latein keine nach dem Altertum tote Sprache ist, wenn das reiche und oft relativ leicht verständliche Textreservoir des neuzeitlichen Lateins für die Lektüre, und zwar gerade auch für die Anfangslektüre, beigezogen werden kann und wenn der Lehrer in der Lage ist, auch einmal eines der neuzeitlichen lateinischen Gedichte vergleichend neben eines von Catull oder Horaz zu stellen. Drittens besteht aus historischen Gründen ein außerordentlich großer Forschungsrückstand auf dem Gebiet der neuzeitlichen Latinität und zwar sowohl gegenüber der Erforschung der klassischen antiken als auch gegenüber der

Erforschung der nationalsprachlichen neuzeitlichen Literaturen. Die neuzeitliche lateinische Literatur ist heute noch in vielen Bereichen eine *terra incognita*. Ihre Kartographierung, die auf Schritt und Tritt zu neuen Entdeckungen führt, ist nicht nur für einen an der Forschung interessierten Latinisten fesselnd und befriedigend, sie bedarf auch des Latinisten bzw. des Klassischen Philologen, da nur er die sprachlichen Voraussetzungen und die Kenntnis der antiken Literatur mitbringt, die für ein Verständnis neuzeitlicher lateinischer Texte notwendig sind. Freilich kommt er bei der Forschung auf diesem ungewohnten Terrain nicht mit einer altertumswissenschaftlichen Vorbildung aus, da die neuzeitlichen lateinischen Texte immer auch im Kontext der Geschichte und Kultur der Neuzeit interpretiert werden müssen, deren Bestandteil sie sind. Eigene Einarbeitung in neue Disziplinen und interdisziplinäre Hilfe sind hier vonnöten. Die neuzeitliche lateinische Literatur ist keineswegs eine ausschließliche Domäne der Latinisten. Sie ist auch Arbeitsgebiet der Historiker, der Neuphilologen, der Wissenschaftshistoriker, der Juristen, Mediziner und Theologen. Sie kann nur in Zusammenarbeit der Vertreter der verschiedenen Disziplinen erhellt werden. Aber die Latinisten haben eine unersetzbare Aufgabe dabei, da sie für das sprachliche Grundverständnis und für die Erhellung der Rezeption der Antike in besonderem Maße zuständig sind. Dies führt zum vierten Grund, weshalb das Studium des Faches Latein auch an die neuzeitliche lateinische Literatur heranführen sollte: Ein Latinist wird gerade hier zu interdisziplinärer Zusammenarbeit gebraucht, er oder sie können und sollen mit ihrer Kompetenz helfen, wenn es darum geht, neuzeitliches Latein, wo immer es erscheint, richtig zu verstehen oder, falls es gewünscht wird, richtig zu gebrauchen. Das gilt nicht nur im Bereich der Forschung, sondern auch im Bereich der Schule oder in den Medien. Der allgemeine Rückgang der schulisch erworbenen Lateinkenntnisse macht eine solche Hilfsfunktion des Latinisten dringlich.

5.2 Der Begriff der neulateinischen Literatur

Die neuzeitliche lateinische Literatur wird im allgemeinen und auch im folgenden als neulateinische Literatur bezeichnet. Es ist die Literatur, die von Italien ausgehend die mittellateinische Literatur in allen durch sie geprägten Ländern Europas vom 14. bis zum 16. Jahrhundert durch ihre bewußte Distanzierung von der mittellateinischen Sprachtradition und ihre Neuorientierung am klassischen Latein der Antike abgelöst hat und die sich in beschränktem Umfang bis in die Gegenwart erstreckt. Die ihrerseits vielfältig gegliederte Hauptepoche der neulateinischen Literatur reicht bis etwa 1800, danach nimmt die in bestimmten Bereichen bis zur Gegenwart fortgeführte Produktion lateinischer Texte sehr stark ab und die bisherige Kontinuität der Rezeption neulateinischer Texte wird unterbrochen, so daß im Bewußtsein der gebildeten Schichten des 20. Jahrhunderts sogar die Erinnerung an ihre frühere Existenz weitgehend schwindet. Durch das in den letzten Jahrzehnten erhöhte

Forschungsinteresse an der neulateinischen Literatur werden ihre Bedeutung und ihre vielfältigen Funktionen im Bereich der sich mit ihr beschäftigenden Disziplinen jedoch zunehmend wieder bewußt.

Das Wort ‚neulateinisch' taucht erst gegen Ende des 18. Jahrhunderts auf. Als erster bekannter Beleg gilt der Titel des Buches von E. Klose, *Neulateinische Chrestomathie, enthaltend Anekdoten, Erzählungen, Briefe, Biographien und andere lateinische Aufsätze aus neueren Lateinern* (Leipzig 1795). Das Wort wird in den ersten Jahrzehnten des 19. Jahrhunderts mehrfach gebraucht (z. B. Friedrich Traugott Friedemann, *Praktische Anleitung zur Kenntnis und Verfertigung lateinischer Verse, nebst ... einem Verzeichnisse der vorzüglichsten neulateinischen Dichter,* Braunschweig 1828), auch ins Lateinische übersetzt (Johannes Dominicus Fuss, *Dissertatio de ... poetis neo-latinis,* Köln 1822). Das Lemma ‚Neulateinische Dichter' erscheint erstmals in der 13. Auflage der Brockhaus-Enzyklopädie, Leipzig 1885. Das Wort ist durch eine Übersetzung des lateinischen Adjektivs *recens* bzw. *recentior* entstanden, das seit dem 15. Jahrhundert in der Verbindung *poetae* oder *auctores recentes* oder *recentiores* für die neuzeitlichen lateinischen Dichter und Autoren im Gegensatz zu den *poetae / auctores veteres* oder *antiqui* verwendet wurde. So gibt Heinrich Bebel (1472–1518) in seinen *Commentaria epistolarum conficiendarum* (zuerst Straßburg 1503) eine Liste der humanistischen Autoren, auf die er sich stützt, unter der Überschrift *ex neotericis hoc est recentioribus* und Julius Caesar Scaliger (1484–1558) benützt in seinen *Poetices libri septem* (zuerst Lyon 1561) *poetae recentiores* für die Dichter seit Petrarca. Das Adjektiv ‚neulateinisch' wurde im 19. Jahrhundert auch meist mit ‚Dichter' oder ‚Poesie' verbunden; Georg Ellinger begann 1929 seine *Geschichte der neulateinischen Literatur Deutschlands im sechzehnten Jahrhundert* zu veröffentlichen, gebrauchte ‚Literatur' hier jedoch noch synonym mit ‚Dichtung'. Unterdessen ist das Bewußtsein gewachsen, daß die Erforschung der neulateinischen Literatur nicht nur der Dichtung gelten darf, sondern alle literarischen Textformen einzubeziehen hat. Dieses Begriffsverständnis bestimmte auch die Namenswahl der 1973 in Amsterdam gegründeten International Association for Neo-Latin Studies, die sich die Förderung der Erforschung aller lateinischen Texte seit etwa Petrarca zum Ziel gesetzt hat. Der Begriff ‚neulateinisch' bzw. seine Äquivalente haben sich in der zweiten Hälfte des 20. Jahrhunderts in allen Wissenschaftssprachen durchgesetzt, und obwohl zunächst hinderlich war, daß im Italienischen ‚le lingue neolatine' die romanischen Sprachen meint, kann ‚la letteratura neolatina' heute auch im beschriebenen Sinn der neulateinischen Literatur verstanden werden.

5.3 Die neulateinische Philologie

5.3.1 Vom Ende des 15. bis zum Anfang des 19. Jahrhunderts

Eine philologische Beschäftigung mit neulateinischer Literatur begann bald nach ihren Anfängen und in Parallele zu der auf die antiken Autoren gerichteten Tätigkeit. Hierzu gehören in gewisser Weise bereits die ersten Drucke von handschriftlichen Werken neulateinischer Autoren, die vor der Verbreitung des Buchdrucks gestorben waren wie der Humanist Gian-Francesco Poggio Bracciolini (Poggius Florentinus, 1380–1459) oder die selbst ihre Werke nicht zum Druck gebracht hatten wie der bedeutendste neulateinische Dichter des 15. Jahrhunderts, Giovanni Pontano (Ioannes Iovianus Pontanus, 1426–1503). Oft folgten erweiterte und verbesserte neue Ausgaben wie die in Basel im Laufe des 16. Jahrhunderts gedruckten Folioausgaben der humanistischen Klassiker des 14. und 15. Jahrhunderts, wie z. B. die von Petrarca, Boccaccio, Poggio, Flavio Biondo oder Polizian. Auch stellte man in Gesamtausgaben vorher nur einzeln veröffentlichte Schriften eines bekannten verstorbenen Autors zusammen, wie die *Opera omnia Latine scripta* des Jacopo Sannazaro (Sannazarius, 1456–1530) in einer Aldina von 1535 oder die Werke des Thomas Morus (1477–1535), die 1563 und 1565 in Basel und Leuven in unterschiedlicher Zusammenstellung gedruckt wurden. Diese editorische Betreuung neulateinischer Autoren setzte sich bis ins 18. Jahrhundert fort, da das Interesse an bestimmten berühmt gewordenen Autoren immer wieder neue Auflagen ihrer Werke hervorrief. Eine bedeutende Leistung in diesem Sinne ist die Neuausgabe der lateinischen Gedichte von Girolamo Fracastoro (Hieronymus Fracastorius, 1483–1553) durch den Paduaner Professor Giovanni Antonio Volpi (Vulpius, 1686–1766) in Padua 1718 und 1739, die auch bisher unveröffentlichte Verse Fracastoros enthielt. Die größte editorische Leistung in diesem Bereich aber ist sicher die Erasmus-Ausgabe von Jean Le Clerc (Clericus, 1657–1736), die 1703–1706 in Leiden in 11 Großfoliobänden mit ausführlichen Indices erschien und die wie viele ältere Ausgaben neulateinischer Autoren bis heute unersetzt ist.

Die Vorreden und Widmungsbriefe solcher Ausgaben konnten auch interpretatorische Würdigungen enthalten wie die 1509 in Straßburg erschienenen *Hymni et Epigrammata* des Michael Tarchaniota Marullus (1454–1500) durch Beatus Rhenanus (1486–1547), vereinzelt wurden auch früh sachliche Erläuterungen beigegeben wie in der Aldina der Gedichte Pontanos von 1518 *(Explicatio locorum omnium abstrusorum Pontani authore Petro Summontio viro doctissimo)*.

Parallel zur Kommentierung klassischer Autoren durch Humanisten, die sich methodisch zunächst an die antiken Kommentare bzw. Scholien anschlossen, entstanden seit Ende des 15. Jahrhunderts auch – teilweise durch die Feder der gleichen Humanisten – reguläre Kommentare zu neulateinischen Dichtern. Am Anfang steht wohl der Kommentar des Jodocus Badius Ascensius (1462–1535) zu den Eklogen des Karmeliters Baptista Mantuanus (1448– 1516), der schon 1498 und später oft gedruckt wurde. Dessen *Bucolica seu adolescentia in decem aeglogas* machten den Eklogen Vergils als Schulbuch Konkurrenz, und so verfaßte Badius, der auch Vergil und Terenz kommentierte, einen entsprechenden Kommentar. Johannes Reuchlins (1455–1522) Komödien *Scaenica progymnastica* und *Sergius vel capitis caput* erhielten schon bald nach ihren Erstausgaben (1497 bzw.

1504) von Reuchlins Freunden Jakob Spiegel und Georg Simler Kommentare (1512 bzw. 1507) – wohl in der Hoffnung, sie dadurch zu Schulbüchern zu machen. Den umfangreichsten Kommentar, der einem neulateinischen Dichter zu Teil wurde, veröffentlichte 1754 in zwei Quartbänden in Amsterdam der Niederländer Petrus Burmannus Secundus (1714–1778) mit der an klassischen Autoren geübten Methode zu Petrus Lotichius Secundus (1528–1560), der als bester deutscher neulateinischer Dichter galt.

Eine weitere Sparte philologischer Bemühungen um neulateinische Dichter bilden die Anthologien, die ihr antikes Vorbild in der *Anthologia Graeca* haben und aus der Zusammenstellung der *carmina* mehrerer Dichter hervorgingen. Nach den von Marcus Antonius Flaminius (1498–1550) herausgegebenen *Carmina quinque illustrium poetarum* (Venedig 1548 und öfter) veröffentlichte Giovanni Paolo Ubaldini in den *Carmina poetarum nobilium* (Mailand 1563) eine Anthologie mit lateinischen Gedichten von 40 zeitgenössischen italienischen Autoren. Gattungsanthologien entstanden: In Basel erschien 1546 *Bucolicorum autores . . . farrago eclogarum,* Nicolaus Reusner (1545–1602) stellte 1580 *Hodoeporicorum sive itinerum totius fere orbis Libri VII* zusammen, und der Niederländer Damasus Blyenburg (1558–1616) gab in seinem *Amorum Hortus* (Dordrecht 1600) dem lesenden Publikum eine thematisch geordnete Anthologie erotischer Gedichte. Janus Gruter (1560–1627) strebte mit seinen vielbändigen *Deliciae C[larorum] Poetarum Italorum, Gallorum, Belgarum* und *Germanorum* zu Anfang des 17. Jahrhunderts eine tendenziell umfassende Bestandsaufnahme der neulateinischen Dichtung der beiden vorausgegangenen Jahrhunderte an, ein Muster, dem andere *Deliciae poetarum Danorum, Scotorum* und *Ungarorum* im gleichen Stil folgen ließen. Im 18. Jahrhundert wurden dann etwa zehnbändige Sammlungen wie die *Carmina illustrium poetarum Italorum* und das *Corpus illustrium poetarum Lusitanorum* aufgelegt. Da die neulateinischen Dichtungen, abgesehen von ihren bis zum Ende des 18. Jahrhunderts oft aufgelegten ‚Klassikern', nicht immer leicht zugänglich waren, blieben Anthologien stets ein wichtiges Instrument, um Lesern eine Auswahl des Beachtenswerten zu verschaffen oder sogar um eine möglichst vollständige Bestandsaufnahme vorzulegen. Ein spätes Beispiel ist die mit Dichterbiographien ausgestattete *Anthologia poematum Latinorum aevi recentioris,* die Gottlieb Wilhelm August Pauly (1796–1845) 1818 in Tübingen drucken ließ (als Professor am Obergymnasium in Stuttgart gab er ab 1839 die *Realencyclopädie der classischen Altertumswissenschaft* in ihrer ersten Fassung heraus).

Diesen Sammlungen von neulateinischen Gedichten können die Sammlungen neulateinischer Inschriften an die Seite gestellt werden, die, nachdem Sammlungen antiker Inschriften in der ersten Hälfte des 16. Jahrhunderts veröffentlicht worden waren (klassisch wurde auch das nach Ländern geordnete Werk des Petrus Apianus und Bartholomaeus Amantius, *Inscriptiones sacrosanctae vetustatis non illae quidem Romanae, sed totius fere orbis,* Ingolstadt 1534, das zum ersten Mal die Inschriften aus dem gesamten antiken römischen Reich zusammenzustellen suchte), in der zweiten Jahrhunderthälfte aus Sammlungen humanistischer Reisender entstanden. So ließ Nathan Chytraeus (1543–1598) einer Ausgabe seiner Reisegedichte einige auf seinen Reisen gesammelte Inschriften folgen (Rostock 1568), bis er unter dem Titel *Variorum in Europa itinerum deliciae* eine größere, gleichfalls nach Ländern geordnete Sammlung neuzeitlicher lateinischer Inschriften herausgab (Herborn 1594), die großen Anklang fand und auch nachgeahmt wurde.

Die neulateinische Literaturkritik und Literaturgeschichte begann mit Wertungen wie der des Petrus Crinitus (1465–1504), der in *De poetis Latinis libri V* (zuerst Florenz 1508), der ersten gedruckten – auf die Dichtung beschränkten – Geschichte der antiken lateinischen Literatur, das Urteil abgab, daß Pontanos und Marullos Dichtungen in ihrer Art vollkommen und den besten der Antike gleichzustellen seien. Listen hervorragender neulateinischer Dichter wurden ein beliebtes, zum Teil auch zum Preis von Freunden oder der Nation benütztes Mittel der Orientierung und Urteilsbildung. Im nationalen Rahmen gab Franciscus Irenicus (1495–1559) in seinen *Germaniae exegeseos volumina duodecim* (Hagenau 1518) eine mit Hutten und Eobanus Hessus beginnende Liste *De poetis, historicis & aliarum disciplinarum principibus Germaniae,* um das kulturelle Ansehen Deutschlands gegenüber Italien zu erhöhen. Eine Liste von 22 deutschen Dichtern, denen sich der Autor angereiht sehen möchte, stellte Hartmann Schopper (um 1542–nach 1595) in der poetischen *Peroratio* seiner lateinischen Bearbeitung des Reineke Fuchs (*Opus poeticum de admirabili fallacia et astutia vulpeculae Reinikes libros quatuor inaudito et plane novo more nunc primum ex idiomate Germanico ad elegantiam et munditiam Ciceronis Latinitate donatos,* Frankfurt 1567 und öfter) zusammen: Celtis, Hutten, Eobanus Hessus, Euricius Cordus, Glareanus, Micyllus, Melanchthon, Camerarius, Sabinus, Lotichius, Stigelius, Siberus, Fidlerus, Lemnius, Maior, Acontius, Seccervitius, Georgius Fabricius, Posthius, Bocerus, Schosserus und Ioannes Codicius werden dort aufgeführt. Julius Caesar Scaliger hatte kurz zuvor (1561) in seiner Poetik eine Rangliste der acht nach seinem Urteil besten neulateinischen Dichter gegeben, die er allerdings während der Niederschrift in den unteren Rängen noch etwas modifiziert und auf sieben reduziert hatte (erste Fassung: 1. Fracastoro, 2. Sannazaro, 3. Pontano, 4. Vida, 5. Cerrato, 6. Poliziano, 7. Aonio Paleario, 8. Palingenio; zweite Fassung: . . ., 5. Poliziano, 6. Bembo, 7. Cerrato). Die ausschließliche Nennung italienischer Autoren ergänzte und erweiterte Petrus Burmannus Secundus 1754 in der *Praefatio* seiner Lotichius-Ausgabe. Nach seinem Urteil haben bei den Italienern nach der Wiedereinführung der wiedergeborenen Poesie durch Petrarca Sannazaro, Bembo, Pontano, Vida, Castiglione, Molsa, Fracastoro, Navagero und Flaminio *carmina* geschrieben, die *solo tantum tempore veteribus minora sunt,* dazu kommen aber nun als begnadete Dichter aus Frankreich de Sainte-Marthe (Sammarthanus), de l'Hôpital (Hospitalius), de Thou (Thuanus), Dorat (Auratus), de Balzac (Balsacius), Huetius, Commirius, S. J., und Ménage (Menagius), aus den Niederlanden Janus Secundus, Douza, Grotius, Baudius, Daniel und Nicolas Heinsius sowie Broukhusius, aus Deutschland Eobanus Hessus, Georgius Sabinus, Johannes Bocerus, Georgius Fabricius, Jacobus Micyllus, Johannes Stigelius, Johannes Fabricius Montanus und vor allem Petrus Lotichius Secundus. Und noch 1828 stellt Friedrich Traugott Friedemann ein „Alphabetisches Verzeichnis der vorzüglichsten neulateinischen Dichter" mit 60 Autoren zusammen.

Über solche wertenden Zusammenstellungen hinaus geht die erste literarhistorische Behandlung aller neulateinischen Dichter, die Lilius Gregorius Gyraldus (1478–1552) in der Form von Dialogen unternahm: *Dialogi duo de poetis nostrorum temporum* (Florenz 1551). Er bespricht oder erwähnt darin über 400 Autoren. Das Werk schließt sich formal und methodisch an seine vorausgegangene ebenfalls sehr materialreiche antike Dichtergeschichte an, die er unter dem Titel *Historiae poetarum tam Graecorum quam Latinorum dialogi decem* 1545 in Basel veröffentlicht hatte. Scaliger setzte in seiner Poetik vor die Kritik der antiken lateinischen Dichter eine kritische Würdigung von über 50 neulateinischen. Die Verbindung antiker und neuzeitlicher Literaturgeschichte ist auch noch für den Niederländer Gerardus Johannes Vossius (1577–1649) und den Hamburger Johannes Albertus Fabricius (1668–1736) kennzeichnend. Der erste ließ in seinen Werken *De poetis Latinis* (zuerst Leiden 1618) und *De historicis Latinis* (zuerst Leiden 1627) jeweils der Behandlung der antiken die der mittelalterlichen und neuzeitlichen Autoren folgen, während der zweite sein bio-bibliographisches Repertorium *Bibliotheca mediae et infimae Latinitatis* (Hamburg 1734–1746, nach Fabricius' Tod fertiggestellt von Christian Schoettgen), dessen Schwergewicht auf den mittelalterlichen Autoren liegt, als Fortsetzung seiner *Bibliotheca Latina* (zuerst Hamburg 1697) verstand.

Neulateinische Philologie ist auch in zahlreichen Schriften zur Poetik, Rhetorik, Epistolographie und Historiographie präsent, deren primär präskriptive Ziele oft über eine Deskription von Werken der neulateinischen Literatur verfolgt werden. So enthält Daniel Georg Morhofs (1639–1691) Schrift *De ratione conscribendarum epistolarum* (Lübeck 1714) auch ein Kapitel *De Censura epistolographorum veterum et recentiorum*.

Eine neulateinische Lexikographie existierte nicht im eigentlichen Sinne, da die Humanisten die klassische lateinische Sprache benützen und nicht von ihr abweichen wollten. Eine Art neulateinischer Lexikographie entwickelte sich nur aus der Negation in Form der sogenannten *Antibarbari* (z. B. Christoph Cellarius, *De Latinitate mediae et infimae aetatis liber sive Antibarbarus,* zuerst Zerbst 1668, Johann Friedrich Noltenius, *Lexicon Latinae linguae antibarbarum,* zuerst Helmstädt 1730), in denen bei neulateinischen Autoren gefundene unklassische Wörter notiert und beanstandet wurden. In der Form der Neubearbeitung des von Johann Philipp Krebs (1771–1850) herausgegebenen *Antibarbarus der lateinischen Sprache* (zuerst Frankfurt 1822) durch J. H. Schmalz (Basel 1905) ragt diese Art Wörterbuch bis in das 20. Jahrhundert hinein. Der von Erasmus für den Titel eines Dialogs geprägte Ausdruck *antibarbarus,* der bei ihm einen Gegner der Feinde der humanistischen Bildung meint, ist hier auf den Begriff des Gegners des ‚barbarischen' Wortes verengt. Diese *Antibarbari* stehen in Deutschland in der Tradition der *Commentaria epistolarum conficiendarum* Heinrich Bebels, der mit Hilfe einer Sammlung von über 3700 Lemmata und durch den Hinweis auf die unklassischen und in seinem Sinn ‚barbarischen' Worte die deutschen Lateinschreiber von ihrer *barbaries* befreien wollte und seinerseits als sein Vorbild Lorenzo Vallas *De linguae Latinae elegantia libri sex* betrachtete. Die neulateinische Philologie entwickelte sich so bis zum Anfang des 19. Jahrhunderts qualitativ analog, wenn auch quantitativ in erheblichem Abstand zur damaligen Beschäftigung mit den klassischen antiken Autoren. Ihr Gegenstand galt als Kontinuation des Gegenstands der klassischen Philologie. Es waren die gleichen Gelehrten, die sich mit den klassischen und mit den neulateinischen Autoren beschäftigten, oft schrieben sie auch selbst neue lateinische Gedichte, und es braucht kaum noch erwähnt zu werden, daß die schriftlichen Äußerungen der klassischen und neulateinischen Philologie bis um 1800 ihrerseits Teile der neulateinischen Literatur sind.

5.3.2 Im 19. und 20. Jahrhundert

In den ersten Jahrzehnten des 19. Jahrhunderts erfolgte in der Produktion und Rezeption der neulateinischen Literatur ein Kontinuitätsbruch. Epochal ist im deutschen Raum auch für die neulateinische Literatur das definitive Ende des *Sacrum Imperium Romanum* im Jahr 1806 und die Abdankung des letzten Kaisers, der sich ideologisch als Nachfolger des Augustus betrachten konnte. (Noch 1768 hatte Ludwig Bertrand Neumann/Neander in Wien ein hexametrisches *Supplementum ad librum VI. Aeneidos de fatis Imperii RomanoGermanici et Augusta gente Austriaca* drucken lassen, in dem er die Heldenschau Vergils bis zur Krönung Kaiser Josephs II. im Jahr 1764 herabführte.) Das zu Anfang des 19. Jahrhunderts weithin schwindende Interesse an der neulateinischen poetischen Produktion, das sich auch in den nun erstmals ausbleibenden Neuauflagen humanistischer Klassiker ausdrückt, beendete im allgemeinen die bisher nicht ungewöhnliche Personalunion des klassischen Philologen und des neulateinischen Philologen und Dichters. Als Vertreter der alten Zeit und als Ausnahmeerscheinung in der neuen wirkt der Niederländer Hieronymus de Bosch (1740–1811), der letzte Editor der *Anthologia Planudea* (Utrecht 1795–1822) und der Autor eines umfangreichen Quartbandes von *Poemata* (2. Auflage Utrecht 1808), der noch dem Gymnasium von Amersfoort als Schulpreis diente (er enthielt u. a. ein Lehrgedicht *De aequalitate hominum* von 1793 und ein Gedicht *Napoleonti, Imperatori, Caesari et Regi invicto* von 1807).

Die klassischen Philologen verstanden sich nun als Altertumswissenschaftler und konzentrierten ihre Aufmerksamkeit auf die griechische und römische Antike. Der neue Humanismus war an einem unmittelbaren Zugang zur griechischen Literatur interessiert, nicht an der vermittelten Antike des alten

Humanismus und seinen lateinischen Produkten. Das primäre Aufgabengebiet der gleichzeitig entstehenden nationalen Philologien waren die nationalsprachlichen Literaturen; die gleichzeitigen lateinischen Erzeugnisse betrachtete man oft nur als zeitbedingte Verirrung. Das verstärkte Nationalbewußtsein verschmähte das Dichten und Reden ‚mit fremder Zunge'. Die Romantik blickt auf das Mittelalter. Rhetorik galt als veraltet, und die Erlebnisästhetik verachtete die regelhafte literarische Produktion. Aus allem resultierte, daß nur wenige die neulateinische Literatur beachteten und keine wissenschaftliche Disziplin sich für sie zuständig fühlte.

Als um die Mitte des 19. Jahrhunderts ein neues Interesse an der Renaissance erwachte, veranlaßte dieses Neuphilologen und Historiker, sich auch mit neulateinischen Autoren zu beschäftigen. In den Aufgabenbereich der Germanistik wurden sie aber nie so integriert wie die humanistischen Autoren Italiens, die stets in das Feld der italienischen Literaturgeschichte gehörten. Die deutschen klassischen Philologen hielten sich im allgemeinen an die alten Autoren und von den neulateinischen fern. Letztere pflegten nur dann zu interessieren, wenn sie für die Überlieferungsgeschichte oder die Kommentierung der alten Autoren von Bedeutung waren. Eine Ausnahme bildeten manche Gymnasialprofessoren, die sich im Zuge von lokal- und regionalgeschichtlichen Forschungen einschlägigen neulateinischen Texten zuwandten. Als um 1900 aus der Klassischen Philologie die Mittellateinische und die Byzantinistische Philologie herauswuchsen und sich an einzelnen Orten institutionell verselbständigten, regte sich für die neulateinische Philologie kein analoges Interesse, keine Professur wurde für sie geschaffen. Die Konzentrierung auf die klassischen Autoren wurde in den zwanziger Jahren des 20. Jahrhunderts durch den einflußreichen antipositivistischen und antihistoristischen pädagogischen Humanismus in der Klassischen Philologie, in den fünfziger Jahren durch die mehr auf die Produktion als auf die Rezeption der klassischen Autoren gerichtete Interpretationsweise begünstigt. Das in der Wissenschaftsgeschichte des 19. Jahrhunderts begründete Fehlen neolatinistischer Professuren ließ es immer von den persönlichen Forschungsinteressen der Historiker sowie der Alt- und Neuphilologen abhängen, ob sie sich neben ihrem professionellen Aufgabenbereich auch mit der neulateinischen Literatur beschäftigen wollten. Diese Situation war in den meisten Ländern ähnlich. Nur in Belgien, Italien und Polen wurde die neulateinische Literatur des betreffenden Landes kontinuierlich als Teil der Nationalliteratur betrachtet. In Deutschland schädigte die nationalsozialistische Verfolgung namhafter Renaissanceforscher – Georg Ellinger starb in einem Konzentrationslager, Hans Baron und Paul Oskar Kristeller wurden zur Emigration gezwungen – die Entwicklung neulateinischer Forschungsansätze zusätzlich.

Erst in den späten fünfziger und den sechziger Jahren setzte in Deutschland von der Romanistik und Germanistik her eine neue Hinwendung zur Renaissance- und Humanismusforschung ein. Ende der sechziger Jahre folgte die klassische Philologie mit einem neuen Interesse an der neulateinischen Literatur, die nun erstmals als Aufgabenbereich der Latinistik begriffen wurde. Seither hat sich in Deutschland eine interdisziplinäre und auch international zusammenarbeitende neolatinistische Forschung entwickelt, die in den letzten Jahrzehnten große Erkenntnisfortschritte zu verzeichnen hatte, obwohl relativ zur Gesamtzahl der klassischen Philologen oder Germanisten nur wenige Wissenschaftler an ihr teilnahmen. Diese historische Situation begründet aber auch den immer noch bestehenden Forschungsrückstand der Neulateinischen Philologie gegenüber der Klassischen und Mittellateinischen Philologie einerseits und den nationalsprachlichen Philologien andererseits. Er ist im Bereich des Katalogisierens und Edierens ebenso augenfällig wie im Feld des Interpretierens und der thematischen Auswertung. Ein Repertorium auch nur der größeren poetischen Texte existiert noch nicht, für einzelne Räume – wie die nordeuropäischer Länder – ist es in Angriff genommen. Eine umfassende Geschichte der neulateinischen Literatur wird es wegen mangelnder Vorarbeiten noch lange nicht geben. 1995 ist eine erste Regionalgeschichte der neulateinischen Literatur (für die nordeuropäischen Länder) publiziert worden. Einen Überblick über das gesamte Feld verschaffen bislang nur ein paar Lexikon- und Handbuchartikel. Einen etwas detaillierteren Einblick gibt allein Jozef IJsewijns *Companion to Neo-Latin Studies.* Ein Lexikon der Abweichungen der neulateinischen Sprache vom klassischen Latein ist nicht vorhanden, nur Teilsammlungen sind veröffentlicht oder in Vorbereitung, wobei eine institutionelle Basis, wie sie andere Wörterbuchunternehmungen haben, fehlt. Die meisten neulateinischen Werke sind nur in den heute seltenen frühneuzeitlichen Originalpublikationen einzusehen, auch wenn in zunehmendem Maße neue kritische Editionen erscheinen, denen oft die für den heutigen Gebrauch unerläßlichen Übersetzungen oder wenigstens regestenhafte Zusammenfassungen beigegeben sind. Zur Zeit gibt es einige wenige langfristige große Editionsunternehmen, z. B. für die Werke des Erasmus und die Briefe von Melanchthon. Die dringend benötigten Kommentierungen neulateinischer Werke sind noch äußerst selten. Entsprechend rar sind thematisierende Darstellungen, Gattungs- und Epochengeschichten. Der Schwerpunkt der bisherigen neulateinischen Arbeiten liegt zeitlich im Bereich der Renaissance, sachlich im Bereich der Poesie. Die Prosa – von den zahl- und umfangreichen humanistischen Briefsammlungen bis zur wissenschaftlichen Fachprosa – verdient in Zukunft ebenso erhöhte Aufmerksamkeit wie die Entwicklung der neulateinischen Literatur seit dem 17. Jahrhundert und ihr sozialer Kontext. Ihre kulturelle Voraussetzung, die Verbreitung und Qualität der Lateinkenntnisse in den verschiedenen Zeiten und Orten, ist nur ungenügend erhellt.

Einen Einblick in aktuelle neolatinistische Arbeiten geben die seit 1971 alle drei Jahre stattfindenden Kongresse der International Association for Neo-Latin Studies, deren Vorträge veröffentlicht werden. Aufsätze und Bücher zur neulateinischen Literatur erscheinen in allen an ihrer Erforschung beteiligten Disziplinen, jedoch gibt es im deutschsprachigen Raum bis jetzt weder eine ausschließlich diesem Thema gewidmete Zeitschrift wie es die in Löwen herausgegebenen *Humanistica Lovaniensia, Journal for Neo-Latin Studies,* sind, noch eine wissenschaftliche Gesellschaft, die regelmäßig neolatinistische Colloquien veranstaltete, noch speziell für neulateinische Studien errichtete Professuren, wie sie in Belgien und Italien existieren. Abgesehen vom einsehbaren Nutzen solcher Professuren, könnte die Erforschung der neulateinischen Literatur jedoch in keinem Fall auf sie konzentriert werden, da diese Literatur zum Forschungsbereich vieler Disziplinen gehört und aus ihnen nicht herausgelöst werden kann.

5.4 Die neulateinische Literatur

Da kein Register der neulateinischen Werke existiert, kann ihre Zahl nur geschätzt werden. An Umfang dürften sie die überlieferten antiken lateinischen Texte um das Hundert- bis Zehntausendfache übertreffen. Daraus ergibt sich, daß eine Darstellung der neulateinischen Literatur auf etwa einem Drittel des Raumes, der in dieser Einführung für die antike lateinische Literatur zur Verfügung steht, methodisch andere Wege gehen muß. Eine außerordentlich starke Einschränkung der Zahl der zu erwähnenden Texte ist notwendig. Erwähnt werden nur Texte, die in ihrer Zeit und später besonders geschätzt wurden und die für eine einführende Lektüre besonders geeignet sind. Nur kurze interpretatorische Bemerkungen sind möglich. Die neulateinischen theologischen, juristischen und medizinischen Werke müssen ebenso wie die philosophischen und naturwissenschaftlichen zum größten Teil ausgeklammert werden, obgleich sie wesentliche Bestandteile der neulateinischen Literatur sind und die antiken Werke auf diesen Gebieten selbstverständlich in eine Darstellung der griechischen und lateinischen Literaturgeschichte einbezogen werden. Auch auf viele Entwicklungslinien und Problemfelder der neulateinischen Literatur kann nur durch Hinweise aufmerksam gemacht werden. Der historisch-politisch-kulturelle Kontext, innerhalb dessen die neulateinische Literatur immer gesehen werden muß, kann nur ungenügend angedeutet werden. Auch die wichtige Rezeption der neulateinischen Literaturwerke durch die zeitgenössischen nationalen Literaturen und Sprachen kann hier nicht behandelt werden. Ebenso kann auf die Bildungsvoraussetzungen, Zahl, Verbreitung und Leistung der Lateinschulen, der Gymnasien und der Universitäten, nur hingewiesen werden, obwohl ihre Kenntnis für ein Verständnis der Verbreitung und Bedeutung der neulateinischen Literatur wesentlich ist. Wichtig erschien, der folgenden Darstellung insgesamt einen einführenden Charakter zu geben, der mit einer ersten Orientierung über die prominentesten Autoren eine Anleitung zur Lektüre neulateinischer Werke verbindet und so zu einer weiteren Beschäftigung mit der neulateinischen Literatur verlocken kann.

5.4.1 Länder und Epochen

Neulateinische Literatur beginnt mit der Orientierung der verwendeten lateinischen Sprache an der klassischen Antike und mit dem Bestreben, spezifisch mittelalterliche Orthographien, Worte und Konstruktionen ebenso wie mittelalterliche literarische Formen auszumerzen. Dieses Bestreben beginnt in den verschiedenen Ländern verschieden früh (im 14. bis 16. Jahrhundert), und zwischen Vorsatz und Durchführung liegen immer mehrere, manchmal viele Jahrzehnte. Auch wird die neulateinische Sprache mit der klassischen nie völlig identisch. Nach den antiken Mustern erfolgende Neubildungen von Worten sind in beschränktem Umfang ebenso erlaubt wie die modernen Sachen entsprechend gewandelte Bedeutungen antiker Worte. Einzelne mittelalterliche Konstruktionen (z. B. die *quod*-Sätze anstelle eines *Accusativus cum Infinitivo*) halten sich relativ lange, und auch wenn der reimende leoninische Hexameter verschwindet, hält sich doch in sehr begrenztem Umfang für Geistliche Lieder *(sacra poemata)* die gereimte Strophe des jambischen Dimeters.

5.4.1.1 Um 1300 bis um 1450

Die Humanisten des 15. bis 18. Jahrhunderts sahen in Franciscus Petrarca (1304–1374) den Begründer der neuen Richtung; er hatte die Schönheit der klassischen Sprache neu entdeckt, sich ihre Erneuerung (als Voraussetzung für eine Erneuerung des *Imperium Romanum*) zum Ziel gesetzt und sich den Disziplinen zugewandt, die man seit etwa 1400 unter der Bezeichnung *studia humanitatis* zusammenfaßte (Grammatik, Rhetorik, Poesie, Historiographie und Moralphilosophie); man beobachtete aber auch, daß seine Sprache noch manches Mittelalterliche enthielt und seine lateinischen Dichtungen noch keine klassische Eleganz erreichten. Die Folge war, daß letztere – sein unvollendetes Epos *Africa* über Scipio und den Zweiten Punischen Krieg, seine teilweise wegen ihrer Allegorien schwer verständlichen *Aeglogae* und seine hexametrischen *Epistolae* – später relativ wenig Wirkung ausübten. Die stärkste Wirkung hatte er mit seinen persönliche Gedanken und Gefühle aussprechenden Prosa-Briefen, die er unter dem Eindruck der 1345 entdeckten Briefe Ciceros in verschiedenen Sammlungen herausgegeben hatte (mit Recht berühmt die allegorisierende Beschreibung seiner Besteigung des Mont Ventoux in *De rebus familiaribus* 4, 1) und die das Schreiben und Sammeln persönlicher Briefe bis ins 18. Jahrhundert zu einer humanistischen Lieblingsbeschäftigung machten. Seine am häufigsten gelesene Einzelschrift waren die moralphilosophischen Dialoge in *De remedio utriusque fortunae,* in denen die *Ratio* zunächst alle von *Gaudium* und *Spes* angeführten Lebensgüter destruiert, um sodann die von *Dolor* genannten Übel zu relativieren. Moderne Forschung hat gezeigt, daß Petrarca in Lovato Lovati (1241–1309) und Albertino Mussato (1261–1329) in Padua Vorläufer hatte, die bereits ähnliche Interessen verfolgten (Antikenbegeisterung, Suche nach antiken Handschriften, Lektüre von Livius, Cicero, Seneca und Dichten in antikem Stil). Sie werden deshalb heute Frühhumanisten genannt (der Begriff *humanista* kam erst im 15. Jahrhundert auf und war ursprünglich auf die Lehrer der humanistischen Disziplinen an den Hochschulen beschränkt). Bis etwa 1450 blieben die humanistisch-neulateinischen Bestrebungen eine Sache der Italiener. Boccaccio, Salutati, Bruni und Poggio waren die berühmtesten Autoren. Die Prosaschriften überwiegen. Nur relativ selten versuchte man sich in der Nachfolge Petrarcas auch in poetischen Gattungen. Verbreitet war in der ganzen Zeit die Vorstellung, die Muttersprache der alten Römer sei wie bei den Italienern das Volgare gewesen und Latein sei eine von Grammatikern und Literaten der Antike künstlich gebildete zweite Sprachform, die man zur Kommunikation in den Künsten und Wissenschaften erfunden habe. Die Humanisten, die die antiken Texte wiederentdeckten und studierten, bemühten sich, diese Sprache als Mittel einer räumlich und zeitlich unbegrenzten Kommunikation zu restaurieren. Laurentius Valla (1407–1457) definierte in diesem Sinne in seinen *elegantiae linguae Latinae* das ‚richtige' Latein.

5.4.1.2 Um 1450 bis um 1600

In der zweiten Hälfte des 15. Jahrhunderts setzte sich die Erkenntnis durch, daß Latein bereits die Muttersprache der Römer war. Jetzt nahm auch das Verfassen von Gedichten stark zu. Alle poetischen Gattungen der Antike wurden erneuert. Mythologische, historisch-panegyrische, hagiographische und biblische Epen und Lehrgedichte, bukolische Eklogen, Satiren, Epigramme, Oden, Elegien und neue lateinische Dramen entstanden. Initiiert durch in Italien studierende Nicht-Italiener und durch Buchexporte, verbreitete sich die neulateinische Literatur nach Ungarn und Osteuropa, ins west- und mitteleuropäische Gebiet und von dort aus im 16. Jahrhundert auch nach Großbritannien und in die nordeuropäischen Länder. Die Italiener stellten jedoch mit Dichtern wie Ioannes Iovianus Pontanus (Elegien, catullisierende und horazisierende Lyrik, Lehrgedichte, zuerst gedruckt Venedig 1505 und 1518), Michael Tarchaniota Marullus (1454–1500, orphische *Hymni* und *Epigrammata,* zuerst Florenz 1497), Iacobus Actius Sannazarius (Elegien, Fischer-Eklogen, Bibelepos *De partu virginis,* zusammen erst 1535), Hieronymus Fracastorius (medizinische Lehrdichtung *De morbo Gallico sive Syphilis,* zuerst 1530), Marcus Hieronymus Vida (um 1480–1566, Bibelepos *Christias,* Lehrdichtung, Epyllien, zusammen zuerst 1537) und Marcus Antonius Flaminius (Elegien, Lyrik, Psalmenparaphrasen, zuerst 1548) die anerkannten ‚Klassiker' der neulateinischen Dichtung. Italien war aber auch das Land, in dem die Nationalsprache am frühesten (um die Mitte des 16. Jahrhunderts) in Dichtung und Prosa die lateinische Literatur überflügelte.

In Basel druckte man um die Mitte des 16. Jahrhunderts Gesamtausgaben aller schon als ‚Klassiker' geltenden humanistischen Prosaautoren: Petrarca (ed. 1554), Ioannes Boccatius (1313–1375, ed. 1532 *Genealogia deorum*), Poggius Florentinus (ed. 1538), Flavius Blondus (1392–1463, ed. 1531), Laurentius Valla (ed. 1540) und Angelus Politianus (1454–1494, ed. 1553 – seine Schrift *De*

Pactiana in Laurentium et Iulianum fratres universamque Medicaeam gentem coniuratione gibt Geschichtsschreibung in sallustischem Stil). Mit ihnen konnte sich nördlich der Alpen nur Desiderius Erasmus Roterodamus (1469–1537) an Ansehen messen (*Opera* Basel 1540), der insgesamt produktivste neulateinische Autor, der stärksten Einfluß auf die humanistische Bildung der nächsten Jahrhunderte gewann, obwohl die katholische Kirche sich von einigen seiner Schriften distanzierte. Seine *Adagia,* eine kommentierte Ausgabe antiker sprichwörtlicher Redensarten, waren durch ihre zahllosen antiken Zitate und Erklärungen ein Thesaurus der humanistischen Bildung. Einzelne Adagien wie *Dulce bellum inexpertis* wurden auch gesondert gedruckt. Zahlreiche Traktate verdeutlichten sein humanistisch-christliches Bildungsprogramm. Seine *Colloquia familiaria* förderten mit ihren amüsanten Unterhaltungsszenen den umgangssprachlichen Gebrauch des klassischen Latein. Das ironisch-tiefsinnige *Moriae encomium* verbindet paradoxe *declamatio* mit satirischem Witz.

Christlich waren alle Humanisten, aber die Zuwendung zu antiken Vorstellungen und Ausdrucksformen konnte orthodoxe Kritik hervorrufen. Titus Livius de' Frulovisi (um 1400–um 1460) wurde wegen seiner Komödien in Venedig von einem Dominikaner angefeindet. Der Augustiner Petrus Domitius (1446–1518) schrieb antihumanistische christliche Komödien in lateinischer Sprache. Polizian wandte sich zur gleichen Zeit gegen Ordensgeistliche, die die mit der Antike beschäftigten Gelehrten beim Volk in Verruf brächten. Eine streng rechtgläubige, durch den Karmeliter Baptista Mantuanus (1448–1516) und Ioannes Franciscus Picus Mirandulanus (1470–1533), den Neffen des anders gesonnenen Giovanni Pico della Mirandola, repräsentierte Gruppe, zu der auch der Elsässer Jakob Wimpfeling (1450–1528) gehörte, lehnte die Philosophie eines Marsilius Ficinus und die Dichtung eines Michael Marullus, die christliche Wahrheiten schon in der *prisca theologia* der paganen Antike fanden, ebenso entschieden ab wie die erotischen Gedichte eines Pontano, der seinerseits den Preis epikureischer *voluptas* mit christlicher Hymnik vereinen konnte. Sebastian Brant (1457–1521) setzte sich in glühendem und anders Gesonnene beschimpfendem und verfluchendem Glaubenseifer für die *immaculata conceptio* Marias ein (1498), während Adam Wernher von Themar (1462–1537) ihn zu Toleranz aufforderte und mahnte, die kirchlich nicht verurteilte abweichende Auffassung nicht zu verketzern (1502). Innerhalb des vorreformatorischen Christentums gab es viele christliche Schattierungen, und die Humanisten jener Zeit vermehrten sie weiter.

In den einzelnen Ländern verlief die Entwicklung der neulateinischen Literatur zeitlich etwas verschieden, je nachdem wie früh sie Anschluß an diese Literatur gewinnen, wie früh diese durch die nationalsprachliche Literatur ergänzt und abgelöst wird, wie dicht das Netz der Lateinschulen und Universitäten ist und welche besonderen politischen oder kulturellen Motive die Verbreitung der lateinsprachigen Literatur fördern oder hemmen. In Deutschland setzte sich etwa zwischen 1450 und 1550 in den Artistenfakultäten das humanistische Bildungsprogramm gegen die Scholastik und die an den klassischen Autoren orientierte Sprachform gegen die des mittelalterlichen Universitätslateins durch, das in den satirischen *Epistulae obscurorum virorum* (1515/17) karikiert wird. Conradus Protucius Celtis (1459–1508) führte die neulateinische Dichtung ein (seine *Ode,* die Apollo nach Deutschland ruft, erschien zuerst in seiner *Ars versificandi* 1486), und Heinrich Bebel bemühte sich als ein deutscher Valla, mit seinen *Commentaria de abusione linguae Latinae apud Germanos* das ‚barbarische' Latein zu vertreiben. Bis zu Martin Opitz (1597–1639) war die von den Gebildeten anerkannte Dichtung in weit überwiegendem Maße lateinisch. Die wissenschaftliche Prosa war bis ins frühe 18. Jahrhundert meist in humanistischem Latein abgefaßt. Unter den vielen *poetae* des 16. Jahrhunderts zählten die folgenden zu den meistgeschätzten: Celtis (*Amores* 1502), Ulrichus Huttenus Eques (Ulrich v. Hutten, 1488–1523, *Opera poetica* 1538), Helius Eobanus Hessus (1488–1540, poetische Psalmenparaphrase 1537, *Farragines* mit *Bucolica,* christlichen Heroidenbriefen und Nürnberg-Gedicht 1539, erste vollständige Iliasübersetzung in lateinische Hexameter 1540), Euricius Cordus (1486–1535, *Opera poetica omnia* mit seinen *Bucolica* und seinen Epigrammen 1550), Georgius Sabinus (1508–1560, *Poemata* mit Traktat *De carminibus ad veterum imitationem artificiose componendis* 1558), Petrus Lotichius Secundus (1528–1560, *Elegiarum liber unus* Paris 1551, *Opera omnia* mit Elegien, *Carmina* und seiner von seinem Freund Johannes Hagius verfaßten *Vita* 1586) und Melissus (Paul Schede, 1539–1602, *Schediasmata* 1574, *Schediasmatum reliquiae* 1575). Friedrich Taubmann (1565–1613, *Melodaesia* 1597) war der letzte in der dichten Autorenreihe des 16. Jahrhunderts. Das Verhältnis von Humanismus und Luthertum war ambivalent. Nachdem mehrere deutsche Humanisten zunächst die Reformation begrüßt hatten, wirkte sich die Aufwertung der deutschen Sprache und die auf Schlichtheit drängende Kirchenrichtung zunächst negativ auf humanistisches Dichten aus, bis sich, angeregt von Philipp Melanchthon (1497–1560), eine Gruppe protestantischer Verfasser von *sacra poemata* bildete, zu denen Johann Maior (1502–1574), Johann Stigel (1515–1562), Adam Siber (1515–1583) und Georg Fabricius (1516–1571) gehörten. Ein sehr dichtes Netz von Lateinschulen, Gymnasien und Universitäten überzog das katholische und protestantische deutschsprachige Gebiet. Latein war Unterrichts- und Schulsprache. *Orationes* wurden gehalten, *disputationes* fanden statt, humanistische, religiöse und politische Streitschriften wurden lateinisch publiziert, lateinische Grammatiken, Rhetoriken, Poetiken und Kommentare, Dialektiken und Katechismen erschienen. Eine humanistische Historiographie entwickelte sich auf nationaler und auf territorialer Ebene. Die humanistische lateinische Sprache drang selbst in philosophische, theologische, juristische und medizinische Schriften ein. Lateinische Gelegenheitsgedichte – meist in elegischen Distichen, aber häufig auch in lyrischer oder hexametrischer Form – wurden auf alle denkwürdigen Ereignisse komponiert. Seit der Mitte des 16. Jahrhunderts führte die Freude am sprachlichen Experimentieren und an manieristischen Formen auch zur Erfindung und Pflege verschiedener neuer Versformen. Man komponierte so Acrosticha, Aenigmata, Anagrammata, Chronosticha, Dialog-, Echo-, Emblem- und Figurengedichte und gelegentlich auch Gedichte, deren Worte beispielsweise alle mit *c* oder *p* beginnen. Im täglichen Leben konnte eine Geburt durch Genethliaca, eine Hochzeit durch Epithalamia gefeiert, ein Todesfall durch Epicedia und Epitaphia betrauert werden. In Gymnasien wurden lateinische Dramen aufgeführt, teils nur für den Tag geschrieben, teils auch später gedruckt. Reisen wurden in Hodoeporica dargestellt. In der Universität gab es poetische Vorlesungsankündigungen, dichterische Prüfungsleistungen, Begrüßungs-, Abschieds- und Empfehlungsgedichte, poetische Danksagungen an Professoren, aber auch Invektiven gegen persönliche Feinde und wissenschaftliche Konkurrenten. An seinem Tätigkeitsort konnte ein Humanist sich mit Panegyriken auch an Amtspersonen wenden und sich z. B. durch ein Stadtlobgedicht beliebt machen. Freunde, reale und fiktive Geliebte und auch die Ehefrauen, Krankheit und Genesung, politische Ereignisse, Krieg und Frieden und immer wieder Kaiser und Fürsten waren Gegenstände oder Adressaten für Gedichte. Jede Situation des täglichen Lebens konnte durch ein lateinisches Gedicht ins Bedeutende erhoben werden mit der Tendenz, sie zu verewigen. Auch in Inschriften auf Grabmälern und an Bauten begegneten die städtischen Bürger immer wieder der lateinischen Sprache. Das humanistische Latein in allen seinen poetischen und prosaischen Formen wurde und war im Deutschland des 16. Jahrhunderts die dominante Literatursprache. Angehörige des weiblichen Geschlechts verstanden sie allerdings im allgemeinen nicht, da sie in der Regel keinen Zugang zu Lateinschulen und Universitäten hatten. Lateinkundige Mädchen und Frauen wurden als Ausnahmen bewundert und gefeiert (z. B. die Tochter Konrad Peutingers, die Schwestern Willibald Pirkheimers, die Töchter des Coelius Secundus Curio in Basel, die mit einem Deutschen verheiratete Ferraresin Olympia Morata, in England die Töchter von Thomas Morus und später die Niederländerin Anna Maria von Schurmann). Die weibliche Bildungsfähigkeit wurde auch in lateinischen Schriften kontrovers diskutiert.

Die Situation war in den anderen europäischen Ländern ähnlich. Ihre besonders prominenten neulateinischen Autoren gewannen oft auch internationale Geltung. In die heutigen Niederlande und Belgien (bis 1581 eine politische Einheit und humanistisch auch danach unter dem Namen *Belgium* zusammengefaßt) kamen Humanisten und Neulatein etwa zur gleichen Zeit wie nach Deutschland. Relativ dicht bevölkert, wirtschaftlich entwickelt und von mehreren Sprachen durchzogen, brachten die alten Niederlande proportional zur Größe des Landes wohl die meisten neulateinischen Autoren hervor. Der Friese Rudolphus Agricola (1444–1485), der in Italien studiert hatte, war auch in Deutschland einer der ersten Humanisten. Er lehrte in Heidelberg und wirkte vor allem durch seine *De inventione dialectica Libri III,* die die scholastischen, bei den Humanisten verhaßten *Summulae logicales* des Petrus

Hispanus ablösen sollten. Die brillanten, 1541 von seinen Brüdern herausgegebenen erotischen Dichtungen des Janus Secundus (1511–1536, die *Opera* enthalten das catullisierende *Basiorum Liber unus*) machten ihn zum gefeierten Klassiker und imitierten Vorbild. Ebenso wie er hatten Janus Lernutius (1545 bis 1619, *Carmina* mit den *Ocelli* 1579), Janus Dousa Vater (1545–1604) und Sohn (1571–1597), Dominicus Baudius (1561–1613), Daniel (1580–1655) und Nicolaus Heinsius (1620–1681), Janus Gruter (1560–1627) und – durch seine völkerrechtlichen Schriften wie durch seine Gedichte – Hugo Grotius (1583–1645) europäische Geltung. Justus Lipsius (1547–1606) gewann als Gelehrter einen nur mit Erasmus vergleichbaren Ruhm (1607/08 erschienen sieben Nekrologschriften mit Epicedien). Dramatische Aufführungen in den Schulen wurden in den Niederlanden besonders gepflegt. Häufig aufgelegt wurde der *Terentius Christianus seu Comoediae sacrae* des Cornelius Schonaeus (1541–1611). Die Blütezeit der neulateinischen Literatur in den Niederlanden dauerte bis in die erste Hälfte des 17. Jahrhunderts, während sie in Deutschland unter anderem in Folge des Dreißigjährigen Krieges stark zurückging.

Auch aus den überaus zahlreichen neulateinischen Autoren Frankreichs können nur wenige erwähnt werden. Johannes Salmonius Macrinus (1490 bis 1557) wurde mit Recht wegen seiner catullisierenden und horazisierenden Lyrik berühmt (*Carminum Libri IV* 1530, *Hymnorum Libri VI* 1537, *Naeniarum Libri III* auf den Tod seiner Frau 1550). Mit ihm konkurrierte Nicolaus Borbonius (Bourbon, 1503–1550, *Nugae* 1533). Mitglieder der Pleiade dichteten alternativ französisch oder lateinisch, so Joachim du Bellay (Bellaius, um 1525–1560, *Poematum Libri IV* 1558). In Anknüpfung an die liebesfrohen *Basia* des Secundus schrieb Jean Bonnefons (Bonefonius, 1554–1614) seine charmante *Pancharis* (1587; 1721 ins Englische übersetzt unter dem Titel *The pleasures of coition or the lightly sports of Venus*). Théodore de Bèze (Beza, 1519–1605) distanzierte sich als calvinistischer Theologe von seinen jugendlichen *Poemata* (Paris 1548), blieb aber dem humanistischen Dichten treu (*Poemata varia* 1597). Auch Marc-Antoine Muret (Muretus, 1526–1585) bedauerte später die erotischen Aussagen seiner Catull, Tibull und Horaz folgenden *Iuvenilia* (1552, zusammen mit seiner Tragödie *Caesar*). Nach seiner Flucht nach Italien begründeten seine oft aufgelegten *Orationes* in ciceronischem Stil und seine *Hymni sacri* (zuerst Venedig 1575) seinen Ruhm als exzellenter Stilist und geistlicher Dichter. Außerordentliche internationale Wirkung auf die poetologischen Vorstellungen des 16. und 17. Jahrhunderts gewann der aus Italien nach Frankreich eingewanderte und seine Abstammung hochstaplerisch auf die Veroneser della Scala zurückführende Julius Caesar Scaliger mit seinen postum edierten *Poetices Libri VII* (zuerst 1561).

Italien, Frankreich, Deutschland und die Niederlande bildeten den produktivsten Nucleus für die neulateinische Literatur des 16. Jahrhunderts. Kulturelle Ausstrahlungen aus diesen Ländern und Anstöße zu eigener neulateinischer Produktion erreichten im gleichen Zeitraum alle anderen bis zur Reformation zum katholischen Europa gehörenden Länder. Aus ihnen können hier jeweils nur ein oder zwei besonders prominente Autoren genannt werden. Schon im 15. Jahrhundert importierte der Ungar Janus Pannonius (Csezmiczei, 1434 bis 1472, geboren in Kroatien) humanistische Gelehrsamkeit aus Italien nach Ungarn und schrieb zahlreiche im 16. und 18. Jahrhundert gedruckte lateinische Gedichte (*Poemata* 1553, 1569, 1784). Der Humanismus erreichte ebenso früh die südliche kroatische Küste: Marcus Marulus aus Split (1450–1524) wurde durch seine mehrfach gedruckte Exempla-Sammlung *De institutione bene vivendi per exempla sanctorum* (zuerst Venedig 1506, aufgenommen in Johann Herolds Sammelwerk *Exempla virtutum et vitiorum* Basel 1555) bekannt (sein Bibelepos *Davidias* wurde erst 1957 gedruckt). Der international einflußreichste neulateinische Autor aus Spanien, das humanistisch von Italien und Frankreich beeinflußt wurde, war sicher der seit 1512 in den spanischen Niederlanden lebende Juan Luis Vives (1492–1540) mit seinen zahlreichen philosophischen, pädagogischen und theologischen Schriften. Lateinische Poesie aus der iberischen Halbinsel wurde im übrigen Europa wenig rezipiert (der nach Italien eingewanderte Portugiese Hermicus Cyadus / Cayado, um 1470–1508, ist mit seinen 1496 in Bologna veröffentlichten *Aeclogae et Sylvae et Epigrammata* eine Ausnahme). Der berühmteste englische Humanist im 16. Jahrhundert war der von Heinrich VIII. hingerichtete Thomas Morus (1477–1535). Seine *Utopia* erschien zuerst in Basel 1518, seine gesammelten lateinischen Schriften erstmals ebenfalls in Basel 1563. Europäische Verbreitung hatten auch die *Epigrammatum Libri XII* von John Owen (Audoenus, 1560–1622, zuerst 1615). Der Schotte George Buchanan (Buchananus, 1506–1582) verbrachte die längste Zeit seines Lebens in Frankreich. Sein bekanntestes Werk, eine poetische Psalmenparaphrase, die alle bekannten elegischen und lyrischen Metren verwendete, entstand um 1550 in Portugal im Gefängnis der Inquisition. Von seinen Freunden hoch geschätzt *(poetarum nostri saeculi facile princeps)* verfaßte er zahlreiche Gedichte (auch Tragödien) und historiographische Schriften, die 1715 in Edinburg in zwei Foliobänden herausgegeben wurden. Erasmus Michaelius Laetus (1526–1582) war der poetisch produktivste nordeuropäische (dänische) Humanist des 16. Jahrhunderts. Sein Lehrgedicht *De re nautica Libri IV* (Basel 1573) widmete er der Republik Venedig. In Polen gilt Jan Kochanowski (Cochanovius, 1530–1584), der in Italien studierte, wegen seiner polnischen und lateinischen Gedichte (*Lyricorum libellus* 1580, *Opera* 1584, 1612) als der bedeutendste polnische Dichter der Renaissance. Als Humanist international bekannter war wohl der aus Danzig stammende und zeitweise im Dienst des polnischen Königs diplomatisch in Madrid tätige Bischof des Ermlands Johannes de Curiis Dantiscus (von Höfen, 1485–1548), dessen gesammelte *Poemata et Hymni* zwar erst 1764 in Breslau herausgegeben wurden, an den jedoch unter anderem auch Helius Eobanus Hessus, Janus Secundus, Georgius Sabinus und Johannes Petrus Lotichius freundschaftliche Gedichte gerichtet hatten.

5.4.1.3 Um 1600 bis um 1800

Im 17. und 18. Jahrhundert wird die neulateinische Literatur, insbesondere in den großen europäischen Nationen, von den nationalsprachlichen Literaturen überflügelt, während sie sich in kleinen Nationen mit Sprachen, die auswärts selten verstanden werden, etwas länger hält. Im gesamten Zeitraum wird Latein als Wissenschaftssprache jedoch benützt und verstanden. Im 17. Jahrhundert hat Latein hier nahezu ausschließliche Geltung. Um 1700 wird die deutsche Sprache erstmals im Universitätsunterricht für Vorlesungen benützt (ohne daß damit die lateinische Sprache gleich aufgegeben worden wäre), und wissenschaftliche Veröffentlichungen werden nun zunehmend in deutscher Sprache geschrieben. Um die Mitte des 18. Jahrhundert werden im deutschsprachigen Raum erstmals mehr deutsche als lateinische Buchtitel produziert. Während des gesamten 18. Jahrhunderts werden jedoch wissenschaftliche Werke in allen Disziplinen einschließlich der Naturwissenschaften auch lateinisch verfaßt (Isaac Newton, *Philosophiae naturalis principia mathematica* 1687, Carl Linné, *Systema naturae* 1735, Karl Friedrich Gauss *Disquisitiones arithmeticae* 1801), viele Gelehrte schreiben sowohl lateinisch als auch nationalsprachlich, und jeder Gelehrte kann damit rechnen, daß seine lateinischen Schriften von den Gelehrten Europas verstanden werden. Latein als Wissenschaftssprache (und auch als Sprache für Dichtung) dringt auch in die überseeischen europäischen Kolonien, in denen Universitäten nach europäischem Vorbild errichtet wurden.

Im Bereich der Dichtung wird Latein von den Nationalsprachen erheblich rascher zurückgedrängt. Die Anthologien des Janus Gruterus, der zu Anfang des 17. Jahrhunderts die neulateinischen Dichtungen Italiens, Deutschlands, Frankreichs und der Niederlande sammelte, können als eine Epochengrenze betrachtet werden. In Deutschland verliert Latein seine dominierende Stellung in der Dichtung zu Anfang des 17. Jahrhunderts vor allem im protestantischen Gebiet. In den katholischen Territorien ist Latein als Kirchensprache stärker verankert, und vor allem die Jesuiten produzieren in Italien, Frankreich, Deutschland und Polen lyrische, epische und dramatische lateinische Gedichte von internationaler Geltung. Berühmt war Papst Urban VIII. (Mapheo Barberini, 1568–1644) durch seine oft gedruckten Gedichte, zu denen wieder Psalmenparaphrasen gehörten (*Poemata,* zuerst 1620, zuletzt 1726). Äußerst vielseitig war Jacobus Bidermanus (1578–1639), der Dramen, christliche Heroidenbriefe, ein Bibelepos *Herodiados Libri III* und eine *Utopia* betitelte Erzählung verfaßte. Als horazisierende Lyriker ragen der in München lebende Elsässer Jacobus Balde (1603–1668, *Lyricorum Libri IV, Epodon Liber unus* 1643) und der Pole Matthias Casimir Sarbievius (Sarbiewski, 1595–1640, *Opera poetica* 1628), als Elegiker der Franzose Joannes Commirius (1625–1702, *Carmina* 1678) hervor. Ihre Werke werden bis ins 18. Jahrhundert immer wieder gedruckt. Während der Herrschaft Ludwigs XIV., der allgemein die lateinische Dichtung sehr förderte, wurden bei den Jesuiten epische Lehrgedichte beliebt. Nach den erfolgreichen *Hortorum Libri IV* (zuerst 1665) des Renatus

Rapinus (1621–1687) und neben dem häufig aufgelegten *Praedium rusticum* des Jacobus Vanierius (1664–1739) in 10 (1707) und später 16 Büchern (1730), die Vergils *Georgica* imitieren, ergänzen und modernisieren, erscheinen auch viele kleinere Lehrgedichte. In Italien schrieben die Jesuiten Nicolaus Parthenius Giannetasius (1648–1715) und Ubertinus Carrara (1642–1716) das didaktische Epos *Nauticorum Libri VIII* (1685) bzw. das historische Epos *Columbus* in 12 Büchern (1715). Der polnische Piarist Joannes Damascenus a Matre Dei Kalinski (1663–1726) bedichtete in seiner *Viennis* (1717) in 12 Büchern die türkische Belagerung von Wien im Jahr 1683 und seine Befreiung mit Hilfe des polnischen Königs Johann III. Sehr viele den katholischen Glauben propagierende Jesuitendramen kamen vom Ende des 16. bis zur Mitte des 18. Jahrhunderts zur Aufführung und wurden bis zu den Stücken des Franciscus Neumayr (1697–1775, z. B. *Theatrum politicum* 1760) auch gedruckt, wenngleich viele dieser Dramen nur für die einmalige Aufführung verfaßt wurden. In den protestantischen Ländern blieben die Niederlande ein Zentrum des lateinischen Dichtens, oft durch Personalunion von Philologe und Poet wie bei Petrus Burmannus Vater (1668–1741, *Poematum Libri IV* 1745) und Sohn (1714–1778, *Poematum Libri IV* 1774). Lateinische Gelegenheitsgedichte blieben im akademischen Milieu aber auch in den anderen Ländern immer eine Alternative zu nationalsprachigen Gedichten. In der zweiten Hälfte des 17. Jahrhunderts wurde zudem der eigentümliche Stil der fiktiven prosaischen Inschrift entwickelt, die, durch viele Wortspiele pointiert und um eine vertikale Achse zentriert gedruckt, ein Mittelding zwischen einem *poema* und einer *oratio* war. (Angeregt worden ist die Entstehung dieser Textform vermutlich durch die Bücher, in denen Sammlungen echter poetischer und prosaischer Inschriften veröffentlicht wurden, wobei letztere oft in der auf dem Monument sichtbaren Wortverteilung gedruckt worden waren.) Humanistisch gesonnene Universitätslehrer gaben gerne ihre *Epistolae* und ihre *Poemata* und *Inscriptiones* zusammen heraus (z. B. Conradus Samuel Schurzfleischius [1641–1708] 1700 und 1702). Der Ritus der antikisierenden Dichterkrönung mit einem Lorbeerkranz, der im 14. Jahrhundert mit den Krönungen Mussatos (1315) und Petrarcas (1341), in Deutschland mit der des Celtis (1487) begonnen worden war, hielt sich, wenn auch zeitweise inflationär entwertet, bis zum Anfang des 19. Jahrhunderts (der Leipziger Professor der Poesie Johann Georg Eck nahm 1802 mit der Laureierung eines juristischen Kollegen die letzte Dichterkrönung an dieser Universität und wohl eine der letzten überhaupt innerhalb der kontinuierlichen Tradition vor). Erfolgversprechende narrative neulateinische Werke wurden für ein weiteres Lesepublikum in die Nationalsprachen übersetzt: Die beiden besten neulateinischen Romane, die *Argenis* des Schotten John Barclay (Barclaius, 1582–1621, zuerst 1621) und das *Nicolai Klimii iter subterraneum* des Dänen Ludvig Holberg (1684–1754, zuerst 1741) wurden ebenso wie der pornographische Dialog, den Nicolaus Chorerius (1612–1692) unter dem Namen des unverdächtigen niederländischen Philologen Joannes Meursius mit dem Titel *Elegantiae Latini sermonis seu Aloisia Sigaea Toletana de arcanis Amoris et Veneris* 1680 veröffentlicht hatte, bald nach ihrem Erscheinen in viele Sprachen übersetzt und bis zum Ende des 18. Jahrhunderts immer wieder aufgelegt. Aber auch das umgekehrte Phänomen findet sich: Der in Köln lebende Schwabe Caspar Ens (um 1570–nach 1628) übersetzte den spanischen Schelmenroman des Mateo Aléman *Guzman de Alfarache* unter dem Titel *Vitae humanae proscenium* ins Lateinische, um ihn im Norden zu verbreiten (1. Auflage Köln 1623, 2. Danzig 1652).

5.4.1.4 Um 1800 bis um 2000

Im 19. und 20. Jahrhundert hatte Latein seine bisherige Rolle als kulturelle oder wissenschaftliche Zweitsprache Europas verloren. Die Nationalsprachen standen nun für alle Zwecke und zwar, was die modernen Begriffe anging, mit reicherem Wortschatz zur Verfügung. Nationalismus und Romantik drängten darauf, sie ausschließlich zu benützen. Der neue, in Deutschland vor allem auf die altgriechische Literatur ausgerichtete Humanismus hatte kein Interesse an der Rezeption und damit auch an der Produktion neulateinischer Dichtung. Bis um 1900 blieben gute Lateinkenntnisse ein Bestandteil jeder höheren Bildung. Im Laufe des 20. Jahrhunderts gingen die in höheren Schulen erworbenen Lateinkenntnisse so weit zurück, daß in den meisten europäischen Schulen gegenwärtig kein oder nur ein- bis zweijähriger Lateinunterricht geboten wird und daß selbst ein mehrjähriger Lateinunterricht weder zu einer flüssigen lateinischen Lesefähigkeit führt noch Studenten der europäischen Geschichte und Nationalliteraturen im allgemeinen mit einer für die Ansprüche der Forschung ausreichenden Lateinkenntnis ausstattet. All dies führte auch zu einem überaus starken stufenweisen Rückgang der neulateinischen Literatur, aber nicht zu ihrem Erlöschen. Als Wissenschaftssprache wurde Latein im Laufe der ersten Hälfte des 19. Jahrhunderts auf die altertumswissenschaftliche Literatur beschränkt, hielt sich aber auch dort nur in sehr begrenzten Bereichen: als Sprache der Inaugural-Dissertationen in der Regel nur bis zum Ersten Weltkrieg, als Sprache der *Praefationes* zu Ausgaben griechischer und lateinischer Klassiker in bestimmten Verlagsreihen bis in die Gegenwart. In Ausnahmefällen werden aber auch noch größere wissenschaftliche Werke lateinisch abgefaßt (wie z. B. Winfried Bühlers *Zenobii Athoi Proverbia*). Ebenso hat das lateinische Dichten nie ausgesetzt. Und auch wenn es zu einer etwas esoterischen Liebhaberei wurde, fehlten ihr nie Anhänger und erfolgreiche Praktiker. Im Gefolge der durch Carl Orff populär gemachten *Carmina Burana* wurden in der zweiten Hälfte des 20. Jahrhundert auch wieder eingängige mittellateinische Rhythmen und Reime verfaßt (Josef Eberle, Fidel Rädle). In klassischen Versmaßen wurden und werden in vielen europäischen Ländern qualitativ gute Gedichte gefertigt (z. B. von Giovanni Pascoli, Harry Schnur und Michael von Albrecht). Zur Förderung des lateinischen Dichtens wurden Preise für Wettkämpfe um das beste Gedicht des Jahres gestiftet (das von dem Niederländer

Jacobus H. Hoeufft finanzierte berühmte *Certamen Poeseos Latinae* begann 1845 und wurde 1978 nach Verbrauch der finanziellen Mittel eingestellt). Lateinische Aufsätze erscheinen nicht nur verstreut in verschiedenen altertumswissenschaftlichen Zeitschriften, zur Pflege des geschriebenen – und auch des gesprochenen – Lateins wurden auch mehrere Zeitschriften gegründet, die ausschließlich lateinische Aufsätze veröffentlichen (Caelestis Eichenseer gibt seit mehreren Jahrzehnten die *Vox Latina* heraus). In der römisch-katholischen Kirche war Latein bis zum zweiten Vatikanischen Konzil die obligatorische Sprache der Liturgie. Es ist noch jetzt die Sprache der offiziellen Verlautbarungen dieser Kirche. Schließlich hat sich das humanistische Latein auch noch nicht ganz aus dem Leben der Universitäten und Akademien zurückgezogen. Es ist dort oft noch Urkunden- und manchmal auch Feiertagssprache. Diplome, Grußadressen und – in Großbritannien – Reden bei Ehrenpromotionen werden lateinisch formuliert. Heute ist die neuzeitliche lateinische Literatur gegenüber früher in ihrer Quantität und in der Quantität ihres Rezipientenkreises äußerst reduziert und in ihren Funktionen zum großen Teil verändert.

5.4.2 Gattungen und Beispiele

Im folgenden kann aus Raumgründen nur eine sehr kleine Auswahl von Gattungen mit einzelnen etwas näher interpretierten Werken vorgestellt werden. Sie erscheinen für eine erste neulateinische Lektüre besonders geeignet. Andere wichtige Werke und Gattungen mußten hier übergangen werden.

5.4.2.1 Poesie

Die Rhythmen und Reime der mittellateinischen Dichtung wurden als unantik verworfen, vereinzelt in geistlichen Liedern noch verwendet und im 20. Jahrhundert wieder aufgenommen. Das elegische Distichon ist das bei weitem häufigste neulateinische Versmaß, danach der Hexameter. Die lyrischen Maße des Horaz und Catull werden seit der Mitte des 15. Jahrhundert verwendet. Seit Ende des 15. Jahrhunderts versuchte man in den Dramen auch iambische Verse, zunächst mit sehr unregelmäßiger Metrik, da die Bildungsgesetze des iambischen Senars unbekannt waren. Prosodische Fehler stellen sich im 15. und 16. Jahrhundert gelegentlich auch sonst ein.

5.4.2.1.1 Epos. Poetologisch am meisten angesehen, wegen seiner Schwierigkeiten aber relativ selten ist das Epos, von dem mehrere Formtypen existieren. Unvollendet blieb Petrarcas *Africa* über den – wie Aeneas in der Interpretation des Fulgentius – als *vir perfectus* präsentierten Scipio im Zweiten Punischen Krieg. Mythologische (Basinius Basinii, *Argonautica*) und historisch-panegyrische Epen (Titus Vespasianus Strozzi, *Borsias* – geplant als *Aeneis* für Ferrara; Petrus Angelius Bargaeus, *Syrias* – über die Eroberung Jerusalems im Ersten Kreuzzug) wurde von Italienern des 15. und 16. Jahrhunderts mehrfach in Angriff genommen. Allegorische Epen verfaßten Heinrich Bebel *(Triumphus Veneris)* und Paulus Cerratus *(De Virginitate)*, hagiographische Baptista Mantuanus *(Parthenice prima, secunda, tertia)*. Besonders geschätzt waren die Bibelepen – auch die protestantischen Dichter Major, Siberus und Stigelius schrieben welche, Frischlin sogar eine alttestamentliche *Hebraeis* und der Schotte Alexander Rosaeus als Vergilcento eine oft aufgelegte *Christias.* Sannazaros *De partu virginis* (1526) und Vidas *Christias* (1535) blieben jedoch die berühmtesten Muster dieser epischen Gattung und wohl die angesehensten neulateinischen Epen überhaupt. Beide unterscheiden sich von ihren antiken Vorgängern, den Epen des Iuvencus und Sedulius, grundlegend dadurch, daß sie sich von dem engen Anschluß an den Text der Evangelien freigemacht haben und sowohl frei komponierte Reden und psychologische Ausmalung wagen, als auch dadurch, daß sie aus der *Aeneis* und Catulls *Carmen* 64 die tektonisch strukturierte Kompositionsweise mit erzählenden Rückblenden und prophezeienden Vorblicken übernehmen. Das Werk Sannazaros umfaßt nur drei Bücher mit 1500 Hexametern. Die Haupterzählung stellt die Geburtsgeschichte Jesu von der *Annuntiatio* bis zur Anbetung der Hirten dar. Buch I zeigt vor der *Annuntiatio* Gottvater im Himmel, Buch II *Visitatio* und Geburt, Buch III nach einer zweiten Himmelsszene die Anbetung der Hirten unter Verwendung von Vergils Vierter Ekloge. Die je zweiten Hälften des ersten und dritten Buches sind mit zwei einander ergänzenden Prophezeiungen über das Leben Christi gefüllt, zuerst spricht David in der Unterwelt, dann der Fluß Jordan zu seinen Nymphen. Diese Sprecher sind ihrerseits Allegorien für die alttestamentliche und heidnische Vorbereitung des Christentums. In der Mitte des Werkes, am Anfang des zweiten Buches, aber steht aus Anlaß der Volkszählung des Augustus eine geographische Beschreibung des in Zukunft christianisierten *Imperium Romanum.* Marcus Hieronymus Vida wählte unter dem Einfluß der Dichtung Sannazaros stofflich und kompositionell einen einerseits analogen, andererseits umgekehrten Weg, indem er in sechs Büchern mit etwa 6000 Hexametern, die gleichfalls Himmel und Hölle in die Darstellung einbeziehen, Jesu letzte Tage vom Einzug in Jerusalem bis zum Pfingstwunder erzählte und nach der Überführung zu Pilatus die Erzählung unterbrach, um in den Büchern III und IV Joseph und den Jünger Johannes über Jesu Geburt und Kindheit sowie über sein Wirken berichten zu lassen.

5.4.2.1.2 Lehrgedicht. Vergils *Georgica,* Lukrez und Manilius reizten schon im 15. Jahrhundert italienische Humanisten zur Imitation, Ergänzung und Erneuerung. Die hexametrische epische Lehrdichtung war im 16.–18. Jahrhundert eine sehr beliebte und produktive Gattung, wozu sowohl die didaktische Orientierung vieler Humanisten als auch der Umstand beitrug, daß ein Lehrgedicht leichter herzustellen war als ein Epos und doch in der anerkannten Gattungshierarchie – wie Hesiod unter Homer bzw. die *Georgica* unter der *Aeneis* – gleich unter dem mythologisch-historischen Epos rangierte. Pontano (*Urania sive de stellis Libri V, Meteorum Liber I, De hortis Hesperidum Libri II,* zuerst gedruckt 1505) und Vida (*Bombycum Libri II,* zuerst gedruckt 1527) boten zudem sozusagen klassische neulateinische Muster. Pontano und – in reiferer Gestaltung – Vida ergänzen Vergils *Laudes Italiae* durch den Orangenbaum und die Seidenraupe und geben virgilisierende Lehre, indem sie sachliche Topik, dispositionelle Strukturen und phraseologische Besonderheiten übernehmen sowie die Natur und ihre Pflege präzise beobachten und beschreiben. Entsprechend dem aetiologischen Aristaeus-Mythus in den *Georgica* schmücken sie ihre Gedichte mit neu erfundenen, antike Figuren und moderne Verhältnisse überraschend assoziierenden Ursprungsmythen, für die sie ovidische Erfindungen verwerten und verstreute Angaben bei antiken Autoren spielerisch-scherzhaft kombinieren und spekulativ ausbeuten. Solche Mythen blieben ein Charakteristikum der in der Tradition der *Georgica* stehenden Lehrgedichte, die in Frankreich seit den *Hortorum Libri IV* des Jesuiten René Rapin eine neue Blüte erlebten. Daneben entwickelte sich eine lukrezische oder besser anti-lukrezische Tradition des Lehrgedichts: *De rerum Natura Libri VI* provozierten mehrere hexametrische Demonstrationen der Unsterblichkeit der Seele, angefangen mit dem Gedicht *De animorum immortalitate* (1536) des als Ketzer gehängten Aonius Palearius bis zu den *De contemptu mortis Libri IV* (1621) des Protestanten Daniel Heinsius und dem *Anti-Lucretius sive de Deo et Natura* (1747) des Kardinals Melchior de Polignac. Durch ihr umfassendes Lebens- und Weltbild und ihren außerordentlich eingängigen und flüssigen Stil zeichnen sich aus die 12 Bücher des *Zodiacus vitae, hoc est de hominis vita, studio ac moribus optime instituendis* (1535), die der postum als Ketzer verurteilte Marcellus Palingenius Stellatus verfaßt hatte und die in protestantischen Ländern als Schulbuch dienten. Von J. C. Scaliger bis ins 18. Jahrhundert mehrfach als bestes lateinisches Gedicht der Neuzeit gerühmt wurden die *Syphilidis sive morbi Gallici Libri III* (1530) Fracastoros. Bei diesem Urteil scheinen die poetisch elegante Bewältigung der grausamen und immer bedrohlichen Krankheit, die mitleiderregenden Schilderungen, die Erfindung eines anmutigen, exotischen Mythus über den amerikanischen Hirten Syphilus und die als gelungen empfundene Imitation des Lukrez und Vergil entscheidend zu sein.

5.4.2.1.3 Bukolik. Die verbreitetste hexametrische Gattung im Neulateinischen waren die Eklogen nach dem Vorbild der durch Servius kommentierten *Bucolica* Vergils (seit Ende des 15. Jahrhunderts hatten auch Calpurnius und Nemesian sowie Theokrit einen gewissen Einfluß). Der Umstand, daß Vergils *Bucolica* das Anfangswerk seiner Trilogie waren und dem *stilus humilis* zugeordnet wurden, führte dazu, daß auch viele poetische Anfänger diese Gattung als für sie angemessen betrachteten. Wichtiger für ihre Häufigkeit scheint gewesen zu sein, daß die Eklogen den verschiedensten Funktionen dienstbar gemacht werden konnten, ihr allegorischer Inhalt und die soziale Ferne ihrer Figuren eine große Freiheit der Aussage erlaubten und sie insbesondere für den Ausdruck erotischer Vorstellungen und die idealisierte – gelegentlich auch realistische – Darstellung einfacher Lebensverhältnisse in natürlicher Umwelt ein geeignetes Medium boten. Es war Dante in Ravenna, der 1319 zuerst in Anknüpfung an Vergil ein allegorisches bukolisches Briefgedicht an Giovanni del Virgilio in Bologna schrieb und den Anstoß zu einer im 14. Jahrhundert noch sehr spärlichen und Anfang des 15. Jahrhunderts schon wieder versiegenden Eklogenproduktion gab. In Petrarcas zwölf Eklogen (1346–1357/62) wurde das Allegorische zum Kryptischen und Obskuren. Sie sollten nur mit seinen eigenen Erklärungen verständlich sein. Das war ihre poetische Qualität. In der 10. Ekloge spricht Sylvanus (= Petrarca) mit einem Freund über einen allegorischen Lorbeerbaum in der Nähe seines Hauses bei Avignon und berichtet von seiner Reise nach Italien, Kleinasien, Griechenland, Spanien und Gallien, auf der er alle griechischen und lateinischen Dichter traf, die Petrarca – wenn auch teilweise nur dem Namen nach – bekannt waren. Keiner der Dichter ist mit seinem Eigennamen bezeichnet, alle sind mit Angaben aus ihrem Leben oder Werk umschrieben – ein literarisches Quiz, das mit dem leicht zu lösenden Ausdruck *pastorem, agricolam bellatoremque vicissim* beginnt und später den Leser über Periphrasen wie *montanum imparibus carmen variabat avenis* rätseln läßt (vgl. Ov. *Pont.* 4, 16). Erst als Titus Vespasianus Strozzi um 1460 in Ferrara mit erneutem Rückgriff auf Vergil zwar allegorische, aber keinen Kommentar erfordernde Eklogen mit Naturbildern verfaßte, setzte der bald anwachsende Strom eklogischen Dichtens ein, der bis Ende des 18. Jahrhunderts nicht mehr abriß. In der Regel wurden sie als *Eclogae* bezeichnet, gelegentlich auch theokritisch als *Idyllia,* vereinzelt als *Satyrae* (weil Satyrn zum Personal gehörten), kleinere Vignetten als *Lusus pastorales.* Weite Verbreitung – auch als Schulbuch – fanden die *Bucolica* des Baptista Mantuanus (nicht ohne Humor *Ecl.* 1: *Faustus, De honesto amore* 1465, revidiert gedruckt 1498). Stilistisch unübertroffene Eleganz erreichten die Eklogen von Italienern wie Andrea Navagero (1483–1529; *Iolas* – erotisch-bukolisch), Baldassare Castiglione *(Alcon* – ein Epicedium) und Giambattista Amalteo (1528–1573; *Acon* – erotisch-bukolisch). Sannazaro versetzte die Szene seiner Eklogen unter die Fischer von Neapel (vgl. *Ecl.* 2: *Galatea*). Ihm folgte mit *Eclogae piscatoriae* Nicolaus Parthenius Giannetasius, S. J. (1685, *Ecl.* 7: ein Sängerwettstreit zwischen einem Schäfer und einem Fischer). Auch Eklogen im Milieu von Matrosen, Jägern, Gärtner und Weingärtnern entstanden. Pontano führte häusliche Szenen ein (*Quinquennius* – eine Mutter bringt ihr Kund zum Schlafen). Eklogen dienten – in ganz Europa – als Genethliaca, Epithalamia, Epicedia, zur Panegyrik, zur Invektiven und für literarische und persönliche Äußerungen. Der erste Deutsche, der eine Ekloge verfaßte, scheint Bartholomaeus Coloniensis gewesen zu sein (Deventer 1485 – eine Allegorie auf den Konflikt zwischen Scholastik und Humanismus). Helius Eobanus Hessus ließ zuerst eine Reihe von Eklogen drucken (1504/26). Euricius Cordus (1486–1535) folgte seinem Beispiel (1509/18): Seine 2. Ekloge zeigt Aegon (= Cordus) und Mopsus in einem Dialog, der über Mantuanus und Vergil als Vorbilder der deutschen Eklogendichter und die Armut der Bauern (und Dichter) handelt und den Kurfürsten Friedrich von Sachsen wegen der von ihm gegründeten Universität Wittenberg in bukolischer Allegorie rühmt.

5.4.2.1.4 Elegie. Die Elegie – in der neulateinischen Dichtung wohl das häufigste Genos – nahm vor allem Tibull und Ovid zu Vorbildern, aber sie hat oft in sehr viel höherem Maße einen autobiographischen Gehalt, als dies bei den antiken Elegien der Fall ist. Vermutlich war man sich dieser Abweichung nicht bewußt, da man die antiken Elegien autobiographisch verstand. Nur das Werk eines Autors kann hier herausgegriffen werden: Petrus Lotichius Secundus (1528–1560), der *princeps poetarum Germanorum,* hat in drei Büchern mit elf, zwölf und zehn Elegien eine artistische Einheit geschaffen. Die des ersten Buchs spielen im nordöstlichen Deutschland, wo er während des Schmalkaldischen Kriegs als Soldat diente (1546–1547), die des zweiten im zentralen und südlichen Frankreich, wo er 1550–1554 Student und Tutor war, die des dritten vor allem in Italien, wo er in Padua und Bologna 1554–1556 studierte. In allen Büchern drückt er sein Verlangen aus, in seine Heimat nahe des Mains zurückzukehren, ein Wunsch, der ihm in der letzten Elegie nach *duo lustra* der Irrfahrten erfüllt wird. Lotichius will nicht nur mit Odysseus, sondern auch mit Celtis verglichen werden, dessen vier Bücher *Amores* ihn auch in zehn Jahren durch vier *latera Germaniae* führten. Lotichius gibt ein Bild der verschiedenen Gegenden, ihres Klimas, ihrer Städte und von der Art, wie sie ihn berührten. Die Hauptthemen des ersten Buches sind die Mühen seines Kriegsdienstes, seine Desillusionierung und seine Sehnsucht nach Frieden, den er im letzten Gedicht jubelnd begrüßt. Das zweite Buch hat einen größeren Motivreichtum und im ganzen eine hellere Stimmung: *amores,* sein Geburtstag und seine Bestimmung (das zentrale Gedicht), die südfranzösische Landschaft um Montpellier und die Ruinen in Nîmes, aber dann auch die Trennung von seinen Freunden und der Tod eines Freundes. Insgesamt dunkler ist die Atmosphäre im dritten Buch: ein erzwungener Aufenthalt in Italien verzögert seine Heimkehr, eine unglückliche Liebe, die Pest in Padua, der Tod seines Patrons und seine eigene Krankheit bedrängen ihn, er muß einmal seine Rückreise in die Heimat wegen eines Krieges in Deutschland abbrechen und darf erst am Schluß das Glück genießen, in sie zurückzukehren zu können. Die Themen, die sich mit den von Horaz für die Elegie verwendeten Begriffen der *querimonia* und der *voti sententia compos* fassen lassen, sind nach der antiken Theorie und Praxis, wie man sie verstand, alle für eine Elegie legitim, auch wenn oft Motive verstärkt wurden, die in der römischen Elegie nur eine untergeordnete Rolle spielten. Die Elegien geben insgesamt ein Bild des persönlichen Lebens von Lotichius in den Jahren 1546–1556 und seiner damaligen, sozusagen elegischen Existenz, in der er sich speziell Tibull nahe fühlte.

5.4.2.1.5 Heroidenbrief. In der zweiten Hälfte des 15. Jahrhundert setzt eine produktive Rezeption der Heroidenbriefe Ovids ein, die sich bis ins 18. Jahrhundert fortsetzte. Einen einzigartigen Heroidenbrief, der zu den schönsten Gedichten der Renaissance gezählt wird, schrieb Graf Baldassare Castiglione (1478–1529), der 1519 in Rom in 52 elegischen Distichen einen Brief seiner in Mantua weilenden Frau Hippolyta an sich selbst formulierte, der 1533 zuerst gedruckt wurde. Die fiktive Hippolyta stellt sich zunächst Castigliones angenehme Situation im schönen Rom vor und vergegenwärtigt danach ihre unglückliche Einsamkeit ohne ihn, wonach sie in immer schlimmere Befürchtungen hinsichtlich der Gefühle ihres Mannes ihr gegenüber gerät. Doch dann entwickelt sich die Stimmung gegenläufig, da angeblich Hippolyta, während sie schrieb, einen Brief ihres Mannes erhielt (das strukturierende Motiv eines während des Schreibens eintreffenden Briefes ist Ovids Brief der Deianira entnommen), in dem er sie seiner Liebe versichert. Sie bittet ihn nun, Papst Leo um Urlaub anzuflehen und rasch nach Mantua zu kommen, wo sie sich seine Heimkehr ausmalt. Die Briefelegie steht durch ihre Form und viele intertextuelle Bezüge in der ovidischen Tradition. Der Brief im Brief macht die Liebeserklärung der beiden Ehepartner in einem einzigen Briefgedicht möglich und erlaubt den ‚elegischen' Stimmungsumschwung. Für die realen Adressaten des Gedichts, den Papst und Castigliones *sodales,* bot das Gedicht einen Preis Roms und seines Oberhaupts und machte Hippolyta zu einem unvergänglichen Exempel ehelicher Liebe und Treue.

5.4.2.1.6 Emblemata. Als Andrea Alciati (1492–1550) 1531 sein *Emblematum liber* Konrad Peutinger widmete, ahnte er nicht, daß er damit eine neue literarische Gattung begründet hatte. Sie blieb bis ins 18. Jahrhundert – auch in den Nationalsprachen – beliebt und produktiv. Der Begriff *emblemata,* den er als Synonym zu *epigrammata* für seine Gedichte gewählt hatte (die Metapher sollte gewissermaßen eingefügte geschmiedete Schmuckstücke bezeichnen), wurde später auch für das von ihm über das Gedicht gesetzte, von einem Holzschnittmeister gefertigte Bild bzw. die gesamte, aus einem Motto, einem Bild und einem Epigramm bestehende Einheit verwendet, die Alciati erstmals komponiert hatte und die zum Charakteristikum der Emblemdichtung wurde. Das Gedicht ist jedoch das primäre, danach erst schuf der Künstler das Bild (vereinzelt wurden auch *emblemata* ohne Bilder veröffentlicht, so in Theodor Bezas *Poemata varia* 1597), und wenn ein Bild und seine Bedeutung bekannt waren, konnte es auch ohne das Gedicht auf geeigneten Gegenständen als Sinnbild verwendet werden. Das Gedicht (bei Alciati immer ein Epigramm in elegischen Distichen, bei Späteren auch in anderen Versmaßen) beschreibt und deutet einen Gegenstand auf seinen verborgenen, ihm innewohnenden und durch ihn ausgesagten Sinn, der zumeist dem Leser eine moralische Lehre vermittelt, so daß das Buch insgesamt zu einem moralischen Brevier wurde. Die dargestellten und gedeuteten Gegenstände bzw. Vorgänge konnten aus dem menschlichen Leben, aus der Natur, der Mythologie und später auch der Bibel genommen sein (auch die Bilder aus dem menschlichen Leben und der Natur pflegten jedoch auf antike literarische Quellen zurückzugehen). Das Vorbild für diese Art eines Epigramms hatte Alciati in den epideiktischen und anathematischen Epigrammen der 1495 erstmals gedruckten *Anthologia Planudea* gefunden (einige dieser Epigramme wurden direkt übersetzt; vgl. *Embl.* 122 *In Occa-*

sionem und *A. P.* 16, 275). Der besondere Reiz war, daß die Deutung des Gegenstandes nicht auf der Hand lag, sondern sich nur eindringender Reflexion mit Hilfe der literarischen Quellen erschloß. Einen solchen in einem Bild verschlüsselten Sinn hatte Alciati in den ägyptischen Hieroglyphen gefunden, wie sie der 1505 zuerst gedruckte *Horapollo* erklärte (einzelne hieroglyphische Bilder wurden aus dieser Schrift auch übernommen; vgl. *Embl.* 133, die ihren Schwanz fressende runde Schlange). Zu der Entscheidung, die Epigramme mit Bildern zu versehen, trugen die von Alciati studierten antiken mit Inschriften versehenen Reliefsteine bei (den in Rom gefundenen Stein mit dem *Fidei simulacrum* verwendete er für *Embl.* 9). Den humanistischen Leser begeisterte besonders die auf engstem Raum konzentrierte Gelehrsamkeit, denn die antiken Quellen für die Embleme waren in der lateinischen und besonders der griechischen Literatur weit verstreut (häufig bei Aristoteles, Aelian, Plutarch, den Kirchenvätern und Fabelautoren). Claudius Minos (Mignault) hielt deshalb schon 1576 in Paris Vorlesungen über Alciatis *Emblemata.* Gelehrte Kommentare wurden verfaßt bis zu dem bis heute nicht überholten Kommentar des Freiburgers Ioannes Thuilius (Padua 1621). Einige spätere Autoren veröffentlichten ihre *Emblemata* deshalb manchmal gleich mit einem eigenen Kommentar wie Joachim Camerarius d. J. (1534–1598), dessen *Symbolorum et Emblematum Centuriae IV* (1605) ihren Stoff ausschließlich aus der Pflanzen- und Tierwelt beziehen. Das Emblem *Cent.* 4, 49, hat das Motto *Tutus per summa, per ima,* das Bild zeigt einen auf dem Meer schwimmenden Nautilus, der die Haut, die sonst die Mündung der Schale verschließt, als Segel ausgespannt hat und sie mit zwei Füßen hält, während er mit seinen anderen Füßen rudert und steuert. Ein Monodistichon bildet das Epigramm: *Nautilus ut placidum et saevum mare sustinet aeque, / sic itidem fortis sorte in utraque animus.* Der Kommentar auf der gegenüberliegenden Seite erklärt, daß Aristoteles, Athenaios, Oppian, Plinius und andere vom Nautilus berichten, daß er bei gutem Wetter so auf dem Meer schwimme und bei Sturm seine Schale verschließe und abtauche. Das sei ein Sinnbild für einen in Glück und Unglück sich richtig verhaltenden Menschen, eine Moral, die durch Zitate aus Seneca und Basilius weiter illustriert wird. Insgesamt gilt: Da die Natur von Gott geschaffen ist, hat er mit ihr auch diese belehrenden Sinnbilder den Menschen gegeben.

5.4.2.1.7 Hendecasyllabi. Der in Neapel lebende Giovanni Pontano war wohl der beste lateinische Dichter des 15. Jahrhundert, sicher der vielfältigste Autor. Neben zahlreichen moralphilosophischen, literarkritischen, historischen und astronomischen Dialogen und Traktaten in Prosa (zusammen gedruckt Venedig 1518) verfaßte er astronomisch-astrologische, meteorologische und hortologische Lehrepen, bukolische Gedichte, Elegien- und Epigrammbücher, darunter die erste Sammlung von Gedichten über eheliche Liebe *(De amore coniugali libri III)* sowie Lyrisches in horazischen und catullischen Metren; alle Gedichte wurden erst postum 1505–1518 erstmals von

Aldus gedruckt. Er war der Initiator des catullisierenden Dichtens in der Renaissance, mit dem er um die Jahrhundertmitte begann. In den neunziger Jahren schrieb er mit den *Hendecasyllaborum sive Baiarum libri duo* die ersten ausschließlich diese catullische Versart verwendenden Gedichtbücher. Sie handeln von dem erotisch genußreichen Leben in dem Badeort Baia, dem antiken *Baiae,* wo die reizvollsten *puellae* und seine besten *amici* sich einfinden. Der catullisierende Stil Pontanos, der gewisse Eigentümlichkeiten Catulls wie die Deminutive, die Klangspiele und die Wiederholungen häufiger als sein Vorbild verwendet, ist hier zur Meisterschaft gelangt und gewinnt eine bis dahin ungeahnte Leichtigkeit und Musikalität. Der Ton des Ganzen ist spielerisch und scherzhaft, die Atmosphäre heiter, fröhlich und voll Lachen. Ohne bei der Darstellung sexueller Vorgänge ein Tabu zu scheuen, vermeidet Pontano jedoch krasse Obszönitäten. Der Leitbegriff ist eine epikureisch verstandene *voluptas,* die sich auch dem Stil mitgeteilt hat. Pontano hat mit diesem Werk dem im 16. Jahrhundert verbreiteten catullisierenden Dichten – herausragende Vertreter sind der Niederländer Janus Secundus und der Franzose Jean Bonnefons – seinen Stempel aufgedrückt.

5.4.2.2 Prosa

Grundlage aller neulateinischen Prosa war die Rhetorik, die die verschiedensten Textformen einübte, aus denen sich dann auch einige in den Lehrbüchern noch nicht vorgesehene Varianten entwickelten. Zum Beispiel verselbständigten sich innerhalb der Deklamationen diejenigen, die einen überraschenden Gegenstand preisen (*Moriae encomium* des Erasmus, Sammlung der *Encomia admiranda* 1666).

5.4.2.2.1 Epistolographie. Bis ins 18. Jahrhundert folgten Humanisten dem Vorbild Petrarcas, indem sie ihre lateinischen Briefe sammelten und handschriftlich (oder später im Druck) verbreiteten. Viele Briefe waren schon bei ihrer Abfassung für eine weitere literarische Öffentlichkeit bestimmt und behandelten Themen von allgemeinem Interesse, aber auch Briefe mit persönlichen und intimen Aussagen wurden bewahrt und publik. Die Briefe galten als literarische Werke, die unter die *Opera omnia* aufgenommen wurden und teilweise sogar ihren ersten Teil bildeten (so bei Poliziano 1553). Die Zahl der gedruckten Briefsammlungen ist immens (Morhof bespricht in seinem Briefsteller [1714] eine Auswahl von über 150). Auch in der Zeit des Buchdrucks sammelte und thesaurierte man handschriftliche Briefe als Autographen und in Kopien (der Frankfurter Zacharias von Uffenbach erwarb um 1700 300 Briefbände, die 1767 in die Stadtbibliothek Hamburg gelangten). Die Briefe dienten zur Unterhaltung und Belehrung, sie boten stilistische Vorbilder, waren historische Dokumente und brachten ihren Leser den Charakter, die Vorstellungen und das Verhalten anderer Menschen näher als jede andere literarische Gattung. Die zahlreichen humanistischen Anleitungen zum Briefschreiben knüpften zunächst an die mittelalterlichen *Artes dictaminis* an, machten sich nur langsam von deren Schematismus frei und hinkten immer der inhaltlichen Vielfalt, dem stilistischen Reichtum und den zahllosen Funktionen der realen Humanistenbriefe hinterdrein.

Zu den Klassikern der Briefkunst gehörte Poggio, der seine Briefe in mehreren Sammlungen für seine Freunde zusammengestellt hatte. Entsprechend Ciceros Briefen *Ad Atticum* gab er 1437 die Briefe an seinen besten Freund Niccolò Niccoli heraus, dann stellte er 1450 nach Ciceros Briefen *Ad familiares* und Petrarcas *Epistulae familiares* in 10 ebenso betitelten Büchern seine Briefe an verschiedene Adressaten aus den Jahren 1423–1444 zusammen. Eine weitere Sammlung sollte folgen. Bei seinem Tod waren es 9 Bücher mit Briefen seit 1445. Exzerpte aus diesen Sammlungen wurden angefertigt, und auch nicht in die Sammlungen aufgenommene Briefe waren noch im Umlauf, so daß verschiedenartige handschriftliche Zusammenstellungen entstanden, von denen eine wohl die Vorlage für den *Epistolarum liber* bildete, der in Poggios *Opera* 1513 und identisch 1538 gedruckt und von einem Brief Heinrich Bebels eingeleitet wurde. Dieser hatte vielleicht noch auf die Anordnung Einfluß genommen, denn der von ihm besonders gerühmte Brief, in dem Poggio das beschauliche und zu literarischer Beschäftigung einladende Leben auf dem Land gegenüber Cosimo de' Medici mit hymnischen Anaphern, vielen antiken Exemplen und einem Horazzitat preist (*Lib.* 10,9 vom 11. November 1442), steht am Anfang. Es folgten die beiden Briefe, die immer die berühmtesten Poggios waren und blieben, zwei Briefe vom 18. und 30. Mai 1416 über *situs, amoenitas, mores gentium* und *consuetudo balneandi* in Baden bei Zürich (*Ad Nic.* 46) und über die *causa Hieronymi* auf dem Konzil zu Konstanz (*Lib.* 4, 6 an Leonardo Bruni). Die beiden Briefe sind von Poggio selbst zueinander in Beziehung gesetzt, der im ersten *iocunditas* und *voluptas* des Badeorts in hellsten Farben schildert und ihn mit der *scola Epicurea* vergleicht. Man hätte meinen können, die Menschen dort befolgten die lasziven Aufforderungen der *Oratio Eliogabali,* die Leonardo Bruni im Anschluß an eine Andeutung in *Hist. Aug.* 17, 2 verfaßt hatte. Kontrastierend stellt Poggio den Prozeß und Feuertod des in seiner *constantia animi* mit den Stoikern verglichenen Hussiten Hieronymus von Prag dar, dessen *eloquentia* und *doctrina* er uneingeschränkt bewundert, wobei es ihm gelingt, den Bericht über den Prozeß mit einem gleichzeitigen Zitieren und Referieren der Worte des Hieronymus so zu verbinden, daß dessen die Alten erreichende oratorische Exzellenz in *inventio, elocutio, memoria, pronunciatio, gestus,* im Erregen von Lachen und Mitleid sowie in philosophischer, historischer und theologischer Argumentation deutlich wird. Gegen die Gefahren seiner Bewunderung des verurteilten Ketzers sichert Poggio sich nur notdürftig.

5.4.2.2.2 Narrative Prosa. Fiktive narrative Prosa wurde relativ selten verfaßt. Poggio begründete die Gattung der *Facetiae,* die kurze Erzählung einer witzigen Anekdote, die von Bebel und Frischlin mit schwäbischem Stoff fortgeführt wurde. Aeneas Silvius Piccolomini verfaßte die psychologisch einfühlsame erotische Briefnovelle *Euryalus et Lucretia,* die kaum Nachfolger fand. Umfangreiche erotisch-politische Romane, die sowohl Heliodor als auch Petron zum Vorbild hatten und häufig aufgelegt und übersetzt wurden, verfaßte der Schotte Ioannes Barclaius *(Argenis, Euphormionis Lusinini Satyricon).* Ein besonders eindrucksvolles Beispiel fiktiver Prosa stammt aus der Mitte des 18. Jahrhunderts: Auf dem Weg über die zahlreichen nationalsprachlichen Übersetzungen, die die Verspartien einebneten, wurde zum utopischen Roman, was der Däne Ludvig Holberg als Menippeische Satire geschrieben und 1741 in Leipzig vorsichtshalber anonym unter dem Titel *Nicolai Klimii iter subterraneum novam telluris theoriam ac historiam quintae monarchiae adhuc nobis incognitae exhibens e bibliotheca Abelini* veröffentlich hatte. Es ist ein *ioco-serium,* das Vers und Prosa mischt, Griechisches in den lateinischen Text einstreut, Zitate klassischer Autoren parodistisch verwendet, eine phantastische Reise beschreibt und auf scherzhaft-unterhaltsame Art philosophische Einsichten vermitteln will – Kennzeichen der Menippeischen Satire, wie sie die Philologie der Zeit verstand. Im Ich-Stil erzählt der Held mit Namen Nicolaus Klimius, wie er 1664 nach seinem Studium stellungslos in seine Heimatstadt Bergen in Norwegen zurückkehrte, bei der Erforschung einer Höhle in einen Schacht stürzte und sich bald im Innern der Erde wiederfand, welche sich als Hohlkugel mit einem eigenen Planetensystem entpuppte. An verschiedenen Orten lernt Klimius dort die verschiedensten Arten von Bewohnern und von Staatsverfassungen kennen, darunter einen Staat vernunftbegabter wandelnder Bäume und einen putzsüchtiger Affen. Er erhält teilweise sehr niedere Stellungen, bis er von der unzivilisiertesten, aber einzigen menschlichen Gemeinschaft zum Herrscher erkoren und schließlich als abgesetzter Tyrann von einem Sturmwind durch den Höhlenschacht wieder zur Erde emporgetrieben wird, wo er zuletzt als Küster in Bergen sein Dasein verbringt. Die utopischen Gemeinschaften und der eurozentrisch beschränkte Akademiker Klimius selbst dienen der Bloßstellung von Schwächen und närrischen Zügen der dänischen und europäischen Gesellschaft aus dem Geist der Aufklärung. Das Werk hat viele Antezedentien – von Lukian, der *Apocolocyntosis* und Petron über das Lob der Torheit des Erasmus, die *Utopia* des Morus, den gleichnamigen Dialog Jakob Bidermanns und das *Satyricon* von John Barclay bis zu Gullivers Reisen von Jonathan Swift.

5.5 Bibliographie

Neben grundlegenden Werken werden solche verzeichnet, die verschiedene Methoden illustrieren bzw. die vorstehenden Ausführungen ergänzen.

5.5.1 Forschungsberichte und Bibliographien. E. Follieri (Hrsg.), *La Filologia medievale e umanistica Greca e Latina nel secolo XX,* 2 Bde. (Rom 1993; enthält Berichte zur neulateinischen Forschung im 19. und 20. Jahrhundert in den verschiedenen an ihr beteiligten Ländern). *Instrumentum Bibliographicum* in: *Humanistica Lovaniensia, Journal for Neo-Latin Studies; Bibliographie d'Humanisme et de la Renaissance;* Bibliographische Beilage des *Gnomon, Kritische Zeitschrift für die gesamte Klassische Altertumswissenschaft.*

5.5.2 Einführungen. J. IJsewijn, *Companion to Neo-Latin Studies* (1. Aufl. Amsterdam 1977; 2. Aufl. 1. Bd. Leuven 1990 enthält eine nach Ländern geordnete Übersicht über die neulateinische Literatur); Hans-Gert Roloff, „Neulateinische Literatur", in: *Propyläen Geschichte der Literatur,* Bd. 3 (Berlin 1984) 196–230; (W. Ludwig), „Neulateinische Literatur", in: *Der Literatur-Brockhaus* (Mannheim 1988), Bd. 2, Sp. 694–696; W. Kühlmann – H. Wiegand, „Neulateinische Literatur", in: *Literaturlexikon, Begriffe, Realien, Methoden,* hrsg. von V. Meid, Bd. 14, Bertelsmann Lexikon Verlag S. 151–158 (auf die neulateinische Literatur Deutschlands konzentriert); M. Skafte Jensen (Hrsg.), *A History of Nordic Neo-Latin Literature* (Odense 1995).

5.5.3 Kongreß- und Tagungsbände. J. Ijsewijn – E. Kessler, *Acta Conventus Neo-Latini Lovaniensis* (Leuven – München 1973); weitere Bände erschienen zu den Kongressen in Amsterdam (1973), Tours (1976), Bologna (1979), St. Andrew (1982), Wolfenbüttel (1985), Toronto (1988) und Kopenhagen (1991), seit 1982 in den *Medieval & Renaissance Texts and Studies,* Binghampton/New York; *Mitteilungen der Kommission der Deutschen Forschungsgemeinschaft für Humanismusforschung* I (1975) – XVI (1989) (über jährliche Tagungen zur Humanismusforschung); *Wolfenbütteler Abhandlungen zur Renaissanceforschung.*

5.5.4 Zeitschriften und Editionsreihen. *Humanistica Lovaniensia, Journal for Neo-Latin Studies; Renaissance Quarterly; Daphnis, Zeitschrift für Mittlere Deutsche Literatur; Italia medioevale e umanistica; Medioevo e Rinascimento; Medievalia et Humanistica, Studies in Medieval and Renaissance Culture; Medieval and Renaissance Studies; Journal of the Warburg and Courtauld Institutes;* „Neo-Latin News", in: *17th Century News; Res Publica Litterarum; International Journal of the Classical Tradition.* – Ausgaben deutscher Literatur des XV.–XVIII. Jahrhunderts; Bibliotheca Neolatina; Humanistische Bibliothek; Collection Classique de l'Humanisme, Societé les Belles Lettres; Library of Renaissance Humanism.

5.5.5 Anthologien. F. F. Blok, *Seventy-Seven Neo-Latin Letters. An Anthology* (Groningen 1985); P. Laurens – C. Balavoine, *Musae reduces. Anthologie de la poésie latine dans l'Europe de la Renaissance* (Leiden 1975); F. J. Nichols, *An Anthology of Neo-Latin Poetry* (New Haven 1979); A. Perosa – J. Sparrow, *Renaissance Latin Verse* (London 1979); H. Schnur, *Lateinische Gedichte deutscher Humanisten* (Stuttgart 1967); W. Kühlmann – H. Wiegand, *Parnassus Palatinus. Humanistische Dichtung in Heidelberg und der alten Kurpfalz* (Heidelberg 1989); J. Eberle (Hrsg.), *Viva Camena. Latina huius aetatis carmina collecta et edita* (Zürich 1961); A. E. Radke (Hrsg.), *Carmina Latina recentiora* (Leichlingen 1974).

5.5.6 Editionen und Kommentare. L. Deitz – G. Vogt-Spira (Hgg.), *Iulius Caesar Scaliger, Poetices libri septem. Sieben Bücher über die Dichtkunst,* Bd. 1–2 (Stuttgart seit 1994); D. Erasmus Roterodamus, *Opera omnia* (Amsterdam seit 1969; verschiedene Herausgeber); S. Fielitz (Hrsg.), *Jakob Gretser, Timon Comoedia imitata* (1584) (München 1994); H. Hardt (Hrsg.), *Poggio Bracciolini, Lettere,* 3 Bde. (Florenz 1984–87); O. Herding – D. Mertens (Hgg.), *Jakob Wimpfeling, Briefwechsel* (München 1990); C. V. Kaske – J. R. Clark (Hgg.), *Marsilio Ficino, Three Books of Life* (Binghampton 1989); Th. Klein, *Parrasios Epikedion auf Ippolita Sforza* (Paderborn 1987); W. Ludwig, *Die Borsias des Tito Strozzi. Ein lateinisches Epos der Renaissance* (München 1975); W. Ludwig – M. de Panizza Lorch (Hgg.), *Zilioli Ferrariensis Comediola Michaelida* (München 1975); Ch. Meckelnborg – B. Schneider (Hgg.), *Bartholomaei Coloniensis Ecloga bucolici carminis, Silva carminum* (Wiesbaden 1995); O. Merisalo (Hrsg.), *Poggio Bracciolini, De Varietate Fortunae* (Helsinki 1993); L. Mundt (Hrsg.), *Simon Lemnius, Amorum Libri IV. Liebeselegien in vier Büchern* (Bern 1988); A. Perosa (Hrsg.), *Michaelis Marulli Carmina* (Zürich 1951); F. Petrarca, *Edizione nazionale delle opere* (Florenz seit 1926; verschiedene Herausgeber); I. Reineke, *Julius Caesar Scaligers Kritik der neulateinischen Dichter* (München 1988); H. Scheible, *Melanchthons Briefwechsel* (Stuttgart seit 1977); B. Schneider, *Das Aeneissupplement des Maffeo Vegio* (Weinheim 1985); P. Stotz, *Heinrich*

Bullinger, Studiorum Ratio – Studienanleitung (Zürich 1987); E. Surtz – J. H. Hexter, *The complete Works of Thomas More,* Vol. 4 *Utopia* (New Haven 1965); G. Wöhrle, *Girolamo Fracastoro, Lehrgedicht über die Syphilis* (Wiesbaden 1993).

5.5.7 Monographien, Sammelwerke und Aufsätze. W. Barner, *Barockrhetorik* (Tübingen 1970); A. S. Bernardo, *Petrarch, Scipio and the ‚Africa'* (Baltimore 1962); J. Blänsdorf – D. Janik – E. Schäfer, *Bandusia, Quelle und Brunnen in der lateinischen, italienischen, französischen und deutschen Dichtung der Renaissance* (Stuttgart 1993); L. Bradner, *Musae Anglicanae. A History of Anglo-Latin Poetry 1500–1925* (New York 1940); L. Braun, *Scenae suppositiciae oder der falsche Plautus* (Göttingen 1980); A. Buck, *Humanismus* (Freiburg 1987); H. O. Burger, *Renaissance, Humanismus, Reformation. Deutsche Literatur in europäischem Kontext* (Bad Homburg 1969); C. H. Classen, „Cicero orator inter Germanos redivivus", in: *Humanistica Lovaniensia* 37 (1988) 79–114; 39 (1990) 157–76; O. Clavuot, *Biondos ‚Italia illustrata' – Summa oder Neuschöpfung? Über die Arbeitsmethoden eines Humanisten* (Tübingen 1990); K. O. Conrady, *Lateinische Dichtungstradition und deutsche Lyrik des 17. Jhs.* (Bonn 1962); H. Dörrie, *Der heroische Brief. Bestandsaufnahme, Geschichte, Kritik einer humanistisch-barocken Literaturgattung* (Berlin 1968); G. Ellinger, *Geschichte der neulateinischen Literatur Deutschlands im sechzehnten Jahrhundert* (Berlin 1929–33); M. Feo, *Codici Latini del Petrarca nelle Biblioteche Fiorentine* (Florenz 1991); St. Füssel, *Riccardus Bartholinus Perusinus. Humanistische Panegyrik am Hofe Kaiser Maximilians I.* (Baden-Baden 1987); P. Godman – O. Murray (Hgg.), *Latin Poetry and the Classical Tradition. Essays in Medieval and Renaissance Literature* (Oxford 1990); V. R. Giustiniani, *Neulateinische Dichtung in Italien 1850–1950* (Tübingen 1979); A. Henkel – A. Schöne, *Emblemata. Handbuch zur Sinnbildkunst des XVI. und XVII. Jhs.* (Stuttgart ^{2}1976); I. Henze, *Der Lehrstuhl für Poesie an der Universität Helmstedt bis zum Tode Heinrich Meiboms d. Ält.* (Hildesheim 1990); G. Hess, *Deutsch-lateinische Narrenzunft. Studien zum Verhältnis von Volkssprache und Latinität in der satirischen Literatur des 16. Jhs.* (München 1971); H. Hofmann, „Adveniat tandem Typhis qui detegat orbes. Columbus in Neo-Latin Epic Poetry (15th–18th Centuries)", in: W. Haase – M. Reinhold (Hgg.), *The Classical Tradition and the Americas* I (Berlin/New York 1994) 420–657; N. Holzberg, *Willibald Pirckheimer. Griechischer Humanismus in Deutschland* (München 1981); R. Hoven, *Lexique de la prose latine de la Renaissance* (Leiden 1994); K. Karrer, *Johannes Posthius (1537–1597). Verzeichnis der Reden und Werke mit Regesten und Posthius-Biographie* (Wiesbaden 1993); K. Krautter, *Die Renaissance der Bukolik in der lateinischen Literatur des XIV. Jhs.* (München 1983); P. O. Kristeller, *Humanismus und Renaissance,* 2 Bde. (München 1974–76); W. Kühlmann, *Gelehrtenrepublik und Fürstenstaat. Entwicklung und Kritik des deutschen Späthumanismus in der Literatur des Barockzeitalters* (Tübingen 1982); J. Leonhardt, *Dimensio syllabarum. Studien zur lateinischen Prosodie- und Verslehre von der Spätantike bis zur frühen Renaissance* (Göttingen 1989); W. Ludwig, *Litterae Neo-Latinae. Schriften zur neulateinischen Literatur* (München 1989); ders., *Antike Götter und christlicher Glaube. Die Hymni naturales von Marullo.* Sitzber. d. J. Jungius-Gesellschaft der Wissenschaften 10, 2 (Hamburg 1992); ders., „Horazrezeption in der Renaissance," in: *Fondation Hardt. Entretiens* 39 (1993) 305–371; ders., „Castiglione, seine Frau Hippolyta und Ovid," in: P. G. Schmidt (Hrsg.), *Die Frau in der Renaissance* (Wiesbaden 1994), 99–156; I. D. McFarlane, *Buchanan* (London 1981); J. H. Overfield, *Humanism and Scholasticism in Late Medieval Germany* (Princeton 1984); S. Peters, *Ludvig Holbergs Menippeische Satire* (Frankfurt am Main 1987); S. Rizzo, „Petrarca, il Latino e il Volgare," in: *Quaderni Petrarcheschi* 7 (1990) 7–40; E. Schäfer, *Deutscher Horaz, Conrad Celtis, Georg Fabricius, Paul Melissus, Jacob Balde. Die Nachwirkung des Horaz in der neulateinischen Dichtung Deutschlands* (Wiesbaden 1976); P. G. Schmidt (Hrsg.), *Humanismus im deutschen Südwesten* (Sigmaringen 1993); A. Stäuble, *La commedia umanistica del Quattrocento* (Florenz 1968); D. F. Strauss,

Ulrich von Hutten (Leipzig ^{2}1871); W. Stroh (Hrsg.), *Latein sprechen,* Altsprachlicher Unterricht 26, 5 (Velber 1994); A. Thill, *Jacob Balde. Dix ans de recherche* (Paris 1991); H. Wiegand, *Hodoeporica. Studien zur neulateinischen Reisedichtung* (Baden-Baden 1984); F. J. Worstbrock (Hrsg.), *Der Brief im Zeitalter der Renaissance* (Weinheim 1983); D. Wuttke, *Deutsche Germanistik und Renaissanceforschung* (Bad Homburg 1968).

6 Römische Metrik

SANDRO BOLDRINI

6.1 Sprache und Versbau

Das Sprachgefühl der lateinischen Sprachgemeinschaft unterschied die verschiedene zeitliche Dauer der Laute und ordnete sie zu einem System binärer Gegensätze, indem sie sie als lang oder als kurz bewertete. Diese bewußte Bewertung ist das, was wir Quantität nennen: lange Vokale gegenüber kurzen Vokalen, lange Silben gegenüber kurzen Silben. Unter diesem Aspekt war die Sprache somit gekennzeichnet als Abfolge kurzer Quantitäten (∪) und langer Quantitäten (–), die durch die Verkettung der Wörter festgelegt waren, jedes einzelne Wort mit den jeweiligen Quantitäten von Vokalen und Silben: Der Wechsel von lang und kurz führte so zur Entstehung eines völlig *zufälligen* Rhythmus in der Umgangssprache und in Prosa. Die poetische Rede unterschied sich *technisch* von der prosaischen durch eine *geordnete Abfolge der Quantitäten der Silben* nach festgelegten, wiederkehrenden rhythmischen Mustern, die in ihrer Gestaltung genauen Erfordernissen und Erwartungen zu genügen hatten.

Für die Quantität der Silbe war im Latein nicht die Dauer des explosiven (silbeneröffnenden) Phonems maßgebend, das sich auf das nachfolgende ausgehaltene (vokalische) Phonem entlädt (z. B. *f* in der Silbe *fa-* von *facere;* ebenso *c* und *r* in den Silben *-ce-* und *-re*); vielmehr zählte die Dauer des ausgehaltenen (vokalischen) Phonems (z. B. des *a* und des *e* von *facere*) und allfälliger implosiver (silbenschließender) Phoneme, die als Fortsetzung des ausgehaltenen (vokalischen) Phonems gestaltet werden (z. B. *c* in der Silbe *fac-* von *factum*); als geschlossene Silbe ist auch der Diphthong zu bewerten, wobei der zweite ‚Vokal' als implosives Phonem dazukommt) und die deswegen eine eigene Quantität besaßen. Eine Silbe, die auf ausgehaltenes (vokalisches) Phonem endet, nennt man *offene Silbe,* eine Silbe, die auf implosives Phonem endet, *geschlossene Silbe.* In offener Silbe war folglich nur die Quantität des ausgehaltenen (vokalischen) Phonems maßgebend, in geschlossener Silbe auch die des implosiven Phonems, das sich an die Quantität des ausgehaltenen (vokalischen) Phonems unmittelbar anschloß. Aus diesem Grund *ist eine offene Silbe kurz, wenn sie kurzen Vokal enthält, und lang, wenn sie langen Vokal enthält („naturlang"); eine geschlossene Silbe ist immer lang, unabhängig von der Quantität des Vokals („positionslang").*

Mit der Quantität der zweitletzten Silbe verbunden ist der Wortakzent: *Wenn die zweitletzte Silbe lang ist, fällt der Akzent auf diese; ist sie kurz, springt der Akzent auf die drittletzte zurück.* Während der Akzent der heutigen romanischen Sprachen *intensiv, dynamisch, exspiratorisch* ist (die akzentuierte Silbe unterscheidet sich von den anderen durch die Aussprache unter größerem Ausstoß von

Luft), war der lateinische Akzent *melodisch, musikalisch, chromatisch* (die akzentuierte Silbe hob sich durch die Aussprache in erhöhter Tonlage hervor). Dies ist die einzige Art von Akzent, den die Lateiner seit den Anfängen der literarischen Epoche kannten.

Um die Wende vom 1. zum 2. Jahrhundert n. Chr. begann sich das Sprachgefühl zu wandeln, indem andere Aspekte des Akzents, wie die Intensität, in den Vordergrund traten; gleichzeitig ging allmählich der Sinn für die Quantitäten verloren, und die quantitative Dichtung wurde immer mehr zu einer Angelegenheit des Schulbetriebs, zu Buchwissen, das keine Beziehung mehr zur lebendigen, gesprochenen Sprache hatte. War der Sinn für Quantität einmal getrübt, war man nicht mehr imstande, die rhythmische Linie der poetischen Rede von derjenigen der Prosa zu unterscheiden; man verfiel nun auf eine Art des Lesens, die völlig künstlich war. Sie beruhte auf dem Einsatz eines vokalischen *Iktus,* eines Haupttons, auf den Silben, die ganz bestimmte Elemente des Verses bilden. Diese Art des Vortrags, die wir im Schulbetrieb durchgehend beobachten können, ist das Ergebnis der Bemühungen, einen neuen Rhythmus zu schaffen, und dies in völlig künstlicher Weise, weil man nicht mehr fähig war, den wahren, quantitativen Rhythmus der Dichtung zu fühlen. Doch solange in der Sprache das quantitative Gefühl lebendig war, *lasen die Lateiner die Dichtung genau so wie die Prosa: Der Rhythmus wurde von der Abfolge der Quantitäten hervorgerufen, die sich, wenn sie bestimmten Erwartungen entsprachen, als poetische Segmente identifizieren ließen, d. h. als Verse.* Infolge der Notwendigkeit, das Lesen eines dichterischen Textes von einem in Prosa zu unterscheiden, greifen wir auf die nunmehr jahrhundertelange Schultradition zurück, welche die Rhythmen unter Verwendung des Akzents herbeiführt, d. h. des vokalischen *Iktus* (der infolge der Eigenarten unserer Sprachen nur dynamischer Art sein kann) auf der *Arsis* (oder dem „starken Taktteil").

Ursprünglich bezog sich *ictus* ('Schlag', < *ico*) auf den Schlag des Fußes oder des Fingers und war der Zeitpunkt der *thesis* ('Setzung', bzw. 'Senkung', aus griech. τίθημι), und das Heben des Fußes oder des Fingers entsprach der *arsis* ('Hebung', aus griech. αἴρω); mit dem allmählichen Verlust des musikalischen Sprachgefühls wurden die beiden Termini nicht mehr auf einen mechanischen Vorgang, sondern auf die Stimme bezogen, was zu einer Vertauschung der Bedeutung von *Thesis* und *Arsis* führte: Der *Iktus* wurde somit auf die Stimme bezogen und mit der *Arsis* verknüpft.

6.2 Prosodie

Die Prosodie ist ein Zweig der Phonetik, der die Quantitäten der Vokale und der Silben untersucht. Einige prosodische Phänomene erweisen sich je nach Epoche als verschieden, weshalb wir in gewissen Fällen von *archaischer Prosodie* und von *klassischer Prosodie* sprechen.

6.2.1 ***Auslautendes -c*** im Nom. Akk. neutr. sing. _hoc_ < *_hocce_ < *_hodce, istuc_ < *_istucce_ < *_istudce, illuc_ < *_illucce_ < *_illudce,_ hatte in der archaischen Epoche geminierte Aussprache als _-cc:_

Plaut. _Merc._ 711 _pol hōc est ire_
Plaut. _Cas._ 460 _illūc est illuc quod_
Ter. _Haut._ 346 _tamen istūc ago;_

aber _hoc_ behält die geminierte Aussprache (_hocc_) auch in der nachfolgenden Epoche:

Verg. _Aen._ 6,129 _hōc opus, hic labor_
Hor. _Sat._ 2,6,1 _hōc erat in votis_
Prop. 3,18,21 _sed tamen hōc omnes._

6.2.2 ***Auslautendes -d*** bleibt nach kurzem Vokal erhalten: _ăd, sĕd, apŭd_ usw.; in archaischen Inschriften ist es in mehrsilbigen Wörtern nach langem Vokal bezeugt (_CIL_ I^2 7 _Gnaivod,_ 27 _meritod,_ 366 _violatod, licetod, datod, suntod_ usw.) und kommt, wohl aus stilistischen Gründen, bei Naev. _Bell. Poen._ 2 vor (_noctu Troiad exibant capitibus opertis_); bei Plautus, der es in gewissen Fällen noch in Monosyllaba bewahrt, erscheint es nicht mehr (Akk. Abl. _mē_ und _tē: Asin._ 299 _quot pondo ted esse_); bei Terenz gibt es keine Spur mehr von diesen Formen, die sich indessen, als Ausnahmen, anscheinend noch in Fragmenten der Tragödien des Ennius finden lassen.

6.2.3 ***Auslautendes -ĕ*** verschwindet in einer Reihe von Fällen schon in archaischer Zeit:

- in Zusammensetzungen mit der Demonstrativpartikel _-cĕ: hoc_ < *_hocc_ < *_hodce; istic_ (Nom. sing. m.) < _iste_ + _ce_ usw.
– in Wörtern wie _animal_ < _animale, exemplar_ < _exemplare_ (aber die volle Form Lucr. 2,124 _exemplare dare et vestigia notitiai_), _tribunal_ < _tribunale_ usw.
– in den Imperativen _dic, duc, fac_ < _dice, duce face,_ die sich gelegentlich noch bei Plautus und Terenz finden, und manchmal in anderen Imperativen der 3. Konjugation: Plaut. _Cas._ 231 _quo nunc abis? :: mitt(e) me. :: mane._
– vor Konsonant kann _-e_ in der Aussprache wegfallen in Wörtern wie _inde_ (Ter. _Phorm._ 681 _ind(e) sumam: uxori tibi opus esse dixero_), _unde_ (Acc. _Trag._ 424 _und(e) quis non mortalis_), _deinde_ (Plaut. _Amph._ 1008 _deind(e) susum ascendam_: in Fällen dieser Art findet man in den Handschriften etwa die Schreibweise _dein;_ ebenso _proin_ für _proinde), quippe_ (Plaut. _Asin._ 66 _quipp(e) qui mage_), _quisve_ (Plaut. _Cist._ 679 _quis eam apstulerit, quisv(e) sustulerit_), _ille_ (Plaut. _Bacch._ 886 _et ego te et ill(e) mactamus infortunio_).
– in den Enklitika _-que_ (Afran. _Com._ 27 _quodqu(e) me non posse melius_) und _-ne_ (Plaut. _Mil._ 1051 _sit necn(e) sit spes in te uno est_).
– im Infinitiv des Hilfsverbs _esse_ (Plaut. _Capt._ 243 _ess(e) nunc conservom velint_).
– in vielen Fällen von (einsilbig gemessenem) _atque, neque, sive_ bieten die Handschriften die Schreibweise _ac, nec, seu._

Noch in klassischer Zeit scheint es möglich, unsicheren Stand des *-ĕ* zu erkennen; seit Lukrez stellt man in der Dichtung tatsächlich eine immer stärkere Tendenz fest, Wörter wie *inde, unde, nempe* usw. mit voller Aussprache vor Konsonant zu vermeiden.

6.2.4 ***Auslautendes -r*** wird in archaischer Zeit in Monosyllaba geminiert *(-rr)* ausgesprochen: *cor* (< **cord*, endungsloser Nominativ: Plaut. *Pers.* 802 *cōr uritur;* aber *cŏr* schon Lucil. *Sat.* 488 *signis cŏr inesse in aenis*); *ter*, vgl. *terruncius* < *ter* + *uncia* (Plaut. *Bacch.* 1127 *rerin tēr in anno*); anders in mehrsilbigen Wörtern: *libĕr* (Plaut. *Bacch.* 82).

6.2.5 ***Auslautendes -s*** nach kurzem Vokal konnte in mehrsilbigen Wörtern vor konsonantischem Wortanfang in der Aussprache bis in Ciceros Zeit (vgl. *Orat.* 161) wegfallen und schloß somit die Silbe nicht:

Plaut. *Merc.* 232 *fueram visu(s) sum*
Enn. *Ann.* 245 *suavis homo, facundu(s), suo contentu(s), beatus*
Lucil. *Sat.* 1314 *tum laterali(s) dolor, certissimu(s) nuntiu(s) mortis*
Lucr. 2,53 *quid dubitas, quin omni(s) sit haec rationi(s) potestas*
Catull. 116,8 *at fixus nostris tu dabi(s) supplicium.*

Das Phänomen erklärt eine Reihe von Doppelformen wie *magis, satis* neben *mage, sate* usw., ursprünglich die ersteren vor Vokal, die letzteren vor Konsonant *(-ĕ < -ĭs);* sehr rasch kam es zur Verwechslung der beiden Formen (Plaut. *Mil.* 539 *magis facete*); der umgekehrte Fall liegt vor bei *potes, potest* < **pote es,* **pote est* < *poti(s) es, poti(s) est.*

Geminierte Aussprache hingegen *(-ss)* erfolgte in archaischer Zeit bei der Assimilation von Dentalstämmen mit der Endung von Nominativen *(hospes* < **hospets, miles* < **milets* usw.: Plaut. *Cas.* 817 *sospēs iter incipe*); ebenso bei *es* (von *esse*) und in allen Fällen, wo *-ss* ursprünglich war (Ter. *Haut.* 707 *satis sanus ēs et sobrius?*); bei Ennius hat diese Art von *-s* keine geminierte Aussprache mehr (*Ann.* 269 *horridus milĕs amatur*).

6.2.6 Eine aus ***Muta cum liquida*** bestehende Konsonantengruppe konnte wie ein einheitlicher Explosivlaut ausgesprochen werden, wobei die vorausgehende Silbe offen blieb *(pă-tris),* oder als Folge des Implosivlauts der vorausgehenden Silbe (die damit geschlossen blieb) und des Explosivlauts der nachfolgenden (*pāt-ris;* einige denken in diesen Fällen an geminierte Aussprache der Muta: *pat-tris*). Die erste Aussprache scheint dem *sermo cotidianus* eigentümlich zu sein, was sich in der archaischen Komödie widerspiegelt (einziges sicheres Beispiel von Aufteilung auf getrennte Silben Plaut. *Rud.* 1208 *săc-res;* von geringer Aussagekraft, weil fragmentarisch erhalten, Naev. *Com.* 53. 81. 115). Die Aufteilung von Muta und Liquida auf getrennte Silben geht auf die indoeuropäischen Ursprünge der Sprache zurück, aber im Lateinischen scheint sie ursprünglich bestimmten Sprachbereichen, wie dem religiösen, vorbehalten gewesen zu sein. Erst mit dem Hexameter des Ennius erlangte diese Silbentrennung, die gewiß aus stilistischen Gründen eingeführt wurde, ziemlich weite

Verbreitung. Die beiden Arten der Aussprache gehen jedenfalls noch im „hohen" Stil der Klassik nebeneinander her.

Verg. *Aen.* 2,663 *gnatum ante ora pătris, pātrem qui obtruncat ad aras.*

In zusammengesetzten Wörtern, in denen die Muta zum ersten Teil, die Liquida zum zweiten gehört, bleibt die Aussprache immer getrennt (*ad-repo, sub-lateo* usw.).

6.2.7 Seit ältester Zeit ist im Latein die Tendenz feststellbar, **Vokal vor Vokal zu kürzen**: *dĕamo* < *dē-amo, prŏhibeo* < *prō-habeo; balinĕum,* wo das *e* entsprechend dem griechischen Diphthong ει ursprünglich lang war, usw. Nur ausnahmsweise scheinen Diphthonge vor Vokalen gekürzt zu werden:

Verg. *Aen.* 7,524 *stipitibus duris agitur sudibusve prăeustis.*

Das Phänomen, bekannt unter dem Ausdruck *vocalis ante vocalem corripitur,* setzt sich in immer größerem Umfang durch. In archaischer Zeit finden wir außer Genetiven wie *aquāi, terrāi* usw. (entsprechende Formen aus stilistischen Gründen noch bei Lukrez und Vergil) Messungen wie *fidēi, rēi, fīerem, fīeri, ēi* (neben monosyllabischer Messung von *ei*), *audīerunt, erūi, institūi* (Perfekt auf *-ui* bei Verben auf *-uo*), *fūi, fūimus* (aber auch *fŭi, fŭimus*), Dative wie *hūic* und *cūi* (diese auch monosyllabisch) usw. (in klassischer Zeit dann *fidĕi, rĕi, fĭerem* usw.). Doch wird nie die gesamte Sprache von dieser Entwicklung vollständig erfaßt; die Genetive *alīus, alterīus, illīus, totīus, unīus* usw. kommen ohne Ausnahme vor (aber in der Dichtung vom 2. Jh. v. Chr. an auch *alterĭus, illĭus* usw., doch niemals *alĭus*), *āer, āeris,* die Formen der Substantive auf *-eius* (*Pompēi* usw.), die Formen von *fio,* die kein *r* enthalten (*fīo, fīebam* usw.), Messungen wie *Dīana, dīus* (neben *Dĭana, dĭus*).

6.2.8 ***Synizese:*** Zwei angrenzende Vokale gelten gelegentlich als eine einzige Silbe, z. B. *ea (de͡arum, e͡amus), eo (de͡orum, e͡orum), ei (de͡icere, de͡inde), eu (e͡um, me͡um), ie (di͡ebus, Di͡espiter), ua (du͡abus, su͡arum), ue (du͡ellum, fu͡ere), ui (flu͡itat, fu͡isse), uo (du͡obus, tu͡o)* usw.

Plaut. *Stich.* 628 *fratri fu͡isti, rem confregimus*
Enn. *Ann.* 200 *e͡orundem libertati me*
Lucil. *Sat.* 1191 *e͡odem deferat unctum*
Lucr. 1,306 *uvescunt e͡aedem dispansae*
Verg. *Aen.* 10,487 *una e͡ademque via*
Prop. 2,3,50 *dehi͡nc domiti post haec.*

6.2.9 ***Synalöphe*** ([Verschleifung] oder weniger korrekt Elision): *Die Quantität einer Endsilbe, die auf Vokal oder Diphthong ausgeht, wird gewöhnlich nicht berücksichtigt, wenn das folgende Wort mit Vokal beginnt;* dasselbe geschieht mit *Endsilben* auf *-m,* das in einer solchen Stellung so schwach artikuliert wird, daß es nicht wahrnehmbar ist, was zu einem eigentlichen Zusammenprall vokalischer Phoneme führt. Von den zwei aufeinandertreffenden Silben ließen die Lateiner nur die Quantität der zweiten gelten (*h* wurde nicht mitgerechnet):

Liv. Andr. *Trag.* 8 *nem(o) haec vostrorum*
Enn. *Ann.* 167 *bell(um) aequis manibus*
Caecil. *Com.* 211 *pro deum populari(um) omni(um), omni(um) adulescentium*
Pacuv. *Praetext.* 2 *nunc t(e) obtestor*
Titin. *Com.* 15 *viro mal(e) arbitror*
Acc. *Trag.* 192 *host(em) ut profugiens inimic(i) invad(am) in manus?*
Afran. *Com.* 34 *vereri s(e) ab suis*
Catull. 68,90 *Troia vir(um) et virtut(um) omni(um) acerba cinis*
Verg. *Ecl.* 1,11 *non equid(em) invideo*
Hor. *Carm.* 1,1,3 *pulver(em) Olympicum*
Tib. 1,1,21 *tunc vitul(a) innumeros*
Prop. 2,29,24 *viser(e): at in lecto*
Ovid. *met.* 2,281 *clademqu(e) auctore levare*
Phaedr. 1,1,1 *ad riv(um) eundem lupus.*

6.2.10 ***Aphärese*** oder ***Prodelision:*** *Die vokalische Quantität in den Formen* es *und* est *(von* esse*) wird nicht berücksichtigt, wenn das vorausgehende Wort auf Vokal oder auf* -m *endet.* Dasselbe kann nach der Endung *-ŭs* und in archaischer Zeit auch nach *-ĭs* eintreten:

Plaut. *Cist.* 227 *neque licitum interea (e)st*
Ter. *And.* 621 *quid meritu's (< meritus es)? :: crucem*
Lucr. 1,978 *quominus quo missum (e)st*
Phaedr. 3,10,1 *periculosum (e)st credere.*

Manchmal kommt es auch nicht zur Prodelision (Ter. *Eun.* 4 *tum siquĭs est*). In den Handschriften sind gelegentlich Schreibweisen wie *numquamst, amatust* usw. überliefert.

6.2.11 ***Hiat*** (Zeichen: ^{h}): *Zusammentreffen zweier vokalischer Phoneme am Wortende bzw. Wortanfang (oder Zusammentreffen einer Silbe auf* -m *und eines vokalischen Wortanfangs), ohne daß die eine Seite den eigenen Wert und die eigene prosodische Physiognomie verliert.* Hiat tritt sehr selten auf (in der Regel tritt Synalöphe ein); es handelt sich um eine *Möglichkeit* der Sprache, der sich der Dichter bedienen kann oder nicht.

Eine besondere Art von Hiat ist der p r o s o d i s c h e H i a t, d. h. das Zusammentreffen von Silben auf *-m,* auf langen Vokal oder Diphthong mit vokalischem Wortanfang, ohne daß Synalöphe stattfindet, jedoch unter Kürzung der langen Silbe oder des Diphthongs. Die beiden vokalischen Phoneme treten in engen Kontakt, wobei die Kürzung des ersten der Regel zu verdanken ist, daß *vocalis ante vocalem corripitur* (→ 6.2.7). Die Erscheinung tritt ein bei Monosyllaba, selten bei zweisilbigen jambischen Wörtern:

Plaut. *Cas.* 725 *tŭ ămas: ego essurio et sitio*
Ter. *Phorm.* 1041 *homo adulescens sĭ hăbet*
Catull. 55,4 *t(e) in circo, tĕ ĭn omnibus libellis*

Lucr. 2,404 *at contra quăe ămara*

Verg. *Ecl.* 8,108 *credimus? an, quĭ ămant*

Hor. *Sat.* 2,2,28 *cocto nŭm ădest honor idem?*

Der prosodische Hiat tritt oft bei speziellen Redewendungen auf wie *me dĭ ament, si mĕ amas* u. ä.:

Catull. 97,1 *non – ita me dĭ ăment – quicquam.*

Im prosodischen Hiat bildet das Monosyllabum immer den ersten Teil eines aus einer Doppelkürze bestehenden Elements, nie den zweiten.

Andere Typen kann man als einfachen Hiat oder logischen Hiat bezeichnen; sie finden sich

– nach Vokativen:

Plaut. *Pers.* 617 *virgo*^{h}, *hic homo*

– nach oder vor Interjektionen:

Ter. *Phorm.* 754 *habet? :: au*^{h} *obsecro*

Ov. *Met.* 14,832 *o*^{h} *et de Latia*^{h}, *o*^{h} *et de gente Sabina*

– in syntaktischer Pause:

Plaut. *Curc.* 46 *eam volt meretricem facere*^{h}*: ea me deperit*

Verg. *Georg.* 1,4 *sit pecori*^{h}, *apibus quanta*

– in metrischer Pause:

Verg. *Aen.* 4,235 *quid struit? aut qua spe*^{h} *inimica*

– beim Zusammentreffen von syntaktischer und metrischer Pause:

Ter. *Eun.* 409 *perpaucorum hominum*^{h}. *:: immo.*

Ein einfacher oder logischer Hiat kann dazu dienen, Feinheiten des Textes zu unterstreichen; in solchen Fällen spricht man von stilistischem Hiat:

Plaut. *Merc.* 745 *videre, amplecti*^{h}, *osculari*^{h}, *adloqui*

Catull. 27,4 *ebria*^{h} *acina ebriosioris*

Verg. *Georg.* 1,281 *ter sunt conati*^{h} *imponere Pelio*^{h} *Ossam.*

6.2.12 Seit der archaischen Epoche bis etwa in die Zeit Sullas trifft man in der Dichtung auf eine sprachliche Erscheinung, bei der eine jambisch gemessene Silbengruppe (∪ –) unter bestimmten Bedingungen als Pyrrhichius (∪∪) gemessen werden kann. Diese Erscheinung bezeichnete man als *correptio iambica,* Jambenkürzung, weil man, wohl irrtümlich, davon ausging, daß die jambische Gruppe sich tatsächlich in eine pyrrhichische verwandeln lasse. Die Jambenkürzung ist eine *Möglichkeit* der Sprache, die der Dichter anwenden *kann* oder auch nicht. Damit die Erscheinung zustande kommt, müssen mehrere sprachliche Bedingungen erfüllt sein:

6.2.12.1 *Die lange, zu kürzende (– > ∪) Silbe (brevianda) darf nicht tontragende Silbe sein.* Man wird folglich die folgenden Jambenkürzungen als Anzeichen von Textverderbnis durch handschriftliche Tradition anzusehen oder nach metrischen Alternativen zu suchen haben:

Plaut. *Merc.* 327 *bene ambulato. :: bene valĕto.*

Plaut. *Truc.* 504 *venĭre salvom.*

Zulässig hingegen wären Fälle wie Plaut. *Bacch.* 885 *quid ĭlli molestu's? quid ĭllum,* weil die erste Silbe von *ille* wie die von *iste* und *ipse* nur schwache Betonung aufwies; Plaut. *Cas.* 453 *volŭptas mea,* weil das Possessivpronomen praktisch unbetont ist und dadurch mit dem Nomen zu einem einzigen Wort mit der Betonung *voluptásmea* verschmilzt; Plaut. *Mil.* 1061 *talĕntum Philĭppi,* weil die Wörter mit griechischer Betonung (τάλαντον, Φίλιππος) ausgesprochen wurden und darum die gekürzten Silben im Lateinischen nicht tontragend waren; Plaut. *Trin.* 831 *modĕsti sint,* weil die Formen von *esse* Postpositiva waren und die Gruppe somit als *modestísint* betont wurde.

6.2.12.2 *Die kurze Silbe (brevis) und die zu kürzende (brevianda) müssen zum gleichen Wort gehören.* Die *brevis* darf auch ein Monosyllabum sein, da dies in den meisten Fällen als Einheit mit dem nachfolgenden Wort zu betrachten ist. Man kann Jambenkürzung auch zwischen zwei Wörtern in Synalöphe durchführen. Nicht zulässig sind daher Fälle wie Plaut. *Bacch.* 724f. *euax, nimis bellus ătque; Pers.* 769a *date aquam manibus, ăpponite mensam;* bedenklich solche wie Plaut. *Pers.* 761 *facta sŭnt,* wo die Formen von *esse* als Postpositiva gelten würden.

6.2.12.3 *Die brevis muß eine isolierte Kürze innerhalb des Wortes sein oder, falls andere Kürzen vorausgehen, muß sie, vom Beginn der Folge von Kürzen an gerechnet, an ungerader Stelle stehen.* Nicht zulässig ist daher eine Jambenkürzung wie Plaut. *Poen.* 1176 *ego hodiĕ,* da die *brevis* (-*ĭ*-) an gerader Stelle steht. Was die Dichtung betrifft, *müssen brevis und brevianda immer zusammenwirken, um ein einziges Element eines Verses zu bilden.* Dies erklärt sich aus der engen Verbindung, welche die beiden Silben in der Sprache eingehen und die sich selbstverständlich auch im Versbau widerspiegelt.

Als sichere Beispiele von Jambenkürzung können Fälle betrachtet werden wie Liv. Andr. *Trag.* 11 *Clutĕmestra;* Naev. *Com.* 9 *quasĭ;* Plaut. *Pseud.* 593 *dab(o) ĭnsidias;* Enn. *Praetext.* 2 *vidĕ fortem;* Caecil. *Com.* 201 *nec amĕt nec;* Ter. *Eun.* 8 *ex Graecis bonĭs Latinas;* Pacuv. *Trag.* 58f. *quid ĭstuc;* Lucil. *Sat.* 378 *nomen hŏc;* Acc. *Trag.* 133 *vel hĭc qui;* Afran. *Com.* 5 *simŭl limen;* Pompon. *Atell.* 78 *volŭptatibus.*

In der Dichtung nachsullanischer Zeit finden wir keine Spuren der Jambenkürzung mehr, doch rezitierte noch im Jahre 44 v. Chr. der Schauspieler Roscius Partien aus archaischer Dichtung, die reich an Jambenkürzungen waren, ein Anzeichen dafür, daß das Phänomen in der Umgangssprache noch weiterlebte. Die Sprache hatte mittlerweile der Entwicklung eines anderen prosodischen Phänomens Rechnung getragen, d. h. der Verkürzung vieler langer Endsilben, auch solcher, die durch ein implosives Phonem geschlossen waren (außer denen auf -*s*). In jenem Moment traf die literarische Sprache eine bewußte stilistische Wahl, indem sie ein prosodisches Phänomen wie die Jambenkürzung, das vielleicht als allzu populär galt, aus ihrem eigenen Bereich ausschloß.

6.3 Metrik

Da es uns heute nicht möglich ist, den quantitativen Rhythmus der Verse zu hören und wiederzugeben, müssen wir mit Hilfe eines *Schemas* das jeweilige *Idealmodell* rekonstruieren, indem wir die einzelnen Ansprüche und Erwartungen des Lesers oder Hörers näher bestimmen. Die Schemata setzen sich aus kleinsten Einheiten zusammen, die wir als *Elemente* bezeichnen, und sie unterscheiden sich voneinander eben durch die verschiedene Abfolge und Verkettung der Elemente. Wir weisen jedem Element ein Symbol zu und geben die Möglichkeiten ihrer Verwendung an. Die zur Konstruktion der verschiedenen Schemata notwendigen Elemente sind folgende:

⏑ ***elementum breve:*** kann nur von einer einzelnen kurzen Silbe gebildet werden.

– ***elementum longum:*** vorzugsweise von einer langen Silbe gebildet, kann aber auch von zwei kurzen gebildet werden.

⏖ ***elementum biceps:*** vorzugsweise von zwei kurzen Silben gebildet, kann ⏑⏑ aber auch von einer einzelnen langen Silbe gebildet werden.

× ***elementum anceps:*** kann von einer kurzen oder langen Silbe oder zwei kurzen Silben gebildet werden.

⏒ ***elementum indifferens:*** wird immer von einer einzelnen Silbe, ob kurz oder lang, gebildet.

Einzelne Elemente können in den einen Versen verschieden gebildet werden, in anderen nur auf eine einzige Art, was von Fall zu Fall angegeben wird. Die Elemente können zu größeren oder kleineren wiederholbaren Einheiten zusammengefügt werden, den *Metren,* die sich ihrerseits, wie bei Jamben (3.3) und Trochäen (3.4), in je zwei *Versfüße* unterteilen lassen.

Man spricht von steigendem Rhythmus in einem Vers, wenn die Arsis auf die Thesis folgt, im umgekehrten Fall von fallendem Rhythmus – Arsis und Thesis in Bezug auf die Stimme, im Sinn von „starker“, bzw. „schwacher Taktteil“. Traditionsgemäß werden die starken Taktteile mit Akut (´) bezeichnet. Verse von einer gewissen Länge weisen Pausen oder Einschnitte (Zäsuren: inmitten des Metrums; Diäresen: zwischen Metren) auf, die dazu neigen, sich festzusetzen und so selbst zu einem integrierenden Bestandteil des Rhythmus zu werden.

Verse können in verschiedenen Strukturen auftreten:

– stichische Struktur oder κατὰ στίχον: Jeder Vers behält seine eigene Individualität und Selbständigkeit, weist *indifferens* als Schlußelement auf, und die Endsilbe kann in Hiat mit dem Beginn des folgenden Verses stehen.

– systemische Struktur oder κατὰ σύστημα: stellt sich wie ein einziger langer Vers dar, der aus mehreren akatalektischen (unverkürzten) Versen zusammengesetzt ist und mit einem katalektischen (am Ende verkürzten) oder entsprechenden Vers abschließt. Die einzelnen Verse verlieren ihre Eigenständigkeit, weshalb das Schlußelement der einzelnen Verse nicht mehr *indifferens* ist und nur ausnahmsweise Hiat zwischen zwei Versen geduldet wird.

– parasystemische Struktur: weist Merkmale teils stichischer teils systemischer Struktur auf, mit katalektischem Vers als Abschluß; das Schlußelement der einzelnen Verse ist *indifferens* oder nicht, Hiat zwischen zwei Versen ist möglich.

– strophische Struktur: eine Folge von Versen, die mehrfach wiederholt wird und sich wie eine lange metrisch-rhythmische Einheit darstellen kann, als ob es sich um einen einzigen langen Vers handelte.

6.3.1 ***Saturnier.*** Die Saturnier standen ursprünglich im Zusammenhang mit dem Orakelwesen. Es ist bis heute nicht gelungen, ein Schema zu konstruieren, das alle Varianten der epigraphischen und literarischen Zeugnisse gerecht wird. Dem Wesen nach waren sie sicher quantitativ; es wurden zwar auch andere Deutungen versucht, doch glauben wir eher, daß die Quantität der wesentliche Faktor der Rhythmisierung war und daß es in Wirklichkeit *mehrere* Arten von Saturnier gab. Unter „Saturnier" verstehen wir also nicht einen bestimmten Vers, sondern eine *Methode, Verse zu bilden,* die sich auf die Gruppierung zweier – gleicher oder verschiedener – *Kola* stützt, die ohne Möglichkeit von Synalöphe durch Diärese scharf voneinander getrennt sind. Saturnier folgen gewöhnlich folgenden beiden Schemata:

×–×𝄐|×–𝄐‖–∪𝄐|×–𝄐
×–×𝄐|×–𝄐‖×–×–𝄐

Immer vorhanden ist die *Hauptdiärese* (‖), der ein *indifferens* vorausgeht, manchmal fehlen die kleineren Einschnitte, die sogenannten *Korschschen Diäresen* (|), welche Synalöphe, aber auch Hiat und *elementum indifferens* zulassen:

mălū́m dăbū́nt | *Mĕtḗllī* ‖ *Nā́evĭṓ*| *pŏē̆tāe* (Epigramm der Metelli gegen Naevius)
Liv. Andr. *Od.* 1 *vĭrū́m mĭhī́,* | *Cămḗnă,* ‖ *ī́nsĕcĕ́* | *vērsū́tūm*
Naev. *Bell. Poen.* 2,2 *nōctū́ Trōiā́d* | *ēxī́bānt* ‖ *că̆pĭtĭbū́s* | *ŏpḗrtī́s*
Naev. *Bell. Poen.* 46 *pătrḗm sŭū́m* | *sŭprḗmŭm* ‖ *ṓptŭmū́m* | *āppḗllānt*
Liv. Andr. *Od.* 10 *ĭbī́dēmquĕ́* | *vīr sū́mmŭs* ‖ *ādprī́mūs Pắtrŏclūs*
Liv. Andr. *Od.* 15 *mē cā́rpēntṓ* | *vĕhḗntēm* ‖ *dŏmū́m vĕnī́ssĕ*
Naev. *Bell. Poen.* 3,1 *ēorū́m sēctā́m* | *sĕquū́ntūr* ‖ *mūltī́ mōrtā́lēs.*

Es gibt aber auch Saturnier, die sich nicht an die angegebenen Schemata halten:

Liv. Andr. *Od.* 11 *pā́rt(im) ērrā́nt,* | *nĕquī́nōnt* ‖ *Grā́ecĭā́m* | *rĕdī́rĕ*
Liv. Andr. *Od.* 19 *Mērcŭ́rĭūs cū́mqu(e) ĕṓ* ‖ *fī́lĭū́s* | *Lātṓnās*
Liv. Andr. *Od.* 20 *nēxḗbānt mū́lt(a)* | *īntḗr sē* ‖ *flēxū́ nōdṓrūm dŭ́bĭō*
Liv. Andr. *Od.* 21 *nām dīvắ* | *Mŏnḗtās* ‖ *fīlĭắ* | *dŏcŭī́t*
Liv. Andr. *Od.* 4 *nĕ́quĕ tămḗn t(e) ōblī́tŭ(s) ṡum* ‖ *Lāḗrtĭĕ nṓstēr*
Naev. *Bell. Poen.* 3,2 *mū́lt(i) ălĭī́* | *ē Trṓiā* ‖ *strēnŭī́* | *vĭrī́*
Naev. *Bell. Poen.* 17,2 *săcr(a) ī́n mēnsā́* | *Pĕnā́tĭū́m* ‖ *ṓrdĭnĕ́* | *pōnū́ntūr*
Naev. *Bell. Poen.* 17,3 *ī́mmŏlā́bāt* | *ā́urĕā́m* ‖ *vī́ctĭmā́m pŭlchrā́m*
Naev. *Bell. Poen.* 18,1 *ī́squĕ sū́s(um)* | *ād cā́elūm* ‖ *sū́stŭlī́t sŭā́s*
Naev. *Bell. Poen.* 35,1 *sīn ī́llōs dḗsĕrā́nt* ‖ *fōrtī́ssĭmṓs vĭrṓs*
Naev. *Bell. Poen.* 35,2 *māgnū́m stŭprū́m pŏpŭlṓ* ‖ *fī́ĕrī́* | *pēr gḗntīs.*

6.3.2 ***Daktylische Verse.*** Als daktylisch werden Verse bezeichnet, deren Metren (–⏔) grundsätzlich aus Daktylen gebildet werden (– ⏑⏑); ihre *langen Elemente* werden ausschließlich aus langen Silben gebildet. Der H e x a m e t e r, von Ennius in den *Annales* eingeführt, wird zum epischen Vers schlechthin, findet aber auch in anderen Gattungen Verwendung (wie in der bukolischen, satirischen usw.); das Schema ist folgendes:

–⏔–⏔–⏔–⏔–⏔–⏓

Das 10. Element wird gewöhnlich von zwei kurzen Silben gebildet, die gelegentlich, und immer aus stilistischen Gründen, zu einer langen Silbe verschmolzen werden können (in diesem Fall wird der Vers als *spondeisch* bezeichnet). Beim Lesen in der Schule pflegt man die Silben, die ein *Longum* bilden, mit einem Akzent zu versehen:

Verg. *Aen.* 1,1 *ắrmă vĭrŭ́mquĕ cănṓ, Trōiáe quī prī́mŭs ăb ṓrīs.*

Der Hexameter zeigt folgende Einschnitte (Z ä s u r e n), die mit einer Sinnespause zusammenfallen können oder auch nicht:

Penthemimeres oder ***Semiquinaria;*** tritt nach der Silbe ein, die das 5. Element bildet:

Enn. *Ann.* 3 *nám latós populós | res átque*
Lucil. *Sat.* 11 *ínfam(am) incestám | turpémque*
Lucr. 2,10 *érrar(e) átque viám | palántis*
Catull. 64,5 *aúrat(am) óptantés | Colchís*
Verg. *Georg.* 4,288 *áccolit éffusó | stagnántem*
Hor. *Sat.* 2,1,2 *légem ténder(e) opús | sine nérvis*
Manil. *Astr.* 4,320 *Líbra decém partés | Geminórum.*

Das Element, das der Zäsur vorausgeht, kann als *indifferens* (⏓) behandelt und folglich von einer kurzen Silbe, mit der Möglichkeit des Hiats, gebildet werden:

Enn. *Ann.* 147 *et densis aquilắ | pennis*
Verg. *Ecl.* 7,23 *versibus ille facĭ́t, | aut*
Verg. *Aen.* 12,648 *sanct(a) ad vos animắ^h | atqu(e) istius.*

Hephthemimeres oder ***Semiseptenaria*** tritt nach der Silbe ein, die das 7. Element bildet. Sie ist seltener als die Penthemimeres und im allgemeinen gekoppelt mit der ***Trithemimeres*** oder ***Semiternaria,*** die nach der Silbe eintritt, die das 3. Element bildet:

Enn. *Ann.* 228 *páreréntˌ | obsérvarént, | portísculus*
Lucr. 1,779 *náturám | clandéstinám | caecámque*
Catull. 64,193 *Eúmenidés, | quibus ánguinó | redimíta*
Verg. *Aen.* 4,497 *quó perií, | superímponás: | abolére*
Ovid. *Met.* 1,314 *térra feráx, | dum térra fuít, | sed*
Lucan. *Phars.* 3,240 *quíque suás | struxére pyrás | vivíque.*

Beide Zäsuren können die Behandlung des vorausgehenden Elements als *indifferens* nach sich ziehen:

Enn. *Ann.* 87 *sic exspectabat populŭ́s | atque*
Verg. *Aen.* 4,64 *pectoribŭ́s | inhians.*

In Nachahmung des griechischen Hexameters kann das Element vor der Trithemimeres dann mit *-quĕ* gebildet werden, wenn das folgende Wort mit einer Liquida oder einem Spiranten beginnt:

Verg. *Aen.* 3,91 *liminaquĕ́ | laurusque*
Verg. *Aen.* 12,363 *Chloreaquĕ́ | Sybarimque*

Zäsur nach dem dritten Trochäus, im Lateinischen sehr selten, fällt zwischen die beiden Kürzen, die das 6. Element bilden:

Verg. *Aen.* 5,856 *témpora cúnctantíquĕ | nătántia.*

Möglich ist die Verbindung mit anderen Zäsuren:

Enn. *Ann.* 38 *víres vítaque córpŭs | mĕúm | nunc*
Verg. *Aen.* 2,3 *ínfandúm, | regínă, | iŭbés | renováre*

Bukolische Zäsur (genauer ***Diärese***) tritt nach dem 8. Element ein, das dann im allgemeinen von zwei Kürzen gebildet wird, steht gewöhnlich in syntaktischer Pause und kann mit anderen Zäsuren gekoppelt sein:

Catull. 62,1 *Vésper adést, iuvenés, consúrgĭtĕ: | Vésper*
Verg. *Ecl.* 3,68 *párta meáe Venerí sunt múnĕră: | námque*

Pentameter oder ***elegisches Versmaß***

– ⏕ – ⏕ – ‖ – ⏑⏑ – ⏑⏑ –

Das letzte Element scheint kein echtes *indifferens* zu sein, da es von langer oder wenigstens geschlossener Silbe gebildet wird. Ausnahmen: Tib. 1,1,24 *datĕ;* 1,3,92 *pedĕ.*

Synalöphe ist seltener als im Hexameter und kommt vor allem im ersten *Kolon* vor. Der Pentameter wird mit dem Hexameter verbunden zum ***elegischen Distichon,*** dem Versmaß der Elegie, findet aber auch Verwendung im Epigramm und in anderen literarischen Gattungen:

Catull. 65,5–6 *námque meí nupér | Lethaéo gúrgite frátris*
pállidulúm manáns ‖ ádluit únda pedém.
Tib. 1,8,1–2 *nón ego célarí | possúm, | quid nútus amántis*
quídve feránt mití ‖ lénia vérba sonó.
Prop. 2,1,1–2 *quaéritis, únde mihí | totiéns | scribántur amóres,*
únde meús veniát ‖ móllis in óre libér.
Ov. *Epist.* 15,1–2 *écquid, ut ínspectá (e)st | studiósae líttera déxtrae,*
prótinus ést oculís ‖ cógnita nóstra tuís?
Mart. 6,71,1–2 *édere láscivós | ad Baética crúsmata géstus*
ét Gadítanís ‖ lúdere dócta modís.
Avian. 1,1–2 *rústica déflentí | parvó iuráverat ólim,*
ní taceát, rabidó ‖ quód foret ésca lupó.

Den ***akatalektischen Tetrameter*** oder ***Alcmanicus***

– ⏕ – ⏕ – ⏕ – ⏑⏑

finden wir bei Seneca verwendet

Herc. Oet. 1944 *ŭ́ndĕ sŏnŭ́s trĕpĭdā́s aūrḗs fĕ́rĭt?*

und so, wie auch andere daktylische Verse, in Kombination mit verschiedenen Verstypen oder *Kola,* in den Gedichten des Horaz (s. 3.11).

6.3.3 ***Jambische Verse.*** Jambische Verse werden in verschiedenen literarischen Gattungen (Komödie, Tragödie, Epigramm, Fabel usw.) verwendet; sie sind entweder in *Versfüße* (×–, außer an bestimmten Stellen) oder in *Metren* (×–∪–) gegliedert. Diese Verse bilden die Elemente mit Doppelkürze nach klaren Regeln:

6.3.3.1 *Ein Element kann nicht von einer Doppelkürze gebildet werden, wenn die erste Kürze die Endsilbe eines mehrsilbigen Wortes wäre* (Ritschlsche Regel, nach der die Bildung eines zweisilbigen Elements, das durch Wortgrenze „zerrissen“ wäre, verboten ist: Plaut. *Capt.* 94 *captŭ̆s ĭn; Poen.* 240 *cogĭt(a), ă̆mabo;* Ter. *Ad.* 139 *istĕ tŭ̆os;* regelgemäß dagegen sind Fälle wie Plaut. *Mil.* 1284 *proptĕr ă̆morem,* weil Präposition und Substantiv metrisch ein einziges Wort bilden; allfällige Synalöphe zwischen den beiden Wörtern verhindert das „Zerreißen“ nicht).

6.3.3.2 *Ein Element kann nicht von einer Doppelkürze gebildet werden, wenn diese das Ende eines mehrsilbigen Wortes bildet* (Hermann-Lachmannsche Regel); danach ist es nicht möglich, ein zweisilbiges Element zu bilden wie Plaut. *Bacch.* 615 *inamabĭlĭs;* Ter. *Ad.* 60 *clamĭtăns;* Acc. *Trag.* 100 *circŭlŏs;* Phaedr. *App.* 15,19 *et urĭtŭr impudentis.* In Fällen wie Plaut. *Rud.* 110 *isticine vos* oder Ter. *Hec.* 283 *hacine causa* ist unter Wegfall von *-e isticĭn(e)* und *hacĭn(e)* zu lesen. Zulässig ist die Bildung eines Elements mit Doppelkürze, wenn diese durch Synalöphe zu Endsilben werden.

6.3.3.3 *Das 2. Element aller Verse und das 10. Element aller Langverse mit Mitteldiärese kann entgegen den Regeln von Ritschl und Hermann-Lachmann gebildet werden* (Regel der Stellen mit Lizenz). Die Anfangspartie eines Verses oder Kolons ist tatsächlich rhythmisch weniger empfindlich und kann deshalb Züge der gesprochenen Sprache annehmen, welche an anderen Versstellen unerwünscht wären. Nach dieser Regel ist die Bildung folgender Elemente zulässig: Plaut. *Bacch.* 960 ‖ *detŭl(i) ĭbi; Cas.* 931 *decĭdŏ . . .* ‖ *supsĭlĭt;* Ter. *Hec.* 867 *omnĭ(a) ŏmnes;* Sen. *Oed.* 263 *quicquĭd ĕgo.* Diese Elemente können jedoch nicht von der Regel ausgenommen werden, wenn das vorausgehende Element von einer Kürze oder einer Doppelkürze gebildet wird; folglich kann der Vers oder das Kolon in der Regel nicht mit einer Folge von Kürzen beginnen wie *bŏnĕ sĕnex, făcĕrĕ, făcĭlĕ bŏnum, făcĭlĭă.*

6.3.3.4 In Versen mit jambischer Klausel (∪⊗) findet sich *kein Wortende nach dem drittletzten Element, wenn das vorausgehende Element von einer Kürze gebildet wird* (Bentley-Luchssche Regel); ein Versende wie Enn. *Trag.* 297 *părắt pŭtắt* ist danach verboten.

Die Regel wird nicht verletzt,

– wenn die beiden Wörter Präposition und Substantiv sind (Plaut. *Curc.* 477 *sŭprắ lăcŭ́m*),

– wenn sie in festen Wendungen stehen (Plaut. *Pers.* 352 *mălắm crŭcĕ́m; Truc.* 586 *bŏ́nắ fĭdĕ́*),

– wenn das fünftletzte Element von einer Doppelkürze gebildet wird, die zum gleichen Wort gehört wie das viertletzte und drittletzte Element (Plaut. *Curc.* 86 *rĕ́cĭpĭăt mărĕ́*).

6.3.3.5 *In der Tragödie vermeidet man in Versen oder Kola mit jambischer Klausel die Bildung des viertletzten Elements mit einer Kürze, wenn es nicht zum gleichen Wort wie alle folgenden Elemente gehört* (Langen-Strzeleckische Regel); danach kann bei Kürze im viertletzten Element das Versende nur so gebildet werden wie Sen. *Med.* 512 *nĕpṓtĭbū́s;* 710 *Prŏmḗthĕī́; Troad.* 1080 *căcū́mĭnĕ́.* In Wirklichkeit verhärtet Seneca nur die Tendenz, die bei den archaischen Tragikern schon deutlich vorhanden war.

Der ***Monometer***

×–∪∩

wurde selten verwendet und ist schwer zu identifizieren, z. B.

Plaut. *Cas.* 708–712 *sĭ^h ĕcfḗxĭs hṓc,*
sŏlĕā́s tĭbī́
dăb(o) ĕt ā́nŭl(um) ī́n
dĭgĭt(o) ā́urĕ(um) ḗt
bŏnă plū́rŭmắ.

Er findet sich, teils vermischt mit anderen Versen, in den Cantica des Plautus.

Der ***katalektische Quaternar***

×–×–×–∩

wird in der archaischen Bühnendichtung verwendet; er findet sich zusammen mit längeren jambischen Versen oder auch vermischt mit anderen Verstypen:

Plaut. *Bacch.* 618 *hŏm(o) ā́ut ămḗt āut ắdĕāt*
Ter. *Hec.* 731 *ādgrĕ́dĭār. Bā́cchīs, sā́lvē.*

Der ***Quaternar***

×–×–×–∪∩

findet sich ebenfalls in der Bühnendichtung, entweder in stichischen Reihen oder vermischt mit anderen Versen:

Plaut. *Amph.* 1073 *nūmn(am) hū́nc pērcū́ssīt Iū́ppĭtḗr?*
Ter. *And.* 244 *quōd sī́ fīt, pĕ́rĕō fū́ndĭtū́s.*

Den ***Dimeter***

×–∪–×–∪∩

finden wir in Verbindung mit dem Ithyphallikus (s. 3.4) bei Plautus, in Verbindung mit anderen Versen bei Horaz (s. 3.11).

Der ***Senar***

×–×–×–×–×–∪∩

findet speziell als Sprechvers in der Bühnendichtung, wo er auch entstanden ist, Verwendung. Auch in anderen literarischen Gattungen wie Satura und Fabel ist er üblich; die Zäsur liegt im allgemeinen nach dem 5. Element:

Liv. Andr. *Trag.* 8 *nēm(o) hā́ec vōstrṓrūm | rū́mĭnḗtūr mū́lĭĕrī́*
Naev. *Com.* 22 *sŭṓpt(e) ŭtrṓsquĕ | dĕ́cŭīt ā́ccēptṓs cĭbṓ*
Pacuv. *Trag.* 64 *sūspḗns(um) īn lā́evō | brā́cchĭ(o) ṓstēnd(o) ū́ngŭlūm*
Acc. *Trag.* 69 *ātqu(e) ḗccōs sḗgnīs | sṓmn(o) ēt tā́rdĭtū́dĭnĕ́*
Afran. *Com.* 10 *quāmquā́m nōn ī́stīs | ḗxērcḗtŭr ī́n lŏcī́s*
Phaedr. 4,3,4 *nōndū́m mātū́rā (e)st: | nṓl(o) ăcḗrbām sū́mĕrĕ́.*

Eine weitere ist nach dem 7. Element möglich, oft begleitet von einer Zäsur nach dem 3. Element:

Plaut. *Rud.* 11 *quī fáct(a) hŏmĭnúm mōrésquĕ, | pĭétāt(em) ét fĭdém*

Caecil. *Com.* 74 *prōdĭ́gĕr(e) ēt, | cúm nīl hábēās, | téd īnrĭ́dĭér*

Pompon. *Atell.* 84 *ĕg(o) ī́llām | nṓn āmpléctār? | égŏ nōn sávĭém?*

Seltener ist die Kopplung der Zäsuren nach 3. und 5. Element:

Enn. *Trag.* 13 *ēxsúrgĕ, | prắecō: | fắc pŏpŭl(o) ắudĭéntĭắm*

nach dem 5. und 7. Element:

Lucil. *Sat.* 771 *ōrắtĭṓnēm | fắcĕrĕ | cṓmpēndī́ pŏtḗs.*

Im Senar wird *Ende eines mehrsilbigen Wortes nach dem 4. und 8. Element vermieden, wenn das jeweils vorausgehende Element eine Länge oder eine Doppelkürze ist* (Meyersche Regel); danach wären nicht zulässig Fälle wie Plaut. *Bacch.* 968 *e(um) eg(o) áde(o) ūnṓ;* 1018 *ead(em) ístaec vérba dúd(um) īllī́;* doch kann man in Anbetracht der vielen „Ausnahmen", die auftreten, eher von Tendenz als von Regel sprechen. Zudem *kann im Senar das 8. Element als indifferens behandelt werden, wenn es Wortende bildet,* kann also auch aus einer Kürze bestehen und Hiat aufweisen vor dem folgenden Element (Jacobsohnsche Lizenz):

Plaut. *Merc.* 693 *ni súmptuósus ínsupĕr etiám siét.*

Der ***Trimeter***

×–⏑–×–⏑–×–⏑⌒

ist ähnlich konstruiert wie sein griechisches Pendant. Die Zäsur tritt vorwiegend nach dem 5. Element auf:

Sen. *Tro.* 3 *ănĭmúmquĕ rébūs | crḗdŭlúm lāetī́s dĕdī́t*

Petron. *Sat.* 89 (*Tr. hal.* 1) *iām dĕ́cĭmă mắestōs, | ī́ntĕr ắncĭpĭtḗs mĕtū́s;*

aber manchmal gibt es auch Zäsuren nach dem 7. und 3. Element:

Sen. *Tro.* 19 *dīrĭ́pĭtŭr ắrdēns Trṓiă, | nḗc cāelū́m pătḗt*

Petron. *Sat.* 89 (*Tr. hal.* 11) *ō pắtrĭă! | pū́lsās mī́llĕ | crḗdĭdĭmū́s rătḗs.*

Ein extrem artifizieller Vers, der aus „reinen" Jamben besteht, wurde von Catull verwendet:

4,1 *phăsḗlŭs ī́llĕ, | quḗm vĭdḗtĭs, hŏspĭtḗs,*

von Horaz in Verbindung mit dem daktylischen Hexameter:

Epod. 16,2 *sŭī́s ĕt ī́psă | Rṓmă vī́rĭbū́s rŭī́t,*

von Vergil:

Catal. 4,2 *dătū́r tĭbī́, pŭḗllă, | quắm pĕ́tĭs, dătū́r;*

dieser Typ von Trimeter ist nicht an die Regel von Bentley-Luchs gebunden.

Der ***hipponakteische Trimeter*** oder ***Choliambus*** oder ***Skazon***

×–⏑–×–⏑–⏑––⌒

ist der Vers von Satire und Epigramm. Die Zäsur tritt im allgemeinen nach dem 5. Element auf:

Catull. 8,1 *mĭsḗr, Cătū́llĕ, | dḗsĭnā́s ĭnḗptī́rĕ*

Verg. *Catal.* 7,7 *vălḗ, Săbī́nĕ: | iắm vălḗtĕ, fṓrmṓsī*

Mart. 5,37,1 *pŭḗllă sḗnĭbūs | dū́lcĭṓr mĭhī́ cȳ́cnīs;*

seltener nach dem 7. Element:

Catull. 37,5 *cōnfū́tŭĕr(e) ḗt pŭtā́rĕ | cḗtĕrṓs hī́rcōs*
Verg. *Catal.* 7,6 *tūqu(e), ṓ mĕā́rum cū́ră, | Sḗxtĕ, cū́rā́rūm*
Mart. 8,44,3 *āt tū́, mĭsḗr Tĭtū́llĕ, | nḗc sĕnḗx vī́vīs.*

Der ***Septenar***

×–×–×–∪𝄐‖×–×–×–𝄐

wird meist mit Mitteldiärese verwendet; das 1. Kolon folgt der Regel von Bentley-Luchs:

Plaut. *Mil.* 355 *āt mĕ́tŭ(o), ūt sắtĭ(s) sīs sū́bŏlắ.* ‖ *:: cĕdŏ vḗl dĕc(em), ḗdŏcēbō*
Ter. *Hec.* 344 *lăbṓr(em) ĭnā́n(em) īpsū́s căpĭ́t* ‖ *ĕt ĭllī́ mŏlḗstĭ(am) ā́dfērt*
Afran. *Com.* 140 *prŏfĭcī́scōr: rḗs tēmpū́s lŏcū́s,* ‖ *sĭmŭ́l ṓtĭ(um) hṓrtābā́tūr.*

An die Stelle der Mitteldiärese können auch andere Einschnitte treten, einer meist nach dem 9. Element:

×–×–×–×–×|–×–×–𝄐

Plaut. *Rud.* 318, *tōrtī́s sŭpḗrcĭlĭī́s cōntrā́ctā | frṓntĕ*
Ter. *Hec.* 834 *ēts(i) hṓc mĕrĕtrī́cēs ā́lĭāe nṓlūnt: | nĕ́qu(e) ĕnīm (e)st*

Zudem besteht eine starke rhythmische Tendenz, *Wortende eines mehrsilbigen Wortes nach dem 4. und 12. Element zu meiden, wenn Länge oder Doppelkürze das vorausgehende Element bilden* (Meyersche Regel).

Der ***katalektische Tetrameter***

×–∪–×–∪𝄐‖×–∪–×–𝄐

ist in *Metra* (×–∪–) gebaut:

Catull. 25,9 *quāe nū́nc tŭī́s ăb ū́nguĭbū́s* ‖ *rĕglū́tĭn(a) ḗt rĕmī́ttĕ.*

Der ***Oktonar***

×–×–×–∪𝄐‖×–×–×–∪𝄐

weist meist Mitteldiärese auf:

Plaut. *Amph.* 153 *quī m(e) ā́ltĕr ḗst āudā́cĭṓr* ‖ *hŏm(o) ā́ut quī cṓnfī-dḗntĭṓr*
Ter. *Hec.* 566 *nūllā́m pōl crḗdō mū́lĭĕrḗm* ‖ *mē mī́sĕrĭṓrēm vī́vĕrĕ́*
Acc. *Trag.* 461f. *frīgī́t frĭcā́ntēm cṓrpŭ(s) sā́x(um)* ‖ *ōccū́lt(e) ābstrū́s(o) īn flū́mĭnĕ́.*

In dieser Form sehen die Verse wie die Summe zweier Quaternare aus und können es auch sein (denn aus Platzgründen stehen Quaternare oft in Handschriften paarweise auf einer Zeile). Mit einiger Sicherheit kann man sie identifizieren, wenn sich unter ihnen auch Oktonare ohne Diärese befinden, die sich nicht in Quaternare teilen lassen.

Die Zäsur steht meist nach dem 9. Element:

×–×–×–×–×|–×–×–∪𝄐

Enn. *Trag.* 59 *miser, aút qui té sic tráctavére | nóbis*
Ter. *And.* 262 *tum pátri(s) pudór, qui mé tam léni | pássus*
Acc. *Trag.* 86 *sed quaén(am) haec ést muliér funésta | véste,*

manchmal nach dem 7. Element:

Ter. *Andr.* 398 *ali(am) ótiósus quaerét: | ī́ntere(a) áliquid.*

Der Oktonar ohne Diärese ist selten bei Plautus und findet sich eher bei späteren Dichtern. Wie beim Septenar besteht die Tendenz, das 4. und 12. Element nach der Meyerschen Regel zu bilden.

6.3.4 ***Trochäische Verse.*** Trochäische Verse werden fast ausschließlich in der Bühnendichtung verwendet. Die als Doppelkürzen gebildeten Elemente folgen den entsprechenden Regeln in jambischen Versen (Ritschl, Hermann-Lachmann, Stellen mit Lizenz). In Trochäen wird zudem *ein langes Element nie von einer Doppelkürze gebildet, wenn das vorausgehende Anceps von zwei Kürzen gebildet wird, die zu verschiedenen Wörtern gehören* (Regel von Fraenkel-Thierfelder-Skutsch). Diese Regel berücksichtigt bei Versen mit Mitteldiärese die Bildung des 2. und 3., sowie des 10. und 11. Elements insofern, als das 2. und das 10. Element die einzigen sind, bei denen das „Zerreißen" der Doppelkürze zugelassen ist, da es sich um *Stellen mit Lizenz* handelt. Katalektische Verse mit Klausel (∪𝄐) halten sich an die Regel von Bentley-Luchs.

Die ***Dipodie***,

–×–𝄐

schwer identifizierbar, findet sich nur bei Plautus, mit Kretikern vermischt oder als deren Klausel:

Amph. 245 *ī́mpĕt(u) ā́lăcrī*
247 *iū́r(e) īniū́stās.*

Die ***Tripodie*** oder der ***Ithyphallikus:***

–×–×–𝄐

Plaut. *Cas.* 824 *ṓpsĕcrṓ mĕmḗntō*
Plaut. *Pseud.* 921 *ṓccŭpḗs ădī́rĕ*

Die Verbindung von Ithyphallikus mit jambischem Quaternar wird als ***euripideischer Vers*** bezeichnet. In der Dichtung des Horaz finden wir ihn mit dem daktylischen Tetrameter zum ***archilochischen Vers*** verbunden (s. 3.11).

Der ***katalektische Quaternar***

–×–×–∪𝄐

wird als Klausel von Systemen, aber auch in stichischen Strukturen oder mit Kretikern vermischt verwendet:

Plaut. *Pers.* 279 *nḗscĭ(o), ī́nqu(am), ūlmĭ́trĭbă tū́*
Ter. *Phorm.* 729 *ā́ut ūnd(e) ā́uxĭlĭū́m pĕtā́m?*

In der Form des ***katalektischen Dimeters***

–∪–∪–∪𝄐

findet man ihn in Verbindung mit dem jambischen katalektischen Trimeter bei Horaz (s. 3.11).

Der ***Quaternar***

–×–×–×–𝄐

wird in der Bühnendichtung verwendet, stichisch oder systemisch, tritt aber auch zwischen Kretikern auf:

Plaut. *Amph.* 581 *pḗstīs tḗ tĕnĕt. :: nā́m cūr ī́stūc*
Ter. *And.* 638a *nī́l ŏpū́st, ĭbī́ vĕrḗntūr*
Ter. *Eun.* 305 *ū́nd(e) īs? :: ḗgŏnĕ? nḗscī(o) hḗrclĕ*

Der ***Septenar***

–×–×–×–⌢‖–×–×–∪⌢

ist einer der häufigsten Verse der Bühnendichtung, gewöhnlich mit Mitteldiärese:

Liv. Andr. *Trag.* 1 *sī́ mălā́s ĭmĭtā́bō, tū́m tū ‖ prĕtĭūm prṓ nōxā́ dăbī́s*
Naev. *Trag.* 14 *tū́nc īpsṓs ădṓrĭānt, nḗ qu(i) hī́nc ‖ Spā́rtām rḗfĕrāt nū́ntĭū́m*
Enn. *Trag.* 257 *sḗd vĭrū́m vērā́ vīrtū́tĕ ‖ vī́vĕr(e) ā́nĭmāt(um) ā́ddĕcḗt*
Caecil. *Com.* 47 *fā́cĭl(e) āerū́mnām fḗrrĕ pṓssūm, ‖ s(i) ī́nd(e) ăbḗst īnĭū́rĭā́*
Pacuv. *Trag.* 73 *cṓncērtā́r(e) āc dī́ssēntī́rĕ ‖ pā́rt(i) āc dā́ rūrs(um) āequĭtḗr*
Acc. *Trag.* 130 *nṓs cōntĭ́nŭō fḗrr(um) ērĭ́pĭmūs, ‖ mā́nĭbūs mā́nĭcās nḗxĭmū́s*
Afran. *Com.* 116 *nā́m prŏb(a) ḗt pŭdī́că quṓd sūm, ‖ cṓnsŭl(o) ḗt pārcṓ mĭhī́*
Pompon. *Atell.* 99 *nḗscĭō quī́s mŏlā́m quăs(i) ā́sĭnūs ‖ ū́rgēt ū́xōrḗm tŭā́m.*

Alternativ zur Diärese kann auch Zäsur nach dem 7. Element stehen:

–×–×–×–|×–×–×–∪⌢

Ter. *Haut.* 255 *quī́d cŏmḗdḗnt! quĭd ḗbĭbḗnt! | quīd sḗn(e) ĕrīt nṓstrō mī́sĕrĭū́s?*

Oder nach dem 10. Element:

–×–×–×–×–×|–×–∪⌢

Plaut. *Epid.* 239 *nḗc sătĭs ḗxāudī́bam, nḗc sērmṓnīs | fā́llēbā́r tămḗn.*

Das 3. und das 11. Element können als indifferentia behandelt werden, wenn sie die letzte Silbe eines Wortes bilden (Jacobsohnsche Lizenz); danach sind folgende Verse möglich:

Naev. *Com.* 93 *prímum ad vírtut(em) út redeátis, ‖ ábeatī́s ab ignáviá*
Plaut. *Asin.* 199 *céterắ quae vólumus úti ‖ Graéca mércamúr fidé*
Ter. *Phorm.* 556 *nóli métuer(e): úna técum ‖ bóna malắ tolerábimús.*

Ferner besteht eine starke rhythmische Tendenz, *Wortende eines mehrsilbigen Wortes nach dem 11. Element zu meiden, wenn Länge oder Doppelkürze das vorausgehende Element bilden* (Meyersche Regel).

Der ***katalektische Tetrameter***

–∪–×–∪–⌢‖–∪–×–∪⌢

Sen. *Phaed.* 1203 *ī́mpĭūm răpĭt(e) ā́tquĕ mḗrsūm ‖ prḗmĭtĕ pḗrpĕtŭī́s mălī́s*

kommt auch in volkstümlichen Gebilden (sog. *versus quadratus*) vor:

Suet. *Caes.* 49 *Gā́llĭā́s Cāesā́r sŭbḗgīt, ‖ Nī́cŏmḗdēs Cā́esărḗm.*

Der ***Oktonar:***

–×–×–×–⌢‖–×–×–×–⌢

Enn. *Trag.* 219 *quā́e Cŏrī́nth(um) ārc(em) ā́lt(am) hăbḗtīs, ‖ mā́trōn(ae) ŏ́pŭlēnt(ae), ŏ́ptŭmā́tēs*
Pacuv. *Trag.* 44–45 *dŏ́lĕt pĭgḗtquĕ măgĭ(s) măgī́squĕ ‖ mḗ cōnā́t(um) hōc nḗquīqu(am) ī́tĭnēr.*

Wie beim Septenar besteht auch hier für das 11. Element dieselbe rhythmische Tendenz (Meyersche Regel).

6.3.5 *Anapästische Verse.* Obwohl nie von Terenz verwendet, sind Anapäste in den gesungenen Partien der Bühnendichtung sehr häufig. Ausnahme sind die Septenare bei Plautus, *Mil.* 1011–1093, die der παρακαταλογή (dem Rezitativ mit musikalischer Begleitung) dienen. Für die Bildung der Doppelkürzen gelten die Regeln von Ritschl und Hermann-Lachmann nicht, für die Folge von vier Kürzen läßt sich die Regel von Fraenkel-Thierfelder-Skutsch (s. 3.4) folgendermaßen erweitern: *Zwei aufeinanderfolgende Elemente können nicht von vier Kürzen gebildet werden, wenn die erste davon zum einen Wort, die zweite zum gleichen Wort gehört wie die beiden nachfolgenden Kürzen.* Diese Regel widerspiegelt Faktoren sprachlicher Art und bezieht sich nur auf die Folge von Silben, die ‚Naturkürzen' sind; tatsächlich sind Sequenzen vom Typ *bĕn(e) ŏmnĭbŭs* (Plaut. *Pers.* 775), *dăb(o) ĭnsĭdĭas* (Plaut. *Pseud.* 593), *nemĭn(e) ăccĭpĭet* (Plaut. *Mil.* 1062), in denen die zweite Silbe durch Jambenkürzung einer Kürze gleichwertig ist, zulässig. Von stilistisch begründeten Sonderfällen abgesehen, *müssen stichisch gebildete Anapäste mindestens ein als Doppelkürze gebildetes Element aufweisen.*

Die ***Dipodie,***

⏕ – ⏕ ⏓

schwer identifizierbar, kann stichisch oder als Versklausel verwendet werden:

Plaut. *Men.* 354 *īnlĕ́cĕbr(a) ănĭmṓst*

Sen. *Phaed.* 74 *tŭlĭt ĭ́n sāltū́s.*

Der ***kataléktische Quaternar*** oder ***Paroemiacus***

⏕ – ⏕ – ⏕ – ⏓

wird stichisch verwendet oder als Klausel in Systemen oder Parasystemen:

Plaut. *Bacch.* 616 *ĕ́g(o) ĕss(e) ắlĭīs. crḗdĭbĭl(e) hṓc ēst?*

Enn. *Trag.* 255 *pĕcŭdī́ dărĕ vī́vă mărī́tō.*

Der ***akatalektische Quaternar***

⏕ – ⏕ – ⏕ – ⏕ ⏓

wird in stichischen Gebilden, in Systemen (mit *longum* statt *indifferens* als letztem Element) oder Parasystemen (mit *longum* oder *indifferens* als letztem Element) verwendet:

Plaut. *Truc.* 124 *fĕr cṓntrā mắn(um) ĕt părĭtḗr grădĕrĕ́*

Enn. *Trag.* 81 *ō pắtĕr, ō pắtrĭ(a), ō Prĭ́āmī dṓmŭs*

Sen. *Agam.* 641 *dūcū́nt tūrmā́s, hāec fḗmĭnĕā́s.*

Der ***Septenar***

⏕ – ⏕ – ⏕ – ⏕ ⏓ ‖ ⏕ – ⏕ – ⏕ – ⏓

weist, von seltenen Fällen abgesehen, Mitteldiärese auf; dazu kommen oft kleinere Einschnitte nach dem 4. und 12. Element:

Plaut. *Cist.* 205 *qu(i) ōmnī́s hŏmĭnḗs sŭ́pĕr(o), ắntĭdĕṓ ‖ crŭcĭắbĭlĭtā́tĭbŭs ắnĭmī;*

ein Septenar ohne Diärese kann auch ein System abschließen:

Plaut. *Bacch.* 1085a/1086 *ŭt ĕ́ŭm, sī cṓnvēnī́t, scĭṓ fḗcīss(e): ḗost īngḗnĭō nắtŭs.*

Der ***Oktonar***

⏓⏓–⏓⏓–⏓⏓–⏓⏓◠‖⏓⏓–⏓⏓–⏓⏓–⏓⏓◠

hat Mitteldiärese:

Plaut. *Cas.* 182 *crēd(o), ḗcāstṓr, nām vī́cīnā́m ‖ nēmĭ́n(em) ămō mĕ́rĭtō măgĭ́(s) quām tḗ*

Enn. *Trag.* 28 *caērŭ́lĕ(a) īncī́nct(ae) āngu(i) ī́ncēdū́nt, ‖ cīrcū́mstānt c(um) ā́rdēntĭ́bŭ(s) tāedī́s.*

6.3.6 *Kretiker.* Kretiker werden selten mit Doppelkürzen gebildet, doch gelten dann für sie die Regeln von Ritschl und von Hermann-Lachmann.

Die ***Dipodie***

–⏑––⏑◠

wird selten verwendet. Das 2. und 5. Element, die als *brevia* notiert sind, werden gewöhnlich von einer Kürze gebildet, ganz selten aber auch einmal von einer Länge:

Liv. Andr. *Trag.* 21 *quā́s pĕtṓ quā́s prĕcṓr*

Plaut. *Amph.* 245 *cū́m clāmṓr(e) ī́nvŏlā́nt.*

Die ***Tripodie***

–×––⏑––⏑◠

wird ebenfalls ganz selten verwendet:

Plaut. *Bacch.* 623 *quī́ pătrī́ rḗddĭd(i) ṓmn(e) ā́ur(um) ămā́ns*

Ter. *And.* 637 *ā́t tămḗn „ŭ́bĭ fĭdḗs?" sī́ rŏgḗs.*

Der ***Quaternar***

–×––⏑◠‖–⏑––⏑◠

ist sehr verbreitet. In den wenigen Fällen, wo der Vers keine Diärese aufweist, wird das 6. Element als *longum* betrachtet. Die Verwendung erfolgt stichisch oder in Systemen; in diesem Fall werden das 6. und das 12. Element als *longa* betrachtet. Das 8. Element, gewöhnlich ein *breve*, kann ausnahmsweise ein *longum* sein. In der Regel wird nicht mehr als ein Element als Doppelkürze gebildet:

Plaut. *Cas.* 189 *vī́r m(e) hăbḗt pḗssŭmī́s ‖ dḗspĭcā́tā́m mŏdī́s*

Enn. *Trag.* 77 *ā́rc(e) ĕt ū́rb(e) ṓrbă sū́m. ‖ qu(o) ā́ccēdā́m? qu(o) ā́pplĭcḗm?*

Caecil. *Com.* 153 *quī́s vōstrā́rū́m fŭ́ĭt ‖ ī́ntĕgr(a) ā́etā́tŭ́lā́*

Ter. *And.* 630 *dḗnĕgā́ndṓ mŏdṓ ‖ quī́s pŭdṓr pā́ul(um) ădḗst.*

Das kretische ***Kolon*** tritt in verschiedenen Formen auf, die sich alle auf das gleiche Schema zurückführen lassen:

–×–×◠

Häufiger sind die Formen: –⏑–⏑⏑̲, –⏑––⏑̲, –––⏑⏑̲, aber auch –⏑⏑––⏑̲, –––⏑⏑⏑̲. Kein Kolon bildet jedoch in der Regel mehr als ein Element als Doppelkürze:

Plaut. *Bacch.* 622 *nū́llŭ́s ḗst hŏmṓ*

633 *quĭ́d mĭh(i) ī́d prōdḗst?*

665 *fḗcĭt ḗx pătrḗ*

Ter. *And.* 635 (2 Kola) *quī́s tū (e)s? quĭ́d mĭhī́ (e)s? quŏ́r mĕā́m tĭ́b(i)? hḗus.*

6.3.7 ***Bakcheen.*** Wie die Kretiker sind die Bakcheen in den gesungenen Partien der Bühnendichtung sehr gebräuchlich; sie weisen nicht gerade häufig als Doppelkürzen gebildete Elemente auf, richten sie aber nach den Regeln von Ritschl und Hermann-Lachmann.

Die ***Dipodie***

×––×–⌓

ist wenig verbreitet und schlecht identifizierbar; sie tritt mit anderen Bakcheen zusammen auf, auch als Klausel von stichischen Reihen oder von Systemen:

Plaut. *Bacch.* 619 *ĭnĭmī́cṓs qu(am) ămī́cṓs*
Caecil. *Com.* 151 *ĕ(am) ŭtī́ vḗndĕrḗm. nū́nc*
Pacuv. *Trag.* 340 *quāmqu(am) ā́nnī́squ(e) ĕt ā́etā́t(e).*

Die ***katalektische Tripodie***

×––×––×⌓

ist selten; sie wird meist in Verbindung mit einem bakcheischen Kolon verwendet:

Plaut. *Amph.* 648 *vīrtū́s prā́emĭū́m (e)st ṓptŭmū́m*
Plaut. *Bacch.* 1130 *vĭdḗn lī́mŭlī́s, ṓpsĕcrṓ*

Die ***akatalektische Tripodie***

×––×––×–⌓

ist ebenfalls wenig gebräuchlich:

Plaut. *Bacch.* 625 *cōnsōlā́ndŭs hī́c mī́st, īb(o) ā́d ĕū́m*
Caecil. *Com.* 108 *mŏdŏ fī́t ṓpsĕquḗns hī́lărŭ(s) cṓmī́s.*

Der ***Quaternar***

×––×––×––×–⌓

hat im allgemeinen Zäsur nach dem 5. Element oder auch Diärese nach dem 6. Element, das in diesem Fall als *indifferens* behandelt wird, oder dann Einschnitt nach dem 7. Element:

Plaut. *Cas.* 704 *tĭmṓr prā́epĕdī́t vḗrbă. | vḗr(um), ṓpsĕcrṓ tḗ*
Enn. *Trag.* 303 *nōlī́t(e), hṓspĭtḗs, | ā́d m(e) ădī́re: īlī́c(o) ī́stī́*
Caecil. *Com.* 276 *prōfḗrtōquĕ nṓbī́s || īn mū́ndṓ fŭtū́rū́m.*

Im Quaternar besteht die rhythmische Tendenz, Wortende eines mehrsilbigen Wortes nach dem 5. Element zu vermeiden, wenn das 4. Element von Länge oder Doppelkürze gebildet wird (S p e n g e l - M e y e r s c h e R e g e l, die allerdings irrtümlich so auch für das 11. Element formuliert wurde).

Der ***Senar***

×––×––×––×––×––×–⌓

ist sehr selten:

Plaut. *Amph.* 633 *sătī́n pā́rvă rḗs ḗst vŏlū́ptā́t(um) īn vī́t(a) ā́tqu(e) ĭn ā́etā́t(e) ăgū́ndā́.*

Das ***bakcheische Kolon*** beruht auf zwei Schemata:

×–×–⌓ und ×––×⌓

Höchstens ein oder zwei Elemente dürfen als Doppelkürze gebildet sein:

Plaut. *Bacch.* 619 *āĕquṓmst m(e) hăbḗrḗ*
1130 *ŭt ī́ntŭḗntū́r*

Plaut. *Capt.* 788 *prŏcūl quḗm vĭdĕṓ*
Cas. 691 *sĕd ĕ́tĭā́mn(e) hăbḗt*
Plaut. *Pers.* 811 *ĕrū́s d(um) hī́nc ăbḗst*
Caecil. *Com.* 151 *crēd(o) ī́ntḗr sŭā́s*
Pacuv. *Trag.* 340 *hōc cṓrpū́s pŭtrḗt.*

6.3.8 ***Reizianische Verse.*** Das *Reizianische Kolon* ***(colon Reizianum)***

×–×–⏓

ist ein Kurzvers, der nicht immer leicht abzugrenzen und verschiedentlich mit Formen des bakcheischen Kolons zu verwechseln ist; es kann in stichischen Reihen auftreten, findet sich aber auch mitten unter jambischen, anapästischen, bakcheischen Versen; es ist nicht den Regeln von Ritschl und Hermann-Lachmann unterworfen, scheint aber die Regel von Fraenkel-Thierfelder-Skutsch einzuhalten:

Plaut. *Cas.* 843–845 *cōrpū́scŭlŭ̄m mā́lăcūm!*
m(ea) ūxṓrcŭlă – quā́e rēs?
:: quĭd ĕst? :: ī́nstĭtĭt plā́ntām.

Der ***Reizianische Vers (versus Reizianus)***

×–×–×–⏑⏓‖×–×–⏓

besteht aus zwei Teilen: Der zweite Teil ist identisch mit dem *colon Reizianum;* der erste ist kein eigentlicher jambischer Quaternar, wie es erscheinen könnte, da er sich nicht an die Regel von Bentley-Luchs hält:

Naev. *Trag.* 13 *nūmqu(am) hṓdĭ(e) ēffū́gĭēs quī́n mĕā́ ‖ mănū́ mŏrĭā́rĕ*
Plaut. *Aul.* 417 *quĭā́ cū́ltr(um) hăbḗs. :: cŏquṓm dĕcḗt. ‖ :: quīd cṓmmĭnā́tū's*
Ter. *Ad.* 610a *hōcī́n d(e) īmprṓvīsṓ mălī́ ‖ mĭh(i) ṓbĭcĭ tā́ntūm.*

6.3.9 ***Jonische Verse.*** Jonische Verse sind nicht den Regeln der Bildung von Doppelkürzen unterworfen; das ermöglicht es, sie von bakcheischen Versen zu unterscheiden, mit denen man sie verwechseln könnte. Der ***Quaternar der Ionici a maiore*** oder ***Sotadeus*** ist in brachykatalektischer (um die beiden letzten Elemente verkürzter) Form gebräuchlich:

––⏑⏑––⏑⏑––⏑⏑––

Die Sequenz der beiden Kürzen kann zu einer Länge verschmelzen, wie wenn es sich um ein *elementum biceps* handelte, und die *longa* können durch Doppelkürze vertreten sein. Die Sequenz ––⏑⏑ kann durch ***Anaklasis*** ('Umbiegung', Verschiebung) die Formen –⏑–⏑ oder –⏑–– annehmen:

Plaut. *Amph.* 168 *nṓctḗsquĕ dī́ēsqu(e) ā́dsĭdŭṓ sătī́s sŭpḗrquḗ (e)st*
Enn. *Var.* 25 *ī́bā́nt mălăcī́ vĭḗrĕ Vḗnĕrĭā́m cŏrṓllā́m*
Afran. *Com.* 202 *mū́lt(a) ā́tquĕ mŏlḗstā́ (e)s: pŏtĭn ū́t dī́ctă fācḗssā́s?*
Mart. 3,29,1 *hā́s cū́m gĕmĭnā́ cṓmpĕdĕ dḗdĭcā́t cătḗnā́s.*

Die ***Ionici a minore***

⏑⏑––⏑⏑––⏑⏑––⏑⏑––

beginnen mit der Doppelkürze:

Hor. *Carm.* 3,12,1–3 *mĭsĕrā́rū́m (e)st nĕqu(e) ămṓrī́ dărĕ lū́dū́m nĕquĕ dū́lcī́*
mălă vī́nṓ lăvĕr(e) ā́ut ḗxămĭnā́rī́ mĕtŭḗntī́s
pătrŭā́e vḗrbĕră lī́nguā́e.

Der ***Galljambus,*** von Catull in Gedicht 63 verwendet, scheint seinen Ursprung in einem katalektischen jonischen Quaternar *a minore* zu haben, wobei Anaklasis und wie bei einem *biceps* der Ersatz eines *longum* durch zwei Kürzen und umgekehrt möglich ist:

(⏔⏔ / ⏑⏑)–⏑–⏑–– ‖ (⏔⏔ / ⏑⏑)–⏑–⏑𝄐

Die übliche Form ist:

⏑⏑–⏑–⏑––|⏑⏑–⏑⏑⏑⏑𝄐

Catull. 63,1 *sŭpĕr ā́ltă vḗctŭs Ā́ttīs ‖ cĕlĕ́rĭ rătĕ mărĭ́ă*
22 *tībī́cĕn ŭ́bĭ cănī́t Phrȳx ‖ cūrvṓ grăvĕ́ călămṓ*
23 *ŭbĭ cắpĭtă Mā́enădḗs vī ‖ ĭăcĭū́nt hĕdĕ́rĭgĕrā́e*
35 *ĭtăqu(e) ū́t dŏmū́m Cȳ̆bḗllēs ‖ tĕtĭgḗrĕ lā́ssŭlā́e*
63 *ĕgŏ mŭ́lĭĕr, ĕ́g(o) ădŏlḗscēns, ‖ ĕg(o) ĕphḗbŭs, ĕ́gŏ pŭḗr*
91 *dĕă mā́gnă, dĕ́ă Cȳ̆bḗllē, ‖ dĕă dŏ́mĭnă Dī́ndȳ̆mḗi.*

6.3.10 *Äolische Verse.* Sie haben ihren Ursprung in der indoeuropäischen Metrik. Im Latein finden wir sie bereits in der Bühnendichtung der archaischen Zeit, aber häufig wird ihre Verwendung erst mit Catull und vor allem Horaz. Einige Fälle ausgenommen, die sich meist auf die archaische Periode beschränken, bestehen äolische Verse aus einer festen Zahl von Silben. Seit der Antike haben sich verschiedene Theorien über diese Verse abgelöst. Wir können beobachten, daß, abgesehen vom alkäischen Neunsilbler (Enneasyllabus), alle als Gemeinsamkeit mindestens eine choriambische Sequenz (–⏑⏑–) aufweisen, denen in gewissen Versen eine Gruppe von zwei Silben vorausgeht, die man als ***Basis*** bezeichnet.

Die ***katalektische choriambische Dipodie*** oder ***Aristophaneus*** oder ***Archilochius*** tritt mit Anaklasis im 2. Choriambus auf:

–⏑⏑–⏑–𝄐

Hor. *Carm.* 1,8,1 *Lȳ́dĭă, dī́c pĕr ṓmnīs.*

In der archaischen Komödie begegnen als Folge von Choriamben
die ***choriambische Dipodie:***

Plaut. *Bacch.* 636 *sḗd nĭs(i) ămḗs, nṓn hăbĕā́m;*

die ***Tripodie:***

Plaut. *Epid.* 537 *nṓscĭt(o) ĕ́g(o) hā́nc, nā́m vĭdĕṓr nēscĭ(o) ŭbī́*
Ter. *Ad.* 613 *pḗctŏrĕ cṓnsī́stĕrĕ nī́l cṓnsĭlī quī́t;*

die ***Tetrapodie:***

Plaut. *Cas.* 634 *vā́e tĭb(i)! :: ĭmm(o) ī́stū́c tĭbĭ sī́t. :: nḗ căd(am) ămā́bṓ tĕnĕ mḗ*

Ter. *Ad.* 611 *ū́t nĕquĕ quī́d mḗ făcĭā́m nḗc quĭd ăgā́m cḗrtŭ(s) sĭḗm.*

Der ***Glykoneus:***

××–⏑⏑–×𝄐

In archaischer Zeit finden sich sowohl *anceps* wie *longum* als Doppelkürze gebildet:

Plaut. *Bacch.* 629a *ī́nmĕrĭtṓ tĭb(i) īrā́tŭ(s) fŭī́*
630 *hḗiiă, bṓn(um) hăb(e) ănĭm(um). :: ū́nd(e) hăbĕā́m?*

Doch bei Catull, Horaz und Seneca werden diese Elemente monosyllabisch gebildet, das vorletzte immer von einer Kürze. Die beiden ersten Elemente des Verses (Basis) werden bei Catull von einer Kürze oder Länge gebildet, doch finden sich nie zwei Kürzen:

Catull. 34,2 *pū́ēll(ae) ḗt pŭĕr(i) ī́ntĕgrī́*
34,7 *quā́m mātḗr prŏpĕ Dḗlĭā́m*
61,6 *cī́ngĕ tḗmpŏră flṓrĭbū́s.*

Bei Horaz stehen zwei Längen (einzige Ausnahme *Carm.* 1,15,36 *īgnĭs*):

Carm. 1,6,8 *nḗc sāevā́m Pĕlŏpī́s dŏmū́m.*

Bei Seneca kommt meist Spondeus vor:

Med. 78 *ḗxērcḗt iŭvĕnū́m mŏdṓ,*

aber auch Trochäus:

Oed. 883 *fī́ngĕr(e) ā́rbĭtrĭṓ mĕṓ,*

und mindestens einmal auch ein Daktylus:

Agam. 635 *ū́t frĕmŭī́t mălĕ sū́bdŏlṓ.*

Der ***Pherekrateus*** sieht aus wie die katalektische Form des Glykoneus:

××–◡◡–𝄐

Bei Catull wird die Basis gewöhnlich von einem Trochäus gebildet:

61,10 *lū́tĕū́m pĕdĕ sṓccūm,*

seltener von einem Jambus:

34,4 *pŭḗllā́equĕ cănā́mūs,*

oder von einem Spondeus:

61,205 *nṓn ābscṓndĭs ămṓrēm.*

Horaz verwendet immer zwei Längen:

Carm. 3,7,3 *Thȳ́nā mḗrcĕ bĕā́tūm*
4,13,3 *vī́s fōrmṓsă vĭdḗrī.*

Bei Seneca läßt sich mit Sicherheit nur ein einziger Pherekrateus feststellen:

Agam. 636 *pā́rēns Pȳ́rrhŭs Ŭlī́xī.*

Der ***Priapeus***

–×–◡◡–◡– ‖ –×–◡◡–𝄐

geht auf die Verbindung von Glykoneus und Pherekrateus zurück. Der Vers weist insofern eine rhythmische Besonderheit auf, als zwischen den beiden Teilen, die immer durch Diärese getrennt sind, keine Unterbrechung der *Synaphie* [d. h. der metrischen Kontinuität] stattfindet; auch Synalöphe zwischen den beiden Teilen ist zugelassen. Die *ancipitia* sind immer von einer einzigen Silbe gebildet, meist von einer Kürze:

Catull. 17,1 *ṓ cŏlṓnĭă, quā́e cŭpī́s ‖ pṓntĕ lā́edĕrĕ lṓngō*
17,4 *nḗ sŭpī́nŭs ĕā́t căvā́qu(e) ‖ ī́n pălū́dĕ rĕcū́mbāt*
17,19 *ī́n fṓssā́ Lĭgŭrī́ iăcḗt ‖ sū́ppērnā́tă sĕcū́rī.*

Der ***Diphilius*** ist die Verbindung eines *männlichen Hemiepes,* das dem ersten Teil eines Pentameters oder eines daktylischen Hexameters entspricht, und einem *Telesilleus,* der die akephale ['kopflose', um das 1. Element verkürzte] Form des Glykoneus darstellt:

–⏕–⏕⏔‖×–⏑⏑–×⏔

Plaut. *Cur.* 96 *flṓs vĕtḗrīs vīnī́ ‖ mēīs nā́rĭbŭs ṓbiēctū́st.*

Der ***Wilamowitzianus***

××××–⏑⏑⏔

ist in der Komödie gebräuchlich:

Plaut. *Bacch.* 639 *ḗccām Chrȳ́sălū́m vĭdḗō.*

Der ***Adonius***

–⏑⏑–⏔

hat die Funktion einer Klausel:

Plaut. *Cas.* 645 *quā́e m(e) hăbŭī́stī*
Catull. 11,8 *aḗquŏră Nī́lūs*
Hor. *Carm. saec.* 48 *ḗt dĕcŭ́s ṓmnĕ*
Sen. *Med.* 615 *iūrā́ pĭā́vīt*
Stat. *Silv.* 4,7,16 *cṓncŏlŏr ā́urō?*

Der ***phaläkeische Hendekasyllabus (Elfsilbler)***

××–⏑⏑–⏑–⏑–⏔

hat öfters Spondeus als Basis (so immer bei Martial), aber auch Trochäus oder Jambus. Ganz außergewöhnlich die Phaläkeen von Catull, *Carm.* 55 (und 58a), die das 4. und 5. Element zu einer Länge zusammenziehen. Die Zäsur tritt am häufigsten nach dem 6. Element auf, aber etwa auch nach dem 5.:

Catull. 1,1 *cūī́ dōnṓ lĕpĭdū́m | nŏvū́m lĭbḗllūm*
1,2 *ā́rĭdā́ mŏdṓ | pū́mĭc(e) ḗxpŏlītūm?*
1,4 *mḗās ḗss(e) ălĭquī́d | pŭtā́rĕ nū́gās*
55,1 *ṓrāmū́s, sī fṓrtĕ nōn mŏlḗstūmst*
Mart. 2,41,1 *rī́dē, sī́ săpĭs, | ō pŭḗllă, rī́dē*
Stat. *Silv.* 1,6,1 *ḗt Phōebū́s pătḗr | ḗt sĕvḗră Pā́llās.*

Der ***Sapphicus minor*** oder ***sapphische Hendekasyllabus*** wird in Strophen verwendet, aber auch stichisch: –⏑–×–⏑⏑–⏑–⏔

Das 4. Element ist gewöhnlich eine Länge, bei Catull aber auch eine Kürze, bei Seneca selten eine Doppelkürze; dieser zieht das 6. und 7. Element in manchen Fällen zu einer Länge zusammen.

Die Zäsur tritt meist nach dem 5. Element auf, manchmal nach dem 6., manchmal scheint sie ganz zu fehlen oder bedeutungslos zu sein:

Catull. 51,1 *ī́llĕ mī́ pār ḗssĕ | dḗō vĭdḗtūr*
51,13 *ṓtĭūm, Cătū́llĕ, | tĭbī́ mŏlḗstūmst*
Hor. *Carm.* 1,22,15 *nḗc Iūbā́e tēllū́s | gĕnĕrā́t, lĕṓnūm*
Hor. *Carm. saec.* 21 *cḗrtŭs ū́ndēnṓs | dḗcĭḗs pĕr ā́nnōs*
Sen. *Med.* 636 *sū́mĕr(e) ī́nnŭmĕrā́s | sŏlĭtū́m fĭgū́rās*
Sen. *Agam.* 809 *Ā́rgŏs ī́rātā́e | cārū́m nŏvḗrcāe*
Stat. *Silv.* 4,7,1 *iā́m dĭū́ lātṓ | sŏcĭā́tă cā́mpō.*

Der ***Sapphicus maior*** begegnet in einer Ode des Horaz als zweiter Teil eines Distichons:

–⏑–––⏑⏑–‖–⏑⏑–⏑–⏔

Eine Zäsur steht nach dem 5. Element, eine Diärese nach dem 8.:

Hor. *Carm.* 1,8,4 *ṓdĕrī́t cāmpū́m, | pătĭḗns ‖ pū́lvĕrī̆s ā́tquĕ sṓlīs.*

Der ***Asclepiadeus maior***

–––⏑⏑––⏑⏑––⏑⏑–⏑𝄐

wird bei Catull und Horaz stichisch verwendet; die Zäsuren, nach dem 6. und 10. Element, sind bei Catull noch nicht völlig festgelegt:

Catull. 30,4 *nḗc fāct(a) ī́mpĭă fā́llā́c(um) hŏmĭnū́m | cā́elĭcō̆lī́s plăcḗnt*

30,12 *quā́e t(u) ūt pā́enĭtĕā́t | pṓstmŏdŏ fā́ctī́ făcĭḗt tŭī́*

Hor. *Carm.* 1,11,1 *tū́ nē quā́esĭĕrī́s, | scī́rĕ nĕfā́s, | quḗm mĭhĭ, quḗm tĭbī́*

1,18,6 *quī́s nōn tḗ pŏtĭū́s, | Bā́cchĕ pătḗr, | tḗquĕ, dĕcḗns Vĕnū́s.*

Der ***Asclepiadeus minor***

–––⏑⏑––⏑⏑–⏑𝄐

wird stichisch und in Strophen verwendet; er hat meist einen Einschnitt nach dem 6. Element. Seneca bildet das 2. Element auch als Doppelkürze:

Hor. *Carm.* 1,1,1 *Mā́cēnā́s, ătăvī́s ‖ ḗdĭtĕ rḗgĭbū́s*

2,12,1 *nṓlīs lṓngă fĕrā́e ‖ bḗllă Nŭmā́ntĭā́e*

Sen. *Herc.* 524 *ṓ Fōrtū́nă vĭrī́s ‖ ī́nvĭdă fṓrtĭbū́s*

Sen. *Agam.* 591 *ḗffŭgĭ(um) ḗt mĭsĕrṓs ‖ lī́bĕră mṓrs vŏcḗt.*

Der ***alkäische Enneasyllabus (Neunsilbler)***

×–⏑–––⏑–𝄐

wird in Strophen verwendet und weist Einschnitt nach dem 6. Element auf; das 1. Element kann von Länge oder Kürze gebildet werden:

Hor. *Carm.* 1,16,23 *tēmptā́vĭt ī́n dūlcī́ | iŭvḗntā*

3,29,11 *ŏmī́ttĕ mī́rārī́ | bĕā́tāe*

Stat. *Silv.* 4,5,3 *fṓrt(em) ā́tquĕ fā́cūndū́m | Sĕvḗrūm.*

Der ***alkäische Dekasyllabus (Zehnsilbler)***

–⏑⏑–⏑⏑–⏑–𝄐

wird in Strophen verwendet. Der Einschnitt tritt im allgemeinen nach dem 4. Element auf, aber auch anderswo:

Hor. *Carm.* 2,3,8 *ī́ntĕrĭṓrĕ | nŏtā́ Fălḗrnī*

Stat. *Silv.* 4,5,4 *nṓn sŏlĭtī́s | fĭdĭbū́s sălū́tŏ.*

Der ***alkäische Hendekasyllabus (Elfsilbler)***

×–⏑–––⏑⏑–⏑𝄐

wird in Strophen verwendet; er weist als 1. Element oft eine Länge auf, seltener eine Kürze. Einschnitt ist gewöhnlich nach dem 5. Element:

Hor. *Carm.* 1,9,1 *vĭdḗs ŭt ā́ltā | stḗt nĭvĕ cā́ndĭdū́m*

Stat. *Silv.* 4,5,1 *pārvī́ bĕā́tūs | rū́rĭs hŏnṓrĭbū́s.*

6.3.11 *Strophen.* Als metrisch-rhythmisches Ganzes erweisen sich Einheiten, die größer sind als die Verse, aus denen sie sich zusammensetzen; im Innern dieser Gebilde liegt oft Synaphie (metrische Kontinuität) vor, mit der Möglichkeit der Synalöphe von Vers zu Vers.

Die ***sapphische Strophe,*** von Catull, Horaz, Seneca, Statius verwendet, besteht aus *drei sapphischen Hendekasyllabi* und einem *Adonius.* Es gibt sehr wenige Unterbrechungen der Synaphie, nicht selten findet man Synalöphe von Vers zu Vers; ein einziges Wort kann das Ende des 3. Hendekasyllabus und den Anfang des Adonius bilden. Seneca verwendet erweiterte sapphische Strophen, die aus 8 Hendekasyllabi zusammengesetzt sind und mit einem Adonius schließen.

Bei Catull findet man zwei ***Strophen aus Glykoneen und Pherekrateen.*** Die erste setzt sich aus *drei Glykoneen und einem Pherekrateus* zusammen und gibt sich wie ein einziger Vers, da durchgehend Synaphie gilt und viele Synalöphen vorkommen; die zweite setzt sich zusammen aus *vier Glykoneen und einem Pherekrateus,* und auch sie vermeidet Unterbrechung der Synaphie.

Horaz verwendet die ***zweite asklepiadeische Strophe,*** die aus *drei kürzeren Asklepiadeen und einem Glykoneus* besteht, und die ***dritte asklepiadeische Strophe,*** die sich aus *zwei kürzeren Asklepiadeen, einem Pherekrateus und einem Glykoneus* zusammensetzt.

Die ***alkäische Strophe,*** die außer bei Horaz nur ein einziges Mal bei Papinius Statius in einem Gedicht (*Silv.* 4,5) vorkommt, setzt sich aus vier *alkäischen Versen* zusammen, *zwei Hendekasyllabi, einem Enneasyllabus und einem Dekasyllabus.* Die Synaphie ist so oft unterbrochen, daß die einzelnen Verse sich eigentlicher Selbständigkeit zu erfreuen scheinen.

Asynartetische Verse, d. h. Verbindungen zweier Kola von verschiedenem Rhythmus, können in Anbetracht des häufigen Fehlens von Synaphie zwischen den beiden Teilen, aus denen sie bestehen, eigentlich als distichische Strophen (s. u.), die auf einer einzigen Zeile stehen, betrachtet werden:

– 1. Der ***Elegiambus,*** das Resultat der Aneinanderreihung *eines katalektischen daktylischen Trimeters und eines jambischen Dimeters:*

–⏑⏑–⏑⏑⌒ ‖ ×–⏑–×–⏑⌒

Die Doppelkürzen des daktylischen Verses werden nie von einer Länge ersetzt; die Elemente des jambischen Dimeters werden immer monosyllabisch gebildet:

Hor. *Epod.* 11,10 *ā́rgŭĭt ḗt lătĕrḗ ‖ pĕtī́tŭ́s ī́mō spī́rĭtū́s*
11,14 *fḗrvĭdĭṓrĕ mĕrṓh ‖ ārcā́nă prṓmōrăt lŏcṓ.*

– 2. Der ***Iambelegus,*** das umgekehrte Gegenstück zum Elegiambus, besteht aus einem *jambischen Dimeter und einem katalektischen daktylischen Trimeter:*

×–⏑–×–⏑⌒ ‖ –⏑⏑–⏑⏑⌒

Die Elemente werden genau gleich wie beim Elegiambus gebildet:

Hor. *Epod.* 13,10 *lĕvā́rĕ dī́rīs pḗctŏrắ ‖ sṓllĭcĭtū́dĭnĭbū́s.*

– 3. Der ***archilochische Vers*** ergibt sich aus der Verbindung eines *daktylischen Tetrameters* (oder *Alcmanicus*) *mit einem Ithyphallikus,* dessen *longa* nur von Längen gebildet werden, während das 2. und 4. Element kurz bleiben:

–⏖–⏖–⏖–⏑⏑ ‖ –⏑–⏑–⌒

Zwischen den beiden teilen ist Hiat nicht zugelassen:

Hor. *Carm.* 1,4,3 *ā́c nĕquĕ iā́m stăbŭlī́s gāudḗt pĕcū́s ‖ ā́ut ărā́tŏr ī́gnī.*

Distichische Strophen, d. h. solche, die aus zwei verschiedenartigen Versen bestehen, sind in der Dichtung des Horaz ziemlich zahlreich:

– 1. Strophe aus *Glykoneus* und *Asclepiadeus minor.*
– 2. Strophe aus *katalektischer choriambischer Dipodie (Aristophanius)* und *Sapphicus maior,* die sog. ***große sapphische Strophe.***
– 3. Strophe aus *daktylischem Hexameter* und *katalektischem daktylischem Tetrameter* (dieser zweite Teil wird ebenfalls als *Archilochius* bezeichnet: –⏖–⏖–⏑⏑–⏑̂).
– 4. Strophe aus *daktylischem Hexameter* und *katalektischem daktylischem Trimeter* (–⏑⏑–⏑⏑⏑̂), dessen Doppelkürzen nie durch Länge ersetzt werden. Synaphie zwischen den beiden Versen wird nie unterbrochen.
– 5. Strophe aus *archilochischem Vers* und *katalektischem jambischem Trimeter* (×–⏑–×–⏑–⏑–⏑̂).
– 6. Strophe aus *katalektischem trochäischem Dimeter* (–⏑–⏑–⏑̂: die *longa* immer monosyllabisch gebildet) und *katalektischem jambischem Trimeter.*
– 7. Strophe aus *jambischem Trimeter* und *jambischem Dimeter:* Synaphie nicht selten unterbrochen.
– 8. Strophe aus *jambischem Trimeter* und *Elegiambus:* verschiedene Unterbrechungen der Synaphie.
– 9. Strophe aus *daktylischem Hexameter* und *Iambelegus.*
– 10. Strophe aus *daktylischem Hexameter* und *jambischem Dimeter.*
– 11. Strophe aus *daktylischem Hexameter* und *jambischem Trimeter* aus reinen Jamben (⏑–).

(Übersetzung: Bruno W. Häuptli)

Naev. *Bell. Poen.* wird nach Mariotti (*Il Bellum Poenicum e l'arte di Nevio,* Rom 1955; vgl. die Konkordanz *FPL*³ 69–71), Enn. *Ann.* nach Vahlen (*Ennianae Poesis Reliquiae,* Leipzig ²1903; vgl. O. Skutsch, *The* Annals *of Q. Ennius,* Oxford 1985), Lucilius nach Marx (Leipzig 1903/04, vgl. W. Krenkel, *Lucilius. Satiren,* Leiden 1970), die Dramatiker werden nach Ribbeck (*TRF*³ bzw. *Comicorum Romanorum praeter Plautum et Syri quae feruntur Sententias Fragmenta,* Leipzig ³1898), die übrigen Dichterfragmente nach *FPL*³ zitiert.

V

Römische Geschichte

Einleitung – ein Überblick

Jürgen von Ungern-Sternberg

Roms Geschichte fängt sehr bescheiden an: mit einigen latinischen Dörfern am unteren Tiber, die im 7. Jh. unter etruskischer Herrschaft zu einer Stadt zusammengefügt werden, wodurch sie den Anschluß an jene Siedlungsform erreichen, die im Mittelmeergebiet wie anderwärts die Vorbedingung zu höherer Zivilisation und staatlicher Organisation bildet. Am Ende der Königszeit (um 500) ist Rom in Latium ein Stadtstaat neben anderen. Erst die Eroberung der etruskischen Nachbarstadt Veji erhebt (kurz nach 400) die römische Macht zu überörtlicher Geltung, die aber sogleich durch den Keltensturm noch einmal radikal in Frage gestellt wird (386).

Nun aber beginnt jener wahrhaft staunenswerte Aufstieg, der in immer kürzeren Etappen Rom zur alleinigen Weltmacht werden läßt. Das 4. Jh. sieht die Begründung der Vormachtstellung in Latium und Kampanien, dann mit dem Sieg über den Samnitenbund über Mittelitalien; um 270 ist nach der Bezwingung des Pyrrhos ganz Italien bis zur Po-Ebene unter römischer Führung geeint. Der so entstandene Italische Bund besteht seine Bewährungsprobe in den ersten beiden Punischen Kriegen, an deren Ende (201) Rom das gesamte westliche Mittelmeergebiet kontrolliert. Nur 30 Jahre später sind auch die hellenistischen Erben des Alexanderreiches vernichtet (Makedonien) oder doch einer eigenständigen Rolle entkleidet. Römische Geschichte ist nun gleichbedeutend mit der des Mittelmeerraumes.

Der Prozeß der direkten Inbesitznahme (Provinzialisierung) und der territorialen Abrundung wird freilich aus mancherlei Gründen nur zögernd vorangetrieben. Erst die Feldzüge der großen Generäle der späten Republik – Pompeius im Osten, Cäsar in Gallien – schaffen die Vorbedingungen für die Rhein-Donau-Euphratgrenze, die seit Augustus das Römische Reich einschließt und die während der Kaiserzeit nur noch (verhältnismäßig) geringfügig überschritten wird.

Das Imperium Romanum ist wohl das einzige Weltreich in der Geschichte, das – nach den Maßstäben seiner eigenen Zeit – diese Bezeichnung vollauf verdient. Abgesehen von den doch Randerscheinung bleibenden Parthern ist es *die* Organisationsform für den gesamten Bereich der hellenistischen, nunmehr der griechisch-römischen Zivilisation, zugleich Träger ihrer Verbreitung bis an die Nordsee. Noch als Ruinen geben die Bauten der Kaiserzeit den Kulturlandschaften dieses Bereichs ihr charakteristisches Gepräge.

Einzigartig wie sein Wachsen ist auch der Untergang des römischen Reiches: Ein Jahrhunderte währender Prozeß der Transformation, den gern angeführte Daten wie 476 n. Chr. (Ende des weströmischen Kaiserreichs) nur akzentuieren, nicht näher beschreiben. Im Grunde wollte man nicht nur in

Byzanz, wo römische Staatlichkeit – wenn auch gewandelt – erst mit der Eroberung durch die Türken 1453 endete, den Untergang dieses Weltreichs schlechthin nicht wahrhaben.

Wie die europäische Kultur durch eine ganze Reihe von Renaissancen geprägt ist, so die politische Geschichte Europas durch eine Abfolge von Erneuerungen des römischen Kaisertums – Karl d. Gr., Otto d. Gr., das Heilige Römische Reich deutscher Nation, auch das Empire Napoleons und das britische, vor allem auf Indien bezogene Empire gehören hierher – oder allgemeiner: des römischen Staatsgedankens. Die Hauptstadt der USA bedurfte eines Kapitols, auf das Vorbild der Römer beriefen sich französische Revolutionäre ebenso wie britische Staatsmänner der viktorianischen Epoche. Senate, Magistrate, Konsulate gehören als Benennungen noch heute zum unentbehrlichen Bestand politischer Folklore – und weisen doch bei aller Unverbindlichkeit über sich hinaus auf die Kontinuität einer Romidee, wie sie ernsthafter das Moskau der griechischen Orthodoxie in Rechtsnachfolge des untergegangenen Byzanz als ‚drittes Rom' zu wahren gesucht hat und wie sie immer noch von dem Pontifex Maximus der römisch-katholischen Kirche gewahrt wird.

Eine großartige Entfaltung also aus bescheidenstem Beginn zu überzeitlicher Geltung ist kennzeichnend für die römische Geschichte. Dem rückschauenden Blick mußte es so scheinen, als ob in den Anfängen das später Erreichte angelegt und vorgebildet gewesen sei. Dieser Vorstellung haben Vergil und Livius die klassische Gestaltung gegeben. Vergil läßt in der ‚Aeneis' Jupiter selbst die künftige, räumlich wie zeitlich unbegrenzte Weltherrschaft Roms ankündigen, verbunden mit dem Gedanken der *pax Romana* (1, 278ff.); Livius legt die entsprechende Prophezeiung dem vergöttlichten Gründer der Stadt, Romulus, in den Mund (1, 16). Beide folgen Erzählungen, die in mehr als zwei Jahrhunderten römischer Dichtung und Geschichtsschreibung geformt worden waren, durch sie aber sollten sie bis in die Moderne das Bild von den Anfängen Roms bestimmen und finden auch heute noch oftmals mehr Glauben, als sie verdienen.

Die Erforschung der frühen römischen Geschichte sieht sich mit einem elementaren Sachverhalt konfrontiert. Die ersten dichterischen (Naevius; Ennius) wie historiographischen (Fabius Pictor) Darstellungen stammen aus dem ausgehenden 3. Jh. v. Chr., römische Geschichte aber beginnt ihrem eigenen Anspruch nach mit der Gründung Roms (753). Es stellt sich daher die Frage, in welchem Umfang überhaupt ein Wissen über mehrere Jahrhunderte hinweg verfügbar war. Erinnerung und mündliche Überlieferung reichen nach vielfacher Erfahrung, insbesondere aus dem Bereich der Ethnologie, kaum über die Zeit der Großväter, maximal über 100 Jahre, zurück. Insofern kann auch römische Geschichtserinnerung frühestens mit der Gallierkatastrophe des Jahres 386 einsetzen, wobei es in dieser Zeit schon griechische Beobachter, etwa Timaios, gegeben hat. Für die Epoche davor, die Schriftlichkeit seit dem 7. Jh.

prinzipiell kannte, existierten nur einzelne Zeugnisse (Inschriften; Gesetze; Kalender; Beamtenverzeichnis; Priesteraufzeichnungen), die an sich keine zusammenhängende Geschichtserzählung erlaubten. Ennius wie Fabius Pictor gestalteten diese Epoche denn auch zu einer ‚Anfangszeit', die inhaltlich den – ideal gesehenen – Verhältnissen ihrer eigenen Gegenwart entsprach. Da ihr Bild aber im Einklang mit dem ‚kollektiven Bewußtsein' ihrer Zeitgenossen stand, erhielt es durch die Verschriftlichung kanonische Geltung und liegt auch den einzigen uns erhaltenen Geschichtswerken – Dionysios von Halikarnaß und Livius – aus augusteischer Zeit zugrunde.

Wenn die römischen Autoren daher die Frühgeschichte aus der Perspektive des seither Erreichten schildern, anders gewendet: die jeweilige Gegenwart, d. h. vor allem die Machtstellung Roms, aus seiner entsprechend gestalteten ‚Vor'-Geschichte erklären, so können wir ihre Erzählungen nicht wie historische Berichte späterer Zeit interpretieren, denn das wäre nur als Rationalisierung und Fortschreibung dieser Pseudohistorie möglich. Dennoch bleibt ihr Erkenntnisinteresse auch das unsere. Die Beschäftigung mit römischer Geschichte muß in der Tat von Anfang an unter der Leitfrage nach ‚den Ursachen der Größe Roms' geschehen. Erst der alle Dimensionen sprengende und bis heute vielfältig nachwirkende historische Erfolg verleiht der mittelitalischen Siedlung der 1. Hälfte des 1. Jt. v. Chr., ihrer inneren Struktur wie ihren Beziehungen zu den Nachbarn, Bedeutung.

1 Königszeit und Republik

JÜRGEN VON UNGERN-STERNBERG

1.1 Die Frühzeit

Lange Zeit war Italien noch nicht einmal ein „geographischer Begriff" (Metternich). Das Bewußtsein seiner Einheit entstand erst infolge der römischen Eroberung. Endgültig wurden durch die Aufhebung der Provinz Gallia Cisalpina nach Cäsars Tod die Alpen zu den ‚Mauern Italiens' – wiewohl bereits Cato Censorius im 2. Jh. diesen Ausdruck prägen konnte. Eine Vielzahl von Völkern ganz verschiedener Sprache und Kultur bewohnte das Land.

Da gab es Reste der mediterranen Urbevölkerung wie die Ligurer um Genua. Im SO der Halbinsel wohnten illyrische Stämme. Zu ihnen zählten wohl auch die Veneter ganz im Nordosten. Vor allem aber sind die eigentlichen ‚Italiker' zu nennen, die uns in zwei sprachlich so stark differenzierten Gruppen entgegentreten, daß ihre Trennung wohl schon vor der Einwanderung in Italien erfolgt sein wird, also vor 1200/1000. Die wesentlich kleinere Gruppe der Latino-Falisker besiedelte Latium und weiter nördlich am Tiber Falerii. Erheblich stärker und dynamischer war zunächst die Gruppe der Umbro-Sabeller, die ihre Wohnsitze im Bergland des Appenin hatte: die Umbrer, dann die Sabiner, Marser, Volsker, Äquer u. a., schließlich der Stammesbund der Sammniten, die Kampaner, Lukaner und Bruttier. Umbro-Sabeller waren wohl die Träger der Villanova-Kultur, die Nord- und Mittelitalien zu Beginn des 1. Jt. prägte. Zugleich sind in ihr freilich auch bedeutende Einflüsse der mediterranen Urbevölkerung zu fassen. Die indoeuropäische Einwanderung brachte ja keinen radikalen Bevölkerungswechsel mit sich, wie er in unserem Jahrhundert vielfach praktiziert wird.

Dieser so vielgestaltige, in seiner Bevölkerung so heterogene Raum sollte nun von einer der kleinsten Gruppen geeint werden. Niemand konnte voraussehen, daß Rom nicht nur ganz Italien, sondern auch die westeuropäischen Länder der Romania (und Rumänien) sprachlich prägen werde. „Die Romanisierung gehört deshalb zu den erstaunlichsten Kolonisationsvorgängen der Weltgeschichte . . . Angesichts der außerordentlichen Tatsache wird klar, daß das Ergebnis . . . allein auf die politische Überlegenheit Roms zurückzuführen ist" (A. Heuß).

Ergänzend müssen wir noch zweier Spätankömmlinge gedenken. Die Griechen hatten schon seit spätmykenischer Zeit Verbindungen zu Sizilien und Unteritalien. Nach einer erneuten Phase der Erkundung und des Handels begann im 8. Jh. das Zeitalter der eigentlichen Kolonisation. Ziel war zuerst der Golf von Neapel (Kyme/Cumae), vor allem wegen der Nähe zum metallreichen Etrurien (Eisen; Kupfer), das auch Zinn im Durchgangshandel von Norden her vermittelte; Metalle, die sogleich von den Griechen und den anfangs mitbeteiligten Phönikern bis in den Vorderen Orient weitergehandelt worden sind. Erst danach wurden Sizilien (bis auf die stets phönikisch-punisch dominierte Westspitze) und die fruchtbaren Ebenen Unteritaliens besiedelt. Neapel-Poseidonia/Paestum-Tarent-Metapont-Sybaris-Kroton. Vor allem Kyme ist für die kulturelle Entwicklung Mittelitaliens sehr bedeutungsvoll geworden. Von dort übernahmen Etrusker und Römer das chalkidische Alphabet, religiöse Einrichtungen (Tempel; Kulte), rechtliche Vorstellungen, wesentlich auch die Konzeption der ‚Stadt'. Kyme steht aber hier auch stellvertretend für den griechischen Einfluß insgesamt, der Italien seit dieser Zeit durchdrang und allmählich hellenisierte.

Schwerer zu fassen sind die Etrusker, deren nichtindoeuropäische Sprachdenkmäler zwar gelesen, aber nur unvollkommen verstanden werden können. Der Streit um ihre Herkunft – Einwanderung aus dem Alten Orient oder Autochthonie – erregt die Gemüter nicht mehr so stark wie in antiker und moderner Vergangenheit. Im Wesentlichen hat sich die etruskische Kultur jedenfalls in Italien herausgebildet und gehört auch in den Villanova-Kreis. Ob kleinasiatisch anmutende Elemente auf Zuwanderer oder auf ein gemeinsames mediterranes Erbe zurückzuführen sind, muß offen bleiben. Mehr als durch die Griechen wurde durch die Etrusker die Stadt als Siedlungstypus in Italien heimisch gemacht; durch ihren Zwölf-Städte-Bund in der Toskana (Veji; Caere; Tarquinii; Volci; Volaterrae; Arretium u. a.); durch ihre Expansion nach Latium und Campanien (Pompeji u. a.) wie in die Po-Ebene (Mantua; Spina; Ravenna; Ariminum). Marzabotto ist dort als planmäßig angelegte Siedlung besonders gut erforscht. Zwischen Etruskern und Griechen gab es rege Handelsbeziehungen, wie die griechischen Viertel in den Hafenstädten von Caere und Tarquinii bezeugen.

1.2 Die Königszeit

Cicero (*Rep.* 2, 3ff.) rühmt die Weisheit des Romulus bei der Wahl des Ortes für seine Stadtgründung. Nicht zu nahe am Meer, was Gefährdung und Sittenverderbnis mit sich gebracht hätte, aber erreichbar durch einen schiffbaren Fluß sei Rom durch gesicherte Lage, zahlreiche Quellen und gesunde Hügel ausgezeichnet. Das Problem geopolitischer Betrachtungsweise ist nur ein Spezialfall der allgemeinen Problematik des Historikers: Er schließt aus dem Gewordenen auf die Ursache zurück. In der Tat lassen sich wohl allgemeine Vorbedingungen für die zukunftsreiche Lage einer Stadt formulieren. Die Verkehrsgünstigkeit war durch den Tiber wie durch die Via Salaria ins Landesinnere und durch die Straßen von Etrurien nach Kampanien (Via Latina; Via Appia) gegeben. Latium befand sich zudem im Zentrum der entwickelteren Westküste Italiens. Aber die Lage ist nur ein Faktor im Kontext aller Gegebenheiten, die zu verschiedenen Zeiten auch verschiedene Konsequenzen haben kann. Ebenso gut läßt sich von einer prekären Randlage Roms zwischen etruskischem und latinischem Bereich sprechen: Chancen und Gefahren waren jedenfalls für das römische Bewußtsein prägend.

Zunächst war Rom Bestandteil der latinischen Welt, beteiligt an den Kulten des Jupiter Latiaris auf dem Albanerberg, an dem der Diana von Arricia, am Aeneaskult von Lavinium.

Der älteste Kalender läßt ein Königtum magischen Charakters ahnen *(regifugium; interregnum)*, daneben gab es wohl bereits einen Adelsrat (Senat), gebildet von den Familienoberhäuptern der patrizischen *gentes*, und die Masse der Nichtadligen, der Plebejer.

Der archäologische Befund zeigt bescheidene Verhältnisse. Spuren menschlicher Anwesenheit gibt es schon seit der 1. Hälfte des 2. Jt., eine dörfliche Siedlung wird aber erstmals im 10./9. Jh. auf dem Palatin greifbar: kleine Hütten ohne jeden Komfort. Allerdings treten schon seit dem ausgehenden 8. Jh. griechische Importe auf. Die Funde dehnen sich allmählich zum Esquilin und Quirinal hin aus, auch zum Forum Romanum und Boarium. Für einen einmaligen Gründungsakt (‚753') spricht nichts, vorzuziehen ist der Begriff der ‚Stadtwerdung'.

Die Suche nach dem Beginn Roms ist wie im Falle Athens durch die fortdauernde Faszination der Ursprungssagen geprägt: die Geschichten um Romulus und Remus – der Synoikismos des Theseus. Für antikes Denken war in den Anfängen das Wesen vorgegeben, aber niemand würde heute in den Anfängen von London oder New York deren Wesen aufzuspüren trachten. Rom wurde zur Stadt, indem es zunehmend die dafür geltenden Kriterien erfüllte: räumliche Größe und namhafte Bevölkerungszahl; soziale und wirtschaftliche Differenzierung der Bevölkerung; entsprechende politische und religiöse Institutionen. All dies dürfte sich im 8./7. Jh. entwickelt haben, also noch bevor Rom unter etruskische Herrschaft geriet (um 600). Von dieser hat es freilich eine religiös-magische Konnotation der Stadtqualität übernommen: *urbs Roma*. Ähnliches gilt für das Nebeneinander von Patriziern und Plebejern. Nicht die gesellschaftliche Differenzierung ist erklärungsbedürftig, sondern deren rechtliche Verfestigung: der Schließung des Patriziats folgte die ständische Organisation der Übrigen in der Plebs, beides wohl in der Anfangszeit der Republik. Ob die Klienten der Patrizier ursprünglich zu den Plebejern zählten, kann nur fragen, wer fälschlich von vornherein einen entwickelten Bürgerbegriff voraussetzt.

Die Epoche etruskischer Herrscher hat in Rom tiefe Spuren hinterlassen. Dies gilt schon für das Stadtbild. Durch eine große Entwässerungsanlage (Cloaca maxima) wurde das Forum zum Zentrum des städtischen, insbesondere des politischen Lebens. Im Tempel des Jupiter Capitolinus und in anderen entstanden Heiligtümer des etruskischen Typus. Der im Triumph dort hinaufziehende siegreiche Feldherr trug noch bis in die spätesten Zeiten die Insignien des etruskischen Königs. Etruskisch war aber auch die Konzeption der magistratischen Gewalt *(imperium)*, die wiederum als Erbschaft der als Eroberer gekommenen Könige den römischen Oberbeamten (Konsuln) ihre starke Stellung verlieh. Etruskisch war andererseits die Unterscheidung zwischen einem Bereich innerhalb der sakralen Stadtgrenze *(pomerium)* und einem Bereich außerhalb *(domi-militiae)*. Nur innerhalb des *pomerium* fand das politische Leben statt, war der Bürger im strengen Sinn Bürger, außerhalb war der Bereich des Krieges, damit aber auch der magistratischen Gewalt über Leben und Tod. Etruskisch geprägt waren schließlich wesentliche Teile der römischen Religion (Augural-Haruspizindisziplin).

Der Selbstmord der Lucretia, die den Tod der Schande vorzog, und der anschließende Sturz des letzten Königs Tarquinius Superbus durch L. Iunius Brutus haben das europäische Denken bis in die Französische Revolution hinein beeinflußt. In Wahrheit dürfte sich der Beginn der Republik sehr viel undramatischer eingestellt haben, durch allmähliche Zurückdrängung des ursprünglich absoluten Königtums, etwa in der 1. Hälfte des 5. Jahrhunderts.

1.3 Der Ständekampf – Die Eroberung Italiens

Erben der königlichen Macht waren zunächst die Patrizier. Sie saßen im Senat; sie stellten den oder die jährlich wechselnden Beamten (ob es von Anfang an zwei Konsuln waren, ist durchaus ungewiß); sie bekleideten die Priesterämter. Eine abgesonderte Priesterschaft gab es in Rom so wenig wie in Griechenland. Die Patrizier besaßen auch den größten Teil des Ackerlandes. Viele andere Römer waren als Klienten von den patrizischen Clans *(gentes)* abhängig.

Es war eine Adelsgesellschaft wie im archaischen Griechenland. Und wie dort, nur mit einem für die römische Entwicklung charakteristischen Abstand von 100–150 Jahren, kam es auch hier zu einer Krise, die gleichzeitig Ausbildung und Verfestigung von Staatlichkeit und Beteiligung weiterer Schichten am politischen Leben zum Ziel und schließlich auch zum Ergebnis hatte: der sog. Ständekampf zwischen Patriziern und Plebejern. Auch er ist ein europäischer Mythos geworden, in den Bildern, die uns Livius so farbenfroh vor Augen stellt.

Eines sei hier nachgezeichnet, die Vorgeschichte der ersten *secessio plebis*, die nach Livius (2,21–33) 495/93 spielt. Es beginnt mit dem Tod des Tarquinius Superbus, der die Patrizier von der Furcht vor der Rückkehr des Tyrannen befreit und übermütig werden läßt. Hart bedrücken sie die Plebejer, die durch die Kriege mit den Nachbarvölkern um Haus und Hof gebracht worden sind, Schulden machen mußten, nicht zahlen konnten und schließlich im Schuldgefängnis landeten. Die empörten Plebejer fordern nun vom Senat eine Milderung des Schuldrechts, freilich ohne viel Gehör zu finden. Sie haben aber ein Druckmittel: ihre Unentbehrlichkeit angesichts der mit Einfällen ins römische Gebiet drohenden Nachbarvölker Volsker, Sabiner, Aurunker und Äquer. So zwingen sie die Patrizier zu Zugeständnissen, die jedoch nach Beseitigung der äußeren Gefahr immer wieder zurückgenommen werden, bis schließlich den Plebejern die Geduld reißt. Die bewaffnete Mannschaft zieht zum Mons sacer; de facto ist also die *secessio plebis* ein Militärstreik. Menenius Agrippa kann die Plebejer durch die Geschichte vom Magen und den Gliedern zur Rückkehr bewegen. Dafür gestehen die Patrizier ihnen eigene Beamte zu ihrem Schutz zu – die Volkstribune, die zum Symbol der Volksfreiheit schlechthin werden.

Dieser und anderen Erzählungen zufolge hätte sich der Ständekampf also zwischen reichen Patriziern und einer verarmten plebeischen Masse abgespielt und sich hauptsächlich um soziale Forderungen gedreht, zu denen erst verhältnismäßig spät auch das Streben nach politischer Gleichberechtigung getreten wäre.

Die moderne Forschung hat ein wesentlich differenzierteres Bild von der Plebs erarbeitet. Neben den besitzlosen, häufig verschuldeten *proletarii* – Leuten, deren ‚Reichtum' nur in ihren Kindern besteht – kennt schon die älteste Gesetzgebung, das XII-Tafelgesetz, die *assidui* – die Ansässigen, Leute also mit Grundbesitz. Und das im 5. Jh. neu geordnete Stimmrecht nach Vermögensklassen (die sog. servianische Zenturienordnung) zeigt, daß es auch zahlreiche Plebejer mit beträchtlichem Vermögen gegeben haben muß. Zu rechnen ist schließlich mit dem Zuzug adliger Familien von anderen Städten, die vom Patriziat ausgeschlossen blieben, innerhalb der Plebs aber eine führende Rolle übernahmen.

Dementsprechend hat sich auch die Auffassung vom Wesen des Ständekampfes gewandelt. Er erscheint von der Seite der Plebejer aus betrachtet eher als eine Art ‚Koalitionskrieg'. Die sozial prominenten Plebejer strebten die privatrechtliche, vor allem jedoch die politische und sakrale Gleichstellung mit den Patriziern an, d. h. sie verlangten die Zulässigkeit patrizisch-plebeischer Ehen sowie den Zugang zu den Ämtern und Priesterschaften. Sie waren dabei als Volkstribune die naturgegebenen Vorsteher der plebeischen Sondergemeinde, die in ihrer Mehrzahl eher auf eine Erleichterung der Schuldenlast und auf eine bessere Versorgung mit Ackerland angewiesen war. Durch wechselseitige Unterstützung konnten beide Seiten ihre Ziele besser erreichen.

Diese Sicht des Ständekampfes erklärt auch, warum er gelegentlich in revolutionären Formen geführt werden konnte, aber niemals eine Revolution war. Sein Ziel war eben nicht der soziale Umsturz, ja noch nicht einmal oder allenfalls sehr bedingt eine Demokratisierung des politischen Lebens in Rom. Eher kann man von einer ‚Modernisierungskrise' sprechen, der Ausbildung staatlichen Lebens in Rom.

Ganz entsprechend hat die XII-Tafelgesetzgebung um 450 den Zivilprozeß und mit ihm das Schuld- und Vollstreckungsrecht geregelt, ihm von seiner Härte aber nichts genommen. Andere Bestimmungen handeln vom Ehe- und Familienrecht, vom Erbrecht, Nachbarschaftsrecht, Erwerb und Kauf, Begräbnissitten, vom Verhältnis zwischen Patron und Klienten. Ziel ist nie eine soziale Reform, sondern die Festlegung der Rechtsordnung – die freilich für alle gilt, für Patrizier wie für Plebejer.

Die politische Gleichstellung der Plebejer wurde in mehreren Etappen erreicht. Sehr bald begannen infolge der Aufhebung des Eheverbotes die führenden Familien zu einer sozialen Schicht zusammenzuwachsen. Auch als Offiziere wurden Plebejer in den ständigen Kriegen benötigt *(tribuni militum consulari potestate)*. So wurde in der Mitte des 4. Jahrhunderts auch das Oberamt für sie geöffnet. Hinfort mußte einer der beiden Konsuln Plebejer sein. Bald darauf erreichten sie auch die Diktatur und das Amt für die Rechtsprechung (Prätur), schließlich auch die Priesterämter (um 300).

Die führenden patrizischen und plebeischen Familien verschmolzen bald zu einem neuen Amtsadel, der Nobilität, die sich im wesentlichen durch die Abstammung in männlicher Linie von einem Konsul definierte. Dieser Kreis war nie ganz exklusiv; ein beschränkter Aufstieg war möglich, aber auch solche *homines novi* übernahmen sogleich das Standesdenken der *nobiles.* Organisatorischer Rahmen der Führungsschicht war der Senat, den die ehemaligen Beamten bildeten. Die in ihm versammelte politische Erfahrung gewährleistete gegenüber den durch Annuität und Kollegialität in ihrem Handlungsspielraum beschränkten Magistraten die Kontinuität römischer Politik.

Von daher wird auch verständlich, warum die *lex Hortensia* den Beschlüssen der Plebejer (Plebisziten) verbindliche Wirkung für alle Bürger, auch für die Patrizier, zugestehen konnte (287). Im Rahmen des Gesamtsystems war zu erwarten, daß die in der Regel zur Führungsschicht zählenden Volkstribune im Einvernehmen mit dieser, und d. h. vor allem mit dem Senat, handeln würden. Freilich war hier eine Möglichkeit gegeben, die in einer neuen Krise auch ‚systemsprengend' wirken konnte.

Nach außen hat sich Rom während des 5. Jh. in harten Abwehrkämpfen gegen die Bergvölker, wie Volsker und Äquer, behauptet. Dies war eine prägende Erfahrung; an den Grenzen seines Machtbereiches zeigte Rom sich stets sehr sensibel. Dem ersten größeren Erfolg, der Eroberung der etruskischen Nachbarstadt Veji, folgte sogleich die Gallierkatastrophe (386). Die Keltenzüge wiederholten sich mehrmals; auch diese Bedrohung aus dem unüberschaubaren Norden jenseits der Alpen wurde eine bleibende römische Erfahrung. Um die Mitte des 4. Jh. konnte sich Rom aber bereits als Vormacht im westlichen Mittelitalien (Latium; Campanien) etablieren. Im großen Samnitenkrieg (326–304) bezwang es dann den wichtigsten Rivalen um die Hegemonie in Italien und sicherte anschließend seine Stellung im Mehrfrontenkrieg gegen Samniten und Lukaner, Etrusker und Kelten (299–290). Der hellenistische König Pyrrhos errang nur durch seine überlegene Kriegstechnik vorübergehende Erfolge. Nach der Schlacht von Benevent (275) verließ er Italien, und im Jahre 270 stand Rom an der Straße von Messina.

Im Verlauf von etwa 75 Jahren war somit die römische Vorherrschaft über Italien erreicht worden. In der Folgezeit hat sie indes auch den schwersten Belastungen während der Punischen Kriege standgehalten. Erreicht wurde dies durch die kluge Gestaltung des Italischen Bundes. In ihm schloß die Führungsmacht Rom ihr Bürgergebiet *(ager Romanus),* auf dem z. T. städtische Gemeinwesen lokale Selbstverwaltung genossen (Munizipien; Bürgerkolonien), mit dem Gebiet der verschiedenen Bundesgenossen *(socii)* zusammen. Diese behielten ihre volle Autonomie und Abgabenfreiheit; sie waren aber im Kriegsfall zu Militärhilfe verpflichtet. So vermied Rom eine drückende Herrschaft und machte sich zugleich das gesamte militärische Potential Italiens zunutze. Durch dieses war es allen anderen Mächten des Mittelmeerraumes weit überlegen. Die Treue der Bundesgenossen sicherte auch ein System von klug in ihren Gebieten verteilten Festungen: Kolonien latinischen Rechts, die zwar eigenständige Gemeinwesen waren, zugleich aber mit Rom eng verbunden blieben.

1.4 Rom wird Herrin der Mittelmeerwelt

Als Vormacht Italiens trat Rom in eine vielgestaltige Staatenwelt ein, die durch Verträge und diplomatischen Verkehr schon eine völkerrechtliche Ordnung kannte. Ein zumindest faktisches Gleichgewicht der größeren Mächte sicherte allen Beteiligten die staatliche Existenz. Im westlichen Mittelmeer dominierte Karthago die Handelswege als Nachfolgerin der phönikischen Siedlungen auf den Inseln und auf der Iberischen Halbinsel. Den größeren Teil Siziliens machte ihm Syrakus streitig. Im Osten teilten sich Antigoniden (Makedonien), Seleukiden (Syrien) und Ptolemäer (Ägypten) in das Reich Alexanders d. Gr. Neben ihnen standen mittlere Mächte (Bithynien; Pergamon; im griechischen Mutterland der Ätolische und der Achäische Bund), aber auch Poleis wie Athen und Sparta.

Karthago hatte Rom seit alters in sein Vertragssystem wechselseitiger Abgrenzung von Interessensphären einbezogen. Noch gegen Pyrrhos wurde ein Bündnis abgeschlossen. Als beide Mächte aber einander unmittelbar an der Straße von Messina gegenüberstanden, kam es sogleich zum Konflikt, der in den 1. Punischen Krieg (264–241) hineinführte.

Campanische Söldner hatten in Messana einen Räuberstaat errichtet. Von Syrakus bedrängt wandten sie sich um Hilfe an Rom, das eingriff, obwohl es Karthago vertraglich zugesichert hatte, sich von Sizilien fernzuhalten. Seine Verpflichtungen als Schutzmacht *(fides)* mochte es zunächst als vornehmlich gegen Syrakus gerichtet betrachten; es hat aber auch den Krieg mit Karthago nicht gescheut, das sich sofort mit Syrakus verbündete, und ihn bis zum Endsieg geführt. Hier und in Zukunft verfuhr Rom nach einem Muster, das es bereits in Italien entwickelt hatte. Stets nahm es Hilferufe an und besetzte so im Bereich angrenzender Mächte Positionen. Damit ließ es diesen nur die Wahl zwischen allmählichem Zurückweichen oder präventivem Angriff, was wiederum bedeutete, daß Rom nur ‚gerechte Verteidigungskriege' *(bellum iustum)* zu führen hatte. In Wahrheit war es immer zu neuen Kriegen bereit – und diese folgten einander auch nahezu pausenlos –, die Führungsschicht wegen Karriere und Prestige *(gloria)*, alle wegen der zu erwartenden Gewinne (Beute).

Den einmal begonnenen Krieg führten die Römer mit gewaltigem Aufwand, auch zur See, der eigentlichen Domäne Karthagos. In der Person des Hamilkar Barkas hatte Karthago einen überragenden Befehlshaber und verteidigte hartnäckig seine sizilischen Häfen, von denen der Bestand des Seereiches abhing. Die Vernichtung der karthagischen Flotte bei den Ägatischen Inseln zwang Karthago aber zum Friedensschluß und zur Räumung Siziliens. Kurz darauf nutzten die Römer einen Söldneraufstand in Afrika, um zusätzlich Sardinien und Korsika an sich zu bringen (237). Die zwei ersten überseeischen Provinzen wurden 227 förmlich konstituiert.

In Spanien suchte Karthago einen Ausgleich für seine Verluste. Aber auch hier waren die Römer bald zur Stelle. Der karthagische Feldherr Hasdrubal mußte den Ebro als Grenze seiner Interessensphäre anerkennen (226). Während er und sein Nachfolger Hannibal (221) sich mit den spanischen Stämmen herumschlugen, griff Rom im letzten großen Keltenkrieg (225–222) in die Poebene aus, zuvor aber schon über die Adria nach Illyrien (229/8; 219). Seine Intervention in innere Angelegenheiten des südlich des Ebro gelegenen Sagunt veranlaßte Hannibal zur Einnahme der Stadt und zum Überschreiten des Ebro und somit zur Eröffnung eines Präventivkrieges gegen Rom, des 2. Punischen Krieges (218–201).

Da die römischen Ressourcen unverhältnismäßig größer waren – auch zur See, und das sollte die Entscheidung wesentlich mitbestimmen –, war Hannibals einzige Chance die Offensive ins Kernland des Gegners mit der Hoffnung, dessen italische Bundesgenossen auf seine Seite zu bringen. Seine militärischen Leistungen (Alpenübergang) und seine gewaltigen Siege (Trasimenischer See 217; Cannae 216) verschafften ihm in der Tat Verbündete in Italien, darunter das wichtige Capua, und darüber hinaus (Philipp V. von Makedonien; Syrakus). Das Kräfteverhältnis vermochte er aber nicht entscheidend zu ändern. Und Rom wies auch jetzt jeden Gedanken an einen Kompromißfrieden zurück. Es verstand sich als Hegemonialmacht, nicht als Teil des allgemeinen Staatensystems, wie es der ganz hellenisierte Hannibal bei seinem Kriegsplan vorausgesetzt hatte. Den bald einsetzenden römischen Offensiven auf allen Kriegsschauplätzen konnte er nur hilflos zusehen. Sein Erscheinen vor den Toren der Stadt selbst *(Hannibal ad portas)* war eine leere Drohgebärde (211). Zuletzt bewies ihm der ältere Scipio Africanus bei Zama, daß die Römer auch im taktischen Bereich ihre Lektion gelernt hatten (202). Karthago wurde im Frieden auf Nordafrika beschränkt, erhielt aber auch dort in dem Numiderkönig Masinissa bei unklarer Grenzziehung einen Rivalen, der Rom jederzeit die Möglichkeit zur Intervention verschaffen konnte.

Im Osten hatten im 1. Makedonischen Krieg (215–205) die römischen Verbündeten (Ätolischer Bund; Attalos I. von Pergamon) weitgehend die Lasten zu tragen; ja Rom verstand sich sogar zu dem in seiner (republikanischen) Geschichte einzigartigen Kompromißfrieden von Phoinike, um seine Kräfte auf den afrikanischen Kriegsschauplatz zu konzentrieren. Unmittelbar nach dem Friedensschluß mit Karthago jedoch nahm es das offensive Vorgehen Philipps V. in der Ägäis zum Anlaß, sich auch in diesem Raum hilfebringend zu präsentieren. Neben dem Eintreten für Attalos von Pergamon und Rhodos griff es dabei sehr geschickt die seit dem 5. Jh. immer wieder verwendete Freiheitsparole für alle Griechen auf, zunächst als Forderung an Philipp V., keine griechischen Städte zu bekriegen. Dieser nahm die Herausforderung an.

Der 2. Makedonische Krieg (200–197) endete, sobald sich in T. Quinctius Flamininus ein fähiger Feldherr fand, mit dem römischen Sieg bei Kynoskephalai. Makedonien mußte seine griechischen Stützpunkte räumen und verlor seine Stellung als Großmacht. Flamininus aber ließ bei den Isthmischen Spielen in einer denkwürdigen Szene die Freiheit aller Griechenstädte proklamieren (196) und veranlaßte tatsächlich in den folgenden Jahren, daß Griechenland von den römischen Truppen verlassen wurde. Philhellenische Motive mögen mitgespielt haben; mehr aber noch die Erwartung, daß nun sämtliche griechische Staaten die Führungsrolle Roms anerkennen und seinen Weisungen folgen würden. Im Grunde bedeutete die römische Garantie für die griechische Freiheit bereits das Ende des bisherigen Staatensystems.

Die Unfähigkeit der Griechen, diesen Sachverhalt zu begreifen, führte zu immer massiveren Interventionen Roms und damit auch zum faktischen Zusammenbruch der völkerrechtlichen Ordnung des Mittelmeerraumes. Zunächst wurde Antiochos III. im Syrischen Krieg (192–188) aus Kleinasien abgedrängt, dann verlor Perseus für schüchterne Selbständigkeitsregungen im 3. Makedonischen Krieg (171–168) sein Königreich Makedonien (Schlacht von Pydna 168). Dem gleichzeitig in Ägypten siegreich vordringenden Antiochos IV. machte ein römischer Gesandter klar, daß die Zeit selbständiger Politik nunmehr vorbei sei. Auch die kleineren griechischen Staaten waren jetzt ganz der römischen Willkür ausgeliefert. Unter den nach Italien deportierten Politikern des Achäischen Bundes befand sich der Historiker Polybios, der durch seinen Eintritt in führende Kreise Roms (Freundschaft mit dem jüngeren Scipio Africanus) zu einem ersten Vermittler zwischen beiden Welten werden sollte. Rhodos wurde durch die Einrichtung eines Freihafens in Delos wirtschaftlich schwer geschädigt; auch das zuvor geförderte Pergamon unterlag nun argwöhnischer Beobachtung und gelegentlichen Schikanen. Ein Aufstand in Makedonien führte 148 zur Einrichtung der Provinz Macedonia, deren Statthalter nach einem letzten Aufbäumen des Achäischen Bundes zusätzlich das eigentliche Griechenland unterstellt wurde. Die reiche Handelsstadt Korinth wurde gänzlich zerstört (146). Als der letzte Herrscher von Pergamon, Attalos III., sein Reich dem römischen Volk testamentarisch vererbte (133) und daraufhin die Provinz Asia eingerichtet wurde (129), war die Präsenz Roms an den Ufern der Ägäis fest etabliert.

In der westlichen Hälfte des Mittelmeeres hat Rom sein Reich sehr viel zielstrebiger ausgebaut. In Spanien hatte man während des 2. Punischen Krieges im Kampf gegen die Karthager Fuß gefaßt, signalisierte aber mit der Einrichtung der Provinzen Hispania citerior bzw. ulterior, daß der Herrschaftsanspruch auf Dauer angelegt war (197). Mit wechselndem Erfolg wurden die Grenzen vorgeschoben, bis seit 154 ein erbitterter Guerillakrieg entbrannte, der zunächst mit einer Folge von Niederlagen Roms Kräfte aufs Äußerste anspannte. Der Senat verwarf jeden Kompromiß, auch den von dem Konsul

Mancinus und seinem Quästor Ti. Sempronius Gracchus mit Numantia ausgehandelten (137). Der jüngere Scipio Africanus übernahm es, die Stadt zu belagern und zu zerstören (134/33).

Zuvor war er zum Vollstrecker des Schicksals Karthagos geworden. Dieses hatte der ewigen Schikanen müde gegen Masinissa die Offensive ergriffen (150), damit aber seinen Feinden im Senat, allen voran Cato Censorius, die ersehnte Gelegenheit gegeben: Ein erstes Ultimatum entwaffnete Karthago, ein zweites forderte die Verlegung der Stadt ins Landesinnere. Der folgende Verzweiflungskampf dauerte bis 146 und endete mit der Vernichtung der Stadt und der Einrichtung der Provinz Africa.

Polybios sucht in seinem Geschichtswerk die Frage zu beantworten, warum Rom in nicht ganz 53 Jahren – von Cannae bis Pydna gerechnet – nahezu die gesamte Welt seiner Herrschaft unterwerfen konnte. Er findet einen Grund in der zwischen Senat, Magistraten und Volk ausgeglichenen Verfassung, wobei ihm deren aristokratischer Grundzug durchaus bewußt war, einen weiteren in der römischen Disziplin. Beides ist gewiß richtig; insbesondere war politische Stabilität ebenso eine Vorbedingung für den Erfolg, wie sie durch diesen wiederum garantiert wurde. Zu erinnern ist jedoch an das jedem Gegner weit überlegene militärische Potential, das auch schwere Rückschläge verkraften ließ. Wichtig ist ferner die Langfristigkeit der Planung. Rom strebte keine schnelle Ausdehnung des unmittelbar beherrschten Territoriums an, sondern eine stetige Erweiterung seiner Einflußsphäre nach dem Muster der im Inneren den Charakter der Politik bestimmenden Patronats-Klientelverhältnisse. So benannte man auch verhältnismäßig kleine Provinzen ‚Africa' bzw. ‚Asia' – nicht mit dem Anspruch, die Kontinente zu erobern, wohl aber einer weitreichenden Kontrolle. Modern könnte man das ‚informellen Imperialismus' nennen.

1.5 Die Krise der Republik

Mehr als jede andere hat die Epoche der ausgehenden Republik eine Fülle scharfprofilierter Persönlichkeiten aufzuweisen, die selbst heute nicht völlig dem allgemeinen Bewußtsein entschwunden sind: die Gracchen, Marius, Sulla, Pompeius, Crassus, Cicero, Cäsar, schließlich Cato Uticensis, Brutus, Antonius, Octavian. Und doch sind von ihnen nur Marius, Sulla und Octavian/Augustus eines natürlichen Todes gestorben, verbindet sich mit allen Namen die Erinnerung an Mord, innere Wirren, Bürgerkriege, Proskriptionen: ‚Zustände wie im alten Rom'. Gleichzeitig läßt sich daher die Epoche als Zeit des Niedergangs wie als besonders glanzvolle verstehen, wobei zu letzterem auch daran zu denken ist, daß eben damals sich die römische Macht im besonderen Maße nach Osten wie nach Westen ausdehnte und daß keiner der zahlreichen Bürgerkriege imstande war, die römische Herrschaft über die Mittelmeerwelt ernsthaft in Mitleidenschaft zu ziehen.

Es handelte sich also bei der Krise der späten Republik um eine Krise besonderer Art. Von ihren Voraussetzungen her ebenso wie von ihrem Verlauf und von ihren Ergebnissen. Warum brachten Reformversuche keine Besserung, sondern endeten in immer neuen Eskalationen der Gewalt? Wer wollte überhaupt was reformieren und woher kamen die Gegenkräfte? Handelte es sich um den Gegensatz ‚Konservative' – ‚Demokraten' (Senat–Volk)? Oder um eine (soziale) Revolution? Warum zog sich der Prozeß über ein Jahrhundert hin (133–27) und endete in einem recht merkwürdigen Kompromiß, dem Prinzipat des Augustus? Diese und viele andere Fragen sind seit Montesquieu an die ausgehende Republik gestellt worden. Die Auflösung dieser Staatsordnung nach welthistorisch beispiellosen Erfolgen ist eine Herausforderung an das geschichtliche Denken par excellence – vergleichbar mit der in gewisser Weise komplementären Frage, warum das römische Weltreich schließlich ein Ende gefunden hat.

1.5.1 Von den Gracchen bis Sulla

Am Anfang stehen das politische Wirken und der Untergang zweier junger Männer aus dem höchsten Adel Roms, des Tiberius und Gaius Sempronius Gracchus, über ihre Mutter Cornelia – die erste römische Frau, deren Persönlichkeit uns die Überlieferung schildert – Enkel des älteren Scipio Africanus.

Tiberius trat als Volkstribun 133 mit einem Reformprojekt, der *lex agraria,* hervor. Ihr Inhalt schien nicht sensationell. Es ging nicht um die Enteignung der großen Grundbesitzer und eine Neuaufteilung des Landes (wie es später die französischen Revolutionäre geglaubt und sich darauf berufen haben), es ging nur um eine bestimmte Kategorie des Staatslandes *(ager publicus),* das Privatleute gegen eine kleine Abgabe bebauen durften, allerdings – nach einem früheren Gesetz – nur bis zu einem Höchstmaß von 125 ha. Der *ager publicus* jenseits dieser Grenze sollte zurückgegeben werden, um auf ihm Bauernhöfe für besitzlose römische Bürger zu schaffen.

In Wahrheit traf die *lex agraria* einen neuralgischen Punkt der Sozialverfassung Roms. Grundbesitz bildete die wirtschaftliche Basis der senatorischen Familien, denen Handels- und Geldgeschäfte von Gesetzes wegen verwehrt waren, die andererseits aber in einem finanziell aufwendigen politischen Wettbewerb miteinander standen. Die größeren Grundbesitzer hatten auch die Mittel, ihre Betriebe auf die ertragreichere Villenwirtschaft (Oliven- und Weinanbau) umzustellen. Die kleinen und mittleren Bauern dagegen stellten das Hauptkontingent des römischen Heeres, da der Militärdienst an einen gewissen Mindestbesitz geknüpft war. Ihre Zahl war rückläufig, weil wirtschaftliche Schwierigkeiten und die Chancen der Stadt viele zur Abwanderung veranlaßten.

So war die *lex agraria* heiß umstritten. Die Stimmbürger strömten nach Rom, die Großgrundbesitzer aber fanden in der römischen Verfassung ein geeignetes Mittel, um eine Abstimmung zu verhindern. Für die jährlich amtierenden zehn Volkstribune galt wie für alle römischen Magistraturen das Prinzip, daß das Veto eines Kollegen den Vorrang vor jeder positiven Aktion hatte. Ein solches legte der Volkstribun M. Octavius gegen das Ackergesetz ein, womit das populäre Reformprojekt zu scheitern drohte. Nun aber legte Ti. Gracchus dem Volk eine ganz unerhörte Frage vor, ob nämlich ein Tribun, der dem Volkswillen zuwiderhandle, im Amt bleiben solle. Damit erinnerte er an den ursprünglichen Sinn des Tribunats und folgerte daraus die Bindung der Volkstribunen an die ‚Basis'. Und in der Tat, Octavius wurde abgesetzt und ein Nachfolger gewählt. Das Ackergesetz wurde beschlossen; eine Drei-Männer-Kommission machte sich an die Realisierung.

Der Streit ging freilich weiter, jetzt um deren Finanzierung. Ti. Gracchus nahm dafür den von Attalos III. vererbten Königsschatz in Anspruch: ein Eingriff in den Zuständigkeitsbereich des Senats. Je unkonventioneller er aber vorging, desto angreifbarer wurde er. Nicht nur in den Augen der Senatoren, die mit Anklage nach dem Amtsjahr drohten, sondern auch in denen des Volkes, weil man ihm Streben nach einer persönlichen Machtstellung, am Ende gar nach dem Königtum / Tyrannis unterstellen konnte. Der Verdacht erhielt Nahrung, als Ti. Gracchus zu seiner Sicherung die absolut unübliche Wiederwahl zum Volkstribunen für das Jahr 132 anstrebte. Schließlich sprengten Senatoren unter Führung des Pontifex Maximus Scipio Nasica, eines Vetters des Gracchen, die Wahlversammlung und erschlugen Tiberius mit zahlreichen Anhängern. Die Leichen wurden in den Tiber geworfen: Staatsfeinden kam kein ordentliches Begräbnis zu.

Wie hatte es soweit kommen können in einem Gemeinwesen, das seit mindestens 150 Jahren gewohnt war, seine politischen Konflikte gewaltfrei auszutragen? Offenbar prallten zwei Ansprüche von so elementarer Bedeutung aufeinander, daß ein Kompromiß nicht mehr möglich schien.

Betrachten wir zunächst die rechtliche Seite: Theoretisch konnte ein Volkstribun jeden beliebigen Gesetzesvorschlag zur Abstimmung bringen, in der Praxis tat er dies im Einvernehmen mit dem Gremium, in dem alle führenden Politiker Roms saßen, dem Senat. Umgekehrt trug der Senat den wirklich vitalen Forderungen des Volkes, wenn auch manchmal zögernd, Rechnung. Noch nie war ein populäres Gesetzesprojekt durch ein kollegiales Veto verhindert worden. Im Jahre 133 setzten beide Seiten ihre Rechte absolut. Sie überdehnten damit die Möglichkeiten der (ungeschriebenen) Verfassung, die auf Konsens angelegt war. Im Hintergrund aber standen massive Interessen. Das Bauerntum war im Rückgang, die großen Besitzer von Staatsland jedoch waren nicht bereit, einen Beitrag zur Lösung des Problems auf ihre Kosten zu erbringen. Dies führte, wie schon Sallust sah (*Iug.* 41), zu einer verhängnisvollen Spaltung der Elite. Die wenigen Senatoren, die für Reformen eintraten, sprengten den Konsens, der bis dahin – bei allen persönlichen Rivalitäten – die Konstanz und die Homogenität römischer Politik gewährleistet hatte.

Als Ursache nennt Sallust die überragende Machtstellung Roms, die jeden äußeren Zwang zu Kompromissen im Inneren wegfallen ließ. In der Tat, jeder Senator konnte sich im Verhältnis zur Reichsbevölkerung als Fürst fühlen – und er war es auch auf Zeit, wenn er als Statthalter in einer Provinz amtierte. Die dabei erworbenen Umgangsformen wirkten auf das Auftreten gegenüber den einfachen Bürgern zurück. Zur Zeit der Ständekämpfe hatte man sich unter dem Druck von außen ‚zusammenraufen' müssen.

Wie so oft konnte man zwar den ‚Unruhestifter' beseitigen, nicht aber die Probleme, die sich vielmehr schnell vermehrten. Die weiterhin tätige Ackerkommission stieß bald auf die Tatsache, daß *ager publicus* auch von Angehörigen der verbündeten italischen Gemeinwesen bebaut wurde. Ohne Kompensation war ein Zugriff auf dieses Land nicht möglich; und das konnte nur das römische Bürgerrecht sein, das in dem Maße an Attraktivität gewonnen hatte, wie Rom alle anderen italischen Städte an Bedeutung überflügelt hatte. Da aber weder Senat noch Volk eine derartige Ausdehnung des Bürgerrechtes wollten, hatte man nun auch ein Bundesgenossenproblem. Eben dies charakterisiert die Krise der Republik: Ein Problem zog das nächste nach sich und Lösungsversuche verschärften nur die Lage.

Einen erneuten Lösungsversuch unternahm Gaius Gracchus als Volkstribun 123/22, indem er der etablierten Macht des Senats eine Koalition aller anderen politischen Kräfte entgegenzustellen versuchte. Der *plebs rustica* bot er eine Fortführung der Agrarreform, die sich sogar nach Übersee ausweiten sollte. Der Plan einer Kolonie auf dem Boden Karthagos nahm einen Gedanken vorweg, den erst Cäsar und Augustus in großem Stil wiederaufgreifen sollten. Neuartig war auch die Sorge für die *plebs urbana.* Ihr wurde der Grundbedarf an dem Hauptnahrungsmittel Getreide zu einem mäßigen Preise garantiert, eine absolute Notwendigkeit für die Großstadt Rom. Dem Ritterstand endlich hat erst C. Gracchus zu politischer Bedeutung verholfen.

‚Ritter' war in Rom, wer den Militärdienst zu Pferde leistete, und das setzte ein sehr beträchtliches Mindestvermögen voraus. Sozial standen die Ritter also den Senatoren nahe, strebten aber nicht die Ämterlaufbahn *(cursus honorum)* und den Eintritt in den Senat an und unterlagen daher andererseits nicht den entsprechenden Restriktionen für Handels- und Geldgeschäfte oder Staatspachten.

Gaius machte nun die Ritter zu Geschworenen im wichtigsten Gerichtshof, dem nämlich, der die Provinzen vor Erpressungen durch die senatorischen Statthalter schützen sollte.

Allerdings zeigte sich bald, daß die Interessenbefriedigung der einzelnen Gruppen nicht ausreichte, um sie auf Dauer politisch zu aktivieren; außerdem waren die Interessen auch viel zu heterogen. Als Gaius das unpopuläre Bundesgenossenproblem in Angriff nehmen wollte und zudem sein Kollege M. Livius Drusus dem Volk große (nie erfüllte) Versprechungen machte, wurde er für das Jahr 121 nicht wiedergewählt. Der Konsul Opimius nutzte Unruhen, um mit Notstandsvollmachten des Senats *(senatus consultum ultimum)* den Tribun und seine Anhänger als Staatsfeinde zu beseitigen.

Dieses Scheitern bewies, daß eine gründliche Reform mit politischen Mitteln gegen den Senat nicht durchgesetzt werden konnte. Für eine langfristige Oppositionspolitik fehlte jede institutionelle Basis (wie eine ‚Partei' oder ‚Gewerkschaft'), die dem fest etablierten Senat allein hätte Paroli bieten können. Die Mißstände waren ferner zwar gravierend, sie betrafen aber immer nur einen Teil, der weder fähig noch willens war, das gesamte politische System infragezustellen. Umgekehrt zeigten die Senatoren, daß ihnen jedes Verständnis für die anwachsenden Probleme abging. So liquidierten sie nach 121 in drei demagogisch raffiniert aufeinander abgestimmten Gesetzen auch noch die eher bescheidenen Ansätze zu einer Agrarreform. Die römische Republik war mit friedlichen Mitteln nicht mehr reformfähig.

Ein fortdauerndes Erbe der Gracchenzeit war das Entstehen zweier entgegengesetzter politischer Verhaltensweisen innerhalb der Führungsschicht, der optimatischen und der popularen. Genauer gesagt, die traditionelle, vom Senat bestimmte (optimatische) Politik wurde nunmehr durch die Herausbildung der popularen Alternative zu einer parteilichen, nicht mehr fraglos das Ganze repräsentierenden. Die Gracchen hatten gezeigt, daß gewichtige Anliegen mit Hilfe der Volksversammlung gegen die Senatsmehrheit durchgesetzt werden konnten. Sie hatten damit die *popularis via / ratio* begründet, den Weg am Senat vorbei zum Volk. Ihre Beseitigung löste nicht die sachlichen Probleme, die als Anhaltspunkte für eine künftige oppositionelle Politik vielmehr unverändert bestehen blieben. Schlimmer noch: der Senat verlor allmählich in den Augen von immer mehr Bürgern an Glaubwürdigkeit. Freilich verlief der Erosionsprozeß nur langsam und nicht geradlinig. Auch später konnte der Senat immer wieder die Initiative an sich reißen, weil die Popularen jeweils vereinzelt blieben und sich nicht auf eine organisierte ‚Partei' oder ‚Bewegung' stützen konnten.

Die beiden nächsten Jahrzehnte waren geprägt von äußeren Problemen. Sie brachten ein neues – und letztlich für die Republik verderbenbringendes – Element im politischen Kräftespiel auf den Plan: den Feldherrn und seine Soldaten.

In Nordafrika gab es Querelen um den Numiderkönig Jugurtha, der Rom durch die Beseitigung seiner Mitregenten herausgefordert hatte. Da er nicht wirklich gefährlich war und ein Krieg im nordafrikanischen Steppengebiet langwierig und wenig ertragreich zu werden versprach, neigten mehrere Beamte zu einem Kompromiß, den Jugurthas Zahlungen obendrein ‚versilberten'. Für die Opposition gegen das Senatsregime bedeutete dies freilich eine Chance neuer Agitation, bis schließlich in der Person des C. Marius ein *homo novus* das Kommando erhielt (107).

Dieser begnügte sich bei den Aushebungen nicht mit den Wehrpflichtigen, sondern zog auch freiwillig sich meldende ‚Proletarier' heran, die sich davon Versorgung im und nach dem Militärdienst erhofften. So zeigten sich die Folgen der versäumten Agrarreform: die Zahl der kleinen Besitzer, und damit der

Wehrpflichtigen, war zu sehr gesunken. Damit wurde das römische Heer noch nicht zu einer ‚Berufs'- und schon gar nicht zu einer ‚Söldner'-Armee, die neuen Soldaten waren aber in ganz anderem Maße als bisher ihrem Feldherrn verbunden.

Marius gelang es, Jugurtha zur Flucht zu seinem Schwiegervater Bocchus von Mauretanien zu zwingen, der ihn dem Quästor L. Cornelius Sulla auslieferte (105). Dies trug Marius nicht nur den Triumph über Numidien, sondern auch – völlig unüblich! – ein zweites Konsulat für 104 ein. Auf ihn wartete schon die nächste, weit größere Bewährungsprobe. Schon 113 hatten die Kimbern ein römisches Heer in Noricum vernichtet, im Jahre 105 aber folgte wegen der Uneinigkeit der Feldherrn der Untergang gleich zweier römischer Armeen bei Arausio gegen Kimbern, Teutonen, Ambronen und den helvetischen Teilstamm der Tiguriner. Die alte Furcht in Rom vor einer Invasion aus dem Norden erwachte; ein Sklavenaufstand in Sizilien kam seit 104 noch dazu, der zweite nach dem in den 30er Jahren.

Marius wurde Jahr für Jahr zum Konsul wiedergewählt (bis 100). Er reorganisierte (Kohortentaktik) und trainierte das römische Heer, bis bei Aquae Sextiae die Teutonen und Ambronen (102), im Jahr darauf bei Vercellae die Kimbern entscheidend besiegt werden konnten. Nunmehr versuchte er im Verein mit dem Volkstribunen L. Appuleius Saturninus (103, 100) die Versorgung seiner Veteranen sicherzustellen. Saturninus seinerseits wollte die gracchisch-populare Politik gegen den Senat wiederbeleben, jetzt aber gestützt auf einen General, dessen Soldaten ihm mehr als dem Senat, letztlich der res publica, verpflichtet waren. Ein Siedlungsgesetz wurde durchgesetzt gegen den Widerstand der Optimaten.

Als Saturninus sich freilich zu einem politischen Mord hinreißen ließ, schlug sich Marius auf die Seite des Senats. Er akzeptierte ein *senatus consultum ultimum* gegen seinen bisherigen Helfer, der mit seinem Anhang umkam. Noch einmal konnte sich der Senat als Herr der Lage fühlen, nutzte aber wiederum seine Chance schlecht, indem er keines der drängenden Probleme in Angriff nahm. Dies zeigte sich insbesondere im Jahre 91, als der Volkstribun M. Livius Drusus in seinem Interesse den Anliegen der ‚gracchischen' Koalition (*plebs urbana, plebs rustica,* Ritter) Rechnung tragen und schließlich das Bundesgenossenproblem lösen wollte. Ein Paket, das allen Beteiligten Zugeständnisse machte und zugleich abverlangte, wäre nur mit entschlossener Rückendeckung durch den Senat zu realisieren gewesen. An der fehlte es indes nach dem Tode des einflußreichen L. Licinius Crassus. Drusus wurde unter mysteriösen Umständen ermordet.

Hinfort sollten vornehmlich die Waffen sprechen, bis nach einer Reihe von Bürgerkriegen Augustus *cuncta discordiis civilibus fessa nomine principis sub imperium accepit* (Tac. *Ann.* 1,1). Schon der 91 ausbrechende Bundesgenossenkrieg kann durchaus als ‚Bürgerkrieg' bezeichnet werden, da die Italiker Taktik und Führungsgrundsätze an der Seite der Römer kämpfend übernommen hatten.

Rom mußte ihnen letztlich das Bürgerrecht zugestehen. Ganz Italien bis zur Po-Ebene wurde römisches Gebiet (–89/88) und begann sich nun rasch zu romanisieren.

Die verheerenden Folgen des Krieges waren aber dadurch nicht rückgängig zu machen. Jahrelang standen zahlreiche Heere in Italien, das seit Hannibal praktisch keine Kampfhandlungen mehr erlebt hatte. War das schon demoralisierend, so war noch schlimmer, daß die Heere sich wegen ihrer sozialen Struktur und nach den Gesetzen des Bürgerkrieges fast ausschließlich ihren Feldherrn verpflichtet fühlten – sofern sie diesen vertrauten, es kam auch zu Meutereien. Der militärische Sektor entglitt der zivilen Kontrolle.

Im Jahre 88 trat ein überseeischer Kriegsschauplatz dazu. König Mithridates VI. von Pontos nutzte den Bundesgenossenkrieg zur Offensive. Der ‚Blutbefehl von Ephesos' veranlaßte die einheimische Bevölkerung in Kleinasien zu einem Massaker an Römern und Italikern, in dem sich die Erbitterung über die Praktiken römischer Herrschaft (Steuerpacht) und wirtschaftlicher Kontrolle (Händler) Luft machte. Selbst ein halbbarbarischer Befreier war da willkommen. Zahlreiche Gemeinden in Griechenland schlossen sich dem Aufstand an. Das Kommando im (1.) Mithridatischen Krieg sollte der eine Konsul von 88, L. Cornelius Sulla, übernehmen. In einem tumultuarischen Verfahren gelang es aber Marius und dem mit ihm verbündeten Volkstribunen P. Sulpicius, Sulla durch Volksbeschluß seines Kommandos entheben zu lassen und dieses dem Marius zu übertragen. Sulla appellierte an sein Heer, das eben Nola in Campanien belagerte, mit dem gewünschten Erfolg. Die Soldaten – nicht die Offiziere! – verlangten, nach Rom geführt zu werden, um ihrem Feldherrn und damit auch sich den beuteträchtigen Krieg in Asien wieder zu verschaffen. Nach kurzem Kampf wurden die Stadt und der Senat ‚befreit', die wichtigsten Gegner geächtet.

Es war das erste Mal, daß ein römisches Heer gegen die eigene Hauptstadt und die verfassungsmäßigen Instanzen (Senat; Volk) zog. Es ist auch grundsätzlich nicht so einfach, das Militär in einem Lande gegen die Zivilgewalt in Bewegung zu setzen. Wenn es aber einmal so weit gekommen ist, dann ist es kaum wieder in seine Schranken zu weisen: Militärregime und Bürgerkriege haben ihre eigenen Gesetzmäßigkeiten. Der ‚Marsch auf Rom' war deshalb auch kein zufälliges Ereignis, sondern der erste Höhepunkt einer langen Entwicklung. Der Senat hatte seit 133 jeden Versuch zu einer Agrarreform erbittert bekämpft; unter äußerem Druck war die Professionalisierung der Armee durch Marius die Folge gewesen. Wieder aber hatte der Senat die Augen vor den Konsequenzen fest verschlossen und sich einer vernünftigen Versorgungspolitik für die Veteranen verweigert. Kein Wunder, daß die Soldaten das Vertrauen zu einer verfassungsmäßigen Regierung verloren und sich alles von ihren Feldherrn erhofften. Die Krise der römischen Republik war also im Kern eine ‚Legitimitätskrise' des Senats. Das schlechte Beispiel Sullas sollte bald und immer wieder Nachahmung finden (App. *Bell. civ.* 1,60).

Während Sulla im Osten erfolgreich gegen Mithridates zu Felde zog, wurde er in Rom zum Staatsfeind erklärt. Daher kam es zu einem Friedensschluß, der Mithridates nur zur Räumung der besetzten Gebiete zwang (85), Sulla aber freie Hand für die Landung in Italien ließ (Frühjahr 83). Zahlenmäßig war er zunächst unterlegen, aber er erwies sich bald als Meister der in einem Bürgerkrieg entscheidenden psychologischen Kriegführung. Dabei kam ihm der erst 23-jährige Cn. Pompeius zu Hilfe, der aus seinen Klienten in Picenum drei Legionen aufgestellt hatte. Sulla begrüßte ihn demonstrativ als Imperator und erkannte damit sein selbständiges militärisches Kommando an. Pompeius wurde dadurch zum ersten *privatus cum imperio* seit dem 2. Punischen Krieg, zum ersten aber überhaupt, der ohne staatliches Amt oder Auftrag ein Heer ins Feld stellte. Die Anerkennung durch Sulla verlieh ihm zunächst auch nur die ‚Legalität' innerhalb einer bürgerkriegführenden Partei, erst mit dessen Sieg dann auch die staatliche Anerkennung.

Im Spätherbst 82 zog Sulla siegreich in Rom ein. Da durch den Tod beider Konsuln im Bürgerkrieg eine Vakanz des höchsten Staatsamtes eingetreten war, konnte er auf das altehrwürdige Institut des *Interregnum* zurückgreifen und sich dann selbst durch einen Interrex zum Diktator – auch dies ein Rückgriff auf ein längst obsolet gewordenes, erinnerungsträchtiges Amt – machen lassen mit dem Auftrag *rei publicae constituendae et legibus scribundis,* naturgemäß auf unbestimmte Zeit.

Zu seinen Vollmachten zählte auch die Hinrichtung von Bürgern ohne ordentliches Gerichtsverfahren. So ist das Andenken Sullas unlösbar mit den Greueln der Proskriptionen verbunden, Listen derer, die zu Staatsfeinden erklärt und deren Vermögen eingezogen wurde; angeblich allein 40 Senatoren und 1600 Ritter. Den Kindern wurde die Bewerbung um die Ämter verboten. Umwälzend wirkte sich ferner die Enteignung italischer Städte zur Ansiedlung von 120000 Veteranen aus. Damit löste er das Versorgungsproblem auf resolute Weise und schuf sich zugleich Stützen seiner Macht.

Ziel der politischen Reformen war die Wiederherstellung des Senats als der Schaltstelle für alle wichtigen politischen Vorgänge. Dazu mußten zwei Entwicklungen rückgängig gemacht werden: Die Verselbständigung des Volkstribunats und die Loslösung der militärischen Macht von der zivilen Kontrolle. Das Volkstribunat wurde gravierenden Beschränkungen unterworfen, ihm insbesondere das Recht der Gesetzesinitiative genommen. Die Einwirkung des Militärs in den zivilen Sektor wollte Sulla durch eine strenge Regelung der Ämterlaufbahn, vor allem aber durch eine Trennung von Magistratur und Promagistratur verhindern, die Italien selbst zur ‚entmilitarisierten' Zone gemacht hätte.

Die Reformen waren durchdacht und konsequent, litten aber unter mehreren ‚Geburtsfehlern'. Einmal waren sie Reformen für den Senat, nicht durch den Senat. Gerade traditionell denkende Senatoren konnten das sullanische Regiment so wenig akzeptieren wie das Treiben mancher Volkstribune. Ja deren Kompetenzen gehörten einfach zum überkommenen Bestand der altväterlichen Verfassung; ihre Beseitigung oder Einengung ließ sich daher nicht halten. Zum anderen war der von Sulla ‚inthronisierte' Senat nicht der, der er einmal gewesen war. Die personale Kontinuität war bedenklich unterbrochen. Es gab kaum mehr Konsulare, ‚ältere Staatsmänner'; der neu aufgefüllte Senat besaß weder die nötige Kompetenz noch Autorität.

Sulla hatte schließlich nicht mit den ständig wechselnden Aufgaben des Reiches gerechnet. Der Bürgerkrieg setzte sich fort (Sertorius); die Piratengefahr wuchs. Die Beschränkung der militärischen Kommanden auf eine Provinz erwies sich bald als nicht realisierbar. Der große einzelne war in Rom schon zuvor immer wieder nötig gewesen (Scipionen), er sollte es in Zukunft noch mehr werden.

Schließlich aber waren es zwei Personen, die die Neuordnung durch ihre bloße Existenz in Frage stellten. Die eine war der junge Pompeius, der bereits alles erreicht hatte (bis zum Triumph), der sich aber umso mehr fragen mußte, welchen Platz im Staate er eigentlich habe oder anstreben solle. Die andere war Sulla selbst. Zwar trat er bald zurück und starb (78), sein eigenes – schlechtes! – Beispiel aber konnte er nicht vergessen machen. Die von ihm erreichte Machtstellung mußte auch andere faszinieren.

1.5.2 Pompeius – Cäsar

Cicero hat im Jahr 66 die Laufbahn des Pompeius zu Recht als eine einzige Abfolge von Ausnahmen charakterisiert (*De imp. Cn. Pomp.* 61–62). Vom Senat mit der Abwehr des M. Aemilius Lepidus beauftragt (77), fand er sogleich eine weitere Aufgabe im Kampf gegen den in Spanien sich behauptenden Sullagegner Q. Sertorius (77–72). Bei der Rückkehr nach Italien warf er die letzten Reste des Spartacus-Aufstandes nieder (71), solchermaßen den Ruhm des eigentlichen Siegers M. Licinius Crassus, schmälernd. Mit diesem zusammen bekleidete er anschließend das Konsulat (70) – als erstes reguläres Amt überhaupt! – und revidierte einige wesentliche Elemente der sullanischen Ordnung. Gleichzeitig hatte Cicero mit der Anklage gegen den mehr als üblich räuberischen Statthalter Siziliens, C. Verres, seinen ersten großen Auftritt.

Als einer der Principes der Republik war Pompeius nunmehr etabliert, ohne daß der erst 36jährige an Ruhe denken wollte. Nach Gelegenheiten, sein Organisationstalent und seine militärischen Fähigkeiten zu bewähren, brauchte er nicht lange zu suchen. Die Seeräuberplage war wegen der Kompetenzzersplitterung und der Energielosigkeit der Beauftragten unerträglich geworden. Pompeius, durch eine *lex Gabinia* mit einem umfassenden Kommando im Mittelmeerraum betraut, stellte innerhalb weniger Wochen den Frieden wieder her (67). Daraufhin schien er auch der richtige Mann, den zuletzt glücklos kämpfenden L. Licinius Lucullus im Krieg gegen Mithridates VI. abzulösen. Eine *lex Manilia* gab ihm den Auftrag (66), den er nicht nur durch den endgültigen Sieg über den König von Pontos, sondern zugleich durch eine gründliche Neuordnung des gesamten vorderasiatischen Bereiches zu erfüllen suchte. Das Seleukidenreich fand durch die Einrichtung der Provinz Syria ein Ende; auch in Jerusalem zog der Feldherr siegreich ein (63).

Während der Stern des Pompeius im Osten strahlender denn je leuchtete, bewegte die politischen Akteure in Rom die bange Frage, was wohl nach seiner Rückkehr geschehen werde. Wir kennen die Vorgänge dieser Jahre freilich vornehmlich durch die Schriften Ciceros und damit in einer einseitigen Perspektive. Auch Sallust in seiner *Catilinae Coniuratio* war schon weitgehend auf sie angewiesen. So bleibt insbesondere Spekulation, wie weit Crassus oder auch schon Cäsar sich als Drahtzieher hinter den Kulissen betätigten.

Im Vordergrund standen die Umtriebe des L. Sergius Catilina, eines alten Sullaners, vital und durch die Unklarheit seiner Ziele den Optimaten unheimlich. Sie zogen es vor, dem *homo novus* Cicero zum Konsulat zu verhelfen, für den die Aufdeckung und Niederschlagung der Catilinarischen Verschwörung zur Krönung seiner politischen Laufbahn wurde (63). Da der Ritterstand ihn dabei unterstützte, glaubte er auch für die Zukunft in der Einigkeit der Führungsschichten *(concordia ordinum)* eine politische Basis gewonnen zu haben.

Der Senat indes überschätzte den Erfolg ebenso und leistete es sich, den zurückgekehrten Pompeius zu schikanieren, indem er weder dessen Maßnahmen im Osten ratifizierte noch die Versorgung der Veteranen zuließ. Die Folge war ein privates Abkommen zwischen Pompeius, Crassus und Cäsar (60) mit dem bemerkenswerten Inhalt, es solle nichts im Staat geschehen, was einem von ihnen mißfalle (Suet. *Caes.* 19).

Dieser Dreibund (sog. 1. Triumvirat) bestimmte die Politik des folgenden Jahrzehnts, auch wenn in Rom selbst das politische Alltagsleben sich teilweise fortsetzte, andererseits es der zum Plebejer gewandelte P. Clodius Pulcher verstand, mit den von ihm in ganz neuartiger Weise organisierten Unterschichten die Straße zeitweise zu beherrschen. Spätestens mit seiner Ermordung durch die Bande des mit ihm rivalisierenden T. Annius Milo zeigte sich, daß so keine konstruktive Politik zu machen war (52). Die wahren Machthaber strebten nach Mehrung ihrer Ressourcen in den Weiten des Reiches und an der Peripherie. Cäsar sicherte sich als Konsul (59) die Statthalterschaft in beiden Gallien und in Illyricum und machte sich ab dem Jahr 58 daran, die Provence nacheinander gegen die Helvetier, gegen den Suebenfürsten Ariovist, gegen die Nervier, Usipeter und Tenkterer, Treverer, Eburonen u. a. und schließlich gegen Vercingetorix so lange zu verteidigen, bis ganz Gallien bis zum Rhein der römischen Herrschaft unterworfen war (52/51).

Abmachungen des Dreibundes in Ravenna und Lucca (56) verschafften mittlerweile Crassus und Pompeius ein erneutes Konsulat (55) und dann dem seit 57 schon mit weitgehenden Vollmachten zur Getreidebeschaffung *(cura annonae)* ausgestatteten Pompeius die Statthalterschaft in Spanien (die er durch Legaten ausüben ließ) und dem Crassus die Provinz Syrien und damit das Kommando gegen die Parther. Sein Tod bei Carrhae (53) und die Entfremdung zwischen Pompeius und Cäsar lösten den Dreibund allmählich auf. Cicero blieb derweil nichts anderes übrig, als in seinen Schriften *De re publica* und *De legibus* ein ideales Rom und ein Reformprogramm zu entwerfen, das jedenfalls zu seinen Lebzeiten keine Wirkung entfalten sollte.

Pompeius, im Jahr 52 inmitten vollständiger Anarchie zunächst zum alleinigen Konsul gewählt, näherte sich den Optimaten, indem er Metellus Scipio Nasica zum Mitkonsul machte. Streitigkeiten um die Modalitäten der Ablösung Cäsars in Gallien, der seinerseits einen gesicherten Übergang in ein neues Konsulat 48 erstrebte, führten zum endgültigen Bruch im Januar 49. Indem Cäsar die Grenze seiner Provinz, den Rubico, überschritt, eröffnete er den Bürgerkrieg, den er nach seinen eigenen Worten zur Wahrung seines Ranges *(dignitas)* ausfocht. Die Sache seiner Gegner war freilich nicht viel besser; die *res publica* hatte im Wettstreit der Prätendenten keine Zukunft.

Angesichts des Aufmarsches von Cäsars gallischen Legionen blieb Pompeius nur die Räumung Italiens. Die Entscheidung fiel bei Pharsalos in Thessalien (48). Pompeius flüchtete nach Ägypten, wo er ermordet wurde. Der ihn verfolgende Cäsar geriet an der Seite Kleopatras selbst in Schwierigkeiten, ordnete aber dann die Verhältnisse im Osten (Sieg bei Zela 47: *veni, vidi, vici*) und schlug nach kurzem Aufenthalt in Rom im Frühjahr 46 die Republikaner bei Thapsus (Nordafrika). Cato Uticensis entzog sich freilich durch seinen Selbstmord der *clementia Caesaris* und schuf damit ein letztes republikanisches Ideal mit verhängnisvoller Wirkung für Cäsar. In Spanien sammelte sich unter den Söhnen des Pompeius nochmals der Widerstand, der im Frühjahr 45 bei Munda zusammenbrach.

Cäsar hatte den Bürgerkrieg ohne ein politisches Programm geführt. Die errungene Macht nutzte er zu Reformen wie der Einführung des julianischen Kalenders auf der Basis des Sonnenjahres und der Neuordnung der Getreideverteilungen in Rom. Besonders weitsichtig war die Ansiedlung von stadtrömischen Proletariern und von Veteranen, nicht nur in Italien, sondern auch außerhalb. Man kann darin Ansätze zu einem ‚Reichsgedanken' erkennen. Er war aber nicht imstande, seine eigene Stellung zu konsolidieren oder gar zu legitimieren. Als *dictator perpetuus* befand er sich im offenen Gegensatz zur *res publica,* an deren Abschaffung er jedoch im Ernst nicht denken konnte. Brutus, Cassius und den Ihren andererseits gelang es zwar, Cäsar an den Iden des März 44 zu ermorden. Sie mußten aber sogleich erkennen, daß die hinter ihm stehenden Kräfte keineswegs gewillt waren, sich der traditionellen Führung des – durch den Bürgerkrieg und durch Cäsar in seiner Zusammensetzung ohnehin völlig veränderten – Senats unterzuordnen. Es mußte noch viel Blut fließen, bis das Patt zwischen einer tiefverwurzelten, aber nicht mehr lebensfähigen Überlieferung und den Erfordernissen der gewandelten Gegenwart sich in einem Kompromiß auflösen ließ.

2 Kaiserzeit

JÜRGEN VON UNGERN-STERNBERG

2.1 Der Prinzipat des Augustus

2.1.1 Der Endkampf um die Macht

M. Antonius, zuvor Konsul neben Cäsar, war nach den Iden des März der Mann der Stunde. Hinter ihm versammelten sich alle, die ein Interesse daran hatten, daß die Maßnahmen des Diktators nicht mit ihm untergingen: Cäsarianer, Veteranen und das Volk in Rom. Die Tyrannenmörder mußten mit einer Amnestie – auf Vorschlag Ciceros – zufrieden sein. Erst allmählich machte sich Antonius daran, seine Position für die Zukunft auszubauen. Ein fünfjähriges Kommando über das dies- wie das jenseitige Gallien, wie es ihm Anfang Juli bewilligt wurde, erinnerte freilich schon bedenklich an Cäsars Position vor dem Bürgerkrieg.

Gegen ihn nahm Cicero Stellung (‚Philippische Reden'), noch gefährlicher aber wurde ihm der junge C. Octavius. Cäsar hatte seinen Großneffen testamentarisch zum Erben eingesetzt. Als neuer C. Julius Caesar (Octavianus) – und mit seinem Geld – gewann er die Loyalität vieler Veteranen und der *plebs urbana.* In einer seltsamen Koalition fand er sich mit dem Senat und den cäsarianischen Konsuln Hirtius und Pansa gegen Antonius zusammen. Gleichzeitig rüsteten Brutus und Cassius im Osten des Reiches. Zwischen den verschiedenen Prätendenten zerbrach endgültig die römische Republik.

Nach dem Tod beider Konsuln (April 43) konnte Antonius die Statthalter des Westens, unter ihnen M. Aemilius Lepidus, auf seine Seite bringen. Octavian marschierte indessen mit seinem Heer nach Rom und erzwang seine Wahl zum Konsul (August 43). Im November kam es dann zur Einigung der Machthaber. Durch eine *lex Titia* ließen sie sich als *tresviri rei publicae constituendae* außerordentliche Vollmachten, darunter das Kommando über sämtliche Provinzen des Westens, auf fünf Jahre verleihen. Das Terrorregime der Proskriptionen diente ebenso der Abrechnung mit den politischen Gegnern wie der Geldbeschaffung; unter den Opfern war auch Cicero.

Bei Philippi unterlagen Cassius, dann Brutus (Herbst 42). Während Antonius sich nun dem Osten zuwandte, fiel Octavian die Ansiedlung der Veteranen in Italien zu, zunächst eine undankbare Aufgabe, die ihm aber dann die Chance bot, im Zentrum des Reiches seine Sache mit der nationalrömischen zu verbinden. Ein Vergil setzte schon früh seine Hoffnung auf ihn (4. Ekloge), später auch ein Horaz. Eine weitere Legitimierung brachte der Sieg über Sex. Pompeius, der mit seiner Flotte immer wieder Versorgungskrisen in Italien heraufbeschworen hatte, im Jahre 36. Die Ausschaltung des Lepidus machte Octavian im selben Jahr zum alleinigen Herrn des Westens.

Antonius regierte inzwischen den Osten in durchaus konstruktiver Weise, wozu auch seine Partnerschaft mit Kleopatra beitrug, die als Königin von Ägypten über beträchtliche finanzielle Ressourcen verfügte. Ein durchschlagender Erfolg gegen die Parther blieb ihm aber versagt; auch die Entfremdung von seiner Gattin Octavia, der Schwester Octavians, wirkte in Rom ungünstig. So konnte Octavian nach dem endgültigen Bruch für die Sache Roms, Italiens, des Westens gegen den Orient streiten (32). Bezeichnenderweise wurde der Krieg denn auch gegen Kleopatra erklärt – und stellten sich ganz Italien und die westlichen Provinzen durch einen Gefolgschaftseid hinter ihren Führer, wie noch der alte Augustus in seinem ‚Tatenbericht' hervorhebt (*Res gestae* 25).

Der Seesieg des M. Vipsanius Agrippa bei Actium (31), die Einnahme Alexandrias und der Tod des Antonius und der Kleopatra ließen Octavian zum Alleinherrscher über das Imperium Romanum aufsteigen (30). Ein dreifacher Triumph im Jahre 29 und die Schließung der Pforten des Janustempels unterstrichen den neugewonnenen Frieden.

2.1.2 Die Konsolidierung des Regimes

Die Beendigung der Bürgerkriege legitimierte den Machthaber, der sich nun zunächst auf das allgemeine Einverständnis berufen konnte (*Res gestae* 34). Auf die Dauer mußte er jedoch nach einem Ausgleich suchen zwischen den immer noch starken republikanischen Traditionen – den Tod seines Adoptivvaters Cäsar als warnendes Beispiel vor Augen – und den Erfordernissen der gewandelten Gegenwart. Ein theoretisches Konzept für diese Quadratur des Kreises gab es nicht; es war ein langwieriger Lernprozeß für alle Beteiligten, Octavian und seine Anhänger, die Mitglieder der senatorischen Führungsschicht, das Militär, das Volk, die Bewohner der Provinzen.

In den Jahren 29 und 28 wurde schrittweise die Normalität zurückgewonnen: das Heer wurde durch Ansiedlung von Veteranen in seinem Bestand reduziert; der Senat durch den Ausschluß ‚unwürdiger', vor allem wohl auch mißliebiger Mitglieder ‚entlastet'; ungesetzliche Maßnahmen der Triumvirn wurden aufgehoben. So konnte Octavian am 13. Januar 27 die *res publica* aus seiner Verfügungsgewalt in die Hände der rechtmäßigen Instanzen, Senat und Volk, zurückgeben. Realiter bedeutete das freilich keineswegs eine Wiederherstellung der Republik. Allzu viele Interessen waren mit der Person des Octavian verbunden und hatten ihm den Weg an die Spitze gebahnt. Sein Rückzug hätte ein Vakuum hinterlassen, das in neuen blutigen Bürgerkriegen erst wieder hätte gefüllt werden müssen.

Deshalb wurde in der Neuordnung vom 16. Januar 27 Octavian zunächst durch das Cognomen Augustus mit einem religiösen Nimbus umgeben. Formell den altrömischen *tria nomina* entsprechend verwies sein Name *Imperator Caesar divi filius Augustus* in jedem seiner Bestandteile in eine höhere Sphäre. Kompetenzen in der Stadt behielt er durch das jährlich erneuerte Konsulat, die Verfügung über den größten Teil des Militärs durch die Übernahme der Verwaltung der ‚unbefriedeten' Provinzen an den Grenzen des Reichs vermittels eines (befristeten) *imperium proconsulare.* Dem Senat fiel die Verwaltung der meisten anderen Provinzen zu, wobei ihm durch mehrfachen Abtausch allmählich auch die letzten Heereseinheiten entzogen wurden. Personell mußte Augustus freilich auch für seinen Bereich auf die traditionelle Führungsschicht zurückgreifen, so daß man trotz der ungleichen Verteilung der Macht durchaus von einem Ausgleich zwischen ihm und dem Senat sprechen kann.

Einzelne Spitzenpositionen, so sogleich die Verwaltung Ägyptens, wurden indes an die Ritter vergeben, für die sich bald ein eigenes Karrieremuster entwickelte. Ritterliche Beamte waren dem Prinzeps in noch höherem Maße direkt verpflichtet als die Senatoren, deren *cursus honorum* zwischen den überkommenen republikanischen Ämtern, Funktionen im Auftrag des Senats und Funktionen in der kaiserlichen Verwaltung und im Heeresdienst hin und her wechselte. Die Bedeutung der Volksversammlung für Wahlen und die Gesetzgebung ging schon während der Regierungszeit des Augustus sehr zurück. Auch diese Aufgaben fielen dem Senat zu, soweit sie nicht der Princeps übernahm oder doch wesentlich kontrollierte.

Das Jahr 27 bedeutete freilich nur einen Anfang der Entwicklung. Einen wichtigen Einschnitt brachte das Jahr 23. Augustus verzichtete fortan auf das Konsulat, das er nur noch zweimal bekleiden sollte, und damit generell auf festumrissene Ämter, die ihn den jeweiligen Kollegen gleichgestellt hätten. Aber auch ein außerordentliches Amt, wie die Diktatur, lehnte er ab. Er regierte mit einem Bündel von Amtskompetenzen: der *tribunicia potestas,* bald auch (seit 19) der konsularischen Gewalt, und einem prokonsularischen *imperium (maius),* das ihn auch den senatorischen Statthaltern überordnete. Seine Stellung entzog sich somit einer genauen Definition. Sie stand zur republikanischen Tradition nicht in direktem Widerspruch – zumindest nicht, wenn man an die Kompetenzen dachte, die etwa einem Pompeius verliehen worden waren –, war jedenfalls nicht schlechthin ‚monarchisch' zu nennen.

Andererseits erschien Augustus in jeder Beziehung als ‚der Erste', bei öffentlichen Auftritten und Ehrungen, in Kulten und Bildprogrammen, in den Werken der zeitgenössischen Dichter. In der *Aeneis* Vergils wurde er ebenso als die Erfüllung aller römischen Geschichte dargestellt wie an der Ara Pacis (im Jahre 9) oder in der Statuenfolge des Augustusforums (2), wo die *pietas* des Aeneas und die *virtus* des Romulus in ihm vereint und überboten erschienen. Im Jahre 12 auch zum Pontifex Maximus gewählt, erreichte Augustus mit der einmütigen Proklamation durch Senat, Ritterstand und Volk zum *pater patriae* im Jahre 2 den Gipfel aller denkbaren Ehrungen, mit dem er folgerichtig auch seinen ‚Tatenbericht' abschließt.

Der Herrscher bedurfte auch einer Residenzstadt. In der Sorge für Rom, dessen Infrastruktur in der späten Republik sehr vernachlässigt worden war, fand er eine wesentliche Legitimation für sein Regime. Anfangs mit Hilfe des Agrippa verbesserte er die Wasserversorgung durch den Bau neuer Aquädukte, die Sicherung der Stadt durch die Aufstellung einer Feuerwehr und die

Befestigung der Tiberufer. Thermen, Theater und Tempel wurden erbaut, ganze Platzanlagen neu gestaltet wie das Augustusforum und die Umgebung seines Mausoleums auf dem Marsfeld. Die Getreidezufuhr und die kostenlosen Getreideverteilungen wurden geregelt. Zusätzliche Spenden bei besonderen Anlässen und Theater- wie Zirkusspiele erhöhten die Popularität des Prinzeps, die zunehmend in den Akklamationen bei den Spielen ihren Ausdruck fand, aber auch in dem Herrscherkult der neu eingerichteten Bezirke Roms *(vici).*

Eine besondere Leistung des Augustus war die Zurückbindung des Militärs nach dem Zeitalter der Bürgerkriege. Zahlreiche Veteranen wurden in Italien, mehr noch in weiten Teilen des Reiches in Kolonien versorgt, was zugleich die Romanisierung der westlichen Provinzen beschleunigte. Mit der Einrichtung des *aerarium militare* (6 n. Chr.) wurde die Versorgung institutionalisiert. Neben Stiftungen des Prinzeps wurden auch die wohlhabenden Bürger durch eine 5%ige Erbschaftssteuer zur Finanzierung herangezogen.

Das verbleibende Heer wurde an die Außengrenzen des Reiches verlegt und damit von der Einmischung in die Innenpolitik ferngehalten. Die Dienstzeit der in den 28 Legionen dienenden römischen Bürger (zunächst 16, später 20 Jahre) wurde ebenso geregelt wie die Dienstzeit der Provinzialen in den Auxiliareinheiten und die der in Ravenna bzw. Misenum stationierten Flottenmannschaften. In oder bei Rom standen nur die germanische Leibwache des Prinzeps und die neun Prätorianerkohorten.

Der von Augustus hergestellte Frieden *(pax Augusta)* galt freilich nur im Reichsinneren. Keine Epoche der römischen Geschichte kennt eine seiner Regierungszeit vergleichbare Expansion. Die Provinzialisierung Ägyptens war noch eine Folge der Bürgerkriege. In den nächsten Jahren wurde Spanien endgültig unterworfen (bis 19) und im Osten Galatia annektiert (25). Von den Parthern erreichte Augustus die Rückgabe der bei Carrhae verlorenen Legionsadler; Armenien wurde wieder römisches Einflußgebiet (20). In einer weiträumigen Operation unterwarfen Tiberius und Drusus, die Söhne der Kaisergemahlin Livia, das Alpengebiet (15). In der Folgezeit kämpften sie auf dem Balkan und in Germanien. Während Pannonien und Dalmatien nach einem letzten großen Aufstand endgültig im Jahr 9 n. Chr. zu römischen Provinzen wurden, vereitelte die Vernichtung der drei Legionen des P. Quinctilius Varus durch Arminius im Teutoburger Wald im selben Jahr eine vergleichbare Entwicklung in Germanien. Die Rhein-Donaugrenze sollte sich als endgültig erweisen; nur in Südwestdeutschland wurde seit Ende des 1. Jahrhunders n. Chr. die Grenze bis zum Limes vorgeschoben, und an der unteren Donau kam bald darauf durch Trajan Dakien hinzu.

Den universalen Geltungsanspruch Roms machte Augustus noch rückblickend in seinem Tatenbericht durch die Aufzählung der bis von Indien kommenden Gesandtschaften und der Zuflucht suchenden Könige und Königssöhne deutlich (*Res gestae* 31/32). Für die Zukunft freilich empfahl er, das Reich auf seine jetzigen Grenzen zu beschränken.

2.1.3 Die Regelung der Nachfolge

Der Tatenbericht des Augustus ist ganz darauf abgestellt, den Berichterstatter als einzigartig in seinen Leistungen für den Staat und ebenso einzigartig durch die dafür empfangenen Ehrungen erscheinen zu lassen. Seine staatsrechtliche Stellung dagegen wird durch einige Kompetenzen abgegrenzt, die den Eindruck der Kontinuität republikanischer Traditionen erwecken sollen: In beidem findet sich nichts, das auf eine mögliche Fortdauer des Prinzipats hinwiese, eher das Gegenteil: Einmaliges ist nicht wiederholbar; republikanische Vollmachten aber fallen in die Verfügungsgewalt von Senat und Volk zurück, die sie an die miteinander konkurrierenden Bewerber vergeben können.

Die offizielle Darstellung des Prinzipats war also seiner Vererbbarkeit wenig förderlich. Ihre offene Propagierung hätte den unliebsamen Verdacht nahegelegt, daß der Prinzeps in Wahrheit doch nicht über ein Bündel von Amtsgewalten und Kompetenzen, sondern über eine einheitliche monarchische Regierungsgewalt verfüge, die er wie jeder normale Monarch an einen Nachfolger weitergeben werde. Republik und Monarchie schlossen sich eben begrifflich aus.

Andererseits war sich Augustus nie darüber im Zweifel, daß der Prinzipat nicht mit seiner Person untergehen solle (wie die Stellung der spätrepublikanischen *principes*). Dafür sprachen nicht nur sein Familiensinn und der Wunsch, seinem Lebenswerk Dauer zu verleihen – es war ein elementares Gebot der Staatsraison. Nur ein Prinzeps konnte auch in Zukunft den inneren Frieden garantieren. Hinzu kam freilich, daß eine klare Nachfolgeregelung auch zu seinen Lebzeiten für die Stabilität der Herrschaft wichtig war.

Zwei Ansatzpunkte boten sich dabei an. Zum einen war die persönliche Hausmacht vererbbar: neben dem Vermögen die Treu- und Nahbeziehungen (Klienten, Freunde, die Ergebenheit der Soldaten); selbst *dignitas* und *auctoritas* hatten nach römischem Empfinden eine starke übertragbare Komponente. Zum anderen konnten der (oder die) Nachfolger zu wichtigen staatlichen Aufgaben herangezogen werden. Dadurch sammelten sie Erfahrung, durch Erfolge auch *auctoritas,* und durch ihre Kompetenzen waren sie zu gegebener Zeit bereits im Besitz staatlicher Macht.

Hätte Augustus einen Sohn gehabt, so wäre alles in verhältnismäßig klaren Bahnen verlaufen. Aber auch so suchte er stets ‚im eigenen Haus', wobei zumeist die Ehe mit seiner Tochter Julia die erwünschte dynastische Verbindung herstellte. Erst 14jährig wurde sie im Jahr 25 mit ihrem Vetter M. Claudius Marcellus vermählt, der freilich schon zwei Jahre darauf starb. Ihr neuer Ehemann wurde im Jahr 21 M. Vipsanius Agrippa, seit jeher militärisch wie politisch der ‚zweite Mann' des Regimes, zudem seit 23 Inhaber eines dem des Augustus gleichrangigen Imperiums, das freilich durch einen konkreten Auftrag jeweils aktualisiert werden mußte. Mit der *tribunicia potestas* erhielt er auch die zweite wesentlichste Kompetenz des Augustus (18), auch hier durch die Befristung auf fünf Jahre in einer feinen Abstufung. Die Geburt der Söhne Gaius Caesar (20) und Lucius Caesar (17) schien die dynastische Zukunft zu sichern.

Nach dem Tode des Agrippa (12) übernahmen die Liviasöhne Tiberius und Drusus (der freilich schon im Jahr 9 starb) seine Aufgaben, weil die Enkel, durch Adoption inzwischen Söhne des Augustus, dafür viel zu jung waren. Tiberius erhielt im Jahr 6 die *tribunicia potestas* auf fünf Jahre, zog sich aber bald auf die Insel Rhodos zurück. Der frühe Tod des L. und C. Caesar machte ihn endgültig zu dem gegebenen Nachfolger. Augustus adoptierte ihn im Jahr 4 n. Chr. und wieder bewährte er sich als Feldherr in Germanien und Pannonien.

Als Augustus am 19. August 14 starb, besaß Tiberius die wichtigsten staatsrechtlichen Kompetenzen; die Legatenposten und hohen Ämter waren mit seinen Vertrauensleuten besetzt. Zugleich war er der Mann mit der größten Erfahrung und den größten Verdiensten. In Rom verlief der Regierungswechsel denn auch reibungslos; Peinlichkeiten entstanden nur, weil Tiberius das von ihm gewünschte Ergebnis der Beratungen im Senat nicht so geschickt arrangierte, wie es Augustus in der ähnlichen Situation des Jahres 27 v. Chr. vermocht hatte. Zugleich vollzog sich bei diesem ersten Übergang der Herrschaft schon auch die Institutionalisierung des Prinzipats. Anders als bei Augustus waren nicht nur die *tribunicia potestas,* sondern auch das *imperium proconsulare* fortan unbefristet, und die baldige Übernahme des Cognomen Augustus zeigte die ‚Veralltäglichung' des Charismas. Die Wahl zum Pontifex Maximus folgte am 10. März des Jahres 15.

Freilich setzte sich eine gewisse Ambivalenz fort. Die nächsten Herrscher, Gaius Caligula, Claudius und Nero – im Zeitpunkt des Regierungsantritts samt und sonders ohne militärische oder administrative Erfahrung – erhielten vom Senat zwar sofort alle Vollmachten des augusteischen und tiberianischen Prinzipats. Dennoch flossen diese jetzt und lange noch nicht in einem einzigen ‚Kaiser'-Titel zusammen. Es blieb bei einem Bündel von Kompetenzen, wie es uns in der *lex de imperio Vespasiani* inschriftlich bezeugt ist. Insofern hat der Prinzipat seinen Kompromißcharakter zwischen republikanischer Tradition und den Erfordernissen des Weltreichs konzeptuell nie überwunden. Seine Notwendigkeit wurde fortan nicht mehr ernsthaft bestritten, es wurde aber nicht zu einer legitimen Monarchie im Sinne des traditionellen Königtums. Deutlicher Ausdruck dafür war die Ideologie des *optimus princeps,* die mit einer selbstverständlichen Erbfolge kaum zu vereinen war.

Entscheidend war dabei die Kontrolle über die Heere. Auch dies zeigte sich schon im Jahr 14, als es auf die Nachricht vom Tode des Augustus hin in Pannonien und Germanien zu Meutereien kam. Wiederum ist eine charakteristische Ambivalenz zu konstatieren. Das Militär bildete die Basis des Prinzipats, zugleich fand dieser in der Bändigung des Militärs aber seine Legitimation. Das feine Gespür des Augustus für das Mögliche hatte eine sehr künstlich anmutende Konstruktion geschaffen, die doch für mindestens zwei Jahrhunderte fortdauern sollte.

2.2 Julisch-claudisches und flavisches Kaiserhaus

14–37	Tiberius	69	Otho
37–41	Caligula	69	Vitellius
41–54	Claudius	69–79	Vespasian
54–68	Nero	79–81	Titus
68–69	Galba	81–96	Domitian

Die Peinlichkeiten beim Regierungsantritt zeigten bereits, daß Tiberius der komplizierten Aufgabe, den Senat mit leichter Hand zu lenken, nicht gewachsen war. Schon Augustus hatte damit seine Mühe gehabt, wie mehrere Affären – nicht zuletzt um seine Tochter und um seine Enkelin Julia – beweisen. Der Senat konnte die ihm von Tiberius zugedachten Freiräume nicht sachgemäß nutzen, weil wirklich freiheitliche Regungen sogleich als Illoyalität mißverstanden werden konnten. Die politischen Prozesse häuften sich, wobei das Recht des Senats, über seine ‚Pairs' zu richten, sich als besonders fatal erwies.

Außenpolitisch lenkte Tiberius in ein ruhigeres Fahrwasser, indem er seinen Neffen und Adoptivsohn Germanicus im Jahr 16 zur Einstellung des Krieges in Germanien veranlaßte. Nur wenige Aufstände, der des Tacfarinas in Nordafrika (17–24), in Gallien (21), in Thrakien, störten den Friedenszustand *(Pax Romana)*. Langjährig amtierende Statthalter und Korruptionsprozesse verbesserten die Reichsverwaltung.

Nach dem Tode des Germanicus (19) und des Tiberiussohnes Drusus (23) führte der Prätorianerpräfekt L. Aelius Seianus in der Hauptstadt – in die im Jahr 23 die Garde verlegt worden war – zunehmend das Regiment, zumal Tiberius sich im Jahr 27 endgültig nach Capri zurückzog. Als er sich dem Ziel der völligen Teilhabe an der Herrschaft schon nahe glaubte, wurde er freilich durch Tiberius gestürzt (31). Die anschließenden Prozesse verdüsterten dessen letzte Regierungsjahre.

Die Prätorianer als der entscheidende Machtfaktor in Rom verhalfen Caligula, dem Sohn des Germanicus, auf den Thron. Der junge Mann ohne jede Regierungserfahrung verfiel bald dem ‚Caesarenwahnsinn': ein erster Beweis dafür, daß die umfassenden Aufgaben und Kompetenzen der Reichsregierung nur von einem in langer Praxis herangereiften Mann verantwortlich wahrgenommen werden konnten. Eine Verschwörung von Prätorianeroffizieren beseitigte ihn. Die Garde war es auch, die seinen Onkel Claudius zum nächsten Kaiser machte.

Dieser war bis dahin von der Macht ferngehalten worden und hatte sich u. a. historischen Studien gewidmet. Er suchte, wie einige noch erhaltene Reden zeigen, durchaus wieder die Zusammenarbeit mit dem Senat. Im Ganzen aber war gerade seine Herrschaft durch die Ausbildung einer ständigen Reichsregierung am kaiserlichen Hof gekennzeichnet, die in Departements unter der Leitung von Freigelassenen gegliedert war. Senatorischer Hochmut mochte Claudius deshalb als Spielball seiner Untergebenen verspotten, und sicher ist daran richtig, daß seiner durchschnittlichen Persönlichkeit die Institutionalisierung der Regierung angemessener gewesen ist als einem Augustus oder Tiberius –, daß sie dringend erforderlich war, läßt sich nicht übersehen.

Mit der Eroberung zunächst des südlichen Britannien (43/44) gelang dem Kaiser eine spektakuläre Ausweitung des Reiches im Nordwesten. Auch südlich der Donau sorgte er durch die Provinzialisierung von Raetien, Noricum, Moesien und Thrakien für eine organisatorische Neugliederung. Wenig Glück hatte Claudius dagegen mit seinen Frauen. Messalina fiel ihrer eigenen Zügellosigkeit zum Opfer (48), Agrippina beherrschte seine letzten Lebensjahre. Zur Sicherung der Nachfolge ihres (von Claudius adoptierten) Sohnes Nero ließ sie ihn schließlich durch Gift beseitigen. Danach wurde er als erster nach Augustus zu göttlichen Ehren erhoben (Divus Claudius).

Wieder waren es die Prätorianer, die Nero und nicht dem leiblichen Sohn Britannicus, die Herrschaft verschafften. Deren Präfekt Afranius Burrus und der frühere Erzieher Neros, Seneca, leiteten in den ersten Jahren die Regierungsgeschäfte und machten sie zu einer später gepriesenen Zeit des Glücks. Cn. Domitius Corbulo begann im Jahr 57 seinen erfolgreichen Krieg in Armenien.

Selbständig geworden, erlag auch Nero den Versuchungen der absoluten Macht. Seine Mutter und seine Gattin Octavia wurden ermordet; zahlreiche Senatoren fielen vor allem der mißglückten Pisonischen Verschwörung (65) zum Opfer, in der Folge auch Seneca, Lucan und Petronius. Der Brand Roms führte zu einer ersten Christenverfolgung (64). Sein Wiederaufbau *(domus aurea)* zerrüttete vollends die Staatsfinanzen. Nicht jedermann war auch dazu imstande, die künstlerischen Ambitionen Neros wie der spätere Kaiser Vespasian schlafend über sich ergehen zu lassen. Bei aller Theatralik steckte freilich in Neros Aktionen auch ein Sinn für ‚public relations', sei es bei der prunkvoll inszenierten Rückgabe der Krone an Tiridates (66), sei es bei der Griechenlandreise mit der Flamininus nachempfundenen Freiheitserklärung (66/67), sei es bei der Expedition zur Ostsee, ins südliche Ägypten (Nilquellen) oder zum Kaspischen Meer.

Nero endete durch Selbstmord, nachdem sich mehrere Statthalter gegen ihn erhoben hatten, vor allem aber auch die Prätorianer in Rom. Mit ihm starb das julisch-claudische Kaiserhaus aus. Das Fehlen eines legitimen Nachfolgers hatte in Verbindung mit der Tatsache, daß Nero von den Provinzen her gestürzt worden war, gravierende Folgen. Was Augustus zu verbergen gesucht hatte und was durch den bisherigen Einfluß der Prätorianer doch nur teilweise offenbar geworden war, wurde nun enthüllt: die militärische Grundlage des Prinzipats. „Es sprach sich herum . . ., daß man auch anderwärts als in Rom (nämlich durch die Legionen) Prinzeps werden könne" (Tac. *Hist.* 1, 4, 2).

Galba hatte als Statthalter der Hispania Tarraconensis revoltiert (68). Während sich gegen ihn schon das Heer der Germania Inferior unter Vitellius in Marsch setzte (1. 1. 69), fiel er in Rom einer Verschwörung der Prätorianer zum Opfer und wurde durch Otho ersetzt (15. 1. 69). Vitellius konnte sich seines Sieges bei Bedriacum im April nicht lange freuen, da nunmehr auch die Heere des Ostens ihre Ansprüche erhoben, denen sich dann auch die Donauarmee anschloß. Seit dem Jahr 67 hatte Vespasian das Kommando im Jüdischen Krieg. Am 1. Juli 69 wurde er durch den Präfekten Ägyptens, Ti. Julius Alexander, zum Kaiser ausgerufen. Bevor aber C. Licinius Mucianus mit den syrischen Legionen für ihn in Italien eingreifen konnte, beseitigte von der Donau her M. Antonius Primus das Regime des Vitellius (20. 12. 69).

Die flavische Dynastie, Vespasian und seine Söhne Titus und Domitian, hat dem Reich wieder eine Epoche der Stabilität verschafft. Am Rhein wurde der zunächst gegen Vitellius losgebrochene Bataveraufstand unter Julius Civilis (69/70) niedergeschlagen; die eigentliche militärische Legitimation der Dynastie aber schuf im Jahr 70 Titus mit der siegreichen Beendigung des jüdischen Aufstandes durch die Zerstörung Jerusalems und des Tempels (Münzprägung: *Judaea capta*).

Mit Sparsamkeit und Findigkeit in der Erschließung neuer Steuerquellen sanierte Vespasian die Finanzen des Staates und konnte dabei noch den im Bürgerkrieg zerstörten Jupitertempel wiederherstellen lassen (70/71) und den Bau des Colosseums beginnen (70–80). Das Städtewesen wurde gefördert; die Infrastruktur des Reiches durch Straßen- und Brückenbau verbessert. Letztmalig bekleideten Vespasian und Titus die Zensur (73/74) und sorgten für die Erneuerung des durch Nero und die Ereignisse des Jahres 69 dezimierten Senats. In ihm bekam er es freilich mit einer (stoisch bestimmten) Opposition zu tun, der er nur durch einige Hinrichtungen Herr wurde. Seine Skepsis bewahrte ihn nicht vor der Erhebung zum Divus.

Das glückliche Intermezzo der Regierung des Titus wurde nur durch den Vesuvausbruch getrübt (79); problematischer war die Herrschaft seines jüngeren Bruders Domitian, der vor allem in der Spätphase (ab 93) in der Tat zahlreiche Senatoren zum Opfer fielen und die in den Werken des Tacitus und des jüngeren Plinius in düsteren Farben geschildert wird. Ob ganz zu recht ist freilich nicht so sicher, da auch die Rücksicht auf die Nachfolger eine Rolle gespielt haben kann.

Bauten in Rom (Palast auf dem Palatin; Stadion auf dem Marsfeld) und Sorge für die Truppen (Erhöhung des Solds von 225 auf 300 Denare) zeigen ihn ebenso als fähigen Regenten wie die konzeptionell klug begrenzte Germanienpolitik (Chattenkrieg 83–85; Münzprägung: *Germania capta*), das – trotz der Darstellung des Tacitus im ‚Agricola' – durchaus begründete Abbrechen der weiteren Eroberung Britanniens (84), die erfolgreiche Abwehr der Daker an der unteren Donau. Übersteigertes Selbstbewußtsein des Herrschers (Anrede als *dominus et deus*) und Verschwörungen führten aber wohl zu einer Verschärfung des Regimes.

Domitian fiel einer Verschwörung zum Opfer, sein Andenken dann der *damnatio memoriae.*

2.3 Die Blütezeit des Reichs

Unsere Schilderung entsprach bisher im wesentlichen der Perspektive der senatorischen Geschichtsschreibung, wie sie für uns vor allem durch Tacitus (ca. 55–116/120) repräsentiert wird. Die Führungsschicht des Senats konnte den Verlust der republikanischen Freiheit *(libertas)*, die sie vornehmlich als ihre eigene politische Entscheidungsfreiheit verstand, nie ganz verwinden. Das Verhältnis der Kaiser zum Senat war darum für sie das wichtigste Kriterium für die Beurteilung der jeweiligen Regierung. Daneben galt ihre Aufmerksamkeit kriegerischen Ereignissen, vor allem dem Geschehen an den Reichsgrenzen. So wurde das erste Jahrhundert des Prinzipats bei Tacitus zu einem mit hoher Kunst und psychologisch eindrucksvoll entworfenen Panorama der Dekadenz.

Eine sachgerechte Sicht der Dinge hat davon auszugehen, daß die republikanischen Regierungsformen den Verhältnissen eines Weltreiches schon lange vor Augustus nicht angepaßt worden waren. Das Senatsregime mit seinem reichsumspannenden, informellen Netz von Klientel- und Freundschaftsbeziehungen hätte dazu an sich nicht schlechte Voraussetzungen gehabt; die Reformfeindlichkeit der Führungsschicht hat aber alle Ansätze vereitelt. Bürgerkriege hatten das Reich verheert, Statthalter die Provinzen vollends ausgeplündert. Im gesamten griechischen Osten sind für den größten Teil des 1. Jahrhunderts v. Chr. kaum Spuren einer Bautätigkeit nachweisbar. Die Monarchie brachte demgegenüber nicht nur (was Tacitus auch wußte) einen stabilen Friedenszustand im Reichsinneren – selbst ein so erbittert geführter Krieg wie der jüdische Aufstand und auch die Wirren des Vierkaiserjahres rüttelten an ihm nur vorübergehend –, sondern auch eine gerechtere Verwaltung der Provinzen.

Handel und Verkehr konnten, von staatlichen Eingriffen nur wenig gestört, mit sicheren Verhältnissen rechnen und in weiten Räumen planen. Überall blühten die alten Städte auf, vermehrt durch planmäßig angelegte Kolonien und die Schaffung von städtischen Zentren für die einzelnen Völkerschaften. Sie alle besaßen ein hohes Maß an Kompetenzen städtischer Selbstverwaltung. Die Verleihung des latinischen Rechts (etwa in Spanien) führte vielfach die Oberschicht in den römischen Bürgerverband. Auch in ihrem äußeren Bild ließen die Städte mit Forum, Tempeln, Marktgebäuden, Thermen, Wasserleitungen, Theatern und Amphitheatern (diese nur in der westlichen Reichshälfte) den gesamten Mittelmeerraum und seine Randgebiete, von Britannien bis zum Euphrat, von Nordafrika bis zum Rhein und der Donau, zu einem einheitlichen Raum griechisch-römischer Zivilisation werden. Dem 1. und 2. Jahrhunderts n. Chr. entstammen wohl die meisten antiken Ruinen.

Neben den Städten wurde vor allem das Heer zum Träger der Romanisierung. Entlang den Grenzen – mit Schwerpunkten an Rhein, Donau und Euphrat – standen etwa 30 Legionen; ein Berufsheer mit geregeltem Avancement und Altersversorgung, geführt von senatorischen Legaten unter dem Oberbefehl des Kaisers, dem auch allein die Siege zugerechnet wurden (Akklamation zum Imperator). Die Prätorianerkohorten hatten als Eliteeinheiten auch eine Ausbildungsfunktion für das untere Offizierskorps (Zenturionen), was eine gewisse Einheitlichkeit der Führungsgrundsätze sicherstellte. Nichtbürger wurden für die Auxiliarkohorten und Alen rekrutiert, deren Kommando ritterliche Offiziere hatten, oft als Eingangsstufe für die Verwaltungslaufbahn. Nach langer Dienstzeit erhielten die Veteranen, nunmehr romanisiert, das römische Bürgerrecht und hatten die Chance auf angesehene Positionen im Zivilleben.

Sogar in den Senat fanden Provinziale allmählich Eingang. Zuerst waren es Gallier, dann Spanier, schließlich auch Angehörige der obersten Schicht im hellenistischen Osten und in Nordafrika. Es entstand ein Reichsadel. Wieder bewährte sich die Großzügigkeit Roms in der Verleihung des Bürgerrechts und der Zulassung zum Reichsregiment. Sie wurde allerdings dadurch gefördert, daß der tiefe Gegensatz zwischen Bürgern und Nichtbürgern zwar weiter bestehen blieb, allmählich aber durch die scharfe Trennung nach Ständen überlagert wurde. Den besitzenden Schichten (Senatoren, Rittern und den Dekurionen, den ratsfähigen Familien in den Städten) als den *honestiores* standen die kleinen Leute, die *humiliores,* gegenüber. In einer Zeit wirtschaftlicher Prosperität konnte freilich allen Genüge getan werden. Die Besitzenden suchten ihr Prestige in nützlichen oder repräsentativen Bauten und anderen Stiftungen für ihr jeweiliges Gemeinwesen. Den Ärmeren kam dies ebenso zugute wie zahlreiche Getreidespenden und die Veranstaltung von Spielen im Theater, im Zirkus und Amphitheater, die keineswegs nur in Rom einen wesentlichen Teil ihres Lebens ausmachten.

Oberhalb der Ebene der Städte lag die Verwaltung des Reiches in den Händen von Senatoren und Rittern, daneben auch kaiserlichen Sklaven und Freigelassenen. Das Gerüst der senatorischen Laufbahn *(cursus honorum)* bildete weiterhin die republikanische Ämterfolge, dazwischen schoben sich aber – vor allem nach Prätur und Konsulat – zivile und militärische Aufgaben in Rom und Italien, in den senatorischen und kaiserlichen Provinzen bis hin zu den großen Militärkommanden an den Flußgrenzen und den Prokonsulaten in Africa und Asia. Für diese Karrieren entwickelten sich Gewohnheitsregeln, die aber dem kaiserlichen Ermessen durchaus Spielraum ließen. Der Senatorenstand war zwar erblich, wurde aber ständig auch durch Aufsteiger aus dem Ritterstand ergänzt.

Seit Augustus wurden auch die Ritter mit staatlichen Aufgaben betraut. Für ihre Karriere stand der Dienst als Offizier bei den Hilfstruppen am Anfang *(tres militiae),* es konnte die Verwendung als Offizier (Militärtribun) bei den Legionen und die eigentliche Verwaltungslaufbahn folgen. In ihr übernahmen die Prokuratoren (verschiedener Gehaltsstufen) Aufgaben im Finanzbereich, bei der Verwaltung des kaiserlichen Vermögens, andere zivile Aufgaben bis hin zur

Leitung kleinerer Provinzen. Die ritterliche Laufbahn überschnitt sich somit vom Rang her durchaus mit der senatorischen, wie insbesondere an den Spitzenpositionen, der Präfektur Ägyptens und der Prätorianerpräfektur, deutlich wird.

Insgesamt gab es maximal 200 senatorische Ämter, zu denen noch etwa 100 ritterliche traten. Sie genügten lange Zeit für die Verwaltung des riesigen Reiches! Auch in den einzelnen Provinzen war der Stab des Statthalters von minimaler Größe, weil die Mehrzahl der Aufgaben der kommunalen Selbstverwaltung überlassen blieb. Von der Führungsschicht verlangte das System freilich eine erhebliche Mobilität zwischen Rom und den verschiedenen Posten in der Weite des Imperium Romanum.

2.4 Die Adoptivkaiser und Severer

96–98	Nerva	161–169	L. Verus
98–117	Trajan	161–180	Marc Aurel
117–138	Hadrian	180–192	Commodus
138–161	Antoninus Pius		

Die allgemeinen günstigen Verhältnisse bildeten die Grundlage für die glänzenden Regierungen der Adoptivkaiser des 2. Jahrhunderts. Für ihren Ruhm sorgten schon die Zeitgenossen, der jüngere Plinius mit seinem Panegyricus auf Trajan (100) und der griechische Redner Aelius Aristides mit seinem Preis auf Rom (143). Ein Höchstmaß an Zivilisation und Prosperität schien erreicht unter der Herrschaft eines Monarchen über wohlbebaute Länder, deren Frieden das Heer an den Grenzen garantierte.

Nerva, als 70jähriger Greis vom Senat gewählt, schuf sogleich stabile Verhältnisse, indem er mit Trajan, dem Statthalter der Germania superior, den am nächsten befindlichen Prätendenten zum Nachfolger adoptierte (97). Unter ihm erreichte das Reich seine größte Ausdehnung. An der unteren Donau hatten die Daker seit dem 1. Jahrhundert v. Chr. immer wieder für Unruhe gesorgt, zuletzt in wechselvollen Kriegen zur Zeit Domitians (85–89). Trajan erkannte die Schlüsselstellung Dakiens (Siebenbürgens) für die Verteidigung des Donauraumes; zudem lockte der Goldreichtum des Landes. In zwei Feldzügen (101/2; 105/6) wurde das Dakerreich vernichtet. Ob auf die kurze Zeit römischer Herrschaft (bis 270) die Zugehörigkeit Rumäniens zum romanischen Sprachbereich zurückzuführen ist, ist freilich umstritten. In Rom ist die Trajanssäule bis heute ein Denkmal der Kämpfe.

Im Osten wurde im Jahr 106 das Königreich der Nabatäer mit der Hauptstadt Petra als Provinz Arabia dem Reich eingegliedert. Im Jahr 113 begann dann der Krieg gegen die Parther, der Trajan bis zur parthischen Hauptstadt Ktesiphon führte (116). Die geplante Einrichtung der Provinzen Armenia, Mesopotamia und Assyria scheiterte aber am fortdauernden Widerstand der Parther, zu dem seit 115 ein weitreichender Aufstand der Juden in den östlichen Provinzen trat. Hadrian, ein entfernter Verwandter Trajans und angeblich von ihm kurz vor seinem Tode adoptiert, gab deshalb sämtliche Eroberungen gegenüber dem Partherreich sofort wieder preis.

Hatte Trajans Fürsorge noch besonders Rom gegolten (Trajansforum), so gewann unter dem Philhellenen Hadrian das gesamte Reich erhöhte Bedeutung, das er auf zwei Reisen auch persönlich in weiten Teilen besuchte. Neben Rom (Pantheon, Engelsburg, Villa in Tivoli) trat Athen, wo ein Tor von der Hadriansstadt neben der alten Theseusstadt kündet. Der Hadrianswall in Britannien, sowie der Ausbau des Limes in Obergermanien und Raetien und Befestigungsanlagen an der unteren Donau, in Syrien und in Afrika machten die Statik der Reichsverteidigung deutlich. Zuletzt hatte Hadrian es mit dem jüdischen Bar Kochba-Aufstand zu tun (132–135). Das schon zuvor in Colonia Aelia Capitolina umbenannte Jerusalem durfte seither von Juden nicht mehr betreten werden. Im *Edictum perpetuum* fand die Entwicklung der Rechtsprechung durch die römischen Magistrate ihre abschließende Formulierung (um 130).

Kurz vor seinem Tode adoptierte Hadrian den Antoninus Pius, der seinerseits Marc Aurel und L. Verus in seine Familie aufnahm. Mit dem Antoninuswall wurde die Grenze in Britannien noch einmal vorgeschoben (142/3). Seit 161 wurde das Reich aber in einen schweren Krieg mit den Parthern verwickelt (bis 166), dem eine verheerende Pest und die Auseinandersetzung mit den Markomannen und Quaden (166–180) folgten. Die germanische Gefahr machte sich nicht zufällig in dem Moment geltend, als zahlreiche Heereseinheiten in den Osten verlegt worden waren. Für einen Mehrfrontenkrieg reichten die Kräfte nicht aus, zumal die Stationierung an den Grenzen keine Eingreifreserve bei größeren Angriffen vorsah. So konnten die Markomannen auch zunächst bis nach Oberitalien vordringen. Marc Aurel schlug sie persönlich zurück. Ein Teil der ‚Selbstgespräche' des Philosophenkaisers ist im Feldlager an der Donau entstanden. Indem er Commodus zum Mitregenten erhob (177), beendete er das System des Adoptivkaisertums in dem Moment, als erstmals ein Sohn vorhanden war. Dieser geriet bald in scharfen Gegensatz zum Senat und wurde nach wenig erfolgreicher Regierung ermordet.

2.5 Severer und Soldatenkaiser

192–193	Pertinax	251–253	Trebonianus Gallus
193	Didius Julianus	253–260	Valerianus
193–211	Septimius Severus	253–268	Gallienus
211–217	Caracalla	268–270	Claudius II. Gothicus
217–218	Macrinus	270–275	Aurelianus
218–222	Elagabal	275–276	Tacitus
222–235	Severus Alexander	276–282	Probus
235–238	Maximinus Thrax	282–283	Carus
238–244	Gordianus III.	283–284	Numerianus
244–249	Philippus Arabs	283–285	Carinus
249–251	Decius	(die Soldatenkaiser in Auswahl)	

Fünf Kaiser im Jahr 193 – neben den in Rom nacheinander anerkannten Augusti Pertinax, Didius Julianus und Septimius Severus sind noch

Pescennius Niger und Clodius Albinus zu nennen – machten offenbar, daß die langwierigen Kriege das Schwergewicht im Reiche endgültig zum Militär hin verschoben hatten. Erfolgreich war zuletzt der Prätendent der Donauarmee, der Punier Septimius Severus. Indem er Commodus rehabilitierte, schloß er das Haus der Severer mittels einer fiktiven Adoption durch Marc Aurel an das der Antonine an. Der Senat verlor endgültig seine Stellung in der Reichsverwaltung. In Fortführung der Entwicklung seit Hadrian und Trajan fielen immer mehr Posten dem Ritterstand zu, der sich wiederum aus den niederen Offizieren ergänzte. Die Soldaten wurden auch sonst begünstigt, durch Solderhöhung und durch die Erlaubnis von Ehen schon während ihrer Dienstzeit. Dadurch wuchs freilich ihre Bindung an die einzelnen Provinzen, ein Prozeß, der auch durch das Eindringen von Provinzialen in die Prätorianergarde gefördert wurde, die bis dahin aus Italikern gebildet worden war. Italien selbst wurde durch die Stationierung einer Legion bei Rom im Grunde den Provinzen gleichgestellt.

Bürger und Nichtbürger verschmolzen allmählich zu einer homogenen Masse von Untertanen des autokratisch regierenden Kaisers *(dominus)*. Der Prinzipat wandelte sich allmählich zum Dominat. Caracalla zog daraus nur die Konsequenz, als er durch ein Edikt allen Reichsbewohnern mit geringen Ausnahmen das römische Bürgerrecht verlieh (*Constitutio Antoniniana* 212). Die Maßnahme sollte vor allem die Einnahmen des Staates, vor allem aus der Erbschaftssteuer, mehren, denn die Finanznot des Reiches war unerträglich geworden und wurde auch durch die ständige Münzverschlechterung nicht behoben. Die vielfältigen Aufgaben der Reichsverteidigung, besonders im Osten und an der Donau, wo seit 213 auch die Alemannen auftraten, verlangten immer höhere Aufwendungen. Zugleich hatte wohl auch gerade die glänzendste Leistung des Imperiums, die Urbanisierung, auf die Dauer die Kapazität der antiken Wirtschaft überfordert. Jedenfalls ging die Blütezeit der Städte, während der gesamten Antike die eigentlichen Träger des kulturellen Lebens, jetzt vielerorts bereits zuende (nicht in Afrika), oder es begann eine Konzentration in wenigen Großstädten. Die Selbstverwaltung der Städte wurde durch *curatores rei publicae* zunehmend eingeschränkt. Zugleich wuchs die Bedeutung des flachen Landes, wo die Verwendung von Sklaven mit der Zeit durch die Verpachtung des Bodens an *coloni* abgelöst worden ist. Den großen Latifundien mit den an die Scholle gebundenen Kolonen sollte die Zukunft gehören.

Septimius Severus siegte immerhin noch gegen die Parther (Triumphbogen auf dem Forum Romanum) und in Britannien. Die von ihm begründete Dynastie sorgte vor allem dank ihrer tatkräftigen Frauen und gestützt auf die Beliebtheit bei den Soldaten für einigermaßen stabile Verhältnisse. Mit ihrem letzten Vertreter, Severus Alexander, endete zugleich auch die klassische Epoche der römischen Rechtswissenschaft (Papinian, Ulpian, Modestinus, Paulus). Andererseits machte die Erhebung des Sonnengottes von Emesa, Elagabal, zum höchsten Staatsgott durch den nach ihm benannten Kaiser das veränderte religiöse Klima deutlich.

Zu Beginn des 3. Jahrhunderts hat sich die äußere Situation des Imperium Romanum grundlegend gewandelt. An die Stelle der Parther trat 224 das neupersische Reich der Sassaniden, das unter Ardaschir I. (224–241) und Schapur I. (241–271) im Rückgriff auf die Tradition der Achämeniden die Herrschaft über den gesamten Osten anstrebte. Zugleich aber konsolidierten sich jenseits des rätisch-germanischen Limes die Germanen in neugegliederten Großstämmen wie Franken und Alamannen, die seit Caracalla ebenso zu einer ständigen Bedrohung wurden wie an der unteren Donau die Goten. Das Reich geriet somit in einen Mehrfrontenkrieg, in den immer neue Völkerschaften eingriffen.

Mehrere Faktoren, die einander wechselseitig bedingten bzw. verstärkten, führten zu der katastrophalen Lage. Hatte eine Kriegerschar die starre Grenzverteidigung einmal durchbrochen, so hinderte sie nichts an ausgedehnten Raubzügen in das Innere des Reiches. Landschaften, die jahrhundertelang keinen Feind gesehen hatten, wurden geplündert. So fielen die Goten etwa in Griechenland ein (262) und belagerten die Heruler sogar Athen (267). Gleichzeitig schwächte aber nicht nur eine galoppierende Geldentwertung die Wirtschaft, die teilweise sogar zu naturalwirtschaftlichen Formen zurückkehrte, sie geriet auch unter einen ständig wachsenden Abgabendruck. Die Folge war eine Verarmung der Städte, vor allem der persönlich für das Steueraufkommen haftenden Oberschicht. Die Bautätigkeit hörte ebenso auf wie sogar das Setzen von Inschriften. Für einige Jahrzehnte verschwand auch fast vollständig die literarische Produktion.

Mit der Vielzahl von Gefahren wuchs andererseits die Wichtigkeit und Selbständigkeit der einzelnen Heere, die jeweils an ihrer Front Herrscher ihres Vertrauens haben wollten. Die von ihnen erhobenen Soldatenkaiser waren z. T. durchaus tüchtig, sie verbrauchten aber einen unverhältnismäßig großen Teil des militärischen Potentials des Reiches im Kampfe mit zahlreichen Gegenkaisern um die allgemeine Anerkennung, die ihnen bestenfalls vorübergehend zuteil wurde. Fast alle Herrscher starben eines gewaltsamen Todes.

Schließlich drohte das Imperium sogar auseinanderzufallen. In Gallien gründete Postumus (260–269) ein Sonderreich, das ihn immerhin bis 274 überdauerte. Noch bedenklicher war die Situation im Osten. Valerian war im Jahr 260 bei Edessa in persische Gefangenschaft geraten. Allein dem Fürsten von Palmyra, Septimius Odaenathus, war es zu danken, daß Schapur I. zum Rückzug gezwungen wurde. Odaenathus führte den Krieg noch im Einverständnis mit Gallienus im Namen des Reiches. Nach seiner Ermordung (267) brach seine Witwe Zenobia bald mit Rom, stieß bis Ankara und Ägypten vor (270) und nahm den Titel einer *Augusta* an (272).

Ausdruck der Krise war auch der Versuch des Decius kurz nach der Jahrtausendfeier Roms (248), durch ein Opferedikt den traditionellen Götterkult wieder zu beleben (249), womit er die erste allgemeine Christenverfolgung auslöste.

Die Christen haben verhältnismäßig früh die Aufmerksamkeit römischer Beamter erregt, da die erstmals in Antiochia (um 40) bezeugte Benennung *Christiani* sie als messianisch-politische Bewegung kennzeichnete. Der Konflikt war somit im Ansatz schon vorgezeichnet. Ausgelöst wurde er freilich eher zufällig, als Nero nach dem Brande Roms, selbst der Urheberschaft verdächtigt, dem Volk plausible Täter bieten wollte und sie in den Christen fand. Auf diese Minderheit, die für sich lebend ohnehin vielfältigen Verdächtigungen ihrer heidnischen Umgebung ausgesetzt war, konnte man sich leicht einigen.

Auch in der Folgezeit kam es freilich nur sehr sporadisch zu Verfolgungen. Aufschlußreich ist vor allem der Briefwechsel, den der jüngere Plinius als Statthalter von Bithynien (um 110) mit Trajan geführt hat. Beide hielten an der Bestrafung hartnäckiger Bekenner fest, auch wenn der Kaiser für große Zurückhaltung eintrat. Ob es ein förmliches Verbot des Christentums gegeben hat, bleibt unklar. Ein größeres Massaker ist nur für Lyon (177) bezeugt; zu einzelnen Martyrien kam es jedoch immer wieder. Der Gegensatz zwischen dem polytheistischen Heidentum und den in sich geschlossenen christlichen Gemeinden war zu fundamental. Gefährlich wurde vor allem der Angriff des Valerian (seit 257) gegen die kirchliche Organisation und Hierarchie, wie sie sich im Laufe der Zeit herausgebildet hatte – in vielem übrigens in erstaunlicher Anlehnung an den staatlichen Aufbau und an den römischen Amtsbegriff. Valerians Gefangennahme (260) führte aber zum Abbruch der Verfolgung, weil sein Sohn Gallienus das Christentum tolerierte.

Nahezu ein Wunder war es, daß es inmitten aller Wirren gelang, das Imperium erneut zu stabilisieren. Den Anfang machte Gallienus, der endlich die Notwendigkeit einer beweglichen Reservearmee im Reichsinneren erkannte und daneben ein großes Reiterkorps in Anlehnung an die Kampfesweise der Perser schuf. In der Reichsverwaltung wurde die Trennung von Zivil- und Militärgewalt angebahnt und damit der Senatorenstand noch weiter zurückgedrängt. Durch die Siege des Gallienus bei Naissus über die Goten und Heruler (268), des Claudius II. Gothicus am Gardasee über die Alamannen und bei Naissus über die Goten (269), endlich des Aurelian bei Placentia über Alamannen und Juthungen (271) wurde die Donaufront zurückgewonnen. Nur das vorgeschobene Dakien mußte geräumt werden.

Aurelian war es auch, der die Reichseinheit durch den Sieg über Zenobia (272) und über den letzten gallischen Sonderkaiser Tetricus (274) wiederherstellte. Von Palmyra übernahm der Kaiser die Verehrung des Sonnengottes *Sol invictus,* dem in Rom ein Tempel geweiht wurde (25. Dez. ? 274). Er gelangte bald zu allgemeiner Anerkennung im Reiche. Die Heeresreform wurde fortgeführt, wobei die Eingliederung geschlossener germanischer Verbände die Barbarisierung förderte. Die schwere Panzerung der Reiterei sollte der gleichartigen Ausrüstung der persischen Widerpart bieten.

Der Wandel der Zeit manifestiert sich besonders eindrucksvoll in der im Winter 271/2 begonnenen Aurelianischen Stadtmauer um Rom, die 19 km lang und 8 m hoch die ‚Herrin der Welt' nunmehr vor den Angriffen der Barbaren schützen sollte. Sie wurde freilich erst von Probus vollendet, der auch an Rhein und Donau erfolgreich die germanischen Angriffe abwehrte, ebenso wie nach ihm Carus die der Sarmaten und Perser.

Auswahlbibliographie

Allgemeines: A. Heuß, *Römische Geschichte* (Braunschweig ^{5}1983); K. Christ, *Römische Geschichte, Einführung, Quellenkunde, Bibliographie* (Darmstadt ^{5}1994); W. Dahlheim, *Die Antike. Griechenland und Rom von den Anfängen bis zur Expansion des Islam* (Paderborn 1994); *The Cambridge Ancient History,* Bd. 7.2, 8, 9 (Cambridge ^{2}1989–1994); F. Kolb, *Rom. Die Geschichte der Stadt in der Antike* (München 1995).

Königszeit und Republik: J. Vogt, *Die römische Republik* (Freiburg ^{6}1973); J. Bleicken, *Geschichte der römischen Republik* (München ^{4}1992); A. Alföldi, *Das frühe Rom und die Latiner* (Darmstadt 1977); R. M. Ogilvie, *Early Rome and the Etruscans* (Glasgow 1976); T. J. Cornell, *The Beginnings of Rome. Italy and Rome from the Bronze Age to the Punic Wars (c. 1000–264 B.C.)* (London u. a. 1995); R. Werner, *Der Beginn der römischen Republik* (München 1963); A. J. Toynbee, *Hannibal's Legacy,* 2 Bde. (London 1965); C. Nicolet, *Rome et la conquête du monde méditerranéen,* 2 Bde. (Paris ^{2}1979); E. S. Gruen, *The Hellenistic World and the Coming of Rome* (Berkeley u. a. 1984); H. Gesche, *Rom – Welteroberer und Weltorganisator* (München 1981); K. Christ, *Krise und Untergang der römischen Republik* (Darmstadt ^{3}1993); Chr. Meier, *Res Publica Amissa. Eine Studie zur Verfassung und Geschichte der späten römischen Republik* (Wiesbaden ^{2}1980); E. S. Gruen, *The Last Generation of the Roman Republic* (Berkeley u. a. 1974); M. Gelzer, *Caesar. Der Politiker und Staatsmann* (Wiesbaden ^{6}1960); H. Strasburger, *Caesar im Urteil seiner Zeitgenossen* (Darmstadt ^{2}1968); M. Gelzer, *Cicero. Ein biographischer Versuch* (Wiesbaden 1969); R. Syme, *The Roman Revolution* (Oxford 1939).

Überlieferung: D. Timpe, „Fabius Pictor und die Anfänge der römischen Historiographie", in: *ANRW* I 2 (1972), 928–969; J. v. Ungern-Sternberg, „Überlegungen zur frühen römischen Überlieferung im Lichte der Oral-Tradition-Forschung", in: J. v. Ungern-Sternberg – Hj. Reinau (Hgg.), *Vergangenheit in mündlicher Überlieferung.* Colloquium Rauricum 1 (Stuttgart 1988) 237–265; V. Pöschl (Hrsg.), *Römische Geschichtsschreibung* (Darmstadt 1969); D. Flach, *Einführung in die römische Geschichtsschreibung* (Darmstadt ^{2}1992).

Verfassung und Gesellschaft: E. Meyer, *Römischer Staat und Staatsgedanke* (Zürich u. a. ^{4}1975); E. Täubler, *Der römische Staat* (Stuttgart 1985); J. Bleicken, *Die Verfassung der römischen Republik* (Paderborn ^{7}1995); F. Wieacker, *Römische Rechtsgeschichte: 1. Abschnitt.* HdA X.1.1.1 (München 1988); W. Kunkel – R. Wittmann, *Staatsordnung und Staatspraxis der römischen Republik. 2. Abschnitt. Die Magistratur.* HdA X.3.2.2 (München 1995); T. R. S. Broughton, *The Magistrates of the Roman Republic,* 3 Bde. (Cleveland 1951–1986); K. A. Raaflaub (Hrsg.), *Social Struggles in Archaic Rome* (Berkeley u. a. 1986); W. Eder (Hrsg.), *Staat und Staatlichkeit in der frühen römischen Republik* (Stuttgart 1990); M. Gelzer, *Die Nobilität der römischen Republik* (1912; Neuausgabe mit Ergänzungen Stuttgart 1983); K.-J. Hölkeskamp, *Die Entstehung der Nobilität* (Stuttgart 1987); J. Bleicken, *Das Volkstribunat der klassischen Republik* (München ^{2}1968); H. Galsterer, *Herrschaft und Verwaltung im republikanischen Italien* (München 1976); J.-M. David, *La Romanisation de l'Italie* (Paris 1994); W. Dahlheim, *Struktur und Entwicklung des römischen Völkerrechts* (München 1968); W. Dahlheim, *Gewalt und Herrschaft. Das provinziale Herrschaftssystem der römischen Republik* (Berlin u. a. 1977); W. V. Harris, *War and Imperialism in Republican Rom 327–70 B.C.* (Oxford 1979); E. Badian, *Römischer Imperialismus in der Späten Republik* (Stuttgart 1980); J. v. Ungern-Sternberg, *Untersuchungen zum spätrepublikanischen Notstandsrecht* (München 1970); W. Nippel, *Public Order in Ancient Rome* (Cambridge 1995); J. Martin, *Die Popularen in der Geschichte der Späten Republik* (Diss. Freiburg i. Br. 1965); L. Thommen, *Das Volkstribunat der späten römischen Republik* (Stuttgart 1989); L. Burckhardt, *Politische Strategien der Optimaten in der späten römischen Republik* (Stuttgart 1988); W. Will, *Der römische Mob. Soziale Konflikte in der späten Republik* (Darmstadt 1991); P. A. Brunt, *The Fall of the Roman Republic* (Oxford 1988).

Wirtschaft: F. De Martino, *Wirtschaftsgeschichte des alten Rom* (München 1985); D. Flach, *Römische Agrargeschichte.* HdA III.9 (München 1990); H. Schneider, *Wirtschaft und Politik* (Erlangen 1974); H. Schneider (Hrsg.); *Zur Sozial- und Wirtschaftsgeschichte der späten römischen Republik* (Darmstadt 1976); G. Rickman, *The Corn Supply of Ancient Rome* (Oxford 1980); A. Giovannini (Hrsg.), *Nourrir la plèbe* (Basel u. a. 1991); H. Schneider (Hrsg.), *Sozial- und Wirtschaftsgeschichte der römischen Kaiserzeit* (Darmstadt 1981); F. Vittinghoff (Hrsg.), *Handbuch der europäischen Wirtschafts- und Sozialgeschichte,* Bd. 1 (Stuttgart 1990); R. Duncan-Jones, *The Economy of the Roman Empire* (Cambridge 1974); R. Duncan-Jones, *Structure and Scale in the Roman Economy* (Cambridge 1990); S. Mratschek-Halfmann, *Divites et praepotentes. Reichtum und soziale Stellung in der Literatur der Prinzipatszeit* (Stuttgart 1993); K.-P. Johne (Hrsg.), *Gesellschaft und Wirtschaft des Römischen Reiches im 3. Jahrhundert* (Berlin 1993).

Kaiserzeit: K. Christ, *Geschichte der römischen Kaiserzeit* (München 1988); W. Dahlheim, *Geschichte der römischen Kaiserzeit* (München ^{2}1989); D. Kienast, *Römische Kaisertabelle* (Darmstadt ^{2}1996); J. Bleicken, *Verfassungs- und Sozialgeschichte des römischen Kaiserreiches* (Paderborn u. a. ^{3}1994); R. Klein (Hrsg.); *Prinzipat und Freiheit* (Darmstadt 1969); F. Millar, *The Emperor in the Roman World* (London 1977); J. Bleicken, *Zum Regierungsstil des römischen Kaisers* (Frankfurt a. M. 1982); E. Flaig, *Den Kaiser herausfordern. Die Usurpation im römischen Reich* (Frankfurt a. M. u. a. 1992); F. Kuhoff, *Felicior Augusto melior Traiano. Aspekte der Selbstdarstellung der römischen Kaiser während der Prinzipatszeit* (Frankfurt a. M. 1993); W. Schmitthenner (Hrsg.), *Augustus* (Darmstadt 1969); D. Kienast, *Augustus* (Darmstadt ^{2}1992); G. Binder (Hrsg.), *Saeculum Augustum,* 3 Bde. (Darmstadt 1987–1991); *Kaiser Augustus und die verlorene Republik* (Berlin 1988); P. Zanker, *Augustus und die Macht der Bilder* (München ^{2}1990); D. Timpe, *Untersuchungen zur Kontinuität des frühen Prinzipats* (Wiesbaden 1962); R. Klein (Hrsg.), *Prinzipat und Freiheit* (Darmstadt 1969); H. Kloft, *Liberalitas principis* (Köln u. a. 1970); G. Walser – Th. Pekáry, *Die Krise des römischen Reiches* (Berlin 1962); G. Alföldy, *Die Krise des römischen Reiches* (Stuttgart 1989); K. Strobel, *Das Imperium Romanum im ‚3. Jahrhundert'* (Stuttgart 1993).

Senat: R. J. A. Talbert, *The Senate of Imperial Rome* (Princeton 1984); D. Barghop, *Forum der Angst* (Frankfurt a. M. u. a. 1994); A. Kneppe, *Metus temporum* (Stuttgart 1994); W. Eck, *Senatoren von Vespasian bis Hadrian* (München 1970); W. Eck, „Beförderungskriterien der senatorischen Laufbahn“, in: *ANRW* II 1 (1974), 158–228; G. Alföldy, *Konsulat und Senatorenstand unter den Antoninen* (Bonn 1977); P. M. M. Leunissen, *Konsuln und Konsulare in der Zeit von Commodus bis Severus Alexander* (Amsterdam 1989); A. Birley, *Locus virtutibus patefactus? Zum Beförderungssystem in der Hohen Kaiserzeit* (Opladen 1992); P. P. Saller, *Personal Patronage under the Early Empire* (Cambridge 1982); A. Chastagnol, *Le sénat romain à l'époque impériale* (Paris 1992).

Ritter: G. Alföldy, *Die römische Gesellschaft* (Stuttgart 1986); W. Eck, *Die Verwaltung des römischen Reiches in der Hohen Kaiserzeit,* Bd. 1 (Basel 1995); H.-G. Pflaum, *Les carrières procuratoriennes équestres sous le Haut-Empire romain,* 4 Bde. + Suppl. (Paris 1960–1982).

Plebs urbana: Z. Yavetz, *Plebs and Princeps* (Oxford 1969); P. Veyne, *Brot und Spiele* (Frankfurt a. M. u. a. 1988); J. Sünskes Thompson, *Demonstrative Legitimation der Kaiserherrschaft im Epochenvergleich* (Stuttgart 1993).

Heer: G. Webster, *The Roman Imperial Army* (London 1969); W. Eck – H. Wolff (Hgg.), *Heer und Integrationpolitik* (Köln u. a. 1986); G. Alföldy, *Römische Heeresgeschichte* (Amsterdam 1987); St. Link, *Konzepte der Privilegierung römischer Veteranen* (Stuttgart 1989); Y. Le Bohec, *L'armée romaine sous le Haut-Empire* (Paris 1989).

Städte: F. Kolb, *Die Stadt im Altertum* (München 1984); D. Nörr, *Imperium und Polis in der hohen Prinzipatszeit* (München ^{2}1969); F. Vittinghoff (Hrsg.), *Stadt und Herrschaft*

(München 1982); F. Vittinghoff, *Civitas Romana* (Stuttgart 1994); W. Eck, *Die staatliche Organisation Italiens in der hohen Kaiserzeit* (München 1979); F. Jacques, *Les curateurs des cités dans l'occident romain de Trajan à Gallien* (Paris 1983); L. Neesen, *Untersuchungen zu den direkten Staatsabgaben der römischen Kaiserzeit* (Bonn 1980).

Christen(-verfolgung): R. Freudenberger, *Das Verhalten der römischen Behörden gegen die Christen im 2. Jh.* (München ^{2}1969); R. Klein (Hrsg.), *Das frühe Christentum im römischen Staat* (Darmstadt 1971); J. Molthagen, *Der römische Staat und die Christen im zweiten und dritten Jahrhundert* (Göttingen ^{2}1975); P. Guyot – R. Klein, *Das frühe Christentum bis zum Ende der Verfolgungen. Eine Dokumentation,* 2 Bde. (Darmstadt 1993/4); G. W. Bowersock, *Martyrdom and Rome* (Cambridge 1995).

3 Spätantike

Jochen Martin

Augusti und Caesares in der Spätantike

(bei zwei Anfangszahlen markiert die erste die Erhebung zum Caesar, die zweite die zum Augustus)

284–305	Diocletian	408–450	Theodosius II. (Osten)
285/286–305	Maximian	421	Constantius III. (Westen)
293/305–311	Galerius	423–425	Johannes (Westen)
293/305–306	Constantius I. Chlorus	424/425–455	Valentinian III. (Westen)
305/310–313	Maximinus Daia	450–457	Marcian (Osten)
305–307	Severus (Caesar)	455	Petronius Maximus (Westen)
306–337	Constantin I. d. G.	455–456	Avitus (Westen)
306–312	Maxentius	457–461	Maiorian (Westen)
308–324	Licinius	457–474	Leo I. (Osten)
317/337–340	Constantinus II.	461–465	Libius Severus (Westen)
324/337–361	Constantius II.	467–472	Anthemius (Westen)
335/337–350	Constans	473–474	Glycerius (Westen)
351–354	Gallus (Caesar)	474–491	Zeno (Osten)
355/360–363	Iulian	474–480	Iulius Nepos (Westen)
363–364	Iovian	475–476	Romulus Augustulus (Westen)
364–375	Valentinian I.	491–518	Anastasius (Osten)
364–378	Valens	518–527	Iustinus (Osten)
367–383	Gratian	527–565	Iustinian
375–392	Valentinian II.		
379–395	Theodosius I.		
383–408	Arcadius (Osten)		
393–423	Honorius (Westen)		

3.1 Die Erneuerung des Reiches durch Diocletian und Constantin I.

3.1.1 Die Tetrarchie

Diocletian und seine Mitregenten sowie Constantin I. d. G. haben in umfassender Weise auf die Krise des 3. Jh.s reagiert und dabei das römische Reich umgeformt.

Am 20. 11. 284 zum Augustus erhoben, macht Diocletian den kriegserprobten Maximian am 13. 12. 285 zum Caesar, am 1. 4. 286 zum Mit-Augustus. 293 werden Constantius Chlorus im Westen, Galerius im Osten zu Caesares, d. h. im Rang nachgeordneten Mitkaisern, ernannt. Constantius ist schon seit 289 Schwiegersohn seines Augustus Maximian, Galerius muß die Tochter

Diocletians heiraten. Beide Caesares werden zudem von ihren Augusti adoptiert. Dieses System der Tetrarchie, das auch eine geregelte Nachfolge für die Augusti sichern soll (dazu und zum Folgenden F. Kolb, *Diocletian und die Erste Tetrarchie,* Berlin–New York 1987), erhält zudem eine systematische theologische Begründung: Diocletian und Galerius als *Jovii,* Maximian und Constantius als *Herculii* werden in die Familien ihrer göttlichen Schutzherren aufgenommen. Jupiter verleiht den Augusti die Macht; diese sind nicht Götter, repräsentieren und vergegenwärtigen aber die göttlichen Wirkkräfte (vgl. W. Seston, *Dioclétien et la Tétrarchie,* Paris 1946). Immer wieder wird in den Panegyrici die Einheit und Gleichheit der Augusti betont.

Das System der Tetrarchie antwortet auf die Schwierigkeiten der Reichsverteidigung und die Gefahren von Usurpationen. Bis 300 können wichtige Erfolge in Britannien, an der Donaufront, in Afrika und in Ägypten errungen werden. 298 besiegt Galerius den Perserkönig Narses, der im Frieden von Nisibis Gebiete jenseits des Tigris an Rom abtreten muß. – In der Form der Reichsverteidigung bleibt Diocletian eher traditionell: die Grenzsicherung wird verstärkt (Befestigungsanlagen, Straßen), die Zahl der Truppenkörper gegenüber der Severerzeit etwa verdoppelt, die Sollstärke der Legionen dagegen herabgesetzt. Barbaren werden zum Kriegsdienst ebenso verpflichtet wie Söhne von Veteranen und andere Reichsbewohner. Schon unter Diocletian beginnt die Trennung des militärischen vom zivilen Kommando: einerseits lassen sich Provinzgouverneure *(praesides)* auch als Militärbefehlshaber nachweisen, andererseits begegnen reine Truppenkommandeure *(duces),* die oft Truppen aus mehreren Provinzen kommandieren. Diese Aufgabentrennung hat ihren Grund in den Anforderungen der Reichsverteidigung wie auch in den wachsenden Funktionen der Zivilverwaltung.

Diocletian hat, um die finanziellen Ressourcen des Reiches zu sanieren und die Lasten gerechter zu verteilen, eine Steuerreform durchgeführt. In jeder Provinz wurde eine Steuerveranlagung *(indictio)* vorgenommen, bei der alle Produktivkräfte – Personen, der Boden, das Vieh – berücksichtigt und auf abstrakte Bemessungseinheiten – *iugum* und *caput;* sie waren gegeneinander aufrechenbar – übertragen wurden, so daß die Steuerpflichten in *iuga* oder *capita* ausgedrückt werden konnten (es gab aber viele regionale Unterschiede). Die konkreten Zahlungen oder Naturallieferungen – die *annona* – ergaben sich dann daraus, daß die Anforderungen des Staates auf die *iuga* und *capita* umgelegt wurden. Dazu wurde erstmals in der Antike ein jährliches Ausgabenbudget erstellt. *Indictiones* wurden zunächst alle 5, seit Constantin alle 15 Jahre durchgeführt. Der Einzug der Steuern oblag den Ratsleuten (Dekurionen, Curialen) der Städte. Außer der *annona* hatten die Reichsbewohner, vor allem die Dekurionen, viele unentgeltliche Dienstleistungen (*munera,* Liturgien) für den Staat und die Gemeinden zu erbringen.

Durch zwei Währungsreformen (294/296 und 301) sucht Diocletian die im 3. Jh. zusammengebrochene Geldwährung zu stabilisieren und den Umlauf guter Edelmetallmünzen zu fördern. Dieses Bemühen wird gestützt durch den berühmten Maximaltarif (301), ein umfassendes Verzeichnis von Höchstpreisen für Waren und Dienstleistungen aller Art (die Fragmente ediert von S. Lauffer,

Berlin 1971, und M. Giacchero, Genua 1974). Der zentralistische Zugriff Diocletians zeigt sich auch in der Baupolitik (Residenzen, Repräsentationsbauten, militärische Anlagen, staatliche Fabriken), in dem Bestreben, die lateinische Sprache im Reich durchzusetzen, und besonders in der Rechtspolitik. Hatten im Prinzipat lokale oder regionale Rechtstraditionen in der Rechtsprechung der Städte noch weitgehend Geltung behalten, so sollte jetzt überall im Reich das römische Recht durchgesetzt werden (vgl. z. B. das Eheedikt von 295: *Coll. Mos.* 6,4). Von privater Hand entstehen erste Sammlungen des Kaiserrechts *(Codex Gregorianus, Codex Hermogenianus)*.

Durch alle diese Veränderungen wurde der Aufgabenbereich der Provinzstatthalter intensiviert. Diocletian hat deshalb die Zahl der Provinzen etwa verdoppelt (T. D. Barnes, *The New Empire of Diocletian and Constantine,* Cambridge/Mass. 1982, 195–225); Italien und Ägypten wurden voll in das Provinzsystem integriert. Die Städte wurden aus Selbstverwaltungsorganen immer mehr zu Annexen der Reichsverwaltung, deren Spitze im Rahmen der Tetrarchie vervierfacht wurde. Die Spitzen mußten beweglich sein und wurden deshalb als *sacer comitatus* bezeichnet. Sie bestanden aus dem Hof *(cubiculum)* und den zentralen Ämtern. Die neue Bedeutung, welche den Kaisern und dem Hof jetzt zukam, fand Ausdruck in der weiteren Ausgestaltung des Hofzeremoniells (H. Löhken, *Ordines dignitatum,* Köln 1982, 48–53, in Auseinandersetzung mit A. Alföldi, *Die monarchische Repräsentation im römischen Kaiserreiche,* Darmstadt 1970).

Am 23. 2. 303 begann Diocletian mit einem ersten Edikt die letzte große Christenverfolgung im römischen Reich. Sie dauerte bis 311 und unterschied sich von allen vorangehenden dadurch, daß sie die Vernichtung des Christentums intendierte (Ausrottung des Klerus, Zerstörung aller kirchlichen Einrichtungen, Verbrennung von Schriften etc.). Diese Christenverfolgung erwuchs fast zwingend aus der neuen Bedeutung, welche die Religion für die Tetrarchie gewann: in der Herrschertheologie, in der Tatsache, daß die Götter, vermittelt durch den Kaiser, nun auch moralische Forderungen stellten und Gesetze religiös begründet wurden, näherte sich die pagane Religion dem Monotheismus an. Nach dem antiochenischen Rhetor Libanius hat Diocletian die Götter zu Weltherrschern gemacht (*or.* 61,5 = 4,331 F). „Die pagane Staatsreligion und das Christentum waren sich theologisch niemals näher als zur Zeit der großen Verfolgung" (J. H. W. G. Liebeschuetz, *Continuity and Change in Roman Religion,* Oxford 1979, 243). – Diocletian hat in seinen Reformen konsequent das Kaisertum überhöht, in der Verwaltung des Reiches auf Zentralisierung und Vereinheitlichung gesetzt (zu seiner Politik insgesamt: *Antiquité tardive* 2, 1994: La tétrarchie). Darin ist ihm Constantin gefolgt.

3.1.2 Constantin I. d. Große

Als erste römische Kaiser verzichteten am 1. 5. 305 Diocletian und Maximian auf ihr Kaisertum. Ihre Nachfolger wurden Constantius Chlorus und Galerius, neue Caesares Severus und Maximinus Daia. Als Constantius am 25. 7. 306 in

York starb, brach das tetrarchische System zusammen. Statt Severus rief das Heer Constantin, den Sohn des Constantius, zum Augustus aus. Noch im gleichen Jahr folgte Maxentius, der Sohn Maximians, dem Beispiel Constantins und ließ sich am 28. 10. 306 von der Garde in Rom zum Kaiser erheben. Es folgten Auseinandersetzungen zwischen den verschiedenen Herrschern (307 Tod des Severus; 11. 11. 308 Erhebung des Licinius zum Augustus). Galerius beendete am 30. 4. 311, kurz vor seinem Tod, die Christenverfolgung, die im Westen nur lässig durchgeführt worden war, durch ein Toleranzedikt, welches das Christentum erstmals zu einer erlaubten Religion machte. Im Frühjahr 312 zog Constantin gegen Maxentius, den er am 28. 10. 312 in der Nähe der Milvischen Brücke vor den Toren Roms besiegte. Damit war er alleiniger Herrscher im Westen.

Constantin hatte seine Legitimation seit 310 darin gesucht, daß er sich als Nachkommen des Kaisers Claudius Gothicus darstellte. Sein bevorzugter Schutzgott wurde nun – wie schon für seinen Vater – *Sol invictus,* der im 3./4. Jahrhundert sowohl als konkrete Gottheit wie auch als Inbegriff aller kosmischen Kräfte interpretiert wurde.

Nach Lactanz (*mort. pers.* 44,5) und Eusebius (*Vita Const.* 1,27–32) hatte Constantin vor der Schlacht gegen Maxentius Visionen, die ihn bewogen, seine Soldaten unter einem neuen, auf Christus zu beziehenden Zeichen (☧) kämpfen zu lassen. Damit wird bis heute die Vorstellung einer Bekehrung Constantins zum Christentum verbunden (z. B. zuletzt Th. Grünwald, *Constantinus Maximus Augustus,* Stuttgart 1990, 78–86; W. Kuhoff, in: *Chiron* 21, 1991, 167–168), während nach anderen Forschern (z. B. T. D. Barnes, *Constantine and Eusebius,* Cambridge, Mass. 1981) der Kaiser schon vor 312 ein Christ war. Nach J. Bleicken (*Constantin d. Große und die Christen,* München 1992) hat Constantin die Entscheidung für das Christentum erst in den Jahren vor dem letzten Licinius-Krieg gefällt. Die Gründe für diesen Dissens liegen in der Disparatheit der Quellen: Am Constantinsbogen in Rom gibt es kein christliches Zeugnis; die Panegyriker erwähnen den Christengott nicht; in der Münzprägung herrscht noch lange Zeit *Sol invictus* vor. Umgekehrt hat Constantin seit 313 das Christentum begünstigt und der römischen Gemeinde Schenkungen gemacht; auf einem berühmten Silbermedaillon von 313 oder 315 erscheint das Christusmonogramm am vorderen Federkamm des kaiserlichen Helmes; in einer Vereinbarung in Mailand (313) haben Constantin und Licinius das Galerius-Edikt bekräftigt und günstige Regelungen hinsichtlich des Kirchengutes verabredet. Wahrscheinlich hat der Kaiser, der sich erst auf dem Totenbett taufen ließ, den Christengott als eine Konkretisierung des Sol verstanden, jedenfalls zwischen beiden nicht klar unterschieden (vgl. A. Alföldi, *The Conversion of Constantine and Pagan Rome,* Oxford ^{2}1969, und zuletzt Liebeschuetz, a. O. 280).

Im Selbstverständnis des Kaisers als eines Beauftragten der *summa divinitas* konnte Constantin an die Tetrarchie anknüpfen. Er behielt auch den Titel *pontifex maximus* bei und wandte selbstverständlich die regulativen und gesetzgeberischen Vollmachten, die dem Kaiser hinsichtlich der *sacra* zustanden, auf das Christentum an: er lenkte das Verfahren gegen die Donatisten (K. M. Girardet, *Kaisergericht und Bischofsgericht,* Bonn 1975), berief in den von Alexandrien ausgehenden arianischen Streitigkeiten für 324 das erste Reichskonzil nach Nicaea ein, führte dort selber den Vorsitz und belegte Exkommunizierte mit staatlichen Sanktionen (335 Verbannung des alexandrinischen Bischofs Athanasius). Widerstand kirchlicherseits regte sich kaum, zumal der Kirche eine Zentralinstanz fehlte.

Constantin besiegte 324 Licinius (am 3. 7. bei Adrianopel, am 18. 9. bei Chrysopolis) und erlangte damit die Alleinherrschaft im Reich. Er stellte das römische Verteidigungssystem um, indem er das Heer konsequent in eine Grenz- und eine mobile Feldarmee aufteilte, die im Hinterland stationiert war (D. Hoffmann, *Das spätrömische Bewegungsheer und die Notitia Dignitatum*, Düsseldorf 1969). 332 gelang ihm ein entscheidender Erfolg gegen die Goten (Terwingen) an der Donau, die fortan den Römern gegen Soldzahlungen Waffenhilfe leisten sollten. Die Barbarisierung des römischen Heeres schritt weiter fort.

Gleich nach 312 wurde die alte Prätorianergarde aufgelöst, bald darauf wurden die Diözesen als mehrere Provinzen umfassende Verwaltungsbezirke eingerichtet, die Vikaren unterstanden. Die *praefecti praetorio* verloren ihre militärischen Führungsaufgaben, wurden aber erst in den 60er Jahren zu den Spitzen fester Großpräfekturen; sie bleiben für die Rechtsprechung im Reich (ihre Urteile sind seit 331 inappellabel) und für die *annona*, damit auch für die Versorgung des Heeres zuständig. Für die militärische Führung wurde das Heermeisteramt *(magister equitum, magister peditum)* geschaffen. Dem ebenfalls neuen Amt des *magister officiorum* unterstanden neben den *scholae palatinae* (neue Palastgarde) verschiedene Büros (*officia* oder *scrinia*) sowie die *agentes in rebus*, die Botendienste, die Beschaffung von Informationen oder Sondermissionen übernahmen. Zum *quaestor* und zu dem das *consilium principis* ersetzenden *consistorium* s. u.

Um den Geldumlauf zu fördern, schuf Constantin eine neue, gegenüber dem tatsächlichen Goldgehalt leicht überbewertete und bis ins 12. Jahrhundert stabil bleibende Goldmünze, den *solidus*, sowie die *siliqua* als neue Silbermünze. Den Goldreserven des Kaisers kamen zwei neue, in Gold zu zahlende Steuern zugute: die *collatio glebalis*, die Senatoren entsprechend ihrem Landbesitz zu entrichten hatten, und die *auri lustralis collatio*, eine Steuer für Handel und Gewerbe. Die Verpflichtung für Söhne, die Tätigkeit des Vaters fortzusetzen (‚Erbzwang', ‚Ständezwang'), wurde ausgedehnt z. B. auf Söhne von *cohortales* (Angestellten in den Büros der Statthalter), auf Dekurionen sowie auf die Reeder, Bäcker und Schweinehändler Roms. Außer bei den Dekurionen war der Ständezwang aber auch mit Privilegien verbunden (zum Kolonat s. u.).

Wie die Verwaltungsreformen durch Zentralisierungstendenzen, so ist die Gesellschaftspolitik durch das Bestreben gekennzeichnet, die Reichsbevölkerung im Hinblick auf die Aufgaben des Staates auf Dauer zu organisieren. Die Wirkung christlicher Einflüsse auf die Gesetzgebung Constantins wird heute eher skeptisch betrachtet (M. Sargenti, *Studi sul diritto del tardo impero*, Padua 1986, 1–109), selbst wenn solcher Einfluß naheliegt, wie z. B. bei der Aufhebung der augusteischen Ehegesetze, den Maßnahmen zum Schutz der Ehe, der Braut, der Kinder, der Einführung des „Sonntags" (*dies venerabilis solis*, 3. 7. 321). Constantin hat aber versucht, die Möglichkeiten der Kirche für staatliche Zwecke zu nützen: durch die *episcopalis audientia* wurde es Prozeßparteien ermöglicht, sich auf ein bischöfliches Schiedsgerichtsverfahren zu einigen, dessen Spruch vom Senat vollstreckt wurde (W. Selb, Episcopalis audientia von der Zeit Konstantins bis zur Nov. XXXV Valentinians III., in: *ZRG* 84, 1967, 162–217; W. Waldstein, „Zur Stellung der Episcopalis audientia im spätrömischen Prozeß", in: *Festschr. M. Kaser,* München 1976, 533–556); Sklaven konnten in Zukunft auch vor Bischöfen freigelassen werden. Entsprechend ihrer wichtigen Rolle für den Staat erhielten die christlichen Gemeinden Privilegien: sie durften Erbschaften annehmen; Kleriker wurden von der *patria potestas* und von *munera* befreit.

Eine der folgenreichsten Maßnahmen Constantins war die Gründung der neuen Hauptstadt Constantinopel auf den Boden des alten Byzanz. Die *consecratio* erfolgte nach altem Ritus zwischen 324 und 328, die Einweihung des Neuen Rom am 11. 5. 330. Von der Lage her glänzend ausgewählt und von den Kaisern auf jede Weise gefördert (eigene Verwaltung, Befreiung von Steuern, günstige Bedingungen für Ansiedlung etc.), entwickelte sich der Ort schnell zum neuen Zentrum des Reiches, gegenüber dem das alte Rom, schon seit dem 3. Jh. immer seltener wirkliche Residenz der Kaiser, in den politischen Windschatten geriet, auch wenn seine Tradition ihm einen hohen Ehrenstatus sicherte.

Constantin starb am 22. 5. 337. Zuvor hatte er die Nachfolge geregelt und das Reich unter 3 Söhne und einen Neffen aufgeteilt.

3.2 Die politische Organisation

3.2.1 Das Kaisertum

Seit der Tetrarchie ist das Kaisertum im römischen Reich ein Mehrkaisertum, auch wenn bis 395 immer noch kurze Phasen der Alleinherrschaft vorkommen. Nominell wird die Einheit der Kaisermacht aufrechterhalten (z. B. gelten von einem Augustus erlassene Gesetze im ganzen Reich). Die Trennung in ein Ost- und ein Westreich, die 395 vollzogen wird, ist schon lange vorbereitet. – Wie im Prinzipat wird auch in der Spätantike die Kaisermacht nicht rechtlich umschrieben. Die Kaiser selber nennen sich *imperator* oder αὐτοκράτωρ *(autokrátōr),* auf Münzen wird *dominus noster* und *Augustus,* auf Papyri δεσπότης *(despótēs)* gebraucht. Als Fremdbezeichnung begegnet daneben auch βασιλεύς *(basileús).* In den Titeln wie auch in den z. T. hypertrophen Anreden und Lobpreisungen (vgl. *Gesta senatus urbis Romae* 5 anläßlich der Publikation des *Codex Theodosianus* im Westen) kommt eine starke Überhöhung der Kaisermacht zum Ausdruck.

Die Erwählung eines Herrschers geschieht in der Regel durch den oder die regierenden Kaiser; von den Truppen ausgerufene Augusti (Constantin I. und Julian) bemühen sich im nachhinein um deren Zustimmung. Kommt es zu unvorhergesehenen Herrscherwechseln, dann können Mitglieder des Kaiserhauses (450 Pulcheria, die Schwester Theodosius' II.; 491 die Kaiserwitwe Ariadne) sowie der Senat von Constantinopel (457), teilweise in Verbindung mit dem Volk (518), entscheidenden Einfluß gewinnen. Nach dem Tod Valentinians III. werden im Westen die Heermeister in Verbindung mit dem Senat und den Ostkaisern zu den wichtigsten Kaisermachern. – Die Erhebung der Kaiser geschieht durch die Truppen, wobei 360 Julian erstmals auf einen Schild erhoben und mit dem *torques* (Soldatenreif) gekrönt wird. Im Osten bilden sich seit dem 5. Jh. neue Formen des Erhebungszeremoniells aus; der Einfluß des Heeres wird allmählich zurückgedrängt.

Alle Kaiser verstehen sich als von Gott erwählt und beauftragt, was bei Justinian bis zu der Aussage geht, nicht er oder seine Beauftragten handelten, sondern Gott allein (*Cod. Iust.* 1,17,1). Das ist der reinste Ausdruck eines theokratischen Herrschertums. Dem entsprechen die Entrückung des Kaisers in seinem Palast und das Hofzeremoniell: Alles, was mit dem Kaiser in Verbindung steht, ist *sacer,* d. h. göttliches Eigentum. Er selber wird durch Leibwachen und *silentiarii,* seit der Mitte des 4. Jh. auch durch Vorhänge *(vela)* im Palast abgeschirmt. Von denen, die sich ihm nähern, wird die *adoratio* gefordert, die die Proskynese (kniefällige Verehrung) einschließt.

Eine wichtige Grundlage der Macht des Kaisers bildet das Heer. Bis zu Theodosius I. sind die Kaiser selber Heerführer, dann treten die Heermeister ganz an ihre Stelle. Während es aber im Osten gelingt, den Vorrang der zivilen vor der militärischen Führung durchzusetzen, gewinnen im Westen die Heermeister überragende Macht.

Deren Reihe beginnt schon mit den Franken Merobaudes (unter Valentinian I. bis 383) und Bauto (383–387). Arbogast (387–394) wird aufgrund einer Wahl durch das Heer zum Heermeister ernannt. Der Vandale Stilicho, 394 bis 408 führender Heermeister, kann in der sogenannten Kanzleireform erreichen, daß die Führungsbeamten aller wichtigen Militärkanzleien des Westens vom führenden Heermeister besetzt werden, der seit 414/5 den Titel *patricius* trägt. Aëtius, 430 bis 454 *patricius,* bestimmt praktisch selbständig die Außenpolitik des Westreiches. Danach ist Ricimer, 457 vom oströmischen Kaiser zum 1. Heermeister erhoben, die führende Gestalt im Westen (bis 472). Unter ihm erlangen die höchsten Militärbeamten in der Rangordnung den Vorrang vor den höchsten Zivilbeamten.

Das Heer kann also seit dem Ende des 4. Jh.s nicht mehr als unmittelbare Stütze des westlichen Kaisertums angesprochen werden.

Ein analoger Prozeß vollzieht sich auch im Hinblick auf die religiöse Begründung des Kaisertums. Die Kirche im Westen hat römische Vorstellungen von Autorität insofern übernommen, als die zentrale geistliche Autorität Amtsträgern, den Bischöfen, zugeschrieben wurde. Unter diesen gewinnt in der 2. Hälfte des 4. und in der 1. Hälfte des 5. Jh.s der Bischof von Rom einen Vorrang, bis Valentinian III. 445 durch Reskript (*Novell. Val.* 17) festlegt, daß päpstliche Akte auch ohne kaiserliche Bestätigung Gültigkeit haben. Gegenüber dem Anspruch der Kaiser, als Beauftragte Gottes Vermittler des göttlichen Willens zu sein und universale Herrschaft zu repräsentieren, entsteht also im

Papst und in den Bischöfen eine Konkurrenz, welche die religiöse Begründung des Kaisertums im Westen weit weniger wirksam werden läßt als im Osten, wo aufgrund einer anderen Herrschertradition (F. Dvornik, *Early Christian and Byzantine Political Philosophy,* 2 Bde., Washington 1966) und aufgrund anderer Vorstellungen von geistlicher Autorität (P. Brown, in: J. Martin – B. Quint, Hgg., *Christentum und antike Gesellschaft,* Darmstadt 1990, 427f.) die Kaiser auch eine wichtige Stellung in der Kirche einnehmen.

Dynastische Vorstellungen bilden ein drittes Element kaiserlicher Macht. Die Tetrarchie arbeitet mit diesem, wenn die Caesares in die natürlichen und göttlichen Familien ihrer Augusti aufgenommen werden. Constantin I. stellt sich als Nachkommen des Kaisers Claudius Gothicus dar (vgl. *Paneg.* 7,2: *imperator ortus es*). Wie in der Regel Herrscher ihre Nachfolger aus ihrer Familie bestimmen, können im Ausnahmefall selbst Frauen aus der kaiserlichen Familie an der Nachfolgeregelung mitwirken (s. o.). Konstitutiv für die dynastische Vorstellung ist 1. die schon republikanische Auffassung von der Vererbung der *virtus,* 2. die von der Vererbung eines göttlichen Charismas (vgl. *Paneg.* 7.2: *in te imperii fortuna descendit*). Bis zu Valentinian III. können solche Vorstellungen im Westen wirksam bleiben; dann kann sich keine Dynastie mehr durchsetzen.

Alle genannten Machtgrundlagen sind also für das westliche Kaisertum schon vor dem Untergang des weströmischen Reiches prekär geworden. Ferner mangelt dem westlichen Kaisertum auch die unmittelbare Einbindung in den Senat und das hauptstädtische Volk (dazu für Konstantinopel H. G. Beck, in: H. Hunger, Hrsg., *Das byzantinische Herrscherbild,* Darmstadt 1975, 353–378); der Senat agiert weiter in Rom; die *plebs urbana* Mailands und Ravennas kann keine Tradition hauptstädtischen Verhaltens ausbilden.

3.2.2 Der Kaiser und seine Helfer

Die Zentralen der Reichsverwaltung werden gebildet aus dem *comes rerum privatarum* (kaiserliche Domänen), dem *comes sacrarum largitionum* (zuständig für Steuern außer der *annona,* für die Münzprägung, die Bergwerke etc.), dem *magister officiorum* als dem Chef der zentralen Büros, dem *quaestor sacri palatii,* der Gesetze und Reskripte vorbereitet, und den *magistri militum in praesenti.* Die vier erstgenannten bilden auch den Kern des Consistoriums, zu dem je nach Beratungsgegenstand auch andere wichtige Amtsträger hinzugezogen werden können. Es ist Gerichtsgremium, diskutiert Gesetzesvorschläge und dient als Forum für feierliche Anlässe. Zur Zentrale gehört auch der Hof im engeren Sinn *(cubiculum),* dem ein Eunuch als Kämmerer *(praepositus sacri cubiculi)* vorsteht.

Die dreigliedrige Regionalverwaltung mit den Prätorianerpräfekten an der Spitze, den Vikaren als Leitern der Diözesen und den Statthaltern als Provinzgouverneuren ist in den 60er Jahren des 4. Jahrhunderts voll ausgebildet (J. Migl, *Die Ordnung der Ämter,* Frankfurt u. a. 1994). Alle drei Ebenen sind zuständig für die Rechtsprechung – die Präfekten bilden die Spitze eines Instanzenzuges – und für die *annona.* Ferner haben auch die zentralen Finanzämter Beauftragte in den Diözesen und Provinzen; seit Constantius gibt es für Großregionen zuständige Heermeister. – Die kleinsten Verwaltungseinheiten bilden die Städte (mit Umland), nominell wie im Prinzipat Selbstverwaltungsorgane, weswegen die städtischen Ämter nicht Teil des kaiserlichen Beamtenapparates *(militia)* sind, in Wirklichkeit aber Vollzugsorgane für viele staatliche Aufgaben und *munera* (vor allem Eintreibung von Steuern), welche die städtischen Dekurionen und Amtsträger unentgeltlich leisten müssen. Die Städte verlieren im 4. Jahrhundert ihren Grundbesitz (ein Teil der Einnahmen daraus wird ihnen überlassen). Die Honoratioren haben keinen Anteil an den Privilegien der *militia* und genießen auch nicht deren Schutz. Im Bereich des Kultes, der ihnen mannigfache Repräsentationsmöglichkeiten geboten hatte, werden sie vom Bischof verdrängt, der im 5. Jahrhundert auch vielfach weltliche Aufgaben übernimmt, ohne in das staatliche Verwaltungssystem integriert zu sein.

Einen Sonderstatus unter den Städten haben die alte und neue Hauptstadt, Rom und Konstantinopel. Sie werden jeweils von einem senatorischen *praefectus urbi* verwaltet, der in der Regel auch Vorsitzender des Senats ist, mit diesem in der Lokalverwaltung zusammenarbeitet und seit Ende des 4. Jh.s mit einem Fünfmännergremium die Rechtsprechung über Senatoren ausübt. Der östliche Senat, von Constantin I. initiiert, ist unter Constantius II. wie der westliche auf ca. 2000 Mitglieder angeschwollen. Seit Valentinian I. sind die Senatoren in drei Rangklassen eingeteilt: *clarissimi, spectabiles, illustres.* Zwischen 423 und 426 wird die Residenzpflicht für *clarissimi* und *spectabiles* offiziell aufgehoben, so daß nur noch die *illustres* die eigentlichen Senate bilden. Politischer Einfluß kommt den Senaten als Gremien nicht mehr zu, doch kann der römische Senat solchen Einfluß dann noch erlangen, wenn Konkurrenzen zwischen Heermeistern und Kaisern entstehen oder sich Herrscher wie Odoaker und Theoderich d. Große gegenüber den oströmischen Kaisern auf den Senat stützen (A. Chastagnol, *Le sénat romain sous le règne d'Odoacre,* Bonn 1966). In Konstantinopel als Kaiserresidenz ist der Kaiser auch dauernd mit dem Senat konfrontiert, der insbesondere bei Herrscherwechseln Mitwirkungsmöglichkeiten erlangt.

Im Rahmen der Reichsverwaltung sind bestimmte Aufgaben – z. B. die Außen- und Kirchenpolitik – nicht festen Ressorts zugeordnet. Der Kaiser setzt für solche Aufgaben ‚Helfer' ein, die durch unmittelbare Kaisernähe ausgezeichnet sind. In dem von Valentinian I. neugeregelten Rangklassensystem werden dann auch das Heermeisteramt und die vier Zentralämter aufgewertet. Das Amt mit der größten Kaisernähe, das des *praepositus sacri cubiculi* (immer ein Eunuch), der den Zugang zum Kaiser regelt, die Informationen filtert etc., rangiert in der *notitia dignitatum,* einem um die Wende vom 4. zum 5. Jahrhundert erstellten Verzeichnis der Ämter und Büros im römischen Reich, noch vor den vier Zentralämtern, obwohl Eunuchen keine gesellschaftliche Achtung genießen. Im Ostreich können *praepositi* immer wieder einen Einfluß erlangen, der dem der Heermeister im Westen vergleichbar ist. Schon diese Phänomene zeigen, daß der Beamtenapparat der Spätantike nicht mit einer modernen Bürokratie zu vergleichen ist. – Das gilt aber auch für die durch Sachaufgaben definierten Ressorts, innerhalb derer es zwar eine hierarchische Struktur, Instanzenzüge und Beförderungen nach dem Ancienniätsprinzip gibt, ebenso aber Weitergabe der Ämter durch Verkauf und Vererbung, Seiteneinstieg durch Patronage, häufige und lange Abwesenheiten vom Amt, Bereicherung durch Sporteln und Bestechungsgelder. Die einzelnen Ressorts entwickeln einen Korpsgeist, der auf die Erhaltung der eigenen Gruppe ausgerichtet ist und darin gipfelt, daß den Chefs verschiedener Ämter die Gerichtsbarkeit über ihre Untergebenen übertragen wird. Damit ist eine Kontrolle der Amtsführung nur beschränkt möglich. Die Kaiser regeln zwar die Grundsätze der Amtsführung und erlassen unzählige, stark proklamatorischen Charakter tragende Gesetze gegen Amtsmißbrauch; deren Durchführung können sie jedoch nicht erzwingen, gehen sogar gegen schwere Verfehlungen milde vor, weil sie auf die *militia* angewiesen sind. Außer auf gesetzliche Regelungen beschränkt sich in diesem Bereich ihre Tätigkeit auf exemplarische Aktionen (z. B. können sie Prozesse an sich ziehen oder persönliche Beauftragte zu Inspektionen abordnen), durch die – das ist typisch für solche Systeme – deutlich gemacht werden soll, daß der Kaiser sowohl der Grund der Macht der Beamten als auch der Urheber ihres Handelns ist.

Dennoch ist der Kaiser nicht die Spitze eines Verwaltungsstabes. Er hat eine umfassende Verantwortung (H. Hunger, *Prooimion. Elemente der byzantinischen Kaiseridee in den Arengen der Urkunden,* Wien 1964, passim) und entsprechend die größte denkbare Machtfülle, aus der alle partielle Macht erwächst. Deshalb hat J. Migl das spätantike politische System als ein „auktoriales" bezeichnet (a. O. 176–208). Da aber nur Spitzenpositionen der Ämter patrimonial rekrutiert werden können und die Macht des Kaisers wesentlich auf seine Stellung bezogen ist, kann es einerseits auch Kinderkaiser geben, muß andererseits der Helferstab in kritischen Situationen nicht unbedingt eine Stütze für einen konkreten Kaiser sein.

3.3 Die gesellschaftliche Situation in der Spätantike

3.3.1 Formen der Produktion

Die Landwirtschaft bleibt der wichtigste Produktionszweig auch in der Spätantike. Die schon seit der späten Republik beobachtbare Konzentration des Landbesitzes setzt sich fort. Wichtigste Grundbesitzer sind die Kaiser, die z. B. städtisches Land konfiszieren, ferner die Senatoren, die über Erbschaften, Kauf, Emphyteuse (Ewigpacht) kaiserlichen Landes und vor allem über die Patroziniumsbewegung und den Kolonat die Verfügungsgewalt über riesige Ländereien erlangen, schließlich die kirchlichen Gemeinden und Klöster, die Erbschaften und Schenkungen annehmen dürfen. Der Landbesitz der Dekurionen ist unterschiedlich groß, die Zahl der ihren Boden selber bearbeitenden freien Bauern schrumpft.

Das *patrocinium* ist eine soziale Beziehung, in der sich Bauern gegen die Willkür städtischer Steuereinnehmer unter den Schutz mächtiger Amtsträger oder Grundbesitzer stellen; die Gegenleistung besteht entweder in Geld oder – so für Gallien überliefert – darin, daß Bauern im Todesfall den Patronen ihr Land überschreiben. – Die Bindung bäuerlicher Pächter an die Scholle (Kolonat) wird teilweise aufgrund von *Cod. Theod.* 5,17,1 von 332 schon für die Zeit Constantins I. angenommen, aber die weiteren Gesetze des 4. Jh.s zeigen, daß eine generelle Regelung nicht bestanden hat. Nach B. Sirks (in: *ZRG* 110, 1993, 331–369) geht der Kolonat der Spätantike auf eine freie Vereinbarung zwischen Grundbesitzern und Pächtern zurück: Die Grundbesitzer übernehmen die Zahlung der Steuern, die Pächter müssen dafür das Land bearbeiten und – die Steuern enthaltende – Pachten entrichten; sie werden, weil sie in den Steuerlisten unter den Grundbesitzern aufgeführt sind, seit den letzten Jahrzehnten des 4. Jh.s auch *adscripticii* (ἐναπόγραφοι/*enapógraphoi*) genannt. Der Staat erkennt diese Vereinbarungen an und bindet, um die Bebauung des Landes und die Steuern zu sichern, auch Pächter ohne solche Verträge an den Boden (die Verhältnisse sind hier aber je nach Region sehr unterschiedlich). Zumindest in einigen Regionen des Reiches scheint die abhängige Kleinpacht zur beherrschenden Form der Bodenbearbeitung geworden zu sein, wobei den Kolonen nicht nur die Freizügigkeit genommen wird, sondern z. B. auch das Recht, Privatklagen gegen ihre *domini* zu führen oder sich ohne deren Zustimmung zu verheiraten. Wir haben es hier mit Vorformen der mittelalterlichen Grundherrschaft zu tun. – Zwischen Grundbesitzern und Kleinpächtern stehen oft Großpächter, *conductores,* die einen Teil ihres Landes mit Sklaven selber bewirtschaften, andere Teile weiterverpachten. Sklavenarbeit ist auch in der Spätantike gut bezeugt, doch sind vielfach Sklaven zu Pächtern auf den Gütern ihrer Herren geworden.

Ob die Produktivität der Landwirtschaft generell nachgelassen hat (wegen Menschenmangel, Sklavenmangel, Flucht von Ländereien – *agri deserti*), ist eine vieldiskutierte Frage. Zumindest für das 4. Jahrhundert lassen viele Regionen (z. B. Afrika, Italien, Britannien) einen Aufschwung erkennen, die Geldwirtschaft breitet sich erneut aus. Die Forschung neigt heute dazu, hinsichtlich der Produktivität der Landwirtschaft nicht von einem ‚Niedergang' zu sprechen.

Die Tendenz zu abhängiger Arbeit ist auch kennzeichnend für Gewerbe und Handel. Viele Handwerker werden in einer wachsenden Zahl staatlicher, vor allem für die Bedürfnisse des Heeres arbeitender Manufakturen beschäftigt. In *collegia* (Vereinigungen von Händlern und Handwerkern) organisierte Gewerbetreibende werden teilweise an ihre Tätigkeit gebunden (so z. B. Reeder), ebenso müssen *collegia munera* übernehmen. Wegen dieses Drucks und weil im Westen viele Reiche landsässig werden, damit als Käufer in den Städten ausfallen, streben auch Handwerker aufs Land; seit dem Ende des 4. Jahrhundert begegnen Gesetze gegen die Flucht von *collegiati*. Im Osten bleiben die städtischen *collegia* dennoch stark. Im Westen verlagert sich zumindest ein Teil der handwerklichen Produktion aufs Land, wobei sich auch Handwerker unter den Patronat von Grundbesitzern begeben. Über die Relation zwischen städtischen und ländlichen Anteilen läßt sich aber nichts aussagen.

Der Güteraustausch unterliegt nur zu einem geringen Teil den Bedingungen eines freien Marktes. Große Mengen von Gütern werden über die Steuer (und zusätzlichen Kauf zu festgelegten Preisen) abgeschöpft und zur Versorgung Roms, Konstantinopels und anderer Städte, ferner des Heeres und von Föderaten verwendet. Christliche Großstadtgemeinden wie die von Rom lassen Güter von ihren ländlichen Besitzungen in die Städte transportieren, um die Ernährung der Stadtbevölkerungen zu sichern. Ebenso gibt es einen internen Austausch zwischen Gütern, die ein Senator – oder der Kaiser – in verschiedenen Regionen besitzen. Daneben existiert ein ausgedehnter Produzentenhandel; alle Grundbesitzer produzieren auch für den Markt und lassen ihre Güter oft über abhängige Händler verkaufen (was Steuervorteile hat). Aber sowohl solche Händler als auch die in kaiserlichem Auftrag agierenden Reeder haben durch ‚Beifracht' auch auf eigene Rechnung Handel getrieben.

3.3.2 Gesellschaftliche Verbände

Die *familia* als gesellschaftliche Grundeinheit büßt an Bedeutung ein, weil durch die staatliche Gesetzgebung Rechte Einzelner festgeschrieben werden (Verbot von Aussetzung, Verkauf, Tötung von Kindern, Begrenzung der dem *pater familias* zustehenden häuslichen *correctio,* Besserstellung der Frau und insbesondere der *mater familias*), ferner weil wegen der Ausbreitung asketischer Ideale die Ehe vielfach abgewertet wird, obwohl sie unter dem besonderen Schutz des Staates steht (J. Evans Grubbs, *Law and Family in Late Antiquity,* Oxford 1995). Andererseits legt der Staat, wenn er für bestimmte *munera* und Dienste Erbzwang festsetzt, die *familia* zugrunde und werden binnenfamiliale Beziehungen zunehmend verinnerlicht. Trotz der wachsenden Eingriffe des Staates in den familialen Bereich scheinen sich im täglichen Leben aber alte Umgangsformen durchgehalten zu haben.

Die Stadt als Sozialverband verliert wichtige Funktionen (s. o. zur Verwaltung, zu Handel und Gewerbe); zudem tragen Kriegseinwirkungen dazu bei, daß Städte von Teilen der Bevölkerung verlassen werden. Viele westliche Städte werden seit der 2. Hälfte des 3. Jahrhunderts ummauert, oder es werden in der Nähe der alten Städte neue, kleinere, ummauerte angelegt. Für die antike Stadt typische Gebäude (Theater und Amphitheater, Thermen, aber auch Tempel etc.) bleiben außerhalb der Mauern oder werden nicht mehr neu gebaut; die Städte nehmen so zum einen den Charakter von *castra,* Verteidigungsanlagen an. Zum anderen haben selbst kleinere Städte durchweg eine Bischofskirche mit Baptisterium und Wohnhaus des Bischofs, der oft noch die einzige handlungsfähige Instanz in Städten darstellt. Um außerhalb der Mauern liegende Märtyrer- oder Coemeterialkirchen können sich neue Agglomerate bilden. Schließlich verstärken in oder vor den Städten liegende Klöster den christlichen Charakter der Stadt. – Obwohl es an vielen Orten eine Kontinuität der Stadt als Siedlungskontinuität gibt, verändert sich die Stadt als Sozialverband: die typischen antiken Lebensformen, der Austausch zwischen Honoratioren und Stadtbevölkerung werden abgelöst durch christliche Feiern, vor allem Märtyrer- und Heiligenfeste, von denen auch der Kalender, die Ordnung der Zeit, bestimmt wird. An die Stelle der antiken Euergesie, die dem Menschen als Bürger galt, tritt die christliche *caritas,* die den Menschen als

Armen anspricht und die von Bischöfen und Klöstern getragen wird. Die Stadt wird gleichsam zum Patroziniumsbereich eines Bischofs, der sich selber unter den Patronat eines Heiligen stellt.

Die Autorität der Bischöfe ist nicht vom Kaiser abhängig. Sie nehmen zwar auch staatliche Aufgaben wahr, aber ihr Handeln kommt nicht unmittelbar der kaiserlichen Autorität zugute. Neben der Stadt entstehen noch andere Patroziniumskreise: so sind für Heermeister seit um 400 kleinere Privatheere, die *buccellarii,* überliefert; sie können bei Feldzügen Bestandteil der regulären Truppen werden, ebenso aber die Stellung der Heermeister gegenüber dem Kaiser stärken.

Träger weiterer Beziehungskreise sind die großen Grundbesitzer, vor allem die Senatoren (für die, wie auch für Bischöfe, ebenfalls *buccellarii* bezeugt sind). Die senatorische Führungsschicht konstituiert sich zwar über den Dienst für den Kaiser – die oberen senatorischen Ränge der *spectabiles* und *illustres* können nur über Ämter erreicht werden –, geht aber keineswegs in diesem Dienst auf. Sie unterscheidet sich durch Kleidung, Lebensstil, Bildung und ein ausgeprägtes Standesbewußtsein von anderen Römern (dazu zuletzt B. Näf, *Senatorisches Standesbewußtsein in spätrömischer Zeit,* Freiburg/Schweiz 1995). Die Villenkultur, schon charakteristisch für den Adel seit spätrepublikanischer Zeit, findet in der Spätantike ihren Höhepunkt; Verwandtschafts- und Freundschaftsbeziehungen prägen den sozialen Verkehr untereinander. Grundlage des senatorischen Lebensstils ist ein unermeßlicher Reichtum; zusammen mit der Kaisernähe und dem traditionellen Ansehen der Senatoren ist er auch die Basis für deren sozialen Einfluß, mit dem aber, wie in Gallien, auch strikt regionale Interessen (bis zur Erhebung von Gegenkaisern oder Kooperation mit den Germanen) vertreten oder – im Zusammenhang mit dem Patrozinium und dem Kolonat (s. o.) – das Handeln staatlicher und städtischer Beamter paralysiert werden können.

Die Dislokation von Macht gibt es in jedem gesellschaftlichen System. Während aber im Prinzipat gesellschaftliche Macht in der Regel das politische System stützte, wird sie in der Spätantike auch gegen das System eingesetzt. Das gilt für Heermeister und Senatoren ebenso wie für die städtischen Steuereinnehmer, die den staatlichen Auftrag dazu mißbrauchen, sich durch ungleiche Verteilung der Steuern oder durch die Erfindung gar nicht existierender Steuern zu bereichern.

Um ein Fazit zu ziehen: Im Westreich kann der Kaiser weder die Überhöhung seiner Autorität (Konkurrenz der Heermeister, Bischöfe) noch die Ausweitung staatlicher Regelungsansprüche durchsetzen, gegen die oder neben denen sich vielfach eigene Schutzkreise bilden. Die Gesellschaft der Spätantike ist nicht die immobile, vom Staat geregelte, als die sie in den Gesetzen erscheint. Weil aber die neudefinierte Kaisermacht und die neuen Regelungsansprüche Teil der Reaktion auf die Krise des 3. Jahrhunderts waren, mußte das Scheitern ihrer Durchsetzung sich verhängnisvoll auf die Handlungskapazitäten des Kaisers auswirken. Das Reich konnte seine Ressourcen nicht aktivieren, weder seine personellen (z. B. Rekrutierung von Truppen) noch seine wirtschaftlichen. Ch. Wickham (in: *P&P* 103, 1984, 3–36) hat diesen Sachverhalt angemessen so ausgedrückt, daß sich in der Spätantike der Übergang von einer ‚antiken', stärker durch Steuern bestimmten zu einer ‚feudalen', stärker auf ‚rents' (Pacht) beruhenden Wirtschaftsform vollzogen habe.

3.4 Die Auseinandersetzungen mit den Germanen

3.4.1 Kurze Skizze der Ereignisse

Unter den Nachfolgern Constantins brechen sofort Machtkämpfe und Usurpationen aus, was sich negativ auf die Reichsverteidigung auswirkt; in der Entscheidungsschlacht zwischen dem Usurpator Magnentius und Constantius II. bei Mursa sollen 50000 Mann gefallen sein. Im Gefolge dieser Auseinandersetzungen dringen Franken, Sachsen und Alamannen über den Rhein vor und zerstören z. B. Köln. Julian, seit 355 Caesar, drängt die Scharen zurück, gestattet aber den sich unterwerfenden Franken die Besiedlung eines ‚Toxandria' genannten linksrheinischen Gebietes, das zur Keimzelle des Frankenreiches wird. Im Osten versucht der Sassanidenherrscher Schapur II. schon seit den 30er Jahren, den Frieden von Nisibis zu revidieren. Julian, 361 Alleinherrscher geworden, unternimmt einen großangelegten Feldzug gegen die Perser, der mit einem Mißerfolg und dem Tod des Kaisers endet.

Valentinian I. stellt, wie schon vor ihm Julian, die Grenzbefestigungen wieder her. Nach einem Krieg mit den Terwingen (367–369) kommt Bewegung in die an der Donau siedelnden Völker, als die Hunnen zunächst die Alanen (nördlich des Kaukasus), dann die gotischen Greutungen überrennen und bis zur Donau vorstoßen. Ein Teil der Terwingen wird ins Reich aufgenommen, Gruppen von Greutungen, Alanen und Hunnen dringen unter den Führern Alatheus und Saphrax über die Donau vor. Mit diesen und terwingischen Goten unter Fritigern kommt es 378 zur Schlacht bei Adrianopel, in der Kaiser Valens fällt und das römische Heer eine katastrophale Niederlage erleidet. 380 siedelt Gratian Germanen in Pannonien an, 382 schließt Theodosius I. mit der Terwingen Fritigerns ein *foedus,* das diesen Siedlungsgebiete in Niedermösien zugesteht. Dafür sollen die Goten die Grenze verteidigen und Soldaten stellen. Dieses *foedus* mit einem Stamm auf Reichsgebiet bildet einen Wendepunkt in der römischen Außenpolitik, insofern von nun an das Reich sich als territoriale Einheit aufzulösen beginnt. Den Goten muß ein ‚halbautonomer' Status eingeräumt werden (P. J. Heather, *Goths and Romans 332–489,* Oxford 1991, 177; zur Politik des Theodosius St. Williams, G. Friell, *Theodosius. The Empire at Bay,* London 1994), ihre Kontingente im Heer werden von eigenen Führern befehligt.

Die Jahrzehnte bis zum Tod Attilas (453) sind einerseits durch immer wiederkehrende Einfälle der Hunnen ins Ostreich bestimmt, das den Hunnen jährliche Tribute zahlen muß. Dennoch bildet das Hunnenreich keine tödliche Gefahr für den Osten, da es eine Agglomeration von vielen Gruppen unter Einzelführern darstellt, die nur für ganz kurze Zeit zu gemeinsamem Handeln zusammengefaßt werden können. Anders entwickeln sich die germanischen Gruppen im Reich und an den Grenzen. Die Terwingen verlassen 395 Mösien, ziehen zunächst auf dem Balkan umher und brechen 401 nach Italien auf. In diesen Wanderungen unter Alarich formen sie sich zusammen mit anderen Gruppen, die zu ihnen stoßen, zum Stamm der Westgoten. Alarich wird ihr König, zugleich in den Auseinandersetzungen zwischen dem Ost- und dem Westreich um das Illyricum zunächst vom Osten, dann von Stilicho zum *magister militum* ernannt. Als die Zusammenarbeit mit Stilicho scheitert und dieser 408 ermordet wird, belagert Alarich mehrfach Rom und nimmt die Stadt am 24. 8. 410 ein, ein Ereignis, das unter Heiden wie Christen starke Erschütterung hervorruft und den Anlaß für Augustins *De civitate dei* bildet.

Die Westgoten plündern die Stadt, ziehen dann aber weiter nach Süditalien, nach Alarichs Tod unter Athaulf nach Gallien, werden nach Spanien abgedrängt, um schließlich 418 nach Gallien zurückgerufen und in Aquitanien und angrenzenden Gebieten angesiedelt zu werden. Mit dem ‚Tolosanischen Reich' der Westgoten wird das *foedus* von 382 weiterentwickelt: Es soll zu einer Realteilung des Landes und der Arbeitskräfte zwischen Römern und Westgoten gekommen sein, nach einer neueren Auffassung nur dazu, daß die Römer den Westgoten Steueranteile abtraten (zusammenfassend: H. Wolfram – A. Schwarcz, Hgg., *Anerkennung und Integration,* Wien 1988; contra R. A. Krieger, *Untersuchungen und Hypothesen zur Ansiedlung der Westgoten, Burgunder und Ostgoten,* Bern u. a. 1991). – Schon vor der Invasion Galliens durch die Goten sind Alanen, Vandalen und Sueben 405 aus den Donaugebieten aufgebrochen und in der Neujahrsnacht 406/407 über den Rhein in Gallien eingefallen. In diesen Jahren wird die römische Grenzorganisation am Rhein ganz aufgelöst, der Sitz der Prätorianerpräfektur von Trier nach Arles verlegt. Um 413 werden Burgunder in der Gegend von Worms, Mainz und Speyer angesiedelt. Die 406/407 eingefallenen Germanen ziehen plündernd durch Gallien, dann 409 nach Spanien weiter, das – mit Ausnahme der Tarraconensis – unter die verschiedenen Stämme durch Los aufgeteilt wird. In Kämpfen mit den Westgoten entsteht „unbeabsichtigt" ein „vandalisch-alanischer Großstamm" (H. Wolfram, *Geschichte der Goten,* München ^{3}1990, 177), dem unter Geiserich 429 der Übergang nach Afrika gelingt. Den Vormarsch nach Osten kann auch ein oströmisches Heer nicht aufhalten, bis 439 auch Karthago fällt. Es entsteht ein vandalischer Staat (nicht mehr bloße Ansiedlung), dem 442 durch Vertrag die Proconsularis, Byzacena, Ostnumidien und Teile Tripolitaniens überlassen werden.

In Britannien geht – nach Einfällen der Sachsen seit 408 – in den 40er Jahren die römische Militärpräsenz endgültig zu Ende, während der Heermeister Aëtius in Zusammenarbeit mit der gallischen Senatsaristokratie die Ausdehnungsversuche der Westgoten und Franken eindämmen kann. Das Reich der ebenfalls expandierenden Burgunder wird 437 von hunnischen Scharen (des Aëtius?) zerstört, die Überlebenden werden in Savoyen südlich des Genfer Sees angesiedelt. Als Attila 451 einen Einfall nach Gallien macht, kämpfen Franken und Westgoten auf der Seite des Aëtius in der Schlacht auf den ‚Katalaunischen Feldern' (zwischen Troyes und Châlons-sur-Marne) gegen ihn und stoppen seinen Vormarsch.

453 stirbt Attila, 454 wird Aëtius, 455 Valentian III. ermordet, was die Vandalen, die die Küsten des Mittelmeeres bedrohen, zu einem Beutezug nach Rom veranlaßt. 14 Tage lang wird die Stadt geplündert, in der folgenden Zeit erobert Geiserich die Inseln des westlichen Mittelmeeres. Auch für die gallischen Gebiete bildet der Tod des Aëtius und Valentinians III. eine Zäsur. Seit der 2. Hälfte der 50er Jahre dehnen Franken, Westgoten und Burgunder ihre Herrschaftsbereiche aus, teilweise im Einverständnis mit den Römern der betroffenen Gegenden. Der Westgotenkönig Eurich (466–484) beachtet das Föderatenverhältnis mit Rom nicht mehr, erobert die noch römischen Teile Spaniens und gliedert auch die Südprovence in sein Reich ein. Die Auvergne, vom Bischof Sidonius Apollinaris verteidigt, wird 475 vom Kaiser Iulius Nepos aufgegeben. Nur die Herrschaft des Syagrius an der Loire kann sich noch bis 486 halten.

In den Donaugebieten leben nach dem Zerfall des Hunnenreiches viele Völker nebeneinander. Nur die Gepiden bringen es zur Bildung eines Reiches, während andere ein unstetes Räuberdasein führen oder sich in den Dienst des Reiches stellen – so der Sohn eines Thüringers Odoaker, der 476 Romulus Augustulus absetzt und in Italien eine eigene Herrschaft errichtet. Die Tatsache, daß das Westreich seit 476 bzw. 480 keinen Kaiser mehr hat, findet unter den Zeitgenossen kaum Beachtung (B. Croke, „A.D. 476. The manufacture of a turning point", in: *Chiron* 13, 1983, 81–119).

Seit den 60er Jahren rivalisieren im Balkanraum mehrere gotische Gruppen miteinander. Der Konflikt konzentriert sich schließlich auf den im Reichsdienst stehenden Theoderich Strabo und den Amaler Theoderich, der nach dem Tod Theoderich Strabos (481) und der Ermordung von dessen Sohn und Nachfolger (483/484) alle Goten unter seinem Befehl vereinigt. Mit diesen ‚Ostgoten' zieht Theoderich im Auftrag des Ostkaisers nach Italien gegen Odoaker, erobert Ravenna und ermordet seinen Gegenspieler (493). Sein Heer ruft ihn zum König über Goten und Römer aus, 497 erkennt der Ostkaiser Anastasius diese Herrschaft an (*Flavius Theodoricus rex;* dazu zuletzt J. Moorhead, *Theoderic in Italy,* Oxford 1992). Theoderich tritt in die Fußstapfen des westlichen Kaisertums, respektiert die römischen Traditionen und arbeitet mit dem Senat und dem Papst zusammen, wobei ihm die Kirchentrennung zwischen Ost und West, das Akakianische Schisma, zugutekommt. Durch eine ausgedehnte Heiratspolitik versucht er die germanischen Reiche von inneren Auseinandersetzungen abzuhalten, kann aber den Aufstieg der Merowinger und die Expansion ihres Reiches nicht verhindern. Chlodwig, seit 482 Nachfolger seines Vaters Childerich, besiegt 486 Syagrius, 496 und 506 die Alamannen, 507 bei Vouillé den Westgotenkönig Alarich II.; Teile von dessen Reich mit Toulouse und Bordeaux werden fränkisch. Im Zuge dieser Expansion kann Chlodwig alle fränkischen Teilkönigtümer unter seiner Herrschaft vereinigen, die 508 vom Ostkaiser Anastasius anerkannt wird. In den 30er Jahren setzen die Franken die Expansion fort: 534 Gewinn des Thüringer- und Burgunderreiches, 536 der Provence und Rätiens, in der Folgezeit noch von Teilen Noricums und Venetiens. Damit ist die Situation entstanden, in der Justinian (seit 527 Ostkaiser), seine Wiedereroberungspolitik aufnimmt (B. Rubin, *Das Zeitalter Justinians,* 2 Bde., Berlin 1960–95).

3.4.2 Untergang und Fortleben

Die entscheidende äußere Bedingung für den Untergang des Westreichs war, daß sich an dessen Nordgrenze im Laufe des 4. und 5. Jahrhunderts handlungsfähige Großstämme ausbildeten. Die Entstehung der Westgoten, Vandalen, Ostgoten, Franken wird in der Forschung unter dem Stichwort der Ethnogenese verhandelt, besonders intensiv für die Goten (Wolfram a. O., Liebeschuetz a. O., Heather a. O.). Die friedlichen und feindlichen Kontakte mit dem Reich haben zur Ethnogenese entscheidend beigetragen: man trieb Handel miteinander, Germanen dienten im römischen Heer; das Kennenlernen römischer Lebensverhältnisse bestimmte auch die Wünsche, die an die germanischen Führer herangetragen wurden. Nicht wenige solcher Führer wurden zeitweise in die römische Kommandostruktur eingebunden. Auf diese Weise entstanden nicht nur handlungsfähige Großstämme, sondern auch eine breite Zone des Kontakts, in der schon vor dem Untergang des Westreiches keine klaren Grenzen bestanden, der Unterschied zwischen Römern und Germanen sich verwischte. Dieser Prozeß fand in der Bildung germanischer Reiche seinen Abschluß. Das Reich, das 476 unterging, war längst kein römisches mehr. Die Frage, ob die römische Herrschaftsordnung im Westen primär durch die Ethnogenese germanischer Völker oder durch innere Schwächen zerstört wurde, ist falsch gestellt, weil beide Phänomene in einer Wechselwirkung standen.

Trotz des Untergangs des Westreichs blieb das römische Reich im Sinne einer universalen Ordnungsvorstellung bestehen, die zunächst vom Ostkaiser, später konkurrierend von verschiedenen Kaisern und vom Papst repräsentiert wurde. Die Transformation des Reiches zu einer solchen Reichsidee fand im Laufe der Auseinandersetzungen mit den Germanen statt, in denen ja aus dem Reich als konkretem Herrschaftsgebiet ein Stück nach dem anderen herausgebrochen wurde. – Über das Fortleben von Literatur, bildender Kunst und Recht wird an anderer Stelle dieses Bandes gehandelt. Das römische Recht wurde besonders gestützt von der Kirche, die darin ein Mittel sah, Ansprüche der Germanenherrscher abzuweisen (St. Esders, *Römische Rechtstradition und die fränkische Königsherrschaft in Gallien,* Diss. Freiburg 1993). Die westliche Kirche war es auch, die stärker als die germanischen Nachfolgestaaten römisch-lateinische Vorstellungen von Autorität an die Nachwelt vermittelte: nämlich daß Autorität an das Amt gebunden und nur im Rahmen einer hierarchischen Ordnung zu verwirklichen sei. Noch die heutigen Auseinandersetzungen um dieses Problem zwischen orthodoxer und römisch-katholischer Kirche lassen die kulturell unterschiedlichen Prägungen erkennen.

Man könnte die Reihe der Kontinuitäten fortsetzen. Entscheidend ist wohl, daß sie allesamt gegen die These vom ‚Niedergang' der antiken Welt sprechen. Auf vielen Gebieten – die Rechtskodifikation und die Geschichte der Theologie sowie der kirchlichen Organisation sind nur Beispiele – hat die Spätantike erst die Bedingungen geschaffen, unter denen die Antike weiterleben konnte.

Auswahlbibliographie

(zusätzlich zu den im Text genannten Titeln)

Allgemeines: A. H. M. Jones, *The Later Roman Empire 284–602,* 3 Bde. (Oxford 1964); A. Demandt, *Die Spätantike.* HdA III 6 (München 1989); *Storia di Roma* III 1–2 (Turin 1993); J. Martin, *Spätantike und Völkerwanderung* (München ^{3}1995).

Kaisertum und Verwaltung: O. Treitinger, *Die oströmische Kaiser- und Reichsidee nach ihrer Gestaltung im höfischen Zeremoniell* (Jena 1938, Ndr. Darmstadt 1956); A. Demandt, „magister militum", in: *RE Suppl.* 12 (1970) 533–790; S. MacCormack, *Art and Ceremony in Late Antiquity* (Berkeley u. a. 1981); F. Vittinghoff, „Zur Entwicklung der städtischen Selbstverwaltung", in: *HZ Beih.* 7 (1982) 107–144 (städt. Selbstverwaltung); M. MacCormick, *Eternal Victory* (Cambridge u. a. 1985); P. Garbarino, *Ricerche sulla procedura di ammissione al senato nel tardo impero romano* (Mailand 1988); Ch. Gizewski, *Zur Normativität und Struktur der Verfassungsverhältnisse in der späteren römischen Kaiserzeit* (München 1988); B. Sirks, *Food for Rome* (Amsterdam 1991); J. Bleicken, *Verfassungs- und Sozialgeschichte des römischen Kaiserreiches,* 2 Bde. (Paderborn u. a. ^{3}1994); H. Scholten, *Der Eunuch in Kaisernähe* (Frankfurt u. a. 1995).

Gesellschaft: J. F. Matthews, *Western Aristocracies and the Imperial Court A.D. 364–425* (Oxford 1975); H. Schneider (Hrsg.), *Sozial- und Wirtschaftsgeschichte der römischen Kaiserzeit* (Darmstadt 1981); J. U. Krause, *Spätantike Patronatsformen im Westen des römischen Reiches* (München 1987); B. D. Shaw, „The family in late antiquity. The experience of Augustine", *P&P* 115 (1987) 3–51 (Familie); F. Vittinghoff (Hrsg.), *Hdb. der europäischen Wirtschafts- und Sozialgeschichte,* Bd. 1 (Stuttgart 1990); J. Beaucamp, *Le statut de femme à Byzanze (4e–7e siècles),* 2 Bde. (Paris 1990–92); E. Frézouls (Hrsg.), *La mobilité dans le monde romain* (Straßburg 1992); J. Rich (Hrsg.), *The City in Late Antiquity* (London–New York 1992); G. Clark, *Women in Late Antiquity* (Oxford 1993); C. R. Whittaker, *Land, City and Trade in the Roman Empire* (Aldershot 1993) (Aufsätze).

Außenpolitik: C. Courtois, *Les Vandales et l'Afrique* (Paris 1955); B. Stallknecht, *Untersuchungen zur römischen Außenpolitik in der Spätantike (306–395 n. Chr.)* (Bonn 1969); J. C. U. Asche, *Roms Weltherrschaftsidee und Außenpolitik im Spiegel der Panegyrici Latini* (Diss. Bonn 1983); E. K. Chrysos – A. Schwarcz (Hgg.), *Das Reich und die Barbaren* (Wien–Köln 1989); K. F. Werner, *Die Ursprünge Frankreichs bis zum Jahre 1000.* Geschichte Frankreichs, hrsg. von J. Favier, I (Stuttgart 1989); U. Wenke, *Die Gotenkriege des Valens* (Frankfurt u. a. 1990); B. Gutmann, *Studien zur römischen Außenpolitik in der Spätantike (364–395 n. Chr.)* (Bonn 1991); R. Schulz, *Die Entwicklung des römischen Völkerrechts im vierten und fünften Jahrhundert n. Chr.* (Stuttgart 1993); Th. S. Burns, *Barbarians within the Gates of Rome* (Bloomington 1994); J. Ulrich, *Barbarische Gesellschaftsstruktur und römische Außenpolitik zu Beginn der Völkerwanderung* (Bonn 1995).

VI

Römisches Privatrecht

VI Römisches Privatrecht

ULRICH MANTHE

1 Die Institutionen des römischen Privatrechts

1.1 Ius civile: Das altüberlieferte Recht der Königs- und XII-Tafelzeit war *ius Quiritium,* ein Recht, welches nur für römische Bürger galt (= *ius civile*). Angehörigen fremder Völker wurden anfangs Teilhabe an den Rechtsgeschäften der Römer *(commercium)* und ihrer Ehefähigkeit *(conubium)* sowie prozessualer Rechtsschutz gewährt. Der *praetor peregrinus,* der die Fremdengerichtsbarkeit ausübte, erkannte allmählich, daß gewisse Rechtsinstitute (wie Kauf, Darlehen, Ehe, Vormundschaft, Sklaverei) bei Angehörigen aller Völker ohne wesentliche inhaltliche Unterschiede existierten; daher beurteilte er diese Institute ohne Ansehen der Staatsbürgerschaft der Parteien. Man faßte dieses Recht als *ius gentium* (‚Recht, das bei allen Völkern gilt', Cic. *Off.* 3, 17, 69; Gai. *Inst.* 1, 1) zusammen. *Ius gentium* nahm viele Rechtssätze des *ius civile* auf, bis es in der Kaiserzeit zu einer Art denationalisierten römischen Zivilrechts geworden war.

Seit Aristoteles (*Eth. Nic.* 5, 5 p. 1130b30–31a9) unterscheidet man das Privatrecht, welches die Rechtsbeziehungen der Bürger untereinander regelt, vom öffentlichen Recht, welches zwischen Staat und Bürger herrscht (*Dig.* 1, 1, 1, 2). Wie das öffentliche Recht ausgestaltet ist, hängt in hohem Maße von der jeweiligen Gesellschafts- und Staatsform ab; das Privatrecht ist hingegen einigermaßen unabhängig von der Staatsform, aber nicht von der Wirtschaftsform – jedenfalls verfügen die wirtschaftlich entwickelten Staaten über ähnliche Privatrechtsordnungen. Die große Leistung der Römer lag in der Schaffung eines Privatrechtes, welches inhaltlich, wenn auch in veränderter Form, noch heute in den meisten Staaten der Erde gilt; das öffentliche Recht der Römer war in höherem Maße zeitbedingt.

Ius civile ist das gesamte spezifisch römische private und öffentliche Recht (*Dig.* 1, 1, 6. 9). Heute verstehen wir unter ‚Bürgerlichem Recht' nicht das Recht, welches für die Bürger im Sinne von eigenen Staatsangehörigen *(cives)* gilt, sondern das Recht, welches für Rechtsbeziehungen von Bürgern, die kein Handelsgewerbe betreiben, gilt; für Kaufleute gilt zusätzlich das Handels- und Gesellschaftsrecht. Alles zusammen bildet das Privatrecht in Abgrenzung vom öffentlichen Recht (Staats- und Verwaltungsrecht sowie Strafrecht). In anderem Sinne bezeichnet *ius civile* dasjenige Recht, welches auf Herkommen und Gesetzen beruht, während das vom Gerichtsbeamten, dem Prätor, kraft seiner Amtsgewalt *(imperium)* geschaffene und in seinem *edictum* niedergelegte Recht das *ius honorarium* bildet (*Dig.* 1, 1, 7); die Trennung von *ius civile* und *ius honorarium* verschwand gegen Ende der klassischen Zeit. In noch anderem Sinne bezeichnet *ius civile* in ‚Corpus Iuris Civilis' (u. 3.1) das gesamte weltliche Recht (Privat-, öffentliches und Strafrecht) in Abgrenzung zum Recht der Kirche *(ius canonicum).*

1.2 Die folgende Darstellung beschränkt sich auf das *Privatrecht.* Der Überblick weist nur auf das Besondere hin; er folgt dem System des einzigen aus klassischer Zeit erhaltenen Lehrbuchs (u. 3.2.1, Gai. *Inst.* 1, 8: *personae-res-actiones*). Belegstellen aus juristischen und nichtjuristischen Schriftstellern sollen zur Quellenlektüre anregen.

Für das öffentliche und Strafrecht der Römer sind die großen Werke Mommsens immer noch wichtig; das römische Privatrecht wird dargestellt in den Handbüchern von Kaser, *Das röm. Privatr.* I/II, und Honsell/Mayer-Maly/Selb (u. 5.1.1,4).

1.2.1 Personae: Der Status eines Menschen beurteilte sich danach, ob er frei war, ob er römisches Bürgerrecht besaß und ob er der Hausgewalt eines anderen unterworfen war (Gai. *Inst.* 1, 159–162).

Aristoteles hielt die Sklaverei für naturgegeben und sinnvoll (*Pol.* 1, 5 p. 1254b27–55a2); die Römer setzten ohne Bedenken (wenn man von Sen. *Ep.* 47, 10 absieht) das Eigentum an Menschen mit dem Eigentum an Sachen gleich und ordneten das Institut der Sklaverei dem *ius gentium* zu (*Dig.* 1, 1, 4); Entstehung und Beendigung der Sklaverei regelten sich hingegen nach *ius proprium* der jeweiligen Völker.

Nach *ius civile* geschah die Freilassung durch formelle Berührung des Freizulassenden mit einem Stab (*vindicta,* Plaut. *Curc.* 212) vor dem Prätor, durch Eintragung in die Bürgerliste (*censu,* Cic. *de orat.* 1, 183) oder durch letztwillige Verfügung (*testamento, Rhet. ad Her.* 1, 24; Gai. *Inst.* 2, 267). In allen 3 Fällen erwarb der Freigelassene römisches Bürgerrecht (Cic. *Top.* 10; Gai. *Inst.* 1, 17). War die Freilassung nicht in rechter Form erfolgt (etwa nur durch Erklärung *inter amicos*), so war sie zwar wirksam, der *libertus* erhielt aber nach einer *lex Iunia* als *Latinus Iunianus* nur lateinisches Bürgerrecht (Gai. *Inst.* 1, 41; 3, 56; *fr. Dosith.* 6–8, *FIRA* II 619).

Ius civile galt nur für *cives Romani*, während die Rechtsbeziehungen der Nichtbürger dem *ius gentium* unterfielen. Viele Einwohner des Reiches hatten kein römisches Bürgerrecht, sondern das ihrer Heimat *(peregrini); dediticii* (Gai. *Inst.* 1, 14) hatten überhaupt kein Bürgerrecht (Ulp. *Reg.* 20, 14).

In der Mitte zwischen *cives Romani* und *peregrini* standen Latiner; zu ihnen zählten die Bürger einer Stadt mit lateinischem Bürgerrecht und die *Latini Iuniani*. Die *constitutio Antoniniana* (212 n. Chr.) verlieh zwar den meisten Einwohnern des Reiches römisches Bürgerrecht, nicht aber den *Latini Iuniani* und den *dediticii*.

Freie Menschen waren entweder *sui iuris* oder der Hausgewalt eines anderen unterworfen *(alieni iuris)*. Der *pater familias* übte *manus* über seine Ehefrau aus; in der Kaiserzeit waren *manus*-freie Ehen, in welchen die Ehefrau *sui iuris* war (Cic. *Pro Flacco* 84; Gai. *Inst.* 1, 111), die Regel. Ferner übte er *patria potestas* über seine ehelichen Abkömmlinge aus. Die *manus* endete mit Scheidung oder Tod des Ehemannes, die *patria potestas* mit *emancipatio* (→ 2.1) oder Tod des *pater familias.* Unmündige (Mädchen bis zum 12., Knaben bis zum 14. Lebensjahr), die nicht unter väterlicher Gewalt standen, erhielten einen *tutor impuberis* (Gai. *Inst.* 1, 189), ebenso Frauen, die weder unter *patria potestas* noch *manus* standen (*tutor mulieris,* Cic. *Pro Caec.* 72; Gai. *Inst.* 1, 190); in der Kaiserzeit wurde die *tutela mulieris* schrittweise abgeschafft (Gai. *Inst.* 1, 157. 194).

1.2.2 Res: Sachen waren entweder *res mancipi* oder *res nec mancipi* (Cic. *Pro Flacco* 80; Gai. *Inst.* 2, 18). *Res mancipi* waren diejenigen Sachen, die den Kern des bäuerlichen Vermögens bildeten: Menschen (Freie und Sklaven), Großvieh, italische Grundstücke (Gai. *Inst.* 1, 120); *res nec mancipi* alle anderen Sachen.

Das Eigentum an *res nec mancipi* wurde durch einfache Übergabe *(traditio)* übertragen; die *traditio* war nur wirksam, wenn sie zur Erfüllung einer Verpflichtung (*causa,* z. B. Kauf, Vermächtnis, Mitgiftbestellung) vorgenommen worden war. *Res mancipi* hingegen konnten nur durch ein besonderes Formalgeschäft des *ius civile* übereignet werden *(mancipatio):* der Erwerber faßte in Gegenwart von 5 Zeugen die Sache an, berührte mit einem Geldstück symbolisch eine Waage und sprach dabei eine festgelegte Formel (Gai. *Inst.* 1, 119). Manzipieren konnte man nur eigene Sachen; falls eine andere Person Eigentümer war und die Sache vom jetzigen Besitzer herausverlangte, haftete der Veräußerer als ‚*auctor*' dem Erwerber auf doppelten Wertersatz (Paul. *Sent.* 2, 17, 3; Cic. *Pro Caec.* 19, 54; Plaut. *Curc.* 498). Nach Ablauf eines Jahres (bei Grundstücken 2 Jahre) endete die Haftung für *auctoritas;* jetzt wurde der wahre Eigentümer mit der Behauptung, er sei Eigentümer, nicht mehr gehört, und es wurde auf Grund der ein- bzw. zweijährigen Eigennutzung durch den Erwerber *(usus)* vermutet, daß dieser tatsächlich Eigentümer war (Gai. *Inst.* 2, 42; Cic. *Top.* 23; *Lex XII tab.* 6, 3). Aus diesem Zusammenspiel von *usus* und *auctoritas* entwickelte sich das Institut der *usucapio:* wer eine fremde Sache ein oder zwei Jahre in Eigenbesitz hatte, wurde Eigentümer durch ‚Ersitzung' und mußte das Eigentum seines Vormannes nicht mehr nachweisen. *Usucapio* an unterschlagenen oder gestohlenen Sachen war nicht möglich (Gai. *Inst.* 2, 43–45).

Usucapio wurde auch für einen anderen Tatbestand nutzbar gemacht: wer eine *res mancipi* nur tradiert und nicht manzipiert erhalten hatte (so daß er nicht Eigentümer wurde), wurde nach Ablauf der Usukapionszeit so behandelt, als habe er durch *mancipatio* erworben; er hatte jetzt *dominium ex iure Quiritium.* Da die *traditio* eine *causa* voraussetzte, führte die *usucapio* auch nur dann zum Eigentumserwerb, wenn die Sache auf Grund einer *causa* tradiert worden war. In der Zwischenzeit behandelte der Prätor den Erwerber so, als sei die Usukapionszeit bereits abgelaufen; er hatte durch die *traditio* zwar noch kein Eigentum, aber eine ‚Anwartschaft' erworben, so daß die Sache bereits zu seinem Vermögen gehörte (*in bonis,* Gai. *Inst.* 2, 41). Da es nunmehr keinen Unterschied machte, ob eine *res mancipi* manzipiert oder tradiert worden war, konnte man auf den Vollzug der *mancipatio* verzichten und sich mit der *traditio* begnügen; unsere Quellen zeigen allerdings, daß die *mancipatio* noch bis ins 3. Jh. n. Chr. (*FIRA* III Nr. 95) in Gebrauch war.

Aus der *usucapio* hat sich das Institut des gutgläubigen Erwerbs in den modernen Rechtsordnungen entwickelt, wobei heute nicht abhanden gekommene Sachen sofort, abhanden gekommene Sachen erst nach einer Ersitzungszeit erworben werden (*dtBGB* §§ 932–935, 937; *östABGB* §§ 367, 1460–1466; *schwZGB* Art. 714, 728).

Im Erbrecht unterschieden die Römer den Erwerb des ganzen Nachlasses durch Erbschaft *(hereditas)* vom Erwerb von Einzelgegenständen durch Vermächtnis *(legatum).*

Das Vermögen eines verstorbenen Bürgers ging auf seine Frau und Kinder, die in seiner Hausgewalt standen, über; sie bildeten den Kreis der *sui heredes.*

Ein *pater familias,* der keine *sui heredes* hatte, konnte seit der Königszeit mit Zustimmung der *comitia curiata* einen *suus heres* einsetzen (Gai. *Inst.* 2, 101); die XII Tafeln ordneten an, daß in Ermangelung von natürlichen oder durch Komitialtestament eingesetzten *sui heredes* die gradnächsten Agnaten den Nachlaß erhielten (*Lex XII tab.* 5, 4 *Si intestato moritur, cui suus heres nec escit, adgnatus proximus familiam habeto*). *Agnati* waren alle Personen, welche in ununterbrochener männlicher Linie vom selben *pater familias* abstammten, sofern ihre Vorfahren und sie selbst die Gewaltfreiheit nur durch den Tod ihres jeweiligen Vaters erlangt hatten; Scheidung und Emanzipation beendeten das agnatische Verhältnis (Gai. *Inst.* 1, 158–163). Freigelassene hatten keine Agnaten, da sie als Sklaven, somit *sine patre,* geboren waren; ihr *patronus* erbte wie ein Agnat (*Lex XII tab.* 5, 8).

Die XII Tafeln erlaubten ferner, daß der *pater familias* in Form einer *mancipatio* an einen Treuhänder *(familiae emptor)* letztwillige Verfügungen über einzelne Vermögensgegenstände (Vermächtnisse) treffen konnte (*Lex XII tab.* 5, 3 *Uti legassit super pecunia tutelave suae rei, ita ius esto;* Gai. *Inst.* 2, 104); eine solche Verfügung geschah in formgebundener Rede (*lex* ‚verbindlich Gesprochenes' = *nuncupatio*), und daher wurde das Vermächtnis als *legatum* bezeichnet.

Im Laufe der frühen Republik wurde es möglich, auch im Manzipationstestament eine Erbeinsetzung *(heredis institutio)* vorzunehmen (*Dig.* 50, 16, 120); dadurch kam das Komitialtestament außer Gebrauch. In der Kaiserzeit existierte nur noch das Manzipationstestament; in ihm konnte der Erblasser beliebige Personen einsetzen, auch wenn er *sui heredes* hatte; doch mußten alle beim Tod des Erblassers vorhandenen *sui heredes* im Testament ausdrücklich eingesetzt oder enterbt werden; waren sie übergangen, so war das Testament ganz oder teilweise unwirksam (Ulp. *Reg.* 22, 14–22; diese Regel dürfte Fortwirkung des frühen Rechts sein, welches die Einsetzung eines *extraneus* nur dann erlaubte, wenn kein *suus* vorhanden war).

Seit der späten Republik sprach der Prätor gewissen Personen, auch wenn sie nicht *heredes* nach *ius civile* waren, den Besitz des Nachlasses zu, und zwar, wenn kein Testament vorlag: allen Kindern *(liberi),* auch den emanzipierten, die durch die Emanzipation ihre Suität verloren hatten; ferner allen Blutsverwandten *(cognati),* auch wenn die Verwandtschaft über die weibliche Linie vermittelt und damit nicht agnatisch war (im Lauf der Zeit entstanden noch weitere Klassen der *bonorum possessio intestati*); wenn ein schriftliches Testament vorlag: denjenigen, die in diesem eingesetzt waren *(bon. poss. secundum tabulas),* sowie denjenigen *sui heredes* und dem Patron eines *libertus,* die im Testament übergangen worden waren *(bon. poss. contra tabulas).*

Vermächtnisse nach *ius civile* wirkten entweder so, daß der Begünstigte vom Erben auf Grund des Testamentes die Übereignung der vermachten Sache verlangen konnte *(legatum per damnationem),* oder so, daß der Begünstigte unmittelbar mit dem Erbfall Eigentümer wurde und die Sache auf Grund seines Eigentums von jedem, der sie besaß, herausverlangen konnte *(leg. per vindicationem).*

In der Kaiserzeit trat daneben eine dritte Art: der Erblasser setzte jemanden zum Erben ein und bat ihn, die Erbschaft ganz oder teilweise oder einzelne Gegenstände an einen Dritten auszufolgen (*fideicommissum,* Gai. *Inst.* 2, 248. 260). Aus dem Erbschaftsfideikommiß entwickelte sich in der Neuzeit das Institut der Nacherbschaft (*BGB* § 2100; *ABGB* § 608; *ZGB* Art. 488).

Die augusteischen Ehegesetze (*lex Iulia* 18 v. Chr., *lex Papia* 9 n. Chr.) griffen gravierend in die Testierfreiheit ein, indem sie den Unverheirateten *(caelibes)* ganz und den kinderlos Verheirateten *(orbi)* zur Hälfte die Fähigkeit *(capacitas)* entzogen, testamentarisch Zugewendetes zu erwerben (Ulp. *Reg.* 17; Gai. *Inst.* 2, 286–286a). Das solchermaßen Verfallene *(caducum)* fiel den im Testament erwähnten Bekinderten oder der Staatskasse an. Diese unseligen Gesetze wurden erst 534 (*Cod. Iust.* 6, 51, 1) aufgehoben.

Verträge *(contractus)* konnten auf vierfache Weise abgeschlossen werden: durch Hingabe einer Sache (*re;* z. B. Darlehen, Plaut. *Pseud.* 294–295; Gai.

Inst. 3, 90–91; *FIRA* III Nr. 122; ferner Leihe, Verwahrung und Verpfändung); durch Frage und Antwort mit demselben Wort (*verbis;* nämlich *stipulatio:* sie wurde abgeschlossen, indem der Schuldner auf die Frage des Gläubigers *‚centum dari spondes?‘* mit *‚spondeo‘* antwortete, Plaut. *Capt.* 898; Gai. *Inst.* 3, 92–93; *FIRA* III Nr. 91*bis;* ferner Versprechen von Mitgift oder Arbeitsleistungen); durch Brief des Schuldners und Eintragung des Gläubigers in sein Hausbuch (*litteris,* Cic. *Pro Roscio com.* 14 *expensi latio;* Gai. *Inst.* 3, 128–130); schließlich durch übereinstimmende Willenserklärungen (*consensu:* Kauf, Miete, Gesellschaft und Auftrag, Gai. *Inst.* 3, 135). Nur diese 12 Vertragstypen waren klagbar; erst ab Ende des 2. Jahrhunderts n. Chr. gewährte der Prätor auch Klagen auf Erfüllung nichttypischer Verträge wie Tausch.

Die XII Tafeln hatten das Recht der **Körperverletzung** neu geregelt, indem sie die archaische Rache auf Zufügung höchstens der gleichen Verletzung beschränkten (ähnlich wie *Ex.* 21, 23–25; *Lev.* 24, 19–20) und zugleich eine gütliche Einigung empfahlen (*Lex XII tab.* 8, 2 *Si membrum rupsit, ni cum eo pacit, talio esto*); man darf annehmen, daß die Talionsdrohung im Regelfall mit Schadensersatzzahlungen abgewendet werden konnte. Für den Sonderfall des Knochenbruchs wurden Geldbußsätze festgelegt (*Lex XII tab.* 8, 3). Die *lex Aquilia* (286 v. Chr.) löste das XII-Tafelrecht insoweit ab, als sie die Körperverletzung an Sklaven jetzt als Sachbeschädigung ansah und den Schädiger zu Schadensersatz verpflichtete; starb der Sklave, so haftete der Schädiger stets (*Dig.* 9, 2, 2 pr.); wurde er nur verletzt, so haftete der Schädiger nur, wenn die Verletzung durch Feuer, Knochenbruch oder unmittelbare Beschädigung begangen worden war (*Dig.* 9, 2, 27, 5 *si quis alteri damnum faxit, quod usserit fregerit ruperit iniuria*). In klassischer Zeit sprach man in analoger Anwendung der *lex Aquilia* auch Schadensersatz zu, wenn die Verletzungshandlung auf andere Weise (z. B. *Dig.* 9, 2, 27, 13–35) oder mittelbar (Gai. *Inst.* 3, 219) geschehen war.

1.2.3 Actiones: Der Zivilprozeß folgte seit der Königszeit dem starren Verfahren der *legis actiones:* Kläger und Beklagter mußten gewisse Worte *(certa verba)* sprechen und einen bestimmten Ritus vollziehen; der kleinste Fehler führte zum Prozeßverlust (Cic. *Pro Mur.* 26; Gai. *Inst.* 4, 11. 30). Das Legisaktionenverfahren kannte schon die für das klassische Zivilprozeßrecht charakteristische Zweiteilung des Verfahrens: der Prätor überwies nach einer formellen Streitbefestigung *(litis contestatio)* das Verfahren an eine Privatperson *(iudex),* der die Beweise erhob und das Urteil fällte.

Die insgesamt nur 5 *legis actiones* (Gai. *Inst.* 4, 12) taugten aber nicht, um alle denkbaren Ansprüche durchzusetzen – so gab es z. B. keine *legis actio,* mit der ein Verkäufer den noch ausstehenden Kaufpreis einklagen konnte (nur wenn er sich den Kaufpreis in Form einer Stipulation hatte versprechen lassen, konnte er die *l. a. per condictionem* anstrengen, Gai. *Inst.* 4, 19).

Im 3. Jh. v. Chr. entstand ein flexibleres Verfahren: der Kläger konnte nunmehr sein Klagbegehren beim Prätor in formloser Rede vortragen, und der Prätor setzte den *iudex* in einer schriftlichen *formula* ein, die in Worten, welche dem jeweiligen Sachverhalt angepaßt waren *(concepta verba),* u. a. das Klagbegehren *(intentio)* und die vom Beklagten vorgebrachte Einrede *(exceptio)* enthielt (Gai. *Inst.* 4, 30. 41. 119).

Anders als beim Legisaktionenverfahren war die Anzahl der Musterklagformeln *(actiones)* nicht beschränkt, so daß jeder Prätor die Möglichkeit hatte, neue *actiones* zu entwickeln; zu Beginn seines Amtsjahres pflegte der Prätor in einem Edikt die Voraussetzungen seiner Aktionenerteilung bekanntzugeben, und ein neuer Prätor übernahm das alte Edikt, oft mit kleinen Änderungen. Das Aktionenverfahren löste das Legisaktionenverfahren 17 v. Chr. fast völlig ab (Gai. *Inst.* 4, 30–31).

In klassischer Zeit entstand eine reichhaltige Literatur zum *edictum* des Prätors und zu den verschiedenen Arten der *actiones*. Unter Hadrian stellte Julian eine endgültige Fassung des prätorischen Ediktes her und schuf mit diesem *edictum perpetuum* eine Zivilprozeßordnung, welche nicht nur den Verlauf des Prozesses, sondern auch materielles Recht enthielt; Rekonstruktion durch Lenel, *Edictum*.

In nachklassischer Zeit entwickelte sich ein drittes Verfahren, welches nicht mehr vor dem Prätor, sondern vor kaiserlichen Gerichtsbeamten durchgeführt wurde (Kognitionsverfahren).

2 Geschichte des römischen Rechts

2.1 Mit dem Zwölftafelgesetz (451 v. Chr.) trat das römische Recht sichtbar in die Geschichte ein. Überlieferungen früherer Rechtszustände sind undeutbar (*Lapis niger, FIRA* I 20), unzuverlässig (*Leges regiae, FIRA* I 3–18; manches Echte mag darunter sein) oder Erfindung (Testament des Demaratus, Liv. 1, 34).

Die XII Tafeln (*FIRA* I 23–75) waren keine geschlossene Kodifikation, sondern regelten nur die Neuerungen; altüberkommene Rechtsinstitute wurden vorausgesetzt.

So fanden die Zehnmänner die *mancipatio* (→ 1.2.2) schon vor und verordneten nur, daß die bei der *mancipatio* gesprochenen rituellen Worte des Veräußerers *(nuncupatio)* bindende Wirkung gegenüber dem Erwerber hatten (*Lex XII tab.* 6, 1 *Cum nexum faciet mancipiumque, uti lingua nuncupassit, ita ius esto*); zugleich machten sie diese *nuncupatio* zur Grundlage der Legatsverfügung (→ 1.2.2).

Schon von jeher konnte ein *pater familias* die Hausgewalt *(patria potestas)* über seine Kinder durch *mancipatio* an Dritte übertragen und sie damit für gewisse Zeit in fremde Dienste geben; dem Mißbrauch dieser Möglichkeit wehrten die XII Tafeln mit der Vorschrift, daß ein Haussohn, der dreimal manzipiert worden war, aus der *patria potestas* ausschied (*Lex XII tab.* 4, 2 *Si pater filium ter venum duit, filius a patre liber esto*). Später wurde diese Norm genutzt, um einen Haussohn einverständlich aus der väterlichen Gewalt zu entlassen: der Vater manzipierte den Sohn dreimal an einen Treuhänder, der ihn dreimal freiließ, wodurch der Sohn ‚emanzipiert' war (Gai. *Inst.* 1, 132). – Von Änderungen des Erbrechts durch die XII Tafeln war schon oben (1.2.2) die Rede.

Die wenigen Beispiele zeigen, wie die XII Tafeln dem Bedürfnis einer sich von der bäuerlichen Naturalwirtschaft zur Warenwirtschaft entwickelnden Gesellschaft nach Zulassung eines freieren Güterverkehrs Rechnung trugen.

Der Wortlaut der XII Tafeln ist nur aus Zitaten römischer Schriftsteller bekannt; wir verwenden heute den Wortlaut und die Anordnung moderner Ausgaben, sind uns aber dessen bewußt, daß es oft unsichere Rekonstruktionen sind. In vielen Fällen ist nicht mehr festzustellen, ob ein Rechtsinstitut in den XII Tafeln nur erwähnt oder neu geregelt war.

2.2 Über die Rechtsentwicklung in der mittleren Republik gibt es nur wenige Zeugnisse; da in dieser Zeit das *collegium pontificum* die Rechtspraxis beherrschte, spricht man von der Epoche der ‚pontifikalen Jurisprudenz'. Im 2. Jh. v. Chr. drang Gedankengut der griechischen Philosophie nach Rom (‚hellenistische Jurisprudenz'); das Recht löste sich von der bisher starren Befolgung des XII-Tafelgesetzes und erhielt eine flexible Struktur. Der letzte und größte Vertreter dieser Zeit, Q. Mucius Scaevola pontifex, schuf die inhaltlichen und methodischen Voraussetzungen für die nun einsetzende ‚klassische' Zeit.

2.3 In der klassischen Zeit (ca. 60 v. Chr. bis 230 n. Chr.) wurde die Rechtsentwicklung weniger von der Gesetzgebung als von den Gutachten hervorragender Juristen getragen; seit Augustus wurde einigen Juristen das Recht verliehen, Gutachten mit bindender Wirkung zu erteilen. Die Entstaatlichung der Rechtsfortbildung wurde im Privatrecht dadurch begünstigt, daß der Privatrechtsprozeß zwar vor einem staatlichen Gerichtsbeamten (dem Prätor) eingeleitet wurde, dieser aber nach Anhörung der Sache den Prozeß an einen Privatmann *(iudex)* weitergab, der im Rahmen der ihm vom Prätor übertragenen Gewalt frei entscheiden konnte (→ 1.2.3).

Die römischen Juristen verfaßten Lehrbücher des Rechts (z. B. *libri ad Sabinum* ‚dem System des Masurius Sabinus folgend', *institutiones*), Kommentare zum Edikt *(libri ad edictum)*, Fall- und Gutachtensammlungen *(quaestiones, responsa, digesta)* und Monographien zu einzelnen Gebieten (z. B. *liber singularis ad legem Falcidiam*). Die Schriften sind nur fragmentarisch erhalten; nicht einmal ein Zehntel hat durch Aufnahme in die Digesten Justinians (→ 3.1) überlebt. Große Gestalten der klassischen Zeit waren: Aquilius Gallus und Servius Sulpicius Rufus (Zeitgenossen Ciceros), M. Antistius Labeo, Masurius Sabinus (unter Augustus und Tiberius), C. Cassius Longinus und L. Neratius Priscus (unter den Flaviern), P. Iuventius Celsus, Salvius Iulianus, Sex. Pomponius, Gaius, Ulpius Marcellus, Q. Cervidius Scaevola (unter den Adoptivkaisern), Aemilius Papinianus, Iulius Paulus und Domitius Ulpianus (unter den Severern).

Die klassische Rechtswissenschaft befaßte sich im wesentlichen mit dem Privatrecht – ihr Gegenstand waren die Rechtsbeziehungen autonomer Menschen, die frei von staatlicher Gewalt ihre Verhältnisse selbst ordnen. Damit hat das klassische Recht eine von den jeweiligen Staatsverfassungen unabhängige Rechtsordnung geschaffen; man kann sogar sagen, daß die klassische Rechtswissenschaft die grundlegenden Beziehungen der menschlichen Gemeinschaft untersucht und allgemeingültige Lösungen für ihre Probleme gefunden hat. So wurde das klassische Privatrecht zur Grundlage fast aller modernen Privatrechtsordnungen.

2.4 Im 3. Jh. n. Chr. endete die Blüte der klassischen Jurisprudenz; die Gründe dafür sind einerseits im Verfall der prätorischen Gerichtsbarkeit (die auch im Bereich des Privatrechts durch die kaiserliche Kognitionsgerichtsbarkeit abgelöst wurde), andererseits aber im wirtschaftlichen Niedergang in der Spätantike und dem dadurch bedingten nachlassenden Interesse am Privatrecht zu suchen. Die Fortentwicklung des Rechts wurde nun von der kaiserlichen Verwaltung übernommen, und das öffentliche Recht trat in den Vordergrund. Anders als das Privatrecht bot das Verwaltungs- und Strafrecht der Antike wenig Anlaß zu wissenschaftlicher Beschäftigung, und so sind aus nachklassischer Zeit nur wenige und fast durchweg inferiore Juristenschriften erhalten. Im Westreich sank die Rechtswissenschaft bald zu einem ‚Vulgarrecht' herab; auch im Ostreich hielt sich das alte Niveau nur mühsam, bis unter Justinian (→ 3.1) eine Neublüte auch der Privatrechtswissenschaft einsetzte.

2.5 Die justinianische Rechtswissenschaft braucht den Vergleich mit der klassischen nicht zu scheuen, unterscheidet sich aber grundlegend von ihr. Das klassische Recht wurde gestaltet durch die Argumentationskraft selbständiger Juristen, deren Ansichten nicht Gesetz waren, aber als verbindlich anerkannt wurden; es war geistige Schöpfung der juristischen Denker, und die Rechtswissenschaft bewahrte große Unabhängigkeit vom staatlichen Recht. Die byzantinischen Juristen hingegen vollzogen Gesetzesrecht und damit den Willen des kaiserlichen Gesetzgebers. Symptomatisch ist, daß das aristotelische Bild des Richters als ‚beseeltes Gesetz' (*Eth. Nic.* 5, 7 p. 1132a22) in klassischer Zeit auf den Prätor (*Dig.* 1, 1, 8), in byzantinischer Zeit auf den Kaiser (*Novell. Iust.* 105, 2, 4) übertragen wurde.

Im oströmischen Reich galten die justinianischen Gesetze bis zum Fall Konstantinopels. Auf den Hochschulen lehrte man das geltende, meist lateinisch geschriebene Recht in griechischer Sprache; die Professoren des 6. Jhs. (Antezessoren) diktierten wörtliche Übersetzungen *(kata poda)* und ihre Erläuterungen *(paragraphai).* Um 900 n. Chr. wurde das justinianische Corpus in verkürzter Form in die griechische Sprache übersetzt und als *Basilika* in 60 Büchern veröffentlicht. Manche Basilikenhandschriften enthalten umfangreiche Randanmerkungen (Scholien); diese Scholien sind zumeist Auszüge aus den Vorlesungsskripten der Antezessoren; damit ist ein großer Teil der Katapoda und der Paragraphai erhalten. Da die Antezessoren in ihren Erläuterungen häufig auf den vorjustinianischen Rechtszustand zurückgegriffen hatten, sind die Basilikenscholien für uns eine wertvolle Quelle des klassischen Rechts. Nicht alle Basilikenbücher sind überliefert, und nicht alle Handschriften enthalten Scholien; doch existiert noch ein umfangreiches Corpus, welches noch längst nicht wissenschaftlich ausgewertet ist. Wir benutzen heute die Ausgabe von Scheltema; die Heimbachsche ist veraltet, bietet aber eine nützliche lateinische Übersetzung und im 6. Band eine ausführliche Einleitung (→ 5.3.4).

Im Westen geriet das justinianische Recht nach der langobardischen Eroberung Italiens in Vergessenheit. Die Rechtslehrer von Bologna entdeckten im 11. Jh. die alten Handschriften und lehrten nunmehr das römische Recht nach den justinianischen Texten. Aus dieser Zeit stammt auch die Bezeichnung ‚Corpus Iuris Civilis' für Institutionen, Digesten, Codex und Novellen. Accursius stellte 1240 die Ansichten der Bologneser Juristen als Randanmerkungen *(glossae)* zu einer Textausgabe zusammen *(Glossa ordinaria);* Bartolus und Baldus schufen im 14. Jh. umfangreiche Kommentare. Über Bologna breitete sich die Kenntnis des römischen Rechts nach ganz Europa aus; im späten Mittelalter wurde das justinianische Recht samt *Glossa ordinaria* und den Kommentaren des Bartolus in Mitteleuropa ‚rezipiert' und galt als ‚Gemeines Recht' überall da, wo keine partikularen Rechte Vorrang hatten. Die Praxis benutzte die Textform der Bologneser Handschriften auch dort, wo sie offensichtlich fehlerhaft waren (u. 3.3); bei Widersprüchen hatte die Glosse Vorrang vor dem *textus,* Bartolus Vorrang vor der Glosse *(Nemo jurista nisi Bartolista!).* Noch im 19. Jh. galt in weiten Teilen Deutschlands Gemeines Recht; erst seit Inkrafttreten des *Bürgerlichen Gesetzbuchs für das Deutsche Reich* (1. 1. 1900) hat das römische Recht nur mehr wissenschaftliche Bedeutung. In Frankreich (*Code Civil* 1804) und in Österreich (*Allgemeines Bürgerliches Gesetzbuch* 1811) wurde das Gemeine Recht schon früher abgelöst (es gilt noch heute in Südafrika als *Roman-Dutch Law*).

3 Die Quellen des römischen Rechts

3.1 Corpus Iuris Civilis: Der oström. Kaiser Justinian (527–565) ließ 528 die noch in Kraft befindlichen Gesetze des römischen Reiches sammeln; die damit beauftragte Kommission sollte veraltete Gesetze ausscheiden, die aufzunehmenden Gesetze überarbeiten und alles in übersichtlicher Gestalt zusammenstellen. Das Ergebnis dieser Arbeit trat am 16. 4. 529 als *Codex Iustinianus* in Kraft.

Die nächste Aufgabe war ungleich schwieriger: auch die Juristenschriften der vergangenen Jahrhunderte sollten durchgesehen, das noch Brauchbare zusammengestellt, alles Übrige nicht mehr verwendet werden.

530 wurde eine 17köpfige Kommission unter dem Vorsitz des Justizministers Tribonianus gebildet. Sie erhielt die ausdrückliche Erlaubnis, die Schriften durch Textänderungen (Interpolationen) dem jetzt geltenden Recht anzupassen. Am 30. 12. 533 trat das Ergebnis der Kompilation als *Digesta* (oder *Pandectae* von gr. *πανδέχεσθαι* = *digerere* ‚ordnen') in 50 Büchern mit 432 Titeln in Kraft.

Die Digesten bilden die Hauptquelle unserer Kenntnis des römischen Rechts. Aus 1528 Büchern sind nur etwa 6–10% des Textes exzerpiert worden, insgesamt 9950 Fragmente. Man bildete 3 Unterkomissionen: die eine sah die Kommentare zum prätorischen Edikt und verwandte Schriften durch, die zweite befaßte sich mit den Werken, die einem zivilrechtlichen System, vor allem dem des Sabinus, folgten, die dritte übernahm die zahlenmäßig etwas geringere Gruppe der fallbezogenen Schriften von Papinian, Paulus, Scaevola und anderen. Im Laufe der Arbeit fanden sich noch neue Bücher auf, die im Arbeitsplan noch nicht enthalten waren; sie wurden als Appendix der Papinianskommission zugewiesen.

Die Kommissionen lasen zunächst sämtliche Bücher und machten Exzerpte, die sie mit Autor und Werk (z. B. *Ulpianus libro trigesimo secundo ad edictum*) bezeichneten (Inskription) und in der Reihenfolge der Exzerption in vorgegebene Titelrubriken (z. B. *De actionibus empti venditi*) einordneten. In einem zweiten Arbeitsgang wurden etwa 1400 Fragmente an andere Stellen versetzt und gegebenenfalls dem neuen Kontext angepaßt. Da somit die ursprüngliche Reihenfolge meist erhalten ist, konnte Bluhme den Gang der Kompilation und die Verteilung auf die Kommissionen rekonstruieren; Honoré hat die Darstellung Bluhmes verfeinert; manches davon ist umstritten (→ 5.3.6).

Gleich nach Vollendung der Digesten wurde durch Bearbeitung antiker Lehrbücher ein Elementarlehrbuch des römischen Privatrechts hergestellt, welches am selben Tage wie die Digesten als *Iustiniani Institutiones* mit Gesetzeskraft (!) versehen wurde.

Während der 3 Kompilationsjahre wurde die Rechtsreform nicht nur durch Interpolationen, sondern auch durch zahlreiche Gesetze vorangetrieben; schon entsprach der Codex von 529 nicht mehr dem geltenden Recht. So wurde er überarbeitet und mit dem 30. 12. 534 als *Codex Iustinianus repetitae praelectionis* in Kraft gesetzt; nur dieser Codex ist erhalten, vom 1. Codex gibt es nur wenige Fragmente.

Mit der Veröffentlichung des 2. Codex sollte die Sammlung und Reform des alten Rechts abgeschlossen sein; neu auftauchende Rechtsfragen wurden nunmehr in eigenen Gesetzen *(leges Novellae)* geregelt. Aus den Jahren 535 bis 575 sind 168 Novellen, die meisten in griechischer Sprache, überliefert.

3.2 Die **außerjustinianische** Überlieferung: Die Kompilatoren exzerpierten aus den Schriften der klassischen Juristen weniger als ein Zehntel; fast alles andere ist verloren gegangen. Einzelne Fragmente sind durch Zitate bei anderen Autoren überliefert; Handschriften und Papyri haben hier und dort etwas erhalten.

3.2.1 Juristische Schriften: 1816 entdeckte Niebuhr, daß ein Palimpsest in der Dombibliothek zu Verona den überschriebenen Text der verloren geglaubten Institutionen des Gaius enthielt, eines um 161 n. Chr. verfaßten Anfängerlehrbuchs des klassischen Rechts. Der Codex Veronensis ist um 500 n. Chr., jedenfalls noch vor der justinianischen Reform, hergestellt worden; Abkürzungen, Schreibfehler, die Überschreibung im 8. Jh. und schließlich die Anwendung von Chemikalien haben dazu geführt, daß der Text heute fast unlesbar ist. Studemund fertigte 1866–1868 eine sehr verläßliche Abschrift (Apographum) an, indem er mit verschiedenen Reagenzien die Schriftzüge für jeweils einige Minuten hervortreten ließ.

Daneben sind zu nennen: Ulpiani *liber singularis regularum* (Ulpiani *epitome*), eine kurze Darstellung hauptsächlich des Erbrechts; Pauli *sententiae,* ein Auszug aus den Werken des Paulus und anderer Juristen (3. Jh.); *Mosaicarum et Romanarum legum collatio,* ein im 4. Jh. hergestellter Vergleich alttestamentarischen und römischen Rechts. Diese und andere kleine Schriften sind in frühmittelalterlichen Handschriften erhalten und gesammelt in *Collectio* I–III und *FIRA* II; Papyrusfragmente bei Sierl im Anhang zu Lenel, *Palingenesia*^{2} (5.3.2).

3.2.2 Urkunden bieten ein anschauliches Bild des Rechtslebens. Sie sind zum Teil inschriftlich erhalten (manche Testamente wurden in Stein gehauen), zum Teil in wachsbeschichteten Holztäfelchen (→ 5.3.2) oder Papyri. Die Masse der in griechischer Sprache geschriebenen Papyri ist unüberschaubar; nur wenige sind für das römische Recht ergiebig.

3.2.3 Gesetzestexte sind nur in bescheidenem Umfang erhalten; das Wichtigste in *FIRA* I und Flach; Übersicht bei Rotondi (→ 5.3.2, 3).

3.2.4 In ihrer Bedeutung oft unterschätzt ist die literarische Überlieferung. Die Komödien des Plautus und des Terenz sind voller juristischer Anspielungen, die Werke Ciceros und die Briefe Plinius' d. J. enthalten vieles, das nur mit juristischen Kenntnissen verstanden werden kann.

3.3 Textkritik: Kein Werk eines römischen Juristen ist in einer eigenhändigen Niederschrift des Autors erhalten. Alle Werke sind mehrfach abgeschrieben worden, bevor sie uns erreicht haben; bei den Abschreibevorgängen wurden die Texte bewußt und unbewußt verändert. Um den Originalwortlaut eines juristischen Werkes zu ermitteln, ist die Anwendung textkritischer Methoden unerläßlich. Hierüber informiert der Abschnitt ‚Textkritik' in diesem Werk; hier nur einige Besonderheiten der juristischen Textkritik.

Wenn ein Fragment durch Aufnahme in die Digesten überliefert ist, sind zwei Aufgaben zu unterscheiden: zunächst gilt es, den justinianischen Text festzustellen, sodann kann auf dessen Grundlage der klassische Text ermittelt werden (3.4).

3.3.1 Die Textzeugen der Digesten lassen sich in 4 Gruppen einteilen: (1) der *Codex Florentinus* (**F**) ist eine Prachthandschrift der Digesten in 2 Bänden (*Dig.* 1–29; 30–50), die in der 2. Hälfte des 6. Jhs. hergestellt wurde, im 11. Jh. bekannt wurde und sich seit 1406 in Florenz befindet. F wurde von einer Vorlage, die vielleicht eine unmittelbare Abschrift des Originals der Digesten war, abgeschrieben und mit einer weiteren

Abschrift nachverglichen. (2) Eine Gruppe von älteren Handschriften der Bologneser Schule (Vulgathandschriften), die die Digesten gewöhnlich in 3 Bänden enthalten (*Digestum Vetus: Dig.* 1, 1–24, 2; *Digestum Infortiatum: Dig.* 24, 3–38, 17; *Digestum Novum: Dig.* 39, 1–50, 17), geben einen Digestentext wieder, dessen gemeinsame Vorlage eine im 11. Jh. angefertigte, nicht mehr erhaltene Handschrift war (Vulgattext, *littera Bononiensis*); diese aus den gemeinsamen Fehlern erschlossene Vorlage wird *Codex Secundus* (**S**) genannt. S selbst stammt von F ab und ist nach einer von F unabhängigen Handschrift nachverbessert worden. Wo S und F sich unterscheiden, bietet F meist den besseren Text; wo F fehlerhaft ist, hat S meist denselben Fehler oder eine Bologneser Emendation; in einigen Fällen aber kann man zeigen, daß die Emendation von S nicht von den Bologneser Schreibern gefunden sein kann, sondern auf die bessere Handschrift, nach der korrigiert worden ist, zurückgeht – diese ‚authentischen' Emendationen sind F überlegen. Mommsen hat sich in seiner Digestenausgabe meist auf F gestützt; seit Kantorowicz (→ 5.3.6) wird der Wert der authentischen Emendationen höher geschätzt. (3) Die byzantinischen Bearbeitungen (**B**), nämlich der Basilikentext und diejenigen Scholien, welche den justinianischen Text wiedergeben (o. 2.5), sind von F unabhängig und zuweilen, wenn auch selten, F überlegen. (4) Einige kleinere alte Fragmente bieten kleine Teile des Digestentexts.

3.3.2 Mit gewisser Vereinfachung läßt sich sagen, daß dort, wo ein Fragment von F, S und B übereinstimmend überliefert worden ist, der Text des Archetyps (d. h. der gemeinsamen Vorlage von F, S und B, welche wahrscheinlich mit dem Originaltext der Digesten identisch ist), ermittelt ist. Liegen Divergenzen vor (worüber der Apparat der *editio maior* Auskunft gibt), so muß entschieden werden, wie der Archetyp gelautet hat. Die *examinatio* überlegt, ob aus der einen Lesart die andere oder ob alle vorhandenen Lesarten aus einer originalen entstanden sein können; der psychologisch wahrscheinlichste Weg gibt den Ausschlag.

Vordergründig sind typische Schreiberversehen (z. B. Zeilensprung auf Grund eines Homoioteleuton). Schwieriger wird es, wo die *lectio difficilior* (die im Einzelfall ungewöhnlichere Lesart) bestimmt werden muß: ein Kopist neigt ja dazu, einen Text, den er als falsch empfindet, zu verbessern, nicht aber dazu, einen als richtig empfundenen Text zu verschlechtern, woraus folgt, daß von zwei grundsätzlich möglichen Lesarten diejenige wahrscheinlich richtiger ist, welche auf den ersten Blick ungewöhnlicher *(difficilior)* oder kürzer *(brevior)* ist oder keinen Einfluß von Parallelstellen verrät. Geben die psychologischen Erwägungen keine Entscheidung her, so helfen äußere Kriterien: vielfältige Bezeugung wiegt mehr als die singuläre, doch spricht das höhere Alter einer Handschrift für bessere Qualität gegen die Quantität der *recentiores*. Alle diese Regeln dürfen nicht schematisch angewandt werden, vielmehr muß im Einzelfall sorgfältig abgewogen werden.

(1) Ein Beispiel für *lectio difficilior: Dig.* 48, 5, 21: *ex patribus* F, *ex parentibus* S, B – da im Kontext vom *pater familias* die Rede ist, erscheint *parentibus* auf den ersten Blick als unrichtig, was eine mögliche Schreiberemendation von *parentibus* in *patribus* erklärt; umgekehrt ist kein Grund ersichtlich, warum ein Kopist *patribus* in *parentibus* hätte ändern sollen. Daher lautete der Archetyp wahrscheinlich *parentibus*. – (2) Wo alle Zeugen übereinstimmen, ist zwar der Archetyp gefunden, aber nicht immer das Original; in *Dig.* 19, 1, 13 pr. hat ein arglistiger Verkäufer ein krankes Stück Vieh verkauft, welches andere Viehstücke des Käufers angesteckt hat; der Verkäufer muß dem Käufer ersetzen, *quod interfuit idonea* (Mommsen: *idone* F, *idonee* S) *venisse*. Mommsen verwarf zu Recht die Emendation des Bologneser Schreibers (*idonee venisse* ‚geeignet [Adv.] verkauft worden zu sein' entspricht nicht juristischem Sprachgebrauch) und konjizierte *idonea* ‚als geeignete'; er

bedachte aber nicht, daß *idonea* als Prädikativum ein pluralisches Bezugswort voraussetzt – es ist aber nur ein *pecus* verkauft, während viele *pecora* angesteckt worden sind! Wie der mittelalterliche Schreiber von S unterlag Mommsen dem psychologischen Zwang, in einem Text, der von Kaufrecht handelt, *venire* ‚verkauft werden' lesen zu müssen – überzeugend erst E. Fraenkel, „Julian-Ulpian über die Haftung des Verkäufers für die Beschaffenheit der Kaufsache", *ZRG* 44 (1924) 527–529, 529: *quod interfuit id non evenisse* ‚(es wird ihm zu ersetzen sein,) was ihm daran gelegen ist, daß dies nicht geschehen sei'. Das *n* des *non* ist ausgefallen, als die gemeinsame Vorlage von F und S von der Originalhandschrift der Digesten abgeschrieben wurde (Archetyp von S und F: IDONEVENISSE), vielleicht hat aber schon die Originalhandschrift der Digesten diesen Fehler enthalten; B – dessen Vorlage von F und S unabhängig ist – könnte hier entscheiden, hat aber die Stelle nicht (andere Beispiele für Ausfall eines *n* in *non*: *Dig.* 7, 8, 17; 19, 2, 58, 1). – (3) Zuweilen darf man annehmen, daß die Textstörung schon in der Originalhandschrift vorgelegen hat: in *Dig.* 21, 1, 21, 2 lesen F und S *isdem diebus,* was im Kontext überhaupt keinen Sinn macht; Mommsen konjizierte *de rebus,* was auch nicht besser ist. Überzeugend J. Cuiacius, *Observationes et emendationes* 17, 21 (1597): der Schreiber der Vorlage von F und S las in seiner Vorlage *id* und glaubte fälschlich, dies als Abkürzung von *isdem diebus* verstehen zu müssen; da Justinian befohlen hatte, Abkürzungen in klassischen Werken aufzulösen, dürfte dieser Fehler bei der Herstellung der Digesten geschehen sein.

Eine ausgezeichnete Einführung in die Textkritik der Digesten bietet Schulz, *Einführung* (u. 5.3.6).

3.4 Die Herstellung des justinianischen Digestentextes ist im wesentlichen durch Mommsens *editio maior* (→ 5.3.1) geschehen. Seit ihrem Erscheinen hat sich die Wissenschaft hauptsächlich der zweiten Aufgabe, nämlich der Ermittlung des klassischen Textes, zugewandt. Bis ins 19. Jh. hatte man sich in Deutschland wenig um das klassische Recht gekümmert; die Ablösung des justinianischen Rechts durch moderne Gesetzbücher und das Aufblühen der Philologie im 19. Jh. führten zu einem größeren Interesse am klassischen Recht und zu einem Aufschwung der juristischen Textkritik.

3.4.1 Die Forschung glaubte zunächst, durch gründliche Eliminierung der justinianischen Interpolationen das klassische Recht wiederherstellen zu können. Da es häufig an methodischer Besonnenheit fehlte, setzte eine wahre ‚Interpolationenjagd' ein, die schließlich alles und jedes im überlieferten Digestentext für justinianisch erklärte und an dessen Stelle phantasievoll rekonstruierte ‚Klassikertexte' setzte. Ein *Index Interpolationum* wurde erstellt; eigentlich nur als Register bisher getätigter Interpolationenvermutungen gedacht, der den Benutzer zur kritischen Überprüfung anregen sollte, wurde er alsbald zur Autorität: auch seriöse Wissenschaftler pflegten sich Digestenfragmente, die ihren Theorien nicht gefügig waren, vom Leibe zu schaffen, indem sie ihnen in der Fußnote den Stempel „itp., vgl. Ind." aufdrückten.

Erst nach dem 2. Weltkrieg trat eine Rückbesinnung ein. Man erkannte immer mehr, daß Textfragmente sich nicht nur durch Interpolation, sondern auf vielerlei Art ändern konnten: derselbe Autor gibt eine veränderte 2. Auflage heraus; ein Benutzer macht sich eine Notiz an den Rand (‚Glosse'), und ein späterer Abschreiber hält die Glosse für eine authentische Korrektur des Textes und fügt sie in den Text ein (‚Glossem'); ein ‚mechanischer' Abschreibefehler geschieht und wird von einem späteren Kopisten nicht immer richtig emendiert; bei der Kompilation der Digesten wird der Text formell an einen anderen Kontext angepaßt oder inhaltlich geändert. Es wurde deutlich, daß die Kriterien zur Erkenntnis der Textveränderungen nicht mit Gewißheit feststellbar waren und – vor allem

– daß der Umfang der Textänderungen geringer war als geglaubt. Für den heutigen Stand der Wissenschaft ist die eher konservative Haltung zur Interpolationenkritik in Kaser, *Das röm. Privatr.* (→ 5.1.1), ein vorbildlicher Maßstab; ausführliche Darlegung der methodischen Voraussetzungen der Interpolationenkritik bei Kaser, *Methodologie* (→ 5.3.6).

3.4.2 Die Ermittlung des klassischen Textes muß Verschiedenes bedenken:

(a) Einen Maßstab für die Möglichkeiten und den Umfang von Textänderungen kann man nur gewinnen, wenn man die durch Doppelüberlieferungen erwiesenen Textänderungen untersucht; die Doppelüberlieferung ist gesichtet in Wieacker, *Textstufen* (u. 5.3.6).

(b) Um behaupten zu können, daß ein bestimmter Autor so, wie sein Fragment in den Digesten steht, nicht geschrieben haben kann, muß man sich zunächst an Hand von Lenel, *Palingenesia,* ein Bild vom Stil eines individuellen Autors machen.

(c) Gewisse Rechtsinstitute sind von Justinian planmäßig aus den Digesten getilgt worden; wenn noch Spuren des alten Instituts geblieben sind, so ist leicht zu erweisen, daß eine Interpolation unvollkommen durchgeführt worden ist – sind die Spuren aber getilgt, so ist nur selten mit Sicherheit festzustellen, ob wirklich interpoliert worden ist: (1) Die längst außer Gebrauch gekommene *mancipatio* (vgl. *Cod. Iust.* 7, 31, 1, 5) wurde in den Digesten überall durch die *traditio* ersetzt; man hat z. B. versäumt, den *auctor* (‚Manzipationsveräußerer', o. 1.2.2) in *Dig.* 44, 3, 5 pr. zu tilgen. Keinesfalls darf man aber überall da, wo eine *res mancipi* laut Digesten tradiert wird (z. B. *Dig.* 41, 1, 36), ohne weiteres annehmen, sie sei in klassischer Zeit manzipiert worden – vielmehr muß man damit rechnen, daß auch die Klassiker von *traditio* auch eines Grundstücks sprachen, weil man in der Praxis ja auf die *mancipatio* verzichten konnte (1.2.2). – (2) Die beiden Bürgschaftsarten der *sponsio* und der *fidepromissio* wurden einheitlich durch die *fideiussio* ersetzt (nur sie ist im Gegensatz zu Gai. *inst.* 3, 115 in *Inst. Iust.* 3, 20 erhalten); man hat z. B. versäumt, das Wort *spondes* (aus der *sponsio*) in *Dig.* 46, 1, 16 pr. zu tilgen. Dies heißt noch lange nicht, daß überall da, wo in den Digesten in Form der *fideiussio* für eine Stipulationsschuld (vgl. Gai. *inst.* 3, 119) gebürgt wird, die Klassiker von *sponsio* oder *fidepromissio* gesprochen hätten – vielmehr ergibt sich aus dem reichhaltigen Urkundenmaterial aus Pompeji und Transsylvanien (u. 5.3.2), daß *sponsio* und *fidepromissio* in klassischer Zeit überhaupt keine Rolle spielten. – (3) Die *vindicatio caducorum* der *lex Papia Poppaea* (*fr. de iure fisci* 3, *FIRA* II 627) ist durch *const. Tanta* 6b und *Cod. Iust.* 6, 51, 1 aufgehoben worden; eine Spur hat sie in *Dig.* 35, 2, 1, 14 *(vindicavero)* hinterlassen. Ob aber die Klassiker das Kadukarrecht überall dort berücksichtigt haben, wo sie es hätten berücksichtigen können, oder ob sie es nicht oft stillschweigend übergingen, wissen wir einfach nicht.

4 Zwei Beispiele für die Analyse juristischer Texte

4.1 Die *causa Curiana* war ein Prozeß eines Coponius gegen M'. Curius, der 93 v. Chr. stattfand und an welchem Cicero als junger Mann beobachtend teilnahm.

Cic. *Inv.* 2, 122

Paterfamilias . . . in testamento ita scripsit: SI MIHI FILIUS GENITUR UNUS PLURESVE, IS MIHI HERES ESTO. deinde quae assolent. postea: SI FILIUS ANTE MORITUR, QUAM IN TUTELAM SUAM VENERIT, TUM MIHI <ILLE> HERES ESTO. filius natus non est. ambigunt adgnati cum eo, qui est heres, si filius ante, quam in tutelam veniat, mortuus sit.

Ausführlichere Informationen gab Cic. *De orat.* 1, 39, 180; 2, 140f; *Brut.* 144f; 194–8.

Der verstorbene Coponius hatte im Testament sein noch ungeborenes Kind *(postumus)* zum Erben eingesetzt (ein innerhalb von 10 Monaten nach dem Tod des *pater familias* geborener *postumus* war nach *Lex XII tab.* 4, 4 *suus heres* und durfte daher nicht übergangen werden, → 1.2.2). Für den Fall, daß der *postumus* vor Erreichen seiner Mündigkeit sterben sollte, setzte Coponius einen gewissen M'. Curius als Erben des Kindes ein (*substitutus pupillaris,* Gai. *Inst.* 2, 179: bis zur Mündigkeit konnte ein Kind nämlich kein Testament errichten, und wenn es sterben würde, würde es vom *agnatus proximus* beerbt werden; die Pupillarsubstitution diente dazu, die gesetzliche Erbfolge nach dem Unmündigen zu vermeiden). Es wurde aber kein *postumus* geboren. Der nächste Agnat des Coponius verlangte als gesetzlicher Erbe nach *Lex XII tab.* 5, 4 die Erbschaft heraus.

Sein Anwalt, Q. Mucius Scaevola pont., plädierte, den Wortlaut des Testamentes zu beachten: im Testament sei Curius für den Fall eingesetzt, daß ein *postumus* geboren und Erbe würde und vor Erreichen der Mündigkeit stürbe. Nichts davon sei geschehen, so daß die Bedingung der Pupillarsubstitution nicht eingetreten sei (Cic. *De orat.* 1, 180). Folglich sei das Testament gegenstandslos und die gesetzliche Erbfolge des *agnatus proximus* trete ein.

Für Curius trat L. Licinius Crassus auf: maßgeblich sei nicht das *scriptum,* der genaue Wortlaut der letztwilligen Verfügung, sondern die *sententia* des Erblassers, das, was er wirklich gewollt, aber unvollkommen erklärt habe. Der Erblasser habe für den Fall, daß ihm möglicherweise kein *postumus* geboren würde, den Curius nicht nur als Nachfolger des *postumus* (als *substitutus pupillaris*), sondern auch als Ersatz für den *postumus* (als *substitutus vulgaris,* Gai. *Inst.* 2, 174) substituieren wollen (Cic. *Brut.* 197). Nun war aber so, daß der Erblasser nicht etwa den Fall, daß kein *postumus* geboren würde, bedacht, aber vergessen hatte, ihn zu regeln, sondern vielmehr gar nicht an diese Möglichkeit gedacht hatte. Es ging daher nicht um den mutmaßlichen Willen des Erblassers (den wirklichen Willen, dessen Inhalt nicht bekannt ist, aber aus Indizien erschlossen wird), sondern um den hypothetischen Willen (den gar nicht gebildeten Willen, von dem man nur annimmt, daß der Erblasser ihn gebildet hätte, wenn er vorausschauend die künftige Entwicklung bedacht hätte).

Vergebens wies Scaevola daraufhin, wie schädlich es für die Rechtssicherheit sei, den verkörperten Willen des Toten zu vernachlässigen und durch bloße Vermutungen zu ersetzen (*Brut.* 196); Crassus siegte mit dem Argument, ebenso gefährlich sei die Mißachtung des (wie er behauptete) mutmaßlichen Willens (*Brut.* 198).

Die *causa Curiana* ist der erste überlieferte Zivilprozeß, in welchem eine Partei mit der Berufung auf den mutmaßlichen Willen gegen den klaren Wortlaut durchdrang, insofern ein Zeichen eines fortschrittlicheren Rechtsverständnisses, des Beginns der Klassik. Zugleich stellt die Argumentation des Crassus den Beginn einer Vielzahl von Auslegungsregeln des Testamentsrechts dar – da der Erblasser nicht mehr nach seinem wirklichen Willen befragt werden kann, müssen Regeln entwickelt werden, um bei Vorliegen gewisser Indizien auf den mutmaßlichen oder hypothetischen Willen schließen zu können. In der Tradition der *causa Curiana* stehen das Reskript der Divi Fratres *Dig.* 28, 6, 4, *BGB* § 2102, *ABGB* § 608 S. 3.

4.2 Eine reizvolle Verbindung textkritischer und juristischer Probleme bietet eine Doppelüberlieferung in den Digesten und der Collatio (→ 3.2.1):

Dig. 9, 2, 27, 9 Ulpianus libro decimo octavo ad edictum	*Coll.* 12, 7, 7 Ulpianus libro XVIII ad edictum
Si fornacarius servus coloni ad fornacem obdormisset et villa fuerit exusta, Neratius scribit ex locato conventum praestare debere, si neglegens in eligendis ministeriis fuit:	Si forte servus, quae idem conductores, coloni ad fornacem obdormissent et villa fuerit exusta, munerari scribit ex loca conventu praestare debere, si neglegens in elegendis ministeriis fuit ceterorum.
ceterum si alius ignem subiecerit fornaci, alius neglegenter custodierit, an tenebitur qui subiecerit? nam qui custodit, nihil fecit, qui recte ignem subiecit, non peccavit:	si alius ignem subiecerit fornaci, alius neglegenter custodierit, tenetur? namque qui non custodit, si nihil fecit: qui recte ignem subiecit, non peccavit: quemadmodum si hominem medicus recte secuerit, sed neglegenter vel ipse vel alius curaverit, Aquilia cessat.
quid ergo est? puto utilem competere actionem tam in eum qui ad fornacem obdormivit quam in eum qui neglegenter custodit.	quid ergo est? et hic puto ad exemplum Aquiliae dandam actionem tamen, qui ad fornacem obdormivit vel neglegenter custodit, quam in medicum qui neglegenter curavit, sive homo periit sive debilitatus est.
nec quisquam dixerit in eo qui obdormivit rem eum humanam et naturalem passum, cum deberet vel ignem extinguere vel ita munire, ne evagetur.	nec quisquam dixerit in eo qui obdormivit rem eum humanam et naturalem passum, cum deberet vel ignem extinguere vel ita munire, ut non evacaret.

Der Pächter, dessen Sklave das gepachtete Landhaus fahrlässig in Brand gesetzt hat, haftet dem Verpächter wegen Verletzung des Pachtvertrages *(ex locato)* auf Schadensersatz; für das Verschulden seines Sklaven muß er grundsätzlich eintreten (*Dig.* 19, 2, 25, 7), Neraz allerdings möchte seine Haftung auf Auswahlverschulden beschränken. Zugleich haftet er dem Eigentümer des Landhauses aus der *lex Aquilia,* weil sein Sklave fremdes Eigentum zerstört hat. Hier liegt für Ulpian das Problem: die besondere Weise der Verletzungshandlung (*urere,* → 1.2.2) liegt vor, doch ist die Schadenszufügung durch Unterlassen und damit nicht unmittelbar geschehen. Ulpian veranschaulicht an Fallvariationen, wann der Prätor eine *actio* in Analogie zur *actio legis Aquiliae* gewähren werde: im 1. Fall (nur ein Sklave ist mit dem Ofen betraut) gegen den Herrn des Schläfers; im 2. Fall (der eine Sklave zündet den Ofen sorgfältig an, der andere bewacht ihn nachlässig) gegen den Herrn des nachlässigen Bewachers.

Betrachten wir die Überlieferung der Collatio, so sieht der Text ganz anders aus; der hier abgedruckte Text versucht, den Archetyp der 3 Collatio-Handschriften wiederzugeben, und unterscheidet sich daher von den Textausgaben (etwa *Collectio* III 178–179). Über die Veränderungen, welche der Urtext Ulpians bis zur Aufnahme in die Digesten bzw. die Collatio erfahren hat, informiert Wieacker, *Textstufen* (→ 5.3.6) 239–242; hier nur einige Hinweise:

(1) *Fornacarius,* wie es die Digestenausgaben bieten, ist ein *ghost-word;* F und S überliefern *fornicarius* ‚Zuhälter' (die Prostituierten hielten sich unter den Schwibbögen, *fornices,* auf, daher der euphemistische Ausdruck *fornicatio*), Mommsen emendierte in das sonst nir-

gends belegte *fornacarius*. Da in den Collatio-Handschriften *forte* steht, ist für die gemeinsame Vorlage von Dig. und Coll. die Abkürzung *for* zu erschließen, die von den Schreibern verschieden aufgelöst wurde. Was stand bei Ulpian? Wieacker 240 tritt für *forte* ein, W. Kunkel, „Diligentia", *ZRG* 45 (1925) 266–351, 329[3] für *fornarius* ‚Ofenheizer'. *Fornarius* wird jedenfalls für den Digestenarchetyp durch die griechische Übersetzung der Stelle (*furnarios* Bas. 60, 3, 27, 9) erwiesen und ist auch für den Ulpiantext als *lectio difficilior* und aus äußeren Gründen (Dig. und Bas. gegen Coll.) vorzuziehen. – (2) *Servus coloni ... obdormisset* Dig.: *servus quae idem conductores coloni ... obdormissent* Coll. Ein Benutzer der Coll. las im Text *„coloni"* und vermerkte am Rande *„qui idem conductor est"*; bei der Herstellung des Archetyps der Collatio-Handschriften wurde die Marginalglosse vor statt nach *coloni* in den Text eingefügt, und ein Hörfehler beim Diktieren führte zum unsinnigen *quae idem conductores,* was wiederum den Plur. *obdormissent* hervorbrachte. – (3) Klassische Juristen bezeichneten mit *competere,* daß eine Klage nach *ius civile* zustehe, mit *actionem dare,* daß die Klage honorarrechtlich entwickelt worden sei (Gai. *Inst.* 4, 110); die Bezeichnung der analogen Klage als *ad exemplum Aquiliae danda actio* Coll. ist daher präzise, *utilem competere actionem* Dig. eine Interpolation, da der Unterschied zwischen *ius civile* und *honorarium* in justinianischer Zeit nicht mehr existierte. – (4) Der passende Vergleich mit der sorgfältigen Operation und der nachlässigen Nachsorge stammt sicher von Ulpian und ist in den Digesten als überflüssig gestrichen worden. – (5) *Tamen* Coll. ist Hörfehler aus *tam in eum.*

Der Vergleich der beiden Texte zeigt, wie sehr ein gedankenlos kopierter Text korrumpiert werden konnte (Coll.) und wie behutsam und doch einschneidend die Kompilatoren den Ulpiantext zur Aufnahme in die Digesten bearbeiteten. Die juristischen Probleme betreffen die Haftung aus Vertrag und aus unerlaubter Handlung für das Handeln von Erfüllungs- und Verrichtungsgehilfen.

5 Literatur

5.1.1 Privatrecht: M. Kaser, *Das römische Privatrecht* I/II (München ^{2}1971/^{2}1975); H. Honsell, Th. Mayer-Maly, W. Selb, *Römisches Recht* (Berlin 1987); A. Watson, *The Law of Obligations in the Later Roman Republic* (Oxford 1965); ders., *The Law of Persons in the Later Roman Republic* (Oxford 1967); ders., *The Law of Property in the Later Roman Republic* (Oxford 1968); ders., *The Law of Succession in the Later Roman Republic* (Oxford 1971)

5.1.2 Studienbücher des Privatrechts: M. Kaser, *Römisches Privatrecht. Ein Studienbuch* (München ^{16}1992); H. Hausmaninger, W. Selb, *Römisches Privatrecht* (Wien ^{7}1994); D. Liebs, *Römisches Recht* (Göttingen ^{4}1993); H. Honsell, *Römisches Recht* (Berlin ^{3}1994); Th. Mayer-Maly, *Römisches Privatrecht* (Wien 1991); P. Apathy, G. Klingenberg, H. Stiegler, *Einführung in das römische Recht* (Wien 1994); H. Hausmaninger, *Casebook zum römischen Vertragsrecht* (Wien ^{4}1990); ders., *Casebook zum römischen Sachenrecht* (Wien ^{7}1993); R. Sohm, L. Mitteis, L. Wenger, *Institutionen des römischen Rechts* (Leipzig ^{17}1923)

5.1.3 Zivilprozeß: M. Kaser, *Das römische Zivilprozeßrecht* (München 1966); L. Wenger, O. H. Fisk, *Institutes of the Roman Law of Civil Procedure* (New York 1955); O. Lenel, *Das Edictum Perpetuum* (Leipzig ^{3}1927)

5.1.4 Öffentliches und Strafrecht: Th. Mommsen, *Römisches Staatsrecht* I–III (Leipzig ^{3}1887/8) mit J. Malitz, *Stellenregister zu Mommsen, Römisches Staatsrecht* (München 1979); J. Bleicken, *Die Verfassung der römischen Republik* (Paderborn ^{7}1995); ders., *Verfassungs- und Sozialgeschichte des römischen Kaiserreiches* I/II (Paderborn ^{4}1995/^{3}1994); Th. Mommsen, *Römisches Strafrecht* (Leipzig 1899) mit J. Malitz, *Stellenregister zu Mommsen, Römisches Strafrecht* (München 1982)

5.2.1 Rechtsgeschichte: G. Dulckeit/F. Schwarz/W. Waldstein, *Römische Rechtsgeschichte* (München ^{9}1995); M. Bretone, *Geschichte des römischen Rechts* (München 1992); A. Guarino, *Storia del diritto romano* (Neapel ^{10}1994); F. Wieacker, *Römische Rechtsgeschichte* I (München 1988); W. Kunkel, *Römische Rechtsgeschichte* (Köln ^{12}1990); M. Kaser, *Römische Rechtsgeschichte* (Göttingen ^{2}1967); A. Söllner, *Einführung in die römische Rechtsgeschichte* (München ^{4}1989)

5.2.2 Geschichte der Rechtswissenschaft: F. Schulz, *Geschichte der römischen Rechtswissenschaft* (Weimar 1961); W. Kunkel, *Herkunft und soziale Stellung der römischen Juristen* (Graz ^{2}1967); A. A. Schiller, *Roman Law* (Den Haag 1978); R. A. Bauman, *Lawyers in Roman Republican Politics* (München 1983); ders., *Lawyers in Roman Transitional Politics* (München 1985); ders., *Lawyers and Politics in the Early Roman Empire* (München 1989)

5.2.3 Nachklassisches und byzantinisches Recht: D. Liebs, *Die Jurisprudenz im spätantiken Italien* (Berlin 1987); P. Pieler, in: H. Hunger, *Die hochsprachliche profane Literatur der Byzantiner* II (München 1978) 343–480; N. van der Wal, J. H. A. Lokin, *Historiae iuris graeco-romani delineatio* (Groningen 1985)

5.2.4 Fortleben des römischen Rechts: F. Wieacker, *Privatrechtsgeschichte der Neuzeit* (Göttingen ^{2}1967); G. Wesenberg, G. Wesener, *Neuere Privatrechtsgeschichte* (Wien ^{4}1985); P. Koschaker, *Europa und das römische Recht* (München ^{4}1966); B. Windscheid, Th. Kipp, *Lehrbuch des Pandektenrechts* I–III (Frankfurt ^{9}1906); H. Kreller, *Römisches Recht* II (Wien 1959)

5.3.1 Corpus Iuris Civilis-Ausgaben: ed. maior: *Institutiones,* rec. P. Krüger (Berlin 1867); *Digesta,* rec. Th. Mommsen (Berlin 1870), *Codex,* rec. Krüger (Berlin 1877); *Novellae,* rec. R. Schöll, W. Kroll (Berlin 1895); ed. stereotypa: I *Institutiones, Digesta,* rec. Mommsen, retr. Krüger, Mommsen (1872, Dublin ^{22}1973); II *Codex,* rec. Krüger (1877, Dublin ^{15}1970); III *Novellae* (= ed. maior 1895, Dublin ^{10}1972)

5.3.2 Außerjustinianische Überlieferung: *FIRA* = *Fontes Iuris Romani Antejustiniani,* I: *Leges,* edd. S. Riccobono et al. (Florenz ^{2}1941); II: *Auctores,* ed. J. Baviera (Florenz ^{2}1939); III: *Negotia,* ed. V. Arangio-Ruiz (Florenz ^{3}1972); *Collectio librorum iuris anteiustiniani,* edd. P. Krüger, Th. Mommsen, W. Studemund I–III (Berlin ^{7}1927, 1878, 1890); O. Lenel, *Palingenesia Iuris Civilis* I/II (Leipzig 1889, Graz ^{2}1960); F. P. Bremer, *Iurisprudentiae antehadrianae quae supersunt* I, II 1/2 (Leipzig 1896–1901); M. David, H. L. W. Nelson, *Gai institutionum commentarii* IV (Leiden 1954–1968 = Bücher I und II der Institutionen); H. L. W. Nelson, U. Manthe, *Gai institutiones* III 1–87 (Berlin 1992); *Codex Theodosianus* I 1/2, II, edd. Th. Mommsen, P. M. Meyer (Berlin 1904/5); Urkunden aus Transsylvanien: *CIL* III p. 921–960. 2215; aus Pompeji: *CIL* IV p. 275–454; Urkunden aus Herkulaneum: Nachw. in Kaser, *Das röm. Privatr.* I § 57^{24}; die neuesten Urkunden aus Pompeji: J. G. Wolf, J. A. Crook, „Rechtsurkunden in Vulgärlatein", *Abh. Heidelb.* 1989, 3 (Heidelberg 1989); G. Camodeca, *L'archivio puteolano dei Sulpicii* I (Neapel 1992)

5.3.3 Gesetze: G. Rotondi, *Leges publicae populi romani* (Mailand 1912); D. Flach, *Die Gesetze der frühen römischen Republik* (Darmstadt 1994)

5.3.4 Byzantinisches Recht: *Basilicorum libri LX, Series A (Textus)* I–VIII, *Series B (Scholia)* I–IX, edd. H. J. Scheltema et al. (Groningen 1953–1988); *Basilicorum libri LX,* edd. C. G. E. Heimbach et al., I–VII (Leipzig 1833–1897); *Institutionum Graeca paraphrasis Theophilo antecessori vulgo tributa,* ed. E. C. Ferrini 1/2 (Berlin 1884/1897)

5.3.5 Übersetzungen: O. Behrends, R. Knütel, B. Kupisch, H. H. Seiler, *Corpus Iuris Civilis, Text und Übersetzung* I: *Institutionen* (Heidelberg 1990 = UTB 1764); II: *Digesten* 1–10 (1995); *Römisches Recht,* hrsg. L. Huchthausen (Berlin ^{4}1991, mit Gaiusübersetzung)

5.3.6 Quellenkunde: P. Krüger, *Geschichte der Quellen und Litteratur des römischen Rechts* (München ^{2}1912); L. Wenger, *Die Quellen des römischen Rechts* (Wien 1953); F. Bluhme, „Die Ordnung der Fragmente in den Pandectentiteln", *ZgeschRW* 4 (1820) 257–472;

H. Kantorowicz, „Über die Entstehung der Digestenvulgata", *ZRG* 30 (1909) 183–271; 31 (1910) 14–88; F. Schulz, *Einführung in das Studium der Digesten* (Freiburg 1916); F. Wieacker, *Textstufen klassischer Juristen* (Göttingen 1959); M. Kaser, *Zur Methodologie der römischen Rechtsquellenforschung*, SB Wien 277, 5 (Wien 1972); T. Honoré, *Tribonian* (Oxford 1978)

5.4.1 Hilfsmittel: A. Berger, *Encyclopedic Dictionary of Roman Law* (Philadelphia 1953); H. Heumann, E. Seckel, *Handlexikon zu den Quellen des römischen Rechts* (Graz [11]1971)

5.4.2 Zeitschriften: *ZRG* = *Zeitschrift der Savigny-Stiftung für Rechtsgeschichte, Romanistische Abteilung* (seit 1880); *BIDR* = *Bullettino dell'istituto di diritto romano „Vittorio Scialoja"* (seit 1888); *TR* = *Tijdschrift voor Rechtsgeschiedenis* (seit 1918); *SDHI* = *Studia et documenta historiae et iuris* (seit 1935); *RIDA* = *Revue internationale des droits de l'antiquité* (seit 1948); *IVRA* = *Rivista internazionale di diritto romano e antico* (seit 1949); *Labeo* = *Rassegna di diritto romano* (seit 1955); *Index* = *Quaderni camerti di studî romanistici* (seit 1970)

5.4.3 Digestenexegese: H. Schlosser, F. Sturm, H. Weber, *Die rechtsgeschichtliche Exegese* (München [2]1993); U. Wesel, *Die Hausarbeit in der Digestenexegese* (München 1966)

Besondere Abkürzungen (s. auch Abkürzungsverzeichnis)

ABGB	Allgemeines Bürgerliches Gesetzbuch von 1811 (Österreich)
BGB	Bürgerliches Gesetzbuch von 1900 (Deutschland)
ZGB	Zivilgesetzbuch von 1912 (Schweiz)

VII

Römische Religion

1 Republikanische Zeit

John Scheid

1.1 Probleme und Forschungsgeschichte

Eine umfassende Geschichte der frührömischen Religion liegt zur Zeit noch außerhalb der Möglichkeiten. Außer einigen schwer verständlichen Inschriften (vor allem der Inschrift am Lapis niger, der sogen. Duenosinschrift und des lapis Satricanus) bestehen die Quellen nur aus archäologischen Befunden, deren Deutung schwierig ist. Denn die literarischen Zeugnisse über die Frühzeit sind gewöhnlich Mythen und Interpretationen aus den letzten Jahrhunderten der Republik, die meistens mehr über die Gedankengänge dieser Zeit als über das archaische Rom aussagen. So steht man noch in einer Phase der v. a. archäologischen Rekonstruktion, die in neuerer Zeit gute Fortschritte gemacht hat (etwa die Arbeiten um das archaische Comitium und auf dem Forum Boarium, die Datierung des ersten Castorentempels in das 5. Jahrhundert, die Forschungen zum Latinerbund), aber für eine umfassende Darstellung noch nicht genügt. Genaue und ausgedehnte Kenntnisse über Wesen und Funktionieren der römischen Religion sind nur vom 4. Jahrhundert an, vor allem aber in den drei letzten Jahrhunderten der Republik möglich.

Gute Quellen allein aber genügen nicht, um ein annähernd objektives Bild der römischen Religion zu gewinnen. Die Forschungsgeschichte ist lange durch philosophische Vorurteile bestimmt gewesen. Hauptproblem war der römische Ritualismus, die Vorherrschaft der Kultregel und des rechtlichen Spiels mit der Regel. Mindestens seit dem 17. Jahrhundert hat das Verständnis dieses religiösen Systems unter der allgemeinen Mißachtung des Ritus gelitten. So entstand einerseits das Bild einer dekadenten Form der Religion, die durch die idealistische Geschichtsschreibung des 19. Jahrhunderts überall verbreitet wurde, andrerseits die Vorstellung, daß der eigentliche Sinn der Riten nur in der Vorgeschichte gesucht werden könne. Der Kult der späteren Zeit wurde als pure und meist zynische Formsache abgetan, die bestenfalls als Zeugnis für uralte Religionspraxis zur Geltung kam. Daneben schrieb man den sogenannten orientalischen Kulten, die der ‚wahren' Religion näher kamen, eine zentrale Rolle zu. Unter dem Einfluß der vergleichenden Sprachwissenschaft versuchte man auch seit dem 19. Jahrhundert, in Rom die indogermanischen Einflüsse zu entdecken und von diesen aus die Hauptzüge der indogermanischen Kultur zu umreißen, wie es vor allem der Franzose Georges Dumézil getan hat. Andere Forscher schieden mediterrane Schichten der Götter und der Kulte von indogermanischen. Über die Riten der republikanischen Zeit konnte der in der Ethnologie des ausgehenden 19. Jahrhunderts wurzelnde ‚primitivistische' Standpunkt nur deren ‚Leere' aussagen. Diese Forschungsrichtungen haben in neuerer Zeit an Attraktivität verloren. Unter dem

Einfluß der Kulturanthropologie interessieren sich die neueren Arbeiten eher für das System der Religion und des Kultes als solches, ohne die Frage nach der Herkunft seiner verschiedenen Elemente zu stellen oder ein Werturteil auszusprechen. Verbunden mit der Erschließung neuer archäologischer Quellen und der weit fortgeschrittenen Ausbeutung der epigraphischen und literarischen Dokumente, bestimmt diese Richtung die heutige Forschung über die römische Religion.

1.2 Religiöse Gemeinschaft und Autorität

1.2.1 Die römische Religion war keine Universalreligion, sie war die Religion einer geschlossenen Gemeinschaft. Alle diejenigen, die nicht zu dieser sozialen Gruppe gehörten, wurden von den Göttern und den Kulten dieser Gemeinschaft nicht berührt. Der Kult wird hauptsächlich im Namen der Gemeinschaft ausgeübt, nicht für den Einzelnen; auf die einzelne Person und sein Schicksal bezogene Kulthandlungen gab es auch, aber sie standen nicht im Mittelpunkt der Religion. Im Hinblick auf die soziale Gebundenheit der Religion sollte man eigentlich nicht von einer einzigen römischen Religion reden, sondern von so vielen, wie es soziale Gruppen in Rom und in der römischen Welt gab. Alle diese Kultgemeinden teilten freilich einige Hauptzüge, die man als Grundzüge römischen religiösen Handelns und Empfindens bezeichnen kann und die es uns erlauben, Allgemeines über römische Religion auszusagen.

1.2.2 Am besten bezeugt ist die Religion des römischen Volkes, die sogenannte öffentliche Religion. Ihre Pflichten betrafen das Gemeinwesen des Staates *(res publica, civitas)* und hatten sein Wohlergehen zum Ziel. Neben der Religion der *civitas* waren die römischen Bürger und ihre Familien Mitglieder anderer Kultgemeinschaften. Zuerst oblagen ihnen die Pflichten der Hausreligion. Dann gehörten sie auch je nach ihrem Wohnort einem der *pagi, montes* oder *vici* Roms an und nahmen an den in diesem Rahmen gefeierten Kulten teil. Je nach ihrer Beschäftigung übten sie auch den religiösen Dienst in Collegien oder in untergeordneten Bürgergruppen wie etwa der Armee aus. Lebten sie außerhalb Roms, wurde das religiöse Leben des Vicus durch dasjenige der Kolonie oder des Munizipiums ersetzt. Schließlich ist nicht zu vergessen, daß jeder Bürger auch freiwillig aus persönlicher Bindung an soziale Gruppen oder an eine Gottheit in eine Kultgemeinschaft eintreten konnte.

Die Anteilnahme an all diesen Kultgemeinschaften geschah auf verschiedene Weise und gab dem Einzelnen nicht immer die gleiche religiöse Verantwortung. Außer dem freiwilligen Eintritt in eine bestimmte Kultgemeinschaft um der Gottheit willen, was aber eher selten war (s. u. Bacchanalien), wurde man zum Kult zugelassen und verpflichtet durch die Geburt, die Erlangung der Freiheit oder des Bürgerrechts oder aber durch ein Amt. Geboren wurde man in die religiöse Gemeinschaft der Familie, zu der auch die Sklaven gehörten; die Frauen gelangten durch Heirat in diese Kultgruppe. Weiterhin dann trat man als Bürger in die verschiedenen Verbindungen, von denen schon die Rede war. Schließlich mußte man jeweils als Amtsträger die Leitung des Kultes der betroffenen Gemeinde übernehmen.

1.2.3 Jede dieser Gemeinschaften besaß ihre eigenen Götter, ihre eigenen Kulttraditionen und stand unter eigener Autorität. Allen gemeinsam war, daß die religiöse Autorität jeweils mit der ‚weltlichen' zusammenfiel. In der öffentlichen Religion lag die Gewalt in der Hand der Konsuln, Praetoren (vor allem des Praetor urbanus), Aedilen usw. Die Magistrate feierten eine beträchtliche Anzahl von Opfern und Festen, vollzogen die Befragung der Götter oder leiteten die divinatorische Prozedur im Senat ein und verordneten alle gemeinschaftlich gültigen Maßnahmen. Dies zeigen die *victimarii, tibicines, haruspices* (für die Opfer) und *pullarii* (für die Auspicatio), die zum Stab eines Magistraten gehören. Die Magistraten entschieden allerdings nicht allein über religiöse Fragen. Sie waren durch den *mos maiorum* gezwungen, über diese Probleme und Maßnahmen jeweils den Senat zu befragen. Dieser debattierte, konsultierte meistens die zuständigen Priester und schrieb dann dem anfragenden Magistraten ein präzises Verhalten vor, das von diesem in (fast immer) der gleichen Form angeordnet wurde.

Es wäre irreführend, die Priesterkollegien allein als die religiöse Autorität Roms zu bezeichnen. Da es in der römischen Religion weder heiliges Buch noch Dogma gab, standen die Priester nicht über, sondern neben den Magistraten und dem Senat und gaben nur auf deren Anfragen Gutachten und Ratschläge. Daneben vollzogen die Priester, wie alle öffentlichen Amtsträger, eine Anzahl von Kultpflichten. Ihre Gutachten betrafen nie den Kern der Entscheidungen, sondern immer nur Formfragen, d. h. die Übereinstimmung einer Entscheidung mit der rituellen Tradition.

Man könnte die Rolle der Priester an der Seite der Magistraten und des Senats als eine ‚geistliche' Präsenz bezeichnen, die der Handlung des Magistraten die Perfektion verlieh, insofern sie darauf achtete, daß die Tradition nicht verletzt wurde.

1.2.4 In ihren Entscheidungen beriefen sich Magistrate, Senat und Priester auf den *mos maiorum,* nicht auf den endgültig festgelegten Text eines Buches. Als im 3. und 2. Jahrhundert die Priester anfingen, ihre Gutachten in Protokolle (*commentarii,* oft als *libri* bezeichnet) aufzunehmen, konnten sie nach und nach – wie chaotisch auch immer ihr Archiv war – einen Teil ihrer Entscheidungen nachlesen. Zum größten Teil handelte es sich um punktuelle Entscheidungen, die nie zu einem allumgreifenden System und Gesetz ausgebaut wurden und werden konnten. Dazu kommt, daß kein römischer Priester Macht über alle Kulte Roms besaß, nicht einmal über die öffentlichen Kulte. Nur ein Konsul oder ein Praetor war fähig, allgemeine Opfer anzuordnen oder in Kultgemeinschaften einzugreifen, und sogar dann geschah dies nicht aus religiösen, sondern aus polizeilichen Überlegungen, weil die öffentliche Ordnung als gefährdet galt.

Wie im römischen Recht blieb der weit größte Teil der Überlieferung mündlich. Man kann die Überlieferung einerseits als allgemeine Richtlinien in der Ausführung religiöser Dienste und Pflichten ansehen, andrerseits als den Kultdienern bekannte Handlungsweisen, z. B. beim Schlachten und Teilen der Opfertiere. Man darf nicht vergessen, daß alle Römer und Römerinnen von klein auf dem Vater oder der Mutter beim Hauskult zusahen und gegebenenfalls als *ministri* halfen. Da der Hauskult unter der Republik bis zur Integration der Italiker vom öffentlichen nicht grundverschieden war, brauchte man keine lange Einführung in die Staatsreligion: man wußte gleich, was zu tun war und wie man es zu tun hatte; alles andere war Prozedur, über die man von den Kultdienern Anweisungen erhielt. Man sollte beachten, daß die religiöse Autorität des Magistraten oder Priesters immer nur durch das Wort ausgeübt wird und daß so die eigentliche Kulthandlung – Schlachten, Beobachten, Aussuchen des Sibyllenorakels – von Kultgehilfen ausgeführt wurde. Das zeigt, daß die Tradition in viele Teile zerfiel, die von jedem der Teilnehmer betreut und weitergegeben wurden.

1.2.5 Es gab also keine Doktrin und kein allumfassendes System der römischen Religion, und wenn es sie gegeben hätte, wäre niemand gezwungen worden, daran zu glauben und danach zu handeln. Zur Vorstellung der Götter gelangte man nicht von einer philosophischen oder theologischen Überzeugung her, sondern durch die Erfüllung der religiösen Vorschriften. Riten waren in diesem System nicht die Folgerung eines Bekenntnisses, sondern das Bekenntnis selbst. Im Rahmen des Kultes waren philosophische Überzeugungen und Vorstellungen sekundär. Sie vertrugen sich aber gewöhnlich gut mit der Religion, denn sie dienten dazu, über die im Ritus implizierte Theologie nachzudenken und sie auch in ein allumfassendes Bild der Weltordnung einzufügen; aber dies geschah ebenfalls ohne jede äußere Beschränkung, denn keine Autorität schrieb dieses systematische Denken irgendwie vor. Religion führte zu Philosophie und Metaphysik, Religion wurde öfters von der Philosophie kommentiert und ausgelegt, aber sie wurde nie durch die Philosophie ersetzt.

Außer der *pietas,* also der Beachtung der korrekten und respektvollen Beziehung zu den Göttern (man spricht auch von *iustitia*), die sich nicht von der gemeinen sozialen *pietas* trennen läßt, kannte die römische Religion auch keine Moral im philosophischen Sinne: als Mittel zur Befreiung von den Leidenschaften gehörte die Ethik zur Philosophie.

Die große Zeit des systematischen Erforschens der Tradition war das 1. Jahrhundert, als die Werke des Nigidius Figulus, des Varro, des Cicero neben vielen anderen eine Art römische Religionsphilosophie entwickelten, die bis zum Ende der Antike ein Grundstein theoretischen Denkens blieb. Nicht zu vergessen sind in dieser Hinsicht die Mythen, die uns seit dem Ende des 4. Jahrhunderts (Timaios) und weiter durch die römischen Annalisten, Antiquare und Dichter überliefert sind. Diese Mythen, deren Kern zum Teil viel älter sein mag, sind vor allem als zeitgemäße Spekulationen und Aussagen jeder Art über Kultus und Kultur der Römer zu lesen. Wie das von römischen Antiquaren sehr beliebte Etymologisieren, das eher eine Minimalform der gelehrten Aitiologie als ein ‚volkstümliches' Mißverständnis darstellt, hatten die Mythen nicht den Zweck, den traditionellen Institutionen einen allgemeinen und definitiven Sinn zu verleihen, sondern in jedem möglichen Kontext aus den Institutionen – ob dem gesamten Ritus, einem isolierten Element oder dem Name – tiefere Kenntnisse und Schlüsse über die römische Wirklichkeit herauszuarbeiten. Die Tradition war ein Mittel zum Spekulieren und Argumentieren, nicht zur Erschließung der endgültigen religiösen Wahrheit; diese lag eher in der Spekulation selbst als in deren Aussagen.

1.2.6 Die angefügte Tabelle (Tab. 1, S. 474) stellt die großen römischen Priestertümer dar. In der historischen Zeit waren alle Priester in Kollegien oder Sodalitäten vereinigt, die autonom waren. Nur die jeweiligen Magistrate und den Senat könnte man als ihre übergeordnete Autorität ansehen, insofern diese das Recht hatten, von Priestern Beihilfe oder Gutachten zu fordern. Jedes Kollegium und jede Sodalität unterstand einem Vorsitzenden. Aus republikanischer Zeit kennen wir zwar nur den Pontifex maximus und den Curio maximus, aber man darf annehmen, daß wie in der Kaiserzeit und in den Kultgemeinschaften der *pagi* und *montes* jedes Kollegium einem *magister* unterstand.

Einige Priester taten einen außergewöhnlichen Dienst, die Flamines und Vestalinnen. Wie allen Priestern und öffentlichen Amtsträgern waren ihnen bestimmte Opfer und Kulte anvertraut. Ihre Hauptaufgabe war allerdings der Dienst einer einzelnen Gottheit. Soweit wir vom Flamen Dialis, seiner Frau und den Vestalinnen wissen, bestand dieser Dienst neben Opfern oder rituellen Verrichtungen vor allem aus Reinheits- und Verhaltensregeln, die eigentlich dazu dienten, die Gottheit, deren Namen sie trugen, darzustellen. Daß aber diese Art von Gottesdienst weder auf diese Priester allein noch auf die Priester im allgemeinen beschränkt war, sieht man etwa im Triumphzug, wo der Triumphator die Gestalt des Jupiter und seiner Allmacht rituell darstellt.

Sowenig wie die anderen Bürger und die Magistraten besaßen die Priester eine theologische oder religiöse Bildung, was einleuchtet, wenn man bedenkt, daß ihr Dienst hauptsächlich in der Entscheidungsfindung lag. Nur von den Vestalinnen wissen wir, daß sie während zehn Jahren ihren Dienst ‚lernten'. Es gab natürlich ebensowenig eine Berufung oder Erleuchtung. Im Gegenteil. Das Beispiel eines jungen Mannes, der zum Flamen Dialis berufen wurde, um dem lockeren Leben, das er führte, ein Ende zu setzen, zeigt dies sehr klar. Und man erzählt, daß das Amt ihn verwandelte und zu einem beispielhaften

Collegia maiora		
Collegium pontificum (Vorsitz: pontifex maximus)	⋆ Pontifices (3, 5, seit der Lex Ogulnia 9 (*5* + 4), seit Sulla 15, seit Cäsar 16); 3 Pontifices minores ⋆ *Rex sacrorum – Regina sacrorum* ⋆ 3 *Flamines maiores* (Fl. von Jupiter, Mars oder Quirinus) ⋆ 12 Flamines minores (Fl. Volcanalis, Cerialis, Carmentalis, Portunalis, Volturnalis, Palatualis, Furrinalis, Floralis, Falacer, Pomonalis, 2 andere unbekannt) ⋆ 4, dann 6 Virgines Vestales, (Vorsitz: Vestalis maxima).	Die Pontifices beraten auf Anfrage die Magistraten, die anderen Priester oder den Senat über die Gebräuche der sacra, das ius sacrum. Kontrollieren sacra, loca sacra und religiosa. Setzen Kalender und Interkalation fest. Die Flamines und die Vestalinnen sind dem Dienst und der Darstellung der Gottheit, deren Namen sie tragen, gewidmet.
Collegium der Augures	3, 6, seit dem Ogulnischen Gesetz 9 (5 + 4), seit Sulla 15, seit Cäsar 16 (Vorsitz: Ältester?).	Kontrolle der auspicia, Beistand der Magistraten bei öffentlichen Handlungen, Inaugurationen.
Collegium der (quin) decemviri sacris faciundis Sibyllinis libris consultandis	2, seit 367 10 (*5* + 5), seit dem 2. Jh. 15, seit Cäsar 19 (Vorsitz: ein oder zwei Magistri).	Pflege der Sibyllinischen Bücher und Einholung der Orakel, Überwachung der vom Orakel angeordneten sacra.
Collegium der tres/septemviri epulonum	Im Jahr 196 3, seit der lex Domitia 7, dann 10.	Kontrolle der Ludi Romani und wahrscheinlich aller öffentlichen Ludi.
Sodalitates		
(20?) Fetiales	Handeln zu zweien (der Verbenarius und der Pater patratus).	Verkünden diplomatische Entscheidungen des Senats, z. B. den Krieg, schließen Bündnisse.
Salier	Zwei Gruppen von je 12 Mitgliedern, die Salii Palatini und die Salii Collini. (Vorsitz: praesul?).	An Mars gebunden, Umzüge und Tanz in Rom.
Luperci	Zwei Gruppen, die L. Quinctiales und die L. Fabiani. Unter Cäsars Diktatur wurde vorübergehend eine dritte Gruppe, die L. Iuliani gegründet. 12 pro Gruppe.	Riten am Fest der Lupercalia.
Fratres arvales	Über die Organisation in dieser Zeit ist nichts bekannt.	Agrarkult der Dea Dia auf der Grenze des Ager Romanus antiquus.
Andere Priestertümer		
30 Curiones, Vorsitz: Curio maximus	Neben den Curiones gab es auch Flamines curiales und Liktoren. Seit 209 steht der Curionatus maximus auch Plebeiern offen.	Sacra der Curien.
Sacerdos Cereris publica	Im Prinzip aus der Magna Graecia.	Graeca sacra der Ceres (seit Ende des 3. Jh.).
Sacerdos Matris Magnae	Im Prinzip Nichtrömerin.	Phrygischer Kult der Magna Mater (seit 204).

Tab. 1 Die wichtigsten Priester Roms unter der Republik
(*3, Flamines:* Patrizier; 3, Pontifices: nicht auf Patrizier beschränkt)

Flamen machte, d. h. daß er seine rituellen Aufgaben und seine Privilegien sehr ernst nahm (Liv. 27, 8). Dabei ist zu bemerken, daß es nicht ein Gott war, der ihn berief, sondern der Pontifex maximus.

Die Flamines und die Vestalinnen wurden vom Pontifex maximus berufen (*capere*, ‚nehmen'), alle anderen Priester wurden gewählt. Bis in das 2. Jahrhundert geschah dies durch Kooptation von seiten der im jeweiligen Kollegium oder in der Sodalität sitzenden Mitpriester, sobald einer von ihnen gestorben war, denn die Zahl der lebenslänglichen Mitglieder jedes Kollegiums war fest. In ältester Zeit waren die Priester Patrizier, aber durch die Lex Ogulnia (300 v. Chr.) erhielten auch die Plebejer durch Hinzufügung von neuen Priesterstellen Zutritt zu den öffentlichen Priestertümern. Seit dem Ende des 3. Jahrhunderts wurde zuerst der Pontifex maximus unter drei von den Pontifices gestellten Kandidaten durch die Comitia gewählt. Als Wahlversammlung dienten die Comitia tributa, d. h. siebzehn Tribus, die vor der Wahl durch das Los bestimmt wurden. Dieselbe Prozedur dehnte im Jahr 104/3 die Lex Domitia auf die Wahl der Pontifices, Augures, Decemviri und Septemviri epulonum aus. Die erste Phase der Wahl hieß *nominatio:* jedes Mitglied des betreffenden Kollegiums konnte einen Kandidaten vorschlagen, kein Kandidat konnte von mehr als zwei Priestern ‚nominiert' werden. Auf diese in einer *contio* geschehenen *nominatio* folgte die Komitialwahl *(creatio)*. Der Gewählte wurde dann vom betreffenden Kollegium kooptiert. Die Augures wurden überdies noch ‚inauguriert', wie die Flamines und Salier (s. unten). Sulla hob die Lex Domitia auf, aber sie wurde 63 v. Chr. wieder in Kraft gesetzt. Wegen der Auszeichnung durch die Komitialwahl wurden diese vier Priestertümer als *collegia maiora* bezeichnet.

Die Sodalitäten, von denen wir nicht wissen, ob sie in alter Zeit an bestimmte Familien oder Gentes gebunden waren, behielten die alte Kooptationsprozedur ohne Eingreifen der Komitien bei.

1.2.7 Die öffentlichen Priester hatten keine Gewalt über die anderen Kultgemeinschaften Roms. Nur wenn öffentlicher und privater Kult sich berührten und so Konflikte entstanden, konnten ihre Anweisungen auch die Familienoberhäupter betreffen. Wenn der Privatkult auf öffentlichem Gebiet stattfand, waren die Priester für Konflikte über private Kultmonumente in öffentlichen Heiligtümern oder für die Gräber zuständig. Ansonsten hatten aber die Pontifices wie die anderen Priester weder den Hausvätern noch anderen Kultgemeinschaften Anordnungen zu geben noch eine Kontrolle über diese auszuüben. Die einzigen, die dies taten, waren die Magistrate, die allen ein Gelübde oder eine Supplicatio auferlegen oder einen Kult verbieten konnten.

Bezüglich der Autorität in privaten Kultgemeinschaften galt das gleiche Prinzip. In der Familie stellt der paterfamilias die höchste Autorität dar. Er verordnete, zelebrierte für und mit den Verwandten und der *familia*. In den Vierteln Roms kennen wir *collegia,* die vom jährlichen Magister und einem Flamen geleitet wurden (*ILLRP* 698–700).

Da überall die religiöse Autorität in den Händen der Vorsteher der jeweiligen Gemeinde lag, und da die Frauen nur sich selbst vertreten konnten, spielten diese nur in Frauenkulten eine aktive Rolle, ohne aber außerhalb der Kultpraxis zu stehen. Auch wenn die Rollen der Vestalinnen, die am Tag ihrer *cap-*

tio durch den Pontifex maximus aus der *potestas* ihres Vaters traten und weiterhin Privilegien besaßen, die sie zwischen Mann und Matrona stellten, oder diejenigen der seit dem 2. Jahrhundert v. Chr. bezeugten Priesterinnen der Ceres oder der Magna Mater außerordentlich waren, zeigen sie doch klar, daß auch die Frauen im öffentlichen Kult neben den Magistraten und Priestern eine aktive Rolle spielten.

1.2.8 Die Atomisierung der religiösen Gewalt und das Fehlen von Dogmen hatten zur Folge, daß in Rom eine große religiöse Freiheit bestand. Nicht in dem Sinne, daß überhaupt keine Autorität das religiöse Leben und Streben bestimmte, denn in jedem Kult gab es eine feste Leitung. Was nicht bestand, war die Kontrolle der religiösen Praxis durch eine zentrale Autorität. Jeder konnte seine Religion praktizieren, und da der Kult immer auf eine geschlossene Gemeinschaft bezogen war, gab es weder öffentlichen Proselytismus für eine bestimmte Religion noch eine Religionspolitik. Dies bedeutet nun nicht, daß keine Konflikte entstanden. Von den Konflikten in der Ausübung der Staatsreligion abgesehen, zeigt der berühmte Bacchanalienskandal vom Jahr 186, daß die Magistrate und der Senat alle religiösen Aktivitäten streng überwachten, wenn auch hauptsächlich vom polizeilichen Standpunkt aus. Jeder Kult durfte ausgeübt werden, solange er weder die öffentliche Ordnung noch die Politik beeinträchtigte. Als im Jahr 59 v. Chr. der bis dahin auf dem Kapitol tolerierte Isis- und Serapiskult Mittelpunkt der aufrührerischen *populares* wurde, ließ der Senat die Altäre oder die Kapelle kurzerhand zerstören. Nichts hinderte eine Gruppe oder ein Individuum, einen eigenen Kult in einem öffentlichen Heiligtum zu zelebrieren; aber sobald ein Konflikt mit der öffentlichen Ordnung entstand, griff die (weltliche) Autorität ein. Aus dem gleichen Grund wurden auch die traditionellen Compitalia in den *vici* Roms verboten. Die Behörden griffen auch ein, wenn versucht wurde, neue Vorstellungen in die öffentliche Religionspraxis einzubringen, etwa im Jahr 213/212, als nicht nur neue Kultformen sich anarchisch entwickelten, sondern auch unkontrollierte Prophezeiungen im Umlauf waren, oder 181, als man durch ‚neu' entdeckte Bücher des Numa dem Staatskult einen neuen Gehalt zu geben versuchte. Diese Art von Proselytismus war verpönt, denn nur der Senat und die Magistrate konnten mit Beihilfe der Priester neue religiöse Initiativen ergreifen; in den privaten Kulten, wo das ‚reformieren' einfacher war, blieb man an die öffentliche Ordnung und den Respekt vor der bürgerlichen Freiheit gebunden.

1.3 Heiligtümer, Gräber und Kalender

1.3.1 Die römische Religion trennte heilige *(sacer)* Orte oder Gebäude von profanen. Bevor man heilige Orte betrat, mußte man sich reinigen, und es durfte sich dort keine andere menschliche, also ‚sterbliche' Aktivität abspielen als der Kult, der Unterhalt des Ortes sowie öffentliche Geschäfte wie Senatssitzungen. Derselbe Unterschied ist bezeugt zwischen Gräbern und heiligen oder menschlichen Orten. Keine Leiche durfte in einem Heiligtum deponiert werden, totes Holz in einem heiligen Hain *(lucus)* mußte zerstückelt und nach Darbringung von *piacula* verbrannt werden, kein Grab konnte in der Urbs angelegt werden. Während der jährlichen Totenfeier (Parentalia) waren die Tempel geschlossen; die Magistrate und Priester durften nie mit Trauer- und Begräbnisriten in Berührung kommen.

Nun darf aber diese Trennung nicht so verstanden werden, daß sie auf einen unüberbrückbaren Unterschied zwischen Heiligem und Profanem hinwies. Dies mag für eine gewisse Zeit gelten, nicht aber für immer, denn gewöhnlich ist es nicht der Gott selbst, der ein Gebäude oder einen Platz heiligt, sondern der römische Magistrat, der diese Orte auch wieder ‚entheiligen' *(desecrare)* kann. Es gab auch Orte, die nach römischen Vorstellungen als von der Gottheit selbst ausgewählt, gebaut oder bepflanzt galten und deren Betreten nur für Kultzwecke erlaubt war: eine Stelle, die vom Blitz getroffen worden war, eine riesige Höhle, ein See von unabsehbarer Tiefe, ein Hain usw. Aber auch solche Orte wurden von den Magistraten oder Grundbesitzern registriert und definiert. Alles hing eigentlich vom Willen der jeweiligen Autoritäten ab. Wie Cato der Ältere neues Land braucht, gibt er seinem *villicus* den Befehl, einen heiligen Hain, der auf seinem Land liegt, teilweise abzuholzen und diese Lichtung *(lucus)* zu pflügen (*Agr.* 139). Wenn diese Umwandlung des heiligen Besitzes rituell geschah, entstand keine Fehde mit den Göttern. Heilig war also, was die Gemeinde so ansah; heiligster Götterbesitz, der einzige, der eigentlich als *sacer* galt, waren Plätze, Gebäude oder Sachen, die legal konsekriert worden waren.

1.3.2 Vom religiösen Standpunkt hatten nicht alle Orte in Rom und in der Umgebung die gleiche Bedeutung. Leider kennen wir die von den Auguren geschaffenen Kategorien von *agri* nur oberflächlich. Diese Gebiete hingen hauptsächlich mit dem Auspizienwesen (s. unten) zusammen, boten jedoch auch den Rahmen für jede legitime öffentliche Handlung. Zentral war der Raum der Urbs und der Ager Romanus. Den Kern der Stadt bildete das von Pomerium begrenzte Gebiet, so wie es der Pflug des Gründers einst abgetrennt hatte. Ein Pomerium gab es nur in Rom, in den Städten Altlatiums und in römischen Kolonien. In Rom läuft die ältestbekannte Pomeriumslinie vom Forum Boarium um den Palatin und über das Kapitol zurück zum Ausgangspunkt am Tiber; später wurde dieses Gebiet dann weiter ausgedehnt, blieb aber immer kleiner als die gesamte Stadt. Das Pomerium stand in enger Beziehung zu der Macht der Magistrate (*imperium domi, auxilium* der Tribune) und durfte nicht von den Legionen betreten werden. Die Behauptung, daß innerhalb des Pomerium nur römische Gottheiten aufgenommen wurden, daß fremde Götter außerhalb bleiben mußten, ist zu einfach. Das Problem ist viel komplizierter, zumal unsere Auffassung von den fremden Gottheiten nicht der römischen entspricht: so wurde die Magna Mater als mythische Beschützerin der trojanischen Urahnen der Römer wie eine altrömische Gottheit behandelt und auf dem Palatin angesiedelt. Dazu sind weitere Gesichtspunkte von Bedeutung. Apollo erhielt als Verteidiger und Kämpfer seine erste Kultstelle außerhalb des Pomerium, auf dem Marsfeld, unweit der Via triumphalis; später wurde daneben ein Bellonatempel gebaut; die Lage seines Kultortes wird nicht nur durch die (fremde) Herkunft des Gottes bestimmt, sondern auch durch seine Funktion. Auch Aesculapius, dessen Tempel außerhalb des Pomerium auf der Tiberinsel liegt, erhielt überhaupt seine Tempel außerhalb der Städte. Schließlich muß auch die Ausdehnung der Stadt berücksichtigt werden. So befanden sich in der republikanischen Zeit Heiligtümer, die eigentlich nach unserer Überlieferung außerhalb der Stadt liegen sollten, in ihrer Mitte, so das Volcanal beim Comitium. Nun hat aber die Archäologie gezeigt, daß diese archaischen Kultstellen eigentlich von der Stadt eingeholt worden waren. Es gab anscheinend keinen zwingenden Grund, sie definitiv zu schließen; jedes Jahr feierte man die vorgeschriebenen Opfer, aber der Kultplatz wurde nie zu einem Tempel ausgebaut: einen Tempel erhielt Vulcanus im Laufe des 3. Jahrhunderts auf dem Marsfeld, also außerhalb des Pomerium. Generell ist auch festgestellt worden, daß die meisten republikanischen Tempel auf oder in Anlehnung an ältere Kultplätze gegründet worden sind. Dies geschah vor allem in einem weiten Bogen zwischen Porta Collina, Tiber und Porta Capena.

1.3.3 Der ganze Raum, auf dem sich das Leben des römischen Volkes abspielte, wurde von den Auguren ‚befreit' und durch das Wort definiert *(liberare, effari),* so der Raum der Urbs. Das heißt, alle weltlichen und göttlichen Besitzer wurden entfernt, gegebenenfalls anderswo untergebracht (*evocatio* von Göttern). Weiter konnten dann Teile des so abgegrenzten Gebietes von einem Augur ‚inauguriert' *(inaugurare)* werden: sie wurden von ihm nach den Himmelsrichtungen orientiert, wahrscheinlich nach Einholung der Zustimmung Juppiters. Die inaugurierte Fläche hieß *templum.* Befragungen der Götter, Wahlen, Gesetzesabstimmungen, Senatsentscheidungen waren nur gültig, wenn sie in einem Templum geschahen. Wie die *liberatio* und die *effatio* wurde die *inauguratio* auf Anordnung der Magistraten vorgenommen, betraf aber nur gewisse Teile des Stadtbodens.

Altäre und Kultgebäude standen nicht alle in einem Templum, nach Varro (Gell. 14, 7, 7) etwa die aedes Vestae nicht. Doch wie schon der Sprachgebrauch zeigt, waren die meisten Tempel *(aedes)* in einem Templum errichtet. Leider kennen wir die Größe und die Grenzen der jeweiligen Templa nicht, so daß unser Wissen über diese Frage knapp bleibt. Ein ‚inaugurierter' Platz war nicht ipso facto ein ‚heiliger' Platz. *Sacer* war nur, was der Gottheit gehörte, was ihr Besitz war oder wurde. Man kann die Templa als *loci sancti* ansehen, also unter dem gleichen Schutz wie die *loci sacri* stehend, ohne aber *sacri* zu sein. Um *sacer* zu sein, mußte ein Altar, ein Gebäude oder eine Sache korrekt dediziert und konsekriert werden. Im öffentlichen Kult war die *dedicatio* nur nach genauen Regeln möglich. Zuerst konnten nur römische Magistrate mit Imperium dedizieren; nach einer ersten Ausweitung dieser Regel im Jahr 304 (Liv. 9, 46, 6f.), wurde dann wenig später durch die Lex Papiria das Recht der *dedicatio* auch auf andere Personen und Magistrate ohne Imperium ausgedehnt. Diese Personen mußten aber eigens vom Volk dazu bestellt *(duumviri aedi dedicandae)* oder befähigt (z. B. *aediles, censores*) werden.

Diese Regeln galten bis zum Ende der Republik. Was nicht auf diese Weise dediziert und konsekriert wurde, war nicht *sacer* und konnte durchaus wieder zerstört und entfernt werden. Die öffentlichen Altäre und Tempel waren alle *sacer,* es war aber erlaubt und geläufig, daß in öffentlichen Heiligtümern Altäre, Stelen, Statuen oder Gegenstände privatim dediziert wurden. Diese wurden von den Behörden toleriert und geschützt, solange sie das öffentliche Leben nicht hinderten und die gute Ordnung nicht störten. Sobald Unordnung entstand (man denke an den Aufruhr um die Isis- und Serapisaltäre auf dem Kapitol) oder ein Bedarf aufkam (z. B. an Edelmetall), konnte man solche Altäre und Gaben zerstören oder einschmelzen, denn sie alle waren nicht legaler Besitz der Gottheit, sie waren ihr nur zur Verfügung gestellt.

1.3.4 Dieser Tatbestand kann auch auf die Räumlichkeiten der Heiligtümer ausgedehnt werden. Minimalform des Kultortes war der Altar. Sobald aber auch ein Gebäude für die Kultstatue hinzukam, das auf einem Platz stand, der womöglich von Portiken abgegrenzt war, stellt sich die Frage nach der Qualität der verschiedenen Räume und Plätze. Waren sie alle gleich ‚heilig'? Verschiedene Indizien weisen darauf, daß die Cella außer für Kultzwecke, für Senatssitzungen und zum Unterhalt nicht betreten wurde, also *sacra* war, daß der Platz und die Portiken aber nicht direkt Besitz der Gottheit waren. Sie waren nicht alle gleichermaßen dediziert und vor allem konsekriert worden.

Die Konsekration konnte auch Personen betreffen. Schon die Zwölftafelgesetze verordneten dies als Strafe für schwere Verbrechen. In späterer Zeit wurde die *sacratio* vor allem in der Eidesformel der Gesetze noch zitiert. Die Prozedur der *sacratio* übergab eine Person dem Besitz einer Gottheit und war so dem Ritus der *devotio* eines Rivalen oder der Feinde nicht unähnlich. Das so *sacer* gewordene Individuum gehörte nicht mehr zu der Gemeinde der Römer, und die Gottheit konnte mit ihm machen, was sie wollte. Auch wenn er nicht getötet werden durfte, wurde dennoch die Tötung des *homo sacer* in alter Zeit nicht als Verbrechen angesehen.

Genau wie für die *dedicatio* und *consecratio* mußte die Prozedur des Begräbnisses genaue Regeln beachten, denn auch hier war der legale Besitz von seiten des Verstorbenen im Spiel. Einerseits mußte bei den Pontifices die Konzession zum Grab eingeholt und eingeschrieben werden, andrerseits mußten *funus* und *inhumatio* vollzogen sein, bevor das Grab und der sogenannte *locus religiosus* rechtlich bestanden. War dies einmal geschehen, so konnte niemand mehr ohne die Erlaubnis der Pontifices etwas am Grab ändern. Hier wie für die *loci sacri* lag die Entscheidung in den Händen der Autoritäten. Der *locus sacer* oder *religiosus* wurde von Magistraten und Priestern geschaffen, nur diese konnten ihn auch wieder desakralisieren *(exsecrare)*.

1.3.5 Wie der Grund und Boden der *civitas* zwischen den Göttern, den Di Manes und den Bürgern geteilt war, so wurde auch die Zeit des Monats und des Jahres zwischen ihnen aufgeteilt (Varro, *Ling.* 6, 12 usw.). Die Tage der Götter nannte man auf dem schriftlichen Kalender *nefasti* (N, s. Tab. 2), da es an ihnen verboten war, andere bürgerliche, d. h. menschliche Handlungen als den Kult zu vollziehen. Gewisse Tage waren dazu noch *feriae,* öffentlich gefeierte Festtage, die auf den Kalendern als FP oder NP (vielleicht *nefas piaculum*) bezeichnet wurden. Die anderen Tage hießen in der Kalendersprache, nicht aber in der Priestersprache, wo von *dies festi* die Rede ist, *dies fasti* (F) bzw. *comitiales* (C), weil an ihnen Gerichte, Senat oder Volksversammlungen tagen konnten.

Die Konstruktion des Jahres mit seinen festen und beweglichen Feiern und Festen geschah durch die Pontifices. Am Beginn jeden Monats, an den am Tag der Kalenden von einem Pontifex minor rituell angesagten Nonen, wurden auf dem Kapitol durch den Rex die religiösen Begehungen des Monats angekündet, auch noch als der Kalender eine feste, unveränderliche Struktur erhalten hatte. Der religiöse Gehalt der Tage, der seit dem 5. Jahrhundert nur den Pontifices im voraus bekannt sein konnte, wurde im Jahre 304 von Cn. Flavius veröffentlicht, damit niemand im Justizleben aus dieser Kenntnis einen Vorteil ziehen könne. Dagegen blieb die Entscheidung und das Wissen um den alle zwei Jahre zwischen dem 24. und 25. Februar einzufügenden Schaltmonat (s. Abb. 2 interkalaris) bis zum Ende der Republik in den Händen der Pontifices. Da im Kalender, der seit der Dezemviralzeit galt, wahrscheinlich niemand die Kontrolle über die automatisch alle zwei Jahre vorgesehene Schaltung hatte (die Priester führten nur die Ansage aus), entstand durch Unterlassungen und durch die Ungenauigkeit des damaligen Kalenders eine große Unordnung. Die lex Acilia von 191 scheint die Kontrolle den Pontifices übertragen zu haben; im Jahr 45 reformierte der Diktator Julius Caesar das alte Jahr mit seinen nach Belieben festgesetzten Schalttagen und führte den sogenannten julischen Kalender ein, der alle vier Jahre nach dem 23. Februar einen zusätzlichen Tag einschaltete und weiter die Zahl der Monatstage (außer des Februars, der 28 Tage behielt, s. Tab. 3) auf dreißig und einunddreißig erhöhte.

1.4 Riten und Vorstellungen

1.4.1 Die römische Religion war keine Religion des Glaubens und der Orthodoxie, sondern eine Religion des Handelns und der Orthopraxie. Grundpflicht des frommen Römers war die exakte Durchführung der rituellen Vorschriften. Die Riten müssen zur rechten Zeit, am rechten Ort, auf

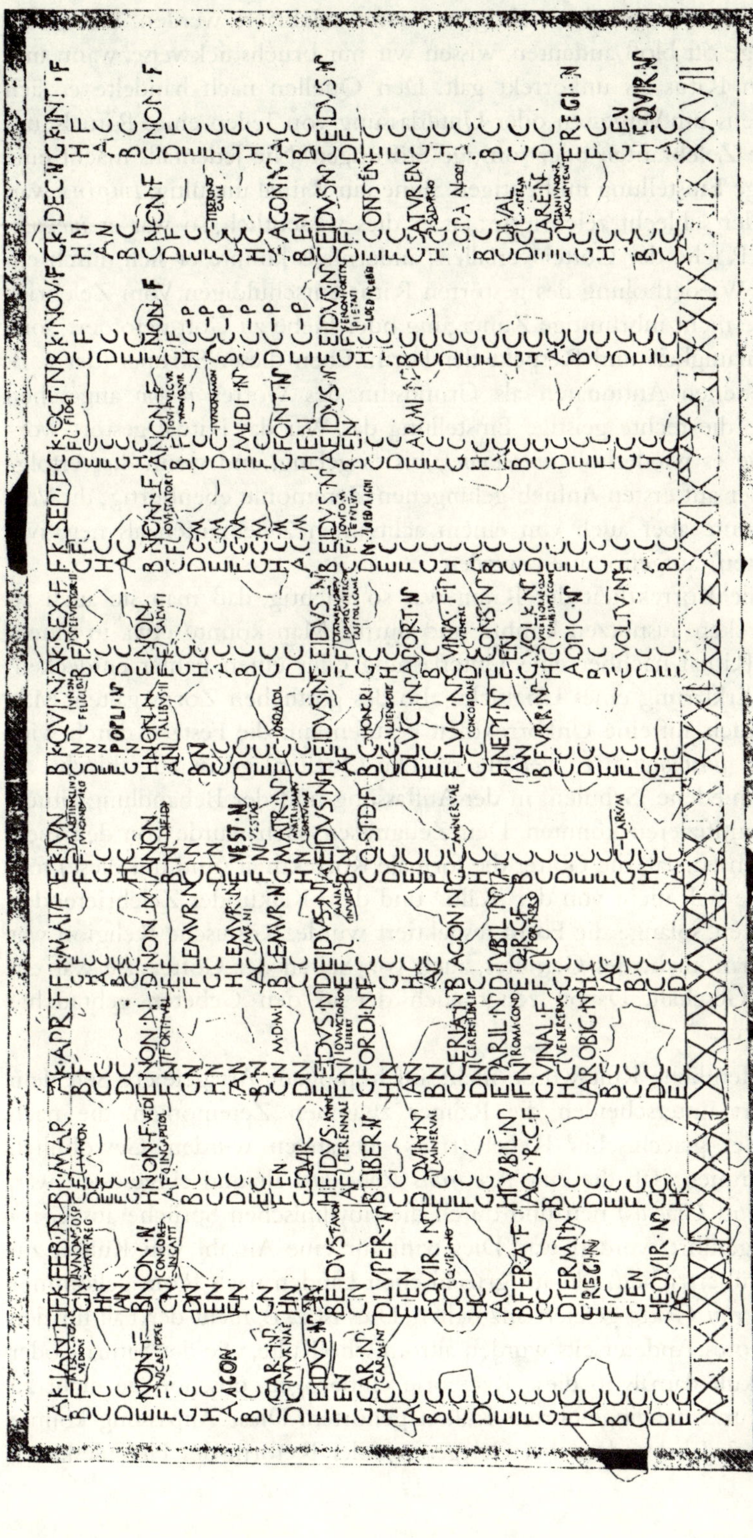

Tab. 2 Fasti Antiates Maiores (Rekonstr.)

korrekte Weise und von der richtigen Person zelebriert werden. Da unsere Quellen Dinge oft bloß andeuten, wissen wir nur bruchstückweise, wann und inwiefern ein Ritus als unkorrekt galt. Den Quellen nach handelte es sich jedoch meistens um Vergessen oder Unterlassung von Teilen eines Rituals, um nicht befugte Zelebranten oder sonstige Störungen. Nie jedenfalls macht eine falsche geistige Einstellung im heutigen Sinne ein Ritual ungültig. *Impius* war, wer falsch oder schlecht zelebrierte; tat er dies wissentlich, so war er *inexpiabilis* und der Rache der Götter verfallen; andernfalls konnte er sich durch ein *piaculum* und Wiederholung des gestörten Ritus entschuldigen. Vom Zelebrierenden wurde nicht inbrünstige Zuneigung oder Liebe zu Gott gefordert, sondern nur Genauigkeit und Respekt der Form. Eben dieser Skrupel (der z. B. von verschiedenen Antiquaren als Grundsinn des Wortes *religio* angesehen wurde) stellte die rechte geistige Einstellung dar. War das Ritual gestört worden, so wurde es wiederholt *(instaurare)*, bis es gelang, und wenn dies erfolgte, war es einer auf ersten Anhieb gelungenen Zeremonie ebenbürtig; die Verzögerung konnte aber auch von einem achtsamen Zelebranten als negatives Omen (s. unten) aufgenommen werden.

Die formale Korrektheit der Riten war so wichtig, daß man sie auch zu anderen Zwecken ausnutzen konnte und durfte. Man konnte etwa in einem zelebrierten Ritual nachher eine Unterlassung oder einen Fehler entdecken, die dann als Erklärung eines Unglücks, also des göttlichen Zorns galten. Man konnte sich auch auf eine Unkorrektheit berufen, um die Festzeit durch wiederholte Ludi *(instauratio)* zu verlängern. Die Quellenlage ist zu schlecht, als daß wir verschiedene ‚Schulen' in der Auffassung und der Behandlung ritueller Fehler identifizieren könnten. Den Zeugnissen nach wurde von den meisten angenommen, daß die Götter die formale Korrektheit (und nur diese) forderten, daß sie sich nicht von der ‚Kälte' und dem Kalkül der Zelebrierenden beleidigt fühlten, solange die Form respektiert wurde. Römische Religion war Sache der Form, nicht des Gemütes, auch von Seiten der Götter: sie war ein bürgerliches Geschäft. Davon zeugt auch der in den Gebeten gebrauchte Imperativ Futur.

1.4.2 Der öffentliche Kult wurde nicht auf homogene Art gefeiert. Seit dem 3. Jahrhundert unterscheiden die Römer zwischen Zeremonien, die nach römischer oder griechischer Regel *(ritus)* begangen wurden. Gewöhnlich wird angenommen, daß die eine Art *(ritus Romanus)* alt und eingesessen war, die andere *(ritus Graecus)* neu und durch die sibyllinischen Sprüche aus Griechenland eingeführt worden war. Dies trifft für eine Anzahl von Kulten zu, aber es wäre übertrieben, alle aus griechischen Landen nach Rom gekommenen Kulte als *ritu Graeco* gefeiert anzusehen. Dies ist z. B. nicht der Fall für den Kult der Castores. Andererseits wurden altrömische Kulte, wie der Saturn- oder der Herculeskult damals in diese Kategorie einbezogen, obschon sie nicht zu griechischen und neueingeführten Kulten gehörten. Diese Anpassung konnte am Ende des 3. Jahrhunderts bei Gelegenheit der Reform des Herculeskultes oder der Einführung der Saturnalien geschehen sein, aber wie im Cereskult, der 217 und 191 ebenfalls ein ‚griechisches' Anhängsel bekam, war nicht alles in diesen Kulten einfach ‚griechisch'. Schon der generelle Name ‚Graecus' zeigt, daß das ganze Konzept rezent ist; es weist nicht auf eine völlige Umformung dieser Kulte, sondern auf eine bestimmte Vorstellung von ihnen. Sehr verschieden von den altüberlieferten Kulten war diese Kultart nicht. Im Kult *ritu Romano* opferte man mit bedeckten, im anderen Modus mit entblößtem, meistens mit Lorbeer bekränztem Haupt; auch die Praefatio der Opfer war anscheinend verschieden, vielleicht auch die Art der Teilung des Opfers (s. unten).

Gewöhnlich faßte man die Einführung des *ritus Graecus* und der griechischen Götter, der Philosophie und Künste unter dem Begriff Hellenisierung zusammen. Formell gesehen ist dies richtig, aber man darf nicht vergessen, daß die neuen Denk- und Kultformen die früheren nie ersetzten. Sie kamen hinzu und dienten vor allem dazu, über die römische Kultur und Religion systematisch nachzudenken und sie allgemeingültig darzustellen. Dieser Wille zur Reflexion ging von den Römern aus, wurde nicht von einer Erleuchtung aus dem Osten bestimmt. Der Bedarf war römisch, das Resultat auch. Von anderen ‚Ritus' ist in der Überlieferung nie die Rede, als ob die Vorstellung vom ‚römischen' und ‚griechischen' Modus des Kultes nur in einer bestimmten Zeit schöpferisch gewesen wäre. Irgendwie hing sie mit der Ausdehnung des Imperiums und der Verteilung des (latinischen) Bürgerrechts an besiegte Völker zusammen: man war darauf bedacht, im Römischen das Griechische (d. h. das Universale) einzufügen oder wiederzufinden, um so das Paradigma des römischen Weltreiches klar zu unterstreichen.

1.4.3 Von fundamentalen Riten haben wir bis jetzt nur die Dedicatio und die Konsekrierung von Gebäuden oder Sachen erwähnt. Hauptritus im Kult war das Opfer *(sacrificium),* das weit mehr als nur eine Konsekrierung war. Ein Opfer war ein der Gottheit vorgesetztes und meistens mit ihr geteiltes Mahl, während dem durch Rang und Vorrang vor allem die Unsterblichkeit und Größe der Götter rituell verkündet und angenommen wurde. Es bestand aus drei Hauptmomenten: der Praefatio, der Darbringung und dem Opfermahl.

Wie die allermeisten Kulthandlungen spielte sich das Opfer im Freien, vor dem Tempel ab. Es gab verschiedene Arten von Opfergaben: Früchte und Getreide, Wein, kostbare Stoffe wie Weihrauch und vor allem Haustiere. Unter diesen waren die Rinder, Schafe und Schweine am geläufigsten; in einigen Staatskulten waren die Opfer ein Pferd, eine trächtige Kuh, ein trächtiges Schwein, Ziegenböcke, Fische. Im Privatkult konnten auch kleinere Tiere verwendet werden, aber auch dort war das Schwein häufig. Die Tiere wurden vor dem Opfer gereinigt und aufgeputzt. Die Hörner wurden vergoldet, ein Tuch *(dorsuale)* lag auf dem Rücken der Schweine und Rinder, Wollbinden hingen von ihrem Haupt. Die Tiere wurden nach Geschlecht und Handlungsgebiet der zu ehrenden Götter ausgewählt. Göttern opferte man männliche (gewöhnlich – außer für Mars, Neptunus, die Laren, den Genius – kastrierte) Tiere, Göttinnen weibliche. Götter der Unterwelt bekamen dunkle Tiere, an Gottheiten der Erdoberfläche und an himmlische Götter opferte man helle Tiere. Je nach dem Zusammenhang wählte man junge oder erwachsene Tiere.

Die Praefatio oder das Voropfer fand statt, nachdem die Zelebranten in einer Prozession mit dem Opfertier am Altar angelangt waren. Sie bestand aus der Darbringung von Weihrauch und Wein auf einem tragbaren, runden Herd *(ture et vino facere).* Die Gottheiten wurden gewöhnlich nicht genannt, denn die Handlung galt der betreffenden Gottheit oder allen Göttern zusammen, manchmal aber werden Ianus, Vesta oder andere Gottheiten erwähnt. Die Praefatio war dem blutigen Opfer ebenbürtig. Sie war die einfachste Form des Opfers. Nach der Bedeutung von Wein, Weihrauch und Herd in der römischen Kultur bekannte der Opfernde so die Unsterblichkeit und Hoheit der Götter und eröffnete eine Beziehung zu ihnen.

Darauf folgte im Tieropfer die *immolatio*. Wir wissen nicht, ob ein ähnlicher Ritus für die Darbringung von Früchten, Brei, Getreidekörnern und Brot stattfand. Da diese Gaben nicht geschlachtet, sondern durch Kochen vorbereitet werden mußten, war die Prozedur (auf jeden Fall nach Cato, *Agr.* 132) einfacher. Opfertiere mußten geschlachtet werden. Die Immolatio begann diesen Vorgang symbolisch. Der Opfernde schüttete Wein auf die Stirn des Tieres, streute dann etwas Mehl *(mola salsa)* über dessen Rückgrat, worüber er dann auch ein Messer führte. Dabei sprach er eine Formel aus, durch welche die Gottheit gebeten wurde, das von den Opfernden gegebene Tier zu ihrem Wohl anzunehmen. Im Opfer *Graeco ritu* näherte sich die Immolatio – soweit wir aus kaiserzeitlichen Zeugnissen herauslesen können – der griechischen προθυσία. So wurde das Tier konsekriert, d. h. in göttlichen Besitz übergeführt. Nach der Immolatio wurde das Tier durch einen Schlag betäubt, dann blutete man es aus. Darauf wurden die sogenannten *exta* (Zwerchfell, Leber, Lunge, Gallenblase und seit 275 auch das Herz; man darf annehmen, daß im griechischen Modus eine andere Teilung des Tieres geschah), die immer als Anteil der Gottheit angesehen wurden, im Leib des Tieres inspiziert. Fiel diese Kontrolle *(extispicatio)* gut aus, so galt das Opfer als angenommen *(litat)*; wenn nicht, mußte es wiederholt werden, womöglich *usque ad litationem*. Darauf folgte die Teilung des Tieres. Die Exta, manchmal mit Sonderzugaben, wurden gekocht (Rinder) oder gegrillt (Kleintiere). War dies hergerichtet, so wurde der Götteranteil auf dem Altar verbrannt.

Nach der Darbringung des Anteils der Gottheit begann das Opfermahl der Sterblichen. Die Opfernden verzehrten das Opfermahl oft an Ort und Stelle. Im Prinzip waren alle männlichen Mitglieder der betroffenen Gemeinschaft zu diesem Mahl zugelassen; in Frauenritualen wurde das Mahl von den opfernden Frauen verzehrt. Oft ist das öffentliche Opfermahl nicht bezeugt, wahrscheinlich weil das Fleisch eher in den Metzgerläden verkauft wurde, und die unmittelbare Cena nur vom Opfernden und seinen Gehilfen gegessen wurde. Die stets steigende Zahl der römischen Bürger war wahrscheinlich die Ursache dieser Entwicklung, die im Privatkult nicht bezeugt ist. Andererseits bestanden einige der größten Feste Roms aus einem prächtigen Opfermahl mit der kapitolinischen Trias *(epulum Iovis)*.

1.4.4 Gewöhnlich stand das Opfer im Mittelpunkt anderer Handlungen. Je nach den Umständen wurde geopfert, weil es vorgeschrieben war und um die vorgeschriebenen Beziehungen mit einer Gottheit aufrechtzuerhalten, oder aber weil ein außerordentliches Opfer nötig wurde. War etwa im Kult ein Fehler unterlaufen oder mußte man Hand an den Besitz der Gottheit legen, so wurde ein Piakularopfer dargebracht, das die Gemeinde gewissermaßen entschuldigte und dies durch eine neue Huldigung der Gottheit bekräftigte. Sehr häufig waren die Gelübde *(votum)*, die mit der Gottheit ein Geschäft abschlossen: nach diesem Kontrakt wurde dem göttlichen Partner eine Gabe, gewöhnlich ein Opfer, dargebracht, sobald dieser die bis zu einem bestimmten Termin geforderte Leistung erbracht hatte. Solange die Bedingung nicht erfüllt war, brauchte man auch die versprochene Gegenleistung nicht darzubringen. Jedesmal wenn die Gemeinschaft, ob öffentlich oder privat, einen neuen Raum in Anspruch nahm oder wenn eine Gruppe von Bürgern – der *populus,* eine Legion, eine Armee – öffentlich zusammengestellt wurden, bekräftigte man diese Neugründung oder Aufstellung durch eine Prozession *(lustrum)* von Suovetaurilia (der Reihe nach ein Eber, ein Widder und ein Stier), die um die zu lustrierenden Personen oder Sachen geführt und danach dem Mars geopfert wurden. Diese Lustratio, die durch Cato auch im Privatkult bezeugt ist, bat Mars, den Gott der kriegerischen Gewalt, auf der durch den Umgang der Tiere gezogenen Grenze zu wachen und alle möglichen Angriffe geistiger und körperlicher Art abzuwehren.

Öffentliche Opfer und Feste wurden oft von Spielen *(ludi)* abgeschlossen, wovon die Ludi Romani und Plebei das beste Beispiel geben. Es handelte sich ursprünglich allein um Pferderennen, seit dem 4. Jahrhundert auch um theatralische Darbietungen *(ludi scaenici).* Seit dem Jahre 399 wurde der Opferritus um ein weiteres Element bereichert, das Ritual des Lectisternium, das altrömische Gebräuche (die *daps,* das *epulare sacrificium* usw.) mit der griechischen Theoxenie verband. Sechs Götterpaaren wurden auf öffentlichen Plätzen Lectisternien (und Sellisternien) errichtet, d. h. Statuen oder Symbole der Götter wurden auf Tischbette oder Sitze gelegt, um so das göttliche ‚Opfermahl' darzustellen. Zur gleichen Zeit wurde von allen Bürgern rituell eine perfekte Gastfreundlichkeit zelebriert. Später wurden die neuartigen Lectisternien (meistens von zwölf Göttern) zum festen Bestandteil der öffentlichen Religion.

1.4.5 Das Privatopfer unterschied sich vom öffentlichen nur durch bescheidenere Mittel und durch die Zelebrierenden (man vergleiche dies etwa mit den von Cato in *De agricultura* beschriebenen Riten). Solange der Hausvater oder der Leiter einer der Civitas untergeordneten Kultgemeinschaft die öffentliche Ordnung nicht störte, konnte er opfern, wie und wann er wollte. Dies geschah auf privaten Kultplätzen oder neben dem Staatskult auch in öffentlichen Heiligtümern. Gelegentlich nahmen Privatriten Formen an, die im Staatskult nur selten auftraten. So versuchten Mann und Frau durch spezifische Opferriten, ihr Gut und ihre Vorhaben zu beschützen oder ihre Rivalen zu entmachten. Sie praktizierten selbst oder ließen durch Fachleute die Riten ausführen, die seit dem 1. Jahrhundert als Magie bezeichnet wurden, wenn sie schädlich waren oder dafür angesehen wurden. Diese Rituale waren von den anderen öffentlichen und privaten Kulten verschieden, insofern sie Mitbürgern Böses androhten und systematisch (aber nicht ausschließlich) an die Götter der Unterwelt gerichtet waren. Der Hauskult bestand aus den herkömmlichen Familienkulten *und* aus diesen Schutzriten; es gibt also vom religiösen Standpunkt (der nicht mit dem strafrechtlichen verwechselt werden darf) keinen Grund, diese Riten vom restlichen Kult zu trennen. Sogar im öffentlichen Kult griff man gelegentlich auf Verwünschungsriten dieser Art zurück, so z. B. bei der Devotio der Feinde.

1.4.6 Mit den Opfern und Gaben an die Götter bildete die Divination den Kern des öffentlichen Kultes. Sie bestand hauptsächlich aus den Auspizien, dem Sibyllenorakel, dem *extispicium* und der *haruspicatio.* Auspizien und Extispizien hatten zum Zweck, die Meinung der Götter über eine bevorstehende menschliche Entscheidung einzuholen. Die Libri Sibyllini und die Haruspices Etruriens erklärten Zeichen, die auf den Zorn der Götter hindeuteten, und machten Vorschläge zur Wiederherstellung des Götterfriedens.

Die Auspizien fanden vor jedem öffentlichen Akt statt. Sie wurden in einem von den Auguren eingerichteten Auguratorium beobachtet. In alter Zeit und bei spektakulär aufgezogenen Anlässen befragte man den Flug von bestimmten Vögeln durch ein himmlisches Templum, das zuerst definiert wurde. Aber mindestens seit dem 3. Jahrhundert bestand die Auspicatio in der Beobachtung von Hühnern. Nach Cicero (*Div.* 2, 72–75) geschah die Auspicatio auf äußerst formale Weise und hatte nichts Empirisches an sich; man kann sie eher als eine Art dramatisierte Gebetsformel ansehen, durch welche die Zustimmung Jupiters mit der betroffenen Entscheidung verkündet wurde. Im Gegensatz zu diesen angefragten Auspizien *(auspicia impetrativa)* gab es die *auspicia oblativa,* die unabhängig vom Willen des agierenden Magistraten erschienen oder gemeldet wurden *(obnuntatio).* Aber auch hier besaß das Zeichen in sich selbst keine zwingende Bedeutung, denn alles hing von seiner Annahme durch den agierenden Magistraten ab. Dieses bedeutet aber nicht, daß die vielen Zeichen und Omina, von den abnormalen Vorfällen bis zu den katastrophalen Prodigia, nicht beachtet wurden. Allein die Prodigienlisten, die anscheinend von den Pontifices geführt wurden, bezeugen, daß ein großer Teil der Zeichen effektiv angenommen und durch Gaben, Opfer, Prozessionen, gegebenenfalls nach Befragung des Sibyllinischen Orakels, entsühnt wurden.

Im letzten Jahrhundert der Republik wurden die Auspizien hart umkämpft, denn alle unter ungünstigen Auspizien zu treffenden oder getroffenen Entscheidungen (Wahlen, Gesetzesabstimmungen usw.) konnten verzögert oder annulliert werden; verschiedene Gesetze versuchten, die Rolle der Auspizien zurückzudrängen, und am Schluß galten für die gegnerischen Parteien des gärenden Bürgerkrieges nur noch die eigenen Auspizien. So verlor ein Ritus, der im Laufe der Republik zur Kontrolle der Machtausübung ausgebaut worden war, im politischen Spiel nach und nach seine zentrale Stellung in der Divination; später war er nur mehr ein Ritual, das mit der Ausübung der öffentlichen Gewalt traditionellerweise einherging.

Das Extispicium sollte durch Beobachtung der *exta* feststellen, ob das Tier von der Gottheit angenommen sei; es gab hier anscheinend ein empirisches Moment, da wir des öfteren von Wiederholung der Opfer hören. Die auch gepflegte *haruspicatio,* eine aus Etrurien eingeführte Praxis, bei der die *exta* über die Zukunft befragt wurden, bestand in einer effektiven Untersuchung der (aus dem Tier herausgeschnittenen) *exta.* Aber auch hier hing alles von der Annahme des Befragenden ab.

Die libri Sibyllini, das einzige heilige Buch Roms, durften von den *decemviri sacris faciundis* auf Befehl des Senats ausschließlich zum Zustand der Republik befragt werden. Wir wissen wenig über die drei im Jupitertempel aufbewahrten Bücher, die ein Mythos der Sibylle aus Cumae zuschreibt. Als sie durch den Brand des Kapitols im Jahr 80 zerstört wurden, ließ man in den Kolonien und in den Orten, die Sibyllen besessen hatten, alle möglichen Fragmente einsammeln, um die Bücher wiederherzustellen. Schon dies zeigt, daß der Inhalt der Bücher selbst weniger wichtig war als die Form der Befragung. Soweit wir wissen, verwandelten die Decemviri aus den Büchern exzerpierte Verse in Erklärungen und Vorschläge, die sie selbst in die Form griechischer Hexameter brachten. Das so gewonnene Akrostichon wurde dann im Senat diskutiert und in eine präzise Entscheidung verwandelt. Die Entscheidungen, die nicht nur ‚griechische' Kulte betrafen, wurden ein Mittel zur Bereicherung des Kultes und führten auch neue Götter in Rom ein. Neben dem Sibyllenorakel konsultierte der Senat auch die etruskischen Haruspices (alle gehobenen Standes und nicht mit den Opferdienern der Magistrate oder den privaten Haruspices zu verwechseln) über bedrohliche Situationen, oder er sandte Gesandtschaften nach italischen (Praeneste) oder griechischen Orakeln (Delphi). Im Privatkult bestanden auch verschiedene Arten der Divination. Man weiß von Auspizien am Tag der Heirat (Cic. *Div.* 1, 28), von Omina, die in öffentlichen Tempeln angefragt werden (Cic. *Div.* 1, 104), und erfährt bei Cato (*Agr.* 141, 4), daß auch die *litatio* im Privatopfer angefragt wurde. Unübliche Begebnisse, die der Paterfamilias als Zeichen annahm, wurden von Haruspices im Blick auf die Zukunft gedeutet, sogar in den großen Familien (Cic. *Div.* 1, 36; Gell. 6, 1, 2–5). In den Straßen Roms und auf dem Land trieben Haruspices, Astrologen und Wahrsager aller Art ihr Geschäft, dem Gerücht nach auch auf unerlaubtem Wege (Nekromantie, Kinderopfer).

1.5 Der römische Polytheismus

1.5.1 Die römische Religion war anthropozentisch, und die Götter standen weder am Anfang noch im Zentrum der Geschichte. Unter allen Römern war ein allgemeines Wissen um das Dasein der unsterblichen Götter und ihre Partnerschaft mit Rom verbreitet. Diesem problemlosen, nirgends vorgeschriebenen Wissen nach, das man hinter Kult und Mythos herauslesen kann, war weder die Welt noch die Civitas von den Göttern geschaffen. Die Welt, die Götter, die Menschen waren einfach schon da, als die letzteren mit Hilfe der Götter Rom und die Religion gründeten. So wurde eine Gottheit in Rom verehrt, weil die Römer es wollten, und nicht, weil die Gottheit Rom auserwählt und einen Kult gefordert hatte. Dasselbe galt für den Totenkult: zur Existenz in der Kollektivgottheit der Di Manes gelangten Verstorbene nur, wenn die Hinterbliebenen die Begräbnisriten vollzogen.

Götter	Handlungsgebiet	übliches Beiwort	Beschützt (vor allem)
Aesculapius	Heilung und Gesundheit	–	Bürger, Ärzte
Apollo	Reinigung und Verteidigung; (später) Orakel	medicus	respublica
Bellona	Leiden des Krieges	–	respublica
Bona dea	Heilung	–	Matronen
Castores	Helfer in der Not	–	Ritter
Ceres	pflanzliches Wachstum	mater	Matronen
Consus	eingeholte Ernte	–	–
Diana	Draußen, Grenze	(Nemorensis)	Frauen
Dius Fidius	Eid	–	–
Faunus	Randzonen, Herde-wanderungen	–	respublica Hirten, Viehzüchter
Fides	Treue	–	respublica; Bürger
Flora	Blütenstand	–	–
Fons	Quellen, Brunnen	–	–
Fortuna	Zufall, Glück, das Anormale	(zahlreich)	Frauen, Sklaven
Genius (illius)	Handlungskraft und -kapazität eines Wesens/einer Sache	–	Männer; Gemeinschaften
Hercules	siegreiche Heldentaten	victor, invictus	Unternehmer, Triumphatoren
Janus	Anfänge	pater	–
Juno	Schutz	regina	respublica
	Geburt	Lucina	Matronen
Juppiter	Allgewalt	optimus maximus	respublica
Juturna	gesundes Wasser	–	respublica
Lares	Grund und Boden	–	–
Liber	Keimen	pater	(Jugendliche)
Magna Mater	Verteidigung Roms	Idaea, Cybele	respublica (Ilia)
Mars	Krieg	pater	Armee
Mercurius	Durchgang, Zirkulation	–	Händler, Reisende
Minerva	Kunstfertigkeit	–	Handwerker, Ärzte, respublica
Neptunus	Kraft im Wasser, Meer	pater	Reisende auf dem Meer
Ops	Erntesegen	–	–
Pales (weibl.)	Gesundheit der Herden	–	Hirten
Penates	Drinnen	–	–
Portunus	Eintritt auf das Land	pater	–
Quirinus	Bürgerschaft		populus
Robigo	Getreidebrand	–	–
Salus	physisches und geistiges Wohl	publica populi Romani	respublica; Individuen
Saturnus	Auflösung	–	
Silvanus	gefährliches Draußen	sanctus	Sklaven
Tellus	Saatfeld	–	–
Venus	zwingender Reiz	victrix	Mann und Frau; Götter
Vesta	Herdflamme	mater	respublica
Volturnus	Tiber	–	–
Vulcanus	gefährliches Feuer	–	–

Dreivereine

Götter	Bezeugung	Beschützt
Juppiter Mars Quirinus	Durch die drei Flamines maiores und einige Riten bezeugt	respublica
Juppiter Juno Minerva	Sitz auf dem Kapitol	respublica
Ceres Liber Libera	Sitz auf dem Aventin	Plebeier

Tab. 3 Hauptgottheiten der Republik

1.5.2 Die römische Götterwelt deckte sich nicht vollends mit der des Mythos. So wurde etwa Romulus im Mythos zum Gott, hat aber nie als solcher einen Kult erhalten; um den Mythos mit der Religion zu verknüpfen, griff man in den Erzählungen und Spekulationen zu Quirinus, dem Gott der Bürgerschaft (also dem Resultat der romulischen Gründung). Eine römische Gottheit war nur diejenige, die einen öffentlichen oder privaten Kult erhielt, der man also auf einem Altar opferte.

Man kennt die Einteilung in himmlische, irdische (Laren, Ceres) und unterirdische (Manen, Dis pater) Götter. Jede dieser Gottheiten hatte eine bestimmte Funktion (s. Tab. 3), die sie in allen möglichen Situationen ausübte, und die man keinesfalls miteinander verwechseln oder einfach auf eine Funktion wie die Fruchtbarkeit beziehen sollte, womit dann etwa alle Göttinnen auf die sogenannte Muttergottheit reduziert würden. Je nach Civitas mag die Funktion derselben Gottheit anders sein, aber in einer bestimmten Kultgemeinschaft ändert sich diese Funktion nicht. Andererseits werden die Götter der verschiedenen Civitates oder Familien nur in der philosophischen Spekulation panoramisch zusammengestellt und unter einem Namen vereinfacht, im Kultus geschieht das nie, oder aber unter dem bezeichnenden Namen ‚alle Götter'. So besteht die Götterwelt nicht aus einem Nebeneinander von Gottheiten, deren Funktion verschieden ist, sondern eher aus einem Miteinander, denn in einer polytheistischen Religion agieren die Gottheiten nie allein. Die Beschränkung ihrer Funktion, die von der antiken Vorstellung von Handeln überhaupt mitbestimmt wurde, fordert sozusagen ein Zusammenhandeln von verschiedenen Gottheiten. So wenig wie die Römer die Götter als abstrakte und in jedem Zusammenhang wirkende Wesen verehrten, so wenig stellten sie sich vor, daß eines dieser Wesen einen ganzen Handlungsprozeß übernehmen könnte: eine Gottheit existierte immer im Bezug auf eine Gemeinschaft, auf eine andere Gottheit, auf einen Aspekt ihrer Funktion. Man kann hier von einer anderen Weise reden, über göttliche Macht und Eingreifen zu spekulieren. In dieser rituellen Konstruktion werden alle möglichen Schritte einer Handlung in einer Zusammenstellung von göttlichen Figuren – verschiedene Götter oder nur andere Epiklesen der gleichen Gottheit, auch zugeordnete Gestalten wie Nerio Martis oder Hora Quirini – zusammengefaßt.

1.5.3 Darum ist eine Gottheit nie allein, weder im Ritus noch in ihrem Tempel oder Hain. Denn einerseits brauchte sie immer Beihilfe zur Ausübung ihrer Gewalt, andererseits ‚wußten' die Römer, daß die Welt von unzähligen Göttern bevölkert war, bekannten und unbekannten (die man in der Formel *sive deus sive dea* anrief), die jeweils an der Ehrerbietung und an der erbetenen Handlung Anteil haben mußten. Am farbenreichsten sind hier die kleinen Gottheiten, die man durch einige Anrufungslisten *(indigitamenta)* kennt, und die nur Nomina agentis (vor allem der Feld- und Handarbeiten) waren. Man hat diese Gottheiten oft in eine Frühzeit der Gottesvorstellung verwiesen, was aber nicht zutrifft, denn die Aufstellung solcher Listen ist im öffentlichen Kult noch im 3. Jahrhundert n. Chr. bezeugt. Auch sollte man sie nicht von den anderen Göttern trennen, denn die Konstruktion dieser Götterserien wurde von der gleichen Vorstellung des Handlungsprozesses bestimmt. So war auch das Numen einer Gottheit eine kultische Projektion seiner effektiven Handlung. In der gleichen Weise stellte der Genius einer Gottheit (oder eines Römers) deren Handlungskraft und -fähigkeit am Tag des Eintritts in den römischen Kult (oder bei der Geburt) dar, während die sogenannte vergöttlichte Abstraktion (z. B. Fides im Bezug auf Juppiter, Victoria neben Mars) die Durchführung ihrer Funktion auf einem bestimmten Gebiet darstellt. Die Epiklesen und Götterfiguren haben auch eine Geschichte, und die Gründe für die Einführung dieser Kulte und Götterfiguren waren noch viel komplexer. Jedenfalls sollte man die interne Logik des Polytheismus, so wie wir sie soeben skizziert haben, beachten, bevor man die Götterwelt einfach in archaische und neuere, ‚zeitgemäßere' Götter unterteilt und dabei alles Rituelle in die Vorzeit verschiebt. Die unendlichen Kombinationen der römischen Theologie sind weit eher eine Form von Spekulation über das Geheimnis der göttlichen Macht als ein Beleg von vorgeschichtliche Göttervorstellung. Ebenso wurden Gottheiten aus dem Osten, wie Aesculap oder die Magna Mater, aus innerrömischen Gründen eingeführt und damit romanisiert, ohne daß diese Übernahmen eine altrömische Frömmigkeit hellenisierten und zersetzten. Das theologische System der Römer muß weit eher in seinem historischen Zusammenhang, in seiner Struktur und seiner Dynamik, nicht im Hinblick auf seine Frühzeit und den modernen Mythos der Dekadenz des ritualistischen Polytheismus verstanden werden.

1.6 Der ‚Glaube' der Römer

Faßt man die Hauptzüge der römischen Religion seit dem Beginn der Republik zusammen, so kann man eine Entwicklung herauslesen, die den Geist dieses Systems klar umreißt. Man kann leider nur deduktiv erschließen, daß die Religion der früheren Periode anders war und daß die Evolution durch die Gründung der Civitas und vor allem der Republik bestimmt ist. Auf jeden Fall sieht man seit dem 5. Jahrhundert als Konstante auf dem Gebiet der Religion das Bemühen, die Beziehungen zu den Göttern und die religiöse Initiative dem Willen der Gemeinde unterzuordnen.

Zuerst stellt man fest, daß im Handeln die Priester den Magistraten unterstellt waren (oder sind sie ihnen im Laufe dieser Zeit unterstellt worden?). Dieses Prinzip wurde im Laufe der Zeit ausgebaut, so etwa durch Bestimmungen der Leges Aelia et Fufia, die unter anderem die Obnuntiation der Augurn gegen Gesetzesabstimmungen zuließen und gegen Wahlen nicht verboten und damit die Prärogativen der Augurn reglementierten; später versuchte der Tribun Clodius, dieses Privilegium weiter zu begrenzen. Auch die Pontifices verloren am Ende des 4. Jahrhunderts einen Teil ihrer Macht über Kalender und *ius civile,* nachdem sie schon einen Teil davon in der Mitte des 5. Jahrhunderts eingebüßt hatten. 196 v. Chr. mußten sie auch die Kontrolle über die Spiele zugunsten eines neuen Collegiums abgeben. Weiter wurde im 4. Jahrhundert die religiöse Gewalt durch die Lex Licinia und die Lex Ogulnia dem Monopol der Patrizier entrissen. Im 3. Jahrhundert verloren die Pontifices das Recht, allein den Pontifex maximus zu wählen; ein Jahrhundert später ging durch das Plebiszit des Domitius die Wahl der wichtigsten Priester an das Volk.

Die zunehmende Kontrolle über die durch Magistrate und Priester ausgeübte religiöse Gewalt, von der wir nur einige Beispiele zitiert haben, war nicht nur ein Bestandteil des politischen Kampfes. Dieselbe Begrenzung wurde auch den Göttern auferlegt. Spätestens seit dem 3. Jahrhundert zeigen das Auspizienwesen und das Sibyllinenorakel klar, wie die Magistrate jeden (zu) direkten Bezug zu den Göttern streng kontrollierten und eigentlich auch den Göttern den Willen der Civitas auferlegten.

Das Bild der ‚kalten', formalistischen Religion entspricht durchaus dem Ideal der Frömmigkeit, das die literarischen Quellen darstellen. Die römische Pietas behauptet eigentlich rituell, daß der Römer vor seinen göttlichen Partnern keine Angst hat und zu haben braucht. Diesen dem rationalistischen Libertasideal der Civitas entsprechenden ‚Glauben' an das Wohlwollen der Götter, der im schroffen Gegensatz zum Terror der *superstitio,* der Angst vor den Göttern, steht, kann man als erstes Gebot des frommen Römers ansehen, vor allem desjenigen, der genau wußte, daß niemand so recht von diesem Wohlwollen überzeugt war.

2 Kaiserzeit

MARY BEARD

2.1 Probleme, Methoden und Quellen

2.1.1 Unter Augustus erstreckte sich das römische Reich vom Atlantik bis zur Sahara und zum Schwarzen Meer (ein Gebiet, das sich durch die Eroberungen der nächsten hundert Jahre noch ausdehnen sollte). In der Stadt Rom wohnten über eine Million Menschen; manche von ihnen stammten letztlich aus abgelegenen Gegenden des Imperium. Die Religionen des Reichs umfaßten die gallischen Druiden ebenso wie die spekulative Theorie der (noch immer lebendigen) athenischen Philosophenschulen, den ägyptischen Tierkult wie den Orakelkult Delphis oder die Agone Olympias. Selbst wenn man sich nur auf die Stadt Rom konzentriert, stößt man noch immer auf eine Vielfalt religiöser Riten, Institutionen und Erfahrungen – entsprechend dem kosmopolitischen und multikulturellen Charakter der Hauptstadt nicht bloß auf die verschiedenen öffentlichen und privaten Kulte, die im letzten Kapitel besprochen wurden, sondern auch auf ‚fremde' Kulte, wie denjenigen von Isis, von Cybele oder, seit dem späten 1. nachchristlichen Jahrhundert, von Mithras (→ 4.3 und 4.4).

Damit stellt sich eine Grundfrage: Was zählt in der Kaiserzeit zur ‚römischen Religion'? Eine Antwort könnte in einer sehr breiten, umfassenden Definition bestehen. Denn bereits die traditionelle, ‚einheimische' römische Religion der Republik war ja ein komplexes Gemenge aus Altem, Importiertem und Angelagertem, das auf die ersten Kontakte der Stadt mit Etrurien, Süditalien und der griechischen Welt zurückging; Rom kannte nie eine scharfe Grenze zwischen ‚einheimisch' und ‚fremd', und selbst die bizarrsten und exotischsten Kulte der kaiserzeitlichen Hauptstadt fanden Anhänger selbst im Innern der politischen Elite – der Kaiser Domitian etwa war bekannt als Anhänger und Förderer des ‚ägyptischen' Isiskults. Folgt man dieser Logik bis zum Ende, ist ‚römische' Religion nichts mehr und nichts weniger als die Religion aller derer, die sich irgendeinmal Römer nannten.

Doch läuft eine so offene Definition Gefahr, wichtige Eigenheiten und Unterschiede der einzelnen religiösen Formen der Kaiserzeit zu vernachlässigen. Gewiß gab es in Rom keine *festen,* allgemein anerkannten Grenzen zwischen ‚römisch' und ‚fremd'; doch das heißt nicht, daß es überhaupt keine solchen Grenzen gab. Einige der in der Hauptstadt praktizierten Kulte gaben sich große Mühe, sich ausdrücklich als nicht-römisch darzustellen (es hieß etwa, daß das Wasser für die Riten der Isis aus dem Nil nach Rom geholt wurde), und römische Autoren konnten alle möglichen religiösen Praktiken in Stadt und Reich (vom Menschenopfer der Druiden bis zur Selbstkastration der *galli* im Kult der Kybele) ausdrücklich als ‚fremd' bezeichnen.

Eine einfache Entscheidung zwischen der offenen und der enger gefaßten Definition dessen, was zur ‚römischen' Religion gehört und was nicht, ist also kaum möglich. Die Frage war auch in Rom selber intensiv diskutiert worden; dabei wurde immer wieder definiert, umdefiniert und in Frage gestellt, was denn nun ‚römische' Kultur, ‚römische' Religion oder ‚römischer' Mythos seien.

Bezeichnend für die komplexe Debatte ist der Kult der Magna Mater: Einerseits stellten viele römische Autoren der Kaiserzeit die *galli* als auf fast abstoßende Weise fremd dar, als ekstatische, seltsam gekleidete Anhänger einer orientalischen Göttin, die sich nicht nur selber geißelten, sondern sogar eigenhändig entmannten, und römischen Bürgern waren manche Riten der Göttin ausdrücklich verboten. Andererseits spielte der gesamte Kult in der ‚römischen' Tradition eine zentrale Rolle (die Göttin war durch den römischen Staat bereits im 3. Jahrhundert v. Chr. eingeführt worden, und ihr Tempel lag auf dem Palatin, im Herzen der historischen Stadt); zudem, wie Vergil und andere augusteische Dichter betonten, kamen auch die Römer selbst eigentlich aus dem Osten: der Kult der Magna Mater und die *gens Romana* führten ihren Ursprung auf Troja in Kleinasien zurück. Ist das jetzt ‚römisch', ‚nicht-römisch' – oder möglicherweise beides?

2.1.2 Die öffentlichen Kulte Roms waren, wie oben gezeigt worden ist, in die politischen Strukturen des römischen Staats eingebettet; Religion und Politik waren untrennbar verquickt. Entsprechend veränderte sich die Religion, als die republikanische Staatsform zur kaiserzeitlichen Autokratie wurde. Natürlich änderte sich nicht alles; grundlegende religiöse Strukturen und Vorstellungen blieben (etwa die Regeln, nach denen Opfer, Konsekration oder Inauguration vollzogen wurden oder die Vorstellung, daß das Wohlergehen des Staates vom korrekten Götterkult abhing). Augustus behauptete sogar, er habe alte religiöse Bräuche ‚wiederbelebt', welche angeblich in den letzten Jahren der Republik in Vergessenheit gefallen seien, und er rühmte sich, alte Tempel, die aus Nachlässigkeit dem Verfall preisgegeben worden seien, restauriert zu haben. Doch schuf allein schon die Gestalt des Kaisers einen neuen Brennpunkt und eine neue Autorität innerhalb der religiösen Tradition Roms; so wurde das Amt des *pontifex maximus* neu definiert (→ 2.2), um Augustus' außerordentliche religiöse Macht zu bezeichnen, und einzelne Herrscher erhielten offiziellen Kult, in Rom wie in den Provinzen (→ 3).

Der Prinzipat bedeutet mithin die Neuinterpretation der religiösen Tradition der Republik. Es geht nicht einfach um ein Wechselspiel zwischen Beharrung und Wandel, bei dem die einen Aspekte der religiösen Tradition beibehalten oder wiederentdeckt, andere weiterentwickelt, verändert oder abgeschafft wurden. Die meisten Veränderungen der offiziellen Religion Roms bewahrten die republikanischen Traditionen als Rahmen, statteten sie aber mit neuen Bedeutungen aus: Man eignete sich die republikanischen Traditionen für neue, am Prinzipat orientierte Zwecke an. Ein schönes Beispiel für diese Aneignung sind die Riten der Salii, eine am Ende der Republik ungewöhnlich altertümlich wirkende Sodalität. Zweimal im Jahr, im März und im Oktober, tanzten die vierundzwanzig Salii (alles Angehörige des Patriziats) durch die

Stadt, mit ihren eigentümlichen Schilden in der Form einer Acht (*ancilia;* einer davon galt als jener echte Schild, der als Geschenk Jupiters an Numa vom Himmel gefallen war), und zu ihrem Tanz sangen sie einen uralten Hymnus, welchen die Salii selber, wie es heißt, zum größten Teil ebensowenig verstanden wie ihre Zuhörer. In diesen Hymnentext wurde der Name des Augustus eingefügt, wie er selber in seinen *Res gestae* berichtet, später auch derjenige des Germanicus, als Teil der ihm nach seinem Tod 19 n. Chr. verliehenen Ehren; im 2. Jahrhundert schließlich fügte man auch den Namen eines frühverstorbenen Sohns von Marcus Aurelius dazu. Wir wissen nicht mehr, wie diese Namen in den Text eingefügt wurden oder wie Priester und Zuhörer diese Erweiterungen verstanden; deutlich ist jedenfalls die Ambivalenz der Erweiterungen: Sie geben den traditionellen Riten der Salii eine neue Bedeutung, unterstreichen die fortdauernde Bedeutsamkeit ihrer seltsam archaischen Rituale und benutzen sie gleichzeitig zur Ehrung des Kaisers und seines Hauses.

R. Bloch, „Sur les danses armées des Saliens", *Annales. Économies, sociétés, civilisations* 13 (1958) 706–715.

2.1.3 Durch Umfang, Spannweite und Reichtum der Primärquellen unterscheidet sich die Geschichte der kaiserzeitlichen Religion markant von derjenigen der republikanischen. Manche Autoren der Kaiserzeit, Griechen ebenso wie Römer, beschäftigten sich direkt oder indirekt mit den religiösen Traditionen und Institutionen Roms und seines Weltreichs. Die erhaltenen Texte reichen von den antiquarischen Untersuchungen eines Gellius oder Plutarch (die umfangreiches enzyklopädisches Einzelwissen zu allen möglichen römischen Riten und Bräuchen ansammelten) über einen so respektlos bösartigen Text wie Senecas *Apocolocyntosis* (eine Satire auf die Apotheose des Kaisers Claudius, → 3.1) oder Lukians *Alexander von Abonouteichos,* einen ironischen Essay über ein betrügerisches Orakel in Kleinasien, das auch leichtgläubige Römer zu seinen Kunden zählte, bis hin zu den sehr persönlichen philosophischen und theologischen *Meditationes* des Kaisers Marcus Aurelius. Tatsächlich wirft fast jeder erhaltene Text der Epoche ein Licht auf die zeitgenössische religiöse Welt: Vitruvs Abhandlung *De architectura* behandelt den Tempelbau; Martials Epigrammsammlung enthält bissige Invektiven gegen die *galli;* die Briefe des Jüngeren Plinius umfassen etwa einen Augenzeugenbericht vom Begräbnis einer Vestalin; Porphyrios' neuplatonische Traktate enthalten die umfassendste Information zum Mithraskult (→ 4.4); Horazens *Carmina* greifen alle möglichen religiösen Themen auf, vom privaten Opfer bis zur religiösen ‚Restauration' des Augustus; und so fort.

Vielfältiges archäologisches Material ergänzt die literarischen Texte, von ungeschlachten Weihgeschenken aus ländlichen Heiligtümern bis zu den prunkvollen Tempeln, die Roms Macht durch das ganze Reich hindurch verkündeten. In Rom selber hat die Analyse der erhaltenen Reste von Augustus' großem Bauprogramm unser Verständnis der religiösen Aspekte seiner Stellung umgekrempelt: Plan und Programm etwa seines monumentalen Forums zeigen deutlich, wie der Kaiser zum einen als Nachkomme der Göttin Venus vorgeführt, zum andern in die heroischen menschlichen Traditionen der Republik eingebunden war (→ 2.1); und sein Haus auf dem Palatin, so bescheiden es sich auch gibt, führt durch die enge Verbindung mit dem unmittelbar daneben errichteten neuen Tempel Apollos vor, wie nahe der Kaiser an sakralem Raum lebte, sozusagen sein Haus mit einem Gott teilte (→ 2.1). Neuentdeckungen ergänzen und erweitern das Bild immer wieder. So haben etwa die Ausgrabungen von Aphrodisias in Karien letzthin einen großen Tempel und einen Bezirk für den Kaiserkult, das *Sebasteion* aus julisch-claudischer Zeit, zutage gefördert; die ungefähr achtzig Reliefplatten, die einst diesen Bau schmückten und etwa einen heroisch nackten Augustus abbilden, der zu Land und zu Wasser triumphiert, einen Claudius, der Britannia den tödlichen Schlag versetzt, und eine fromme Kaiserin an einem Altar, erlauben uns einen einzigartigen Einblick in die Art, wie die kaiserliche Familie in einer entfernten Provinz wahrgenommen und dargestellt werden konnte.

Auch Inschriften sind eine wichtige Quelle. Listen von Kultteilnehmern werfen Licht auf die Zusammensetzung von Kultgruppen in ethnischer und sozialer Hinsicht und bezüglich der Geschlechter; die Niederschrift von Gelübden (die man etwa während einer Krankheit machte) läßt einen Blick auf die private Religiosität werfen; in Stein gemeißelte oder gemalte Kalender der öffentlichen Feste helfen, die Veränderungen im Staatskult der Kaiserzeit festzumachen (→ 2.3). In einigen Fällen sind es allein die Inschriften, die einen bestimmten Kultkomplex dokumentieren. Die Riten und die Organisation der *Fratres Arvales* etwa können allein aus den Inschriften rekonstruiert werden, welche an ihrem Kultort außerhalb Roms gefunden wurden und unter anderem ihre Opfer, Riten und wechselnden Mitglieder festhalten (→ 4.1); ähnlich erlauben es zwei noch erhaltene Inschriften, im Detail die Riten der Säkularspiele von 17 v. Chr. und 204 n. Chr. zu erfassen (→ 2.4) und damit anderen Zeugnissen – wie Horazens *Carmen Saeculare,* einem Festhymnus für die Spiele unter Augustus – einen rituellen Kontext zu geben. Außerhalb Italiens sind derartige Dokumente fast noch wichtiger, vor allem im Westen des Reichs, wo nur wenige literarische Texte zur Verfügung stehen. Inschriften – Kultgesetze etwa, die schriftliche Dokumentierung eines Opfers oder Grabinschriften von Priestern – bilden die Grundlage für beinahe jede moderne Untersuchung der kaiserzeitlichen Religion der römischen Provinzen.

2.2 Der Kaiser und die Religion des Kaiserhauses

2.2.1 Welchen Einfluß die kaiserzeitliche Monarchie auf die öffentlichen Kulte Roms hatte, sieht man deutlich bereits unter dem ersten Kaiser. Bereits der Name *Augustus,* der dem Princeps im Jahr 27 v. Chr. als offizieller Titel verliehen wurde und das Cognomen Octavianus ersetzte, verweist auf seine besondere Beziehung zu den Göttern: Das Wort, das niemals vorher als Personenname verwendet worden war, wurde vom Kaiser selber deswegen favorisiert, weil „Heiligtümer und Orte, welche die Augurn konsekriert haben, *augusta* heißen" (Suet. *Aug.* 7, 2). Oder anders: Ein Wort aus der technischen Bezeichnung von Roms sakralem Raum, ein Adjektiv, das den religiösen Status eines Stücks Land bezeichnet, das die Augurn konsekriert haben, wird jetzt zum Namen und zur Anrede des Kaisers, und das hielt sich durch die ganze Kaiserzeit: Jeder Nachfolger des ersten Kaisers führte Augustus als Teil seiner offiziellen Titulatur.

Der erste Augustus leitete seinen Stammbaum explizit von den Göttern her. Er wurde nicht bloß geschützt und geliebt von den Göttern (diesen Anspruch stellten auch manche der großen Führergestalten des republikanischen Rom); wie sein Großonkel und Adoptivvater, C. Iulius Caesar, hob er seine direkte Abstammung von Aeneas und dessen Mutter Venus hervor.

Eines der großartigsten Bauprojekte des augusteischen Rom, das Forum Augusti mit seinem Tempel des Mars Ultor, verwies ausdrücklich auf die Verwandtschaft. Der Tempel wurde im Jahre 2 v. Chr. geweiht, um Roms Rache an den Parthern für die Niederlage des Crassus in der Schlacht von Carrhae im Jahr 53 v. Chr. (deswegen Ultor) und Augustus' Rückführung der damals verlorenen römischen Feldzeichen zu markieren und um zugleich die Rolle des Gottes in der Rache an den Mördern Caesars herauszuheben. In der Mitte eines offenen Platzes vor dem Tempel stand eine Statue des Kaisers in einem Streitwagen, und sein Name dominierte die Weihinschrift auf der Eingangsfront des Baus. In den Säulenhallen, welche den Platz umgaben, standen mehr als hundert Marmorstatuen von Heroen der Republik, die auf der einen Seite in Romulus, auf der andern in Aeneas und den Mitgliedern des herrschenden Hauses der Iulii gipfelten. Diese Statuen banden Augustus in die ruhmreiche Tradition des republikanischen Rom ein; Aeneas und die Iulii erinnerten gleichzeitig an die göttliche Abstammung des Herrschers. Der Skulpturenschmuck des Tempels führte dieses Thema weiter: Im Giebel fanden sich Mars (der göttliche Vater des Romulus und gleichzeitig die Gottheit, welche die Niederlage Roms gerächt hatte) zusammen mit Venus, dazu Fortuna, Romulus und die Personifikationen Roms, des Tibers und des Palatin. Im Tempelinnern standen nicht bloß das Kultbild des Mars, sondern auch Statuen von Venus und Iulius Caesar (jetzt *divus* Iulius). So war Augustus als der neue Gründer Roms mit den mythischen Gründern der Stadt, Aeneas und Romulus, verbunden, und seine göttlichen Ahnen, die auch die ihren waren, wurden im Tempel zur Schau gestellt.

P. Zanker, *Forum Romanum. Die Neugestaltung unter Augustus* (Tübingen 1972).

Augustus' Beziehung zu Aeneas und damit zu Venus wurde auch in der Ara Pacis herausgehoben, dem 13 v. Chr. gelobten Altar, welcher die Rückkehr des Kaisers von den erfolgreichen Feldzügen in Spanien und Gallien festhalten sollte.

In seinem üppigen Skulpturenschmuck ist Augustus auf einer Seite der Umfassungsmauer zusammen mit anderen Mitgliedern des Kaiserhauses in der Opferprozession dargestellt, mit verhülltem Hinterhaupt, wie wenn er gleich das Opfer auf dem Altar darbringen würde. Rechts neben der Treppe, die zum Haupteingang führt, bildet dieselbe Mauer Aeneas ab, ebenfalls mit bedecktem Haupt bei der Libation auf einen rohen Steinaltar, vor dem Opfer einer Sau, welche ein Diener heranbringt (ein klarer Verweis auf das Sauprodigium, das Aeneas bei seiner Ankunft in Latium erwartete, Verg. *Aen.* 3, 390.

8, 84). Das ist nicht bloß eine mythische Vorwegnahme des Opfers, das auf dem Altar (sowohl bei seiner Konsekration wie in den folgenden Jahrhunderten jeweils am Jahrestag dieser Konsekration) stattfinden würde; die Frömmigkeit des Aeneas, seine folgenschwere Ankunft in Latium und seine göttliche Herkunft waren auch für Augustus vorbildlich, spiegelten zugleich seine Rolle wider.

E. Simon, *Ara Pacis Augustae* (Tübingen 1967); P. Zanker, *Augustus und die Macht der Bilder* (München 1987) 126–130.

Für die Aneignung traditioneller Kulte durch den Kaiser und ihre Neuinterpretation in der neuen Monarchie ist die Domus Augusta auf dem Palatin in Schmuck, Anlage und religiösem Symbolismus ein schönes Beispiel. Wegen seiner Bescheidenheit wird dieses Haus, dem jeder aufdringliche Luxus abging, von vielen antiken Autoren gelobt; gleichzeitig markierte eine Reihe von Einzelzügen den besonderen religiösen Status dieses Hauses und die außerordentliche religiöse Stellung seines Bewohners.

Sein Eingang wurde von zwei Lorbeerbäumen flankiert (die mehrfach auf zeitgenössischen Münzen dargestellt sind). Solche Bäume fanden sich regelmäßig bei einigen der wichtigeren religiösen Bauten der Stadt, etwa dem Tempel der Vesta oder der *regia,* dem Amtslokal des Pontifex Maximus in republikanischer Zeit. Daß Augustus seit 12 v. Chr. das Amt des Pontifex Maximus bekleidete, könnte diesen besonderen Schmuck seines Hauses wenigstens teilweise erklären; freilich sind sie als Schmuck seines Hauses wohl älter, und auch nachher wiesen sie als Türschmuck eines Wohnhauses auf eine persönliche religiöse Haltung, welche über die Traditionen des Priesteramts hinausging: Die Bäume gehören auch zum bewußten Verwirrspiel mit dem religiösen Status der Domus Augusta zwischen Privathaus und offiziellem religiösen Gebäude. Dieselbe Ambivalenz spiegeln auch literarische Quellen: Nach Cassius Dio (54, 27, 3) wurde ein Teil des Hauses zum Eigentum des Staats erklärt, als Augustus Pontifex Maximus wurde (um den Einklang mit der traditionellen Regel herzustellen, daß der Leiter des Priesterkollegiums in staatlichem Eigentum leben sollte); und als das Haus im Jahre 3 v. Chr. niederbrannte, wurde der gesamte Neubau Staatseigentum, entweder um dem Staatsbeitrag an die Baukosten Rechnung zu tragen oder weil „er in einem Haus leben wollte, das gleichzeitig privat und öffentlich war" (ebd. 55, 12, 5).

G. Carettoni, *Das Haus des Augustus auf dem Palatin* (Mainz 1983); A. Alföldi, *Die zwei Lorbeerbäume des Augustus* (München 1973).

Noch bemerkenswerter – und innovativer – ist die Art, wie Kaiser und Vestakult physisch verbunden wurden: In 12 v. Chr. wurde im Innern der Domus Augusta ein Vestatempel dediziert. Der alte Tempel der Göttin auf dem Forum, dessen Kult die Vestalinnen versahen, war eng mit Roms Sicherheit und Wohlergehen verbunden: Er soll die berühmte Statuette der Athena enthalten haben, welche Aeneas aus dem brennenden Troja gerettet und nach Rom gebracht hatte; und falls einmal die Flammen auf seinem heiligen Herd ausgingen, zeigte dies nicht nur an, daß eine der jungfräulichen Priesterinnen ihr Gelübde gebrochen hatte, sondern daß Unheil die ganze Stadt bedrohte. In einem gewissen Sinn stellte der Herd der Vesta das Zentrum von Roms Staatswesen dar. Dieses altehrwürdige Heiligtum wurde durch Augustus' neuen Tempel nicht aufgehoben, und sein Kult ging wohl wie bisher weiter – und doch ist klar, was diese Erweiterung bedeuten mußte: Es war der Anspruch, daß auch das Wohnhaus des Kaisers als sakrales Zentrum der Stadt verstanden werden konnte, daß Roms Sicherheit und Wohlergehen jetzt ebensosehr vom Kaiser und *seinem* Vestakult abhing wie vom traditionellen Kult auf dem Forum. Der Kaiser hatte ganz konkret die Göttin in sein Wohnhaus überführt.

Er teilte sein Haus auch mit einer anderen Gottheit, freilich auf ganz andere Weise. Im Jahre 28 v. Chr. hatte Octavian, wie er damals noch hieß, gleich neben seinem Haus einen Apollotempel geweiht; der Gott habe ihn in seinem Kampf gegen Antonius und Kleopatra bei Actium (31 v. Chr.) unterstützt. Die beiden Bauten standen nicht unverbunden nebeneinander: Eine private Rampe, die vom Haus zu dem neun Meter höher gelegenen Tempel hinaufführte, verband sie miteinander. Der Tempel wurde zum Zentrum von Augustus' beherrschender Gegenwart in den öffentlichen Kulten der Stadt: Hierhin etwa hatte Augustus die sibyllinischen Bücher aus dem kapitolinischen Iupitertempel geholt, wo sie traditionellerweise aufbewahrt worden waren; und hier vollzog Augustus persönlich manche der Riten anläßlich der Säkularspiele von 17 v. Chr.. Eindrücklich gab Ovid der Logik dieser baulichen Anlage Ausdruck, als er „auf das eine Haus" verwies, welches „drei Götter unter sich teilten" (*Fasti* 4, 951), Vesta, Apollo und als dritter Augustus selber (→ 3.2).

P. Zanker, „Der Apollontempel auf dem Palatin", in: *Città e Architettura nella Roma Imperiale,* AnalRom Suppl. 10 (1983).

Die Zeitgenossen müssen ganz verschieden auf diese Entwicklungen reagiert haben. Viele bemerkten sie wohl gar nicht oder kümmerten sich nicht darum; andere mußten die neuen religiösen Symbole genau verstanden haben. Manche akzeptierten wohl einfach die Unvermeidlichkeit von Augustus' neuer Rolle im Staatskult, andere begrüßten sie ausdrücklich, wieder andere bedauerten wohl seine Erhöhung oder nahmen dieses Zeichen von Augustus' religiöser Vorherrschaft eher amüsiert wahr. Gelegentlich läßt sich ein loyaler Glückwunsch auch kaum von einer subversiven Bemerkung unterscheiden. Wenn etwa Ovid einige der neuen religiösen Bauten des augusteischen Rom als Ort erotischer Begegnungen empfiehlt (*Ars* 1, 67–88), haben einige moderne Interpreten dies so verstanden, daß der Dichter auch diese Gelegenheit wahrnimmt, die Leistungen des Kaisers in einem ungewohnten Zusammenhang zu feiern; andere sehen es als bewußten Versuch an, die neue Ordnung dadurch zu unterlaufen, daß die großartigen Bauten in einen frivolen Kontext gestellt werden. Wie so oft, entzieht sich das Religiöse einer eindeutigen Interpretation; die Deutung hängt daran, wie man die Zeichen liest.

2.2.2 Seit Augustus' Herrschaft ist die priesterliche Funktion des Herrschers zentral für die Bestimmung seines religiösen Status. In republikanischer Zeit war es üblich (wenn auch nicht festgeschrieben), daß ein einzelner nicht mehr als eines der hohen Priesterämter bekleiden durfte. Die Kaiserzeit änderte hier, wenigstens bezüglich der Mitglieder des Kaiserhauses. Caesar, der gleichzeitig Pontifex und Augur war, war hierin schon vorangegangen, doch Augustus ging bedeutend weiter: Er war *pontifex maximus, augur, quindecimvir sacris faciundis, sep-*

temvir epulonum, frater arvalis, sodalis Titius, fetialis (*Res Gestae* 7). Das wurde beispielhaft für die Zukunft; künftig nahmen die Kaiser in allen vier großen Priesterkollegien (Pontifices, Augurn, XVviri s. f. und Epulones) Einsitz und bekleideten daneben weitere öffentliche Priesterämter: Die Kumulation von Priesterämtern wurde zum Zeichen der kaiserlichen Stellung. So wurde Neros Adoption als Erbe des Claudius durch seine Aufnahme in die vier hohen Priesterschaften markiert. Gleichzeitig war diese Kumulation Ausdruck dafür, daß der Kaiser das Monopol an priesterlicher Autorität und Sachwissen besaß. Wenigstens vor der Spätantike kumulierten bloß die Mitglieder des regierenden Hauses Priesterämter in dieser Weise, für alle anderen war die Mitgliedschaft in einem einzigen der vier Kollegien (und vielleicht die Bekleidung eines niedrigeren Priesteramts) die Regel.

Opferdarstellungen stellen dieses religiöse Monopol des Herrschers ausdrücklich dar. An sich war das öffentliche Opfer nicht ausschließlich Aufgabe der Priester; in der ganzen römischen Welt wurde es auch von Beamten, Provinzverwaltern, Armeekommandanten und vielen anderen vollzogen, denn schließlich stand es im Zentrum paganer Kultausübung. So fällt umso mehr auf, wie sehr der Kaiser auf allen öffentlichen Darstellungen des Opfers in der ganzen römischen Welt dominiert – auf den Reliefs an Altären nicht anders als denen von Triumphbögen oder den Münzbildern: Fast ausnahmslos ist es jeweils allein der Kaiser, der bei der Ausführung des Opfers dargestellt wird. Wie häufig auch in der Realität alle möglichen Vertreter des römischen Staates ein Opfer vollzogen haben, wie zentral das Ritual auch für alle gesellschaftlichen Schichten war, in der offiziellen Bildwelt hatte es der Kaiser zu seinem persönlichen Praerogativ gemacht.

Ein Priesteramt erscheint regelmäßig in allen Kaisertitulaturen: dasjenige des Pontifex Maximus. Unter der Republik hatte der Pontifex Maximus eine wichtige und klar umrissene Aufgabe: Er war Vorsteher des Pontifikalkollegiums. In der Kaiserzeit wurde das Amt zum Ausdruck einer viel weitergehenden Rolle des Kaisers als des Vorstehers der römischen Religion überhaupt. Augustus selber wurde erst 12 v. Chr. Pontifex Maximus; vor ihm hatte der (seit 36 kaltgestellte) Triumvir Lepidus das Amt bekleidet, das er sich nach Caesars Ermordung gesichert hatte, und in demonstrativer Respektierung des religiösen Anspruchs war er von Augustus nie abgesetzt worden. Als er 13 v. Chr. starb, ließ der Kaiser in traditioneller Weise Wahlen abhalten – und wurde nach seinem eigenen Bericht (*Res Gestae* 10, 2) mit überwältigendem Mehr gewählt. Nach ihm hatten nur noch die Kaiser das Amt inne – auch wenn man formal an einer Wahl festhielt, wurde das Amt jeweils dem nachfolgenden Kaiser weitergegeben, als fester Bestandteil kaiserlicher Macht. Der erste Kaiser, der das Amt zurückwies, war – nach Jahrzehnten offiziellen Christentums – Gratian im späten 4. Jahrhundert.

Die auffallendste Veränderung im Amt des Pontifex Maximus war die Ausweitung seiner Funktionen. Als Pontifex Maximus besaß der Kaiser nicht bloß

Autorität über das Priesterkollegium, sondern über die gesamte Staatsreligion. Suetons Darstellung von Augustus' religiösen Reformen (*Aug.* 31) spiegelt deutlich diese Machterweiterung des ‚Oberpriesters': Er beginnt seine Darstellung mit Augustus' Wahl zum Pontifex Maximus und läßt erst darauf alle anderen religiösen Reformen folgen – wie wenn sie alle logisch davon abhängen würden, daß der Kaiser dieses Amt innehabe (obwohl manche Reformen, wie Sueton genau wissen mußte, lange vor 12 v. Chr. gemacht worden waren). Daß der Kaiser seine politische Macht mit dem neudefinierten Amt des Pontifex Maximus und der Mitgliedschaft in allen großen Priesterkollegien verband, schuf in Rom einen grundlegend neuen Typus religiöser Autorität: Zum erstenmal konnte ein Einzelner dank seiner Autorität über die Gesamtheit des Staatskults wirklich Religionspolitik betreiben. Es war eine einschneidende Neuerung mit weitreichenden Folgen für die römische Religion. Das System der republikanischen Religion beruhte auf einer breiten Streuung von Kulten, Religionen und Ausübenden, ohne einem einzelnen umfassende Autorität zu geben; an die Stelle dieser Streuung trat jetzt die Bündelung in der zentralen Autorität des Herrschers. Diese Autorität sprach nun für die offizielle *Religion* – zum erstenmal Religion als Singular. Dieser Singular entstand als Folge der religiösen Macht des Kaisers, er ist eine Erfindung der römischen Kaiserzeit.

Priestertum und Macht des Kaisers waren unauflöslich miteinander verbunden. Während fast der gesamten Kaiserzeit bestimmte die religiöse Autorität des Kaisers als Pontifex Maximus seine Rolle als Priester. Doch wie es konkurrenzierende Modelle kaiserlicher Macht gab, muß man konkurrenzierende Modelle vom Priestertum erwarten. Während der gesamten Epoche ist klar, daß einige Kaiser Formen religiöser Autorität außerhalb des offiziellen Staatskults suchten – oder man dies von ihnen mindestens annahm. So soll Vespasian seinen Griff nach der Macht mit Hilfe des ägyptischen Gottes Sarapis versucht haben, während zur selben Zeit sein Sohn Domitian den Wirren in der Hauptstadt dadurch entfliehen konnte, daß er sich als Isisanhänger verkleidete und bei den Priestern der Göttin Zuflucht fand. Domitian verkleidete sich bloß – erst im frühen 3. Jahrhundert finden wir einen Kaiser, der ausdrücklich eine andere Form von Priestertum als Teil einer Neudefinition kaiserlicher Macht zur Schau stellt. Laut Herodian (*Hist.* 5, 5, 6) schickte Elagabal, ein im Jahr 218 zum Kaiser ausgerufener Priester des syrischen Gottes Elagabalus, vor seiner Ankunft in der Hauptstadt ein Bild von sich nach Rom, „das ihn in seinem öffentlichen Wirken als Priester" darstellte, damit „Senat und Volk von Rom sich an den Anblick seiner Tracht gewöhnen" konnten; das Bild sollte „in der Mitte des Senatsgebäudes hängen". Herodian erzählt diese Geschichte vor allem, um zu zeigen, wie unrömisch – und damit als römischer Kaiser unakzeptabel – Elagabal war; doch sie weist auch darauf, daß das Bild des kaiserzeitlichen Priestertums nicht unveränderlich fest war: Sie konnte so auch zu einer Diskussion darüber gehören, was römische Kultur und Religion ausmachte und was ihr widersprach.

2.2.3 Der Kaiser beeinflußte auch die römischen Feste und den Festkalender des römischen Staatskultes nachhaltig. Wie sehr Augustus und sein Haus Organisation, Definition und Durchführung der Riten Roms mitformte, wird aus den zeitgenössischen inschriftlichen Kalendern klar. Nicht nur wurde der Monat Sextilis zum Augustus – nach dem Vorbild von Caesar, zu dessen Ehren der Monat Quinctilius zu Iulius wurde; es wurden auch die Gedenkfeiern für wichtige Ereignisse und die Jahrestage des Kaiserhauses in den Kalender aufgenommen. Fragmente einer Kalenderinschrift augusteischer Zeit aus Praeneste etwa halten die Jahrestage von Octavians Annahme des Namens Augustus (16. Januar), seiner Stiftung der Ara Pacis (30. Januar), der Verleihung des Ehrentitels *pater patriae* (5. Februar), der Wahl zum Pontifex Maximus (6. März), von Caesars Sieg über König Iuba in Nordafrika (6. April), von Tiberius' Einkleidung mit der *toga virilis* (24. April) und weitere dynastische Ereignisse fest. Das Resultat ist eindrücklich: Die alten Feste des römischen Staates – Lupercalia, Parilia, Vinalia und so weiter – teilen jetzt das religiöse Jahr mit Feiern, die explizit auf das Kaiserhaus bezogen sind.

Das ist nicht bloß ein augusteisches Phänomen; auch die Nachfolger ordneten sich, ihr Haus und die bedeutsamen Ereignisse ihrer Regierungszeit in den Staatskult ein. Dios Bericht darüber, wie Claudius Spiele einführte, um die Geburtstage seiner Eltern zu feiern (*Hist.* 60, 5), ist nicht bloß ein späteres Beispiel für diese Praxis, es zeigt auch, wie stark die traditionellen und die neuen kaiserlichen Riten miteinander wetteiferten: Claudius soll „Feste, die an sich zur selben Zeit abgehalten worden waren, verschoben haben, um zwei Feste am selben Tag zu vermeiden". Die Riten der römischen Tradition wurden also durch die neuen Feste verdrängt.

Diese *ludi Claudii* werden später nicht mehr erwähnt; manche dieser kleineren Feste verschwanden wohl so rasch, wie sie gekommen waren. Trotz ihres konservativen (Selbst)Bildes konnte die römische Religion durchaus Riten, die sie nicht mehr wollte oder brauchte, sehr schnell vergessen. Nichts weist darauf, daß der Festkalender einfach immer voller wurde und sorgfältig alle Feiern selbst unbedeutender Ereignisse im Leben irgendeiner (womöglich in Ungnade gefallener) Dynastie beibehielt. Die inschriftlichen Protokolle der Riten, welche die Arvalen feierten, zeigen im Gegenteil, wie oft solche Feiern (beispielsweise des Geburtstags von Neros Vater) nicht einmal bis zum nächsten Kaiser überlebten. Andererseits konnten einige dieser kaiserlichen Riten sich dauernd etablieren: Im 3. Jahrhundert notiert das sog. *Feriale Duranum* (ein Papyrus aus Syrien, welcher den Festkalender der Garnison von Dura an der Ostgrenze des Reichs wiedergibt) noch immer die Geburtstage von Iulius Caesar, Augustus und Germanicus.

R. Fink – A. S. Hoey – W. F. Snyder, „The Feriale Duranum", *YCS* 7 (1940) 1–222.

Häufig ist der Einfluß des Kaisers ebenso deutlich an der Anpassung und Neufassung traditioneller Feste wie an der Einführung völlig neuer kaiserlicher Feiern abzulesen. Das alte Ritual des Triumphzugs (an dem der siegreiche Feldherr im Gewand des Iupiter Optimus Maximus mit seinen Truppen durch die Stadt zog, um einen Teil der Beute auf dem Kapitol zu weihen, → 3.1) wurde vom Kaiser und seinem Haus völlig mit Beschlag belegt: Nach Augustus erhielten Feldherrn, die nicht dem Kaiserhaus angehörten, bloß noch die *ornamenta triumphalia* (etwa das Recht, an gewissen öffentlichen Anlässen einen Lorbeerkranz zu tragen); Triumphzüge selber wurden auf den Kaiser und seine unmittelbare Familie beschränkt. Eine solche Beschränkung konnte man juristisch damit begründen, daß der Kaiser allein das *imperium* besaß (während die Generäle seine Legaten waren), so daß nach den traditionellen Regeln allein der Kaiser einen Triumph feiern konnte. Doch sie hatte auch zur Folge (was durchaus auch beabsichtigt sein mußte), daß niemand außerhalb des Kaiserhauses derartigen Ruhm erlangen, niemand sonst in der Öffentlichkeit sichtbar im Gewand eines Gottes auftreten konnte.

Im Falle der Säkularspiele ist der kaiserliche ‚Übergriff' auf traditionelle Riten komplexer. Ursprung und Funktion der Spiele waren schon für die antiken Autoren Gegenstand von Spekulation; man war sich immerhin einig, daß sie weit in die republikanische Zeit zurückgingen und in Abständen von etwa einem Jahrhundert gefeiert wurden (das *saeculum* wurde später als die längstmögliche Spanne eines Menschenlebens verstanden); die Feiern waren wohl schon immer an einen bestimmten Ort auf dem Marsfeld, das sog. Tarentum, gebunden und hatten mit den Göttern der Unterwelt zu tun, mit Dis Pater und Proserpina. Im Jahre 17 v. Chr. veranstaltete Augustus besonders eindrückliche Säkularspiele, die mehrere Tage und Nächte dauerten; das erhaltene inschriftliche Protokoll (das man durchaus auch im Hinblick auf die Nachwelt am Tarentum selbst aufgestellt hatte) zeigt, wie sehr die Riten an das neue Herrschaftssystem angepaßt worden waren. Augustus und Agrippa, sein Schwiegersohn und Erbe, leiteten persönlich die Feiern; zwar waren beide Mitglieder des Kollegiums der XVviri, welchem die Gesamtleitung der Feiern anvertraut war, doch übertraf ihre Rolle diejenige jedes andern Kollegiumsmitglieds bei weitem (etwa indem sie die Gebetsformeln diktierten), womit die Spiele beinahe zu einer dynastischen Angelegenheit wurden. Auch bei den angesprochenen Göttern wurde wohl verändert: Die Unterweltsgötter erscheinen in der Inschrift nicht, stattdessen treten in Gebeten und Opfern jene Gottheiten hervor, die auch sonst mit Augustus und seiner Herrschaft eng verbunden sind, besonders Apollo, Diana und Terra Mater, und diese Verbindung wurde noch dadurch unterstrichen, daß ein beträchtlicher Teil der Riten in Augustus' neuem Apollotempel auf dem Palatin stattfand. Selbst die traditionellsten Teile des Rituals erhielten in diesem Zusammenhang eine neue Bedeutung: Wenn etwa der Kaiser den alten Gebetswunsch äußerte, daß die Götter „mir, meinem Haus und meinem Haushalt gewogen sein" sollten, wurde dies in diesem Kontext zwangsläufig auf den Kaiser und sein Haus bezogen.

Kein Kaiser konnte die Säkularspiele zweimal feiern; doch mehrere Kaiser hatten deutlich den Ehrgeiz, sie wenigstens einmal zu feiern. Abweichende Ansetzung des Festzyklus (etwa, indem man von der mythischen Stadtgründung ausging) zusammen mit komplizierten Neuberechnungen der Länge eines *saeculum* erlaubten sowohl Claudius wie Domitian, innerhalb desselben Jahrhunderts nach den augusteischen Spielen weitere Säkularspiele anzusetzen. Im 2. Jahrhundert wurden sie im Jahr 148 unter Antoninus Pius abgehalten, dann wieder im Jahr 204, unter Septimius Severus – von diesen Spielen stammt die andere zum großen Teil erhaltene Inschrift. Sie folgten teilweise dem Vorbild der augusteischen Feiern oder paßten sie den veränderten Umständen des Reichs im 3. Jahrhundert an (etwa mit einem neuen Hymnus und mit noch stärkerer Konzentration auf die kaiserliche Familie). In gewissem Sinn waren die Säkularspiele jedesmal neu, indem ihre Traditionen jedesmal neu erfunden und angepaßt wurden.

G. B. Pighi, *De ludis saecularibus populi Romani Quiritium libri sex* (Amsterdam ²1965); L. Moretti, „Frammenti vecchi e nuovi del commentario dei Ludi Saeculares di 17 av. C.", *Rend. Pont. Acc. Arch.* 55/56 (1982–1983) 361–379.

Die Kaiserherrschaft beeinflußte auch die private Kultpraxis und die Riten der Haushalte, die an sich weitab von den öffentlichen Staatsfesten lagen. So teilt Dio den Inhalt eines Dekrets aus dem Jahr 30 v. Chr. mit, wonach bei sämtlichen Banketten, auch den privaten, Libationen für Augustus dargebracht werden sollten (*Hist.* 51, 19, 7). Wir wissen nicht, wie man einen solchen Beschluß durchsetzen konnte (oder wie zuverlässig Dio hier ist); deutlich aber ist, daß Opfer für den Kaiser auch im privaten Rahmen bald üblich wurden.

In Petrons *Satyrica* wird daraus ein ausführlicher Scherz (60, 4–6): Ein besonders üppig hergerichtetes Gericht wird aufgetischt, welches die Gäste mit Safransaft besprüht – worauf diese in ihrem Erstaunen dies für eine Weihgabe hielten, „sich von ihren Plätzen erhoben und sprachen: ‚Hoch lebe der Augustus, *pater patriae*'". Selbst die Parodie des Kults anerkennt jetzt die Gegenwart des Kaisers.

2.3 Apotheose und Kaiserkult

2.3.1 Manche Kaiser – oder weitere Mitglieder des Hauses – wurden nach ihrem Tod öffentlich vergöttlicht: Sie wurden zu Gottheiten *(divi)*. Das geht weit über die enge Verbindung von Herrscher und Gottheit hinaus, die etwa in der Verbindung von Domus Augusta und Apollotempel ausgedrückt ist (→ 2.1). Zur festen Form gehörte dabei, daß der Aufstieg des neuen Gottes aus dem Scheiterhaufen (in der Gestalt eines Adlers) beobachtet wurde und daß der Senat über Apotheose und Einrichtung eines Kultes mit Priester, Tempel und Ritual abstimmen mußte. Im 1. Jahrhundert wurden so etwa Augustus, Gaius' Schwester Drusilla, Livia, Claudius, Neros kleine Tochter und seine Frau Poppaea, Vespasian, Titus und seine Tochter Iulia, Nerva in göttlichen Rang erhoben und erhielten kultische Ehren; die Praxis wurde bis ins 3. Jahrhundert fortgesetzt. Ein großes Relief von der Basis der Säule des Antoninus Pius (die Säule selber hat nicht überlebt) stellt die Apotheose des Kaisers und seiner Frau Faustina dar: Sie werden auf dem Rücken eines seltsamen Flügelwesens – halb Mensch, halb Vogel – zu den Göttern emporgetragen; eine verwandte Szene stellt Hadrian dar, wie er dem Aufstieg seiner Frau Sabina zu Göttern zusieht.

Die Wurzeln dieser Vergottung finden sich in Roms Mythologie und Überlieferung. Roms erster König Romulus war am Ende seiner Herrschaft zu den Göttern aufgestiegen – er verschwand in einer Wolke oder wurde (in einer anderen Version) von seinem Vater Mars in einem Streitwagen zum Himmel gefahren (wobei diese Geschichte in der Kaiserzeit ausgearbeitet wurde, um der Vergottung des Kaisers eine Legitimation im Mythos zu geben). Auch der Triumph verwies auf den potentiell göttlichen Charakter des (menschlichen) Truppenführers, der Iupiter Optimus Maximus darstellte (→ 2.3) und damit tatsächlich zum ‚Gott für einen Tag' wurde (wobei bezeichnenderweise ein Sklave, der hinter ihm im Streitwagen mitfuhr, ihn an die so leicht zu vergessende menschliche Sterblichkeit erinnerte, indem er immer wieder sagte: „Denk daran, daß du ein Mensch bist"). Bedeutende und einflußreiche Römer hatten schon immer als Partner der Götter gesehen werden können, die Grenzlinie zwischen menschlicher und göttlicher Stellung war immer unscharf; völlige Vergottung war letztlich bloß die (vielleicht auch vorhersehbare) Konsequenz dieser Traditionen.

H. S. Versnel, *Triumphus. An Inquiry Into the Origin, Development and Meaning of the Roman Triumph* (Leiden 1970).

Gleichzeitig war diese Art der Vergottung völlig neu, seltsam, überraschend, vielleicht sogar etwas lächerlich. Einem Römer mußte es nicht weniger seltsam vorkommen als uns, daß jemand erst ‚menschlich', einen Tag später schon ein ‚göttlicher' Olympier sein konnte; Vespasians berühmte letzten Worte – *puto deus fio* (Suet. *Vesp.* 23, 4) – unterstreichen dies. Die *Apocolocyntosis,* von Seneca nur wenige Wochen nach Claudius' Apotheose geschrieben, um sich über sie lustig zu machen – legt manche Probleme, den Humor wie die intellektuellen Rationalisationen bloß, welche diesen Prozeß begleiteten.

Der Text erzählt die Reise des törichten, geifernden, aber mörderisch grausamen alten Kaisers zum Olymp, dessen göttlichem Senat er das Gesuch um Apotheose vorzulegen hat. Die Erzählung beginnt mit dem Spott auf die Zeugen der Apotheose und der bereitwilligen Komplizenschaft der römischen Elite in der Charade, daß tatsächlich die Seele des Kaisers als ein Adler aus dem Scheiterhaufen zu den Göttern entflogen sei (im Jahre 14 n. Chr. hatte Livia angeblich den Mann mit einer Million Sesterzen belohnt, der bereit war auszusagen, er habe Augustus' Seele aufsteigen sehen). Im Zentrum des Textes steht eine Rede des Augustus gegen die Aufnahme des Mörders und Krüppels Claudius unter die Olympier. Während dieser ganzen Rede und der gesamten Debatte im olympischen Senat wird dem Leser klar, wie schwierig es sein mußte, die Vergottung des Kaisers zu verstehen, der in keiner Hinsicht wirklich ein Gott war und nicht wie Götter beurteilt werden konnte: Selbst der große Augustus erscheint neben den wirklichen Göttern ganz klein; er hatte denn auch vorher noch nie im himmlischen Senat das Wort ergriffen. Am Ende wird Claudius aus dem Olymp ausgestoßen und zur Unterwelt gebracht.

Die Vergottung des Kaisers hatte Wurzeln in Roms religiöser Tradition; sie brachte Riten, Opfer, Priestertümer und Bauten mit sich, um die kaiserlichen Götter mit großem Aufwand in eindrücklichem Schauspiel zu ehren; Mitglieder des Kaiserhauses zusammen mit führenden Senatoren wurden die ersten Priester des Augustus, die *sodales Augustales.* Andererseits war die Vergottung immer ambivalent und umstritten, denn sie weckte nicht bloß die Frage nach dem unklaren Übergang zwischen Mensch und Gott und dem neuen Status des toten Herrschers, sondern auch nach der Natur des Göttlichen überhaupt. War der tote und vergottete Kaiser jetzt dasselbe wie die anderen Götter, oder war er es nicht? Der lateinische Titel *divus,* den diese neuen Götter erhielten, war zwar verwandt, aber deutlich verschieden von *deus,* der Bezeichnung der traditionellen Gottheiten. Machte dies die Kaiser weniger göttlich? Nach welchen Kriterien sollte man die Göttlichkeit eines Kaisers beurteilen – oder, letztlich, auch die eines Gottes?

Auf einen anderen Aspekt derselben Ambivalenz wirft noch einmal die *Apocolocynthosis* ein Licht. Wenn ihr Verfasser (was fast sicher ist) tatsächlich Seneca war, so war dies derselbe Mann, der kurz vorher die offizielle Laudatio verfaßt hatte, welche Nero bei Claudius' Begräbnis vortrug, als man seine Seele zum Himmel aufsteigen sah. Und die Satire selber war vielleicht zum erstenmal an den Saturnalia des Jahres 54 im Palast vor jenen Mitgliedern des Hofs vorgetragen worden, die auch die Priester des neuen Gottes waren. Mit anderen Worten: Dieselben Menschen lachten über die Vergottung und führten feierlich (und vielleicht auch aufrichtig) die ihr Ausdruck gebenden Riten durch.

H. S. Versnel, „Two carnivalesque princes. Augustus and Claudius and the Ambiguity of Saturnalian Imagery", in: S. Döpp (Hrsg.), *Karnevaleske Phänomene in antiken und nachantiken Kulturen und Literaturen.* Stätten und Formen der Kommunikation im Altertum 1. Bochumer Altertumswissenschaftliches Colloquium 13 (Trier 1993), 99–122.

2.3.2 Der Status des Kaisers als eines Gottes zu Lebzeiten stellt diese Probleme noch schärfer heraus. Eine (moderne) Ansicht ist, daß der Kaiser wenigstens in Italien (zu den Provinzen → 3.3) nicht als Gott behandelt wurde, solange er lebte. Er konnte zwar mit den Göttern verbunden, sogar ausdrücklich mit ihnen verglichen werden; aber in dem Modell kaiserlichen Verhaltens, das Augustus begründet hatte, konnte er erst nach seinem Tod ein Gott *werden.* Hatte nicht Caesars Anspruch auf göttlichen Status (mit Priester und einem Giebel an seinem Haus, wie an einem Tempel) zu dem Unbehagen beigetragen, das zu seiner Ermordung geführt hatte? Während des gesamten Prinzipats wurden also ausdrückliche Wünsche der Kaiser nach göttlicher Verehrung (oder auch nur Domitians Wunsch, als *dominus et deus* angesprochen zu werden) als Zeichen kaiserlicher Anmaßung verstanden. Diese Forschungsmeinung ist gewiß richtig, in dem von ihr gesetzten engen Rahmen: Es ist sicher kein Zufall, daß etwa Erzählungen von kaiserlichem Fehlverhalten (darüber also, was ein Prinzeps nicht tun sollte) regelmäßig vom Anspruch auf göttliche Verehrung handeln: So Gaius, der (in den Worten Suetons, *Gaius* 22) „einen Tempel für sich selber als Gott bauen ließ, mit Priestern, den wertvollsten Opfern und einem lebensgroßen Goldbild, das jeden Tag mit denselben Kleidern bekleidet wurde, wie sie der Prinzeps jeweils trug".

Doch die Lage ist wieder einmal komplexer. In der Praefatio zu seinen *Astronomica* widmet Manilius sein Werk Augustus mit den folgenden Worten (1, 7ff.): „Du Caesar, des Vaterlands erster Bürger und Vater, der du . . . die dem Vater überlassene Welt dir verdienst, *selber ein Gott* . . .". Was Manilius genau mit *deus ipse* gemeint hat, ist schwer zu sagen; noch schwerer, zu wissen, wie seine Leser dies verstehen konnten. Manche mochten dies wohl einfach als exzessives rhetorisches Lob (oder Schmeichelei) lesen – ohne daß damit Augustus nun wirklich als Gott angesehen würde; andere waren sich da wohl weniger sicher. Und ähnliche Probleme stellen Porträtstatuen wie die des Claudius mit den Attributen Iupiters (aus Lanuvium, 42 oder 43 n. Chr., jetzt im Vatikan) oder die des Commodus als Hercules (von einem kaiserlichen Grundstück auf dem Esquilin; jetzt im Konservatorenpalast). Sind dies aufwendige Metaphern, um in der Bildersprache der Religion über die Macht des Prinzeps zu reflektieren, oder verweisen sie (auch) auf eine tatsächliche Identifikation von Kaiser und Gott? Wie nachdrücklich man auch versicherte, daß der lebende Prinzeps immer ein Mensch blieb, durch die Angleichung an einen Gott öffnete man doch die Möglichkeit, daß er auch ein Gott war. Die Grenze zwischen Gottähnlichkeit und Göttlichkeit war wohl nie sauber zu ziehen, auch nicht zu Lebzeiten des Herrschers.

2.3.3 Auf den ersten Blick sieht es in den Provinzen eindeutiger aus: Auch der lebende Kaiser wurde ausdrücklich als Gott behandelt, nicht bloß seine vergöttlichten Vorgänger. Nikolaos von Damaskus, Historiker augusteischer Zeit, hielt nachdrücklich fest, daß man „den Herrscher auf Festland und Inseln mit Tempeln und Opfern verehre"; die erhaltenen Zeugnisse aus dem ganzen Imperium bestätigen dies, wenigstens bis ins 3. Jahrhundert. Inschriften verweisen ausführlich schon zu Lebzeiten auf die Göttlichkeit des Kaisers: Ein fragmentarisches Ehrendekret für Augustus, das die Koer ihm für seine Hilfe nach einem Erdbeben in Olympia aufstellen ließen, beginnt mit diesem Preis: „Da der Princeps Caesar, der Sohn des Gottes, Σεβαστός (die griechische Übersetzung von *Augustus*), durch seine Wohltaten an allen Menschen selbst die olympischen Götter übertrifft . . ." (*Inschr. Olympia* 53); und ein Beschluß aus Mytilene hält fest: „Die Stadt wird nichts unterlassen, was ihn [Augustus] weiter zum Gott machen kann" (*OGIS* 456, 44). Im ganzen Reich, von Britannien bis Ägypten, erbaute man den Kaisern Tempel und Heiligtümer – manche als riesige und prunkvoll geschmückte Anlagen (wie das Sebasteion von Aphrodisias, → 1.3), andere als bescheidene Tempel oder Altäre, die man aber oft stolz auf den Stadtmünzen darstellte (oft genug einziger Beleg für ihr Aussehen oder ihre Existenz). Man richtete für den göttlichen Herrscher Kulte und Priestertümer ein; ausführliche Regeln enthält etwa eine Bronzetafel aus Narbo (Gallien), welche Pflichten und Ehren des Oberpriesters des Vespasiankults festlegt (*ILS* 6964), während aus mehr als dreißig kleinasiatischen Städten Priester des Augustus bekannt sind, die schon zu seiner Lebzeit offizierten.

Ein Teil dieses Kaiserkults ging zweifellos auf offiziellen Druck (oder wenigstens Ermunterung) der römischen Behörden selber zurück, betrachtete man doch den Kaiserkult als nützliches Mittel, sich die Loyalität der Provinzeinwohner zu sichern, ganz besonders der lokalen Eliten, die regelmäßig solche Priestertümer bekleideten.

Roms Einfluß kann auf verschiedene Arten festgemacht werden. So bewahrt eine Inschrift den Beschluß der Versammlung der Provinz Asia auf, das Kalenderjahr mit dem Geburtstag des Augustus zu beginnen („da der Geburtstag des Gottes für die Welt mit der durch ihn gebrachten frohen Botschaft anfing", *OGIS* 458, 40); dieselbe Inschrift hält aber auch deutlich fest, daß die Anregung dazu vom Statthalter kam, dessen entsprechendes Edikt mit allen einschlägigen Argumenten in derselben Inschrift mitgeteilt ist (und – was uns beinahe ironisch vorkommen mag – mit dem Beschluß der Versammlung, den Statthalter zu ehren dafür, daß er „die gewaltigsten Ehren für Augustus" ausgedacht habe).

Im Westen des Reichs finden sich andere deutliche Zeichen dafür, daß der Anstoß für solche Ehren von Rom ausging. In mehreren Provinzen – Baetica, Africa, Gallia Narbonensis und wohl auch Mauretania – kann die Einrichtung eines provinzialen Kaiserkults in Vespasians Regierungszeit datiert werden: Das ist kein Zufall, sondern legt nahe, daß es die Politik der neuen, flavischen Dynastie war, diesen Kult zur Konsolidierung ihrer Macht im Westen des Reichs einzusetzen.

Nicht immer war es freilich so einfach. Zum einen konnte der Kaiserkult ebensosehr Unzufriedenheit und Widerstand statt Loyalität auslösen. Zu den Gründen für den Aufstand der Boudicca in 61 n. Chr. in Britannien zählt Tacitus (*Ann.* 14, 31) auch die Unterhaltskosten für Tempel und Kult des Claudius, die auf der lokalen Elite lasteten. Andererseits konnte die Initiative zur Einrichtung eines Kaiserkults durchaus auch von Gruppen innerhalb einer Provinz ausgehen. So hält Tacitus in seinem Bericht über Tiberius' Herrschaft fest, daß die Städte der Provinz Asia um die Erlaubnis ersuchten, einen gemeinsamen Tempel für Tiberius, seine Mutter (Livia) und den Senat zu stiften; dem wurde 23 n. Chr. stattgegeben (*Ann.* 4, 15), doch zwei Jahre später schlug Tiberius eine ähnliche Anfrage der Provinz Hispania Ulterior ab, wobei er demonstrativ seine Bescheidenheit in dieser Frage betont habe („in allen Provinzen in Gestalt der Götter verehrt zu werden, wäre ehrgeizig und anmaßend", Tac. *Ann.* 4, 37, 3). Natürlich können wir nie präzise wissen, was hinter solchen Anfragen stand oder ob sie nicht letztlich doch von offizieller Seite ermuntert worden waren; doch ist auch klar, daß eine Provinzstadt aus einem bedeutenden Kaiserkult Vorteil und Prestige gewinnen konnte. Tatsächlich stritten sich noch drei Jahre, nachdem Tiberius seine Einwilligung gegeben hatte, elf Städte Asias darum, wer Ort des Tempels sein dürfe, mit Gesandtschaften, die in Rom Einfluß zu nehmen suchten; schließlich sprach der Senat den Kult der Stadt Smyrna zu (Tac. *Ann.* 4, 55–57). Ebenso konnte ein Mitglied der lokalen Elite es als Mittel zu persönlichem Fortkommen betrachten, ein Priesteramt im Kaiserkult zu bekleiden: Das konnte nicht bloß eine Reihe von öffentlichen Ehren bringen, wie sie das Dekret von Narbo auflistet (einschließlich eines Ehrensitzes an den Spielen und ein besonderes Kleid); es konnte den Amtsinhaber auch in enge Verbindung mit dem Statthalter bringen und ihm Zugang zu neuen Kreisen der Macht bringen.

Doch ist die genaue Abwägung zwischen zentraler und lokaler Initiative auch gar nicht die Hauptfrage. Weit bedeutsamer ist die Frage, wieweit diese Riten in die traditionellen Strukturen der Provinzreligion eingebettet waren oder ob man sie als getrennte, spezifisch römische und damit fremde Elemente im öffentlichen Kult der Provinz ansah. In den Westprovinzen wissen wir relativ wenig über die Religionen vorrömischer Zeit; was wir von diesen weitgehend in Stammesgruppen organisierten Gesellschaften wissen, legt nahe, daß die städtischen Formen des Herrscherkults radikal aus der religiösen Tradition ausscherten. Ganz anders in den Ostprovinzen, wo der Kult des römischen Kaisers nicht bloß unmittelbar an den Kult der hellenistischen Könige anknüpfen konnte, wo auch manche der Riten des Kaiserkults engstens in die verschiedenen traditionellen Riten und Symbole der einzelnen Stadt eingebunden waren und aus ihnen auch ihre Bedeutung bezogen. In Gytheion bei Sparta etwa schreibt eine Gruppe von Sakralgesetzen für ein Kaiserfest aus dem Jahre 15 n. Chr. (*SEG* 11, 923) Theateraufführungen zu Ehren des *divus* Augustus, von mehreren lebenden Mitgliedern der Dynastie und von zwei lokalen Wohltätern vor, legt aber gleichzeitig auch die Route einer Festprozession fest, die vom Tempel von Asklepios und Hygieia zum Kaisertempel führte, wo man für die lebenden und verstorbenen Kaiser Opfer darbrachte, auf die später wohl Räucheropfer vor den Bildern von Augustus, Tiberius und Livia im Theater folgten. Diese im Osten immer wieder faßbare Einbindung des neuen Kaiserkults in die bestehenden religiösen Strukturen der Stadt ordnet den Kaiser in die existierende religiöse Tradition ein; damit ist er Teil der traditionellen Symbolstruktur, er ist der Stadt nicht einfach von außen auferlegt worden. Damit ist die Funktion des Kaiserkults in den Städten des griechischen Ostens weit komplexer, er sichert nicht einfach die Loyalität der Provinz: Aus der Sicht der Stadt bot die Verehrung des Kaisers vielmehr die Möglichkeit, den Herrscher Roms in die eigene Symbolwelt einzugliedern und damit seine Macht mit Hilfe der eigenen Symbolsprache zu verstehen.

Wieweit aber nahm dieser Provinzkult – anders als derjenige der Stadt Rom – die reale Göttlichkeit des lebenden Kaisers an? Es gab Gelegenheit innerhalb des Provinzkults, seine völlige Gleichstellung mit einem olympischen Gott herauszustreichen. Einige Texte aus den Provinzen stellten den Kaiser den Olympiern durchaus gleich und ließen ihn sie gar noch übertreffen; in einer Reihe von Ehrendekreten wird Augustus (mehr als jeder spätere Kaiser) direkt mit den Olympiern verglichen, nicht immer zu deren Vorteil. In gewissem Sinn war der Kaiser (unter gewissen Umständen, für gewisse Leute) durchaus ein Gott. Und doch ist nicht die Rede davon, daß selbst der leichtgläubigste Provinziale annahm, daß ein Gott auf dem Reichsthron sitze; der gebildeten

Welt der Hauptstadt durfte man damit schon gar nicht kommen. Auch in Rom wurde die Göttlichkeit des Kaisers im selben Moment offen vorgeführt und in Frage gestellt: Sein Status war ausdrücklich ambivalent.

Andererseits scheinen manche Strukturen und Riten des Kaiserkults in den Provinzen geradewegs dazu geschaffen, keine Gewißheit über die Göttlichkeit des Kaisers aufkommen zu lassen. Manche östlichen Tempel führen diese Ambivalenz deutlich vor: Münzen von Pergamon etwa legen nahe, daß im Innern des gemeinsamen Tempels für Zeus und Trajan eine gewaltige Sitzstatue des Zeus stand, dem sich ein kleineres Bild Trajans näherte, wie um sie zu ehren – womit der Statusunterschied zwischen Kaiser und Gott manifest ist. Ebenso findet man in den Inschriften aus den östlichen Provinzen nur selten Opfer direkt an den noch lebenden Kaiser verzeichnet (im Unterschied zu Opfern an die *divi*); gewöhnlich pflegte man (wie in Gytheion) einer traditionellen Gottheit *für* den Kaiser und sein Haus ein Opfer darzubringen. Mit anderen Worten: Kaiser waren zwar in das Opferritual einbezogen, doch innerhalb des Rituals waren sie von den ‚richtigen' Göttern deutlich unterschieden und schon durch das Formular („für den Kaiser") noch immer als Empfänger göttlicher Gunsterweise bezeichnet. Ebenso konnte das Formular in den Westprovinzen (und in Rom) Götter und Kaiser differenzieren: Gegenstand der Verehrung war nicht der Kaiser selber, sondern sein *numen* (sein ‚Nicken', seine ‚Macht', seine ‚göttliche Macht'). Als Attribut auch der traditionellen Götter verband *numen* zwar Kaiser und Götter, indem beide gemeinsam *numen* besaßen, doch dem *numen* des Kaisers anstatt dem Kaiser selber zu opfern, war ein Mittel, den Kaiser aus dem göttlichen Rampenlicht zu rücken und seine Göttlichkeit zu umgehen. Die Komplexitäten und bewußten Verwirrspiele um die Göttlichkeit des Kaisers waren also in den Provinzen ebenso wichtig wie in Rom und Italien.

2.4 Priestertümer, Priester und religiöse Gruppen

2.4.1 Eine einmalige Dokumentengruppe wirft Licht auf die Organisation, Riten und Mitglieder einer offiziellen Priestergruppe im kaiserzeitlichen Rom. Im Kultzentrum der *fratres Arvales* – einem Hain wenige Kilometer außerhalb Roms (La Magliana) – stammen Inschriften (in modernen Ausgaben im Umfang von rund 200 Druckseiten), welche während etwa dreihundert Jahren (die früheste stammt aus 12 v. Chr., die späteste aus 304 n. Chr.) die Einzelheiten von Riten, Verwaltungsentscheiden und Änderungen des Mitgliederbestands festhalten. Wurde eben (→ 2) die Bedeutung der Priestertümer für Roms traditionellen Staatskult betont, so geben uns erst diese Dokumente die Möglichkeit, ins Innere einer Priestergruppe zu sehen und die Folgen des neuen Herrschaftssystems auf Mitglieder und Aktivitäten zu erkennen. Obwohl die Arvalen nie die Bedeutung eines der vier großen Priestertümer erlangen, sind ihre Inschriften doch die besten Zeugnisse überhaupt für die Organisation von kaiserzeitlichen Priestertümern.

Wir können bloß vermuten, daß die Arvalbrüder und ihr Kult in Roms grauer Vorzeit entstanden waren. Varro verweist auf ihre ‚agrarischen' Riten: „Sie führen öffentliche Riten durch, damit das Ackerland Frucht trägt" (*Ling. lat.* 5, 85). Sonst wissen wir kaum etwas vor der ersten erhaltenen Inschrift aus 21 v. Chr.. Wahrscheinlich hat Augustus in seinem demonstrativen Bestreben, die religiösen Traditionen wieder zu beleben, einen alten Kult neu gegründet (oder wenigstens neu belebt), der am Ende der republikanischen Zeit beinahe erloschen war. Der Kaiser selbst wurde einer der *fratres;* es ist eine Statue erhalten, die ihn im typischen Aufzug, mit einem Ährenkranz im Haar, darstellt. Teil der augusteischen Reform war wohl, von nun an die Akten in Stein einzuschreiben.

Diese Schreibtätigkeit der Arvalen ist typisch und untypisch zugleich für kaiserzeitliche Priesterschaften. Verweise in den inschriftlichen Texten machen klar, daß sie auf ein priesterliches Archiv in der Form eines Buches (oder eines *codex*) zurückgehen: Sie sind bloß eine Auswahl aus den viel vergänglicheren Akten, die zur Schau gestellt wird. Man darf vermuten (und es gibt auch einige Hinweise darauf), daß jedes größere Priestertum ein Archiv in irgendeiner Form besaß, um zumindest eine Mitgliederliste führen, formale Beschlüsse festhalten und vielleicht auch die ausgeführten Riten niederschreiben zu können. Ungewöhnlich ist also bloß, daß die Arvalen einen Teil ihres Archivs auch in Stein schrieben.

Die Inschriften zeigen, wie komplex die alltägliche Kultausübung war – sie verweisen etwa auf die Infrastruktur niedrigerer Chargen (*kalatores,* ein *commentariensis,* Sklaven), auf die Hierarchien im Innern der Gruppe der Priester (jedes Jahr wurden ein *magister* und ein *flamen* als Leiter des Kollegiums gewählt), auf die Verpflichtung, den Hain zu pflegen (umgestürzte Bäume oder die Folgen von Blitzschlag zu beseitigen), auf die aufwendigen Riten um ihr jährliches Hauptfest (für die Göttin Dea Dia) mit Festmahlzeiten und Pferderennen. Auch wenn für Struktur und Leben anderer Priestertümer Nachrichten fehlen, muß man sie sich ähnlich komplex vorstellen; und wie die Arvalen, so mußte jedes Priesterkollegium sich neben seinen traditionellen religiösen Verpflichtungen spezifisch kaiserlichen Ritualen widmen. Die Arvalinschriften beschreiben eine Reihe solcher Rituale – vom üblichen ‚Wunsch für das Wohl des Kaisers' *(vota publica)* an jedem 3. Januar bis zu besonderen Opfern anläßlich besonderer Ereignisse – bei der Rettung des Princeps aus Seenot, bei seiner Rückkehr in die Stadt nach längerer Abwesenheit, aber auch am Jahrestag der Verleihung der *tribunicia potestas* oder der Wahl zum Konsul.

In den 300 Jahren, welche die Inschriften umspannen, lassen sich Veränderungen in der Mitgliedschaft wie im Ritual der Arvalen feststellen. Die Inschriften nennen regelmäßig die neuen Priester, welche nach dem Tod eines Mitglieds kooptiert wurden (das Priesteramt war lebenslänglich); daraus kann man beträchtliche Änderungen in der Rekrutierungsweise des Kollegiums ablesen. Zu Beginn der Kaiserzeit (bis in neronische Zeit) stammten die Arvalen aus den prominentesten Familien Roms; das Amt war ausschließlich Senatoren vorbehalten. Später schwankte ihre gesellschaftliche Stellung: Gelegentlich scheinen sie aus den unteren Rängen der Senatsaristokratie zu kommen – Männer, die noch kein Konsulat oder höheres Priestertum bekleidet hatten; zu anderen Zeiten genossen die Arvalen ein mindestens so hohes gesellschaftliches und soziales Ansehen wie die Angehörigen der vier oberen Priesterschaften. Die Inschriften lassen auch bemerkenswerte Veränderungen im Ritual des Kaiserkults sehen: Zwar wurden während der ganzen Zeit die *vota publica* des 3. Januar ausgesprochen, wurden die traditionellen Einzelopfer aus Anlaß besonderer Ereignisse im Umkreis des Kaisers abgehalten (wenn auch seit dem späten 1. Jh. seltener als früher); doch mit dem Machtantritt der Flavier hören die Opfer an Kaisergeburtstagen oder zu Ehren einzelner vergöttlichter Mitglieder des Kaiserhauses auf. Sind die Inschriften verläßliche Zeugnisse für die Riten der Arvalen (denkbar ist, daß einige Riten stattfanden, ohne daß man sie aufschrieb), weist dies auf eine umfassende Änderung im Kaiserkult: Die Zahl der Riten für den Princeps und sein Haus wurde praktisch halbiert.

Solche Veränderungen gehen gewöhnlich auf den Kaiser oder seine engsten Berater zurück. Gewöhnlich sprach der Kaiser selber die Berufungen von Priestern aus, auch wenn formal noch immer das Kollegium entschied, indem es ein neues Mitglied kooptierte; gelegentlich halten die Inschriften die Existenz eines kaiserlichen Empfehlungsschreibens *(tabella)* für einen Kandidaten des Herrschers fest. Und daß wenigstens die einschneidenden Änderungen in der Ritualtradition der Arvalen nicht ohne Zustimmung oder Intervention des Kaisers haben stattfinden können, ist wahrscheinlich. In jedem Fall können wir die spezifischen Auslöser der Veränderungen bloß erahnen. Doch genügen sie als Verweis darauf, daß die Geschichte eines römischen Priesterkollegiums immer komplex war: Es waren keine einfachen und unveränderlich monolithischen Gruppen, sie reflektierten und reagierten vielmehr (unter anderem) auf die Ablösung der Herrscher und ihrer Dynastien und die Veränderungen in der Beziehung zwischen dem Kaiser und der römischen Elite.

2.4.2 Als eine seiner bedeutsamsten Innovationen eröffnete Augustus systematisch die öffentlichen Priestertümer für Kandidaten außerhalb der Senatsaristokratie. So reformierte er die Kulte der lokalen Nachbarschaftsgruppen, die sich mit ihren eigenen Priestern um die Straßenkreuzungen *(compita)* der Stadt Rom organisierten; diese Organisation – so die Überlieferung – ging auf König Servius Tullius zurück, welcher die Stadt in vier in ‚Quartiere' *(vici)* unterteilte Regionen organisiert und an den Schnittpunkten jedes dieser *vici* eine Kapelle der Lares Compitales eingerichtet hatte, denen man ein jährliches Opfer darbrachte. In der späten Republik waren die Kollegien, welche für diese Riten verantwortlich waren, zum Zentrum von Gewalt und Aufruhr geworden, und man hatte mehrfach versucht, sie zu kontrollieren oder zu verbieten. Augustus ließ sie weiterbestehen, doch als er im Jahr 7 v. Chr. die Stadt in vierzehn Regionen und 265 *vici* unterteilte, formte er diese Kulte zur Verehrung seiner eigenen Laren *(Lares Augusti)* und seines Genius *(genius Augusti)* um: So wurde seine (göttliche) Gegenwart in der gesamten Stadt sichtbar.

Ebenso wichtig war der Status der Offizianten *(ministri)* dieser neuen Kulte: Wie die Listen auf einigen Altären zeigen, waren sie ausschließlich Sklaven und Freigelassene. Damit bot dieser Kult, der so ausdrücklich mit dem Kaiser verknüpft war, Männern eine Rolle im öffentlichen Kult, welche von den traditionellen Priesterämtern Roms ausgeschlossen waren.

In den italischen Städten erhielt eine andere Gruppe, die nicht zur traditionellen Elite gehörte, Aufgaben im Kult des Herrschers (seines *genius* oder *numen*) zugewiesen. Die unter Augustus eingerichteten Kollegien der *Augustales* waren keine Priestertümer im engen Sinn, sondern Ehrenämter – ausgezeichnet etwa durch die *toga praetexta,* besondere Sessel im Theater oder die Begleitung durch Liktoren – für Freigelassene, die an sich von sämtlichen Ämtern ausgeschlossen waren; weder sie noch ihre Exponenten, die *seviri Augustales,* waren eigentlich Priester, doch führten sie im Rahmen ihrer öffentlichen Rolle verschiedene Riten im lokalen Kaiserkult durch. Diese Aufgaben waren wohl von Municipium zu Municipium verschieden, und die Inschriften weisen auf die lokale Vielfalt ihrer religiösen Aufgaben, von der Durchführung ritueller Mahlzeiten an Kaisergeburtstagen bis zum lokalen Kult der Lares Augustales. Doch hinter aller Vielfalt steht die Tatsache, daß in Rom wie in ganz Italien mit Augustus' Herrschaft und den verschiedenen Formen des Herrscherkults die öffentliche Rolle von Freigelassenen und anderen nicht zur Elite gehörenden Gruppen markant ausgeweitet wurde.

<table>
<tr><th colspan="3">Collegia maiora</th></tr>
<tr><td colspan="3">Keine Änderung. Die Priester zelebrieren jetzt auch Ludi und Vota pro salute principis. Die XVviri feiern jede hundertzehn Jahre die Ludi Saeculares; sie haben in der Kaiserzeit zwei magistri. Die Zahl der Mitglieder der Collegia nur ausnahmsweise erhöht. Die pontifices minores und die flamines minores sind jetzt ritterlichen Standes.</td></tr>
<tr><th colspan="3">Sodalitates</th></tr>
<tr><td>Sodalitates der Divi (je 25 pro Sodalitas)</td><td>Sodales Augustales (14 n. Chr.), von 54 an Sodales Augustales Claudiales; sodales Flaviales (79 n. Chr.) Titiales (81 n. Chr.); Sodales Cocceiani (18 n. Chr.) Ulpiales (118) Hadrianales (197); sodales Antoniniani (usw.) seit 160 n. Chr.</td><td>Kult der Divi und der Domus Augusta.</td></tr>
<tr><td>12 Fratres arvales</td><td>Vorsitz: jährlich gewählter magister, der einen flamen nimmt.</td><td>Agrarkult auf der Grenze des Ager Romanus antiquus.</td></tr>
<tr><td>Sodales Titienses (20)</td><td>–</td><td>–</td></tr>
<tr><td>Priestertümer der altlatinischen Gemeinden oder mit latinischen civitates gemeinsamer Kulte (meistens Ritter)</td><td>Laurentes Lavinates (Lavinium); sacerdotes Albani (Alba); s. Caeninenses (Caenina); s. Tusculani (Tusculum); s. Lanuvini (Lanuvium); s. Suciniani (Sucinium). Innere Organisation unterschiedlich.</td><td>Zelebrieren oder konzelebrieren mit römischen Magistraten latinische oder gemeinsame Riten.</td></tr>
<tr><td colspan="3">Alle anderen keine Änderung (s. Tab. 1)</td></tr>
</table>

Tab. 4 Priestertümer Roms in der Kaiserzeit

2.4.3 In der kaiserzeitlichen Welt existierte außerhalb der öffentlichen Kulte Roms und der Municipia Italiens eine ganze Reihe von religiösen Alternativen. Diese Kulte – wie derjenige der Magna Mater, von Isis, Mithras, Iupiter Dolichenus und viele andere – boten andere religiöse Ämter und andere religiöse Rollen, (oft) auch andere Modelle von religiöser Autorität, Glauben und religiöser Erfahrung an. Die Vielzahl solcher Alternativen, die in Rom wie in vielen anderen Städten im Reich neben den öffentlichen Kulten bestanden, ist eines der wichtigsten Merkmale der kaiserzeitlichen Religion.

Die meisten Kulte leiteten sich aus dem Osten des Reichs ab – von daher die moderne Bezeichnung als ‚orientalische Kulte'; dies stellt die Frage, was denn nun in der römischen Religion wirklich als ‚römisch' anzusehen sei (→ 1.1), in ihrer schärfsten Form. Manche Formen dieser alternativen Kulte waren tatsächlich fremd, gehörten zu ethnisch fremden Gruppen von Nichtbürgern von weit außerhalb Italiens. Andererseits war in der multikulturellen Gesellschaft des Kaiserreichs ethnische Zugehörigkeit kein verläßliches Indiz für ‚römisch' und ‚nicht-römisch'; die Gruppe der römischen Bürger wurde schließlich immer wieder ergänzt durch Menschen (oft genug ehemalige Sklaven) aus allen Teilen der bekannten Welt. Außerdem ist klar, daß manche dieser alternativen Kulte, auch wenn sie in vieler Hinsicht aus dem Osten ‚stammten', nur unter großen Änderungen in einen spezifisch römischen Zusammenhang eingebettet (‚romanisiert') wurden; im Zusammenhang anderer Aspekte der römischen Gesellschaft, Kultur und Religion wurden sie zu Religionen, die sich von ihren östlichen Ursprüngen markant unterschieden.

Oft auch wurde die Emphase, mit der Ausübende wie Betrachter ihre Fremdheit hervorhoben, zu einem Mittel, den Unterschied dieser Kulte zu den öffentlichen Kulten Roms zu markieren. Denn im Unterschied zur öffentlichen Religion Roms enthielten diese alternativen Kulte oft initiatorische Riten, Elemente von Offenbarungsreligionen und eine ausführliche Theologie (die Jenseitshoffnungen enthalten konnte). Ihre Anhänger bildeten besondere religiöse Gemeinschaften, welche von den politischen Institutionen von Stadt und Reich losgelöst waren und von den Anhängern Loyalität forderten. Auch ihre Priester und Offizianten wurden ausschließlich religiös definiert, waren also keine Exponenten einer politischen Öffentlichkeit, die auch in religiösen Zusammenhängen aktiv waren; sie hatten oft geistliche Führungs- und Sorgeaufgaben gegenüber den Gemeindegliedern – wieder markant anders als die traditionellen Priester des öffentlichen Kults. Diese Eigenheiten waren bereits mitverantwortlich für die strenge Kontrolle, welcher die römischen Autoritäten im Jahr 186 v. Chr. den Bacchuskult unterworfen hatten; doch noch zwei Jahrhunderte später waren die Unterschiede zwischen den ‚orientalischen Kulten' und dem öffentlichen Kult nicht weniger stark spürbar – Satiriker konnten etwa die kahlgeschorenen Isispriester oder die kastrierten *galli* der Magna Mater verspotten, und Augustus konnte (vergeblich) versuchen, die ägyptischen Riten aus dem Pomerium auszuschließen. Generelle Verbote der Kaisergegenüber diesen Kulten hingegen sind nirgends belegt.

Wie verschieden diese Kulte sein konnten, wird besonders eindrücklich von Apuleius im letzten Buch seiner ‚Metamorphosen' dargestellt. Lucius, sein Held, der am Anfang der Erzählung in einen Esel verwandelt worden war, findet hier mit der Hilfe von Isis wieder zurück zur menschlichen Gestalt und wird zum Anhänger der Göttin. Natürlich haben wir es dabei nicht mit einem neutralen und objektiven Bericht über den Isiskult zu tun, sondern mit einem raffinierten und auch ironisierenden Roman – doch gibt der Text (teilweise gerade deshalb) ein besonders eindrückliches Bild des Kults, seiner Anhänger und seiner Riten. Zu Beginn des letzten Buchs erscheint die Göttin dem Helden (der noch immer Eselsgestalt hat) in Korinth und verspricht ihm ein glückliches Leben über den Tod hinaus: „In Seligkeit wirst du leben, in Ruhm wirst du unter meinem Schutz leben, und wenn du das Ende deiner Lebenszeit erreicht hast und in die Unterwelt hinabgehst, wirst du auch dort ... mich verehren. Und wenn du ... dich um meine göttliche Macht verdient gemacht hast, wirst du wissen, daß ich allein deine Lebenszeit über die vom Schicksal zugesprochene Spanne hinaus verlängern kann" (*Met.* 11, 6). Dann wird er Zeuge einer prächtigen Isisprozession, in welcher die Geweihten in weißen Leinenkleidern ihre heiligen Rasseln *(sistrum)* schütteln und die Priester seltsame Kultgegenstände tragen (ein Goldgefäß in Form einer Brust, eine goldene Getreideschwinge, dazu die Bilder der ägyptischen Götter); gleich danach wird er wieder Mensch (11, 8–13). Die Einweihung in den Kult, nach der er sich darauf sehnt, wird ihm schließlich gestattet, doch nicht, bevor ihn der Priester („wie ein Vater") vor allzugroßem Eifer, vor zu großer Begierde nach der Initiation gewarnt hat: Die Göttin selbst bestimmt den Termin (11, 21). Das Buch endet in Rom mit Lucius' zweiter Einweihung im Isistempel auf dem Marsfeld. Fast jede Einzelheit – von der Sorge des Priesters für die Mitglieder seiner Gemeinde bis zu den Versprechen seligen Lebens unter dem Schutz der Göttin – setzt diesen Kult von der traditionellen Religionsübung Roms ab.

J. Gwyn Griffiths (Hrsg.), *Apuleius of Madaura. The Isis-book (Metamorphoses XI). Edited with an Introduction, Translation and Commentary* (Leiden 1975).

An sich mußte die Anhängerschaft in solchen Kulten nicht zur Ablehnung der offiziellen Religion führen; diese Kulte boten alternatives religiöses Erleben, nicht einen Ersatz für die öffentlichen Riten an. Daß traditionelle Staatsgötter den Sakralraum (und wohl auch die Zuwendung der Menschen) mit den orientalischen Göttern teilten, ist durchaus belegt, ebenso wie der Umstand, daß derselbe Mensch in verschiedene dieser Kulte eingeweiht sein konnte. So enthält das stadtrömische Mithraeum unter der Kirche S. Prisca neben der üblichen mithräischen Ikonographie (→ 4.4) Büsten von Sarapis, Venus und Mars; und im späten 4. Jahrhundert konnte ein Mitglied der paganen Aristokratie der Stadt, Vettius Agorius Praetextatus, in seiner Grabinschrift neben der Einweihung in die Kulte von Mithras, Sarapis und Kybele auch die Mitgliedschaft in den traditionellen Priesterkollegien festhalten (*CIL* VI 1778). Freilich wissen wir nicht, wie verbreitet solche Kombinationen waren. Die ‚orientalischen Kulte' zogen Menschen jeder Herkunft an, Männer und Frauen, Sklaven und Freigelassene, dazu (seit dem späten 3. Jh. in immer größerer Zahl) Angehörige der Senatsaristokratie – was sie diesen Kulten gegenüber dachten und fühlten, wie sie umgingen mit den Glaubenssystemen dieser verschiedenen Theologien (mitsamt ihren Jenseitshoffnungen), können wir nicht mehr wissen. Wenn die einen sie verstanden als Bestandteile eines pluralistischen Systems, Teile eines umfassenden Angebots religiöser Optionen, konnten andere sie zum Zentrum ihres religiösen Erlebens machen, bis zum Ausschluß aller anderer Möglichkeiten.

2.4.4 Einer der verbreitetsten Kulte dieser Art war derjenige des Mithras, dessen Kapellen in Italien und vor allem in den westlichen Provinzen vom späten 1. bis zum Ende des 3. Jahrhunderts sich ausbreiteten. Die literarische Bezeugung für den Mithraskult ist notorisch schwach und schwierig; praktisch kein Zeugnis stammt aus dem Innern des Kults – die ausführlichste Darstellung der mithräischen Theologie stammt von Porphyrios als Teil seines Traktats über Vegetariertum und seiner allegorischen Deutung einer Odyssee-Stelle (→ 1.3). Doch die typische Ikonographie der Kultdarstellungen, die charakteristische Bauweise der Kultlokale und die vielen zugehörigen Inschriften erlauben es uns (zusammen mit den literarischen Zeugnissen), die religiöse Bedeutung, interne Organisation und Rekrutierung des Kults in einigem Detail zu rekonstruieren.

Die Kultlokale waren dunkle, abgeschiedene und oft unterirdische Kapellen, die man gewöhnlich als ‚Höhlen' bezeichnete. Sie sollten jener Höhle in Persien nachgeformt sein, in welcher der Gott Mithras das Stieropfer vollzogen hatte, welches der Gründungsakt des Kults war. Am einen Ende des Kultlokals war dieses Opfer regelmäßig in Malerei oder Relief dargestellt; entlang den Längswänden zogen sich Bänke für die Eingeweihten; die ganze Höhle war mit Tierkreiszeichen und anderen Symbolen der Elemente verziert und war so, wie Porphyrios sagt, „ein Bild des Kosmos, den Mithras geschaffen hat" (*antr. Nymph.* 6). Der Gegensatz zum öffentlichen Kult ist manifest: Ein dunkler, geheimer Ort, nicht der offene, öffentliche Bau des traditionellen Tempels; ein Versammlungsort für eine Gemeinde von Gläubigen, nicht (wie der Tempel) ein Haus für das Kultbild der Gottheit. Am wichtigsten freilich war das ganz andere Opfer, das Mithras auf den Kultreliefs aufführte. Das Ritual des öffentlichen Kults in Rom wie in Griechenland unterschied scharf zwischen den Rollen von Göttern, Menschen und Tieren – die Götter empfingen das Opfer, die Menschen brachten es dar, die Tiere wurden geopfert. Die mithraische Version, welche den Gott darstellt, wie er auf dem Rücken des Stiers kniet und das Messer in seinen Hals senkt, verkehrt dieses traditionelle Modell: Der Gott bringt sich selber das Opfer dar. Ebenso wird das traditionelle Modell in den oft dargestellten Kämpfen Mithras mit dem Stier verkehrt: Im traditionellen Opfer bietet sich das Tier freiwillig an. In jedem Punkt läuft die mithräische Opfersymbolik den Traditionen des öffentlichen Kults zuwider.

Den Mithraskult kennzeichnete eine ausführliche Hierarchie mit sieben Weihegraden (die alle nur Männern offenstanden); es waren dies: *corvus* (‚Rabe'), *nymphus* (‚Bräutigam'), *miles* (‚Soldat'), *leo* (‚Löwe'), *Persa* (‚Perser'), *heliodromus* (‚Sonnenläufer'), *pater* (‚Vater'). Die Symbole dieser Grade wurden ebenfalls in den Höhlen dargestellt. Die Kultanhänger stiegen wohl alle durch diese Grade auf und vollzogen bei jedem Schritt ein neues Initiationsritual: In gewissem Sinn stellte dieser Prozeß den Aufstieg der Seele auf eine neue kosmische Ebene dar, wobei jeder Grad von einem anderen Planetenzeichen geschützt wurde. Die Forschung hat diese ausführliche Hierarchie mit der Herkunft der Anhänger zu verbinden gesucht: Sowohl die Orte der Kulthöhlen wie die Kultinschriften legen nahe, daß der Kult vor allem Sklaven, Freigelassene und besonders Soldaten anzog; innerhalb der Armee sind höhere Offiziere vor allem als Patrone und Wohltäter des Kults bezeugt, während sich die Anhänger aus den unteren Rängen (vom Centurio abwärts) rekrutierten. Natürlich müssen uns die Gründe, die einen einzelnen zum Beitritt veranlaßten, unbekannt bleiben (und erst recht, was denn nun ein Anhänger des Mithras zum komplizierten astronomischen Symbolismus gesagt hätte, den die moderne Forschung gelegentlich in die Ikonographie hineinliest). Immerhin teilten diese Gruppen, Sklaven nicht anders als Soldaten, die Erfahrung strenger und unentrinnbarer Disziplin: Der Kult hat so wohl in enger Analogie zur alltäglichen Erfahrung seiner Anhänger funktioniert, er stellte also gerade keine ganz andere Existenzform dar, sondern übertrug Hierarchie und Disziplin ihrer Alltagswelt auf eine religiöse (meinetwegen mystische) Ebene. Wenn der Mithraskult so einige der symbolischen Grundlagen von Roms öffentlicher Religion in Frage stellte, so stärkte er auf einer anderen Ebene einige der sozialen Wahrheiten des römischen Lebens.

R. Turcan, *Mithra et le mithriacisme* (Paris ²1993); als besonders extremes Beispiel für die astronomischen Spekulationen D. Ulansey, *The Origins of the Mithraic Mysteries. Cosmology and Salvation in the Ancient World* (New York und Oxford 1989).

2.5 Konflikt und Widerstand

2.5.1 Die römische Religion der Kaiserzeit war fähig zur fast grenzenlosen Aneignung. Wie das römische Bürgerrecht sich allmählich durch das gesamte Reich ausdehnte, so fielen die lokalen Kulte und Religionen keinesfalls dem sich ausdehnenden Reich zum Opfer, sondern fanden gewöhnlich einen Platz in Rom selber – wenn nicht als Teil der offiziellen Religion, so doch wenigstens als Bestandteil jener Mischung, welcher die Religion und die Religionen in Rom kennzeichnete: Es wird oft als besonderes Merkmal des römischen Imperialismus angesehen, daß das *Imperium Romanum* – anders als viele vorindustrielle Reiche – keinen systematischen Versuch unternahm, seine lokale Religion den eroberten Völker aufzuzwingen. So gab es beispielsweise nie den Versuch, spezifisch stadtrömische Riten in die Provinzen zu übertragen; für Parilia oder Lupercalia oder alle die anderen Feste des offiziellen Festkalenders war außerhalb Roms kein Ort. Selbst der Kaiserkult – der einer vom Zentrum der Peripherie aufgezwungenen Kultausübung am nächsten kommt – war im Osten tief in die Traditionen der lokalen Religion eingebunden.

So lautet zumindest die *communis opinio* – und sie hat, wie wir wissen, beträchtliches Gewicht. Und doch unterschätzt oder übersieht sie in der Beschränkung auf dieses eine Modell die Geschichte von Widerstand und Konflikt zwischen römischer und lokaler Religion, die auch in der Geschichte des römischen Imperialismus enthalten (und oft verborgen) ist. Ein Ergebnis einer über die Jahrhunderte hin wachsenden Dominanz römischer politischer Macht – ob gewaltsam oder gewaltlos – und römischer Kultur in den Provinzen war eben doch die Erosion eingeborener religiöser Institutionen und Gottheiten. Und obwohl, wie wir sahen, mehrere Kulte aus dem Osten des Reichs in Rom mehr oder minder willkommen waren, gilt dasselbe doch für keinen einzigen Kult aus den lokalen Religionen des Westens.

Einige lokale Religionen wurden mit Gewalt unterdrückt. So versuchte Rom etwa den Kult der Druiden in Gallien und Britannien auszurotten: Man sah ihn, teilweise sicher zu recht, als Herd des ‚nationalen' Widerstands gegen Rom an. Andere Institutionen wurden systematisch (und gelegentlich gewaltsam) der Kontrolle unterworfen. Während die römische Verwaltung in Ägypten die traditionellen Tempelpriester finanziell unterstützte (auch eine Form der Kontrolle) und den Besitz von Tempel und Tempelangehörigen registrierte, verschwanden im Westen fast alle lokalen Priestereliten; einige wurden vielleicht romanisiert, wie in Lepcis Magna, wo der lokale Amtsträger des *addir azerim* als lateinischer *praefectus sacrorum* erscheint. Im Fall der lokalen Gottheiten muß die sogenannte *interpretatio Romana* – der Prozeß, der Tausende von Göttern im westlichen Reichsteil einem griechischen oder römischen Äquivalent gleichsetzte und dabei oft beide Namen beibehielt, wie Minerva Sulis im britannischen Bath – oft eher dazu geführt haben, daß die lokale Tradition schließlich verschwand, als daß sie erhalten wurde; längerfristig verdrängte Minerva die eingeborene Sulis. In diesem Sinn führte die Romanisierung auch immer zur Romanisierung der lokalen Religionen.

2.5.2 In der Stadt Rom drehte sich die Diskussion viel eher um die Grenze zwischen richtiger und falscher Religionsausübung. Teilweise fiel sie mit der Grenze zwischen ‚römisch' und ‚fremd' zusammen – doch die Diskussion ging weiter, betraf vor allem Magie und Astrologie. Gegen beide Praktiken versuchte Rom mehrfach mit Gesetzen vorzugehen: Unter Tiberius etwa vertrieb der Senat Astrologen und Zauberer aus Rom und Italien und bestrafte jeden mit dem Tod, der nicht gehorchte (Cass. Dio 49, 43, 3); und verschiedene Formen der Magie wurden mehrfach verboten und mit strengen Strafen belegt, bis in die Zeit der ersten christlichen Kaiser. Besonders gut dokumentiert sind wir im Fall des Apuleius, der 158 oder 159 vor Gericht gestellt wurde, weil er angeblich mit magischen Mitteln sich die Gunst einer reichen Witwe erworben habe. Seine Verteidigungsrede *(Apologia)* ist erhalten; darin versucht er etwa zu zeigen, daß verschiedene Gegenstände in seinem Besitz, welche die Ankläger als magische Instrumente verstanden hatten, in Wirklichkeit religiösen, naturwissenschaftlichen oder medizinischen Zwecken dienten.

Manche der Ängste bezüglich der Astrologie haben direkt mit Ängsten um die kaiserliche Macht zu tun. Das Horoskop eines Kaisers zu erstellen und damit den Zeitpunkt seines Todes vorauszusagen, hatte unvermeidliche Konsequenzen für die dynastische Politik: Es konnte als Signal zum Widerstand, für Hochverrat angesehen werden. Der Fall der Magie liegt komplizierter. Ihre Geschichte erzählt der Ältere Plinius als Teil seiner *Historia naturalis* (aus dem mittleren 1. Jh.): Seiner Meinung nach war die Magie eine betrügerische Pseudo-Wissenschaft, die aus Persien (von den persischen *Magi*) gekommen sei und die Kontrolle über die Götter, das Wissen um die Zukunft und die Sicherung der Gesundheit anstrebte (*Hist. nat.* 30, 1–18). Doch wurde die Magie immer wieder diskutiert und neudefiniert: Nie erscheint sie in unseren Quellen als festumrissene Gruppe von rituellen Handlungen oder als objektive Kategorie, selbst in den differenziertesten Rechtstexten und ausgeklügelsten wissenschaftlichen

Darstellungen ist Magie im Wesentlichen als Anklage präsent – die Anklage (durch die Inhaber der Macht), daß religiöse Macht falsch, von den falschen Leuten und zu falschen Enden angewendet worden sei: Sie ist Dämonisierung des Andersartigen oder (wie bei Apuleius) Widerlegung einer Anklage.

Gewiß hat Magie auch eine andere Seite. Wer die selbsternannten Magier in der römischen Welt konsultierte, genoß die Macht, die sich ihm auftat – eine Geliebte zurückzuholen, einem Feind ein übles Ende zu bereiten. Daneben steht doch wohl auch die Selbstanpreisung des Magiers – sein Anspruch, den Machtlosen, Ausgeschlossenen und Verteufelten Macht zu geben. Doch ist die eine Seite der römischen Religion, die (nicht anders als etwa im Fall des *gallus,* des ekstatischen Druiden oder des Mithrasmysten) niemals zu Wort gekommen ist.

Bibliographie

1.1 Allgemein: G. Wissowa, *Religion und Kultus der Römer.* HdA V. 4 (München ^{2}1912) – noch immer gültige Sammlung der Einzelheiten; K. Latte, *Römische Religionsgeschichte.* HdA V. 4 (München 1960) – eine ‚primitivistisch' gefärbte Gesamtdarstellung (vgl. A. Brelich, „Un libro dannoso", *SMSR* 32, 1961, 310–354); G. Dumézil, *La religion romaine archaïque, suivi d'un appendice sur la religion des Etrusques* (Paris ^{2}1974) – unabhängig von der Rekonstruktion der indoeuropäischen Religion gute Analysen der einzelnen Götter und Kulte; J. A. North, „Religion and Politics, from Republic to Principate", *JRS* 76 (1986) 251–258; ders., „Religion in Republican Rome", *CAH*^{2} VII. 2 (1990) 573–624; J. Rüpke, *Domi militiae. Die religiöse Konstruktion des Krieges in Rom* (Stuttgart 1990); M Beard, J. North, S. Price, *Religions of Rome* (Cambridge 1997).

1.2 Bildliche Darstellungen: I. Scott Ryberg, *Rites of the State Religion in Roman Art* (Rome 1955); G. Sauron, *Quis deum? L'expression plastique des idéologies politiques et religieuses à Rome à la fin de la république et au début du principat,* BEFAR 285 (Rom 1995); S. MacCormack, *Art and Ceremonial in the Later Roman Empire* (Berkeley und Los Angeles 1980). – Knappe Sammlung bildlicher Quellen: R. Turcan, *Religion romaine. 1: Les dieux; 2: Le culte.* Iconography of Religions 17: 1 (Leiden 1988).

1.3 Forschungsgeschichte: J. L. Durand and J. Scheid, „‚Rites' et ‚religion'. Remarques sur certains préjugés des historiens de la religion des Grecs et des Romains", *Arch. Sc. Soc. Rel.* 39 (1994) 23–44.

2.1 Zum Problem des **archaischen Rom:** A. Momigliano, „The origins of Rome", CAH^{2} VII. 2 (1989) 52–122; T. J. Cornell, *The Beginnings of Rome. Italy and Rome from the Bronze Age to the Punic Wars (1000–264 BC)* (London und New York 1995).

2.2 Hellenisierung: P. Veyne, „The Hellenisation of Rome and the question of acculturation", *Diogenes* 106 (1979) 1–27; J. Champeaux, „Les oracles de l'Italie antique. Hellénisme et italicité", *Kernos* 3 (1990) 103–111; J. Scheid, „Graeco ritu. A typically Roman way of honouring the gods", *HSCPh* 100 (1996) (im Druck).

2.3 Interpretatio: G. Wissowa, „Interpretatio Romana", *ARW* 19 (1918) 1–49; P. Boyancé, *Études sur la religion romaine* (Rom 1972); M. Beard, „Cicero and divination. The formation of a Latin discourse", *JRS* 76 (1986) 33–46.

2.4 Allgemein zur **Kaiserzeit:** J. Toutain, *Cultes païens dans l'Empire romain* (Paris 1905–1918) – einzige umfassende Synthese, freilich materialmäßig überholt; J. H. W. G. Liebeschütz, *Continuity and Change in Roman Religion* (Oxford 1979); R. MacMullen, *Paganism in the Roman Empire* (New Haven 1981); A. Momigliano, „Roman religion in the empire", in: *Ottavo Contributo alla Storia degli Studi Classici e del Mondo Antico* (Rom 1987) 239–259.

2.5 Augusteische Periode: J. Pollini, „Man or god. Divine assimilation and imitation in the late republic and early principate", in: K. A. Raaflaub und M. Toher (Hrsgg.), *Between Republic and Empire. Interpretations of Augustus and his Principate* (Berkeley und Los Angeles 1990) 334–363; K. Galinsky, *Augustan Culture. An Interpretive Introduction* (Princeton 1996); zu den Bildern P. Zanker, *Augustus und die Macht der Bilder* (München 1987).

3.1 Priester: M. Beard und J. North (Hrsgg.), *Pagan Priests. Religion and Power in the Ancient World* (London 1990); für die Kaiserzeit dabei besonders wichtig R. Gordon, „From republic to principate. Priesthood, religion and ideology",ibid. 173–198; ders., „The veil of power. Emperors, sacrificers and benefactors", ibid. 199–231; „Religion in the Roman empire. The civic compromise and its limits", ibid. 233–255. – Auguralwesen: J. Linderski, „The augural law", *ANRW* II. 16. 3 (1986) 2146–2312. – *Libri sacerdotales:* J. Scheid, „Les archives de la piété. Réflexions sur les livres sacerdotaux", in: *Archives publiques et privés de la Rome antique* (Paris 1994) 173–185; J. Rüpke, „Fasti: Quellen oder Produkte römischer Geschichtsschreibung?", *Klio* 77 (1995) 184–202. – Arvales: J. Scheid, *Romulus et ses frères. Le collège des frères arvales, modèle du culte public dans la Rome des empereurs.* BEFAR 275 (Paris 1990).

3.2 Tempel und **Heiligtümer:** F. Coarelli, *Il Foro Romano.* Bd. 2: *Periodo repubblicano e augusteo* (Rom 1985); ders., *I Santuari del Lazio in Età Repubblicana* (Rom 1987); J. Champeaux, „Sors oraculi. Les oracles en Italie sous la République et l'Empire", *MEFRA* 102 (1990) 271–302; A. Ziolkowski, *The Temples of Mid-republican Rome and Their Historical and Topographical Context* (Rom 1992); O. de Cazanove und J. Scheid (Hrsgg.), *Les bois sacrées.* Collection du Centre Jean Bérard 10 (Neapel 1993). – P. Gros, *Aurea templa. Recherches sur l'architecture religieuse de Rome à l'époque d'Auguste.* BEFAR 231 (Paris 1976).

3.3 Kalender: J. Rüpke, *Kalender und Öffentlichkeit. Die Geschichte der Repräsentation und religiösen Qualifikation von Zeit in Rom.* RGVV 40 (Berlin und New York 1995).

3.4 Kaiserkult: W. den Boer (Hrsg.), *Le culte des souverains dans l'Empire Romain.* Entretiens sur l'antiquité classique 19 (Vandoeuvres-Genève 1973); S. F. R. Price, *Rituals and Power. The Roman Imperial Cult in Asia Minor* (Cambridge 1984); D. Fishwick, *The Imperial Cult in the Latin West. Studies in the Ruler Cult of the Western Provinces of the Roman Empire.* EPRO 108 (Leiden 1987. 1990).

3.5 Orientalische Kultur: R. Turcan, *Les cultes orientaux dans le monde romain* (Paris ^{2}1992. 1989); W. Burkert, *Antike Mysterien. Funktion und Gehalt* (München 1990).

3.6 Widerstand, Astrologie, Magie: R. MacMullen, *Enemies of the Roman Order. Treason, Unrest, and Alienation in the Empire* (Cambridge 1966); T. Barton, *Power and Knowledge. Astrology, Physiognomics, and Medicine unter the Roman Empire* (London 1994); F. Graf, *Gottesnähe und Schadenzauber. Die Magie in der griechisch-römischen Welt* (München 1996).

3.7 Indigene Religionen: M. Henig und A. King (Hrsgg.), *Pagan Gods and Shrines of the Roman Empire* (Oxford 1986).

3 Das Christentum von den Anfängen bis in die Spätantike

CHRISTOPH MARKSCHIES

3.1 Leben und Werk Jesu von Nazareth

Die Geschichte des Christentums beginnt mit der Person *'jeschua'* (Jesus, d. i. 'JHWH rettet'), Zimmermanns- bzw. Bauhandwerkersohn aus dem galiläischen Nazareth. Allerdings ist die Quellenlage schwierig: Historisch einigermaßen zuverlässige, aber recht lückenhafte Angaben lassen sich über sein Leben und Wirken vor allem aus den 'Evangelien' (von griech. τὸ εὐαγγέλιον, vgl. Marc. 1, 1) gewinnen. Obwohl die Texte von der zweiten Generation seiner Schüler verfaßt worden sind und die biographischen Erzählungen stark von theologischen Konzeptionen über die Person Jesu (von 'Christologien') überformt sind, enthalten sie doch mutmaßlich authentisches Gut aus älteren (Spruch-)Sammlungen. Die jüdische (u. a. Jos., *Ant.* 20, 200) und pagane Überlieferung (u. a. Tac., *Ann.* 15, 44) geben dagegen nicht viel her. Aus den christlichen Texten kann biographisch soviel entnommen werden, daß Jesus vermutlich noch vor der Zeitenwende geboren wurde und in einer frommen Umgebung aufwuchs. Seine Muttersprache war das Aramäische (die entsprechenden Vorlagen schimmern teilweise in der Überlieferung seiner Sprüche noch durch: Jo. Jeremias, *Neutestamentliche Theologie,* Gütersloh ^{3}1979). Die öffentliche Wirksamkeit Jesu beginnt (nach *Luc.* 3, 1f in seinem dreißigsten Lebensjahr) im Kontext der großen Umkehrbewegung des Priestersohnes Jochanan Ben Sacharja (Johannes der Täufer). Dieser propagierte das Schuldbekenntnis und eine einmalige Wassertaufe im Jordan als letzte Möglichkeit der Umkehr vor dem Anbruch des Endes (bzw. der Heilszeit: H. Stegemann, *Die Essener, Qumran, Johannes der Täufer und Jesus,* Freiburg ^{2}1993, 305f). Jesus ließ sich von Johannes taufen (*Marc.* 1, 9 par.); seine Anhänger haben nach seinem Tod Johannes in die Geschichte des Christentums eingezeichnet, ihn als Vorläufer (gr. πρόδρομος) Jesu interpretiert und seine Taufe als christlichen Initiationsritus übernommen. Jesus selbst reihte sich nach seiner Taufe weder in den Schülerkreis des Täufers ein, noch kehrte er in seine alte galiläische Umgebung zurück. Vielmehr sammelte er selbst einen Kreis von Schülern (und Schülerinnen: *Luc.* 8, 1–3) um sich und begann mit einer eigenen Predigttätigkeit, allerdings nicht im Umland des Jordans (wie Johannes), sondern vor allem am nordwestlichen Ufer des Sees Genezareth in Galiläa (*Marc.* 1, 14 par.). Von ortsfesten Unterstützergruppen getragen, zog Jesus mit seinen Anhängern predigend und heilend umher, in seiner Verkündigung konzentriert auf die „verlorenen Schafe des Hauses Israel" (*Matt.* 15, 24; d. h. die sog. 'Heidenmission' lag noch nicht in seinem Blickfeld). Im Unterschied zur Täuferpredigt steht der jesuanische Umkehrruf nicht zuerst im Kontext einer Gerichtspredigt (vgl. aber die Weherufe *Matt.* 11, 21–24 par.), sondern im Zusammenhang des Anbruchs der als befreiend empfundenen Gottesherrschaft: „Kehrt um, das Gottesreich (ἡ βασιλεία τοῦ θεοῦ, ein Schlüsselbegriff seiner Verkündigung: H. Merklein, *Jesu Botschaft von der Gottesherrschaft,* Stuttgart 1983) ist nahe herbeigekommen" (*Marc.* 1, 15 par.). Diese Botschaft vom nahen Reich Gottes wird von Jesus vor allem in Gleichnissen aus dem Kontext des palästinischen Alltagslebens entfaltet, die ihrerseits bereits als „Ereignis der Gottesherrschaft" angelegt sind (H. Weder, *Die Gleichnisse Jesu als Metaphern,* Göttingen ^{4}1990, 77–87). Mit dieser Predigt waren nach dem Ausweis der Quellen Heilungswunder verbunden, die Jesus selbst offenbar als Manifestation der angebrochenen Gottesherrschaft galten: „Wenn ich mit dem Finger Gottes die Dämonen austreibe, dann ist die Gottesherrschaft zu euch gekommen" (Luc. 11, 20 par.). Zur Gottesherrschaft gehörte auch eine neue Ethik (W. Schrage, *Ethik des Neuen Testaments,* Göttingen ^{5}1989, 20–38): Den Armen, Verachteten und Klagenden wird das eschatologische Heil zugesprochen (*Matt.* 5, 3–12; *Luc.* 6, 20–23); der durch Gott erfahrenen Barmherzigkeit entspricht der Aufruf zur Barmherzigkeit gegenüber den Mitmenschen (*Matt.* 5, 7; 9, 27 par.), die „goldene Regel" (*Matt.* 7, 12 par.; A. Dihle, *Die goldene Regel,* Göttingen 1962) und das Doppelgebot der Liebe (*Marc.* 12, 28–34). ‚Dienen' (διακονεῖν) wird an die Stelle von ‚Herrschen' gestellt, der Reichtum kritisch gesehen. Das besondere Selbstbewußtsein Jesu zeigt sich darin, daß er Sünden vergibt – entsprechend die Reaktion schriftgelehrter Zeugen seines Handelns: „Wer kann Sünden vergeben außer Gott allein?" (Marc. 2, 7). „Jesus wagt es, Gottes Willen so geltend zu machen, als stünde er selber an Gottes Stelle" (E. Fuchs, „Zur Frage nach dem historischen Jesus", in: *Gesammelte Aufsätze,* Bd. 2, Tübingen 1960, 154). Möglicherweise hat auch die alttestamentliche Rede von einem „leidenden Gottesknecht" (*Jes.* 52, 13–53, 12) eine zentrale Rolle für das Selbstverständnis Jesu gespielt (so jedenfalls P. Stuhlmacher, *Biblische Theologie des Neuen Testaments,* Bd. 1, Göttingen 1992, 122–143). Weiter war für ihn charakteristisch ein Bewußtsein besonderer Gottesnähe, das sich in der vertraulichen Anrede ‚Abba' (d. i. ‚Väterchen'; vgl. auch das Vater-Unser *Matt.* 6, 9–13) äußert. Andere Menschen wollte Jesus in diese besondere Gemeinschaft und Nähe integrieren. Seine Stellung zum jüdischen (Zeremonial-)Gesetz ist offenbar schon in der zweiten Schülergeneration, die mit der Abfassung von Evangelien begonnen hat, mehr oder weniger kontrovers beurteilt worden; ob sich Jesus in beschriebener Souveränität auf die Kritik zeitgenössischer Gesetzesauslegung beschränkte oder auch Bestimmungen des alttestamentlichen Gesetzes im Lichte der neu anbrechenden Gottesherrschaft aufheben wollte, ist auch in der gegenwärtigen Forschung umstritten (dazu jetzt J. Becker, *Jesus von Nazareth,* Berlin und New York 1996, 349–387). Vermutlich im Kontext des Pascha-/Pesachfestes 30 n. Chr. wurde Jesus in Jerusalem verhaftet, vom jüdischen Hohen Rat wegen Gotteslästerung nach dem

Religionsgesetz zum Tode verurteilt und – nachdem der römische Statthalter Pontius Pilatus das Urteil nostrifiziert hatte – als Messiasprätendent hingerichtet, wie der *titulus* des Kreuzes belegt (Marc. 15, 26 ὁ βασιλεὺς τῶν Ἰουδαίων). Die schmachvollen Umstände des Lebensendes Jesu, vor allem die *mors turpissima crucis* (cf. M. Hengel, in: *Rechtfertigung. FS für E. Käsemann,* Tübingen und Göttingen 1976, 125–184) verwirrten nicht nur den unmittelbaren Schülerkreis, sondern stellten für die christliche Verkündigung bis weit ins 4. Jahrhundert ein schweres Problem dar (vgl. die an Plat., *Tim.* 36bc orientierte Auslegung des Kreuzes auf das X bei dem römischen Theologen Iustinus Mitte des 2. Jahrhunderts: *Apol.* 1, 60, 1. 5). Entscheidend für die Tatsache, daß Bewegung und Botschaft diese Hinrichtung ihres Protagonisten in stark modifizierter Gestalt ‚überlebten', waren die verschiedenen nachösterlichen Erscheinungen vor einer großen Zahl von Menschen (vgl. z. B. 1. *Cor.* 15, 5–8 oder *Luc.* 24, 13–49); sie führten sehr früh zum Bekenntnis der Auferstehung (bzw. Auferweckung) Jesu von den Toten. Die Erneuerung der missionarischen Sendung (*Matt.* 28, 19) und der vorösterlichen Mahlgemeinschaften wurde auf den Auferstandenen zurückgeführt.

Jesu Verkündigung steht im Kontext des zeitgenössischen Judentums (‚Frühjudentum') und ist schon rein sprachlich tief von der Heiligen Schrift des Judentums geprägt, die die Christen spätestens seit Beginn des 3. Jahrhunderts ‚Altes Testament' (παλαιὰ διαθήκη; vgl. schon 2. *Cor.* 3, 14 und die Rede von der καινὴ διαθήκη aus Jerem. 31, 31 in 1. *Cor.* 11, 29) nennen. Jesus hat mit seiner Verkündigung natürlich nicht intendiert, eine neue Religion zu stiften. Vielmehr wollte er durch seine Predigt das jüdische Volk in einer ‚letzten Zeit' zur Umkehr rufen. Trotzdem steht sein Wirken mindestens historisch am Beginn der Geschichte des Frühchristentums. Die Frage nach den inhaltlichen Kontinuitäten zwischen der auf Israel beschränkten Verkündigung des historischen Jesus und der reichsweiten Verkündigung eben dieses Jesus als κύριος (s. u. S. 524) und χριστός (eine Kunstbildung zur Übersetzung des hebräischen *maschiach,* ‚Messias', die wegen ihrer im paganen Bereich unverständlichen Bedeutung schnell zu einem Eigennamen mutierte), gehört zu den spätestens seit Hermann Samuel Reimarus (1694–1768) umstrittensten Fragen der Religionsgeschichte des frühen Christentums. Je größer man den historischen Wert der neutestamentlichen Überlieferung über das Selbstbewußtsein Jesu (s. o. S. 521) veranschlagt, desto eher wird man anstelle von Brüchen eine Entwicklungskontinuität zur entfalteten antiken Christologie postulieren, wie sie in den neutestamentlichen Formeln spätestens seit der Mitte des 1. Jahrhunderts vorbereitet ist (etwa *Coloss.* 2, 9 ἐν αὐτῷ [sc. Ἰησοῦ χριστῷ] κατοικεῖ πᾶν τὸ πλήρωμα τῆς θεότητος σωματικῶς).

3.2 Vom Schülerkreis Jesu bis zum Ende des 1. Jahrhunderts

Einen zweiten Abschnitt der antiken Religionsgeschichte des Christentums bildet jene Zeit nach Tod und Auferstehung Jesu, in der von Jerusalem aus die Botschaft zunächst durch Mitglieder des unmittelbaren Schülerkreises Jesu (z. B. Schim'on/Petrus) weitergegeben wird. In Jerusalem, dem ideellen und realen Zentrum dieser zunächst noch auf Palästina beschränkten Mission, dominieren zunächst ‚die Zwölf' (eher eine schon vorösterliche Einrichtung, die möglicherweise die zwölf Stämme des Gottesvolkes symbolisieren soll), dann Apostel, die sich teils auf eine Berufung und Sendung durch den Auferstandenen, teils auf eine Weisung des göttlichen Geistes (πνεῦμα θεοῦ) beriefen (οἱ ἀπόστολοι; die Bezeichnung dürfte auf der Basis der jüdischen Vorstellung vom rechtlich bevollmächtigten Gesandten, *schali'ach* = ἀπόστολος, so 3. *Reg.* 14, 6, entstanden sein). Dieser zweite Abschnitt der antiken Religionsgeschichte des Christentums wird daher auch ‚apostolische Zeit' genannt. Im letzten Drittel des 1. Jahrhunderts dominieren dann unmittelbare Schüler dieser Kreise, man spricht von ‚nachapostolischer Zeit'.

Die einschneidendste Veränderung der ‚apostolischen' Periode gegenüber der Lebenszeit Jesu dürfte die (vermutlich von Antiochia aus eingeleitete) Ausweitung der Missionsarbeit auf Nichtjuden gewesen sein, vorbereitet durch den steigenden Einfluß des hellenisierten Diasporajudentums auf organisatorische Gestalt und Verkündigung der Bewegung (vgl. *Acta apost.* 6, 1–7). Da man sich bald darauf einigte, daß das jüdische Zeremonialgesetz für die Neubekehrten mit Ausnahme einer Minimalforderung (*Acta apost.* 15, 20: Verbot des Essens von paganem Opferfleisch, Unzucht und Blutgenuß; vgl. aber *Galat.* 2, 9) nicht mehr verbindlich sei, und der Jerusalemer Tempel schon vor seiner Zerstörung durch römische Truppen im Jahr 70 n. Chr. keine Bedeutung mehr für diese neugewonnenen Kreise besaß, entfernte sich das Christentum zusehends von seinen jüdischen Ursprüngen.

Besonders der aus dem kleinasiatischen Diasporajudentum stammende Scha'ul/Paulus, möglicherweise in Jerusalem zum schriftgelehrten Pharisäer ausgebildet (*Acta apost.* 22, 3), predigte die gesetzesfreie Heidenmission auf drei Missionsreisen in Kleinasien und Griechenland und gründete christliche Gemeinden in verschiedenen Metropolen dieser Gegenden. Die Pointe seines in Briefen an jene Gemeinden entfalteten theologischen Entwurfs der christlichen Religion besteht in der Zueignung von Gnade und Gerechtigkeit durch den Kreuzestod Christi, und zwar umsonst (δωρεάν *Rom.* 3, 24), ohne Werke. Mit ‚Werken' meint Paulus die Befolgung des (alttestamentlichen) Gesetzes: χωρὶς ἔργων νόμου (*Rom.* 3, 28). Dieser Entwurf wurde zwar von der unmittelbaren ‚Paulus-Schule', die z. B. den neutestamentlichen Epheserbrief, aber auch Teile der sogen. ‚Pastoralbriefe' (1. und 2. *Tim.*, *Tit.* – einflußreich für die Entwicklung von Theorie und Praxis kirchlicher Ämter) verantwortet, nur in abgeschwächter Form rezipiert. Paulinische Theologie bleibt aber über die ganze christliche Antike hin ein Bezugs- und Auseinandersetzungspunkt, z. B. in den ‚wissenschaftlichen' Pauluskommentaren alexandrinischer (z. B. Origenes, Mitte 3. Jh.) oder antiochenischer Prägung (z. B. Theodor von Mopsuestia, Ende 4. Jh.) oder für die theologische Entwicklung Augustins († 430 als Bischof von Hippo).

Paulus und andere Juden, die Jesus als auferstandenen Messias predigten, wurden schon Mitte des 1. Jahrhunderts immer häufiger aus den Synagogen vertrieben. Dieser Trennungsprozeß förderte den Vorgang einer auf Abgrenzung bedachten ‚Selbstdefinition' des Christentums. In Antiochia fiel die Gruppe der Jesus-Nachfolger dann erstmals auch Nichtjuden als eine von der Synagoge getrennte Richtung auf: Man bezeichnete sie als *Christiani* (χριστιανοί *Acta apost.* 11, 26). Da man in dieser Art von Wortbildung auch amtlicherseits Parteiungen zu benennen pflegte, könnte es sich durchaus schon um eine amtliche Bezeichnung gehandelt haben; die Gruppe wäre von den Behörden dann nach ihrem mutmaßlichen Urheber bezeichnet worden.

In der folgenden ‚nachapostolischen' Generation entwickelten sich im Zuge dieser Selbstdefinitionsprozesse Grundzüge einer eigenen christlichen Theologie: Die christlichen Schriften aus der zweiten Hälfte des 1. Jahrhunderts (neben den im ‚Neuen Testament' gesammelten Texten beispielsweise auch der erste Clemensbrief und eine Kirchenordnung, die Didache) dokumentieren voneinander unabhängige theologische Entwürfe, die sich jedoch in den Hauptpunkten berühren. Diese frühchristliche Theologie hat ihre Wurzel in knappen Bekenntnisformeln über den auferweckten bzw. auferstandenen und wiederkommenden Herrn Jesus Christus (κύριος etwa *Rom.* 10, 9 u. ö.; zunächst in Bezug auf den alttestamentlichen Gottestitel, dann natürlich auch in Konkurrenz zum *dominus ac deus* Domitians). Auffällig ist die außerordentlich kurze Frist (so M. Hengel, „Christologie und neutestamentliche Chronologie", in: H. Baltensweiler und B. Reicke, Hrsgg., *Neues Testament und Geschichte. FS für O. Cullmann,* Zürich und Tübingen 1972, 43–67), in der eine bunte Vielfalt sprachlich variabler, aber inhaltlich benachbarter Formeln entstanden ist. Die zweite Generation entwickelte aus diesen knappen Formeln und den Spruchsammlungen literarische Texte (wie Evangelien und die Apostelgeschichte) und zeichnete Leben und Werk Jesu in theologische Konzeptionen ein: So verbindet der (kleinasiatische?) Autor Johannes die Person Jesu mit der Weisheitstheologie des hellenistischen Judentums im Prolog seines Evangeliums und identifiziert ihn mit dem λόγος τοῦ θεοῦ (*Ioh.* 1, 1–18). Die Erwartung einer baldigen Wiederkunft Christi begann zurückzutreten. In der überlieferten jesuanischen Ethik (s. o. S. 521) wurden zunächst vor allem solche Züge betont und ausgebildet, die den Gehorsam gegenüber Gott und eine absolute Dienstwilligkeit gegenüber dem Nächsten (A. Dihle, Art. Ethik, in: *RAC* 6, 1966, 763) forderten: Christus habe ein neues Gesetz (καινὸς νόμος: Barn. 2, 6) gelehrt. Durch eine Einzeichnung dieser Maßstäbe in die durch die Stoa geprägte Vulgärethik (schon im 1., besonders aber im 2. Jahrhundert: s. u.

S. 526) gewann jenes Programm größere Attraktivität auch für breitere sowie gebildetere Schichten; allerdings blieb das ursprüngliche Modell virulent und wurde für Frömmigkeitsbewegungen des 4. Jahrhunderts (s. u. S. 531f.) neu verbindlich.

In der ‚nachapostolischen Zeit' verschob sich aber nicht nur das theologische und ethische Profil: Mit dem geographischen Schwerpunkt der neuen Religion veränderte sich gegen Ende des 1. Jahrhunderts auch deren organisatorisches und religiöses Gesicht: Da Jerusalem im Zusammenhang mit zwei jüdischen Aufständen 70 und 132–135 n. Chr. durch römische Truppen gründlich zerstört und Juden das Betreten der als Aelia Capitolina wiederaufgebauten Stadt untersagt worden war, ging die reale Bedeutung dieses ideellen und judenchristlich geprägten Zentrums der Christenheit stark zurück, und Antiochia, Rom und die kleinasiatische Mäanderregion samt des Umfeldes (von Ephesus bis Hierapolis) traten an seine Stelle. Von daher erklärt sich auch der nun entstehende ausgesprochen ‚heidenchristliche' und städtische Charakter des antiken Christentums. Letzterer wird durch die planmäßigen Missionierungen breiter ländlicher Regionen im 4. Jahrhundert aufgebrochen (E. Plümacher, *Identitätsverlust und Identitätsgewinn,* Neukirchen-Vluyn 1987, mit Rez. G. Schöllgen, *ThRev* 84, 1988, 298–300). In Antiochia wie auch in Rom scheint das Christentum schnell auch die vornehmeren und gut gebildeten Gesellschaftsschichten erreicht zu haben; die Entstehung einer Schicht von engagierten ‚Kirchenführern' (wie z. B. der Bischof Ignatius von Antiochia zu Beginn des 2. Jh.) und schließlich die Ausbildung einer ‚wissenschaftlichen' (dies nach den Maßstäben der Zeit) Theologie im 2. Jahrhundert hängt mit diesem städtischen Publikum der neuen Religion zusammen. Weitergehende Aussagen über die Sozialstruktur der christlichen Gemeinden sind auch für größere Orte, aus denen größere Mengen von Texten stammen, schwierig; ältere Klischees wie das von der ‚Unterschichtreligion' sind aber auch kaum zutreffend (G. Schöllgen, *Ecclesia sordida?,* JbAC. Ergbd. 12, Münster 1984, 7–12. 268f).

3.3 Das zweite Jahrhundert

Das 2. Jahrhundert erscheint als eine ‚Klärungsphase': Zunächst existierten in großer Pluralität verschiedene Ausprägungen und Weiterentwicklungen des Christentums der apostolischen und nachapostolischen Epoche nebeneinander und konkurrierten zunehmend auch miteinander. Die am Ende des 2. Jahrhunderts und im 3. Jahrhundert entwickelten Bilder von ‚Orthodoxie' und ‚Häresie' treffen nicht die Wirklichkeit eines Jahrhunderts, in dem sich ein theologischer ‚common sense' wie eine reichsweite hierarchische Struktur der christlichen Gemeinden erst langsam herausbilden. Dies hatte bereits 1934 Walter Bauer *(Rechtgläubigkeit und Ketzerei im ältesten Christentum)* gesehen; allerdings wäre es falsch, daraus das Fehlen einer identitätsbildenden Mitte zu folgern und verschiedene ‚Christentümer' ohne Bezug aufeinander zu postulieren (so aber etwa D. Georgi). Ebenfalls ahistorisch wäre es, die traditionelle Sicht einfach umzudrehen und die am Ende des 2. Jahrhunderts marginalisierten Strömungen des Christentums *a priori* als die fortschrittlicheren oder geistesgeschichtlich interessanteren auszugeben (wie G. Lüdemann u. a.).

Die allgemeine Lage der neuen Religion in allen Erscheinungsformen war schwierig – oder präziser instabil: Das explizit öffentliche Bekenntnis zum Christentum selbst war, wie der juristisch maßgebliche Briefwechsel zwischen Trajan und dem bithynischen Statthalter Plinius aus den Jahren 112/13 zeigt, als *confessio nominis* strafbar (*Ep.* 10, 96 mit Reskript 10, 97). Christen mußten also mit Anklageerhebung und Verurteilung (in der Regel *summum supplicium*) rechnen, zu der es im 2. Jahrhundert allerdings nur zu bestimmten Zeiten und an einzelnen Orten gekommen ist. In der Theorie reichsweite Verfolgungen brechen erst Mitte des 3. Jahrhunderts aus (W. H. C. Frend, *Martyrdom and Persecution in the Early Church,* Oxford 1965; R. Freudenberger, *Das Verhalten der römischen Behörden gegen die Christen im 2. Jahrhundert,* München 1967).

Als eine außerordentlich zukunftsträchtige Theologie erwies sich diejenige, welche der antiochenische Bischof Ignatius auf seinem Gefangenentransport nach Rom in sieben Briefen an kleinasiatische Gemeinden um 110 oder 115 n. Chr. formulierte (bzw. ein anderer Autor Mitte des 2. Jahrhunderts unter seinem Namen; die Datierung des komplizierten Textbefundes ist umstritten). Bedeutsam wurde sowohl die auf den Bischof konzentrierte ignatianische Kirchentheorie wie die Christologie: Sein Bischofsamt begriff (Ps.-?) Ignatius als Repräsentation der Einheit der Kirche: „Wo der Bischof erscheint, soll die Gemeinde sein, wie da, wo Jesus Christus ist, die allgemeine Kirche ist" (Ignat., *Smyrn.* 8, 2 – der erste Beleg des Ausdrucks καθολικὴ ἐκκλησία), sein Leiden als Nachahmung des Leidens Christi (μιμητής: Ignat. *Rom.* 6, 3). Die Briefe betonen außerdem die Wahrhaftigkeit des Leidens Jesu und seine Existenz in einer Art von zwei Naturen: „fleischlich und geistlich, gezeugt und ungezeugt, im Fleisch geboren ein Gott" (Ignat. *Eph.* 7, 2).

Einen Entwurf von vergleichsweise gebildetem, städtischem Christentum im 2. Jahrhundert repräsentieren die sog. ‚Apologeten', Theologen, die ἀπολογίαι verfaßten und an die Kaiser adressierten, um für juristische Toleranz gegenüber ihrer Religion zu werben. Zugleich wollten sie mit diesen Texten das Christentum gegen Vorwürfe gebildeter Heiden (wie diejenigen des mittelplatonischen Philosophen Kelsos, zweite Hälfte 2. Jahrhundert) verteidigen. Einzelne dieser Autoren, etwa Iustin (er schrieb um die Mitte des 2. Jahrhunderts in Rom) oder Theophilos (Ende des 2. Jahrhunderts Bischof von Antiochia), verfügen über eine solide Kenntnis paganer Mythologie und ein gewisses Maß an popularphilosophischem Wissen, so daß man von der allmählichen Entstehung einer ‚wissenschaftlichen' Theologie sprechen kann. Iustin, *philosophus, habitu quoque philosophorum incedens* (so über zweihundert Jahre später

Hieronymus in seinem Schriftstellerkatalog: *Vir. ill.* 23, 1) ist auch ein guter Zeuge für das religiöse Alltagsleben in Rom, weil er sowohl über den Taufgottesdienst (*Apol.* 1, 61. 65; d. h. die Initiation mit anschließender Eucharistie) wie den normalen Sonntagsgottesdienst (*Apol.* 1, 67) berichtet: Der Taufe gehen Unterricht, Gelöbnis und ein Tauffasten voraus, sie wird (mit Paulus, *Rom.* 6, 1–11 und Johannes, *Ioh.* 3, 5) als ‚Wiedergeburt' verstanden. Nur wer getauft ist, darf an der Mahlfeier teilnehmen, die nach einem danksagenden Gebet εὐχαριστία heißt. Die Elemente Brot und Wein werden unter Rezitation des neutestamentlichen Einsetzungsberichtes in liturgischer Verkürzung dargereicht als „Fleisch und Blut jenes fleischgewordenen Jesus" (*Apol.* 1, 66, 2; die Analogie zur historisch sekundären Mahlzeit der Mithrasmysterien wird als „Nachäffung der Dämonen" erklärt). Am Sonntag, d. h. am Tag nach dem Sabbatmorgen, wird eine Versammlung mit Schriftlesung, Auslegung (Homilie bzw. Predigt), Gebet und Eucharistie gehalten. Die Wahl dieses Tages wird mit dem Datum der Auferstehung Jesu begründet (*Apol.* 1, 67, 1).

Ein in manchen Punkten vollkommen gegensätzlicher, teilweise auch recht verwandter Entwurf von Christentum liegt bei den heute gern mit dem Kunstwort ‚Gnostizismus' (dazu kritisch Ch. Markschies, Art. Gnosis/Gnostizismus, in: *Neues Bibel-Lexikon* 1, 1991, 868–871) bezeichneten gnostischen Bewegungen vor, deren erste erhaltene Textzeugnisse ebenfalls in das 2. Jahrhundert datieren. Eine deutliche Analogie zeigt sich z. B. zwischen den Apologeten und einzelnen Gnostikern darin, daß sie sich in Anlehnung an pagane Philosophenschulen als Gruppen um einzelne bedeutende Lehrerpersönlichkeiten wie den römischen ‚Valentinianer' Ptolemaeus (Mitte 2. Jh.) sammeln. Neben den ‚Valentinianern' (dazu Ch. Markschies, „Valentinian Gnosticism. Toward the anatomy of a School", in A. M. McGuire, Hrsg., *50th Anniversary of the Discovery of the Nag-Hammadi-Texts,* Leiden 1997) sind hier z. B. weiter zu nennen die ‚Basilidianer' oder ‚Markioniten'. Mit den koptischen Textfunden aus der Nähe des oberägyptischen Ortes Nag Hammadi liegen nun auch 53 Originalschriften einer ‚gnostischen Bibliothek' neben den bisher bekannten Referaten und Zitaten der christlichen ‚Häresiologen' (also den mehrheitskirchlichen Kritikern dieser Bewegung, z. B. Irenaeus von Lyon [Ende 2. Jh.] oder Epiphanios von Salamis [Ende 4. Jh.]) vor. Die Entwicklung der Bewegung wird abgeschlossen durch den Manichäismus, den der persische Religionsstifter Mani (216–276 n. Chr.) selbst als neue Weltreligion (koptische Kephalaia § 154) bezeichnete.

Gnosis ist von ihrer Entstehung her zunächst keine ‚Weltreligion' *sui generis* (so allerdings etwa G. Quispel, *Gnosis als Weltreligion,* Zürich 1951), die sich parasitär unterschiedlicher Religionsformen bedient. Ausweislich der Quellen handelt es sich um einen (wohl in Randkreisen des hellenistischen Judentums vorbereiteten und dabei auch jüdisch-apokalyptische Traditionen integrierenden) Versuch, christliche Theologie als System zu entwickeln nach dem Vorbild zeitgenössischer paganer Theologien und Philosophien. Unter den Bedingungen des antiken religiösen Synkretismus soll die christliche Antwort auf die allgemeinen Fragen nach dem Woher des Bösen, des Menschen und seiner Verantwortlichkeit (Clem. Al. *Exc. Thdt.* 35, 1) verständlicher gemacht werden, wobei teilweise eine entschiedene Umprägung der verschiedenen Traditionen vorgenommen wird (z. B. durch die sog. ‚Protestexegese', bei der die jüdische

Schöpfungsgeschichte gegen ihren ursprünglichen Sinn gelesen wird: vgl. Johannesapokryphon *Nag-Hammadi Codex* III 1. Kap. 23, 14–28, 23 par. mit *Gen.* 2, 7–3, 6). Die gnostischen Texte sind gekennzeichnet durch eine freie Kombination von einem Kunst-Mythos, der z. T. auch Leerstellen biblischer Mythologie füllt (z. B. im präkosmologischen Bereich), Mythenallegorie und philosophischer Prinzipientheorie. Diese Zusammenstellung findet sich natürlich nicht nur in der kaiserzeitlichen Gnosis, sondern etwa auch in Ausläufern des zeitgenössischen Platonismus (zu nennen wären unter anderem Plutarch, Apuleius, Numenius oder die Chaldäischen Orakel; vgl. A. Böhlig und Ch. Markschies, *Gnosis und Manichäismus,* BZNW 72, Berlin/New York 1994, V–VIII). Vor allem durch die Einführung eines eigenen Schöpfergottes (mit Platon als δημιουργός bezeichnet), der z. T. nur als unwissend (*Jes.* 45, 5a), z. T. aber auch als böse geschildert wird, und der Einschätzung von Welt und Materie als böser Schöpfung (anders im Platonismus) unterschied sich gnostische Theologie grundsätzlich von der der Apologeten.

Der Montanismus schließlich, eine in kleinen Ortschaften Phrygiens beheimatete und in der zweiten Hälfte des 2. Jahrhunderts entstandene Bewegung um Montanus und die Prophetinnen Maximilla und Priscilla, konservierte verschiedene Charakteristika oder Tendenzen des Christentums der apostolischen Epoche: So die gleichberechtigte religiöse Rolle von Männern und Frauen, die Erwartung einer baldigen Wiederkunft Christi und das prophetisch-ekstatische Element. Diese ‚konservativen' Züge dokumentieren prophetische Logia in formgeschichtlicher Kontinuität zu entsprechenden Texten des Alten Testaments, mißverständlich gern auch ‚Orakel' genannt. In einer zweiten Phase der Bewegung im 3. Jahrhundert traten Naherwartung und Prophetie zurück; es dominierte eine rigoristische Ethik. Dieser Form des Montanismus schloß sich ca. 205 n. Chr. der nordafrikanische Theologe Tertullian von Karthago an.

Erst am Ende des 2. Jahrhunderts haben sich die Verhältnisse soweit konsolidiert, daß man innerhalb des Christentums deutliche Grenzziehungen beobachten und von der gefestigten Identität einer Mehrheit sprechen kann, die sich ἡ καθολικὴ ἐκκλησία nennt – die traditionellen Ausdrücke ‚Orthodoxie' und ‚Häresie' implizieren theologische Wertungen; scheinbar wertungsfreie Ausdrücke wie ‚Mehrheitskirche' sind freilich nicht besonders glücklich. Jener Konsolidierungsprozeß der ‚orthodoxen' oder ‚Mehrheitskirche' läßt sich gut illustrieren an der Ausbildung der sogenannten ‚drei katholischen Normen' (ein Begriff der protestantischen Theologiegeschichte des 19. Jahrhunderts; im einzelnen ist dieser Prozeß mangels eindeutiger Quellen historisch schwer nachzuzeichnen. Deutlich ist nur das Ergebnis am Ende des 2. Jahrhunderts): (1) eine im Wortbestand variable, in der Sache festgelegte theologische Grundformel (κανὼν τῆς πίστεως, *regula fidei* bzw. *veritatis,* z. B. bei Irenaeus v. Lyon, *Haer.* 1, 10, 1); (2) ein im Kernbestand fester, am Rand geographisch leicht differenter Kernbestand von Schriften des ‚Neuen Testamentes', der seit dem 4. Jahrhundert ebenfalls mit dem Wort κανών angesprochen wird; sowie (3) das dreigliedrige kirchliche Amt mit den Stufen Diakon, Presbyter und Bischof. An der Spitze der jeweiligen Gemeinde steht seit Ende des 2. Jahrhunderts überwiegend ein einziger Bischof (besser: ‚Monepiskopat' als ‚monarchischer Episkopat'); seit dem 3. Jahrhundert bildet sich das ursprüngliche Ältestenamt in ein Priesteramt um, was man u. a. an der zunehmenden Verwendung der entsprechenden Begrifflichkeit (*sacerdos* etc.) nachweisen kann (H. Freiherr von Campenhausen, *Kirchliches Amt und geistliche Vollmacht,* Tübingen 1953). Dabei ist eine Erklärung dieser drei ‚Normen' lediglich als ‚antihäretische Abgrenzung' (z. B. des neutestamentlichen Kanons gegen Markion: so H. Freiherr von Campenhausen, *Die Entstehung der christlichen Bibel,* Tübingen 1968, 193–200) unbefriedigend. Der Sache angemessener scheint eine Betrachtung, die diese Normen als Resultat der schöpferischen Umsetzung einer innerjüdischen, endzeitlich orientierten Bewegung in eine reichsweite, auf Dauer angelegte Religion begreift.

3.4 Das dritte Jahrhundert

Das 3. Jahrhundert kann als die ‚Hauptinkulturationsphase' der christlichen Religion bezeichnet werden: Hochgebildete und auch bei Nichtchristen prominente Theologen wie Clemens von Alexandrien († vor 215 n. Chr.), Iulius Africanus († nach 240 n. Chr.) und Origenes († 253/254 n. Chr.) bemühten sich weiter, die neue Religion für die Gebildeten attraktiv zu machen, und rezipierten dazu umfangreiches Material aus der zeitgenössischen Philosophie (vor allem aus dem Mittelplatonismus) und den übrigen Wissenschaften. Iulius Africanus widmete Alexander Severus, dem er die Pantheonsbibliothek einrichtete (*POxy* 412; Greg. Sync. p. 439, 18–20 M.), eine Art Realenzyklopädie (κεστοί, ‚Stickereien') und legte eine christliche Weltchronik vor (F. C. R. Thee, *Julius Africanus,* Tübingen 1984). Origenes setzte sich mit dem mittelplatonischen Philosophen Kelsos auseinander, schrieb die erste Dogmatik (περὶ ἀρχῶν, *de principiis*) und erarbeitete eine große Synopse der verschiedenen griechischen Übersetzungen des Alten Testamentes mit dem Urtext zu wissenschaftlichen Zwecken *(Hexapla).* Zwischen 218 und 222 trug er der Kaiserinmutter Iulia Mammaea in Antiochia vor. Die Tatsache, daß der neuplatonische Philosoph Porphyrios (möglicherweise kannte er Origenes persönlich: Euseb., *Hist. eccl.* 6, 19, 5–7) sich ausführlich mit biblischen Texten auseinandersetzt, (R. J. Hoffmann, *Porphyry's „Against the Christians",* New York 1994, 21–23) dokumentiert zusätzlich, inwiefern das Christentum eine Macht im geistigen Leben der kaiserzeitlichen Antike geworden war.

Die christliche Religion selbst war zugleich auch ein „vielgestaltiger Organismus" (Hans Lietzmann) geworden.

Die stadtrömische Gemeinde beschäftigte beispielsweise im Jahre 251 (cf. Euseb. *Hist. eccl.* 6, 43, 11f.) 46 Priester, 7 Diakone, 7 Subdiakone, 42 Akolythen, 52 Exorzisten, Lektoren und Ostiarier und unterstützte 1500 Witwen und Hilfsbedürftige (bei ca. 7000 Gemeindegliedern, nach R. M. Grant) – „die katholische Kirche ... ist die einzige soziale Großmacht ... jener Tage" (H. Lietzmann, *Kleine Schriften,* Bd. 1, Berlin 1958, 231).

Schon gegen Ende des 3. Jahrhunderts galt die Übernahme des Bischofsamtes, durch das man sozusagen einem größeren ‚Betrieb' vorstand und reiche Möglichkeiten für schichtenspezifisches Sponsoring (z. B. im Rahmen der Armenfürsorge) vorfand, als Krönung einer Honoratiorenkarriere (so mit reichen Belegen W. Wischmeyer, *Von Golgatha zum Ponte Molle,* Göttingen 1992, 126–147): Neben die herkömmliche *vita activa* im Staatsdienst trat die *vita activa* in der kirchlichen Hierarchie; zur Zeit Konstantins dürften in den höchsten Reichsämtern schon etwa 20–25% Christen gedient haben. Die Priesterschaft verwaltete die Sakramente von Taufe und Eucharistie als Mysterien, in die durch Taufe und Katechumenat (eine längere Unterrichtsphase) eingeführt wurde. Diese Sakramente vermittelten Erlösung von Sünde und Tod, damit die θεοποίησις (vgl. dazu Platon, *Theaet.* 176b). Die christliche Ethik hatte sich dadurch recht weitgehend verändert, daß die ursprüngliche, absolute Strenge gegenüber bestimmten unvergebbaren Verfehlungen der Getauften (vgl. z. B. *Hebr.* 6, 4–6) zu einer Bußdisziplin liberalisiert (oder eben: ‚aufgeweicht') wurde – obwohl die Gegensätze hier auch nicht überakzentuiert werden dürfen (R. Staats, Art. Hermas, *TRE* 15, 1986, 104f). Schritte auf dem Weg dorthin waren die zunächst heftig umstrittene Möglichkeit einer ‚zweiten Buße' nach der Taufe (vgl. Hirte des Hermas, *Visio* 2, 2, 5 u. ö.) und die Wiederaufnahme von Menschen, die in den großen Verfolgungen des 3. Jahrhunderts ihr Christentum verleugnet hatten (*lapsi;* theologisch begründet durch den karthagischen Bischof Cyprian, † 258 n. Chr.). 251 n. Chr. wurde auf einer Synode in Karthago beschlossen, diejenigen, die sich in der Verfolgung unter Decius (250/51) durch Bestechung den Opferbescheid verschafft hatten *(libellatici)*, nach entsprechendem öffentlichen Bußakt sofort aufzunehmen, dagegen die, die tatsächlich Opfer geleistet hatten *(sacrificati et turificati)*, erst nach längerer Bußfrist (Cypr. *Epist.* 57, 1). Am Ende stehen die nach einzelnen Verfehlungen spezifizierten Regelungen (κανόνες) der Synoden des 4./5. Jahrhunderts, also die Entstehung einer geregelten Bußdisziplin.

3.5 Das vierte Jahrhundert

Als es nach dem Scheitern der umfassenden Christenverfolgungen Mitte des 3. Jahrhunderts und Anfang des 4. Jahrhunderts zu einer umfassenden Änderung der juristischen Stellung der Religion gekommen war (Toleranzedikt des Galerius vom 30. 4. 311, Mailänder Vereinbarung Februar 313, Edikt vom Herbst 324), verschob sich innerhalb eines Jahrhunderts das Gewicht von einer (wegen der Privilegien für das Christentum schon) ‚hinkenden Toleranz' unter Konstantin zum Versuch der Normierung einer bestimmten Form des Christentums als reichsweit einzig gültiger Religion (*cunctos populos* Cod. Theodos. 16, 5, 5 vom 28. 2. 380). Normiert wurde von Theodosius I. die auf dem ersten reichsweiten Konzil 325 in Nicaea gegen den alexandrinischen Presbyter Arius beschlossene Trinitätstheologie in der seither vor allem durch die kappadozischen Theologen modifizierten Form (Basilius v. Caesarea [ca. 330–378], Gregor v. Nazianz [ca. 325/9–390] u. Gregor v. Nyssa [ca. 331/9–395]) – sie hatte sich übrigens zunächst gegen den Willen der Kaiser in der zweiten Hälfte des 4. Jh.s durchgesetzt, die bereits starken Einfluß auf die Synoden zu nehmen versuchten. Diese (seit dem 19. Jahrhundert so genannte) ‚neunizänische Theologie' bricht in monotheistischem Interesse mit der vorher vorbereiteten Subordination der Gottheit des Sohnes unter die Gottheit des Vaters (gelehrt wird über den Sohn: ὁμοούσιος τῷ πατρί, *unius substantiae*), ohne deswegen die Besonderheiten der drei Personen (grch. ὑποστάσεις) Vater, Sohn und Heiliger Geist aufzugeben (A. M. Ritter, „Dogma und Lehre im Leben der Alten Kirche", in: C. Andresen, Hrsg., *Handbuch der Dogmen- und Theologiegeschichte,* Bd. 1, Göttingen 1989, 163–221).

Der „volle Eintritt des Christentums in die Öffentlichkeit" (Lietzmann) manifestiert sich durch öffentlich geförderte große basilikale Kirchenbauten in den städtischen Zentren des Reiches und an wichtigen Orten der christlichen Heilsgeschichte (z. B. in Rom, Jerusalem und Bethlehem) und durch die teilweise massenhaft vertriebenen verschiedenen Erzeugnisse christlicher (also durch christlich interpretierte pagane und neue ikonographische Motive geprägte) Kunst auf Mosaiken und Sarkophagen, in Elfenbein und auf Münzen usw. (vgl. z. B. A. Effenberger, *Frühchristliche Kunst und Kultur. Von den Anfängen bis zum 7. Jhd.,* Leipzig 1986, 93–194).

3.6 Die christliche Frömmigkeit der Spätantike

Die traditionelle Vorstellung, daß nach einer ‚konstantinischen Wende' die nun in die Kirche einströmenden Massen von ‚Konjunktur-' und ‚Karrierechristen' die authentische Frömmigkeit einer ‚Märtyrerkirche' verdorben haben, überakzentuiert Differenzen auf Kosten der Kontinuitäten. Obwohl die reiche literarische und archäologische Überlieferung für die christliche Spätantike ein viel differenzierteres Bild christlicher Frömmigkeit ermöglicht als für die voraufgehenden drei Jahrhunderte, läßt sich doch zeigen, daß sich die Organisations- und Frömmigkeitsgestalt der christlichen Religion vor allem im 3. Jahrhundert herausgebildet hat. Im 4. Jahrhundert etablieren sich allerdings auch noch neue Formen der Frömmigkeit bzw. gewinnen alte Formen neue Aktualität.

Hier ist vor allem das Mönchtum zu nennen, das im späten 3. Jahrhundert aus älteren asketischen Bewegungen in Syrien, Palästina und Ägypten entstanden ist. Es geht letztlich auf Tendenzen der Lebensweise Jesu und Existenzformen der apostolischen Zeit zurück, die im 2. Jahrhundert als Wanderasketentum und Enkratismus (ἐγκράτεια) vor allem in Syrien bewahrt blieben. Dort kam wohl auch das Wort ‚Mönch' für die Alleinlebenden auf (μοναχός als Übersetzung von syr. *ihidaya*). Als weitere Bausteine für die Entstehung des christlichen Mönchtums müssen weiter das Ideal eines philosophischen Lebens (ἄσκησις, ἀπάθεια usw.) und jüdische asketische Bewegungen berücksichtigt werden. In Ägypten entstand eine radikale Nachfolgebewegung durch Rückzug in die Wüste (ἀναχώρησις εἰς τὸν ἔρημον, daher ‚Anachoreten' oder ‚Eremiten'). Ein herausragender Vertreter dieser Form ist der Kopte Antonius (etwa: 255–356), der sich ca. 275 n. Chr. unter dem Eindruck von *Matt.* 19, 21 zu Fasten, Schlafentzug, Beten und einer schriftgebundenen Lebensweise in Einsamkeit bekehrte. Eine schon in der Antike bekannte und vielbesuchte Eremitensiedlung mit allein bisher 1500 ergrabenen Zellen (κελλίον; in Wahrheit kleinen Gehöften) ist Kellia (Qoucour, knapp 60 km südöstlich von Alexandria). Ohne direkte Konkurrenz entstand eine zweite Form: Der Kopte Pachomius († ca. 346 n. Chr.) baute um 323/25 in Oberägypten ein Kloster (μοναστήριον) mit gemeinsamer Lebensregel, gemeinsamem Gottesdienst und gemeinsamer Arbeit. Sein Klosterverband organisierte schnell um die siebentausend cönobitisch lebende Mönche. Daß auch Frauen von dieser Bewegung angesprochen worden sind, zeigt die Vita der älteren Schwester des Theologen Basilius (s. o. S. 531: Greg. Nyss., *V. Macr.*); eine spektakuläre Sonderform repräsentiert das Stylitentum in Syrien. Es geht auf Simeon d. Ä. zurück († 459 n. Chr. – wichtige Texte in TU 32–34, Leipzig 1908), der sich zu Beginn des 5. Jahrhunderts aus praktischen Gründen auf eine Säule zurückzog, aber damit den Besucheransturm nur noch steigerte. Nach seinem Tode wurde um die Säule in Kal'at Sim'an bei Antiochia eine riesige Kirche mit Pilgerhospizen gebaut. Im Westen dokumentiert Martin von Tours Ende des 4. Jahrhunderts den Übergang von einem isolierten Eremitentum zum kirchlich eingebundenen Cönobitentum. Zentren dieses gallischen Mönchtums waren Aquitanien, das Inselkloster Lerinum/Lérins und Massilia/Marseille (F. Prinz, *Frühes Mönchtum im Frankenreich,* München ^{2}1988).

Die in der Forschung seit David Hume verbreitete Unterscheidung zwischen einer ‚Volksreligiosität' und einer ‚Hochreligiosität' der Bildungseliten verdeckt, daß scheinbare ‚Unterschichtphänomene' einer ‚dinglichen' Frömmigkeit wie z. B. Magie, Wunder- und Aberglauben oder Reliquienkult in der christlichen Antike weit verbreitet waren (P. Brown, *The Cult of the Saints. Development and Function in Latin Christianity,* Chicago 1981, dtsch. Leipzig 1991; ders., *Society and the Holy in Late Antiquity,* Berkeley 1982, dtsch. Berlin 1993). Auf der anderen Seite darf auch nicht unterschätzt werden, wie stark breiteste Kreise an den trinitätstheologischen und christologischen Diskussionen des 4. und 5. Jahrhunderts beteiligt waren. Das zeigen vor allem Predigten des 4. Jahrhunderts (z. B. Johannes Chrysostomus, Prediger in Antiochien und 397–403 n. Chr. Patriarch von Konstantinopel). Aber auch textliche und archäologische Überreste dokumentieren die Verbreitung und Bedeutung von Amuletten bzw. Reliquien.

Der Reliquienkult steht im Zusammenhang mit der großen Bedeutung, die nun einzelne besonders vorbildliche Christinnen und Christen als ‚Heilige' gewinnen (ursprünglich ein Titel für alle Gemeindeglieder: vgl. *Rom.* 1, 7 und die Bezeichnung *communio sanctorum*). Seit Ende des 2. Jahrhunderts wurden auf der Basis jüdischer theologischer Tradition (z. B. 4. *Macc.* 6, 13–27) und Frömmigkeit die in der Verfolgung standhaften Zeugen Jesu (μάρτυς als μιμητὴς χριστοῦ) verehrt. Die Berichte über ihr Leiden *(passiones)* sind die Keimzelle der reichen hagiographischen Literatur (vgl. dazu H. Delehaye, *Les légendes hagiographiques,* Brüssel ^{4}1973 = 1955). Die religionswissenschaftliche Kategorie des θειος ἀνήρ hat sich dagegen als nicht unproblematisch erwiesen (H. D. Betz, Art. Gottmensch

II, in: *RAC* 12, 1983, 234–312, vgl. allg. G. Anderson, *Sage, Saint, and Sophist. Holy Men and their Associates in the Early Roman Empire,* London 1994). Die *virtutes* des Heiligen begründen seine Rolle als ‚Ombudsmann' in alltäglichen Problemen des Einzelnen bzw. der Gemeinschaft, aber auch als Fürbitter bei und vor Gott vor und nach dem Tode (vgl. z. B. die Graffiti im Bereich *Ad catacumbas* unter San Sebastiano/Rom: *Petre et Paule petite pro . . .*). Schon die Gebeine des (156 oder 167 n. Chr.) hingerichteten Bischofs von Smyrna, Polykarp, wurden als Reliquien gesammelt und sein Todestag feierlich begangen (*Mart. Pol.* 18, 2f); der Mailänder Bischof Ambrosius exhumierte Ende des 4. Jahrhunderts Gebeine von Märtyrern und bestattete sie erneut unter dem Altar einer Kirche (Th. Baumeister, Art. Heiligenverehrung I, in: *RAC* 14, 1988, 96–150).

Auf die Frage, warum das Christentum in der kaiserzeitlichen Antike von einer auf Nordgaliläa beschränkten Bewegung zur Staatsreligion aufsteigen konnte, sind verschiedene Antworten möglich. Einer der Gründe dürfte in der charakteristischen Mischung von Einfachheit und Weite liegen: Die christliche Missionspredigt war einfach; ihre Weite dokumentiert die große Integrationsleistung dieser Religion. Zugleich gilt, daß das Christentum radikale Forderungen aufstellte (etwa den Bruch mit der paganen Frömmigkeit) und doch mit der Sündenvergebung eine moderate Praxis anbot. Weniger überzeugend sind dagegen alle Antwortversuche, die Krisenphänomene („spätantike Dekadenz'; ‚Zeitalter der Angst' nach E. R. Dodds, *Pagan and Christian in an Age of Anxiety. Some Aspects of Religious Experience from Marcus Aurelius to Constantine,* Cambridge 1965) für den Aufstieg des Christentums verantwortlich machen wollen.

Bibliographie

1. Für die Quellentexte vor allem E. Dekkers und A. Gaar, *Clavis Patrum Latinorum* (= CPL; Turnhout ²1961) und H. J. Frede, *Kirchenschriftsteller. Verzeichnis und Sigel.* VL 1. 1 (Freiburg ²1995) sowie M. Geerard, *Clavis Patrum Graecorum* (= CPG), 5 Bde. (Turnhout 1979–1988) – weiteres bei Ch. Markschies, *Arbeitsbuch Kirchengeschichte* (Tübingen 1995), 46–49; vgl. auch die Jahrgänge der *Bibliographia Patristica* (1, 1956 [Berlin 1956], zuletzt 33–35, 1988–1990 [Berlin und New York 1997]).

2. B. Altaner und A. Stuiber, *Patrologie. Leben, Schriften und Lehre der Kirchenväter* (Freiburg ⁸1978). – C. Andresen (Hrsg.), *Handbuch der Dogmen- und Theologiegeschichte* Bd. 1 (Göttingen 1988 = 1982). – H. Chadwick, *Die Kirche in der antiken Welt* (Berlin und New York 1972). – A. Grillmeier, *Jesus der Christus im Glauben der Kirche,* 2 Bde. in 4 Teilen (Freiburg u. a. 1979–1991). – W. D. Hauschild, *Lehrbuch der Kirchen- und Dogmengeschichte* 1 (Gütersloh 1995). – J. N. D. Kelly, *Altchristliche Glaubensbekenntnisse. Geschichte und Theologie* (Göttingen 1972). – H. Lietzmann, *Geschichte der Alten Kirche* (Berlin und New York ⁵1975 = 1932–1944). – Ch. Markschies, *Zwischen den Welten wandern. Strukturen des antiken Christentums* (Frankfurt 1997). – M. Venard (Hrsg.) und Ch. Piétri (Bearb.), *Geschichte des Christentums.* Bd. 2: *Das Entstehen der einen Christenheit (250–430)* (Freiburg 1996).

VIII

Römische Philosophie

VIII Römische Philosophie

MICHAEL ERLER

1 Einleitung

1.1 Wertung und Begriff

„But for mine part, it was Greek to me", sagt in Shakespeares ‚Julius Caesar' Casca zu Cassius (1, 2) und bekennt damit seine Unkenntnis der griechischen Sprache. Weniger Unkenntnis als inhaltliches Unverständnis kennzeichnet lange Zeit die Haltung mancher Römer gegenüber den Errungenschaften griechischer Kultur und insbesondere der Philosophie, die als eine der zahlreichen ‚Importe' aus Griechenland empfunden wurde (Cic., *De orat.* 3, 135 *adventicia doctrina*). Unverständlichkeit, Mangel an Nutzen, unnötiger Rigorismus, Heuchelei, Weltfremdheit, Geldgier, Auflehnung gegen Autorität und Regierung (vgl. Sen., *Epist.* 73) sind nur einige der Vorwürfe, die sich griechische Philosophie und ihre Protagonisten gefallen lassen mußten. Allenfalls als Nebenbeschäftigung wird sie akzeptiert – zusammen mit Pferdezucht oder der Jagd (Ter., *Andr.* 56f.). Wie bei der Beschäftigung mit griechischer Kultur allgemein soll dies auch bei der Philosophie allenfalls mit Maßen geschehen (Cato, *Ad fil.* 1J. *inspicere, non perdiscere*). Ennius läßt Neoptolemos, den Sohn Achills, in einer unbekannten Tragödie verkünden, daß Philosophie für ihn nur mit wenigen Worten nötig sei. Denn er habe keine Freude an ihr (Enn., *Scaen.* 376 ^{3}Vahlen = frg. 95 Jocelyn). Noch Cicero kann verschiedene Gruppen anführen (*Fin.* 1, 1), die Philosophie entweder ganz ablehnen oder sie nur mit großer Distanz betreiben. Zwar wird Philosophie mit der Zeit als ein Teil der Allgemeinbildung akzeptiert, der auch für Dichter nützlich sein kann (Hor. *ars* 310ff.). Zu den ‚artes liberales' wird bezeichnenderweise aber nur die ‚Dialektik' gerechnet.

Römische Zurückhaltung gegenüber Philosophie ist auch am Wortgebrauch erkennbar (U. Klima, *Untersuchungen zu dem Begriff Sapientia. Von der republikanischen Zeit bis Tacitus,* Bonn 1971). Das Lehnwort *philosophia* war früh bekannt, wird jedoch in einem weithin abschätzigen Sinn verwendet. Es steht für dialektische Wortklauberei, ja sogar Betrug und Lüge (Plautus, *Pseud.* 687) und bezeichnet eine unmännliche und weltfremde Tätigkeit (Zethus bei Pacuv., *Trag.* 348 ^{3}R.). Dem steht eine positiv ausgewertete, praktische Weisheit ‚sapientia' gegenüber, nach Plautus eine Übertragung des griechischen Wortes φρόνησις (*Truc.* 78). Auf diese Weise wird der praktische Aspekt des Wissens und Skepsis gegenüber moralischer Metaphysik unterstrichen. In den philosophischen Schriften weist Cicero auf den dynamischen Aspekt im Begriff ‚Philosophie' als einem ‚Streben nach Weisheit' hin (*Tusc.* 4, 5). Auch sieht er in Philosophie die Fähigkeit, ein rechtes Leben zu führen, also eine ‚Lebenskunst' (*Tusc.* 2, 12). In den Reden jedoch scheint er das Lehnwort zu meiden. Erst in neronischer Zeit wird *philosophia* häufiger mit *sapientia* gleichgesetzt. Hintergrund der Skepsis gegenüber Philosophie ist offenbar die Auffassung, daß die Weisheit der Alten *(sapientia)* rein praxisorientiert gewesen sei und aus eben diesem Grund die Ahnen bessere Menschen gewesen seien. Reine Theorie habe zu bloßem ‚Disputieren verleitet' mit der Folge, daß nun Männer von Wert fehlen (Sen. *Epist.* 95, 4ff.).

1.2 Moderne Forschung

Vor diesem Hintergrund kann nicht erstaunen, daß es bei den Römer eine eigenständige Philosophie im Sinne eines selbständigen, metaphysischen Systems nicht gegeben hat. Die erhaltenen Schriften römischer Philosophen scheinen gegenüber ihren Quellen inhaltlich kaum Neues zu bieten. Dementsprechend hat die moderne Forschung lange Zeit die Existenz einer originellen römischen Philosophie überhaupt bestritten (Hegel, Zeller, Nietzsche). Philosophische Darstellungen der Römer fanden lange Zeit Interesse als Quelle, Vorlagen hellenistischer Denker zu rekonstruieren, deren man infolge der Überlieferungslage anders nicht habhaft werden konnte.

Philologen vermeiden oft, von römischer Philosophie, Philosophen, von römischer Philosophie zu sprechen (U. Knoche, „Der Philosoph Seneca", in: U. Knoche, *Ausgewählte Kleine Schriften,* hrsg. v. W.-W. Ehlers, Frankfurt a. M. 1986, 336–362). Erst seit einiger Zeit findet ‚römische Philosophie' als eigener Teil römischer Kultur Interesse (R. Harder, „Die Einbürgerung der Philosophie in Rom", *Die Antike* 5, 1925, 300ff., jetzt in: R. Harder, *Kleine Schriften,* München 1960, 330–353; O. Seel, „Cicero und das Problem des römischen Philosophierens", in: *Cicero ein Mensch seiner Zeit. Acht Vorträge zu einem geistesgeschichtlichen Phänomen,* hrsg. v. G. Radke, Berlin 1968, 136–160), wobei man Eigentümlichkeiten herausarbeitet (wichtig Groethuysen), Teilaspekte behandelt (zahlreiche Arbeiten in *ANRW* I 3. 4 und II 36), aber auch Gesamtdarstellungen versucht (André. Maurach). Dabei werden die jeweiligen Philosophen-Persönlichkeiten als maßgeblich für die Beurteilung ihrer Lehre angesehen (Maurach). Gewürdigt wird aber auch die literarische Qualität, mit der philosophische Dogmatik dem römischen Leser vermittelt wird. Nicht zu bestreiten ist, daß die Philosophie eine der Domänen ist, in der die Griechen als Erfinder (πρῶτοι εὑρεταί) zu gelten haben. Wie die römische Literatur allgemein ist auch die philosophische Literatur der Römer formal, aber vor allem auch inhaltlich in Auseinandersetzung mit den griechischen Vorbildern entstanden, kann also schon von ihren Voraussetzungen her nicht ‚originell' sein. Zu bedenken ist freilich, daß der Begriff ‚Originalität' wie auch andere bei der Diskussion über römische Philosophie oft verwendete Etikettierungen wie ‚orthodox', ‚unsystematisch' oder ‚eklektisch' sich aus historischer Sicht als fragwürdige Kategorien für die Beurteilung antiker Philosophie erweisen wie Donini (P. Donini, „The history of the concept of eclecticism", in: J. M. Dillon und A. A. Long, Hrsgg., *The Question of ‚Eclecticism'. Studies in Later Greek Philosophy,* Berkeley/Los Angeles 1988, 15–330) gezeigt hat. Zum Beispiel sind Qualifizierungen wie ‚orthodox' oder ‚eklektisch' kaum geeignet, die objektive und die subjektive Seite beim Verhalten von Philosophen zu beschreiben, die sich als treue Anhänger ihrer jeweiligen Schule verstanden, auch wenn sie inhaltlich neue Akzente setzten (M. Erler, „Orthodoxie und Anpassung. Philodem, ein Panaitios des Kepos?", *Mus. Helv.* 49, 1992, 171–200). Originalität und Systematik sind Begriffe der neuzeitlichen Philosophie. Im römischen Bereich spielt bei der Übernahme von Literatur und inbesondere bei der Rezeption von Philosophie und ihrer Darstellungsformen der Aspekt des ‚Praktischen' und die ‚Funktionalisierung' (C. Zintzen, *Das Zusammenwirken von Rezeption und Originalität am Beispiel römischer Auto-*

ren, Mainz 1987) von Vorgegebenem eine wichtige Rolle. Beides ist zu berücksichtigen, wenn man von der gewählten literarischen Darstellungsform Rückschlüsse auf die systematische Qualität des Autors ziehen will.

Römische Philosophen bemühen sich lange Zeit weniger um eine eigene Theoriebildung, sondern verfolgen eine protreptisch-didaktische Intention mit dem Ziel, Philosophie auch mittels ihrer literarischen Präsentation praktisch werden zu lassen. Damit ist nicht nur die literarisch kunstvolle Darstellung philosophischer Dogmen und Methoden gemeint, wie wir sie in den Schriften Ciceros finden. Die formale Gestaltung von Werken wie dem Lehrgedicht des Lukrez, der Briefe und Essays Senecas, der Reflexionen Mark Aurels oder der Trostschrift des Boethius fordert zu einer Art von Lektüre auf, welche die Werke zum Bestandteil der von ihrem Autor propagierten Lehre werden läßt (psychagogischer und meditativer Aspekt, vgl. I. Hadot und P. Hadot). Formgebung, Funktion und philosophischer Inhalt konvergieren auf eine Weise, die als ein Resultat des Aufeinandertreffens griechischer Theorie und römischer Tradition angesehen werden darf. Sie lassen Philosophie in einer Art praktisch werden, die der Intention der seit dem Hellenismus größtenteils als Lebenshilfe *(ars vitae)* verstandenen Philosophie entspricht (therapeutischer Aspekt). Dieser funktionale Zugang erweist sich als fruchtbar und führt nicht selten zu einer gerechteren Wertung philosophischer Autoren im römischen Bereich. Beständige Reflexion wird gefördert und damit Lebenshilfe geboten.

2 Einbürgerung

2.1 Rezeptionsbedingungen

Philosophie ist Teil des Aneignungsprozesses griechischer Kultur in Rom. Dabei wandte man sich in einer ersten Phase nicht den Klassikern Platon, Aristoteles, Theophrast zu, sondern neben dem Pythagoreismus vor allem der Philosophie des Hellenismus, der akademischen Skepsis und dem Peripatos, dem Epikureismus und der Stoa. Die Rezeption erfolgte in verschiedenen Phasen. Standen um die Mitte des 1. Jahrhunderts vor allem der Epikureismus und die Skepsis im Vordergrund, so folgt gegen Ende des 1. Jahrhunderts eine Dominanz der Stoa, die bis ins 2. Jahrhundert n. Chr. dauerte, wobei sich allmählich der Mittelplatonismus in den Vordergrund schob, bis in der Spätantike der sogenannte Neuplatonismus die anderen Schulen aufsaugte oder verdrängte. Die Einbürgerung der Philosophie in Rom ist im Rahmen der Hellenisierung römischer Kultur zu sehen, die Horaz geradezu als Revanchesieg der von den Römern militärisch besiegten Griechen bezeichnet (*Epist.* 2, 1, 156f.). Oft gehen Beschreibungen dieser Prozesse von einer festen Frontstellung aus: Der griechischen Seite wird der Part des Gebenden, den Römern die Rolle des bloßen Empfängers zugedacht, der sich freilich allmählich vom übermächtigen Vorbild zu lösen versucht. Wie im literarischen

Bereich erweist sich diese strenge Aufteilung jedoch auch bei der Philosophie als zu schematisch. Trotz unbestreitbarer und von den Römern nicht bestrittener Überlegenheit des griechischen Vorbildes ist auch in der Philosophie der Prozeß einer allmählichen Annäherung zu beobachten. In diesem Prozeß spielten auch neue Akzentuierungen vorgegebener Lehren eine Rolle. Auch wenn diese oft Folge innerphilosophischer Auseinandersetzung waren, so konnten gerade diese Nuancierungen mit Blick auf das neue kulturelle Umfeld als Angebot verstanden und ausgewertet werden. Griechische Philosophie traf in Rom auf Vorstellungen, auf die sich einzustellen hatte, wer akzeptiert und rezipiert werden wollte. Insofern bei dieser Annäherung Themen ausgewählt, Aspekte verschoben, Akzente neu gesetzt wurden, wirkte der Prozeß wie ein Filter, der die weitere philosophische Tradition mitbestimmte und in der Spätantike zu einer Verbindung von Griechischem und römischer Kultur beitrug, die Macrobius glücklich mit dem Begriff *conspiratio in unum* gekennzeichnet hat (*Sat.* 1 praef. 10). Im Verlaufe des Einbürgerungsprozesses hatte man erkannt, daß Philosophie das intellektuelle Rüstzeug bot, Theorien zu formulieren, Meinungsdifferenzen über Religion, Ethik oder politische Philosophie zu artikulieren und die eigene Erfahrungswelt zu reflektieren, was später zu durchaus eigenständigen Theorien z. B. über den Begriff der Person (Boethius), der Geschichte oder der Zeit (Augustinus) führte. Vorher war deutlich geworden, daß griechische Philosophie in mancher Hinsicht kompatibel war mit den durch römische Tradition vorgegebenen Vorstellungen. Es ist bezeichnend, daß Seneca an Q. Sextius und seiner Schule, die er als genuin römische Philosophen (Sen., *Nat.* 7, 32, 2) bezeichnet, rühmt, daß sie in griechischer Sprache, aber in römischer Haltung zu philosophieren verstünden (*Epist.* 59, 7). *Graecis verbis, Latinis moribus philosophari,* griechische Sprache und die damit verbundenen philosophischen Inhalte und römische Tradition und Sitte: Eine gelungene Verbindung dieser beiden Komponenten also macht nach Seneca einen Philosophen aus, der es verdient, als ‚römisch' apostrophiert zu werden. Seneca gibt damit die wesentlichen Rahmenbedingungen an, unter denen sich die Rezeption griechischer Philosophie in Rom vollzog.

2.1.1 Sprache. Quintus Sextius Pater, das Schuloberhaupt der von Seneca als wirklich ‚römisch' apostrophierten Schule, schrieb griechisch. Auch für viele andere philosophierende Römer vor und nach ihm war Griechisch die natürliche durch Lehrer wie Panaitios, Hekaton, Philon, Boethius oder Philodem vertraute Unterrichtssprache. Mochte Cicero den auf griechisch philosophierenden Albucius auch als Graecomanen verspotten (Cic., *Brut.* 131): von Junius Brutus über Cornutus bis zu Musonius, Epiktet und Mark Aurel war und blieb das Griechische die Sprache der Philosophie. Selbst wenn man für sich selbst Philosophisches handbuchartig zu Papier bringen wollte wie Mark Aurel, bediente man sich der Sprache Platons und Aristoteles'. Lukrez', Ciceros, Varros, Brutus' und Senecas Bemühungen, trotz aller von ihnen beklagten Schwierigkeiten griechische Philosophie in ihrer Sprache weiterzugeben, ermöglichten zwar, über Philosophie lateinisch zu reden, nicht aber notwendig auch, in Latein zu philosophieren. Ihre Versuche sind eher als Ausnahmen anzusehen. Noch Seneca weist auf die Schwierigkeiten hin, Abstrakta wie ‚Wesen' (οὐσία) oder ‚Sein' (τὸ ὄν) im Lateinischen wiederzugeben (*Epist.* 58, 6f.), und beklagt, daß Römer schon aus sprachlichen Gründen manche Sophismen nicht widerlegen könnten (*Epist.* 87, 39f.). Fachsprache der Philosophie blieb das Griechische. Noch im 3. Jahrhundert n. Chr. war sich der Jurist Modestinus bewußt, wie schwer es ist, philosophische Begrifflichkeit ins Lateinische zu übertragen. Er tröstet sich allerdings damit, daß es umgekehrt ebenso schwierig sei, juristische Begrifflichkeit aus dem Lateinischen ins Griechische zu übersetzen (*Dig.* 27. 1. 1).

Die Möglichkeit, in Latein zu philosophieren, entwickelte sich erst langsam und spät zu der Zeit, als die Kenntnis des Griechischen allmählich zurückging – also mit dem 3. und 4. Jahrhundert n. Chr. –, als auch das Christentum daran interessiert war, metaphysische Spekulation einem breiteren Publikum zu vermitteln. Bahnbrechendes leisteten Apuleius, Tertullian, Marius Victorinus und Boethius. Mit ihren Übersetzungen und Kommentaren brachten sie Philosophie als Fachwissenschaft einem nun weithin des Griechischen unkundigen Publikum auch im Kreis der Gebildeten nahe. Sie schufen dabei eine lateinische Fachsprache der Philosophie, welche für die weitere Philosophiegeschichte große Bedeutung hatte (s. unten S. 3.1).

2.1.2 Römische Tradition. Neben der griechischen Sprache und dem griechischen Denken bildeten die moralischen Vorstellungen und die Tradition der Römer den anderen Pol des Spannungsfeldes, innerhalb dessen sich die Einbürgerung der Philosophie in Rom vollzog. Auf diese *mores Latini* hatte Rücksicht zu nehmen, wer in Rom Philosophie mit Erfolg lehren wollte. Er hatte sich zu fragen, auf welche Weise der vorgegebene Resonanzboden am besten in Schwingung zu versetzen sei. Cicero stellt die *mores et instituta* als Vorzüge der Römer den Errungenschaften griechischer Bildung entgegen (*Tusc.* 1, 2). Die Ethik der Vorfahren basiert demnach auf einem Code von Pflichten *(officia)* und einer *virtus,* die nicht im bloßen Besitz, sondern in der Praxis Erfüllung findet (Cic., *Rep.* 1, 2), bei militärischem Einsatz für das Gemeinwesen, beim gerechtem Umgang mit Bürgern oder bei frommer Beachtung der Kulthandlungen gegenüber den Göttern. Verhaltensmuster wurden durch steten Hinweis auf *exempla* aus der römischen Geschichte vorgegeben und durch den Respekt vor dem Ansehen *(auctoritas)* erprobter Ahnen *(maiores)* legitimiert. Die Frömmigkeit eines Camillus, der Heldenmut eines Fabricius, das Opfer des Regulus: ihre Beispiele spielten auch in der philosophischen Argumentation z. B. in Ciceros *Tusculanen* oder *De finibus* eine wichtige Rolle und zeigen, daß rationale Beweisführung zwar erwünscht, aber nicht immer ausschlaggebend war. Auf dieses Verhältnis nimmt Seneca Bezug, wenn er sich die Alten über den Niedergang der Moral infolge rationaler klügelnder Ethik beklagen läßt (*Epist.* 94, 13ff.). Man erkennt das spannungsvolle

Verhältnis von Philosophie und Tradition *(mores)* und sieht, welche Aufgabe der Philosophie zugedacht war. Wenn Horaz' Vater seinen Sohn nach Maßgabe der Alten *(traditum ab antiquis morem servare)* erziehen (*Sat.* 1, 4, 105ff.), tiefsinnige ethische Argumentation den Philosophen überlassen will, verdeutlicht dies die Aufgabe der Philosophie im Leben des jungen Römers: Dienerin der Tradition *(ancilla traditi ab antiquis moris)* soll sie sein, soll bekräftigen, was an Überliefertem gegeben ist, soll als Lebenshilfe dienen. Noch in der Kaiserzeit berichtet Tacitus von Helvidius Priscus, daß die Lehre der Stoa ihn am Rechten habe festhalten lassen und daß sie ihn furchtlos darin sein ließ, was er als Bürger, als Senator, als Ehemann, Schwiegersohn und Freund pflichtgemäß zu tun hatte (*Hist.* 4, 5). Die Funktion von Philosophie in Rom ist also affirmativ. Sie soll begründen helfen, was durch Tradition und *auctoritas* der Ahnen beglaubigt ist, soll rechtfertigen, wozu Tradition verpflichtet. Philosophie dient als Instrumentarium für Deutung und Rechtfertigung der Wirklichkeit und bietet eine Begrifflichkeit, mit deren Hilfe man sich im Rahmen dieser Tradition zurechtfinden kann. Die Verbindung dieser beiden Komponenten verspricht Erfolg, wie Q. Sextius und seine Schüler zeigen. Sie propagierten Philosophie als Kunst der Lebensführung *(ars vitae)* (Sen., *Epist.* 73, 15) und boten praktische Lebensregeln an, die von allabendlicher Gewissenserforschung bis zu bestimmten, vegetarischen Diätvorschriften reichten. Von einer Schule (z. B. Stoa) ließ Sextius sich nicht vereinnahmen, sondern verband stoische mit pythagoreischen Ansichten. In seiner Schule wurden römische Konzepte reflektiert und ihnen in griechischer Sprache Ausdruck verliehen. Die Überzeugung, daß einem *vir bonus* auch Juppiter nicht überlegen ist, und die praktische Ausrichtung der Lehre hat der Schule bei den Römern (wenn auch nur kurzzeitig) Anhänger verschafft. Sextius ist es mit seiner praxisorientierten Lehre offenbar gelungen, römische Tradition und philosophische *ratio* nicht in Gegensatz geraten zu lassen, auch wenn er sich von der Ämterlaufbahn fernhielt (Sen., *Epist.* 98, 13). Wo diese Konvergenz nicht möglich schien, erhielt römische Tradition den Vorzug vor philosophischer Argumentation. Cotta erklärt dies in Ciceros *De natura deorum* ohne Umschweife. Zwar ist er Anhänger der Skepsis, hat aber auch die Funktion des Pontifex Maximus inne. Als solcher vertritt er den ererbten Glauben an die Götter, dem er als Skeptiker doch mit Zurückhaltung gegenüberstehen muß. Für Cotta ist dies kein Widerspruch. Freimütig erklärt er, daß er in Fragen der Religion einem Pontifex Maximus wie Tiberius Coruncianus oder Publius Scaevola, nicht aber Philosophen wie Zenon, Kleanthes oder Chrysipp folgen will (*Nat.* 3, 5, vgl. 2, 168). Im Zweifel also für die *auctoritas* der Ahnen und der Tradition und gegen philosophische *ratio*! Auch der Skeptiker Cicero sieht kein Problem in seiner Mitgliedschaft im Augurencollegium (*Div.* 2, 70). Erst der Christ Lactanz macht Cicero zum Vorwurf, daß man Philosophie zur Kenntnis nehmen, sein Leben aber nach Brauch und Ordnung eines römischen Bürgers *(civiliter)* ausrichten solle (*Div. inst.* 3, 14, 17f.). In Cottas oder Ciceros Verhalten wird eine wichtige Dichotomie deutlich: Philosophie ist eine Sache des privaten Bereiches, des *otium*. Vom Bereich politischer, juristischer und gesellschaftlicher Pflichten *(negotium)* ist sie fernzuhalten (André, Otium). Im privaten Bereich vergegenwärtigte man sich die Lehren ‚geistiger Ahnen', wie es Platon für Cicero war (*Brut.* 24), auch durch Bildnisse und dokumentierte damit seine Bildung (P. Zanker). In der Öffentlichkeit hingegen taugte die Erwähnung philosophischer Dogmatik allenfalls für Polemik.

In der Rede *Pro Murena* (60ff.) (63 v. Chr.) versucht Cicero das Prestige des Stoikers Cato, Inbegriff moralischer Integrität und Parteigänger der Gegenseite, zu unterminieren, indem er für die rigiden Züge in Catos Wesen die als streng, ja lebensfremd bekannten Lehrsätze der Stoa verantwortlich machte. Cicero appellierte also an das Bild des verqueren Philosophen bei den Zuhörern. Im privaten Kreise jedoch diskutiert Cicero mit Cato freundschaftlich und differenziert über stoische Doktrin (*Fin.* 4, 74) und räumt ein, daß er damals in der Öffentlichkeit der Unerfahrenheit der Zuhörer Tribut gezollt, gleichsam zum Theaterbalkon gesprochen habe. Ansonsten war es geraten, Interesse an Philosophie und griechischer Kultur eher zu verbergen (Cic. *Off.* 2, 2), es sei denn, taktische Gründe machten ein Bekenntnis geradezu erforderlich, wie im Fall der Verteidigung des griechischen Dichters Archias (vgl. Cic., *Pro Archia*). Man konnte wie der Redner M. Antonius jedwede Kenntnis leugnen oder wie L. Licinius Crassus seiner Mißachtung griechischer Kultur dezidiert Ausdruck verleihen. Wer sich anders verhielt, mußte mit Spott wegen angeblicher Graecomanie rechnen, wie Albucius (vgl. Cic., *Brut.* 131).

Entscheidendes Kriterium für die Beurteilung philosophischer Lehren waren Lebenserfahrung und Lebenswirklichkeit (Groethuysen). Praktische Lebenshilfe, verbunden mit konkreten Anweisungen, was zu tun und was zu lassen ist, wurde erwartet. Weniger der abstrakte philosophische Prozeß der Wahrheitsfindung als das bloße Ergebnis eines solchen Suchens in Form von Praecepta wurde geschätzt. Bezeichnend ist, wenn Scaevola bei Livius in stoisierender Formulierung behauptet (Liv. 2, 12, 9f.), es genüge nicht, Tugenden zu besitzen. Man müsse sie auch praktizieren. Hierzu paßt die Überzeugung, daß griechische Überlegenheit in moralischer Konzeption durch römische Überlegenheit an Beispielen moralischen Verhaltens mehr als ausgeglichen werde (Quint., *Inst.* 12, 2, 30). Unter Berufung auf die Wirklichkeit können dialektische Beweise akzeptiert oder auch abgelehnt werden. Die Philosophie muß sich ständig vor dem Leben rechtfertigen (Cic., *Fin.* 4, 3; Sen., *Epist.* 108).

Weniger das theoretische Konzept des Weisen (Cic., *Off.* 3, 16ff.) als Ratschläge, wie man als rechtschaffener Mensch sein Leben einrichten muß und dem Staat gut dienen kann, ohne die eigene Persönlichkeit und das Streben nach Anerkennung hintanstellen zu müssen, waren von Interesse. Wenn Seneca (*Epist.* 106, 12) und Epiktet (*Diss.* 3, 2, 13) beklagen, daß aus Philosophie Philologie geworden sei, dann bedauern sie, daß aus Philosophie ein intellektueller Sport – Kathederphilosophie – und eine nutzlose Gelehrsamkeit geworden ist. Dieser praxisorientierte Aspekt der Philosophie trifft sich mit dem Anspruch der hellenistischen Philosophenschulen, eine Lebenskunst anzubieten, für die Sokrates als Beispiel immer wieder herangezogen wurde (Long; Döring). Auch in der römischen Philosophie ist es Sokrates, der die Philosophie vom Himmel heruntergerufen hat (Cic., *Tusc.* 5, 10) und zum Paradigma des weisen Lehrers in der praktischen Kunst der Lebensführung wie in der

Kunst zu sterben wird. Das Zusammentreffen von philosophischer Reflexion und persönlicher Erfahrung versucht in den philosophischen Abhandlungen ein Oszillieren zwischen Allgemeinem und Einzelnem. Allgemeine Reflexionen sind ebenso von Bedeutung wie konkrete Beispiele aus dem Leben. Diese Haltung dürfte auch bei der Wahl der literarischen Formen und der ihnen oft zugedachten Funktion mitbestimmend gewesen sein. Lehrgedicht (Lukrez), Lehrschrift (Cicero, z. B. *De officiis*), Dialog (Cicero), ‚einseitiger' Dialog (Seneca), Kompendium (Apuleius), Sentenz und Kurzreflexion (Mark Aurel), poetisch-prosaischer Selbsttrost (Boethius) sollen in Verbindung von Konkretem und Allgemeinem nicht zuletzt der Meditation und der Therapie des Lesers dienen und werden auf je eigene Weise wegen ihres Inhaltes (*exemplum* und *ratiocinatio*) und infolge ihrer literarischen Gestaltung (Psychagogie) praktisch.

2.2 Anfänge bis zur späten Republik

Infolge der praktischen Ausrichtung der Philosophie in Rom ist es kaum Zufall, daß ihre Vorreiter Dichter waren. Der Patrizier Appius Claudius Caecus wählte zu Beginn des 3. Jahrhunderts die Sentenz, um auf diese Weise moralische Maximen über Selbstbeherrschung (Frg. 1 Morel), Freundschaft (Frg. 2 Morel) oder Selbstbestimmung (Ps. Sall., *Epist. ad Caes.* 1, 1, 2) zu propagieren, wobei er sich pointierte Aussagen griechischer Vorbilder zunutze machte. Mit Hilfe von Sentenzen wählte er Endprodukte philosophischen Denkens im griechischen Bereich gleichsam aus und machte sie für die Lebensführung nutzbar.

Ähnlich ging **Q. Caecilius Metellus** in seiner für die römische Einstellung zur Ehe grundlegenden Rede *De prole augenda* vor. Pointierte Aussagen, wie „man kann nicht mit Frauen, man kann nicht ohne sie leben" lehnen sich eng an ähnlich pointierende Verse des Griechen Susarion an, machen sie einprägsam und leicht memorierbar. Plutarch konstatiert den apophthegmatischen Charakter moralischer Belehrung im frühen Rom (*Cat. mai.* 340ff.). Man denkt an die Verwendung von Sentenzen im *Carmen de moribus* des M. Porcius Cato Censorius. Noch Seneca war sich der Wirkung (wie ein Insektenstich) solcher Sentenzen wohl bewußt (vgl. *Epist.* 94, 41; nach Phaidon von Elis). Kaum Zufall ist die Parallelität derartiger moralischer Reflexionen mit Rechtsformeln in Sentenzform, die noch zur Zeit Ciceros von jungen Römern auswendiggelernt werden mußten (Cic., *Leg.* 2, 59). Auch spätere Formen wie Brief oder Essay zeichnen sich noch oft durch sentenzenartigen Stil aus.

Neben der Sentenz (z. B. Publilius Syrus) boten auch die *laudatio funebris* oder das Enkomion (Cic., *Orat.* 2, 342) Gelegenheit zu moralischer Belehrung. In der Komödie des Plautus oder des Terenz werden Monologe nicht selten zu moralisch philosophischen Homilien (z. B. Plaut., *Amph.* 633ff.) über Liebesleidenschaft und ihre Zähmung, über Ruhm, Ehre oder Umgang mit Vermögen. Derartige Ausführungen dienen auch der Therapie. Es ist bezeichnend, daß Cicero in den *Tusculanen* wiederholt auf Partien des Dramas zurückgreift. In diesen Kontext gehören Kataloge von Maximen oder Aufzählung von Übeln in der Komödie (vgl. Lysiteles im *Trin.* 236–275 über *avaritia* oder *elegantia*). Die Übernahme griechischer Philosophie in Rom beginnt schon früh und vor allem von Unteritalien her. In Süditalien lebten zahlreiche griechische Philosophen und spielten auch in der Politik eine Rolle. Kontakte mit unteritalischen Philosophen und ihrer Lehre war für Römer also durchaus möglich.

Cicero spielt mit dieser Vorstellung, wenn er im *Cato Maior* das an sich unwahrscheinliche Szenario einer Konversation zwischen Archytas aus Tarent, Platon und dem Samnitenführer C. Pontius imaginiert. Wir hören von einem ersten Kontakt der Römer mit Epikureern im Zusammenhang mit dem Pyrrhuskrieg (Cic., *Cato* 43; Plut., *Pyrrh.* 20). Von besonderer Bedeutung waren die Pythagoreer mit ihren Zentren in Kroton und Tarent. Schon früh wurde pythagoreischer Einfluß auf römische Institutionen angenommen. Der der Überlieferung nach zweite König Roms, Numa Pompilius, soll von Pythagoras (um 530 v. Chr.) in Philosophie unterrichtet worden sein. Zwar muß man mit Cicero (*Rep.* 2, 28) und Livius (1, 18, 2–3) die Nachricht als chronologisch unmöglich ansehen. Doch zeigt die Legende, daß man sich des griechischen Einflusses bewußt war. Dasselbe gilt auch für die angeblich von Numa verfaßten 7 Bücher pythagoreischen Inhalts, die im Jahr 181 v. Chr. am Fuße des Janiculum gefunden worden sind, die dann freilich wegen ihres ‚philosophischen' Inhaltes als Bedrohung für Staatsreligion empfunden und verbannt wurden (vgl. Liv. 40. 29. 3f.) (K. Rosen, „Die falschen Numabücher. Politik, Religion und Literatur in Rom 181 v. Chr.", *Chiron* 15, 1985, 65–90). Eine Statue des Pythagoras soll im Comitium gestanden haben (Plin., *Nat.* 34, 26).

Die frühesten Zeugnisse lateinischer Literatur sind nicht selten pythagoreisch beeinflußt. Ob dies auch für Appius Claudius' Sentenzen gilt (Cic., *Tusc.* 4, 2), ist zwar unsicher. In den Komödien des Plautus und Terenz jedoch sind Pythagoras und seine Lehre anzutreffen, wie die römische Komödie generell auf philosophische Lehren anspielt, eine wenigstens oberflächliche Vertrautheit des Publikums also voraussetzt. Vor allem Q. Ennius (239–169 v. Chr.), der in Süditalien erzogen war, zeigt sich mit griechischer Philosophie und insbesondere mit Pythagoras' Lehre vertraut. Im *Euhemerus* bietet er eine auf Vernunftgründen aufbauende Erklärung der Religion, wobei er sich an eine Schrift (ἱερὰ ἀναγραφή) des Euhemerus anlehnt und auf pythagoreische Lehre rekurriert. Auf pythagoreische Vorstellungen (Metempsychosis) greift Ennius auch zurück, wenn er sich als Reinkarnation Homers vorstellt. Mit dem 2. Jahrhundert ist ein wachsendes Interesse an Philosophie im Rahmen der sich steigernden Hellenisierung als Folge römischen Imperialismus zu konstatieren. Der Sieg bei Pydna (168 v. Chr.) am Ende der makedonischen Kriege und die Kriege gegen Mithridates führten zu einem Strom von griechischen Intellektuellen nach Rom. Von zentraler Bedeutung war die Philosophengesandtschaft von 156/5. Um einer Geldstrafe zu entgehen, schickte Athen im Jahr 156/5 den Stoiker Diogenes aus Babylon, den Peripatetiker Kritolaos und den Akademiker Karneades nach Rom. Ihre Anwesenheit, insbesondere Karneades' dialektische Kunst – an zwei Tagen sprach er mit plausiblen Gründen einmal für, einmal gegen die Gerechtigkeit – stimulierte offenbar das Interesse der römischen Jugend an Philosophie in solchem Maße, daß Cato Censorius für eine schnelle Rückkehr der Gesandten Athens sorgte. Dort mochten sie Philosophie treiben, die römische Jugend aber sollte zu Gehorsam vor Gesetz und Vorgesetzten zurückkehren (Plut., *Cato mai.* 22). Manche empfanden diese Disputationskunst als Bedrohung für *auctoritas* und *mores.* Doch blieb nicht verborgen, daß Philosophie mehr ist als Argumentationstechnik und auch zur Affirmation römischer Sitte beitragen kann. Hierzu hat wohl nicht zuletzt der stoische Philosoph Panaitios (geb. 185–180, gest. 110 oder 109) beigetragen, der ungefähr von 144–129 v. Chr. zum sogenannten Scipionenkreis um den jüngeren Africanus gehörte.

Zu dieser Gruppe gehörte auch der Satiriker Gaius Lucilius, dessen Werk Sittenskizze mit philosophischer Reflexion verbindet, wie besonders ein umfangreiches Fragment (1342–54 Krenkel) zeigt, das von der *virtus,* dem Wissen um den moralischen Wert einer jeden Sache für den Menschen, handelt.

Es geht in dem Fragment um das Gemeinwesen und die Familie, d. h. um Grundpfeiler römischer Tradition. Einfluß des Panaitios ist zwar vermutet worden, ist jedoch nicht nachweisbar. Der Text enthält aber einige Termini altstoischer Ethik und ist deshalb auch als Zeugnis für die Übertragung griechischer Terminologie ins Lateinische von Bedeutung (W. Görler, „Zum virtus-Fragment des Lucilius (1326–1338 Marx) und zur Geschichte der stoischen Güterlehre“, *Hermes* 112, 1984, 445–468 und S. Koster, „Neues virtus-Denken“, *Dialog* 15, 1984, 5–26).

Die soziale Stellung der griechischen Philosophen in Rom war lange Zeit prekär, wenn es sich um Personen ohne persönliche Bindung an einen vornehmen Römer handelte. Wir hören von Vertreibungen Einzelner (die Epikureer Alkios und Philiskos 173 oder 155 v. Chr.) und von genereller Ausweisung von Philosophen und Rhetoren auf Senatsbeschluß (161 v. Chr.). Besser hatten es diejenigen, die die Patronage durch vornehme Römer genossen. Seit dem 2. Jahrhundert finden wir erste Beispiele römischer Patronage für griechische Philosophen, die für gegenseitigen Nutzen sorgte. Für den ‚Hausphilosophen‘ bedeutete sie Schutz und materielle Unabhängigkeit, für den Römer Ansehen bei an griechischer Kultur interessierten Römern und die Möglichkeit, Problemlösungen aus erster Hand zu erhalten. Vom Philosophen wurden offenbar vor allem moralische Belehrung und psychologische Therapie erwartet, die in den politischen Wirren mehr als systematische Belehrung willkommen gewesen sein wird und von den hellenistischen Schulen theoretisch begründet und praktiziert wurde.

Plutarch z. B. berichtet (*Pomp.* 75), daß Pompeius nach der Niederlage von Pharsalus mit seinem Hausphilosophen Kratippos ein Gespräch geführt hat, das offenbar der Therapie dienen sollte. Bekannteste Beispiele für solche ‚Hausphilosophen‘ sind Panaitios bei Scipio Africanus, der Stoiker Diodot im Haus Ciceros, der Stoiker Antipatros bei M. Porcius Cato Uticenis oder der Epikureer Philodem im Haus des Piso Caesoninus. Interessant ist auch die Verbindung des Tiberius Gracchus mit Blossius von Kumae, der Schüler des Stoikers Antipater von Tarsus war. Man hat wegen dieser Beziehung vermutet, daß die philosophische Grundüberzeugung das politische Handeln des Gracchus beeinflußt habe. Jedoch gibt es hierfür keine Evidenz (Dudley).

Generell ist umstritten, ob und inwieweit Dogmen philosophischer Schulen ihren Anhängern als Direktiven für ihr politisches Handeln gegolten haben (Griffin, *Philosophia togata* 1–43, bes. 11ff.). Zwar scheinen die Römer zumindest bei den Philosophen selbst eine Konvergenz von Lehre und Handlung erwartet zu haben. Jedoch ist es schwierig, solche von philosophischer Überzeugung motivierten Handlungen zu beweisen und zu zeigen, daß der Epikureer Cassius sich bei seinem Tyrannenmord an Caesar von seiner philosophischen Überzeugung hat leiten lassen. Man hat vielmehr vermutet, daß die regierende Klasse der Römer in republikanischer Zeit (H. D. Jocelyn, „The ruling class of the Roman republic and Greek philosophers", *Bull. RylandsLib.* 59, 1976, 323–366) eher oberflächlich mit Philosophie vertraut war. Philosophie diente dazu, Argumente und Terminologie bereit zu stellen, um eigenes Handeln zu reflektieren, zu erklären und im nachhinein zu rechtfertigen.

Besonders wichtig für die weitere Entwicklung war die Welle von Philosophen, die in den 80er Jahren während des Mithridatischen Krieges und infolge der Plünderung Athens durch Sulla im Jahre 88 v. Chr. nach Italien und Rom kamen. Akademie und Lyceum als Institution waren geschlossen. Philon von Larissa, Haupt der Akademie, kam als Flüchtling, der stoische Philosoph Poseidonios und vermutlich der Rhetor Apollonios Molon wurden als Botschafter aus Rhodos geschickt, Alexander Polyhistor kam als Gefangener nach Rom. In dieser Zeit wurden die Römer mit den bedeutenden Schulen der griechischen Philosophie vertraut.

3 Späte Republik und früher Prinzipat

3.1 Philosophische Schulen

Platons Akademie war seit Karneades und Kleitomachos durch eine skeptische Phase gegangen. Kleitomachos' Schüler Philon von Larissa, der um 88 v. Chr. nach Rom kam, hielt dann zumindest ein ‚Erfassen' von wahrscheinlichem Wissen wieder für möglich. Philon sah eine Aufgabe der Ethik darin, dem Menschen Regeln für ein Leben zu geben, das zu Glückseligkeit führt. Auch Rhetorikunterricht hat Philon in seiner römischen Zeit erteilt (Cic., *Tusc.* 2, 9).

Allerdings ist unklar, wie weit sein Einfluß während seiner Zeit in Rom wirklich ging. Unbestritten hingegen ist die Bedeutung seines Schülers Antiochos von Askalon und dessen Bruder Aristos für die Akzeptanz von Philosophie in Rom, wie die Freundschaft u. a. mit M. Iunius Brutus und Cicero zeigt. Auch Varro hatte Antiochos in Athen (wohl 84–82 v. Chr.) gehört und blieb sein treuer Anhänger, wobei er allerdings auch für andere Einflüsse (Stoa, Pythagoreismus) offen war (vgl. drei Aspekte der Theologie: mythische, physische, bürgerliche Theologie). Antiochos wandte sich vom Skeptizismus ab und beanspruchte, zur Lehre Platons und seines Schülers Aristoteles zurückzukehren. In der Erkenntnistheorie gab er auch stoischer Auffassung Raum. Antiochos beeindruckte offenbar durch Bildung und durch seine Moralität, aber wohl auch, weil er wie Philon als guter Lehrer der Rhetorik galt und damit den Nutzen der Dialektik für den Rhetorikunterricht gleichsam vorführte (Cic., *De orat.* 3, 57f.). Sein Rekurs auf die ‚Alte' Akademie, also die *auctoritas veterum* seiner Schule, mag römischem Empfinden entgegen gekommen sein.

Wichtig für die weitere Geschichte der Philosophie Roms ist, daß der Platonismus um die Mitte des 1. Jahrhunderts allmählich wiedererwachte. Vor allem der platonische *Timaios,* den Cicero übersetzte, kam einem verbreiteten religiösen Interesse entgegen. Allgemein ist in dieser Zeit eine Art ‚Klassizismus' auch in der Philosophie zu beobachten. Man orientierte sich um und griff auf die Dogmatik der Schulgründer zurück, sammelte deren Schriften, edierte und kommentierte sie. Das gilt nicht nur für den Platonismus, sondern auch für den Aristotelismus. Eine erste Ausgabe der Vorlesung des Aristoteles um 70 v. Chr. mit etwas später einsetzender Kommentierung gehört ebenso in diese Zeit wie auch die Ausgabe der Werke Platons in Tetralogien. Platoniker wie Eudoros aus Alexandrien interpretieren Platons Dialoge mit philologischer Methode. Hier wie in anderen Schulen ist das eigene Philosophieren vom Wunsch geleitet, mit der Lehrmeinung des Meisters in Übereinstimmung zu sein.

Dies läßt eine eher starre Orthodoxie erwarten. Jedoch sind seit der Mitte des 2. Jh.s v. Chr. sowohl in der Stoa als auch im Epikureismus Ansätze festzustellen, die jeweilige Dogmatik behutsam zu modifizieren. Diese Nuancierungen werden nicht als bewußte Berichtigung des jeweiligen Meisters verstanden, sondern im Gegenteil als einzige, dem Willen des Schulgründers entsprechende Auslegung ausgegeben. In der Forschung ist umstritten, inwieweit dabei auch das Bestreben leitend gewesen sein mag, sich römischen Verhältnissen anzupassen. Gewiß wird eher Disput mit rivalisierenden Schulen oder innerschulischer Dissens treibende Kraft gewesen sein, neue Akzente zu setzen. Festzuhalten bleibt jedoch, daß oftmals gerade diese neuen Akzente bei dem Versuch hilfreich sein konnten und es auch waren, im römischen Umfeld heimisch zu werden (D. Sedley, „Philosophical allegiance in the Greco-Roman world", in: M. T. Griffin and J. Barnes, *Philosophia Togata. Essays on Philosophy and Roman Society,* Oxford 1989, 97–119).

Besonders in der stoischen Ethik wurden Konvergenzen mit römischen Vorstellungen festgestellt (Cic., *Fin.* 2, 76). Diesen Eindruck verdankt die Schule vor allem Panaitios. Er milderte den ethischen Rigorismus seiner Schule, der bei Römern so oft auf Unverständnis und Spott stieß. Keineswegs gab er das altstoische Ideal des Weisen (σοφός), der unbehelligt von sittlicher Unvollkommenheit unerschütterliche Festigkeit vorlebt, auf. Doch billigte er auch dem Streben (προκοπή) nach Weisheit moralischen Wert zu. In seiner Schrift ‚Über das Zuträgliche' (περὶ τοῦ καθήκοντος), die Cicero in *De officiis* heranzog, behandelte Panaitios die ‚mittleren' Pflichten derjenigen, die auf dem Weg zur Weisheit sind. Indem er moralische Qualität auch bei unvollkommenem Streben nach Nutzen für Familie und Vaterland sah, setzte Panaitios neue Akzente. Der Beredsamkeit räumte er einen hohen Rang ein, betrieb historische und geographische Studien und stand politischer Betätigung weit offener gegenüber, als dies von den Vorgängern seiner Schule bekannt ist. Platon und Aristoteles schätzte er, lehnte manches Dogma der eigenen Schule ab (‚Ekpyrosislehre') oder nahm Modifikationen vor, wenn er das Lebensziel in der Ausbildung individueller Anlagen sah und nicht die Allnatur zum Maßstab allen Handelns machte wie Zenon oder Chrysipp. Schließlich entwickelte er eine Rollentheorie (vier Rollen als Merkmale eines Charaktertyps, nicht einer einmaligen Persönlichkeit im modernen Sinne). Er bediente sich dabei eines Wortes (πρόσωπον), das eigentlich ‚Maske' bedeutet und nur sehr selten und nur in philosophischem Kontext in der für die Theorie ausschlaggebenden Bedeutung ‚Rolle' zu finden ist. Bei dem lateinischen Wort *persona* hingegen, mit dem Cicero (*Off.* 1, 107–125) Panaitios' Theorie wiedergibt, ist diese Bedeutung vertraut, so daß man vermuten kann, Panaitios habe sich auch hier auf das römische Umfeld einzustellen versucht (Fuhrmann). Es ist sicher nicht richtig, derartige Modifikationen als Bruch innerhalb der stoischen Tradition zu werten. Es sind wohl eher Antworten auf innerphilosophische Polemik. Doch werden auch Eindrücke, die Panaitios in Rom sammeln konnte, eine Rolle gespielt haben. Seine Zugehörigkeit zum Scipionenkreis hat sicher zum Durchbruch der stoischen Philosophie in Rom beigetragen und ihr Einfluß auf Politik, Erziehung und öffentliches und privates Leben verschafft. Neue Akzentuierungen haben diesen Prozeß sicher erleichtert.

Ähnliches, wenn auch nicht in gleicher Deutlichkeit, ist beim Epikureismus zu beobachten. Obgleich Grunddogmen Epikurs wie Gottesferne, Zurückhaltung gegenüber politischem Engagement, Ablehnung kultureller Güter eine Konvergenz mit römischer Tradition kaum erwarten lassen, ist bis zur Mitte des 1. Jahrhunderts v. Chr. wachsender Einfluß des Epikureismus in Rom festzustellen. Der Erfolg der Schule ist ablesbar an einflußreichen Namen, die sich zu Epikur bekennen, und an der sich in Umfang und Ton steigernden Polemik in den Philosophica Ciceros. Der römische Epikureer Torquatus hingegen sieht durchaus Übereinstimmungen von Epikurs Lehre mit römischer Tradition (Cic., *Fin.* 1, 34–39). Man darf vermuten, daß Epikurs Anspruch, durch Aufklärung fehlerhafte Einschätzung von Religion, Tod und Göttern zu meiden und dadurch Seelenruhe zu erlangen, einem Bedürfnis in der Zeit großer politischer Wirren entgegenkam. Darüber hinaus lassen sich in der Schule Epikurs neue Akzentuierungen beobachten, die Affinitäten auch dieser Lehre zu römischen Traditionen suggerieren. Eine derartige Flexibilität relativiert die Behauptung, in Epikurs Schule habe es keinerlei Entwicklung gegeben. Neuere Zeugnisse belegen, daß es auch in dieser Schule zu Nuancierungen der Lehre gekommen ist, die freilich immer den Anschein strenger Orthodoxie zu wahren wußten, so daß auf den ersten Blick der Eindruck starrer Dogmatik nicht von der Hand zu weisen ist. Jedoch gehörte zu Epikurs philosophischer ‚Therapie' nicht nur die Anverwandlung epikureischer Dogmen, sondern auch die Fähigkeit zur flexiblen Anpassung an neue Gegebenheiten. Denn eine *interpretatio epicurea* ungewohnter Erscheinungen in neuem Umfeld diente vorzüglich der Beruhigung der Seele. Die Schriften Philodems, der in den 70er Jahren nach Rom und Neapel kam und Calpurnius Piso Caesoninus zum Patronus hatte, zeugen von der Fähigkeit, ohne Aufgabe wesentlicher Standpunkte sich doch durch besondere Akzentsetzung neuen Gegebenheiten anzupassen.

Philodem argumentiert z. B. für die Existenz von Gestirnsgottheiten – ein Novum im Epikureismus –, erweist seine These jedoch durch Rekurs auf interpretierbare Aussagen Epikurs als orthodox. Dies mag als Reaktion philosophischer Kritik zu werten sein, kommt aber auch Erwartungen des römischen Umfeldes entgegen. Ein Hinweis auf zeitgenössisches Interesse an Sonnenkult und Gestirnsgottheiten (Nigidius Figulus) oder auf die Verstirnung Caesars *(sidus Iulium)* (44 v. Chr.) muß hier genügen, um zu zeigen, in welchem Kontext Philodems Nuancierung epikureischer Lehre auch zu sehen ist. Weitere Modifikationen betreffen z. B. die Einschätzung des Gelderwerbs oder die Verwendung der ‚Paideia' bei der Propagierung von Philosophie. Hatte Epikur selbst der Bildung nur geringen Wert für die Philosophie zugestanden, so verfaßt der Epikureer Philodem Traktate über Musik, Poesie und Rhetorik. In einer innerschulischen Diskussion über die Rolle der *artes* rechtfertigt sich Philodem mit dem Hinweis, die *artes* seien ein probates Mittel, eigene Lehre zu propagieren, mit ihrer Hilfe komplexe, philosophische Sachverhalte zu erklären und sich mit anderen Philosophen auseinanderzusetzen (Philod., *Ad cont.* XVI Angeli).

Wohl auch als Reaktion auf Kritik an der angeblichen Unbildung der Epikureer zu verstehen, konvergieren modifizierte Positionen auffällig mit dem Bild römischer Epikureer, das uns Cicero mit Torquatus und Velleius bietet und mit den Beobachtungen, die man bei der Lektüre von Lukrez' Lehrgedicht *De rerum natura* machen kann. Es ist kein Zufall, daß die erste, vollständig erhaltene philosophische Schrift eines Römers aus epikureischem Kontext stammt.

3.2 Lukrez

Um den Römern epikureische Lehre nahezubringen, wählt Lukrez die Form des Lehrgedichtes. Als *doctus poeta* (Stat., *Silv.* 2, 7) macht er Anleihen auch bei Satire, Diatribe, Epos oder Tragödie. Trotz seiner Klagen über die ‚Armut' der lateinischen Sprache (1, 138) erweist sich Lukrez als geschickt in der Übernahme alten sprachlichen Ausdrucks und seiner Anpassung an neue Konzepte. Als Dichterphilosoph setzt er Rhetorik und poetische Mittel gleichermaßen ein, um philosophische Inhalte zu verdeutlichen. Dabei läßt er sich von Zweck (Therapie und Hilfe zu Selbsthilfe) und Eigenart (memorierendes Aneignen) epikureischer Wissensvermittlung leiten.

Eine Interpretation sollte deshalb nicht formale von inhaltlichen Gesichtspunkten trennen, sondern sich bei der Deutung poetischer Aspekte von Vorgaben epikureischer Lehre leiten lassen. Im Streit zwischen epikureischen Kulturverächtern und moderaten Bildungsanhängern, von dem wir bei Philodem hören, steht Lukrez offenbar auf der Seite derjenigen, welche die ‚artes' als Hilfsmittel nutzen wollen, um epikureische Philosophie zu vermitteln. Deshalb auch ist seine vieldiskutierte Behauptung berechtigt, er sei der erste, der Epikurs Lehre in lateinische Sprache umgesetzt habe (1, 922ff.). Zwar hören wir von Werken epikureischen Inhalts eines Amafinius, Catius und Rabirius (Cic., *Ac.* 1, 2, 5), die möglicherweise zeitlich Lukrez noch vorausgehen. Doch scheinen diese sich nur des *vulgaris sermo* und einer Darstellungsweise bedient zu haben, die auch der zum Epikureismus bekehrte Cassius tadelnswert findet (*Fam.* 15, 19, 2; 45 v. Chr.).

3.2.1 Leben und Werk. Titus Lucretius Carus wurde um 90 v. Chr. geboren und starb in den späten 50er Jahren des 1. Jahrhunderts v. Chr. Obgleich sein Werk *De rerum natura* von beträchtlichem Umfang und eines der hervorragendsten Produkte lateinischer Dichtkunst ist, wissen wir über Leben und Person des Autors wenig.

Die beiden Hauptquellen, Hieronymus (*Chron.* ad annum 1921 ab Abr. = 96 a. Chr. bzw. ad annum 1923 = 94 a. Chr.) und die Donat zugeschriebene Vita Vergils (*Vita Verg.* 6), sind widersprüchlich und nicht zuverlässig. Weder Herkunft noch Lebensumstände sind über Vermutungen hinaus gesichert. In einem Brief aus dem Jahre 54 an seinen Bruder Quintus (*Ad Q. fr.* 2, 10 [9] 3) enthüllt Cicero, daß er und sein Bruder das Werk des Lukrez gelesen haben und es sehr schätzen. Über mögliche Beziehungen des Lukrez zu anderen Epikureern ist nichts bekannt. Es ist deshalb umstritten, ob er vom zeitgenössischen Epikureismus beeinflußt ist. Immerhin legen Papyrusfunde in Herculaneum die Vermutung nahe, daß sein Werk zur Bibliothek des Philodem im Hause Pisos gehörte.

Als Dichter gepriesen (vgl. Ov., *Am.* 1, 15, 23f.), fand der Philosoph Lukrez wenig Anklang. Vielmehr glaubte man an einen Zwiespalt zwischen Dichter und Philosoph, mit dem Lukrez selbst nicht fertig geworden sei. Bei Hieronymus wird daraus gar eine Geisteskrankheit. Lukrez endet demnach mit 44 Jahren durch Selbstmord. Das Gedicht habe er in lichten Momenten *(per intervalla insaniae)* verfaßt.

Dies ist zwar längst als Auswirkung christlicher Polemik erkannt (K. Ziegler), die den Dichter gegen den epikureischen Philosophen gleichsam in Schutz nehmen will (Lact., *opif.* 6, 1). Doch hat der Tenor dieser Polemik in der Lukrezinterpretation eine nicht unbedeutende Rolle gespielt. Angebliche Ungereimtheiten, Unvollständigkeit oder Wiederholungen im Gedicht wurden auf psychologische Ursachen zurückgeführt. Die These vom zwischen Dichtung und aufklärerischer Philosophie zerrissenen Lukrez findet sich im einflußreichen Gedicht *Antilucretius sive de Deo et Natura* des Kardinals Melchior de Polignac aus dem 18. Jh., verdichtet sich im 19. Jh. im Schlagwort Patins vom ‚Antilucrèce chez Lucrèce' und hat auch moderne Interpreten beeinflußt, die bei Lukrez wenn nicht Wahnsinn, so doch Melancholie, Schwermut oder zumindest Pessimismus (O. Regenbogen) erkennen wollen.

Zunehmend wird jedoch auf die dem Werk von seinem Autor zugedachte Funktion als Schlüssel für eine angemessene Interpretation hingewiesen. Unter diesem Gesichtspunkt erweisen sich Dichtung, Rhetorik und philosophische Argumentation eng verbunden, so daß man von einer Diskrepanz zwischen Dichter und Philosoph, Form und Inhalt nicht mehr sprechen kann. Mit Lukrez' Werk besitzen wir das erste vollständig erhaltene Lehrgedicht in lateinischer Sprache mit philosophischem Inhalt. Ein Schüler-Lehrer-Verhältnis wird vorausgesetzt, wobei als Besonderheit mit dem Schüler ein Höhergestellter angesprochen wird. Lukrez folgt nicht dem seit Arat üblichen Spiel von fiktiver und eigentlich didaktischer Zielsetzung, sondern verbindet mit dem Gedicht eine direkte Lehrintention (Pöhlmann). Thema des Werkes ist die epikureische Physik (φυσιολογία) (*natura rerum,* vgl. 1, 950 = 4, 25).

In sechs Büchern kommen neben Grundlagen der Atomistik auch Psychologie, Anthropologie, Kosmologie und Meteorologie zur Sprache. Die Bücher sind durch Proömien, argumentative Mittelteile und Schlußpartien gegliedert, die aus den Argumenten erwachsen und bisweilen Ausblicke auf ethische Themen geben. Die Bücher 1 und 2 analysieren das unbegrenzte Universum und seine mikroskopischen Bestandteile, die Atome und das Leere. Konkurriende Theorien werden widerlegt. Es wird gezeigt, wie die Atome sich verbinden, um die Welt der Phänomene hervorzubringen. Die Bücher 3 und 4 wenden sich dem Menschen zu. Buch 3 behandelt die Seele und beweist ihre Sterblichkeit. Die

Argumentation gipfelt in einer vielgepriesenen Diatribe gegen die Todesfurcht. Buch 4 erklärt kognitive und andere vitale Funktionen des Menschen und endet mit einer Diatribe gegen sexuelle Leidenschaft. Die Bücher 5 und 6 haben zum Ziel, die Welt der Phänomene zu erklären und dadurch zu entmythifizieren. Buch 5 erklärt Ursprung und Vergehen der Welt, ihre Struktur und das Entstehen der menschlichen Zivilisation mit einer Schilderung, wie Gesellschaft, Sprache und Gerechtigkeit entstanden sind. Das 6. Buch schließlich analysiert bemerkenswerte Phänomene wie Nilursprung, Blitz, Donner, die wegen ihrer Rätselhaftigkeit Anlaß zu Irritation und damit Hindernis für die erstrebte Seelenruhe des Menschen sein könnten.

Den an sich trockenen Stoff stellt Lukrez in einer bisweilen altertümlich anmutenden Sprache dar, die den Einfluß hellenistischer Dichtung jedoch nicht verleugnet. Ziel seiner Ausführungen ist, dem Leser die Furcht vor dem Tod und vor den Göttern zu nehmen. Unbegrenzte Begierde, falsche Vorstellungen über die Welt, den Mensch und die Götter sollen abgewiesen werden. Grundlegend ist dabei die Frage, woher ein jedes entsteht, und wie dies ohne Einwirkung der Götter geschehen kann (1, 157f.). Lukrez beansprucht, Epikurs als richtig erkannte Lehre in neuem Gewand vorzutragen (1, 921f.). Andererseits insistiert er darauf (3, 3ff.), ganz den Fußstapfen Epikurs zu folgen. Aus dieser in der epikureischen Tradition typischen Haltung folgt aber nicht, daß Lukrez' Gedicht dem heutigen Leser inhaltlich nichts Interessantes bieten könnte. Im 2. Buch (216–293) findet sich z. B. die einzige erhaltene Darstellung der vieldiskutierten Lehre von der Atomabweichung *(clinamen),* die in der Debatte über die Möglichkeit des freien Willens in einem materialistischen System eine wichtige Rolle spielt.

3.2.2 Dichtung und Philosophie. Von besonderer Bedeutung jedoch ist die Art und Weise, wie der epikureische Dichter Lukrez seine Botschaft vermittelt. Hier besteht Lukrez' Anspruch, innovativ zu sein, zu Recht. Indem er lichtvolle Verse *(lucida carmina)* über einen dunklen Stoff *(res obscura)* bietet und dabei die Anmut der Musen *(musaeus lepos)* in dienender Funktion einsetzt (1, 921ff.), um einen ansonsten schwierigen Stoff zu verdeutlichen (1, 136f.), weist er den Interpreten den Weg: Das dichterische Gewand dient dem Zweck der Psychagogie des Lesers, ist in der Tat Honig, den Ärzte an den Rand von Bechern mit bitterer Medizin streichen, um diese genießbarer zu machen (1, 935ff.). Die Art, wie er Dichtung für die Vermittlung seiner Botschaft einsetzt, poetische Mittel funktionalisiert und für eine Psychagogie des Lesers nutzt, erinnert an Philodems Forderung, Bildungsgut für die Propagierung der Lehre nutzbar zu machen. Dieser Ansatz ist zwar mit Blick auf epikureische Poetik nicht unproblematisch, fügt sich jedoch zur epikureischen Auffassung von Philosophie und der Art ihrer Vermittlung.

Epikurs Philosophie versteht sich als eine Therapie der Seele. Angst vor Göttern, vor dem Tode, vor dem Ungewissen soll beseitigt und dem Menschen auf diese Weise Seelenruhe bereitet werden. Aufgabe des Philosophen ist es, den Menschen von Affekten zu heilen. Philosophie versteht Epikur also als *philosophia medicans,* als Lebenshilfe, sich selbst und seine Meisterschüler als Seelenärzte, welche Epikurs Dogmen als Medizin verabreichen (M. Gigante, „Philosophia Medicans in Filodemo", *CErc* 5, 1975, 53–61). Um wirken zu können, muß diese Medizin immer griffbereit sein. Deshalb fordert Epikur seine Schüler auf, die Grunddogmen auswendig zu lernen. Um dies zu erleichtern, verfassen er und seine Meisterschüler Traktate, oft in Kompendienform oder als Sentenzsammlung, die als Katechismus und als Anleitung für eine richtige Lebensführung gedacht sind (M. Erler, „Philologia medicans. Wie die Epikureer die Texte ihres Meisters lasen", in: W. Kullmann und J. Althoff (Hgg.), *Vermittlung und Tradierung von Wissen in der griechischen Kultur.* ScriptOralia 61. Tübingen 1993, 281–303). Wie die Lehre dienen auch die Texte der Therapie. Wenn Lukrez den Inhalt seines Gedichtes als Medizin bezeichnet, erinnert er an epikureische Tradition und betont den heilenden, weil aufklärerischen Charakter seines Werkes.

Freilich mag irritieren, daß Lukrez das Gedicht mit einem Hymnus auf die Göttin Venus beginnt, predigt Epikur doch die strikte Trennung von Gott und Welt. Hat sich hier der Philosoph der Gattungstradition des Lehrgedichtes unterworfen? Die das Werk beschließende Pestschilderung setzt auf den ersten Blick einen eher pessimistischen Schlußpunkt. Will der gelehrte Dichter seine Kunstfertigkeit im Umgang mit Vorlagen (hier Thukydides) beweisen und nimmt dabei in Kauf, daß der Leser irritiert wird? Steht also auch hier der Dichter dem Philosophen, dem es um die Seelenruhe des Lesers geht, im Weg? Merkwürdig mag ebenfalls wirken, daß sich der Philosoph Lukrez oft nicht mit einem schlagenden Argument zufrieden gibt, sondern ganze Ketten von Argumenten z. B. für die Sterblichkeit der Seele aneinanderreiht (z. B. 3, 417ff.) oder eine Vielzahl von Erklärungsmodellen (z. B. in Buch 6) in zum Teil schönen poetischen Bildern bietet. Dies und der Umstand, daß Lukrez sich in seinem Gedicht vor allem auf die Physik beschränkt, Ethisches hingegen höchstens anklingen läßt, hat zum Eindruck beigetragen, daß in der Tat der Philosoph mit dem Dichter in Widerspruch stehe. Hier ist jedoch ein Blick auf andere Dokumente epikureischer Philosophie wie die monumentale Wandinschrift des Diogenes aus dem kleinasiatischen Oinoanda (2. Jh. n. Chr.) hilfreich. Denn aus ihr ergibt sich, daß das Curriculum eines Epikureers mit Physik beginnt.

Erst sollen mit Hilfe atomistischer Physik die Grundlagen für den Kampf gegen Gottesfurcht und Furcht vor dem Tode gelegt werden, dann schließt sich die Ethik an (Diogenes of Oinoanda, *The Epicurean Inscription,* hg. v. M. F. Smith, Neapel 1992). Das Gelernte muß durch beständige Repetition angeeignet werden (Epikur, *Hdt.* 35. 83). Darüber gibt Lukrez an, mit welcher Art Leser er rechnet. Sein Adressat Memmius ist Anfänger (2, 1024f.), ohne Erfahrung mit Epikurs Lehre (1, 50ff. u. ö.) und deshalb wie Kinder anfällig für *religio* (1, 80ff.) und z. B. Mythen (1, 102–103). Für diesen ‚Anfänger' bietet Lukrez also einen Grundkurs in epikureischer Lehre. Deshalb beschränkt er sich auf die Physik. Lukrez will den Anfänger *in Epicureis* offenbar zu einer philosophischen Meditation anhalten, in deren Verlauf er ihm Belehrung bietet, ihn unter einer Fülle von Argumenten eine Auswahl treffen läßt und auch Aufgaben stellt. Nach vorgegebenem und durch Beispielreihen eingeübtem Beweismuster wird der Leser zu eigenem *exercitium* angeregt (6, 527ff.). Ziel dieses *exercitium* ist eine Therapie, die Befreiung von Affekten und Furcht und damit verbundene Seelenruhe bewirkt.

Auch Partien wie der Anfangshymnus und der scheinbar deprimierende Schluß gehören zu dieser Übung.

Der Anfangshymnus ist in Aufbau und Inhalt konventionell. Die Göttin Venus wird angerufen und ihre Macht (6–20) über die Welt geschildert. Der Hymnus schließt mit der Bitte um gestalterische Kraft für Lukrez' Werk (24–28) und um Frieden. Denn ohne Frieden kann der Autor sein Werk nicht vollenden und der Adressat sich dem Gemeinwohl nicht entziehen (40–44) und sich Epikur widmen. Literarische Anmut und friedvolle Harmonie bei den Menschen soll Venus also verbreiten. Der mit Epikur vertraute Leser fragt sich allerdings nach dem Sinn von Gebet und Hymnus, wenn Epikur die Götter in die Intermundien verbannt. Hier jedoch gilt es, sich an den intendierten Leser zu erinnern. Dieser philosophische Anfänger wird am Hymnus keinen Anstoß nehmen, gerade weil dieser eine durch die literarische Tradition vorgegebene Erwartung erfüllt. Durch weitere Lektüre des Gedichtes lernt er freilich, daß die Welt nach den Gesetzen des Atomismus funktioniert, versteht, daß göttliches Eingreifen weder nötig noch vorhanden ist, erkennt, daß die Götter sich nicht um die Menschen kümmern. Jetzt erst wird die Frage nach dem Sinn dieses Hymnus relevant. Doch belehrt ihn die Lektüre ebenfalls, daß Gebet und Hymnus auch aus epikureischer Sicht Sinn machen. Lukrez gibt für ein richtiges Verständnis Hilfestellung, wenn er vom Sinn der Metonymien (1, 228f.) handelt und allegorische Methode vorführt (2, 659f.). Im Rückblick wird der nunmehr belehrte Leser nicht durch angebliche Widersprüchlichkeit irritiert sein, sondern erkennen, daß Venus als Metonymie für einen philosophischen Inhalt steht, für die treibende Kraft in einer atomistischen Welt, die auch dem Schriftsteller Anmut verleihen kann (vgl. Dion. Hal., *Comp.* 3). Der Hymnus ist nicht an eine Göttin, sondern an die Personifikation eines wichtigen Prinzips epikureischer Philosophie gerichtet. Venus ist als Gesetz einer Welt zu verstehen, deren Struktur im Gedicht selbst analysiert wird. Der belehrte Leser kann also Lukrez' Aufforderung folgen (6, 68–78), sich von falschen Vorstellungen über die Götter freizuhalten. Der Venushymnus wird zu einer Meditation, wie Epikur es für Gebete fordert. Nicht mehr der angesprochene Gott ist ausschlaggebend, sondern die Haltung des Betenden (*Gnom. Vat.* 32), der die Götter und ihre Rolle in der Welt richtig einzuschätzen weiß. Der Hymnus als Meditationstext wird zum Bestandteil des im gesamten Gedicht dem Leser angebotenen philosophischen *exercitium*. Er fordert zum Nachdenken über eine richtige Haltung gegenüber dem Göttlichen auf, ist nicht Anrede an Gott, sondern dient der Analyse der Welt, fördert weniger ein Gespräch mit Gott als eine Meditation über ihn und die Welt, eine philosophische Meditation, wie sie im anschließenden Werk vorgeführt wird.

Interpretieren wird auf diese Weise zu einem Teil der als Therapie verstandenen Philosophie. Lukrez folgt damit einer Anweisung Epikurs für den Gebrauch von philosophischen Texten (Epikur, *Hdt.* 35), wonach diese Hilfe zu Selbsthilfe (im Leben) bieten sollen. In der Tat dient Lukrez' Gedicht der Eigentherapie, d. h. der Befreiung des Menschen von Gottesfurcht und damit dem Ziel der epikureischen Philosophie. Weder der Hymnus noch das gesamte Lehrgedicht ist das Produkt eines innerlich zerrissenen, zwischen philosophischer Aufklärung und dichterischer Emotion schwankenden Autors, auch nicht eines an reiner Seinserkenntnis interessierten Philosophen, der sich an einem für dieses Ziel eigentlich ungeeigneten Medium versucht. Das gilt auch für die Pestschilderung am Schluß des Gedichtes. Dieses scheinbar eher beunruhigende Schauspiel vom Zusammenbruch der Zivilisation ist ebenfalls unter dem Aspekt von Meditation und Übung zu interpretieren.

Die Pestbeschreibung, der Ausbruch des Aetna (639–1286), die im Zusammenhang mit dem Averner See beschriebenen Phänomene und sogar die Beschreibung des Magnetismus im 6. Buch lassen sich unter dem Stichwort ‚Krankheit und ihre Auswirkungen' subsumieren. Die beschriebenen Paradoxa werden freilich nicht um ihrer selbst willen beschrieben. Der Leser wird vielmehr aufgefordert, sich nicht beunruhigen zu lassen *(mitte mirari)*. Um Furcht zu bannen, erläutert Lukrez verschiedene Krankheitsphänomene (816). In diesen Kontext gehört die Pest in Athen (6, 1138ff.), die als Folge einer Menge todbringender Luft aus dem tiefen Ägypten beschrieben und in ihrer Wirkung auf menschliches Verhalten vorgeführt wird (1141). Wie das Proömium zum 6. Buch fordert, wird gezeigt, wie man einem durch die Natur verbreiteten Unheil begegnen soll (29–32). Auch die Pestschilderung hat somit eine psychagogisch didaktische Funktion. Sie ist ein Test für den Leser, der sich einen Weg durch die Argumentationen gebahnt hat und zeigen soll, ob er Epikurs Lehre in ihren wesentlichen Implikationen und Intentionen verstanden hat (D. Clay, *Lucretius and Epicurus,* Ithaca und London 1983). Dabei hat Lukrez einen im Sinne Philodems gebildeten Leser vor Augen. Denn seine Intention wird erst vor der Folie des thukydidischen Vorbildes ganz deutlich. Was nämlich bei Thukydides (2, 49–50) objektiv und beinahe klinisch distanziert wirkt, wird bei Lukrez zu einer engagierten, eher subjektiven, den Affekt betonenden Darstellung. Entsprechende Stilmittel sind um dieser psychagogisch-pädagogischen Funktion willen eingesetzt. Lukrez ist weniger an dem furchtbaren Unglück selbst als an dem Verhalten der Menschen angesichts dieser Krankheit interessiert.

Anders als bei Thukydides subsumiert Lukrez verzweifeltes und amoralisches Verhalten unter dem Stichwort: Folge von Todesfurcht *(anxius angor).* Nicht Krankheit soll besiegt werden, sondern der Leser soll seiner Todesfurcht Herr werden. Wie Todesfurcht gemieden werden kann, hatte Lukrez in den vorhergehenden Büchern gezeigt. Angesichts der Pest kann der Leser nun beweisen, ob er sich Dogmen Epikurs wie ‚Sterblichkeit der Seele', ‚Erkenntnis, daß der Tod nichts bedeutet' und ‚Heiterkeit auch angesichts von Unglück' angeeignet hat und sie als Hilfsmittel zur Selbsttherapie einzusetzen vermag. Lukrez will menschliche Reaktionen auf Unglück nicht ändern, indem er die Ursache der Verzweiflung beseitigt, sondern indem er die Menschen von einer falschen Einschätzung z. B. des Todes befreit.

Führte somit die angemessene Interpretation des Hymnus zu Beginn zu einer Kontemplation der Natur und Erkenntnis ihrer Größe, so leitet ein richtiges Verständnis des Schlusses zu praktischem Verhalten im Sinne Epikurs an, läßt Philosophie praktisch werden. Lukrez führt kein philosophisches System vor, sondern gestaltet einen Grundkurs in epikureischer Physik, wobei Form und Inhalt untrennbar verbunden sind. Philosophische Theorie wird bei Lukrez schon in ihrer literarischen Gestaltung auf eine Weise praktisch, die auf Seneca vorausweist und als wesentlicher Beitrag von römischer Seite zur Philosophiegeschichte angesehen werden darf.

3.3 Cicero

3.3.1 Leben. In seinem Gedicht *De consulatu suo* präsentiert sich Cicero als großen Verehrer der Philosophie, den das Vaterland aber schon in jungen Jahren der Akademie und dem Lykeion für den Staatsdienst entrissen hatte. Gleichwohl habe er die freibleibende Zeit weiterhin den philosophischen Musen gewidmet (*Div.* 1, 22; 60 v. Chr.). Die Verbindung von Philosophie, Rhetorik und politischer Praxis ist wirklich Inhalt lebenslanger Bemühungen Ciceros gewesen, und er glaubte von sich, dem Ziel recht nahe gekommen zu sein. Freilich hat man ihm weder die politische Tätigkeit gedankt, noch seine philosophischen Bemühungen in eigenem Recht gewürdigt. Noch in moderner Zeit fanden seine philosophischen Werke bestenfalls als reiche Quelle für die Rekonstruktion verlorener Vorlagen Anerkennung, mußte sich ihr philosophischer Inhalt den Vorwurf der Oberflächlichkeit gefallen lassen. In jüngerer Zeit jedoch findet ein Umdenken statt. Nicht nur werden literarische Gestaltung und didaktische Intention der philosophischen Schriften gewürdigt. Man erinnert sich auch, daß in der Antike nicht nur der philosophische Diskurs selbst, sondern vor allem philosophische Handlung den Philosophen ausmachte. Um die Umsetzung philosophischer Lehre in lebensweltliche Praxis aber war Cicero Zeit seines Lebens bemüht. Schon deshalb steht ihm der Titel ‚Philosoph' zu.

Marcus Tullius Cicero wurde am 3. 1. 106 v. Chr. auf dem väterlichen Gut bei Arpinum geboren. In jungen Jahren kam er nach Rom, wo er eine erste Ausbildung in Redekunst, Rechtswissenschaft und Philosophie erhielt. Er traf mit dem Epikureer Phaidros zusammen und schloß sich dann Philon von Larisa an, der im Jahre 88 v. Chr. nach Rom gekommen war. Seit 85 v. Chr. studierte er mit Diodot stoische Philosophie (insbesondere Dialektik). Er begann, als Anwalt tätig zu werden, unternahm aber 79/8 eine zweijährige Reise nach Griechenland und Kleinasien, hörte in Athen den Platoniker Antiochos von Askalon und die Epikureer Phaidros und Zenon aus Sidon. Auf Rhodos wurde er mit Poseidonios bekannt. Nach der Rückkehr in Rom begann er seine erfolgreiche Ämterlaufbahn, die ihn bis zum Konsulat (63 v. Chr.) führte, in dessen Verlauf er den Umsturzversuch Catilinas abwehrte. Wegen seines Vorgehens angefeindet, mußte er im Jahre 58 v. Chr. in die Verbannung. Nach seiner Rückkehr waren seine politischen Möglichkeiten infolge der Verhältnisse (Triumvirat; Caesars Alleinherrschaft) beschränkt. Dies und private Rückschläge (Tod der Tochter Tullias 45 v. Chr.) ließen ihn verstärkt und in rascher Folge philosophische und rhetorische Werke verfassen. Nach Caesars Tod um die Wiederherstellung der Republik bemüht, fiel er am 7. 12. 43 v. Chr. den Proskriptionen zum Opfer.

3.3.2 Intention. Dient Lukrez' Gedicht der Werbung für und der Einführung in die Grundlagen einer bestimmten Schule, so möchte Cicero den Leser mit den Positionen der wichtigsten Schulen vertraut machen. Deshalb thematisiert er einzelne Fragen von zentraler Bedeutung und wägt verschiedene Lösungsvorschläge gegeneinander ab. Doch geht es ihm nicht um eine bloße Exposition griechischer Lehre. Vielmehr möchte er dem Leser ein Ideal nahebringen, das ihm schon seit seiner Jugend vor Augen steht (*Inv.* 1, 1–5): das an Platon erinnernde Konzept einer Verbindung von Politik, Philosophie und Rhetorik. In mehreren Werken versucht er, dieses Konzept theoretisch zu begründen (z. B. in *De oratore, De republica*). In seiner Person sieht Cicero *eloquentia* und *studia philosophiae,* Staatsmann und Philosoph vereint (*Inv.* 1, 1; *Off.* 1, 1; *Rep.* 1, 13). Die Präsentation philosophischer Positionen ist demzufolge Teil seines Bildungsprogramms. Cicero entwickelt philosophische Positionen oft ohne eindeutige Stellungnahme und Bewertung. Dies und angebliche Widersprüchlichkeit in wichtigen Positionen hat dem Philosophen Cicero in jüngerer Vergangenheit oftmals Tadel eingebracht. Aber auch wenn Cicero Präferenzen andeutet, führte dies zu Irritationen. Denn diese Urteile beruhen nicht immer auf strenger Argumentation. Vielmehr bekennt sich Cicero oft freimütig zu Wunschdenken, Unsicherheit und Zweifel. Was ihm philosophisch wünschenswert scheint, hält er nicht selten für schwer zu verwirklichen. Doch können ihn diese Schwierigkeiten nicht davon abbringen, in derartigen Positionen ein Ideal zu sehen. Cicero läßt sich nicht nur von der Kraft philosophischer Argumente leiten, sondern behält das römische Umfeld mit seinen Werten *(mos maiorum)* und seiner Tradition im Blick.

Die philosophischen Schriften und die Korrespondenz zeigen, daß philosophische Überlegungen in Ciceros Leben eine konkrete Rolle spielt. In einem kurz vor Beginn des Bürgerkrieges an Atticus gerichteten Brief (*Att.* 9, 4 = 173 Sh. B., März 49 v. Chr.) legt er einen auf griechisch verfaßten Katalog ethisch-politischer Probleme vor – z. B. wie man sich unter einem Tyrannen Freunden gegenüber verhalten soll –, über deren ‚Für' und ‚Wider' er nach eigenen Worten beständig auf Griechisch und Lateinisch reflektiere. Auf diese Weise finde er Ablenkung vom Alltag. Cicero bekennt wiederholt, daß er in politisch schwierigen Zeiten (Caesarherrschaft), aber auch in Zeiten persönlichen Unglücks (Tod der Tullia im Februar 45), Hilfe und Trost (*Nat. deor.* 1, 9) in der Beschäftigung mit der Philosophie gefunden habe. Philosophie soll als *medicina animi* der Eigentherapie dienen (*Tusc.* 3, 6) und als *ars vitae* durch Nachweis des höchsten Gutes einen Weg zum Glück weisen (*Fin.* 3, 4; *Tusc.* 2, 13). Andererseits ist Ciceros philosophische Schriftstellerei keineswegs nur eine Art Ersatzbeschäftigung in Zeiten politischer Ohnmacht, wie einige Bemerkungen Ciceros nahezulegen scheinen (*Ac.* 1, 11; *Div.* 2, 6). Er läßt sich vielmehr von mehreren Motiven leiten, dem Wunsch, seinen Mitbürgern einen Dienst zu leisten (*Ac.* 2, 6), dem Streben nach kultureller Emanzipation (*Div.* 2, 5) – Philosophie soll nicht länger alleinige Domäne der Griechen sein (*Tusc.* 1, 5). Er nimmt für sich in Anspruch, dieses Hilfsmittel auf das Forum und in die Politik eingeführt zu haben (*Fam.* 15, 16). Im Bewußtsein einer prinzipiellen Überlegenheit des Griechischen war Cicero (vgl. dazu [Plat.] *Epin.* 987 d) überzeugt, im Rahmen des Vorgegebenen Eigenes beitragen und Vorgegebenes übertreffen zu können (*Tusc.* 1, 1 f.).

3.3.3 Werk und Philosophie. Entsprechend seinem Wunsch, die beiden Bildungsgüter Rhetorik und Philosophie auszusöhnen, hat Cicero einen weit gefaßten Begriff von Philosophie. In der Vorrede zum 2. Buch von *De divinatione* (2, 1–40) bietet er eine annähernd vollständige Liste der bis dahin (März 44) bereits vorliegenden philosophischen Werke. Ausdrücklich rechnet er *De republica* zu den Philosophica hinzu, ebenso die *Consolatio* wegen ihrer heilsamen Wirkung beim Tode der Tochter Tullia, den *Cato maior,* die (verlorene) Lobschrift auf den jüngeren Cato und unter Berufung auf Aristoteles und Theophrast die Bücher über die Redekunst: *De oratore, Brutus, Orator.*

Bei Ciceros theoretischer Auseinandersetzung mit Rhetorik und Philosophie lassen sich drei Phasen unterscheiden: Nach Arbeiten technischer Art über Rhetorik *(De inventione)* und Übersetzungen (z. B. von Xenophons *Oeconomicus*) in der Jugend sucht Cicero in den Jahren zwischen 55 und 51 nach Einflußmöglichkeiten außerhalb der Politik (vgl. *Ad Q. fr.* 3, 5 vom Herbst 54). Seine Reflexionen über Rhetorik, politische Philosophie und Recht finden in Anlehnung an Platon (vgl. *Politeia, Nomoi* und *Phaidros*) Eingang in *De Oratore, De republica* und *De legibus.* Laut Cicero (*Leg.* 1, 9) in den wenigen freien Augenblicken verfaßt, die ihm die Politik ließ, entwerfen diese Schriften das Bild des ideal gebildeten Politikers, des idealen Staates und idealer Gesetze und warten neben ihrem literarischen Anspruch auch mit konkreten Reformvorschlägen auf. Die Schrift *De republica* z. B. versucht, römische historische Erfahrung mit griechischer Philosophie zu verbinden. Das abschließende *Somnium Scipionis* verbindet platonische Astronomie, die Lehre von der Unsterblichkeit der Seele und platonische Ethik – geschöpft vor allem aus *Phaidon* und

Timaios – zu einem Lob des gerechten Staatsmannes. Dabei kommt es auch zu Relativierungen gegenüber Platon, wenn etwa der Unsterblichkeitsbeweis als Inhalt eines Traumes geschildert wird. Die Schrift *De oratore* versucht, griechische Theorie für römische Praxis nutzbar zu machen, und propagiert den platonischen Gedanken, daß Philosophie und Politik zu einer Einheit finden müssen. In der letzten Schaffensphase (45–44) läßt sich Cicero von einem Plan leiten, der schon im Jahre 46 kenntlich wird (*Orator* 148). Demnach will er die gesamte Philosophie gründlich behandeln. Damit wird ein systematischer Ansatz deutlich, wonach Einzelprobleme durch einen Gesamtüberblick verständlicher werden sollen (vgl. *Nat. deor.* 1, 9). Sein Programm umfaßt in der Tat die meisten Aspekte der Philosophie. Der Logik und der Naturphilosophie sind freilich keine eigenen Abhandlungen gewidmet. Der *Hortensius* soll als ‚Protreptikos' beim größeren Publikum für die Philosophie werben. Einige Fragmente dieser einflußreichen Schrift verdanken wir Augustinus, der sich durch die mitreißende Kraft der Darstellung zu einer Revision seiner Denkweise veranlaßt sah (*Conf.* 3, 4). Die *Academica* handeln von der Theorie des Wissens. Im ersten Buch der *Academica posteriora* (zweite Fassung) skizziert Varro die synkretistische Auffassung des Antiochos von Askalon über Ethik, Dialektik und Physik. Ihr hält Cicero eine Rechtfertigung der Position der neuen Akademie entgegen. Im *Lucullus,* dem zweiten Buch der *Academica priora* (erste Fassung), vertritt Lucullus die Position des Antiochos, Cicero diejenige der ‚Neuen Akademie' (vor allem des Karneades). Hier wird Ciceros erkenntnistheoretischer Standpunkt deutlich, der für die Darstellungsweise in den nachfolgenden philosophischen Werken grundlegend ist. Die fünf Bücher *De finibus* sind der Frage nach dem obersten Gut und dem größten Übel gewidmet und überprüfen epikureische, stoische und akademisch-peripatetische Auffassungen. Die fünf Bücher der *Tusculanae disputationes* sollen die Lehrsätze darstellen, die für ein glückliches Leben notwendig sind. Das Werk bietet Diskussionen über Tod, Schmerz, Affekte und über die Frage, ob moralische Qualität *(virtus)* für ein glückliches Leben hinreichend ist. In *De natura deorum* werden die epikureische und die stoische Theologie überprüft und vom skeptischen Standpunkt aus kritisiert. Dabei erweist sich römische Tradition *(mores)* als ein wichtiges Beurteilungskriterium. Ergänzt wird dieses theologische Werk durch die Schriften *De divinatione* und *De fato,* die von der Möglichkeit des Vorauswissens und von der schicksalhaften Vorherbestimmung handeln. Offenbar nicht zum Gesamtplan gehörig sind die *Consolatio* und der *Cato maior,* der vom Alter handelt. Den Abschluß seines Gesamtwerkes bilden der *Laelius* über die Freundschaft und die Schrift *De officiis,* in dem Cicero seinem Sohn Anleitung zu moralischem Verhalten geben will und in der er sich u. a. Panaitios' Werk περὶ τοῦ καθήκοντος bedient. Ciceros Werk stellt eine Art *summa* der Ethik dar, die für die europäische Geistesgeschichte von eminenter Bedeutung geworden ist. Auch diese beiden letzten Schriften waren wohl nicht in einen Gesamtplan integriert.

Der Überblick über Ciceros Philosophica läßt ein Gesamtkonzept erkennen. Auf Werbung *(Hortensius)* und Erkenntnistheorie *(Academica)* folgen ethische Schriften und Werke theologisch-physikalischen Inhaltes. In der Wahl des Dialogs als Darstellungsform folgt Cicero Platon. Das gilt auch, wenn er den erfundenen Gesprächen durch Quellenangaben und ‚historische' Szenerie Authentizität zu geben versucht. Andere Vorbilder wie der Platonschüler und spätere Peripatetiker Herakleides aus Pontos und Aristoteles spielen ebenfalls eine Rolle. Trotz dieser Anlehnung in der formalen Gestaltung (*Fam.* 9, 8 = 254 Sh. B.) und der Verwendung griechischen Quellenmaterials handelt es sich bei Ciceros Schriften nicht um Abschriften, auch wenn er sie selbst ironisch als ἀπόγραφα bezeichnet (*Att.* 12, 52, 3 vom 21. Mai 45). Cicero sieht seine

Leistung, ja sogar eine gewisse Überlegenheit in kritischem Sichten und Ordnen *(apte, distincte, ornate)* der ihn interessierenden Ansichten (*Fin.* 1, 6; *Off.* 1, 1).

3.3.4 Philosoph. Mit seiner Entscheidung, philosophische Positionen im Wechselspiel dialektischer Auseinandersetzung zu präsentieren, folgt Cicero seinem großen Vorbild Platon (*deus philosophorum, Rep.* 4, 5). Die Wahl der vorgeführten Methode ist aber auch in Ciceros Ansicht begründet, keine philosophische These vorschnell und selbstsicher als richtig anzuerkennen (*Inv.* 2, 9–10). Die Methode erweist ihn als Anhänger der ‚Neuen Akademie'. Schon in seinem Jugendwerk (zwischen 85 und 80 v. Chr.) ist Cicero stark von Philon von Larissa, dem Scholarchen der Akademie, beeinflußt, der 88 v. Chr. nach Rom gekommen und um 80 v. Chr. dort gestorben war. Wenn Cicero Thesen widerlegen (Tusculanen: *contra thesim disputare,* vgl. *Fin.* 2, 2) oder für und gegen eine These *(in utramque partem disserere)* argumentieren läßt *(Hortensius, De finibus, De natura deorum, De divinatione),* dann erweist ihn diese Methode als Anhänger der skeptischen Akademie (*Ac.* 2, 64ff.). Dabei kann die Argumentation des *pro* und *contra* als Wechselgespräch oder in Abfolge von Rede und Gegenrede erfolgen. Noch in seinem letzten Werk *De officiis* (2, 8) lehnt er apodiktische Aussagen ab und bestreitet, feste Erkenntnisse vorzutragen.

Dies scheint für eine lebenslange Verbundenheit mit der akademischen Skepsis zu sprechen. Allerdings ist Cicero auf seiner Studienreise nach Athen (79/80 v. Chr.) auch mit dem dogmatischen Platonismus des Antiochos von Askalon bekannt geworden. Da man Einflüsse dieser Position besonders in den Werken der mittleren Periode *(De oratore, De republica, De legibus)* meinte feststellen zu können, und Zeitgenossen Ciceros von einer erstaunlichen Hinwendung zur ‚Neuen Akademie' im Jahr 45 v. Chr. sprachen (z. B. *ac.* 1, 13), hat man von einem (mehrfachen) Positionswechsel in Ciceros geistiger Biographie gesprochen (P. Steinmetz, „Beobachtungen zu Ciceros philosophischem Standpunkt", in: W. W. Fortenbaugh und P. Steinmetz (Hgg.), *Cicero's Knowledge of the Peripatos,* New Brunswick und London 1989, 1–22; J. Glucker, „Cicero's philosophical affiliations", in: J. M. Dillon und A. A. Long, Hgg., *The Question of ‚Eclecticism'. Studies in Later Greek Philosophy,* Berkeley 1988, 34–69). Demnach ist er nach skeptischen Anfängen infolge der Bekanntschaft mit Antiochos (79 v. Chr.) zur dogmatischen ‚Alten' Akademie gewechselt, hat aber später (45 v. Chr.) zu Philons Position zurückgefunden (vgl. *Nat. deor.* 1, 11). Jedoch darf bezweifelt werden, ob Cicero wirklich derartige ‚Kehrwende(n)' vollzogen hat. Auch während der angeblich ‚antiochischen Phase' gibt es Anzeichen für eine skeptische Grundhaltung (*Leg.* 2, 39 kann kaum als Gegenbeweis dienen). Allenfalls wird man von einer Akzentverschiebung zwischen der dogmatischen und der skeptischen Komponente sprechen können. Vermutlich bezieht sich die ‚Hinwendung' zur Neuen Akademie auf die Darstellung einer in der Tat neuen Thematik seit den *Academica* (dies meint wohl *tractare Ac.* 1, 13) (W. Görler, „Silencing the troublemaker. De Legibus I. 39 and the continuity of Cicero's scepticism", in: *Cicero the Philosopher,* hg. v. J. G. F. Powell, Oxford 1995, 85–112).

Die von Cicero gewählte Methode bildet in der Tat die Grundlage für Ciceros Präsentation von Philosophie in den Werken seit dem Jahr 45. Attraktiv war die Methode der skeptischen Akademie *(in utramque partem disserere)* wohl auch wegen ihres Nutzens für rhetorische Übung. Vielleicht hat auch eine persönliche Affinität Ciceros eine Rolle gespielt, zu dessen Wesen das *dubitare* zu gehören scheint (W. Burkert, „Cicero als Platoniker und Skeptiker. Zum Platonverständnis der ‚Neuen Akademie'", *Gymnasium* 72, 1965, 175–200). Schließlich ist an das Paradigma des Sokrates (*princeps philosophiae Tusc.* 5, 47) zu erinnern, der selbst keine Thesen aufstellen, sondern nur die Meinung anderer prüfen will (*nat. deor.* 1, 11).

Nach Ansicht der akademischen Skepsis gewinnt eine Vorstellung an Wahrscheinlichkeit, wenn sie zu anderen Vorstellungen nicht in Widerspruch steht und wenn sie gründlich durchgeprüft ist. Konsequenz ihrer Methode war das Gebot, einer Wahrnehmung die Zustimmung zu geben (ἐποχή). Seit Arkesilaos diente die Diskussion des Für und Wider also als Test des Erkenntnisvorganges und als Waffe gegen die These der Stoa, daß es eine ‚erfassende Vorstellung' (καταληπτικὴ φαντασία) und damit eine zweifelsfreie Wahrheitserkenntnis gebe. Dieser Methode bediente sich auch Cicero, gab ihr jedoch wichtige neue Akzente. Was nämlich in der skeptischen Akademie Mittel zur Überprüfung von Sinneswahrnehmungen war, wendete Cicero auf die Beurteilung philosophischer Lehrsätze an in der Erwartung, daß sich ein philosophischer Standpunkt als stärker, plausibler und damit als wahrscheinlicher als ein anderer erweist (*Fin.* 1, 12). Cicero meinte Wahrscheinliches *(probabilia)* billigen *(probare)* und deshalb bestimmte Lehren positiv vertreten zu können. Während beim griechischen Terminus πιθανόν für ‚wahrscheinlich' der Aspekt des Überredens (πείθεσθαι) mitschwingt, verbindet der lateinische Ausdruck *probare / probabilis* den Aspekt des Wahrscheinlichen und des ‚Billigen' und gibt Ciceros positiver Haltung (*De orat.* 3, 79) angemessenen Ausdruck. Seine Aufforderung, bei der Wahrheitssuche nicht zu ermüden, ist also von der Zuversicht getragen, eine philosophische Theorie für richtiges Handeln finden zu können.

Cicero greift damit eine Entwicklung innerhalb der akademischen Skepsis auf, die in steigendem Maße positive Urteile über die Wahrscheinlichkeit von Wahrnehmungen akzeptierte (Karneades; vielleicht Philons ‚Römische Bücher'). Cicero hingegen will herausfinden, welche Lehre die ‚wahrscheinlichste' ist, der er sich deshalb anschließen kann. Deshalb konfrontiert er philosophische Thesen mit Gegenthesen, wobei er oft einen betont radikal orthodoxen Standpunkt der jeweils gegnerischen Schule wählt – insbesondere beim Epikureismus *(De finibus, De natura deorum)* (M. Erler, „Cicero und ‚unorthodoxer' Epikureismus", *Anregung* 38, 1992, 307–322), aber auch bei der Stoa – um den Kontrast der Positionen zu unterstreichen. Wenn er dabei innerschulische Entwicklungen und Modifikationen – insbesondere im Epikureismus – nicht berücksichtigt, ist das nicht notwendig Folge von Unkenntnis, sondern Resultat didaktischer Erwägungen.

In der Methode anders, aber mit gleicher Zielsetzung scheint Cicero in den *Tusculanen* vorzugehen. Dort werden Thesen eines bisweilen als ‚Schüler' bezeichneten Partners (z. B. Buch 1: Tod ist ein Übel) von Cicero widerlegt. Freilich geschieht dies von jeweils zwei unterschiedlichen Prämissen aus, wobei Cicero beim zweiten Ansatz nicht selten auf schon ‚Widerlegtes' zurückgreift (z. B. 1, 17–24: Tod geht mit Seele zugrunde; 1, 26–81: sie überdauert; 1,

82ff.: sie geht zugrunde). Auf diese Weise wird der dialektische Charakter der Ausführungen gewahrt. Die These erweist sich als widerlegbar und die Gegenthese *(mors malum non est)* wird gestärkt und gewinnt an Wahrscheinlichkeit.

Neben einer rational argumentativen Suche nach wahrscheinlichen und deshalb akzeptablen Positionen ist in Ciceros Philosophica auch ein anderes, eher subjektiver wertendes Element zu beobachten. Cicero läßt Präferenzen bestimmter Positionen erkennen (Görler 1974), ohne sie argumentativ absichern zu können, ja trotz des Eingeständnisses, eine solche Begründung sei schwer oder kaum möglich. Diese ‚erwünschten' Thesen verdankt Cicero zumeist der Stoa oder dem Platonismus. Zu ihnen gehören die Unsterblichkeit der Seele, die Autarkie der Tugend (*Tusc.* 5), die Verwerflichkeit aller Affekte (*Tusc.* 2–4), die Vorsehung der Götter, der Selbstwert der Freundschaft, die Unsicherheit aller Erkenntnis und deshalb konsequente Enthaltung von jedem Urteil und sogar die These von der Identität von Redekunst und Philosophie. Wären diese Thesen bewiesen, gäben sie dem Leben Sinn, sittlichen Wert und Sicherheit. Ein Blick auf die Wirklichkeit jedoch läßt an ihrer Stichhaltigkeit immer wieder zweifeln. Die Unsterblichkeit der Seele z. B. wird im platonischen *Phaidon* argumentativ zwar glaubhaft gemacht. Dennoch kommen nach der Lektüre immer wieder Zweifel (*Tusc.* 1, 24) auf. Diese Unsicherheit kann nur unter Hinweis auf die Tradition (vgl. *Lael.* 13), auf die Autorität philosophischer Lehrer (*Off.* 2, 10) und auf Exempla aus der römischen Geschichte beseitigt werden. Dementsprechend sind ein fester Glaube an die Gültigkeit der These, die Bereitschaft, sich überzeugen zu lassen (*Tusc.* 2, 15) und beständiges Bemühen um ihre Absicherung Voraussetzung für die Annäherung an die erstrebte Idealposition. Zweifeln, Gegenargumenten und daraus resultierender Seelenunruhe ist durch beständige Übung und Meditation *(meditari)* zu begegnen (*Tusc.* 2, 66; *Cato mai.* 74). Den ‚erwünschten', nicht aber ‚bewiesenen' Positionen stehen Thesen auf materialistischer, utilitaristischer und sensualistischer Grundlage gegenüber, die alle abzulehnen sind (meist Epikur). Zwischen den beiden gibt es mittlere Positionen, die mit Erfahrung und Wirklichkeit in Übereinstimmung stehen, rational beweisbar und deshalb akzeptabel sind: In der Erkenntniskritik z. B. ist die gelegentliche Zustimmung zu sehr Wahrscheinlichem akzeptabel. Bildung ist für den Redner wenigstens zum Teil notwendig (so Antonius in *De oratore*), Affekte können nützlich sein und neben der Tugend gibt es auch andere, äußere Güter (so die These des Peripatos und des Antiochos). Man kann sagen, daß Ciceros Verstand auf den erreichbaren mittleren Rang, das Gefühl zu den oberen Positionen strebt.

Auf diese Weise kommt es bei ihm zu einer Art „doppelten Buchführung" (O. Seel), die nicht nur rational begründete Thesen verzeichnet, sondern auch solche Positionen akzeptabel findet, für die sich Cicero auf die Autorität historischer Beispiele oder bedeutender Vertreter (z. B. Platon) und die Tradition römischer Vorstellungen beruft. Als wünschenswert erweist sich, was die Vorfahren immer schon vertreten haben und was menschlicher Existenz Sinn verleiht. Die *auctoritas* bedeutender Philosophen wie Platon oder Sokrates (vielleicht von Antiochos beeinflußt), römische Tradition *(mores)* und wichtige historische *exempla* wiegen einen Mangel an rationalen Argumenten auf. Cicero begründet seine Haltung damit, daß die Alten noch über den rechten Blick für die Zusammenhänge verfügten, der zeitgenössischem Scharfsinn verwehrt ist (*De orat.* 3, 20). Auch hier zeigt sich, daß Philosophie der Affirmation von Bestehendem und als Interpretationshilfe für etwas intuitiv als richtig Erkanntes dienen soll.

Es wird deutlich, daß Cicero einerseits die Positionen übernimmt, die andere entwickelt haben. Indem er jedoch Präferenzen erkennen läßt, auswählt und diesen fremden Positionen eine hierarchische Ordnung gibt, erfüllt er den

Anspruch, Fremdem das eigene Urteil hinzuzufügen (*Fin.* 1, 6 *eis . . . nostrum iudicium . . . adiungimus*). Weiterhin erlauben Auswahl und Hierarchisierung, in derselben Frage eine Position als ideal zu akzeptieren (oberste Stufe), eine andere aber als realistisch zu billigen (mittlere Stufe). Weil beide Positionen nicht auf der gleichen Ebene angesiedelt sind, meidet Cicero den Vorwurf, er verwickle sich in Widersprüche, wenn er z. B. im 5. Buch der *Tusculanen* die stoische Position (kein Gut außer der Tugend), im 5. Buch von *De finibus* die peripatetische Güterlehre (Tugend am wichtigsten, daneben aber körperliche und äußere Güter) akzeptiert.

Ciceros Bereitschaft, im Hinweis auf römische Tradition ein wichtiges Argument zu sehen, mag ‚unphilosophisch' wirken, ist aber vom zeitgenössischen Leser offenbar nicht als ungewöhnlich empfunden worden. Vielmehr wird das Miteinander von philosophischem Argument und Hinweis auf *mores* und *exempla* zur erstrebten Konvergenz von Philosophie und Tradition beigetragen haben. Philosophische, insbesondere stoische Ethik, ist von vielen als eine Rechtfertigung oder Neubegründung der alten Werte auf rationaler Ebene, ja bisweilen sogar als Ersatz für sie verstanden worden. Deshalb kommt Cicero im Prozeß der Einbürgerung griechischer Philosophie in Rom eine zentrale Rolle zu. Man hat davon gesprochen, daß er griechische Philosophie gleichsam romanisiert habe, indem er römische Probleme und römische Exempla in einer römischen Szenerie behandelte. Gleichzeitig fördert er die Hellenisierung römischer Vorstellungen. Die Wahl von Dialogform, von römischem Personal und römischer Szenerie in seinen Schriften, die Hinweise auf *exempla* aus der römischen Geschichte und generell der Versuch, „Philosophie Latein sprechen zu lehren" – in das Lob, das er Cato zollt, bezieht sich Cicero sicher selbst mit ein (*Fin.* 3, 40) –, schließlich die Verwendung rhetorischer Argumentation in philosophischem Kontext, all dies ist als Appell an das römische Publikum gemeint, sich mit Philosophie auseinanderzusetzen. Dabei werden mit der Offenheit für Belehrung und dem Willen zu beständiger Meditation, um rationale Zweifel zu beseitigen, zwei Komponenten genannt, die auch in der weiteren Geschichte der römischen Philosophie, etwa bei Seneca, eine wichtige Rolle spielen.

3.4 Vergil und Horaz

In der späten Republik und zur Zeit des frühen Augustus hatte die Philosophie als Teil der Bildung an Ansehen gewonnen. Es bildeten sich auch an Philosophie interessierte Kreise, wie die ‚Schule' der Sextier, deren Oberhaupt sich dem *cursus honorum* verweigerte (Sen., *Epist.* 98, 13), ein bloßes Ansammeln von Wissen ablehnte, in der Seele ein körperloses Wesen sah und als Ziel philosophischen Bemühens eine Angleichung an Gott propagierte. Cornelius Celsus, der Enzyklopädist, P. Papirius, L. Casius, der Philologe, und Sotion, der Lehrer Senecas, fühlten sich von dieser praxisorientierten Lehre angezogen. Auch in literarischen Zirkeln – man denkt an den Kreis um Asinius Pollio oder um Maecenas – fanden philosophische Themen offenbar Interesse.

Reflexe finden sich im Werk Vergils ebenso wie in den Gedichten des Horaz. Zahlreiche Reminiszenzen in ihren Werken lassen Kenntnis epikureischer oder stoischer Philosophie erkennen, wobei mit der Koexistenz verschiedener literarischer und philosophischer Sichtweisen gerechnet werden muß. Vergils philosophische Bildung – er war Mitglied des Epikureerkreises in der Campagna (Siro, Philodem) – hat in zahlreichen Stellen seines Werkes Niederschlag gefunden, sowohl was die hedonistische Philosophie Epikurs als auch die vom Fatum regierte Welt der Stoa angeht (N. Horsfall, Hrsg., *A Companion to the Study of Virgil,* Leiden 1995).

Neben Ethik ist Vergil an Naturlehre (*Georg.* 2, 490 *rerum cognoscere causas*) interessiert. Manche Aspekte von ihm gestalteter Figuren (z. B. die ‚Disposition' der Aeneasfigur) lassen sich mit Hilfe philosophischer Konzepte erläutern. Doch ist bei Rückschlüssen auf die eigentliche Einstellung des Autors Vorsicht geboten. Auch Horaz steht dem Epikureismus nahe, reklamiert jedoch Freiheit von Schulphilosophie (*Epist.* 1, 1, 14). Stoisches und Epikureisches (O. Gigon, „Horaz und die Philosophie", in: *Die antike Philosophie als Maßstab und Realität,* München 1977, 437–487) wechselt ab, wobei jedoch rigoristische Züge gemieden werden (W. D. Lebek, „Horaz und die Philosophie: Die ‚Oden'", in: *ANRW* II, 31, 3, 1981, 2031–2092). Auch die sokratische Schule (Xenophon) und Platon spielen eine wichtige Rolle. Vor allem an Ethik interessiert, betont Horaz den praktischen Aspekt der Philosophie als *ars vitae,* deren Argumente er zur Unterstützung der für das Leben wichtigen Normen römischen Lebens nutzt.

4 Philosophie der frühen Kaiserzeit

4.1 Dominanz der Stoa

In seiner Hochschätzung der Stoa trifft sich Cicero mit den beiden wichtigsten römischen Autoren philosophischer Literatur in der frühen Kaiserzeit, Seneca und Mark Aurel. In der Tat kommt der stoischen Lehre im 1., aber auch noch im 2. Jahrhundert n. Chr. eine herausragende Rolle zu. Skeptische Akademie, Pythagoreismus und die Schule der Sextier spielen nach Senecas Worten keine bedeutende Rolle mehr (*Quaest. nat.* 7, 32). Vielleicht hängt das geringe Interesse am Peripatos und an der skeptischen Akademie mit der schwindenden Bedeutung der Rhetorik zusammen, für welche die von Akademikern und Peripatetikern praktizierte Dialektik als besonders förderlich angesehen worden war. Dem dogmatischen Platonismus hingegen war eine große Zukunft bestimmt. Er gewinnt seit dem 1. Jahrhundert stetig an Einfluß, wird als Mittelplatonismus in der frühen Kaiserzeit zum ernsthaften Konkurrenten der Stoa und löst sie in der Spätantike als Neuplatonismus in der Vorherrschaft ab. Über Epikureer sagt Seneca in diesem Zusammenhang nichts. Doch begegnen uns auch in dieser Zeit Anhänger Epikurs, die sich tatkräftig an der Gestaltung des Gemeinwesens beteiligen oder die sich literarisch betätigt haben wie der Historiker Aufidius Bassus, den Seneca noch im Alter sah (*Epist.* 30).

Mit gutem Grund ist darauf hingewiesen worden, daß sogar Tacitus' Prinzip, *sine ira et studio* Geschichte schreiben zu wollen, epikureischen Hintergrund hat (A. Dihle, „Sine ira et studio", *RhM* 114, 1971, 27–43).

Der Epikureismus blieb denn auch weitere zwei Jahrhunderte lebendig, insbesondere in den Provinzen und als Gegenmacht gegen aufkommende religiöse Irrationalität, wie die Schriften Lukians, aber auch die monumentale Inschrift des Diogenes aus dem kleinasiatischen Oinoanda zeigen.

Im 1. Jahrhundert erreichte der Einfluß der Stoa mit Seneca einen ersten Kulminationspunkt. Prinzipien dieser Schule konnten Einfluß auf die Lenkung des Weltreiches gewinnen und fanden in literarisch bedeutenden Werken ihren Niederschlag. Ein Grund für den Erfolg der Stoa mag in der starken Betonung praktischer *virtus* als Ideal für Staat und individuelles Verhalten angesehen werden. In den Zeiten eingeschränkter politischer Freiheit richtete sich der Blick weniger auf den idealen Bürger und vollkommenen Staat Ciceros als auf eine eher rigoristische Individualethik mit kynischem Einschlag, die sich z. B. darin manifestierte, daß der oftmals erzwungene Selbstmord als *imitatio Socratis* inszeniert wurde. Als unter Claudius und Nero der Einzelne nicht mehr sicher war, wurde nach Lebenshilfe in täglicher Gefahr, nach Anleitung zu Überwindung von Charakterschwäche und nach einer Vorbereitung auf den Tod gefragt, der einen immer treffen konnte. Catos philosophisch begründeter Selbstmord als Beispiel für individuelle Freiheit und Sieg über widrige äußere Umstände paßt zu entsprechenden *exempla* aus der römischen Geschichte und hat wohl nicht zuletzt deshalb einen tiefen Eindruck hinterlassen, wie die *Pharsalia* Lucans oder Bemerkungen Senecas zeigen. Weiterhin sind Cicero wie auch Seneca von der Folgerichtigkeit der stoischen Ethik in der Theorie (*Fin.* 5, 83) und von ihrer praktischen Anwendbarkeit beeindruckt (Sen., *Dial.* 2, 1). Nach den Bürgerkriegen der ausgehenden Republik, in denen viele Römer für atomistische Aufklärung und Weltferne der Götter Epikurs aufgeschlossen waren, hatte der Augustusfriede eine neue Bereitschaft hervorgerufen, sich dem Pantheismus der Stoiker und ihrer Weltsicht zuzuwenden. Die von der Stoa propagierte Überzeugung, ein jedes Geschehen folge einer bestmöglichen Bestimmung, die der Mensch nicht beeinflussen, wohl aber verstehen und akzeptieren kann, führt zu Vertrauen in den Ablauf der Dinge und zu der Auffassung, daß nicht äußere Umstände, sondern das innere Bewußtsein wichtig sind. Grundlage war die Vorstellung von einer Weltordnung, in der die Natur (φύσις) mit Vernunft (λόγος) als göttliches Prinzip sinnvoll wirkt. Die Welt kann also als lebender Organismus und wegen der Immanenz des Göttlichen selbst als Gott gedeutet werden. Der geordnete Kosmos war zentraler Punkt eines Wirklichkeitsmodells, das im Menschen einen Teil dieses Kosmos sieht, der von diesem her seine Bestimmung empfängt.

Diese Weltanschauung kam offenbar dem Zeitgefühl entgegen, was auch durch die starke Resonanz stoischer Kosmologie in der römischen Literatur manifest wird (M. Billerbeck, „Stoizismus in der römischen Epik neronischer und flavischer Zeit", *ANRW* II, 32, 5, 1986, 3116–3151). Vergil greift auf sie zurück (*Georg.* 4, 219–222; *Aen.* 6, 724–731), Manilius bietet mit seinen *Astronomica* das stoische Gegenstück zu Lukrez' *De rerum natura,* Lucan ist mit ihnen vertraut, Seneca bezieht sich auf sie in den *Naturales quaestiones.* Die Vorstellung, daß die göttliche Vernunft in allen Teilen des wohlgeordneten Kosmos anzutreffen ist, bietet einen Anreiz, diesen Logos in allen Erscheinungen auf der Erde und am Himmel aufzuspüren und zu dokumentieren.

Der wachsende Einfluß der stoischen Lehre in den führenden Schichten scheint auch mit Gefahren verbunden gewesen zu sein. Seneca weist Vorwürfe zurück, stoische Lehre erziehe zu Aufruhr und Auflehnung gegen die Herrschaft (*Epist.* 73, 1). Freilich bot die Stoa Argumente, Abstinenz vom öffentlichen Leben zu üben, zu rechtfertigen oder zu kaschieren. Seneca lebte in einer Zeit, in der sich der Übergang vom Prinzipat zum Dominat vollzog und das Verhältnis zwischen Senatsaristokratie und Kaiser von Mißtrauen geprägt war.

Die beiden wichtigsten Vertreter der senatorischen Opposition gegen den Prinzipat im 1. Jahrhundert n. Chr., die wohl kaum die Monarchie ablehnten, wohl aber der Tyrannis den Respekt versagten, wurden mit stoischer Philosophie in Verbindung gebracht. Thrasea Paetus, den Nero im Jahre 66 hinrichten ließ, ist in späteren Biographien als eine Art stoischer Märtyrer dargestellt worden. Extremer war offenbar sein Schwiegersohn Helvidius Priscus, der unter Vespasian zu Tode kam und von Epiktet als römischer Sokrates verehrt wurde (*Diss.* 4, 1, 123).

Fraglich ist allerdings, ob Thraseas' oder Helvidius' Verhalten wirklich nur durch philosophische Erwägungen motiviert war. Moralische Triebfeder waren wohl auch die *mores maiorum*, deren Verständnis allerdings durch eine *interpretatio stoica* gefördert werden konnte. Stoische Philosophie wird vor allem dazu gedient haben, das eigene Handeln zu reflektieren und zu artikulieren. Wenn Nero sich durch stoische Philosophie und ihre Vertreter bedroht fühlte – auch Seneca und Lucan trieb er in den Tod –, dann wohl deshalb, weil die Kritik derer, die von Stand und Herkommen politisch einflußreich waren, sich der Terminologie dieser Schule bediente, so daß die *praecepta* der Schule zu Argumenten und damit zu Waffen in einer politischen Auseinandersetzung wurden (Tac., *Ann.* 16, 22).

4.2 Seneca

4.2.1 Leben. Von zentraler Bedeutung für die römische Philosophie im 1. Jahrhundert n. Chr. ist Seneca, den der Grieche Johannes Lydus sogar als größten römischen Philosophen bezeichnet (*Mens.* 4, 107, p. 144, 15 Wünsch). Eine in Rom gefundene Doppelherme zeigt ihn gemeinsam mit Sokrates. Damit wird die Affinität Senecas zu dem griechischen Philosophen hervorgehoben, der in der römischen Philosophie und auch bei Seneca von großer Bedeutung ist. Wie die hellenistische Philosophie und Cicero sah auch Seneca im Philosophen einen Wegweiser für ein exemplarisches Leben *(artifex vitae)*, das sich durch Einheit von theoretischem und moralischem Wissen auszeichnet (*Epist.* 75). Hatte Cicero philosophische Betätigung in die Zeiten der Abstinenz von öffentlicher Tätigkeit verlegt (*Off.* 2, 3–5), widmete sich ihr Seneca auch während der Zeit politischer Aktivität. Sein Lebensweg führte ihn in Höhen größter Macht, verschonte ihn aber auch vor Rückschlägen nicht und endete im erzwungenen Selbstmord. Er fordert deshalb zu einem Vergleich von philosophischem Anspruch und praktizierter Wirklichkeit heraus.

Aus der Hauptstadt der Provinz Baetica, Corduba, wo er als Sohn des Redelehrers Seneca wohl 1 v. Chr. geboren wurde, kam Seneca nach Rom. Dort erhielt er rhetorische und philosophische Ausbildung und hatte Erfolg als Anwalt. Nach einem längeren, krankheitsbedingten Aufenthalt in Ägypten kam er 31 n. Chr. nach Rom zurück und war ein offenbar erfolgreicher Redner. Unter Caligula wurde er in einen Skandal verwickelt, was zur Verbannung nach Korsika führte. Im Jahre 54 n. Chr. kehrte er auf Betreiben Agrippinas als *educator* und *praeceptor* (Tac., *Ann.* 15, 62) Neros nach Rom zurück. Nach dessen Regierungsantritt war Seneca de facto Lenker des Weltreiches, solange es die charakterliche Entwicklung Neros zuließ. Nach der Ermordung von Neros Mutter 59 n. Chr. kam es zur Entfremdung. Seneca bot seinen Rücktritt an, den Nero nicht annahm. Doch zog sich Seneca auf seine Güter zurück. Als 65 n. Chr. eine Verschwörung gegen Nero scheiterte, wurde Seneca der Mitwisserschaft beschuldigt und zum Selbstmord gezwungen. Seneca vollzog ihn nach Tacitus' Schilderung (*Ann.* 15, 61ff.) auf eine Weise, die an den Tod des Sokrates (*Phaed.* 118a), aber wohl auch des Cato erinnern sollte. Sein Lebensweg gab Seneca also vielfach Gelegenheit, die von ihm propagierte Lebenskunst an sich selbst fruchtbar zu machen. Freilich hat er damit nicht jeden seiner späteren Interpreten überzeugt.

Oftmals ist ihm ein Widerspruch zwischen Leben und Lehre vorgehalten worden. Besonders durch Tacitus' Schilderung wird das Senecabild in der Folgezeit beeinträchtigt und hat nicht nur bei Petrarca (*Fam.* 24, 5) zu oftmals harscher Kritik geführt. Wie seine Schrift *De vita beata* zeigt, sieht sich Seneca selbst schon zu einer Stellungnahme genötigt. Wenn Tacitus ihn in seiner Todesstunde den Freunden das „Bild seines Lebens“ vermachen läßt (*Ann.* 15, 62, 1), scheint er selbst mit seinem Leben im reinen gewesen zu sein. Man wird ihm zugeben wollen, daß er ernsthaft Philosophie zu betreiben bemüht war. Auch hat er nie beansprucht, das Ideal des stoischen Weisen erreicht zu haben, betont vielmehr die Unvollkommenheit menschlichen Strebens. Seine Aufgabe sieht er darin, den Willen zur Vervollkommnung zu unterstützen.

4.2.2 Werk. Senecas literarisches Schaffen dokumentiert diese Bemühungen. Seneca ging es nicht um Darstellung eines Systems oder um originelles Philosophieren. Seine Schriften sollen menschliche Unvollkommenheit mildern helfen (*Dial.* 7, 17, 4). Das Verständnis seiner Schriften erschließt sich aus der pädagogischen Intention des Autors. Das vermittelte Wissen soll zu einem Teil der Persönlichkeit des Adressaten werden (‚Habitualisierung‘). Will Cicero die Geisteskultur seiner Leser erweitern, so geht es Seneca um die Geistesformung eines Publikums, das mit den Grundlehren der wichtigsten Schulen wenigstens oberflächlich schon vertraut ist. Wie Lukrez vor oder Mark Aurel nach ihm versteht sich Seneca als Seelenleiter (I. Hadot 1969). Dies ist nicht nur für die Würdigung des Philosophen Seneca, sondern auch des Autors Seneca von grundlegender Bedeutung. Die Besonderheit Senecas beruht nicht zuletzt auf dem rhetorischen Aspekt seiner Methode. Guter Stil gilt ihm als geeignet (*Epist.* 108, 8ff.), auch Anfänger für die Philosophie zu gewinnen. Und gerade hier war er offenbar sehr erfolgreich (Quint., *Inst.* 10, 125). Lebensweltlicher Bezug und ‚therapeutische Intention‘ beim Adressaten leiten inhaltliche und formale Gestaltung der Schriften und sind deshalb auch wesentliche Gesichtspunkte für ihre Interpretation. Daneben sind natürlich der Aspekt der ‚Selbstherapie' (z. B. Trost) und der Versuch, politischen Einfluß zu nehmen (z. B. *Ad Polybium*), nicht zu vernachlässigen. Die Einheit von formaler Gestaltung, inhaltlicher Aussage und Funktion seiner Schriften ist bewundernswert und zeigt, daß es Seneca nicht nur um die wertende Darstellung philosophischer Dogmatik geht. Die Texte sollen vielmehr als Meditationshilfe dienen. Wie Lukrez' Lehrgedicht sind sie gleichsam angewandte Philosophie. Infolge seiner Auffassung von Philosophie hat Seneca situations- und adressatenbezogene Essays verfaßt. Sie sollen Probleme erklären, sie einzuordnen helfen und vorführen, wie man sie gemäß den Verpflichtungen eines Stoikers bewältigen soll. Dementsprechend betreffen sie vorwiegend die Lebensführung, behandeln also Fragen der Ethik. In der formalen Gestaltung kommt Senecas Auffassung zum Ausdruck, wie derartiges Wissen zu vermitteln ist. Es handelt sich dabei um einen Prozeß, der durch beständige Meditation gültiger Dogmen gekennzeichnet ist. Diese Methode ständiger Vergegenwärtigung verhilft zur Verwirklichung der stoischen Weisheit. Ziel ist ein glückliches Leben infolge von Sicherheit und Seelengröße (*Epist.* 92, 3). Der Lernprozeß vollzieht sich auf mehreren Stufen, durch Lernen allgemeiner Wahrheiten *(decreta)*, durch Aneignen dieser Wahrheiten mittels beständiger Wiederholung (*Epist.* 71, 31) und durch Einverleiben der Wahrheit infolge entsprechenden Verhaltens (*Epist.* 94, 46f.). Die Texte Senecas sollen in diesem Prozeß auf zweierlei Weise ‚therapeutisch' wirken: Für den Leser, indem sie mit Hilfe von Sentenzen (vgl. *Epist.* 47, 1), Metaphern, Beispielen (*Epist.* 98, 12ff.), allgemeinen Vorschriften *(decreta)* oder konkretem Rat *(praecepta)* die Meditation fördern, die gegen den unberechenbaren Zufall schützen kann. Für den Autor, insofern schriftliche Fixierung philosophischer Reflexionen neue Gedanken gleichsam erschließt und sich diese verfügbar macht (vgl. *Epist.* 115, 1). Indem man philosophische Gedanken niederschreibt, eignet man sich diese eigentlich erst recht an (vgl. *Epist.* 84). Seneca macht sich seine stilistische und rhetorische Kunst zunutze (*Epist.* 108, 8ff.), um den Dialog mit dem Leser, aber auch die eigene Reflexion zu fördern. Gedanken anderer Philosophen werden angeboten, um sie sich durch Integration ins eigene Handeln anzueignen (*Epist.* 108, 38). Die Gestaltung der literarischen Werke dient also dem Ziel von Senecas Philosophie, der Menschenformung *(transfigurari)* und der Seelenleitung. Seneca macht sich die kathartische Wirkung eindringlicher Bilder zunutze (*Dial.* 5, 2, 35, 3), wie durch den Blick in einen Spiegel zur Selbsterkenntnis zu gelangen (*Dial.* 4, 36, 1).

Von den zwölf als *dialogi* bezeichneten Traktaten Senecas haben zehn philosophischen Inhalt. Hinzu kommen die Schriften *De clementia, De beneficiis,* die *Naturales quaestiones* und die *Epistulae morales.* Obgleich *dialogi* genannt, unterscheiden sich die entsprechenden Schriften von den Dialogen Platons und Ciceros, stehen vielmehr der Diatribe nahe. Der Großteil der erhaltenen philosophischen Werke Senecas fällt in das letzte Drittel seines Lebens, das gekennzeichnet ist durch die Beratertätigkeit bei Nero (54–59) *(De brevitate, De constantia, De tranquillitate, De clementia, De vita beata, De beneficiis)* und in die Zeit seines Rückzuges aus der Öffentlichkeit *(De otio, Epistulae morales, Quaestiones naturales).* Im einzelnen ist die Datierung oft umstritten. In die mittlere Periode noch vor der Verbannung gehören wohl neben der *Trostrede an Marcia* die drei Bücher *De ira*. Sie sind offenbar auf Veranlassung des Bruders Novatus (*Dial.* 3, 1, 1) verfaßt, richten sich aber an alle Menschen, die sich gegen diesen gefährlichen Affekt sichern wollen (*Dial.* 5, 39, 1). Schon die Disposition macht den therapeutischen Zweck der Abhandlung deutlich: Zunächst wird über Wesen, Arten, Naturgemäßheit, Nützlichkeit und Heilbarkeit des Zornes gehandelt. In einem praktisch-therapeutischen Teil geht es um Prophylaxe und Heilung dieses vielbehandelten Affektes, der sich nach Seneca durch einen Willensakt bis auf einen Rest reduzieren läßt, der nicht als Affekt im eigentlichen Sinn angesehen werden kann. Moralphilosophischen Inhalt und bisweilen therapeutischen Charakter haben auch die anderen Schriften: *De brevitate vitae* (*Dial.* 10, wohl zwischen 48 und 55) ist ein an Paulinus gerichteter Protreptikos mit der These, daß die Klage der Menschen über die angebliche Kürze des Lebens unberechtigt ist. Wichtig ist die Bewußtseinshaltung des Weisen im Leben und die innere Einstellung zum Tod. Todesvergessenheit *(oblivio mortis)* ist der Grund, warum Menschen mit der Zeit so verschwenderisch umgehen. Wenn Seneca die *vita activa* für den Staat zugunsten der *vita contemplativa* des philosophischen *otium* abwertet, deutet sich eine Abkehr vom römischen Ideal eines Dienstes am Gemeinwesen an. Um die Rolle des Weisen geht es in *De constantia sapientis* (*Dial.* 2; wohl nach 47), die in engem Bezug zu *De providentia* steht. Hier bekennt sich Seneca offen zur Stoa, zieht aber auch Epikur heran, um zu unterstreichen, daß der Weise in seinem ureigensten Besitz unangreifbar ist (*Dial.* 2, 16, 1 ff.). Thema der an Serenus gerichteten Schrift ist die Erkenntnis des Weisen, daß Unrecht und Schmähung nichtig sind. Denn sein Gut – die vernünftige Verfassung des Geistes – ist nicht betroffen. Der Epilog ist an den nach Weisheit Strebenden *(proficiens)* gerichtet und gibt Hinweise, wie man sich Übeln überlegen erweist. Auch in *De tranquillitate animi* (wohl zwischen 51 und 54) geht es um Gefährdungen in unsicherer Zeit. Seneca fordert dazu auf, nicht zu schnell aufzugeben, empfiehlt dabei aber eine gewisse Flexibilität. In *De vita beata* setzt sich Seneca mit dem Vorwurf (vielleicht des Suillius) auseinander, der vermögende Philosoph verstoße gegen seine Prinzipien. Nicht zuletzt mißgünstigem Gerede wegen Senecas Vermögen soll die Schrift entgegenwirken. In diese Zeit des politisch aktiven Wirkens fallen auch die beiden längeren Abhandlungen *De clementia* und *De beneficiis*. Das staatsphilosophisch orientierte, Nero gewidmete Werk *De clementia* (zwischen 55 und 56) will in zwei Büchern der Person des Herrschers in Form eines stoischen Fürstenspiegels die Normen humanitärer Verhaltensmaßregeln für die ansonsten unkontrollierte Machtfülle vorhalten. *De beneficiis* in sieben Büchern ist Liberalis gewidmet, nach *De vita beata* verfaßt und hat individualethischen Inhalt. Seneca will zum Wohlergehen der Menschen beitragen, indem er vom rechten Geben und Nehmen, von Hilfsbereitschaft und Dankbarkeit handelt. Als wichtig wird das Willensmoment der Handlung, nicht ihr äußerer Erfolg herausgestellt. Das *beneficium* hat seinen Wert nicht allein in äußerer Konkretisierung, sondern im verursachenden Willen des Handelnden (1, 5, 2). Neben grundsätzlichen Erwägungen werden auch Einzelprobleme behandelt. Andere Werke Senecas aus seiner späten Schaffenszeit fallen schon in die Zeit seiner Trennung vom Zentrum der Macht. Die Schrift *De otio* bietet die theoretische Grundlage für einen Rückzug vom politischen Engagement und setzt im Verhältnis des Begriffspaares *negotium-otium* neue Akzente. Die Lehre von den zwei Gemeinwesen *(res publicae)* der Götter und Menschen zeigt, daß man sich in zwei Bereichen engagieren und daß das *otium* auch durch philosophische Tätigkeit von Nutzen sein kann (*Dial.* 8, 4, 2). Zudem entspricht Neugierde der menschlichen Natur und ist der Kampf gegen ein völlig zerrüttetes System sinnlos. Diese Vergeistigung des *otium* zum wahren *negotium* – eine Entwicklung, die sich schon beim späten Cicero andeutet *(Laelius)* – klingt wie eine

Rechtfertigung eigenen Verhaltens. Thema von *De providentia* (*Dial.* 1) aus Senecas Spätzeit (von manchen auch in die Zeit des Exils datiert) ist die Theodizee. Da in ihr in besonderer Weise Grundanschauungen Senecas zur Sprache kommen, steht diese Schrift am Beginn der erhaltenen Dialogsammlung. Ziel der Argumentation ist, den Adressaten zur bereitwilligen Unterordnung unter das Geschick zu veranlassen *(amor fati)* (*Dial.* 1, 5, 8). Schicksalsschläge können zwar auch ethisch wertvolle Menschen treffen. Doch sind sie keine Übel, da sie den Guten nicht affizieren können, sondern ihn nur auf die Probe stellen. Die Existenz des Bösen ermöglicht dem Guten, seine Eigenschaft unter Beweis zu stellen. Daraus folgt, daß Gott durch Leiden seine Liebe zum guten Menschen bekundet. Zu den Philosophica der Spätzeit gehören die *Naturales Quaestiones* in sieben Büchern, die inhaltlich eine Gliederung nach den Elementen erkennen lassen (Bücher 1 und 2: Feuer; Bücher 3 und 4a: Wasser; Bücher 4b und 5: Luft; Buch 6: Erde; Buch 6 datiert durch das Erdbeben in Pompeii am 5. 2. 62) und verschiedene Naturphänomene wie Kometen, Winde, Erdbeben, Nilschwemme behandeln. Seneca schaut mit Enttäuschung auf den Abschnitt des Lebens zurück, als er kaiserlicher Beamter war und Menschenschicksal zu lenken versuchte (3 praef. 2). Wichtig ist ihm nun, die Geheimnisse des Weltbaus zu entschlüsseln (3 praef. 5ff.). Seine Lebensaufgabe erfüllt sich in der Erkenntnis des Alls aus pantheistischer Sicht (3 praef. 10). Ziel ist die Behandlung der *caelestia* (supralunare Welt), der *sublimia* (μετέωρα in aristotelischer, μετάρσια in theophrastischer Bedeutung: der Luftraum) und der *terrestria* (Wasser, Erde, Pflanzenwelt). Vermutlich infolge seines Todes ist Seneca nicht mit dem Werk fertig geworden. Die Physik gilt ihm als der erhabenste Teil der Philosophie (1 praef. 1). Denn ihr Gegenstand ist der als Weltgott verstandene Kosmos. Den *Naturales quaestiones* geht es nicht nur um rein physikalische Fragen. Das Werk dient vielmehr einer Propädeutik für die Ethik (3 praef. 18), insofern der Leser durch Analyse befremdlicher Erscheinungen von Angst befreit (2, 59) und sein Geist emporgehoben werden soll (Einleitung Buch 1 und 3). Dies erinnert an die Intention, die Lukrez mit seinem Lehrgedicht verfolgt. Formal, aber nicht funktional unterschieden von den anderen Philosophica sind die *Epistulae morales* aus der letzten Schaffensphase (dramatisches Datum 62–63, Publikation 64–65). Die 124, in 20 Bücher eingeteilten Briefe stellen Meditationen dar und sind dementsprechend gestaltet. Ob es sich um eine reale oder fiktionale Korrespondenz handelt, ist umstritten, doch spricht viel für letztere Annahme (Abel). Obgleich die Briefe mit Lucilius einen konkreten Adressaten haben, auf dessen Probleme der Autor sich einzustellen versucht, weisen Art der Ausführungen und ihr Inhalt darauf hin, daß Seneca einen weiteren Adressatenkreis im Sinn hatte. Ausdrücklich empfiehlt sich Seneca als Erzieher des Menschengeschlechtes (*Epist.* 89, 13). Ausgehend von der Mahnung, keine Zeit zu vergeuden (*Epist.* 1, 1), wird der Adressat in immer weiteren Schritten belehrt, zu beständigem Einüben angeleitet und in mehreren Phasen zur stoischen Philosophie geführt. In einer ersten Gruppe von Briefen geht Seneca von Sentenzen aus, stellt sich – methodisch dem *Therapeutikos* Chrysipps folgend – auf epikureische Tendenzen seines Ansprechpartners ein und entwickelt grundlegende Dogmen der stoischen Schule. In einer weiteren Briefgruppe (ab *Epist.* 31) wendet sich Seneca von Sentenzen ab (vgl. *Epist.* 33) und bietet Abrisse *(breviaria)* seiner philosophischen Positionen, die freilich weitere Belehrung nicht überflüssig machen – eine solche über stoische Physik offeriert Seneca in den *Naturales quaestiones,* eine umfassende Darstellung über stoische Ethik war offenbar geplant. Hintergrund seiner Ausführungen in den Briefen ist die stoische Philosophie, wobei er methodisch Anleihen auch beim Epikureismus macht (vgl. Epikur, *Hdt.* 35ff.). Skopos der Briefsammlung ist der Selbstbezug des Menschen (*Epist.* 1, 1: *ita fac, mi Lucili: vindica te tibi*). Auch hier gilt also, daß die Themen moralisch sind, die Aufgabe der Texte protreptisch ist und ihre Gestaltung der Seelenleitung dient. Oftmals ist auch mit den Tragödien

Senecas eine philosophische Intention verbunden worden. Doch sind sie wohl nicht als Lehrstücke der Philosophie, sondern eher als Illustrationen menschlichen Verhaltens, z. B. von wissentlich bösem Tun *(mala voluntas)* anzusehen, die auf die Notwendigkeit praktisch rationaler Philosophie zumindest verweisen wollen und insofern protreptisch sind. Freilich ist die literarische Gattung zu berücksichtigen und nicht alles in philosophischem Kontext zu interpretieren.

4.2.3 Philosoph. Philosophische Lehrer hat Seneca mehrere gehabt. Sotion war ein pythagoreisch beeinflußter Anhänger der Sextier, der allabendliche Gewissensprüfung und die vegetarische Lebensführung predigte, die Seneca zunächst befolgte, dann auf Veranlassung seines Vaters aufgab; Attalos galt als Stoiker und führte Seneca vom Buchwissen zur praktischen Philosophie (*Epist.* 9), hatte Interesse an naturwissenschaftlichen und an psychologischen Fragestellungen und war auch für epikureische Gedanken offen. P. Papirius, wie Seneca erst Redner, dann durch Einfluß der Schule der Sextier Philosoph geworden, hat Seneca offenbar bei seiner Konsolationsliteratur inspiriert *(Ad Marciam)*, aber auch auf die Philosophie *(De brevitate vitae)* Einfluß genommen. Papirius war an Ethik und Staatstheorie, aber auch an Physik und Naturlehre interessiert und sprach sich entschieden gegen Kathederphilosophie aus (*Dial.* 10, 10, 1). Insgesamt waren neben der Stoa die Schule der Sextier und der Kynismus, insbesondere die Person des Demetrius, für Seneca von Bedeutung. Seneca selbst nennt auch Philosophen aus augusteischer Zeit wie Arius Didymus, den stoischen Eklektiker (*Ad Marciam* 4–5), Athenodoros, den Hausphilosophen des M. Porcius Cato, und vor allem Hekaton, darüber hinaus Poseidonios und Panaitios. Poseidonios' Einfluß ist greifbar z. B. in sozialen Fragen und im enzyklopädischen Interesse Senecas (*Epist.* 88, 21ff.). Panaitios wird u. a. in Senecas Bereitschaft kenntlich, neben dem Ideal des Weisen auch die Unvollkommenheit der Menschen zu berücksichtigen.

Seneca ist sich bewußt, mit seiner Philosophie auf den Schultern anderer zu stehen. Er beansprucht keineswegs, ein Neuerer zu sein, sondern möchte deren Erbe vergrößern (*Epist.* 64, 7f.). Trotz dieses großen Erbes bleibt nach seiner Ansicht die Notwendigkeit, auszuwählen und einen günstigen Zeitpunkt für die ‚therapeutische' Anwendung der philosophischen Medizin festzulegen. Seneca – wie auch Cicero – sieht seine Aufgabe in Auswahl, Disposition und Anwendung dessen, was andere gefunden haben. Obgleich erklärter Stoiker, folgt Seneca nicht bedingungslos der Autorität der Schulhäupter (*Dial.* 8, 3, 1), ja setzt sich bisweilen von Argumenten seiner Lehrer ausdrücklich ab, reklamiert für sich einen eigenen Weg (*Epist.* 33, 4ff.) und beruft sich auf die Herrenlosigkeit von Wahrheit. Starres Festhalten an Dogmatik der eigenen Schule ist nach seiner Ansicht ein Verhalten, das demjenigen eines Parteigängers, nicht dem eines Senatsmitglieds gleicht (*Dial.* 8, 3, 1). Die Betonung seiner Unabhängigkeit soll offenbar Freiheit gegenüber dieser Schule dokumentieren. Seneca erlaubt sich auch Ausflüge ins Lager anderer Philosophen und entleiht hier, was ihm brauchbar scheint. Sogar Epikurs ethische Normen hält Seneca für erwägenswert (*Dial.* 7, 13, 4). Man hat deshalb insbesondere Seneca als eklektischen Philosophen bezeichnet. Freilich ist sein Eingehen z. B. auf Epikureisches in den ersten dreißig Briefen auch unter therapeutischen Gesichtspunkten zu beurteilen. Schon Chrysipp hatte in seinem *Therapeutikos* betont, bei ‚Heilungsversuchen' müsse man sich nach der Meinung des Patienten richten. Auch innerhalb der stoischen Tradition fühlt sich Seneca nicht nur einem Meister verpflichtet (*Epist.* 33, 3), läßt z. B. gegenüber dem Intellektualismus Chrysipps (G. Mazzoli, „Le ‚Epistulae Morales ad Lucilium' di Seneca. Valore letterario e filosofico", *ANRW* II, 36, 3, 1989, 1823–1877) Zurückhaltung erkennen. Der religiöse Aspekt seines Stoizismus in Sprache und Haltung gegenüber Natur, Kosmos und den Göttern verbindet ihn eher mit Kleanthes (vgl. *Epist.* 107, 11). Von den philosophischen Disziplinen schätzt er die Logik eher gering (*Epist.* 45). Den *artes* schreibt er propädeutischen Wert zu *Epist.* 89, 14ff.).

Daß Seneca in seinen Schriften kein philosophisches System anbietet, hängt mit deren Funktion, aber auch mit seiner Auffassung von Philosophie als einer *ars vitae* zusammen. Dennoch lassen sich einige Grundzüge herausarbeiten. Sokratischer Tradition folgend sieht Seneca in der Selbsterkenntnis den Beginn eines jeden Strebens nach Weisheit. Am Anfang des Heilungsprozesses stehen Erkennen und Bekenntnis eigener Fehlerhaftigkeit (*Epist.* 6, 1) und falscher Einschätzung äußerer Umstände, die aus der Angst vor zukünftigen Übeln wie Verlust von Vermögen oder Tod resultiert. Freilich erkennt Seneca in derartigen Fehlern eine allgemeinmenschliche Schwäche. Deshalb sieht er zwar weiterhin im Weisen das zu erstrebende Ideal, akzeptiert aber schon das Streben nach diesem Ideal als wesentlichen Schritt. Bedeutsam ist vor allem der Wille des Menschen, sich von Irrtümern zu befreien (*Epist.* 81, 13). Der Wille ist Anstoß für menschliches Streben und kann sich durch stetes Üben zur *bona mens* entwickeln (*Epist.* 16, 1). Philosophie zeichnet sich bei Seneca also durch einen dynamischen Charakter aus. Denn sie meint nicht nur Besitz, sondern im platonischen Sinn auch ein Streben nach Weisheit und Glück (*Epist.* 90, 26ff.), das sich über mehrere Stufen – Überwindung unterster Affekte *(avaritia, libido),* dann der *mala animi* bis zur Erprobung in der Wirklichkeit, wenn die Affekte schon abgelegt sind (*Epist.* 75, 9) – vollzieht (*Epist.* 89, 8). In diesem Prozeß ist beständige Reflexion über die Nichtigkeit dessen (Reichtum, Macht, Leben) wichtig, was gewöhnlich als wertvoll erscheint und dessen Verlust als Unglück angesehen wird. Eine derartige Unterwerfung unter die Vernunft kann eingeübt werden (*Epist.* 49, 11). Die richtige Einschätzung der Dinge und ein vernunftorientiertes Leben verhelfen zu wahrer Freiheit (*Epist.* 66, 39). Notwendig ist also, das Wesen der Dinge zu erkennen und zu gegebener Zeit eine richtige Wahl zu treffen. Deshalb gehört zur Selbsterforschung auch die Erforschung der Welt (*me prius scrutor, deinde hunc mundum, Epist.* 65, 15), denn die Betrachtung der Natur macht das Wirken der alles durchwaltenden Providenz deutlich, erhebt den menschlichen Geist *(animam laxare)* und führt ihn zur Erkenntnis Gottes (*Nat. quaest.* 1 praef. 6), der immanente Vernunft und erste Ursache von allem ist (*Epist.* 65, 12). Dieses göttliche Prinzip ist nicht durch übliche Kulthandlungen (*Epist.* 41, 1), sondern durch richtige innere Haltung und das richtige Wissen (*Epist.* 95, 47ff.) zu verehren. Mit Blick auf das Ganze erweisen sich Unglücksfälle nicht als Übel (*Epist.* 91), sondern als gottgewollte Probe für den guten Menschen (*Dial.* 1, 1, 5). Durch Vorausbedenken *(praemeditatio malorum)* läßt sich zudem Unglück in seiner Wirkung mildern, denn man gewinnt auf diese Weise innere Sicherheit vor dem Ansturm des Zufalls (*Epist.* 23, 2). Der Mensch kann dieses Ziel erreichen, weil die menschliche Vernunft Teil der Allvernunft ist (*Epist.* 41, 5) und sich von Weltlichem lösen kann. Senecas Aufruf ‚Mach' dich selbst glücklich' (*Epist.* 31, 5) ist von der Überzeugung getragen, daß man sich selbst retten kann (*Epist.* 52, 2).

Aus der stoischen Lehre, daß alle Menschen am kosmischen Logos teilhaben, folgt eine humane Einstellung auch gegenüber den Sklaven. Seneca greift diese stoische Grundauffassung ‚keiner ist von Natur Sklave' auf (*Epist.* 44), radikalisiert sie jedoch, indem er aus dieser These Individualität mit eigener moralischer Fähigkeit und Rechte für die Sklaven ableitet (*De benef.* 3, 18; *Epist.* 47). Auch seine These, daß bei Handlungen die Gesinnung wesentlich ist (etwa beim Geben und Nehmen), führt zu einer Relativierung der Klassenschranken.

Bemerkenswert ist, daß Seneca Gott nicht als ein ausschließlich immanentes Prinzip zu sehen oder ihn mit der Welt gleichzusetzen scheint. An manchen Stellen erhält das göttliche Prinzip spirituelle und personale Züge, womit Seneca über die stoische Ontologie hinaus zu gehen scheint (*Epist.* 41, 1–5). In der Psychologie spielt offenbar die (mittel)platonische Tradition eine Rolle, wenn Seneca z. B. die Dichotomie von Leib und Seele betont (*Epist.* 92, 30). Wenn von der Todesstunde als der Geburtsstunde der Unsterblichkeit die Rede ist (*Epist.* 102, 24), scheint eine gewisse Distanz zum stoischen Materialismus anzuklingen. Wenn Seneca es als Aufgabe bezeichnet, sich Rechenschaft über Taten abzulegen (*Dial.* 5, 3, 36, 1–4), mag hier der Einfluß des Sextius und der Pythagoreer eine Rolle gespielt haben. Aber auch im Epikureismus wird erwartet, stets so zu handeln, als schaue der Meister zu (*Dial.* 7, 20, 4).

Seneca verläßt mit seiner dogmatische Freiheit beanspruchenden Haltung (*Epist.* 33, 3ff.) keineswegs die Grundlagen der stoischen Schule. Allerdings setzt er eigene Akzente. Man hat auf einen Hang zur Verinnerlichung hingewiesen, wie er etwa in seinem Gottesbegriff (vgl. frg. 123 Haase) oder in seiner Auffassung vom *otium* zum Ausdruck kommt. Die Akzentuierungen Senecas sind bisweilen Folge des Bemühens, griechische Philosophie mit römischen Vorstellungen zu verbinden.

In *De clementia* z. B. ist eine Hellenisierung römischer Gedanken zu konstatieren, insofern der Prinzipat zum hellenischen Königtum in Beziehung gesetzt und dabei unbedenklich das sonst gemiedene Wort *rex* verwendet wird. Offenbar zu dem Zweck, griechische Konzeptionen der Fürstenspiegelliteratur (περὶ βασιλείας) (z. B. Xenophons *Kyrupädie* oder Isokrates' *An Nikokles*), auf den *princeps* zu übertragen, setzt Seneca römische Aversion gegen die Königsvorstellung hintan. In *De clementia* ist auch zu beobachten, wie eine griechisch-stoische Tradition mit Hilfe römischer Vorstellungen modifiziert und humanisiert wird. Seneca fordert nämlich Milde *(clementia)* als wichtige Herrschertugend und versteht darunter ein Herabsetzen der Höchststrafe. Dies begründet er mit der Beeinflußbarkeit der Menschen (*Clem.* 1, 2, 1–2) und mit Würde und Ruhm des Herrschers, der die Milderung veranlaßt (*Clem.* 1, 1, 20. 2–21).

Forderung und ihre Begründung passen keineswegs zu alt- oder mittelstoischen Vorstellungen, welche strenge Zuteilung des jeweils zustehenden Strafmaßes verlangt (vgl. Musonius Rufus 8, p. 33 Hense), und finden sich auch nicht bei Aristoteles. Andererseits gibt es in der Argumentation auffällige Parallelen zur römischen *deprecatio* (M. Griffin, *Seneca. A Philosopher in Politics,* Oxford 1976, 159–64), die sich um Milderung der bei akzeptierter Schuldhaftigkeit zu erwartenden Strafe bemüht (vgl. Cic., *Inv.* 2, 104ff.). Offenbar wird hier griechisch-stoische Tradition auf Grundlage römischer Vorstellungen gemildert. Vielleicht wollte Seneca ganz konkrete Entscheidungshilfe auf modifizierter stoischer Grundlage bieten. Man hat darauf hingewiesen, daß Nero jedenfalls zeitweise in diesem Sinne vorgegangen ist.

Hinzuweisen ist schließlich auch auf die Bedeutung des Willens *(voluntas)*, den Seneca als nicht lernbare (*Epist.* 81, 13), aber grundlegende Voraussetzung für jeden Lernprozeß ansieht. Durch das lateinische Wort *voluntas* kommt es dabei zu einer Akzentuierung, die in der früheren Stoa nicht zu finden ist.

Die Griechen verfügen über kein Wort, das als philosophischer Terminus zur Bezeichnung des reinen Willens tauglich ist. Sowohl βούλησις als auch προαίρεσις sind mit einer intellektualistischen Konnotation verbunden, wonach Wille immer vernunftgeleitet ist (Ch. Kahn, „Discovering the will. From Aristotle to Augustine", in: J. M. Dillon und A. A. Long, Hgg., *The Question of ‚Eclecticism'. Studies in Later Greek Philosophy,* Berkeley 1988, 234–259). Andererseits kann man auf Epiktet verweisen, dessen Konzept der προαίρεσις eine gegenüber stoischer Tradition bemerkenswerte, neue Innerlichkeit auch im griechischen Bereich aufweist und für eine individualisierte, moralische Instanz steht, die als wesentliche Komponente einer Person anzusehen ist (vgl. *Diss.* 3. 5. 7). Bei Seneca ist jedenfalls eine Beschränkung auf den voluntaristischen Aspekt zu konstatieren: Tugend ist guter Wille (*epist.* 20, 5). Er greift damit auf eine Bedeutung zurück, die *voluntas* in der Sprache der Juristen in hermeneutischem Kontext hat (A. Dihle, *Die Vorstellung vom Willen in der Antike,* Göttingen 1985).

Ob es sich bei dem voluntaristischen Zug in Senecas Philosophie um eine Konvergenz griechischer Theorie mit römischer Auffassung handelt, ist nicht sicher. Es handelt sich jedoch um eine Vorstufe zu der Konzeption des Willens, die Augustinus entwickelt.

4.3 Bedeutung der Stoa von den Flaviern bis zu den Adoptivkaisern

Auch nach Senecas Tod blieb die Stoa einflußreich, wie neben den *Pharsalia* Lucans die Satiren des Persius, die *Punica* des Silius Italicus, die *Argonautica* des Valerius Flaccus oder die *Thebais* des Statius auf je unterschiedliche Weise belegen. Philosophische Literatur von hoher literarischer Qualität neben und nach Seneca sucht man allerdings vergebens. Trotz der Bemühungen Senecas, Ciceros und des Lukrez und der Zweisprachigkeit dieser Zeit, blieb das Griechische die Sprache der Philosophie, deren sich L. Annaeus Cornutus, der Lehrer des Persius, vermutlich im Unterricht und in seinem Abriß stoischer Mythendeutung genauso bediente wie C. Musonius Rufus (ca. 30–100), der Lehrer Epiktets in seinen Lehrvorträgen, von denen uns Niederschriften erhalten sind. Bemerkenswert ist dabei, daß stoische Reflexe in literarischen Werken Nuancierungen der Schultradition in flavischer Zeit gegenüber einer eher rigiden Haltung in der neronischen Epoche erkennen lassen (Pohlenz), wie Vergleiche z. B. mit den Idealvorstellungen vom stoischen Helden zeigen (z. B. Cato bei Lucan mit Scipio bei Silius Italicus).

Bei Silius Italicus preist Scipio die Selbstgenügsamkeit der *virtus* und gleichzeitig den Ruhm (Sil. 13, 663f.), was zwar strenger stoischer Dogmatik widerspricht, aber durch Panaitios' Position innerhalb des Stoizismus Rechtfertigung findet, wie wir Ciceros *De offi-*

ciis entnehmen können. Musonius' Ausführungen zeigen, daß eine asketische Lebensführung keineswegs mit der Erfüllung von Bürgerpflichten unvereinbar ist. Die Themen einiger seiner erhaltenen Abhandlungen wie ‚Erziehung von Töchtern' (4), ‚Einkünfte des Philosophen' (11), ‚Wesen der Ehe' (13a und b), ‚Gehorsam gegen die Eltern' (16) zeugen von seiner pragmatischen Einstellung und waren für die folgende Zeit wohl richtungsweisend. Bezeichnend ist das Lob, das Plinius d. J. dem Stoiker Euphrates zollt, weil er ihm, als er über große Belastung klagte (*Epist.* 1, 10), Trost gespendet und bekräftigt habe, es sei schönster Teil der Philosophie, „Gerechtigkeit an den Tag zu legen und auszuüben, und zu praktizieren, was die Philosophie lehre".

Auch wenn es unter Vespasian (zwischen 71 und 74) und unter Domitian (88/89 und 92/93 oder 95 n. Chr.) zu Ausweisungen auch von stoischen Philosophen kam, so war stoische Lehre die philosophische Lehre, nach der die gebildete Jugend geformt wurde und die für die Einbindung in die Bürokratie des Imperiums geeignet schien. Die Entfremdung zwischen Staat und Philosophie wurde mehr und mehr überwunden. Deshalb wohl konnte sich Philosophie unter und nach Nerva voll entfalten. Philosophen waren willkommen und philosophische Kenntnisse für die Karriere förderlich (Plin., *Epist.* 1, 10, 10). Bezeichnend ist, daß nun Philosophen nicht mehr von bestimmten Privilegien ausgeschlossen waren. Jetzt konnte man als Philosoph Befreiung von Pflichten beanspruchen (vgl. Plin., *Epist.* 10, 58 über Flavius Archippus). Der Aufstieg von Griechen in höhere Verwaltungsämter und den Senat mag zu der wachsenden Akzeptanz von Philosophie auch bei den Römern beigetragen haben.

4.3.1 Epiktet. Zu Musonius' Schülern zählte neben dem Rhetor Dion von Prusa vor allem Epiktet (ca. 55–135 n. Chr.), der erst in Rom, dann nach seiner Verbannung (88/89) in Nikopolis (Actium) lehrte.

Von seinen Lehrgesprächen und seiner Person können wir uns dank Nachschriften seines Schülers Arrian in 8 Büchern ein Bild machen, wobei freilich mit Stilisierungen der Person (als Sokrates) und Freiheiten in der Gestaltung zu rechnen ist (Th. Wirth, „Arrians Erinnerungen an Epiktet", *MusHelv* 24, 1967, 149–189. 197–216). Das sogenannte *Encheiridion,* ein ebenfalls in griechisch verfaßter Abriß seiner Lehre, richtet sich an ein Laienpublikum und fand große Verbreitung. Epiktets Lehre beeinflußte Mark Aurel und trug dazu bei, daß dieser zur Stoa übertrat.

Aus Arrians Aufzeichnungen werden wir mit seinen Lehren und seiner philosophischen Methode vertraut. Auch Epiktet sieht in der Philosophie vor allem praktische Ethik, die als Hilfe zur Selbsthilfe kein Einzelproblem ausschließt. Logik und Physik treten in den Hintergrund. Im Vertrauen auf eine göttliche Weltordnung soll die menschliche Vernunft die Vorstellungen von den Dingen beurteilen. Dabei muß man sich der eigenen Entscheidungsmöglichkeiten bewußt sein und erkennen, was in unserer Macht steht und was hingenommen werden muß. Hierzu ist beständige Übung notwendig. Die Meditationsmethode, für die Epiktet eine Art Kanon formuliert, ist aufschlußreich für ein Verständnis auch der Schriften Mark Aurels und Senecas. Leitlinie ist für Epiktet die Naturgemäßheit der Handlungen. Denn die Natur trifft für alles Vorsorge. Epiktet folgt damit der Welterklärung der Stoa, versieht aber deren materialistische Auffassung vom alles durchwaltenden, materiellen Logos mit einer religiösen Note, wenn er sich unter das Gesetz der Notwendigkeit des Weltlaufes beugt und an der Verwirklichung des Weltplanes mitarbeiten will. Das Leben gewinnt Sinn durch die Überzeugung, daß es eingegliedert ist in einen allumfassenden, zweckvoll geordneten Zusammenhang. Da allein die inneren Dinge und Urteile in unserer Gewalt sind, geht es darum, die äußeren Dinge als indifferent zu erweisen. Aus dieser stoischen Grundüberzeugung macht Epiktet eine praktische Methode (vgl. z. B. *Diss.* 3, 3, 14ff.), indem er Gedankenübungen entwickelt, welche die Relevanz von Dingen, die nicht in unserer Macht stehen, in ihrer Bedeutung reduzieren will. Dabei werden auch *exempla* verwendet, um das Verhalten nach Vorbildern auszurichten (*Diss.* 2, 18, 21ff.).

In Methode und Intention hat Epiktet großen Einfluß auf Mark Aurel ausgeübt. Zwar sind sie sich nicht begegnet, doch bedankt sich Mark Aurel bei Rusticus, weil er ihm eine Kopie seiner *Gespräche* habe zukommen lassen (*Med.* 1, 7). Epiktets Einfluß mag auch dem Umstand zuzuschreiben sein, daß Mark Aurel das wohl berühmteste Werk römischer Philosophie aus dem 2. Jahrhundert in griechischer Sprache verfaßte.

4.3.2 Marcus Aurelius (26. 4. 121–17. 3. 180) hatte als Günstling Hadrians und Nachfolger des Antoninus Pius seit 161 den Kaiserthron inne. Zwar war seine Herrschaft durch mehrere Kriege, durch Revolte (175 n. Chr.) und Pest (166/167 n. Chr.) geprägt, doch erschien die Regentschaft dieses „Philosophen auf dem Kaiserthron" bald als eine Art Goldenes Zeitalter, in dem Bürokratie und Geschäftsleben blühten und griechische Kultur, Literatur und besonders Philosophie an Ansehen und Breitenwirkung gewannen und sich staatlicher Förderung erfreuten. Unter Hadrian wurden Philosophen der vier bedeutenden Schulen in Athen aus Staatsmitteln bezahlt, dadurch Rhetorikprofessoren gleichgestellt und mit Privilegien versehen. Die alte Rivalität zwischen Rhetorik und Philosophie verlor ihren Ausschließlichkeitscharakter. Nicht selten wandte man sich von der Rhetorik ab und der Philosophie zu. Neben Augustinus ist Mark Aurel hierfür das berühmteste Beispiel. Wir haben den Brief an seinen Rhetoriklehrer Fronto (*Ad M. Caesarem et invicem* 4 S. 67–68 van den Hout), in dem Markus Aurelius auf rhetorisch brillante Weise seinem Lehrer seine Hinwendung zur Philosophie beichtet. Auch in den *Meditationes* (1, 7) geht er darauf ein und deutet an, daß Epiktets Aufzeichnungen dabei eine Rolle gespielt haben.

Seinen eigentlichen Ruhm verdankt Markus Aurelius vor allem seiner Bildung, insbesondere seinen philosophischen Neigungen, die in den *Meditationes* (überlieferter Titel: τὰ εἰς ἑαυτόν, übersetzt mit „Selbstbetrachtungen" oder „An sich selbst", oder „Wege zu sich selbst") beredten Ausdruck finden. Die *Selbstbetrachtungen* sind das interessanteste philosophische Werk eines Römers aus dem zweiten Jahrhundert nach Christus. Für Mark Aurel gilt in besonderer Weise, daß eine Interpretation seines Werkes die enge Verbindung von Form, Funktion und Inhalt zu beachten hat.

Die *Selbstbetrachtungen* stellen eine Sammlung unterschiedlicher Partien in aphoristischer Form dar. Wir finden mehrseitige Ausführungen und einzelne Sentenzen. Die Sammlung umfaßt zwölf Bücher, wobei nicht sicher ist, wie weit diese Einteilungen auf den Autor selbst zurückgehen. Die *Selbstbetrachtungen* sind als Ganzes und auch in Teilen nur schwer zu datieren. Man darf annehmen, daß die Notizen in das letzte Lebensjahrzehnt des Kaisers gehören. Das 1. Buch mit 17 Kapiteln unterscheidet sich von den folgenden, insofern sich Markus Aurelius bei Verwandten, Lehrern und Freunden für das bedankt, was er von ihnen gelernt habe: bei seiner Mutter Ehrfurcht vor den Göttern und Freigiebigkeit (1, 3), vom Erzieher Ausdauer bei Mühen, Bedürfnislosigkeit, vom Adoptivvater Milde, Beharrlichkeit (1, 16). Weiterhin erwähnt er das vorbildhafte Verhalten seines Adoptivvaters (1, 16) oder den Eindruck, den der Philosoph Rusticus auf ihn gemacht hat (1, 7). Mit dieser Aufzählung führt Markus sich selbst und dem Leser beispielhaftes Verhalten von Lehrenden vor Augen. Noch bis vor kurzem hat man jeden Kompositionswillen bestritten. Doch ist zu Recht auf die literarische Tradition der Parainesis, der Gnomik und der Belehrung Vater-Sohn (vgl. Xenophons *Kyrupädie*) hingewiesen worden (J. Dalfen, *Formgeschichtliche Untersuchungen zu den Selbstbetrachtungen Mark Aurels,* Diss. München 1967). In der Tat ist das Werk so komponiert, daß in den Büchern 2–12 das entfaltet wird, was Mark Aurel im 1. Buch anläßlich seiner Danksagung an Lehrer, Freunde und Förderer an Themen vorgibt. Markus folgt damit römischem Usus, sich exemplarische Gestalten zur Erinnerung und zur Nachahmung immer wieder vor Augen zu führen.

Mark Aurel hebt den kontemplativen Wert von Vorbildern und grundlegenden Überlegungen hervor, die man immer „griffbereit zur Hand haben" soll (6, 48). Das Wort ‚Griffbereitschaft' (πρόχειρον) beschreibt gut die Funktion, die dem 1. Buch, aber auch den folgenden 11 Büchern zugedacht ist. Der Autor hat nicht Eingebungen des Augenblicks schriftlich niedergelegt, sondern Überlegungen und Erinnerungen, die zur beständigen Reflexion und Meditation auffordern sollen. Hierzu gehören u. a. Beispiele vorbildlichen Verhaltens angesichts des Todes (vgl. 3, 3 oder 4, 48). Es fällt auf, daß derartige Beispielreihungen in der Konsolationsliteratur kaum zu finden sind, wohl aber bei Lukrez (3, 1025ff.). Bei beiden Autoren haben derartige Exempla die gleiche Aufgabe: Vergegenwärtigung und Verinnerlichung vorbildlichen Verhaltens. Wie bei Lukrez und Seneca ist auch bei Mark Aurel die philosophische Methode, von der er sich bei ihrer Gestaltung hat leiten lassen, der Schlüssel für eine angemessene Interpretation. Auch Mark Aurel will Philosophie nicht einfach vorführen. Vielmehr sind die *Selbstbetrachtungen* als Meditationshilfe bereits Teil der von ihm praktizierten Philosophie. Dann erkennt man, daß Aussagen des Textes nicht ohne weiteres als Audruck einer pessimistischen Grundhaltung (z. B. 9, 36) oder Weltverachtung des Autors (8, 24) mißverstanden werden dürfen.

In diesem Zusammenhang ist an Mark Aurels grundsätzliche Bermerkungen über seine Methode zu erinnern (z. B. 3, 11) (P. Hadot, *Philosophie als Lebensform. Geistige Übungen in der Antike,* Berlin 1991). Demnach geht es darum, ein Ereignis mit Blick auf das Ganze und die Ursachenkette zu betrachten, in die das Ereignis eingebettet ist. Weiterhin muß man durch Analyse den Dingen oder Ereignissen ihre eigentlichen Namen geben, die keineswegs den konventionellen Bezeichnungen entsprechen müssen. Genau dies ist bei der Beurteilung der Aussagen zu beachten, die den modernen Leser irritieren, weil sie allem Anschein nach für eine pessimistische Grundhaltung stehen, wie z. B. Mark Aurels Aussagen über sexuelles Verhalten (6, 13). Es geht um eine natürliche, gleichsam medizinische Bestimmung der zu besprechenden Ereignisse (10, 19). Durch Reduktion auf die Natürlichkeit von Vorgängen und das Durchspielen verschiedener Möglichkeiten (z. B. 7, 32) will Marcus irritierende Phänomene wie den Tod in den Griff bekommen, und ihnen den Schrecken nehmen. Es geht darum, falsche Vorstellungen von den Dingen zu entlarven (6, 13), und dies geschieht u. a. durch Zerlegung der in ihrer Gesamtheit vielleicht beeindruckenden Phänomene wie der Musik (vgl. 11, 2). Wiederholte Lektüre, aber auch das Aufzeichnen selbst dienen nach Marcus Aurels, aber auch nach Meinung Epiktets (*Diss.* 3, 5, 11) der Therapie der Seele. Durch wiederholten Rekurs auf die Allnatur sollen Probleme als scheinbar entlarvt und eine Vertrautheit mit allem erlangt werden, was im Leben geschieht (4, 44). Aus physikalischer Weltbetrachtung wird eine Meditation. Bei den Überlegungen geht es um den Kosmos, die Gemeinschaft und um den einzelnen Menschen (8, 27). Leitend ist der Wunsch nach Seelenruhe und Eudaimonie. Wie Senecas Schriften oder Lukrez' Gedicht wollen auch Marcus' Meditationen kein philosophisches System darstellen, sondern eine Verinnerlichung philosophischer Wahrheiten unter Anwendung rhetorischer Mittel fördern.

Bemerkenswert ist, daß Mark Aurel stoische Lehre zwar favorisiert, sich jedoch nirgends direkt zu dieser Schule bekennt. Auch kynischer Einfluß ist erkennbar, wenn er etwa Einfachheit in der Lebensführung propagiert. Obgleich Gegner des Atomismus, würdigt Mark Aurel Epikurs Haltung gegenüber Schmerz und Tod (7, 64) und teilt seine Zurückhaltung gegenüber der Providenz (2, 11). Neben Epiktet war Sokrates als ‚Lebenslehrer' für Mark Aurel von großer Bedeutung. Auch er will philosophische Lehren nicht als Selbstzweck reflektieren, sondern mit ihrer Hilfe das Leben besser bewältigen. Seine Politik will er nach den Maximen der Philosophie ausrichten (6, 30). Er läßt sich dabei von im Kern stoischen Vorstellungen leiten. Doch ist bei ihm in höherem Maße als etwa bei Seneca Einfluß des Platonismus nachweisbar, so daß man geradezu von einem platonisierenden Stoizismus gesprochen hat.

Mit Mark Aurel erreicht der Einfluß des stoischen Denkens in Rom nicht nur einen Höhepunkt. Mit ihm ist gleichzeitig auch das Ende der Vorherrschaft der Stoa erreicht. Die Zukunft gehörte der Lehre Platons, die zeitgleich mit dem Platonismus an Bedeutung gewann.

4.4 Aufkommen des (Mittel)-Platonismus

Mit dem 2. Jahrhundert gewinnt der Mittelplatonismus entscheidend an Einfluß, dem, wie neuere Forschung zeigt, vor allem Eudoros von Alexandria den Boden bereitet hatte (Tarrant).

Mit ‚Mittelplatonismus' wird die Phase des Platonismus bezeichnet, die bis ins 3. Jahrhundert n. Chr. zu Ammonios Sakkas, dem Lehrer Plotins, reichte und vor allem mit den Namen Plutarch von Chaironeia (ca. 45–125 n. Chr.), Gaios (erste Hälfte 2. Jh.), Albinos (2. Jh. n. Chr.), Apuleius (geb. ca. 125 n. Chr.) und Attikos (ca. 176 n. Chr.) verbunden ist. Dieser Platonismus stellte sich die Aufgabe, alle Bereiche der Wirklichkeit zu umfassen. Er ist systematisiert und umfaßt zahlreiche Einzelwissenschaften. Anthropologie wird zu einem Teil der Kosmologie, Philosophie zur ‚Weltanschauung' (M. Baltes, „Was ist antiker Platonismus?", *Studia Patristica* 24, 1993, 219–238). Hierin stimmt der Platonismus mit Peripatos und Stoa überein, von denen er sich in einem wichtigen Punkt jedoch unterscheidet. Stoa und Aristotelismus wollen ganz ohne oder mit einer nur reduzierten Form der Transzendenz auskommen.

Der Platonismus geht von der Existenz eines höchsten Seienden und Gottes aus (Attikos frg. 3, 16 des Places). Als weiteres Merkmal hat die Lehre von der Unsterblichkeit der Seele zu gelten (Attikos frg. 7, 8 des Places). Diese ist ihrerseits Grundlage anderer platonischer Dogmen wie der Lehre von der Wiedererinnerung, von der Sehnsucht der Seele nach der verlorenen Seinserkenntnis, von der Herkunft der Seele aus der Welt des Intelligiblen, von ihrer Umkehr und Rückkehr zum Sein und von der Ablösung der Seele vom Körper und dem Einüben des Todes. Dogmen wie ‚Freiheit der Seele auch bei Schicksalsnotwendigkeit und Vorsehung', ‚Ewigkeit der Welt', ‚Seelenwanderung', ‚Stufung der Wirklichkeit', ‚metaphysischer Ort der Ideen' sind Grundüberzeugungen des Platonismus und Voraussetzung für ein Verständnis römischer Darstellungen in der späten Kaiserzeit. Mit seinem Anspruch, die gesamte Wirklichkeit verstehen zu wollen, wird der Platonismus zur Universalwissenschaft, die an jedem Detail der Natur wie der Welt des Geistes interessiert ist. Zur Abwehr gegnerischer Positionen dienen Kernsätze und Katechismen, damit die Grundpositionen im Gedächtnis bleiben. Platons Lehren wurden verstanden als Orientierungshilfe auf der Suche nach der eigenen Identität. Dabei versteht sich der Platonismus anders als die Stoa nicht als eine ‚ars vitae', die das Leben in dieser Welt regeln will, sondern die eine Hinwendung zum sinnstiftenden Bereich des Geistigen fördern will (ὁμοίωσις τῷ θεῷ). Der wachsende Erfolg des Platonismus beruhte darauf, daß er einem immer stärkeren Bedürfnis nach Transzendenz, Erlösung und Religion entgegen kam, das sich u. a. auch im Interesse am Pythagoreismus (z. B. Moderatos von Gara) manifestiert.

4.4.1 Ap(p)uleius. In Apuleius, der aus Madauros in Numidien stammte und Rhetor war, fand der Mittelplatonismus im 2. Jahrhundert einen Autor, der philosophische Themen für ein gebildetes, römisches Publikum in allgemeinverständlicher Weise auf lateinisch darstellte.

Neben den *Metamorphosen,* der Umsetzung des berühmten griechischen Eselsromans, verfaßte er eine Abhandlung über platonische Götterlehre *(De deo Socratis, Das Daimonion des Sokrates).* Die Schrift *De Platone et eius dogmate* stellt einen systematischen, für unsere Kenntnis des Mittelplatonismus wichtigen Abriß platonischer Lehre, insbesondere von Physik und Ethik, dar. In der *Apologie* (oder *De magia*) verteidigt er sich gegen den Vorwurf der Magie. Zweifelhaft ist Apuleius' Autorschaft einer Abhandlung über Logik (Περὶ ἑρμηνείας). Seine philosophischen Schriften zeugen vom wachsenden Einfluß religiöser Strömungen im Platonismus. In seinem Roman, den *Metamorphosen,* kommen neben religiösen Komponenten (Isisreligion) auch philosophische Ansichten (z. B. irdische und himmlische Liebe) zum Ausdruck.

Obgleich als platonischer Philosoph – wie auch Albinos oder Attikos – in moderner Zeit nicht immer geschätzt, wurde Apuleius, der sich als *philosophus Platonicus* verstand (*Apol.* 10), in der Antike hoch geachtet. Für Augustinus ist er ein Platoniker, der in beiden Sprachen, in der griechischen und in der lateinischen herausragt (*Civ.* 8, 12). Apuleius' Zweisprachigkeit wird durch eine lateinische Bearbeitung der Schrift *De mundo,* die als Werk des Aristoteles oder des Theophrast galt, aber wohl nur um die 100 Jahre alt war, dokumentiert. Er übersetzte Platons *Phaidon,* wußte dabei eigene Akzente zu setzen und trug so zur weiteren Entwicklung einer lateinischen Fachprosa für Philosophie bei.

5 Späte Kaiserzeit

5.1 Vorherrschaft des Neuplatonismus

Die Krise des 3. Jahrhunderts mit Anarchie, Verwüstung, wirtschaftlichem Niedergang und Absinken des Bildungsstandards ist auch für die Geschichte der Philosophie in Rom epochenbildend. Die Stoa, die dem Einzelnen Orientierungshilfe für die sozialen und persönlichen Belange in der Gemeinschaft der Polis bot, spielt keine Rolle mehr. An ihre Stelle tritt der sogenannte Neuplatonismus, als dessen Urheber Plotin (205–270 n. Chr.) angesehen werden kann und dessen Grundstrukturen prägend auch für römische Autoren wie Augustinus, Macrobius oder Boethius sind.

Der Begriff Neuplatonismus ist freilich modern und irreführend. Wie die Philosophen aller wichtigen Philosophenschulen wollte Plotin nichts als Exeget seines Meisters sein (5. 1 [10] 8, 10–14). Doch setzt er bei der Interpretation platonischer Schriften wichtige Akzente. Wie der Mittelplatonismus war der Neuplatonismus gegenüber stoischer Ethik, aristotelischer Logik und Metaphysik und pythagoreischer Religiosität offen und kam dem Streben der Gebildeten entgegen, die Überlieferung der Vergangenheit zu bewahren und zu sammeln. Nach langer Zeit des Studiums mit Ammonios Sakkas in Alexandria hatte Plotin 244 n. Chr. in Rom eine Schule gegründet, zu der Schüler aus dem griechischen Osten, aber auch aus Kreisen der Senatsaristokratie gehörten. Kaiser Gallienus (253–268 n. Chr.) soll einen Plan Plotins, in Kampanien ein Gemeinwesen auf der Grundlage platonischer Prinzipien zu gründen, gefördert haben.

Plotins Interesse galt vor allem der Ontologie, die er als Theologie auffaßte und von der er die anderen Bereiche seines Denkens folgerichtig herleitet. Demnach ist alles Seiende durch das Eine beschlossen und erhält durch das Eine seine Vollkommenheit. Das Eine verströmt sich in einer Emmanation an die nachfolgenden, als Hypostasen verstandenen Seinsstufen des Geistes und der Seele und in einer weiteren Entfaltung bis zur Materie. Infolge ihrer Trennung vom Ursprung sind die jeweils niederen Hypostasen gegenüber den übergeordneten Hypostasen minderrangig, tragen aber eine Spur ihres Ursprunges in sich und streben nach Vereinigung mit der obersten Ursache. Der gesamte Kosmos ist durch die Bewegungen des Hervorgehens aus (πρόοδος) und der Umkehr (ἐπιστροφή) zum Einen strukturiert, wobei die letzte Stufe der Rückkehr zum Einen nicht mehr mittels Denken, sondern in einem ‚sich Einfachmachen' geschieht (6. 9 [9]), da das Eine über dem Geist angesiedelt ist. Auch die menschliche Seele ist von Auf- und Abstieg betroffen. Für ihre

Rückkehr muß die Seele von allem Äußeren absehen (5. 3 [49] 17, 38) und sich zu sich selbst hinzuwenden (1. 6 [1] 8, 3). Neuplatonische Ethik leitet deshalb nicht mehr wie in der Stoa oder im Epikureismus oder der Stoa zu einer Lebenskunst *(ars vitae)* im Diesseits an. Psychagogie (Seelenleitung) wird vielmehr zu einer Lehre von der inneren Läuterung des Menschen und dem Weg der Seele zurück zu dem göttlichen, transzendenten Ursprung (1. 6 [1] 8, 21f.). Die erstrebte Rückkehr kann gelingen, weil bei ihrem Abstieg ein Teil der Seele in der intelligiblen Welt blieb (4.7 [2] 10, 30ff.). Dies ist für das Verständnis lateinischer Abhandlungen der Spätantike mit philosophischem Hintergrund wichtig.

Insbesondere Plotins Schüler Porphyrios (ca. 234–301/304) ist für die römischen Philosophen von großer Bedeutung.

Er betonte die Transzendenz des absoluten Ursprungs und vermehrte die Zahl der Zwischenstufen (Hypostasen). Die sog. *Chaldäischen Orakel* verstand er als göttliche Offenbarung. Porphyrios führte nicht nur die Logik des Aristoteles als Propädeutik für das Studium der platonischen Dialoge ein, sondern beschäftigte sich auch mit Rhetorik und Musik, Dichtererklärung und Medizin. Er gab die Schriften Plotins heraus, verfaßte Sentenzen, die die Seele des Lesenden bei ihrem Bemühen um Aufstieg und Rückkehr unterstützen sollen *(Sententiae ad intelligibilia ducentes),* und kommentierte Homer ebenso wie platonische und aristotelische Schriften. Besonders einflußreich ist seine Einführungsschrift in das aristotelische Organon *Isagoge,* in der die fünf Begriffe Gattung, Art, Differenz, spezifisches Merkmal und Akzidens behandelt wurden (deshalb der Titel *Quinque voces*). Dieses Werk wurde von Boethius kommentiert und galt im Mittelalter als Einführung in die Logik.

Porphyrios ist als der „geistige Lehrmeister" des Westens bezeichnet worden (Courcelle). Er hat in Terminologie und Methode vor allem durch die Vermittlung des Marius Victorinus Einfluß auf christliche Theologie und insbesondere auf Augustinus gehabt. Er suchte die neuplatonische Philosophie mit Bildungstradition und den Traditionen der synkretistischen Religionen zu verbinden. Das kam Bestrebungen der Zeit entgegen, die heidnisch-griechische Kultur wiederzubeleben und beim Streben nach Erlösung nicht nur auf die Kraft eigenen Denkens zu setzen.

Plotin hatte noch auf die Aufforderung, zu einem Gottesdienst zu kommen, mit der Bemerkung reagiert, die Götter hätten zu ihm zu kommen, nicht er zu ihnen (*Vit. Plot.* 10, 34). Jedoch wandelte sich diese Haltung gegenüber den Göttern und sakralen Handlungen grundlegend. Zwar führt auch für den Platoniker Porphyrios die Rückkehr der Seele zum göttlichen Ursprung über Selbsterkenntnis. Doch trägt er dem schwindenden Vertrauen in die Fähigkeit, die erstrebte Rückkehr aus eigener Kraft bewirken zu können, Rechnung, und räumt wie spätere Platoniker bestimmten Praktiken volkstümlicher Religiosität eine Hilfsfunktion bei der Rettung der Seele ein *(De regressu animae).* Man bediente sich zunehmend der Hilfe religiös-kultischer Mittel und öffnete sich pseudo-philosophischen Heilsoffenbarungen wie den sog. Hermetischen Schriften oder den im 2. Jahrhundert n. Chr. entstandenen Chaldäischen Orakeln. Eine Ursache ist wohl darin zu sehen, daß die Kluft zwischen dem obersten Ursprung als Ziel der Rückkehr und der menschlichen Seele als immer größer empfunden wird. Jamblich (4. Jahrhundert n. Chr.), ein Schüler des Porphyrios, der freilich im Westen bei den Lateinern kaum gelesen wurde, und Proklos, bedeutender Platoniker in Athen (412–485 n. Chr.), dessen Schriften z. B.

Boethius beeinflußt haben, bestritten sogar den bleibenden Kontakt der Seele mit dem intelligiblen Bereich (Procl., *In Parm.* 948, 14 Cousin) und bezweifelten, daß eine Rückkehr aus eigener Kraft möglich ist. Auf diese Weise entstand ein Freiraum für religiöse Praktiken (Theurgie) in philosophischem Kontext. Proklos bemühte sich, durch die Verbindung von Philosophie und Kult den Kontakt zwischen Immanenz und Transzendenz nicht abreißen zu lassen. Die Trias Verharren, Hervorgehen und Zurückkehren strukturiert den Kosmos (*El. theol.* 31), woraus sich eine Kreisbewegung ergibt, an der auch die menschliche Seele beteiligt ist. Proklos' geistiger Kosmos ist durch eine Vielzahl von Zwischenstufen hierarchisch strukturiert. Manche sind mit den Namen traditioneller Götter versehen, an die die Seele Gebete und Lobpreisungen richtet, um ihren Aufstieg zu fördern. Ihr Wohlwollen, beinahe könnte man sagen, ihre Gnade, ist für den Erfolg des erstrebten Aufstiegs der Seele unabdingbar (vgl. auch Iambl., *Myst.* 4, 1 p. 181, 8 des Places). Das Streben nach Rückkehr zum transzendenten Bereich, die Betonung des religiösen Aspektes und die Integration althergebrachter, religiöser Praktiken kamen offenbar einem religiösen Erlösungsbedürfnis der Zeit entgegen, das sich auch im aufblühenden Christentum manifestiert. Bezeichnend ist, daß sich die Kulte ihrerseits (z. B. Mithraskult) oftmals ein philosophisches Mäntelchen umhängten und sich hierbei aus der „Gewürzkiste Platons" bedienten (Tert., *Anim.* 23, 5).

Platonische Philosophie kam also nach der Krise des 3. Jahrhunderts der wachsenden Erlösungssehnsucht entgegen. Sie hat christliche Autoren wie Marius Victorinus, Ambrosius, Augustinus und Boethius beeinflußt. Aber auch Vorkämpfern der heidnischen Opposition wie Quintus Aurelius Symmachus, Vettius Agorius Praetextatus und Virius Nicomachus Flavianus, bei denen sich religiöser Konservatismus mit dem Bemühen verband, die pagane Tradition zu erneuern, lieferte der Platonismus Grundlage und Terminologie für die Reflexion und Begründung ihrer Position (J. Flamant, *Macrobe et le néo-platonisme latin à la fin du IVe siècle,* Leiden 1977).

Die 3. Relatio des Symmachus (384/5), ein Bericht an die regierenden Kaiser (hier speziell Valentinian II.) im Zusammenhang mit dem Streit um den Victoriaaltar, läßt erkennen, wie Tradition *(mos)* und Philosophie ein Bündnis eingehen, insofern Philosophie hilft, Tradition zu erklären und zu begründen. Religiöses Brauchtum in seiner unterschiedlichen Form wird gerechtfertigt durch die (platonische) Erkenntnis, daß in jedem Brauch oder Kult ein Zugang zum göttlichen, d. h. geistigen, Bereich zutage tritt (Kap. 8 *suus enim cuique mos, suus ritus est).* Philosophie wird also auch hier als Dienerin der Tradition *(ancilla traditi ab antiquis moris)* gesehen, eine Aufgabe, die man ihr seit den Zeiten ihrer Einbürgerung in Rom zugeschrieben hatte. Bezeichnend ist auch, daß eine gewisse Distanz gegenüber philosophischer Diskussion bleibt *(sed haec otiosorum disputatio est)* (R. Klein, *Symmachus,* Darmstadt 1971).

Bemerkenswert ist, daß die Konvergenz von Tradition und Philosophie jetzt auf den Begriff gebracht wird. In den *Saturnalia,* einem Bildungsbuch für seinen Sohn, setzt der Schriftsteller M a c r o b i u s (wohl Anfang des 5. Jahrhunderts) den Häuptern der heidnischen Opposition im 5. Jahrhundert ein Denkmal.

In diesem wichtigen Zeugnis der Gelehrsamkeit wird eine Synthese von griechischer und römischer Kultur propagiert, die man zu einer Einheit ‚zusammenkochen' will (*Sat.* 1, 7–10): Vorschriften, Lehren oder Beispiele aus verschiedenen Zeiten sollen im Gespräch vorgeführt werden, ihre Vielzahl soll zu einer Einheit konvergieren *(multarum aetatium exempla, sed in unum conspirata).* Inschriften belegen (z. B. Nr. 63 Moretti über

Claudian), daß damit eine Grundstimmung der Zeit getroffen wird. Macrobius' Kommentar zum *Somnium Scipionis,* dem Schlußteil von Ciceros *De re publica,* zeigt, daß in die Bemühungen um eine Synthese *(conspiratio)* auch die Philosophie eingeschlossen ist. Jetzt geht es nicht mehr ausschließlich um eine angemessene Rezeption griechischer Gedanken. Vielmehr wird griechische, also platonische Philosophie zur Interpretation eines eigenen philosophischen ‚Klassikers', nämlich Ciceros, herangezogen. Macrobius will den Inhalt des *Somnium Scipionis* (Fortleben der Seele nach dem Tode und Lohn des Politikers) vom Standpunkt der neuplatonischen Metaphysik her erhellen (*Somn.* 2, 15, 1). Ausführungen des römischen Philosophen sollen durch Anhäufung *(coacervatio)* von platonischem Gedankengut erläutert und untermauert werden. Auf diese Weise wird Cicero, der *aemulus Platonis,* seinem Vorbild gleichberechtigt an die Seite gestellt. Wie den Platonikern vor ihm, geht es Macrobius nicht um Originalität und neue Thesen. Er will als getreuer Exeget die Übereinstimmung Ciceros mit Platon erweisen. Auftretende Schwierigkeiten kann er durch besondere Nuancierungen platonischer Lehre überwinden (C. Zintzen, „Römisches und Neuplatonisches bei Macrobius. Bemerkungen zur πολιτικὴ ἀρετή im Comm. in Somn. Scip. I 8", in: P. Steinmetz, Hrsg., *Politeia und Res publica. Gedenkschrift R. Stark,* Wiesbaden 1969, 357–376). Die Vorstellung vom Lohn praktisch-politischer Tätigkeit, den die praktische Tätigkeit des Staatsmannes im *habitaculum caeleste* zu erwarten hat, paßt gut zur römischen Grundhaltung, ist aber nur schwer mit Platons Lehre in Übereinstimmung zu bringen, in der die Theorie Vorrang hat. Dennoch erweckt Macrobius unter Berufung auf Porphyrios und Plotin den Eindruck, als sei die platonische Tradition in Ciceros Sinne zu verstehen. Mag die Deutung objektiv ‚unorthodox' sein, so ermöglicht sie doch die Behauptung, es liege eine Konvergenz römischer Vorstellung mit platonischer Philosophie vor. Auch aus platonischer Sicht kann demnach der Praktiker Romulus in den Himmel kommen (*Somn.* 2, 17, 5ff.). Solon und Lykurg, Numa, die Catones und Scipio stehen für eine lobenswerte Verbindung von Theorie und Praxis (*Somn.* 2, 17, 8). Die erstrebte *conspiratio* griechischer Philosophie und römischer Tradition wird durch *exempla* sinnfällig gemacht.

Dies erinnert an das Vorgehen griechischer Philosophen bei der Einbürgerung der Philosophie in Rom (Panaitios, Philodem). Damals wurden Nuancierungen akzeptiert, um die Nähe griechischer Philosophie zu römischen mores zu erweisen. Jetzt geht es um die Übereinstimmung und Gleichberechtigung eines römischen ‚Klassikers' in der Philosophie mit griechischer Philosophie. Der Prozeß der Annäherung, der im 2. und 1. Jahrhundert v. Chr. begann, kommt zu einem gewissen Abschluß. Philosophie wird in wachsendem Maße die Domäne lateinisch schreibender Autoren. Dies hängt mit dem starken Zurückgehen der Zweisprachigkeit in der Schicht der Gebildeten zusammen. Jetzt schreiben auch Griechen wie Claudius Claudianus und Ammianus Marcellinus (vor 333 n. Chr. – ca. 395) auf Latein. Ammian schöpft aus Porphyrios, aber auch aus Florilegien und Handbüchern, die wohl lateinisch abgefaßt waren. Ammians *Res gestae* belegen zudem, daß platonische Philosophie im Westen auch bei Nichtphilosophen verbreitet war (J. Szidat, „Der Neuplatonismus und die Gebildeten im Westen des Reiches. Gedanken zu seiner Verbreitung und Kenntnis außerhalb der Schultradition", *MusHelv* 39, 1982, 132–145). Die Lektüre philosophischer Literatur auf Griechisch war selbst bei den Gebildeten nicht mehr selbstverständlich. Es ist deshalb kein Zufall, daß die meisten lateinischen Werke mit philosophischem Inhalt dieser Zeit Übersetzungen sind.

Ein wichtiges Beispiel ist Calcidius' Übersetzung des platonischen *Timaios* (übersetzt sind die Seiten 17a–53c) und ein Kommentar (besprochen werden die Seiten 31c–53 des Dialogs), die bis zum 12. Jahrhundert der einzige Zugang zu Platon in lateinischer Sprache blieben. Der Autor zeichnet sich weniger durch inhaltliche Originalität als durch die an ein lateinisches Publikum ausgerichtete Art der Darstellung aus, bei der er sich um lateinische Terminologie bemüht.

Von zentraler Bedeutung ist Marius Victorinus (281/291–nach 363 n. Chr.), der den Lehrstuhl für Rhetorik in Rom unter Constantius (337–361 n. Chr.) innehatte, wohl auch Philosophie unterrichtete und zahlreiche Senatoren zu seinen Schülern zählte. Marius Victorinus stammte aus Afrika und war lange Zeit Heide. Er förderte die religiösen Traditionen Roms und wollte durch Arbeiten über Rhetorik, Grammatik oder Logik und Übersetzungen zu den kulturellen Erneuerungsbestrebungen seiner Zeit beitragen. In seinen Arbeiten erweist er sich als Philologe und Philosoph. Mit den von ihm verfaßten *Libri Platonicorum,* unter denen man sich wohl Übersetzungen plotinischer und porphyrischer Schriften vorstellen muß, hat er die geistige Entwicklung des Augustinus maßgeblich beeinflußt.

Neben grammatischen und rhetorischen Werken verfaßte er einen Kommentar zu Ciceros *Topica*. Eine Übersetzung der *Isagoge* des Porphyrios ist uns durch Boethius erhalten. Mit seinen Übersetzungen, aber auch mit seinen (nur lückenhaft überlieferten) philosophischen Abhandlungen verband er Rhetorik mit aristotelischer Logik. In einer Zeit schwerer Auseinandersetzungen der Kirche mit dem Arianismus (wohl vor 357 n. Chr.) konvertierte er zum Christentum und ließ sich taufen (Aug., *Conf.* 8, 5, 10). Danach entstand neben zahlreichen anderen theologischen Werken ein Pauluskommentar. Seine Beschäftigung besonders mit Plotin trug zur Schaffung einer lateinischen Fachsprache der Philosophie bei, was die Rezeption griechischer Philosophie trotz Rückganges der Zweisprachigkeit förderte. Philosophisch stark geprägt durch die Philosophie des Porphyrios, machte Marius Victorinus sie für theologische Diskussion fruchtbar. Er hat eigenständige Überlegungen zur Trinität entwickelt *(Adversus Arium libri quattuor),* wobei er neuplatonisches und christliches Gedankengut zu verbinden wußte. Indem er Porphyrios' Trias der Seele, Sein-Leben-Intellekt, der christlichen Trias Vater (Gott)-Sohn (Logos)-Heiliger Geist annäherte und den Sohn als *voluntas et potentia dei* apostrophierte (Adv. *Arium* 1, 31, 18ff.), bewahrte er in christlichem Kontext die in der Antike vorherrschende Vorstellung, daß Wille und Intellekt in Verbindung stehen. Nachdrücklich vertrat er die These von der Wesenseinheit (ὁμοούσιος) zwischen Gott-Vater und Sohn und lehnte eine ‚Ähnlichkeit in der Substanz' (ὁμοιούσιος) ab. Deshalb kann man von einem christlichen Platonismus sprechen. Augustinus hat er durch das Beispiel seiner Bekehrung beeindruckt (*Conf.* 8, 2, 3–5) und in der Diskussion über die Trinität beeinflußt (P. Hadot, „Das Bild der Dreifaltigkeit in der Seele bei Victorinus und dem heiligen Augustinus", in: G. Maurach, Hrsg., *Römische Philosophie,* Darmstadt 1976, 298–340).

5.2 Aurelius Augustinus

5.2.1 Leben und Entwicklung. Augustinus (13. 11. 354 in Thagaste – 28. 8. 430 Hippo Regius) ist nicht nur der bedeutendste lateinische Kirchenvater. Mit ihm wollen manche die römische Philosophie eigentlich erst recht beginnen lassen (Büchner). In der Tat rezipiert Augustinus wichtige Teile vor allem neuplatonischer Philosophie, nimmt jedoch bahnbrechende Veränderungen an zentralen Punkten vor. Er ersetzt etwa das kyklische Geschichtsbild durch eine lineare Geschichtsbetrachtung, womit er Ansätze, wie sie z. B. in Vergils Geschichtsbild deutlich werden, kritisch aufgreift. Augustinus radikalisiert die sich auch im Platonismus weitende Kluft zwischen menschlicher Seele und göttlichem Ursprung, indem er dem Menschen jeden eigenen Anteil beim Streben nach Seligkeit abspricht. Von großer Bedeutung ist auch seine Analyse des Willens und generell seine Psychologie (G. O'Daly, *Augustine's Philosophy of Mind,* London 1987). Für Augustinus ist die Frage nach der Rettung des Menschen nicht durch eine kosmologische Betrachtung, sondern nur mit Blick auf seine Seele und auf Gott zu beantworten. Ziel seines Nachdenkens ist, Gott und die Seele kennenzulernen (*Sol.* 1, 7). Er ist überzeugt, daß sein Herz erst Ruhe findet, wenn es in Gott ruht (*Conf.* 1, 1, 1).

Aus einem Überblick in der ersten erhaltenen Schrift, *Contra Academicos,* geht hervor (3, 17, 37ff.), daß ihn der Neuplatonismus nachhaltig beeinflußt hat. Ein Grund ist wohl die platonische Unterscheidung zwischen einer geistigen und einer sinnlichen Welt, die als Abbild der geistigen verstanden werden kann und den Materialismus etwa der Stoa zu überwinden hilft. Jedenfalls stellt die Bekanntschaft mit dem Platonismus einen entscheidenden Schritt auf Augustinus' Weg zur endgültigen Bekehrung zum katholischen Glauben dar. Schon früh hatte seine Mutter Monnica ihren Sohn mit dem christlichen Glauben vertraut machen wollen. Doch sah der junge Augustinus im Christentum zunächst nur ‚Altweibermärchen'. Wegen innerer Widersprüche und aus literarischen Gründen stieß ihn die Hl. Schrift ab. Seine Jugend verbrachte er in Thagaste, Madaura und Karthago. Dort besuchte er Bildungseinrichtungen und war dann als Lehrer der Rhetorik tätig. In dieser Zeit las er Ciceros *Hortensius,* der ihn wegen seiner formalen Gestaltung anzog und ihm die Bedeutung der Philosophie für das Leben aufzeigte. Die Suche nach einem persönlichen Gott führte Augustinus jedoch zunächst zu den Manichäern (*Conf.* 3, 11, 20;). Daß hier von Rettung, Erweckung und Christus die Rede war, ein rational begründetes Weltbild geboten (*Util. cred.* 14, 31) und Widersprüchlichkeiten der Hl. Schrift nicht akzeptiert wurden, mochte ihm diese Sekte attraktiv machen. Ihr Dualismus freilich, der einen Gott der Finsternis in beständiger Auseinandersetzung mit dem Gott des Lichtes sah, wurde Augustinus zum Problem. Denn eine solche Auseinandersetzung setzt Leidensfähigkeit und Wandelbarkeit des Lichtgottes voraus (*Conf.* 7, 2, 3). Zudem stieß ihn das hochtrabende Verhalten mancher Vertreter der Lehre ab (*Conf.* 5, 7, 13). Augustinus trennte sich von den Manichäern, siedelte nach Rom über (383) und wirkte dort als Rhetoriklehrer. Nach kurzzeitiger Hinwendung zum akademischen Skeptizismus (*Conf.* 5, 14, 25) und Übersiedlung nach Mailand, wo er die Stelle eines *Magister rhetorum* antrat, erhielt er dort durch seine Begegnung mit dem Bischof Ambrosius – dem „Polarstern", wie Augustinus ihn nennt (*De beata vita* 1, 4) – die entscheidenden Impulse für seine weitere geistige Entwicklung. Ambrosius war durch seinen Lehrer Simplicianus von Neuplatonismus geprägt und wußte diese Lehre mit der Hl. Schrift zu verbinden. Durch seine spirituelle Auslegung half er, die angeblichen Anstöße der Hl. Schrift zu klären. Der Neuplatonismus gewann zugleich durch Lektüre von *libri Platonicorum* einen Einfluß auf Augustinus (*Conf.* 7, 9, 13; 8, 2, 3), der die entscheidende Wende in seinem Leben bedeutete. Bei diesen Büchern handelte es sich vermutlich um lateinische Übersetzungen, die Marius Victorinus von Schriften Plotins wie *Über das Schöne* (1. 6 [1]) und *Über die drei ursprünglichen*

Hypostasen (5. 1 [10]) und von Porphyrios *De regressu animae* (*sol.* 1, 14, 24) angefertigt hatte. Augustinus schloß sich Ambrosius' Lehrer und späterem Nachfolger Simplicianus an, der ihn auf Zusammenhänge von Plotins Lehre vom Geist (νοῦς) und den Ausführungen im Prolog des Johannes-Evangeliums und die Bedeutung der Paulusbriefe hinwies. Im Platonismus fand Augustinus Übereinstimmungen zwischen eigenem, rationalem Anspruch und der Autorität göttlicher Offenbarung in der Hl. Schrift und damit Antworten auf seine Probleme. Platons These von der Existenz einer intelligiblen Welt *(mundus intelligibilis),* die nur reinem Denken zugänglich ist und zu der sich die menschliche Seele aufschwingen kann, wenn sie in sich selbst zurückkehrt (*Vera relig.* 39, 72), ist Antwort auf eine der vielen Fragen, die ihn offenbar seit der Hortensiuslektüre beschäftigten. Auch daß sie den Dualismus der manichäischen Lehre überwinden half, indem sie dem Bösen keine eigene Existenz zubilligte, wird den Platonismus attraktiv gemacht haben (*Conf.* 3, 7, 12). Es blieb jedoch die Frage nach dem richtigen Weg, der entsprechenden Lebensform. Augustinus fühlte in sich einen Zwiespalt zwischen geistiger Einsicht und einem Willen, der sich der Einsicht nicht fügen will. Diese innere Spannung fand schließlich in seiner endgültigen Bekehrung in einem Garten in Mailand ihre Lösung (*Conf.* 8, 5, 12). Die Aufforderung der Kinderstimme ‚Nimm und lies' *(tolle lege)* zur Lektüre von Paulus' Römerbrief (13, 13) führte ihn zur Erkenntnis, daß ein asketisches Leben in Demut realisierbar ist (wohl am 1. 8. 386). Damit ist die endgültige Konversion zum Christentum vollzogen. Nach einer Zeit philosophischer Muße in Cassiciacum wird Augustinus Ostern 387 von Ambrosius getauft.

Die Forschung hat das Gartenerlebnis immer wieder unter historischen, religionsphilosophischen und literarischen Aspekten untersucht. Unter Hinweis auf literarische Traditionen und Anlehnungen an andere Autoren (z. B. Athanasius von Alexandrien) wurde ein historischer Kern des Berichtes bestritten. Andere jedoch halten an seiner Historizität fest. Vielleicht ist der Gegensatz künstlich und von literarischer Ausgestaltung eines realen Ereignisses auszugehen. Vieldiskutiert ist Augustinus' Verhältnis zum Neuplatonismus und die Frage, ob er Christ schon vor oder erst nach der Begegnung mit den neuplatonischen Büchern war. Manche haben mit Blick auf die Schriften der Zeit in Cassiciacum, in denen von der Bekehrung wie *Conf.* 8 nicht die Rede ist, in Augustinus noch den Neuplatoniker gesehen und die Aussagen der *Confessiones* relativiert, andere sehen in Augustinus schon vor der Entdeckung des Neuplatonismus den Christen. Seit Courcelles Forschungen (*Recherches sur les Confessions de Saint Augustin,* Paris [2]1968) ist jedoch die Alternative ‚erst Christ, dann Platoniker' oder ‚erst Platoniker, dann Christ' kaum mehr vertretbar, sondern mit Blick auf die Verbindung von platonischer Philosophie und christlicher Lehre, die Augustinus im Mailänder Milieu (Ambrosius) vorfand, von einer Konvergenz auszugehen, wie sie auch in den *Confessiones* zum Ausdruck kommt.

5.2.2 Philosophisches Wissen und Glauben. Daß Philosophie auch nach der Bekehrung für Augustinus von großer Bedeutung war, zeigen die Schriften aus der Zeit bis zur Bischofsweihe (396) wie *Contra Academicos* über die Erkennbarkeit der Wahrheit, *De beata vita* über das Glück, das alleine aus der Erkenntnis Gottes kommt, *De ordine* über das Woher des Bösen, die *Soliloquia,* ‚Selbstgespräche' über die Unsterblichkeit der Seele, fortgeführt in der vor seiner Rückkehr nach Afrika (388) in Rom verfaßten Schrift *De immortalitate animae, De libero arbitrio* über den freien Willen. Philosophisches Interesse belegen aber auch Arbeiten aus späterer Zeit, wie schon Augustinus' Überblick über sein Gesamtwerk, die *Retractationes,* verdeutlichen. Hingewiesen sei nur auf die *Confessiones* (397–401) und das dogmatische Hauptwerk *De Trinitate* (399–420). Führt der Streit mit den Donatisten zwischen 394 und 412 zu Überlegungen über innerkirchliche Fragen, so ist die Spätphase seines Schaffens (412–430) von der Auseinandersetzung mit den Pelagianern geprägt, in deren Verlauf er besonders über die Frage von Gnade und Prädestination reflektiert. Die Bücher *De civitate Dei* sind das überragende Werk dieser Zeit. Bemerkenswert ist, daß die meisten Schriften (wohl nicht *De Trinitate*) ihre Existenz einem bestimmten Anlaß verdanken und für einen bestimmten Zweck verfaßt sind.

Augustinus sah im Christentum die Vollendung der Philosophie (*Epist.* 118). Platon gilt ihm wegen der Verbindung sokratischer Ethik und pythagoreischer Physik mit Logik als Vollender der Philosophie, die mit dem Christentum konvergiert, sich aber durch den Polytheismus von ihm unterscheidet (*Civ.* 8, 4ff.). Der Platonismus hat die Mittlerrolle Christi nicht erkannt. Philosophie und Theologie stehen jedoch nicht in unversöhnlichem Gegensatz, sondern stellen unterschiedliche Wege dar. Augustinus kann sogar von einer christlichen Philosophie sprechen. Augustinus geht vom Glauben als einem der göttlichen Autorität angemessenen Verhalten aus, das Erkenntnis eigentlich erst ermöglicht (*Serm.* 43, 7, 9 *crede ... ut intelligas*). Wer sich aus eigener Kraft zu einer intellektuellen Einsicht nicht aufzuschwingen vermag, kann gleichwohl gerettet werden. Für solche Menschen ist die *auctoritas* von Lehrerpersönlichkeiten, also die Fähigkeit, durch persönliche Kompetenz und Überzeugungskraft Eindruck zu machen, eine wichtige ‚argumentative' Stütze auf dem Weg zur Wahrheit (*Ord.* 2, 9, 26). Die *auctoritas* bedeutender Lehrer hilft der menschlichen Schwäche auf, behindert die eigene Vernunft nicht, sondern setzt ihren rechten Gebrauch erst frei. Daß es dabei zwischen *ratio* und *auctoritas* zu Spannungen kommen kann, leugnet Augustinus nicht. Er läßt sie allerdings nur für den menschlichen Bereich gelten, nicht aber für göttliche Autorität, die sich in der Hl. Schrift manifestiert. Augustinus greift hier offenbar auf traditionelles Verhalten im Kontext römischer Philosophie zurück, wie Ciceros Einstellung gegenüber der *auctoritas* der Tradition oder bestimmter Personen in der philosophischen Diskussion zeigt. Augustinus freilich transponiert den traditionellen auctoritas-Begriff auf die Hl. Schrift und Gott. Die Kirche tritt an die Stelle einer mit *auctoritas* versehenen Einzelperson (*C. epist. fnd.* 5 *ego vero evangelio non crederem, nisi me catholicae* [sc. ecclesiae] *commoveret auctoritas*). Zudem reflektiert Augustinus über den für römisches Denken wichtigen Begriff und die Bereitschaft, die *auctoritas* als ‚Argumentersatz' und Ergänzung zu rationaler Argumentation zu akzeptieren.

5.2.3 Grundzüge der Lehre. Nach Augustinus soll sich Philosophie um Gott und die Seele kümmern (*Sol.* 1, 7), denn Gotteserkenntnis führt zum Ursprung des Menschen, Kenntnis der Seele zu Selbsterkenntnis. Deshalb ist der Mensch aufgefordert, in sich selbst zurückzukehren (*Vera relig.* 39, 72 *noli foras ire, in te ipsum redi*). Der Eintritt in die „weiten Hallen des Gedächtnisses" (*Conf.* 10, 8, 16) innerhalb der Seele ist schon aus erkenntnistheoretischen Gründen notwendig. Schließlich kann das Dreieck, das die Erkenntnis realer Dreiecke ermöglicht, nicht durch Sinneswahrnehmung gewonnen werden. Doch woher kommt die durch Introspektion gewonnene Erkenntnis? Durch Wiedererinnerung kann sie nicht gewonnen sein, wie Platon lehrt. Denn Voraussetzung hierfür ist die Präexistenz der Seele, was wegen der Schöpfung der Welt aus Nichts unmöglich ist (*Conf.* 12, 7, 7). Augustinus bietet zur Erklärung für die Fähigkeit des Menschen, nach allgemeinen, nicht sinnlich gewonnenen Regeln zu urteilen, die Lehre von der ‚Einstrahlung' *(illuminatio)* an (*Sol.* 1, 6, 12). Eigentlicher Lehrer ist die Wahrheit selbst, Christus, das Wort Gottes (*Mag.* 11, 38).

Augustinus' Forderung nach Selbsterkenntnis klingt neuplatonisch. Für Plotin z. B. folgt aus Selbstkenntnis die Kenntnis Gottes (vgl. z. B. 6. 9 [9] 7. 33f.), die durch beständigen Kontakt der Seelen mit dem obersten Ursprung gewährleistet wird. Gerade diese Kontaktmöglichkeit der menschlichen Vernunft mit dem transzendenten Gott bestreitet aber Augustinus (*Conf.* 7, 10, 16). Eine vollständige Kenntnis Gottes kann es nicht geben. Infolge der Kluft zwischen Seele und Gott läßt eine Betrachtung der Seele keine Rückschlüsse über das Wesen Gottes zu. Anders als das antike ‚Erkenne dich selbst', das zur Hinwendung zur intelligiblen Welt auffordert (Platon) und zur Erkenntnis der Stellung des Menschen im Kosmos führt, setzt Augustinus die Selbsterkenntnis in Bezug zur Dreifaltigkeit Gottes. Der Wahrnehmungsakt menschlichen Selbstbewußtseins zeigt einen ‚trinitarischen Charakter', indem man das denkende ‚Ich' zugleich als Denkendes, Gedachtes und auf sich selbst Bezogenes erkennt, ohne daß es von sich verschieden wäre. Auch Gottes Dreifaltigkeit ist durch Relationalität, nicht Unterordnung ausgezeichnet. Denn der Begriff ‚Vater' erfordert die Entsprechung ‚Sohn' wie Sohn den Begriff des Vaters, der Geist ist Geist des Vaters und des Sohnes.

Augustinus entwickelt seine Gedanken über die Trinität Gottes mit Blick auf und analog zu seinen Erkenntnissen über die Seele, ohne freilich ontologische Schlußfolgerungen zu ziehen. Diese Analogie und eine relationale Betrachtungsweise der Dreifaltigkeit erlauben ihm jedoch, die hierarchische Unterordnung zu überwinden, die bei neuplatonischen Denkern (Plotin) in diesem Zusammenhang zu finden ist. Augustinus' Psychologie und Interesse daran, was sich beim Erkenntnisakt in der Seele ereignet, ermöglichte ihm, den Skeptizismus zu überwinden. Zwar gibt es Sinnestäuschung, doch bleibt bei aller dadurch gegebenen Unsicherheit das Bewußtsein, daß man wahrnimmt und daß man zweifeln kann (*Civ.* 11, 26). Mit dem Hinweis auf die Evidenz von Bewußtseinsinhalten (*Sol.* 2, 1, 1 *esse te scis, vivere te scis, intelligere te scis*) überwindet Augustinus die These, nichts könne mit Sicherheit gewußt werden. Damit weist er auf neuzeitliche Fragestellungen und Thesen voraus – man denkt an Descartes' *cogito ergo sum* –, wobei es Augustinus letztlich nicht um eine bloße Überprüfung der Erkenntnismöglichkeiten, sondern darum geht, wie Gott als Quelle allen Glückes erreicht werden kann. Diese Wende zur Innerlichkeit und seine Fähigkeit, Seelenzustände zu beobachten und zu analysieren (besonders in *De Trinitate*), führen zu neuen Betrachtungsweisen, etwa des Problems der Zeit (*Conf.* 11).

Gegen Frühere (z. B. Platon, *Timaios;* Aristoteles, *Physik*) weist Augustinus darauf hin, daß Zeit nicht außen, etwa an Gestirnsbewegung, sondern im Geiste gemessen wird (*Conf.* 11, 26, 33). Dabei spielt das Gedächtnis eine zentrale Rolle. Denn gemessen wird nach Augustinus nicht, was in gleichsam punktueller Gegenwart (*Conf.* 11, 15, 20) einen Eindruck hervorruft und schon wieder vergangen ist, sondern der Eindruck, den das Vorübergehende im Geist hinterläßt. Der Geist allein ist nämlich zur Vergegenwärtigung *(repraesentatio)* befähigt. Hierbei sind die Faktoren der Erinnerung *(memoria)* als Gegenwart des Vergangenen, der Anschauung *(contuitus)* als Gegenwart des Gegenwärtigen und der Erwartung *(expectatio)* als Gegenwart des Zukünftigen von Bedeutung. Nur in der Geistseele gibt es die Dauer, die ein Messen erst möglich macht (*Conf.* 11, 27, 35f.). Der Blick ins Innere der menschlichen Psyche veranlaßt Augustinus schließlich auch, den Intellektualismus zu überwinden. Augustinus erkennt im Willen die Ursache für die Qualität der Handlung. Im Willen liegt die Selbstverantwortung des Menschen. Augustinus darf als Entdecker des modernen Willensbegriffes bezeichnet werden. Denn er trennt entgegen antiker Tradition das Wollen vom Erkennen. Schon bei Seneca deutet sich ein nicht intellektuelles Verständnis von ‚Wille' an.

Seine philosophischen Beobachtungen – weshalb folgt der Mensch nicht der Seele, sondern äußerem Treiben – führten Augustinus schließlich zu einer grundsätzlichen Abkehr von antikem Wissensoptimismus (vgl. Senecas *fac te ipsum felicem*). Im Konflikt mit dem Iren Pelagius, der das Dogma der Erbsünde leugnete, auf die Fähigkeit des Menschen vertraute und in Christus' sündenlosem Leben die Überwindung des Todes und ein Beispiel für alle sehen wollte, daß durch sündenloses Leben Seligkeit zu erlangen sei, entwickelte und verfeinerte Augustinus seine Gnadenlehre. Demnach ist der Mensch mit einem freien Willen versehen, gut oder schlecht zu wählen (Adam). Infolge des Sündenfalls wählt der Mensch das Schlechte, obgleich er das Gute kennt. Von Paulus beeinflußt, geht Augustinus von der Existenz eines bösen Willens aus. Dieser ermöglicht, Demut durch Hochmut zu ersetzen und sich nur am Diesseitigen zu orientieren und es sich verfügbar zu machen *(uti),* statt sich dem Genuß *(frui)* der unveränderlichen Dinge und Gottes um ihrer selbst willen in Liebe zuzuwenden (*doctr. christ.* 1, 3). Richtige Erkenntnis alleine jedoch verhilft noch nicht zu richtigem Handeln. Die inneren Kämpfe, von denen Augustinus in den *Confessiones* berichtet, zeigen das (*Conf.* 8, 9, 21). Der Mensch macht sich selbst zum Sünder, kann sich aber nicht selbst heilen. Deshalb bedarf es des Heilands, denn nur die Gnade Gottes kann diesen Zustand beenden. Die notwendige Gnade erweist Gott freilich auf unerklärliche und unerwartete Weise und zudem nicht bei allen, was zum schwierigen Problem von Prädestination und Allwissenheit Gottes führt. Demut als Erkenntnis menschlicher Bedeutungslosigkeit wird deshalb zur Kardinaltugend.

Die Gnadenlehre steht im Hintergrund auch des großen Werkes *Über den Gottesstaat (De civilate Dei),* das durch die Eroberung Roms durch Alarich (14. August 410) und die Vorwürfe angeregt wurde, der christliche Gott sei für den Untergang Roms verantwortlich. Christen stellten sich zudem die Frage, warum Gott die Stadt des Petrus und Paulus nicht geschützt habe, indem sie das Heilsversprechen auf die Diesseitigkeit bezogen. Augustinus weist auf das christliche Vertrauen in Gottes Fügung hin (Bücher 1–10) und entwickelt dann (Bücher 11–22) die Lehre von den zwei Staaten, der *civitas Dei* und der *civitas terrena.* Der irdische Staat gründet sich auf Selbstliebe, ist von Hochmut *(superbia)* und Vernachlässigung Gottes gekennzeichnet, der himmlische Staat beruht auf Liebe Gottes. Er zeichnet sich durch Demut *(humilitas)* aus und reicht von Abel über Christus und die Kirche bis zum Gottesstaat (*Civ.* 14, 28). Die Differenz dieser beiden unsichtbaren Staaten ist Folge des guten und des bösen Willens. Weltgeschichte zeichnet sich durch das Ringen dieser beiden Staaten aus, typologisch vorgegeben durch das Brüderpaar Kain und

Abel. Beide Konzepte sind miteinander verbunden bis zum Zeitpunkt des letzten Gerichts, an dem sie getrennt werden (*Civ.* 1, 35). Hier kommt der lineare Aspekt in Augustinus' Geschichtsbild zum Ausdruck – Einmaligkeit der Schöpfung und der Erlösung durch Christus – durch den sich seine Geschichtsauffassung grundsätzlich von den zyklischen Vorstellungen der paganen Antike unterscheidet (*Civ.* 12, 14).

Auch hier nimmt Augustinus also entscheidende und grundlegende Änderungen vor, mit denen er das christliche Denken nicht nur des Mittelalters weitgehend geprägt hat.

5.3 Boethius

5.3.1 Leben und Werk. Mit Boethius (480–524 n. Chr.) treffen wir in einer Zeit des Friedens und eines Aufblühens kirchlichen und kulturellen Lebens unter Theoderichs Herrschaft (493–526) den zweiten bedeutenden Philosophen lateinischer Sprache, der sich der antiken Tradition und ihrer Vermittlung im lateinischen christlichen Bereich verpflichtet fühlte. Wie ehemals Cicero hielt es auch Boethius für Pflicht und Verdienst, seine Mitbürger in griechischer Wissenschaft und Philosophie zu instruieren. Denn nach seiner Ansicht fehlte dem lateinischen Westen immer noch die Möglichkeit eines intensiven Studiums der Philosophie. Wenn schon nicht mehr weltliches, so sollte Rom doch zumindest geistiges Haupt der Welt sein. Durch Übersetzungen und Kommentare wollte Boethius Platon und Aristoteles für den lateinischen Westen bewahren, in der Überzeugung, das Übernommene sogar noch wertvoller machen zu können (*In categ.* 2, init.; PL 64, 201B) – auch hierin in Intention und Anspruch Cicero ähnlich (vgl. *Att.* 13, 13, 1). Zudem wollte Boethius – Porphyrios folgend – zeigen, daß die beiden Meister der Philosophie nicht zueinander in Widerspruch stehen (*In herm. comm. sec.* 2, 3 p. 79f.). Theoderich rühmte an Boethius, daß er „die römische Toga in griechische Kleiderschränke getragen" und dafür gesorgt habe, daß „griechische Theorie römische Lehre wurde" (Cassiod., *Variae* 1, 45; CCSL 96). Über die reine Vermittlung griechischer Lehre hinaus setzte Boethius mit der *Consolatio philosophiae* die Tradition fort, mit Hilfe literarischer Formgebung Philosophie praktisch werden zu lassen.

Herkunft und Ausbildung prädestinierten Boethius für diese Aufgabe. Boethius stammte aus dem vornehmen, stadtrömischen Geschlecht der Anicii, das seit dem 4. Jahrhundert christlich war. Er verlor früh den Vater, fand aber Aufnahme im Kreis des Q. Aurelius Memmius Symmachus, der sein Pflege- und später sein Schwiegervater wurde. Durch diesen politisch einflußreichen und sehr gebildeten Mann fand Boethius Zugang zur literarischen und philosophischen Bildung. Ob er sie durch Studien in Athen oder in Alexandria vervollkommnete, ist umstritten. Schon in jungen Jahren hatte er sich den Ruf großer Bildung erworben, machte aber auch politisch Karriere. Im Jahre 510 wurde Boethius zum alleinigen Konsul ernannt *(Consul ordinarius sine collega)*, fand aber dennoch Zeit, über Aristoteles' Logik zu arbeiten. Im Jahre 522 wurden seine beiden Söhne Symmachus und Boethius Konsuln, Boethius selbst mit dem wichtigsten Ministeramt des Westens *(magister officiorum)* betraut und bald in die Auseinandersetzungen zwischen dem Hof in Ravenna und dem probyzantinischen Teil des römischen Senats hineingezogen, die nach dem Tode des designierten Thronfolgers Eutharich und des Papstes Hormisdas (523) ausbrachen. Offenbar schlug sich Boethius auf die Seite der probyzantinischen Partei (*Cons.* 1, *pr.* 4, 21f.), verlor sein Amt und wurde wegen Hochverrats und Majestätsbeleidigung eingekerkert und nach längerer Haft hingerichtet. In der Einsamkeit seiner Haft suchte Boethius Trost bei der Philosophie und verfaßte die *Consolatio philosophiae,* sein berühmtestes Werk.

Boethius' Interesse an der paganen Vergangenheit und der Umstand, daß er in der Stunde seines Todes nicht bei Christus, sondern der platonischen Philosophie Trost suchte, hat zur Vermutung geführt, daß er kein Christ gewesen sei. Seit der Veröffentlichung des sogenannten *Anecdoton Holderi* (hg. v. H. Usener, 1877) ist diese Vermutung kaum mehr haltbar. Denn in diesem Fragment einer Schrift Cassiodors werden unter seinem Namen überlieferte theologische Traktate, die man für unecht erklären wollte, ihm ausdrücklich zugesprochen.

Daß der Christ Boethius sich auch der nicht-christlichen Tradition widmete, lag am anerkannt pädagogischen Wert klassischer Literatur als Mittel für rhetorische Ausbildung und literarischen Stil. Griechische Philosophie wurde als Ergänzung, nicht als Konkurrenz zur christlichen Theologie gesehen.

Boethius' didaktische Intention und das Bestreben, sein Leben nach philosophischen Lehren vor allem Platons auszurichten (*Cons.* 1, *pr.* 4, 5ff.), bestimmt sein literarisches Oeuvre. Wie die Christen auf die Bibel, die griechischen Philosophen auf die Begründer ihrer jeweiligen Tradition und die römischen Denker auf die Tradition der *mores,* so baut auch Boethius auf die unbesiegbare Autorität der alten Meister *(Syll. categ.* 2 *praef.).* Für die Datierung der Schriften können als Fixpunkte das Konsulatsjahr 510 (Kategorien-Kommentar) und die Zeit im Gefängnis 523/4 *(Consolatio)* gelten. Nach einem festen Plan wollte Boethius zunächst Lehrmaterial für ein Propädeuticum der Philosophie im Sinne Platons *(Politeia),* den vierfachen Bildungsweg: Arithmetik, Musik, Geometrie, Astronomie – der Ausdruck *Quadruvium* (später *Quadrivium*) stammt von Boethius (*Arithm.* 1, 1 p. 7, 25) – zur Verfügung stellen.

Erhalten sind nur die *Institutio arithmetica,* die sich an der ‚Einführung in die Mathematik' (Ἀριθμημτικὴ εἰσαγωγή) des Nikomachos von Gerasa (um 100 n. Chr.) orientiert, und die *Institutio musica,* von der die Bücher 1–4 der (verlorenen) ‚Einführung in die Musik' (Εἰσαγωγὴ μουσική) des Nikomachos, das 5. Buch Ptolemaios folgen. Die ‚Einführung in die Musik' ist eine Werbeschrift. Harmonik und Akustik und die ihnen zugrundeliegenden Zahlenverhältnisse werden als Vorbereitung für philosophisches Denken geschätzt. Verloren sind eine ‚Einführung in die Geometrie' und eine astronomische Lehrschrift (Cassiod., *Variae.* 1, 45, 4).

Die Bedeutung des Boethius liegt in seinen Übersetzungen und Kommentaren philosophischer Schriften des Aristoteles und Platons (*In herm. comm. sec.* 2, 3 p. 79f.). Zwar kennt er Vorarbeiten von guter Qualität, doch habe es bisher an einer rechten Ordnung gefehlt. Boethius will deshalb das ganze Werk des Aristoteles und auch die Dialoge Platons ins Lateinische übertragen und alles durch Erläuterungen verständlich machen.

Erhalten sind Übersetzungen der *Kategorienschrift* (Aussageformen über Seiendes), der *Hermeneutik* (über Satz, Urteil) und der *1. Analytik* (über den Schluß) – im Mittelalter als *ars vetus* oder *logica vetus* bekannt –, weiterhin eine Übersetzung der *Topik* (dialektisch-rhetorische Schlüsse) und der *Sophistischen Widerlegungen.* Wichtig ist die Übertragung der *Isagoge* des Porphyrios, die von Boethius als grundlegend angesehen wurde (Porph., *Isag. ed. prima* 1, 24f.). Erhalten sind zwei Kommentare zur *Isagoge* des Porphyrios (1. als Dialog unter Benutzung der Übersetzung der ‚Isagoge' durch Marius Victorinus; 2. nicht als Dialog, mit eigener Übersetzung), ein Kommentar zu Aristoteles' *Kategorienschrift* und (zwei) zu *De interpretatione.* Unvollständig erhalten ist ein Kommentar zu Ciceros *Topica.* Schließlich sind fünf Abhandlungen über Probleme der Logik überliefert, von denen die meisten die gleiche Thematik haben wie Aristoteles' *Organon.*

Am interessantesten ist wohl der Traktat über hypothetische Syllogismen *(De hypotheticis syllogismis),* auf den Boethius mit Recht stolz ist. Aristoteles hatte sich mit dieser Thematik noch nicht befaßt. Erst bei Theophrast, Eudemus und dann in der Stoa fand sie Interesse. Boethius' Schrift ist eine wichtige Quelle für unsere Kenntnis dieses Teils der Logik. Zwar hat Boethius mit logischen Abhandlungen auch im lateinischen Bereich Vorgänger. Zu erinnern ist an Varro (vgl. Cic., *Ac.* 1, 3, 9). Unter dem Namen des Apuleius zirkulierte ein Traktat *De interpretatione.* Marius Victorinus schließlich hat über hypothetische Syllogismen gehandelt. Auf Boethius' Übersetzungen und Erläuterungen jedoch beruhte die Wertschätzung des Aristoteles im Mittelalter. Erst als man Aristoteles selbst wieder im Original lesen konnte, griff man auf die Originale zurück. Zudem prägten Boethius' Übersetzungen die logische Terminologie des Mittelalters.

Boethius' Interesse an der Logik schlägt sich auch in seinen anderen Werken nieder. Fünf überlieferte theologische Traktate (die Echtheit des 3. Traktates *De fide catholica* ist umstritten) zeigen, daß Boethius sich auch in theologischen Fragen auf die Logik stützt. Gemäß dem Grundsatz, daß Glaube und Vernunft möglichst zu verbinden sind (2, 71 *fidem, si poteris, rationemque coniunge*), sollen theologische Probleme mit Hilfe menschlicher Vernunft gelöst werden. In der Tat fällt auf, daß Boethius fast nie mit der Autorität von Bibelzitaten argumentiert. Bei den die Trinität betreffenden Fragen etwa will Boethius sehen, wie weit man mit menschlicher Vernunft kommen kann (1. Traktat, *praef.: Trinitas unus Deus ac non tres Dii*) und nimmt neuplatonische Logik mit ihrer Analyse der Beziehung von Identität und Differenz zu Hilfe. Diese Frage wird im 2. Traktat weiter verfolgt *(Utrum pater et filius et spiritus sanctus de divinitate substantialiter praedicentur).* Besonders interessant ist der früheste Traktat (5, *Contra Euthychen et Nestorium*), mit dem Boethius in den Streit über das Verhältnis der einen Person Christi zu seinen zwei Naturen eingreift. In diesem Zusammenhang erarbeitet er eine Definition von ‚Person', wobei auffällt, daß ihm – wie auch schon Augustinus – *persona* in der Bedeutung ‚Maske', nicht aber in der Bedeutung ‚Rolle' geläufig ist (Fuhrmann). Indem Boethius den Begriff ‚Person' inhaltlich (*c. Eut.* 3) als ‚unteilbare Substanz einer vernunftbegabten Natur' *(naturae rationabilis individua substantia)* definiert, setzt er sich vom Platonismus ab, für den Individualität ein Problem ist. Indem er unter ‚Person' also eine Substanz versteht, für welche die „Tatsache des ‚Eigenen', nicht die Qualität des Eigenen" große Bedeutung hat (Groethuysen 67), macht er gleichsam rational faßbar, was offenbar immer schon Teil römischer Erfahrung gewesen ist. In der 3. Schrift *(Quomodo substantiae in eo quod sint bonae sint cum non sint substantialia bona),* die auch *Liber de hebdomadibus* genannt wird, geht es nicht um ein christliches Dogma, sondern um platonische Metaphysik. Behandelt wird die These vom Guten, das alles Sein transzendiert und von dem alles Sein kommt. Diskutiert wird u. a. die Frage, ob das Seiende auf dieselbe Weise gut ist wie das transzendente Gute. Boethius folgt bei seinen Ausführungen mathematischer Methode, indem er erst neun als evident angesehene Grundsätze formuliert, z. B. das Kontradiktionsprinzip (1), die Unterscheidung des Seins als Prinzip *(esse)* vom Sein der Einzeldinge *(id quod est),* die von diesem Prinzip stammen (2.–5.), oder vom absoluten Sein (6.–9.), und dann die Konsequenzen bedenkt.

Trost bei der Philosophie sucht Boethius vor allem in der Zeit seiner Kerkerhaft. Resultat war sein berühmtestes Werk, die *Consolatio philosophiae.* Auch diese Schrift zeichnet sich bei aller Kunst literarischer Darstellung durch eine logische Stringenz der Argumentation aus, die in der lateinischen Literatur ihresgleichen sucht. Was zunächst als Apologie und Beteuerung von Unschuld und Bekenntnis bitterer Enttäuschung über Treulosigkeit im Unglück beginnt, weitet sich schnell zu einer generellen Analyse der *conditio humana.* Die personifizierte Philosophie verhindert, daß Boethius in Selbstmitleid versinkt, indem sie den Blick von trugvoller Fortuna (2 *pr.* 8) auf die heilbringende Providenz und die entscheidende Frage der Theodizee lenkt. Der Inhalt dieses Werkes ist nicht spezifisch christlich. Kein Wort fällt über Auferstehung, Nachlaß der Sünden oder ewiges Leben. Diskussion und die Lösung der Frage sind vielmehr vor dem Hintergrund platonischer Lehre zu sehen (1 *pr.* 4, 30), wobei keine Thesen vorgetragen werden, die mit christlicher Lehre unvereinbar sind. Andererseits können nur wenige Stellen als Echo biblischer Texte verstanden werden (vielleicht 3 *pr.* 12, 22f. mit *Vulg. sap.* 8, 1 oder die Gleichsetzung des *summum bonum* in Hymnus 3 *metr.* 9 mit dem Schöpfergott). Je nach Bewertung derartiger Anspielungen wird man deshalb von bewußtem Aussparen oder einer Konvergenz von paganen und christlichen Vorstellungen sprechen.

Der Titel reiht die Schrift in die Gattung der Konsolationsliteratur ein. In der Tat geht es Boethius um Selbsttrost, wie wir ihn auch bei Cicero, Ovid oder Seneca finden. Doch hat Boethius auch einen möglichen Leser vor Augen, den er trösten und für eine spezifische philosophische Weltsicht werben will. Wie bei Lukrez, Seneca oder Mark Aurel geht es also auch hier um Seelenleitung und um eine Lektüre, die zur Selbstheilung führen soll. Freilich ist Ziel dieser Heilung nicht Aufklärung und Lebenskunst im Diesseits, sondern Umkehr der Seele und Rückkehr in den Bereich des wahren Seins. Diese neuplatonische Psychologie mit der Lehre vom Ab- und Aufstieg der Seele wird in der *Consolatio* illustriert. Wie Boethius im Kerker, so ist die Seele (1 *metr.* 2, 3ff. erinnert an Platons Höhlengleichnis) in der Körperlichkeit gefangen und krank infolge von Seinsvergessenheit. Ein Ausweg ist nur möglich, wenn man – gleichsam Plotins Postulat folgend – eine Wendung ins eigene Innere vollzieht (3 *metr.* 11, 1ff.). Erst dann ist infolge des verbleibenden „Samenkorns der Wahrheit" in der Seele (3 *metr.* 11, 11) Umkehr und Beginn des Aufstiegs möglich und kann das Ziel jeden Philosophierens, die Angleichung an Gott, erreicht werden. Der Weg von krankhafter Verblendung, Erkenntnis der Fehlerhaftigkeit und die damit einsetzende Heilung wird in der *Consolatio* aber nicht nur im Vollzug vorgeführt. Boethius signalisiert dem Leser, daß der prosimetrische Text mit der Verbindung von argumentativer (Prosa) und reflektierender (Dichtung) Form der Therapie dienen soll. Das erste Gedicht des Werkes ist als ein Ovid-Cento konzipiert und erinnert damit an den Dichter, der die Funktion von Dichtung als Selbsttröstung besonders hervorgehoben hat. Boethius vertreibt jedoch die tröstenden Musen der profanen Dichtung durch *Philosophia* (1 *pr.* 2), die heilenden Musen der platonischen Philosophie, die sich therapeutischer Argumente bedienen. Der Autor unterwirft sich selbst und den Leser einem therapeutischen Prozeß, indem er ihn mit Problemen konfrontiert, sie diskutiert und ihn durch die personifizierte Philosophia an eine Lösung heranführt. Die Therapie ist aufgeteilt in Symptomatik (Lethargie oder Verkennen der Fehler), Diagnose (1 *pr.* 2) und Heilung.

Die Verwendung kunstvoller literarischer Gestaltung und Motive auch aus der Dichtung zum Zweck der Eigentherapie ist keineswegs unplatonisch. Gegen Dichtung, deren Inhalt platonischen Normen entspricht, hat Platon nichts einzuwenden, wie schon Plotin erkannte (5. 8 [31] 1, 32ff.). Daß Dichtung philosophische Wahrheit andeuten kann, sah auch schon Macrobius (*Somn.* 1, 9, 8). Für die *Consolatio* gilt, was auch bei Lukrez, Seneca oder Mark Aurel zu konstatieren war: Philosophie wird nicht nur vorgeführt, sondern der Text lädt zu einer Lektüre ein, welche den Leser selbst einer Therapie unterwirft. Läßt man sich auf eine solche Lektüre ein, wird auch hier Philosophie mittels literarischer Darstellung praktisch.

Das ärztliche Gespräch zwischen Philosophia und Boethius vollzieht sich in einer psychagogisch-aufsteigenden Linie, die von dem irdischen Materiellen (Stoisches in Buch 1 und 2) zu Gott und dem intelligiblen Bereich führt: Buch 1 bringt den Schmerz des Gefangenen über seinen lethargischen und philosophiefernen Zustand und eine Verteidigung früheren politischen Handelns zum Ausdruck. Philosophia weist Boethius auf seine wahre Heimat hin. Nach weiterer Klage und einer Apologie (1 *pr.* 4) wird Boethius mit Fragen konfrontiert (1 *pr.* 6): Regiert Gott oder Zufall?, Wodurch regiert er?, Was ist Ziel aller Dinge?, Was ist der Mensch?, von denen er nur die erste beantworten kann. Er besteht also den Test nicht, erfährt aber den Grund seines schlechten Zustandes: Er kennt sich selbst und seine Bestimmung nicht mehr. In Buch 2 setzt die eigentliche *consolatio* ein. Fortuna wird behandelt, der Wert der von ihr verliehenen Glücksgüter wird relativiert. Fortuna wurde also naiv akzeptiert und Unglück falsch eingeschätzt. Wahres Glück liegt innen. Buch 3 führt diese Gedanken der Abwertung irdischer Güter fort, wobei freilich stärkere Heilmittel verlangt werden (berühmter Hymnus 3 *metr.* 9). Glückseligkeit und Gott sind identisch. Wer am wahren Glück teilhat, hat teil an Gott. Das Gute ist Einheit. Fragen der Providenz klingen an und die Gefahr, Glück wieder zu verlieren. Buch 4 diskutiert die wichtige Frage der Theodizee und die damit verknüpften Probleme von Vorsehung und Willensfreiheit. Boethius folgt hier (anders als Augustinus) dem optimistischen Intellektualismus griechischer Philosophie, wonach keiner das Schlechte um des Schlechten willen tut. Buch 5 diskutiert schließlich die entscheidende Frage des Verhältnisses von göttlichem Vorherwissen und menschlicher Freiheit und löst sie unter Hinweis auf das Unvermögen menschlicher Vernunft. Boethius folgt hier dem Platoniker Proklos, bedient sich auch der Lehre der zweifachen Notwendigkeit (wohl aus Ammonios Hermeious, *De interpretatione*). Ob die Schrift damit ihr vom Autor intendiertes Ende gefunden hat (Gruber), oder ob manches (z. B. 1 *pr.* 1; 5 *pr.* 1, 1) auf einen unvollendeten Zustand deutet (H. Tränkle, „Ist die ‚Philosophiae Consolatio' des Boethius zum vorgesehenen Abschluß gelangt?", *VigChrist* 31, 1977, 148–56 (wieder in: M. Fuhrmann und J. Gruber, Hgg., *Boethius,* Darmstadt 1984, 311–319), ist nicht entschieden. Ein eigentlicher Trost und Rettung im Sinne einer Heimführung der Seele wird am Schluß nicht geboten (M. Baltes, „Gott, Welt, Mensch in der ‚Consolatio Philosophiae' des Boethius. Die ‚Consolatio Philosophiae' als ein Dokument platonischer und neuplatonischer Philosophie", *VigChrist* 34, 1980, 313–40), ihn soll sich der Leser bei der ‚meditativen' Lektüre des Werkes selbst bereiten.

Durch die Anregung zur Meditation unterstützt die *Consolatio,* was Boethius als Aufgabe der Philosophie ansieht und auf dem Gewand der Philosophia durch die Buchstaben Π (βίος πρακτικός) und Θ (βίος θεωρητικός) symbolisiert (*Cons.* 1 *pr.* 1, 4): die Seele zur eigenen natürlichen Kraft und Reinheit zurückzuführen. Dies erinnert an Seneca (vgl. *Epist.* 90, 26ff.), verdeutlicht aber auch den Unterschied. Aus Philosophie als *ars vitae* ist eine anagogische Kunst geworden, die der Seele bei Umkehr und Rückkehr zum geistigen Ursprung helfen soll.

5.3.2 Philosophie. Boethius unterscheidet bei der Philosophie einen spekulativen und einen praktischen Teil (*In Isag.* 1 *lib.* 1, 3; 2 *lib.* 1, 3). Die spekulative Philosophie befaßt sich mit den von der Materie getrennten reinen Geistwesen *(intellectibilia),* den Menschenseelen, die mit der Materie verbunden sind *(intelligibilia)* und den Dingen der Körperwelt, die einen geistigen Zugang erlauben *(naturalia),* also etwa zum Bereich des Quadriviums gehören: Arithmetik, Musik, Geometrie und Astronomie (s. den Beitrag von I. Hadot, oben S. 28). Die praktische Philosophie sucht nach dem richtigen Weg zur Tugend, lehrt, wie im Staatswesen Gerechtigkeit und Klugheit herrschen und wie die Familie zu lenken ist. Boethius' Überlegungen zur Existenz eines obersten Gottes *(intellectibile)* basieren auf dem Argument, daß es zwei unterschiedliche höchste Güter nicht geben kann. Gott ist für Boethius auch das oberste Gut (*Cons.* 3 *pr.* 10). In der Psychologie folgt Boethius der neuplatonischen Lehre vom Abstieg der Seele und ihrem Bemühen um Rückkehr zum Ursprung mit Hilfe der Philosophie. Bei der Beschäftigung mit Porphyrios' *Isagoge* mußte Boethius auf das Universalienproblem stoßen. Sind Bestimmungen wie Gattung *(genus)* und Art *(species)* als Realität anzusehen, oder handelt es sich bei ihnen um bloße Denkformen (*In Porphyr. Isag.* 2, lib. 1, 10ff.). Boethius zeigt, daß beide Positionen in eine Aporie führen.

Besonders interessant ist Boethius' Diskussion der Providenzfrage in der *Consolatio philosophiae* (vgl. *Cons.* 5) (E. Gegenschatz, „Die Freiheit der Entscheidung in der ‚Consolatio philosophiae' des Boethius", *MusHelv* 15, 1958, 110–129, wieder in: M. Fuhrmann und J. Gruber, Hgg., *Boethius,* Darmstadt 1984, 323–349). Wie kann es Freiheit geben, wenn Gott alles im voraus weiß?

Die Aporie war die Folge einer falschen, weil zeitlich verstandenen Auffassung von Vorauswissen. Da Gott allgegenwärtig ist, hat er ein lückenloses, wahres Wissen über gegenwärtig Wirkliches, ohne daß dadurch hypothetische Notwendigkeit ausgeschlossen wird.

Ungelöst bleibt freilich die Frage, wie sich Praedestination und freie Entscheidung zueinander verhalten, wenn man in Gott den Künstler sieht, der alles gestaltet (*Cons.* 4 *pr.* 6). Boethius bleibt eine Antwort schuldig. Sein Anliegen, einen Freiraum für Lohn und Strafe zu bewahren, hat er erfüllt (*Cons.* 5. *pr.* 6, 44ff.). Denn nun bleiben Gebet und moralisches Bemühen sinnvoll und die Möglichkeit, durch Heilung der Seele und ihre Ausrichtung auf das Gute zur Welt des Seins zurückzukehren.

Mit Boethius ist das Ende der antiken Philosophie im römischen Bereich erreicht. Boethius ist als „letzter Römer und erster Scholast" bezeichnet worden. In der Tat hat sein Werk einen janusartigen Charakter. Mit seinen Übersetzungen, Kommentaren und Abhandlungen ist es ihm gelungen, griechische Philosophie in lateinischem Gewand dem Mittelalter zu vererben. Formgebung dieser Werke, eigene Nuancierungen und die Intention, mittels therapeutischem Charakter der *consolatio* Philosophie auch praktisch werden zu lassen, verbindet ihn mit den anderen großen philosophischen Autoren lateinischer Sprache. Boethius ist gemeinsam mit Augustinus in Pavia in der Kirche S. Pietro in Ciel d'Oro beigesetzt.

Bibliographie

Einen Überblick über die Geschichte der römischen Philosophie bieten J.-M. André, *La philosophie à Rome* (Paris 1977) und G. Maurach, *Geschichte der römischen Philosophie. Eine Einführung* (Darmstadt 1989). Hilfreich ist die kurze Skizze von W. Görler im *Historischen Wörterbuch der Philosophie,* Bd. 7 (Basel 1989) 607–616 und die Aufsatzsammlung von G. Maurach (Hrsg.), *Römische Philosophie.* WdF 193 (Darmstadt 1976). Zahlreiche Teilbereiche der römischen Philosophie mit jeweils reichhaltiger Bibliographie werden in Beiträgen der Bände *Aufstieg und Niedergang der Römischen Welt* behandelt, insbesondere Bd. 1 (Teilbände 3 und 4 [Philosophie, Wissenschaften, Künste]) und Bd. 2, 36 (Teilbände 1–7 [Philosophie, Wissenschaften, Technik]). Über Hellenistische Philosophie und ihre Einbürgerung in Rom informiert jetzt umfassend und mit ausführlicher Bibliographie H. Flashar (Hrsg.), *Grundriß der Geschichte der Philosophie. Die Philosophie der Antike,* Bd. 4: *Die hellenistische Philosophie* (Basel 1994), darin: M. Erler, „Epikur – Die Schule Epikurs – Lukrez" (29–490); P. Steinmetz, „Die Stoa" (491–716); W. Görler, „Älterer Pyrrhonismus. Jüngere Akademie. Antiochos aus Askalon" (717–989); G. Gawlick und W. Görler, „Cicero" (995–1168). Zur Stoa wichtig auch M. Forschner, *Die stoische Ethik. Über den Zusammenhang von Natur-, Sprach- und Moralphilosophie im altstoischen System,* Stuttgart ²1995, mit Blick vor allem auch auf die Kaiserzeit nach wie vor wichtig M. Pohlenz, *Die Stoa: Geschichte einer geistigen Bewegung* (Göttingen ⁵1978). Zum Kynismus M.-O. Goulet-Cazé, „Le cynisme à l'époque impériale", *ANRW* II, 36, 4 (1990) 2720–2833.

Testimonien zur Frühzeit der Philosophie in Rom bietet G. Garbarino, *Roma e la filosofia greca dalle origini alle fine del II secolo A. C.* (Torino 1973). Hilfreich für den griechischen Hintergrund ist A. A. Long, D. N. Sedley, *The Hellenistic Philosophers* (2 Bde., Cambridge 1987) mit Diskussion auch römischer Zeugnisse. Den Einfluß der Philosophie auf die Literatur behandelt A. Grilli, *Stoicismo, epicureismo e letteratura* (Brescia 1992). Für die Frage nach besonderen Merkmalen römischer Philosophie wichtig ist B. Groethuysen, *Philosophische Anthropologie* (Handbuch der Philosophie, 3A) (München 1928–31). Für die Funktion und die damit verbundene literarische Gestaltung philosophischer Werke von Römern in der Zeit ab der späten Republik sind erhellend P. Rabbow, *Seelenführung. Methodik der Exerzitien in der Antike* (München 1954) (die These vom Bezug zur christlichen Tradition ist allerdings problematisch); I. Hadot, *Seneca und die griechisch-römische Tradition der Seelenleitung* (Berlin 1969) (nicht nur für Seneca wichtig) und P. Hadot, *Philosophie als Lebensform. Geistige Übungen in der Antike* (Berlin 1991) (grundlegend, wenn auch bisweilen zu schematisch). Zum Wiederaufleben besonders des Platonismus und zur weiteren Geschichte der Schultraditionen vgl. O. Gigon, „Die Erneuerung der Philosophie in der Zeit Ciceros", in: *Recherches sur la tradition platonicienne.* Fondation Hardt, Entretiens 3 (Vandoeuvres-Genève 1955) 25–61, wieder in: K. Büchner (Hrsg.), *Das neue Cicerobild* (WdF 27) (Darmstadt 1971) 229–258 und J.-M. André, „Les écoles philosophiques aux deux premiers siècles de l'Empire", in: *ANRW* II, 36, 1 (1987) 5–77. Für die

Geschichte des Platonismus (mit Blick auch auf Cicero und spätere Autoren) sind wichtig J. Glucker, *Antiochos and the Late Academy* (Göttingen 1978) und die von H. Dörrie und M. Baltes gesammelten Testimonien in *Der Platonismus in der Antike. Grundlagen – System – Entwicklung* (bisher Bd. 1–4) (Stuttgart – Bad Cannstatt 1987–1996).

Zur Rolle der Philosophen in der römischen Gesellschaft L. Friedländer, *Darstellungen aus der Sittengeschichte Roms* (Leipzig $^{9-10}$1920); J. Hahn, *Der Philosoph und die Gesellschaft. Selbstverständnis, öffentliches Auftreten und populäre Erwartungen in der hohen Kaiserzeit* (Stuttgart 1989) und aus archäologischer Sicht P. Zanker, *Die Maske des Sokrates. Das Bild des Intellektuellen in der antiken Kunst* (München 1995). Zu den für die Einbürgerung wichtigen Begriffen *otium* und *auctoritas* ausführlich J.-M. André, *L'otium. Dans la vie morale et intellectuelle romaine des origines à l'époque augustéenne* (Paris 1968) und K.-H. Lütcke, *Auctoritas bei Augustin. Mit einer Einleitung zur römischen Vorgeschichte des Begriffs* (Stuttgart 1968) (nicht nur mit Blick auf Augustinus). Zur Rolle der Intellektuellen in Rom sind hilfreich E. D. Rawson, *Intellectual Life in the Late Roman Republic* (London 1985) (wichtig); B. Maier, *Philosophie und römisches Kaisertum. Studien zu ihren wechselseitigen Beziehungen in der Zeit von Caesar bis Mark Aurel* (Wien 1985); M. H. Crawford, „Greek intellectuals and the Roman aristocracy in the first century B.C.“, in: *Imperialism in the ancient world* (Cambridge 1978) 193–207. 330–338; J. Malitz, „Philosophie und Politik im frühen Prinzipat“, in: H. W. Schmidt – P. Wülfing (Hgg.), Antikes Denken – Moderne Schule. Gymnasium Beihefte H. 9, Heidelberg 1988, S. 151–179; J.-L. Ferrary, *Philhellénisme et impérialisme. Aspects idéologiques de la conquête romaine du monde hellénistique de la seconde guerre de Macédoine à la guerre contre Mithridate* (Paris 1988). Zur Frage einer stoischen Opposition in der Kaiserzeit vgl. P. A. Brunt, „Stoicism and the Principate“, *PBSR* 43 (1975) 7–35, und mit grundsätzlichen Erwägungen K. A. Raaflaub, „Grundzüge, Ziele und Ideen der Opposition gegen die Kaiser im 1. Jh. n. Chr. Versuch einer Standortbestimmung“, in: *Opposition et Résistance à l'empire d'Auguste à Trajan.* Fondation Hardt, Entretiens 33. (Vandoeuvres-Genève 1987) 1–63. Zum Problem des Griechischen als Sprache der Philosophen in Rom W. Schmid, „Das Werden der lateinischen Philosophensprache“, *Wiener Humanistische Blätter* 5 (1962) 11–17; J. Kaimio, *The Romans and the Greek language* (Helsinki 1979) und A. Setaioli, *Seneca e i Greci. Citazioni e traduzioni nelle opere filosofiche* (Bologna 1988) (von genereller Bedeutung).

Über **Lukrez** informiert jetzt umfassend M. Erler, in: *Die hellenistische Philosophie* 381–490. Hilfreich für eine Orientierung über verschiedene Fragen (literarische Gestaltung, philosophische Argumentation, Rhetorik) die Aufsätze in C. J. Classen (Hrsg.), *Probleme der Lukrezforschung* (Hildesheim 1986).

Über **Cicero** jetzt G. Gawlick und W. Görler, in: *Die hellenistische Philosophie* 991–1168. Für den Zusammenhang von literarischer Form und philosophischem Inhalt wichtig W. Görler, *Untersuchungen zu Ciceros Philosophie* (Heidelberg 1974). Den Philosophen Cicero würdigen die Beiträge in J. G. F. Powell (Hrsg.), *Cicero the Philosopher. Twelve Papers* (Oxford 1995). Wichtig auch zur Philosophie Ciceros K. Bringmann, *Untersuchungen zum späten Cicero* (Göttingen 1971); C. Lévy, *Cicero Academicus. Recherches sur les "Académiques„ et sur la philosophie cicéronienne* (Rom 1992).

Für **Seneca** die Monographien von M. Griffin, *Seneca. A Philosopher in Politics* (Oxford 1967); P. Grimal, *Seneca. Macht und Ohnmacht des Geistes* (Darmstadt 1978); G. Maurach, *Seneca. Leben und Werk* (Darmstadt 1991), mit jeweils unterschiedlichen Akzentuierungen. Zu Seneca als Philosoph und philosophischem Autor vgl. die Beiträge in G. Maurach (Hrsg.), *Seneca als Philosoph.* WdF 414 (Darmstadt ^{2}1987); K. Abel, „Seneca. Leben und Leistung“, in: *ANRW* II, 32, 2 (1985) 653–775. H. Cancik, *Untersuchungen zu Senecas Epistulae morales,* Hildesheim 1967 und G. Maurach, *Der Bau von Senecas Epistulae morales,*

Heidelberg 1970. Zur Frage der philosophischen Aussage der Tragödien vgl. E. Lefèvre, „Die philosophische Bedeutung der Seneca-Tragödie am Beispiel des ‚Thyestes'", in: *ANRW* II, 32, 2 (1985) 1263–1283. Senecas Stellung in der stoischen Tradition behandeln P. Grimal, „Sénèque et le Stoicisme Romain", in: *ANRW* II, 36, 3 (1989) 1962–1992; J. Rist, „Seneca and Stoic orthodoxy", ebd., 1993–2012 und besonders gut G. Mazzoli, „Le ‚Epistulae Morales ad Lucilium' di Seneca. Valore letterario e filosofico" ebd., 1823–1877. Zur formalen Gestaltung von Senecas Werk auch mit Blick auf philosophische Aussagen vgl. die Beiträge in *Sénèque et la prose latine* (Fondation Hardt, Entretiens 26) (Vandoeuvre-Genève 1991).

Zu **Cornutus** den Überblick von G. W. Most, „Cornutus and Stoic Allegoresis: A Preliminary Report", in: *ANRW* II, 36, 3 (1989) 2014–2065.

Zu **Musonius** R. Laurenti, „Musonio, maestro di Epitteto", ebd., 2105–2146, und C. E. Lutz, „Musonius Rufus, ‚the Roman Socrates'", *YClS* 10 (1947) 3–147 (mit Textzeugnissen). In Auswahl sind Epiktet und Musonius jetzt auch (mit Übersetzung) zugänglich in *Epiktet. Teles. Musonius. Ausgewählte Schriften,* hg. und übersetzt von R. Nickel (Darmstadt 1994). Für **Epiktet** als Philosoph A. Bonhöffer, *Epictet und die Stoa* (Stuttgart 1890); ders., *Die Ethik des Stoikers Epictet* (Stuttgart 1894) und ders., *Epiktet und das neue Testament* (Gießen 1911). Wichtig zur Beurteilung der literarischen Gestaltung der *Dissertationes* Epiktets durch Arrian Th. Wirt, *MusHelv* 24 (1967) 149–189. 197–216. Einen Überblick über die Forschung mit weiterer Lit. J. B. Hersbell, „The stoicism of Epictetus: Twentieth century perspectives", in: *ANRW* II, 36, 3 (1989) 2148–2163. Zur Methode (nicht nur) Epiktets vgl. B. L. Hijmans Jr., *ΑΣΚΗΣΙΣ. Notes on Epictetus' Educational System* (Assen 1959).

Einen guten Überblick über die Philosophie von **Markus Aurelius** bietet E. Asmis, „The Stoicism of Marcus Aurelius", in: *ANRW* II, 36, 3 (1989), 2228–2252. Zur literarischen Gestaltung und philosophischen Aussage der Meditationes neben P. Hadot, *Philosophie als Lebensform: Geistige Übungen in der Antike* (Berlin 1991), J. Dalfen, *Formgeschichtliche Untersuchungen zu den Selbstbetrachtungen Marc Aurels* (Diss. München 1967) und R. B. Rutherford, *The Meditations of Marcus Aurelius. A Study* (Oxford 1989). Gut zu den Intentionen von Markus Aurelius P. A. Brunt, „Marcus Aurelius in his Meditations", *JRS* 64 (1974) 1–20. Immer noch hilfreich, wenn auch im Zugang veraltet, ist der Kommentar von A. S. L. Farquharson, *The Meditations of the Emperor M. Aurelius* (Oxford 1944). Zu **Apuleius** vgl. B. L. Hijmans, „Apuleius, Philosophus Platonicus", in: *ANRW* II, 36, 1 (1987) 395–475. Zur **spätantiken Literatur** mit Blick auf (neuplatonische) Philosophie vgl. P. Courcelle, *Les lettres grecques en Occident de Macrobe à Cassiodore* (Paris ²1948, = *Late Latin Writers and their Greek Sources,* Cambridge, Mass. 1969), speziell zur lateinischen philosophischen Literatur bis 374 n. Chr. die einschlägigen Abschnitte zu Calcidius, Marius Victorinus in R. Herzog und P. L. Schmidt (Hrsg.), *Handbuch der lateinischen Literatur der Antike* (München 1989).

Zu **Marius Victorinus** grundlegend P. Hadot, *Porphyre et Victorinus* (Paris 1968) und ders., *Marius Victorinus, Recherches sur sa vie et ses oeuvres* (Paris 1971).

Ausführliche und vollständige Literaturhinweise zu **Augustinus** finden sich bei C. Andresen (Hrsg.), *Bibliographia Augustiniana* (Darmstadt ²1973), daneben im Anhang zu Henri Marrou, *Augustinus in Selbstzeugnissen und Bilddokumenten* (Reinbek 1958). Einen Einblick in die Augustinforschung vermitteln C. Andresen (Hrsg.), *Augustin-Gespräch der Gegenwart* (Köln 1962) und ders., *Zum Augustin-Gespräch der Gegenwart* II. WdF 327 (Darmstadt 1981) . Ein wichtiges Arbeitsmittel ist das von C. Mayer u. a. herausgegebene *Augustinus-Lexikon,* Bd. 1 *(Aaron-Conversio)* (Basel 1986–1994). Als Darstellungen zu seiner Person und Philosophie J. J. O'Meara, *The Young Augustine. The Growth of St. Augu-*

stin's Mind up to his Conversion (London 1954); P. Courcelle, *Les Confessions de Saint Augustin dans la tradition littéraire. Antécédents et postérité* (Paris 1963); A. Schöpf, *Augustinus. Einführung in sein Philosophieren* (Freiburg 1970); P. Brown, *Augustinus von Hippo. Eine Biographie* (Frankfurt 1973, engl. London 1967); W. Suerbaum, *Vom antiken zum frühmittelalterlichen Staatsbegriff. Über Verwendung und Bedeutung von ‚res publica', ‚regnum', ‚imperium' und ‚status' von Cicero bis Jordanis* (Münster ^{3}1977); A. Schindler, Artikel „Augustin/Augustinismus" 1. „Augustin", *TRE* 4 (1979) 645–698; K. Flasch, *Augustin. Einführung in sein Denken* (Stuttgart 1980); H.-I. Marrou, *Augustinus und das Ende der antiken Bildung* (Paderborn 1982, frz.); H. Chadwick, *Augustine* (Oxford 1986); G. O'Daly, *Augustine's Philosophy of Mind* (London 1987). Zum Problem der Zeit bei Augustinus vgl. E. A. Schmidt, *Zeit und Geschichte bei Augustin* (Heidelberg 1985). Eine Skizze der Philosophie des Augustinus und des Boethius bietet auch R. Heinzmann, *Philosophie des Mittelalters.* Grundkurs Philosophie 7 (Stuttgart, Berlin, Köln 1992). Hilfreicher Kommentar J. J. O'Donnell, *Augustine. Confessions* (Oxford 1992).

Einen Überblick über den Forschungsstand zu **Boethius** erlauben M. Fuhrmann und J. Gruber (Hgg.), *Boethius.* WdF 483 (Darmstadt 1984). Hilfreich wegen Einleitung und Anmerkungen ist E. Gegenschatz und O. Gigon (Hgg.), *Boethius, Trost der Philosophie* (Zürich/München 1990). Zu Boethius' Bildungsprogramm sind H. Chadwick, *Boethius: The Consolations of Music, Logic, Theology and Philosophy* (Oxford 1981) und M. Gibson (Hrsg.), *Boethius: His Life, Thought and Influence* (Oxford 1981) (darin zu den Logischen Schriften besonders interessant J. Barnes, „Boethius and the study of logic", 73–89) heranzuziehen. Zur Gestaltung der Übersetzungen des Boethius vgl. G. Maurach, „Boethiusinterpretationen", in: G. Maurach (Hrsg.), *Römische Philosophie* (Darmstadt 1976) 385–410. Zur Bestimmung von ‚Person' bei Boethius vgl. M. Elsässer, *Das Person-Verständnis des Boethius* (Diss. Würzburg 1970). Für die *Consolatio* ist wichtig der gelehrte und umfassende Kommentar von J. Gruber, *Kommentar zu Boethius, De Consolatione Philosophiae* (Berlin/New York 1978). Für die literarische Einordnung zentral P. Courcelle, *La ‚Consolation de Philosophie' dans la tradition littéraire: Antécédents et postérité de Boèce* (Paris 1967). Für die Dichtung des Boethius vor allem G. O'Daly, *The Poetry of Boethius* (London 1991). Speziell zur Tradition des Prosimetriums hilfreich ist J. Gruber, „Einflüsse verschiedener Literaturgattungen auf die prosimetrischen Werke der Spätantike", *WüJbb* N. F. 7 (1981) 209–221. Den neuplatonischen Hintergrund erhellt V. Schmidt-Kohl, *Die neuplatonische Seelenlehre in der Consolatio Philosophiae des Boethius* (Meisenheim 1965).

IX

Römische Archäologie und Kunstgeschichte

1 Kunst und Archäologie Roms
(einschließlich der christlichen Kunst)

Henner von Hesberg

1.1 Einleitung

1.1.1 Allgemeine Vorbemerkungen

Ein vieldiskutiertes Problem bildet die Frage nach dem Beginn der römischen Kunst, denn sie hängt mit deren Definition zusammen. Zwei Typen von Definitionen sind – von aller weiteren Differenzierung abgesehen – grundsätzlich denkbar. Zum einen umfaßt der Begriff alles, was im Bereich von Rom an künstlerisch gestalteten Objekten produziert oder speziell auf den Bedarf dieser Region abgestimmt importiert wurde. Zum anderen wird der Begriff auf Gegenstände und Artefakte angewandt, in denen eine spezifisch römische Wesensart, eine über die Jahrhunderte bleibende Disposition des römischen Volkes zum Ausdruck kommt, womit es sich von anderen Völkern, d. h. für die Antike vorzugsweise von den Griechen, deutlich unterscheidet. Beide Vorgehens- und Frageweisen haben ihre Berechtigung. Denn hinter der Frage nach der Eigenart des Fundmaterials und den Anfängen der Siedlungen steht zugleich die Frage, ob es im Beginn Hinweise darauf gibt, die Rom unter vergleichbaren Siedlungen in Mittelitalien herausheben, z. B. durch eine besondere Funddichte, eine spezielle Auswahl innerhalb der Importe oder dgl. mehr. Der zweite Ansatz zielt auf den allgemeinen Habitus der Kultur und die spezifische Eigenart der Zeugnisse der bildenden Kunst als einer besonderen Sprache, die sich in ihrer Eigenart deutlich von anderen unterscheidet.

Aus dieser Perspektive führt der Vergleich mit der gesprochenen Sprache zu einem Dilemma. Denn Latein ist mit den frühesten Zeugnissen als eigene Sprache erkennbar, während bei den künstlerisch geformten Artefakten für eine analoge Entscheidung Kriterien fehlen. In der Frühzeit gleichen die Funde aus Rom weitgehend solchen der Region oder dem aus Etrurien bekannten Formspektrum. Später seit dem Ende des 8. Jahrhunderts v. Chr. kommen zunehmend griechische Importe hinzu. In dieser Hinsicht den Beginn spezifisch römischer Kunst zu bestimmen, fällt folglich nicht ganz leicht. Denn nach römischer Auffassung selbst besitzt ihre Kunst, vor allem als Teil einer gehobenen Lebenskultur, nur untergeordnete Bedeutung.

Für diejenigen, die Kunst von ihrer Originalität her definieren und sie an den nur ihr eigenen Besonderheiten messen, bedeutet es eine Herausforderung, die römische Kunst als eine eigenständige kulturelle Leistung zu würdigen. Einer klassizistisch geprägten Kunstauffassung fällt es schwer, angesichts der Fülle von Kopien von griechischen Meisterwerken oder zumindest Anleihen daran der römischen Kunst einen eigenen Wert beizumessen. Am ehesten gelingt es über einzelne Gattungen, die man als typisch römisch angesehen hat, z. B. die Architektur schlechthin und speziell darin die technischen Bauten wie Straßen, Brücken oder Aquädukte, ferner die sog. historischen Reliefs, die bestimmte staatsrechtliche Vorgänge von besonderer Bedeutung wiedergeben, oder auch die Porträts mit der ihnen eigenen Realitätsnähe. Die Summe der Erscheinungen verfestigt das Urteil, alle diese Äußerungen hätten ihren Ursprung im nüchternen, staats- und machtorientierten Bewußtsein der römischen Bürger. Inzwischen hat die Frage nach dem ‚Römischen' oder der römischen Struktur an Attraktivität verloren, da sie die Betrachtung der Werke zu absolut als Produkte einer autonom verlaufenden Entwicklung begreift. Vielmehr steht z. Zt. die Frage nach der Funktion der Werke als Mittel der Verständigung und zur Festlegung und Übermittlung bestimmter Botschaften im Zentrum der Überlegungen.

A. Riegl, *Stilfragen* (Berlin 1893); F. Wickhoff, *Die Wiener Genesis* (Wien 1895); A. Riegl, *Die spätrömische Kunstindustrie* (Wien 1901); G. v. Kaschnitz-Weinberg, *Römische Kunst* I–IV (Reinbek bei Hamburg 1961–1963); O. J. Brendel, *Prolegomena to the Study of Roman Art* (New Haven – London 1979); T. Hölscher, *Römische Bildsprache als semantisches System*. Abh. Heidelberg (Heidelberg 1987).

Die Eigenheiten einer bestimmten Epoche treten nicht allein in ihren Anfängen deutlich hervor, sondern auch am Ende. Denn dort erscheinen neue Bilder und prägen neue Formen des gestalteten Raumes, z. B. in der Architektur, die Verhaltensweise ihrer Benutzer. Der Kontrast zwischen den jeweiligen Figurationen und der Vorgang des Wechsels erhellt dabei gegenseitig die jeweiligen Epochen und die Funktion der künstlerisch gestalteten Werke. Erst allmählich werden bestimmte Bautypen, Dekorationsformen und Gattungen von Skulpturen übernommen und dadurch selbständig weiterentwickelt, daß sie den Funktionen und den Kommunikationsmustern der römischen Auftraggeber und Betrachter angepaßt werden. Der Beginn und das Ende in der Spätantike verbindet sich nicht mit einem einzigen Datum. Bestimmte Gattungen, z. B. die Ehrenstatuen, die Tempel oder die historischen Reliefs, verlieren an Bedeutung, teilweise schon bevor durch die kultischen Erfordernisse des Christentums neue Gebäude hinzukommen und bevor durch die Edikte des Theodosius am Ende des 4. Jahrhunderts n. Chr. die Tempel geschlossen werden.

Die folgenden Betrachtungen orientieren sich nicht an der Kohärenz in der Entwicklung der Formen und an dem Stil als einem diesem Prozeß immanent ablesbarem Kriterium, sondern versuchen, die einzelnen Erscheinungen aus ihren Funktionszusammenhängen zu verstehen. Die Dinge, um die es geht, Statuen, Bilder, Bauten und Gegenstände, dienen über rein praktische Aufgaben hinaus auch der Artikulation bestimmter Gruppen der Gesellschaft und bestätigen damit deren Verhaltensmuster und Wertmaßstäbe. In einem solchen Zusammenhang kann die Tatsache, daß die römischen Nobiles griechische Werke verwenden, ebenso aufschlußreich sein wie die Erkenntnisse, die sich aus der Analyse eines genuin römischen Werkes ableiten lassen. Römisch also heißt in diesem Zusammenhang nicht allein der strukturell verankerte Habitus einer Kunstsprache, sondern wird definiert durch den Kreis der Besucher, Betrachter und Auftraggeber, die aus Rom und später aus Italien stammen.

Eine Geschichte der römischen Kunst zu skizzieren, fällt schwer, da die Aufgabe bisher ganz unterschiedlich angegangen und oft auf Werke einer hohen Qualitätsstufe beschränkt wurde. Neben allgemeinen Einführungen, die meist eine Fülle von Bildmaterial bieten, gibt es Übersichten zu einzelnen Bereichen wie Architektur, Skulptur usf. und darin weitergehend zu einzelnen Gattungen. Daneben hat man versucht, Synthesen zu erreichen, entweder in der Konzentration auf einzelne Epochen oder auf einzelne Orte. Dabei wird die Aussage der unterschiedlichen Überlieferungen in der archäologischen Hinterlassenschaft auf ihre Bedeutung innerhalb des jeweiligen historischen Kontextes überprüft. In diesen Zusammenhängen haben auch einfache Objekte ihre Aussagekraft.

Die folgende Übersicht geht jeweils von der Entwicklung in Rom aus, da Rom mit starken Impulsen die Gestalt und das Verständnis der Kunstwerke in seinem Herrschaftsbereich geprägt hat. An den umfassenden Bauaktivitäten der Mitglieder der politischen Führungsschicht und den zugehörigen Ausstattungskomplexen lassen sich am ehesten bestimmte Perioden ablesen.

H. Kähler, *Rom und seine Welt* (München 1958); J. M. C. Toynbee, *The Art of the Romans* (London 1965); Th. Kraus, *Das Römische Weltreich.* Propyläen Kunstg. 2 (Berlin 1967); R. Bianchi Bandinelli, *Rom. Das Zentrum der Macht* (München 1970); R. Bianchi Bandinelli, *Rom. Das Ende der Antike* (München 1971); R. Bianchi Bandinelli, *Die römische Kunst* (München 1975); B. Andreae, *Römische Kunst* (Freiburg – Basel – Wien 1973); T. Hackens – B. van den Driessche, *Antiquités italiques, étrusques et romaines* I (Löwen 1977); B. Andreae, H. Cancik, G. Cavallo u. a., *Princeps Urbium* (Credito Italiano 1991); B. Brenk, *Spätantike und frühes Christentum.* Propyläen Kunstgeschichte, Suppl. 1 (Frankfurt a. M. 1977); F. W. Deichmann, *Einführung in die christliche Archäologie* (Darmstadt 1983); *Spätantike und frühes Christentum,* Ausstellungskatalog Frankf./M. (Frankfurt 1984); A. Effenberger, *Frühchristliche Kunst und Kultur* (München 1986).

1.1.2 Einzelne Gattungen in römischer Kunst und materieller Kultur

Die **Architektur** nimmt in der römischen Kunst eine beherrschende Stellung ein. Auf Grund ihrer formalen Nüchternheit, der scheinbar steten Entwicklung von Bautechniken und Konstruktionsformen und der Funktionalisierung unterscheidet sie sich von der griechischen Architektur durch eine umfassende Anwendung des Gußmauerwerks *(opus caementicium),* durch eine stärkere Betonung in sich geschlossener Räume und durch den in der Ausstattung getriebenen Aufwand, auch wenn eine generalisierende Aussage nur mit vielen Einschränkungen zu treffen ist.

Allgemein: A. Boëthius – J. B. Ward Perkins, *Etruscan and Roman Architecture* (Harmondsworth 1970); F. Sear, *Roman Architecture* (London 1982). ***Bautechnik:*** G. Lugli, *La tecnica edilizia Romana,* 2 Bde. (Rom 1957). J.-P. Adam, *La construction romaine* (Paris 1984).

Wie erwähnt, kommen die verschiedenen Bautypen in unterschiedlichen Zeiten auf und verlieren unterschiedlich an Bedeutung. Deshalb soll hier die systematische Übersicht die bibliographischen Angaben zu den einzelnen Perioden ergänzen.

Bautypen

Tempel: F. Coarelli – A. Rossi, *Templi dell'Italia Antica* (Mailand 1980); F. Castiglioni, „Il tempio romano. Questioni di terminologia e di tipologia", *Pap. of the British School of Rome* 52 (1984) 3–20; ***Politische Versammlungsbauten:*** J. Ch. Balty, *Curia Ordinis* (Brüssel 1991). ***Basilika:*** A. Nünnerich-Asmus, *Basilika und Portikus* (Köln – Weimar – Wien 1994). ***Macellum:*** C. De Ruyt, *Macellum* (Löwen 1983). ***Amphitheater:*** J. C. Golvin, *L'amphithéâtre Romain* (Paris 1988). ***Circus:*** J. H. Humphrey, *Roman Circusses* (London 1986). ***Thermen:*** W. Heinz, *Römische Thermen* (München 1983); I. Nielsen, *Thermae et Balnea* (Aarhus 1990); F. Yegül, *Baths and Bathing in Classical Antiquity* (Cambridge, Mass. – London 1992). ***Brunnen:*** W. Letzner, *Römische Brunnen und Nymphaea in der westlichen Reichshälfte* (Münster 1990). ***Speicherbauten:*** G. Rickman, *Roman Granaries and Store Buildings* (Cambridge 1971). ***Aquaedukte:*** A. Trevor Hodge, *Roman Aqueducts and Water Supply* (London 1992). ***Brücken:*** C. O'Connor, *Roman Bridges* (Cambridge 1993). ***Häuser:*** A. G. McKay, *Römische Häuser, Villen und Paläste* (Zürich – Freiburg i. Br. 1980); W. Wallace-Hadrill, *Houses and Society in Pompeii and Herculaneum* (Princeton 1994). ***Villen:*** H. Mielsch, *Die römische Villa* (München 1987); E. De Albentiis, *La casa dei Romani* (Mailand 1990); R. Förtsch, *Archäologischer Kommentar zu den Villenbriefen des jüngeren Plinius* (Mainz 1993). ***Grabbauten:*** H. v. Hesberg, *Römische Grabbauten* (Darmstadt 1992).

Zentrale Bedeutung in der Aussage der Bauten kommt ihrer **Ausstattung** und ihrem Dekor zu. Es bietet zugleich ein wichtiges Datierungskriterium. Besonders die Elemente des Marmorschmucks bilden Gegenstand entsprechender Untersuchungen.

H. Mielsch, *Buntmarmore aus Rom im Antikenmuseum Berlin* (Berlin 1985). ***Kapitelle:*** W. D. Heilmeyer, *Korinthische Normalkapitelle.* 16. Ergh. MdAI Rom (Heidelberg 1970); K. S. Freyberger, *Stadtröm. Kapitelle aus der Zeit von Domitian bei Alexander Severus* (Mainz 1990); U.-W. Gans, *Korinthisierende Kapitelle der Kaiserzeit* (Köln – Weimar – Wien 1992). ***Sonstige Formen:*** Ch. Leon, *Die Bauornamentik des Trajansforums* (Wien – Köln 1971); G. Schörner, *Röm. Rankenfriese* (Mainz 1995); Ch. Schreiter, „Röm. Schmuckbasen", *Kölner Jb.* 28 (1995).

Unter den römischen **Ehrenstatuen** dominieren im erhaltenen Bestand die Bildnisse mit Toga, solche in militärischem Habitus als Panzerstatue oder idealisierte Bildnisse, die bisweilen auch Götterangleichungen wiedergeben. Nur wenige Reiterbilder haben die Zeiten überdauert. Sie sind aber aus den Basen und Resten zu erschließen. Gleiches gilt für Statuen auf Gespannen.

K. Stemmer, *Untersuchungen zur Typologie, Chronologie und Ikonographie der Panzerstatuen* (Berlin 1978); H. Wrede, *Consecratio in Formam Deorum* (Mainz 1981); G. Lahusen, *Untersuchungen zur Ehrenstatue in Rom* (Rom 1983); C. Maderna, *Iuppiter, Diomedes und Merkur als Vorbilder für röm. Bildnisstatuen* (Heidelberg 1988); J. Bergemann, *Römische Reiterstatuen* (Mainz 1990); H. R. Goette, *Studien zu römischen Togadarstellungen* (Mainz 1990); D. E. E. Kleiner, *Roman Sculpture* (New Haven – London 1992).

Eine für das Verständnis römischer Kultur aufschlußreiche Gattung bildet im Zusammenhang mit den Ehrenbildnissen, Grabausstattungen und privaten Aufstellungskontexten das **Portrait.** Verschiedene Typen sind möglich: als Büste, Herme oder Schildbüste. Eine zusammenfassende Darstellung fehlt. Am ehesten bieten die Kataloge zu großen Sammlungen eine Einführung.

V. Poulsen, *Les portraits romains,* 2 Bde. Glyptothek Ny Carlsberg (Kopenhagen 1962. 1974); R. Winkes, *Clipeata Imago* (Bonn 1969); K. Fittschen, P. Zanker, *Katalog der römischen Portraits in den Capitolinischen Museen und den anderen kommunalen Sammlungen in Rom,*

3 Bde. (Mainz 1983–1985); G. Lahusen, *Schriftquellen zum röm. Bildnis* (Bremen 1984); H. Wrede, *Die antike Herme* (Mainz 1986); T. A. Motz, *The Roman Freestanding Portrait Bust* (Michigan 1993).

Das Feld der römischen **Idealplastik** ist nur schwer überschaubar. Die Probleme liegen vor allem in der Datierung der Monumente, dann aber auch im Verständnis der Rezeptionsvorgänge der griechischen Vorbilder und in der Einbindung in die römischen Kontexte. Insgesamt kommt es zu einer erstaunlichen Dichte an Bildern, die erklärend und lenkend die Funktion der Umgebung, in der sie stehen, und die Ansprüche der Auftraggeber umschreiben.

H. Lauter, *Zur Chronologie röm. Kopien* (Nürnberg 1966); P. Zanker, *Klassizistische Statuen* (Mainz 1974); R. M. Schneider, *Bunte Barbaren* (Worms 1986); St. Schröder, *Röm. Bacchusbilder in der Tradition des Apollon Lykeios* (Rom 1989); P. C. Bol (Hrsg.), *Villa Albani, Kat. der Antiken Bildwerke,* 4 Bde. (1988–1994).

In den **Staatsreliefs** liegt eine Fülle von Einzelstudien vor, eine Zusammenfassung fehlt: M. Torelli, *Typology and Structure of Roman Historical Reliefs* (Ann Arbor 1982).

Über reliefgeschmückte **Aschenurnen**, **Grabaltäre** und **Sarkophage** informieren:

D. Boschung, *Antike Grabaltäre aus den Nekropolen Roms* (Bern 1987); F. Sinn, *Stadtrömische Marmorurnen* (Mainz 1987); H. Sichtermann, G. Koch, *Griech. Mythen auf röm. Sarkophagen* (Tübingen 1975); G. Koch, H. Sichtermann, *Röm. Sarkophage.* Handbuch der Archäologie (München 1982); G. Koch, *Sarkophage der röm. Kaiserzeit* (Darmstadt 1993).

Zur Entwicklung der **Wandmalerei** mit den sog. vier Stilen und der Dekoration mit Stuckreliefs geben die Häuser in den verschütteten Städten der Vesuvregion den besten Aufschluß. Sie stehen zusammen mit den Befunden in Rom seit jeher im Zentrum des Interesses. Allerdings geht dabei oft das Bewußtsein dafür verloren, daß bis in die Spätantike hinein diese Art des Wand- und Gewölbeschmucks in gleicher Intensität existiert.

H. Mielsch, *Röm. Stuckreliefs.* 21. Ergh. MdAI Rom (Heidelberg 1975); ders., „Funde und Forschungen zur Wandmalerei der Prinzipatszeit", in: *ANRW* II 12, 2 (1981) 158–237; A. Barbet, *La peinture murale romaine* (Paris 1985); G. Cerulli-Irelli, M. Aoxagi, S. De Cora u. a., *Pompejanische Wandmalerei* (Zürich – München 1990); R. Ling, *Roman Painting* (Cambridge 1992).

Für die **Mosaiken** Roms und Italiens fehlen vielfach ausreichende Vorlagen, und vor allem mangelt es an einer zusammenfassenden Darstellung. Eine der Wandmalerei oder den Skulpturen ähnlich klare, durchgängige Entwicklung läßt sich vorerst nicht absehen. In Italien werden die bunten Mosaiken seit augusteischer Zeit stärker durch Schwarzweißmuster abgelöst. Vielleicht hat ebenfalls der Wunsch nach strenger, weniger luxuriös sich gebender Ausstattung entsprechende Impulse gegeben.

H. H. L'Orange – P. J. Nordhagen, *Mosaik* (München 1960); *Mosaici Antichi in Italia* (Rom 1967ff.); M. Donderer, *Die Chronologie der röm. Mosaiken in Venetien und Istrien* (Berlin 1986).

Zu **Prunkmöbeln** fehlen sowohl Einzelstudien wie eine Übersicht. Immerhin sind Klinen und ihre Dekorationen aus Bronze oder Elfenbein gut erfaßt.

G. M. A. Richter, *The Furniture of the Greeks, Etruscans and Romans* (London 1966); C. Letta, *Due letti funerari in osso* (Rom 1984); S. Faust, *Fulcra-Schmuck an antiken Betten.* 30. Ergh. MdAI Rom (Mainz 1989).

Metallgeschirr und kostbare **Prunkgefäße** werden meist nach den Metallsorten untersucht. Gefäße aus Gold sind so gut wie keine erhalten. Silbergefäße begegnen vor allem in der frühen Kaiserzeit und in der Spätantike. Geräte und Gefäße aus Bronze bilden die Hauptmasse im Bestand der Überlieferung. An einigen Gattungen ist es möglich, eine Entwicklung aufzuzeigen.

D. E. Strong, *Greek and Roman Gold and Silver Plate* (London 1966); M. Conticello De Spagnolis, E. De Carolis, *Le lucerne di bronzo di Ercolano e Pompei* (Rom 1988); L. Pirzio Biroli Stefanelli, *L'argento dei Romani* (Rom 1991); ders., *Il bronzo dei Romani* (Rom 1990).

Glasgefäße in vielerlei Variationen gewinnen seit der Zeit der späten Republik an Bedeutung. Die Formen und auch die Dekorationen wirken bis in das 2. Jahrhundert hinein vergleichsweise schlicht. Seit dieser Zeit kommen zunehmend komplizierte Muster und Dekorationsweisen hinzu.

M. Newby u. K. Painter (Hgg.), *Roman Glass* (London 1991); *Glas der Caesaren*. Ausstellung, Köln, London u. Corning Mus. of Glass (Mailand 1988).

Die römische **Keramik**produktion in Italien ist schwer überschaubar. Es gibt eine Fülle lokal gebundener Produktionsstätten, die einzeln erforscht werden. Die diversen Formen der Glanztonkeramik aus der Zeit der Republik (sog. Campanaware) werden spätestens mit Beginn der Kaiserzeit durch Produkte aus Arezzo (Terra Sigillata) ergänzt und z. T. abgelöst. In der Kaiserzeit kommen Importe aus den Provinzen hinzu. Neben der Feinkeramik machen die Gebrauchs- und Grobkeramik und die Amphoren einen wesentlichen Teil der Produktion aus.

J. W. Hayes, *Late Roman Pottery* (London 1972); *Recherches sur les amphores romaines*. Kolloquium Rom 1971 (Rom 1972); *Atlante delle Forme Ceramiche,* 2 Bde. Enciclopedia dell'arte antica (Rom 1981 u. 1985); D. P. S. Peacock, *Pottery in the Roman World* (London – New York 1982); E. Ettinger u. a. (Hgg.), *Conspectus formarum terrae sigillatae italico modo confectae* (Bonn 1990); M. Sciallano, P. Sibella, *Amphores – comment les identifier?* (Aix-en-Provence 1991).

Die **Lampen** entsprechen zunächst den griechischen und hellenistischen Typen. Im 1. Jh. v. Chr. kommt die typische Form der Prinzipatszeit mit figürlich dekorierten Bildfeldern auf.

G. Heres, *Die röm. Bildlampen der Berliner Antiken-Slg.* (Berlin 1972); C. Rickman-Fitch und N. Wynick Goldman, *Cosa. The Lamps*. Mem. Am. Acad. in Rome 39 (Rom 1994).

Die Rekonstruktion der Geschichte des römischen **Schmucks** stellt besondere Probleme, da die kostbareren Objekte kaum mehr im Bestand vorhanden sind. Hinweise bieten die Grabfunde und Wiedergaben in Bildwerken.

A. Böhme, *Schmuck der röm. Frau* (Stuttgart 1974); B. Deppert-Lippitz, *Goldschmuck der Römerzeit im Röm.-Germ. Zentralmuseum* (Bonn 1985); L. Pirzio Biroli Stefanelli, *L'oro dei Romani* (Rom 1992).

Ein wichtiges Element im Schmuck bilden die geschnittenen Steine und Glasabdrücke.

P. Zazoff, *Die antiken Gemmen*. Handbuch der Archäologie (München 1983); W. R. Megow, *Kameen von Augustus bis Alexander Severus* (Berlin 1987).

Elfenbeinarbeiten vor der Spätantike sind ebenfalls nicht zusammenfassend behandelt. Eine Einführung bietet: A. Caravale, *Avori ed ossi*. Mus. Naz. Romano VI 1 (Rom 1994).

1.1.3 Urbanistik und zugehörige Kontexte

Die Analysen von Kontexten, in der die Komplexität verschiedener Gattungen archäologischer Quellen auf die Aussage über das historische Umfeld im engen regionalen wie auch im umfassenden Sinn erfaßt und zum Sprechen gebracht wird, hat an Bedeutung gewonnen. Die Geschichte einer Stadt oder eines Teilbereichs wird über einen längeren historischen Zeitraum mit dem Ziel verfolgt, aus den Veränderungen der verschiedenen Bestandteile wie des architektonischen Rahmens, den Skulpturen und dekorativen Elementen und schließlich dem übrigen Fundmaterial ihre Bedeutung für den jeweiligen Zeithorizont zu erschließen.

F. Coarelli, *Guida Archeologica di Roma* (Rom 1974); ders., *Roma,* Guida Laterza (Rom [5]1988). T. G. Mansuelli, *Urbanistica e architettura della Cisalpina romana* (Brüssel 1971); F. E. Brown, *Cosa. The Making of a Roman Town* (Ann Arbor 1980); P. Zanker, *Pompeji.* 9. Trierer Winckelmannsprogramm (Mainz 1987); P. Gros, M. Torelli, *Storia dell'urbanistica. Il mondo romano* (Rom – Bari 1988); Ph. Leveau, P. Sillières, J. P. Vallat, *Campagnes de la Méditerranée Romaine* (Paris 1993).

Die **Statuenausstattung** römischer Gebäude bildete in den letzten Jahren ein wichtiges Forschungsanliegen. Daraus läßt sich die Funktion der Statuen vielfach besser erklären und umgekehrt bieten die Programme gewisse Anhaltspunkte für eine Datierung, wenn auch grundsätzlich viele Statuen wiederverwendet und Grundausstattungen auch jeweils ergänzt wurden.

H. Manderscheid, *Die Skulpturenausstattung der kaiserzeitlichen Thermenanlagen* (Berlin 1981); M. R. Wojcik, *La Villa dei Papiri ad Ercolano* (Rom 1986); M. Fuchs, *Untersuchungen zur Ausstattung röm. Theater* (Mainz 1987); R. Neudecker, *Die Skulpturenausstattung röm. Villen in Italien* (Mainz 1988); *Standorte. Kontext und Funktion antiker Skulptur.* Ausstellung Berlin (Berlin 1995).

Ein zentrales Forschungsanliegen stellt die Rekonstruktion antiker **Lebenszusammenhänge** dar mit dem Ziel, die Bedeutung der einzelnen Objekte im Kontext zu sehen und die Komplexität der Verständigungs- und Kommunikationsformen zu erschließen. Bilder, Objekte, ihre Figurationen und ihre Einbindung in Nutzungsvorgänge dienen nicht nur bloßen Mitteilungen, sondern auch der Selbstvergewisserung des Einzelnen und der Gemeinschaft, in der er lebt. Kontexte in öffentlichen Bereichen der Städte sind erst in Ansätzen systematisch erforscht.

Plätze und Heiligtümer: F. Coarelli, *Il Foro Romano,* 2 Bde. (Rom 1983. 1985); Ch. Reusser, *Der Fidestempel auf dem Kapitol* (Rom 1993); F. E. Brown, E. H. Richardson, L. Richardson, *Cosa III. The Buildings of the Forum.* Mem. Am. Acad. in Rome (Rom 1993); R. Neudecker, *Die Pracht der Latrine* (München 1994). ***Häuser:*** V. J. Bruno, R. T. Scott, *The Houses, Cosa IV.* Mem. Am. Acad. in Rome (Rom 1993). ***Villa:*** A. Carandini (Hrsg.), *Settefinestre. Una villa schiavistica* I–III (Rom 1985). ***Nekropolen:*** V. Kockel, *Die Grabbauten vor dem Herkulaner Tor in Pompeji* (Mainz 1983); D. Boschung, „Überlegungen zum Liciniergrab", *Jahrb. DAI* 101 (1986) 259–287; H. von Hesberg, P. Zanker (Hgg.), *Römische Gräberstraßen.* Abh. München (München 1987). ***Handelsgüter:*** The Seaborne Commerce of Ancient Rome: J. H. D'Arms u. E. C. Kopff (Hgg.), *Studies in Archaeology and History.* Mem. Am. Acad. in Rome (Rom 1980); *Das Wrack. Der antike Schiffsfund von Mahdia.* Ausstellung Bonn (Köln 1994). ***Eß- und Trinkkultur:*** H. V. Nuber, *Kanne und Griffschale.* 53. Ber. Röm.-German. Komm. 1972. ***Feste und religiöse Rituale:*** H. H. Scullard, *Röm. Feste* (Mainz 1985); E. Künzl, *Der röm. Triumph* (München 1988).

Einen wichtigen Bereich archäologischer Forschung bildet die Erschließung der Aussage von Bildern in ihrem jeweiligen Zusammenhang.

Götterbilder: T. Hölscher, *Victoria Romana* (Mainz 1967); C. Maderna, *Iuppiter, Diomedes und Merkur als Vorbilder für röm. Bildnisstatuen* (Heidelberg 1985); St. Ritter, *Hercules in der röm. Kunst* (Heidelberg 1995). ***Amtsträger, Berufsgruppen:*** F. Fless, *Opferdiener und Kult-*

musiker auf stadtröm. historischen Reliefs (Mainz 1994); G. Zimmer, *Röm. Berufsdarstellungen* (Berlin 1982); J. Eingartner, *Isis und ihre Dienerinnen in der Kunst der röm. Kaiserzeit* (Leiden – New York 1991). ***Insignien:*** Th. Schäfer, *Imperii Insignia. Sella Curulis und Fasces.* 29. Ergh. MdAI Rom (Mainz 1989).

1.2 Die Anfänge Roms (10.–7. Jh. v. Chr.)

Die antike Überlieferung entwirft von den Geschehnissen um die Anfänge Roms ein facettenreiches Bild. Von den Ereignissen vor der eigentlichen Gründung der Stadt, der Landung des Aeneas bei Lavinium bis zur Gründung von Alba Longa in den Albaner Bergen, der Aussetzung der Zwillinge Romulus und Remus bis zur Gründung der Stadt selbst gibt es viele, allerdings auch deutlich und grundlegend einander widersprechende Geschichten. Da die Erzählungen bisweilen unmittelbar in die Annalistik einflossen, Genealogien und exakte Angaben über Ort und Zeit der Geschehnisse enthielten, verlockten sie immer wieder, in ihnen zumindest teilweise glaubwürdige Überlieferungen von historischen Ereignissen zu finden.

Die archäologischen Daten bestätigten zudem in einzelnen Aspekten das Bild – und verführten dann schnell zu weitreichenden Rückschlüssen –, in vielen und sehr grundsätzlichen Zügen aber auch nicht. So läßt sich die in den mythischen Protagonisten verkörperte Zielgerichtetheit der Vorgänge in keiner Weise nachvollziehen. Hingegen eröffnen die archäologischen Grabungen Möglichkeiten, die Entstehung von zentralen Siedlungsplätzen und damit wohl identisch von politischen Gemeinschaften nachzuzeichnen und zu begreifen.

Die Zeit vom 10. bis 7. Jahrhundert v. Chr. gliedert sich in vier Hauptphasen, die archäologisch vor allem an der jeweils verwendeten Keramik zu unterscheiden sind, und die zugleich bestimmte Stufen der Siedlungsformen markieren. Eine erste deutlich faßbare Siedlungstätigkeit – das haben neuere Untersuchungen der letzten Jahrzehnte gezeigt – begann seit der Mitte des 11. Jahrhunderts v. Chr. Regionale Unterschiede, die an dem archäologischen Material ablesbar sind und in ihren Grenzen späteren ethnisch geprägten Bevölkerungsgruppen (Latinern, Sabinern, Etruskern) entsprechen, zeichnen sich mit dem Beginn der Eisenzeit, d. h. um die Mitte des 9. Jahrhunderts v. Chr. ab (sog. Villanova-Periode, Latial II). Auf dem Areal des späteren Rom müssen zu diesem Zeitpunkt mehrere kleine Siedlungen verstreut gelegen haben: offenbar die älteste auf dem Palatin mit der berühmten ‚Hütte des Romulus' und weiteren Hütten mit ovalem Grundriß und einfacher Flechtwerkkonstruktion, eine andere Siedlung auf dem Kapitol und einzelne Siedlungsfunde im Areal des Forum Romanum. Dort bestattete man in verschiedenen, offensichtlich voneinander getrennt angelegten Bereichen die Toten. Im Anfang des 8. Jahrhunderts kamen Siedlungen auf Esquilin und Quirinal hinzu.

Das Aussehen der Siedlungen dieser Zeit darf man wohl nach dem Bild anderer, besser bekannter Beispiele aus Latium ergänzen (z. B. Osteria dell' Osa, Castel di Decima). Die gestreut gelegenen Hütten waren von einem einfachen Erdwall als gemeinsamem Befestigungsring umschlossen. Davon sind meist nur wenige Reste erhalten. Das sicherste Indiz bieten die ausgedehnten Nekropolen mit Gräbern, in denen als Beigabe Keramik einheimischer Produktion aus dunkelbraun gebranntem Ton und einfacher Ritzverzierung (Impasto) deutlich dominiert.

Seit der Mitte des 8. Jahrhunderts v. Chr. (Latial III) bereichert sich das Bild. In Rom selbst, aber auch an anderen Plätzen, mehren sich Hinweise auf eine übergreifende Organisation der Siedlungen. So setzen größere Votivkomplexe, z. B. bei Sta. Maria della Vittoria auf dem Quirinal oder ein anderer auf dem Kapitol den geregelten Betrieb eines Heiligtums voraus, an dem wohl alle Bewohner der Gegend teilhaben. Auf dem Forumsareal werden nur noch Erwachsene beigesetzt. Das Zusammenleben wirkt folglich stärker reglementiert und zugleich intensiver. Dem entspricht eine Öffnung nach außen, denn nun begegnen unter den Funden Importe aus Etrurien und Griechenland. Offenbar geht damit eine stärkere Differenzierung der Gesellschaft einher, was wiederum an den Grabfunden zu beobachten ist.

Die orientalisierende Zeit (Latial IV), die das 7. Jahrhundert v. Chr. umfaßt (710–610 v. Chr.), führt innerhalb der Siedlungskonzentrationen und damit einhergehenden sozialen Differenzierung zu einer neuen Qualität. Nun entstehen wohl durch Synoikismos größere Zentren von urbanem Zuschnitt. Rückzugs- und Schutzpositionen auf Bergen verlieren an Bedeutung, wie die Entwicklung der Siedlungen auf den Albaner Bergen belegt. Monumentale Grabbauten, wie Tumuli und Kammergräber mit reichen, z. T. außerordentlich prächtigen Beigaben, die alles Vorhergehende weit übertreffen, weisen auf eine besonders exponierte Führungsschicht. Für diese Zeit fehlen freilich geschlossene Befunde, die eine Anschauung von den Siedlungen der Zeit vermitteln. Welches Erscheinungsbild Rom in dieser Zeit geboten hat, vermögen wir deshalb nicht zu sagen.

E. Gjerstad, *Early Rome,* 4 Bde. (Lund 1953–1966); H. Müller-Karpe, *Vom Anfang Roms* (Heidelberg 1959); H. Müller-Karpe, *Zur Stadtwerdung Roms* (Heidelberg 1962); M. Pallotino, „Le origini di Roma", *ANRW* I 1 (1972) 22–46; *Enea nel Lazio.* Ausstellung Rom 1981 (Rom 1981); C. J. Smith, „Review of archaeological studies on Iron-Age and archaic Latium", *Journal Rom. Archaeology* 7 (1994) 285–302.

1.3 Königszeit (6. Jh. v. Chr.)

Archäologische Daten und historische Überlieferung widersprechen einander selbst während dieser Periode in vieler Hinsicht. Dennoch vermitteln die verschiedenen Indizien einen Prozeß des Zusammenwachsens der Einzelsiedlungen auf dem Areal des späteren Rom. Diese Erscheinungen haben immer wieder dazu verführt, die Errichtung einzelner Anlagen und die davon ausgehenden Impulse mit bestimmten Königen zu verbinden. Schon in der zweiten Hälfte des 7. Jahrhunderts beginnen Arbeiten zur Trockenlegung im Bereich des späteren Forum Romanum. Spuren einer Pflasterung sind zu beobachten. Noch heute geben sich in dem langen Kanalsystem der Cloaca Maxima die frühesten Baureste durch falsche Gewölbe, d. h. um gegenseitig vorgeschobene Steinplatten, deutlich zu erkennen. In diese Periode fällt auch die Errichtung der ersten Regia, des Amtslokals für den Pontifex Maximus am Forum, und wohl auch die Anlage des Tempels für Vesta. Im frühen 6. Jahrhundert wird ferner mit dem Bau einer ersten einfachen, durchgehenden Stadtbefestigung begonnen, eine Holzbrücke über den Tiber vollendet und in der zweiten Hälfte des Jahrhundert der Jupiter-Optimus-Maximus-Tempel auf dem Capitol weitgehend fertiggestellt. Noch in das letzte Drittel des 7. Jahrhunderts gehört die erste Phase des Comitium auf dem Forum und der erste Bau der Curia. Die Königsherrschaft schließt also keineswegs Einrichtungen aus, in denen sich Gremien wie die Volksversammlung oder der Senat treffen können.

Der kulturelle Habitus gleicht in vieler Hinsicht den etruskischen Städten des Nordens, und die Dinge des täglichen Lebens, das Geschirr, der Schmuck und die Waffen sind untereinander zumindest vor dem Hintergrund der griechischen Kultur sehr ähnlich. Die Zeugnisse aus den südlich von Rom gelegenen Städten Latiums bleiben hingegen bescheidener. Zwar begegnen unter den archäologischen Zeugnissen wiederum dieselben Leitformen der Region insgesamt, aber doch spärlicher. Tempelanlagen oder öffentliche Bauten erreichen in keinem Fall die Dimensionen vergleichbarer Anlagen in Rom. Einige Indizien weisen darauf hin, daß in Rom zusätzlich griechische Vorbilder die Konzeption der Bauten beeinflussen. So erreicht der Tempel der kapitolinischen Trias mit seinen Fundamentmaßen von 63 × 53 m und seinem massiven Podium Dimensionen der ionischen Riesenbauten in Ephesos oder Samos, das Comitium könnte von Anlagen wie dem sog. Ekklesiasterion in Metapont geprägt worden sein, und für die Platzanlage des Forums generell findet sich zumindest bis jetzt in Etrurien keine Entsprechung. Das Forum erhält zudem mit den Tabernae Veteres und verschiedenen anderen kleineren Bauten ein vielfältiges Gesicht.

Das Aussehen dieser Tempel läßt sich vielleicht aus archäologisch besser faßbaren Bauten wie denen unter der Kirche S. Omobono erschließen. Auf einem profilierten Podium stehen dort Holzsäulen, die ein entsprechendes Gebälk getragen haben und reich mit Terrakottaschmuck verziert sind. Die Tempel besitzen eine weit über Rom hinausreichende Bedeutung, wie der Dianatempel auf dem Aventin belegt, der zu dieser Zeit den Charakter eines Zentralheiligtums für die Städte Latiums gewinnt.

Rom bietet folglich im 6. Jahrhundert v. Chr. ein reiches, gegliedertes und gut ausgestattetes Erscheinungsbild. Es kann sich mit den größeren Städten Etruriens in vieler Hinsicht messen. Von dem Aussehen der Straßen und Häuser geben noch einige versprengte Funde eine Vorstellung. Auf dem Palatin in der Nähe des späteren Tempels der Magna Mater z. B. fand man eine von Steinreihen gesäumte Straße aus dieser Zeit. Unterhalb des Palatins zum Forum hin legte man eine Reihe von mit einem Atrium ausgestatteten Häusern frei, die dem 6. Jahrhundert zugehören. Der Reichtum der Bewohner äußert sich neben den Bauten auch in den zahlreichen Votivdepots mit Keramik als Gaben. Es gibt sogar einzelne Reste von Marmorstatuen, die selbst für Etrurien selten den Kontakt nach Großgriechenland belegen.

M. Torelli, *Lavinio e Roma* (Rom 1984); C. Ampolo, „Roma arcaica fra Latini ed Etruschi. Aspetti politici e sociali", in: *Etruria e Lazio arcaico*. Quad. Centro di Stud. per l'Archeologia Etrusco-Italica 15 (1987) 75–87; *La grande Roma dei Tarquini*. Ausstellung Rom (Rom 1990).

1.4 Die frühe Republik (5. Jahrhundert v. Chr.)

Die Beseitigung der Königsherrschaft, die nach den unsicheren Aussagen der römischen Annalistik in das Ende des 6. Jahrhunderts v. Chr. fällt, führt zu keinen tiefgreifenden Veränderungen in den archäologisch faßbaren Daten, wie es z. B. in Athen mit dem Ende der Tyrannis zur gleichen Zeit spürbar ist. Am Forum Romanum werden die Tempel des Saturn und der Dioskuren in den Beginn des 5. Jahrhunderts datiert. Ob sie schon von Anfang an dazu bestimmt sind, neugeschaffene Institutionen wie das Aerarium Populi Romani zu fixieren oder den Versammlungsort der Ritterschaft zu bilden, bleibt ungewiß. Der 466 v. Chr. geweihte Tempel des Semo Sancus auf dem Quirinal führt eine Gottheit der Sabiner in Rom ein. Die 435 v. Chr. errichtete Villa Publica auf dem Marsfeld dient den Aufgaben der Censoren. Die Überlieferung zu Bauten in dieser Zeit bleibt dürftig und weitgehend auf literarische Quellen beschränkt. Erwähnt werden als zentrales Heiligtum der Plebs ein Cerestempel auf dem Aventin, mit dessen Ausschmückung sich die Namen von Gorgasos und Damophilos, d. h. griechischen Künstlern, verbinden, und vom Ende des Jahrhunderts ein Apollontempel auf dem Marsfeld. Sichere Hinweise auf die Größe und Gestalt der Bauten fehlen. Allgemein werden sie wie andernorts in der Region den Traditionen des 6. Jahrhunderts weitgehend gefolgt sein.

In der zweiten Jahrhunderthälfte begegnen in der Überlieferung die ersten größeren Ehrenstatuen. 439 v. Chr. wird vor der Porta Trigemina für L. Minucius wegen seiner Leistungen für die Getreideversorgung eine Statue auf einer Säule aufgestellt, ein Jahr später kommen Standbilder der vier auf ihrer Mission nach Fidenae getöteten Gesandten am Comitium auf dem Forum Romanum hinzu.

In der materiellen Kultur muß es vor allem in den Bestattungsriten Formen auffälliger Selbstdarstellung durch großen Aufwand im Personal, in der Gestaltung der Scheiterhaufen und der Ausschmückung der Toten mit Kleidung und Beigaben gekommen sein. Anders wären Regelungen in den XII-

Tafel-Gesetzen nicht denkbar. Es fällt auf, daß um die Mitte des 5. Jahrhunderts v. Chr. die Importe griechischer Keramik plötzlich abbrechen. Da der Wechsel nicht aus außenpolitischen Veränderungen ableitbar ist, mag er innenpolitische Gründe gehabt haben und aus Widerstand gegen luxuriöse Importkeramik zu erklären sein.

E. Gjerstad, *Early Rome* 4 (Lund 1966) 514ff.; *Roma Medio Repubblicana.* Ausstellung Rom 1973 (Rom 1973) 96–98.

1.5 Mittlere Republik (4. und 3. Jahrhundert v. Chr.)

1.5.1 Urbanistik und Architektur

Rom gewinnt in der ersten Hälfte des 4. Jahrhunderts v. Chr. nach dem verheerenden Galliersturm von 390 ein vollkommen anderes Gesicht. Die Stadtmauer entsteht wenige Jahrzehnte nach dem Ereignis neu, und zwar mit einer starken, aus Blöcken von Grotta-Oscura-Tuff geschichteten Außenmauer und einer ca. 40 m tiefen Hinterfüllung, dem Agger. Die veränderte Qualität der öffentlichen Räume machen die wenigen erhaltenen Tempelanlagen deutlich. So steht der Tempel C vom Largo Argentina auf einem hohen Podium, seine Cella hebt eine auf den Ansichtsseiten umlaufende Säulenhalle hervor *(peripteros sine postico),* und den Altar vor dem Tempel umgibt ein Pflaster. Alle diese Merkmale sollen für die Zukunft den römischen Tempelbau auszeichnen. Die einzelnen archäologischen Belege zusammen mit der literarischen Überlieferung legen eine neue Art des Stadtbildes nahe. Während Livius für die Zeit zuvor nur acht Tempel überliefert, sind es für die mittlere Republik 50. Von diesen Tempeln entstehen 40 aus der Initiative von Magistraten oder der Kriegsbeute von Feldherren. Auf diese Weise etabliert sich über ihre Erfolge in der Amts- oder Kriegsführung eine neue Elite. In der Wende vom 4. zum 3. Jahrhundert müssen wichtige Straßen schon gepflastert gewesen sein.

Das Forum Romanum erhält mit den Taberna Veteres ein neues Aussehen, und eine Anlage wie der Circus Maximus wird in dieser Zeit zum ersten Mal architektonisch ausgestaltet. In den Nekropolen der Stadt trifft man zum ersten Mal auf größere Grabanlagen mit Kammern, die entweder aus dem anstehenden Fels herausgehöhlt werden wie bei der Serie der Gräber in der Nähe von S. Giovanni in Laterano oder auch beim Scipionengrab an der Via Appia, oder die aus Quaderblöcken errichtet werden, wie eine Reihe von Gräbern auf dem Esquilin, zu denen auch das Grab des Q. Fabius mit seiner Ausmalung zählt.

Als charakteristisches Baumaterial der Zeit dient der leicht gelbliche sog. Grotta-Oscura-Tuff, der aus Steinbrüchen an der Via Tiburtina stammt. Ferner fallen wohl in das 3. Jahrhundert v. Chr. die ersten Versuche, mit Gußmauerwerk *(opus caementicium)* zu bauen. In den Dekorationen ist deutlich eine stärkere Orientierung an griechischen Vorbildern, z. B. mit Figural- oder den sog. italisch-korinthischen Kapitellen, zu spüren.

Bedeutende Veränderungen kennzeichnen auch die Städte außerhalb Roms in Mittelitalien. Denn hier entstehen am Ende des 4. Jahrhunderts und mit dem 3. Jahrhundert neue Typen. Zum Schutz der Küsten errichten römische Colonen kleine festungsartige Städte, am Ende des 4. Jahrhunderts als erstes Ostia und dann in rascher zeitlicher Folge weitere Anlagen in Pyrgi, in Antium, Terracina usf. Diese Coloniae Maritimae werden durch ihren rechteckigen Grundriß mit massiver Bewehrung durch eine Agger-Befestigung geprägt. Wenig später setzt die Serie der Gründungen von *Coloniae Latinae* ein, mit Bürgern latinischen Rechts, die in herausragenden Geländepositionen sicher befestigte Städte für mehrere tausend Einwohner anlegen, z. B. Cosa, Alba Fucens und zur gleichen Zeit durch Zuzug zur bestehenden Bevölkerung Paestum. Die ebenfalls massiven, oft in sog. Polygonalmauerweise angelegten Stadtmauern umschließt in unregelmäßiger dem Gelände folgender Linie das Stadtareal. Die Straßen im Inneren stoßen rechtwinklig aufeinander und sind in den Hauptadern ausgerichtet auf Forum und zentrale Tempel. Am Forum werden z. B. in Cosa als erstes die Bauten der politischen Selbstverwaltung, Comitium, Curia und ein Concordia-Tempel angelegt. Im 2. Jahrhundert folgt das Kapitol. Bei den Wohnbauten mit schlichter Ausstattung handelt es sich um einen Typus, der anstelle des Atrium einen überdachten Zentralraum aufweist.

Die Städte dienen der territorialen Neugliederung Mittelitaliens und der Sicherung der Grenzen bzw. der Verbindungswege. Die Hauptstraßen werden zu Beginn des 3. Jahrhunderts rasch ausgebaut, 312 v. Chr. beginnt man mit der Via Appia, 281 v. Chr. reicht sie schon bis nach Tarent, und 274 erreicht sie ihren Endpunkt Brindisi. Der Censor Appius Claudius Pulcher beginnt zugleich mit der Straße auch den Bau des ersten Aquaeduktes nach Rom hinein. Eine Reihe weiterer Leitungen folgt und verbessert in entscheidender Weise die Versorgung der Stadt. Man wird wohl nicht fehlgehen, mit der Neuordnung des Landes durch neue Siedlungen und geradlinig durchlaufende Straßen zugleich eine Aufteilung in regelmäßig bemessene Felder zu verbinden.

Roma medio-repubblicana. Ausstellung Rom (Rom 1973); *I Galli e l'Italia.* Ausstellung Rom (Rom 1978); H. v. Hesberg, „Zur Plangestaltung der Colonia Maritimae", *MdAI Rom* 92 (1985) 127–150; *Comunità indigene e probleme della romanizzazione nell'Italia centro-meridionale (4.–3. sec. av. C.).* Kolloquium Rom 1990 (Brüssel – Rom 1991); A. Ziolkowski, *The Temples of Mid-Republican Rome and their Historical and Topographical Context* (Rom 1992); *Aspects of Hellenism in Italy: Towards a Cultural Unity?* Acta Hyperborea 5 (Kopenhagen 1993).

1.5.2 Skulptur und Bilderwelt

Die Zeit des 4. und 3. Jahrhunderts führt zu einer eigentümlichen, spezifisch römisch geprägten Bilderwelt. Sie findet ihren Ausdruck in vielen Bereichen, vor allem in den Ehrenstatuen, der in großen Erddepots erhaltenen Votivplastik und Bildern von historischen Ereignissen. Zum ersten Mal erscheinen in der Stadt Serien von Statuen und Galerien berühmter Männer. Dazu gehören einerseits solche, die sich auf berühmte Vorfahren beziehen, und sehr bald auch andere, die von zeitgenössischen Feldherren oder Politikern aufgestellt wurden. Der Selbstdarstellung dienen ferner große Gemälde, die bei den Triumphzügen die Ereignisse der Feldzüge oder die eroberten Länder wiedergeben. Ein erstes Beispiel ist für 263 nach dem Sieg des M. Valerius Messala gegen die Karthager überliefert. Möglicherweise gibt uns von derartigen Bildwerken ein Grabgemälde vom Esquilin eine Vorstellung, denn hier werden die Stadtbelagerung und verschiedene Friedensschlüsse und Schlachten eines Quintus Fabius bildreich wiedergegeben und durch Texte erläutert. In den Nekropolen Etruriens begegnen Sarkophage mit Amtsszenen.

Neben der Monumentalisierung der Tempel kommen zahlreiche neuartige Bildwerke hinzu. So errichtet vor den beiden Templen von S. Omobono der Konsul Marcus Ofellius 264 v. Chr. ein großes Rundvotiv. Ferner muß man mit einer Reihe von öffentlichen Statuenweihungen rechnen, z. B. mit der 296 v. Chr. am Ficus Ruminalis von den Ogulnii aufgestellten Gruppe von Wölfin und Zwillingen. Generell enthalten die Bilder einen Verweis auf abstrakte Werke wie Fides, Concordia u. dgl. Dieser Zug bleibt für die römische Bildersprache in den folgenden Jahrhunderten prägend. Offenbar läßt sich in einem vergleichsweise abstrakten Kommunikationsverhältnis die Bindung an solche Wertmaßstäbe am besten übermitteln und für die Selbstdarstellung nutzen.

In den Heiligtümern Roms, Latiums und schließlich überall dort, wo römische oder latinische Kolonien angelegt wurden, bilden den Grundbestand der Votive dieser Zeit Serien von Terrakottaköpfen mit zum Teil porträtnahen Physiognomien verbunden mit anderen charakteristischen Votiven aus Terrakotta, zum Beispiel Nachbildungen von Körperteilen oder auch Statuetten. Die sog. Cisten, Behältnisse aus Bronze, die reich mit Bildern und mit applizierten Bronzefigürchen geschmückt waren, stellen eine charakteristische Gattung der Zeit dar. Neben mythologischen Ereignissen griechischer Prägung erscheinen darauf bisweilen Bilder mit politischem Hintergrund, wie die Darstellung von Beamten.

Außerhalb Roms und Latiums vermitteln die Städte Etruriens, Campaniens und Unteritaliens den Eindruck, als behaupteten sich hier die einheimischen Traditionen durchaus weiter. Allerdings dünnen mit der römischen Okkupation Zeugnisse einheimischer traditioneller Kultur aus. In Paestum z. B. schwinden die bemalten Kammergräber, in Tarent und seiner Umgebung zeugen nur noch wenige Grabbauten von der früheren reichen Ausstattung der Nekropolen.

T. Hölscher, „Die Anfänge römischer Repräsentationskunst", *MdAI Rom* 85 (1978) 315–357; P. Pensabene et al., *Terracotte votive dal Tevere.* Studi Miscellanei 25 (Rom 1980); M. Hofter, *Untersuchungen zu Stil und Chronologie der mittelitalischen Terrakotta-Votivköpfe* (Bonn 1985).

1.5.3 Lebensformen und materielle Ausprägung

Die Häuser dieser Epoche sind uns aus einzelnen wenigen Resten aus Ostia, Cosa oder anderswo vorstellbar. Sie bestehen im wesentlichen aus wenigen um einen zentralen Hof geordneten Räumen; es fehlen große prunkvolle Anlagen. Wanddekorationen mögen im 3. Jahrhundert schon aus Stuck mit Angabe einer Quaderung aufgetragen worden sein. Dennoch bleibt der Aufwand bescheiden. Gleiches gilt für das Aussehen der Nekropolen. Allerdings sind die Beigaben an Tonfiguren und Gefäßen reich, zu den Gräbern gehören bisweilen Sarkophage und aufwendige Aschenurnen.

Eine einfache materielle Kultur belegen auch verschiedene Gattungen der Keramik. Darunter erscheinen mit Tellern und Bechern (den sog. Pocola und den Tellern der Genuciliagruppe) für Rom charakteristische Produkte, protocampanische Gefäße aus Süditalien fehlen. Auch sonst sind zum ersten Mal spezifisch römische Produkte zu fassen, wie etwa kleine, reliefgeschmückte Tonaltärchen, Spiegel und andere Bronzegeräte; die berühmte Ficoronische Ciste mit einem Bild aus der Argonautensage ist von Novios Plautios signiert und in Rom verfertigt worden.

Aus den Bildern können wir schließen, daß sich eine bestimmte römische Kleidung, insbesondere die Toga, etabliert, die den Rang ihres Trägers innerhalb der Gesellschaft bezeichnet. Eine spezifische Romanitas artikulierte sich nun auf vielen Ebenen im Erscheinungsbild Roms und der von ihm abhängigen Städte. Auf diese Weise wird ein neues Gemeinschaftsgefühl geschaffen, das als politisches und kulturelles Bewußtsein die Bewohner dieser Region verbindet.

T. Dohrn, *Die ficoronische Ciste* (Berlin 1972). Bonfante Warren, „Roman Costumes", *ANRW* I 4 (1973) 584–614; O. Bernardini, *La ceramica a vernice nera del Tevere*. Mus. Naz. Romano V 1 (Rom 1986).

1.6 Späte Republik (2. Jahrhundert v. Chr.)

1.6.1 Urbanistik und Architektur

Die Zeit nach dem zweiten Punischen Krieg bringt für Rom eine umfassende Neugestaltung des Stadtbildes mit sich. Markante Zeichen bilden auf dem Forum Romanum Nutzbauten, z. B. 192 v. Chr. die Tabernae Novae und wenige Jahre später die ersten Basiliken, 184 v. Chr. die des P. Porcius Cato und 179 v. Chr. die der Aemilier. Weitere fünf Jahre später wird das Forum zum ersten Mal durchgehend gepflastert. Zur gleichen Zeit gewinnen die Tempelbauten eine neue, monumentale Qualität. Sie werden fast durchgängig von siegreichen Feldherren aus der Beute *(ex manubiis)* ihrer Kriegszüge errichtet. Auf diese Weise erhalten sie reichen Schmuck durch Statuen und anderes griechisches Beutegut. Deutlich spürbar ist unter den Bauherren die Konkurrenz um möglichst aufwendige und eindrucksvolle Ausstattung.

Der Ritter Quintus Fulvius Flaccus z. B. ist bemüht, 173 v. Chr. den von ihm geweihten Tempel der Fortuna Equestris mit Marmorziegeln zu decken, die er zuvor im Heiligtum der Juno Lacinia in Unteritalien geraubt hat. Quintus Caecilius Metellus läßt 146 v. Chr. seine Tempel für Jupiter Stator und Juno Regina auf dem Marsfeld durch den griechischen Baumeister Hermodor von Salamis zum ersten Mal ganz aus Marmor ausführen. Ein Tempel des Hercules Victor, von dem Sieger von Korinth, Lucius Mummius, ebenfalls in dieser Region errichtet, wird verschwenderisch mit der Beute aus Griechenland geschmückt.

Schließlich begegnet man im Stadtbild auch neuartigen Monumenten, den Ehrenbögen, von denen der erste des Stertinius in der Nähe des Forum Boarium 196 errichtet wird und auf den dann 190 v. Chr. der des Scipio auf dem Kapitol folgt. Rom gewinnt also vor allem mit der dichten Folge der reichgeschmückten Tempelbezirke eine völlig neue Qualität, die ihrerseits mit einer Fülle von Nutzbauten die Entsprechung innerhalb der öffentlichen Architektur findet. Spätestens seit dieser Zeit überragt die Stadt alle anderen in Italien und bildet in der Summe ihrer kulturellen Erscheinungen eine Metropole, die auch den Vergleich mit denen im Osten des Mittelmeerraumes aushält.

Die Schnelligkeit des Bauens wird mit einer neuartigen und rationalisierten technischen Form des Mauerbaus erreicht. Aus Gußmauerwerk errichten die Aemilii in der ersten Hälfte des 2. Jahrhunderts v. Chr. den riesigen, fast 500 m langen Hallenbau im Hafenbereich von Rom (Emporium). Charakteristisch für diese Art des Mauerwerks ist die verlorene Schale aus kleinen Tuffsteinen *(opus incertum)*. In dieser Art entstehen nun überall in sehr rascher Folge neue Bauwerke, wobei vielfach Stuckdekor die Mauern verdeckt hat.

Eindrucksvolle Beispiele solcher Architektur bieten vor allem die Städte in der Umgebung Roms und in Latium.

So zieht sich in Palestrina das weiträumige Heiligtum der Fortuna Primigenia auf einer Serie von ausgedehnten Terrassen symmetrisch auf eine Mittelachse ausgerichtet den Berg empor. Der Besucher des Heiligtums gelangt aus der Stadt über eine Abfolge von Rampen, Portiken und theaterähnlichen Treppenanlagen zu dem obersten Rundtempel mit dem Bild der Göttin. Das Heiligtum bietet auf diese Weise zusätzlich Raum für eine Fülle kleinerer Bezirke und Kammern, in denen Statuen und Votive ihren Platz finden. Dabei handelt es sich um das eindrucksvollste Beispiel seiner Art, das nach Aussage der Stifterinschriften wohl in dem letzten Drittel des 2. Jahrhunderts v. Chr. rasch errichtet worden ist. Als ein Vorläufer sind das Heiligtum des Aesculap in Fregellae – einer Stadt, die 328 gegründet und 125 n. Chr. zerstört worden ist –, und der Bezirk der Juno bei Gabii anzusetzen, und etwas später ein mächtiger Bau für das Heiligtum des Hercules Victor vor den Toren von Tivoli.

Die italischen Städte erhalten zu dieser Zeit ein spürbar neues Gesicht. Auf den Fora entstehen die ersten Basiliken, die besten Beispiele dafür bieten Pompeji und Cosa, und zum ersten Mal wird – wiederum in Pompeji – ein Amphitheater errichtet.

P. Zanker (Hrsg.), *Hellenismus in Mittelitalien.* Kolloquium Göttingen (Göttingen 1976); P. Gros, *Architecture et Société.* (Brüssel 1978); M. Almagro-Gorbea (Hrsg.), *El santuario de Juno en Gabii.* (Rom 1982); F. Coarelli (Hrsg.), *Fregellae. Il santuario di Esculapio.* (Rom 1986); F. Rakob, „Die Rotunde in Palestrina", *MdAI Rom* 97 (1990) 61–91; K. Ohr, *Die Basilika in Pompeji* (Berlin – New York 1991).

1.6.2 Skulptur- und Bilderwelt

Mit dem 2. Jahrhundert v. Chr. sind zum ersten Mal auch im archäologischen Bestand Bildnisse berühmter römischer Feldherren und Politiker zu fassen. Allerdings lassen sie sich mit keiner der überlieferten historischen Gestalten sicher verbinden. Die Porträts dieser Zeit orientieren sich in ihrer Gestaltung ganz an hellenistischen Vorgaben. Sie weisen pathetische Züge auf und erinnern mit entsprechenden Bildformeln bisweilen an hellenistische Herrscher im Osten. So bleibt bei einzelnen Skulpturen wie dem sog. Thermenherrscher strittig, ob es sich um einen hellenistischen König oder um ein Mitglied der römischen Nobilität handelt. Die statuarischen Schemata werden ebenfalls analog aus dem Osten übernommen. So begegnen Bildnisstatuen in idealer Nacktheit, wie der sog. Feldherr aus Tivoli oder eine andere vergleichbare Statue aus Ostia. Eine gute Vorstellung von den Intentionen der Zeit vermitteln die Bildnisstatuen von Römern aus Delos.

Vor allem aber müssen die Unmengen von griechischen Statuen, die als Beutegut aus Unteritalien oder aus dem Osten nach Rom gelangten, zu einem tiefgreifenden Kulturschock geführt haben. Denn immer wieder überliefern die Quellen eine polemische Auseinandersetzung mit griechischen Bildwerken, die gegen die einfachen Bilder Roms abgesetzt werden. Vor allem die Kultstatuen in den Tempeln gewinnen in dieser Zeit ein grundlegend neues Aussehen. Denn sie erhalten nun eine monumentale Größe, die durch eine Konstruktion aus Holz und leichten Materialien erreicht wird und zugleich Marmorteile für Köpfe, Füße und Hände integriert (Akrolithe).

M. Pape, *Griechische Kunstwerke aus Kriegsbauten und ihre öffentliche Aufstellung in Rom* (Hamberg 1975); L. Giuliani, *Bildnis und Botschaft* (Frankfurt/M. 1986); G. Martin, *Röm. Tempelkultbilder* (Rom 1987); P. Zanker, „Zur Bildnisrepräsentation führender Männer in mittelitalischen Städten", in: M. Cébeillac-Gervasoni (Hrsg.), *Les „bourgeoisies" municipales italiennes aux IIe et Ier siècles av. J. C.* Kongressakten Neapel (Paris/Neapel 1983) 250–266.

1.6.3 Lebensformen und materielle Ausprägung

Die private Lebenskultur ändert sich im 2. Jahrhundert v. Chr. tiefgreifend. Das bezeugen die Häuser und die Villen, die nun zum ersten Mal in ihren baulichen Resten im Vorfeld der Städte – vor allem in Pompeji, Fregellae und Vulci – und weitgestreut in der Landschaft zu finden sind. Die Häuser gewinnen bisweilen erstaunliche Dimensionen, sie enthalten neuartige Raumformen wie die Säulenhöfe (Peristyle), große Speisesäle und auch weiträumige Eingangshallen (Atrien). Die Villen werden durch mächtige Unterbauten (Substruktionen) und durch andere Elemente, wie ihre Ummauerung, in der Landschaft hervorgehoben. Zur Ausstattung gehört eine gewisse Prachtentfaltung, die einerseits aus der Dekoration der Wände in der Art des sog. ersten Stils, einer in Stuck ausgeführten, bunte Steinsorten imitierenden Quaderung besteht, andererseits aus prächtigen Mosaiken, wie dem Alexandermosaik in der Casa del Fauno in Pompeji. Auch der architektonische Dekor der Eingänge, der Atrien und der Peristyle erhält in der Detailliertheit der Formen, dem Aufwand der Ornamente und deren Variantenreichtum eine grundlegend neue Qualität. Allerdings setzen sich diese Tendenzen erst im Verlauf des 2. Jahrhunderts spürbar durch und erreichen mit dessen Ende einen gewissen Höhepunkt.

Parallel zu der Pracht der Wohnbauten entstehen zum ersten Mal größere Grabanlagen in den Nekropolen Roms. Dazu gehört das Scipionengrab an der Via Appia mit seinem prächtigen Sarkophag und der aufwendigen Fassade. Von anderen Anlagen zeugen nur noch wenige Fragmente der Baudekoration oder der Skulpturenausstattung.

Den Wandel der materiellen Kultur führt eine Fülle von Neuerungen vor Augen. Der Handel und die Versorgung mit Luxusgütern steigt sprunghaft an. Das ist aus den reichen Amphorenfunden zu ersehen, das belegen in gleicher Weise die großen Mengen von Keramik, die in Italien hergestellt wurden, darunter besonders die sog. schwarzgefirnißte Campanaware. Griechische Lebensformen, z. B. die Sitte des Gelages, werden übernommen und nach römischen Mustern umgestaltet. So zeigen die römischen Lager in Spanien die ersten Triclinien und belegen zugleich, welche Bedeutung diese Lebensformen für die Mitglieder der römischen Nobilität gewinnen.

A. Laidlaw, *The First Style in Pompeji. Painting and Architecture* (Rom 1985); J.-P. Morel, *Céramique à vernis noir du Forum Romain et du Palatin* (Paris 1965).

1.7 Die späte Republik (100 bis 31 v. Chr.)

1.7.1 Urbanistik und Architektur

Die umfangreichen Bauaktivitäten setzen sich im 1. Jahrhundert v. Chr. in Rom kontinuierlich fort. Allerdings ist bei den jeweiligen Auftraggebern deutlich das Ziel zu spüren, mit den Bauten in möglichst allumfassender Weise auf die Bevölkerung zu wirken. Nach den Kriegen zwischen Marius und Sulla entsteht am Nordende des Forum Romanum das Tabularium mit einer riesigen Fassadenfront. Zugleich damit wird eine ganze Reihe von Einrichtungen des Forums, so sein Pflaster, erneuert. Wiederhergestellt wird auch der in den Kriegswirren jener Jahre abgebrannte Capitoltempel. Allerdings tragen diese Bauten nicht den Namen Sullas, sondern den seines Parteigängers Q. Lutatius Catulus. Als nächster Bauherr besetzt Pompeius mit seinem riesigen Theater und den anschließenden, ausgedehnten Portiken das Zentrum des Marsfeldes. Die Antwort auf diese 55 v. Chr. geweihte Anlage bildet das Forum, das Caesar zu Seiten des alten Forum Romanum neu errichtet und das die Platzverhältnisse in dieser Region entscheidend verändert. Dadurch verschwindet der altehrwürdige Bau des Comitium; die Curia, das Amtsgebäude des Senats, erhält eine völlig neue Ausrichtung. Weitere ehrgeizige Pläne Caesars werden freilich nicht mehr verwirklicht, wie die Errichtung der Saepta auf dem Marsfeld aus Marmor oder der Bau des größten Tempels der Welt, den er ebenfalls für das Marsfeld vorgesehen hat. Alle diese Anlagen bleiben merkwürdig heterogen, sie erfüllen zwar sakrale und politische Aufgaben, ihr Hauptzweck liegt aber offenbar in der Unterhaltung der Bevölkerung und der daraus abgeleiteten Selbstdarstellung der Bauherren, die mit jeweils wechselnden Projekten ihre Anhängerschar zu binden und die Bevölkerung Roms zu faszinieren suchen. Auf ganz anderer Ebene ist dieses Ziel in der Bautätigkeit der Aedilen zu spüren. Ein Appius Claudius Pulcher hat am Anfang des 1. Jahrhunderts eine gemalte Bühne mit täuschend echten Effekten für seine Spiele aufgestellt. Andere folgen mit silbernen und goldenen Verzierungen, und den Höhepunkt erreicht die Entwicklung im Jahre 58 v. Chr. mit der Bühne des Scaurus, die in drei Stockwerken 360 Säulen und eine Unmenge von Figuren vereint haben soll. Ein anderes Wunderwerk stellt der Bau des Curio dar, bei dem man die halbrunden Zuschauerbänke (Cavea) zweier Theater so zusammen- bzw. auseinanderdrehen kann, daß zwei Theater oder ein Amphitheater daraus entstehen. Im Stadtbild dominieren folglich die spektakulären Effekte. Von Nutz- oder Versorgungsbauten hingegen hören wir so gut wie gar nichts.

In der Bautechnik führt man die Traditionen des 2. Jahrhunderts weiter. Das Gußmauerwerk erhält eine Verschalung aus regelmäßiger gesetzten, kleinen Rechtecksteinen *(opus quasi reticulatum)*. Die Verkleidung erfolgt wie bisher durch Stuckdekor. In der äußeren Gestalt freilich begegnen nun häufiger und intensiver Dekorationen aus Marmor.

Ein markantes Beispiel in dieser Hinsicht stellt der in der Wende vom 2. zum 1. Jahrhundert v. Chr. gebaute Rundtempel am Tiber am Forum Boarium mit seinen aus Griechenland importierten Kapitellen und Säulenschäften dar, die Verwendung von entsprechenden Teilen im Wohnbau überliefern die Quellen.

In den Städten Italiens zeigte sich ebenfalls deutlich, wie die Traditionen des 2. Jahrhunderts fortgesetzt werden.

In Pompeji z. B., das nach der Belagerung durch Sulla eine größere Anzahl seiner Veteranen als Neubürger aufnehmen muß, baut man einen neuen, großen Tempel für Venus. Neben dem Theater entsteht ein kleines, überdachtes Odeion, das wohl als Versammlungsraum für eben jene Veteranen und ihre politischen Vertreter dient. Spektakuläre Bauten, vergleichbar jenen in Rom, fehlen in den Landstädten Italiens. Allerdings erhalten sie in der Zeit Sullas vielfach neue Mauerringe, so Ostia, Cori oder wohl auch Pompeji selbst.

H. Drerup, *Zum Ausstattungsluxus in der röm. Architektur* (Münster ²1981); A. M. Reggiani, „Ipotesi di recupero del Teatro di Pompeo", in: *Roma – Archeologia nel centro* 2 (Rom 1985) 370–375; C. M. Amici, *Il Foro di Cesare* (Rom 1991).

1.7.2 Skulptur und Bilderwelt

Die Ehrenstatuen jener Epoche knüpfen an die Muster der vorangegangenen Zeit an. Allerdings ist einerseits eine gewisse strengere Fassung zu beobachten, andererseits auch eine Ausweitung auf breitere Bevölkerungsschichten. Mit der Statue des sog. Arringatore, der einen Aulus Metellus wiedergibt, wird zum ersten Mal der Typus des Togatus greifbar, der mit einer Fülle von vergleichbaren statuarischen Werken auf allen öffentlichen Plätzen Roms und der italischen Städte präsent gewesen sein muß. Das Werk selbst gehört in die erste Hälfte des 1. Jahrhunderts v. Chr. Das Porträt weist typische Merkmale der Zeit auf, die in der Zurschaustellung der Anstrengung und in einer deutlichen Herauskehrung von Alterszügen liegen. Dennoch verschwindet nicht völlig das hellenistische Pathos. Andere Porträts von berühmten Feldherren und Politikern der Zeit – identifizierbar ist z. B. das des Pompeius und des Caesar – bestehen aus einer vergleichbaren Mischung solcher Elemente. In einer gewissen Schematisierung prägt diese Form die Freigelassenen-Porträts aus den letzten Jahrzehnten der Republik. Ferner gibt es Porträtstatuen, die den Dargestellten in heroischer Nacktheit und entsprechenden Posen wiedergeben. Die Bildnisse bestehen bisweilen nur aus Büste mit knappem Brustausschnitt oder Schildreliefs mit Büsten, berühmt sind die Schilde der Basilika Aemilia. Die Statuen für Frauen folgen dem hellenistischen Schema des sog. Pudicitia-Typus, bei dem das Gewand Körper und Haare mit dichter Masse verhüllt.

Zum ersten Mal faßbar sind in Marmor ausgeführte historische Reliefs oder Reliefs mit Angaben, die sich auf historische Ereignisse beziehen.

Frühestes und vielleicht bekanntestes Beispiel dafür bildet die sog. Domitius-Ara, die auf einem Friesabschnitt die Vorgänge des römischen Census wiedergibt, während die übrigen drei Seiten einen griechischen Seethiasos abbilden. Von einem anderen Monument vergleichbarer Art stammen Reliefs mit Waffenangaben, die auf Kämpfe in Nordafrika zu beziehen sind. Diese Teile gehören wohl zu einem Weihgeschenk, das der König Jugurtha für Sulla auf dem Kapitol errichten ließ.

Weitere Friese von den Ereignissen um die Gründung Roms, von Szenen aus der Frühgeschichte der Stadt kommen hinzu. Sie finden sich sowohl in öffentlichen Bauten wie der Basilica Aemilia als auch an privaten Anlagen wie einzelnen Gräbern vom Esquilin, der Via Appia oder anderswo.

V. Kockel, *Porträtreliefs stadtröm. Grabbauten* (Mainz 1993); T. Hölscher, „Beobachtungen zu röm. historischen Denkmälern", *ArchAnz* 1979, 337–348.

1.7.3 Lebensformen und ihre materielle Ausprägung

Der Prunk der Häuser erfährt in der hier betrachteten Zeit eine ungeheure Steigerung. Für Rom werden verschiedene Formen der Marmorausstattung mit kostbaren Säulen in den Peristylen berichtet. Dieser Art der Entwicklung entsprechen auch die anderen Elemente der Dekoration: so entsteht im 1. Jahrhundert der sog. Zweite pompejanische Stil. Er ist gekennzeichnet durch die Illusion von ungeheurem Materialprunk in verschiedenartigen Marmorsorten und Metallen, weiten Fluchten, die durch die Durchblicke in Architekturprospekte vorgetäuscht werden, und durch die Fülle von Angaben luxuriöser Details, z. B. von schweren Vorhängen, goldenen Ausstattungselementen, oder auch von Luxustieren wie Pfauen und exotischen Gegenständen. Die Fußböden zeigen ebenfalls Einsprengsel von kostbaren Steinmaterialien, die Türen werden besonders aufwendig gefaßt, und vor allem trifft man in den Häusern auf große, ganz unterschiedlich angelegte Speisesäle. Einzelne kleinere Räume sind aus Rom vom Palatin bekannt, am besten geben sich diese Bau- und Ausstattungsformen in Pompeji und Herculaneum zu erkennen. Die Villen folgen in ihrer Ausstattung den städtischen Mustern, sie nehmen deutlich an Ausdehnung zu und beherrschen, auf Substruktionen gelegen, das umliegende Terrain.

Markante Beispiele dafür finden sich in der Umgebung Roms, bei Tivoli oder entlang der Küste zwischen Rom und Neapel und in den verschütteten Regionen des Vesuv, wie die Mysterienvilla bei Pompeji oder die ausgedehnte Villa bei Oplontis. Schon im 2. Jahrhundert enthalten die Häuser und vor allem die Villen größere Skulpturenkomplexe, nun aber erscheint eine solche Ausstattung als geradezu verbindlich. Dafür stellt die sog. Villa der Pisonen aus Herculaneum ein markantes Beispiel dar. Die Sammelleidenschaft der Nobiles jener Zeit und ihre Kunstkenntnis bezeugen die Reden Ciceros gegen Verres, sie finden in vielfältiger Weise ihre Bestätigung aus den Befunden in den Häusern und Villen jener Epoche.

Ein deutlicher Entwicklungssprung wird auch in den Grabbauten erfahrbar. Längs der Ausfallstraßen Roms trifft man nun häufiger auf ausgedehnte Anlagen, so die runden Tumuli oder auch die hohen Sockel mit Statuen darauf, die von Aedikulen gerahmt werden. Auch die Freigelassenen errichten in einzelnen Bereichen dicht aneinandergereiht Bezirke mit aufwendigen Fassaden, die Porträtgalerien der Verstorbenen enthalten.

Deutlicher als zuvor ist im Bestand der Keramik und der Hausgeräte Luxusgeschirr greifbar. In großer Fülle werden offenbar Glasgefäße importiert, wobei zunächst Syrien ein wichtiges Produktionszentrum bildet. Gefäße aus Edelmetall sind häufiger greifbar. Auch der ganze Hausrat, z. B. Tische oder Brunnenfassungen, wird, aufwendig in Marmor ausgeführt, in die Ausstattung der Häuser und Villen integriert.

G. Zimmer, „Das Sacrarium der C. Heius", *Gymnasium* 96 (1989) 493–520; R. A. Tybout, *Aedificiorum figura. Architekturdarstellungen des frühen Zweiten Stils* (Amsterdam 1989); A. E. Riz, *Bronzegefäße in der pompejanischen Wandmalerei* (Mainz 1990).

1.8 Augustus (31 v. Chr.–14 n. Chr.)

1.8.1 Urbanistik und Architektur

Rom erhält unter Augustus ein völlig neues Gesicht. Der Herrscher sagt von sich selbst, er habe Rom von einer Ziegel- zu einer Marmorstadt umgestaltet (Suet., *Aug.* 31). Dieser Wandlungsprozeß umfaßt alle städtischen Bereiche. Der Princeps fördert die Sakralbauten, und schon zu Beginn seiner Herrschaft wird der große Bezirk des Apollon auf dem Palatin mit den umgebenden Hallen, der Bibliothek und ausgedehnten Nebenräumen errichtet. Das Heiligtum gibt dem Dank des Herrschers gegenüber seiner Schutzgottheit Ausdruck, stellt ein Denkmal des Sieges über Ägypten dar, läßt sich aber auch als ein Zeichen der Versöhnung nach den vielen Bürgerkriegen und den Zeiten der Proskriptionen verstehen.

In den gleichen Jahren unmittelbar nach dem Sieg von Actium (31 v. Chr.) beginnt Augustus mit dem Neubau unter Umgestaltung des Forum Romanum. Am Südende errichtet er in exponierter Position den Tempel für den vergöttlichten Caesar, und auf der gegenüberliegenden Seite stellt er den Bau der Curia fertig. Parteigänger des Augustus sorgen für den Neubau weiterer exponierter Anlagen in diesem Bereich, L. Munatius Plancus nach Actium für den Saturntempel und zuvor 36 v. Chr. Cn. Domitius Calvinus für die Regia hinter dem Caesartempel. Ferner wird in dieser Zeit die Arbeit an den beiden großen Basiliken vom Forum Romanum, der Basilica Aemilia und der Basilica Iulia, vorangetrieben worden sein. Das Forum Romanum bietet also schon nach den ersten Jahrzehnten der Herrschaft des Augustus ein völlig neues Bild. Dazu gehört der unmittelbar nach der Schlacht von Actium neben dem Caesartempel gebaute Ehrenbogen. Nach dem Erfolg über die Parther ersetzt ihn an derselben Stelle ein neuer, noch sehr viel prächtigerer Bogen mit drei Durchgängen und reichem Figurenschmuck auf der Attika.

Überall in der Stadt wird gebaut. 82 Tempel sollen bis 28 v. Chr. renoviert worden sein, zusätzlich viele der alten Tempel von Nachfahren der einstigen Stifter. Das Mausoleum des Augustus – wohl vor Actium begonnen und in wenigen Jahren nach der Schlacht fertiggestellt – schließt das Marsfeld an markanter Stelle zwischen der Via Flaminia und dem Tiber mit seinem Durchmesser von ca. 90 m und seiner Höhe von 50 m nach Norden hin ab.

Auf dem Marsfeld selbst wird fieberhaft gebaut. Hier schafft der Parteigänger des Augustus, Agrippa, mit der Errichtung des Pantheon ein neues religiöses Zentrum.

Es liegt inmitten eines ausgedehnten Parks, zu dem auch Thermen mit einem Kuppelsaal von ca. 30 m Durchmesser gehören, ein künstlicher Kanal (Euripus), das größte überdachte Gebäude Roms, das Diribitorium, die Saepta, und ferner viele andere Bauten. Ein neuartiger Erholungs- und Vergnügungspark für die römische Bevölkerung bereichert die Anlagen wie das Pompeius-Theater und die übrigen Bezirke aus der Zeit der Republik, die alle erneuert werden. Dazu kommen in dieser Region weitere Theaterbauten. Augustus stellt im Jahre 23 v. Chr. das Theater des Marcellus fertig, Balbus in der Nähe ein weiteres kleines Theater und Statilius Taurus das erste, hölzerne Amphitheater.

Rom erstrahlt in neuem Marmorglanz, und die Fürsorge und zugleich der Machtanspruch des Princeps und seiner Parteigänger wird überall in den Bauten und zugehörigen Anlagen deutlich. In einer zweiten Phase, nach ca. 10 v. Chr., gewinnen die Bauten eine deutlich neue Qualität. Das Forum des Augustus, das unmittelbar im Anschluß an das Caesar-Forum in Richtung auf die Subura, das am dichtesten bewohnte Viertel Roms, ausgerichtet ist, bildet dafür ein markantes Beispiel.

Der schon in der Schlacht von Philippi 42 v. Chr. gelobte Tempel des Mars Ultor wird erst 2 v. Chr. geweiht. Die Architektur kann in der Durchdachtheit ihrer Konzeption, der Feinheit der handwerklichen Ausführung als das Musterbeispiel des augusteischen Klassizismus gelten. Seine Wirkung muß ungeheuer gewesen sein, denn viele Details werden außerhalb Roms sehr bald nachgeahmt und übernommen. Der mächtige Tempel mit 8 korinthischen Säulen in der Front wird von hohen Säulenhallen zu beiden Seiten gerahmt. Hinter den Hallen schließen weit ausgreifende Exedren an, die mit Serien von Ehrenstatuen geschmückt sind.

Ein weiteres markantes Bauwerk dieser Jahre bildet die Ara Pacis, der Altar, der nach der Beendigung der Kriege in Spanien an der Via Flaminia in Verbindung zu der großen schon vorher angelegten Sonnenuhr des Augustus 7 v. Chr. geweiht wird. In diese Serie von Bauten mit höchst verfeinerter Dekoration zählen schließlich die beiden Tempel, die die präsumptiven Nachfolger des Princeps, Tiberius und Drusus, am Forum Romanum errichten, der Tempel für Concordia und der Tempel für die Dioskuren. In programmatischer Weise geben sie der mit der iulischen Familie verbundenen, dynastischen Nachfolge einen markanten Ausdruck.

Neben den Aktivitäten des Kaiserhauses verändert sich Rom in vielfältiger Weise. Vor allem die zahlreichen Grabbauten überliefern die Intentionen der Nobilität und der übrigen Bürger der Stadt, und sie belegen zugleich in ihrer Entwicklung zu bescheideneren und schlichteren Formen den tiefgreifenden Wandel zu einer Rücknahme der Selbstdarstellung in der Öffentlichkeit, den offenbar die Principatsideologie bewirkt hat. Das Erlebnis der Stadt Rom muß am Ende der Regierungszeit des Augustus durch eine Fülle von marmornen Bauten geprägt worden sein, das belegen neben den genannten Beispielen auch viele kleine Anlagen wie die Tempelchen und Altäre, die die Freigelassenen im Larenkult der Vici seit den letzten Jahren vor der Zeitenwende stiften.

Die Veränderung in der Architektur der augusteischen Zeit wird in den Baumaterialien und der Gestaltung der Einzelformen eindrücklich erfahrbar. Die Steinschalungen des Gußmauerwerks nehmen nun eine regelmäßige Form an *(opus reticulatum)*. In der Gestaltung der Dekorformen der Marmorarchitektur zeigt sich deutlich die rasche Entwicklung von Modellen, die zunächst der Gestaltungsweise der späteren Republik verpflichtet sind, zu einem neuartig klassizistischen Stil, der als Eigenschöpfung der augusteischen Zeit zu verstehen ist und sich auf seinem hohen Gestaltungsniveau nur wenige Jahrzehnte behauptet.

Die Städte Italiens bieten in vieler Hinsicht ein Rom vergleichbares Bild.

In Pompeji z. B. entsteht eine ganze Serie von marmorverkleideten Bauten vor allem am Forum der Stadt. Aber auch das Theater erhält eine Bühnenfront aus Marmor, und ebenso werden offenbar in dieser Zeit der alte Venustempel der Stadt und ein neuer Tempel für die Fortuna Augusta neu errichtet. Ähnliche Veränderungen prägen die meisten Städte Italiens, z. B. Ostia, Luni und viele andere mehr. So wachsen in einigen Bereichen Musterstädte heran wie am Fuße der Alpen Aosta oder Turin mit ihrem rechtwinkligen Grundriß und den hohen, mächtigen, die ganze Stadt umgebenden Mauern. Urbanität wird nicht allein in der äußeren baulichen Gestaltung erfahrbar, sondern vor allem auch in der Versorgung der Stadt mit Wasser und ihrer Einbindung in die umgebende Landschaft. Ferner kommen die Überlandstraßen, die in augusteischer Zeit ebenfalls renoviert werden, hinzu. Ein markantes Beispiel bildet die Via Flaminia, deren Endpunkte in Rom und Rimini durch Bogenmonumente für Augustus ausgestaltet sind. Andere Städte allerdings verharren in ihrer alten Form, ohne daß das Leben in ihnen ein Ende nimmt, z. B. Cosa oder Cori.

P. Gros, *Aurea Templa. Recherches sur l'architecture religieuse de Rom à l'époque d'Auguste* (Rom 1976); E. Simon, *Augustus* (München 1986); P. Zanker, *Augustus und die Macht der Bilder*

(München 1988); *Kaiser Augustus und die verlorene Republik.* Ausstellung Berlin (Berlin 1988); H. v. Hesberg und S. Panciera, *Das Mausoleum des Augustus.* Abh. München (München 1994).

1.8.2 Skulptur und Bilderwelt

Mit der augusteischen Zeit etabliert sich endgültig der Kanon römischer Porträt- und Ehrenstatuen, unter denen für Männer im wesentlichen fünf Typen deutlich zu scheiden sind. Darunter herrschen die Statuen mit Toga vor. Augustus selbst wird häufig mit verhülltem Haupt, d. h. bei der Opferhandlung, wiedergegeben, und dieses Muster findet oft Nachahmung. Meist aber ist es der römische Bürger, dessen Status mit dem Gewand zum Ausdruck gebracht wird. Die Toga als Gewand wird deshalb mit ihrer stoffhaltigen Ausprägung besonders betont. Die Inhaber militärischer Ränge oder Funktionen zeichnet die Rüstung, vor allem der Panzer, aus. Darunter begegnen besonders bei Mitgliedern des Kaiserhauses häufiger reich geschmückte Brustpanzer mit einem regelrechten Bildprogramm; der berühmteste unter ihnen der Panzer von der Augustusstatue von Prima Porta, der wohl die Rückgabe der parthischen Feldzeichen inmitten eines kosmologischen Programms wiedergibt. Statuen in heroisierter Pose oder in Angleichung an Götterbilder oder berühmte *opera nobilia* bleiben in augusteischer Zeit eher selten. Häufiger hingegen sind Reiterstatuen auf den zentralen Plätzen der Städte anzutreffen, Pompeji und Herculaneum bieten dafür gute Beispiele. Freilich sind noch wenige Statuen dieser Art erhalten, zu nennen wären die Reiterbilder aus Cartoceto oder der Augustus, der im Meer vor der griechischen Insel Melos gefunden wurde. Die Statuen zeigen, daß die Reiterbilder sowohl im zivilen Habitus mit der Toga wie auch im militärischen mit dem Panzer erscheinen. Im Bestand fehlen erhaltene Muster für den aufwendigsten Typ von Ehrenstatuen, nämlich die Bigen oder Quadrigen, die große Ehrenmonumente wie Bögen oder mächtige Basen auf den Fora bekrönen. Für Frauen wandelt man Statuen des 4. Jahrhunderts v. Chr. ab, überträgt auf sie bisweilen römische Trachtelemente, z. B. die Stola, und paßt sie dadurch den gewandelten Ansprüchen an. Eine charakteristische Erscheinung der augusteischen Zeit und der folgenden Jahrzehnte des 1. Jahrhunderts n. Chr. bilden große, mehrfigurige Gruppen. Zu nennen sind die Serien der *summi viri* auf dem Forum des Augustus, berühmte Römer aus der Vergangenheit, die mit ihren Leistungen und ihren beispielhaften persönlichen Qualitäten als Vorbilder in Statuen vorgeführt werden. Im Zentrum der jeweiligen Serien stehen auf der einen Seite des Forums Aeneas mit seinen Familienangehörigen und auf der anderen Seite Romulus mit den *spolia opima.* Dieses Muster findet seinerseits Nachahmung in den Städten des Römischen Reiches, z. B. in Pompeji oder Merida (Spanien).

Die Porträts dieser Epoche folgen zunächst spätrepublikanischen bzw. hellenistischen Mustern, so der erste Typus des Augustusporträts mit seinen Pathosformeln. Auch die Bildnisse von Privatpersonen, z. B. das des Agrippa, schließen an Vorbilder der Republik an. Erst der zweite Porträttypus des Augustus, der nach der Statue aus Prima Porta benannt wird, zeigt die stark beruhigten Formen, die unter Rückgriff auf klassische Gestaltungsprinzipien zeitlos abgeklärt werden sollen. Ähnliche Veränderungen prägen die Frauenporträts, unter denen sich einfache Frisuren durchsetzen und die darin dem Aufwand der spätrepublikanischen Zeit eine Absage erteilen. Dieses Muster wird nun in allen Bereichen der Porträtgestaltung der Zeit angewandt und bestimmt den Eindruck der Frauen- und Männerporträts.

Die Formierung der Gesellschaft findet ihre nachhaltigste Wiedergabe in den Friesen der 7 v. Chr. eingeweihten Ara Pacis auf dem Marsfeld.

An den Längsseiten der marmornen Umfassungswand erscheinen Prozessionen mit den Mitgliedern der römischen Oberschicht, vor denen Augustus selbst das Opfer vollzieht. Er wird gerahmt von Mitgliedern der von ihm restituierten römischen Priesterschaften und begleitet von den Angehörigen seiner Familie, unter denen sich eine Reihe über die Porträts identifizieren lassen. Die Idealisierung und zeitlose Abstrahierung des Vorgangs wird allein darin deutlich, daß unter den Teilnehmern auch der schon 12 v. Chr. verstorbene Agrippa auftritt. Die Bilder auf den Zugangsseiten zur Ara Pacis bringen die Vorstellung von Aurea Aetas konzentriert zum Ausdruck. Das am besten erhaltene Relief gibt eine Matrone mit ihren Kindern wieder, vielleicht Pax oder Italia, die in eine bukolische Landschaft eingebettet erscheint. Auf dem gegenüberliegenden Bild ist Aeneas mit dem glückversprechenden Prodigium der lavinischen Sau beim Opfer wiedergegeben.

Die Bildersprache der augusteischen Zeit ist geprägt von derartigen emblematischen Verkürzungen auf wenige, aussagekräftige Bildträger mit vielfältigen semantischen Bezügen. So erscheinen in allen möglichen Bereichen Symbole wie die Lorbeerbäume, die vor dem Haus des Augustus den Eingang flankiert haben, oder auch andere Hinweise auf seine glückliche Herrschaft.

Allerdings verschwinden nicht die üblichen Kategorien historischer Reliefs, wovon die Innenfriese des Apollontempels am Marcellustheater gute Beispiele bieten. Dort sind die Kämpfe des Augustus und sein dreifacher Triumph nach der Schlacht von Actium wiedergegeben. Später erhalten derartige Darstellungen freilich auch eine überhöhte Interpretation, wie die Szenen auf der Gemma Augustea und den Bechern vom Boscoreale belegen. Sie schildern Augustus als Weltenherrscher, ohne daß er selbst aktiv in das Kriegsgeschehen eingreifen muß. Auch Privatleute werden seit dieser Zeit häufig bei Sakralhandlungen wiedergegeben.

Eindrucksvolle Beispiele bieten die Altäre der Vicomagistri, d. h. derjenigen Freigelassenen, die nach der Neuordnung Roms durch Augustus den Larenkult in den Vici besorgten. Sie führen meist Opferhandlungen aus, z. T. stellen sie die Mitglieder des Herrscherhauses in überraschenden Kombinationen in den sakralen Kontext eingebunden dar.

Außerhalb Roms wird in den historischen Reliefs der Bezug auf lokale Ereignisse gesucht, etwa am Bogen von Susa, dessen Fries die Einsetzung von 13 Fürsten der Alpenregion durch Augustus und ein Opfer wiedergibt.

H. Jucker, „Dokumentation zur Augustusstatue von Primaporta", *Hefte des Archäolog. Seminars Bern* 3 (1977) 16–37; K. Fittschen, „Zur Panzerstatue von Cherchell", *JdI* 91 (1976)

175–210; *Die Bildnisse des Augustus.* Ausstellung München (München 1979); B. Scholz, *Untersuchungen zur Tracht der röm. Matrona* (Köln – Wien 1992); D. Boschung, *Die Bildnisse des Augustus* (Berlin 1993).

1.8.3 Lebensformen und ihre materielle Ausprägung

Ein prägnantes Beispiel für die Gestaltung von Häusern in augusteischer Zeit bietet das Haus des Herrschers auf dem Palatin in Rom.

Verglichen mit Häusern der Zeit zuvor oder auch späteren Entwicklungen besonders in der Palastarchitektur bleibt es eher bescheiden. Mit seinen Fußböden aus Opus Sectile, d. h. aus einem Plattenbelag von buntem Marmor, und den Wanddekorationen in der Art des späten Zweiten Stils unterscheidet es sich weder in der Form noch in den Inhalten der Dekorationen sonderlich von anderen Häusern seiner Zeit, wie sie aus Pompeji oder Herculaneum bekannt sind. Eine Anlage wie die Villa des Agrippa unter der späteren Farnesina setzt sich in Größe und vor allem in ihrer betont hellenistischen Dekoration, die deutlich Elemente des sog. Dritten Stils aufweist, von dem Haus des Augustus ab.

Insgesamt vermitteln die Anlagen den Eindruck, daß der Prunk mit großen Speiseräumen und einer entsprechend prunkvollen Dekoration der Wände zurückgenommen wird. Im sog. Dritten Pompejanischen Dekorationsstil, der für die augusteische Zeit prägend wird, herrscht eine dezente Gestaltung der Wände vor, die aus einfachen monochromen Wandfeldern und nur angedeuteter architektonischer Gliederung besteht. Die zentralen Bilder mythologischen Inhalts enthalten die moralisch gefärbte Aussage oder wenden die Handlung in eine bukolisch sakrale Richtung. Derartige Inhalte werden auch in dekorativen Reliefs jener Zeit, unter denen das sog. Bauernrelief in München oder die sog. Grimanireliefs Erwähnung verdienen, noch hervorgehoben. Eine entsprechende Verfeinerung prägt die Ausstattungsgegenstände aus Marmor, die in vielfältigen Varianten für die augusteische Zeit belegt sind. Unter ihnen sind Marmorkandelaber und -kratere zu nennen, ähnlich aber auch Oscilla und bestimmte Möbelformen.

Luxuriöse Lebensgestaltung erhält nun in vieler Hinsicht eine Überhöhung in Bezug auf moralische Werte. So zeigt das in der Zeit weit verbreitete, in Arezzo hergestellte Tafelgeschirr aus rotem Tonüberzug vor allem sakrale Themen. Und selbst die erotischen Szenen gewinnen eine sublimierte Fassung. In ähnlicher Weise gilt dies für eine ganze Reihe von Silbergeschirren, die aus jener Zeit erhalten sind, etwa der Fund aus Hildesheim oder der Casa di Menandro in Pompeji. Zwar begegnen darunter bisweilen traditionelle Themen aus der Zeit der Republik wie die Skelettbecher oder auch die Szenen mit bukolischem Inhalt, aber eine Reihe dieser Gefäße weist einen neuen, feinlinigen Dekor auf.

M. T. Marabini Moeus, *Cosa. The Roman Thin Walled Pottery.* Mem. Am. Acad. Rome 32 (Rom 1973); *Le tranquille dimore degli dei.* Ausstellung Rom (Rom 1986); W. Ehrhardt, *Stilgeschichtliche Untersuchungen an röm. Wandmalereien* (Mainz 1987); A. Vannini, *Matrici di ceramica aretina decorate.* Mus. Naz. Romano V 2 (Rom 1988); I. Bragantini, M. de Vos, *Le decorazioni della villa romana della Farnesina.* Mus. Naz. Romano II 1 (Rom 1982); G. Carettoni, *Das Haus des Augustus auf dem Palatin* (Mainz 1983).

1.9 Iulisch-claudische Dynastie (14–69 n. Chr.)

1.9.1 Urbanistik und Architektur

Unter den Nachfolgern des Augustus veränderte sich Rom in charakteristischer Weise. Denn schon Tiberius versucht, den Sitz seiner Herrschaft im Stadtzentrum auszubauen. Dazu wird der alte Wohnbereich des Augustus auf dem Palatin großflächig um eine ausgedehnte Parkanlage erweitert. Von Caligula ist der Plan überliefert, Palatin und Capitol durch eine große Brückenanlage zu verbinden. Auch Claudius weitet den Wohnbereich der Caesaren auf dem Palatin aus, und Nero schließlich errichtet zwischen Palatin und Oppius die ausgedehnten Anlagen seiner Domus Aurea, einer Art Villa innerhalb der Stadt. Gerade dieser Gedanke, weiträumige Grünflächen und Parkanlagen privater Natur über ganz Rom auszudehnen, erweckt Anstoß. Alle Kaiser bemühen sich, ihre Residenz in Rom und damit ihre Position als Herrscher herauszuheben.

Die öffentliche Architektur wird von den genannten Kaisern in unterschiedlicher Weise gefördert. Verschiedene Bogenbauten sind überliefert, z. B. einer für Tiberius auf dem Forum. Ein großer Bogen des Claudius überspannt die Via Flaminia auf dem Marsfeld. Sein Reliefschmuck muß von einem Bogen des Nero übertroffen worden sein, von dem nur Münzbilder eine Vorstellung vermitteln. An Tempelbauten sticht der unter Tiberius fertiggestellte Tempel für den vergöttlichten Augustus hervor. Ferner muß der Tempel für den vergöttlichten Claudius auf dem Caelius eine überragende Bedeutung gehabt haben, auch wenn von ihm nur noch die ausgedehnten Substruktionen zu erkennen sind. Unter Claudius wird die Versorgung der Stadt durch den Bau einer riesigen, Ostia benachbarten Hafenanlage und durch Renovierung und Neubau der Aquädukte entscheidend verbessert. Nero verdankt die Stadt wohl die ersten Thermenanlagen von symmetrischem Grundriß, die den sog. Kaiserthermentypus vorbereiten. Sie werden auf dem Marsfeld in der Nähe des Pantheon bei den Gärten des Agrippa errichtet.

Alle die Kaiser bemühen sich ferner um eine Verschönerung des Stadtbildes insgesamt. Tiberius etwa legt für die Prätorianer ein großes, aus Ziegeln errichtetes und von einer hohen Mauer umwehrtes Lager im Norden an der Via Nomentana außerhalb des Pomerium an. Claudius erweitert als erster Kaiser nach Augustus die Stadtgrenzen beträchtlich. Und Nero sorgte nach dem verheerenden Stadtbrand für eine solide Wiedererrichtung auch der mehrstöckigen Mietshäuser. Der populistische Aspekt aller dieser Maßnahmen ist nicht zu verkennen. Aus der Fürsorge für das Volk leiten die Kaiser ihren Machtanspruch ab. Die in augusteischer Zeit so stark betonte Pietas ordnet sich diesen Bestrebungen unter.

An Baumaterialien setzt sich *opus caementicium* mit Ziegelverschalung durch. Ferner ist in der claudischen Zeit an den Quadermauern eine merkwürdige Bossentechnik zu beobachten, die nicht mehr auf die Feinheit der Oberflächen Wert legt. Beispiele bieten der Aquädukt an der Porta Maggiore und die Substruktionen des Claudiustempels.

Die Städte in Italien gewinnen in dieser Periode kein grundlegend neues Gesicht. Erstaunlicherweise baut man die Befestigungen weiter aus, so in Ravenna oder in Verona durch große, prächtig geschmückte Tore. In dieser Zeit werden in den Städten Italiens auch viele Vergnügungsbauten, Amphitheater und Thermen neu errichtet. Claudius nimmt die Trockenlegung des Fuciner Sees in Angriff. Große Flächen Landes werden hinzugewonnen, und in dieser Region entstehen wohl auch neue Städte. Im Vergleich mit den Aktivitäten der augusteischen Zeit führt die Bautätigkeit dieser Periode eher zu einer Vervollständigung bestehender Strukturen.

F. S. Kleiner, *The Arch of Nero* (Rom 1985); C. Krause (Hrsg.), *Domus Tiberiana* (Zürich 1985); M. Bergmann, *Der Koloß Neros, die Domus Aurea und der Mentalitätswechsel im Rom der frühen Kaiserzeit.* 13. Trierer WPr (Mainz 1993); V. M. Strocka (Hrsg.), *Die Regierungszeit des Kaisers Claudius.* Kolloquium Freiburg (Mainz 1994); L. F. Ball, „A reappraisal of Nero's Domus Aurea", in: *Rome Papers* (Ann Arbor 1994) 182–254.

1.9.2 Skulptur und Bilderwelt

Die etablierten Muster behaupten sich. Allerdings werden besonders in den Municipien Italiens eine Fülle von Kaisergalerien aufgestellt, die nach den gängigen Statuentypen, unter denen vielfältig Statuen mit Götterangleichung vorherrschen, die Mitglieder des Kaiserhauses in großer Zahl vereinen. Ein gutes Beispiel für eine solche Galerie bietet Cerveteri, ein anderes Veleia. In den Porträts der Zeit, vor allem bei denen von Frauen, gewinnen aufwendigere Gestaltungsweisen der Frisuren, vor allem mit Löckchen und Kräuselungen, an Bedeutung. Vereinzelt übernehmen sie auch die Männer. Hierbei erscheinen die Neuerungen zunächst in den Porträts der Privatleute, während bis Claudius die Kaiser weitgehend dem von Augustus vorgegebenen Muster folgen. Erst Nero läßt sein Haar ondulieren (Sichellockenfrisur).

Aus Rom selbst kennen wir eine ganze Reihe von Reliefs, an denen Opferzüge und Opferhandlungen wiedergegeben sind.

Unter ihnen müssen die sog. ‚Valle-Medici-Reliefs', die meist der Ara Pietatis zugewiesen werden, zu einem Bauwerk gehört haben, das weitgehend der Ara Pacis in ihrer Gestaltung geähnelt hat. Die Reliefs beziehen die Opferszenen auf die einzelnen Tempel Roms, die sich sehr deutlich in den Bildern wiedererkennen lassen. Zeit und Raum sind damit deutlicher definiert. Der Aufwand für die Feste steht im Vordergrund, nicht mehr das Gemeinschaftsgefühl. Der Stil dieser Reliefs ist weitaus weicher und bewegter in der Schattierung der Oberfläche als jener der Ara Pacis.

In den Landstädten Italiens begegnet eine Fülle von Bildwerken, z. B. Porträts und Grabstelen, aber auch Reliefs mit Bezug auf das Kaiserhaus. Aus Ravenna z. B. ist ein Fries mit der Darstellung von Mitgliedern der kaiserlichen Familie bekannt. Ein anderes Bildwerk stellt die Trockenlegung des Fuciner Sees und die gewonnenen Landstriche mitsamt den Städten dar.

D. Boschung, „Die Bildnistypen der iulisch-claudischen Kaiserfamilie", *Journal of Roman Archaeology* 6 (1993) 39–79; *Baia. Il ninfeo imperiale* (Neapel 1983); R. Amedick, *Frühkaiserzeitliche Bildhauerstile* (Rheinfelden 1987); H. Pflug, *Röm. Porträtstelen in Oberitalien* (Mainz 1989); P. Cain, *Männerbildnisse neronisch-flavischer Zeit* (München 1993).

1.9.3 Lebensformen und ihre materielle Ausprägung

Die Gestaltung der Häuser von Privatleuten folgt dem etablierten Schema. Allerdings wird die Wendung nach außen und der Bezug zur Öffentlichkeit, der zuvor in den Atrien der Häuser deutlich spürbar ist, eher zurückgenommen. Vor allem aber zeigen analog zu der Entwicklung in Rom die Villen der Kaiser eine deutliche Veränderung.

Ein überragendes Beispiel stellt dafür die Villa des Tiberius auf Capri dar, die dort auf einer Felsenspitze hoch über das Meer erhoben liegt. Sie enthielt ausgedehnte Portiken mit einer Fernsicht über den ganzen Golf von Neapel, riesige Speisesäle und Thermen. Besonders Nero errichtet neben der schon erwähnten Domus Aurea auffallende Landsitze. Die alte Kaiservilla von Antium läßt er auf das prächtigste erweitern. In Subiaco steht die Villa in einer Felsenschlucht auf Substruktionen über einem Katarakt.

Um die Mitte des 1. Jahrhunderts prägt sich in der Wanddekoration eine neue Art der Gestaltung aus, der sog. Vierte Pompejanische Stil. In ihm werden ganz unterschiedliche dekorative Elemente mit einer gewissen Beliebigkeit aufgenommen und in verschiedenen Zonen der Wand dekorativ aufgereiht. Das hellenistische Pathos des Zweiten Stils hat seine verbindliche Kraft verloren. Ein markantes und datierendes Beispiel für die neue Art der Dekoration bildet die Domus Aurea. Ferner setzt sich in dieser Periode eine Art der Wandverkleidungen mit Marmorvertäfelung (Inkrustation) durch. Für sie bieten die Palastschiffe des Caligula vom Nemisee gut datierte Beispiele.

Insgesamt bezeugen alle die Hinterlassenschaften der privaten Kultur eine neue formbezogene Verfeinerung einerseits, andererseits eine damit einhergehende Beliebigkeit in den inhaltlichen Bezügen.

Innerhalb der Ausstattung der Häuser etwa verlieren die großformatigen Marmorgegenstände ihre Bedeutung. Dagegen kommen kleinere und einfachere Formen auf, z. B. Maskenreliefs. Die Häufung solcher und vergleichbarer Reliefs ist in der Casa degli Amorini Dorati in Pompeji gut nachvollziehbar.

Eine Abkehr von der früheren, nach außen gekehrten Mitteilungsfreude geben auch die Grabbauten zu erkennen, die auf aufwendige Fassaden verzichten. Statt dessen wird häufig das Innere der Bauten liebevoll ausgeschmückt. Dazu gehören häufiger Marmorurnen und -altäre.

F. Baratte, *Le trésor d'orfèverie romaine de Boscoreale* (Paris 1988); *L'instrumentum domesticum di Ercolane e Pompei*. Quad. di Cultura Materiale 1 (Rom 1977); F. Seiler, *Casa degli Aeomorini Dorati*. Häuser in Pompeji 5 (München 1992); H. V. Cain, „Chronologie, Ikonographie und Bedeutung der röm. Maskenreliefs", *Bonner Jb.* 188 (1988) 107–221.

1.10 Die Flavier (69–96 n. Chr.)

1.10.1 Urbanistik und Architektur

Unter den Kaisern der flavischen Dynastie vollzieht sich abermals ein tiefgreifender Wandel im Stadtbild Roms. Demonstrativ setzt Vespasian an die Stelle eines Sees in den Gärten der Domus Aurea Neros das Amphitheatrum Flavium, nach dem Koloß des Nero in der Nähe ‚Kolosseum' genannt.

Von seiner Größe her, vor allem in der monumentalen Ausführung der Substruktionen für den Zuschauerraum ist es die bedeutendste bis zu diesem Zeitpunkt in der antiken Welt entstandene Anlage. Seine Erbauung zieht sich über viele Jahrzehnte hin, und der Sohn des Vespasian, Domitian, setzt noch als letzter das vierte Stockwerk darauf.

Als einen weiteren demonstrativen Akt der Umgestaltung der neronischen Villenanlage darf man wohl die Thermen des Titus verstehen, die ganz in der Nähe des Kolosseums am Abhang des Oppius oberhalb eines Haupttraktes der Domus Aurea errichtet werden. Nach dem Sieg über Judäa und der Einnahme Jerusalems baut Vespasian ferner aus der Kriegsbeute das Forum oder Templum Pacis, eine ausgedehnte Platzanlage im Anschluß an die früheren Kaiserfora. Von jenen unterscheidet sie sich durch eine Betonung der Parkanlagen in ihrem Innern und des damit verbundenen Aspektes der Vergnügung und Unterhaltung. Der eigentliche Tempel ist einbezogen in die umlaufenden, mit ausgedehnten Bibliotheken und Exedren ausgestatteten Säulenhallen, in denen sich der Überlieferung nach berühmte Kunstwerke befunden haben.

Am stärksten greift unter den flavischen Kaisern Domitian in das Stadtbild Roms ein. Das Forum Romanum erhält mit der Aufstellung des zentralen Reiterstandbildes, des Equus Domitiani, eine neue Ausrichtung. Zum ersten Mal wird mit dem Tempel für den vergöttlichten Vespasian auch ein neuer Sakralbau am Nordende des Platzes errichtet, an dem sich die Säulenhalle der *dei consentes* anschließt. Das alte Caesarforum entsteht neu, und ein neuer schmaler Platz, das Forum Transitorium, schließt die vier Kaiserfora zu einem großen übergreifenden Komplex zusammen, der freilich erst unter dem Nachfolger Domitians, Nerva, geweiht wird. Das Forum Transitorium ist auf einen Tempel der von Domitian besonders verehrten Göttin Minerva ausgerichtet.

Weitere ausgedehnte Bauaktivitäten Domitians gestalten das M a r s f e l d um und geben ihm ein neues Gesicht.

Im Bereich zwischen Via Flaminia und den Gärten des Agrippa wird ein großer Brunnen und an ihn anschließend der prächtige Bezirk für Isis und Sarapis errichtet *(Iseum Campense)*. Jenseits der Thermen des Nero zum Tiber hin entsteht das Stadion Domitiani, die heutige Piazza Navona, und im Anschluß daran ein Odeon. Die in diesem Areal gefundenen sog. Cancelleriareliefs künden ebenfalls von Bauten aus jener Zeit.

Domitian errichtet auf dem Quirinal in der Nähe der dort durchlaufenden Straße Alta Semita ferner mit großer Pracht ein neues Mausoleum seiner Dynastie, das Templum Gentis Flaviae. Von seiner Ausstattung kündet nur noch die literarische Überlieferung.

Vor allem aber verbindet sich mit Domitian der große K a i s e r p a l a s t auf dem Palatin.

Seine Anlage gliedert sich deutlich in zwei Bereiche, von denen man die eine gerne als Domus Flavia anspricht und in ihr den Bereich der öffentlichen Repräsentation sieht, während die andere als Domus Augustana und damit als die private Wohnanlage des Herrschers verstanden wird. In beiden Fällen bilden ausgedehnte Säulenhöfe das Zentrum und zugleich die Verbindung zu den verschiedenen Gebäudeteilen. Darunter verdienen ein riesiger Speiseraum *(Coenatio Iovis)*, und ein großer Empfangssaal, die sog. Basilica, Erwähnung, sowie im Wohntrakt das sog. Stadion, wohl eine Art ausgedehnter Gartenanlage.

Von dem Palast aus bietet eine riesige Exedra einen weiten Ausblick auf den Circus Maximus. Ein Problem stellen die Außengliederung und die Eingangsbereiche dar. In jedem Fall führt die Besucher von der Via Sacra aus eine Straße zu dem Palast empor. Den Weg markieren Bögen, zu denen auch der berühmte Bogen des Titus über der Via Sacra gehört. Ein anderer Zugang hat hinter der Basilica Iulia am Forum gelegen. Die Ausstattung der Palastanlage stellte alles Frühere in den Schatten. Dazu gehören ausgedehnte Marmorarchitekturen mit reicher Dekoration, riesige Statuen aus fremdartigem Gestein, und vor allem auch komplizierte Architekturensembles, die mit einer raffinierten Lichtführung und geschickter Verwendung von Wasserspielen den Besucher in eine architektonische Traumwelt versetzt haben müssen. Die Anlage bildet nicht mehr den Sitz einer Familie wie in iulisch-claudischer Zeit, sondern den einer Institution, nämlich des Kaisers. Tiefgreifend wird die Residenz in der folgenden Zeit nicht mehr verändert.

Alle diese Bauten sind an einer neuartigen Bautechnik leicht zu erkennen. Denn das *caementicium* wird nun von einer Schale aus durchgehenden Ziegelsteinen gefaßt. Die Ziegelproduktion hat in flavischer Zeit Konjunktur, wie eine Fülle von unterschiedlichen Fabrikantenstempeln belegt. Sie ermöglichen mit den Konsuldaten zugleich auch eine vergleichsweise exakte Datierung der Bauten. Der Palast auf dem Palatin entsteht nach deren Aussage in wenigen Jahren. Auch in der Gestaltung der ornamentierten Bauteile setzt sich eine neue Machart durch. Die differenzierte Durchbildung der einzelnen Details wird zugunsten einer dichten, schattenreichen und wenig differenzierten Oberfläche aufgegeben. Die Domus Flavia und das Forum Transitorium bieten dafür eindrucksvolle Beispiele.

In den Städten Italiens sind kaum größere Veränderungen zu beobachten.

Pompeji z. B. wird nach dem Erdbeben von 62 n. Chr. erst langsam wieder aufgebaut, der Schwerpunkt der Aktivitäten liegt im Bereich der Thermenanlagen und der privaten Bauten. Brescia (Norditalien) erleidet in dem Bürgerkrieg zwischen den Anhängern des Vitellius und des Vespasian schwere Schäden und erhält deswegen von Vespasian Unterstützung. Der Capitolstempel wird neu errichtet, allerdings vermitteln weite Teile der Stadt den Eindruck, daß sie, früher entstanden, die Zeiten überdauert haben.

Im übrigen bleiben die Aktivitäten in dieser Zeit auf den Ausbau einzelner Anlagen bisweilen in beträchtlicher Größe beschränkt.

In Benevent z. B. wird das Heiligtum für die ägyptischen Götter unter Domitian ausgestaltet. In der Nähe seiner Heimatstadt (Reate) stiftet Vespasian Mittel für die Restaurierung eines kleinen Tempels, wie wir aus einer Inschrift erfahren. Vielfältige Einzelaktivitäten sind uns aus den Städten Italiens überliefert. Zu großen umfassenden Neubauprojekten, die öffentliche Bereiche der Städte insgesamt umfassen oder auch nur Gesamtanlagen wie Fora oder Theaterkomplexe, gehören die Amphitheater von Capua und Pozzuoli.

H. Eschebach, *Die Stabianer Thermen in Pompeji* (Berlin 1979); M. L. Conforto et al., *Anfiteatro Flavio* (Rom 1988); S. De Angeli, *Templum Divi Vespasiani* (Rom 1992); P. Hoffmann, *Der Isis-Tempel in Pompeji* (Münster – Hamburg 1993); K. Lembke, *Das Iseum Campense in Rom* (Heidelberg 1994).

1.10.2 Skulptur und Bilderwelt

Mit seinem realistischen Porträt setzt sich Vespasian deutlich und mit einer gewissen Schärfe von seinen Vorgängern ab. Seine Herrschaft beruht auf anderen Qualitäten, die über die Aussage des Porträts an die Wertmaßstäbe der Zeit der Republik anschließt. Diese Art der Selbstdarstellung nehmen seine Söhne nicht auf, sondern knüpfen nun ihrerseits wiederum an die Stilisierungen der iulisch-claudischen Zeit an. Generell ist unter den Porträts der flavischen Zeit ein gewisses Schwanken zwischen den beiden beschriebenen Positionen zu beobachten. Unter den Bildnissen der Frauen fallen vor allem die hochgetürmten Löckchenfrisuren auf, die fassadenartig über der Stirn emporragen. Von den Mitgliedern des Kaiserhauses propagiert, finden sie auch schnell unter den Frauen der Führungsschicht Nachahmung.

In der Wiedergabe der Kleidung fällt vor allem der Stoffreichtum der Toga auf. Wenn sich auch kein grundsätzlicher Unterschied zur Zeit zuvor ergibt, fällt der Sinus der Toga doch noch etwas weiter, sind die Falten etwas reicher. Ansonsten behalten die etablierten Muster der Porträtstatuen ihre Gültigkeit. Bei den Panzerstatuen meint man, eine gewisse Fixierung auf wenige Schemata zu verspüren. Unter den Reiterstandbildern verdient das riesige Bildnis Domitians auf dem Forum Romanum Erwähnung, das uns über Münzenbilder überliefert ist. Danach setzte das Pferd seinen Vorderhuf auf eine Personifikation des Rheines. Ein anderes Reiterstandbild des Domitian ist uns aus einem Kaisersaal bei Misenum erhalten, allerdings hat man das Porträt durch das seines Nachfolgers Nerva ersetzt.

Die Idealplastik der Zeit wird vielleicht am besten in den Skulpturen aus dem Palastareal des Palatin greifbar. Vor allem die mächtigen Götterstatuen aus dem dunkelgrünen Scisto Verde, einem ägyptischen Hartgestein, mit ihrer expressiven, starken Formensprache sind charakteristisch für die flavische Zeit. Markante Beispiele dafür bieten aber auch die Flußgötter vom Iseum Campense, Personifikationen des Nils und des Tibers, deren Plinthen mit Friesdarstellungen geschmückt sind.

Unter den Staatsreliefs erscheinen neue Themen. Auf den sog. Cancelleriareliefs sind *Adventus* und *Profectio* wiedergegeben, Ankunft und Aufbruch des Kaisers aus Rom, die von einer Reihe von Göttern und Personifikationen des Senats und des Volks von Rom begleitet werden. Auch diese in ihrer Interpretation im einzelnen umstrittenen Szenen werden später unter den Nachfolgern Domitians umgestaltet. Im Durchgang des Titusbogens auf der Via Sacra ist der Triumphzug des Vespasian wiedergegeben.

M. Bergmann, „Zum Fries B der flavischen Cancelleriareliefs", *Marburger Winckelmannprogramm* 1981, 19–31; M. Pfanner, *Der Titusbogen* (Mainz 1983); A. De Francisis, *Il sacello degli Augustali a Miseno* (Neapel 1991).

1.10.3 Lebensformen und ihre materielle Ausprägung

Häuser der Zeit sind vor allem aus Pompeji bekannt. Das sog. Vettierhaus z. B. gilt als Musterbeispiel des Vierten pompejanischen Dekorationsstils mit einer Fülle mythologischer Bilder, illusionistischer Architekturangaben und kleinen Friesen mit Eroten als Protagonisten in Szenen des Alltags. Die Malerei benutzt viele Glanzlichter und Schattenkontraste. Für die Villen der Zeit geben die des

Domitian von Castel Gandolfo am Albaner See und die von Sabaudia unterhalb des Cicero nur beschränkt Hinweise, da sie die üblichen Landhäuser weit in den Schatten stellen. Immerhin lassen sich den Schilderungen des Statius oder denen des Plinius d. J. durchaus Anlagen in der Nähe von Sorrent am Golf von Neapel oder aus anderen Gegenden Italiens zur Seite stellen. Besondere Architekturformen, die sich deutlich von der frühen Zeit absetzen, entstehen nicht. Die Nekropolen gewinnen gegenüber ihren Vorläufern keine ihrer Zeit eigentümliche Form. Es herrschen üblicherweise kleine Häuschen vor wie in dem Seitenstrang der Via Appia unter San Sebastiano oder wie in Pozzuoli.

Der Prunk an Geschirr aus Edelmetall geht wohl eher zurück. Jedenfalls fehlen entsprechende Arbeiten. In Keramik und Glas gewinnen Importe aus Produktionszentren außerhalb Italiens an Bedeutung.

Pompeii A. D. 79. Ausstellung Boston (Boston 1978); *Domus – Viridaria – Horti Picti.* Ausstellung Pompeji 1992 (Neapel 1992).

1.11 Trajan und Hadrian (96–138 n. Chr.)

1.11.1 Urbanistik und Architektur

Nach den siegreichen Feldzügen gegen die Daker beginnt Trajan aus der Siegesbeute ein umfassendes Bauprogramm. Er legt das größte und auch letzte der sog. Kaiserfora an, das in der Basilica Ulpia sein Zentrum besitzt.

Auf dem ausgedehnten Platz vor der Basilica steht das riesige Reiterstandbild des Kaisers. Der rückwärtig anschließende Teil hinter der Basilica dient als Vorplatz für den Tempel des vergöttlichten Trajan. Ihm zugeordnet sind zwei große Bibliotheksbauten und im Zentrum zwischen ihnen die Säule mit dem Reliefband, das die Ereignisse der Kriege schildert. Der Sockel hat später die Urnen mit der Asche des Kaisers und seiner Gemahlin aufgenommen, und die Säule trägt die Statue des vergöttlichten Herrschers. In vielfältiger Weise nimmt die Ausstattung des Forums Bezug auf die kriegerischen Ereignisse, so die mächtigen Friese mit Schlachtdarstellungen, die möglicherweise zum Eingang gehört haben, und die Serien der Dakerfiguren, die auf den Säulen der ringsumlaufenden Hallen stehen. An das Forum, aber deutlich von ihm getrennt, schließt eine ausgedehnte Marktanlage mit einer Fülle von kleinen Ladenlokalen an.

Das Forum wird 113 n. Chr. geweiht, ein Jahr später schon die riesigen Thermen des Kaisers, die er über den Ruinen der Domus Aurea des Nero auf dem Mons Opius unmittelbar gegenüber dem Kolosseum hat errichten lassen. In ihrer Größe, Ausrichtung und vor allem auch in der Anlage und Verteilung der Räume bilden sie den eigentlichen Prototyp der späteren Kaiserthermen, wie er in den Bauten des Caracalla und des Diokletian wiederkehrt. Rom erhält also durch die genannten Bauten starke urbanistische Akzente.

Unter dem Nachfolger Trajans, Hadrian, kommt eine Serie neuer Anlagen hinzu. Darunter verdient vor allem der vollständige Neubau des Pantheons Erwähnung, der 125 n. Chr. fertiggestellt gewesen sein muß. Mit 45 m Durchmesser handelt es sich um den größten überkuppelten Innenraum der Antike. Der besondere Aufwand und die Eigenart des Baus werden zusätzlich durch die mächtige Vorhalle aus Granitsäulen betont. Kennzeichnend für die Zurückhaltung des Kaisers ist, daß er den Namen des Erbauers des ursprünglichen Pantheons, Agrippa, erneut auf das Frontgebälk setzen läßt. Das Pantheon ist in seiner neuen Form dafür bestimmt, Mittelpunkt eines größeren Bezirks für Bauten der Kaiserverehrung zu bilden, denn schon 119 n. Chr. folgt ganz in der Nähe der riesige Tempel der vergöttlichten Matidia, der Schwiegermutter des Hadrian und Gattin des Trajan. 135 n. Chr. wird auf dem Areal der Eingangshalle zur ehemaligen Domus Aurea des Nero der auf hohen Substruktionen errichtete Tempel für Venus und Roma geweiht. Dieser mächtige, mit 12 mal 22 Säulen umgebene Tempel stellt die meisten anderen gleichartigen Bauten in Rom weit in den Schatten. Ganz in seiner Nähe in Richtung auf das Kolosseum zu erhält der Kaiser einen Ehrenbogen mit Jagdbildern. Auf diese Weise entsteht zwischen den Vergnügungsbauten von Kolosseum, Titus- und Trajansthermen auf der einen Seite, dem alten Forum Romanum und den Kaiserfora auf der anderen Seite und dem kaiserlichen Palast auf dem Palatin ein neues Zentrum, das die Bedeutung Roms nachdrücklich kultisch fixiert und die Virtus des Kaisers aus seinen Leistungen im Frieden ableitet. Noch zu Lebzeiten beginnt Hadrian den Bau eines riesigen Grabmals, das, jenseits des Tibers angelegt, die Abmessungen des Mausoleums des Augustus erreicht bzw. im Volumen übertrifft. Eine eigens für diesen Grabbau angelegte Brücke inszeniert den Zugang von der Stadt in eindrucksvoller Weise. Der Kaiser wird hier allerdings erst zwei Jahre nach dem Tode wohl nach Fertigstellung der Anlage beigesetzt. Viele Bauten Roms werden renoviert, nachweisbar z. B. am Forum des Augustus und am Palast auf dem Palatin.

In der Bautechnik ändert sich gegenüber der flavischen Zeit nichts. Die Ziegelverschalung herrscht vor, und präzise Datierungen einzelner Bauten sind über die Ziegelstempel möglich. Auch der Stil der Marmordekoration bleibt der flavischen Zeit verhaftet. Allerdings machen die Dekorationen des Trajansforums und auch der hadrianischen Bauten gewisse Rückgriffe auf frühere Muster der augusteischen Zeit deutlich.

Unter den Bauten der beiden Kaiser in Italien verdienen vor allem die Bemühungen Trajans um neue Hafenanlagen Erwähnung. Ostia, oder genauer Portus, erhält eine neue, sehr kompakt in der Grundrißform eines Sechsecks angelegte Hafenanlage mit ausgedehnten Speicherbauten. Aber auch für viele andere Häfen sind Aktivitäten überliefert, so z. B. für Centumcellae, für Terracina, wo die Via Appia neu verlegt wird, um die Verbindung zum Hafen zu verbessern, in Pozzuoli, wo die Stadt unter den Kaisern ein neues Gesicht gewinnt, in Brindisi, in Ancona, wo noch der Bogen des Trajan von dessen Bauaktivitäten kündet, und in Aquileia. Im übrigen fehlen bis auf die üblichen Ausbauten besonders im Bereich der Thermen und Theaterbauten in Italien Hinweise auf größere Projekte in den Städten des Hinterlandes.

Hadrian läßt in der Nähe von Tivoli seine berühmte Villa errichten, die der Überlieferung zufolge den Charakter einer Sommerresidenz des Kaisers besitzt. Sie stellt in Größe und Ausstattung alles, was bisher in der Villenarchitektur geschaffen war, in den Schatten. Ein ausgedehntes Territorium wird tiefgreifend umgestaltet und mit einem lockeren System von Einzelanlagen überzogen. Dazu gehören in sich geschlossene Gartenbezirke mit Seen, kleinen Villen, Bibliotheken, Thermen und Säulenhallen sowie Theatern. Viele der Orte erhalten offenbar ihren Namen nach berühmten Stätten in Griechenland oder anderswo.

In Italien verdienen vor allem die in seiner Zeit errichteten Thermenkomplexe von Baiae Erwähnung, deren eigenartige Kuppelkonstruktionen und bewegte Grundrisse an die Hadriansvilla, aber auch die gleichzeitigen Forumsthermen von Ostia erinnern.

A. Hoffmann, *Das Gartenstadion in der Villa Hadriana* (Mainz 1981); C. M. Amici, *Foro di Traiano. Basilica Ulpia e Biblioteche* (Rom 1982); M. Ueblacker, *Das Teatro marittimo in der Villa Hadriana* (Mainz 1985); F. Rakob, „Röm. Kuppelbauten in Baiae", *MdAI Rom* 95 (1988) 258–301; *Die röm. Stadt im 2. Jh. n. Chr.* Kolloquium Xanten 1990 (Köln 1992); K. De Fine Licht, *Sette Sale. Untersuchungen an den Trajansthermen zu Rom* (Rom 1990); C. Panella, M. Milella, „Scavo nell'area delle Meta Sudans e ricerche sull' arco di Constantino", *Archeologia Laziale* XII 1 (1995) 41–59.

1.11.2 Skulptur und Bilderwelt

In der Gestaltung der Ehrenstatuen setzt sich eine neue Nüchternheit durch. Allerdings ändert sich in der Gestaltung der Togati, der Panzerstatuen und der übrigen Bilder nicht viel. Es fällt nur auf, daß besonders unter Hadrian öfter direkt auf Vorbilder klassischer Statuen zurückgegriffen wird. Die Bildnisbüsten der späten Republik haben einen knappen Brustausschnitt besessen, der im laufenden 1. Jahrhundert n. Chr. größer wird. Nun umfassen sie die Brustmuskeln. Eindrucksvolle Beispiele stammen aus dem Hateriergrab.

Die energiebetonenden Züge prägen zunächst auch die Bildnisse des Kaiserhauses. Trajan selbst läßt sich zwar idealisiert, aber mit knapper Haartracht und energisch jugendlichen Zügen wiedergeben. Bei den Frauenporträts verschwindet die Fülle des aufgetürmten Haars, und die Frisuren werden ebenfalls knapper und sparsamer im Aufwand. Hadrian greift die Barttracht auf, die die griechischen Intellektuellen und Philosophen charakterisiert. Diese Mode setzt sich sehr rasch auch unter den Privatleuten der Zeit durch, ohne daß die anderen Möglichkeiten sofort schwinden. Einen Sonderfall bedeuten die Bildnisse des Antinoos, die jugendlich verklärt mit Heroen- oder Göttertypen kombiniert werden können.

Die Idealplastik ist in besonderem Maße von den Mühen um Exaktheit und genaue Kopien der griechischen Vorbilder geprägt. Allerdings wird diese Gestaltungsweise von einer verhärteten, bereinigten Oberflächenstruktur begleitet, die bisweilen wie eine abstrakte Reduktion der Vorlage wirkt. Besonders in der Ausstattung der Villa Hadriana findet sich dafür eine Fülle von Beispielen.

Unter den Staatsreliefs der trajanischen Zeit dominiert das Thema der Kampfdarstellungen. Prominentestes Beispiel bilden die umlaufenden Friese der Trajanssäule, die die beiden Kriege in ihrem Ablauf wiedergeben. Allerdings ist das Geschehen in typisierten Schilderungen konzentriert, wodurch wiederum Leistungen und ihnen zugeordnete Werte der Protagonisten in besonderer Weise herausgestellt werden können. Zur Ausstattung des Trajansforums gehört ein riesiger Schlachtenfries, der den siegbringenden Kaiser inmitten seiner Truppen wiedergibt, wie er die Feinde ohne Gegenwehr überrennt. Das ausgedehnte Bildprogramm des Trajansbogens von Benevent hingegen stellt ebenso wie zwei Brüstungsreliefs einer kleinen Brücke vom Forum Romanum *(Anaglypha Hadriani)* die Fürsorge des Kaisers für Italien in den Mittelpunkt. Ferner wird in den Bildern der Attika des Bogens die Götternähe des Kaisers und sein Aufbruch bzw. die Ankunft aus Italien wiedergegeben.

Vergleichbare Darstellungen fehlen von Hadrian. Vielmehr erscheinen auf dem Bogen zwischen Kolosseum und Tempel der Venus und Roma Jagdszenen verbunden mit Opfern, die in neuartiger Weise Virtus und Pietas des Kaisers Ausdruck verleihen. Zu einem anderen Bogenmonument des Kaisers von der Via Flaminia gehört ein Reliefzyklus, der die Verehrung der verstorbenen Gattin Hadrians, Sabina, zum Thema hat. Die überlieferten Bildzeugnisse illustrieren damit sehr eindrücklich die divergierenden politischen Konzepte der beiden Kaiser.

J. Raeder, *Die statuarische Ausstattung der Villa Hadriana bei Tivoli* (Frankfurt 1983); S. Settis (Hrsg.), *La Colonna Traiana* (Rom 1988); A. M. Leander-Touati, *The Great Trajanic Frieze* (Stockholm 1987); L. Musso, „Rilievo con pompa trionfale di Traiano al Museo di Palestrina", *Boll. d'Arte* 46 (1987) 1–46; L. E. Baumer, T. Hölscher, L. Wähler, „Narrative Systematik und politisches Konzept in den Reliefs der Traianssäule", *JdI* 106 (1991) 261–295; H. Meyer, *Antinoos* (München 1991); C. Evers, *Les portraits d'Hadrien* (Brüssel 1994).

1.11.3 Lebensformen und materielle Ausprägung

Die Häuser und Villenanlagen aus der ersten Hälfte des 2. Jahrhunderts unterscheiden sich nicht tiefgreifend von der früheren Zeit. Neuartig allerdings ist unter den mehrstöckigen Wohnbauten in Ostia das sog. Gartenhaus, in dem ein solcher Komplex in ein größeres Gartenareal eingebettet ist. Dabei handelte es sich wohl durchgehend um Mietseinheiten mit vergleichsweise kleiner Größe. Von den Wohnhäusern der städtischen Führungsschicht sind uns keine markanten Beispiele erhalten. In der Wanddekoration kehren Formen des sog. Dritten pompejanischen Stils wieder, z. B. großflächige Farbgründe, filigrane Architekturornamente und sakral-idyllische Landschaftsbilder. Für die Entwicklung der Mosaiken bietet die Hadriansvilla von Tivoli Beispiele. In den Nekropolen dominieren stärker als zuvor Ziegelhäuser. Eine Neuerung bedeuten die mit ornamentalem Schmuck oder mit Mythenbildern versehenen Marmorsarkophage, die zunehmend als Bestattungsform an Beliebtheit gewinnen.

A. Carandini – C. Panella (Hgg.), *Ostia* 4. Stud. Miscellanei 23 (Rom 1977); Th. Schäfer, „Die Dakerkriege Trajans auf einer Bronzekanne", *Jahrb. DAI* 104 (1989) 283–317; M. de Franceschini, *Villa Adriana. Mosaici, pavimenti, edifici* (Rom 1991).

1.12. Die Antoninen (138–192 n. Chr.)

1.12.1 Urbanistik und Architektur

Unter den Kaisern der antoninischen Dynastie verändert sich Rom nur geringfügig und in einzelnen Bereichen. Auf dem Forum Romanum zum Beispiel errichtet Antoninus Pius den Tempel für seine verstorbene Gemahlin Faustina, der durch seine gute Erhaltung den heutigen Eindruck des Platzes zwar bestimmt, in der Antike aber eher eine untergeordnete Position eingenommen hat. Ferner wird der von Hadrian begonnene Bereich der Kaiserkultbauten auf dem Marsfeld stetig um neue Anlagen erweitert. Dazu gehört als erstes die Fertigstellung des Tempels für den vergöttlichten Hadrian, der im Inneren mit den bekannten Reliefdarstellungen der Provinzen des römischen Reiches geschmückt ist. Weiter nördlich folgt das Ustrinum für das antoninische Kaiserhaus, von dessen Marmorschmuck eine Reihe von Bauteilen zeugen. In seiner Nähe steht die Säule des Antoninus Pius, deren Sockel mit der Apotheose des Kaisers und seiner Gemahlin geschmückt ist. Der Säulenschaft war ursprünglich für den Trajanstempel auf dessen Forum bestimmt. Südlich schließt die bekannte Säule des Marc Aurel an, die auf ihrem Relieffries Szenen aus den Marcomannenkriegen des Kaisers wiedergibt und seine Bildnisstatue getragen hat. Unter den antoninischen Kaisern wird offenbar ein riesiger Tempel am Westrand des Quirinal errichtet, der mit einer mächtigen Freitreppe die Ebene des Marsfeldes mit der Straßenebene der Alta Semita, der Hauptstraße auf dem Quirinal, verbunden hat. Der Tempelinhaber ist nicht bekannt, obwohl es sich um einen der größten Sakralbauten des antiken Roms gehandelt hat. Von Commodus sind so gut wie keine Bauaktivitäten aus Rom überliefert.

Auch Technik und Baudekoration schließen im wesentlichen an die Zeit zuvor an. Caementiciummauerwerk mit Ziegelsteinverkleidung überwiegt. Nach den variantenreichen Gewölbekonstruktionen der Zeit zuvor kehren nun offenbar nach dem Zeugnis der einfachen privaten Wohn- oder Grabbauten schlichtere Gestaltungsformen ein. In den Architekturdekorationen setzt sich der Klassizismus der hadrianischen Zeit fort.

Im Gegensatz zu der Fülle der baulichen Aktivitäten, die in antoninischer Zeit eigentlich in allen Provinzen des römischen Reiches in zuvor geahntem Umfang zu konstatieren sind, fällt in Italien der Rückgang an entsprechender Bautätigkeit um so stärker auf. Herausragende Gebäude oder gar ganze Stadtbezirke aus dieser Periode fehlen vollständig. Unter Commodus wird immerhin die Bühne des Theaters in Ostia erneuert.

L. Cozza (Hrsg.), *Tempio di Adriano* (Rom 1982); K. Stemmer (Hrsg.), *Kaiser Marc Aurel und seine Zeit.* Ausstellung Berlin (Berlin 1988).

1.12.2 Skulptur und Bilderwelt

Das Aussehen der wichtigsten Typen von Ehrenstatuen änderte sich im Vergleich mit der ersten Hälfte des 2. Jahrhunderts kaum. Von der äußeren Oberflächengestalt her zeigen sich gewisse Verhärtungstendenzen oder auch ein stärkeres Spiel mit Licht- und Schattenkontrasten. Auf diese Weise wird die Konvention der Bildformel des jeweiligen Statuentypus nur noch stärker betont. Berühmtestes Ehrenbild der Zeit ist wohl das Reiterstandbild des Marc Aurel vom Kapitol, das ursprünglich in der Gegend des Lateran seinen Platz gehabt hat.

Innerhalb der Porträts behaupteten sich ebenfalls Vorgaben der hadrianischen Zeit. Die Kaiser stilisieren sich über ihre Tracht und auch die Art der Gesichtsangaben vor allem als Intellektuelle in der Art griechischer Philosophen. Freilich mischen sich bei Commodus Züge der Heroisierung und Überhöhung hinein, vielleicht am deutlichsten faßbar in dem Bildnis in den kapitolinischen Museen, das ihn mit den Attributen des Herakles wiedergibt. An solcherlei Vorgaben schließen im wesentlichen auch die Bildnisse von Privatpersonen jener Zeit an. Die Frauenporträts werden ebenfalls in der Gestaltung der Physiognomien und der Haartracht strenger und betonen mit vielfachen Variationen matronale Züge.

Die Idealplastik der Zeit folgt im wesentlichen inhaltlich wie von der formalen Gestaltung her zunächst den Mustern der hadrianischen Zeit. Als Beispiele können dafür die Skulpturen aus Villen des Kaiserhauses angesehen werden. Die Stilformen der antoninischen Zeit sind daneben eindrücklich über die Sarkophage und Reliefs faßbar. Dabei wird ein Wandel von klassizistisch ruhigen Formen zu gelängten, unruhig und expressiv wirkenden Formen deutlich (antoninischer Stilwandel), der in den letzten Jahren der Regierungszeit des Mark Aurel beginnt (um 170–190).

Für die Staatsreliefs bietet vor allem der Sockel der Säule des Antoninus Pius gute Beispiele. Neben der Apotheose des Kaiserpaares auf der Hauptansichtsseite der Säule geben die Nebenseiten militärische Ehren für den Kaiser wieder. Von der Konzeption her stehen die genannten Bilder in starkem Kontrast, denn die Decursio der römischen Reiterei ist in einer merkwürdig unbeholfen wirkenden Aufsicht wiedergegeben. Offenbar setzen sich hier Darstellungsmuster durch, die auf eine neue Eindrücklichkeit der Wiedergabe zielen. Im Vergleich mit den Bildern der Trajanssäule ist dies auch für die Schilderungen des Schlachtgeschehens auf der Säule des Marc Aurel festzustellen. Das Geschehen wird formal wie inhaltlich kontrastreich und mit neuen bildnerischen Effekten angereichert wiedergegeben. Der in vielen Details betonten Grausamkeit des Kriegsgeschehens entspricht die expressive Formensprache mit gelängten und deshalb wie ausgezehrt wirkenden Figuren. Von einem Bogenmonument zu Ehren des Marc Aurel muß wohl ein Reliefzyklus stammen, dessen Einzelbilder sich am Bogen des Konstantin und an einem anderen Bogen über der Via Flaminia in der Nähe eben jenes Kaiserkultbezirkes wieder verwandt finden. In stark typisierten Szenen werden darin Leistungen des Kaisers im Zusammenhang mit seinen Kriegstaten wiedergegeben, wodurch zugleich seine spezifischen Herrschertugenden anschaulich dem Betrachter vor Augen treten.

L. Vogel, *The Column of Antoninus Pius* (Cambridge/Mass. 1973); E. Angelicoussis, „The Panel Reliefs of Marcus Aurelius", *MdAI Rom* 91 (1984) 141–205.

1.12.3 Lebensformen und ihre materielle Ausprägung

Über die Wohnkultur der antoninischen Zeit ist nur wenig bekannt. In Rom selbst sind es einzelne Teile von Häusern, die mit ihren Räumen und der zugehörigen Ausstattung einen bescheidenen Eindruck davon vermitteln können. Ferner stammt eine Reihe von größeren Villen, z. B. die Villa von Settebassi oder die sog. Quintiliervilla an der Via Appia, aus dieser Zeit.

Von den stilistischen Qualitäten der Wanddekoration zeugt eine ganze Reihe von besser erhaltenen Grabbauten von der Via Latina und der Nekropole unter der Peterskirche. Zusammen mit den Resten aus den Häusern lassen sie eine Gestaltungsweise erkennen, die an den sog. Vierten Stil in Pompeji mit starken Farben und großformatigen Bildern und Architekturdekorationen erinnert. In den Sarkophagreliefs ist ein stilistischer Wandel zu gelängten, expressiven Formen zu beobachten. Zusätzlich erhalten die Protagonisten der mythologischen Szenen häufiger Porträtzüge der Verstorbenen.

H. Mielsch, H. v. Hesberg, *Die heidnische Nekropole unter St. Peter in Rom.* Mem. Pontificie Accademia 16 (1986–1995); H. Jung, „Zur Vorgeschichte des spätantoninischen Stilwandels", *Marburger Winckelmannprogramm* 1984, 59–103; J. Iacopi, „Esempi di stratificazione pittorica dalla domus sotto le Terme di Caracalla", in: *Roma. Archeologia nel Centro* 2 (Rom 1985) 605–622.

1.13 Die Severer (193–235 n. Chr.)

1.13.1 Urbanistik und Architektur

Als Septimius Severus zum Kaiser ausgerufen wird, bietet Rom in vielen Quartieren einen kläglichen Anblick. Mangelnde Fürsorge und die kriegerischen Auseinandersetzungen um die Machtposition haben zu großflächigen Zerstörungen und Bränden geführt. Der Kaiser ist darauf bedacht, die Schäden auszubessern und den ursprünglichen Zustand nach Möglichkeit wiederherzustellen. Beispiele dafür stellen die Reste der Porticus Octavia in der Nähe des Marcellustheaters auf dem Marsfeld und der Neubau des Vestatempels auf dem Forum Romanum dar. Rom erhält zusätzlich eine neue Bedeutung als Symbol der Einheit des Reiches *(urbs sacra)* und bildet den Angelpunkt eines neuen ideologischen Konzepts, das sich freilich schon in antoninischer Zeit angekündigt hat. Als ein Ausdruck solcher Bemühungen läßt sich der Stadtplan von Rom verstehen, der in einer der Exedren des Templum Pacis angebracht wird. In der minuziösen Wiedergabe aller Bauten mit ihren Details konserviert und fixiert er das Bild der Stadt.

Die Macht des Kaisers wird an verschiedenen Stellen in besonderer Weise vergegenwärtigt. Der flavische Palast auf dem Palatin erhält unter den Severern Erweiterungen um größere Exedren und eine Thermenanlage. Vor allem kommt auf seiner Südseite die mächtige Fassade des Septizodiums hinzu, die nun den Palast zusätzlich nach außen hin auf die von der Via Appia herkommenden Besucher ausrichtet. Es handelt sich offensichtlich um ein großes Nymphäum mit Wasserbecken. An der Via Appia entsteht auch das Mausoleum des Septimius Severus, von dem allerdings keine Reste erhalten sind. Ein weiteres Monument der Machtdarstellung bildet der Bogen des Septimius Severus, der vor dem Curiengebäude des Senats auf dem Forum Romanum in der Art der Bildnissäulen des Trajan oder des Marc Aurel mit großformatigen figürlichen Reliefs das kriegerische Geschehen der Feldzüge des Kaisers im Osten wiedergibt. Weitere Bilder auf den Säulenpostamenten verweisen auf die unterworfenen Barbaren, den Sieg und das Glück der Epoche, das dem Sieg zu verdanken ist. Durch dieses Monument, einen der mächtigsten Bögen Roms, und die bekrönende Quadriga erhält das Forum Romanum eine neue Ausrichtung.

Caracalla, der älteste Sohn des Septimius Severus, sorgt am Endpunkt der Via Appia für den Bau einer alles überragenden neuen Thermenanlage. Sie folgt in ihrer Grundrißdisposition und auch in ihrer Ausrichtung den Vorgaben der Trajansthermen. Die Gestaltung der Räume, der Aufwand an Säulen und Schmuckelementen, die Ausstattung mit großen Bibliotheken und wohl nicht zuletzt die hervorragende Versorgung der Anlage müssen den Vorgängerbau weit in den Schatten gestellt haben. Gerühmt wird vor allem die lichtdurchflutete Kuppelkonstruktion des Caldarium im Zentrum der Südfassade der Anlage. Von Elagabal wird die Errichtung verschiedener orientalischer Heiligtümer – vor allem für den Sonnengott neben dem Kaiserpalast – überliefert, von denen konkret keines wirklich zu bestimmen ist. Möglicherweise geht auf ihn die Anlage eines ausgedehnten Villenkomplexes zurück, der am Rand der Stadt einen Circus und ein Amphitheater (sog. Amphitheatrum Castrense) umfaßt hat. Hierin wird eine Konzeption von Residenz spürbar, die für die Folgezeit Bedeutung gewinnen soll. Alexander Severus läßt auf dem Marsfeld die alten Nerothermen von Grund auf erneuern. Die Art des Baus und seine Ausführung allerdings geben sich aus den wenigen erhaltenen Resten und den Renaissancezeichnungen nur in Ansätzen zu erkennen. Er ist der letzte Kaiser, der noch eine Wasserleitung anlegt. Sie endet in einem großen Nymphäum, das mit riesigen Marmortropaea domitianischer Zeit geschmückt wird (‚trofei di Mario').

Die Bautechnik dieser Jahre folgt im wesentlichen immer noch den Mustern des 2. Jahrhunderts. Die Verschalung der Caementiciummauern besteht aus deutlich gröberen und z. T. wiederverwendeten Ziegeln. In der Gestaltung der Marmordekoration läßt die frühere sorgfältige Ausführung nach. An verschiedenen Bauten, z. B. der Porticus Octavia, ist die Verwendung älteren Materials deutlich zu erkennen. Auf einheitliche Ausführung in den Serien von Kapitellen wird kein besonderes Gewicht gelegt.

Unter den Städten Italiens bietet vor allem Ostia Hinweise auf Bauten severischer Zeit. Der Decumanus Maximus der Stadt wird weitreichend erneuert und am Theater ein Bogenmonument errichtet. Ferner verlegt Septimius Severus eine weitere Legion in die Nähe von Rom und baut bei Albano ein Legionslager, dem er ein Amphitheater hinzufügt. In anderen Städten kommt es zu umfangreichen Renovierungs- und Restaurierungsmaßnahmen. Es fehlen aber umfassende Neubauprojekte.

G. Tedeschi Grisanti, *I „Trofei di Mario"* (Rom 1977); E. Rodriguez Almeida, *Forma Urbis Marmorea* (Rom 1981); A. Claridge, L. Cozza, „Arco di Settimo Severo", in: *Roma. Archeologia nel Centro* 1 (1985) 34–55; G. Ghini, *Le Terme Alessandrine nel Campo Marzio.* Mon. Antichi III 4 (Rom 1988); L. Lombardi-Gorazza, *Le Terme di Caracalla* (Rom 1995).

1.13.2 Skulptur und Bilderwelt

Die Gestaltung der Ehrenstatuen der severischen Zeit folgt weitgehend den etablierten Mustern. Seit spätseverischer Zeit verändert sich deutlich die Form der Toga (toga contabulata). Der Umbo erscheint nun als ein schwerer, kompakter Stoffstreifen vor der Brust. Das Porträt des Septimius Severus knüpft in gewisser Hinsicht an das der antoninischen Kaiser an, als deren legitimer Nachfolger er sich versteht. Allerdings werden die Haargestaltungen stärker von Licht-Schatten-Effekten beherrscht, die zu einer expressiven Auflösung der Formen führen. Für Caracalla etabliert sich ein neues Porträtkonzept, das mit der Wiedergabe von Elementen großer Tat- und Willenskraft an hellenistisches Pathos anknüpft. Die Frauenporträts charakterisieren schwere, bisweilen wie Perücken wirkende Haarfrisuren. Alle die genannten Muster kehren auch unter den Porträts von Privatpersonen wieder.

Von der Idealplastik der Zeit geben vor allem einzelne Skulpturen aus den Thermen des Caracalla eine Vorstellung. Vieles dürfte dort anderen Komplexen entnommen sein, aber eine ganze Reihe von Statuen zeigt starre, linear beruhigte Züge.

Unter den Staatsreliefs sind die Schlachtdarstellungen vom Septimius-Severus-Bogen geprägt vom Bemühen um Anschaulichkeit und Detailreichtum. Die belagerten Städte erscheinen aus der Vogelperspektive reduziert auf Gebäude und Mauern. Eine Fülle von Figuren agiert in dieser Szenerie. Allerdings konzentriert sich wiederum das Geschehen auf bestimmte markante Ereignismuster, die den Tugenden des Kaisers und des römischen Heeres entsprechen. Ein weiterer Zyklus von Reliefdarstellungen schmückt den kleinen Bogen der Silberschmiede *(argentarii),* die das Monument zu Ehren der Familie des Septimius Severus in der Nähe des Forum Boarium am Velabrum errichtet haben. In den Reliefs erscheint die kaiserliche Familie beim Opfer.

F. Ghedini, *Giulia Domna tra oriente e occidente* (Rom 1984); G. Jenewein, „Statuenfragmente aus den Caracallathermen", *Röm. Hist. Mitt.* 27 (1985) 13–49.

1.13.3 Lebensformen und ihre materielle Ausprägung

Vollständige Hausanlagen aus severischer Zeit sind nicht bekannt. Einzelne Beispiele verdeutlichen aber einen Wandel. Vor allem begegnen Apsidensäle, die von nun an zu einem wichtigen Bestandteil spätantiker Haus- und Villenbauten werden. Auch sonst zeichnen sich tiefgreifende Veränderungen ab. In der Wandmalerei setzen sich großfigurige Dekorationen durch, wie sie z. B. ein Gebäudetrakt der sog. Domus Praeconum auf dem Palatin belegen.

Grabbauten in der üblichen Kammerform werden mit dem Ende der severischen Zeit nur noch selten gebaut, vereinzelt Kuppelsäle. Marmorsarkophage gewinnen hingegen eine beträchtliche Größe. Die Toten werden in den alten Bauten, in Hypogäen und Erdgräbern bestattet.

Innerhalb der Keramik, der Glasproduktion und der Geschirre aus Edelmetall läßt sich kein tiefgreifender Wandel beobachten. Es dominieren Formen und Dekorationsmuster, die schon zuvor ihre Prägung gefunden haben.

E. Holstetter et all., „A late Roman Domus with apsidal hall on the Palatine“, in: *Rome Papers* (Ann Arbor 1994) 131–182.

1.14 Die Zeit der Senats- und Soldatenkaiser (235–284 n. Chr.)

1.14.1 Urbanistik und Architektur

Die Veränderungen im Stadtbild Roms in der Zeit der Senats- und Soldatenkaiser zu benennen fällt schwer. Inschriftliche Quellen sind dünn gesät, und die literarische Überlieferung *(Historia Augusta)* bleibt in vielen Aussagen zweifelhaft. Da die Ziegelproduktion in severischer Zeit ihr Ende nimmt, gibt es wenige Indizien, Bauten innerhalb dieser Periode sicher zu datieren. Decius baut Thermen auf dem Aventin. Die Gordiane planen die Anlage des ausgedehnten Porticuskomplexes auf dem Marsfeld, erhalten ist davon aber nichts. Erst mit der Regierungszeit des Aurelian (270–275 n. Chr.) lassen sich eine Reihe von Bauaktivitäten verbinden. Dazu gehört der ausgedehnte, fast 20 km messende Mauerring, der die natürlichen Geländevorteile geschickt nutzend Rom nun wieder umfassend mit einer Befestigungsanlage schützt. Im Vergleich mit den heute erhaltenen Resten bleibt die Mauer freilich um fast die Hälfte niedriger. Auch die Tore haben bescheidenere Dimensionen besessen. Nach dem Sieg über Zenobia und ihre Anhänger im Osten etabliert der Kaiser in Rom den Kult des Sonnengottes, dem er 274 n. Chr. auf dem Marsfeld neben der Via Flaminia einen ausgedehnten, von Säulenhallen umschlossenen Bezirk widmet.

Die Bauten dieser Periode sind an der groben Ziegelverschalung der Caementiciummauern zu erkennen. Dabei handelt es sich vielfach um wiederverwendetes Material, da eine eigenständige Ziegelproduktion nur noch selten

– z. B. bei der Errichtung der Aurelianischen Mauer – eingerichtet wird. In der Bauornamentik setzt sich eine expressive Formensprache durch, die äußerlich die Bestandteile der traditionellen Formenschemata vergröbert und vereinfacht. Charakteristische Beispiele bieten die Reste vom Sonnentempel Aurelians bei San Silvestro in Rom.

Die Städte Italiens werden vor allem im Norden neu bewehrt. Unter Galien (253–268 n. Chr.) wird die Stadtmauer von Verona mit Baumaterialien aus den Nekropolen im Umfeld der Stadt neu ausgebaut. Andere Beispiele dafür finden sich in Aquileia oder Trento. Größere Restaurierungs- oder gar Neubauprogramme fehlen.

M. Todd, *The Walls of Rome* (Southhampton 1978); L. La Follette, „The Baths of Trajanus Decius", in: *Rome Papers* (Ann Arbor 1994) 12–88.

1.14.2 Skulptur und Bilderwelt

Bildnisstatuen kommen im erhaltenen Bestand nur selten vor. Unter den Togati behauptet sich die tabulierte Form. Die Panzerstatuen erhalten nur noch sehr selten Reliefschmuck. Insgesamt, so hat man den Eindruck, geht die Zahl der Ehrungen deutlich und einschneidend zurück.

Unter den Porträts sind die der Kaiser schwer zu bestimmen, denn die Regierungszeit der einzelnen Kaiser bleibt meist nur sehr kurz. Deshalb sind uns nur wenige Porträts erhalten und selten Serien erfaßbar. Die Stilisierung der Porträts schwankt sehr stark zwischen der knappen energischen Form, die an Vorbilder wie das Caracallaporträt oder ähnliche Bildnisse anschließt, oder solchen, die der philosophischen Prägung folgen. Unter Galien setzt sich eine abstrakte, klassizistisch wirkende Fassung der Porträts für eine kurze Periode durch. Die Frauenporträts bleiben Vorgaben der severischen Zeit verhaftet. Die Bildnisse der Privatleute auf bisweilen grotesk großen Büsten folgen weitgehend der Stilisierung und auch der handwerklichen Ausführung der Kaiserporträts.

M. Bergmann, *Studien zum röm. Porträt des 3. Jhs. n. Chr.* (Bonn 1977).

1.14.3 Lebensformen und ihre materielle Ausprägung

Über die Wohngebäude dieser Zeit ist aus den genannten Gründen nur wenig bekannt. Offenbar herrschen darin große Empfangsräume mit Apsidenabschlüssen und prächtigen Bogen- und Wanddekorationen aus Marmor vor. Das mag in gleicher Weise auch für die Villen der Zeit gelten. Insgesamt gewinnt man aus dem Bestand jedenfalls nicht den Eindruck, daß der außenpolitischen Bedrohung des Reiches, dem wirtschaftlichen Verfall und dem schnellen Wechsel der Herrscher ein Niedergang der Wohnkultur und eine Ausdünnung in der Besiedlungsdichte entsprochen hat.

In den Nekropolen hat die dichte Folge der Ziegelmausoleen schon in der Zeit zuvor ihr Ende gefunden. Stattdessen gewinnen Hypogäen, d. h. unterirdisch angelegte Kammer- und Gangsysteme an Bedeutung. Sie können wie das der Aurelier aufwendig mit Malereien dekoriert werden. Parallel zu solchen Anlagen entstehen die ersten christlichen Katakomben (Domitilla, Praetextatus, Kallixtus). Im 3. Jahrhundert werden nur noch einzelne, prunkvolle Mausoleen gebaut, wovon als Beispiel das sog. Mausoleum des Galien an der Via Appia genannt sei. Daß der Aufwand der Bestattungen aber nicht vollständig zurückgeht, belegt die Fülle von marmornen Sarkophagen, die sich stilistisch der hier betrachteten Periode zuweisen lassen. In den mythologischen Themen kommen Bilder von Schlachten und von Löwenjagd hinzu. Sie übertreffen an Größe und Aufwand der Dekoration vielfach die Sarkophage der früheren Zeit.

B. Andreae, *Die röm. Jagdsarkophage* (Rom 1980).

1.15 Die Kaiser der Tetrarchie (284–312 n. Chr.)

1.15.1 Urbanistik und Architektur

Unter Diokletian erhält das Forum Romanum zum letzten Mal eine neue Gestalt. In den ersten Jahren des 4. Jahrhunderts wird vor dem Caesartempel eine neue Rostra symmetrisch zu der alten errichtet. Auf der Westseite vor der Basilica Iulia stellt man sieben Säulen mit Götterbildern auf. Hinter der alten Rostra entsteht zur Feier der zehnjährigen Dauer der tetrarchischen Herrschaft 304 n. Chr. ein Säulenmonument, dem die sog. Decennalienbasis zugehört. Die Reliefszenen der Basis geben Opferhandlungen und Viktorien wieder. Fünf Säulen tragen Götterbilder, in ihrer Mitte Juppiter, die Hauptgottheit Diokletians. Ferner erneuert man von Grund auf das Curiengebäude, von dessen Ausstattung einige Reste erhalten sind. Rein äußerlich also wird das Forum als Platz politischer Versammlungen wieder in seinen alten Funktionen verstärkt, die Verdoppelung der Rednertribünen und die dichte Reihung von Götterbildern auf hohen Säulen trägt darüber hinaus zur Abstraktion und symbolhaften Umdeutung der ursprünglichen Funktion bei.

Auf dem Marsfeld wird der alte Bogen des Claudius, der die Via Flaminia überspannt, zu einem Monument der Siege des Diokletian über die Usurpatoren in den Westprovinzen und Britannien uminterpretiert (Arcus Novus). Als ein Zeichen der Fürsorge des Diokletian um seine Stadt und seiner Leistung als Stifter hat die Bevölkerung den neuen Bau seiner riesigen Thermen auf dem Quirinal verstanden. An Größe übertreffen sie die früheren Bauten dieser Art in Rom und kommen ihnen auch in der Pracht der Ausstattung, vor allem was die große Nymphäenwand vor der Natatio betrifft, gleich. Allerdings fehlen Hinweise auf eine umfassende Skulpturenausstattung. Obwohl die Inschriften Diokletian schon als Stifter nennen, wird der Bau erst nach seinem Tode fertiggestellt.

Dem letzten Kaiser in Rom aus dieser Periode, Maxentius (305–312), gelingen erstaunliche Leistungen im Ausbau der Stadt, deren Bedeutung für sein

Herrschaftssystem auch darin begreifbar wird. Er verstärkt den Mauerring Aurelians und gestaltet mit der Renovierung des hadrianischen Venus- und Romatempels und dem Bau einer riesigen Basilika, die auf diesen Tempel ausgerichtet ist, eine Anlage, deren Konzeption und Ausstattung an die alten Kaiserfora erinnert. Zum Templum Pacis wird mit dem sog. ‚Tempio di Romolo' ein Vestibül gestaltet, das zwischen dem alten Forum Romanum und den neuen Anlagen des Maxentius zum Areal der Kaiserfora führt. Von der Form her allerdings erinnert die Basilika nicht mehr an die Marktbasiliken wie die vom Trajansforum, sondern eher an die prachtvollen zentralen Säle der großen Thermenanlagen. Schließlich errichtet der Kaiser an der Via Appia eine neue Residenz.

Sie besteht aus einer Villa mit einem großen zentralen Saal, der nach dem Muster der Zeit in einer Apside endet, und einem ausgedehnten Circus, der neben seiner Funktion für Volksbelustigungen und Wagenrennen auch zu Prozessionen und Herrscherhuldigungen dient. Neben dem Circus liegt unmittelbar an der Via Appia ein ausgedehnter quadratischer, von Pfeilerhallen umsäumter Bezirk, in dessen Mitte das Mausoleum für den früh verstorbenen Sohn des Maxentius, Romulus, auf einem hohen Podium steht. Hier hat der Kaiser gewiß auch seine eigene Begräbnisstätte geplant.

Zur gleichen Zeit etwa entsteht an der Via Praenestina ein sehr ähnlicher, von einem Podium getragener Rundbau als Mausoleum (Tor de' Schiavi).

Die Bautechnik der Zeit charakterisiert die Verwendung von Ziegelverschalungen, wobei vielfach Spolienmaterial benutzt wird. Die Gewölbe sind durch riesige Kassetteneinlassungen gegliedert, wie sie im Venus- und Romatempel und der Basilika zu finden sind. Kuppelrundbauten gewinnen seit dieser Zeit besondere Bedeutung für Mausoleen und als Teil größerer Wohnanlagen. Für die Bauornamentik der Zeit bieten die Konsolen aus der Curie und der Basilika gute Beispiele. Stilformen, die schon am Sonnentempel des Aurelian begegneten, kehren hier wieder. Allerdings handelt es sich nicht um Spolien.

Charakteristisch für die Zeit der Tetrarchie ist die Verlagerung der Residenzen in zentrale Städte des Reiches. Galerius z. B. läßt sich in Thessaloniki einen riesigen Palast mit einem Mausoleum und einer Art Propylon sowie einen reich geschmückten Ehrenbogen errichten, auf dem die Kriegszüge des Kaisers und seine Triumphe wiedergegeben werden. Andere Residenzen liegen in Nikomedia oder Trier und sind ebenfalls auf das prächtigste mit ausgedehnten Palastanlagen ausgestattet. In Italien selbst gewinnt Mailand den Charakter einer Residenzstadt, doch sind unter der modernen Bebauung nur noch bescheidene Reste der ursprünglichen Bauten zu fassen. Nach seinem Rückzug aus den Regierungsgeschäften hat sich Diokletian an der dalmatinischen Küste bei Split eine Art Miniaturresidenz errichten lassen, in der innerhalb einer stark befestigten Anlage nun alle die Elemente der neuen Architektur vereint sind. Die beiden von Säulenreihen gesäumten Hauptstraßen der Stadt kreuzen sich im Zentrum. Der dem Mausoleum gegenüberliegende Bezirk umschließt einen Zeustempel mit tonnengewölbter Cella. Unmittelbar hinter der Küstenmauer sind die Repräsentations- und Wohnräume aufgereiht. Die Städte Italiens erhalten je nach ihren Funktionen Förderung. Aquileia z. B. verstärkt die Befestigungen und stellt die Hafenanlage und Magazinbauten wieder her.

G. de Angelio d'Ossat, A. Giuliano (Hgg.), *Il „Tempio di Romolo" al Foro Romano* (Rom 1981); C. F. Giuliani, P. Verduchi, *L'area centrale del Foro Romano* (Florenz 1987); *Milano Capitale dell'Impero Romano 286–402 d. C.* Ausstellung Mailand 1990 (Mailand 1990); J. J. Rasch, *Das Maxentius-Mausoleum an der Via Appia in Rom* (Mainz 1984); ders., *Das Mausoleum bei Tor de' Schiavi in Rom* (Mainz 1993).

1.15.2 Skulptur und Bilderwelt

Unter der Tetrarchie etabliert sich grundsätzlich ein neues, höfisches Zeremoniell, das auch zu neuen Formen der Selbstdarstellung der Kaiser führt. Zum ersten Mal begegnen Statuen aus rotem ägyptischem Porphyr. Die Herrscher tragen die neue Amtstracht, die Elemente des hellenistischen Königsornats aufnimmt und vor allem aus einem mächtigen weit ausgreifenden Mantel und einem edelsteinbesetzten Diadem besteht, selten die Toga. Die Porträts der Zeit werden auf die physiognomischen Grundformen konzentriert. Sie wirken wie die Figuren selbst gedrungen und kantig mit kleinen Körpern und großen Köpfen. Von Diokletian sind nur einige wenige Bildnisse überliefert, die übrigen Kaiser lassen sich im Bestand nicht mehr ausmachen. An Privatporträts sind nur noch wenige Beispiele aus Rom und Italien zu nennen.

Unter der Idealplastik geben die genannten Ausstattungen der Bauten erste Hinweise für die formale Entwicklung. Die Figuren unter den Architekturkonsolen zeigen eine Reduktion auf wenige grundlegende Linien. Größere Skulpturenkomplexe dieser Art sind uns nicht erhalten. In der Ausstattung der Maxentiusresidenz an der Via Appia greift man auf frühere Skulpturen zurück.

Für die Staatsreliefs der Zeit bietet die Decennalienbasis das einzige besser erhaltene Beispiel. Denn am Claudiusbogen werden in den Reliefs nur die Kaiserporträts umgearbeitet. Die Reliefs am Galeriusbogen von Thessaloniki und die Statuen an dem Ausbau des dortigen Forums zeigen einen von Italien abweichenden Stil.

H. P. L'Orange, *Das spätantike Herrscherbild von Diokletian bis zu den Konstantinus-Söhnen* (Berlin 1984); H. P. Laubscher, *Arcus Novus und Arcus Claudii.* Nachricht. Akad. Göttingen (1976).

1.15.3 Lebensformen und ihre materielle Ausprägung

Von der Wohnkultur der städtischen Führungsschicht Roms vermittelt am ehesten die Villa des Maxentius eine gewisse Vorstellung. Andere Teile von Wohnbauten mögen sehr wohl ebenfalls in diese Zeit gehören, sind aber entweder nur sehr schlecht publiziert oder in kleineren Bauabschnitten erhalten. Ein prächtiges Beispiel einer ländlichen Villa stellt die Anlage von Piazza Armerina (Sizilien) dar. Sie belegt eindrucksvoll eine Fülle neuartiger Raumkonzeptionen, unter denen Apsidensäle, aber auch Räume mit drei Konchen und komplizierte Raumfolgen dominieren. Das Raumerlebnis wird wesentlich durch die Hierarchie in der Abfolge der Räume bestimmt, z. B. dadurch, daß die Peristyle tiefer gelagert sind als die Speiseräume an ihrem Kopfende. Auch die Vestibüle erhalten einen neuen, ausgreifenden und prächtigen Charakter. Ein Beispiel liegt in der sog. Quintiliervilla an der Via Appia vor.

Den Wohnluxus belegen die ausgedehnten prachtvoll bunten Mosaiken mit Themen des ländlichen Vergnügens, z. B. der Jagd, des Fischfangs oder des Gelages im Freien. Andere Themen beziehen sich auf die konventionelle Unterhaltung, z. B. Circusspiele oder das Leben in den Thermen. Seit dieser Zeit verändert sich deutlich die Wiedergabe der traditionellen Mythen. Ihr Gehalt wird mit zusätzlichen Elementen unterstrichen oder die Erzählung als Paradigma ritualisierter Lebensform uminterpretiert.

Neben den großen und wohl oft kaiserlichen Mausoleen existieren einfache Hypogäen. Die Produktion der Sarkophage mit paganen Bildmotiven, vor allem Jahreszeiten- und Jagddarstellungen, findet eine letzte Blüte. Im Stil entsprechen sie dem der Staatsreliefs.

Der Prunk der Wohnbauten findet seine Entsprechung in den aufwendigen Silberschätzen jener Zeit. Die Geschirre des 4. Jahrhunderts stellen frühere Silbergefäße in den Schatten. Statt der Trinkgefäße dominieren nun allerdings im Bestand große, figurenreiche Platten und Schüsseln, Kästchen, Kannen und andere Gefäße. Innerhalb der Glasgefäße beginnt mit dem Ende des 3. Jahrhunderts eine neue Tendenz zu aufwendigen und kunstreich gestalteten Gefäßen. Von höchster Kunstfertigkeit zeugen die Spruchbecher in der sog. Diatretechnik, bei denen das eigentliche Gefäß durch eine zweite Haut von durchbrochenen Ornamenten umschlossen ist. Etwas einfacher sind die geschliffenen Gefäße mit Circus- oder mythologischen Szenen. Im 4. Jahrhundert setzt sich in der Keramik auch eine neue Gattung durch, die sog. afrikanische Ware. Neben traditionellen Formen kommen vor allem wiederum große Platten mit reliefgeschmückten Rändern vor. Sie geben vielfach mythologische Szenen in langen Bildfolgen wieder.

H. Mielsch, „Zur Stadtrömischen Malerei des 4. Jhs. n. Chr.“, *MdAI Rom* 85 (1978) 151–207; A. Carandini, M. de Vos, *Filosofiana. La villa di Piazza Armerina* (Palermo 1982); W. Raeck, *Modernisierte Mythen. Zum Umgang der Spätantike mit klassischen Bildthemen* (Stuttgart 1992); W. Mackensen, *Die spätantiken Sigillata- und Lampentöpfereien von El Mahrine* (München 1993).

1.16 Konstantin und seine Nachfolge (312–372 n. Chr.)

1.16.1 Urbanistik und Architektur

In Rom führt Konstantin die von Maxentius begonnenen Projekte zu Ende. Die Basilika vor dem Venus- und Romatempel erhält bei dieser Gelegenheit eine neue Orientierung und den Charakter einer Verehrungsstätte für den Kaiser. Denn am Längsende fügt man eine große Apsis mit dem überlebensgroßen Sitzbild des Kaisers ein. Am Kolosseum wird ein früherer, für Hadrian errichteter Bogen für Konstantin umgewidmet. Zu diesem Zweck sammelt man von verschiedenen, prominenten Bauten Roms Reliefs von Kaisern, die durch die Umarbeitung der Porträts alle auf Konstantin bezogen erscheinen. So vereint das Monument Bilder der trajanischen, hadrianischen und antoninischen Zeit, während aus der Zeit seiner Umgestaltung nur die schmalen Friese mit den Ereignissen des Kampfes gegen Maxentius und des Einzuges in Rom zeugen. Ferner gehören der Zeit die Gefangenenfiguren an den Sockeln und die Tondi der Nebenseiten mit Darstellungen von Luna und Sol zu. Konstantin ist der letzte Kaiser, der noch einmal eine große Thermenanlage mit verschwenderischer Skulpturenausstattung auf dem Quirinal errichtet.

Die bedeutendsten Veränderungen im Stadtbild Roms gehen in dieser Zeit in den Außenbezirken vor sich. Da die Reiterabteilungen der Equites Singulares sich in den Kämpfen gegen Konstantin gestellt hatten, werden ihre Abteilungen aufgelöst und durch den mächtigen Bau der Lateransbasilika überdeckt. Diese fünfschiffige Anlage besitzt eine Länge von ca. 100 m. Vor der Apsis des Mittelschiffs mit dem großen Mosaik in der Wölbung liegt ein breites Querschiff. Nach einem ähnlichen Muster wird die Kirche für den heiligen Petrus errichtet, die im Vatikangebiet gelegen an eine frühere Verehrungsstätte seines Grabes bzw. einer Memoria anschließt. Für den Bau dieser Kirche muß ein heidnischer Friedhof geopfert werden. In der Ausstattung ist den Anlagen die Verwendung von Spolienmaterial sowohl im Mauerwerk wie auch für die Säulen eigen. Die Pracht des Inneren mit großen Vorhängen, Leuchtern und Altargerät wird als überwältigend überliefert. Als eine weitere Kirchenanlage wird an der Via Prenestina der Erinnerungsbau für die Märtyrer Petrus und Marcellinus errichtet, die ein ausgedehnter Hof umschließt mit dem Mausoleum für die Mutter Konstantins, Helena. Einige Jahrzehnte später folgt an der Via Appia im gleichen Typus der Umgangsbasilika die Kirche für den Märtyrer Sebastian und etwa gleichzeitig die heute weitgehend zerstörte Kirche für die Märtyrerin Agnes an der Via Nomentana. Sie schließt an das Mausoleum für die Tochter Konstantins, Constantina, an. Sie wird die Anlage um die Jahrhundertmitte errichtet haben. In der Dekoration des Grabbaus überrascht die Mischung paganer dionysisch-bukolischer und christlicher Elemente. Alle diese Bauten liegen in den Außenbezirken Roms, umschließen Begräbnisstätten der Märtyrer oder Stätten ihres Märtyrertodes, binden sie in den Kult ein und schaffen auf diese Weise zu dem paganen Zentrum der Stadt ein Gegengewicht.

Seit 326 beginnt Konstantin auf dem Boden der am Hellespont gelegenen Stadt Byzantion mit der Errichtung einer neuen Reichshauptstadt, Konstantinopolis, die 330 geweiht wird. Von den Bauten aus der Zeit der Gründungsphase ist so gut wie nichts mehr erhalten. Die Schriftquellen übermitteln die Vorstellung von einer mit mächtigen Stadtmauern gut geschützten Anlage, deren Zentrum der Vorgängerbau der Hagia Sophia und der Erlöserkirche bildete, an die das Mausoleum des Kaisers anschließt. Ferner gehört ein großes Residenzareal mit einer anschließenden Platzanlage und der Konstantinssäule dazu. Konstantinopel soll in vieler Hinsicht allein schon äußerlich in Anknüpfung an die alten Institutionen ein Äquivalent zu Rom werden. Die tetrarchische Idee der vielen, zerstreut gelegenen Residenzen wird nun auf zwei dominierende Zentren fixiert.

In der Bautechnik setzte sich eine neue Verfahrensweise durch. Die Verschalung des Caementiciumkernes besteht aus einem Wechsel von Ziegelschichten mit Tuffblöcken *(opus listatum)*. Auf diese Weise können die Spolienmaterialien besser verwandt werden. Vielfach werden in der Ausstattung der Bauten frühere Marmorteile eingefügt. – Die Ornamentteile der Konstantinischen Bauten werden in der Regel früheren Anlagen entnommen. Viele Teile sind auch nur vergleichsweise roh behauen worden, ein Beispiel bieten die erhaltenen Reste der Peterskirche.

H. Brandenburg, *Roms frühchristliche Basiliken* (München 1979); A. Arbeiter, *Alt St. Peter in Geschichte und Wissenschaft* (Berlin 1988).

1.16.2 Skulptur und Bilderwelt

Das überlebensgroße Sitzbild des Konstantin in seiner Basilika wurde schon erwähnt. Von einer Reihe weiterer überlebensgroßer Bilder sind noch Reste vorhanden. Meist handelt es sich um Panzerstatuen; der Togatus als Muster herrscherlicher Selbstdarstellung ist durch den Mantelträger ersetzt. Ferner wissen wir von einer Reihe von Reiterbildern, z. B. im Vorfeld der Curie auf dem Forum Romanum. Das Porträt Constantins setzt sich in seiner Bartlosigkeit und den kurzgeschnittenen Haaren deutlich von den vorherigen Mustern ab und schließt an Typen der früheren Kaiserzeit an. Gern sieht man darin klassizistische Züge, aber stilistisch werden Formen der früheren Zeit durchaus weitergeführt oder physiognomische Details wie besonders die Augenangabe überhöhend abstrahiert.

Die Bildnisstatuen von Privatpersonen übernehmen eine neue Tracht aus Ärmeltunica und eine knappe Toga ohne Sinus. So werden zwei Magistrate mit der Mappa, die sie als Vorsitzende der Circusspiele charakterisiert, aus dem Areal der sog. Liciniervilla (Minerva Medica) wiedergegeben. Die Porträts folgen ebenfalls nicht ausschließlich den Vorgaben der Kaiserbildnisse.

Unter den Staatsreliefs geben die Friese am Konstantinsbogen in vielfigurigen Szenen die Ereignisse der Schlachten, die Belagerung von Verona und den Einzug bzw. die Ansprache des Kaisers an das Volk auf dem Forum Romanum detailreich mit vielen Bezügen auf das lokale Geschehen in einer sehr holzschnittartigen, vereinfachten Form wieder. Neben den übernommenen Reliefs, die Herrschertugenden in einzelnen Handlungen konzentriert und emblemartig schildern, wirken die Friese auffallend erzählfreudig und bemüht, die Leistungen des Herrschers im Detail zu belegen.

In den großformatigen Bildern der christlichen Basiliken dominiert als Medium das Mosaik bzw. das gemalte Bild. In aller Regel erscheint in den Apsiden Christus zwischen den Aposteln oder von christlichen Symbolen flankiert. In diesem Bereich besitzen Reliefs nur zum Schmuck bestimmter Ausstattungsstücke noch Bedeutung. Die Gattung der historischen Darstellung aber verschwindet weitgehend.

W. von Sydow, *Zur Kunstgeschichte des spätantiken Porträts im 4. Jh. n. Chr.* (Bonn 1969); W. Wischmeyer, *Die Tafeldeckel der christlichen Sarkophage konstaninischer Zeit* (Rom – Freiburg) 1982; R. Warland, „Status und Formular in der Repräsentation der spätantiken Führungsschicht", *MdAI Rom* 191 (1994) 175–202.

1.16.3 Lebensformen und ihre materielle Ausprägung

Häuser und Villen dieser Epoche erhalten eine auffallend reiche Ausstattung. Als ein Beispiel mag die sog. Basilika des Konsuls von 351, Iunius Bassus, angeführt werden. Offenbar bildet sie mit apsidialem Abschluß den zentralen Prunksaal seines Stadthauses. Die Wände besitzen Marmorverkleidungen *(opus sectile),* die Bildern gleichen. Dargestellt werden Circusszenen, aber auch mythologische Bilder. Weitere Beispiele dieser Zeit lassen sich aus Rom und aus Ostia anführen. Bestandteil einer prunkvollen Villenanlage bildet auch ein Kuppelraum von 25 m Durchmesser auf dem Grundriß eines Zehnecks (Minerva Medica).

Zu den Kuppelmausoleen der kaiserlichen Familie gehören riesige, aus rotem Porphyr gearbeitete Sarkophage mit paganen Schmuckmotiven. In der übrigen Sarkophagdekoration der Zeit überwiegen dagegen deutlich die christlichen Themen mit Geschichten aus dem Alten und Neuen Testament. Ab etwa der Mitte des Jahrhunderts kommen abstrakte idealisierende Wiedergaben mit dem Kreuz als zentralem Symbol oder Christus als Himmelskönig hinzu. Im 4. Jahrhundert werden die Katakomben systematisch ausgestaltet, die Gangsysteme vertieft und zentrale Märtyrergrüfte durch Malereien hervorgehoben.

Ein weiteres Zeichen des Prunkes stellt die Fülle der Silberservices und der Elfenbeinarbeiten dar, die offenbar als Geschenke oder auch dem Schmuck von Büchern und Dokumenten gedient haben. In dieser Zeit kommen reich illustrierte Pergamenthandschriften auf, von denen nur der Vergilius Vaticanus genannt sei.

F. W. Deichmann, Th. Klauser, *Frühchristliche Sarkophage in Bild und Wort.* 3. Beih. AntKunst (Olten 1966); L. Musso, *Manifattura sumtuaria e committenza pagana nella Roma del IV sec.* (Rom 1983); A. Ferua, *Catacombe sconosciute* (Florenz 1990); M. R. Salzman, *On Roman Time. The Codex Calendar of 354* (Berkeley – Oxford 1990); K. Weidemann, *Spätantike Bilder des Heidentums und Christentums* (Mainz 1990); A. Nestori, *Repertorio topografico delle pitture delle catacombe romane* (Rom 1993).

1.17 Theodosius und seine Söhne (379–423 n. Chr.)

1.17.1 Urbanistik und Architektur

Das Zeitalter des Theodosius hat für das pagane Leben Roms entscheidende Änderungen mit sich gebracht. Die Tempel werden geschlossen, die Kulte eingestellt; 504 n. Chr. findet der letzte blutige Gladiatorenkampf im Kolosseum statt, 19 Jahre später die letzte Venatio. Damit geht aber nicht die Aufgabe aller Gebäude einher. Das Pompeius-Theater wird noch einmal wiederhergestellt und im Marcellustheater werden im Jahr 421 n. Chr. Statuen geweiht. Ferner entstehen am Kopfende der Porticus Maxima, die in dieser Zeit als eine Säulenstraße das Marsfeld zerteilt, an den Brücken am Tiber Ehrenbögen für die regierenden Kaiser. Unter Honorius wird die Aurelianische Stadtmauer verstärkt und weitgehend in die Form gebracht, wie sie heute noch zu sehen ist. Dennoch wird Rom 410 durch den Westgoten Alarich erobert. Die Kirchen werden geschont, doch Bauten und Ausstattungsteile zerstört.

Unter Theodosius und seinem Sohn Arcadius erhält Konstantinopel reiche Förderung. Neben Kirchen entstehen zwei neue Fora, Forum Tauri und Forum Arcadii, mit zentralen Bildsäulen wie in Rom, die die Kämpfe der beiden Kaiser gegen Barbaren schildern. Ferner schmückt Theodosius das Hippodrom mit den Obelisken und einer reich durch Reliefs geschmückten Basis. Ähnlich wie in Rom wird die Stadtbefestigung entscheidend verstärkt und zur besseren Wasserversorgung ein System riesiger Zisternen angelegt.

386 in Rom wird nach dem Vorbild der Peterskirche, an deren Querschiff nun die Mausoleen der Kaiserfamilie gebaut werden, die mächtige Basilika für Paulus außerhalb der Mauern an der Via Ostiense errichtet. Eine Reihe weiterer bedeutender Kirchenbauten folgt.

Die Bautechnik bleibt in den Traditionen der Zeit zuvor. Ziegelwände überwiegen, Baudekor wird aus älteren Anlagen entnommen.

Am Ende des 4. Jahrhunderts wird Mailand unter Bischof Ambrosius prächtig um eine Reihe von Kirchen wie San Simpliciano, San Nazaro und San Ambrogio mit der berühmten, reliefgeschmückten Holztür ausgebaut, denen in der ersten Hälfte des 5. Jahrhunderts San Lorenzo folgt. Seit 402 erhält Ravenna durch die Verlagerung des Hofes des Honorius von Mailand den Status der Hauptstadt des weströmischen Reiches. Entsprechende Bauten wie die fünfschiffige Basilica Usiana sind überliefert, aber nicht erhalten. Nur das sog. Baptisterium der Orthodoxen vermittelt eine Vorstellung, wenn auch die Ausstattung mit Marmorinkrustation und Mosaiken aus dem späten 5. Jahrhundert stammt.

S. U. Kostof, *The Orthodox Baptistery of Ravenna* (New Haven – London 1965)

1.17.2 Skulptur und Bilderwelt

Die Zeugnisse an Ehrenstatuen und Porträts werden spürbar spärlicher. Dennoch lassen sie erkennen, daß traditionelle Formen, wie sie in der Zeit zuvor sich etabliert haben, weiter beibehalten werden. Die Starrheit der Bilder sublimiert der feine, klassizistisch wirkende Stil ihrer Gestaltung, der seit der Mitte des Jahrhunderts sich vor allem in den Sarkophagen und Porträts, aber auch in Zeugnissen der Kleinkunst belegen läßt.

Neben den großformatigen Bildern im öffentlichen Kontext verdienen die übrigen Bilder erhöhte Aufmerksamkeit. So gewinnen Buchillustrationen an Bedeutung und verleihen den Pergamentcodices eine neue Aura gesteigerten Wertes. Bücher werden in den Ritus der Kirche eingebunden und als Belege für die Heiligkeit des tradierten Wortes und die Richtigkeit der Lehre vorgeführt. Entsprechend reagiert man mit den paganen Texten, unter denen die klassischen Werke wie *Ilias* oder *Aeneis* am höchsten geschätzt werden. Eine weitere Gattung mit reichem Reliefschmuck bilden Elfenbeinarbeiten. Sie hat es schon vorher gegeben, doch nun schmücken sie Diptychen, die als Geschenke von Konsuln dienen, Kästen und runde Büchsen, die als Behälter Kostbarkeiten wie Schmuck oder Reliquien aufgenommen haben.

Historische Reliefs und größere Bildzyklen fehlen in Rom. In Konstantinopel führt die Regierungszeit des Theodosius und seines Sohnes Arcadius zu einer neuen Blüte. Ihr gehören eine ganze Reihe historischer Reliefs zu, vor allem die Bilder von Kriegsereignissen aus den Gotenkriegen auf den beiden großen Säulen der neuen Fora und die Sockelreliefs des Obelisken im Hippodrom mit Audienzszenen und der Wiedergabe der Aufstellung der Obelisken.

H. G. Severin, *Zur Porträtplastik des 5. Jhs. n. Chr.* (München 1972); W. F. Volbach, *Elfenbeinarbeiten der Spätantike und des frühen Mittelalters* (Mainz 1976); R. W. Stichel, *Die röm. Kaiserstatue am Ausgang der Antike* (Rom 1982); A. Geyer, *Die Genese narrativer Buchillustration* (Frankfurt/M. 1988).

1.17.3 Lebensformen und ihre materielle Ausprägung

Von den Häusern in Rom aus jener Zeit ist wenig bekannt. Nach Analogie zu Anlagen in Italien wird man nicht unbedingt mit einer Verarmung des hohen Luxus rechnen. Offenbar behaupten sich die in konstaninischer Zeit geprägten Lebensformen. Dafür sprechen die reichen Silbergeschirre, u. a. das berühmte Missorium des Theodosius, aber auch Mosaiken und Malereien.

Dies gilt insbesondere für den Bereich der Totenpflege und -verehrung. Verschwenderisch reiche Beigaben sind für das Grab der Maria, der Gattin des Honorius, aus dem Mausoleum an der Peterskirche übermittelt. Mit dem Beginn des 5. Jahrhunderts dünnt allerdings die Produktion der Sarkophage aus und endet sehr bald. Auch die Katakomben werden nicht im größeren Maßstab weiter ausgestaltet.

M. Mundell Mango, A. Bennett, *The Seuso Treasure* 1 (Ann Arbor 1994); L. Schneider, *Die Domäne als Weltbild. Wirkungsstrukturen der spätantiken Bildersprache* (Wiesbaden 1983).

1.18 Das 5. und 6. Jahrhundert

1.18.1 Urbanistik und Architektur

In der Zeit nach den Kaisern des theodosianischen Hauses wird in Rom kein größeres paganes Gebäude mehr errichtet. Allerdings bleiben die zentralen Plätze der Stadt in Funktion. 470 wird an der Rostra noch eine Inschrift angebracht; Theoderich (483–526) läßt eine ganze Reihe von Gebäuden des Forums und selbst das Theater des Pompeius renovieren. Das letzte Monument, das auf dem Forum eine Veränderung erfahren hat, dürfte die tetrarchische Säule gewesen sein, die 608 dem byzantinischen Kaiser Phokas gewidmet wird. Ein Jahr später verwandelt man das Pantheon in eine Kirche.

Im 5. Jahrhundert verdichtet sich in Rom die Einrichtung der kirchlichen Organisationen. Es entstehen in großer Zahl kleine Titelkirchen, aber auch weiterhin große Anlagen, so z. B. noch im 5. Jahrhundert Sta. Sabina auf dem Aventin, Sta. Maria Maggiore mit dem Mosaikschmuck an den Langhauswänden und S. Stefano Rotondo als Zentralbau mit einer Kuppel aus Tonröhren, einer in dieser Zeit weit verbreiteten Technik. Im 6. Jahrhundert hören die Bauaktivitäten allerdings weitgehend auf.

In dieser Zeit gewinnt Ravenna als Residenz überragende Bedeutung. Dort entstehen seit der Mitte des 5. Jahrhunderts bis in das 6. Jahrhundert hinein eine ganze Reihe von großen, aufwendig mit Mosaiken geschmückten Gebäuden und Kirchen, von denen nur das Mausoleum der Kaiserin Galla Placidia, San Vitale von ca. 525 n. Chr., San Apollinare in Classe aus der Mitte des 6. Jahrhunderts und San Apollinare Nuovo genannt seien. Die Gestaltungsweise dieser Bauten schließt eher an östliche Vorbilder an. Am Ende des 6. Jahrhunderts residiert hier der Ostgotenkönig Theoderich, der sich den nur auf einem Mosaikbild überlieferten Palast und außerhalb der Stadt sein Mausoleum mit zehneckigem Grundriß und gewaltigem Deckstein baut.

C. Ceschi, *S. Stefano Rotondo*. Mem. Pontificia Accademia 15 (Rom 1982); G. De Francovich, *Il Palatium di Teodorico a Ravenna* (Rom 1970).

1.18.2 Skulptur und Bilderwelt

Ehrenstatuen sind nur noch für Kaiser bekannt. Es herrschen einfache, expressive Formen in der Gestaltung vor, wobei großes Gewicht Tracht und Schmuck beigemessen wird.

Die bedeutendsten Werke dieser Zeit sind vor allem in der Ausschmückung der Sakralbauten zu suchen. Dazu gehören die großflächigen Mosaiken, von denen die Zyklen in Sta. Maria Maggiore oder in den Kirchen von Ravenna genannt seien. Eine weitere große Materialgruppe bilden die Elfenbeinreliefs mit Darstellungen von Konsuln der Zeit oder von anderen Amtsträgern. Schließlich behalten auch die illustrierten Handschriften ihre Bedeutung.

B. Brenk, *Die frühchristlichen Mosaiken in S. Maria Maggiore zu Rom* (Wiesbaden 1975); G. Jeremias, *Die Holztür der Basilika S. Sabina in Rom* (Tübingen 1980).

1.18.3 Lebensformen und ihre materielle Ausprägung

Die materielle Kultur Roms und Italiens am Ausgang der Antike zu beschreiben, fällt schwer. Wohnbauten sind für Rom selten faßbar, in den Städten Italiens verändern sie sich grundlegend zu sehr einfachen Konstruktionen. Dennoch erlischt damit nicht das städtische Leben.

In der Keramik behaupten sich frühere Formen. Ab der Mitte des 5. Jahrhunderts n. Chr. läßt wohl nach der Eroberung Nordafrikas durch die Vandalen der Export der dort produzierten Keramik nach, gewinnt aber im 6. Jahrhundert nochmals an Bedeutung.

V. Bierbrauer, „Die Kontinuität städtischen Lebens in Oberitalien (5.–7./8. Jh.)“, in: *Die Stadt in Oberitalien und in den nordwestlichen Provinzen des Römischen Reiches*. Kolloquium Köln 1990 (Mainz 1991) 263–286.

2 Die Archäologie der römischen Provinzen

Rudolf Fellmann

2.1 Definition

Eine Definition der Archäologie der römischen Provinzen könnte etwa lauten: Archäologie der römischen Provinzen bedeutet die Erforschung und Deutung der materiellen Hinterlassenschaft (im weitesten Sinne), der kulturellen, sprachlichen und religiösen Eigenarten, der Geschichte und der Kulturgeschichte der römischen Provinzen gemäß ihrer Vorprägung durch die verschiedenen Völker, die nach der Eroberung und Provinzialisierung von der Reichsverwaltung und (teilweise) von der römischen Armee und in der unterschiedlichsten Weise überlagert wurden.

Diese Definition impliziert bereits, daß es nicht genügt, die archäologische Hinterlassenschaft nur in einer einzelnen oder in einer zusammenhängenden Gruppe von Provinzen zu kennen. Es ist vielmehr nötig, zum Verständnis mancher Phänomene recht weit über den engeren (‚heimatlichen', z. B. gallo-römischen, in Frankreich als ‚archéologie nationale' bezeichneten) Rahmen hinaus greifen zu können. Die Kenntnis der Organisation und des Aufbaus der römischen Armee, die eine der oben zitierten Hauptkräfte bei der ‚Romanisierung' darstellt (und deren Kommandosprache allezeit das Latein war), verlangt ohnehin einen Überblick über das ganze römische Reich.

2.2 Abgrenzung zu den Nachbardisziplinen

2.2.1 Die Position der Archäologie der römischen Provinzen innerhalb der Nachbardisziplinen ist mehrfach umschrieben worden. Alle Autoren sind sich darin einig, daß es sich bei der Archäologie der römischen Provinzen um eine historische Disziplin handelt, die mit der Hilfe von archäologischen Funden und Befunden im Zusammenhang mit anderen historischen Quellenarten dazu dienen soll, Kenntnisse über die Geschichte und Kulturgeschichte der römischen Provinzen zu vermitteln.

M. Gechter, „Die Situation der provinzialrömischen Archäologie in Deutschland", in: *Archaeologie und Kulturgeschichte. Symposium zu Zielvorstellungen in der deutschen Archaeologie* (Unkel 1983) 34–37; H. U. Nuber, „Provinzialrömische Archäologie an den deutschen Universitäten", in: *Provinzialrömische Forschungen. Festschrift für Günter Ulbert zum 65. Geburtstag* (Espelkamp 1995) 397–406.

2.2.2 Versucht man, die Stellung der Archäologie der römischen Provinzen innerhalb der Nachbardisziplinen graphisch darzustellen, so könnte eine Positionierung etwa folgendermaßen aussehen (wobei stets eine gegenseitige Wechselwirkung im Dialog erwünscht und notwendig ist):

Klassische Archäologie und Kunstgeschichte der Antike

Epigraphik und Numismatik

Archäologie der römischen Provinzen

Prähistorie, Ur- und Frühgeschichte

Alte Geschichte und Klassische Philologie

Zwar arbeitet die Archäologie der römischen Provinzen weitgehend mit Methoden, die aus der reinen Vor- und Frühgeschichte übernommen sind. Die Vorstellung freilich, jeder gut ausgebildete Prähistoriker werde nach kurzer Einarbeitungszeit zum kompetenten Kenner der provinzialrömischen Archäologie, muß als irrig bezeichnet werden, besonders wenn der Kontakt zur Alten Geschichte und jegliches Verständnis für historische Zusammenhänge fehlen (zumal die provinzialrömische Archäologie auch in stetigem Kontakt mit der Epigraphik und der Numismatik zu stehen hat).

E. Sangmeister, „Methoden der Urgeschichtswissenschaft", *Saeculum* 18 (1967) 199–225; F. Felgenhauer, *Einführung in die Urgeschichte* (Freiburg 1973).

Wichtig scheint, daß die Archäologie der römischen Provinzen zur Geschichte (insbesondere zur Alten Geschichte) und Kulturgeschichte zu zählen ist. Ihre Zugehörigkeit zur Geschichtswissenschaft im weitesten Sinne dürfte somit unbestritten sein. Sie vermag es, jene zusätzlichen Informationen zu beschaffen, die das limitierte Geschichtsbild, das allein auf den schriftlichen Quellen basierend erarbeitet werden kann, wesentlich auszuweiten vermögen. Einige Beispiele dafür sollen genügen.

2.2.2.1 Daß wir heute System, Gliederung, Aufbau und Geschichte der römischen Grenzwehr des Obergermanisch-raetischen Limes und der zeitlich vorausgehenden Neckar-Odenwald- und Alb-Limites recht genau kennen, ist weitgehend das Verdienst der Archäologie der römischen Provinzen (unter Mitarbeit der Epigraphik, der Numismatik und der Dendrochronologie). Unsere Kenntnisse gehen heute weit über das hinaus, was wir wüßten, wenn wir uns allein auf Tacitus, *Germ.* 29 und Frontinus 1, 3, 10 abstützen müßten. Dasselbe trifft für das Ende des Obergermanisch-raetischen Limes zu, dessen Fall in der schriftlichen Überlieferung nur unklar umrissen wird, sowie für den spätrömischen Donau-Iller-Rhein-Limes, von dem, müßten wir uns bloß auf Ammianus Marcellinus und einige Inschriften abstützen, wir recht wenig wüßten.

W. Beck und D. Planck, *Der Limes in Südwestdeutschland* (Stuttgart 1980); J. Garbsch, *Der spätrömische Donau-Iller-Rhein-Limes*. Kleine Schriften zur Kenntnis der römischen Besatzungsgeschichte Südwestdeutschlands 6 (Limesmuseum Aalen 1970).

2.2.2.2 Selbst Ereignisse, die in der schriftlichen Überlieferung einen größeren Nachhall finden, wie das Bellum Varianum (Cassius Dio 56, 18ff. und Velleius Paterculus 2, 117ff.), werden durch die Ergebnisse der Archäologie der römischen Provinzen deutlicher greifbar. Die Funde und Befunde von Kalkriese in Westfalen lassen jetzt mit einer gewissen Wahrscheinlichkeit die Geschehnisse der sog. Varusschlacht materiell greifbar werden, womit der alte Streit um die Lokalisierung der ‚Varusschlacht' auch ein Ende gefunden haben könnte.

W. Schlüter et all., „Archäologische Zeugnisse zur Varusschlacht? Die Untersuchungen in der Kalkriese-Niewedder Senke bei Osnabrück", *Germania* 70 (1992) 307–402; W. Schlüter (Hrsg.), *Kalkriese. Römer im Osnabrücker Land. Archaeologische Forschungen zur Varusschlacht* (Bramsche 1993).

2.2.2.3 Ohne die provinzialrömische Archäologie wüßten wir auch nichts von jenen in keiner schriftlichen Quelle erwähnten Vorstößen der römischen Armee, die in der augusteischen Zeit bis ins obere Maintal bei Schweinfurt (Lager von Marktbreit) und in die Nähe von Göttingen (Lager von Lahnau-Waldgirmes) ausgegriffen haben, und dies nicht nur temporär. Auch die Anlage des Legionslagers der 19. Legion bei Dangstetten am Hochrhein wäre uns verborgen geblieben.

G. Fingerlin, *Dangstetten* 1. Forschungen und Berichte zur Vor- und Frühgeschichte in Baden-Württemberg 22 (Stuttgart 1986); M. Pietsch, D. Timpe, L. Wamser, „Das augusteische Truppenlager Marktbreit. Bisherige archaeologische Befunde und historische Erwägungen", *Bericht der römisch-germanischen Kommission des DAI* 72 (1991) 263–324; S. von Schnurbei, A. Wigg, D. G. Wigg, „Ein spätaugusteisches Militärlager in Lahnau-Waldgirmes (Hessen)", *Germania* 73 (1995) 337–367.

2.2.2.4 Die Ergebnisse der Archäologie der römischen Provinzen vermögen auch in den immer wieder geführten Disput um die Glaubwürdigkeit Caesars einzugreifen. Man vergleiche zu diesem Zwecke die Ausführungen Caesars über die Struktur der Umschließung von Alesia (Caesar, *Bell. Gall.* 7, 69, 1–73, 9) mit den bei den neuen französisch-deutschen Grabungen erfaßten auf dem Platz effektiv ausgeführten Schanzwerken (Abb. 1).

M. Reddé et all., „Neue Ausgrabungen und Forschungen zu den Belagerungswerken Caesars um Alesia (1991–1994)", *Bericht der Römisch-Germanischen Kommission* 76 (1995) 73–158.

2.2.3 Die Archäologie der römischen Provinzen kann aber auch zur Kulturgeschichte und insbesondere zur Religionsgeschichte Wesentliches beitragen. Die Meinung allerdings, es genüge im kulturgeschichtlichen Bereich, das in den Vesuvstädten Pompeji und Herculaneum Erfaßbare auf das ganze Imperium zu übertragen und auch noch zeitlich zu extrapolieren, ist leider (besonders in Schulbüchern) immer noch weit verbreitet. Daß die Provinzen ganz im Sinne der eingangs versuchten Definition kulturell ein sehr eigenständiges Leben geführt haben, ergibt sich aus mannigfachen Aspekten (→ 2.5).

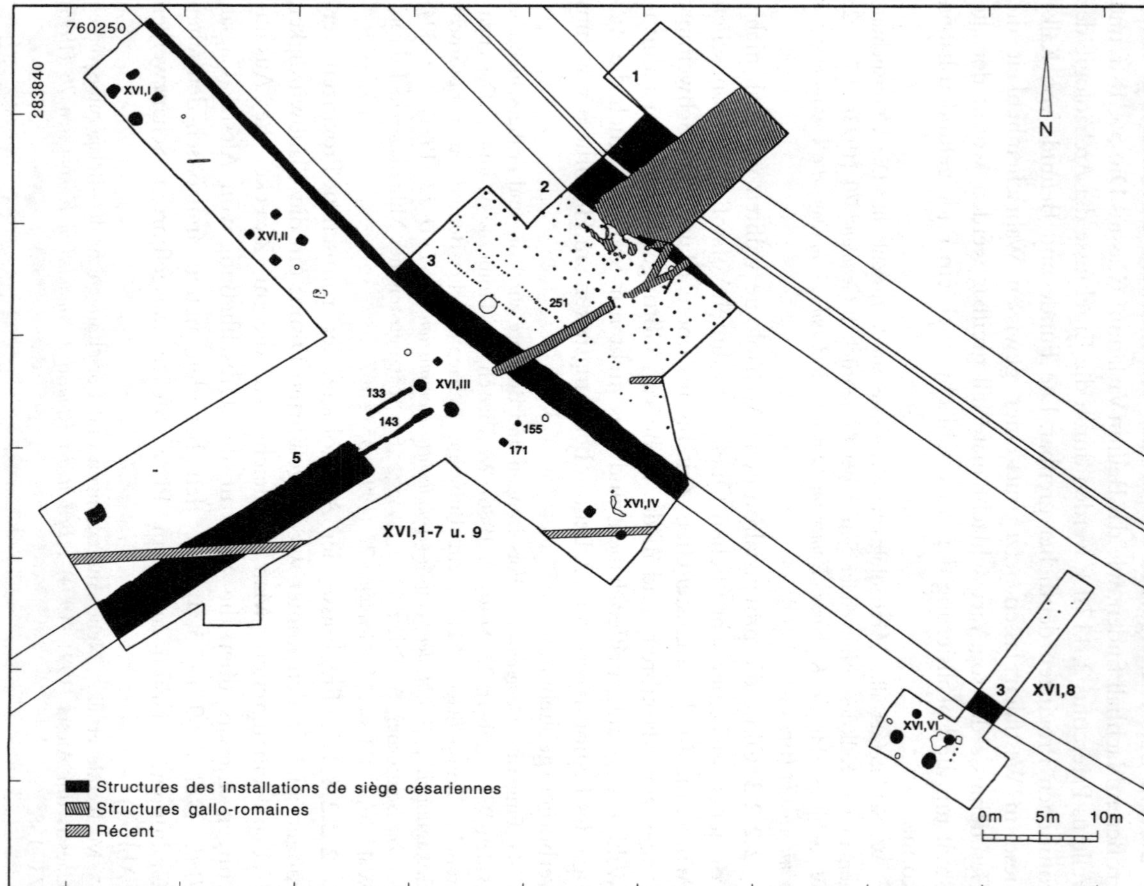

Abb. 1
Caesars Festungswerke vor Alesia. Ausgrabungen an der sog. „Contrevallation", Grabungsfläche XVI.

1. Äußere Gräben in Richtung Oppidum,
2. Reihen von sog. „stimuli" (?).
3. Innerer Graben vor dem eigentlichen „agger".
5. Quergraben im Zwischenraum zwischen „Contrevallation" und „Circonvallation".
XVI,I–XVI,VI. Pfostenstellungen von Türmen auf dem „agger".

(M. Reddé, S. von Schnurbein (et alii), Ber. RGK. 76, 1995, Beilage 6,1)

2.3 Das zusätzliche Quellenmaterial der Archäologie der römischen Provinzen

2.3.1 Aus der oben vorgeschlagenen Stellung innerhalb der Nachbardisziplinen sowie auf Grund der bereits zitierten Definition und im Lichte der eben aufgeführten Beispiele ergibt sich die Notwendigkeit, genauere Aussagen zu den Quellen zu machen, aus denen die Archäologie der römischen Provinzen zusätzlich schöpft und zu den Methoden, mit denen sie diese erarbeitet.

Da die Archäologie der römischen Provinzen vor allem dazu dienen soll, unsere Kenntnis der Geschichte und der Kulturgeschichte der römischen Provinzen durch Verbreiterung der Quellenbasis zu erweitern, ist im Sinne einer modernen althistorischen Forschung der Einbezug der literarischen (insbesondere historiographischen), epigraphischen und numismatischen Quellen eo ipso vorauszusetzen. Somit ist es nötig, hier die Gewinnung des zusätzlichen Quellenmaterials, das die provinzialrömische Archäologie einzubringen vermag, vorzustellen.

2.3.2 Hierbei handelt es sich in erster Linie um die Ergebnisse sorgfältig durchgeführter Ausgrabungen, die exakt dokumentiert und vermessen wurden. Von besonderer Wichtigkeit ist dabei nicht nur eine genaue Beobachtung der Schichtenfolge und der Schichtanschlüsse an Mauern und Spuren von Holz-Erde-Wänden, sondern auch eine sorgfältig dokumentierte Bergung der anfallenden Kleinfunde aller Kategorien. Aus der Summe dieser akriben Beobachtungen resultiert die sog. relative Chronologie, welche die Abfolge verschiedener Bauetappen im Verhältnis zueinander zu klären und zu dokumentieren trachtet. Auf eine genaue Dokumentation der Lage der Kleinfunde untereinander und im Verhältnis zum weiteren Kontext (Raum, Gebäude, Grab etc.) wird dabei größter Wert gelegt, da sie für den nächsten Schritt hin zur absoluten Chronologie von entscheidender Bedeutung und Aussagekraft sein können.

Die Archäologie der römischen Provinzen sieht Gegenstände und Objekte aller Arten, die nicht nach diesen strengen Kriterien geborgen und deren genaue Fundlage und Fundverknüpfung nicht dokumentiert worden ist, als in ihrer historischen Aussagekraft äußerst stark reduziert an. Sie kann ihnen allenfalls höchstens einen ästhetischen Wert zuordnen.

2.3.3 Wo Ausgrabungen aus den verschiedensten Gründen nicht oder noch nicht möglich sind, können auch andere Methoden der Prospektion das angestrebte zusätzliche Quellenmaterial beschaffen. Zu erwähnen ist hier in erster Linie die Luftbildarchäologie, die in den letzten Jahren bedeutende Erfolge zu verzeichnen hat. Ihr sind Entdeckungen zu verdanken, die von wesentlichem Einfluß auf die Geschichte einzelner Provinzen und allgemeiner auch auf die Militärgeschichte des Imperiums sind. – Ohne die Luftbildarchäologie wüßten wir über die Besiedlung weiter Landstriche kaum Bescheid. Villae rusticae, Fana und die zugehörigen Kulttheater, Straßenvici und Gräberfelder erscheinen im Luftbild und ergeben ein dichtes Gewebe der Besiedlung, wie es sonst in keinen Quellen faßbar wird. – Der Luftbildarchäologie verdankt auch die Erforschung des römischen Straßennetzes sehr viel. Dabei hat sich gezeigt, daß die uns überlieferten Straßenkarten und Itinerarien *(Tabula Peutingeriana, Itinerarium Antonini)* im Lichte des durch die Luftbildarchäologie dokumentierten real existierenden Straßennetzes als äußerst unvollständig zu betrachten sind. Ihnen wird aber immer noch bei vielen Forschern ein allzu großes Gewicht eingeräumt.

R. Agache, *La Somme pré-romaine et romaine.* Mémoires de la Société des Antiquaires de Picardie 24 (Amiens 1977); R. Agache et all., *Spécial archéologie aérienne. Les grandes découvertes dues à la sécheresse.* Dossiers d'archéologie 22, Mai/Juin 1977 (Dijon 1977); G. Chouquet et all., *Découvertes d'archéologie aérienne.* Dossiers d'archéologie 43, Mai 1980 (Dijon 1980); R. Christlein und O. Braasch, *Das unterirdische Bayern* (Stuttgart 1983).

2.3.3.1 Als Beispiele für Erfolge der Luftbildarchäologie seien hier u. a. die Entdeckungen des Legionslagers der 8. Legion von Mirebeau-sur-Bêze (bei Dijon) oder die der römischen Erdkastelle und weiterer Militäranlagen in der Oberrheinischen Tiefebene bei Biesheim (nahe Neuf-Brisach, Dépt. Haut-Rhin) genannt. Beide Entdeckungen erfolgten ausschließlich durch Luftbilder, da die entsprechenden Stellen zwar durch Funde gestempelter Ziegel teilweise bekannt, die eigentlichen Befund-Strukturen aber nicht greifbar waren. Die Interpretation der Luftbilder, heute bereits durch Grabungen noch weiter erhärtet, hat an beiden Plätzen völlig neue, bisher unbekannte und in keiner schriftlichen Quelle faßbare Aspekte des operativen und logistischen Vorgehens der römischen Armee aufgezeigt. In denselben Rahmen gehören die Entdeckungen der schon oben erwähnten Lager von Marktbreit und Lahnau-Waldgirmes.

R. Goguey und M. Reddé, *Le camp légionnaire de Mirebeau.* Römisch-germanisches Zentralmuseum Mainz, Monographien 36 (Mainz 1995); R. Fellmann, „Le site gallo-romain de Bieshein-Oedenbourg dans le cadre des camps et postes militaires dans la plaine méridionale du Haut-Rhin", in: *Militaires Romains en Gaule civile. Actes de la table-ronde de mai 1991.* Collection du Centre d'Études Romaines et Gallo-romaines, N. S. 11 (Lyon 1993) 73–81.

2.4 Die Arbeitsmethoden der Archäologie der römischen Provinzen

2.4.1 Die Archäologie der römischen Provinzen ist einerseits eine klare Felddisziplin. Im Vordergrund stehen die Ausgrabung und deren Dokumentation im Felde. Der auf die Feststellung der relativen Chronologie nötige Schritt zur absoluten Chronologie, d. h. zur möglichst genauen zeitlichen Einordnung der Fundkomplexe, aus dem dann, auch unter Einbezug des von den Nachbardisziplinen gelieferten Quellenmaterials, der Schritt zu einer historischen Aussage gewagt werden sollte, muß eigentlich schon auf der Grabung selbst erfolgen. Der wissenschaftlich geschulte Grabungsleiter sollte beim Auftauchen bestimmter Funde und Fundkomplexe augenblicklich die nötige historische Erkenntnis haben, die es ihm möglich macht, auf der Stelle zu realisieren, in welchem zeitlichen Rahmen und in welchen historischen und kulturhistorischen Verknüpfungen die Funde liegen. Denn daraus müssen schon an Ort und Stelle auf dem Grabungsplatz selbst Schlüsse und Entschlüsse für den Fortgang der Grabungsarbeiten gezogen werden.

Wenn z. B. bei Grabungen in einem Legionslager, das erwiesenermaßen um 100 n. Chr. aufgelassen worden ist und weitgehend eine Innenbebauung aus Holz-Erde-Mauern oder leichten Wänden auf Steinfundamenten aufweist, plötzlich mächtige Mauern und dazu Schichten und Fundkomplexe aus dem 2. Jahrhundert n. Chr. auftauchen, so sollten der verantwortlichen, wissenschaftlich ausgebildeten Grabungsleitung die Fragestellungen nach dem Charakter möglicher Nachfolgesiedlungen des Legionslagers und insbesondere das Problem ‚fortress into city' sofort evident werden. Aus dem eben Gesagten ergibt sich, daß es nicht genügt, die Grabungen allein durch Grabungstechniker durchführen und dokumentieren zu lassen. Dies wäre für die geforderte Stellung der Archäologie der römischen Provinzen als historische Disziplin kontraproduktiv.

G. Webster, *Fortress into city* (London 1988).

2.4.2 Die Archäologie der römischen Provinzen kennt auch viele Arbeiten nach der Grabung, d. h. bei deren Auswertung bis zur Publikation, sei es im Museumsmagazin oder im Laboratorium und nicht zuletzt auch am Schreibtisch. Sie arbeitet für die Datierung der Fundkomplexe und damit für den Schritt zur absoluten Chronologie zunächst vor allem mit den verschiedenen Kategorien der Kleinfunde, deren Kenntnis unabdingbar ist. Sie seien hier darum kurz aufgelistet

Funde aus **Ton**: Keramik, Lampen, Bau- und Grobkeramik

A. Leibundgut, *Die römischen Lampen in der Schweiz*. Handbuch der Schweiz zur Römer- und Merovingerzeit (Bern 1977); J. Garbsch, *Terra sigillata. Ein Weltreich im Spiegel seines Luxusgeschirrs*. Ausstellungskataloge der praehistorischen Staatssammlung 10 (München 1982) (gute Übersicht); S. Martin-Kilcher, *Die Amphoren aus Augst und Kaiseraugst. Ein Beitrag zur Handels- und Kulturgeschichte*. Forschungen in Augst 7 (Augst 1994).

Funde aus **Glas**: Gefäße, Fensterglas

B. Czurda-Ruth, *Die römischen Gläser vom Magdalensberg*. Kärntner Museumsschriften 65 (Klagenfurt 1979); B. Rütti, *Die römischen Gläser aus Augst und Kaiseraugst*. Forschungen in Augst 13 (Augst 1991); S. Biaggio Simona, *I vetri romani provenienti dalle terre dell'attuale Cantone Ticino* (Locarno 1991).

Funde aus **Metall**: Fibeln, Münzen, Gefäße, Werkzeuge und Geräte

E. Riha, *Die römischen Fibeln aus Augst und Kaiseraugst*. Forschungen in Augst 3 (Augst 1979); M. Feugère, *Les fibules en Gaule méridionale de la conquête à la fin du Ve siècle après J.-C.* (Paris 1985); R. Petrovszky, *Studien zu römischen Bronzegefäßen mit Meisterstempeln*. Kölner Studien zur Archäologie der Römischen Provinzen 1 (Buch 1993); W. Gaitzsch, *Eiserne römische Werkzeuge*. British Archaeological Reports, International Series 78 (Oxford 1980); M. Pietsch, „Die römischen Eisenwerkzeuge von Saalburg, Feldberg und Zugmantel", *Saalburg-Jahrbuch* 39 (1983) 5–132.

Funde aus **organischem Material**: Holz, Leder, Knochen
R. Fellmann, *Hölzerne Kleinfunde aus dem Vicus Vitudurum – Oberwinterthur.* Vitudurum 5, Zürcher Denkmalpflege, Archäologische Monographien 10 (Zürich 1991); J. Goepferich, „Römische Lederfunde aus Mainz“, *Saalburg-Jahrbuch* 42 (1986) 5–67; J.-Cl. Béal, *Catalogue des objets de tabletterie du Musée de la Civilisation gallo-romaine de Lyon* (Lyon 1983).

Es ist im Rahmen dieser Einführung nicht der Ort, im einzelnen auf diese Fundkategorien einzugehen. Einige prinzipielle Bemerkungen drängen sich aber trotzdem auf.

2.4.3 Die Beschäftigung mit der römischen Keramik ist beinahe zu einer Spezialwissenschaft innerhalb der Archäologie der römischen Provinzen geworden. Besonders die Erforschung der Produktion und Typologie der sog. Terra sigillata (die antike Bezeichnung lautete wohl *vasa Samia*) ist weit vorangetrieben worden. Sie hat Aufschlüsse wirtschafts- und handelspolitischer Art erbracht, die nicht zu unterschätzen sind. Dasselbe gilt für die Beschäftigung mit den römischen Wein- und Ölamphoren. Die Beschäftigung mit der römischen Keramik, die auch zur Etablierung zahlreicher typologischer (für die Datierung äußerst wichtiger) Reihen führte, kann die fatale Tendenz entwickeln, zu einer Art von Selbstzweck zu werden. So valabel mögliche chronologische Aussagen aufgrund von Keramik-Spektren auch sein können, wird doch gerne vergessen, daß bei allen den bedeutenden Fortschritten, welche die Kenntnis dieser Fundgattung gemacht hat, eine Datierung durch Keramik kaum je präziser als auf einen Zeitraum von 10 Jahren sein kann. Dieses Faktum (es resultiert aus der Gebrauchsdauer der Keramik, der sog. Laufzeit) sollte nie außer Acht gelassen werden. Dasselbe trifft natürlich auch bei Gläsern zu. Bei beiden Fundgruben können Beobachtungen anhand von geschlossenen Grabinventaren sehr aufschlußreich sein. Publikationen sorgfältig untersuchter Gräberfelder sind darum besonders wertvoll. Lampen eignen sich im allgemeinen nur zu sehr groben Datierungsschritten. Dasselbe trifft auf die Fibeln zu. Immerhin ergeben alle diese Fundkategorien, besonders wenn sie durch sorgfältige Beobachtung und Registrierung der Fundkomplexe und -zusammenhänge miteinander vernetzt werden können, doch recht valable Datierungsmöglichkeiten.

2.4.4 Münzfunde können helfen, durch die anderen Kleinfunde gewonnenen Datierungen zu präzisieren und einzugrenzen. Von Bedeutung kann dabei die Schlußmünze ganzer Münzreihen sein, da sie unter Umständen einen Siedlungsabbruch dokumentiert (z. B. wenn sie aus einer Brandschicht geborgen worden ist). Solche Beobachtungen können am Fundplatze selber durch die antiken Schriftsteller überlieferte Ereignisse erhärten helfen und dann ihrerseits wieder valable Datierungskriterien anhand der Kleinfunde ergeben, die allenfalls auf andere Grabungsplätze übertragbar sind.

So konnte das Datum der Räumung des Legionslagers Haltern im Lippetal durch eine sorgfältige Analyse der Münzen mit hoher Wahrscheinlichkeit auf die Jahre um 8/9 n. Chr. festgelegt werden. Der Zusammenhang mit der Katastrophe des Bellum Varianum scheint damit gesichert.

J.-S. Kühlborn, „Der augusteische Militärstützpunkt Haltern", in: J.-S. Kühlborn (Hrsg.), *Germaniam pacavi – Germanien habe ich befriedet. Archäologische Stätten augusteischer Okkupation* (Münster 1995) 82–102.

2.4.5 Oft verhelfen auch sog. Verbreitungskarten (von typischen Befund-Gattungen wie Villae rusticae, Fana oder Juppiter-Giganten-Säulen sowie von Einzelfunden) zu interessanten Aufschlüssen, die als Bausteine in kulturgeschichtliche Abläufe eingefügt werden können. Zu warnen ist hierbei allerdings davor, solche Verbreitungskarten an den heutigen nationalen Landesgrenzen aufhören zu lassen. Dasselbe gilt für Straßenkarten, bei denen vor allem in der Oberrheinischen Tiefebene der Rhein eine unüberwindbare (in der Antike natürlich nicht vorhandene) Barriere zu bilden scheint.

2.4.6 Auch Statistiken werden gerne in die Arbeiten eingebaut. Besonders die sog. Kombinationsstatistiken, in welchen (besonders bei Gräberfeldern) die einzelnen Fundkategorien aufgelistet und die Grabkomplexe innerhalb der statistischen Tabelle solange hin- und hergeschoben werden, bis eine kontinuierlich aufsteigende oder abfallende Reihung entstanden ist, aus der dann chronologische Schlüsse gezogen werden, begegnen da und dort großer Skepsis.

H. Hingst, „Erfahrungen im Umgang mit Kombinationsstatistiken", *Hammaburg* N. F. 3/4 (1976/77) 23–32.

2.4.7 Bei der Suche nach einer absoluten Chronologie und einer genauen Datierung werden in zunehmendem Maße auch naturwissenschaftliche Methoden einbezogen. Ihre Erarbeitung gehört zunächst in die Hände der entsprechenden Spezialisten, grundsätzliche Kenntnisse der entsprechenden Arbeitsweisen sind aber für jeden, der sich mit der Archäologie der römischen Provinzen beschäftigt und somit die Ergebnisse einzuarbeiten hat, nötig.

Während die Datierungsmethoden nach der sog. C^{14}-Bestimmung für die provinzialrömische Archäologie im allgemeinen zu grob und weitmaschig sind, spielt die sog. Dendrochronologie (Bestimmung des Fälldatums eines Baumes aufgrund der Jahrringabfolgen) in zunehmendem Maße eine große Rolle. Die Methode, heute in verschiedenen Spezial-Laboratorien anhand von Standardkurven zur Perfektion verfeinert, hat zahlreiche interessante Ergebnisse gebracht und verschiedene lange Zeit hängige Datierungsprobleme einer Lösung zugeführt. Die dabei gewonnenen, teilweise sehr präzisen Daten bilden wiederum Bausteine für die Geschichte der römischen Provinzen und haben teilweise auch ihre Ausstrahlung bis in die allgemeine Reichsgeschichte.

E. Hollstein, *Mitteleuropäische Eichenchronologie*. Trierer Grabungen und Forschungen 11 (Mainz 1979).

Die folgenden Beispiele mögen dies belegen.

2.4.7.1 Die Kenntnis des absoluten Gründungsdatums des Lagers Oberaden ist dendrochronologischen Untersuchungen zu verdanken. Bei der Errichtung der Holz-Erde-Mauer wurden Eichenpfähle in saftfrischem Zustand verbaut, die im Spätsommer des Jahres 11

v. Chr. gefällt worden sind. Diese Datierung steht in bestem Einklang mit den bisher nur aus Cassius Dio 54, 33, 4 gewonnenen Daten. Auch die Auflassung des Lagers Oberaden konnte durch einen dendrochronologischen Befund auf das Jahr 8/7 v. Chr. eingegrenzt werden. Die Identität des Legionslagers Oberaden mit dem von Cassius Dio genannten Lagerbau scheint somit gesichert.

J.-S. Kühlborn, „Das Römerlager Oberaden", in: J.-S. Kühlborn (Hrsg.), *Germaniam pacavi – Germanien habe ich befriedet. Archäologische Stätten augusteischer Okkupation* (Münster 1995) 120–124.

2.4.7.2 Auf dem Wege über die Dendrochronologie gelang es, den Bau der Stadtmauer von Aventicum (Fälldaten der Hölzer unter ihrem Fundament 73 und 77 n. Chr.) in den Zusammenhang der Erhebung der Stadt zum Caput Coloniae zu datieren. Der Bau der großen Tempelanlage des ‚Cigogniers' konnte auf demselben Weg in die Periode Kaiser Traians verwiesen werden.

J.-P. Dewarrat, „Avenches, enceinte romaine", *Jahrbuch d. Schweiz. Gesellschaft für Ur- und Frühgeschichte* 68 (1985) 244–246; Ph. Bridel, *Le sanctuaire du Cigognier.* Aventicum 3. Cahiers d'Archéologie Romande 22 (Lausanne 1982).

2.4.7.3 Die Vorverlegung des Obergermanischen Limes auf seine endgültige Linie um 160 n. Chr. konnte, nachdem Studien der entsprechenden Keramikspektren und epigraphische Texte bereits das in der literarischen Überlieferung nirgends erwähnte Datum erstaunlich genau einzugrenzen vermochten, schließlich auch noch auf dendrochronologischem Wege erhärtet werden.

Ph. Filtzinger, „Vorverlegung des Odenwald-Neckarlimes", in: Ph. Filtzinger, D. Planck und B. Cämmerer, *Die Römer in Baden-Württemberg* (Stuttgart ^{3}1986) 77–79.

2.5 Die religiösen Verhältnisse in den Gallischen und Germanischen Provinzen

Die Möglichkeiten, unsere Kenntnisse kultureller Zusammenhänge zu erweitern, welche die Archäologie der römischen Provinzen hat, seien an einem spezifischen Beispiel, dem der religiösen Verhältnisse in den Gallischen und Germanischen Provinzen, exemplarisch vorgestellt.

Hätten wir nur die Nachrichten aus Caesar, *Bell. Gall.* 6, 17, 1–5 und 18, 1–3 über die keltische Religion und die vereinzelten anderen Stellen aus antiken Schriftstellern (Lucan. 1, 445–446 und die zugehörigen *Scholia Bernensia*), welche die gallischen Namen von Göttern nennen und deren Überleben im gallo-römischen Umfelde belegen, so wären unsere Kenntnisse der religiösen Verhältnisse in den Gallischen und Germanischen Provinzen sowie in Raetien äußerst lückenhaft und dürftig.

Zunächst läßt sich anhand des in diesen Provinzen weit verbreiteten Typus des sog. ‚gallorömischen Vierecktempels' (Abb. 2) der Werdegang vom gallischen Heiligtum *(nemeton)* in seinen verschiedenen Gestalten und Ausformungen zum gallo-römischen Umgangstempel recht gut aufzeigen. Damit wird auch ein Aspekt der römischen Politik in den Provinzen sichtbar, die offenbar auf eine sorgfältige Bewahrung und Weiterentwicklung der bei der Eroberung angetroffenen religiösen Traditionen, nach Eliminierung barbarisch und grau-

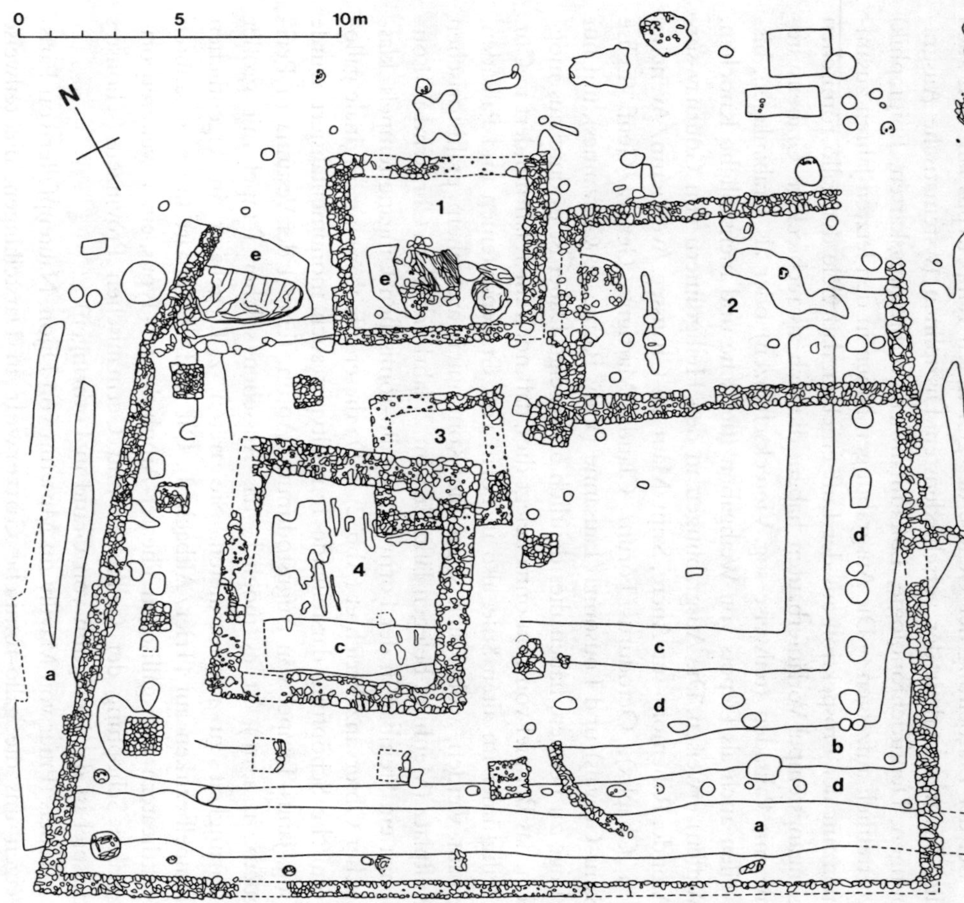

Abb. 2
Lousonna/Vidy-Lausanne,
Route de Chavannes,
Gallo-römisches Heiligtum.

a–c. Gräben des Heiligtums aus dem 1. Jh. n. Chr.
d. Pfostenlöcher der Pfostenstellung, welche die Gräben a–c trennte.
e. Menhire aus der Bronzezeit, in Gruben umgelegt.

1. Gebäude unklaren Verwendungszweckes (Tempel?).
2. An die Umfassungsmauer angebautes Gebäude.
3. An den bereits vorhandenen Umgangstempel der 1. Steinbauphase angebautes Bauwerk.
4. Gallo-römischer Umgangstempel der 1. Steinbauphase (2. Jh. n. Chr.).

(D. Paunier (et alii), Du nouveau à l'est de Lousonna, Bilan de trois années de recherches. – Archäologie der Schweiz 10, 1987, Heft 3, 112–125).

sam erscheinender Aspekte und des (politisch zum Widerstand tendierenden?) Druidentums, bedacht war.

Bei der Erarbeitung der Genese des genannten Tempeltypus läßt sich auch die Zusammenarbeit der verschiedensten Disziplinen (systematische Ausgrabungen, Dendrochronologie, Luftaufnahmen, Verbreitungskarten, Epigraphik) vortrefflich aufzeigen. – Die Ausgrabungen haben in den letzten Jahren zusammen mit der Prospektion aus der Luft ergeben, daß viele der gallo-römischen Umgangstempel Vorläuferbauten haben, die sich als rechteckige Grabensysteme mit Palisaden (teilweise sog. Viereckschanzen) oder als Grabanlagen, bisweilen auch als Depots von Weihgaben (tierische und menschliche Knochen, Waffen) erweisen. Die Ausgrabungen in den Heiligtümern von Gournay-sur-Aronde, Ribemont-sur-Ancre, Saint-Maur-en-Chaussée, Aventicum / Avenches (en Chaplix), Octodurus / Forum Claudii / Martigny, Genava / Genf (Église Saint-Gervais) und Lousonna / Lausanne (Vidy, Route de Chavannes), um nur einige zu nennen, haben dies deutlich aufgezeigt. Dabei ist es durchaus möglich, das Beispiel von Lousonna belegt dies, daß noch im 1. Jahrhundert n. Chr. Heiligtümer im alten Stile, also in Form von Grabensystemen und Palisaden, erbaut werden, wobei sich sogar die Kontinuität aus einem prähistorischen Kultplatz (Menhire) belegen läßt. Erst im 2. Jahrhundert n. Chr. wird in Lousonna ein Steinbau in der Form eines gallo-römischen Umgangstempels ‚klassischer Observanz' errichtet (Abb. 2). – Da dieser offenbar eine originale gallo-römische Schöpfung darstellende Tempeltypus auch monumentalisiert wurde (sog. Janus-Tempel von Augustodunum / Autun, Tempel der Vesunna in Périgueux, u. a. m.), ist es möglich, das Aussehen solcher Tempel mit großer Genauigkeit zu rekonstruieren. Sie treten z. T. gehäuft in eigentlichen Tempelbezirken auf (Trier / Altbachtal). Oft sind sie gepaart mit sogenannten Kulttheatern vom gallischen Theater-Amphitheater-Typus, einer weiteren originalen Schöpfung der Gallischen und Germanischen Provinzen (schönstes Beispiel ist das Heiligtum von Grand in Lothringen).

Reliefs (Pilier von Mavilly im Museum von Dijon, Nautenpfeiler von Paris) zeigen uns die gallo-römische Götterwelt in Darstellungen, die teilweise durch Beischriften auch epigraphisch definiert sind. Plastiken, teilweise mit bilinguen Inschriften, untermauern und erweitern die Aussagen Caesars. Hölzerne Kultstatuen und Votivgaben (Seinequelle und Source de la Chamalière in Clermont-Ferrand) sind in diesen Fundplätzen oft vermischt mit steinernen Exemplaren, die bisweilen keltische Inschriften tragen und damit das Fortleben dieser Sprache, besonders im religiösen Bereich, dokumentieren.

Das, was Tacitus, *Germ.* 43, 3, als *interpretatio Romana* bezeichnet, finden wir durch epigraphische und auch darstellerische Belege in den verschiedensten Entwicklungsstufen dokumentiert. – Wenn dem alten keltischen Götternamen die Bezeichnung *deus / dea* vorangestellt wird (z. B. deus Gobanus, dea Artio, dea Nehalennia), so dürfen wir dies als eine erste Stufe der *interpretatio Romana* betrachten. Wird dem keltischen Götternamen derjenige einer römischen Gottheit aus dem klassischen Pantheon beigefügt (Mars Caturix, Mercurius Cissonius, Apollo Grannus), so stellt dies offensichtlich bereits eine fortgeschrittene Stufe der Romanisierung dar. Statuen, wie der Merkur vom Puy-de-Dôme (im Musée des Antiquités Nationales in Saint-Germain-en-Laye bei Paris), der auf der Vorderseite in einer Tabula ansata als Mercurius, auf der Rückseite in einer ebensolchen als Esus angesprochen wird, stellen ungefähr dieselbe Stufe der *interpretatio Romana* dar und bestätigen gleichzeitig die Aussage Caesars (*Bell. Gall.* 6, 17, 1). – Erwähnt seien auch die zahlreichen Darstellungen der oft mit lokalen Beinamen versehenen *Matres.* Wir finden diese Muttergottheiten, bisweilen gruppenweise dargestellt, nicht nur in Niedergermanien, sondern auch weithin in den gallischen Provinzen.

Eine ganz spezifisch auf die Gallischen und Germanischen Provinzen und teilweise auf Raetien beschränkte Art der Götterverehrung stellen die Juppiter-Säulen dar. Auf einer charakteristischen Schuppensäule (bisweilen auch mit Rebranken verziert), die über einem oder zwei Vielgöttersteinen als Basis steht, erhebt sich eine Statuengruppe des einen Giganten überreitenden oder im Wagen überfahrenden Juppiter, der stets den Blitz schwingt. Diese sowohl in ländlicher Umgebung (bei Villae rusticae) als auch in Kleinsiedlungen (Vici), ja sogar in städtischem Umfeld (Mogontiacum/Mainz) auftretenden Säulen sind, wie die entsprechenden Verbreitungskarten aufzeigen, auf ein ziemlich genau umrissenes Gebiet beschränkt. Viele dieser Säulen sind in ihren Elementen erhalten geblieben, weil sie in der Spätantike durch zelotische Christen zerstört und in Schachtbrunnen geworfen wurden. – Dies wirft ein Licht auf die Vorgänge bei der Christianisierung, zumal wir wissen, daß das Heidentum sich nur schwer ausrotten ließ und daß teilweise mit Rückfällen zu rechnen war (Walahfrid, *Vita Galli* 6).

J. Zwicker, *Fontes Historiae Religionis Celticae* (Bonn 1934. 1935); M. J. T. Lewis, *Temples in Roman Britain* (Cambridge 1968); J.-L. Brunaux, *Les Gaulois. Sanctuaires et rites* (Paris 1986); I. Fauduet, *Les temples de tradition celtique* (Paris 1993); dies., *Atlas des sanctuaires romano-celtiques de Gaule. Les fanums* (Paris 1993); M. Altjohann, „Bemerkungen zum Ursprung des gallo-römischen Umgangstempels", in: *Provinzialrömische Forschungen. Festschrift für Günther Ulbert* (Espelkamp 1995) 169–203; R. Fellmann, „La religion", in: *La Suisse gallo-romaine* (Lausanne 1992) 251–289. – É. Thevenot, „Le monument de Mavilly. Essai de datation et d'interprétation", *Latomus* 14 (1955) 75–99; P.-M. Duval, „Le groupe des bas-reliefs des ‚Nautae Parisiaci'", *Monuments Piot* 48: 2 (1956) 63–90; ders., *Les dieux de la Gaule* (Paris 1976); G. Zecchini, *I druidi e l'opposizione dei Celti a Roma* (Milano 1984); G. Bauchhenss und P. Noelke, *Die Juppiter-Säulen in den germanischen Provinzen.* Beihefte der Bonner Jahrbücher 41 (Köln 1981).

Einführende Literatur

Allgemeine Übersichten. Eine eigentliche Einführung in die Archäologie der römischen Provinzen existiert z. Zt. nicht. Überholt ist A. Grenier, *Archéologie gallo-romaine* (Paris 1931); eine Neuauflage ist zur Zeit in Planung.

Einführenden Charakter in die Archäologie der römischen Provinzen haben T. Becher, *Römisches Germanien zwischen Rhein und Maas. Die Provinz Germania Inferior* (München

1982) sowie die im Konrad Theiss-Verlag, Stuttgart, unter dem jeweiligen Titel *Die Römer in . . .* (. . . Baden-Württemberg, Hessen, Nordrhein-Westfalen, Rheinland-Pfalz, der Schweiz, in Bayern) erschienenen Bände. – Im Einzelnen: J. Bellot, W. Czysz, G. Krahe (Hgg.), *Forschungen zur provinzialrömischen Archaeologie in Bayerisch Schwaben.* Schwäbische Geschichtsquellen und Forschungen 14 (Augsburg 1984); R. Fellmann, *La Suisse gallo-romaine* (Lausanne 1992); G. Piccottini, *Die Römer in Kärnten* (Klagenfurt 1989); W. A. van Es, *De Romeinen in Nederland* (Harlem 1981); R. G. Collingwood und I. Richmond, *The Archaeology of Roman Britain* (London 1971); P. S. Fry, *Romain Britain* (Newton Abbot Devon 1984); P. Gros, *La France gallo-romaine* (Paris 1991); A. King, *Roman Gaul and Germany* (London 1990).

Römische Armee. G. Webster, *The Roman Imperial Army* (London 1969); G. R. Watson, *The Roman Soldier* (London 1969); Y. LeBohec, *L'armée Romaine sous le Haut-Empire* (Paris 1989); B. Isaac, *The Limits of Empire. The Roman Army in the East* (Oxford 1990); M. Klee, *Die Saalburg.* Führer zur Hessischen Vor- und Frühgeschichte 5 (Stuttgart 1995).

Limites. G. Ulbert und Th. Fischer, *Der Limes in Bayern* (Stuttgart 1983); E. Schallmayer, *Der Odenwald-Limes* (Stuttgart 1984); M. Klee, *Der Limes zwischen Rhein und Main* (Stuttgart 1989); J. Heiligmann, *Der ‚Alb-Limes'.* Forschungen und Berichte zur Vor- und Frühgeschichte in Baden-Württemberg 35 (Stuttgart 1990); T. Bechert und W. J. H. Willems (Hgg.), *Die römische Reichsgrenze zwischen Mosel und Nordseeküste* (Stuttgart 1995); Z. Visy, *Der pannonische Limes in Ungarn* (Budapest 1985); K. Genser, *Der österreichische Donaulimes in der Römerzeit.* Der römische Limes in Österreich 33 (Wien 1986); M. Kandler und H. Vetters, *Der römische Limes in Österreich* (Wien 1986).

Siedlungswesen. R. Bedon, R. Chevallier, P. Pinon, *Architecture et urbanisme en Gaule romaine* (Paris 1988); A. Ferdière, *Les campagnes en Gaule romaine* (Paris 1988); G. Duby (Hrsg.), *Histoire de la France urbaine.* 1: *La ville antique* (Paris 1980); H. Bender und H. Wolff (Hgg.), *Ländliche Besiedlung und Landwirtschaft in den Rhein-Donau-Provinzen des Römischen Reiches.* Passauer Universitätsschriften zur Archaeologie 2 (Passau 1994); J.-P. Petit, M. Mangin, Ph. Brunella (Hgg.), *Atlas des agglomérations secondaires de la Gaule Belgique et des Germanies* (Paris 1994); M. Mangin, R. Goguey, L. Roussel (Hgg.), *Les agglomération antiques de Côte d'Or.* Annales Littéraires de l'Université de Besançon 522, Série archéologie 39 (Besançon/Paris 1994).

Tägliches Leben in den römischen Provinzen. A. Birley, *Life in Roman Britain* (London 1976); P.-M. Duval, *La vie quotidienne en Gaule pendant la paix romaine* (Paris 1981); G. Coulon, *Les Gallo-Romains* (Paris 1990).

APPENDIX 1. Studienmöglichkeiten

Universitäres Angebot im Bereich der Archäologie der römischen Provinzen

Bundesrepublik Deutschland In der Bundesrepublik Deutschland wird Archäologie der römischen Provinzen z. Zt. als eigentliches Studienfach an den Universitäten von Frankfurt/M., Freiburg i. Breisgau, Köln, Mainz, München und Passau angeboten.

Oesterreich An den Universitäten Oesterreichs wird Archäologie der römischen Provinzen als eigentliches Fach nicht gelehrt. Studierende, die sich für dieses Fach interessieren, finden an den Universitäten Innsbruck, Salzburg, Graz und Wien einschlägige Lehrveranstaltungen im Rahmen der Klassischen Archäologie, der Alten Geschichte und der Vor- und Frühgeschichte. Nach 8 Semestern wird mit der Magisterprüfung abgeschlossen, 4 weitere Semester führen zum Doktorat.

S c h w e i z In der Schweiz führt die Universität Lausanne einen eigentlichen Lehrstuhl für Archäologie der römischen Provinzen. An der Universität Bern existiert ein teilzeitliches Lehrangebot für dieses Fach.

Museen Es seien hier nur einige der wichtigsten genannt, die bedeutende Sammlungen zur Archäologie der römischen Provinzen besitzen:

D e u t s c h l a n d
Limesmuseum, Aalen
Saalburg-Museum, Bad Homburg v. d. H.
Westfälisches Römermuseum, Haltern
Rheinisches Landesmuseum, Bonn
Römisch-germanisches Museum, Köln
Mittelrheinisches Landesmuseum, Mainz
Römisch-germanisches Zentralmuseum, Mainz
Westfälisches Museum für Archäologie, Münster/W.

Ö s t e r r e i c h
Museum Carnuntinum, Bad Deutsch-Altenburg
Kärtner Landesmuseum, Klagenfurt
Museum Magdalensberg, Gemeinde Magdalensberg, Kärnten (geöffnet Mai bis Oktober)
Steyermärkisches Landesmuseum Joanneum, Schloß Eggenberg b. Graz
Museum Aguntinum, Dölsach bei Lienz (geöffnet Mai bis Oktober)

S c h w e i z
Römermuseum Augst, Augst/BL b. Basel
Musée Romain, Avenches/VD
Vindonissa-Museum, Brugg/AG

F r a n k r e i c h
Musée archéologique, Argenton-sur-Creuze/St-Marcel
Musée archéologique, Dijon
Musée des Antiquités Nationales, St-Germain-en-Laye/Paris
Musée historique, Metz
Musée archéologique, Château des Rohan, Strasbourg

N i e d e r l a n d e
Provinciaal-Museum G. M. Kam, Nijmegen
Rijksmuseum van Oudheiden, Leiden

I t a l i e n
Museo Nazionale, Aquileia
Museo della Civiltà Romana, Rom

3 Römische Numismatik

Hans-Markus von Kaenel

3.1 Die römische Republik

3.1.1 Brocken und Barren – Rom ohne eigenes Münzgeld (6.–Ende 4. Jh. v. Chr.)

Rom prägte in den ersten Jahrhunderten seiner Geschichte keine Münzen. Anders als die griechischen Poleis in Süditalien und auf Sizilien, die vereinzelt schon in der zweiten Hälfte des 6. Jahrhunderts v. Chr. mit der Ausgabe von Silbermünzen begannen und im 5. und 4. Jahrhundert v. Chr. über eine bedeutende Silber- und Bronzeprägung verfügten, setzte die römische Münzprägung erst etwa um 320/300 v. Chr. ein. Dies bedeutet freilich nicht, daß vorher der Gebrauch von Geld in Rom unbekannt war.

Es ist wichtig, die beiden Begriffe ‚Münze' und ‚Geld' auseinanderzuhalten. Geld, der allgemeinere, wird über seine Funktionen definiert: Geld findet Verwendung als Wertmesser, als Tausch-, Zahlungs- und Hortungsmittel. Eine Münze ist dagegen Geld in Form eines handlichen, in der Regel runden Metallstücks (Gold, Elektron, Silber, Bronze, Messing, Kupfer). Die Verwendung von Münzen setzte vergleichsweise spät ein, erst gegen Ende des 7. Jahrhunderts v. Chr. in Kleinasien; der Gebrauch von Geld ist dagegen sehr viel älter, und verschiedenste Güter, Metall eingeschlossen, haben Geldfunktionen ausgeübt.

Eine Münze wird nach einem Münzfuß ausgeprägt bzw. gegossen, sie hat ein bestimmtes Gewicht, und das Münzmetall weist eine vorgegebene Zusammensetzung bzw. einen bestimmten Feingehalt auf; die Münze ist in der Regel Teil eines Systems von verschiedenen aufeinander bezogenen Einheiten (Nominale). Auf Vorderseite (Vs.) und Rückseite (Rs.) trägt die Münze ein Zeichen, ein Bild und vielfach eine Schrift, die sie als Erzeugnis derjenigen Institution (Herrscher oder Gemeinwesen) zu erkennen gibt, die ihre Prägung veranlaßt hat. Indem diese die betreffende Münze zur Abgeltung von ihr zustehenden Ansprüchen auch wieder entgegennahm, garantierte sie für die Münze, was besonders dann wichtig wurde, wenn der Nominalwert einer Münze über dem Metallwert lag (Kreditmünze). Die Verwendung der frühen Münzen läßt darauf schließen, daß Nominal- und Stoffwert engstens miteinander verknüpft waren und eine Münze zugleich eine ‚Ware' darstellte. Im Verlauf der Münzgeschichte gestaltete sich das Verhältnis zwischen Nominal- und Stoffwert unterschiedlich. Die Münze erfüllte jedoch nicht nur Geldfunktionen; durch die Münzbilder, die eine eigene Typologie und Bildsprache entwickelten, wurde sie zugleich zum Träger von Aussagen und damit zu einem Kommunikationsmittel.

Nach Ansicht der antiken Autoren geht das lat. Wort *pecunia* (‚Geld', ‚Vermögen') auf *pecus* (‚Vieh') zurück. Dahinter steht die Vorstellung, daß in der frühen Zeit Rindern und Schafen die oben genannten Geldfunktionen zugekommen sind. Ob dem wirklich so war, wird heute kontrovers beurteilt. Für die Zeit vor der Mitte des 5. Jahrhunderts belegen die Schriftquellen zwar Strafmaße in Form von Viehwerten, doch bleibt offen, ob sich die durchweg

Jahrhunderte später schreibenden Autoren auf Originalquellen stützen konnten oder ob sie die genannten Viehwerte nicht aus der umstrittenen Etymologie von *pecunia* ableiteten. Es liegen aber auch frühe Belege für die Verwendung von Metall als Wertmesser vor. Das Zwölftafelgesetz (450 v. Chr.) fixierte die Strafmaße in bestimmten Erzmengen, womit freilich noch keine Münzen gemeint waren.

Das frühe in Italien belegte Metallgeld kann in zwei Gruppen eingeteilt werden. Das eine, von den antiken Schriftquellen als *aes rude* oder *aes infectum* bezeichnet, besteht aus rohen Erzbrocken uneinheitlicher Form und ohne normiertes Gewicht. Es weist keine Muster oder Zeichen auf. Die Brocken mußten nach Gewicht aufgewogen und, um den gewünschten Wert zu erhalten, nötigenfalls zerhackt werden. Nach Ausweis der Funde wurden *aes rude*-Brocken häufig in Heiligtümern als Votive niedergelegt. Daneben gab es gegossene rechteckige Barren. Auch sie waren auf keinen Gewichtsstandard justiert und wurden im Bedarfsfall zerhackt, doch zeigen sie auf beiden Seiten ein Zeichen, ein einfaches Muster in Form eines dürren Zweiges (sog. *ramo secco*-Barren). Diese Barren bestehen aus Kupfer mit einem sehr hohen Eisenanteil (20 bis 30%), eine besondere Metallzusammensetzung, die nicht ohne weitere Verarbeitungsprozesse als Rohmaterial verwendet werden konnte.

Die *ramo secco*-Barren werden in der Fachliteratur zum *aes signatum* gerechnet, eine von ihrer Wortbedeutung her nicht voll zutreffende moderne Sammelbezeichnung für alle gegossenen rechteckigen Bronzebarren, die auf einer oder beiden Seiten ein Muster oder ein Zeichen aufweisen.

Weder *aes rude*-Brocken noch *ramo secco*-Barren lassen sich speziell mit Rom oder Latium in Verbindung bringen. Beide Gruppen kommen vielmehr in weiten Teilen der italischen Halbinsel und auch auf Sizilien vor; aufgrund der Verbreitung und der Fundzusammenhänge ist davon auszugehen, daß das *aes rude* seinen Ursprung im Gebiet der Villanova-Kultur (9./8. Jahrhundert v. Chr.) hatte und bis ins 3. Jahrhundert v. Chr. verwendet wurde. Wohl etruskisch sind die *ramo secco*-Barren, die von der ersten Hälfte des 6. bis ins 3. Jahrhundert in Gebrauch waren.

3.1.2 Die ersten römischen Münzen und die Entwicklung des römischen Münzwesens bis zum zweiten punischen Krieg (320/300–218 v. Chr.)

Das wichtigste Schriftzeugnis zur Geschichte des frühen römischen Münzwesens stellt Plin., *Nat.* 33, 42–47, dar. In einem Exkurs in dem der Beschaffenheit der Metalle gewidmeten Buch der Naturgeschichte gibt Plinius einen detailreichen, aber in entscheidenden Punkten unzutreffenden Bericht über Entstehung und Entwicklung des römischen Münzwesens. Die numismatische Forschung ließ es lange an der nötigen Quellenkritik fehlen und rekonstruierte die frühe römische Münzgeschichte vor allem anhand dieser Angaben.

Erst in jüngerer Zeit hat sie zu einer eigenen, durch das numismatische Quellenmaterial wie durch archäologische Befunde abgesicherten und im historischen Kontext überzeugenden Darstellung gefunden. Die frühesten römischen Münzen bildeten danach kein homogenes System, sondern ein Nebeneinander von vier verschiedenen, nicht aufeinander bezogenen Münzarten: gegossenen rechteckigen Bronzebarren bzw. gegossenen runden Bronzemünzen sowie geprägten Silber- und Bronzemünzen. Dabei stehen, vereinfacht ausgedrückt, die gegossenen Barren für die italische, die geprägten runden Münzen für die griechische Tradition, während die gegossenen runden eine Vermischung von beiden darstellen. Erst im Verlaufe des 3. Jahrhunderts v. Chr. erfolgte die Herausbildung eines Systems von aufeinander bezogenen Münzwerten in Silber und Bronze.

3.1.2.1 Römische Bronze-Barren (*aes signatum*)

Eine charakteristische Gruppe von rechteckigen gegossenen Bronzebarren unterscheidet sich von den *ramo secco-* und anderen Barren. Ihre Verbreitung spricht dafür, daß sie in Rom entstanden sind. Die römischen Barren, deren Herstellung vermutlich um 320/300 v. Chr. einsetzte und schon um die Mitte des 3. Jahrhunderts eingestellt wurde, messen etwa 18 cm auf 9 cm und wiegen regelmäßig 1,5 bis 1,6 kg, was einem Standard von rund fünf römischen Pfunden entspricht. Auch die Zusammensetzung des Metalls weicht von der der *ramo-secco*-Barren ab; die römischen Barren weisen anstelle des hohen Eisenanteils einen ebenso hohen Bleianteil auf. Vor allem aber werden sie durch wechselnde Zeichen wie Amphore/Lanzenspitze; Schwert/Schwertscheide; Kornähre/Dreifuß; Anker/Dreifuß; Stier/Stier; Elephant/Schwein usw. charakterisiert. Es können insgesamt 11 Typen unterschieden werden, was auf eine Abfolge von jeweils durch bestimmte Zeichen ausgewiesene Emissionen schließen läßt. Ein Barrentyp (RRC 4/1a) zeigt einen Adler auf dem Blitzbündel auf der einen und einen Pegasus mit der Beischrift ROMANOM *(Romanorum)* auf der anderen Seite. Diese Formulierung lehnt sich an die Inschriften auf griechischen Prägungen an, die diese regelmäßig als Münze der Bürger der betreffenden Polis ausweisen.

3.1.2.2 Runde gegossene Bronzemünzen (*aes grave*)

Zu einem nicht genau faßbaren Zeitpunkt im frühen 3. Jahrhundert v. Chr., vermutlich zwischen 280 und 270, wurden in Rom die ersten Exemplare einer charakteristischen Münzart hergestellt, für deren Bezeichnung wir heute nicht völlig zutreffend den Sammelbegriff *aes grave* (‚Schwererz‘) verwenden. Die betreffenden Münzen bestehen wie die römischen *aes signatum*-Barren aus stark bleihaltiger Bronze, wie diese wurden sie in Formen gegossen, sind jedoch rund und zeigen auf Vs. und Rs. ein Bild. Den ersten *aes grave*-Münzen lag ein *As*-Gewicht von einem Pfund *(libra)* zugrunde: Libral-standard. Das genaue Gewicht des römischen Pfundes ist nicht gesichert, und es liegen abweichende moderne Berechnungen vor; ich verwende hier den Wert von ca. 324 g. *Aes grave*-Münzen wurden nicht nur in Rom, sondern auch in anderen etruskischen und italischen Städten gegossen.

Die Einheit bildete der *As* (Wertzeichen I oder L) (Nr. 3), welcher der Zwölferteilung des römischen Pfundes entsprechend in ein Halb- (*semis,* Wertzeichen S), Drittel- (*triens,* ••••), Viertel- (*quadrans,* •••), Sechstel- (*sextans,* ••) und Zwölftelstück (*unica,* •) eingeteilt war. Zu verschiedenen Serien gehörten noch kleinere Einheiten als die Unze, ein Halbstück (*semunica,* Σ) bzw. – sehr selten – ein Viertelstück (*quartuncia*). Vereinzelt wurden größere Einheiten als der As ausgegeben (*dupondius,* Wertzeichen II (= 2 Asse); *tressis,* III; *quincussis,* V; *decussis,* X). Der Gliederung in Einheiten entsprachen im ausgebildeten System auch bestimmte Münzbilder. Die gegossenen Münzen zeigen in der Regel keine Beischrift.

Als ab etwa 270 v. Chr. in Rom Silber ausgeprägt wurde, standen die nach dem campanischen Standard geprägten Silber- und nach römischem Standard gegossenen Bronzemünzen in keiner leicht zu handhabenden Relation zueinander. Durch Veränderung des Gewichtsstandards beider Münzarten wurden sie zunächst in das Verhältnis 1 Didrachme (Silber) = 2,5 Asse (Bronze), dann 3 Asse gebracht. In den Jahren bis zum zweiten punischen Krieg folgten weitere Reduktionen: Semilibral- bzw. Postsemilibral-Standard.

3.1.2.3 Die frühen geprägten römischen Münzen: Bronze – Silber

Die älteste Münzaufschrift, welche die Römer als Prägeherren ausweist, findet sich nicht auf gegossenen Erzbarren oder *aes grave*-Münzen, sondern auf geprägten Bronzemünzen. Auf einem nur in wenigen Exemplaren überlieferten Münztyp (RRC 1/1), der auf der Vs. den Kopf des Apollo und auf der Rs. den Vorderteil eines androkephalen Stiers zeigt, ist ΡΩΜΑΙΩΝ (Münze ‚der Römer') zu lesen. Diese Münzen können aufgrund der Typologie der Münzbilder wie der Machart mit der Münzstätte der griechischen Stadt Neapolis in Campanien verbunden werden. In der wichtigen, mit Rom verbündeten Stadt wurden zwischen etwa 320 und 300 v. Chr. nicht nur diese erste römische Münzemission, sondern auch noch eine zweite in Bronze und wohl auch die erste römische Silberemission ausgeprägt. Die betreffenden Münzaufschriften weisen übereinstimmend, nun aber in lateinischen Buchstaben, die Römer als Prägeherrn aus: ROMANO(rum).

Der erste römische Silbertyp (RRC 13/1) zeigt auf der Vs. den Kopf des Mars und auf der Rs. einen Pferdekopf. In Bild, Stil, Machart, Münzfuß (7,3 g = campanischer Standard) und Münzeinheit (Didrachme) sind diese Münzen griechisch; lediglich die Beischrift ROMANO(rum) weist sie als römisch aus. Dies gilt auch für zwei weitere Typen von geprägten Bronzemünzen mit der Inschrift ROMANO(rum), von denen der eine vermutlich in der römischen Kolonie Cosa (deduziert 273), der andere im ersten punischen Krieg (264–241) auf Sizilien geprägt worden ist.

In Rom wurde ab etwa 270 v. Chr. Silber ausgeprägt. Die betreffenden Münzen sind in Stil, Machart und System (Einheit: Didrachme) weiterhin griechisch, weshalb sie in der neueren Literatur vielfach als ‚römisch-campanisch' bezeichnet werden. Nacheinander gelangten drei unterschiedliche Silbertypen mit der Beischrift ROMANO(rum) (Nr. 1) zur Ausgabe, wobei der Gewichtsstandard von ca. 7,2 auf 6,6 g sank.

Um 240 v. Chr. wurde die Münzaufschrift ROMANO(rum) durch ROMA, den Namen der Stadt Rom, ersetzt. Mit diesen in drei verschiedenen Münztypen (Nr. 2) ausgegebenen Prägungen können wir erstmals von einem römischen Münzsystem sprechen, das gegossene Münzen *(aes grave)* wie geprägte Silber- und Bronzemünzen umfaßte. Die Zusammengehörigkeit der Emissionen wird durch übereinstimmende Beizeichen (Sichel, Keule) ausgewiesen.

Der letzte Silbertyp, der in die Gruppe des frühen römischen Silbers gehört, ist der Quadrigat, so genannt nach der von einer Victoria gelenkten Quadriga mit Jupiter auf der Rs.; die Vs. zeigt den Doppelkopf des jugendlichen Janus (Nr. 4). Die Einheit ist weiterhin die Didrachme, nun im Gewicht von 6,5 g; ausgeprägt wurden aber auch Drachmen und eine Fraktion von knapp 1 g. Die Prägung von Quadrigati setzte nach dem Ausweis der Hortfunde um die Mitte der 220er Jahre ein und endete in den ersten Jahren des zweiten punischen Krieges.

3.1.2.4 Umfang und Bedeutung der frühen römischen Münzprägung

Rom brachte im 3. Jahrhundert v. Chr. keineswegs kontinuierlich Münzen heraus, die einzelnen Emissionen erfolgten vielmehr in längeren Zeitabständen. Auch das Volumen der frühen römischen Silberprägung war vergleichsweise gering.

Wie aufgrund einer Analyse des heute bekannten Materials anzunehmen ist, scheinen für die Ausprägung der vier Didrachmen-Emissionen mit der Beischrift ROMANO nur insgesamt etwa 90, für die drei Emissionen mit der Legende ROMA nur gut 70 verschiedene Vs.-Stempel in Gebrauch gewesen zu sein. Für die Lebensdauer eines Vs.-Stempels werden in der neueren Forschung unterschiedliche Werte veranschlagt (s. unten 3.1.5). Wenn wir z. B. die Zahl von 20000 Münzen pro Vs.-Stempel annehmen und diese mit den genannten Stempelzahlen und dem jeweiligen Münzgewicht multiplizieren, ergibt dies die Summe von 3,16 Millionen Didrachmen, die einem Gewicht von rund 21300 kg Silber entsprechen. Das ist, verglichen mit der Beute, die im Verlauf der betreffenden Jahrzehnte nach Rom floß, wenig. Auch wenn man die frühe römische Silberprägung dem Volumen der Silberemissionen wichtiger Münzstätten wie Tarent, Heraclea oder Neapolis gegenüberstellt, wird deutlich, wie unbedeutend sie war. Es wird vermutet, daß Karthago im ersten punischen Krieg etwa 70 mal mehr Edelmetall ausprägte als Rom (Burnett 1989).

Münzgeld scheint für den römischen Staat in der Zeit vor dem zweiten punischen Krieg keine besondere Bedeutung gehabt zu haben. Soldzahlungen, für Staaten wie Karthago der Motor der Münzprägung, kommen als Anlaß für die frühe römische Münzprägung kaum in Frage; die betreffenden Emissionen sind zu sporadisch und zu klein. Der Sold wurde in Rom auch Jahrzehnte nach seiner Einführung nicht in Münzen, sondern in Gütern ausbezahlt. Münzen spielten auch im täglichen Leben der Menschen kaum eine Rolle; erst im Verlauf des ersten punischen Krieges wurden in nennenswertem Umfang kleinere Münzeinheiten ausgegeben, aber auch dann können wir nicht davon ausgehen, daß Kleingeld den Tauschhandel bzw. andere Zahlungsformen abgelöst hat. Weder politische noch wirtschaftliche Überlegungen und Notwendigkeiten scheinen der Anlaß gewesen zu sein, daß Rom eigene Münzen zu gießen und prägen begann. Es war wohl eher eine bewußte, aber zögerliche Übernahme einer Institution, die griechische Gemeinwesen in Süditalien längst kannten. Sie erleichterte es dem größer gewordenen römischen Staat, seine Verpflichtungen zu erfüllen, z. B. Beuteanteile an die Bürger zu verteilen, Ausgaben für militärische Anlagen und die Flotte zu tätigen, Anleihen zurückzuerstatten oder öffentliche Bauten zu bezahlen.

3.1.3 Einschneidende Veränderungen im zweiten punischen Krieg (218–201 v. Chr.) – die Einführung des Denarsystems

Rom geriet im zweiten punischen Krieg zunächst in eine bedrohliche Lage. Hannibal brachte weite Teile Mittel- und Süditaliens unter seine Kontrolle und bedrohte Rom. Ein römisches Heer kämpfte gleichzeitig in Spanien gegen die Karthager. Vermutlich in dieser Notlage wurden erstmals römische Goldmünzen (RRC 28/1) ausgeprägt. Sie zeigen auf der Vs. wie die Quadrigati den jugendlichen Januskopf, auf der Rs. eine Schwurszene *(coniuratio),* die sich vermutlich auf die feierliche Aushebung von Truppen bezieht. Das Gewicht der Einheit (Stater) beträgt 6,75 g; ausgeprägt wurde auch ein Halbstück.

Unter dem Druck der hohen Kriegskosten und angesichts der Schwierigkeiten, Münzmetall zu beschaffen, setzte man den Gewichtsstandard des Silbers wie der Bronze herab; gleichzeitig sank auch der Feingehalt der Silbermünzen. Rom war gezwungen, große Anleihen aufzunehmen. In der Folge kam es zum Zusammenbruch der frühen römischen Währung. Um 212 v. Chr. wurde an deren Stelle ein neues System eingeführt, dessen Einheit der Denar (Nr. 5) war.

Diese Silbermünze wog 4 *scripula* oder 4,5 g (1 *scripulum* = 1/24 Unze = 1,125 g); der Silbergehalt des Denars war stets sehr hoch. Das Denarsystem beruht auf dem Sextantar-Standard, d. h. der As wog 1/6 Pfund (54 g). Nach dem gebräuchlichen Verhältnis von 1:120 für Silber : Bronze galt 1 Denar 10 Asse, daher der Name *denarius* (von *deni,* ‚je zehn'; Wertzeichen X). Neben dem Denar wurden zwei kleinere Silbernominale ausgeprägt, das Halbstück, der Quinar (Wertzeichen V) (Nr. 6), und das Viertelstück, der Sesterz (Wertzeichen IIS) (Nr. 7). Diese Münzeinheit entsprach im Gewicht dem im 3. Jahrhundert in Süditalien häufig geprägten Diobol.

Die neuen Silbereinheiten (Nr. 5–7) zeigen übereinstimmende Münzbilder, auf der Vs. den Kopf der Göttin Roma n. r., im Feld links das Wertzeichen, auf der Rs. die beiden Dioskuren, Castor und Pollux, n. r. galoppierend; unter den göttlichen Beschützern Roms die Beischrift ROMA.

Über den genauen Zeitpunkt sowie die Art und Weise der Einführung des Denarsystems werden in der modernen Forschung abweichende Ansichten vertreten. Aufgrund der Auswertung der numismatischen Daten (Vorkommen; Zusammensetzung der Hortfunde; Überprägungen) und unter Hinweis auf archäologische Befunde in der antiken Stadt Morgantina (Serra Orlando auf Sizilien, Prov. Enna) wird von einem großen Teil der Forschung ein Datum „kurz vor 211 v. Chr." vertreten. Bei den Grabungen in Morgantina waren in bestimmten Brandschichten neben anderen Münzen auch Prägungen des frühen Denarsystems festgestellt worden. Die Ausgräber bringen diese Zerstörungsschichten mit der zweimaligen Besetzung der Stadt durch die Römer in den Jahren 214 und 211 v. Chr. in Verbindung (Buttrey, Erim, Groves, Holloway 1989).

Ungefähr gleichzeitig mit dem Denarsystem führte Rom eine weitere Silbermünze, den Victoriat, ein (Nr. 8). Sie zeigt auf der Vs. den bekränzten Kopf des Jupiters n. r., auf der Rs. eine Victoria, die eine Trophäe bekränzt, im Abschnitt ROMA.

Der Victoriat wog 3 *scripula* (ca. 3,3 g) und besteht aus etwas schlechterem Silber als die drei Einheiten des Denarsystems; der Silberanteil beträgt 75% bis 95%. Der Victoriat ist seinem Gewicht nach eine Drachme; er wurde – selten – auch als Doppel- und als Halbstück ausgeprägt. Der Victoriat schließt in Gewicht und Feingehalt an den Quadrigat an; entsprechend zeigt die Verbreitung der frühsten Victoriat-Horte eine Konzentration auf den Süden der italischen Halbinsel, das Gebiet des griechischen Währungssystems.

Teil der neuen römischen Währung waren auch Goldmünzen (RRC 44/2–4), die in drei verschiedenen Einheiten zu 60 (3,3 g), 40 (2,2 g) und 20 (1,1 g) Assen ausgeprägt wurden. Die Münzbilder zeigen auf der Vs. jeweils den Kopf des Mars und auf der Rs. einen Adler auf dem Blitzbündel, darunter ROMA.

Mit der Reduktion des Bronzestandards im zweiten punischen Krieg gab man das Gießen der schweren Münzeinheiten auf. Nachdem schon vorher die kleineren Einheiten nicht mehr gegossen, sondern geprägt worden waren, wurden mit der Einführung des Sextantar-Standards alle Bronzeeinheiten geprägt.

Das Volumen der römischen Münzprägung stieg mit der Einführung des Denarsystems stark an. Die sich einstellenden militärischen Erfolge brachten reiche Kriegsbeute (212 Syrakus; 211 Capua; 209 Tarent usw.), zugleich erschloß sich Rom konsequent weitere Geldquellen. Verschiedene Münzstätten in Italien, auf Sardinien, Sizilien und in Spanien prägten römische Münzen.

3.1.4 Die römische Münzprägung im 2. und 1. Jahrhundert v. Chr.

Mit dem Ende des zweiten punischen Krieges wurde das Prägen von Münzen auf die Stadt Rom konzentriert. Die Silberemissionen der ersten Jahrzehnte des 2. Jahrhunderts bestanden fast ausschließlich aus Denaren und Victoriaten. Das Gewicht des Denars sank von 1/72 (4,5 g) auf 1/84 (3,86 g) Pfund, dasjenige des Victoriats entsprechend. Um 141 wurde der Denar neu tarifiert, sein Wert auf 16 statt wie bisher 10 Asse festgesetzt (Wertzeichen XVI bzw. Ligatur) (Nr. 9. 10). Das Gewicht des Denars blieb in der Folge für über 200 Jahre stabil, die Wertrelation Denar : As von 1 : 16 sogar bis ins frühe 3. Jahrhundert n. Chr.

In den drei Jahrhunderten republikanischer Münzprägung wuchs Rom zur wichtigsten Macht im Mittelmeerraum heran. In bezug auf den Geltungsbereich des römischen Denars verfolgten die Verantwortlichen dieselbe pragmatische Politik wie in anderen Zusammenhängen. Während im Kernbereich, in Mittel- und Süditalien sowie auf den Inseln, das Monopol des Denars durchgesetzt und die lokale Silberprägung schon im zweiten punischen Krieg aufgehoben und die Münzen eingeschmolzen wurden, zirkulierten in Oberitalien, Gallien und Spanien in lokalen Prägestätten geschlagene Silbermünzen neben römischen Denaren. In Griechenland, Kleinasien und Syrien begann der Denar erst im Verlauf des 1. Jahrhunderts v. Chr. eine dominierende Rolle zu spielen. Ganz verdrängen konnte er die lokale Silberprägung nur in Griechenland. In den Provinzen Asia und Kilikien ging die regionale Silberprägung (Cistophoren) weiter; unter den auf den Münzen überlieferten Statthalternamen finden wir etwa den des M. Tullius Cicero, der 51/50 die Provinz Kilikien verwaltete (Nr. 17).

Das Ausprägen von Goldmünzen blieb weiterhin besonderen Situationen vorbehalten. Im 2. Jahrhundert wurde in Rom überhaupt kein Gold geprägt, im 1. Jahrhundert ließen zunächst Sulla, dann C. Iulius Caesar und schließlich die Kontrahenten im Bürgerkrieg Gold ausmünzen. Die meisten dieser z. T. bedeutenden Goldemissionen wurden freilich nicht in Rom geprägt, sondern in den jeweiligen Machtzentren der Bürgerkriegsparteien.

Das Volumen der Bronzeprägung war in der ersten Hälfte des 2. Jahrhunderts besonders groß. Die betreffenden Münzen, vor allem die Asse (Nr. 11), liefen sehr lange um; nach dem Ausweis der Funde waren sie noch in der frühen Kaiserzeit in erheblichen Mengen vorhanden. Der Gewichtsstandard der Bronzemünzen sank weiter; um die Mitte des 2. Jahrhunderts entsprach ein As einer *unica* (ca. 27 g; Unzial-Standard). In der zweiten Hälfte des 2. Jahrhunderts wurde dagegen wesentlich weniger Bronze ausgemünzt. Die *Lex Papiria* schrieb 91 v. Chr. den Semiunzial-Standard fest (As = ca. 13,5 g). Diese leichten Bronzemünzen konnten sich jedoch nicht durchsetzen und scheinen gegen Ende der achtziger Jahre bereits wieder demonetisiert worden zu sein. Seit diesem Zeitpunkt prägte der römische Staat bis zum Beginn der Münzreform des Augustus (23 v. Chr.) keine Bronzemünzen mehr.

3.1.5 Organisation und Umfang der Münzprägung in der Republik

Über die Münzstätte der Republik ist wenig bekannt. Die officina Monetae soll sich nach Livius 6, 20 beim Tempel der Juno Moneta auf der Burg (Arx) befunden haben. Ein Komplex von Räumen in den Substruktionen des Tabulariums wird heute mit guten Gründen für die Münzstätte der späten Republik in Anspruch genommen (Coarelli 1994; für die Verlegung s. unten 3.2.4). Die Organisation der Münzprägung haben wir uns wie folgt vorzustellen: Die Grundlagen der römischen Währung (Gewichtsstandard, Feingehalt, Nominale) waren in der Regel in einem Gesetz festgelegt. Wann, wieviel und in welchen Münzeinheiten geprägt wurde, scheint dagegen gewöhnlich der Senat, dem die Aufsicht über Ausgaben und Einnahmen des

Staates zustand, entschieden zu haben. Die für die Verwaltung des im Saturntempel aufbewahrten Staatsschatzes *(aerarium populi Romani)* zuständigen Quaestoren übergaben der Münzstätte die benötigte Metallmenge und nahmen diese in Form von frisch geprägten Münzen wieder entgegen. Für die Organisation und Kontrolle des Prägevorganges waren die Münzmeister, die *tresviri aere argento auro flando feriundo* (IIIVIRI AAA FF = ‚Dreimännerkollegium zum Gießen und Prägen von Erz, Silber und Gold') verantwortlich.

Es ist nicht gesichert, wann dieses Amt, das zu den sog. kleinen Magistraturen gehörte, eingerichtet worden ist. Der Titel IIIVIR erscheint auf Münzen erstmals 71 v. Chr. (*RRC* 401) und AAAFF im Jahre 44 v. Chr. (*RRC* 480/19) (Nr. 15), doch reichen seine Anfänge wesentlich weiter zurück, vermutlich in den zweiten punischen Krieg, vielleicht sind sie noch älter. Die Münzen selber überliefern eine Vielzahl von Namen von Münzmeistern (Nr. 9–15).

Das Prägen von Münzen war ein Vorgang, der sich aus verschiedenen Schritten zusammensetzte: dem Herstellen der benötigten Legierung, dem Gießen und Herrichten der Schrötlinge, dem Schneiden der Münzstempel und dem Prägevorgang (s. dazu unten 3.2.4). Die Arbeit der Münzstätte wurde streng kontrolliert. Seit dem späten 2. Jahrhundert lassen sich auf den Münzen wiederholt Kontrollzeichen feststellen. Jeder Prägestempel wurde dabei durch Zahlzeichen, Buchstaben oder Symbole bzw. deren Kombination individuell gekennzeichnet. Damit kennen wir für die betreffende Emission zugleich die Anzahl der verwendeten Prägestempel. Für die Prägung eines der drei Münzmeister des Jahres 82 v. Chr., P. Crepusius (*RRC* 361), dessen Denare (Nr. 13) ein besonders komplexes Kontrollsystem belegen, können insgesamt 479 verschiedene Vs.- und 519 Rs.-Stempel unterschieden werden. Diese machen jedoch nur einen Teil der Denarprägung des Jahres 82 aus, denn die beiden anderen Münzmeister, L. Censorinus und C. Limetanus, prägten ebenso; ein weiterer Münztyp trägt die Namen aller drei Münzmeister. Nach den Untersuchungen von Th. Buttrey ist für die Silberprägung des Jahres 82 mit mindestens 1206 verschiedenen Vs.- und 1310 Rs.-Stempeln zu rechnen (Buttrey 1976).

Um eine Vorstellung von der Masse an Denaren zu gewinnen, die mit den genannten Stempeln ausgeprägt worden sind, müßte man wissen, wieviele Münzen mit einem einzelnen Vs.-Stempel geprägt werden konnten bzw. geprägt wurden. Mit Hilfe unterschiedlicher Berechnungsmethoden, aber auch anhand von Prägeexperimenten, wurde versucht, die Anzahl Münzen pro Vs.-Stempel zu bestimmen. Die entsprechenden Studien gelangen zu sehr unterschiedlichen Angaben, die von 5000 bis 50000 Münzen pro Vs.-Stempel reichen (dazu zuletzt F. De Callataÿ 1995). Dagegen vermögen die durch die Methode des Stempelvergleichs festgestellten oder statistisch errechneten Stempelzahlen einen Eindruck vom relativen Verhältnis einzelner Emissionen zu geben. Nach den Stempelzahlen zu urteilen, waren die Denar-Emissionen des 2. und 1. Jahrhunderts v. Chr. keineswegs einheitlich, vielmehr ist ein starkes Oszillieren zu beobachten, das mit unterschiedlichen Faktoren in Verbindung zu bringen ist. Ein wichtiger Grund, warum Münzen geprägt wurden, waren die Ausgaben für das Heer, entsprechend viel wurde etwa im Bundesgenossenkrieg 91–88 oder in den Bürgerkriegsjahren 49–31 geprägt. Doch wäre es falsch, andere Ausgaben (wie Aufwendungen für Bauten) zu unterschätzen und außer Acht zu lassen.

3.1.6 Die Datierung der republikanischen Münzen

Die genauen Prägedaten in den modernen Zitierwerken dürfen nicht darüber hinwegtäuschen, daß die allerwenigsten Münztypen absolut datiert sind. Die auf den Münzen genannten Münzmeister helfen in dieser Frage nicht weiter, solange aus keiner anderen Quelle hervorgeht, wann die einzelnen Kollegien das Amt innehatten. So bildet die Zusammensetzung der Hortfunde, d. h. die Anteile, in denen die einzelnen Münztypen in ihnen vertreten sind, die wichtigste Grundlage für die Erarbeitung einer relativen Abfolge. Da einzelne Münztypen mit gesicherten historischen Daten verknüpft werden können, ist es möglich, durch Interpolation auch für die übrigen zu absoluten Daten zu gelangen. Angesichts dieser Voraussetzungen überrascht es freilich nicht, daß in der numismatischen Literatur für ein und denselben Münztyp oft unterschiedliche Zeitansätze vertreten werden. Allgemein gilt, daß für die Münzprägung des 3. und 2. Jahrhunderts sehr wenige Fixpunkte vorliegen; vergleichsweise besser sieht es für das 1. Jahrhundert aus, doch bleibt auch hier Raum für Neudatierungen und Präzisierungen.

3.1.7 Die Münzbilder

Die Münzbilder des 3. bis 1. Jahrhunderts v. Chr. zeichnen sich insgesamt durch eine in der antiken Münzprägung bislang unbekannte Vielfalt aus. Verfolgt man diese in ihrer zeitlichen Entwicklung, so läßt sich ein vielschichtiger Prozeß aufzeigen, der hier nur in groben Zügen skizziert werden kann. Er ist am besten zu beschreiben, wenn man danach fragt, wer durch die Münzbilder ‚spricht'.

Vereinfachend ausgedrückt lassen sich drei Abschnitte unterscheiden. Im ersten (3. Jahrhundert und erste Hälfte des 2. Jahrhunderts) ‚spricht' der römische Staat, im zweiten (zweite Hälfte des 2. und frühes 1. Jahrhundert) ‚sprechen' durch die Münzmeister die römischen *gentes* und im dritten (ab etwa 100), nicht ausschließlich, aber häufig politische Fraktionen bzw. deren Anführer. Mit dem Bürgerkrieg nach Caesars Tod, aus dem Octavian siegreich hervorgeht und als Augustus den Prinzipat als neue Herrschaftsform schafft, wird diese Entwicklung abgeschlossen.

Die Münzbilder der frühen römischen Silberprägung (Didrachmen) sind dem Repertoire der griechisch-hellenistischen Koinè (Nr. 2) verpflichtet und stellen Zitate bzw. Umschöpfungen von Vorbildern, vor allem solchen aus den Prägestätten Süditaliens, dar. Ohne die Beischrift ROMANO/ROMA wären solche Münzbilder nicht notwendigerweise mit Rom zu verbinden. Nur ein einziger Rs.-Typ ist eindeutig ‚römisch', er zeigt die römische Wölfin (Nr. 1). Der Bezug der Münzbilder der Silberprägung zu den Ereignissen des 3. Jahrhunderts ist trotzdem unverkennbar, dasselbe gilt für einen Teil der *aes signatum*-Barren (Waffen, Elephant, Dreizack). Mit der Einführung des Denarsystems um 212 v. Chr. ändert sich nichts Grundsätzliches. Denar, Quinar und Sesterz zeigen übereinstimmend den Roma-Kopf und die Dioskuren (Nr. 5–7). Durch sie wie durch die Victoria mit Trophäe des Victoriats (Nr. 8) ist der Bezug zum zweiten punischen Krieg gegeben.

In der ersten Hälfte des 2. Jahrhunderts treten die einzelnen Münzmeister immer deutlicher durch Beizeichen oder ihre Namen hervor. In der zweiten Hälfte des Jahrhunderts wird das bisher einheitliche, in seinem beschränkten Motivrepertoire klar auf die Gemeinschaft der *res publica* ausgerichtete Erscheinungsbild der römischen Silberprägung gesprengt. Auf den Rs. der Denare finden wir nun eine bunte Vielfalt an ‚Familien-Bildern' der Münzmeister, in denen die Herkunft ihrer *gens,* wichtige Leistungen von Vorfahren usw. zur Darstellung kommen (Nr. 10). Der Vs. bleibt zunächst weiterhin der Kopf der Göttin Roma vorbehalten, doch verschwindet auch dieser in dem Maße, in dem sich die Bildsprache weiterentwickelt und differenziert. An seine Stelle treten andere Gottheiten, Bildnisse von sterblichen und unsterblichen Vorfahren der Münzmeister (Nr. 12), vermehrt auch Personifikationen (Nr. 14), Allegorien und Symbole. Nicht überraschend fehlt auf vielen Münztypen des späten 2. und 1. Jahrhunderts die Beischrift ROMA. Dafür erachteten es die Münzmeister in manchen Fällen für notwendig, die Verständlichkeit des Münzbildes durch eine Beischrift zu erleichtern bzw. seine Aussage in die gewünschte Richtung zu lenken (Nr. 14. 16).

Die Bildsprache der spätrepublikanischen Silbermünzen erlaubte es, komplexe und auch aktuelle Aussagen zu formulieren. Ambitiöse Politiker des 1. Jahrhunderts wie Marius, Sulla, Pompeius, Caesar, M. Anton und Octavian machten sich diese Möglichkeiten durch Gefolgsleute wie auch persönlich zunutze. Aus den Jahren der Bürgerkriege liegt ein außergewöhnliches Repertoire an Münzbildern vor (Nr. 16). Mit dem Caesar kurz vor seiner Ermordung zugesprochenen Recht, als erster Römer zu Lebzeiten das eigene Bildnis auf Münzen setzen zu lassen (Nr. 15), wurde der letzte Schritt zu einer bisher in Rom nicht gekannten Art der Selbstdarstellung vollzogen. Schon für die Protagonisten des Bürgerkrieges war es selbstverständlich, das eigene Porträt auf die Münzen setzen zu lassen.

3.2 Die römische Kaiserzeit

3.2.1 Die Entstehung des kaiserzeitlichen Münzsystems unter Augustus und seine Entwicklung im 1. und 2. Jahrhundert n. Chr.

In den Jahren zwischen 31 und 27 v. Chr. ließ Octavian mehrere, z. T. bedeutende Edelmetallemissionen (Nr. 18) ausprägen. Ihm war nach der Schlacht bei Actium und vor allem durch die Eroberung Ägyptens im Jahre 30 v. Chr. eine sehr große Beute (Schatz der Ptolemäer) zugefallen, die er in der Folge u. a. dazu verwendete, seine Verpflichtungen gegenüber den Truppen einzulösen und Anleihen zurückzuzahlen. Octavian zeigte sich auch Senatoren und Rittern, der *plebs urbana* und Staatsschuldnern gegenüber großzügig. Die unüblichen Mengen an Gold- und Silbermünzen, die in Umlauf kamen, sollen in

Rom zu einem kräftigen Preisauftrieb und gleichzeitigem Sinken der Kreditzinsen geführt haben (Suet., *Aug.* 41; Dio Cass. 51, 21, 5).

Leitete Octavian das Prägerecht in den Bürgerkriegsjahren aus den außergewöhnlichen Vollmachten ab, die ihm übertragen worden waren bzw. die er sich angeeignet hatte, so mußte er dieses nach der Restitution der *res publica* im Januar 27 v. Chr. neu legitimieren. In manchen Provinzen konnte er sich dabei auf die Praxis berufen, die dem Statthalter das Recht einräumte, Münzen prägen zu lassen. Der Senat hatte Augustus schon 27 v. Chr. das *imperium proconsulare* übertragen und diese Amtsbefugnis im Jahre 23 v. Chr. noch erheblich erweitert. Kraft dessen ließ Augustus in Spanien (Nr. 20) wie in Gallien (Nr. 24) in großen Mengen Edelmetall und Erz ausprägen. Aber auch im griechischen Osten des Reiches wurden in seinem Namen Münzen geschlagen.

Für die Münzgeschichte von Bedeutung war der Versuch, in Kleinasien (Nr. 21) ein Münzsystem einzuführen, dessen Einheiten aus Messing (Legierung von 75–80% Kupfer und 20–25% Zink) und Bronze (Legierung von ca. 70% Kupfer, 10% Zinn und 20% Blei) bestanden. Messing *(aurichalcum)* als Münzmetall ist schon für die erste Hälfte des 1. Jahrhunderts v. Chr. nachgewiesen (Amisus/Pontus), und sein Gebrauch breitete sich in der Folge in den Münzstätten Kleinasiens aus.

Als Augustus vermutlich im Jahre 23 v. Chr. in Rom eine grundlegende Reform der Erzprägung einleitete, tragen die betreffenden Münztypen nicht nur die Sigle *SC*, sondern auch wieder Namen von Münzmeistern (Nr. 22. 23). Die Deutung von *SC* – *senatus consulto* (‚auf Beschluß des Senats') oder *senatus consultum* (‚Senatsbeschluß') – ist umstritten; vermutlich ist damit der Senatsbeschluß gemeint, der das neue System festlegte (Wallace–Hadrill 1986). Es umfaßte die Einheiten Sesterz (Nr. 22), Dupondius (Nr. 25), As (Nr. 23), Semis und Quadrans (Nr. 27), die in festen Wertrelationen zueinander standen:

1 Sesterz	= 2 Dupondien	= 4 Asse	= 8 Semisses	= 16 Quadrantes
	1 Dupondius	= 2 Asse	= 4 Semisses	= 8 Quadrantes
		1 As	= 2 Semisses	= 4 Quadrantes
			1 Semis	= 2 Quadrantes

Sesterz (ca. 27,3 g = 1 *unica*), Dupondius (ca. 13,6 g) und der selten ausgeprägte Semis (ca. 4,5 g) bestanden aus Messing, As (ca. 11 g) und Quadrans (ca. 3,2 g) dagegen aus Kupfer. Über einen Zeitraum von rund 20 Jahren wurden in Rom Münztypen ausgeprägt, welche die Namen von insgesamt 45 Münzmeistern (14 Kollegien) nennen. Nachher sind die *tresviri aere argento auro flando feriundo* auf Münzen nicht mehr faßbar, obwohl dieses Amt bis ins 3. Jahrhundert n. Chr. weiterexistierte.

Die neuen Messing- und Kupfermünzen weisen eine einheitliche Gestaltung auf: Die Vs. des Sesterzes (Nr. 22) zeigt den Eichenkranz *(corona civica)* und zwei Lorbeerzweige, diejenige des Dupondius nur den Eichenkranz. Die Verleihung von Retterkranz *(ob cives servatos)* und Lorbeer gehört zu den Ehrungen (Nr. 19. 20), die der Senat Augustus im Januar 27 v. Chr. zuteil werden ließ. Die Vs. des Asses (Nr. 23) trägt dagegen das Bildnis des ersten Princeps. Auf den Rs. von Sesterz, Dupondius und As stehen groß *SC* und darum herum die Namen des bzw. der Münzmeister(s). Von diesem Schema weichen die Quadrantes ab; auf ihnen ist Augustus weder durch Bild noch Schrift zu fassen.

Das neue System von Erzmünzen blieb im wesentlichen bis kurz nach der Mitte des 3. Jahrhunderts bestehen. Die Münzbilder freilich wechselten von Emission zu Emission. Die Vs. zeigt in der Regel das Kaiserporträt, die Rs. unterschiedlichste Bildinhalte. Auf fast allen in Messing und Kupfer ausgeprägten Münztypen erscheint die Sigle *SC* (Nr. 25. 27. 28. 32).

Die Münzmeisterprägung des Augustus erstreckte sich nicht allein auf die neuen Erzeinheiten, sondern zwischen 19 und 12 v. Chr. wurde von den Münzmeistern in Rom auch Edelmetall ausgeprägt.

Der Aureus (Nr. 19) wog unter Augustus 7,9–7,8 g, der Denar (Nr. 20) 3,9–3,8 g. Außerhalb Roms ließ der Kaiser vereinzelt auch Halbstücke in Gold und Silber (Quinare) prägen. Die Gold- und Silbermünzen der augusteischen Zeit weisen einen sehr hohen Feingehalt auf. Für das 1. und 2. Jahrhundert galten die folgenden Relationen zwischen Edelmetall- und Erzmünzen:

1 Aureus = 25 Denare
1 Denar = 4 Sesterze = 8 Dupondien = 16 Asse = 64 Quadrantes

Anhand von Lohnansätzen und Preisangaben aus der frühen Kaiserzeit ist es möglich, eine Vorstellung vom Wert der verschiedenen Münzeinheiten zu gewinnen. Der Brutto-Jahressold eines Legionssoldaten betrug von Augustus bis Domitian 225 Denare (9 Aurei), ein Taglohn (Pompeji) 5 Asse bis 1 Denar (wohl bei freier Verpflegung). Nach Graffiti an Hauswänden in Pompeji kosteten ein Modius Weizen (ca. 6,5 kg) 30 Asse; Wein (wohl 0,55 l), je nach Qualität, 1 bis 4 Asse; eine Tunika 15 Sesterze; ein Tonteller 1 As. In Rom zahlte man für den Eintritt in ein öffentliches Bad 1 Quadrans. Für den Lebensunterhalt waren in Pompeji pro Person und Tag etwa 8 Asse einzusetzen.

Nach dem Ausweis der Münzfunde waren im römischen Reich Münzen unterschiedlichster Währungen in Gebrauch. Nur das Ausprägen von Gold, das das Rückgrat der kaiserzeitlichen Währung darstellte, war zentralisiert. Der Aureus stellte die einzige Goldmünze dar und lief dementsprechend im gesamten Reich um. Silber ließen die Kaiser im Westteil des römischen Reiches ausschließlich als Denare ausprägen, in den östlichen Provinzen wurden dagegen regional gebräuchliche Einheiten, wie die Cistophoren (Nr. 26) in Kleinasien oder Tetradrachmen (Nr. 33) in Syrien, weitergeprägt. Eine Sonderstellung nahm Ägypten ein. Diese wichtige Provinz kannte bis zum Ende des 3. Jahrhunderts n. Chr. ein eigenes Währungssystem mit Silber- und Bronzeeinheiten (Nr. 29). Die Silbermünzen wiesen nur einen geringen Silberanteil auf. Ungünstige Wechselkurse und andere Bestimmungen hielten fremdes Geld, auch den Denar, fern und sorgten für das Monopol der in Alexandria geprägten Münzen.

Die in Rom geprägten Sesterze, Dupondien, Asse und Quadrantes waren zunächst für die Hauptstadt und Italien bestimmt, nur langsam verbreitete sich ihr Gebrauch auch in den westlichen Provinzen. Im Osten des Reiches liefen kaum Erzmünzen aus der Münzstätte Rom um; hier prägte eine Vielzahl an Gemeinwesen, vor allem Städte, Kleingeld in Bronze, Messing und Kupfer. In einzelnen Münzstätten veranlaßte Augustus für die Ausrichtung von Soldzahlungen die Prägung von Bronzemünzen (Nemausus) bzw. Messing- und Kupfermünzen (Lugdunum, Nr. 24). Trotzdem deckten auch diese Münzen den Bedarf an kleinen Einheiten nicht, und alte Münzen, etwa Republik-Asse (Nr. 11) aus dem 2. Jahrhundert v. Chr., blieben in der frühen Kaiserzeit im Umlauf. Um fehlende kleine Werte zu erhalten, halbierte man in bestimmten Gebieten Erzmünzen, vor allem Asse. Besonders in den großen Militärsiedlungen am Rhein wurden zu Beginn der Kaiserzeit aus unterschiedlichem Anlaß Erzmünzen mit kleinen Schlagmarken (Gegenstempel) wie IMP, AVG, TIB, TIB IMP, TIB AVG, CAESAR usw. versehen. Der Mangel an Erzmünzen vergrößerte sich durch die Schließung der noch verbliebenen lokalen Prägestätten auf Sizilien, in Nordafrika, Spanien und Gallien zusätzlich. Hinzu kamen mit der Eroberung Britanniens (ab 43) neue Gebiete, in denen ein Münzgeldumlauf erst ‚aufgebaut' werden mußte. Die Knappheit an Erzmünzen führte unter den Kaisern Caligula, Claudius und Nero (37–68) im Westteil des römischen Reiches zur unkontrollierten lokalen Prägung von Massen in Machart und Gewicht gegenüber den regulären Münzen stark abfallenden Imitationen in Kupfer und Messing.

Nero (reg. 54–68) setzte im Jahre 64 das Sollgewicht des Aureus auf ca. 7,3 g und das des Denars auf ca. 3,4 g herab. Gleichzeitig senkte er den Feingehalt des Silbers leicht. Der Anlaß für diese Abwertung waren vermutlich die Zerstörungen, die der große Brand in Rom angerichtet hatte. Durch die Manipulation der Edelmetallwährung sollten wohl die hohen Kosten für den Wiederaufbau und die ehrgeizigen Bauprojekte des Kaisers mitfinanziert werden.

Die folgenden Jahrzehnte waren gekennzeichnet von einem kontinuierlichen Anwachsen des Volumens der Münzprägung und, als Folge davon, einer Vereinheitlichung der zirkulierenden Münzmenge. Zugleich werden die ersten Folgen von Währungsmanipulationen und Inflation faßbar. Noch blieb der Aureus (Nr. 30) stabil, sein Gewicht verringerte sich bei unverändertem Feingehalt bis in die Regierungszeit des Kaisers Commodus (180–192) nur auf ca. 7,2 g. Dagegen fiel im selben Zeitraum das Gewicht des Denars auf ca. 2,8 g, der Feingehalt auf gut 70%. Änderungen in der Zusammensetzung des Münzmetalls Messing führten im frühen 2. Jahrhundert zum Verschwinden der ‚alten' Erzmünzen. Im Verlaufe desselben Jahrhunderts wurden als Folge der Preissteigerungen immer weniger Kupfer-, dafür mehr Messingmünzen (Nr. 28) geprägt.

3.2.2 Der Zusammenbruch des frühkaiserzeitlichen Münzsystems im 3. Jahrhundert n. Chr. und die Herausbildung eines neuen Systems

Im Verlaufe des 3. Jahrhunderts kam es zum Zusammenbruch des bisherigen Münzsystems, und erst um die Wende zum 4. Jahrhundert wurden durch die diocletianischen Reformen neue Grundlagen gelegt. Diese Entwicklung war

Teil des Geschehens der Zeit; dazu gehörten politische Krisen, Bürgerkriege, die großen Anstrengungen zur Sicherung der Reichsgrenzen und der immer größer werdende Geldbedarf des Staates ebenso wie Schwierigkeiten, Silber für die Münzprägung zu besorgen.

Im Jahre 215 führte Kaiser Caracalla (reg. 211–217) eine neue Silber-Einheit ein. Wir bezeichnen sie heute nach dem Cognomen des Kaisers als *Antoninian(us)*.

Der Antoninian (Nr. 34–36), der wie der zeitgenössische Denar nur noch etwa 50% Silber enthielt, unterscheidet sich von diesem nicht nur durch Größe und Gewicht, sondern auch dadurch, daß das Kaiserbildnis die Strahlenkrone trägt. Obwohl die neue Münze nur gut 1,5 mal schwerer als der Denar wog, galt sie vermutlich zwei Denare. Sie war damit im Vergleich zum Denar überbewertet, ein Umstand, der dessen Zusammenbruch beschleunigte. Um die Mitte des 3. Jahrhunderts war der Denar aus dem Geldumlauf verschwunden.

Aber auch die neue Silbereinheit zerfiel rasch. In der Zeit der Alleinherrschaft des Gallienus (260–268) sank der Silbergehalt des Antoninians auf einige wenige Prozente. Entsprechend mußten die Kaiser Massen von entwerteten Antoninianen ausprägen lassen, um die anstehenden Zahlungen zu leisten. Sie richteten dazu neue Münzstätten ein, die näher bei den ‚Hauptabnehmern', den Truppen, lagen, so etwa in Antiochia, Kyzikos, Viminacium, Siscia, Mailand, Lyon, Trier und Köln. Parallel zum Zusammenbruch der Silberwährung verlor der Aureus an Wert. Sein Feingehalt sank nach der Mitte des 3. Jahrhunderts massiv. Gleichzeitig ging die Goldprägung stark zurück, und die feste Wertrelation zwischen Gold und Silber wurde gesprengt. Angesichts dieser Entwicklung überrascht es nicht, daß im Westteil des römischen Reiches kaum mehr Asse ausgeprägt wurden und auch Dupondien und Sesterze (Nr. 32) immer seltener zur Ausgabe gelangten. Nachdem zeitweise sogar Doppelsesterze geschlagen worden waren, stellte man in den 260er Jahren auch die Sesterz-Prägung endgültig ein.

In den östlichen Provinzen läßt sich ein vergleichbarer Prozeß verfolgen. Im Verlauf des 2. Jahrhunderts stieg die Zahl der Gemeinwesen, die Erzmünzen prägten, weiter an, um im frühen 3. Jahrhundert mit rund 250 den höchsten Stand zu erreichen (Nr. 33). Nach der Jahrhundertmitte ging ihre Zahl jedoch rasch zurück, in den 270er Jahren schloß die letzte lokale bzw. regionale Prägestätte; lediglich Alexandria in Ägypten machte noch für kurze Zeit eine Ausnahme. Diese Entwicklung wurde durch die in Massen in Umlauf gesetzten schlechten Antoniniane beschleunigt. Im Ergebnis verwischte sie die bisherigen charakteristischen Unterschiede im Geldumlauf zwischen dem West- und Ostteil des römischen Reiches.

Kaiser Aurelian (reg. 270–275) stabilisierte die Goldprägung und reformierte den Antoninian, der zu einer kleinen leichten Kupfermünze mit Spuren von Silber verkommen war. Die neuen Antoniniane (Nr. 36) wurden wieder größer und schwerer (ca. 4 g) ausgeprägt als die vorher in Umlauf gesetzten und wiesen einen festen Silberanteil von 4–5% auf. Der Münzumlauf in weiten Teilen des römischen Reiches wurde jedoch auch unter Aurelian von alten Antoninianen bzw. den in Massen lokal hergestellten Imitationen, viele übelster Machart, bestimmt.

Diocletian (reg. 284–305) zog die Konsequenzen aus den tiefgreifenden Veränderungen, die in den drei Jahrhunderten des Prinzipates eingetreten waren, und reorganisierte Herrschaftsform wie Verwaltungssystem grundlegend. Auch die Münzprägung wurde auf eine neue Grundlage gestellt, und die Zahl der Münzstätten im Zusammenhang mit der Neueinteilung des römischen Reiches erhöht. Nach der Münzreform von 294 bestand das nun im gesamten Reich einheitlich ausgeprägte Münzsystem aus den folgenden Einheiten:

(1) Der Goldeinheit im Gewicht von ca. 5,4 g. (2) Einer neuen Einheit (Nr. 37) aus reinem Silber *(Argenteus)* im neronischen Gewichtsstandard von ca. 3,4 g. (3) Einer neuen Einheit (Nr. 38) aus silberhaltiger Bronze (Silberanteil ca. 3%) im Gewicht von gut 10 g und zwei zugehörigen kleineren Einheiten ohne Silber, von denen die eine, im Gewicht von 3 g, das Kaiserbildnis mit Strahlenkrone und die andere, im Gewicht von 1,3 g, mit Lorbeerkranz wiedergibt. Die antiken Namen dieser drei Münzeinheiten sind nicht bekannt; die gut 10 g schwere Einheit wird heute als *Nummus* oder als *Follis* bezeichnet. Ein Follis ist eigentlich ein Beutel, der die einem bestimmten Wert entsprechende Anzahl Münzen enthält.

Die Wertverhältnisse der verschiedenen Einheiten können aus dem im Jahre 301 ungefähr gleichzeitig mit dem Höchstpreisedikt erlassenen Währungsreformedikt (Erim, Reynolds, Crawford 1971) erschlossen werden. Durch das Edikt wurden keine neuen Einheiten eingeführt, sondern die Nennwerte der Silbereinheiten gegenüber den durch die Reform von 294 festgelegten verdoppelt. Danach galt ein Goldstück neu 1600, der Argenteus 100 und der Nummus 20 Denare. Die Nummus-Teilstücke mit Strahlenkrone bzw. Lorbeerkranz behielten dagegen ihren alten Wert von 5 bzw. 2 Denaren. Mit dem inschriftlich überlieferten Begriff ‚Denar' ist übrigens keine Münze, sondern eine *Rechnungseinheit* gemeint. Die Währungsreform von 301 scheint nicht nur eine Folge der Inflation gewesen zu sein, sondern vermutlich hatte man im Zusammenhang mit der Münzreform von 294 die Relation zwischen Silber und Erz unrealistisch angesetzt.

3.2.3 Münzeinheiten und Münzsysteme der Spätantike

Kaiser Constantin I. (reg. 306–337) reduzierte im Jahre 309 den Goldstandard, indem er – erstmals in der Münzstätte Trier – Münzen im Gewicht von ca. 4,5 g (1/72 Pfund) ausprägen ließ. Diese neue Goldmünze (*Solidus*) (Nr. 39) setzte sich noch im Verlaufe der Regierungszeit Constantins im gesamten Reich durch und blieb *die* Goldeinheit der Spätantike und des byzantinischen Reiches.

Der Feingehalt des Solidus war stets hoch. In den Jahren 365–368 ergriff man Maßnahmen, die gewährleisteten, daß ‚reines' Gold ausgeprägt wurde. Die meisten Goldmünzen (Nr. 41) tragen seither auf der Rs. die Buchstaben OB (*obryziacum aurum* – Feingold, wobei OB in griech. Buchstaben auch 72, d. h. 1/72 Pfund, bedeuten); das Prägen von Gold wurde auf die kaiserliche Residenz zentralisiert (COM auf der Rs. wohl für *comita-*

tus). Neben der Einheit gelangten auch Teilstücke, vor allem Halb- *(Semisses)* und Drittelsolidi *(Tremisses)* zur Ausgabe. Der Tremissis (Nr. 42) erlangte vor allem im 5. Jahrhundert Bedeutung. – Seit Ende des 3. Jahrhunderts prägte man zu bestimmten Anlässen repräsentative Mehrfachprägungen (*Multipla,* Medaillons) in Gold (Nr. 40) und Silber (Nr. 43), deren Verteilung Teil des spätantiken Hofzeremoniells wurde.

Der Umfang der Silberprägung blieb in den ersten Jahrzehnten des 4. Jahrhunderts gering, und erst unter der Herrschaft der Söhne Constantins I. (ab 337) scheint er wieder angestiegen zu sein. In der zweiten Jahrhunderthälfte wurden dagegen große Mengen von Silbermünzen (Nr. 44) im Gewicht von ca. 2,3 g (moderne Bezeichnung *Siliqua*) und 1,1 g *(Halbsiliqua)* geprägt. Viele tragen auf der Rs. die Buchstaben PS (für *pusulatum argentum* – Feinsilber). Nach 400 ging die Silberprägung stark zurück.

Die kleinen Einheiten des diocletianischen Münzsystems, die *Nummi,* wurden im Verlaufe des 4. Jahrhunderts mehrmals abgewertet. Im Jahre 313 betrug der Standard der Einheit nur noch ca. 3,1 g bei einem Silbergehalt von 1%. Im Jahre 318 wurde deren Silbergehalt bei gleichbleibendem Gewicht auf etwa 5% erhöht. Bis 348 läßt sich erneut ein Absinken von Gewicht und Silberanteil verfolgen, das jedoch stufenweise und in der Regel mit dem Wechsel des Rs.-Typs vor sich ging.

Im Jahre 348 versuchte man diesen Prozeß durch eine erneute Reform aufzuhalten. Es wurden drei neue Einheiten eingeführt, deren Rs.-Legenden einheitlich FEL(icium) TEMP(orum) REPARATIO lauteten (Nr. 45–47). Die größte Einheit wog ca. 5,2 g (2,5–3% Silber), die mittlere ca. 4,3 g (1–1,5% Silber) und die kleine ca. 2,3 g (kein Silber). Auch diese Reform hatte keinen lang anhaltenden Erfolg. Als im Jahre 358 ein neuer Rs.-Typ eingeführt wurde (SPES REI PVBLICAE), war die Einheit nur noch eine Kupfermünze von knapp 2 g. Aus zeitgenössischen Quellen geht hervor, daß zudem viele Nachprägungen im Umlauf waren. Kaiser Julian (reg. 360–363) führte eine neue große Erzeinheit ein, die ihn jedoch nicht lange überlebte. Nachdem von 364 bis 378 nur noch eine kleine Kupfermünze im Gewicht von ca. 2,3 g ausgeprägt worden war, führte Kaiser Gratian im Jahre 379 wieder eine schwerere Einheit (ca. 4,8 g) ein [REPARATIO REI PVB(licae)]. Den Geldumlauf der letzten 20 Jahre des Jahrhunderts bestimmten kleine Kupfermünzen (Nr. 48) im Gewicht von gut 1 g. Diese Kleinmünzen wurden auch im 5. Jahrhundert im west- wie im oströmischen Reich in Massen hergestellt. Größere Bronzeeinheiten prägten erst wieder die kurzlebigen Germanenreiche in Nordafrika und Italien gegen Ende des 5. Jahrhunderts. Die um die Wende vom 5. zum 6. Jahrhundert durchgeführte Münzreform des byzantinischen Kaisers Anastasios ordnete die Kupferprägung grundlegend neu.

Für die Bezeichnung der spätrömischen Erzeinheiten werden heute unterschiedliche, in ihrer Zuordnung jedoch nicht gesicherte antike Namen wie *Maiorina* und *Centenionalis* gebraucht. Bewährt hat sich ein einfaches System, das die relative Größe der Münze festhält: Aes 1 (groß), Aes 2, Aes 3 und Aes 4 (sehr klein).

Die durch die Organisation der Münzprägung vorgegebene Aufteilung der auszuprägenden Metallmenge auf verschiedene Rs.-Typen erlaubte es außerdem, durch komplementäre Münzbilder Aussagen zu differenzieren.

Die zentrale Thematik der Münzbilder ist der Kaiser, seine Autorität und seine Legitimation, die auf Geburt/Herkunft und Leistung gründeten. Es geht um ihn, die Kaiserin, die Vorfahren, die Kinder, aber auch um die klassischen Herrschertugenden (Nr. 20), wie *virtus, clementia, iustitia (aequitas), pietas* usw. Diese Tugenden konnten durch Handlungsbilder, z. B. der Kaiser beim Opfer *(pietas),* als Barbarenbesieger *(virtus),* beim Verteilen von Geldspenden *(liberalitas),* oder durch entsprechende Personifikationen dargestellt werden. Der Kaiser tritt als Triumphator und als Weltherrscher auf, ebenso als *pacator* bzw. *restitutor orbis terrarum.* Er setzt Klientelkönige ein, nimmt die Unterwerfung fremder Völker entgegen, spricht zu den Truppen *(adlocutio),* bricht auf *(profectio)* und zieht feierlich ein *(adventus).* Im Verlaufe des 4. Jahrhunderts wird die Wiedergabe des thronenden Kaisers in prächtigem Ornat und ausgestattet mit den ihm zustehenden Insignien wichtig (Nr. 40. 41. 43).

Das schon in der Zeit der Republik entstandene Repertoire an Personifikationen abstrakter Begriffe wurde in der Kaiserzeit weiter entwickelt; gebräuchlich waren, um einige zu nennen: Constantia, Concordia, Felicitas, Fides, Fortuna, Honos, Laetitia, Libertas, Pax, Providentia, Salus, Securitas, Spes, Victoria usw. Dieses System war in der Lage, etwas so Außergewöhnliches wie die Abdankung der Kaiser Diocletian und Maximianus Herculius im Jahre 305 durch die Personifikation des Ruhestandes (Quies, Nr. 38) bildlich auszudrücken.

Durch Münzbilder ließ sich die Erweiterung des Römischen Reiches ebenso markieren (AEGYPTO CAPTA, GERMANIA CAPTA u. a. m.) wie seine Größe durch Personifikationen von Provinzen umreißen. Viele Münzen zeigen die wichtigen Staatsgottheiten Iupiter Optimus Maximus, Iuno, Minerva, Vesta, Mars usw. entweder in Form eines Stand- bzw. des Kultbildes oder durch den betreffenden Tempel. Präzisierende Legenden stellten gegebenenfalls einen Bezug zum Handeln des Kaisers her, wie etwa Mars Victor, Minerva Pacifera.

Bestimmte Aussagen wurden durch Symbole dargestellt. Zwei ineinander verschränkte rechte Hände *(dextrarum iunctio)* beispielsweise konnten *concordia* zwischen Kaiser und Heer bzw. zwischen mehreren Herrschern oder *fides* zwischen Heer und Kaiser bedeuten. Anhand der Münzen ist auch das Aufkommen des Christogrammes *Chi – Rho* gut zu verfolgen. Es tritt erstmals auf dem Helm des Kaisers Constantin I. auf einem im Jahre 315 n. Chr. geprägten Großsilberstück auf und wird in der Folge ein häufig verwendetes Symbol, insbesondere auf der Kaiserstandarte (*labarum,* Nr. 43). Die Hand Gottes, ein weiteres wichtiges Symbol, ist im Zusammenhang mit der ‚Divinisierung' Constantins I. zum ersten Mal auf Münzen zu fassen.

Auf die Frage, an wen sich Münzbilder wandten, gibt es viele Antworten. Für bestimmte Münztypen glauben wir anhand der Übereinstimmung von

Funktion der Münze und Aussage des Münzbildes das ‚Publikum' fassen zu können, etwa die Prätorianergarde oder bestimmte Truppenverbände, denen viele Kaiser ihre Herrschaft verdankten und an die sie dafür große Geldsummen bezahlen mußten. Andere Münztypen richteten sich an die *plebs urbana,* einzelne eher an Senatoren und Ritter. Die meisten aber entziehen sich – jedenfalls beim derzeitigen Kenntnisstand – einer eindeutigen Zuordnung; sie scheinen vielmehr allgemeine Feststellungen zu sein, Ausdruck des ‚kaiserlichen' Selbstverständnisses.

3.2.6 Funktion und Bedeutung der kaiserzeitlichen Münzprägung

Es fällt schwer, die Bedeutung, welche dem Münzgeld im täglichen Leben der Kaiserzeit zugekommen ist, einzuschätzen. Was heute bei Ausgrabungen in zivilen und militärischen Siedlungen gefunden wird, sind vor allem Erzmünzen. Silber- und Goldprägungen wurden ihres hohen Wertes wegen kaum zufällig verloren; sie sind vor allem als Teile von Hortfunden überliefert. Nur in besonderen Fällen, wie z. B. in Pompeji, wo das Leben durch den Vesuvausbruch vom 24. 8. 79 n. Chr. ‚angehalten' worden ist, wird der Gebrauch von Münzgeld insgesamt einsichtig (Breglia 1950). Das, was hier bisher an Münzen und an Schriftzeugnissen bekannt geworden ist, deutet darauf hin, daß Münzen in Pompeji in allen einleitend genannten unterschiedlichen Geldfunktionen verwendet wurden, auch als Zahlungs- und Tauschmittel im täglichen Leben der Einwohner. Allerdings scheint selbst in einer Siedlung mit langer urbaner Tradition der Grad der Monetarisierung vergleichsweise tief gewesen zu sein, eine Feststellung, die erst recht für die meisten Siedlungen in den Provinzen zutrifft. Neben Münzen sind stets auch noch andere Geldarten bzw. Zahlungsformen verwendet worden.

Münzen sind in der Kaiserzeit in der Regel in Form von staatlichen Zahlungen in Umlauf gebracht worden. Die Ausgaben des römischen Staates setzten sich aus den Aufwendungen für den Unterhalt des Heeres, für öffentliche Bauten, für die Verwaltung, außerordentliche Zahlungen und Spenden usw. zusammen. Ihnen standen Steuern und Abgaben sowie andere Einkünfte gegenüber. Da weder Einnahmen noch Ausgaben ausschließlich aus Münzgeld bestanden, ist es heute schwierig, eine Vorstellung von den Gesamtwerten zu gewinnen, um die es dabei ging. Die Größenordnungen der Zahlungen in Münzgeld vermögen aber auch die Münzen nicht zu präzisieren, denn der Anteil, den ‚alte' und frisch geprägte Münzen dabei ausmachten, ist kaum auseinanderzuhalten. Trotzdem wird durch die ausgeprägten Nominale (Gold, Silber, Messing, Kupfer) und das zu interpolierende Prägevolumen klar, daß die staatlichen Zahlungen vor allem in hohen Werten, d. h. in Edelmetall, geleistet worden sind. In Gold und Silber nahm der römische Staat Steuern und Abgaben entgegen. Erzmünzen blieben stets von untergeordneter Bedeutung, auch wenn die betreffenden Münzen, wie z. B. das spätrömische Kupfergeld, in riesigen Mengen ausgeprägt worden sind.

Kurzbibliographie zur römischen Numismatik

Wörterbücher

J. Melville Jones, *A Dictionary of Ancient Roman Coins* (London 1990); F. von Schrötter (Hrsg.), *Wörterbuch der Münzkunde* (Berlin/Leipzig 1930).

Antike Numismatik (Einführungen und Gesamtdarstellungen)

M. R–Alföldi, *Antike Numismatik* 1: *Theorie und Praxis* (Mainz 1978), 2: *Bibliographie* (Mainz ^{2}1982); K. Christ, *Antike Numismatik. Einführung und Bibliographie* (Darmstadt ^{3}1991); R. Göbl, *Antike Numismatik,* 2 Bde. (München 1978).

Römische Numismatik (Einführungen und Gesamtdarstellungen)

A. Burnett, *Coinage in the Roman World* (London 1987); K. Butcher, *Roman Provincial Coins. An Introduction to the ‚Greek Imperials'* (London 1988); R. A. G. Carson, *Coins of the Roman Empire* (London/New York 1990); R. Göbl, *Einführung in die Münzkunde der römischen Kaiserzeit* (Wien ^{2}1960); C. H. V. Sutherland, *Münzen der Römer* (München/Fribourg 1974).

Republik

A. M. Burnett, „The Authority to Coin in the Late Republic and Early Empire", *The Numismatic Chronicle* 137 (1977) 37–63; A. M. Burnett, „The Beginnings of Roman Coinage", *Annali. Istituto Italiano di Numismatica* 36 (1989) 33–64; T. V. Buttrey, „The Denarii of P. Crepusius and Roman Republican Mint Organization", *The American Numismatic Society. Museum Notes* 21 (1976) 67–108; T. V. Buttrey, K. T. Erim, Th. D. Groves, R. Ross Holloway, *The Coins. Morgantina Studies* 2 (Princeton 1989); M. H. Crawford, *Coinage and Money under the Roman Republic. Italy and the Mediterranean Economy* (London 1985); R. Thomsen, *Early Roman Coinage. A Study of the Chronology,* 3 Bde. (Kopenhagen 1961–1974).

Kaiserzeit

L. Breglia, „Circolazione monetale ed aspetti di vita economica a Pompei", in: *Pompeiana. Raccolta di Studi per il secondo centenario degli scavi di Pompei.* Biblioteca della Parola del Passato 4 (Neapel 1950) 41–59; M. H. Crawford, „The Monetary System of the Roman Empire", in: M. H. Crawford (Hrsg.), *L'impero romano e le strutture economiche e sociali delle province.* Biblioteca di Athenaeum 4 (Como 1986) 61–69; G. Depeyrot, *Le Bas-Empire Romain. Économie et numismatique (284–491)* (Paris 1987); K. T. Erim, J. Reynolds, M. Crawford, „Diocletian's Currency Reform; A New Inscription", *JRS* 61 (1971) 171–177; C. H. V. Sutherland, *The Emperor and the Coinage. Julio-Claudian Studies* (London 1976).

Überblick über das Typenrepertoire und Bilderbücher

F. Berger, *Die Münzen der Römischen Republik im Kestner-Museum Hannover* (Hannover 1989); R. A. G. Carson, *British Museum. Principal Coins of the Romans,* 3 Bde. (London 1978–1981); P. R. Franke, *Kleinasien zur Römerzeit. Griechisches Leben im Spiegel der Münzen* (München 1968); J. P. Kent, B. Overbeck, A. U. Stylow, *Die römische Münze* (München 1973).

Typen- bzw. Museumskataloge

(1) Republik: ***RRC*** – M. H. Crawford, *Roman Republican Coinage,* 2 Bde. (Cambridge 1974). – (2) Kaiserzeit: ***BMC*** – H. Mattingly u. a., *Coins of the Roman Empire in the British Museum,* 6 Bde. (1923–1962); ***RIC*** – H. Mattingly u. a. (Hrsg.), *The Roman Imperial Coinage,* 10 Bde. (London 1923–1994); A. S. Robertson, *Roman Imperial Coins in the Hunter Coin Cabinet, University of Glasgow,* 5 Bde. (London 1962–1982). – (3) Kaiserzeit, Provinzen: ***RPC*** – A. Burnett, M. Amandry, P. P. Ripollès, *Roman Provincial Coinage 1. From the death of Caesar to the death of Vitellius (44 BC-AD 69)* (London/Paris 1992).

Münzstätten, Umfang von Emissionen

M. R–Alföldi, „Epigraphische Beiträge zur römischen Münztechnik bis auf Konstantin den Grossen", *Schweiz. Numismat. Rundschau* 39 (1958/59) 35–48; J. Andreau, „Recherches récentes sur les mines à l'époque romaine", *Rev. Numismat.* 1989, 86–112; F. De Callataÿ, „Calculating Ancient Coin Production: Seeking a Balance", *The Numismatic Chronicle* 155 (1995) 289–311; G. Piccottini, „Gold und Kristall am Magdalensberg", *Germania* 72 (1994) 467–477; F. Coarelli, "Moneta. Le officine della zecca di Roma tra Repubblica e Impero", *Annali. Istituto Italiano di Numismatica* 38–41 (1994) 23–66.

Münzen als historische Quellen

M. Crawford, „Geld und Austausch in der römischen Welt", in: H. Schneider (Hrsg.), *Sozial- und Wirtschaftsgeschichte der römischen Kaiserzeit.* Wege der Forschung 552 (Darmstadt 1981) 258–279 (Originalpublikation *JRS* 60 (1970) 40–48); R. Duncan-Jones, *Money and Government in the Roman Empire* (Cambridge 1994); C. Howgego, „The Supply and Use of Money in the Roman World 200 B.C. to A.D. 300", *JRS* 82 (1992) 1–31; C. Howgego, *Ancient History from Coins* (London 1995).

Münzbilder

H. Chantraine, „Münzbild und Familiengeschichte in der römischen Republik", *Gymnasium* 90 (1983) 530–545; C. J. Classen, „*Virtutes Romanorum* nach dem Zeugnis der Münzen republikanischer Zeit", *MDAI Rom* 93 (1986) 257–279; Ph. V. Hill, *The Monuments of Ancient Rome as Coin Types* (London 1989); T. Hölscher, „Die Geschichtsauffassung in der römischen Repräsentationskunst", *JdI* 95 (1980) 265–321; M. Krumme, *Römische Sagen in der antiken Münzprägung* (Marburg 1995); A. Wallace-Hadrill, „The Emperor and his Virtutes", *Historia* 30 (1981) 298–323; ders., „Image and Authority in the Coinage of Augustus", *JRS* 76 (1986) 66–87.

Nachweise Münzabbildungen

Republik

1. Didrachme, AR, Rom, 270–260, Hercules/Römische Wölfin; **2.** Didrachme, AR, Rom, 240–230, Mars/Pferd; **3.** As, AE, Rom 230–220, Janus, Rs. nicht abgebildet; **4.** Didrachme, AR, Rom, ca. 225–212, Janus/Quadriga (Quadrigat); **5.** Denar, AR, Rom, um 211, Roma/Dioskuren; **6.** Quinar, AR, Rom, um 211, Roma/Dioskuren; **7.** Sesterz, AR, Rom, um 211, Roma/Dioskuren; **8.** Victoriat, AR, Prägeort unbekannt, um 211–208, Jupiter/Victoria; **9.** Denar, AR, Rom, 140, Roma/Quadriga; **10.** Denar, AR, Rom, 125, Roma/Elephantenbiga; **11.** As, AE, ca. 206–195, Janus/Prora; **12.** Denar, AR, Rom, 89, König Tatius/Raub der Sabinerinnen; **13.** Denar, AR, Rom, 82, Apollo/Reiter; **14.** Denar, AR, Rom, 54, Libertas/der Konsul des Jahres 509, L. Iunius Brutus; **15.** Denar, AR, Rom, 44, Caesar/Name und Titel des Münzmeisters; **16.** Denar, AR, Prägeort unbekannt, 43/42, Brutus/*pileus* zwischen zwei Dolchen; vgl. dazu Plutarch, *Brut.* 40 und Dio Cass. 47, 25, 3; **17.** Cistophor, AR, Laodikeia/Phrygien, 51/50, *Cista mystica*/Bogentasche zwischen zwei Schlangen.

Kaiserzeit

18. Denar, AR, wohl Rom, 31/29 v. Chr. (?), Octavian/Victoria auf Globus; **19.** Aureus, AV, Rom, 27 v. Chr., Augustus/Adler, Eichenkranz und Lorbeerzweige; **20.** Denar, AR, Spanien, 19/18 v. Chr., Augustus/Victoria mit dem *clupeus virtutis;* **21.** Sesterz, AE *(aurichalcum),* Asia, ca. 25 v. Chr., Augustus/Lorbeerkranz; **22.** Sesterz, AE, Rom, 22 v. Chr. (?), Eichenkranz und Lorbeerzweige/SC sowie Name und Titel des Münzmeisters C. Cassius Celer; **23.** As, AE, Rom, 23 v. Chr. (?), Augustus/SC sowie Name und Titel des Münzmeisters Cn. Piso; **24.** As, AE, Lugdunum, ca. 10–7 v. Chr. (?), Augustus / Altar von Lugdunum; **25.** Dupondius, AE, Rom, Caligula (37–41), die verstorbenen Brüder des Kaisers n. r. galoppierend / SC; **26.** Cistophor, AR, Asia, Claudius (41–54), Claudius / Tempel; **27.** Quadrans, AE, Rom, Caligula (37–41), *pileus* / RCC; **28.** Sesterz, AE, Rom, Hadrianus (117–138), Hadrian / der Kaiser spricht zu Legionären *(Exercitus Britannicus)*; **29.** Hemidrachme, AE, Alexandria, Hadrianus (117–138), Hadrian / Leuchtturm von Alexandria; **30.** Aureus, AV, Rom, Antoninus Pius (138–161), die vergöttlichte Kaiserin Faustina / Pietas; **31.** Aureus, AV, Rom, Septimius Severus (193–211), Geta / Septimius Severus und Geta; **32.** Sesterz, AE, Rom, Caracalla (211–217), Caracalla / Ansicht des Circus Maximus; **33.** Tetradrachme, AR, Edessa, Macrinus (217–218), Macrinus / Adler; **34.** Antoninian, ‚AR', Mailand, Traianus Decius (249–251), Traianus Decius / der Kaiser zu Pferd; **35.** Antoninian, ‚AR', Köln, Postumus (260–269), gall. Gegenkaiser, Postumus; Rs. nicht abgebildet; **36.** Antoninian, ‚AR', Siscia, Aurelianus (270–275), Aurelian / der Kaiser und Concordia; **37.** Argenteus, AR, Heraclea, Diocletianus (284–305), Diocletian / die Tetrarchen opfern vor einem Stadttor; **38.** Nummus, ‚AR', Ticinum, Maximianus Herculius (286–305), Maximianus Herculius / Providentia und Quies; **39.** Solidus, AV, Trier, Constantinus I. (306–337), Constantin / der Kaiser mit Lanze und Globus; **40.** Medaillon (1 1/2 Solidus), AV, Nicomedia, Constantinus I. (306–337), Constantin I. / die Söhne des Kaisers, Constantin II. und Constantius II.; **41.** Solidus, AV, Trier, Valens (364–378), Valens / zwei thronende Kaiser; **42.** Tremissis, AV, Mailand, Romulus Augustus (475–476), Romulus / Kreuz in Kranz; **43.** Medaillon, AR (13,69 g), Siscia, Constans (337–350), Constans / der Kaiser mit Szepter und Standarte *(labarum)*; **44.** Siliqua, AR, Aquileia, Theodosius I. (379–395); Theodosius / die thronende Constantinopolis; **45.** Aes, AE, Trier, Usurpator Magnentius (350–353), Magnentius / der Kaiser in einem von einer Victoria gesteuertem Schiff; **46.** Aes, AE, Lugdunum, Constantius II. (337–361), Constantius II. / der Kaiser sticht auf gestürzten Barbarenreiter ein; **47.** Aes, AE, Alexandria, Constantius II. (337–361), Constantius II. / der Kaiser sticht auf gestürzten Barbarenreiter ein; **48.** Aes, AE, Siscia, Theodosius I. (379–395), die Kaiserin Aelia Flacilla / sitzende Victoria.

Die Abbildungsvorlagen stammen aus der Fotokartei des Seminars für griechische und römische Geschichte, Abt. II, der J. W. Goethe-Universität Frankfurt a. M. (aus Auktionen der Firmen Auctiones A. G., Basel, Bank Leu A. G., Zürich, und Münzen und Medaillen A. G., Basel). Frau M. Romisch und Herrn H. Schubert, beide Frankfurt, danke ich für wertvolle Mithilfe.

1
2
3
4
5
6
7
8
9
10
11
12
13
14
15
16
17

18
19
20
21
22
23
24
25
27
28
29
30
31

32
33
34
35
36
37
38
39
40
41
42
43
44
45
46
47
48

Stellenindex

1. Antike Autoren

2. Bibel

3. Codices

4. Inschriften

Namen- und Sachregister